6G丛书

太赫兹无线通信

陈　智　李玲香　韩　充　张　波
张雅鑫　文岐业　李少谦　◎ 编著

人民邮电出版社
北　京

图书在版编目（CIP）数据

太赫兹无线通信 / 陈智等编著. -- 北京 : 人民邮电出版社, 2022.12
（6G丛书）
ISBN 978-7-115-58008-5

Ⅰ. ①太… Ⅱ. ①陈… Ⅲ. ①第六代移动通信系统—研究 Ⅳ. ①TN929.59

中国版本图书馆CIP数据核字(2021)第239920号

内 容 提 要

本书系统介绍了太赫兹器件技术、太赫兹传播和信道建模方法、太赫兹通信物理层信号处理的关键技术，以及上层潜在无线电资源分配和优化方法。鉴于研究领域的广泛性，本书列举了待解决的问题、面临的主要挑战以及未来的研究方向。本书还介绍了太赫兹通信在3GPP、IEEE和ITU标准的应用，及其在物理实验测试台中的现场实验性能。本书通过介绍太赫兹通信的原理、关键技术及其在6G系统中的应用，全面反映了太赫兹无线通信技术的前沿进展，使读者对太赫兹无线通信的发展有整体认识。

本书聚焦前沿技术，注重理论联系实际，内容丰富，既可供从事太赫兹通信技术领域研究与应用的科技人员学习参考，也可作为高等院校信息与通信工程、电子科学与技术等学科师生的参考用书。

◆ 编　　著　陈　智　李玲香　韩　充　张　波　张雅鑫
　　　　　　文岐业　李少谦
　责任编辑　王　夏
　责任印制　马振武
◆ 人民邮电出版社出版发行　　北京市丰台区成寿寺路 11 号
　邮编　100164　　电子邮件　315@ptpress.com.cn
　网址　https://www.ptpress.com.cn
　北京隆昌伟业印刷有限公司印刷
◆ 开本：720×960　1/16
　印张：41.5　　　　　　　　2022 年 12 月第 1 版
　字数：722 千字　　　　　　2022 年 12 月北京第 1 次印刷

定价：349.80 元

读者服务热线：(010)81055493　印装质量热线：(010)81055316
反盗版热线：(010)81055315
广告经营许可证：京东市监广登字 20170147 号

6G丛书

编 辑 委 员 会

前　言

随着社会信息化进程不断推进，需高速传输的无线与移动业务不断涌现，无线通信传输速率的需求呈指数级增长，对无线通信系统的容量提出了前所未有的高要求。无线通信需要频谱资源，无线通信技术正面临有限频谱资源与迅速增长的高速业务需求的矛盾。在此背景下，无线通信系统向更高频率拓展，开创利用新资源的技术成为实现高速率通信的最佳途径之一。

太赫兹频段（0.1～10 THz）位于微波与光波之间，频谱资源十分丰富，可支持超高的传输速率。因此，太赫兹通信被认为是达成 6G 移动通信 Tbit/s 传输速率的重要候选技术，有望应用在未来全息通信、微小尺寸通信、超大容量数据回传、短距超高速传输等 6G 场景中。同时，利用太赫兹信号大带宽的特点，进行网络和终端设备的高精度定位和高分辨率感知成像，也是太赫兹通信应用的扩展方向。2019 年世界无线电通信大会（WRC-19）为陆地移动业务和固定业务在 275～450 GHz 的部分频段新增了主要业务划分。太赫兹通信技术与系统研究已经成为无线通信技术发展的重要热点。

本书主要介绍太赫兹通信核心器件和芯片、太赫兹频段的传播特性和信道模型、太赫兹无线传输和信号处理方法、太赫兹无线资源管理和组网方法、太赫兹通信系统和标准化进程。通过系统地介绍太赫兹通信的基本原理、关键技术、核心器件与系统，以及在未来移动通信中的潜在应用，本书全面反映了太赫兹无线通信技术与系统的前沿进展，使读者对太赫兹通信的发展有整体认识。

本书分为五部分，共 18 章。第一部分为第 1 章和第 2 章，由浅入深地介绍了太赫兹通信的国内外发展现状、太赫兹通信的研究背景以及太赫兹通信的全球合作和标准化进程。第二部分为第 3 章 ~ 第 7 章，主要介绍了太赫兹通信核心器件及其射频收发机，包括太赫兹微细结构超材料器件、太赫兹信号源、太赫兹天线以及太赫兹射频收发前端系统。第三部分为第 8 章 ~ 第 10 章，主要介绍了太赫兹信道传播特性与建模方法，包括太赫兹波的传播特性、信道建模方法、常用的太赫兹信道模型、太赫兹信道测量方法以及现有的太赫兹信道测量系统。第四部分为第 11 章～第 14 章，主要介绍了太赫兹无线传输技术，包括太赫兹调制与编码、波形设计、超大规模 MIMO、波束对准和追踪、无源智能超表面反射技术。第五部分为第 15 章～第 18 章，主要介绍了太赫兹无线资源管理和组网技术，包括无线网络干扰和覆盖、媒体接入控制与多址接入、定向组网技术、物理层安全传输技术。

本书第一部分由陈智、李玲香、谢莎、李少谦编写，第二部分由张波、张雅鑫、文岐业、牛中乾编写，第三部分由韩充编写，第四部分由陈智、李玲香、李浩然、谢郁馨、马新迎编写，第五部分由李玲香、陈文荣、宁博宇编写。全书由陈智统稿。

本书的编著是在作者及其研究团队近年来科研工作的基础上完成的，先后得到了国家重点研发计划项目（No.2018YFB1801500）、国家自然科学基金重大科研仪器研制项目（No.62027806）、国家自然科学基金优秀青年科学基金项目（No.62022022）等项目的支持。同时，向所有的参考文献作者及为本书出版付出辛勤劳动的同志们表示衷心感谢！

由于作者的水平有限，书中难免出现错误或疏漏，恳请读者批评指正，以便作者继续完善本书。

编者

2021 年 11 月

目录

第1章

研究动机及应用

以不断进步的创新技术为指导，以社会进步带来的新需求为驱动，移动通信网络经历了一代又一代的演进。业界一致认为，移动通信约10年就经历一次标志性的技术创新。随着5G通信网络技术逐渐趋于成熟以及商业化部署工作的展开，业界一致思考，在下一个10年，移动通信该朝着怎样的大方向进行发展与推进。本章主要围绕面向6G的太赫兹通信研究动机及应用进行阐述。

随着计算机、无线通信、自动控制等技术的快速发展和融合，人们对多媒体服务的消费观念发生了巨大的变化。由此，人工智能（Artificial Intelligence，AI）、虚拟现实（Virtual Reality，VR）/增强现实（Augmented Reality，AR）、工业自动化、远程医疗、万物互联（Internet of Everything，IoE）等各种新兴应用逐渐兴起并迅速发展，随之带来了海量的移动数据流量，这使无线通信网络面临快速增长的移动流量需求。2010 年，全球每月移动数据流量为 7.462 EB。根据国际电信联盟（International Telecommunication Union，ITU）预测，到 2030 年，全球移动数据流量将达到 5 016 EB/月[1]，比 2010 年的移动数据流量增长约 670 倍。如图 1-1 所示，全球移动连接呈指数级增长[2]。同时移动用户数量将从 2010 年的 53.2 亿增至 171 亿。

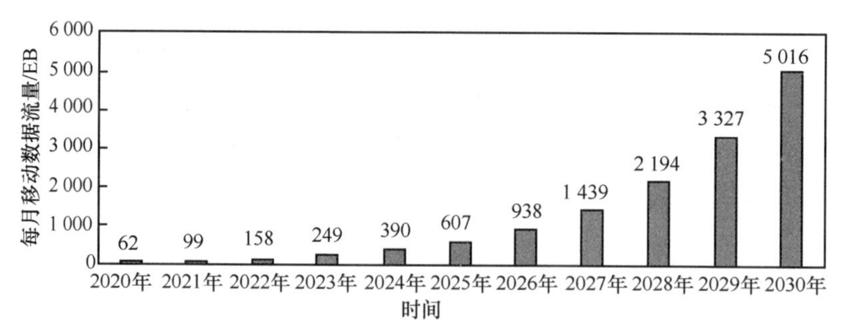

图 1-1　2020—2030 年全球移动连接增长情况

无线数据流量的激增也伴随着对高速无线通信日益增长的需求。特别是，在过去的 30 年里，无线数据速率每 18 个月就翻一番，事实上，到 2030 年，无线数据速率将足以与有线宽带竞争[3-4]，如图 1-2 所示[5]。由于爆炸式的数据速率需求，现有的高速率技术已经无法满足未来通信系统的要求。针对这个问题，探索新的频段成为一个有力的解决方法。幸运的是，近年来出现了几个极具竞争力的候选频段。

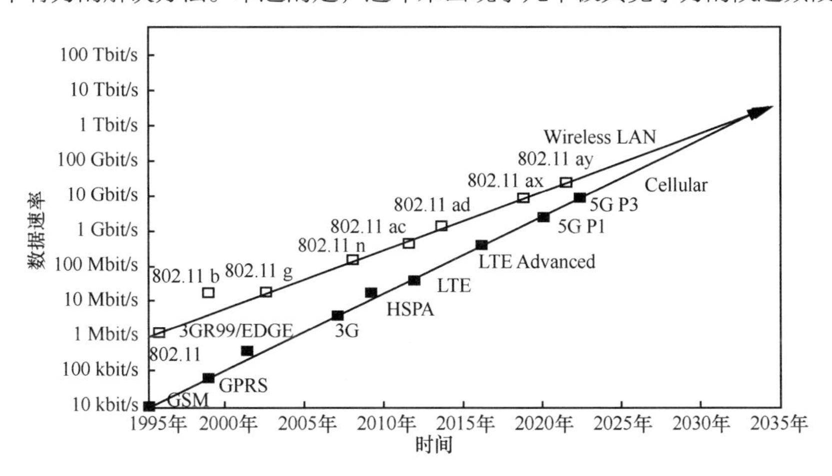

图 1-2　1995—2035 年的无线数据速率增长路线

自由空间光（Free Space Optical，FSO）通信系统因其带宽大、频谱免许可证、功耗低等独特优势而备受关注。由于光载波的优良特性，FSO 通信体系结构可以应用于星地通信和星间通信链路。然而，无线光通信系统自身存在不足。例如，对于星地通信链路来说，云、雾、雨、霾等不可预测的环境条件严重影响着 FSO 通信系统的性能。在星间通信链路方面，FSO 通信系统存在波束跟踪困难和高背景噪声的限制[6-8]。此外，对于室内无线光通信，使用光波不是一个合适的选择，因为数据速率仅限于非相干接收器的低灵敏度、高漫反射损耗和由于眼睛安全限制而造成的有限功率预算[9-11]。因此，为了解决 FSO 通信系统中存在的问题，需要另设一个备选频段。

第五代移动通信系统的备选方案之一是毫米波（Millimeter Wave, mmWave）通信方案。由于毫米波能够提供丰富的带宽，因此毫米波也是其中有力的候选频段之一。虽然备受瞩目的毫米波频段可以达到数 Gbit/s 的数据速率，但受总连续可用带宽小于 10 GHz 的限制，仍不能满足未来无线通信系统中不断增长的数据业务量的要求。

传统上，26.5～300 GHz 频段被定义为 mmWave 频段，300～10 000 GHz 频段被定义为太赫兹（Terahertz，THz）频段。但近年来，将 0.1～10 THz 定义为太赫兹

频段已被普遍接受。太赫兹频段在整个电磁波谱中位于微波和红外波频段之间。由于在电磁波谱的特殊位置，太赫兹波既具有微波频段的穿透性和吸收性，又具有光谱分辨特性，因此能很好地弥补 mmWave 和光学频段之间的差距。同时，太赫兹频段也提供了非常丰富的带宽资源，其范围内有大量频谱块，如表 1-1 所示[12-14]。由此，太赫兹频段被认为是实现超高速通信的最有前途的频段之一[15]，引起了学术界和工业界的广泛关注[16-18]。图 1-3 显示了近年来在 IEEE 和 Web of Science 上发表的与太赫兹相关的出版物的数量情况[5]。因此，太赫兹通信可以提供超大的可用带宽和超高的数据速率，被认为是满足移动异构网络系统实时流量需求的关键无线技术，可用于缓解当前无线通信系统存在的频谱稀缺和容量限制等问题。

表 1-1 不同太赫兹载波频率范围的可用带宽

频率范围/THz	连续带宽/GHz	频率范围/THz	连续带宽/GHz	频率范围/THz	连续带宽/GHz
0.1～0.2	100	0.49～0.52	40	1.03～1.3	38
0.2～0.27	70	0.52～0.66	123	1.3～1.35	51
0.27～0.32	50	0.66～0.72	60	1.35～1.49	92
0.33～0.37	35	0.66～0.84	142	1.49～1.56	29
0.38～0.44	65	0.84～0.94	47	1.56～1.83	25
0.44～0.49	56	0.94～1.03	58	1.83～1.98	56

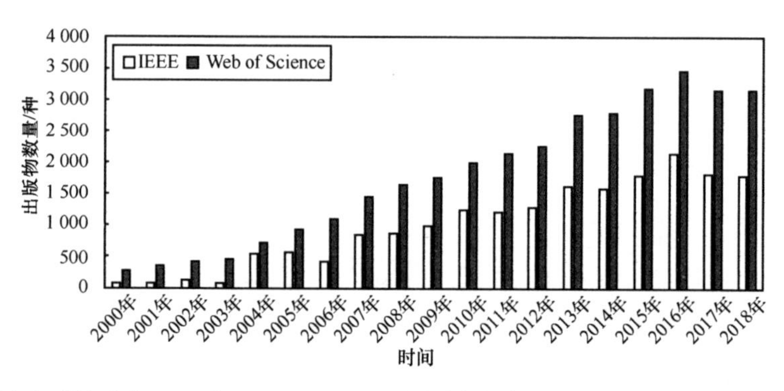

图 1-3 近年来在 IEEE 和 Web of Science 上发表的与太赫兹相关的出版物的数量情况

随着近年来太赫兹技术的突飞猛进，新型材料制备的收发器和太赫兹天线的开发，使太赫兹通信正在缩小毫米波和光频率范围之间的差距，并使其朝着实际实现向前迈进了一步。可以预见，随着对太赫兹无线通信技术的深入研究，太赫兹通信技术将成为极大改变人们生活方式的技术，并给人类社会生活的方方面面带来巨大的惊喜。但是相比其他频段，尽管人们在太赫兹无线研究方面取得了快速的进展，但由于缺乏高效的太赫兹收发器和天线，太赫兹频段多年来被称为太赫兹间隙，仍然被认为是最少被探测的频段之一。因此，后续学术界和工业界对太赫兹技术的探索仍然需要长期推进。

1.1　无线通信的发展历程

移动通信的发展历史可以追溯到 19 世纪。1864 年，麦克斯韦严格推导出麦克斯韦方程组，预言了电磁波的存在，并得出电磁波的传播速度等于光速这一重要结论。1887 年，赫兹用实验证实了电磁波的存在。1896 年，马可尼成功发明了无线电报，到 1901 年，马可尼实现了跨越大西洋的无线电传输实验，从此世界进入了无线电通信的新时代。自 20 世纪 80 年代第一个模拟通信系统诞生以来，几乎每隔 10 年就会出现新一代的通信系统。每一代新的通信系统都会对上一代通信系统中的不足进行改进，并结合当前用户的需求以及未来网络的发展，制定具有新特性、包容新服务的通信系统。几十年来，正是因为几代人的循环往复，不懈探索，才造就了移动通信网络的飞速发展，并取得了如今丰富的成果。无线移动通信系统的演化进程[19]如图 1-4 所示，接下来，本节将对每一代通信系统进行简要介绍。

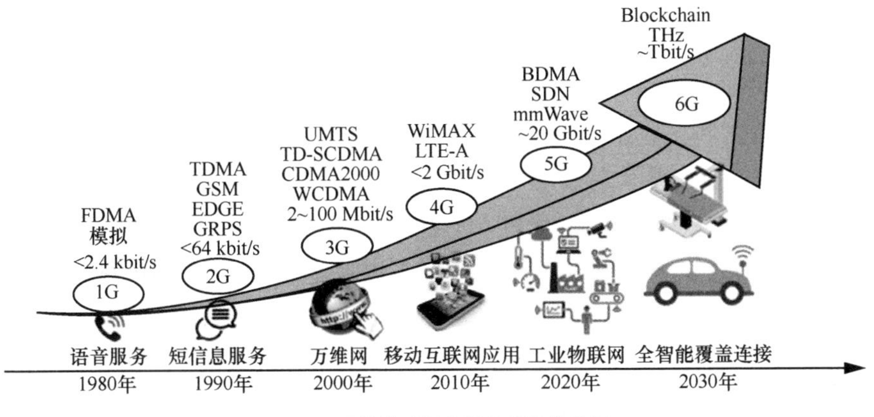

图 1-4　无线移动通信系统的演化进程

1.1.1 1G

1G 移动网络于 20 世纪 80 年代引入，是基于模拟信号的移动通信系统，专为语音服务设计，它帮助人们摆脱了电话线的束缚。1978 年年底，美国贝尔实验室成功研制了先进移动电话系统（Advanced Mobile Phone System，AMPS），建成了蜂窝状移动通信网，这标志着以模拟式蜂窝网为主要特征的 1G 移动通信系统正式登上历史舞台。1976 年，美国摩托罗拉公司的工程师马丁·库珀首先将无线电应用于移动电话。同年，国际无线电大会批准了 800/900 MHz 频段用于移动电话的频率分配方案。一直到 20 世纪 80 年代中期，许多国家才开始建设基于频分多址（Frequency Division Multiple Access，FDMA）技术和模拟调制技术的 1G 系统。例如，英国的总接入通信系统（Total Access Communications System，TACS）、北欧的移动电话（Nordic Mobile Telephone，NMT）系统以及美国的 AMPS。其中，美国的 AMPS 最早于 1971 年研制并投入使用，1973 年摩托罗拉公司向美国联邦通信委员会提出移动通信系统申请，并在 1983 年正式投入商业运行。我国 1G 采用的是英国 TACS 制式，于 1987 年 11 月 18 日在广东第六届全运会上开通并正式商用。然而由于 1G 采用模拟信号进行信息传输，没有通用的无线标准，导致了切换问题，且存在传输效率低、干扰较大、安全性低等诸多弊端，同时 1G 系统的容量十分有限，仅支持语音通话业务，不能提供数据和漫游服务。最后，由于 1G 系统的先天不足，因此其无法真正大规模普及和应用，价格更是非常昂贵。

1.1.2 2G

20 世纪 90 年代初，通信技术进入了 2G 移动通信系统时代，以数字化为特征的 2G 系统在全球范围内开始广泛部署。2G 系统主要包括欧洲提出的全球移动通信（Global System for Mobile Communications，GSM）（GSM900/DCS1800）系统、美国提出的 IS-95A 窄带码分多址（Code Division Multiple Access，CDMA）系统以及日本提出的个人数字蜂窝（Personal Digital Cellular，PDC）系统等。国内应用的第二代蜂窝系统是欧洲 GSM 以及北美的窄带 CDMA 系统。与 1G 相比，2G 基于时分多址（Time Division Multiple Access，TDMA）和 CDMA 等数字调制技术，在性能和容量上得到了显著的提升，提高了语音质量和保密性，此后个人移动通信在全球范围内得到了快速发展。2G 系统的数据速率高达 64 kbit/s，不仅支持更好的语音服务，还支持短消息服务等。但是，由于不同制式的原因，国际之间的移动通信标准不完全统一，用户只能在同一制式覆盖的范围内漫游，全球漫游业务仍没有实现。此外，由于 2G 系统的带宽有限，极大限制了数据业务的应用，无法提供移动多媒体等高速数据业务。但是，随着 2G 技术的发展，手机越来越多地出现在人们的生活中，诺基亚 3110、摩托罗拉 StarTAC 等经典机型更是成为一代人的记忆。

1.1.3　3G

随着互联网的快速发展，人们对于数据传输速率的要求日趋高涨，2G 网络无法满足人们的要求，由此以多媒体业务为主要特征的 3G 移动通信系统应运而生。3G 于 2000 年提出，目标是提供高速数据传输。3G 网络能提供至少 2 Mbit/s 的数据传输速率，并能高速接入互联网。3G 网络支持不被 1G 和 2G 网络支持的高级服务，包括网页浏览、电视流媒体、导航地图和视频服务，因此它实现了真正意义上的移动多媒体通信。为了实现全球漫游，一个名为 3GPP 的组织成立了，其主要工作是定义技术规范，并通过定义移动标准和系统实现 2G 网络向 3G 网络的平滑过渡。3G 存在 3 种标准：CDMA2000、WCDMA、TD-SCDMA。其中，TD-SCDMA 是由我国独立提出的 3G 标准，是中国通信行业自主创新的重要里程碑。国内主要支持国际电联确定的 3 个无线接口标准，分别是中国电信的 CDMA2000、中国联通的 WCDMA 以及中国移动的 TD-SCDMA。

1.1.4　4G

在 3G 技术标准化工作完成后，ITU 立即启动了后 3G（Beyond 3G，B3G）技术标准的制定工作，收到了来自中国、日本、韩国、欧洲标准化组织 3GPP 和北美标准化组织IEEE提交的共6项4G移动通信系统候选技术标准。高级长期演进(Long Term Evolution Advanced，LTE-A）技术于2009年年底正式作为候选4G方案提交给ITU。其中，中国主导制定的TD-LTE-A和FDD-LTE-A（均归属于LTE-A）并列成为4G国际标准。4G系统于2010年迅速普及商用，实现了宽带移动互联网通信，极大地满足了用户的数据业务需求，能够提供高达1 Gbit/s的下行数据速率和500 Mbit/s的上行数据速率。4G显著提高了频谱效率，缩短了时延，适应了数字视频广播、高清晰度电视内容和视频聊天等高级应用程序的要求。此外，4G通过自动漫游使终端移动性可以随时随地提供无线服务，跨越无线网络的地理边界。LTE集成了现有的和新的技术，如协作多点传输/接收（Coordinated Multi-Point Transmission/Reception，CoMP）、多输入多输出（Multiple-Input Multiple-Output，MIMO）、正交频分复用（Orthogonal Frequency Division Multiplexing, OFDM）等。

1.1.5 5G

与4G相比，5G移动通信技术提供了新的功能，并提供了更好的服务质量（Quality of Service，QoS）。5G提出了3种主要的应用场景：增强型移动带宽（Enhanced Mobile Broadband，eMBB）、大规模机器通信（Massive Machine Type Communication，mMTC）以及高可靠低时延通信（Ultra-Reliable and Low Latency Communication，URLLC），采用先进的接入技术，包括波分多址（Beam Division Multiple Access，BDMA）、滤波器组多载波（Filter Bank Multi Carrier, FBMC）等，目标是在数据速率、时延、网络可靠性、能源效率和大规模连接方面取得革命性进展。5G不仅使用了新的微波频段（3.3～4.2 GHz），还创新地使用了毫米波频段，大大提高了数据速率（高达10 Gbit/s）。3GPP NR毫米波频段的射频标准讨论和制定工作由3GPP RAN4牵头开展，3GPP定义的5G第一阶段（3GPP Release-15）中定义了52.6 GHz以下的毫米波频段，以满足较紧急的商业需求。虽然Release-15中已经明确了5G NR的基础技术，但3GPP仍在继续致力于提升核心技术。第二阶段（3GPP Release-16）考虑与第一阶段兼容，在Release-15基础上进行了完善和增强，专注于最高100 GHz的频率，以全面实现ITU IMT-2020的愿景。

1.1.6　6G

随着无线连接的需求呈指数级增长，现有的蜂窝网络无法完全满足这种快速增长的需求。为了迎接未来的挑战，6G 移动通信技术引起了各国的广泛关注。截至目前，欧盟、国际电信联盟等多个组织，以及中国、美国、日本和芬兰等多个国家已经相继部署开展 6G 网络相关的研究，预计将在 2030 年部署。相比于目前已存在的无线通信系统，6G 需要解决的一些基本问题包括更高的系统容量、更高的数据速率、更低的时延、更高的安全性和更好的 QoS。6G 有望实现 1 Tbit/s 的峰值数据速率和极低的微秒时延。它的特点是太赫兹频率通信和空间多路复用，将提供比 5G 网络高 1 000 倍的容量。6G 的目标之一是通过整合卫星通信网络和水下通信，实现无所不在的连接，提供全球覆盖。同时能源收集技术和新材料的使用将大大提高系统的能源效率，实现可持续的绿色网络。

1.2　下一代无线通信系统愿景与需求

1.2.1　6G 愿景与发展规划

新的业务需求和规模增长是无线网络发展的驱动力，图 1-1 和图 1-2 的统计数据表明了改进通信系统的重要性，人类社会将逐步走向一个实时、智能、全自动化远程管理的社会。自主系统将进一步便利人们的生活，并在社会各个领域占据极其重要的地位，如工业、医疗、道路、海洋和太空等。通过在城市基础设施、车辆、家庭、工业厂房等中部署数以百万计的传感器，可以给人类提供一个智能和自动化的生活系统，因此，具有高可靠高数据速率的连接被用来支持这些应用[2]。

1. 愿景与发展规划

近两年，5G 通信系统在全球范围内逐步进行商业化部署，其功能远超 4G 通信。5G 技术为侧重实现人、车联网以及物联网（Internet of Things，IoT）之间的通信[20]，提出了三大重要服务场景：eMBB、mMTC 和 URLLC，正在为 5G 愿景“信息随心至，万物触手及”提供坚实支持[21-22]。5G 通信系统将比现有系统有显著改进，但5G 更多地遵循了以前移动通信系统的技术路线，是 4G 的延伸。同时，5G 通信在很大程度上忽略了通信、智能、传感、控制和计算功能的融合。因此以数据为中心和自动化系统的快速增长可能超过 5G 无线网络的能力。然而，未来的 IoE 应用将需要这种融合，由此 5G 在未来将无法提供一个完全自动化和智能的网络，该网络可以通过服务的形式提供，并提供完全身临其境的体验。例如，全球无线接入设备的激增[20]促使很多对时延性能要求极高的应用出现，如扩展现实（Extended Reality，XR）、VR、AR、混合现实（Mixed Reality，MR）、自动驾驶（Autonomous Driving，AD）、触觉互联网（Tactile Internet，TI）等，其中 TI 应用的时延甚至需要达到 1 ms，将远超 5G 网络的能力[23]。因此，预计在 10 年之后，5G 将无法满足未来新兴智能和自动化系统的需求，并于 2030 年左右达到其极限[19]。

工业革命和信息革命的历史表明，基本需求的扩大往往是由技术革命带来的，技术的可能性决定了人类需求的范围。苹果手机推动了移动互联网的需求和发展，也推动了 4G 网络的成功[24]。到 2030 年左右，我们的社会可能会成为数据驱动的社会，几乎是瞬间的、无限的无线连接使之成为可能。为了进一步满足社会发展不断提出的新要求，提高无线通信网络的适用范围以及适用能力，下一代网络技术——6G 技术被提出。人们对 6G 的需求将跟随未来的技术趋势，如智能汽车和智能制造[24]。作为无线通信的一个新范例，6G 在人工智能的全面支持下，预计将在 2027—2030 年实现。与 5G 系统相比，6G 无线网络最关键的要求是处理海量数据的能力和每个设备高数据速率连接的能力，提供更高的系统容量、更高的数据速率、更低的时延、更高的安全性和更好的 QoS，以支持精细医学、智能灾难预测和超现实 VR 等新应用的可能性[25]。

6G 系统还将延续前几代的趋势，包括添加新技术和新服务。新服务包括人工智能、智能可穿戴设备、植入设备、自动驾驶汽车、传感和三维（3-Dimension，3D）地图等。基于之前移动网络的演化规律，早期 6G 网络将主要基于现有的 5G 架构，继承 5G 的优势（如增加的授权频带和优化的去中心化网络架构），极大地改变人们的工作和娱乐方式。因此，6G 有望推动人们今天所熟悉的无线技术的发展，并大幅提高系统性能。同时，6G 技术将依托 5G 技术已实现的能力，进一步扩展通信需求（如同时满足海量接入要求以及更严格的低时延高可靠要求）、扩大通信服务范围（从 5G 技术服务陆地仅 10 km 的通信空间扩展到“空–天–陆–海”全维度的通信服务范围）等[21]。因此，无论是“一念天地，万物随心”还是“人–网–物–镜”四维一体的 6G 技术总愿景[19-21]，6G 技术最终实现都将指向“智慧网络”。6G 技术为人类社会所提供的“智慧”将从广度与深度两方面，以现有的网络为基础进行进一步延伸。

（1）6G 技术将真正实现通信全球无缝覆盖

目前的通信网络覆盖以陆地服务为主，涉及陆地 10 km 范围，其中不包括偏远地区、荒漠和冰原等无人区，以及地质灾害导致基站设备毁坏造成的通信中断区等[26]。另外，随着人类对海洋探测深度的不断增加以及人类活动范围的深海化，将通信网络覆盖范围扩展到深海领域成为当前通信的重要实现目标。此外，目前卫星通信网络与地面的蜂窝网络技术标准仍然处于独立状态，相互连接仍需要通过网关设备的协助，因此对通信效率以及通信能耗都提出了挑战[21]。利用卫星、飞行器（包括飞机以及无人机等设备）实现空天一体化对物流、采矿、农业、渔业和国防等行业有着至关重要的作用[26]。因此，在未来 6G 时代，为了同时满足上述处于任何地域都可无障碍通信的需求，实现“空–天–陆–海”全球全地形通信无缝覆盖成为 6G 技术实现的关键。

（2）6G 技术将提供“以人类需求为本”的技术支持

“以人类需求为本”的本质是满足不同个体的个性化需求[27]，未来要求 6G 网络可以提供类人思维方式的服务（包括分析人类情感、感官以及环境分析）[20-21,28],如智能车联网的安全服务[29]、下行链路数据速率达到 Tbit/s 的 XR 应用以及全息通信[30]、时延不超过 1 ms 的 TI 应用[24]以及在家庭和医疗系统中需要的无线脑–机交互、自动化制造场景等[31]，此外，6G 网络应该具备自我分析安全隐患以及及时做出响应决策的能力[20]。综上可知，6G 技术需要同时满足海量异构网络的接入、超低时延的要求、智能分析的能力、安全可靠的服务以及高能效的网络部署[32]，即实现真正的“随时随地随心”的通信需求。

2. **网络架构**

为了实现 6G“智慧网络”总愿景，“空–天–陆–海”将成为 6G 部署的基本框架。首先扩展通信覆盖范围实现全球全地形无缝覆盖；然后以 TI 网络为依托，结合深度学习以及人工智能建立智能连接，并以类人思维为人类提供更好的服务[21,32-33]。此外，为了更好地满足人类的各种需求，考虑到6G网络将出现大量异构网络提高网络灵活性等问题，超密度的网络结构以及纳米网络的出现将进一步细化网络结构。

（1）“空-天-海-陆”全维度总框架

为了弥补陆地基站在偏远地区、无人区以及自然灾害发生后无法提供通信服务的不足，在“空-天”领域，需要将地外各种轨道的卫星纳入6G网络的通信体系，包括地球静止轨道卫星、中地球轨道以及低地球轨道卫星；此外，飞机、无人机以及飞艇等空中飞行设备也将加入6G通信体系。水下通信利用深海潜艇以及海上航行的船只为深海通信提供基础，将“空-天-海”的通信网络与地面通信网络（包括移动蜂窝、无线局域网等）统一规划连接，最终形成覆盖全球全地形的全维度通信系统。无处不在的移动超宽带将在陆地、空中、太空和海洋领域的任何地方实现。

（2）TI网络部署

TI网络的部署将使进一步理解人类感知、分析实时环境、提供智能服务成为可能。所谓的TI网络，是指能为6G设备提供实时通信、实时传送控制以及响应功能的网络[21]。TI网络利用网络软件化、虚拟化确保了网络的灵活性、可重构性以及可编程性，实现物理基础设施对数十亿台设备数据的实时共享，从而使全球网络融为一体，为用户提供“随时随地随心”的通信服务。

（3）超密度小蜂窝异构网络

为了满足人类的需求，各式新兴应用（包括XR、全息通信、智能医疗、工业自动化、无人驾驶、无线脑机交互、自动化制造等）、海量超密度的异构网络将成为6G网络的一大特点。为了实现更高的能源效率和频谱利用率、提高通信服务质量，小蜂窝网络成为6G发展的一大趋势，另外，异构网络的多层结构为提高通信服务质量提供了有力保障。

（4）大容量回程链路结构

随着超密度蜂窝小区的出现，边缘化的计算模式以及多层次的网络结构将为回程容量带来巨大压力，因此大容量回程链路结构的建立至关重要[2,34]。

（5）纳米网络部署

纳米网络是一种新兴的网络结构，它能为微型设备提供通信服务，一般纳米网络的通信距离在 1 cm 或 1 m 内[35]。随着智能设备的复杂程度越来越高，设备精度的不断提高也为设备内各个模块之间的通信带来挑战，实现纳米网络的部署将为 6G 网络带来更加精确以及有效的信息通信。

3. **关键指标**

在当前的无线通信系统中，由于创新的信息和通信技术的创造、共享和消费方式，数据传输速率得到了革命性的提高，2030 年全球将进入“智能信息社会”的 6G 时代。一方面，5G 峰值数据速率有望达到 10 Gbit/s，并将继续提升；另一方面，由于沉浸在物联网模式中，6G 有望继续支持海量设备进行无处不在的无线连接。

为了更好地为海量的用户提供可靠安全的服务，相比 5G，6G 将在多个方面进行颠覆性的改进。在速度方面，6G 将使用更丰富的频谱资源，由此提高了数据速率，预计将比 5G 快 100～1 000 倍。在容量方面，相比目前数十亿级的移动设备，6G 将灵活高效地连接上万亿级对象。因此，6G 网络将变得极其密集，其容量可能是 5G 系统的 10～1 000 倍。在时延方面，5G 允许 1 ms 的时延，但是这难以满足未来工业物联网以及未来其他时延敏感型应用的要求，因此 6G 将对时延进行进一步的降低，预计达到 0.1 ms。

图 1-5 所示为 5G 和 6G 的关键指标对比[34]，具体地，6G 有望实现 1 Tbit/s 的峰值数据速率、10 Gbit/s 的用户体验数据速率、低于 0.1 ms 的时延、99.999 99%的可靠性、100 bit/(s·Hz)的频谱效率、超过每平方米 10 个的设备连接密度。

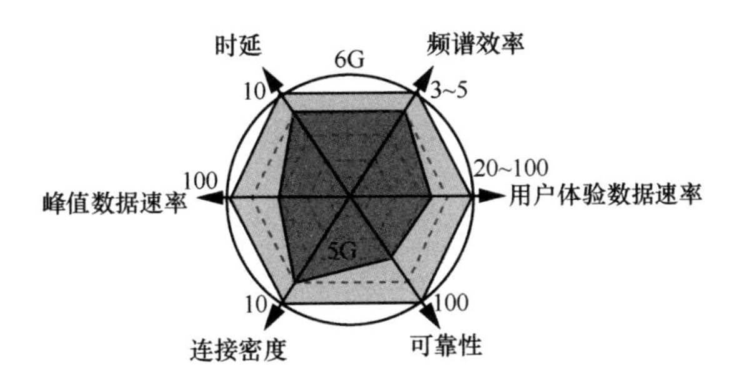

性能指标	峰值数据速率/(Tbit·s⁻¹)	用户体验数据速率/(Gbit·s⁻¹)	时延/ms	可靠性	频谱效率/(bit·(s·Hz)⁻¹)	每平方米连接数/个
5G	0.01	0.1~0.5	1	99.999%	30	1
6G	1	10	0.1	99.999 99%	100	10

图 1-5　5G 和 6G 关键指标对比

1.2.2 面向6G的太赫兹通信应用场景

随着6G“智慧网络”时代的推进，6G技术带来的海量接入、高可靠、超低时延、智能分析能力以及安全性，将进一步推动新型应用的开发，为用户提供更加智能的服务。太赫兹技术在物理、化学、电子信息、生命科学、材料科学、天文学、大气与环境监测、通信雷达等多个重要领域具有重要的应用前景。在未来6G无线网络中，太赫兹通信有望支持大量的新兴应用程序和服务。由于太赫兹波方向性强、路径衰减大等特点，太赫兹通信将首先应用于室内通信场景，且由于高数据速率和低时延的特点，太赫兹通信能为人类生活带来更好的服务，提供更高质量的不同室内场景的应用。不仅如此，太赫兹通信技术凭借其极高的数据传输速率、安全性等一系列优势，将为人类提供从纳米通信到卫星通信的覆盖全球的应用服务。从空间尺度上，根据距离的远近，可以将太赫兹通信分为纳米尺度、微观尺度以及宏观尺度，其相关应用如图1-6所示[5]。根据以上分类，接下来将从3个方面介绍太赫兹无线通信的应用场景。

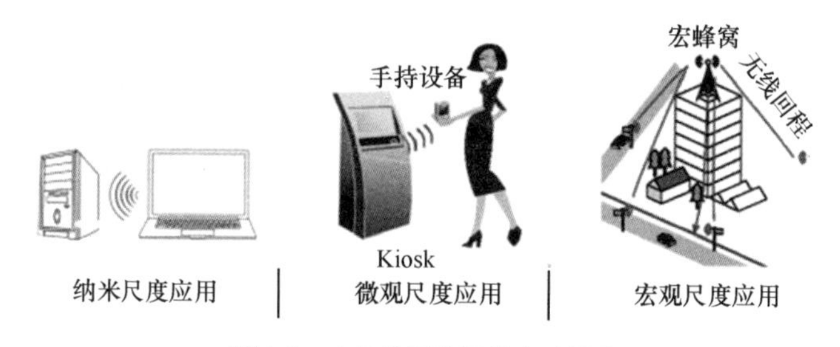

图1-6 太赫兹通信相关应用划分

1. 太赫兹纳米尺度应用

由于太赫兹波长极短，有望实现毫微尺寸的收发设备和组件。同时随着石墨烯等新型材料研究的兴起，太赫兹通信有望作为无线纳米网络通信频段。尽管由于尺寸和功耗的限制，这些纳米机器只有单一的功能。然而，当这些纳米机器能够相互协作，连接到同一个网络进行通信而不是单独完成任务时，它们将在太赫兹通信中发挥重要作用。文献[36]对太赫兹纳米尺度的应用进行了较全面的总结，具体应用可分为健康监测系统、纳米级物联网（Internet of Nanoscale Things，IoNT）和芯片间超高速通信等，部分应用如图 1-7 所示。

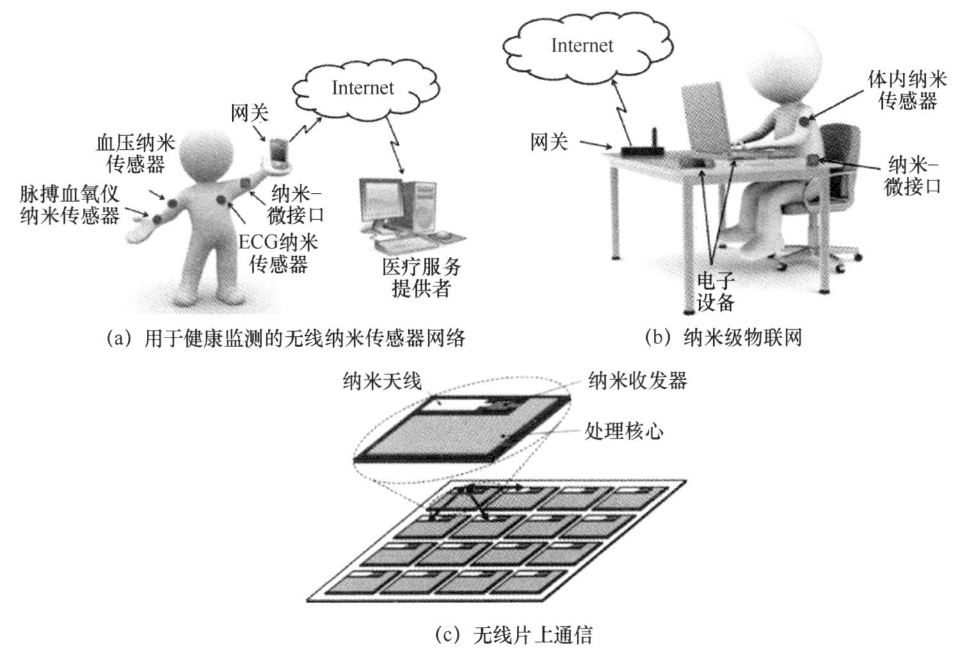

(a) 用于健康监测的无线纳米传感器网络　　(b) 纳米级物联网

(c) 无线片上通信

图 1-7　太赫兹纳米尺度应用

（1）健康监测系统

通过将大量纳米传感器注入人体，可以实现健康监测以及病毒检测。血液中的钠离子、葡萄糖和其他离子，胆固醇，癌症生物指标或者不同传染性药剂的存在能利用纳米级传感器或者纳米传感器来监测。一些布满全身的纳米传感器定义了一张人身纳米传感器网络，能够用于采集与病人健康相关的数据。纳米传感器和微型设备（如手机或专用医疗设备）之间的无线接口可用于采集这些数据，并将其传给医疗服务提供者。

（2）核、生物和化学防御

化学纳米传感器能以分布式方式检测出有害化学物质和生化武器。相比于传统化学传感器，采用纳米传感器最大的优势是能检测是否存在某一化学成分只需极低的甚至仅一个分子的浓度，这明显快于传统化学传感器。然而，考虑到这些传感器需要直接与分子接触，一张包含很多传感器节点的网络就变得极其重要。利用分布式光谱学，无线纳米传感器网络能够以较短时间将收集的特定区域的空气分子成分信息传给宏设备。

（3）纳米级物联网

现有通信网的纳米机器间的交互和基本互联网定义了真正的信息物理系统，即IoNT。IoNT 催生了有趣的新应用场景，将影响人们正在从事的工作。例如，在互联办公区，纳米收发器和纳米天线能植入任何单个个体，以使其永久性连接互联网，从而用户可以毫不费力地追踪所有个人条目。

（4）芯片间超高速通信

太赫兹通过有效且可扩展的方式，利用平面纳米天线产生超高速链路，以片上无线网络来进行核间通信。这种创新方法预期可以解决芯片研制的严苛需求，凭借大带宽和极低面积开销，解决面积受限和片上强通信场景。更重要的是，基于石墨烯的太赫兹通信能够给出内核级别的多播和广播通信能力。

2. 太赫兹微观尺度应用

太赫兹无线通信在满足消费者对更高数据速率的需求方面，特别是在微观尺度上，具有很好的应用前景。无线局域网（Wireless Local Area Network, WLAN）和无线个人区域网（Wireless Personal Area Network, WPAN）构成了这类应用的基础，包括家庭分布中的高清电视（High Definition Television，HDTV）、无线显示、文件无缝传输以及人流量密集地区的太赫兹接入点[5]。太赫兹通信实现了超高速有线网络与个人无线设备之间的无缝对接。这将促进静态和移动用户使用带宽密集型应用程序，但这主要针对室内场景。

太赫兹通信可用于下一代小蜂窝，作为分层蜂窝网络或异构网络的一部分[37]。太赫兹频段为移动蜂窝网络提供小蜂窝通信，在高达 20 m 的传输范围内为移动用户提供超高数据速率。这些小蜂窝的工作环境包括室内和室外场景中的静态及移动用户。具体应用是智能手机的超高清多媒体流或超高清视频会议[36]。因此，太赫兹频率通过方便连接到接入点（包括地铁站的门、公共建筑的入口、购物中心等），为自组网提供了传输解决方案[5]。此外，定向太赫兹频段链路可用于向小蜂窝提供超高速无线回程[36]。

除此之外，太赫兹频段的微尺度无线通信还可能涉及用于教育、娱乐、远程医疗和安全目的的未压缩高清视频的无线传输。同时，Kiosk 下载也是太赫兹频率下的另一个微尺度应用的例子，它为用户的手持设备提供了超高的数字信息下载[5]。

3. 太赫兹宏观尺度应用

相比之下，太赫兹通信在宏观尺度上的应用则更加广泛。在宏观尺度上，太赫兹无线通信促进了潜在的户外应用。

（1）无线数据中心

随着无线数据传输需求的爆炸式增长，数据中心特别是超大数据中心可为云服务提供巨大的存储空间和强大的处理能力，成为现代信息产业的支柱。目前，传统数据中心的架构是基于有线连接的，在这种情况下，有线数据中心的布线难度和维护成本极高[36]。实际上，越来越多的云应用程序引发了数据中心之间的竞争，试图为用户提供升级的体验。这是通过容纳大量的服务器和提供足够的带宽来支持许多应用程序来实现的。事实上，无线网络具有几个特点，包括提供管理流量突发和有限网络接口的可能方法所需的适应性和效率。然而，无线传输能力被限制在短距离和不能容忍阻塞，导致数据中心的效率下降。一种更好的替代方案是使用无线飞行线路来增强数据中心网络，而不是替换所有的电缆。

（2）安全通信

安全通信在无线通信的研究中一直占据着核心地位，涵盖了防御等领域。太赫兹频段可以实现超宽带安全通信链路。一方面，太赫兹频段在保密通信系统中具有独特的优势。由于太赫兹频段波束极窄，因此极大地限制了窃听概率，同时敌手也很难从较窄的太赫兹波束中截获情报，且由于太赫兹的超高带宽，因此扩频技术和跳频技术也可以在此超宽带上使用，以防止和对抗常见的干扰攻击。另一方面，无人机能够代替人类飞行员执行一些危险的任务。无人机完成侦察任务后，获得的无失真的高清晰度（High Definition，HD）视频信息可以快速安全地通过太赫兹链路传输给无人机、载人飞机等，以更好地分析环境[36]。

（3）空间通信

随着6G网络进一步向“空-天-陆-海”的全球部署，人类的日常活动、科研活动逐渐向太空扩展。为了满足空间通信网络的需求，需要新的频谱来提供极高的数据速率传输，并显著降低能耗要求。太赫兹信号在大气中的高衰减大大降低了地面通信系统的通信距离和可传输数据速率。然而，与地面太赫兹通信不同，太赫兹在无大气环境下的空间应用不受大气衰减的影响，这对太赫兹远距离空间通信至关重要。此外，基于太赫兹频段的无线系统与现有的无线系统相比，如低频系统和激光系统[14,38-39]，具有独特的优势。一方面，太赫兹系统可以比传统的微波和毫米波系统提供更高的带宽资源；另一方面，当星地通信链路建立后，在雨、雾、霾、战场等恶劣环境下，太赫兹系统相对于激光通信系统的衰减较小[40]。值得一提的是，高速飞行器在近空间飞行时，高温会使空气电离，并在飞行器周围形成等离子体鞘套。等离子体鞘频率在60～70 GHz，传统的测量方法和通信控制方法难以穿透等离子体鞘层[15]。但是太赫兹的频率远远高于等离子体鞘的频率，这就保证了太赫兹无线通信是一种不可替代的通过等离子体鞘进行实时测量的科学方案。在空间综合信息网络方面，还有一些典型的太赫兹通信应用，如卫星集群网络、卫星间主干网络和星对地网络[36]。

（4）车辆通信

太赫兹频段通信由于其超高的数据速率，可以用于车辆通信网络。通过新一代信息通信技术，实现车与云平台、车与车、车与路、车与人、车内等全方位网络连接。

在太赫兹频段进行通信，车与车之间能实现快速信息交流与信息共享，包括车辆位置、行驶速度等车辆状态信息，可以为车与车之间的间距提供保障，降低车辆发生碰撞事故的概率。同时车辆通信还可以用于判断道路车流状况，帮助车主实时导航。不同于传统的低速率技术，如蓝牙和ZigBee，车辆内部各设备间通过太赫兹频段进行快速信息数据传输，可以对设备状态进行实时监测与运行控制，建立数字化的车内控制系统。

由于在各个国家交通事故造成的安全问题比例偏高，因此人们设想通过车辆自身快速反应实现安全机动。因此，集自动控制、体系结构、人工智能、视觉计算等众多技术为一体的无人驾驶汽车慢慢出现在人们的视线中。无人驾驶汽车通过车载传感系统感知道路环境，自动规划行车路线并控制车辆到达预定目标，涉及全方位的数据信息交互。通过在太赫兹频段建立无线通信链路，车与云平台间可以实现超高速率的信息传输，接收平台下达的控制指令，并实时共享车辆数据。同时车与路也可以进行高速的信息交流，监测道路路面状况，引导车辆选择最佳行驶路径。目前，大多数无人驾驶都依赖于单车感应/控制功能，车辆的感知仅限于传感器的局部小范围覆盖，其性能受到了大大的限制。因此为了进一步提高车辆网络的性能，同时保证安全性和交通效率，特别是在具有高密度自动驾驶车辆的场景中，需要进行协作机动。通过部署太赫兹无线通信网络，车辆可以把本地地图和周围车辆收集的远程地图快速融合，快速高效执行驾驶环境感知。由此，每辆车的感知范围可以得到大大提高，使车辆能够发现前方或盲点隐藏的物体，从而避免与其他车辆相撞，为安全带来巨大的好处。

综上，部署太赫兹无线通信系统能够实现车辆网络中的信息交互，进一步提高行车安全性，减轻交通拥堵，减少交通事故和能量不必要损耗，由此提高整体交通效率。

1.3　太赫兹无线通信的优势

为满足通信网络中不断增长的需求，mmWave、太赫兹和光通信（包括红外线、可见光以及深紫外线频段）备受关注，本节将对比 mmWave 和光通信与太赫兹，并对太赫兹通信优势进行阐述。太赫兹频段由于存在水分子吸收造成的路径损耗（Path Loss，PL），因此在雨天会对太赫兹通信造成一些影响，但当遇到雾、尘以及湍流等天气时，太赫兹通信表现相对稳定。

1.3.1　毫米波与太赫兹

毫米波通信系统能够提供比 5 GHz 以下的传统微波通信系统更多的带宽，可以在现有和新兴的无线网络部署中实现更多的应用。虽然毫米波频段的数据速率可以达到几 Gbit/s，但仍不能满足未来无线通信系统中不断增长的数据业务量的需求。例如，未来的 WLAN 和 WPAN 系统要求数据速率至少为 10 Gbit/s [3]。此外，VR 设备的最小数据速率预计为 10 Gbit/s；未压缩超高清视频和 3D 视频的数据速率将分别达到 24 Gbit/s 和 100 Gbit/s[41]。为了达到预想的 100 Gbit/s 的数据速率，传输方案必须达到 14 bit/(s·Hz)的频谱效率[42]。相比之下，太赫兹能够提供比毫米波更丰富的频谱资源，允许更高的链路方向性，同时因为太赫兹波的波长比毫米波更短，所以自由空间衍射更少。因此，在太赫兹通信中使用高方向性的小天线，既降低了传输功率，也减少了不同天线之间的信号干扰[43]。不仅如此，与毫米波频段相比，太赫兹频段上的通信安全性也得到了进一步提升。这是因为太赫兹波束具有极高方向性，未经授权的用户必须在相同的窄波束宽度上拦截消息，由此降低了窃听的概率。

1.3.2 红外线与太赫兹

在无线通信中，红外辐射是一个有吸引力的、发展良好的无线电频谱的替代技术。该红外技术使用波长跨度为 750～1 600 nm 的激光发射器，提供了数据速率可达 10 Gbit/s 的高成本效益的链路。红外线传输不能穿透墙壁或其他不透明的屏障，信号被限制在所处的房间内，但这种传输特点也带来了通信安全的提升，降低了信号被窃听的可能，并排除了不同房间的通信链路之间的干扰。但是，也正因为红外辐射不能穿透墙壁，所以需要安装通过有线主干网互连的红外接入点[44]。同时，红外通信受环境的影响较大，导致了通信性能的显著下降。具体地，在室内环境中的光信号源，如荧光灯、接收器端的噪声，以及室外环境中的日/月光噪声、大气湍流等，都会极大程度地影响红外通信链路的可用性和可靠性。即使在晴朗的天气，由于闪烁和光强的暂时空间变化，光学链路的性能也会下降。另外，光收发器必须同时对着对方进行通信，这样才能保证精确的校准[45]。在雾、尘、湍流等恶劣天气下，红外信号会遭受严重的衰减，而太赫兹信号遭受的影响特别小，因此，在以上恶劣天气下，太赫兹频段被认为是替代红外通信的理想频段。相比红外通信，在噪声方面，太赫兹系统不受环境光信号源的影响。

1.3.3　可见光与太赫兹

可见光通信（Visible Light Communication, VLC）由类光源发光二极管（Light Emitting Diode, LED）产生的可见光来传输数据，在空中以及水下都有很好的通信效果，是一项极具前景的能源感知技术，这种通过发光二极管进行照明的技术可以获得极高的能源效率。同时，由于 LED 具有功耗低、体积小、寿命长、成本低和热辐射低等优点，因此，VLC 可以支持许多重要的服务和应用，如室内定位、人机交互、设备间通信、车辆网络、交通灯等[46]。但是，VLC 在某些方面仍然存在一些挑战，而这会极大影响无线通信的质量。例如，在视距（Line of Sight, LoS）链路中，当发射机和接收机的视场角（Field of View, FoV）对齐时，VLC 的信道增益会很大。但是当接收机在移动时，就会出现 FoV 无法对齐的情况，由此会导致接收光功率的显著下降[47]。同时，当光被阻挡时，传输就会中断，因此会导致通信中断。与红外波类似，环境光的干扰会显著降低接收到的信噪比（Signal to Noise Ratio, SNR）和通信质量[48]。然而，与 VLC 系统相反，当 LoS 不可用时，太赫兹频带允许非视距（Non Line of Sight, NLoS）传播。在这种情况下，NLoS 的传播可以通过有策略地安装介质反射镜来设计，以将光束反射到接收器。此外，太赫兹频段被认为是上行通信的候选频段，这是 VLC 所缺乏的。

表 1-2 对比了以上各频段通信系统的性能[49]。结合以上描述，太赫兹无线通信的优势可以简要总结为以下几点。

表 1-2　各频段通信系统性能对比

各频段通信系统	数据速率/($Gbit \cdot s^{-1}$)	带宽	天气影响	安全性	通信方式
太赫兹	100	宽	稳定	高	可多点
mmWave	10	较窄	稳定	一般	可多点
红外线	10	极宽	不稳定	高	点对点
可见光	10	宽	不稳定	高	点对点

（1）丰富的带宽资源

太赫兹频段的频谱范围为 0.1～10 THz，比毫米波的带宽高一个数量级，使用更高的频率作为载波频率可以拥有更丰富的频谱资源，提供更高的容量以及 Tbit/s 级数据传输速率的支持，在流量日益密集的网络中极具吸引力。特别是，其能够提供高速无线通信，并提供更快、更高质量的视频、多媒体内容和服务。

（2）元件尺寸小

由于太赫兹波长短，使设备尺寸较小，从而大的天线阵列能够被封装在小物理尺寸的通信设备中，系统更容易实现小型化。

（3）安全保密性高

太赫兹信号在传播过程中会经历较大的衰减，导致传输距离较短，超过这一距离信号强度就会变得比较弱，因此具有极高的防窃听能力；另一方面，太赫兹的高定向窄波束提高了窃听的难度，可以极大增强通信的安全性。

（4）抗干扰性好

太赫兹信号传输具有较高的方向性，能使链路间干扰较小。此外，由于传输距离短，因此减少了小区间的干扰，提高了频谱复用。

（5）降低电力消耗

太赫兹频段下收发器之间的距离要比毫米波频段中的距离短得多，这降低了电力消耗，从而减少了二氧化碳的排放。

（6）天气条件因素影响低

太赫兹波长短不易衍射，当遇到雾、尘以及湍流等情况时，太赫兹通信表现相对稳定。而红外线通信却会受到很大衰减。此外，对于红外线以及可见光通信，室内外出现的荧光灯以及日/月光噪声也会影响其通信水平。

1.4 本章小结

在即将到来的 6G 无线网络中，太赫兹通信有望支持广泛的应用前景。本章围绕太赫兹通信的研究动机及应用进行了阐述。首先回顾了移动通信的发展历程，以电磁波理论、经典信息论等基础理论为指导，以社会进步带来的新需求为驱动力，讲述了移动通信系统从 1G 到 6G 的更新换代。其次，从 5G 移动通信系统所面临的挑战出发，本章还分析了 6G 移动通信系统的愿景、需求、性能指标和应用。为了满足这些愿景、需求、性能指标和应用等，探讨了面向 6G 的太赫兹通信的潜在应用场景。最后，本章将太赫兹与毫米波、红外线和可见光进行了对比，进一步阐述了太赫兹通信的优势。具体地，与 mmWave 频段相比，太赫兹通信具有较大的传输带宽和更好的安全性能。与光通信相比，太赫兹通信更容易对光束进行跟踪和校准，并能适应雾、尘等恶劣天气。这些明显的优势使太赫兹通信在世界范围内得到了广泛的研究，因此部署太赫兹通信来满足无信通信系统对超低时延的要求具有显著的现实意义。

参考文献

[1] ITU-R. IMT traffic estimates for the years 2020 to 2030[R]. 2015.

[2] CHOWDHURY M Z, SHAHJALAL M, AHMED S, et al. 6G wireless communication systems: applications, requirements, technologies, challenges, and research directions[J]. IEEE Open Journal of the Communications Society, 2020, 1: 957-975.

[3] SONG H J, NAGATSUMA T. Present and future of terahertz communications[J]. IEEE Transactions on Terahertz Science & Technology, 2011, 1(1): 256-263.

[4] LI R. Towards a new Internet for the year 2030 and beyond[R]. 2018.

[5] ELAYAN H, AMIN O, SHIHADA B, et al. Terahertz band: the last piece of RF spectrum puzzle for communication systems[J]. IEEE Open Journal of the Communications Society, 2020, 1: 1-32.

[6] KAUSHAL H, KADDOUM G. Optical communication in space: challenges and mitigation techniques[J]. IEEE Communications Surveys & Tutorials, 2016, 19(1): 57-96.

[7] CHAN V W S. Optical satellite networks[J]. Journal of Lightwave Technology, 2003, 21(11): 2811-2827.

[8] HEATLEY D J T, WISELY D R, NEILD I, et al. Optical wireless: the story so far[J]. IEEE Communications Magazine, 1998, 36(12): 72-74.

[9] GFELLER F R, BAPST U. Wireless in-house data communication via diffuse infrared radiation[J]. Proceedings of the IEEE, 1979, 67(11): 1474-1486.

[10] CARRUTHER J B, KAHN J M. Angle diversity for nondirected wireless infrared communication[J]. IEEE Transactions on Communications, 2000, 48(6): 960-969.

[11] TANG A P, KAHN J M, HO K P. Wireless infrared communication links using multi-beam transmitters and imaging receivers[C]//Proceedings of International Conference on Communications. Piscataway: IEEE Press, 1996: 180-186.

[12] ZAKRAJSEK L M, PADOS D A, JORNET J M. Design and performance analysis of ultra-massive multi-carrier multiple input multiple output communications in the terahertz band[C]//SPIE Commercial + Scientific Sensing and Imaging. Bellingham: SPIE Press, 2017: 26-36.
[13] HUQ K M S, BUSARI S A, RODRIGUEZ J, et al. Terahertz-enabled wireless system for beyond-5G ultra-fast networks: a brief survey[J]. IEEE Network, 2019, 33(4): 89-95.
[14] ITU-R. Technology trends of active services in the frequency range 275–3000 GHz[R]. 2015.
[15] PIESIEWICZ R, KLEINE-OSTMANN T, KRUMBHOLZ N, et al. Short-range ultra-broadband terahertz communications: concepts and perspectives[J]. IEEE Antennas and Propagation Magazine, 2007, 49(6): 24-39.
[16] CHEN Z, MA X, ZHANG B, et al. A survey on terahertz communications[J]. China Communications, 2019, 16(2): 1-35.
[17] JORNET J M, AKYILDIZ I F. Channel modeling and capacity analysis for electromagnetic wireless nanonetworks in the terahertz band[J]. IEEE Transactions on Wireless Communications, 2011, 10(10): 3211-3221.
[18] HAN C, BICEN A, AKYILDIZ I F. Multi-ray channel modeling and wideband characterization for wireless communications in the terahertz band[J]. IEEE Transactions on Wireless Communications, 2015, 14(5): 2402-2412.
[19] HUANG T Y, YANG W, WU J, et al. A survey on green 6G network: architecture and technologies[J]. IEEE Access, 2019, 7: 175758-175768.
[20] 陈亮, 余少华. 6G 移动通信发展趋势初探(特邀)[J]. 光通信研究, 2019(4): 1-8.
[21] 赵亚军, 郁光辉, 徐汉青. 6G 移动通信网络: 愿景、挑战与关键技术[J]. 中国科学: 信息科学, 2019, 49(8): 963-987.
[22] 黄宇红, 王晓云, 刘光毅. 5G 移动通信系统概述[J]. 电子技术应用, 2017, 43(8): 3-7.
[23] YASTREBOVA A, KIRICHEK R, KOUCHERYAVY Y, et al. Future networks 2030: architecture & requirements[C]//Proceedings of 2018 10th International Congress on Ultra Modern Telecommunications and Control Systems and Workshops (ICUMT). Piscataway: IEEE Press, 2018: 1-8.
[24] ZONG B Q, FAN C, WANG X Y, et al. 6G technologies: key drivers, core requirements, system architectures, and enabling technologies[J]. IEEE Vehicular Technology Magazine, 2019, 14(3): 18-27.
[25] YANG P, XIAO Y, XIAO M, et al. 6G wireless communications: vision and potential techniques[J]. IEEE Network, 2019, 33(4): 70-75.
[26] HUANG X J, ZHANG J A, LIU R P, et al. Airplane-aided integrated networking for 6G wireless: will it work? [J]. IEEE Vehicular Technology Magazine, 2019, 14(3): 84-91.
[27] 张平, 牛凯, 田辉, 等. 6G 移动通信技术展望[J]. 通信学报, 2019, 40(1): 141-148.

[28] CALVANESE S E, BARBAROSSA S, GONZALEZ-JIMENEZ J L, et al. 6G: the next frontier: from holographic messaging to artificial intelligence using subterahertz and visible light communication[J]. IEEE Vehicular Technology Magazine, 2019, 14(3): 42-50.

[29] TANG F X, KAWAMOTO Y, KATO N, et al. Future intelligent and secure vehicular network toward 6G: machine-learning approaches[J]. Proceedings of the IEEE, 2020, 108(2): 292-307.

[30] GUI G, LIU M, TANG F X, et al. 6G: opening new horizons for integration of comfort, security, and intelligence[J]. IEEE Wireless Communications, 2020, 27(5): 126-132.

[31] SAAD W, BENNIS M, CHEN M Z. A vision of 6G wireless systems: applications, trends, technologies, and open research problems[J]. IEEE Network, 2020, 34(3): 134-142.

[32] NAWAZ S J, SHARMA S K, WYNE S, et al. Quantum machine learning for 6G communication networks: state-of-the-art and vision for the future[J]. IEEE Access, 2019, 7: 46317-46350.

[33] LETAIEF K B, CHEN W, SHI Y M, et al. The roadmap to 6G: AI empowered wireless networks[J]. IEEE Communications Magazine, 2019, 57(8): 84-90.

[34] HAN C, WU Y Z, CHEN Z, et al. Terahertz communications (TeraCom): challenges and impact on 6G wireless systems[J]. arXiv Preprint, arXiv: 1912.06040, 2019.

[35] YUAN Y F, ZHAO Y J, ZONG B Q, et al. Potential key technologies for 6G mobile communications[J]. Science China Information Sciences, 2020, 63(8): 183301.

[36] AKYILDIZ I F, JORNET J M, HAN C. Terahertz band: next frontier for wireless communications[J]. Physical Communication, 2014, 12: 16-32.

[37] AKYILDIZ I F, GUTIERREZ-ESTEVEZ D M, BALAKRISHNAN R, et al. LTE-Advanced and the evolution to beyond 4G (B4G) systems[J]. Physical Communication, 2014, 10: 31-60.

[38] HUANG K C, WANG Z C. Terahertz terabit wireless communication[J]. IEEE Microwave Magazine, 2011, 12(4): 108-116.

[39] HIRATA A, YAITA M. Ultrafast terahertz wireless communications technologies[J]. IEEE Transactions on Terahertz Science and Technology, 2015, 5(6): 1128-1132.

[40] FEDERICI J F, MA J. Comparison of terahertz versus infrared free-space communications under identical weather conditions[C]//2014 39th International Conference on Infrared, Millimeter, and Terahertz Waves (IRMMW-THz). [S.n.:s.l.], 2014: 1-3.

[41] MUMTAZ S, MIQUEL J J, AULIN J, et al. Terahertz communication for vehicular networks[J]. IEEE Transactions on Vehicular Technology, 2017, 66(7): 5617-5625.

[42] KÜRNER T, PRIEBE S. Towards THz communications - status in research, standardization and regulation[J]. Journal of Infrared, Millimeter, and Terahertz Waves, 2014, 35(1): 53-62.

[43] MA J. Terahertz wireless communication through atmospheric turbulence and rain[D]. Newark: New Jersey Institute of Technology, 2016.

[44] KAHN J M, BARRY J R. Wireless infrared communications[J]. Proceedings of the IEEE, 1997, 85(2): 265-298.

[45] FERNANDES J J G, WATSON P A, NEVES J C. Wireless LANs: physical properties of infra-red systems vs. mmw systems[J]. IEEE Communications Magazine, 1994, 32(8): 68-73.

[46] KHALIGHI M A, UYSAL M. Survey on free space optical communication: a communication theory perspective[J]. IEEE Communications Surveys & Tutorials, 2014, 16(4): 2231-2258.

[47] PATHAK P H, FENG X T, HU P F, et al. Visible light communication, networking, and sensing: a survey, potential and challenges[J]. IEEE Communications Surveys & Tutorials, 2015, 17(4): 2047-2077.

[48] ARNON S. Visible light communication[M]. Cambridge: Cambridge University Press, 2015.

[49] 谢莎, 李浩然, 李玲香, 等. 面向6G网络的太赫兹通信技术研究综述[J]. 移动通信, 2020, 44(6): 36-43.

第2章

全球合作及标准化

在每一代移动通信网络中，通信标准都占据着极其重要的位置。通信标准就是一系列技术度量的选择，业界可以据此生产和部署标准化的产品，从而使产品之间具有互操作性。目前，多个国家都试图在国际标准领域拥有更多的话语权，进而达到优先占领 6G 通信行业制高点的目的。本章首先梳理美国、欧洲、日韩和中国的太赫兹通信发展现状，然后介绍面向 6G 的太赫兹通信的研究与标准化进程。

为了加快开启 6G 技术的研究步伐，提早实现“以人类需求为本”的个性化需求，各个国家以及组织在积极推进 6G 技术开展的进程。挑战与机遇并存，特别是在高传播损耗和受限的通信距离上。因此，弥合太赫兹鸿沟，实现太赫兹通信的道路需要整个通信界的共同努力。

全球在这个方向上的研究活动正在进行，包括由欧洲地平线 2020 资助的 ICT-09-2017 集群、中国科技部资助的重点项目，以及美国国家科学基金会正在进行的多项资助等。首个无线通信标准 IEEE 802.15.3D（WPAN）于 2017 年发布，其运行频率为 300 GHz，支持 100 Gbit/s 及以上的无线连接[1]。自 2019 年以来，第一届和第二届太赫兹通信国际研讨会已成功举办。

2.1 国内外发展现状

本节主要对美国、欧洲、日韩、中国等国家和地区的太赫兹通信发展现状进行简单梳理。

2.1.1 美国

美国是太赫兹技术开展研究最早、研究领域覆盖最全面的国家[2]。2004 年，美国提出了改变未来世界的十大科学技术，太赫兹技术就是其中之一。美国陆海空三局、能源部、国家科学基金会等政府机构给予了大力支持，设立了太赫兹高速无线通信主干网络建设相关计划[3]。美国联邦通信委员会（Federal Communications Commission，FCC）为开启 6G 网络的研究已经开放了太赫兹频段。1990 年，美国国家航空航天局（National Aeronautics and Space Administration，NASA）开始实施太赫兹技术计划。同时，自 2009 年起，美国国防部高级研究计划局（Defense Advanced Research Projects Agency，DARPA）和 NASA 均投入较大资金和力量，用于太赫兹关键组件及系统的研发。DARPA 启动了名为“THOR”的研究计划，该计划包含研发与评估等一系列可用于移动自组网的自由空间通信系统的技术，并投入大量经费研制 0.1～1 THz 频段太赫兹通信关键器件和系统。2013 年，美国提出了 100 Gbit/s 主干网计划，致力于开发机载通信链路实现大容量远距离无线通信。2018 年，FCC 启动了 95 GHz～3 THz 频谱范围的太赫兹频段新服务的研究工作，并从 2019 年 6 月开始发放为期 10 年、可销售网络服务的试验频谱许可。

多年来，美国大型机构、高校、研究所等积极致力于太赫兹技术的研究，并且已经取得了不错的进展。在太赫兹通信技术领域，2017 年，布朗大学研发实现了 50 Gbit/s 通信速率；在太赫兹探测及成像技术领域，NASA、美国喷气推进实验室（Jet Propulsion Laboratory，JPL）等都取得了多项成果，大大提升了探测成像的分辨率[2]。

图 2-1 所示为美国贝尔实验室的 0.625 THz 通信实验系统[4-5]，该系统是目前采用全电子方式实现最高载波频率的太赫兹通信系统。美国的纽约大学、麻省理工学院、佐治亚理工学院、普林斯顿大学、加州大学伯克利分校等众多研究机构也纷纷加入太赫兹技术的研究中，并均有不同方向的技术成果发布[6]。

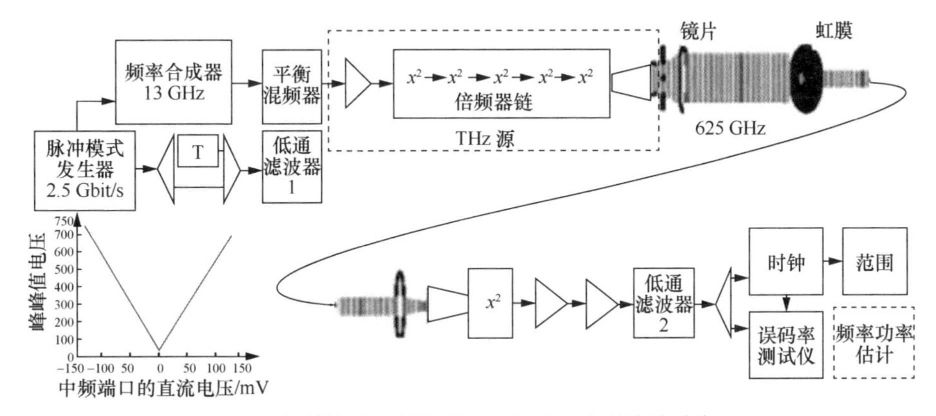

图 2-1　美国贝尔实验室的 0.625 THz 通信实验系统

目前，在关键器件的产业化方面，美国仍处于国际领先地位，器件厂商的虚拟桌面基础架构（Virtual Desktop Infrastructure，VDI）等太赫兹关键器件覆盖种类和支持频段均比较完备，产业成熟度较高。2019 年 3 月，FCC 对未来移动通信应用开放了 95 GHz～3 THz 频段，鼓励相关产业机构加入太赫兹无线移动通信的应用研究中，该举措应该会进一步推动美国太赫兹通信技术的应用研究和产业进步。

2.1.2 欧洲

欧洲各国在太赫兹技术多个领域也开展了相关的研究，其中以英国为主要代表。欧洲 2014 年启动了“地平线 2020”（Horizon 2020）计划，包含了众多太赫兹相关的技术簇资助项目，以及英国格拉斯哥大学领导的“超宽带太赫兹收发器普适无线通信”（简称 iBROW）项目。为了保持太赫兹通信领域的竞争力，欧盟第 5～第 7 框架计划中启动了一系列跨国太赫兹研究项目，包括于 2000—2003 年开始实施的由英国剑桥大学牵头的太赫兹发射器和探测器无线区域组网（Wireless Area Networking of Terahertz Emitters and Detectors，WANTED）计划。该计划以半导体器件为研发目标，在 1～10 THz 频段中研发振动器和检波器[2]，研制出了世界上第一台量子级联激光器（Quantum Cascade Laser，QCL），实现了无线通信系统 Gbit/s 级数据速率传输[7]。英国还开展了 Teravision 项目，以医学成像为研发目标，研制小型高功率的短脉冲激光成像设备[2]。此外，还有以英国剑桥大学为牵头单位的 THz-Bridge 计划、欧洲太空总署启动的大型太赫兹 Star-Tiger 计划、由德国德累斯顿工业大学牵头成立的欧洲太赫兹旗舰研究联盟 TeraFlag。2017 年 9 月，欧盟启动了一项为期 3 年的 6G 基础技术研究项目，该项目的主要任务是研究无线 Tbit 网络的下一代前向纠错编码、高级信道编码和信道调制技术[8]。2018 年 4 月，芬兰科学院宣布了一项为期 8 年的研究项目“6Genesis”，旨在通过奥卢大学和诺基亚的共同努力，重点研究天线技术并探索 6G 标准的发展以及概念化。值得注意的是，“6Genesis”是第一个专注于 6G 调查的计划，其结合了多个领域，包括可靠的、近乎即时的、无限的无线连接，分布式计算与智能，以及用于未来电路和设备的材料和天线[8]。同时“6Genesis”也开启了世界上第一个 6G 峰会。

瑞士的苏黎世联邦理工学院在 2014 年研制完成了一种新型的激光器。该激光器采用量子级联技术，中心波长为 24.1 μm，在 22 K 的温度下中心波长为 24.4 μm，输出功率的平均峰值为 0.6 mW[2]。

此外，德国弗劳恩霍夫应用固态物理研究所（IAF）、卡尔斯鲁厄理工学院（KIT）等机构一起合作，在 2011 年完成了基于 InP mHEMT TMIC 的全固态 0.22 THz 无线通信演示系统[6,9-10]，如图 2-2 所示。在输出功率约为 1.4 mW，采用 16、64、128、256 QAM、OOK 等调制方式时，实现了 12.5 Gbit/s 速率、2 m 传输距离的通信演示实验，并完成太赫兹波在纯净大气、大雨和大雾天气的衰减测试[3]。2012 年，IAF 和 KIT 对该系统进行了改进，实现了 15 Gbit/s 速率、20 m 传输距离和 25 Gbit/s 速率、10 m 传输距离的通信演示实验[6,9]。IAF 于 2013 年在 0.24 THz 上基于全电子方式实现了 40 Gbit/s 速率、1 km 距离的无线传输，系统原型如图 2-3（a）所示[4,11]。此外，IAF 还在日本电报电话公司（Nippon Telegraph and Telephone, NTT）研制的光电方式的太赫兹通信系统上实现了 100 Gbit/s 速率、20 m 距离的无线传输和离线解调，应用前景和传输实验分别如图 2-3（b）和图 2-3（c）所示[10]。

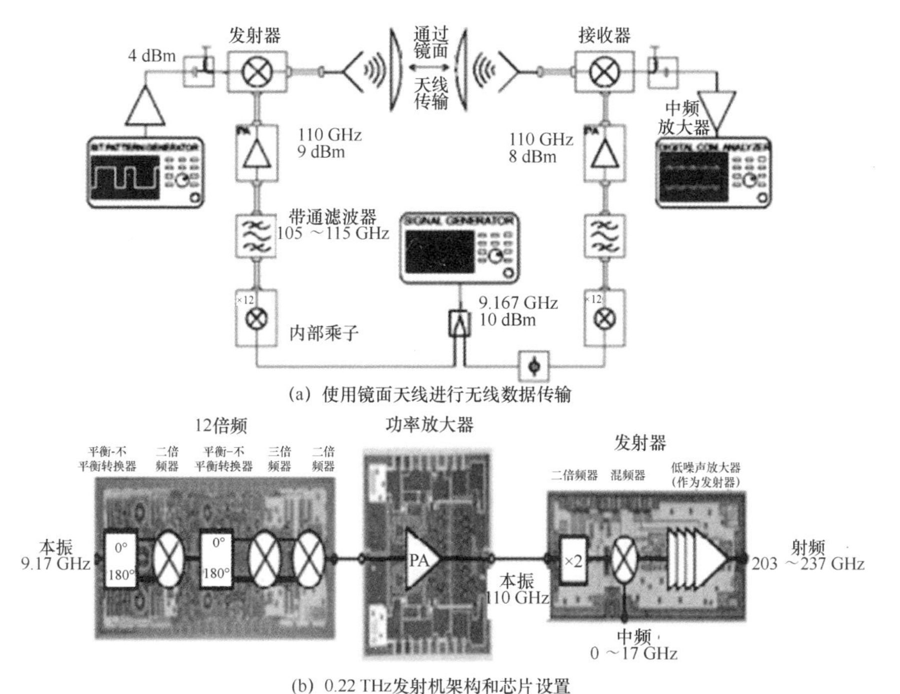

(a) 使用镜面天线进行无线数据传输

(b) 0.22 THz发射机架构和芯片设置

图 2-2 0.22 THz 无线通信演示系统

(a) 40 Gbit/s系统原型

(b) 远距离大容量太赫兹无线通信链路的前瞻性应用场景

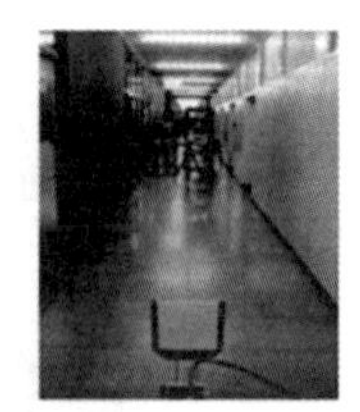
(c) 100 Gbit/s、20 m传输实验

图 2-3　德国 IAF 的 0.24 THz 太赫兹通信系统

2.1.3　日韩

2005 年 1 月 8 日，日本宣布了其 10 年科学技术战略规划，提出了 10 项主要关键技术，其中太赫兹技术被列为关键科学技术之首。日本在太赫兹通信领域的研发多以通信企业为主导，辅以大学深厚的技术功底，最终由企业实现产业化推广，因此太赫兹技术在日本的发展相当迅速。围绕太赫兹通信系统与核心器件，以 NEC、NTT、富士通、东京工业大学、大阪大学为代表的日本太赫兹通信研究团队的研究成果颇为丰硕。

2006 年，NTT 实现了频率为 0.12 THz、传输距离为 15 km 的太赫兹无线通信演示系统[5,11-12]，完成世界上首例太赫兹通信演示，由此奠定了日本太赫兹技术在全球的领军地位，如图 2-4 所示。2008 年，北京奥运会成功使用了日本第三代太赫兹通信系统进行了 HDTV 直播。目前，NTT 正在全力研究 0.5～0.6 THz 高速大容量无线通信系统。除此之外，日本众多研究机构也加入太赫兹通信技术的研究工作中。2017 年，日本松下公司、广岛大学、国家信息与通信研究院联合形成产学研的研发体系，其研制的太赫兹发射机在 290～315 GHz 的频率下实现了 105 Gbit/s 的单信道数据速率[2]。2019 年 2 月，日本松下公司、广岛大学、国家信息与通信研究院宣布开发出 300 GHz 频段的太赫兹收发器，能够使用 IEEE 802.15.3D 标准定义的信道 66 以 80 Gbit/s 速率收发数字化数据。

韩国确立了全国太赫兹科学技术发展计划（2009—2019）和太赫兹科学研究计划（2013—2021）。韩国 SK 电信公司将与两家欧洲公司（芬兰诺基亚公司和瑞典爱立信公司）共同开发 6G 的核心技术。

(a) 0.12 THz微波链路系统

(b) 从发射器站点观看到的景象

图 2-4　日本 NTT 的 0.12 THz 无线通信演示系统实物与实验场景

2.1.4　中国

我国十分重视太赫兹技术的发展，多个部委设立了与太赫兹相关的研究计划，以满足未来丰富的物联网需求，如医学成像、增强现实、传感等。在国家的大力支持和引导下，以高校和研究院所为代表的科研机构纷纷投入太赫兹技术的研究热潮中，并以不同形式进行互通协作，共同推动国内太赫兹技术和产业进展。目前，全国已建立多个太赫兹研究中心（实验室），如中国工程物理研究院太赫兹科学技术研究中心、中国科学院太赫兹固态技术重点实验室等。我国的太赫兹技术研究主要集中在高速无线通信领域，面向 5G 与 6G 的通信需求，主要的研究频段为 220 GHz 与 340 GHz，以研发高频的太赫兹通信系统。接下来，本节简单列举几个国家支持的太赫兹项目和研究计划，并介绍各高校、科研院所以及机构的联合研究情况。

2010 年，国家高技术研究发展计划（863 计划）项目将“毫米波与太赫兹无线通信技术开发”列为专项课题。2011 年，863 计划资助的太赫兹研究项目启动。2018 年，国家科技重大专项也包含了“太赫兹无线通信技术与系统”课题。2019 年，国家科技重大专项更是包含多项与太赫兹通信相关的方向课题，如“非对称毫米波/亚毫米波大规模 MIMO 关键技术研究及系统验证”“与 5G/6G 融合的卫星通信技术研究与原理验证”“星间太赫兹组网通信关键技术研究（频段在 200 GHz

以上，峰值速率大于 50 Gbit/s，功率大于 5 W）”；同年，国家自然科学基金委员会将“太赫兹核心器件与收发芯片”独立列为移动网络专项基金支持方向；同年，工业和信息化部 6G 无线研究组成立了太赫兹通信任务组，作为未来 6G 通信的重要候选技术，召集各相关产学研机构，研究讨论太赫兹通信关键技术、应用愿景和标准化等方面的工作。

2012 年，由电子科技大学牵头，南京大学、清华大学、中科院电子所、中科院光电所等众多科研单位参与的太赫兹科学协同创新中心成立。2013 年，国家自然科学基金委员会和中国科学院组织成立了太赫兹科学技术前沿发展战略研究基地。2015 年，华讯方舟与电子科技大学、清华大学等多个国内高校合作创办了深圳太赫兹科技创新研究院。截至 2015 年，863 计划的所有预定目标已经成功实现。

经过全国多方单位、众多科研人员的不懈努力，中国太赫兹高速无线通信在关键核心器件与原型系统方面已经取得了众多进展[13-22]。图 2-5 所示为 2011 年中国工程物理研究所研发的国内首个太赫兹频段的 0.14 THz 无线通信原型系统[15]。图 2-6 所示为电子科技大学研发的 0.22 THz 无线通信原型系统[19]。电子科技大学、中国工程物理研究所、中电十三所、中科院上海微系统所、天津大学、湖南大学、浙江大学、复旦大学等众多高校和科研院所都在太赫兹核心关键器件和通信原型系统的开发上取得了众多技术成果[13-22]，达到了世界先进水平。

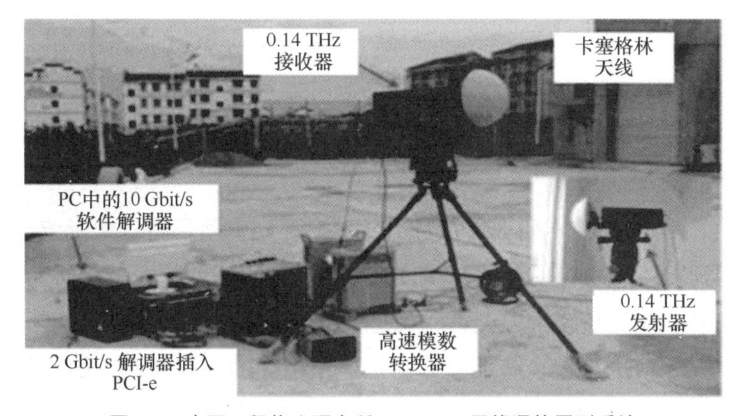

图 2-5　中国工程物理研究所 0.14 THz 无线通信原型系统

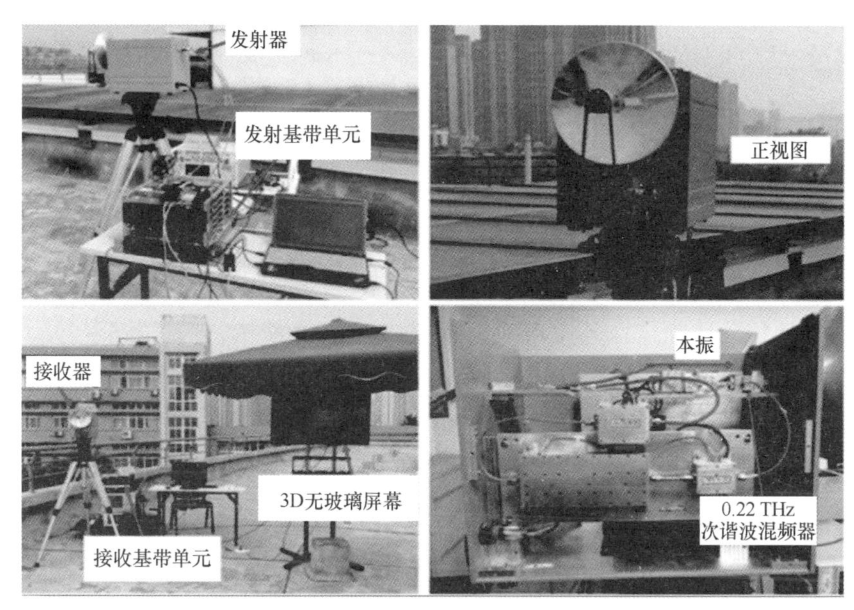

图 2-6 电子科技大学 0.22 THz 无线通信原型系统

2.2 太赫兹通信标准化进程

每一代通信系统的发展与应用都离不开国际标准的制定。统一的通信标准将确保学术界和工业界内/间探讨的高效性，促进该通信系统的统一设计和部署，最后支持构建全球技术共同体的美好蓝图。截至目前，太赫兹通信技术已被各国政府和研究人员重视[23]。

1990 年，NASA 开始实施太赫兹技术计划。2000—2003 年，欧盟开始实施由剑桥大学牵头的太赫兹发射器和探测器无线区域联网计划。2008 年，北京奥运会的高清电视直播采用了日本的第三代太赫兹通信系统。世界上其他国家如韩国、俄罗斯也开始研发太赫兹通信系统。中国政府十分重视对太赫兹通信系统的研究，于 2011 年启动了 863 计划资助的“太赫兹”研究项目。

2012 年，国际电信联盟无线通信部门（ITU-R）专门设立了一个具体的问题来研究 275～1 000 GHz 通信技术，形成了一份技术研究报告，该研究报告由包括美国和日本在内的许多国家和地区贡献，并且已经指定分配 0.12 THz 和 0.22 THz 频段分别用于下一代地面无线通信和卫星间通信。2015 年，世界无线电通信大会（WRC-15）第 767 号决议确定了 WRC-19 关于 275～450 GHz 频段用于陆地移动和固定业务的议程，广泛涉及美国、欧洲、日本等国家和地区，为未来后 5G 的实际应用做出贡献。2019 年 11 月，WRC-19 议题 1.15 为 275～450 GHz 频段的陆地移动和固定业务应用确定频谱，如图 2-7 所示，新增 275～296 GHz、306～313 GHz、318～333 GHz、356～450 GHz 共 4 个全球标识的移动业务频段，并且出现了两个超大带宽频点 275 GHz（252～296 GHz，带宽 44 GHz）和 400 GHz（356～450 GHz，带宽 94 GHz）。同时，邀请 ITU-R 确定技术和操作特性，研究频谱需求，开发传播模型，与无源业务进行共享研究并确定候选频段。具体而言，涉及 8 个组：频谱工程技术、传播基础、点对点传播、点对点和地球空间传播、陆地移动服务、固定服务、空间研究、卫星地球探测服务和射电天文学。

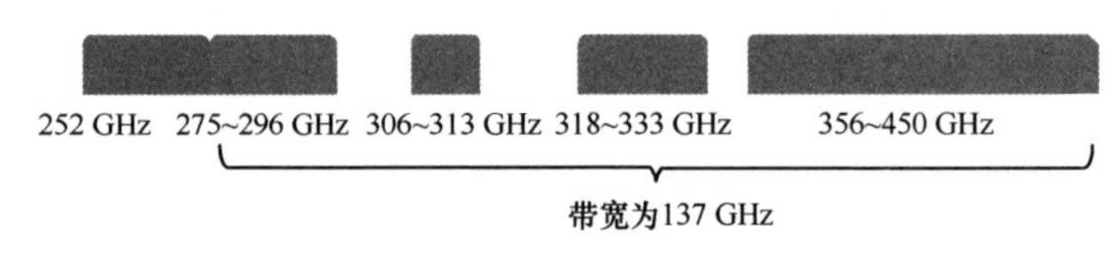

图 2-7　WRC-19 议题 1.15 太赫兹频谱划分情况

2016 年，3GPP 开始进行关于 5G 的研究和标准化工作，如图 2-8 所示。为实现 5G 的需求，3GPP 将进行以下 4 个方面的标准化工作：新空口（New Radio，NR）、演进的 LTE 空口、新型核心网、演进的 LTE 核心网。其中，5G NR 的部署计划分两个阶段，Release-15 支持独立的 NR 和非独立的 NR 两种模式，在用例场景和频段方面，Release-15（R15）将支持 eMBB 和 URLLCC 两种用例场景和 6 GHz 以下及 60 GHz 以上的频段范围。Release-16（R16）进一步扩展和增强了 5G NR 的基础，将 5G 扩展至垂直行业。随后，ITU-R IMT-2020 正式将 3GPP 系列标准接受为 ITU IMT-2020 5G 技术标准。基于前面的 5G 标准化工作，3GPP 预计在 2023—2026 年启动 6G 研究；2026—2028 年启动 6G 标准研究。

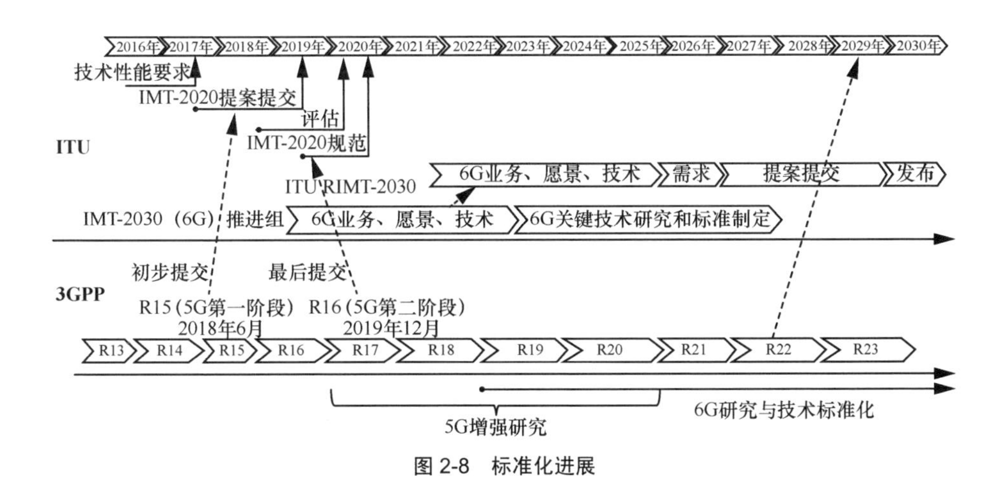

图 2-8　标准化进展

美国电气电子工程师学会（IEEE）积极推进太赫兹通信的标准化工作。IEEE 802.15 于 2008 年成立太赫兹兴趣小组，重点关注在 275～3 000 GHz 频段运行的太赫兹通信和相关网络应用，其目标是探索太赫兹频段的潜力，并为太赫兹通信系统制定一个或多个标准。在接下来的 5 年中，德国布伦瑞克工业大学、日本国家信息与通信研究院、英特尔和索尼等众多相关机构一直在研究该领域的主要功能和基本折中方案。太赫兹兴趣小组专注于开放频谱问题、信道建模等技术的发展。太赫兹兴趣小组还联合了 ITU 和国际业余无线电联盟（IARU）共同对高于 275 GHz 的频带进行了描述；然后，基于香农理论进行了进一步的分析，以证明太赫兹在数据速率为 100 Gbit/s 的未来家庭应用中的适用性。另外，太赫兹兴趣小组讨论了理论研究和实验室测量方面的最新进展，这些进展促进了对 300 GHz 无线信道的研究。IEEE 802.15 太赫兹兴趣小组的活动包括介绍太赫兹技术发展、信道建模和频谱问题，并致力于生成技术期望文档。2013 年，太赫兹兴趣小组提议成立一个研究小组，以探讨通过波束可切换的无线点对点链路向 100 Gbit/s 推出标准的可能性，该标准可用于无线数据中心和回传。2013 年 9 月，太赫兹兴趣小组进一步向前迈进，成立了太赫兹研究小组，由此 IEEE 802.15 研究组 100G 正式成立。该小组成立的目的是制定目标，并为太赫兹通信的标准化过程做好准备；任务包括讨论当前的技术限制、调查相关的物理层和介质访问控制（Medium Access Control，MAC）协议、定义可能的应用，并提出无线数据中心太赫兹通信的建议，确定潜在的应用场景，跟踪半导体技术的技术进步，致力于无线信道模型，参加和影响与 2012 年世界无线电通信大会（WRC）有关的频谱讨论。2014 年，一个名为“3d 任务组（TG3d）”的小组已经开始调整 IEEE 802.15.3 度量，旨在为交换式点对点链路解决 100 Gbit/s 的问题。这类应用包括无线数据中心、回传/前传以及 Kiosk 下载和设备到设备（Device to Device，D2D）通信等近距离通信。2017 年，3d 任务组发布了 IEEE Std.802.15.3d-2017，该修订方案以 IEEE Std. 802.15.3c 为基础，定义了符合 IEEE Std.802.15.3-2016 的无线点对点物理层，其频率范围为 252～325 GHz，是第一个工作在 300 GHz 的无线通信标准。

然而，与毫米波早期比较成熟的研究相比，由于器件上的阻碍以及早期认识不足，太赫兹通信的早期研究较缓慢。近几年，针对太赫兹技术的研究如雨后春笋，但是由于其研究进程相对较短，目前仍处在预研究阶段。综合现有的研究情况，太赫兹通信国际标准的制定仍然需要长时间的探索工作。

2.3 本章小结

移动通信正成为社会、经济发展的重要推动力量，因此移动通信标准引发了不同国家、不同企业之间的激烈竞争。所谓移动通信标准，简单地讲就是一系列技术度量的选择，如常见的关于信令的设置、信道的分配、多址与复用方案的选择等。本章主要介绍了太赫兹的全球合作以及标准化进程，首先回顾了太赫兹通信的国内外发展现状，其中包括美国、欧洲、日韩和中国；然后介绍了各国际化组织针对太赫兹标准探索的过程。

参考文献

[1] HAN C, WU Y Z, CHEN Z, et al. Terahertz communications (TeraCom): challenges and impact on 6G wireless systems[J]. arXiv Preprint, arXiv: 1912.06040, 2019.
[2] 张剑, 杨悦. 太赫兹技术在未来陆海空天的军事应用[J]. 舰船电子工程, 2020, 40(8): 9-11, 23.
[3] 陈智，张雅鑫，李少谦. 发展中国太赫兹高速通信技术与应用的思考[J]. 中兴通讯技术,

2018, 24(3): 43-47.
[4] THYAGARAJAN S V, KANG S, NIKNEJAD A M. A 240GHz wideband QPSK receiver in 65nm CMOS[C]//Proceedings of 2014 IEEE Radio Frequency Integrated Circuits Symposium. Piscataway: IEEE Press, 2014: 357-360.
[5] MOELLER L, FEDERICI J, SU K. 2.5Gbit/s duobinary signalling with narrow bandwidth 0.625 terahertz source[J]. Electronics Letters, 2011, 47(15): 856-858.
[6] ANTES J, KÖNIG S, LEUTHER A, et al. 220 GHz wireless data transmission experiments up to 30 Gbit/S[C]//Proceedings of 2012 IEEE/MTT-S International Microwave Symposium Digest. Piscataway: IEEE Press, 2012: 1-3.
[7] HEN Z, MA X, ZHANG B, et al. A survey on terahertz communications[J]. China Communications, 2019, 16(2): 1-35.
[8] YANG P, XIAO Y, XIAO M, et al. 6G wireless communications: vision and potential techniques[J]. IEEE Network, 2019, 33(4): 70-75.
[9] KALLFASS I, ANTES J, LOPEZ-DIAZ D, et al. Broadband active integrated circuits for Terahertz communication[C]//Proceedings of European Wireless. Berlin: Springer, 2012: 1-5.
[10] KOENIG S, LOPEZ-DIAZ D, ANTES J, et al. Wireless sub-THz communication system with high data rate[J]. Nature Photonics, 2013, 7(12): 977-981.
[11] KOSUGI T, HIRATA A, NAGATSUMA T, et al. MM-wave long-range wireless systems[J]. IEEE Microwave Magazine, 2009, 10(2): 68-76.
[12] SONG H J, AJITO K, MURAMOTO Y, et al. 24 Gbit/s data transmission in 300 GHz band for future terahertz communications[J]. Electronics Letters, 2012, 48(15): 953.
[13] DENG X, WANG C, LIN C, et al. Experimental research on 0.14 THz super high speed wireless communication system[J]. High Power Laser and Particle Beams, 2011, 23(6): 1430-1432.
[14] WANG C, LIN C X, DENG X J, et al. 140 GHz data rate wireless communication technology research[J]. Journal of Electronics & Information Technology, 2011, 33(9): 2263-2267.
[15] WANG C, LIN C X, CHEN Q, et al. A 10-Gbit/s wireless communication link using 16-QAM modulation in 140-GHz band[J]. IEEE Transactions on Microwave Theory and Techniques, 2013, 61(7): 2737-2746.
[16] WANG C, LU B, LIN C X, et al. 0.34-THz wireless link based on high-order modulation for future wireless local area network applications[J]. IEEE Transactions on Terahertz Science and Technology, 2014, 4(1): 75-85.
[17] LIN C, LU B, WANG C, et al. 0.34 THz wireless local area network demonstration system based on 802.11 protocol[J]. Journal of Terahertz Science and Electronic Information Technology, 2013, 11(1): 12 15.
[18] TAN Z Y, CHEN Z, CAO J C, et al. Wireless terahertz light transmission based on digital-

ly-modulated terahertz quantum-cascade laser[J]. Chinese Optics Letters, 2013, 11(3): 31403-31405.

[19] CHEN Z, ZHANG B, ZHANG Y, et al. 220 GHz outdoor wireless communication system based on a Schottky-diode transceiver[J]. IEICE Electronics Express, 2016, 13(9): 20160282.

[20] YAO J Q, CHI N, YANG P F, et al. Study and outlook of terahertz communication technology[J]. Chinese Journal of Lasers, 2009, 36(9): 2213-2233.

[21] 姚建铨，钟凯，徐德刚. 太赫兹空间应用研究与展望[J]. 空间电子技术，2013, 10(2): 1-16.

[22] 姚建铨，迟楠，杨鹏飞，等. 太赫兹通信技术的研究与展望[J]. 中国激光，2009, 36(9): 2213-2233.

[23] 中国联通. 中国联通太赫兹通信技术白皮书[R]. 2020.

第3章

太赫兹无线通信信号产生

太赫兹波辐射源技术聚焦太赫兹辐射发生、振荡和放大机制，是推动太赫兹应用技术及相关交叉学科迅速发展的关键所在。基于激光光学技术、真空电子技术和超快激光技术的太赫兹辐射源，凭借各自卓越的特性和显著的优点，在不同的领域显现举足轻重的地位。为了进一步促进太赫兹辐射源的实用化和小型化，太赫兹辐射源正朝着实现高效率、高能量、结构紧凑、简单连续调谐、室温稳定运转的研究方向发展。

随着太赫兹技术的迅猛发展，太赫兹在目标探测、成像、通信及雷达等领域得到重要应用。太赫兹的广泛应用推动了太赫兹辐射源（可简称为太赫兹源）的发展。基于真空电子学的太赫兹辐射源主要包括新型慢波结构切伦科夫太赫兹辐射源、电子回旋谐振脉塞太赫兹辐射源、史密斯–珀塞尔效应太赫兹辐射源[1]。

3.1 真空电子学太赫兹辐射源

3.1.1 新型慢波结构切伦科夫太赫兹辐射源

切伦科夫辐射器件主要包括行波管和返波管，慢波结构是该类器件的核心。传统的慢波结构一般采用螺旋线慢波结构和耦合腔慢波结构，如图 3-1 所示。

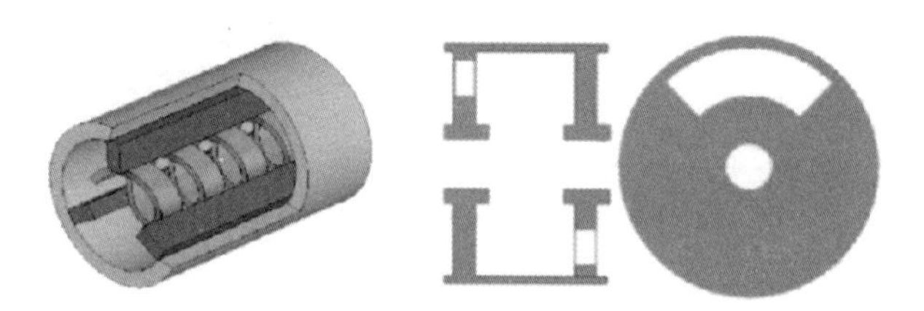

(a) 螺旋线慢波结构　　(b) 耦合腔慢波结构

图 3-1　螺旋线慢波结构和耦合腔慢波结构

螺旋线慢波行波管在连续波状态下，由于存在散热问题，无法提供更高的输出功率；在脉冲状态下，由于存在返波振荡，也无法提供更高的输出功率。耦合腔慢波行波管是全金属结构，因此行波管的功率容量得以提高，但工作带宽较窄。这两种慢波结构难以工作在太赫兹频段，目前工作频率最高仅到 W 频段。为了在提高工作频率的基础上同时解决功率容量和带宽的问题，一系列新型慢波结构被提出。

曲折波导慢波结构作为一种全新的全金属结构，不仅具有大的功率容量，还可以提供良好的宽带性能，曲折波导慢波结构如图 3-2 所示。曲折波导慢波结构衍生出了一系列曲折波导慢波结构的改进结构，如图 3-3 所示。

图 3-2　曲折波导慢波结构

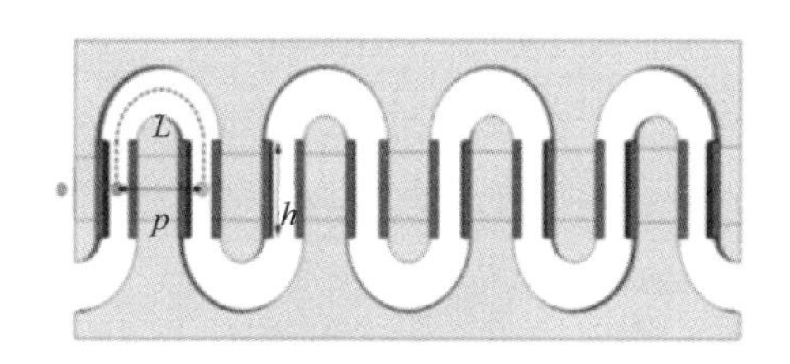

(a) 脊加载曲折波导

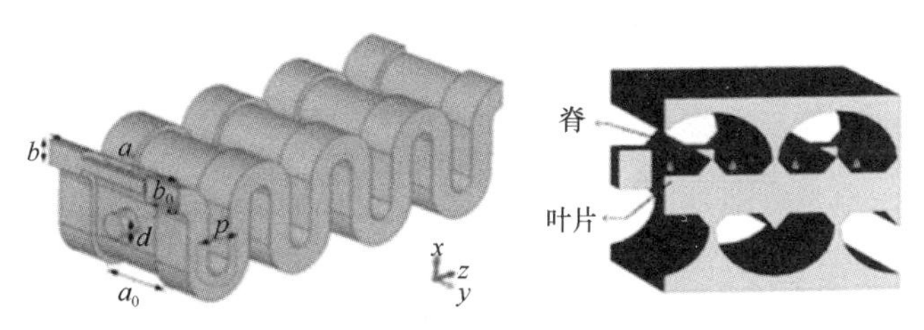

(b) 双脊曲折波导　　(c) 脊翼加载曲折波导

图 3-3　几种曲折波导类慢波结构的改进结构

图 3-3 中变量的定义见相关文献，下同。图 3-3（a）所示为脊加载曲折波导慢波结构[2]，曲折波导电子注通过加载金属脊，纵向电场得以加强，注波互作用电子效率大幅提高。图 3-3（b）所示为双脊曲折波导慢波结构[3]，通过改变脊宽度，可以控制慢波结构的色散特性。相比传统曲折波导慢波结构，双脊曲折波导慢波结构的带宽可明显展宽。图 3-3（c）所示为脊翼加载曲折波导慢波结构[4]，脊翼加载不仅可以展宽带宽，也可通过增加耦合阻抗来增大输出功率，但对加工方法提出新挑战。

对于太赫兹频段的曲折波导行波管，电子科技大学报道了 140 GHz 曲折波导行波管的热测结果[5]。测试结果显示，D 频段曲折波导行波管在 5 GHz 带宽范围内连续波增益超过 20 dB，输出功率可达 2 W。中国工程物理研究院研制的 D 频段曲折波导行波管的连续波在 140.3 GHz 处可得到 7.3 W 的输出功率，增益达到 25.3 dB。同时，3 dB 带宽为 3 GHz[6]。

在 G 频段，中国电子科技集团公司第十二研究所研制了 220 GHz 曲折波导行波管[7]，带宽为 10 GHz，连续波增益为 20 dB，输出功率大于 10 W。中国工程物理研究院报道了两个 G 频段的曲折波导行波管，其中一个 220 GHz 连续波曲折波导行波管的 3 dB 带宽可达 11 GHz，输出功率超过 200 mW[8]；另外一个 220 GHz 连续波曲折波导行波管的峰值功率为 1.2 W，3 dB 带宽为 3.5 GHz。

在 R 频段，中国工程物理研究院研制了工作在 320 GHz 的曲折波导行波管[9]，如图 3-4 所示。测试结果发现，电子束电压的改变对小信号增益影响很大。当电子束电压为 16.9 kV 时，320 GHz 曲折波导行波管可在 318.24 GHz 频率下得到 19.6 dB 的增益。

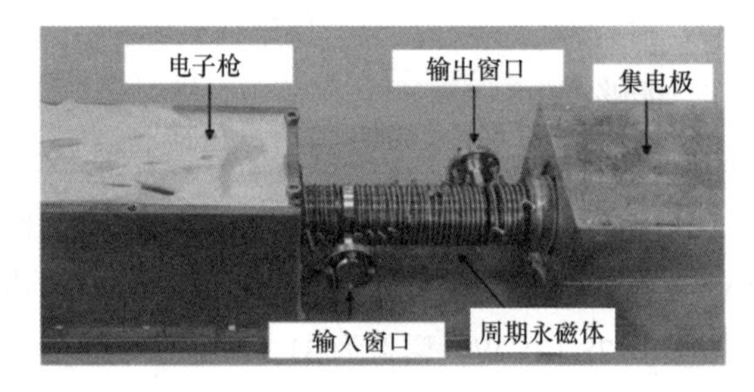

图 3-4　320 GHz 曲折波导行波管

太赫兹波的产生较困难，有时难以找到高频率的太赫兹辐射源来推动行波管工作。为解决这一困难，基于高次谐波工作的谐波放大器得到广泛研究。基于曲折波导慢波结构，中国电子科技集团公司第十二研究所和电子科技大学分别研制出二次谐波行波管谐波放大器和三次谐波行波管谐波放大器[10-11]，如图 3-5 所示。对于二次谐波行波管谐波放大器，输入信号为 W 频段，输出信号为 G 频段。对于三次谐波行波谐波放大器，输入信号为 Q 频段，同样得到 G 频段的输出信号。

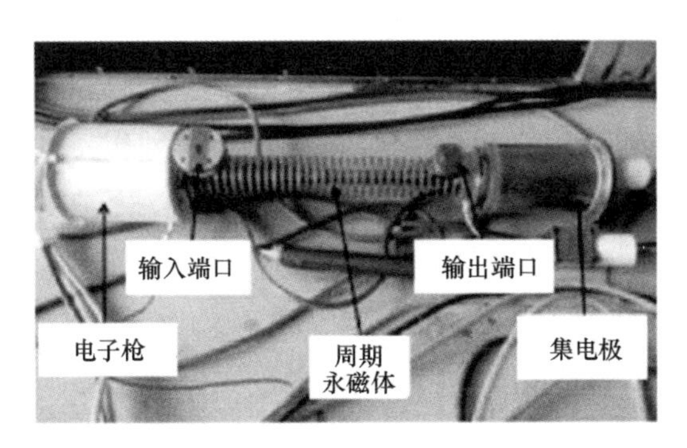

图 3-5　高次谐波行波管

国外研究机构基于曲折波导慢波结构研制出一系列太赫兹辐射源。2013 年，美国海军实验室研制出一个 220 GHz 曲折波导真空电子放大器，如图 3-6 所示。热测结果显示，该器件的瞬时带宽超过 15 GHz，小信号增益超过 14 dB。2016 年，诺斯罗普格鲁曼公司报道了 233 GHz 曲折波导行波管的研究进展[12]。热测结果表明，当电压为 20.95 kV、电流为 113 mA 时，可在 2.4 GHz 的带宽内实现大于 50 W 的功率输出。

在切伦科夫辐射器件中，另一种使用较多的新型慢波结构为交错双栅慢波结构，如图 3-7 所示。交错双栅慢波结构是一种全金属结构，其散热性能好、功率容量大，适合带状电子注工作，能够产生高功率且结构简单，相对容易加工，适于高频率工作，因此受到人们的广泛研究关注。电子科技大学对基于栅类慢波结构的行波管进行了大量模拟研究。在 G 频段，他们开展了 220 GHz 带状注交错双栅行波管的研究[13]，在工作电压为 25 kV、工作电流为 0.08 A、输入功率为 50 mW 的情况下，输出功率在 214 GHz 处达到最大值 78.125 W，增益为 31.29 dB，3 dB 带宽约为 30 GHz。在 R 频段，他们开展了 340 GHz 带状注交错双栅行波管的研究[14]，在输入电压为 22.1 kV、工作电流为 43 mA、输入功率为 10 mW、电流密度为 200 A/cm^2 的情况下，输出功率在 330 GHz 处达到最大值 16.7 W，增益为 32.2 dB。此外，850 GHz 交错双栅行波管的研究中，在工作电压为 28.1 kV、工作电流为 20 mA、输入功率为 2 mW 的情况下，输出功率在 800 GHz 处达到最大值 100 mW，增益为 17 dB[15]。

(a) 完整慢波结构显微照片

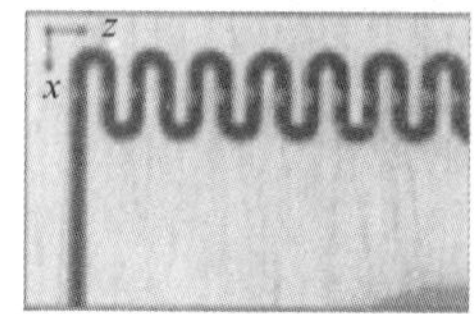

(b) 完整输入波导示意

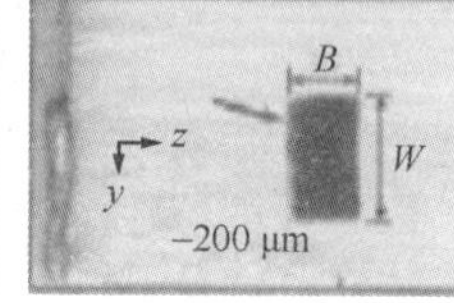

(c) 安装于电子注通道中的套位针

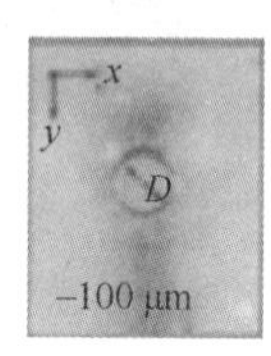

(d) 电子注通道入口示意

(e) 封装到真空腔中的焊接后的电路

(f) 最终热测时的整管

图 3-6　220 GHz 曲折波导真空电子放大器

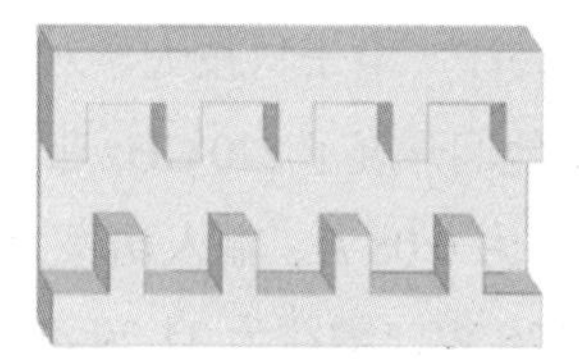

图 3-7　交错双栅慢波结构

栅类慢波结构虽然具有低欧姆损耗和天然带状电子注通道的优势，但由于在栅的膜片位置存在许多不连续性，因此存在较大反射。为减小反射，文献[16]提出正弦波导慢波结构，如图 3-8 所示。2012 年，电子科技大学报道了 220 GHz 正弦波导返波管和 220 GHz 正弦波导行波管的模拟结果[17]。220 GHz 正弦波导返波管在 210～230 GHz 可输出瓦量级的功率，此时可调电压工作范围为 17～26 kV，电流为 10 mA。220 GHz 正弦波导行波管在 220～250 GHz 可输出上百瓦的功率，同时频段内最大增益可达 37.7 dB，电子效率为 9.6%。

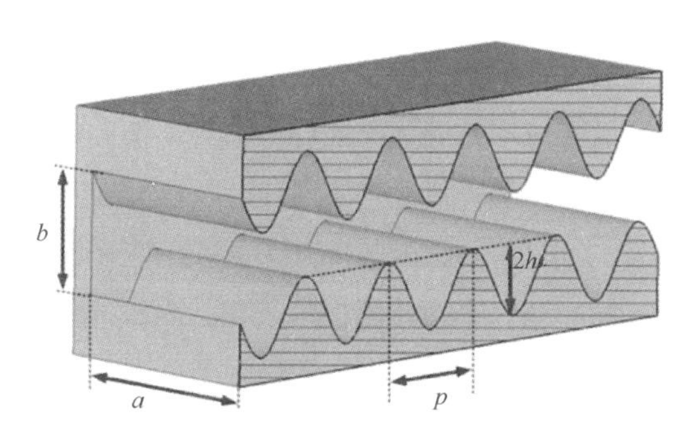

图 3-8　正弦波导慢波结构

基于正弦波导慢波结构，出现了一些正弦波导慢波结构的改进结构。2016 年，电子科技大学报道了基于正弦型脊波导的超宽带太赫兹返波管[18]。模拟结果表明，该器件在 0.617～0.990 THz 具有超过 0.625 W 的输出功率。脊加载正弦波导慢波结构也是正弦波导慢波结构的一种变形[19]，如图 3-9 所示。脊加载正弦波导慢波结构行波管在电压为 20.9 kV 和电流为 45 mA 的条件下，在 220 GHz 可得到 52.1 W 的输出功率，对应电子效率为 5.54%，3 dB 带宽可达 25 GHz。

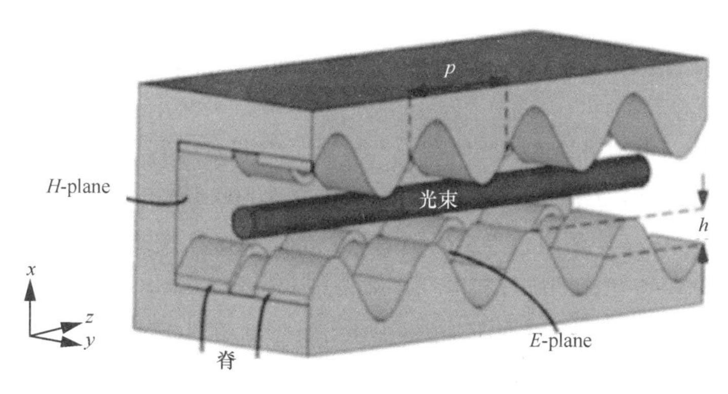

图 3-9　脊加载正弦波导慢波结构

3.1.2 电子回旋谐振脉塞太赫兹辐射源

为在太赫兹频段获得高输出功率，越来越多的学者致力于基于电子回旋谐振脉塞的太赫兹辐射源研究。相比其他太赫兹辐射源，基于电子回旋谐振脉塞的真空电子器件具有高功率和高效率的特点。基于电子回旋谐振脉塞的太赫兹辐射器件主要分为回旋振荡管和回旋放大管。回旋振荡管在输出功率和效率方面有优势，但调谐困难；回旋速调管在增益和效率方面优于回旋行波管，但回旋行波管具有显著的带宽优势。近年来，电子科技大学研制了一系列太赫兹频段的回旋振荡管[20]。图 3-10 为 0.14 THz 回旋振荡管的计算仿真结果，该回旋振荡管的工作模式为 $TE_{28,8}$，工作电压为 75 kV，工作电流为 45 A，采用单阳极电子枪，内置准光模式变换器和单级降压收集极，设计连续波和准光输出功率为 1.2 mW。图 3-11 所示为 0.11 THz 和 0.22 THz 双频回旋振荡管，该回旋管的工作模式为 TE_{02} 和 TE_{04}，工作磁场为 4.1 T，工作电压为 40 kV，工作电流为 5 A，谐波次数为 1 和 2。在 0.11 THz 和 0.22 THz，其输出功率大于 20 kW。

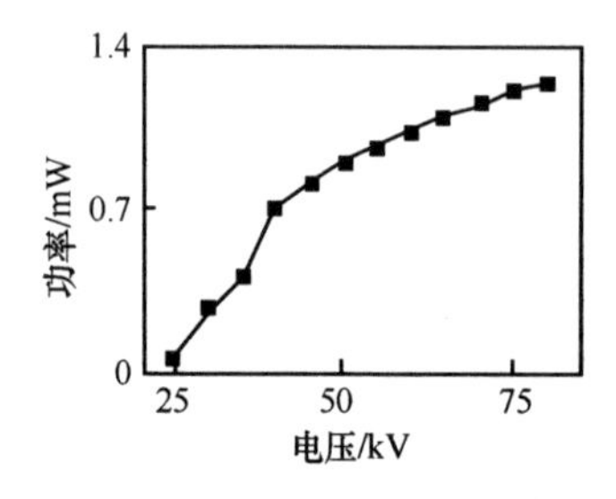

图 3-10 0.14 THz 回旋振荡管计算仿真结果

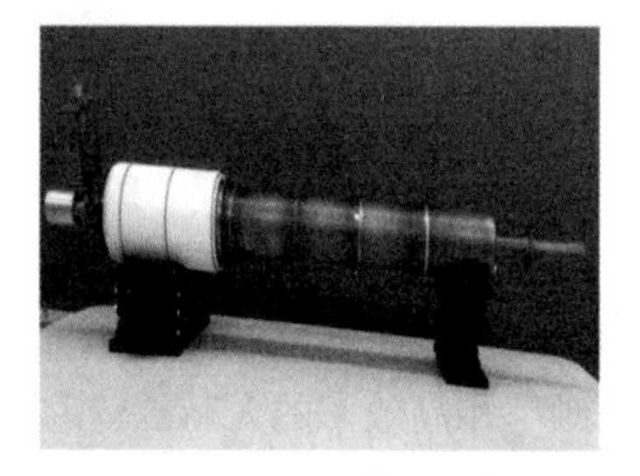

图 3-11 0.11 THz 和 0.22 THz 双频回旋振荡管

在 G 频段，电子科技大学还研制了一只工作在 TE_{03} 模式、输出功率为 11.5 kW 的回旋管，以及一个工作在 TE_{03} 模式、输出功率为 500 mW 的冷阴极回旋管。对于更高的太赫兹频段，电子科技大学研制了两个 0.42 THz 二次谐波回旋振荡管[21]。自 1964 年苏联第一个单腔回旋管问世，美国、法国及日本等国纷纷开展回旋管的相关研究。美国麻省理工学院、美国马里兰大学、俄罗斯应用物理研究院和日本福井大学等大学和研究机构也进行了相关的研究。

3.1.3　史密斯–珀塞尔效应太赫兹辐射源

1953 年，Smith 和 Purcell[22]共同发现当电子掠过金属光栅表面时，会激发出电磁辐射，该辐射被称为史密斯–珀塞尔（Smith-Purcell，SP）辐射。1966 年，基于 SP 辐射，Rusin 和 Bogomolov[23]首次提出并开展奥罗管（Orotron）的研究。截至目前，奥罗管已被公认为是一种可以覆盖从毫米波到亚毫米波的电磁辐射源，其结构特点是拥有开放式谐振腔，可提高电子束宽度和工作电流大小，已成为一种有望产生太赫兹辐射的真空电子器件。华东光电技术研究所长期致力于奥罗管的研究，并在 2018 年研制出 0.1 THz 的奥罗管，如图 3-12 所示。

图 3-12　0.1 THz 奥罗管结构

由于尺寸共渡效应，太赫兹频段的奥罗管结构尺寸小、起振电流密度高，难以实现高频率和高效率的太赫兹辐射。1998 年，Urata 等[24]发现 SP 超辐射并进行实验验证。他们将光栅结构放置在扫描电子显微镜中，利用扫描电子显微镜中的电子束掠过光栅表面，致使电子束发生群聚，当群聚电子束谐波频率与 SP 辐射某一角度频率相同时，将激发出相干的 SP 辐射，称为 SP 超辐射。SP 超辐射可工作在高次谐波，大幅降低起振电流密度，因此该技术为太赫兹辐射源提供了一种频率可调、相干的连续波源。2005 年，美国麻省理工学院利用预调制的电子束团激励，研究该情况下的超辐射现象特性，并在 2006 年用实验测定频率锁定的相干 SP 辐射的功率，相干 SP 辐射功率的频谱分析如图 3-13 所示[25]。该研究为超辐射太赫兹源的研究开辟了新方向。2007 年，韩国国立首尔大学利用反向双电子束从阵列上下表面掠过，激发中空光栅结构的表面波，实现在太赫兹频段把 SP 辐射强度提高两个数量级，并将该激励方式和结构用于相干太赫兹辐射源的研究[26]。

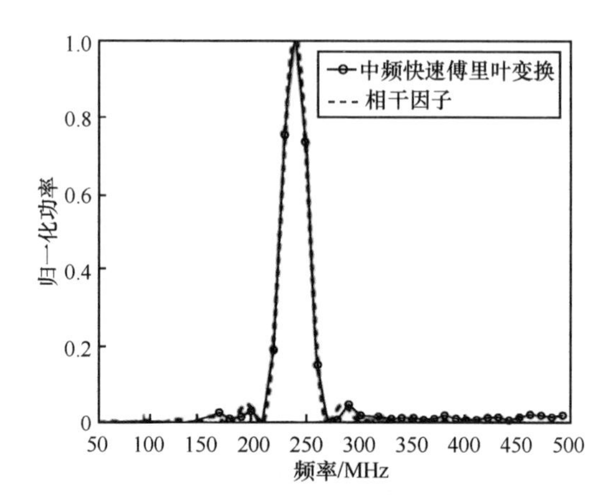

图 3-13　相干 SP 辐射功率的频谱分析

（1）电子束激发渐变的金属光栅的 SP 超辐射

当用电子束激发深度渐变的光栅结构时，在光栅边缘处可获得含有多个尖峰的宽带定向太赫兹辐射[27]，频谱如图 3-14 所示。其原理是在光栅上的不同位置，由于其深度的渐变，将存在不同的模态，即类表面等离子体波在不同位置的色散特性不同，这些模态最终都将在光栅的一个边缘转化为辐射场。

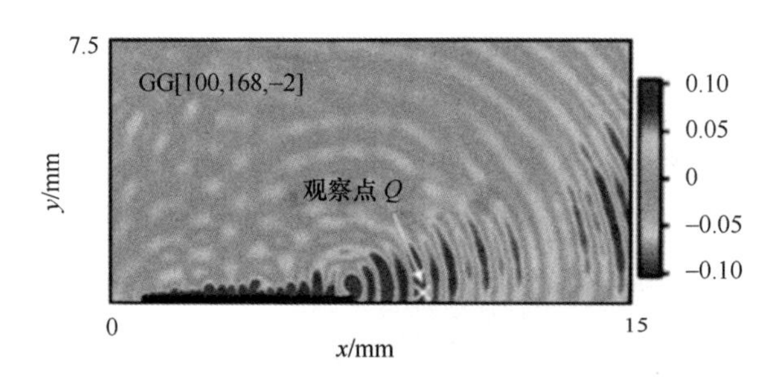

图 3-14　含有多个尖峰的宽带定向太赫兹辐射频谱

（2）模式耦合 SP 超辐射

在光栅结构中，若光栅槽比较窄和深，光栅槽中的谐振模式将可转化为 SP 辐射[28]。在这种 SP 辐射中，槽中的谐振模式起了重要作用。运用该方法的同时，还可大幅提高 SP 超辐射的辐射强度和效率，单个电子束团和电子束团序列激励光栅结构产生太赫兹辐射。2018 年，清华大学和牛津大学联合对单个电子束团和电子束团序列激励光栅结构产生太赫兹辐射进行实验研究，实验装置如图 3-15 所示。结果表明，相干 SP 谱线的位置和宽度由光栅参数决定，而谱线的幅值则是微束团周期性的函数。

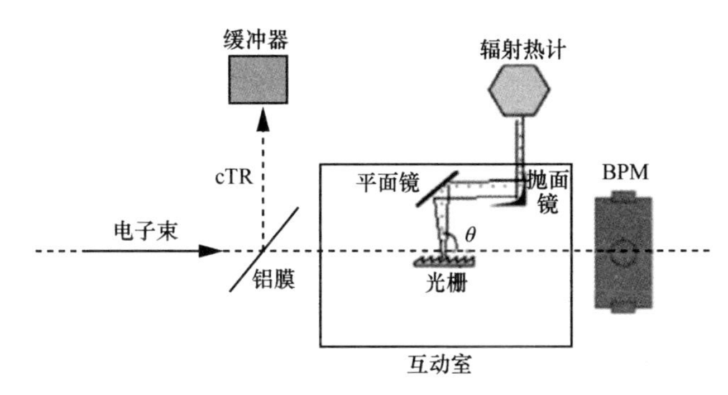

图 3-15　单个电子束团和电子束团序列激励光栅结构产生太赫兹辐射的实验装置

（3）电子激发超材料结构产生太赫兹 SP 超辐射

当带电粒子靠近并平行于由金属谐振环组成的 Babinet 材料表面时，会在共振频率处产生强烈的电磁辐射，其模型如图 3-16 所示。通过调整周期来调节特异材料的共振频率，可实现辐射频率从 GHz 到 THz，甚至到红外范围的变化[29]。

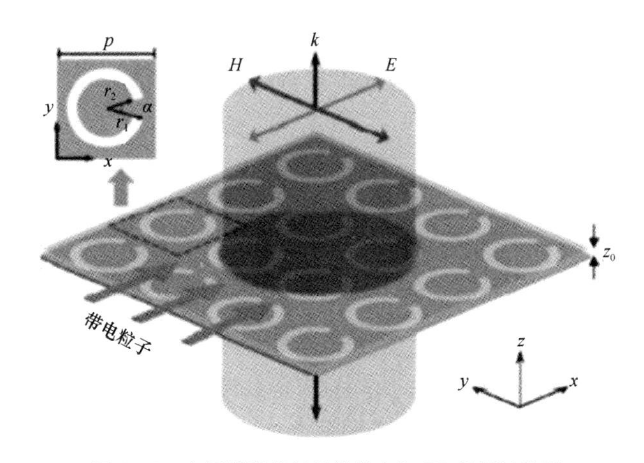

图 3-16　电子激发超材料结构产生 SP 超辐射模型

（4）电子激发亚波长孔阵列双边太赫兹 SP 超衍射辐射

电子科技大学刘盛纲院士团队[30]研究亚波长孔阵列的电磁衍射辐射时发现电子激发亚波长孔阵列时所产生的双边衍射辐射现象，特别是场通过孔的方式，仿真结果如图 3-17 所示。当辐射频率所对应的波长小于孔的直径时，通过透射的方式，上下空间辐射场没有相移；当辐射频率所对应的波长大于孔的直径时，通过传播的方式，上下空间辐射场有相移。电子激发亚波长孔阵列双边太赫兹 SP 衍射辐射可提高 SP 效应的辐射效率，是一种高效太赫兹辐射源。

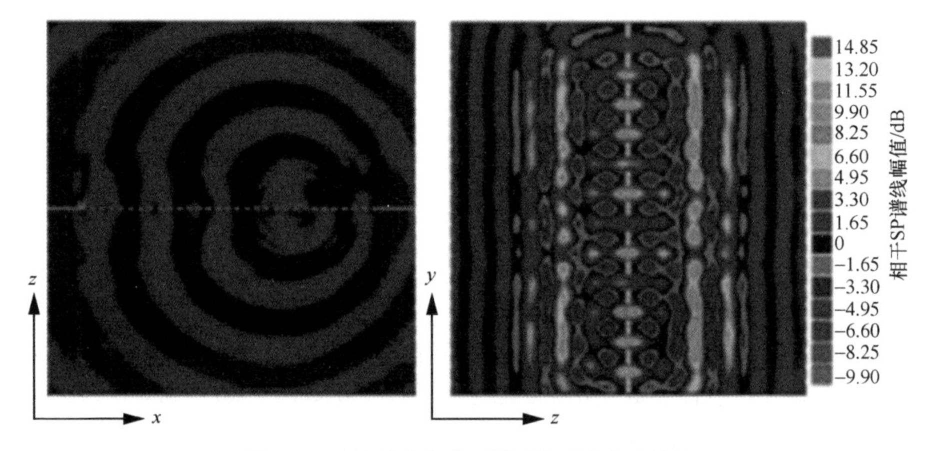

图 3-17　亚波长孔阵列双边衍射辐射的仿真结果

3.2　光子学太赫兹辐射源

太赫兹波是光子学技术与电子学技术、宏观与微观的过渡区域，是一个具有科学研究价值但尚未开发的电磁辐射区域。利用光学的方法产生高功率（高能量）、高效率且能在室温下稳定运转、宽带可调的太赫兹辐射源，已经成为科研工作者追求的目标。当前，光子学太赫兹辐射源主要包括太赫兹气体激光器、空气等离子体太赫兹源、光电导天线以及基于非线性光学效应的光学整流太赫兹源、光学差频太赫兹源、太赫兹参量振荡器等[31]。

（1）太赫兹气体激光器

太赫兹气体激光器于 1970 年问世，其泵浦光源是连续可调谐的 CO_2 激光器，工作气体为甲基氟（CH_3F）[32]。太赫兹气体激光器结构如图 3-18 所示，通过 CO_2 激光器泵浦跃迁频率处于太赫兹频段的气体腔，受激辐射出太赫兹波。

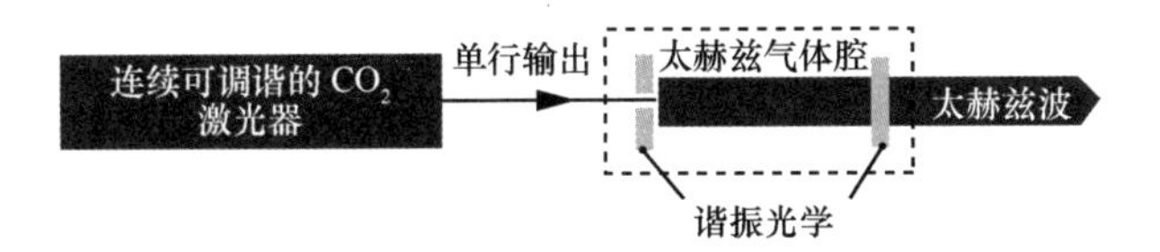

图 3-18　太赫兹气体激光器结构

大功率脉冲横向激励气体 TEA-CO_2 激光器为光泵太赫兹激光器提供了大功率泵浦源，但其重复频率低于 10 s，使其应用受到了限制。为了提高光泵太赫兹源的重复频率，Bae 等[33]在 1989 年研制出电源加机械调 Q 开关的 CO_2，激光器重复频率达到 1 kHz，由此激光器泵浦 CH_3F，在 500 Hz 重复脉冲时可以获得 496 μm 激光，峰值功率为 6.5 W，脉冲宽度为 10 ns。20 世纪 90 年代后期，中山大学研究人员对太赫兹气体激光器进行了初步研究[34]。近年来，华中科技大学研究人员对 TEA-CO_2 激光器泵浦的甲醇气体和氨气太赫兹源进行了研究，在 10.7 μm 波长处得到了最大输出能量为 300 mJ 的脉冲太赫兹波[35]。天津大学何志红[36]对 TEA-CO_2 激光器泵浦重水气体的太赫兹源进行了理论与实验研究，得到了中心频率为 0.78 THz、脉冲宽度为 100 ns、峰值功率达百瓦量级的脉冲太赫兹波。2010 年，哈尔滨工业大学信息光电子研究所田兆硕等[37]报道了结构简单、体积小的太赫兹气体激光器，利用全金属射频波导 CO_2 激光器输出的激光在腔内多次反射泵浦 CH_3OH 气体，实现了最高重复频率为 1 kHz 的太赫兹波输出，但未对太赫兹波的功率进行测量。

美国 Coherent-DEOS 公司的 SIFIR-50 太赫兹气体激光器的频率为 0.3～7 THz，平均输出功率为 50 mW。该太赫兹源被 NASA 应用于 AURA 卫星执行大气监测任务[38]。英国 Edinburgh Instruments 公司的 FIRL100 一体化太赫兹气体激光器可输出 0.25～7.5 THz 的相干太赫兹波，最大输出功率可达 150 mW。

太赫兹气体激光器是常用的太赫兹源，其输出稳定、光束质量较好，输出功率较高，可以在连续或脉冲方式下工作，并且频率范围较宽。缺点是能量转换效率低，总效率的理论值不超过 1%；不能连续调谐；光泵太赫兹波激光器体积庞大且笨重，使用不便。这些缺点在一定程度上限制了太赫兹气体激光器的实际应用，需要在光泵浦效率、可靠性、运行寿命、频率稳定性等方面进行改进。

（2）空气等离子体太赫兹源

行波管和速调管等传统真空电子器件都要使用磁聚焦系统，而离子聚焦可以不使用外磁场，或使用小的外磁场。强相对论电子束在等离子体背景下传输，束电子会排开等离子体电子，留下相对静止的等离子体离子，形成离子通道，电子束的空间电荷力会被全部或部分中和，从而代替或降低引导磁场，这一方法通常称为离子聚焦机制。1993 年，Hamster 等[39]报道了在空气中直接产生太赫兹波的实验研究，其产生机制主要有两种。第一种是基于有质动力产生太赫兹波的方法，其将激光脉冲在空气中聚焦，使空气在焦点处发生电离形成等离子体，电荷分离导致电磁瞬变从而辐射出太赫兹波。第二种是基于等离子体的四波混频产生太赫兹波的方法，其将超短激光在空气中聚焦，使空气电离成等离子体，该激光同时通过 BBO 晶体倍频产生二次谐波，而后基波和二次谐波通过四波混频产生太赫兹波，如图 3-19 所示。

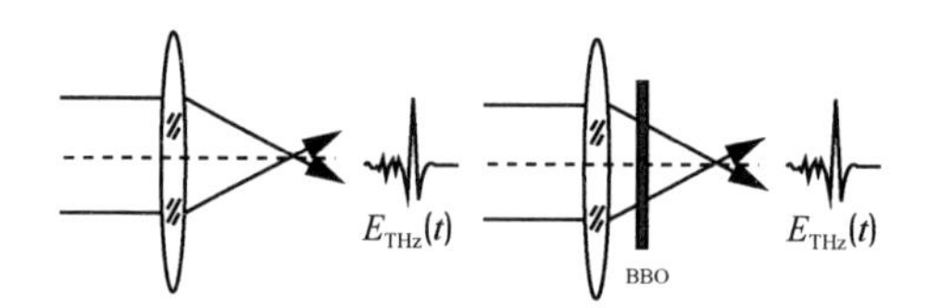

图 3-19　空气等离子体产生太赫兹波

2006 年，Xie 等[40]的研究指出影响空气中等离子体四波混频产生太赫兹波强度的主要因素是倍频和基波的相对相位。2008 年，Kim 等[41]报道了利用钛-蓝宝石飞秒激光和 BBO 晶体倍频的二次谐波，并基于等离子四波混频方法产生太赫兹波的实验结果，脉冲功率大于 5 μJ，太赫兹波的频率最高达 75 THz，结构如图 3-20 所示。2010 年，Wang 等[42]研究了全光学全空气太赫兹波产生和探测方法，飞秒激光器的双色输出激光通过反射式聚焦镜在 10 m 以外聚焦产生太赫兹波，在低于 5.5 THz 内产生脉冲能量超过 250 μJ 的太赫兹波。由于水蒸气对太赫兹波的强吸收，人们一直认为远距离宽带太赫兹波的遥感探测和光谱分析是不可能实现的。不过利用可见光在空气中的低衰减，可在空气中产生太赫兹波，实现空气中远距离太赫兹波的观测。

这种大带宽和高脉冲功率的太赫兹波还可以应用于太赫兹光谱分析、成像、遥感以及远距离、高能量太赫兹波的精确控制，因此它越来越得到重视。

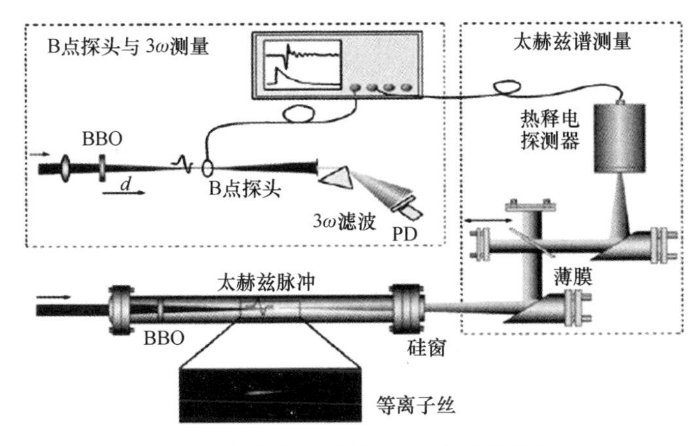

图 3-20　等离子四波混频产生太赫兹波的结构

基于离子聚焦机制，电子科技大学研究强相对论电子束驱动下的束等离子体系统。通过粒子模拟得到束等离子体系统在等离子体密度为 10^{22} 个/立方米时，可获得 0.903 5 THz 的电磁辐射。同时该系统可实现在没有外加磁场情况下的电子束自聚焦。

（3）光电导天线

光电导天线是利用超短脉冲激光照射光电导材料产生电子–空穴对，在外加偏置电场中产生载流子的瞬态输运，从而辐射太赫兹波，其原理如图 3-21 所示。光电导天线的性能由 3 个因素决定：光电导体、天线几何结构和激光脉冲宽度。激光超短脉冲技术和半导体材料技术的发展使光电导天线得到更广泛的关注。

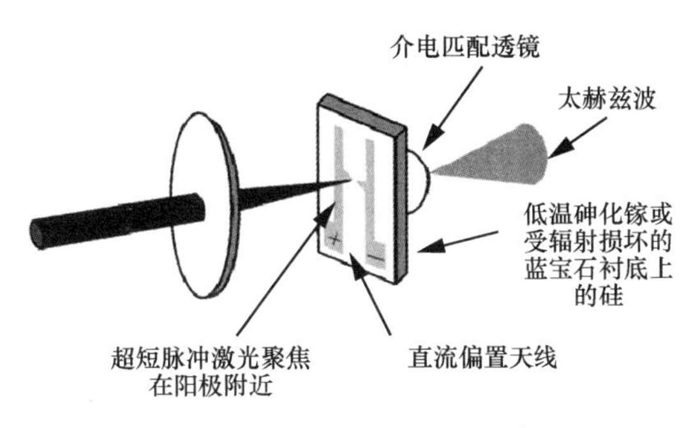

图 3-21　光电导天线产生太赫兹波原理

2004年，施卫等[43]采用图3-22所示的实验系统，利用飞秒激光脉冲触发540 V直流偏置的GaAs光电导偶极天线，产生中心频率为0.5 THz、频谱宽度＞2 THz、脉宽约为1 ps的太赫兹波。实验表明，太赫兹波的强度与偏置电场、触发脉冲上升时间、脉冲宽度及功率有关。2011年，尚丽平等[44]对小孔径光电导天线的结构与增益的关系进行了研究，仿真结果表明，相同尺寸的领结天线比双极型偶极子天线具有更高的增益。2010年，Madéo等[45]研究通过减少电极间距来实现0.73～1.33 THz可调谐太赫兹光电导天线。太赫兹光电导天线在国外已有众多商业化产品，如Greyhawk Optics公司的PCA系列产品，如图3-23所示，尺寸约为2 mm×2 mm，能产生1～1.5 THz的输出[46]。

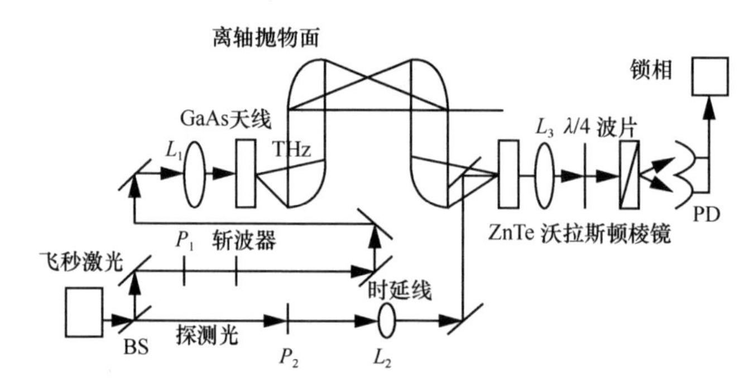

图3-22 GaAs光电导偶极天线产生太赫兹波实验系统

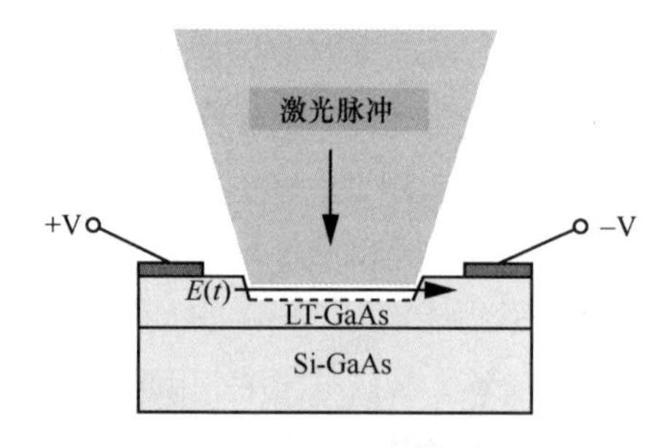

图3-23 太赫兹光电导天线

光电导天线也是目前常用的太赫兹源之一，其产生的超短脉冲、超宽带的太赫兹波可以应用在成像分辨率高、目标定位性好的远程地表遥感以及材料的太赫兹频谱分析等方面。它的主要缺点是产生的太赫兹波的能量和频率均较低。光电导天线的发展需要寻求转换效率高的光电导材料和天线结构。

（4）光学整流太赫兹源

光学整流的物理机制是光学差频，用宽带的超短激光脉冲泵浦二阶非线性光学介质，不同频率的泵浦光基于光学差频产生太赫兹波，其原理如图 3-24 所示。激光脉冲能量直接影响着太赫兹波光束能量，其转换效率主要依赖于材料的非线性系数和相位匹配条件[47]。光学整流方法产生的太赫兹波具有较高的时间分辨率和较宽的波谱范围，与光电导天线相比，光学整流方法不需要外加直流偏置电场，结构简单。其主要缺点是：很难获得相位匹配；输出功率低，不利于进行探测和应用；需要使用价格昂贵的飞秒激光器。因此提高输出功率和降低成本是光学整流太赫兹源需要解决的问题。

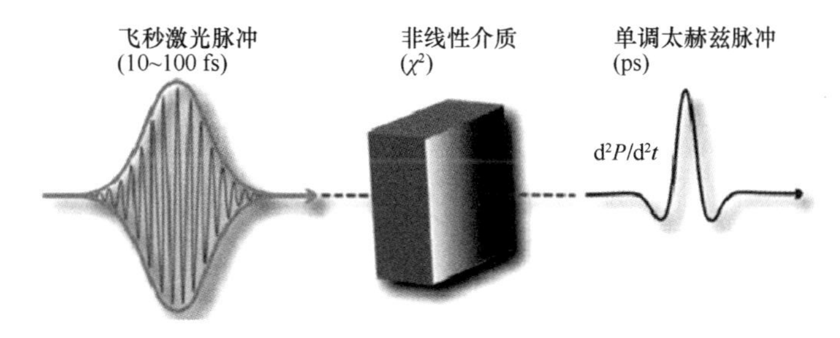

图 3-24　光学整流原理

2003 年，Ahn 等[48]提出光学整流太赫兹源的模型。2007 年，Yeh 等[49]用重复频率为 10 Hz 的掺钛蓝宝石近红外飞秒激光器泵浦 $MgO-LiNbO_3$ 晶体，基于光学整流效应产生中心频率为 0.5 THz 的太赫兹波，脉冲能量为 10 μJ，平均功率为 100 μW。2008 年，Stepanov 等[50]利用重复频率为 100 Hz、脉宽为 50 fs、脉冲能量为 35 mJ 的 800 nm 激光器泵浦 $MgO-LiNbO_3$ 晶体，获得能量为 30 μJ 的太赫兹波。2011 年，Negel 等[51]研究了结构紧凑、低成本的光学整流太赫兹源，并使用低成本、大功率的 981 nm 半导体激光器泵浦 1 030 nm 飞秒激光器，再用飞秒激光脉冲泵浦 GaP 晶体，获得中心频率为 1 THz、带宽为 0.5 THz、功率为 1 μW、重复频率为 44 MHz 太赫兹波。

（5）光学差频太赫兹源

光学差频太赫兹源是用两束频率间隔处于太赫兹频段的近红外光 ω_{p_1} 和 ω_{p_2} ，在非线性晶体中差频产生太赫兹波 $\omega_{\text{THz}} = \omega_{p_1} - \omega_{p_2}$ ，其原理如图 3-25 所示。相比光电导天线和光学整流太赫兹源，光学差频太赫兹源的最大优点是输出功率高，峰值功率可达数千瓦，甚至兆瓦量级；最大缺点是转换效率低，而且需要两个泵浦光源，所以结构相对比较复杂、不易于调谐。

图 3-25　光学差频太赫兹源原理

早在 20 世纪 60 年代，Zernike 等[52]利用谱宽为 1.059～1.073 μm 的钕激光器泵浦石英晶体进行非线性差频实验，得到频率约为 3 THz 的太赫兹波。不久之后，Faries 等[53]利用两台调谐的红宝石激光器在 $LiNbO_3$ 晶体和石英晶体中差频产生可调谐太赫兹波。1999 年，Kawase 等[54]用 MgO-$LiNbO_3$ 实现了频率为 0.7～3 THz、峰值功率为 100 mW 的太赫兹波。2005 年，加州大学 Tochitsky 等[55]用脉宽为 250 ps 的 CO_2 激光脉冲，在 GaAs 晶体中产生 0.1～3 THz 的可调谐输出，0.897 Hz 峰值功率达到 2 mW。2007 年，Ding[56]比较了几种常见的非线性晶体进行光学差频获得太赫兹波的调谐范围和峰值功率。2010 年，Jiang 等[57]还利用准相位匹配的 GaP 晶体差频得到了最大峰值功率为 1.36 kW 的 1～3.5 THz 的太赫兹波。2006 年，美国斯坦福大学研究人员在 GaAs 晶体差频的基础上进行改进，采用 PPLN-OPO 腔内差频结构，建立了一个在 0.5～3.5 THz 可调谐、结构紧凑且室温工作的太赫兹源，其平均功率为 1 mW，且能提升 10～100 mW 的输出功率。2007 年，孙博[58]利用 KTP-OPO 得到的 1 064 nm 和 2 128 nm 附近的双波长激光在 GaSe 晶体中差频得到 0.41～3.3 THz 和 0.147～3.65 THz 宽调谐相干太赫兹波，最大峰值功率为 10～17 mW。

（6）太赫兹参量振荡器

太赫兹参量振荡器（Terahertz-Wave Parametric Oscillator，TPO）是利用光学参量振荡来产生太赫兹波。当一束强激光通过非线性晶体时，光子与声子横波场相互耦合产生电磁偶子，由电磁偶子有效受激拉曼散射产生太赫兹波，该过程包括二阶和三阶非线性过程，其原理和结构如图 3-26 所示。

光子学太赫兹辐射源的未来发展在技术上还需要解决下列关键问题：进一步改善系

统整体结构，提高能量转换效率；采用最高性能的泵浦激光器；寻找并采用具有更好品质因素和更低太赫兹频段吸收系数的新型晶体；目前，太赫兹光子器件的设计依赖于大量烦琐的建模与仿真工作，迫切需要专门的设计软件加快开发进程；在理论上也有必要加强对新型太赫兹器件机理的理解；继续研究提高太赫兹源功率的方法；考虑到太赫兹源的实际应用，还应考虑稳定、高效、环保等技术要求。总之，实用的光子学太赫兹源正在向结构简单、可调谐、高度相干、室温工作等方向发展。

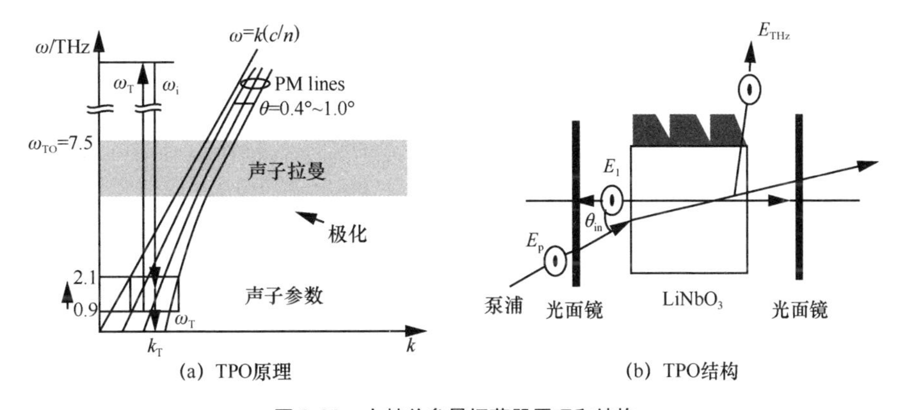

(a) TPO原理　　(b) TPO结构

图 3-26 太赫兹参量振荡器原理和结构

3.3 固态半导体电子学太赫兹辐射源

固态太赫兹辐射源包括固态太赫兹倍频源、功率放大器和太赫兹振荡源。基于固态电路实现的太赫兹源通常是利用多次倍频的方法将低频功率源提升到太赫兹频段，其重要组成包括频率源和倍频器。对整个太赫兹链路而言，技术的难点主要集中在太赫兹频段的倍频器研制。

倍频器（N 次倍频），就是能够将输入的正弦信号（频率为 F_1、功率为 P_1）转换成输出频率为 F_N（$F_N=NF_1$）的正弦信号的部件。通常来讲，除去 N 次谐波，倍频器产生的其余各次谐波的功率和与 P_N 满足式（3-1）。

$$\sum_{k\neq 1,k\neq N}^{\infty} P_k \ll P_N \tag{3-1}$$

图 3-27 所示为 N 次倍频器，其中最关键的是非线性器件。当给定基频时，它会产生各次谐波。而输入、输出匹配滤波单元的主要作用是从中选出所需的频率，同时抑制杂波的泄露。

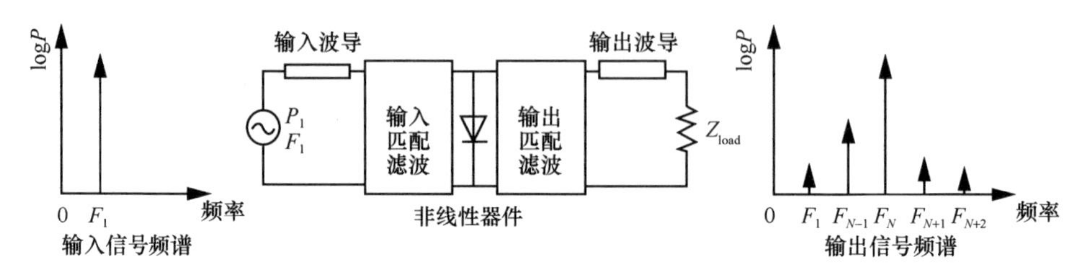

图 3-27　N 次倍频器

倍频器的参数指标主要包括倍频次数、输出频率、带宽、输出功率、倍频效率以及噪声，在这里主要对倍频效率和噪声两个参数进行简单的说明。倍频效率定义为负载端获得的 N 次谐波的功率与输入功率的比，如式（3-2）所示；而在有些时候，也会用转换损耗这个指标来衡量倍频器的转换效率，其定义如式（3-3）所示。对于一个 N 次倍频器而言，信号通过其后，相位噪声会恶化。

$$\eta = \frac{P_N}{P_{\text{in}}} \times 100\% \tag{3-2}$$

$$L_n[\text{dB}] = -10\lg\frac{P_N}{P_{\text{in}}} \tag{3-3}$$

随着频率升高到太赫兹频段，器件尺寸与工作波长逐渐接近，寄生参数产生的影响不容忽视。故相比于微波频段，太赫兹电路的设计具有其特殊性。对于倍频器而言，需要采用“场”和“路”相结合的方法去解决线性和非线性两部分，从而更准确地实现太赫兹倍频器的设计。

基于肖特基二极管的非线性效应，将微波频段的低频信号通过倍频转换成太赫兹信号的源，称为固态太赫兹倍频源。固态太赫兹倍频源具有频率稳定性好、易实现信号调制、可实现超宽带工作，以及易集成、可实现小型化等优点。国外关于固态太赫兹倍频源的研究机构主要包括美国喷气动力实验室、弗吉尼亚二极管公司、英国卢瑟福国家实验室及瑞典查尔姆斯大学等。2012 年，法国科学家 Maestrini 与美国喷气动力实验室成功研制最高频率达 2.7 THz、工作带宽为 200 GHz、输出功率达到 μW 量级的固态太赫兹倍频器，其电路结构如图 3-28 所示[59]。

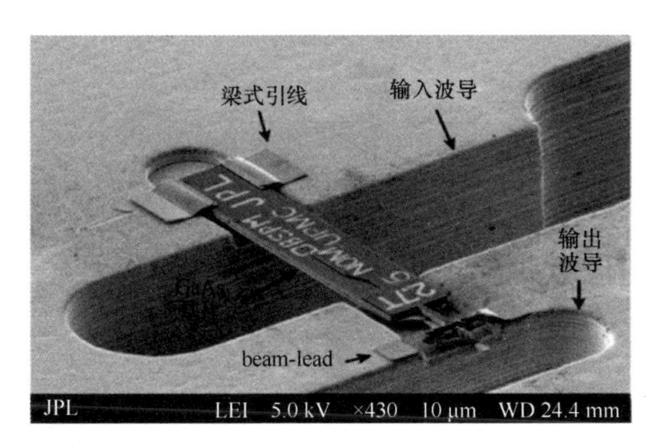

图 3-28　2.7 THz 的固态太赫兹倍频器的电路结构

美国 VDI 公司研制了工作频率为 0.34 THz、工作频段为 20 GHz、最高功率达 20 mW 的倍频器，该辐射源主要用于近距离成像和通信系统的发射源，或用于固态功率放大器、真空电子放大器的前级驱动源或者混频器的本振源。2014 年，美国喷气动力实验室报道 4 通道输出频率为 1.9 THz 的固态太赫兹辐射源[60]。在提高倍频源输出功率的探索上，国外研究多采用功率合成技术设计固态太赫兹倍频源。2014 年，美国喷气动力实验室设计了 105～120 GHz 与 550 GHz 片上功率合成三倍频器，其电路结构如图 3-29 所示。测试结果表明，该倍频器在 800 mW 功率的驱动下获得了 90 mW 的输出。

2015 年 9 月，英国 RAL 实验室研制出工作在 240～290 GHz 的倍频源，用于驱动扩展互作用速调管[61]。该倍频器中心频率为 280 GHz，3 dB 带宽为 6%，峰值功率为 15 mW。2016 年，英国卢瑟福实验室、德国辐射物理有限公司及欧洲航天局等联合报道工作在 114～224 GHz 的太赫兹倍频器，其峰值功率为 11.5 mW，倍频器效率大于 19%[62]。2017 年，英国卢瑟福实验室和 Teratech Components 公司联合报道 360 GHz 固态太赫兹倍频源，成功实现 W 频段输入信号倍频到 360 GHz，同时获得 20 GHz 的带宽。国内关于固态太赫兹倍频源的研究相对迟缓。2014 年，电子科技大学报道国内首次采用单片集成肖特基二极管研制 210 GHz 二倍频器，该倍频器在 210 GHz 处得到了 0.5 mW 的输出功率[63]。2015 年，电子科技大学成功研制 330～

500 GHz 三倍频器，其在 330～500 GHz 频段内的输出功率大于 10 μW，同时在 348 GHz 频点处达到峰值功率 194 μW[64]。在更高的太赫兹频段，2015 年，电子科技大学研制 GaAs 单片集成 650 GHz 三倍频器，实验测试结果表明，在 633～652 GHz 均测到功率输出，并在 650 GHz 时获得 0.072 mW 的输出功率[65]。除此之外，2016 年和 2017 年电子科技大学在 G 频段研制两个固态太赫兹倍频源[66-67]。2016 年研制的 220 GHz 的固态太赫兹辐射源为三倍频产生，在 221～232 GHz 频段内输出功率大于 5 mW，峰值功率为 6.34 mW。2017 年研制的 220 GHz 固态太赫兹倍频放大链路采用二倍频与三倍频进行组合倍频，在 197～230 GHz 带宽内，倍频器效率均大于 10%，最大输出功率为 24 mW[68]。

图 3-29 功率合成技术下的三倍频器

3.4 太赫兹量子级联激光器

根据自由电子激光器内光场与电子相互作用的光场累积方式来分类，常见的自由电子激光可分为振荡器型 FEL、高增益高次谐波型 FEL 和自放大自发辐射型 FEL 三类[68]，如图 3-30 所示，其中 S、N 分别表示南、北极。

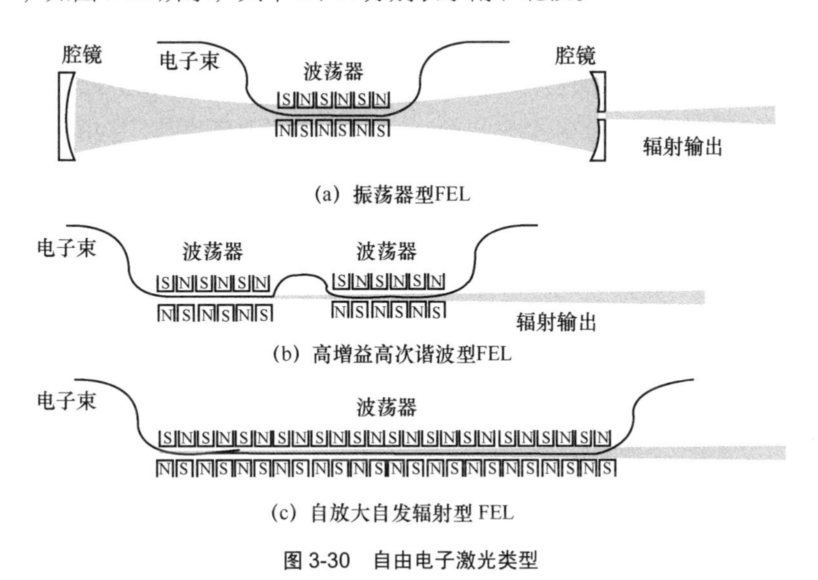

图 3-30 自由电子激光类型

（1）振荡器型 FEL

利用波荡器两端的反射腔镜构成光学谐振腔，将波荡器内电子束产生的初始自发辐射存储起来并在光腔内来回反射振荡，调节腔长使光脉冲再次进入波荡器磁场时能与后继的电子束脉冲同步并获得增益，光脉冲在谐振腔内经过多个回程的振荡放大后达到相干的饱和输出。这类 FEL 具有平均功率高、纵向完全相干等优点。但由于在短波长区域没有合适的反射镜材料，大部分谐振腔式 FEL 工作在紫外以下的长波长范围。

（2）高增益高次谐波型 FEL

初始光场来源于外置种子激光，种子激光在波荡器内只能单次通过，电子束在一个较短的波荡器内经过种子激光调制后形成一定的群聚，再经过色散段提高电子束的群聚后将电子束送入增益段波荡器中，在种子激光的高次谐波上产生相干的辐射场。一般工作在紫外和软 X 射线频段，且辐射波长只能为种子激光的谐波，不能连续调节。

（3）自放大自发辐射型 FEL

电子束单次通过波荡器，与电子束作用的光场来源于电子束本身的自发辐射，由于电子束速度小于光速，在较长的波荡器中，电子束每经过一个波荡器周期就落后它所产生的辐射场一个辐射波长的距离，因此电子束脉冲中靠前的电子会不断与靠后的电子束产生的自发辐射相互作用，经指数增长后逐渐饱和。这类 FEL 具有峰值功率高及结构相对简单的特点，一般工作在短波长区域。

3.5 本章小结

太赫兹波技术无论在基础研究方面还是在应用研究领域都取得了一定的进步和发展。太赫兹波辐射源技术的发展是推动太赫兹应用技术及相关交叉学科迅速发展的关键所在。而基于激光光学技术、真空电子技术和超快激光技术的各种太赫兹辐射源，凭借各自卓越的特性和显著的优点，在不同的领域显现举足轻重的地位。

寻找新型非线性材料，研究新型材料的内部结构，探索新的太赫兹辐射发生、振荡、放大机制，将使太赫兹辐射源朝着实现高效率、高能量、结构紧凑、简单连续调谐、室温稳定运转的研究方向发展。科研工作者正一如既往地为实现太赫兹辐射源的实用化、小型化、廉价化的目标而努力奋斗，以使太赫兹技术能广泛地运用于各种科学研究和实际应用领域，促进自然学科、应用学科以及相关交叉学科的迅速发展。

参考文献

[1] 宫玉彬, 周庆, 田瀚文, 等. 基于电子学的太赫兹辐射源[J]. 深圳大学学报(理工版), 2019, 36(2): 111-127.

[2] WEI Y Y, GUO G, GONG Y B, et al. Novel W-band ridge-loaded folded waveguide traveling wave tube[J]. IEEE Electron Device Letters, 2014, 35(10): 1058-1060.

[3] HE J, WEI Y Y, GONG Y B, et al. Linear analysis of folded double-ridged waveguide slow-wave structure for millimeter wave traveling wave tube[J]. Chinese Physics Letters, 2009, 26(11): 114103.

[4] HOU Y, GONG Y B, XU J, et al. A novel ridge-vane-loaded folded-waveguide slow-wave structure for 0.22-THz traveling-wave tube[J]. IEEE Transactions on Electron Devices, 2013, 60(3): 1228-1235.

[5] WANG Z L, ZHOU Q, GONG H R, et al. Development of a 140-GHz folded-waveguide traveling-wave tube in a relatively larger circular electron beam tunnel[J]. Journal of Electromagnetic Waves and Applications, 2017, 31(17): 1914-1923.

[6] LEI W Q, JIANG Y, ZHOU Q F, et al. Development of D-band continuous-wave folded waveguide traveling-wave tube[C]//Proceedings of 2015 IEEE International Vacuum Electronics Conference (IVEC). Piscataway: IEEE Press, 2015: 1-3.

[7] PAN P, HU Y F, LI H Y, et al. Development of G band folded waveguide TWTs[C]//Proceedings of 2016 IEEE International Vacuum Electronics Conference (IVEC). Piscataway: IEEE Press, 2016: 1-2.

[8] WANG Y J, CHEN Z, GAO Y, et al. MEMS-micro fabricated folded waveguide circuit for THz TWT[C]//Conference on Smart Sensors, Actuators, and MEMS V. Bellingham: SPIE Press, 2011: 67.

[9] HU P, LEI W Q, JIANG Y, et al. Development of a 0.32-THz folded waveguide traveling wave tube[J]. IEEE Transactions on Electron Devices, 2018, 65(6): 2164-2169.

[10] GONG H R, WANG Q, DENG D F, et al. Third-harmonic traveling-wave tube multiplier-amplifier[J]. IEEE Transactions on Electron Devices, 2018, 65(6): 2189-2194.

[11] CAI J, WU X P, FENG J J. Traveling-wave tube harmonic amplifier in terahertz and experimental demonstration[J]. IEEE Transactions on Electron Devices, 2015, 62(2): 648-651.

[12] BASTEN M A, TUCEK J C, GALLAGHER D A, et al. 233 GHz high power amplifier development at Northrop Grumman[C]//Proceedings of 2016 IEEE International Vacuum Electronics Conference (IVEC). Piscataway: IEEE Press, 2016: 1-2.

[13] SHI X B, WANG Z L, TANG X F, et al. Study on wideband sheet beam traveling wave tube based on staggered double vane slow wave structure[J]. IEEE Transactions on Plasma Science, 2014, 42(12): 3996-4003.

[14] SHAO W, SHI X B, ZHOU Q, et al. Study for 340 GHz staggered double-vane traveling wave tube with phase velocity taper[C]//Proceedings of 2017 Eighteenth International Vacuum Electronics Conference (IVEC). Piscataway: IEEE Press, 2017: 1-2.

[15] SHAO W, TIAN H W, WANG Z L, et al. Study for 850 GHz sheet beam staggered double-vane traveling wave tube considering the metal loss[C]//Proceedings of 2018 IEEE International Vacuum Electronics Conference (IVEC). Piscataway: IEEE Press, 2018: 141-142.

[16] XU X, WEI Y Y, SHEN F, et al. Sine waveguide for 0.22-THz traveling-wave tube[J]. IEEE Electron Device Letters, 2011, 32(8): 1152-1154.

[17] XU X, WEI Y Y, SHEN F, et al. Research of sine waveguide slow-wave structure for a

220-GHz backward wave oscillator[J]. Chinese Physics B, 2012, 21(6): 068402.

[18] ZHANG L Q, WEI Y Y, GUO G, et al. An ultra-broadband watt-level terahertz BWO based upon novel sine shape ridge waveguide[J]. Journal of Physics D: Applied Physics, 2016, 49(23): 235102.

[19] ZHANG L Q, WEI Y Y, GUO G, et al. A ridge-loaded sine waveguide for G-band traveling-wave tube[J]. IEEE Transactions on Plasma Science, 2016, 44(11): 2832-2837.

[20] LIU S G, LIU D W, YAN Y, et al. Theoretical and experimental investigations on the coaxial gyrotron with two electron beams[C]//Proceedings of 2015 40th International Conference on Infrared, Millimeter, and Terahertz Waves (IRMMW-THz). Piscataway: IEEE Press, 2015: 1-2.

[21] QIXIANG ZHAO A, YU B S. The nonlinear designs and experiments on a 0.42-THz second harmonic gyrotron with complex cavity[J]. IEEE Transactions on Electron Devices, 2017, 64(2): 564-570.

[22] SMITH S J, PURCELL E M. Visible light from localized surface charges moving across a grating[J]. Physical Review, 1953, 92(4): 1069.

[23] RUSIN F S, BOGOMOLOV G D. Generation of electromagnetic oscillations in an open resonator[J]. JETP Letters, 1966, 4: 160-162.

[24] URATA J, GOLDSTEIN M, KIMMITT M F, et al. Super radiant Smith-Purcell emission[J]. Physical Review Letters, 1998, 80(3): 516-519.

[25] KESAR A S, MARSH R A, TEMKIN R J. Power measurement of frequency-locked Smith-Purcell radiation[J]. Physical Review Special Topics - Accelerators and Beams, 2006, 9(2): 022801.

[26] SHIN Y M, SO J K, JANG K H, et al. Super radiant terahertz Smith-Purcell radiation from surface plasmon excited by counter streaming electron beams[J]. Applied Physics Letters, 2007, 90(3): 031502.

[27] OKAJIMA A, MATSUI T. Electron-beam induced terahertz radiation from graded metallic grating[J]. Optics Express, 2014, 22(14): 17490-17496.

[28] LIU W H, XU Z Y. Special Smith-Purcell radiation from an open resonator array[J]. New Journal of Physics, 2014, 16(7): 073006.

[29] LIU L, CHANG H T, ZHANG C, et al. Terahertz and infrared Smith-Purcell radiation from Babinet metasurfaces: loss and efficiency[J]. Physical Review B, 2017, 96(16): 165435.

[30] LIU S G, HU M, ZHANG Y X, et al. Electromagnetic diffraction radiation of a subwavelength-hole array excited by an electron beam[J]. Physical Review E, 2009, 80(3): 036602.

[31] 叶全意, 杨春. 光子学太赫兹源研究进展[J]. 中国光学, 2012, 5(1): 1-11.

[32] MUELLER E R. Terahertz radiation sources for imaging and sensing applications[J]. Photonics Spectra, 2006, 40: 60-69.

[33] BAE J, NOZOKIDO T, SHIRAI H, et al. An EMQ-switched CO_2 laser as a pump source for a far-infrared laser with a high peak power and a high repetition rate[J]. IEEE Journal of Quantum Electronics, 1989, 25(7): 1591-1594.

[34] 冉勇, 秦家银. 小型光泵腔式 NH_3 分子亚毫米波激光器的实验研究[J]. 光电子·激光, 1999, 10(6): 495-497.

[35] 纠智先. 可调谐TEA CO_2激光泵浦的脉冲THz激光器性能研究[D]. 武汉: 华中科技大学, 2010.

[36] 何志红. 光泵重水气体分子产生 THz 激光辐射技术的研究[D]. 天津: 天津大学, 2007.

[37] 田兆硕, 王静, 费非, 等. 光抽运全金属太赫兹激光器研究[J]. 中国激光, 2010, 37(9): 2323-2327.

[38] MUELLER E R, HENSCHKE R, ROBOTHAM W E J, et al. Terahertz local oscillator for the Microwave Limb Sounder on the Aura satellite[J]. Applied Optics, 2007, 46(22): 4907.

[39] HAMSTER H, SULLIVAN A, GORDON S, et al. Subpicosecond, electromagnetic pulses from intense laser-plasma interaction[J]. Physical Review Letters, 1993, 71(17): 2725-2728.

[40] XIE X, DAI J M, ZHANG X C. Coherent control of THz wave generation in ambient air[J]. Physical Review Letters, 2006, 96(7): 075005.

[41] KIM K Y, TAYLOR A J, GLOWNIA J H, et al. Coherent control of terahertz super continuum generation in ultrafast laser-gas interactions[J]. Nature Photonics, 2008, 2(10): 605-609.

[42] WANG T J, DAIGLE J F, CHEN Y, et al. High energy THz generation from meter-long two-color filaments in air[J]. Laser Physics Letters, 2010, 7(7): 517-521.

[43] 施卫, 张显斌, 贾婉丽, 等. 用飞秒激光触发 GaAs 光电导体产生 THz 电磁波的研究[J]. 半导体学报, 2004, 25(12): 1735-1738.

[44] 尚丽平, 夏祖学, 廖小春, 等. THz 小孔径光电导天线结构及参数对增益的影响[J]. 红外, 2011(2): 38-42.

[45] MADÉO J, JUKAM N, OUSTINOV D, et al. Frequency tunable terahertz interdigitated photoconductive antennas[J]. Electronics Letters, 2010, 46(9): 611.

[46] Greyhawk Optics. Photoconductive antenna for THz applications[EB]. 2010-06-07.

[47] FÜLÖP J A, PÁLFALVI L, ALMÁSI G, et al. Design of high-energy terahertz sources based on optical rectification[J]. Optics Express, 2010, 18(12): 12311-12327.

[48] AHN J, EFIMOV A, AVERITT R, et al. Terahertz waveform synthesis via optical rectification of shaped ultrafast laser pulses[J]. Optics Express, 2003, 11(20): 2486-2496.

[49] YEH K L, HOFFMANN M C, HEBLING J, et al. Generation of 10μJ ultrashort terahertz pulses by optical rectification[J]. Applied Physics Letters, 2007, 90(17): 171121.

[50] STEPANOV A G, BONACINA L, CHEKALIN S V, et al. Generation of 30 μJ single-cycle terahertz pulses at 100 Hz repetition rate by optical rectification[J]. Optics Letters, 2008, 33(21): 2497.

[51] NEGEL J P, HEGENBARTH R, STEINMANN A, et al. Compact and cost-effective scheme for THz generation via optical rectification in GaP and GaAs using novel fs laser oscillators[J]. Applied Physics B, 2011, 103(1): 45-50.

[52] ZERNIKE F, BERMAN P R. Generation of far infrared as a difference frequency[J]. Physical Review Letters, 1965, 15(26): 999-1001.

[53] FARIES D W, GEHRING K A, RICHARDS P L, et al. Tunable far-infrared radiation generated from the difference frequency between two ruby lasers[J]. Physical Review, 1969, 180(2): 363-365.

[54] KAWASE K, MIZUNO M, SOHMA S, et al. Difference-frequency terahertz-wave generation from 4-dimethylamino-N-methyl-4-stilbazolium-tosylate by use of an electronically tuned Ti: sapphire laser[J]. Optics Letters, 1999, 24(15): 1065.

[55] TOCHITSKY S Y, RALPH J E, SUNG C, et al. Generation of megawatt-power terahertz pulses by noncollinear difference-frequency mixing in GaAs[J]. Journal of Applied Physics, 2005, 98(2): 026101.

[56] DING Y J. High-power tunable terahertz sources based on parametric processes and applications[J]. IEEE Journal of Selected Topics in Quantum Electronics, 2007, 13(3): 705-720.

[57] JIANG Y, DING Y J, ZOTOVA I B. Power scaling of widely-tunable monochromatic THz pulses based on difference-frequency generation in a pair of stacked GaP plates[C]// Proceedings of Conference on Lasers and Electro-Optics. Piscataway: IEEE Press, 2010: 1-6.

[58] 孙博. 基于差频技术及光学参量方法产生可调谐 THz 波的研究[D]. 天津: 天津大学, 2007.

[59] MAESTRINI A, MEHDI I, SILES J V, et al. Design and characterization of a room temperature all-solid-state electronic source tunable from 2.48 to 2.75 THz[J]. IEEE Transactions on Terahertz Science and Technology, 2012, 2(2): 177-185.

[60] SILES J V, LEE C, LIN R, et al. Capability of broadband solid-state room-temperature coherent sources in the terahertz range[C]//Proceedings of 2014 39th International Conference on Infrared, Millimeter, and Terahertz Waves (IRMMW-THz). Piscataway: IEEE Press, 2014: 1-3.

[61] WANG H, PARDO D, MERRITT M, et al. 280 GHz frequency multiplied source for meteorological Doppler radar applications[C]//Proceedings of 2015 8th UK, Europe, China Millimeter Waves and THz Technology Workshop. Piscataway: IEEE Press, 2015: 1-4.

[62] HENRY M, REA S, BREWSTER N, et al. Design and development of Schottky diode frequency multipliers for the MetOp-SG satellite instruments[C]//Proceedings of 2016 41st International Conference on Infrared, Millimeter, and Terahertz Waves (IRMMW-THz). Piscataway: IEEE Press, 2016: 1-2.

[63] 吴三统. 基于单片集成二极管技术的太赫兹倍频链路研究[D]. 成都: 电子科技大学,

2014.

[64] REN T H, ZHANG Y, YAN B, et al. A 330–500 GHz zero-biased broadband tripler based on terahertz monolithic integrated circuits[J]. Chinese Physics Letters, 2015, 32(2): 020702.

[65] 韩祎炜. GaAs 单片集成 650GHz 三倍频器研究[D]. 成都: 电子科技大学, 2015.

[66] ZHANG Y, ZHONG W, REN T H, et al. A 220 GHz frequency tripler based on 3D electromagnetic model of the Schottky diode and the field-circuit co-simulation method[J]. Microwave and Optical Technology Letters, 2016, 58(7): 1647-1651.

[67] 闵应存. 220GHz 太赫兹倍频链路研究[D]. 成都: 电子科技大学, 2017.

[68] 付强. HUST 自由电子激光太赫兹源的光学系统研究[D]. 武汉: 华中科技大学, 2019.

第4章

太赫兹固态通信系统射频收发前端

采用固态电子学的技术途径实现太赫兹高速通信是目前较成熟的手段，也是热门的太赫兹通信研究领域。其实现方法主要是由基带调制产生已调制的中频信号，利用太赫兹固态上变频器对调制信号上变频，搬移至太赫兹频段，并通过太赫兹固态放大器和高增益天线进行有效发射；接收则是发射的逆过程，太赫兹固态混频器将信号搬移至中频频段，经解调后再进行信号处理。由于太赫兹电路的成熟，目前，多数通信系统均基于模块化功能电路进行搭建。

对于无线通信和雷达成像这两个太赫兹频段的热门应用领域来说，外差接收是应用最广泛的接收体制，其工作原理是天线接收的射频（Radio Frequency，RF）信号与接收机中本振（Local Oscillator，LO）产生的信号一起输入混频器得到中频（Intermediate Frequency，IF）信号，即下变频过程。可以看出，接收机的关键电路即变频过程的混频器和提供驱动信号的本振电路。在外差接收体制中，系统的关键电路通常包括实现频率变换、信号产生和信号放大功能的电路。现阶段在固态太赫兹技术领域，由于肖特基二极管研究的成熟，学术界更关注基于二极管的混频器和倍频器研究。

4.1 太赫兹肖特基势垒二极管

肖特基势垒二极管最早由德国物理学家 Schottky[1]提出，是基于金属–半导体结的多载流子器件。肖特基势垒二极管又被称为表面势垒二极管，基本结构为金属–半导体结。金属和半导体的整流效应由 Braun[2]实验发现，然后由 Sze 等[3]和 Cowley 等[4]提出肖特基势垒模型。金属－半导体结中，能带在接触面处不连续，载流子注入后具有多余的能量，所以该结构也被称为热载流子二极管或热电子二极管[5]。肖特基势垒二极管因具有高频特性好、噪声电平低、开关响应迅速、动态范围大、结构相对简单等优点，被广泛应用于毫米波及太赫兹电路。

4.1.1　太赫兹肖特基势垒二极管基本原理

肖特基势垒二极管本质上是采用不同材料间整流势垒形成的非线性特性。如图 4-1 所示，由于 N 型半导体的费米能级 E_{FS} 低于金属的费米能级 E_{FM} ，当两者接触时，根据固体物理理论，两种材料的接触面存在势能差，为了达到势能平衡，自由电子会自发地从 N 型半导体扩散到金属中，并聚集在接触面上，直至费米能级达到平衡状态 E_F [6]。平衡状态下，半导体中耗尽电子的正电荷区为耗尽区，也被称为空间电荷区。扩散的电子在接触面处汇聚成带负电的表面电荷，与耗尽区形成电势差，从而构成肖特基势垒。

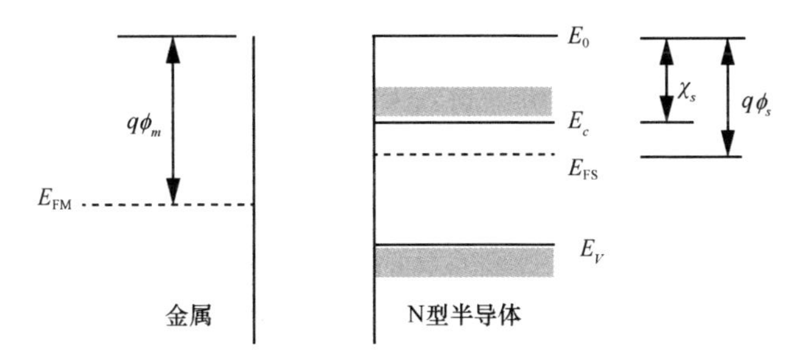

图 4-1　N 型半导体与金属能级示意

图 4-1 中，E_0 为真空静止电子能级，E_c 为导带底能量，$q\phi_m$ 为金属功函数，$q\phi_s$ 为半导体功函数，E_{FS} 为半导体费米能级，E_{FM} 为金属费米能级，E_V 为价带顶能量，χ_s 为半导体电子亲和势。

在金属中，功函数是将一个电子从固体内部刚好移到表面所需的最小能量；在半导体中，功函数是半导体费米能级的能量与真空中静止电子的能量之差。

如图 4-2 所示，在平衡状态下，金属与 N 型半导体之间会形成确定的内建电场、内建电势差和空间电荷区宽度。在接触面处，半导体的价带和金属价带发生弯曲，半导体导带朝上弯曲的区域为空间电荷区，该部分上的电势差是两种材料功函数之差，即内建电势 ψ_0 为

$$\psi_0=\phi_m-\phi_s \tag{4-1}$$

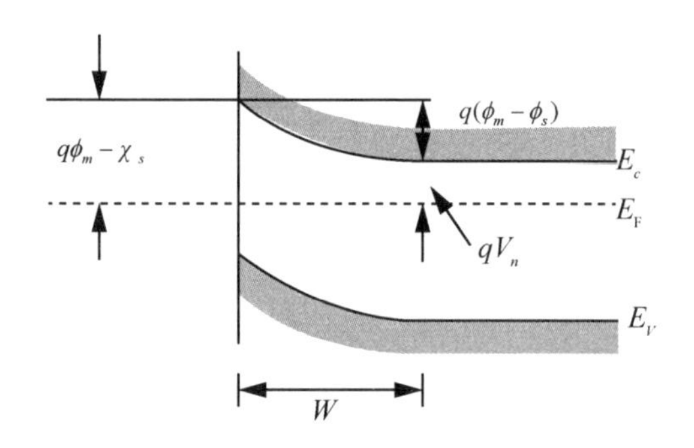

图 4-2　金属与 N 型半导体接触时，平衡状态下的能带

当电流从金属流向半导体时，如果要形成正向电流，那么必须克服的电势为

$$q\phi_b = q\phi_m - \chi_s \tag{4-2}$$

其中，$q\phi_b$ 为肖特基势垒。

当电流从半导体流向金属时，接触面会聚集更多的电子，势垒增高，阻止反向电流的形成，这就构成了整流特性。

正向和反向电压加载下，肖特基结能带如图 4-3 所示。当加载正向电压（$V>0$）时，外加电场与内建电场方向相反，外加电压将中和内部电势，半导体与金属间的势垒减弱，半导体上的电子将更容易流向金属，此时，外加电压源中的电子不断通过半导体流向金属，形成正向电流。反之，当加载反向电压时，外加电压与内部电势相互叠加，半导体到金属的势垒将被加强，半导体上的电子更难进入金属中，从而形成截止状态。

由此可以看出，肖特基结的材料性质、物理结构等决定了内部电势的大小，而实际工作状态和电性能则受外加偏置电压的影响。

另外，在实际应用中，除了整流特性，肖特基二极管还存在非整流特性，即在肖特基结中存在一个欧姆接触阻抗，该阻抗使电压和电流之间存在线性关系。但是金属与半导体的直接接触不会形成欧姆接触，只会形成肖特基接触。为了使肖特基二极管具有非整流特性，就需要采取一些额外的措施。比如，可通过增加掺杂浓度，减薄半导体中的空间电荷层，使载流子可以发生隧道穿透而非越过势垒，这样就在肖特基结中形成了一个很小的电阻，即欧姆接触电阻[7]。由于欧姆接触对寄生阻抗和载流子浓度的影响很小，因此不会改变二极管的特性。

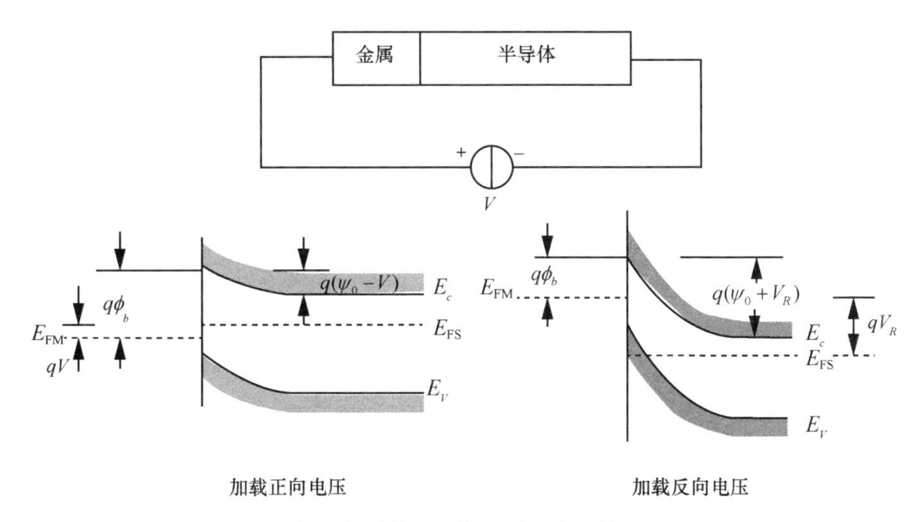

图 4-3　外加偏压时，肖特基结能带

4.1.2　太赫兹二极管基本特性

1. *I–V* 特性

肖特基二极管中，金属–半导体之间的电流主要由热电子发射形成[8]。零偏压时，这种热电子在肖特基结的两个方向上均等地发射，在结上不存在静电流。各个方向上形成的电流与电子密度成正相关。电子密度遵守麦克斯韦–玻尔兹曼分布，并与内部电势成指数关系[9]。当对肖特基结施加外部电压时，其内部电势将会改变，肖特基结两端的电子密度也会随之改变。电压改变前后形成的电子密度差形成了电流，当肖特基结的材料确定以后，电流将随结电压变化而变化[9]。肖特基结的电流为[10]

$$I(V_j)=I_s\left[\exp\left(\frac{qV_j}{\eta kT}\right)-1\right] \tag{4-3}$$

其中，$I(V_j)$为二极管总电流，I_s 为二极管反向饱和电流，V_j 为结电压，q 为元电荷（1.6×10^{-19} C），η 为理想因子，k 为波尔兹曼常数（1.38×10^{-23} J/K），T 为绝对温度。

肖特基结的反向饱和电流 I_s 为[9]

$$I_s = A^* T^2 A_a \left(\exp\left(\frac{-q\phi_b}{kT} \right) \right) \qquad (4\text{-}4)$$

其中，A^*为有效查理德森常数，T为绝对温度，A_a为阳极结面积，ϕ_b为半导体势垒高度。

通过对肖特基二极管的 I-V 曲线开展分析研究，可以得到肖特基二极管管芯参数，如理想因子、饱和电流、级联电阻等。肖特基二极管的 I-V 特性曲线如图 4-4 所示。该曲线由两部分构成：线性区（$I < 100\ \mu A$）和非线性区 $I > 100\ \mu A$。二极管 I-V 曲线的非线性区由压降效应产生。

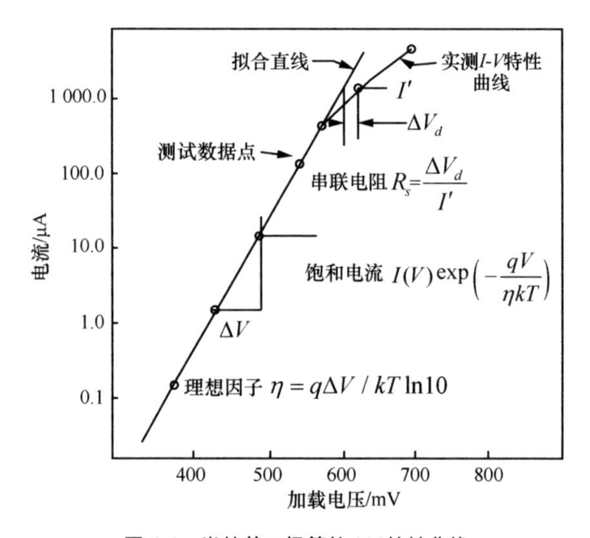

图 4-4　肖特基二极管的 I-V 特性曲线

2. C–V 特性

当肖特基结外加偏压时，施加的偏压将改变内部电势，打破肖特基结的平衡状态。此时，由于外加偏压的存在，原有的费米能级平衡要求也不再适用，费米能级将随外加电压偏移 qV_j，其中 V_j 为施加到肖特基结上的结电压。同时，外加电压也导致肖特基结势垒和耗尽层宽度发生变化。当外加偏置电压 V_j=0 时，零偏压结电容 C_{j0} 为

$$C_{j0} = A_a \sqrt{\frac{qN_d \varepsilon_s}{2V_{bi}}} \qquad (4\text{-}5)$$

结电容函数 $C_j(V_j)$可简化为

$$C_j(V_j) = C_{j0}\sqrt{\frac{V_{bi}}{V_{bi}-V_j}} \tag{4-6}$$

对于确定的材料和掺杂浓度的肖特基二极管来说，内建电压 V_{bi} 是一个固定量；肖特基二极管的非线性结电容特性将由零偏压结电容 C_{j0} 确定。对于混频器等要求避免该电容特性的应用场合，应使肖特基二极管的零偏压结电容尽可能小。

特别需要指出的是，在现今常用的平面肖特基二极管中[11]，由于肖特基结中的金属与半导体成平面接触，可以将其结电容视为平板电容。因此，结电容可以用式（4-7）来计算[12]。

$$C_j(V_j) = \frac{\varepsilon_s A}{W(V_j)} + \frac{3\varepsilon_s A}{D} \tag{4-7}$$

$$W(V_j) = \sqrt{\frac{2(V_{bi}-V_j)\varepsilon_s}{eN_d}} \tag{4-8}$$

其中，A 为肖特基结面积，D 为肖特基结直径，ε_s 为半导体介电常数，$W(V_j)$为耗尽层宽度，N_d 为半导体掺杂浓度，e 为元电荷。

零偏压结电容可写为

$$C_{j0} = \frac{\varepsilon_s A}{W(0)} + \frac{3\varepsilon_s A}{D} = A\left(\sqrt{\frac{eN_d\varepsilon_s}{2V_{bi}}} + \frac{3\varepsilon_s}{D}\right) \tag{4-9}$$

在得到零偏压结电容后，就可计算肖特基二极管的截止频率 f_c

$$f_c = \frac{1}{2\pi R_s C_{j0}} \tag{4-10}$$

其中，R_s 为肖特基二极管的串联电阻。

截止频率是表征肖特基二极管品质的一个重要物理参数。f_c 越大，二极管的导通和截止状态的切换速度越快。为了实现更高工作频率的太赫兹谐波混频电路，必须保证二极管的截止频率足够大。一般来说，要求截止频率是工作频率的 10 倍以上。从式（4-10）可以看出，二极管的截止频率与肖特基二极管的寄生参量 R_s 和 C_{j0} 直接相关。

另外，在肖特基结的电压特性中，反向击穿电压 V_{bd} 也是一个重要的指标。当肖特基结外加负压时，负压会增大肖特基结的势垒，使肖特基结变为截止状态。但随着负偏压在数值上的不断增大，当其达到某个确定值后，会改变肖特基结的截止状态，使反向电流急剧增大。过大的反向电流最终导致肖特基结的击穿，从而损毁肖特基结。由于在实际应用和测试中，不可能是负偏压的数值无限大，在工程上一般认为反向电流等于 10 μA 时的反向电压即反向击穿电压。反向击穿电压的经验公式为[13]

$$V_{bd}=-60\left(\frac{E_g}{1.1}\right)^{\frac{3}{2}}\left(\frac{N_d}{10^{16}}\right)^{-\frac{3}{4}} \tag{4-11}$$

其中，E_g为禁带宽度，N_d为半导体掺杂浓度。

3. **寄生参量**

肖特基二极管中，串联电阻R_s和寄生电容C_{total}是对变频效率影响最大的两个寄生参数。随着频率的不断升高，这种影响会变得更加明显[14-15]；在太赫兹频段的应用中，减小这两个参数对提升二极管的品质尤其重要。在太赫兹频段中，由于工作波长较小，二极管本身的物理结构带来的寄生电阻和电容已无法忽视，在计算肖特基二极管的寄生参量时，需要考虑二极管本身物理结构的影响。

单管芯肖特基二极管的寄生参量分布[16-17]如图 4-5 所示。其中，寄生电感由二极管物理结构的磁耦合产生[16]，寄生电容由电耦合产生，寄生串联电阻是电流产生的损耗。

考虑到太赫兹混频器的需求，本节重点对二极管的串联电阻和寄生电容进行详细讨论。

（1）串联电阻R_s

由图 4-5 可以看出，单个管芯肖特基二极管的串联电阻主要包含 4 个部分：空气桥金属手指电阻R_{finger}、外延层电阻R_{epi}、欧姆接触电阻R_{ohmic}和缓冲层电阻R_{buf}，它们以级联的形式构成总串联寄生电阻[17-20]，所以有

$$R_s=R_{\text{finger}}+R_{\text{epi}}+R_{\text{buf}}+R_{\text{ohmic}} \tag{4-12}$$

$$R_{\text{epi}}=\frac{t_{\text{epi}}-W(V_j)}{eAN_{d,\text{epi}}\mu_{\text{epi}}} \tag{4-13}$$

$$W(V_j)=\sqrt{\frac{2(V_{\text{bi}}-V_j)\varepsilon_s}{eN_{d,\text{epi}}}} \tag{4-14}$$

其中，t_{epi} 为外延层厚度，$N_{d,epi}$ 为外延层掺杂浓度，μ_{epi} 为电子迁移率，e 为元电荷，$W(V_j)$为耗尽层宽度，ε_s 为半导体介电常数，V_{bi} 为肖特基结内建电势，V_j 为结电压。

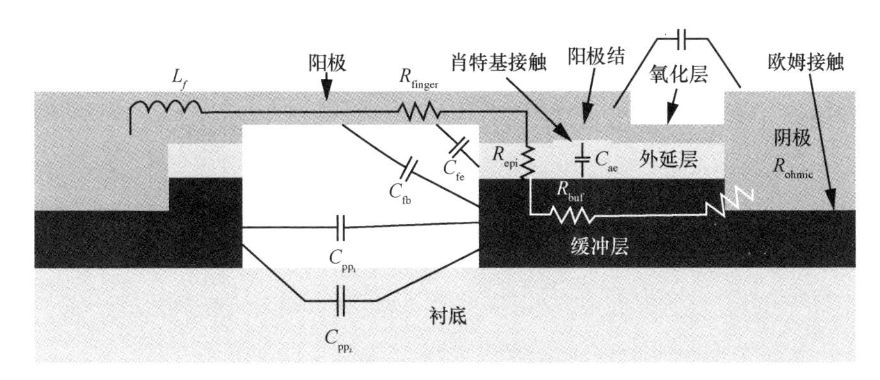

图 4-5　单管芯肖特基二极管的寄生参量分布

在构成肖特基二极管串联电阻的 4 个电阻中，空气桥金属手指电阻由于金属手指的小尺寸以及金的高导电率，电阻很小，一般可忽略不计。

通过串联电阻分量的理论计算式，可以有效指导肖特基二极管的优化改进。就太赫兹混频器的应用来说，为了提高变频效率就要求二极管的串联电阻尽可能小，需要尽量减小每个寄生电阻。通过减薄外延层厚度，可以减小外延层电阻，但为了保证肖特基结的完整性，又要求外延层厚度大于耗尽层厚度（即 $t_{epi} > W(V_j)$）[21]。缓冲层电阻 R_{buf} 与其掺杂浓度成反比，这就意味着，可以通过提高掺杂浓度来减小肖特基二极管的寄生电阻，但高的掺杂浓度也对二极管实现工艺提出了更高的要求。在更高的频段中，还可以通过进一步减小空气桥金属手指的尺寸来减小 R_{finger}，从而进一步减小串联电阻。

（2）寄生电容 C_{total}

肖特基二极管的寄生电容是由肖特基二极管物理结构间的电耦合产生的，总的寄生电容主要包含 3 个部分：焊盘之间的电容 C_{pp}，空气桥金属手指与掺杂半导体层之间的电容 C_f，高掺杂半导体与阳极结之间的电容 C_{ae}。其中，C_f 又包含两部分：空气桥与外延层之间的耦合电容 C_{fe}，空气桥与缓冲层之间的耦合电容 C_{fb}。电容 C_{pp} 根据产生电容的通道不同也分为两部分：空气介质通道中形成的电容 C_{pp_1}，衬底介质通道中形成的电容 C_{pp_2}。

在肖特基二极管中，外延层一般由低掺杂的半导体材料构成，该材料特性介于导体与绝缘体之间，空气桥与外延层之间的耦合电容 C_{fe} 很小。缓冲层一般由高掺杂的半导体材料构成，该材料特性与导体特性相似。阳极结和缓冲层构成了一个平板电容器，外延层为其隔离介质。对于寄生电容 C_{pp} 来说，由于空气的介电常数一般小于绝缘介质衬底的介电常数，一般有 $C_{pp_1} > C_{pp_2}$。另外，由于在太赫兹肖特基二极管中，空气桥的尺寸一般很小，其引入的耦合电容也比较小。

通过分析，针对肖特基二极管寄生电容的不同部分，可以采取相应手段来减小寄生电容。比如，通过减小空气桥尺寸来减小空气桥引入的耦合电容；通过减小阳极结截面积和外延层的厚度来减小阳极结引入的寄生电容；通过增加焊盘距离和减小衬底介电常数来减小焊盘之间的寄生电容。

4.1.3 太赫兹平面肖特基二极管

在肖特基二极管的发展过程中，最早投入使用的是触须接触式二极管，通过将金属触须和半导体压合实现肖特基结，如图 4-6 所示[14, 22]。

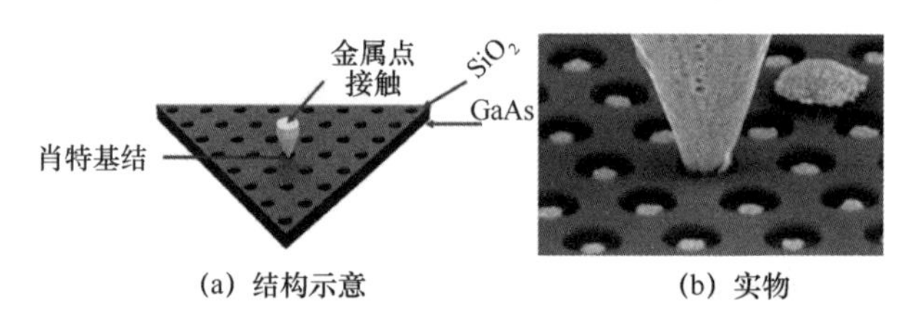

图 4-6 触须接触式肖特基二极管

触须接触式二极管由于金属和半导体成体立式分布，接触面积小、结构间相互影响小、二极管寄生参数较低，且可通过调节触须的位置来改善功率耦合效率，曾在毫米波、亚毫米波频段表现出优越的性能。但触须接触式二极管较其他电路不易于集成实现小型化，并且随着应用频段的不断升高，到了太赫兹频段，由于电路所需的二极管尺寸很小，采用压合工艺形成肖特基结时，极易损毁器件。

基于微电子集成工艺的平面肖特基二极管因其可靠性、可重复性以及易集成性等方面的优势逐渐取代触须接触式二极管成为主流。基于平面肖特基二极管的固态电路在亚毫米波及太赫兹领域得到了迅速的发展[23]。根据结构和实现工艺的差别，平面肖特基二极管又有表面沟道型[22]、空气桥型[24-25]和准垂直型[26-27]3 种类型。

本节主要描述表面沟道型平面肖特基二极管，其横截面示意和高倍电子显微镜下的扫描如图 4-7 所示。在表面沟道型平面肖特基二极管中，肖特基接触和欧姆接触都是通过半导体集成工艺，将金属与具有掺杂浓度的半导体材料接触形成的，两者之间通过金材质的金指连接，并利用化学刻蚀去掉金指下方的半导体形成表面沟道、空气桥，减小二极管的寄生电容。

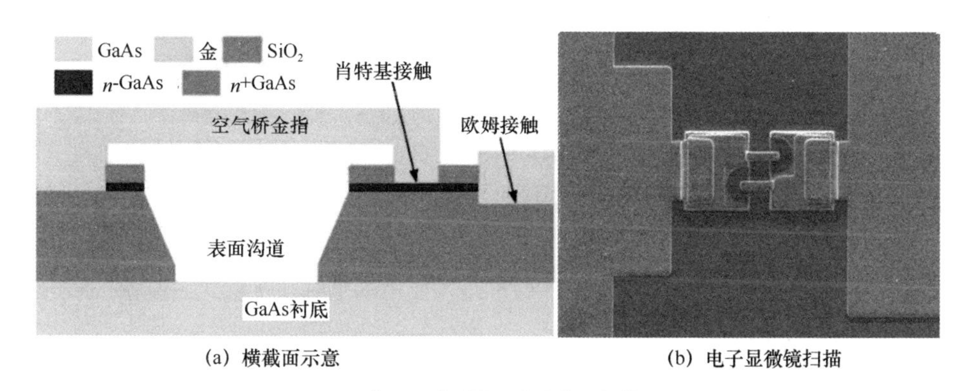

（a）横截面示意　　（b）电子显微镜扫描

图 4-7　表面沟道型平面肖特基二极管展示

表面沟道型平面肖特基二极管以微电子工艺为基础实现。图 4-8 以单管芯平面肖特基二极管为例，展示了二极管的工艺流程。平面肖特基二极管的实现从砷化镓外延片开始。在砷化镓衬底材料上，采用分子束外延的方式依次生长出高掺杂的缓冲层和低掺杂的外延层，通过等离子增强化学气相沉积在外延层上沉积一层绝缘 SiO_2 层，SiO_2 层覆盖整个外延基片起到隔绝空气保护电路的作用。利用标准光刻和离子刻蚀技术在 SiO_2 层中刻蚀出柱形阳极结，阳极结直径一般为 1 μm 左右。经过光刻、湿法氧化物刻蚀、去离子水冲洗等步骤将 SiO_2 层刻蚀成型。再利用湿刻蚀技术刻蚀外延层后，将几种金属的合金蒸镀到缓冲层表面，并利用光刻掩膜、显影技术去除不需要区域的金属，形成欧姆接触。最后利用湿刻蚀技术使缓冲层成型，并通过光刻掩膜技术沉积出阳极结、阴极焊盘以及两者的空气桥金属指。通过湿法刻蚀去除空气桥下方的氧化层、外延层和缓冲层，形成表面沟道；这样，通过衬底减薄和切片后就加工出了一个完整的肖特基二极管。

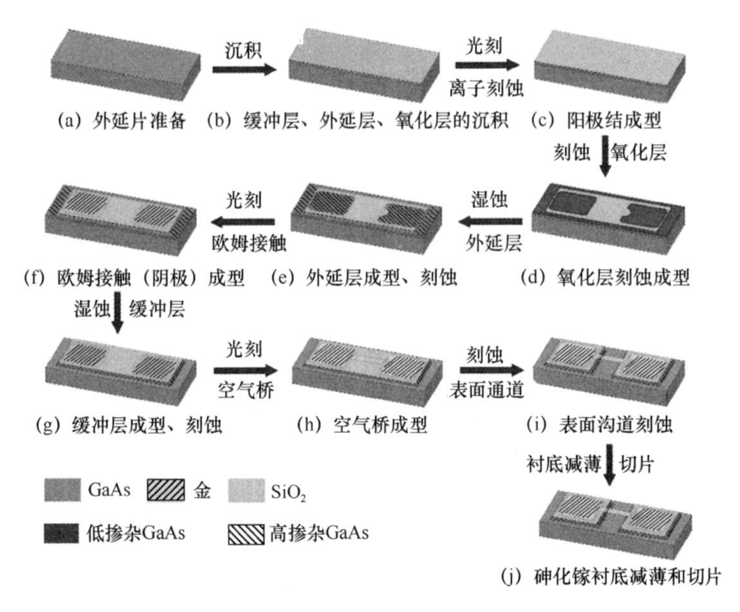

图 4-8　肖特基二极管的工艺流程

4.1.4　太赫兹平面肖特基二极管建模

在混频电路中，肖特基二极管是混频电路的核心器件。二极管的寄生串联电阻和结电容对混频器的性能起着决定性的影响。能否准确地模拟二极管的各项参量是设计混频器的关键。在微波毫米波频段，二极管封装尺寸远小于电路尺寸，其封装几乎不会对混频电路中的场分布造成影响，此时，将二极管的寄生参数代入模拟等效电路可以较准确地模拟二极管的特性。但随着混频器工作频率升高至太赫兹频段，为了避免电路中出现谐振，混频电路所需屏蔽腔尺寸将会急剧减小，但肖特基二极管的封装尺寸由于工艺限制可减小的幅度有限。肖特基二极管封装尺寸与混频电路整体尺寸的比值急剧增大，造成肖特基二极管的封装依然可以影响电路中的场分布，甚至在高频段引起谐振。这样，采用模拟等效电路的方法已无法精确地模拟二极管的特性，更无法为精确的混频电路设计提供依据。

基于电场分布的思维，解决上述问题的有效方法就是建立平面肖特基二极管的精确电磁模型；依据二极管的实现工艺赋予二极管各层次的材料特性，将二极管封装对场分布的影响直接在三维电磁仿真软件中进行模拟仿真；结合二极管的非线性等效模型来精确设计混频电路。详细研究平面肖特基二极管，还可以根据电路实验结果，优化肖特基二极管三维模型指导高性能肖特基二极管的研制。

另外，在现今国外高性能平面肖特基二极管被禁运的情况下，建立肖特基二极管的三维精确模型也是自主开发肖特基二极管、打破国际垄断、生产拥有自主知识产权的肖特基二极管的必经之路。当然，深入研究并建立肖特基二极管精确模型也是开展固态集成电路研究的基础。

针对固态太赫兹混频器的应用需求，基于课题组的研究基础，本节建立了偶次谐波混频器常用的反向并联肖特基二极管对三维精确模型，如图 4-9 所示。

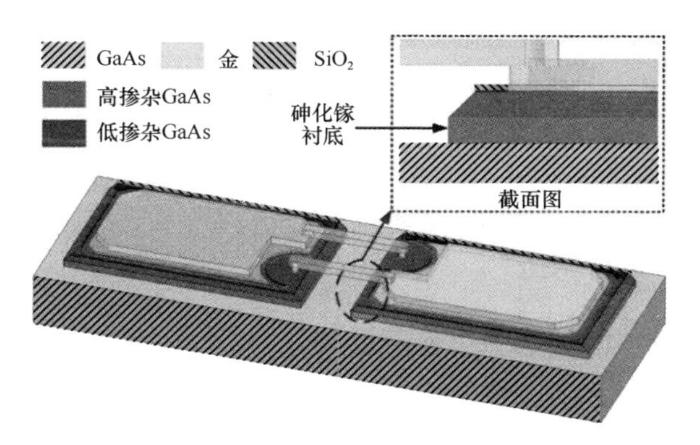

图 4-9　反向并联肖特基二极管对三维精确模型

在肖特基二极管的建模中，为了精确模拟肖特基二极管封装对场分布的影响，就要对肖特基二极管各个结构的精确电磁特性进行模拟。因此，需要在三维电磁仿真软件 HFSS 中建立材料特性并赋予对应结构，如图 4-10 所示。

肖特基二极管的三维模型层次结构自下而上分别为砷化镓衬底、外延层、高掺杂砷化镓缓冲层、低掺杂砷化镓外延层、氧化层、阴极焊盘、空气桥金指。由于在仿真软件 HFSS 中无法设置半导体的掺杂浓度，考虑到肖特基结原理和高掺杂、低掺杂砷化镓的材料特性，将缓冲层的材料设置为标准理想金属 PEC，外延层的材料设置为理想砷化镓。这样设置也为在 HFSS 中设置阳极结的电磁仿真端口提供了便利。在分离式肖特基二极管中，二极管镓衬底占了封装的大部分体积，且其材料特性（如介电常数、损耗角正切角等）在不同工作频段略有差异[28]，在建模时需要区分不同频段的设置。

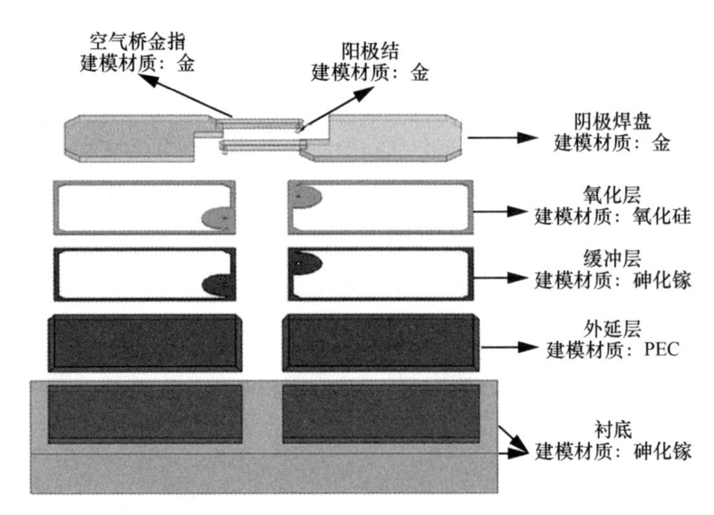

图 4-10　分离式肖特基二极管各层次模型

建立肖特基二极管的三维模型后，为了将二极管的电磁特性应用于混频器优化和二极管改进，需要借助软件的数值计算功能来仿真模型的电磁特性并提取二极管的 S 参数。这就需要在仿真软件中对肖特基二极管的三维模型进行端口设置。考虑到肖特基二极管的非线性主要由肖特基结完成，需要在肖特基结的位置（即金属阳极结与外延层的接触面）设置波端口。但 HFSS 软件本身并不支持在与非金属材料接触的平面上设置波端口，所以需要将三维模型中的阳极柱增长，穿透外延层与缓冲层（设置为 PEC）接触，形成与金属材料接触的平面，如图 4-11 所示。

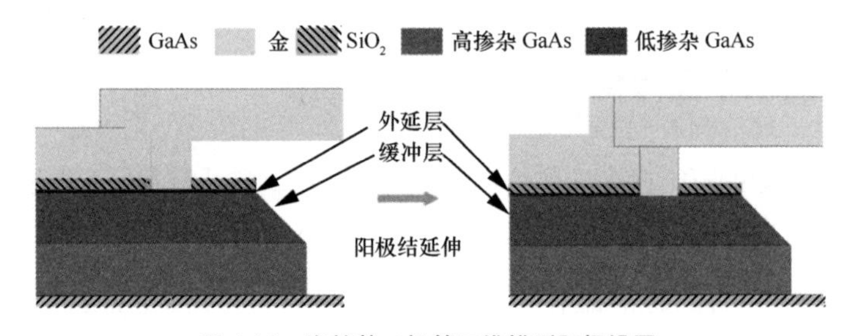

图 4-11　肖特基二极管三维模型阳极设置

在肖特基二极管的三维模型中，阳极结插入氧化层和外延层的部分是一个开放性的同轴线（外导体直径无穷大），对阳极结的波端口的设置可以按照类同轴线的方式进行设置。在阳极结与缓冲层的接触面上，将阳极结的端口定义为平面准同轴，其中阳极结为准同轴的内导体。在缓冲层上表面设置一个阳极结的同心圆作为准同轴的外导体边界。准同轴线的填充介质将分为三部分，分别为空气、SiO_2、低掺杂砷化镓，如图 4-12 所示。另外，在电路仿真时，需要对阳极结的准同轴线端口的积分线设置正确的极性。当从三维模型的仿真结果中提取 S 参数文件导入非线性模型时，需要强调该极性，以正确地仿真谐波混频器的性能。

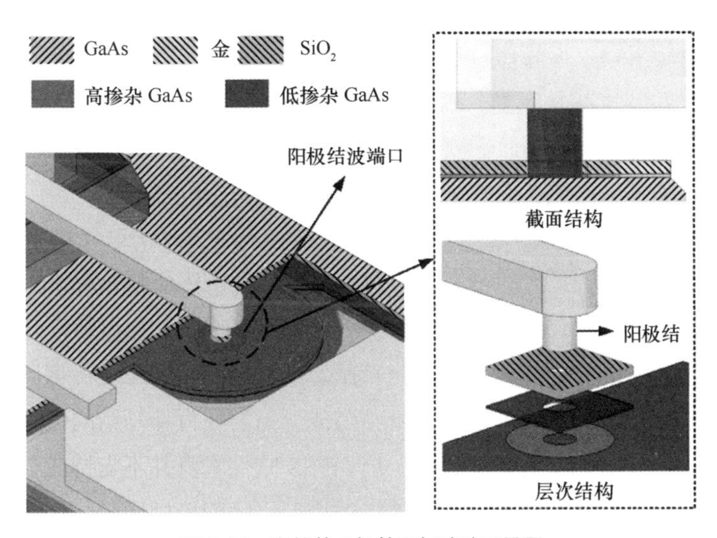

图 4-12　肖特基二极管阳极波端口设置

4.1.5　太赫兹平面肖特基二极管的改进

在精确电磁模型的基础上，改进肖特基二极管本身的物理结构，减小寄生参量是实现高性能肖特基二极管的重要手段。通过减小寄生串联电阻和零偏压结电容可以提高肖特基二极管的截止频率，从而提高工作频率。根据 4.1.3 节对表面沟道型平面肖特基二极管寄生参量的分析，针对太赫兹谐波混频器的应用，本节主要讨论了反向并联肖特基二极管物理结构的改进，如下所示。

（1）减小封装尺寸

通过提高工艺水平，不断减小肖特基二极管的封装尺寸，不仅是提高肖特基二极管性能的重要手段，同样还是肖特基二极管能不断应用到更高频段太赫兹电路的基础。通过减小肖特基结的封装尺寸，可以极大地减小二极管本身物理结构之间的电耦合和磁耦合，从而实现二极管寄生参量的减小。二极管封装尺寸的减小，包括衬底的减薄和减小、各层次的减薄、焊盘的减小、空气桥截面的减小、阳极结直径的减小等。

需要特别指出的是，在不同的应用场景中对肖特基封装小型化的需求是不一样的。比如，在太赫兹混频器中，要求肖特基二极管的寄生电容尽量小，需要小封装设计；通过减小阳极结的面积，可以极大地减小阳极结和高掺杂层之间的电容，从而减小零偏压结电容，提高肖特基二极管截止频率。但对于需要利用二极管非线性电容的应用（如倍频器），就不需要太小的阳极结面积。可以预见的是，越小的封装在工艺实现上越困难。因此需要针对不同频段选取合适的二极管封装尺寸。

（2）采用垂直深沟道、大跨度空气桥

在肖特基二极管中，两个焊盘之间的电容 C_{pp} 是寄生电容的重要组成部分。根据电耦合形成的原理，可以通过增大焊盘之间的距离和减小耦合面积来减小耦合电容。因此，可以通过将肖特基二极管传统的斜表面沟道改为垂直沟道，并增加沟道的宽度来减小寄生电容，如图 4-13 所示。在宽沟道的设计下，也必然采用大跨度空气桥来保证二极管阴极和阳极的连接。

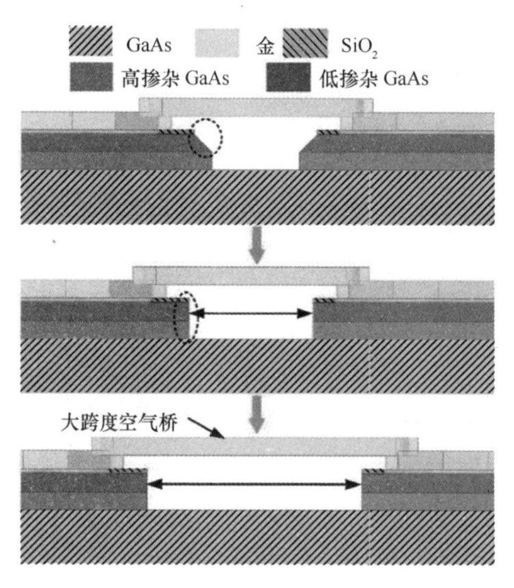

图 4-13　肖特基二极管表面沟道改进方案

（3）更换或去除二极管衬底

根据前文的分析可知，焊盘之间的耦合通道有两个，一个是通过衬底介质的耦合通道，另一个是通过沟道内的空气的耦合通道；而且衬底材料的厚度越大、介电常数越高，带来的耦合电容越大。因此，针对这个耦合通道可以通过减小衬底厚度或者更换介电常数较小的衬底来减小寄生电容。在分离式二极管中，衬底厚度的减小可以通过封装小型化实现，还可以通过 GaAs 单片集成技术将分离式二极管中砷化镓衬底去掉，这时整体电路的衬底将会变成二极管的衬底；而 GaAs 单片集成技术可以将电路衬底做得很薄（现有技术可以将衬底减薄至 3～4 μm）。另外，还可以基于异质集成技术把肖特基二极管的衬底换成介电常数较小的石英材料来达到减小寄生电容的目的。

（4）提高掺杂浓度

越高的掺杂浓度寄生电阻越小，但一方面高的掺杂浓度会增加寄生电容，另一方面较高的掺杂浓度实现较困难，对半导体的生长工艺和掺杂工艺要求更高，造价也更昂贵。掺杂浓度需要根据应用需求综合选择。

按照上述的改进方法和思路，结合国内的微电子加工工艺条件，最终设计的肖特基二极管的主要参数如表 4-1 所示。

表 4-1　太赫兹肖特基二极管的主要参数

参数	数值
阳极柱直径/μm	0.5
缓冲层每立方厘米掺杂粒子数/个	5×10^{18}
缓冲层厚度/μm	2
外延层每立方厘米掺杂粒子数/个	2×10^{17}
外延层厚度/μm	0.1
氧化层厚度/μm	0.4
金属层厚度/μm	1
空气沟道长度/μm	12
金属手指宽度/μm	2
二极管整体长度（不含衬底）/μm	62
二极管整体宽度（不含衬底）/μm	26
二极管厚度（不含衬底）/μm	5

表 4-1 给出的是改进后用于最高频段的二极管参数，本节研究的谐波混频器频段宽度较大，不同的谐波混频器对肖特基二极管的要求略有不同，因此采用的肖特基二极管的阳极柱直径、沟道宽度、整体尺寸会略有差别。需要特别注意的是，由于采用了垂直沟道，空气桥的宽度与二极管的整体宽度是一致的。

4.2 太赫兹混频器

由于太赫兹频段是毫米波频段的扩展，固态太赫兹混频电路在实现方法和理念上都与固态毫米波混频电路有相似之处。现在常用的太赫兹谐波混频电路也是从毫米波频段扩展而来的，两者的基本原理是相同的。但太赫兹频段工作波长和电路的小尺寸使电路的实现更加困难。基于 4.1 节研究的平面肖特基二极管，根据混频电路集成工艺的不同，太赫兹混频电路通常分为混合集成混频器和单片集成混频器。混合集成混频器最早出现在微波混频电路的设计中，是最早用于太赫兹混频器的电路形式。该电路中，肖特基二极管是分离式的，需要人工组装到电路基片。而单片集成混频器则通过微电子工艺直接在电路基片上生长肖特基二极管，将二极管和外围电路集成到同一个电路基片上，这样不仅去除了分离式肖特基二极管的砷化镓衬底，还省去了肖特基二极管的人工组装，提高了混频器的集成度。

混频器作为一个三端口变频电路，其电路包含射频/本振输入接口、非线性变频器件、选频及隔离电路、匹配网络、中频输出接口等。在不同的混频电路中，采用的电路载体、信号输入输出方式不同。

4.2.1 太赫兹混合集成混频技术

1. 太赫兹混合集成混频器基本电路

混合集成混频电路作为太赫兹频段最早使用的电路，由于其具有工艺简单、成本低、易于组装和易于获得二极管等优点，仍然是实现太赫兹较低频段混频电路的理想选择。本节将对太赫兹混合集成混频器的基本电路和优化方法进行详细介绍，并以 380 GHz 分谐波混频电路为例进行太赫兹混合集成混频电路的优化仿真。

在太赫兹频段，由于工作频率高，传输线的传输损耗变得不能忽视，常采用具有屏蔽腔的悬置微带线、微带线、共面波导等作为导波系统。如图 4-14 所示，太赫兹混合集成混频电路由射频/本振波导–微带过渡、肖特基二极管对、本振/中频低通滤波器（Low Pass Filter, LPF）以及匹配网络等构成，其中，最明显的特点就是反向并联肖特基二极管对采用倒贴封装的方式用银胶黏合在基片上。在混频电路中，射频/本振波导根据工作频率选择合适的标准矩形波导。波导–微带过渡采用了经典的微带探针过渡，并通过波导减高（减小矩形波导窄边尺寸），减小过渡中的损耗。

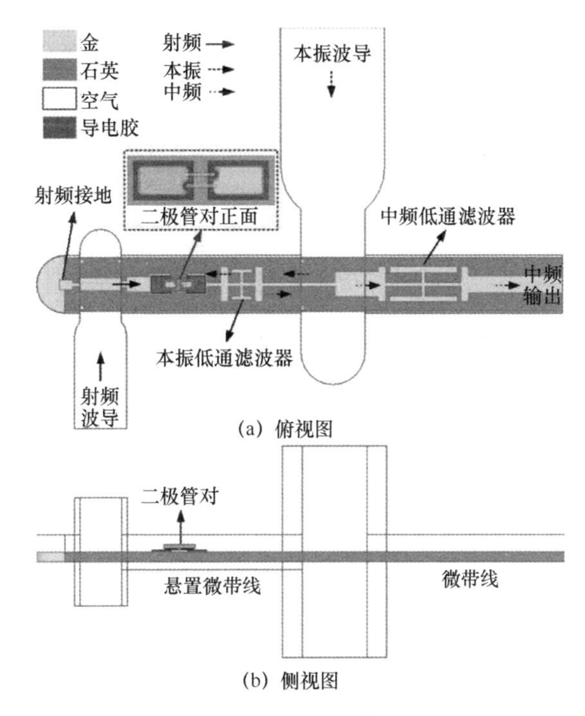

图 4-14　太赫兹混合集成混频电路

射频和本振信号分别从对应的标准矩形波导口馈入，经过渡传输到悬置微带线，通过各自的匹配网络加载到肖特基二极管参与混频，产生的中频信号因波导低频截止特性沿着金属导体穿过本振低通滤波器和本振波导，最后由中频低通滤波器输出。

对于谐波混频器来说，本振信号的频率是射频信号频率的 1/N，低于射频输入波导的截止频率，因而不会泄露到射频端口；射频信号在经过二极管后，被本振低通滤波器（通过本振信号、阻止射频信号）反射回二极管继续参与混频，不会泄露至本振端口。通过矩形波导的高通特性和本振低通滤波器实现了本振端口和射频端口的相互隔离。肖特基二极管产生的中频信号因为频率远低于射频/本振波导截止频率，无法从射频/本振端口输出，而是沿着本振信号的反方向传输至本振波导的另一端，通过中频低通滤波器（通过中频信号，阻止射频、本振信号）输出。本振端口和中频端口的隔离由中频低通滤波器完成。

在太赫兹混频电路中，由于工作频率较高，电路尺寸很小，对腔体、基片以及传输线的加工精度要求变得很高。电路基片作为混频器中传输信号的媒介，就要求其在工作频段有较小的损耗角正切，以减小混频电路的传输损耗。石英材料不仅损耗角正切比较小，还可以采用掩膜溅射工艺加工高精度的传输线（加工精度为 10 μm），是太赫兹较低频段比较理想的基片材料。但石英材料质地较脆，在小尺寸下只能切割出矩形基片且不能打孔。本节将详细分析采用介电常数为 3.78、厚度为 0.05 mm 的石英作为 380 GHz 分谐波混合集成混频器的电路基片。

2. 太赫兹混合集成混频电路优化仿真

基于上述太赫兹混合集成混频器的基本电路，本节以 380 GHz 频段为例，提出一种适用于太赫兹频段的混合集成混频电路优化方法，并详细介绍各部分电路和优化结果，最终给出 380 GHz 分谐波混合集成混频器的优化仿真结果。

（1）太赫兹混频电路优化方法

本节提出了一种有效的太赫兹混频电路优化方法，如图 4-15 所示。太赫兹混频器的优化过程包括以下 4 个部分。

① 太赫兹混频电路的优化从开展半导体二极管建模和选择加工工艺开始。开展半导体器件非线性混频研究，探讨半导体器件非线性原理，分析外部负载对肖特基二极管混频性能的影响。基于工艺条件，建立半导体二极管三维电磁封装模型，分析二极管封装引入的寄生参量和对电路性能的影响。根据三维封装模型结合二极管结的非线性特性，初步建立太赫兹二极管的仿真模型。预测太赫兹混频电路的加工精度需求，选择合适的电路、腔体加工工艺，详细了解加工精度指标，避免出现超出加工精度的尺寸。

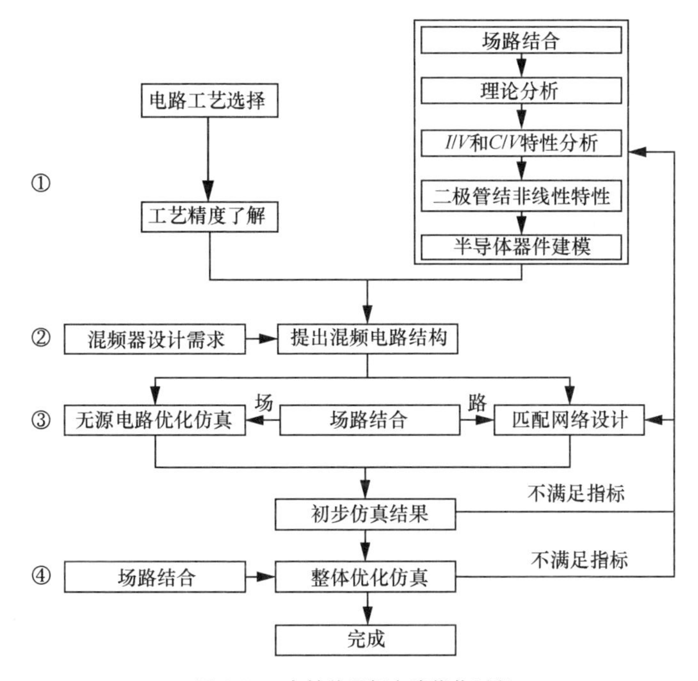

图 4-15　太赫兹混频电路优化过程

② 太赫兹混频电路设计。根据步骤①建立的肖特基二极管仿真模型，结合电路、腔体实现工艺条件和技术指标需求，选择或提出合适的太赫兹混频器基本电路，分解混频器的基本电路，探究各部分所要实现的功能，并开展创新研究。

③ 太赫兹混频器单元电路优化仿真。根据步骤②确定的基本电路，进行“三维电磁场+非线性谐波平衡”联合仿真技术。在联合仿真技术中，“场”代表混频电路中的线性特性，包括无源电路部分和二极管的封装模型，这部分将在仿真软件 HFSS 中仿真并提取 S 参数；“路”代表混频电路中的非线性特性，主要是二极管的非线性特性，这部分将在仿真软件 ADS（Advanced Design System）中用理想二极管模型和 SPICE 参数模拟。混频电路的单元电路将会在 HFSS 中独立仿真，提取 S 参数并导入 ADS 中，进行初步匹配网络优化。

④ 太赫兹混频电路整体优化仿真。在步骤③的基础上，将太赫兹混频电路的各部分合并（包括二极管仿真模型），建立一个五端口整体电路模型（针

对具有两个管芯的混频电路），仿真后导出 S 参数文件。通过场路结合的仿真优化思路对混频电路的性能进行进一步优化。最终完成太赫兹混频电路的优化仿真。

在太赫兹混频电路的优化过程中，场路结合的仿真分析方法包含两个层面：二极管建模研究的场路结合和混频电路性能仿真的场路结合。第一个层面分析的是二极管封装对二极管性能的影响，从场的角度对二极管寄生参量模拟仿真；第二个层面分析的是混频电路的性能，是对二极管线性和非线性特性进行匹配网络优化的过程。两个层面中场和路的本质是一样的，场代表物理结构本身对电场的影响，这部分用 HFSS 模拟仿真；路代表二极管的非线性特性，用 ADS 中的二极管等效模型模拟仿真。这两个层面的区别在于物理结构的研究范围（二极管建模时，研究的是二极管封装；电路性能分析时，研究的是外围电路）。

对于固态太赫兹关键电路来说，无论是混频器还是倍频器，在变频电路中，肖特基二极管都是电路的核心，匹配网络是二极管能否发挥出其潜在最优工作状态的关键所在。电路优化的本质就是实现肖特基二极管与外围电路的匹配网络。因此，本节讨论的电路优化方案在太赫兹关键电路的优化中具有通适性。

（2）场路结合的电路建模方法

采用场路结合的仿真建模方法对太赫兹谐波混频进行仿真优化，首先要建立场路结合的等效电路模型，在仿真软件 HFSS 和 ADS 中建立等效模型进行联合仿真。根据上述的电路优化过程，先将混频电路按照功能分解成若干子单元电路，如图 4-16 所示，并在 HFSS 中对各子单元电路进行建模和优化仿真。在 ADS 中建立各子单元电路对应的等效电路，组成混频器等效电路网络，结合二极管的非线性模型用谐波平衡仿真方法进行混频电路性能仿真。各子等效电路能否精确表征对应子单元电路的线性电磁特性是联合仿真的关键。本节通过将子单元电路的电磁仿真结果以 S 参数的形式导入 ADS，进行电路等效。

在太赫兹混频电路中，射频信号通过标准矩形波导输入，然后过渡到微带/悬置微带线。为了更加精确地模拟射频过渡的电磁特性，需要在 HFSS 中建立射频波导–微带过渡的两端口模型，并优化参数。然后通过导出两端口 S 参数文件（S2P）的方法等效到 ADS 中，如图 4-17 所示。

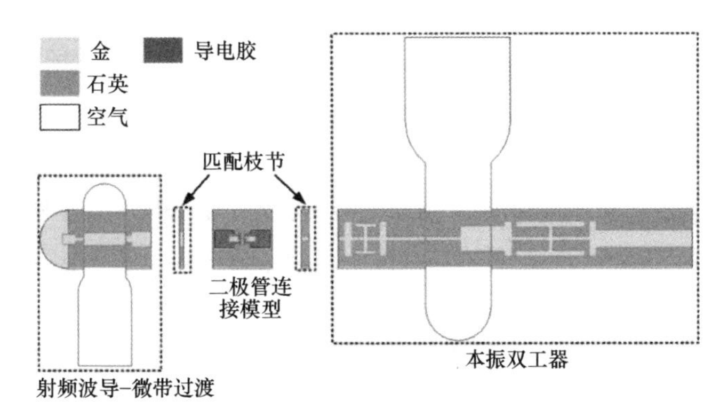

图 4-16　太赫兹混频电路分解示意

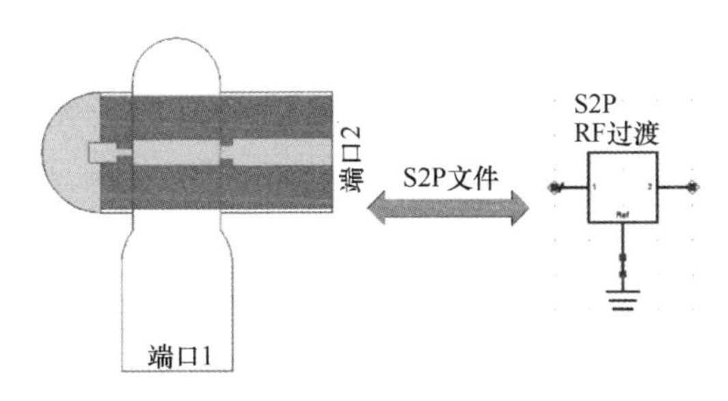

图 4-17　射频波导–微带过渡的 HFSS 模型与 ADS 模型

对本振来说，出于电路布局的考虑，为实现本振、射频、中频信号路径的合理安排，满足高效混频需求，需要将本振低通滤波器、中频滤波器和本振波导–微带过渡合并成一个三端口的双工器，然后通过导出三端口 S 参数文件的方法完成本振双工器的等效，如图 4-18 所示。

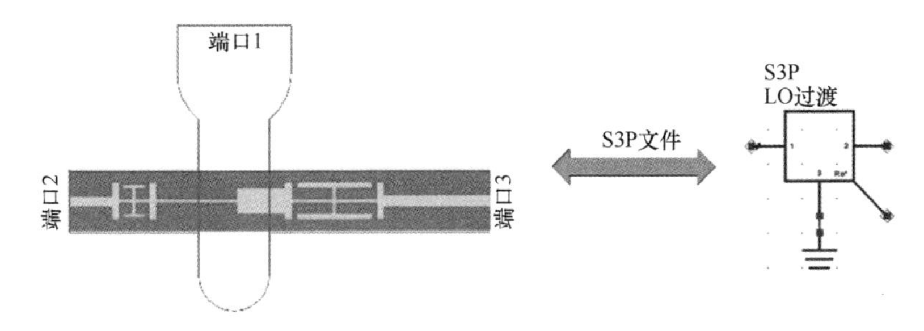

图 4-18　本振双工器的 HFSS 模型与 ADS 模型

在反向并联肖特基二极管三维模型中，除了在阳极结处建立用于模拟非线性的端口外，需要考虑二极管与无源电路的连接问题。为了精确模拟二极管封装对电场的影响，将二极管三维模型放入电路中，建立一个四端口模型进行仿真。然后，将带有二极管封装的四端口模型通过HFSS端口去嵌入后，等效到ADS中，如图4-19所示。

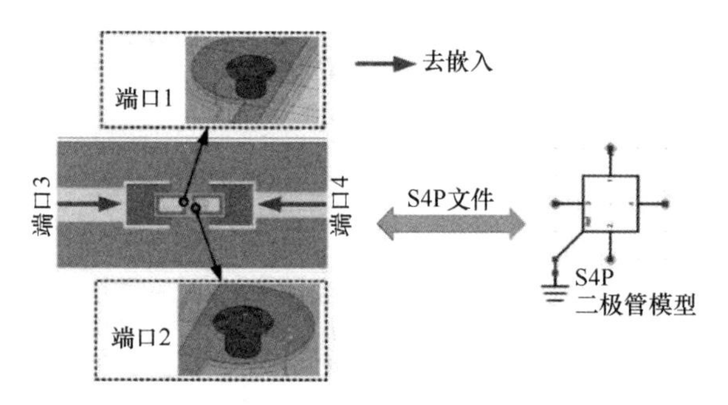

图4-19　二极管封装的HFSS模型与ADS模型

在太赫兹混频电路中，由于屏蔽腔的限制，常采用多段传输线支节作为匹配网络。而ADS软件中的传输线模型无法对具有小屏蔽腔的悬置微带线进行精确模拟，所以，需要在HFSS中建立匹配电路的两端口模型，并通过两端口S参数文件等效到ADS中，如图4-20所示。

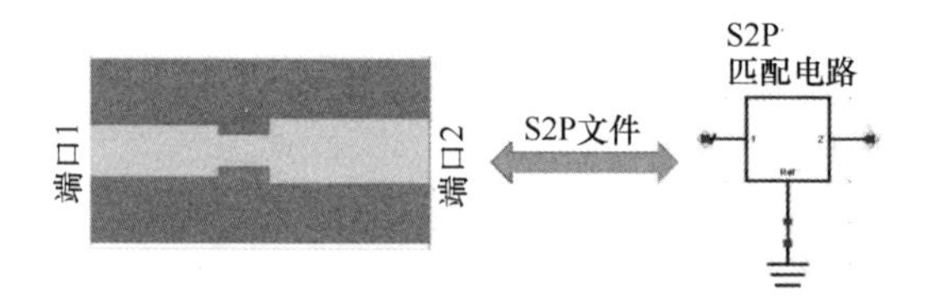

图4-20　匹配支节的HFSS模型与ADS模型

（3）混合集成混频器的无源电路及优化仿真

按照上述的电路分解方法，太赫兹谐波混频器需要进行优化的子单元电路主要有射频波导–微带过渡和本振双工器。

① 射频波导–微带过渡

射频波导–微带过渡在混频电路中起传输线转换的作用，其过渡性能将直接关系到混频器的变频损耗性能，这就要求其在工作带宽内实现尽可能低的过渡损耗。在本节的研究中，波导到微带/悬置微带的过渡采用了经典的探针过渡。为了提升过渡的性能，采用了波导减高来减小过渡损耗。在波导减高中，由于不改变矩形波导的宽边尺寸，不会改变射频信号的单模传输状态。另外，还需要对微带/悬置微带线的屏蔽腔截面尺寸进行优化，以保证射频信号在微带/悬置微带线中的单模传输。

射频波导–微带过渡仿真模型和优化仿真结果如图 4-21 所示。端口 1 为射频输入端口，采用标准矩形波导 WR-2.2。端口 2 为射频信号的输出端口，采用微带线，该端口通过射频匹配电路与二极管连接，将射频信号加载到并联二极管对参与混频。出于对混频电路整体布局的考虑，本节还采用了具有侧面接地的射频波导–微带过渡，如图 4-21（a）所示。这样，在混频电路中，肖特基二极管可以通过射频过渡的接地完成 DC 通路，从而去除了传统电路中的侧面接地，降低了太赫兹混频电路的加工和组装难度。

由图 4-21（b）可以看出，在 350～410 GHz 范围内，过渡损耗优于 0.1 dB，端口 1 的回波损耗优于 27 dB。由此可知，射频信号可以良好地通过射频波导–微带过渡输入电路。

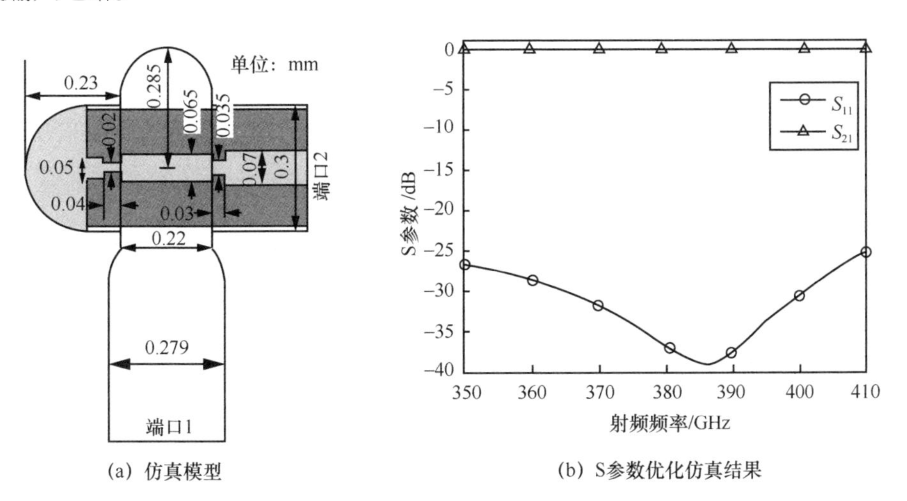

(a) 仿真模型　　(b) S参数优化仿真结果

图 4-21　380 GHz 分谐波混频器射频波导–微带过渡

② 本振双工器

在太赫兹混频电路中，为了实现高效混频就必须合理安排射频、本振信号的传输路径，使射频和本振信号能更多地集中在并联二极管对参与混频。这就要求本振双工器不仅要具有传输本振信号的功能，还要具有能够抑制射频信号的功能。另外，还需要考虑本振端口和中频端口的隔离问题，需要本振双工器具有不同端口对不同频段信号的选择功能。本振双工器的信号选择功能通常采用具有频率选择特性的滤波器来实现，基于电路布局，采用了微带/悬置微带线低通滤波器。太赫兹混频电路中的滤波器根据功能的不同被分为本振低通滤波器和中频低通滤波器。本振低通滤波器起到通过本振、中频信号，阻止射频信号的作用。中频低通滤波器起到通过中频信号，阻止本振信号的作用。

由于太赫兹混频电路采用的石英基片厚度和宽度都很小，为了避免基片太长造成的基片易碎、弯曲以及装配难的问题，需要尽可能地减小电路长度。本节采用紧凑微带谐振单元（Compact Microstrip Resonant Cell，CMRC）实现低通滤波器。基于 CMRC 的基本原理，提出了双 T 型低通滤波器。该滤波器由宽度相同的传输线节构成，并在高阻抗微带线两侧构成两个相互对称的 T 型。T 型低通滤波器不仅保留了 CMRC 的小型化特性，还具有结构简单、易于设计的优点。通过改变参数 L 和 W（此时构成 T 型的传输线支节宽度为 0.02 mm），可以移动低通滤波器的截止频点，获得不同频段的低通滤波器。

本振低通滤波器和中频低通滤波器的仿真模型与优化仿真结果如图 4-22 所示。优化仿真结果表明，本振低通滤波器在 350～410 GHz 范围内，带外抑制优于 23 dB；在 160～210 GHz 范围内，带内损耗优于 0.15 dB。中频低通滤波器在 160～210 GHz 范围内，带外抑制优于 24 dB；在 0～20 GHz 范围内，带内损耗优于 0.2 dB。本振低通滤波器和中频低通滤波器满足对信号选择的预期要求。

在低通滤波器优化后，需要将低通滤波器和本振波导–微带过渡组合成双工器进行仿真优化，如图 4-23（a）所示。端口 1 为本振信号输入端口，采用标准矩形波导 WR-4.3。端口 2 为本振信号输出端口，采用微带线，该端口通过本振匹配电路与二极管连接，将本振信号加载到并联二极管对参与混频。端口 3 为中频输出端口，采用微带线。端口 2 和端口 3 构成了横跨本振波导的中频信号传输路径。

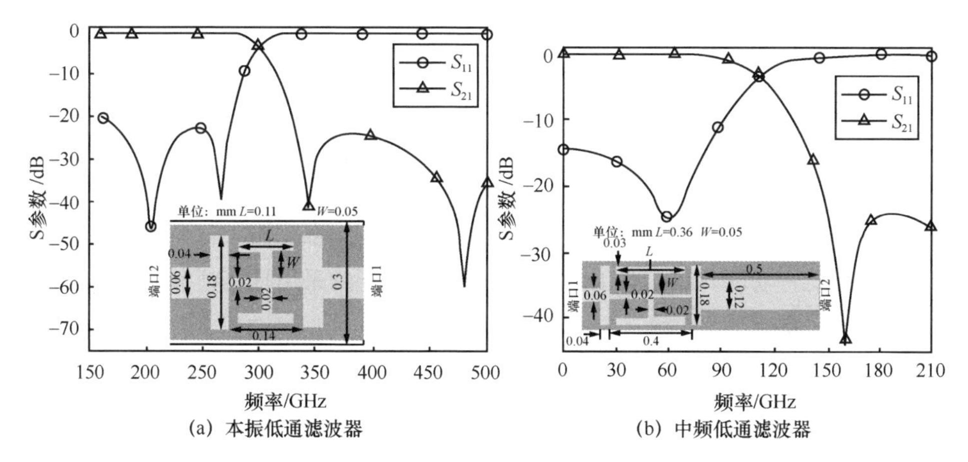

(a) 本振低通滤波器　(b) 中频低通滤波器

图 4-22　滤波器仿真模型和 S 参数优化仿真结果

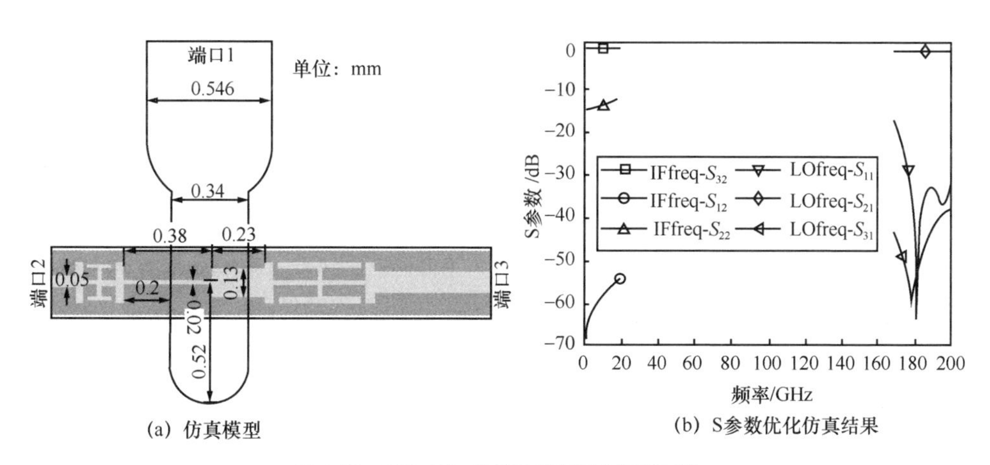

(a) 仿真模型　(b) S参数优化仿真结果

图 4-23　380 GHz 分谐波混频器本振双工器

如图 4-23（b）所示，双工器在本振频段（175～200 GHz），端口 1 的回波损耗优于 20 dB，端口 1 到端口 2 的过渡损耗优于 0.3 dB，端口 1 到端口 3 的隔离优于 40 dB。在中频频段（0～20 GHz），端口 2 的回波损耗优于 16 dB，端口 2 到端口 3 的传输损耗优于 0.4 dB，端口 2 到端口 1 的隔离优于 55 dB。本振双工可以实现预期的目标。

（4）混合集成混频器性能优化

在场路相结合的优化仿真方法中，完成各子单元电路的优化仿真后，将优化仿真结果以 SNP 文件导出，并通过 ADS 中的 Data Items 模块进行电路等效。在 ADS 中连接各子电路等效模型，构成单元电路仿真拓扑图，如图 4-24 所示。

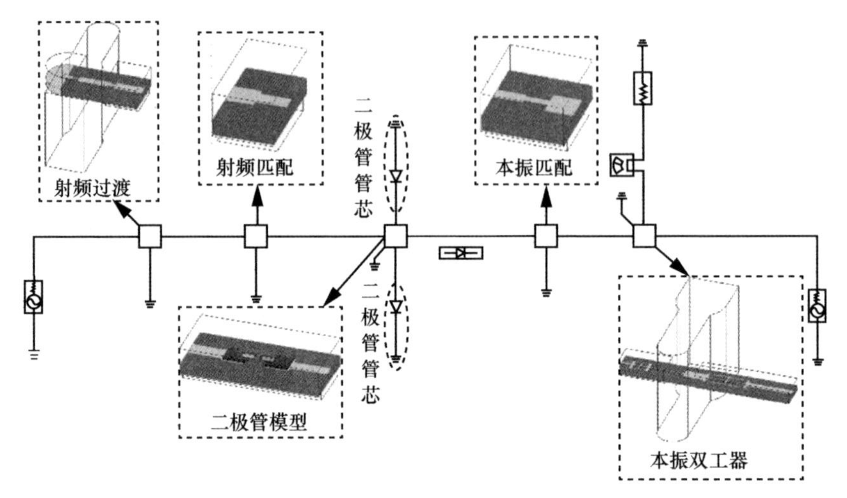

图 4-24　380 GHz 分谐波混合集成混频器分离式仿真拓扑图及对应关系

在仿真拓扑图中，电路的线性信息将全部由子单元电路优化仿真得到的电磁特性（S 参数文件）提供，非线性信息则由二极管理想模型通过设置 SPICE 提供。本节 380 GHz 分谐波混频器仿真所用的二极管对主要参数为级联电阻 R_s=15 Ω，零偏压结电容 $C_{j0}=1.5\ \text{fF}$，理想因子 $\eta=1.2$，反向饱和电流 $I_s=80\ \text{fA}$。利用谐波平衡仿真控件，以最佳变频损耗为目标对各匹配支节进行优化，可得到最优的优化仿真结果。

在优化仿真过程中，由于工作频段较高，ADS 中通过 S 参数文件的连接相较于 HFSS 仿真模型合并形成的连接会有一定的误差；且通过 S 参数文件的等效连接无法模拟腔体增长而引起的电路谐振。因此，为了使电路优化结果更加精确，需要在 HFSS 中将各子电路的仿真模型合并到一起，通过 S5P 文件将整个电路的电磁特性等效到 ADS，如图 4-25 所示。

通过在整体电路模型中对匹配电路优化仿真，可得到变频损耗仿真结果，如图 4-26 所示。从图 4-26 可以看出，当中频频率为 2 GHz 时，在 350～410 GHz 范围内变频损耗小于 9.5 dB，在 375 GHz 处有最佳变频损耗 7.9 dB。

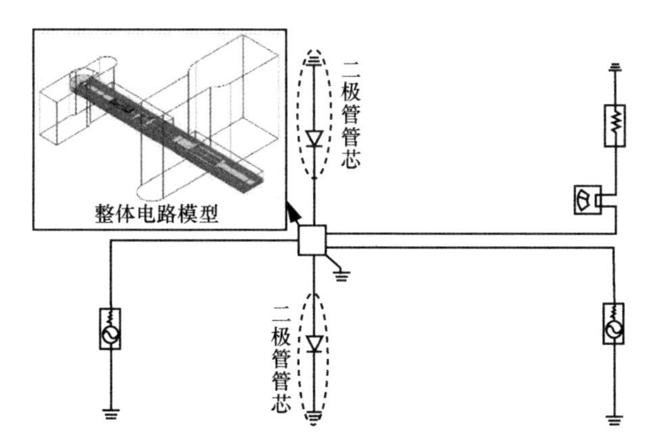

图 4-25　380 GHz 分谐波混合集成混频电路仿真拓扑图及对应关系

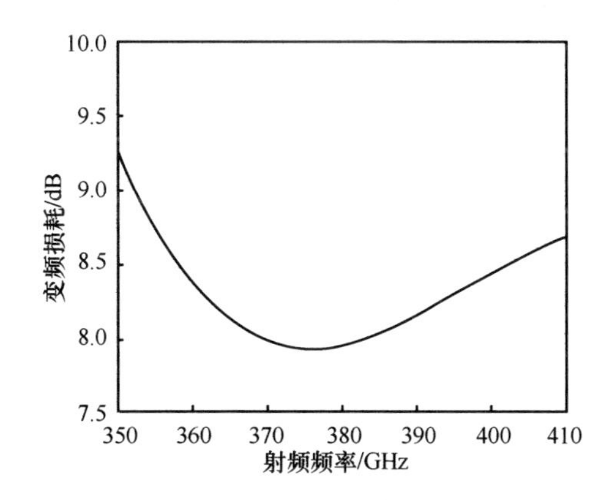

图 4-26　380 GHz 分谐波混频器变频损耗优化仿真结果

3. 太赫兹混合集成混频技术改进

在太赫兹混合集成混频电路中，由于肖特基二极管与电路基片是分离的，在加工出电路基片后，需要使用导电黏合剂（银胶）将肖特基二极管对与电路基片黏合连接，并通过人工手动倒装二极管实现。首先将银胶涂抹到二极管与金属线的两个接触点上，形成两个银胶堆。然后将二极管对的两个阴极焊盘与银胶接触，并摆正二极管的位置和方向。最后通过加热混频电路使银胶硬化。倒装过程中，银胶将会形成覆盖基片的金属区域，从而确保肖特基二极管能牢固地黏附到电路基片上。

在低频段，与肖特基二极管接触的金属线的尺寸较大，由银胶形成的金属区域将不能完全覆盖金属线，对混频性能的影响小。但随着工作频率的升高，与肖特基二极管接触的金属线的尺寸逐渐减小，当升高到太赫兹频段时，金属线的尺寸变得很小，从而被银胶完全覆盖。由于银胶是一种导电材料，其覆盖面积将改变金属线的尺寸，从而改变二极管优化仿真的匹配网络，导致组装后的混频器性能恶化。工作频率越高，银胶覆盖面对金属线的影响将越明显，混频器性能恶化也就越严重。另外，随着工作频率的升高，混合集成混频电路的屏蔽腔尺寸也越来越小，使由银胶形成的不规则金属体与屏蔽腔尺寸的比值越来越大，银胶体对屏蔽腔内电场传输和分布的影响也越来越大，甚至引起高频共振。更重要的是，手工涂抹银胶的不确定性将使混频器的性能恶化充满不确定性。

为了分析银胶对混频性能的影响，本节优化仿真了 600～700 GHz 的分谐波混合集成混频电路，并建立了采用银胶装配二极管的电路模型，如图 4-27 所示。在仿真模型中，考虑到倒装二极管时，一般采用细金属棒涂抹银胶，银胶形成的最小覆盖面积取决于细金属棒的直径。

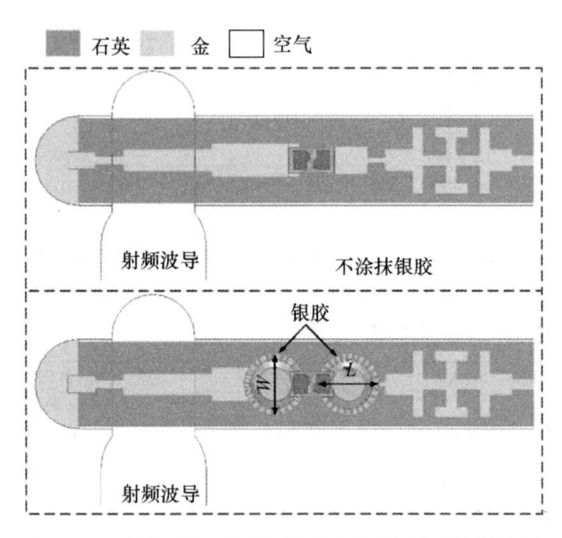

图 4-27　太赫兹混合集成混频电路中银胶装配仿真模型

目前，可以手动操作的细金属棒最小直径为 0.1 mm，所以由银胶形成的覆盖区域的直径至少为 0.1 mm。由于银胶在硬化之前为糊状体，涂抹后，银胶将在基片上形成一个不规则的圆锥体。根据经验，圆锥体的高度一般为 15～25 μm。由于糊状银胶的流动性，银胶形成的金属覆盖面将成椭圆形分布且具有不规则的边缘。因此，使用厚度为 10 μm 的椭圆圆柱体和厚度为 20 μm 的圆锥台来模拟银胶的形状。椭圆圆柱体用来模拟银胶的金属覆盖面积，圆锥台用来模拟银胶的斜度信息，并在椭圆圆柱体的边缘减去一些孔以模拟银胶的不规则边缘。肖特基二极管对安装在两个银胶体之间。在由银胶形成的覆盖面中，垂直于金属线的最大尺寸被定义为 *W*，平行于微带线的最大尺寸被定义为 *L*。在 HFSS 中建立了银胶 EPO-TEK®H20-HC 的物理参数，其体积电导率为 1.25×10^7 siemens/m[29]，相对介电常数为 1，相对磁导率为 0.999 98，质量密度为 10 500 kg/m^3。

银胶尺寸变化对电路变频损耗的影响如图 4-28 所示。从图 4-28 可以看出，在增加银胶后，混频器的性能会发生恶化，并且在高频段出现了谐振点，致使混频器的性能发生剧烈变化。随着 *W* 的增大，混频电路的变频损耗将会发生急剧恶化，且在低频段恶化更明显。当 *L* 增大时，变频损耗也会发生相同的恶化情况，但与 *W* 增大相比，恶化的趋势较缓慢。

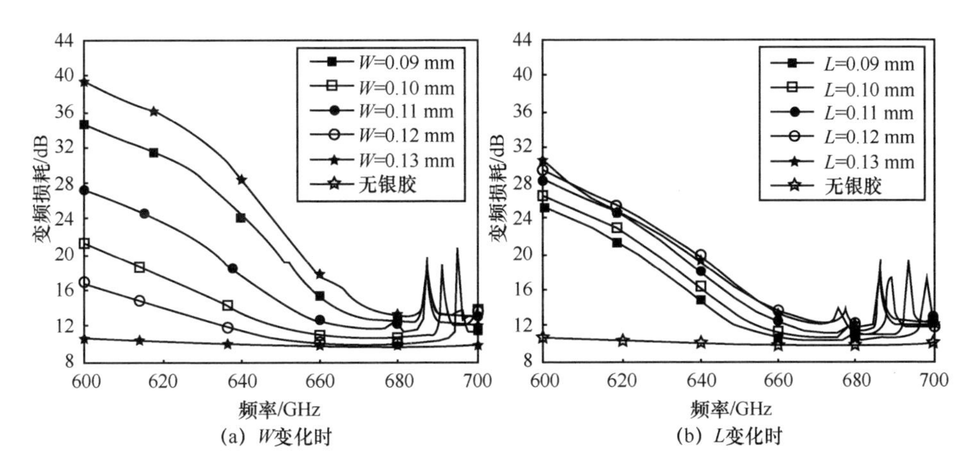

(a) *W*变化时　　(b) *L*变化时

图 4-28　银胶尺寸变化时混合集成混频电路的变频损耗变化

经分析可知，涂抹银胶后混频电路性能发生恶化的原因是由于银胶的金属特性，银胶形成的覆盖区域改变了与肖特基二极管连接的金属线的尺寸（长度和宽度），这种尺寸变化导致肖特基二极管发生失配。在银胶覆盖区域中，*W* 改变金属线的宽度，直接改变了传输线的特性阻抗；当 *W* 增加时，混频电路的变频损耗应从较小的值逐渐恶化，这与图 4-28（a）所示的趋势一致。当 L 增加时，改变的是加宽后金属线的长度，变频损耗应该出现一个跳跃后逐渐恶化；并且，由于 L 不直接改变传输线的特性阻抗，L 对性能恶化的影响比较小，这与图 4-28（b）所示的趋势一致。图 4-28 的曲线变化情况证实了银胶引起混频器性能恶化的主要原因是改变了二极管的匹配。另外，在高频段出现谐振点是因为银胶在屏蔽腔中占据了一定的空间，其金属特性引起了共振和高阶模式。

在太赫兹混合集成混频电路中，电路基片与屏蔽腔是分离的，为了固定基片同样要用银胶进行黏合。由于太赫兹电路的基片整体尺寸很小，受限于加工工艺，一般不容易在基片下方加工接地金属。如果采用微带线作为载体，基片下方银胶形成的气孔将会对混频器的性能造成影响。所以，在太赫兹频段，常采用置微带线作为承载结构，并将电路基片放置在上下腔体形成的台阶上，如图 4-29 所示。

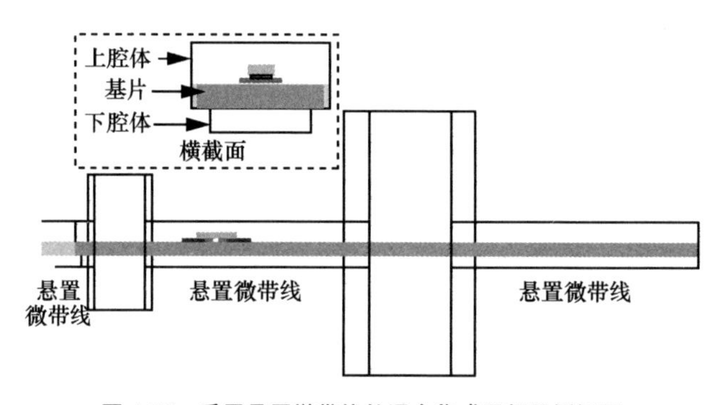

图 4-29　采用悬置微带线的混合集成混频器侧视图

固定基片时，只需在台阶上涂抹银胶，从而尽量减小银胶的涂抹区域。同样地，当工作频率较低时，空气腔的整体尺寸会比较大，台阶的尺寸也比较大，涂抹的银胶不会溢到下腔体中。随着工作频率不断升高，台阶的尺寸会变得很小，涂抹的银胶就会溢到下腔体中，且这些溢出的银胶在尺寸上可能与下腔体在同一个量级，会对悬置微带线的传输特性造成很大的影响，从而使混频电路性能发生恶化。特别是在射频过渡的侧面接地处，下腔体的尺寸很小，很容易被溢出的导电胶堵住。

在太赫兹混合集成混频器中，应充分考虑银胶这一变量，最大限度地减小其对电路性能的影响。基于对银胶造成电路性能恶化的分析，本节提出了以下两种改进方案来尽量减少银胶对高频段混合集成混频电路的影响。

（1）采用大焊盘

基于银胶影响电路性能的主要原因，本节提出了在高频段太赫兹混合集成混频电路中采用宽焊盘的改进方案。采用宽焊盘后，银胶被全部涂抹到焊盘上，减小了银胶对肖特基二极管匹配的影响，如图 4-30 所示。

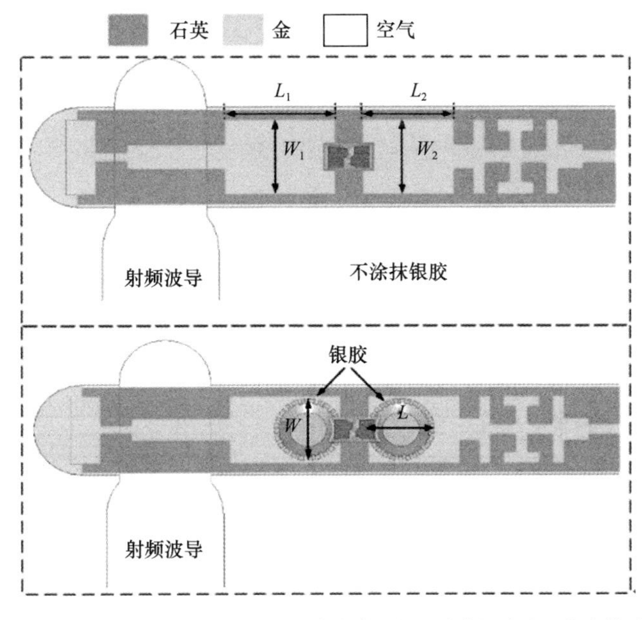

图 4-30　采用宽焊盘的太赫兹混合集成混频电路中银胶装配仿真模型

该方案中，混频电路的匹配网络将在宽焊盘的基础上进行优化。虽然采用宽焊盘后混频电路的性能会变差（最明显的特征是工作带宽变窄），但相较于银胶引入的不确定性恶化，低程度的变差是可以接受的。宽焊盘混频电路的银胶涂抹模型仿真结果如图 4-31 所示。仿真结果表明，随着银胶覆盖面尺寸的变化，变频损耗只有很小的变化，且宽焊盘在一定程度上消除了由银胶引起的高频谐振。

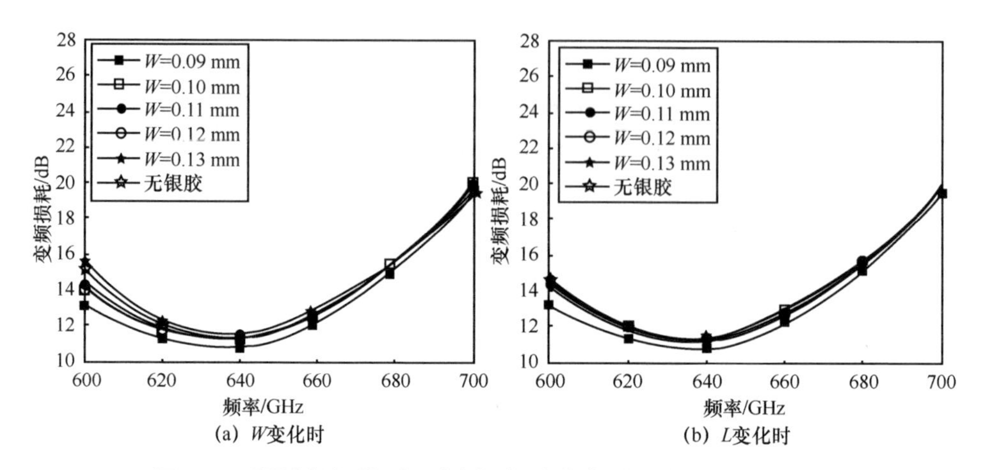

图 4-31 采用宽焊盘后银胶尺寸变化时混合集成混频电路的变频损耗变化

（2）采用混合传输线

为了解决固定电路基片引入的银胶对混频性能的影响，本节改进了混频电路的传输线，提出了由微带线和悬置微带线构成的混合传输线，如图 4-32 所示。

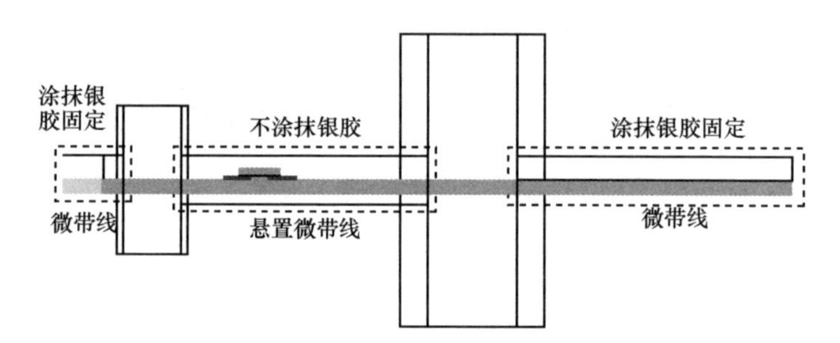

图 4-32 采用混合传输线的混合集成混频器侧视图

混合传输线以射频、本振波导为分界线，被分为射频接地、中频输出、肖特基二极管及匹配网络 3 个部分。基于混频电路的信号传输路径可知，在射频接地和中频输出部分只有反射信号和低频信号传输，无高频（射频、本振）信号传输，这两部分采用微带线，并在下方涂抹银胶固定基片。在高频信号集中的肖特基二极管及匹配网络部分（射频、本振波导之间的结构）则采用悬置微带线，该部分在组装时不再涂抹银胶，可以减少银胶对高频关键结构的直接影响。混合传输线的应用不仅可以通过去除银胶对高频结构的直接影响来减少组装引起的恶化，还可以通过在基片两端设置粘贴位置保证了基片稳定。

4. 太赫兹混合集成混频电路封装工艺

太赫兹混合集成混频器的屏蔽腔模型如图 4-33 所示。屏蔽腔在射频、本振波导的宽边中心处分为上下两个腔体，通过精密加工在上下腔体上铣削出放置基片的金属槽，然后把石英基片用银胶固定到金属槽中，形成具有小屏蔽腔的悬置微带线。

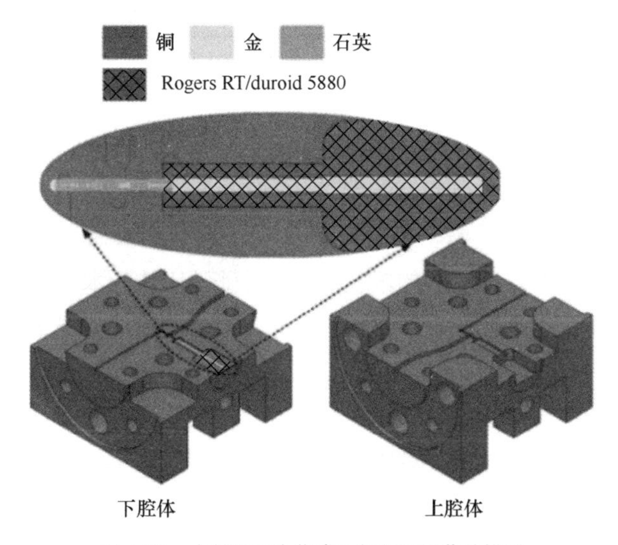

图 4-33　太赫兹混合集成混频器的屏蔽腔模型

太赫兹混合集成混频器进行电路封装时，只在石英基片的两端（射频接地和中频输出部分）涂抹银胶固定基片。石英基片和 K 接头之间有一段 Rogers RT/duroid 5880（厚度为 0.127 mm）基片微带线，并采用银胶连接 Rogers RT/duroid 5880 基片与石英基片。石英微带电路通过在射频接地处涂抹银胶和腔体连接。石英基片的边缘加工有 4 个矩形金属条作为基片组装的定位点。

4.2.2　太赫兹 GaAs 单片集成混频技术

从 4.2.1 节的讨论可知，在混合集成混频电路中，人工组装电路和粘贴肖特基二极管会造成性能的恶化，引入不确定性。人工粘贴二极管也无法精确控制二极管的位置，会造成二极管的偏移和旋转，这同样会导致电路性能的恶化。这些由人工组装引入的性能恶化会随着工作频率的升高变得越来越无法忍受。因此，通过半导体工艺直接在电路基片上生长二极管，去除人工组装，是提高太赫兹混频器性能的重要手段。

在固态太赫兹电路技术中，GaAs 单片集成技术是发展最早且现今比较常用的电路集成技术。该技术采用介电常数为 12.9 的砷化镓作为电路的基片，将二极管的肖特基结直接生长在砷化镓基片上，并将外围电路与肖特基二极管一体化地加工到同一个基片上，解决了分离式二极管人工装配的问题，如图 4-34 所示。

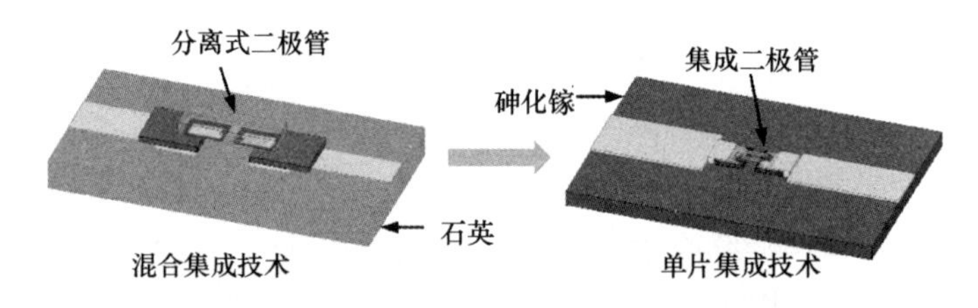

图 4-34　GaAs 单片集成技术与混合集成技术对比

GaAs 单片集成混频器的基本电路与混合集成混频器相似，同样可以适用前述的优化方法，这里就不再累述。

1. 太赫兹 GaAs 单片集成共面波导混频电路优化仿真

基于国内砷化镓工艺条件，本节采用 12 μm 砷化镓基片在 560 ~ 600 GHz 频段开展了单片集成混频器的研究，提出了一种基于共面波导的分谐波混频电路。

（1）GaAs 单片集成共面波导混频电路

560～600 GHz GaAs 单片集成共面波导混频电路如图 4-35 所示。与混合集成混频电路类似，在 GaAs 单片集成混频电路中，同样包含射频/本振输入接口、非线性器件、匹配网络、中频输出接口等。有所不同的是，560～600 GHz GaAs 单片集成混频器采用了具有侧边接地导体的共面波导作为载体。同样地，GaAs 单片集成混频电路也可分为射频波导–共面波导过渡、本振双工器、并联二极管对、匹配网络等子单元电路，其中，并联二极管对被直接生长在电路基片上。

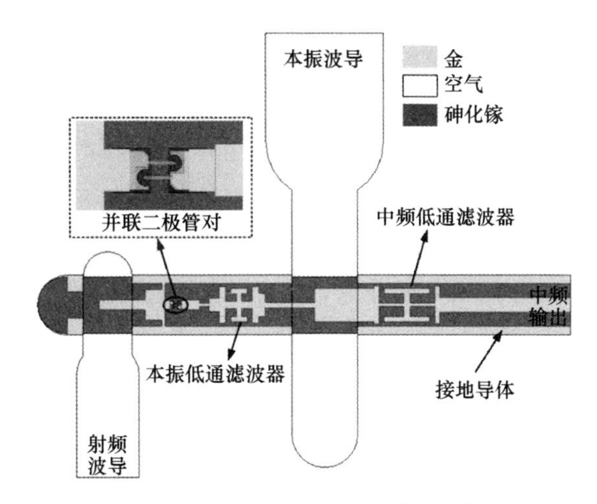

图 4-35　560～600 GHz GaAs 单片集成共面波导混频电路

（2）砷化镓基共面波导

太赫兹传输线是太赫兹混频电路的载体，良好的传输线设计应使信号低损耗传输。在采用砷化镓材料作为电路基片时，基于梁式引线加工技术和电路布局的需要，本节提出了采用共面波导作为混频电路的载体。共面波导的接地导体使用梁式引线与腔体接触形成，如图 4-36 所示。为了使射频、本振信号在共面波导中能低损耗传输和避免激励起高次模，需要确保共面波导在射频频段单模传输。基于共面波导传输模式的分析理论，优化共面波导的屏蔽腔，并通过 HFSS 进行多模仿真验证，如图 4-36 所示。仿真结果表明，在 500～660 GHz 的射频范围内，共面波导对第一高次模的抑制优于 65 dB。

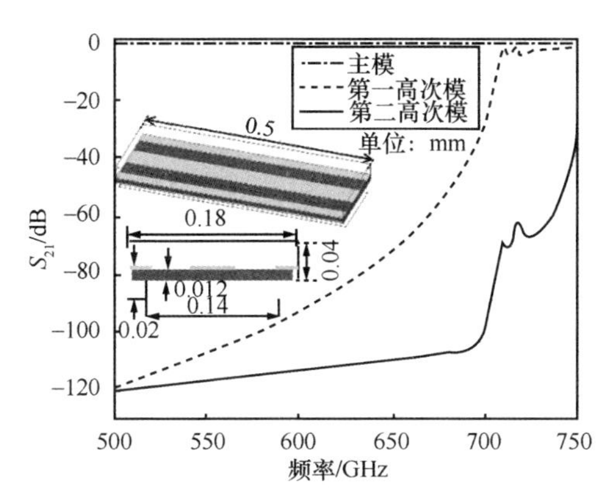

图 4-36　共面波导仿真模型及不同传输模式传输损耗仿真结果

在太赫兹混频器中，传输线的传输损耗要尽可能小，这样才能减小信号的损耗。因此，在选择传输线时，传输线的单位传输损耗将是一个重要指标。为了考察共面波导在射频频率范围内的单位传输损耗，在保证单模工作的情况下，用相同的基片横截面尺寸和相同的屏蔽腔横截面尺寸分别建立了微带线、悬置微带线、共面波导3种仿真模型，并对3种传输线的单位传输损耗进行了仿真计算，如图4-37所示。仿真模型中，砷化镓的介电常数取12.9，损耗角正切取0.02[28]。

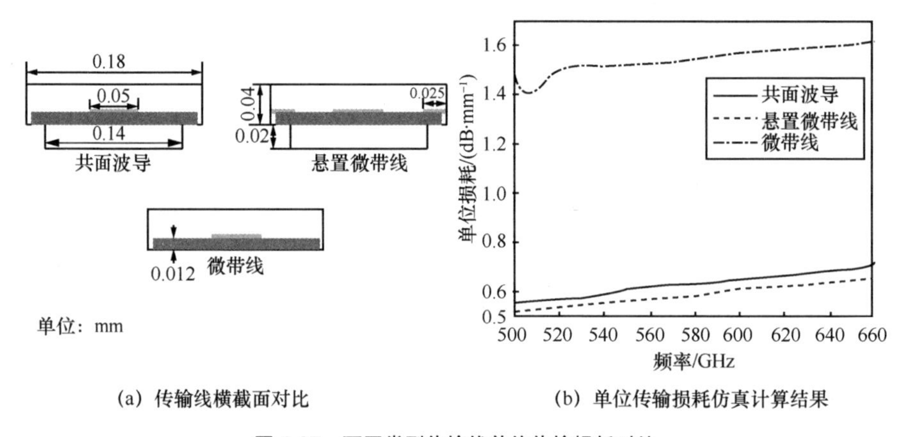

(a) 传输线横截面对比　　(b) 单位传输损耗仿真计算结果

图4-37　不同类型传输线单位传输损耗对比

由图4-37的仿真计算结果可以看出，共面波导在500～660 GHz范围内的单位传输损耗为0.55～0.7 dB，且在整个频段内随频率呈线性增长。相比悬置微带线，共面波导的单位传输损耗在同频率时只高了0.05 dB左右，这个差距主要由共面波导中接地导体上的电流损耗造成。相比微带线，共面波导的单位传输损耗低了0.9 dB左右，这说明共面波导在传输损耗性能上虽然比悬置微带线略差，但比微带线具有很大的优势。因此，使用共面波导作为太赫兹混频器的传输线可以满足低损耗的要求。

（3）GaAs单片集成混频器的无源电路优化仿真

按照与太赫兹混合集成混频电路相同的电路分解方法，太赫兹GaAs单片集成共面波导混频器的无源电路可分为射频波导－共面波导过渡和本振双工器。

① 射频波导–共面波导过渡

共面波导和矩形波导的过渡也可以采用经典的探针过渡实现，如图4-38（a）

所示。端口 1 为射频信号输入端口，采用标准矩形波导 WR-1.5。端口 2 为射频信号的输出端口，采用共面波导，该端口通过共面波导射频匹配电路与二极管连接。由于在共面波导中接地比较方便，射频过渡中不再采用侧面接地。为了增加基片的牢固性以及避免基片弯曲，将基片横跨整个射频波导，并在侧边加工两段对称的梁式引线用于基片固定。

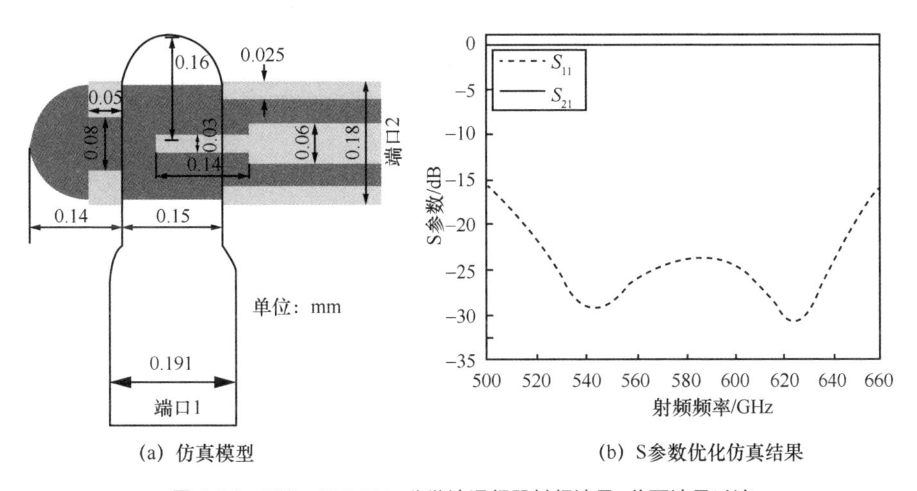

(a) 仿真模型　　(b) S参数优化仿真结果

图 4-38　560～600 GHz 分谐波混频器射频波导–共面波导过渡

射频波导–共面波导过渡的优化仿真结果如图 4-38（b）所示。从图 4-38（b）可以看出，在 515～650 GHz 范围内，过渡损耗优于 0.15 dB，端口 1 的回波损耗优于 20 dB。由此可知，射频信号可以良好地通过射频波导-微带过渡馈入电路。

② 本振双工器

在 GaAs 单片集成混频电路中，本振双工器的实现同样需要共面波导本振低通滤波器和中频低通滤波器进行信号选择。本节对共面波导 CMRC 也做了与前文相同的改进，提出了共面波导双 T 型低通滤波器，并进行了本振低通滤波器和中频低通滤波器的建模和优化仿真，如图 4-39（a）所示。

由图 4-39（b）可以看出，本振低通滤波器在 500～660 GHz 范围内，带外抑制优于 28 dB；在 160～210 GHz 范围内，带内损耗优于 0.2 dB。中频信号低通滤波器在 250～330 GHz 范围内，带外抑制优于 27 dB；在 0～20 GHz 范围内，带内损耗优于 0.13 dB。

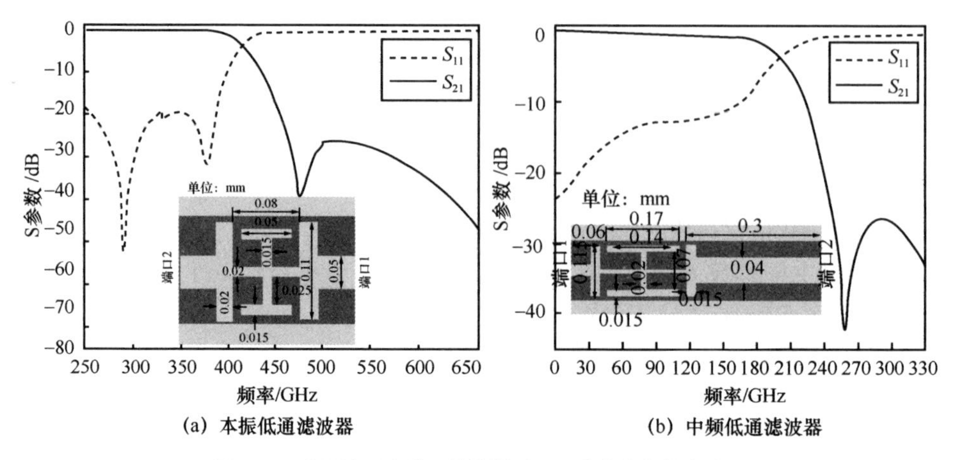

(a) 本振低通滤波器　　(b) 中频低通滤波器

图 4-39　共面波导滤波器仿真模型和 S 参数优化仿真结果

由矩形波导和共面波导构成的本振双工器仿真模型和优化仿真结果如图 4-40 所示。本振双工器在本振频段（255～325 GHz），端口 1 的回波损耗优于 20 dB，端口 1 到端口 2 的过渡损耗优于 0.4 dB，端口 1 到端口 3 的隔离优于 48 dB。在中频频段（0～20 GHz），端口 2 的回波损耗优于 20 dB，端口 2 到端口 3 的传输损耗优于 0.25 dB，端口 2 到端口 1 的隔离优于 60 dB。本振双工可以实现预期的目标。

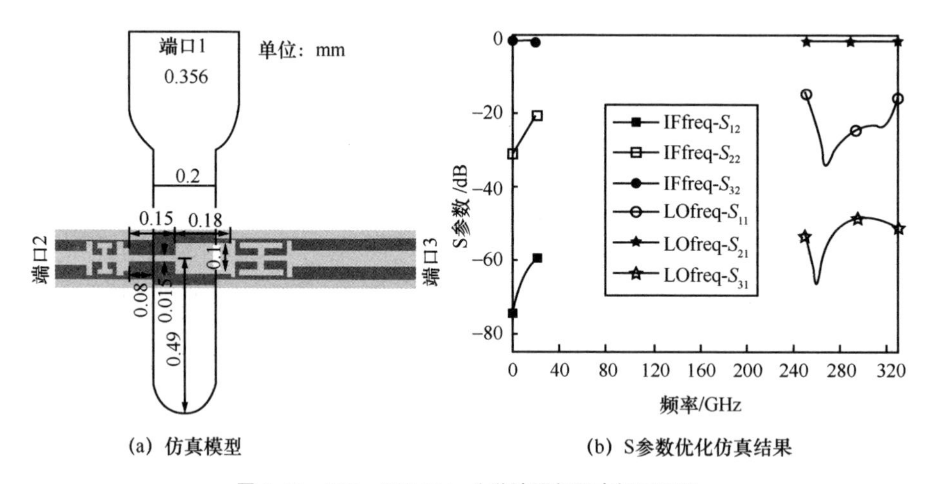

(a) 仿真模型　　(b) S参数优化仿真结果

图 4-40　560～600 GHz 分谐波混频器本振双工器

（4）GaAs 单片集成混频器性能优化

完成子单元电路的优化仿真后，通过场路结合的优化仿真方法，在 ADS 中建立 GaAs 单片集成共面波导混频器的单元电路仿真拓扑图，并以变频损耗为优化目标进行优化仿真。经过单元电路优化仿真优化出匹配网络以后，进行电路合并，可得混频电路的优化仿真拓扑，如图 4-41 所示。GaAs 单片集成分谐波混频器仿真所用的二极管对主要参数为级联电阻 R_s=18 Ω，零偏压结电容 $C_{j0}=1$ fF，理想因子 $\eta=1.1$，反向饱和电流 $I_s=80$ fA。

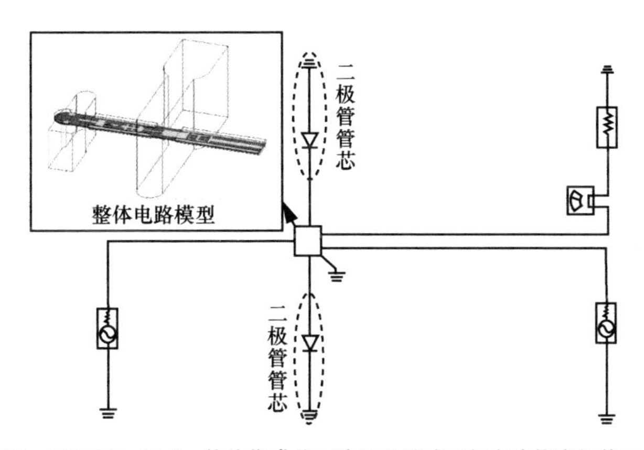

图 4-41　560～600 GHz GaAs 单片集成共面波导分谐波混频电路仿真拓扑图及对应关系

560～600 GHz GaAs 单片集成分谐波混频器变频损耗优化仿真结果如图 4-42 所示。从图 4-42 可以看出，当固定本振频率为 290 GHz 时，在 560～600 GHz 范围内变频损耗小于 9.5 dB，在 579 GHz 处有最佳变频损耗 8.8 dB。

2. **太赫兹 GaAs 单片集成混频电路封装工艺**

由前文可知，如果采用银胶对电路基片进行封装，固定基片的银胶将对电路性能造成影响。更严重的是，GaAs 单片集成混频器的砷化镓基片厚度仅有 12 μm，甚至更低，这与粘贴电路涂抹的银胶厚度极其接近，如图 4-43 所示。在极薄砷化镓基片的封装中，银胶对性能的影响将会急剧增大。因此，优化电路封装工艺，减小或去除银胶对混频器的影响，对太赫兹高频段 GaAs 单片集成混频器来说尤其重要。

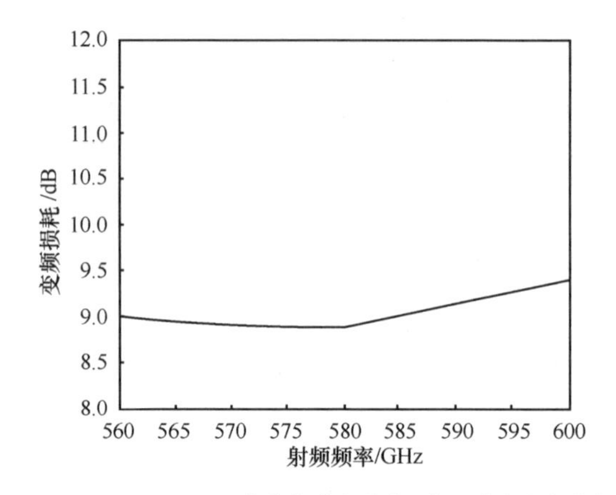

图 4-42　560～600 GHz GaAs 单片集成分谐波混频器变频损耗优化仿真结果

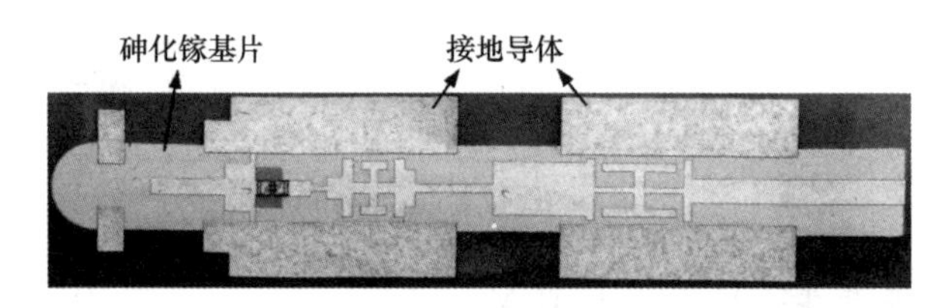

图 4-43　GaAs 单片集成混频器砷化镓电路显微镜放大

本节将共面波导两侧的接地导体往外延出基片，如图 4-44 所示。其中，厚度为 2 μm 接地导体一部分覆盖在基片上，一部分悬浮在空气中。以此为基础，通过热压金属键合工艺实现砷化镓基片的无银胶电路封装。

4.2.3　太赫兹异质集成混频技术

在太赫兹频段，利用集成技术代替肖特基二极管的人工装配，是提高太赫兹混频电路性能的关键手段。在 4.2.2 节描述的 GaAs 单片集成技术中，以砷化镓材料为电路基片实现了无源电路和肖特基二极管的集成。但砷化镓材料的介电常数和损耗角正切都比较大，以其为衬底构成的传输线（微带线、悬置微带线、共面波导等）的阻宽比（特性阻抗与金属宽度的比）相对较小，使电路匹配网络的实现较困难，特别是在超宽带的需求中表现得更明显。另外，在太赫兹频段，较大的损耗角正切还导致砷化镓带传输线的单位传输损耗较大。

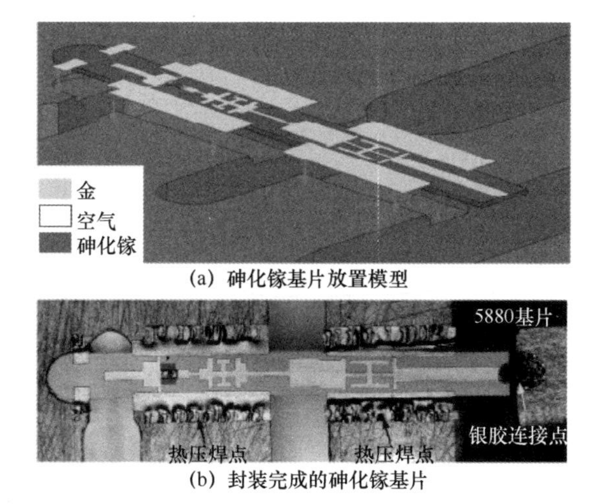

(a) 砷化镓基片放置模型

(b) 封装完成的砷化镓基片

图 4-44　砷化镓基片的无银胶封装示意和实物

为克服 GaAs 单片集成技术的上述缺点，提高太赫兹单片集成混频电路的性能，本节对基于石英衬底的异质集成混频器开展了研究。

1. 太赫兹异质集成混频技术优势

异质集成是在不同的材料基片上实现的单片集成，异质集成和 GaAs 单片集成的主要区别在于电路基片的材料不同，如图 4-45 所示。相比 GaAs 单片集成技术，异质集成使用石英基片替换了砷化镓基片，利用石英材料更好的高频特性提高混频电路的性能。在异质集成混频技术中，肖特基二极管的表面金属层、外围电路以及连接金属采用光刻掩膜技术一体化蒸镀沉积，实现二极管和电路的集成。

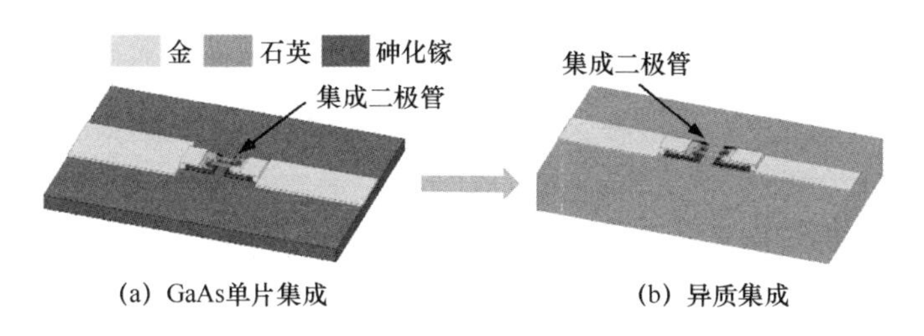

(a) GaAs单片集成　　(b) 异质集成

图 4-45　GaAs 单片集成与异质集成对比

由图 4-45 可以看出，异质集成混频电路和 GaAs 单片集成混频电路的区别在于电路基片材料和实现工艺的不同。电路基片作为太赫兹混频电路中传输电磁波的重要传输媒介，其电磁特性将会对电路性能产生重要的影响。为了验证石英基片相较于砷化镓基片在太赫兹频段的优越性，当工作频率为 415 GHz 时，采用相同的基片宽度和常用的高度（高度和宽度可以抑制第一高次模，保证传输线主模工作状态），对石英基片和砷化镓基片传输线进行建模仿真，并对比了传输线的特性阻抗和单位损耗，如图 4-46 所示。该模型中，砷化镓材料的介电常数为 12.9，损耗角正切为 0.013 2；石英材料的介电常数为 3.78，损耗角正切为 0.002[30]。

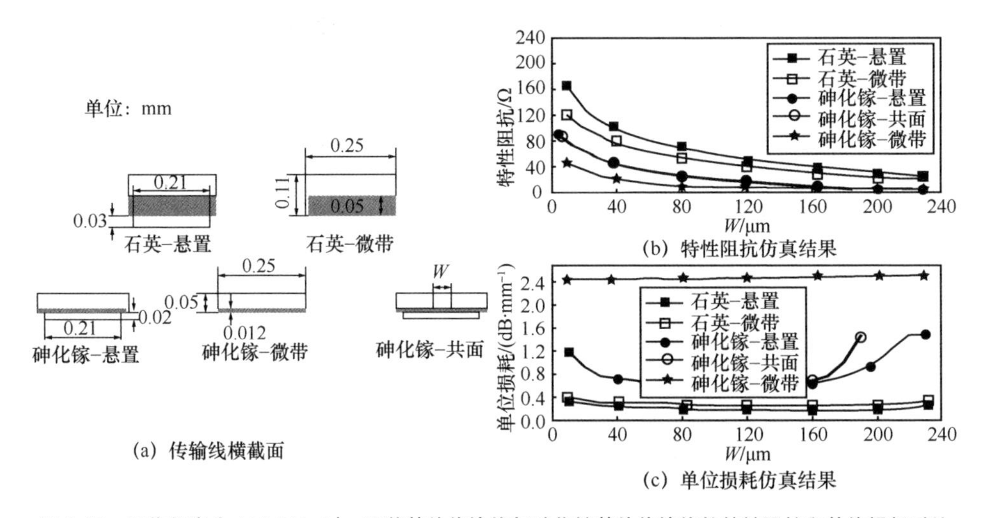

图 4-46 工作频率为 415 GHz 时，石英基片传输线与砷化镓基片传输线的特性阻抗和单位损耗对比

图 4-46（b）中的对比结果表明，在众多传输线中，石英基片悬置微带线具有最大的特性阻抗，其阻抗是砷化镓基片悬置微带线和共面波导的 1.7 倍以上，是砷化镓基片微带线的 4～6 倍；石英基片微带线的特性阻抗是砷化镓基片微带线的 2.5～4.5 倍。这表明在相同条件下，石英基片传输线的阻宽比是砷化镓基片传输线的阻宽比的 1.7 倍以上。更重要的是，这种阻宽比差距在常用的 10～160 μm 金属导体宽度范围内表现得更明显。大的阻宽比使石英基片传输线具有更大的阻抗变化范围，在电路优化时，更容易获得宽带的匹配效果。

不同传输线间的单位损耗对比如图 4-46（c）所示。可以看出，石英基片传输线的单位损耗整体上小于砷化镓基片传输线。其中，石英悬置微带线的单位损耗最低（石英悬置微带线的单位损耗小于 0.32 dB/mm），只有砷化镓基片传输线的 1/3

甚至更低。石英基片传输线之间的单位损耗相差很小。砷化镓基片传输线不仅单位损耗更大（砷化镓悬置微带线单位损耗大于 0.6 dB/mm，砷化镓微带线的单位损耗大于 2.4 dB/mm），且不同种类传输线之间的单位损耗存在较大的差距。这意味着基于砷化镓基片的太赫兹固态电路具有较高的传输损耗。

由上述分析可知，相比砷化镓基片，石英基片传输线在太赫兹频段具有更加优异的传输特性，采用石英材料作为混频器的电路基片对提高太赫兹混频器的性能具有积极的作用。

2. 太赫兹异质集成混频电路优化仿真

本节采用 50 μm 厚石英基片，在 330～500 GHz 范围内开展了异质集成混频电路的研究工作，并提出了一种可覆盖一个标准矩形波导全频段的异质集成太赫兹分谐波混频电路。由于本节对异质集成混频器的电路优化方法与混合集成混频器是一致的，前述优化方法也同样适用于异质集成混频电路的研究，在此将不再累述。

（1）太赫兹异质集成混频电路

330～500 GHz 异质集成分谐波混频电路的侧视图和俯视图如图 4-47 所示。混频器由射频/本振波导–悬置微带过渡、本振/中频低通滤波器、并联二极管对及匹配网络构成。在电路中，传输线采用了微带线和悬置微带线相结合的混合传输线。射频信号由标准矩形波导 WR-2.2 输入，本振信号由标准矩形波导 WR-4.3 输入。与石英基片混合集成混频电路相比，异质集成混频电路最本质的特征是肖特基二极管被集成在石英基片上。

（2）异质集成混频器的无源电路及优化仿真

基于场路结合的分析方法，按照混频电路各部分的基本功能，将异质集成混频器的无源电路分为射频波导–悬置微带过渡和本振双工器。

① 射频波导–悬置微带过渡

异质集成混频器的射频波导–悬置微带过渡仿真模型和优化仿真结果如图 4-48 所示。从图 4-48 可以看出，在 330～500 GHz 范围内，过渡损耗优于 0.13 dB，端口 1 的回波损耗优于 20 dB。射频信号可以良好地通过射频波导–悬置微带过渡输入电路。

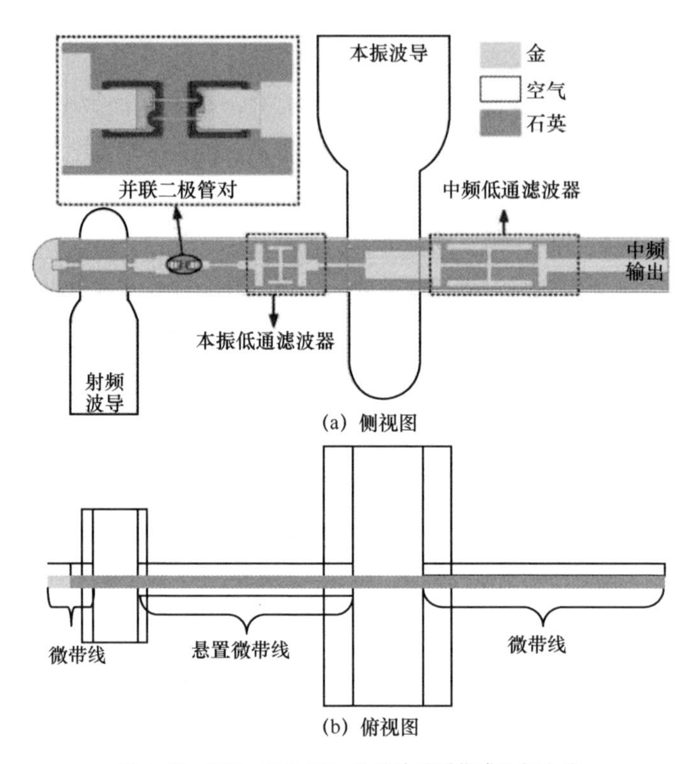

(a) 侧视图

(b) 俯视图

图 4-47 330～500 GHz 分谐波异质集成混频电路

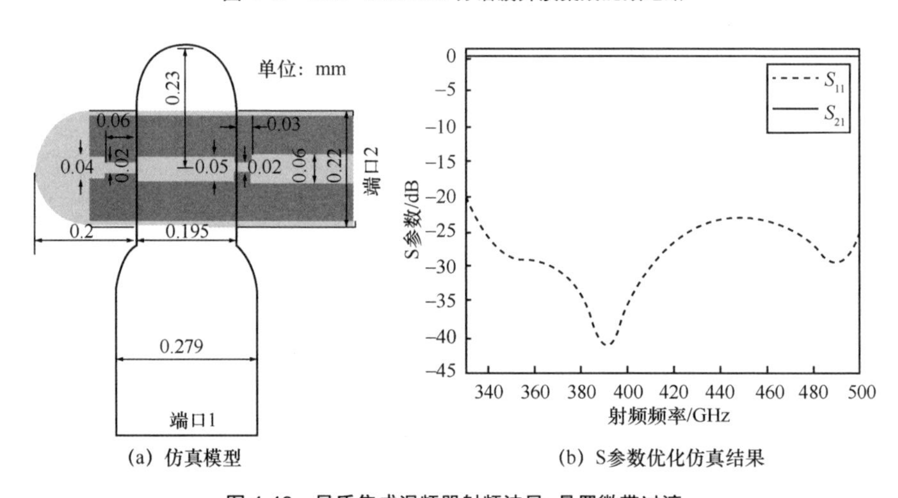

(a) 仿真模型　　(b) S参数优化仿真结果

图 4-48 异质集成混频器射频波导–悬置微带过渡

② 本振双工器

异质集成混频器中，低通滤波器采用石英基片微带/悬置微带线双 T 型滤波器，只需微调双 T 型尺寸，即可得到所需的滤波性能。滤波器的仿真模型和 S 参数优化仿真结果如图 4-49 所示。

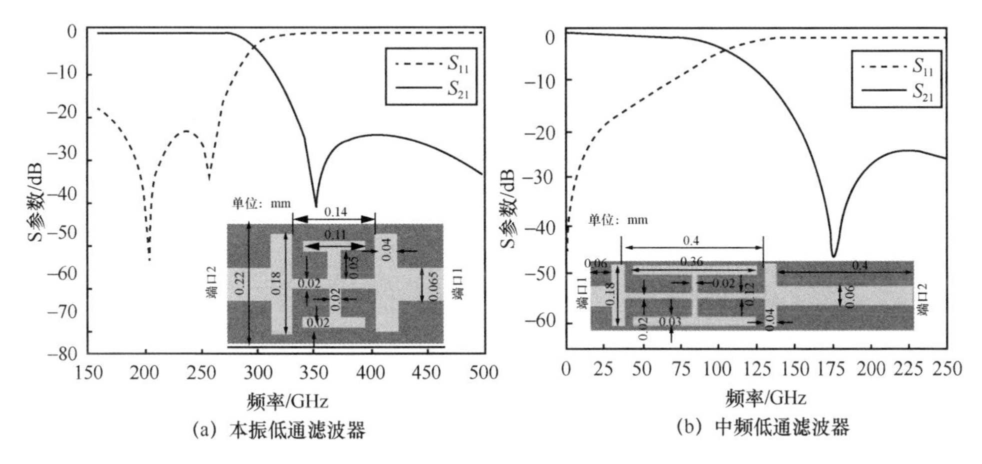

(a) 本振低通滤波器 (b) 中频低通滤波器

图 4-49 滤波器仿真模型和 S 参数优化仿真结果

由图 4-49（a）可以看出，本振低通滤波器在 330～500 GHz 范围内，带外抑制优于 21 dB；在 160～250 GHz 范围内，带内损耗优于 0.26 dB。由图 4-49（b）可以看出，中频低通滤波器在 160～250 GHz 范围内，带外抑制优于 24 dB；在 0～20 GHz 范围内，带内损耗优于 0.13 dB。本振低通滤波器和中频低通滤波器的性能满足信号选择的预期要求。

330～500 GHz 分谐波异质集成混频器本振双工器仿真模型和优化仿真结果如图 4-50 所示。从图 4-50 可以看出，在本振频段（170～250 GHz），端口 1 的回波损耗优于 20 dB，端口 1 到端口 2 的过渡损耗优于 0.35 dB，端口 1 到端口 3 的隔离优于 32 dB。在中频频段（0～20 GHz），端口 2 的回波损耗优于 15 dB，端口 2 到端口 3 的传输损耗优于 0.38 dB，端口 2 到端口 1 的隔离优于 55 dB。本振双工可以实现预期的目标。

（3）异质集成混频器性能优化

完成子单元电路优化仿真后，导出仿真模型的 S 参数文件，在 ADS 中建立异质集成分谐波混频电路的单元电路仿真拓扑图，进行优化仿真。优化出匹配网络后，进行电路合并，可得电路仿真拓扑图，如图 4-51 所示。电路仿真拓扑中，混频器仿真所用的二极管对主要参数为级联电阻 R_s=15 Ω，零偏压结电容 $C_{j0}=1.5$ fF，理想因子 $\eta=1.2$，反向饱和电流 $I_s=80$ fA。

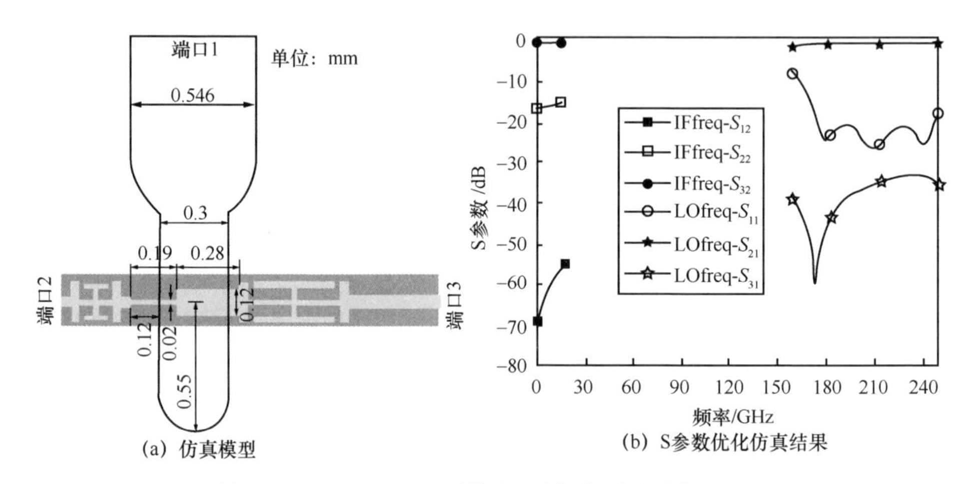

图 4-50 330～500 GHz 分谐波异质集成混频器本振双工器

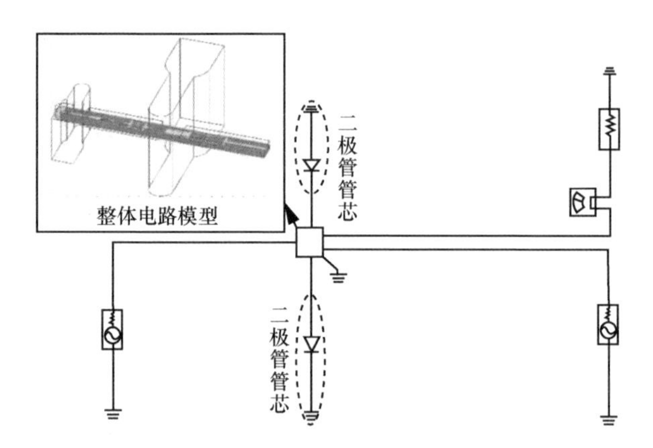

图 4-51 330～500 GHz 异质集成混频电路仿真拓扑图及对应关系

进一步优化仿真匹配电路，得到变频损耗仿真结果，如图 4-52 所示。

从图 4-52 可以看出，当输出中频频率为 1 GHz 时，在 325～500 GHz 范围内变频损耗小于 12.5 dB，在 450 GHz 处有最佳变频损耗 10 dB。

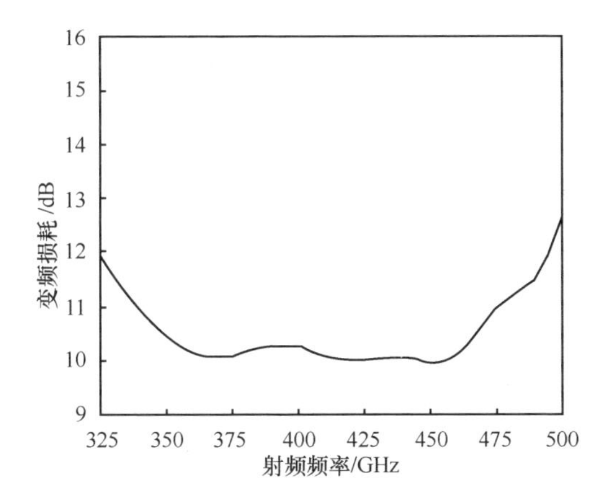

图 4-52　330～500 GHz 异质集成混频器变频损耗优化仿真结果

3. 太赫兹异质集成混频电路封装工艺

330～500 GHz 分谐波异质集成混频器的电路封装如图 4-53 所示。

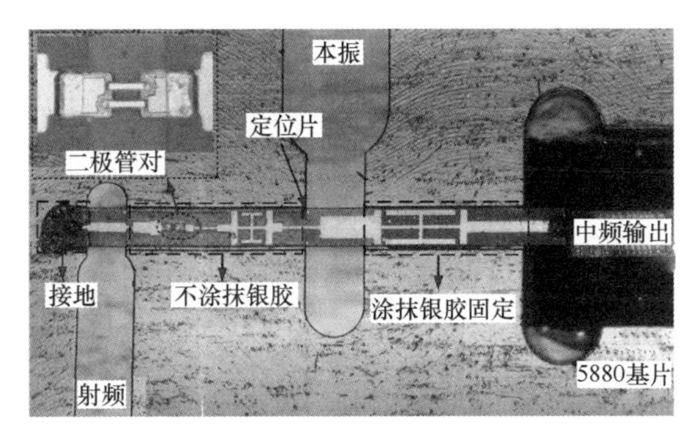

图 4-53　330～500 GHz 分谐波异质集成混频器的电路封装

由于肖特基二极管被集成在电路基片上，只需将石英基片固定在金属腔体中，形成具有屏蔽腔的传输线，即可完成异质集成混频器的封装。通常采用基片下方涂抹银胶黏合的方法固定石英基片。为了尽量减少银胶引入的影响，只在石英基片电路的两端涂抹银胶固定基片，射频、本振波导之间的高频电路部分下方不涂抹银胶。石英基片的边缘加工有 4 个矩形金属条作为基片组装的定位点。

4.2.4 太赫兹高次谐波混频技术

1. 太赫兹高次谐波混频电路概述

高次谐波混频器是利用本振信号的高次谐波分量与射频信号进行混频，产生中频信号的谐波混频器。相比分谐波混频器，高次谐波混频器需求的本振信号频率更低。在太赫兹频段，频率越高，高品质频率源获取难度就越大。因此，本振信号频率只有射频信号频率 $1/N$（$N \geqslant 3$）的高次谐波混频器可以极大地降低本振源的获取难度，是扩展太赫兹混频器工作频率的重要途径之一。

根据利用本振信号的谐波分量次数 N 的不同，太赫兹高次谐波混频器又分为奇次谐波混频器（N 为奇数）和偶次谐波混频器（N 为偶数）。理论上，可以利用单个二极管实现任意次的谐波混频，但其效率低下，特别是在高次谐波混频电路中，随着谐波次数的增加，混频性能急剧下降。因此，高次谐波混频器常采用两个二极管构成二极管对，抑制本振信号的部分谐波分量，增强目标频率组合分量的输出。

（1）奇次谐波混频电路

奇次谐波混频器，即利用本振信号的奇次谐波分量与射频信号进行混频的混频器，常用的有 3 次、5 次、7 次谐波混频器。在采用二极管作为非线性器件的混频电路中，为了使两个二极管中本振信号的某些谐波分量相互抵消，就要保证两个二极管上本振信号的反向加载。为了利用本振信号的奇次谐波分量，就要求射频信号在两个二极管上同向加载。这就对二极管的排布和信号的路径提出了要求。根据二极管的排布方向不同，提出了以下两种奇次谐波混频电路，如图 4-54 所示。

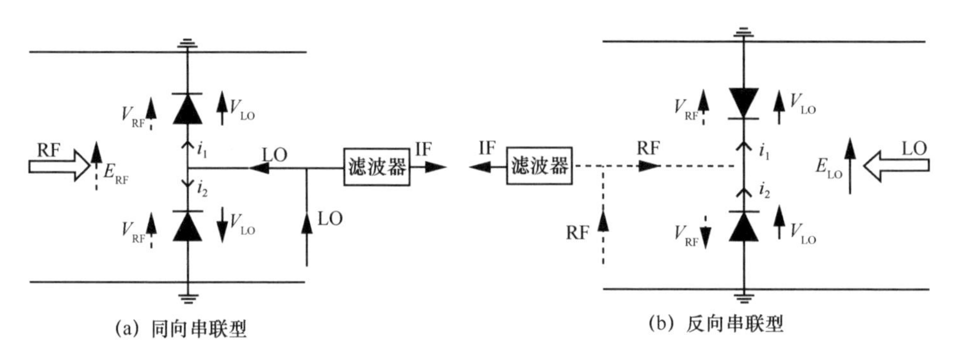

图 4-54 奇次谐波混频电路原理

奇次谐波混频电路采用串联型的二极管对，通过矩形波导中 TE_{10} 模的电场方向实现电压信号的串联加载；配合二极管的排布方向，从而实现本振信号的反向加载，射频信号的同向加载。奇次谐波混频电路中，两个二极管中本振信号的偶次谐波分量将相互抵消，奇次分量相互叠加增强。

（2）偶次谐波混频电路

偶次谐波混频器，即利用本振信号的偶次谐波分量与射频信号进行混频的混频电路，分谐波混频器是常用的偶次谐波混频器。为了抑制本振信号的奇次谐波分量，要求射频和本振信号在两个二极管上都为反向加载。研究者提出了反向并联肖特基二极管对来实现偶次谐波混频，并广泛用于毫米波、太赫兹频段混频器。偶次谐波混频电路原理如图 4-55 所示。

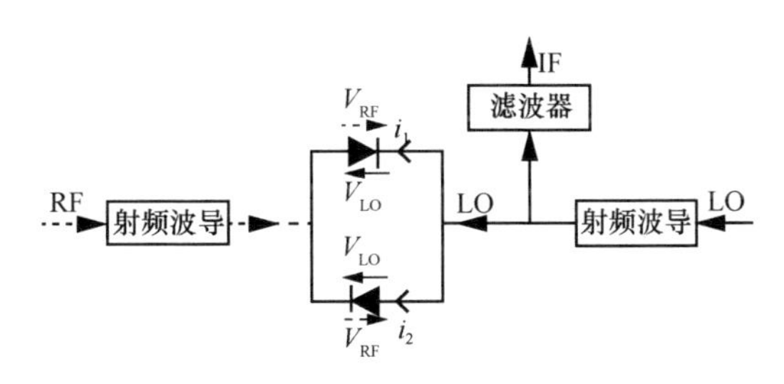

图 4-55　偶次谐波混频电路原理

由前文的分析可知，在偶次谐波混频电路的两个二极管中，本振信号的奇次分量相互抵消，偶次谐波分量相互增强，从而提高变频效率。

2. 太赫兹三次谐波混频技术

三次谐波混频电路是奇次谐波混频器中最低次的谐波混频电路，本振信号频率是射频信号频率的 1/3。现有报道中，太赫兹高次谐波混器的研究主要集中在偶次谐波混频电路。反向并联肖特基二极管对的出现，使偶次谐波混频器的设计更加简单、稳定。但这也限制了一些特殊结构的应用，比如平衡结构、鳍线等。由于奇次谐波混频器的二极管连接方式与偶次谐波混频器不同，因此可以利用这些特殊结构获得更加优良的电路性能（更小的尺寸、更高的端口隔离度等）。对奇次谐波混频器开展研究不仅可以丰富太赫兹高次谐波混频器，还可为太赫兹通信系统和雷达系统提供新的构建方法。

（1）肖特基二极管选取

肖特基二极管作为变频器件是三次谐波混频电路的核心。肖特基二极管的性能将直接决定三次谐波混频电路的性能。根据前文的分析，为满足抑制本振信号偶次谐波分量的需求，需要使肖特基二极管成串联排布。本节以 UMS 公司的同向串联平面肖特基二极管对 DBES105A 为例，作为三次谐波混频器的非线性器件。

基于前文的研究，为了模拟 DBES105A 封装对三次谐波混频器的影响，考察了 DBES105A 的物理尺寸，并在仿真软件 HFSS 中建立了三维精确模型，如图 4-56 所示。仿真模型中，两个管芯的阳极结处设置了模拟肖特基结的波端口，并通过波端口和 SPICE 参数相结合，对二极管的非线性特性进行模拟。DBES105A 是分离式肖特基二极管，三次谐波混频器只能采用混合集成混频电路。

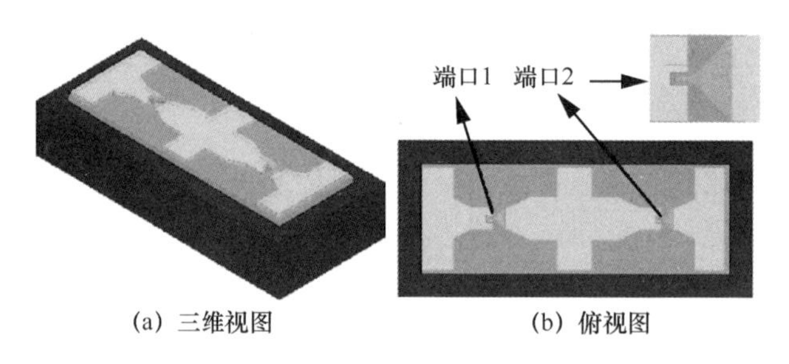

图 4-56 DBES105A 三维精确模型

（2）220 GHz 三次谐波混频电路

为了满足射频/本振信号在二极管上的加载需求，基于同向串联二极管对，本节提出了一种由波导–鳍线–共面波导–微带混合传输线构成的三次谐波混频电路，如图 4-57 所示。

三次谐波混频器由波导–鳍线–共面波导–微带混合传输线、本振波导–微带过渡、串联二极管对（DBES105A）、中频低通滤波器以及匹配网络构成。混合传输线从射频端开始，依次由射频矩形波导（WR-4.3）、鳍线传输线、共面波导、微带线混合而成。串联二极管横向放置在鳍线中，通过鳍线馈入射频信号；中间焊盘与共面波导导体连接，输入本振信号，输出中频信号；两端焊盘与鳍线导体连接构成接地回路。本振信号由标准矩形波导 WR-12.2 馈入，并通过波导减高（减小窄边宽度）减小过渡损耗，实现高性能的波导–微带过渡。

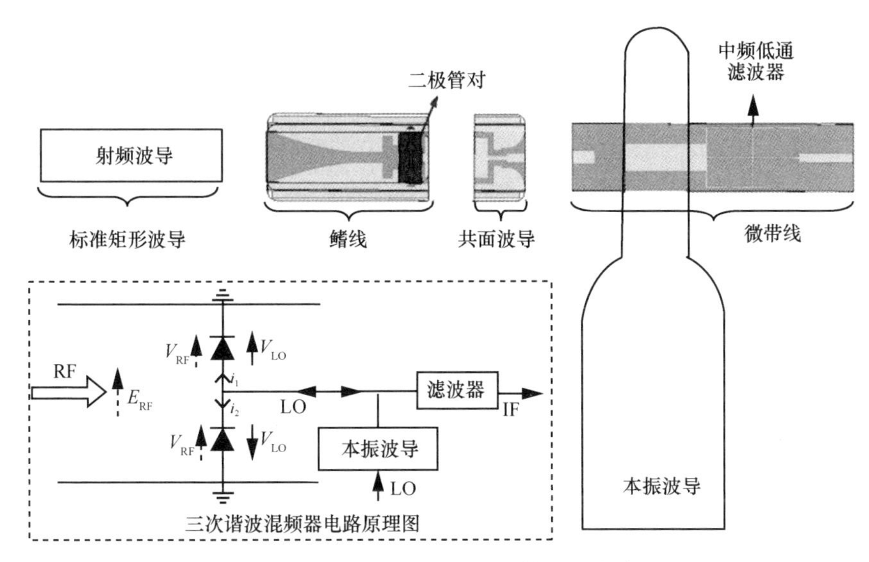

图 4-57　220 GHz 三次谐波混频器俯视图和电路原理图

射频信号从标准矩形波导传输到鳍线，传输模式由 TE_{10} 模式转换为 EH_1 模式；并以 EH_1 模式汇聚到二极管附近，通过直接耦合的方式馈入同向串联二极管对，形成了射频信号的同向加载。显而易见，通过共面波导导体由中间焊盘馈入二极管对的本振信号是反向加载的，从而实现了三次谐波混频电路。

在三次谐波混频电路中，鳍线为单侧鳍线，并用余弦函数渐变实现波导到鳍线的渐变过渡。射频信号输入二极管对时，由在单侧鳍线上刻蚀的金属缝隙实现阻抗匹配；而本振信号则由共面波导多节高低阻抗线完成阻抗匹配，如图 4-58 所示。

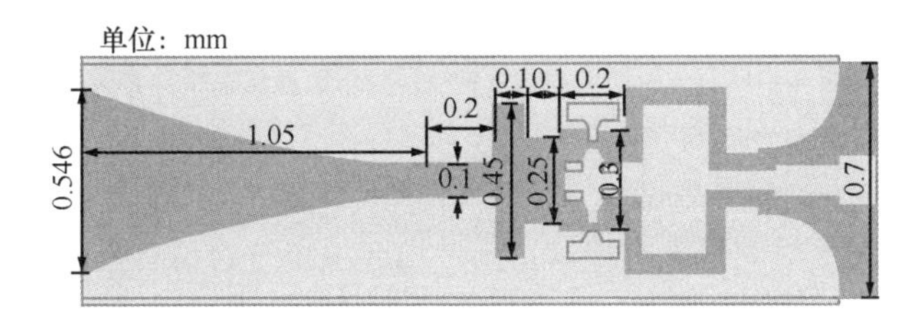

图 4-58　三次谐波混频器射频信号和本振信号的匹配网络设置

（3）高隔离混合传输线

在波导–鳍线–共面波导–微带混合传输线中，信号在标准矩形波导和鳍线中，

以 TE_{10} 模式和 HE_1 模式传输，电场方向垂直于传输线传输方向。而在共面波导和微带线中，以准 TEM 模式传输，电场方向平行于传输线传输方向。传输线两端的传输模式相互垂直，信号之间存在正交隔离，具有高隔离特性。

传输模式的正交使射频信号只在射频矩形波导和鳍线中传输，无法通过共面波导传输到本振过渡；同时，由于矩形波导的高通特性，本振信号更不会在射频矩形波导中传输，只能在微带线和共面波导中传输，从而实现了两端口之间的高隔离特性。带有串联二极管对的混合传输线四端口仿真模型和 S 参数仿真结果如图 4-59 所示。从图 4-59 可以看出，混合传输线两端的隔离在射频频段优于 30 dB，在本振频段优于 100 dB。利用混合传输线的高隔离特性，三次谐波混频器去掉了传统混频电路的射频隔离结构（本振低通滤波器），减小了整体电路的长度。

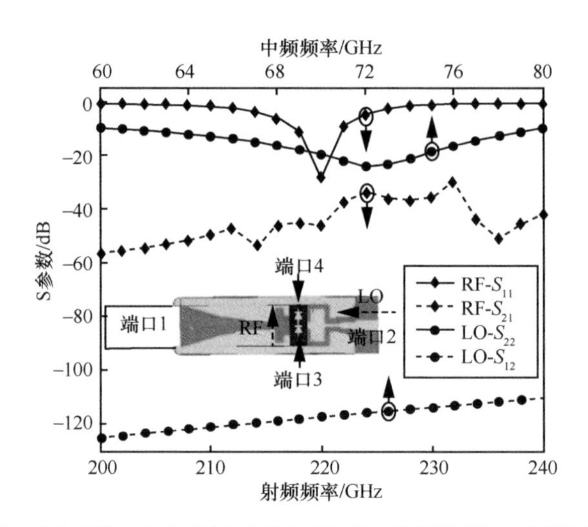

图 4-59　带有串联二极管对的混合传输线四端口仿真模型和 S 参数仿真结果

（4）太赫兹三次谐波混频器无源电路优化仿真

三次谐波混频电路的优化过程中，由于串联二极管对被直接放置在混合传输线中，射频匹配网络与射频过渡相互重合。因此，只需对本振频段的子单元电路进行优化仿真。

① 中频低通滤波器

在太赫兹高次谐波混频器中，混频器的谐波次数越高，本振信号频率和射频信号频率相差越大，本振频段电路尺寸和射频频段电路尺寸相差也就越大，就会使电路基片的长宽比越大，使加工更加困难，因此需要在保证性能的同时尽量减小电路的长度。本节在具有小型化特性的分裂环形谐振器（Split Ring Resonator，SRR）中间添加一个横向微带支节，并将单侧开口变成两侧对称开口，构成改进型的 SRR（Improved SRR，ISRR），如图 4-60 所示。在采用抽头线输入输出时，单个 ISRR 单元可以形成两个可调节的传输零点，从而实现低通滤波特性，并通过多个 ISRR 单元的串联实现宽阻带、高抑制特性。ISRR 单元保留了 SRR 单元的小型化特性，能在保证宽阻带、高抑制的情况下，极大地减小滤波器的长度。ISRR 单元由宽度相同的导带构成，并可通过控制 ISRR 单元的横向长度（L）和纵向长度（W）实现截止频率的变化，结构优化简单。

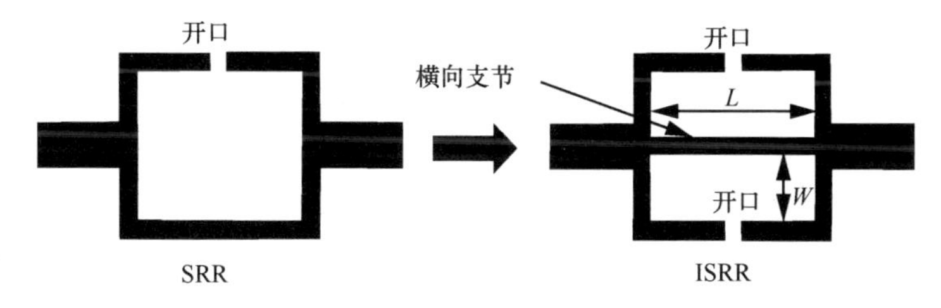

图 4-60　ISRR 改进示意

采用 ISRR 单元的中频低通滤波器仿真模型和 S 参数优化仿真结果如图 4-61 所示。中频低通滤波器通过串联两个 ISRR 单元实现对本振频率的高抑制，两个 ISRR 单元共享中间纵向分支。优化仿真结果表明，中频低通滤波器在 64～80 GHz 范围内，带外抑制优于 32 dB；在 0～20 GHz 范围内，带内损耗优于 0.2 dB，这满足对本振信号和中频信号选择的预期要求。

② 本振双工器

由于混合传输线本身具有高隔离的特性，三次谐波混频器去掉了本振低通滤波器，本振双工器只由本振波导–微带过渡和中频低通滤波器构成，如图 4-62（a）所示。

图 4-62（b）中的优化仿真结果表明，本振双工器在本振频段（64～78 GHz），端口 1 的回波损耗优于 20 dB，端口 1 到端口 2 的过渡损耗优于 0.22 dB，端口 1 到端口 3 的隔离优于 45 dB。在中频频段（0～20 GHz），端口 2 的回波损耗优于 13 dB，

端口 2 到端口 3 的传输损耗优于 0.42 dB，端口 2 到端口 1 的隔离优于 35 dB。本振双工可以实现预期的目标。

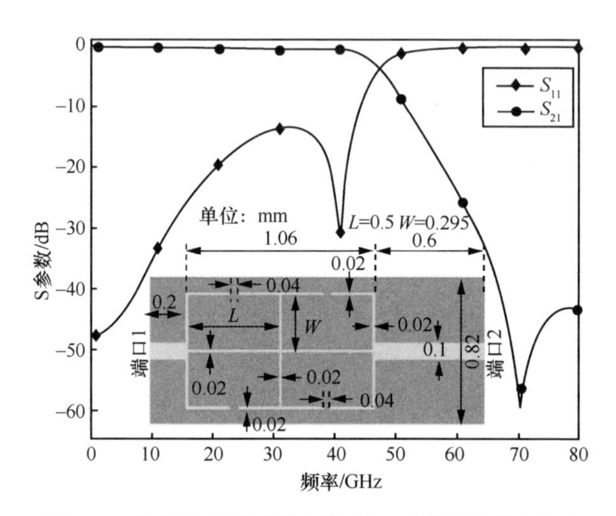

图 4-61　中频低通滤波器仿真模型和 S 参数优化仿真结果

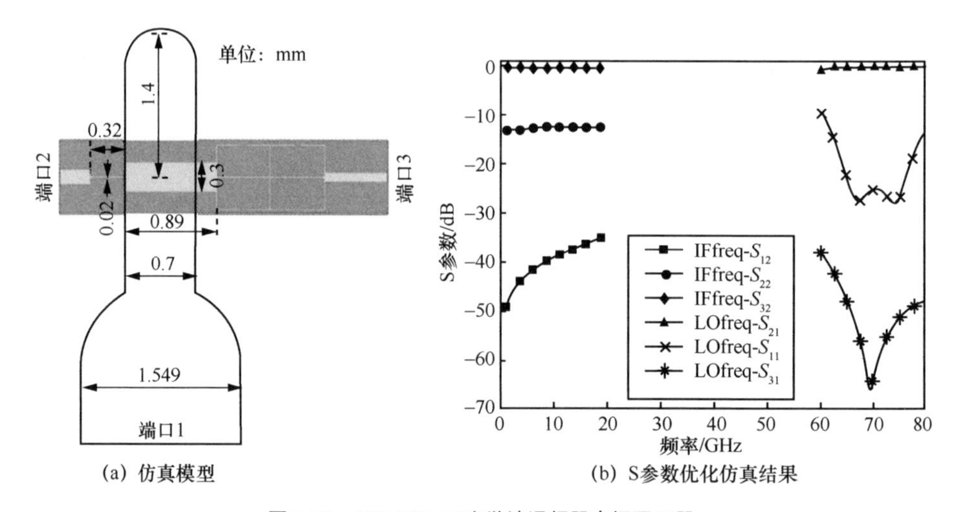

图 4-62　220 GHz 三次谐波混频器本振双工器

（5）太赫兹三次谐波混频器性能优化

太赫兹三次谐波混频器的单元电路仿真拓扑如图 4-63 所示。在子单元电路分解时，考虑串联二极管对被直接放置在混合传输线中，将二极管、射频输入以及射频信号匹配网络作为一个整体进行优化仿真。三次谐波混频器只包含 3 个子单元电路：射频电路（四端口模型）、本振匹配（二端口模型）、本振双工器（三端口模型）。拓扑图中，用 SPICE 参数等效二极管对的非线性特性，并利用谐波平衡仿真，以最佳变频损耗为目标对各匹配支节进行优化。本节中 220 GHz 三次谐波混频器仿真所用的二极管对主要参数为级联电阻 R_s=4.4 Ω，零偏压结电容 $C_{j0}=9.5$ fF，理想因子 $\eta=1.2$，反向饱和电流 $I_s=35$ fA。

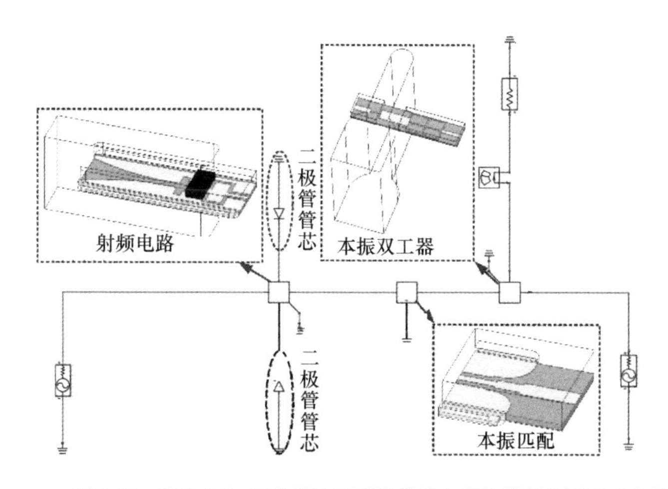

图 4-63　220 GHz 三次谐波混频器单元电路仿真拓扑图及对应关系

经过单元电路优化仿真获得匹配网络后，将子单元电路合并再次优化仿真，可得 220 GHz 三次谐波混频器的变频损耗仿真结果，如图 4-64 所示。

从图 4-64 可以看出，当中频频率为 1 GHz 时，在 210～230 GHz 范围内变频损耗小于 17 dB，在 220 GHz 处有最佳变频损耗 15.6 dB。

（6）220 GHz 三次谐波混频器的电路封装

220 GHz 三次谐波混频器的电路封装如图 4-65 所示。三次谐波混频电路采用混合集成方式，用银胶将石英基片固定到金属腔体中，串联二极管对倒贴在基片上。在金属腔体边缘，沿着鳍线加工两个宽度为 0.1 mm 的侧边槽，并在侧边槽中涂抹银胶以使鳍线充分接地。石英基片通过一段 Rogers RT/duroid 5880 基片微带线和 K 接头相连输出中频信号。

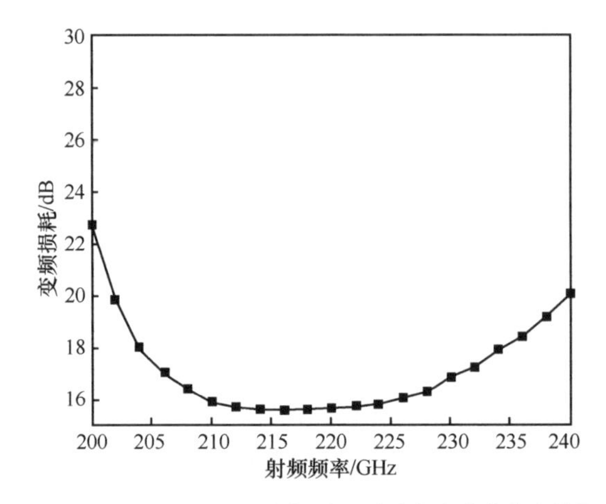

图 4-64　220 GHz 三次谐波混频器变频损耗优化仿真结果

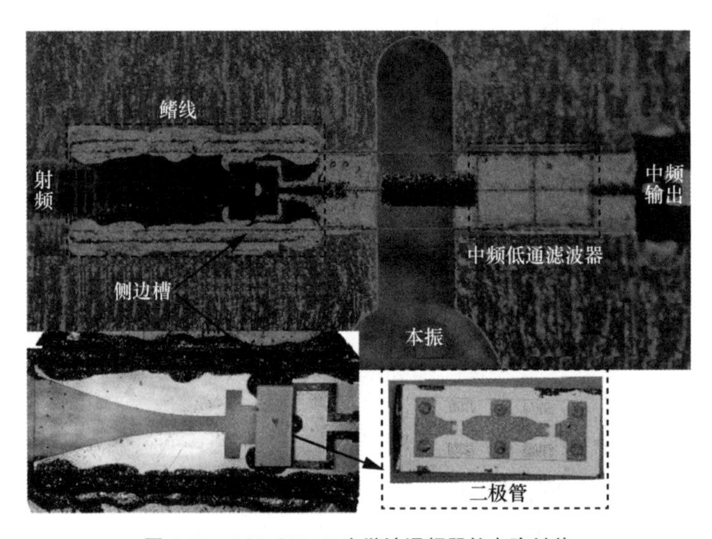

图 4-65　220 GHz 三次谐波混频器的电路封装

3. 0.75～1.1 THz 全频段四次谐波混频技术

四次谐波混频器是利用本振信号的四次谐波分量与射频信号进行混频的谐波混频电路。四次谐波混频器属于偶次谐波混频器，可以和分谐波混频器一样，使用反向并联二极管对实现对本振信号奇次谐波分量的抑制。因此，四次谐波混频器的电路与分谐波混频器的电路极其类似，两者的区别在于本振电路的差异。在相同射频工作频率下，四次谐波混频器所需的本振信号频率只有分谐波混频器的一半，极大地降低了本振功率源的获取难度，这是扩展太赫兹混频器工作频段的重要途径。本节对 0.75～1.1 THz 全频段四次谐波混频电路开展了研究。

（1）传输线选取及实现工艺

在由悬置微带线/共面波导构成的固态太赫兹混频电路中，为了保证传输线的单模工作状态，就必须优化屏蔽腔的尺寸。屏蔽腔横截面的尺寸由工作频率的最高频点决定，工作频率越高，屏蔽腔横截面的尺寸就越小。当太赫兹混频器的工作频率达到 1.1 THz 时，石英基片的厚度已无法满足电路对小屏蔽腔的需求；而砷化镓基片（厚度能减薄至 3～4 μm）可以满足电路设计的需求。由于 0.75～1.1 THz 混频器的电路尺寸极小，如果采用混合集成形式，一方面分离式二极管存在无法放入屏蔽腔的风险，另一方面二极管装配引起的极小偏差都会对电路性能造成极大的影响。综合考虑，本节在 4 μm 砷化镓基片上采用 GaAs 单片集成工艺对 0.75～1.1 THz 全频段四次谐波混频展开研究。

（2）电路方案

在 0.75～1.1 THz 四次谐波混频器中，射频与本振、中频之间较大的频率差会造成较大的电路尺寸差。由于电路基片的宽度由射频频率决定，如果采用传统的直通型混频电路形式，会导致很大的基片长宽比，从而使超薄砷化镓基片发生卷曲或者无法加工。如果将四次谐波混频器的基片分成两个基片加工，又会造成装配上的困难和引入装配误差。为了解决超薄砷化镓基片过长而无法加工的问题，本节提出了 T 型混频电路形式，将砷化镓基片设置为 T 型，使基片的纵向长度分担到横向上，从而减小基片的整体长度，如图 4-66 所示。

0.75～1.1 THz 四次谐波混频电路同样可分为以下几部分：射频/本振波导–共面波导过渡、并联二极管对、本振/中频低通滤波器以及匹配网络。其中，本振波导–共面波导过渡和本振/中频低通滤波器构成本振双工器；本振/中频低通滤波器不再分布在本振波导两侧，而是垂直分布在一侧。四次谐波混频电路采用共面波导作为传输线，并由砷化镓基片上梁式引线与屏蔽腔壁接触形成接地。在基于 T 型基片的四次谐波混频器中，中频信号不再经由本振低通滤波器和本振波导输出，而是在电路侧面通过垂直金属导体直接引入。为了防止射频、本振信号从中频输出端口泄露，就要求中频低通滤波器对射频信号和本振信号都有抑制作用。

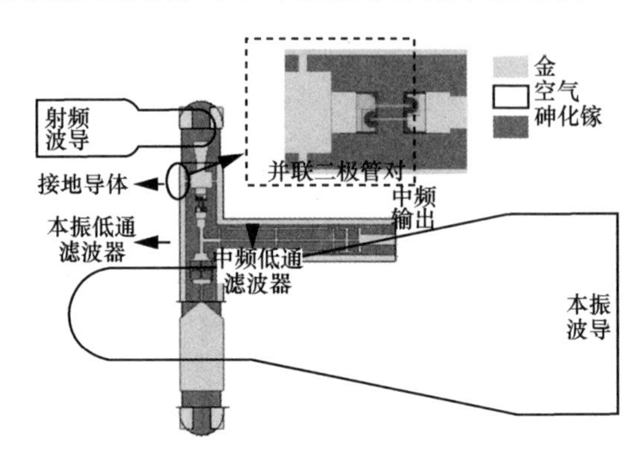

图 4-66　0.75～1.1 THz 全频段四次谐波混频电路

（3）0.75～1.1 THz 四次谐波混频器无源电路优化仿真

基于场路结合的分析方法，0.75～1.1 THz 四次谐波混频器的无源电路可分为射频波导–共面波导过渡、本振双工器（包括本振波导–共面波导过渡、本振/中频低通滤波器）两部分进行优化仿真。

① 射频波导–共面波导过渡

射频波导–共面波导过渡的仿真模型和 S 参数优化仿真结果如图 4-67 所示。

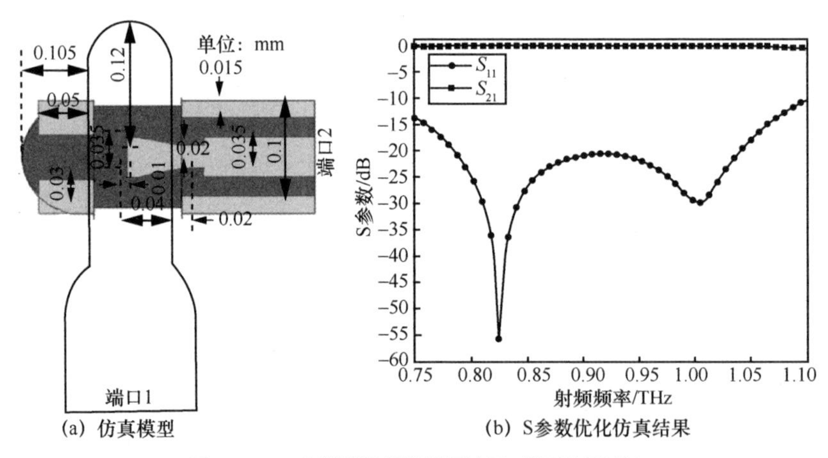

(a) 仿真模型　　(b) S参数优化仿真结果

图 4-67　四次谐波混频器射频波导–共面波导过渡

可以看出，在 0.75～1.1 THz 范围内，过渡损耗优于 0.7 dB，端口 1 的回波损耗优于 15 dB。射频信号可以良好地通过射频波导–微带过渡馈入电路。

② 本振双工器

0.75～1.1 THz 四次谐波混频器的本振低通滤波器和中频低通滤波器的仿真模型与优化仿真结果如图 4-68 所示。

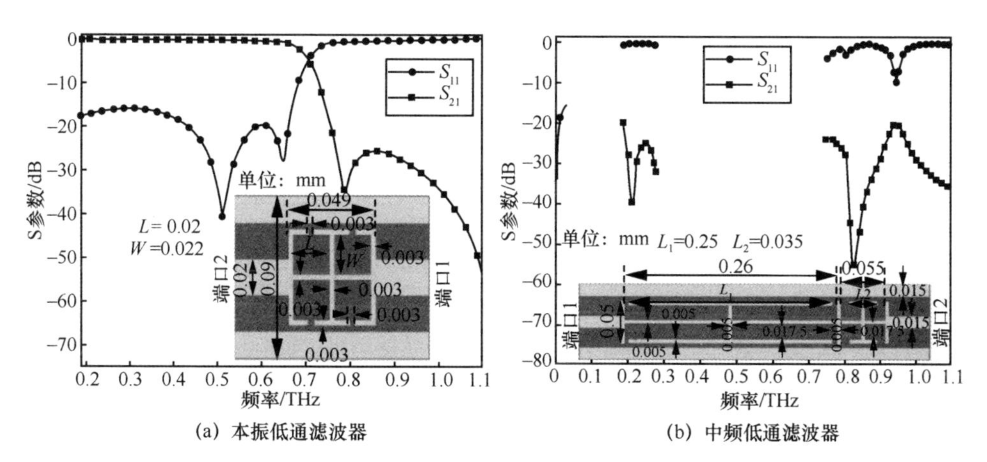

(a) 本振低通滤波器　　(b) 中频低通滤波器

图 4-68　0.75～1.1 THz 四次谐波混频器中低通滤波器仿真模型和 S 参数优化仿真结果

本振低通滤波器由两个串联的 ISRR 单元构成，由于构成 ISRR 单元的金属导带宽度与工作频率无直接关系，只需优化 ISRR 单元的横向长度（L）和纵向长度（W）即可控制截止频率和阻带宽度。中频低通滤波器则由两个横向长度（L_1、L_2）不一样的对称双 T 型构成，其中，横向长度较大（L_1）的双 T 型提供对本振信号的抑制，横向长度较小（L_2）的双 T 型提供对射频信号的抑制。通过两个双 T 型的串联即可实现中频低通滤波器对射频信号和本振信号的同时抑制。

优化仿真结果显示，本振低通滤波器在 0.75～1.1 Hz 范围内，带外抑制优于 16 dB；在 0.168～0.276 THz 范围内，带内损耗优于 0.3 dB。中频低通滤波器在 0.75～1.1 THz 范围内，带外抑制优于 20 dB；在 0.160～0.25 THz 范围内，带外抑制优于 22 dB；在 0～20 GHz 范围内，带内损耗优于 0.21 dB。本振低通滤波器和中频低通滤波器满足对信号选择的预期要求。

0.75～1.1 THz 四次谐波混频器的本振双工器仿真模型和优化仿真结果如图 4-69 所示。本振双工器中，共面波导本振、中频低通滤波器相互垂直并分布在本振波导同一侧。

本振波导－共面波导过渡采用不接地的探针实现信号过渡，并通过渐变探针减小本振过渡所需的电路长度。本振双工器和射频过渡一样，使砷化镓基片横跨本振波导，并用两个对称的梁式引线固定基片。另外，本振波导减高采用直线渐变代替半圆渐变，实现宽带的过渡性能。端口 1 为本振信号输入端口，采用标准矩形波导 WR-4.3。端口 2 为本振信号输出端口，采用共面波导；该端口将通过本振匹配电路后与二极管连接，将本振信号加载到并联二极管对参与混频。端口 3 为中频输出端口，采用共面波导。端口 2 与端口 3 的隔离由中频低通滤波器实现。

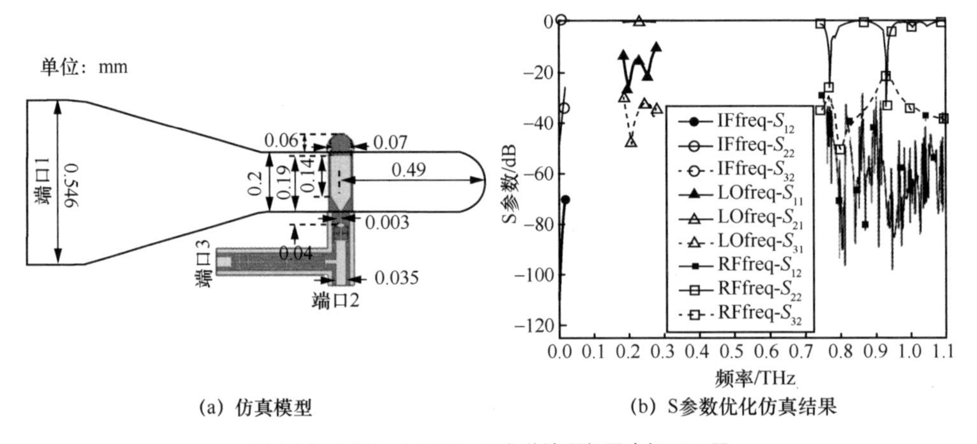

(a) 仿真模型　　(b) S参数优化仿真结果

图 4-69　0.75～1.1 THz 四次谐波混频器本振双工器

由图 4-69（b）可以看出，本振双工器在射频频段（0.75～1.1 THz），端口 2 到端口 3 的隔离优于 20 dB，端口 2 到端口 1 的隔离优于 26 dB。在本振频段（0.186～0.276 THz），端口 1 的回波损耗优于 14 dB，端口 1 到端口 2 的过渡损耗优于 0.7 dB，端口 1 到端口 3 的隔离大于 31 dB。在中频频段（0～20 GHz），端口 2 的回波损耗优于 26 dB，端口 2 到端口 3 的传输损耗优于 0.2 dB，端口 2 到端口 1 的隔离优于 70 dB。本振双工可以实现预期的目标。

（4）0.75～1.1 THz 全频段四次谐波混频器性能优化

基于场路结合的优化仿真方法，在 ADS 中建立 0.75～1.1 THz 全频段四次谐波混频器的单元电路仿真拓扑图，并以变频损耗为目标进行优化仿真。经过单元电路优化后，合并子单元电路模型，可得四次谐波混频电路的整体仿真拓扑图，如图 4-70

所示。0.75～1.1 THz 全频段四次谐波混频器仿真拓扑中，二极管对主要参数为级联电阻 R_s=17 Ω，零偏压结电容 $C_{j0}=1$ fF，理想因子 $\eta=1.15$，反向饱和电流 $I_s=80$ fA。

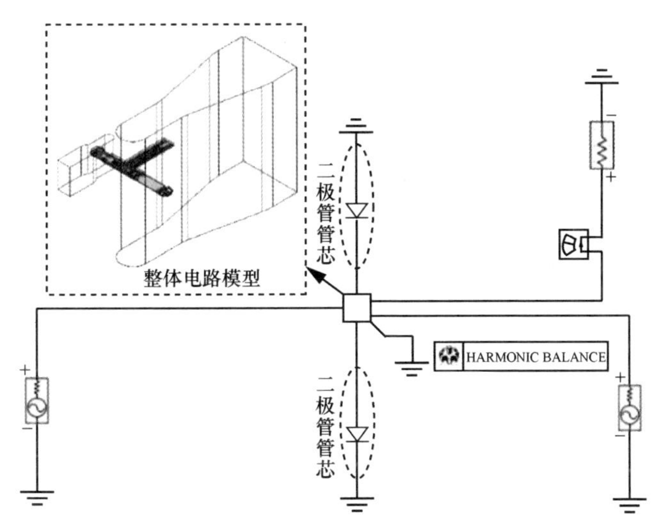

图 4-70　0.75～1.1 THz 四次谐波混频电路仿真拓扑图及对应关系

对匹配网络进一步优化仿真，可得四次谐波混频器变频损耗仿真结果，如图 4-71 所示。从图 4-71 可以看出，当中频频率为 2 GHz 时，在 0.75～1.1 THz 范围内变频损耗小于 27 dB。

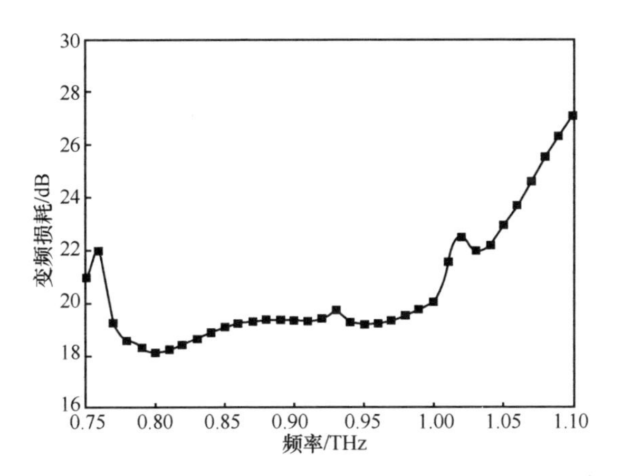

图 4-71　0.75～1.1 THz 四次谐波混频器变频损耗优化仿真结果

4.3 太赫兹倍频器

在固态太赫兹电路中，倍频器是利用半导体二极管非线性特性实现信号频率倍增功能的电路。通常，根据半导体二极管的特性不同，倍频器可分为利用非线性电容的变容倍频器和利用非线性电阻的变阻倍频器。由单个半导体二极管构成的倍频电路如图 4-72 所示。

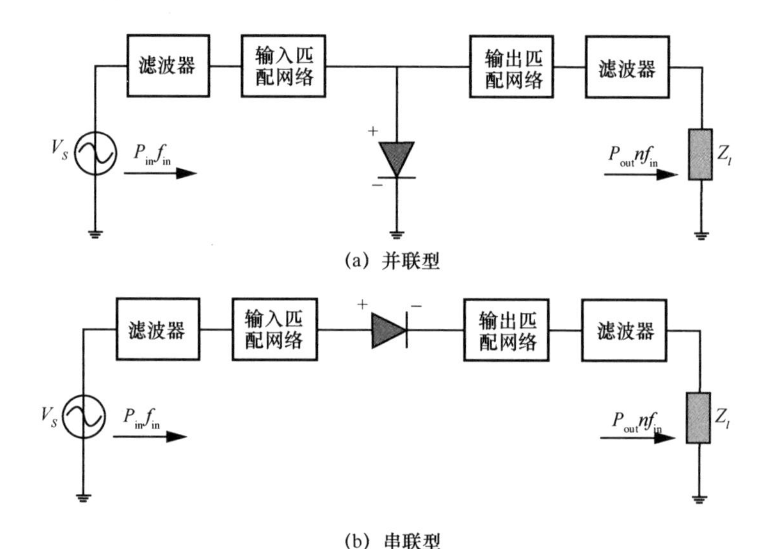

图 4-72 单二极管倍频电路原理

在单半导体二极管倍频电路中，假设输入信号为单音正弦函数 $V_{\text{in}} = V_S \cos\omega_S t$，则半导体二极管的非线性可由泰勒级数展开形式表示为

$$
\begin{aligned}
v_{\text{out}} &= a_0 + a_1 V_S \cos\omega_S t + a_2 V_S^2 \cos^2\omega_S t + a_3 V_S^3 \cos^3\omega_S t + \cdots = \\
&(a_S + \frac{1}{2}a_2 V_S^2) + (a_1 V_S + \frac{3}{4}a_3 V_S^3)\cos\omega_S t + \\
&\frac{1}{2}a_2 V_S^2 \cos 2\omega_S t + \frac{1}{4}a_3 V_S^3 \cos 3\omega_S t + \cdots
\end{aligned} \tag{4-15}
$$

其中，a_0 为直流分量；a_1 为基波分量系数，频率与输入信号相同；a_i 为 i 次谐波分

量系数。

可以看出，输入信号进入二极管后经非线性特性产生的信号中包含直流、基波以及各次谐波分量。通过滤波电路，提取目标谐波分量，从而实现特定次数的频率倍增[31]。

4.3.1　太赫兹频段二倍频技术

二倍频是产生太赫兹频率信号的一种重要技术途径，二倍频器作为组成固态太赫兹系统中本振源的关键电路之一有着广泛的应用需求。本节从作为二倍频器非线性器件的变容二极管工作机理入手，通过深入的理论研究，基于理论推导讨论了变容二极管参数对二倍频器电路性能的影响，给出了设计变容二极管时需考虑的主要参数。针对 190 GHz 和 180 GHz 两个二倍频器的电路性能需求，定量分析了变容二极管参数对各电路性能的影响，设计出两个二倍频器的变容二极管。为提高优化效率，采用前文中提出的电路优化方法优化了两个倍频器的匹配。流片加工了本节设计的变容二极管，并分别应用于两个倍频器的实验电路中，仿真结果优良，验证了变容二极管建模、器件设计和电路优化方法的有效性。

1. 变容二极管建模

（1）变容二极管工作机理与等效电路模型

容性倍频器利用变容二极管的非线性变容特性来实现频率倍增。肖特基结在反向偏置时，外加的电场方向与半导体中内建的电场方向相同，势垒被抬高，耗尽层变宽，$I-V$ 特性显示出截止特性，结电阻 R_j 趋于无穷大。此时的肖特基结近似于一个平板电容器，结电容 C_j 随结电压 V_j 而变，在第 2 章中已推导了 C_j 随 V_j 非线性变化的数学关系式，反向偏置的肖特基结可作为一个变容二极管[31]。变容二极管等效电路模型如图 4-73 所示。

在肖特基二极管的等效电路模型中，由于 R_j 与 C_j 并联，反偏时 R_j 趋于无穷大相当于开路，因此，变容二极管的等效电路转化为由非线性结电容 C_j 和级联电阻 R_s 串联而成。该模型假定肖特基二极管已被反偏置，非线性结电阻被忽略，并且瞬时电压将不会导致二极管正向导通或反向击穿，因此肖特基结处于变容二极管工作状态。

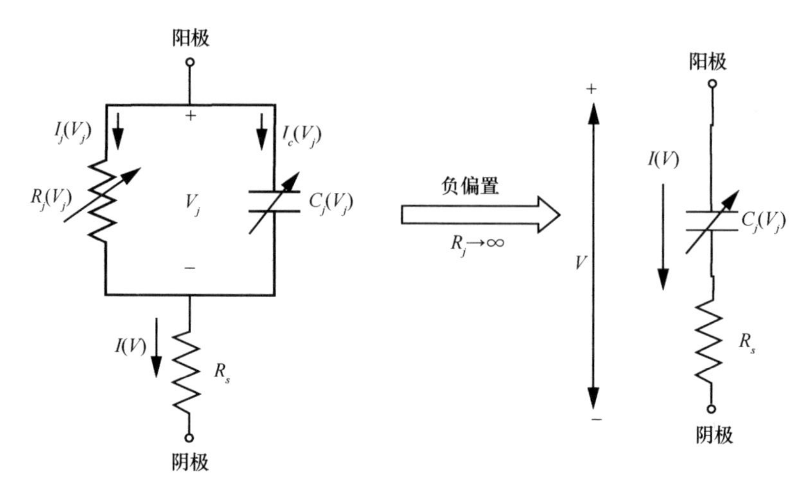

图 4-73　变容二极管等效电路模型

① 变容二极管等效电路模型的时域描述

变容二极管的结电容 C_j 随结电压非线性变化，结电压是随时间变化的高频信号，所以结电容也是时间的函数，为后续分析方便，用容纳 $S(t)$（也称为倒电容）这一物理量来描述结电容的电容变化。

$$I(t)=C_j(t)\frac{\mathrm{d}V_j(t)}{\mathrm{d}t}=\frac{1}{S(t)}\frac{\mathrm{d}V_j(t)}{\mathrm{d}t} \tag{4-16}$$

由变容二极管等效电路模型中的分压关系，有

$$V(t)=R_sI(t)+V_j(t)=R_sI(t)+\int S(t)I(t)\mathrm{d}t \tag{4-17}$$

其中，$V(t)$ 是变容二极管两端的端电压，$I(t)$ 是通过变容二极管的电流，R_s 是级联电阻。式（4-17）就是变容二极管等效电路的时域方程。

② 变容二极管等效电路模型的频域描述

显然，在倍频器中更关心的是等效电路在频域中的描述形式，所以将时域方程通过傅里叶级数展开变换到频域中讨论。假定变容二极管受到角频率为 ω_0 的输入信号激励，将容纳 $S(t)$ 表示为傅里叶级数展开形式

$$S(t)=\sum_{k=-\infty}^{+\infty}S_k\mathrm{e}^{\mathrm{j}k\omega_0 t} \tag{4-18}$$

（2）影响变容二极管特性的电参数

在容性倍频器中，变容二极管的非线性结电容在输入信号调制下的波形如图 4-74 所示。

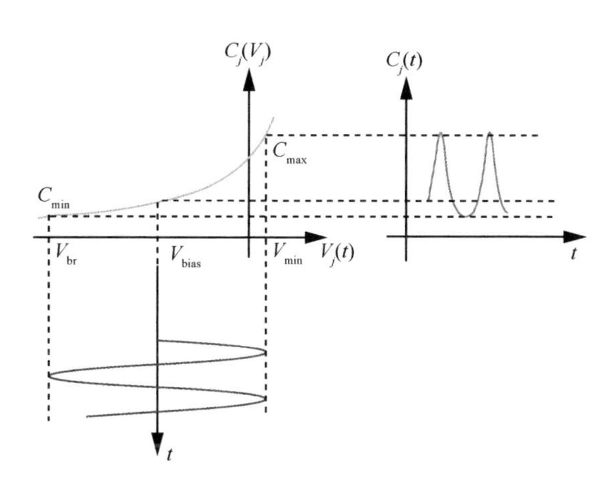

图 4-74　变容二极管的非线性结电容在输入信号调制下的波形

为了充分利用变容二极管的非线性电容特性以提高倍频效率，倍频器中的变容二极管通常工作于反向偏置状态，这样使输入信号在一个周期内的电压波动既不超过反向击穿电压，也不使二极管正向导通而出现变阻特性。根据其 $C-V$ 特性曲线，当 V_j 等于反向击穿电压 V_{br} 时，取得最小结电容 C_{min}，对应有最大容纳 S_{max}。将取得最大结电容 C_{max} 的 V_j 记为 V_{min}，对应有最小容纳 S_{min}，即

$$\begin{cases} S_{max} = \dfrac{1}{C_{min}} \\ S_{min} = \dfrac{1}{C_{max}} \end{cases} \tag{4-19}$$

理论上，如果输入信号的电压波形正好落在 C_{min} 和 C_{max} 之间，即 $C_{min} \leqslant C_j(t) \leqslant C_{max}$，就可激励出最大倍频效率[32]，因此，偏置电压 V_{bias} 需为

$$V_{bias} = \frac{V_{br} + V_{min}}{2} \tag{4-20}$$

其中，V_{br} 数值上为负，V_{min} 通常取内建电势 V_{bi} 的一半[10]。

在定义了 S_{max} 和 S_{min} 后，可定义在第 k 次谐波频率处的调制比 m_k 为[33]

$$m_k = \frac{|S_k|}{S_{\max} - S_{\min}} \tag{4-21}$$

其中，S_k 是 $S(t)$ 的傅里叶级数展开中第 k 次谐波处的系数。

变容二极管的截止角频率 ω_c 是衡量其品质的一个重要指标，通常定义为

$$\omega_c = \frac{S_{\max} - S_{\min}}{R_s} \tag{4-22}$$

ω_c 越大越好，这就要求 R_s 尽量小，$S_{\max} / S_{\min}$ 尽量大。从以上讨论可知，变容二极管的 $C-V$ 特性、反向击穿电压 V_{br}、内建电势 V_{bi}、级联电阻 R_s 等参数决定了它的非线性特性，最终也影响和制约着倍频器的电路性能指标。

（3）变容二极管主要参数分析

根据前文的讨论，二倍频器的电路性能由变容二极管特性的电参数决定，这些电参数包括 $C-V$ 特性 $C_j(V_j)$、反向击穿电压 V_{br}、级联电阻 R_s 等。当变容二极管的参数确定后，这些电参数也随之确定，这时的二极管存在一个最大倍频效率和获得该效率所需的输入功率。就二倍频器来说，通常追求的就是通过设计变容二极管的参数，使当二极管取得在该组参数下所能达到的最大二倍频效率时，其所需的输入激励正好就是实际中可提供的输入功率。这也就说明，要获得最优的二倍频器电路性能，变容二极管参数要根据输入功率水平、预期倍频效率、输出功率和耗散功率等因素综合考虑来确定。

对用于二倍频器的变容二极管来说，通常需考虑以下几个参数。

① 外延层掺杂浓度 N_d。N_d 越小，反向击穿电压 V_{br} 的绝对值越大，相应地，二极管可承受的输入功率更高，但是随着 N_d 减小，级联电阻 R_s 就会增大，会使倍频效率下降。

② 外延层厚度 t_{epi}。t_{epi} 应大于特定 N_d 下的最大耗尽宽度，如果 t_{epi} 小于该宽度，即使 N_d 不变，V_{br} 的绝对值也会减小，以使此时的耗尽区（空间电荷区）不超出外延层的范围。所以 t_{epi} 和 N_d 共同决定了二极管的 V_{br}。此外，t_{epi} 越大，R_s 也越大，对倍频效率有不利影响。

③ 阳极面积 A_a。在相同结电压 V_j 下，A_a 越大，C_j 就越大，相应地，二极管可承受的输入功率更高。但 A_a 越大，就会为二极管的匹配电路带来实际设计的困难[17]。

综上所述，虽然表面上看，变容二极管需要确定的参数不多，但要设计好一个变容二极管却不是一个简单的过程，涉及多方面电路性能的综合考虑，因此对于变容二极管的设计需从电路性能的实际要求出发，这样才更有针对性。

2. 平衡二倍频器工作原理

采用平衡倍频的一个好处是可实现某些谐波分量的抑制，从而提高倍频效率。而平衡倍频通常需要多个倍频器件组合来实现平衡结构，多个倍频器件的使用同时也就增加了倍频器的输入功率容量。图 4-75 为一种平衡二倍频电路的原理示意，最早由 Erickson[33]提出。

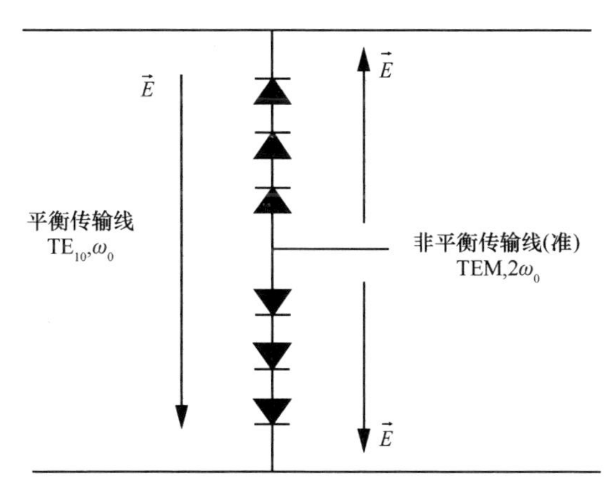

图 4-75　平衡二倍频电路原理示意

图 4-75 为采用 6 个二极管芯来实现平衡二倍频，6 个二极管芯呈反向级联形式。输入信号以平衡模式（如矩形波导的主模 TE_{10}）加载到反向级联的二极管上，输出则以不平衡模式（如微带和悬置微带的准 TEM 模）输出。这样，由于输入的平衡传输线不支持输出信号的不平衡场分布，而输出的不平衡传输线也不支持输入信号的平衡场分布，因此实现了输入、输出信号的隔离；此外，由于输入、输出信号的平衡和不平衡的场分布，以及二极管的反向级联形式，输出信号中不含输入频率的奇次谐波分量，只有偶次谐波分量。为解释奇次谐波分量被抑制的成因，将 6 个二极管中每一边同向连接 3 个二极管芯等效为一个二极管，并假设 6 个二极管芯完全相同，所以输入信号的等效电压（$V = V_S / 2$）平均分配在两边二极管上。

输出的总电流中只含基波的偶次谐波分量而没有奇次谐波分量。这也是采用该平衡倍频方式的一个好处，奇次谐波被抑制，便于提高二倍频器的倍频效率。

在实际电路中，常采用图 4-76 所示的电路结构来实现图 4-75 所示的平衡二倍频方式[34]。输入基波信号通过矩形波导馈入，以 TE_{10} 的平衡模式加载到二极管上，输出传输线是微带或者悬置微带，产生的二次谐波以不平衡的准 TEM 模式沿微带或者悬置微带线传播，这样就形成了输入基波信号和输出二次谐波信号之间的隔离。采用这样的方式就不需要另外引入起信号隔离作用的滤波器，降低了信号的损耗。同时，随着二极管平面工艺的发展，可在一个二极管芯片上集成多个二极管芯，提高二倍频器的输入功率容量。

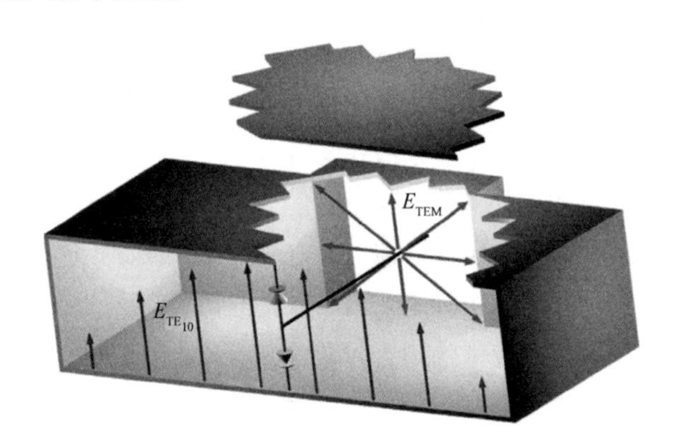

图 4-76 平衡二倍频的电路实现结构

3. 190 GHz AlN 基片集成二倍频器研究

通过对变容二极管建模分析发现，变容二极管参数对二倍频性能有着重要的影响，恰当的参数选择是实现一个高性能二倍频器的必要条件。针对特定二倍频器电路性能要求，本节提出一种设计变容二极管参数的方法，该方法借鉴了第 2 章提出的电路优化方法中二极管最优工作状态分析的思路，在 ADS 软件中建立变容二极管倍频性能分析模型，基于负载牵引的思想来评估变容二极管在不同的参数组合下所能实现的最优倍频性能，以此来寻找满足特定二倍频器电路性能要求的参数组合，完成变容二极管的设计。

针对一个 190 GHz 二倍频器需要承受 200 mW 以上输入功率的需求，本节定量分析了不同变容二极管参数对倍频性能的影响，得出了满足指标要求的二极管参数组合，同时也得到了二极管在该组参数下获得最优倍频性能时所需的阻抗条件，按照前文提出的电路优化方法优化了倍频器匹配和整体电路性能。在此基础上，根据确定的变容二极管参数实际流片加工了该二极管，二极管集成在具有高热导率特性的氮化铝（AlN）基片电路上，实验结果表明，该二倍频器可承受的输入功率达到研究预期，电路性能与仿真预测较一致，以此验证了变容二极管建模、器件设计以及电路优化方法的有效性。

（1）变容二极管设计

此处设计的变容二极管是为实现一个190 GHz二倍频器，其可承受的输入功率需大于200 mW。较大的输入功率通常带来两个方面的问题，一个是过大的输入功率增大击穿二极管的风险；另一个是会有更多的耗散功率（消耗在级联电阻上的功率）产生，使二极管工作温度增加，因此恶化电路性能甚至损毁二极管。

在该190 GHz二倍频器中，为应对较高输入功率情况下器件工作温度升高的问题，选用高热导率的AlN作为电路基片材料，为二极管提供一个较好的散热途径。

要增加二极管的功率容量，一种常用的方法是在二极管芯片上集成更多的管芯来分摊输入功率，这在平面二极管工艺出现以后得到了广泛的应用。但是管芯数量的增加必然导致二极管芯片尺寸的增大，随着二倍频器工作频率进入太赫兹频段，电路几何尺寸也在相应地不断减小，芯片尺寸的增大往往会给电路的电磁特性带来负面影响，所以管芯的数量受到了基片电路和腔体几何尺寸的限制。

因此，为提高功率容量还需从变容二极管参数上考虑。一种可行的办法是降低外延层（n–GaAs）的掺杂浓度N_d，这样反向击穿电压V_{br}的绝对值就更大，可使变容二极管承受更大的输入功率。然而，减小N_d却会增加级联电阻R_s，产生更多的耗散功率，导致倍频效率变低，产生更多的热量。此外，对于一个给定的N_d，阳极面积A_a越大，变容二极管的功率容量也越大，但是A_a越大，C_{j0}也越大，这会为二极管匹配电路带来实际实现的困难[31]。

综上所述，虽然需要确定的二极管参数数量有限，但是为取得最优的二倍频性能，需要进行多参数定量分析，得出参数的最优组合。前文中的讨论给出了计算二倍频器相关性能的公式，可通过计算这些公式来确定二极管的参数。由于目前电路仿真软件功能的不断丰富，借鉴第2章中二极管最优工作状态分析的思路，在ADS

软件中建立变容二极管倍频性能分析模型，基于负载牵引的思想来评估变容二极管在不同的参数组合下所能实现的最优倍频性能，以此来寻找满足特定二倍频器电路性能要求的参数组合，完成变容二极管的设计。

在 ADS 软件中建立如图 4-77 所示的变容二极管倍频性能分析模型，分析变容二极管参数对二倍频性能的影响。在该模型中，只分析单个二极管管芯的性能，这样便于根据电路需求确定最终二极管芯片所含管芯数。

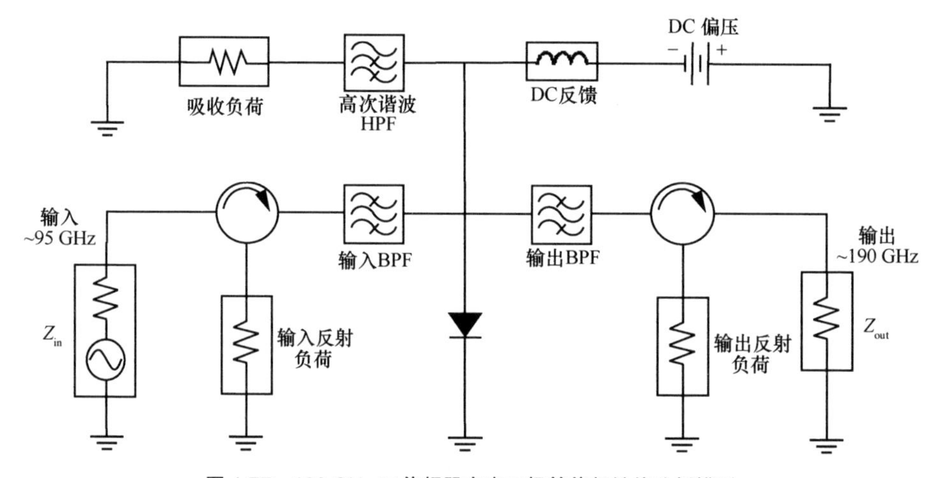

图 4-77　190 GHz 二倍频器变容二极管倍频性能分析模型

在模型中，利用 ADS 软件的理想带通滤波器（Band Pass Filter，BPF）实现基波输入和二次谐波输出的信号隔离，理想高通滤波器（High Pass Filter，HPF）为二次以上谐波提供通路，二极管上加负偏压实现肖特基结的变容特性，二极管模型中所用的电参数值根据前文相应理论计算以及依据流片样品测试得到。

对于具有特定参数组合的变容二极管，在不同输入功率驱动和偏置条件下，会有不同的工作性能，所以需要调节其输入功率及偏置电压，寻找二极管在该组参数组合下产生最大二倍频效率时的功率驱动水平和偏置条件，这里将取得最大倍频效率的输入功率称为最佳输入功率。由于二极管在不同输入功率驱动及不同偏置条件下的阻抗不同，因此为避免输入和输出的端口失配，需根据二极管工作条件的不同来改变输入源和输出负载的阻抗。在仿真分析时，基于负载牵引的思想，在一组特定的参数组合下，通过以倍频效率最大为目标，利用 ADS 中的优化算法自动搜寻实现该目标的输入功率、偏置电压、输入源和输出负载阻抗，从而知道在这组特定的参数组合下，二极管所能产生的最大倍频效率，以及对应的最佳输入功率和此时二极管自身的阻抗。

如图 4-78 所示，当输出频率为 190 GHz 时，基于图 4-77 所示的模型得到的分析结果，图 4-78（a）和图 4-78（b）分别给出单个二极管管芯的最佳输入功率和对应的耗散功率随外延层掺杂浓度 N_d 和阳极面积 A_a 变化的曲线。图 4-78 中的最佳输入功率就是使二极管产生最大二倍频效率的功率，同时这些结果也是通过负载牵引使二极管呈现在最佳输入源阻抗和最佳输出负载阻抗条件下得到的。对各个掺杂浓度，反向击穿电压 V_{br} 是取外延层厚度大于最大耗尽宽度时的参数值。在仿真时，要确保二极管上的电压变化不超过反向击穿电压，使二极管被击穿的风险降到最低。

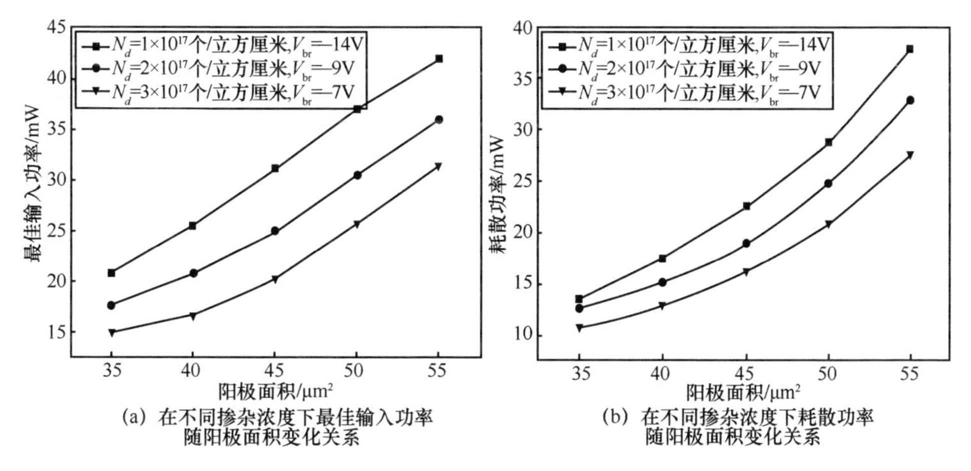

(a) 在不同掺杂浓度下最佳输入功率随阳极面积变化关系　(b) 在不同掺杂浓度下耗散功率随阳极面积变化关系

图 4-78　单个二极管芯在 190 GHz 处的倍频性能分析结果

对于平衡二倍频器结构，其所用的二极管芯片包含的管芯数必须为偶数。考虑电路的工作频段以及二极管的工艺水平，该 190 GHz 二倍频器所用的二极管芯片管芯数不宜超过 6 个，否则会由于芯片几何尺寸过大而影响电路性能。如果考虑 4 个管芯的情况，也就是说，如果假设 90%的输入耦合效率并且输入功率平均分配到 4 个管芯上，要实现 200 mW 以上的输入功率承载，每个管芯所需承受的输入功率至少为 45 mW。从图 4-78（a）中可发现，如果要在 45 mW 的输入下取得最大倍频效率，在 3 种掺杂浓度下，二极管的阳极面积均需大于 55 μm²。从图 4-78（b）中又可发现，耗散功率随着阳极面积的增大而增大，这样对电路工作在一个较合理的温度区间是十分不利的，同时，较大的阳极面积也会对二极管匹配电路的设计带来较大的困难[31]。

如果考虑 6 个管芯的情况，基于相同的输入耦合效率和功率平均分配的假设，电路要实现 200 mW 以上的功率输入，每个管芯需承受的功率为 30 mW。从图 4-78 中可发现，当外延层掺杂浓度为 1×10^{17} 个/立方厘米、阳极面积为 45 μm^2 时，31 mW 的输入功率使二极管管芯达到最大的二倍频效率，同时耗散功率也维持在一个相对合理的水平上。综合考虑，为实现 200 mW 输入的目标，采用 6 个管芯的情况是较合理的。表 4-2 列出了 190 GHz 二倍频器设计的变容二极管的相关参数。在这组参数下，二极管管芯达到的最大倍频效率为 27%，此时二极管管芯在基波和二次谐波频率处的阻抗分别为（12–j88）Ω 和（20–j42）Ω，二极管管芯达到该最大倍频效率所需的输入源和输出负载阻抗分别与这两个阻抗呈共轭关系。

表 4-2　190 GHz 二倍频器变容二极管的相关参数

参数名称	参数值
管芯数	6
外延层（n - GaAs）每立方厘米掺杂粒子数/个	1×10^{17}
阳极面积 A_a /μm^2	45
零偏压结电容 C_{j0} /fF	47.5
反向击穿电压 V_{br} /V	−14
级联电阻 R_s /Ω	7

图 4-79 为 190 GHz 二倍频器所用变容二极管芯片的三维电磁模型，含 6 个管芯，呈反向级联连接。芯片的三维封装设计结合了二极管微电子工艺要求，该模型是组成倍频器电路三维电磁模型的一部分。另外，该模型也是在二极管芯片流片时设计掩膜板的依据。

（2）电路基片材料选择

考虑到 190 GHz 二倍频器电路需要承受超过 200 mW 的输入功率，因此电路的散热是一个需要考虑的方面。在实现该二倍频电路时，解决这一问题的思路是采用高热导率的材料作为电路基片，这样二极管芯片上产生的热量能比较容易地传导至金属腔体，使二极管在一个较合理的温度环境中工作。表 4-3 列出了几种常见电路基片材料的热导率。表 4-3 中数据表明，AlN 的热导率较之 GaAs 和石英的热导率有比较明显的优势，所以在该 190 GHz 二倍频器中电路基片材料选用 AlN（相对介电常数为 8.8），该材料和石英一样可通过光刻和溅射工艺实现微带电路。

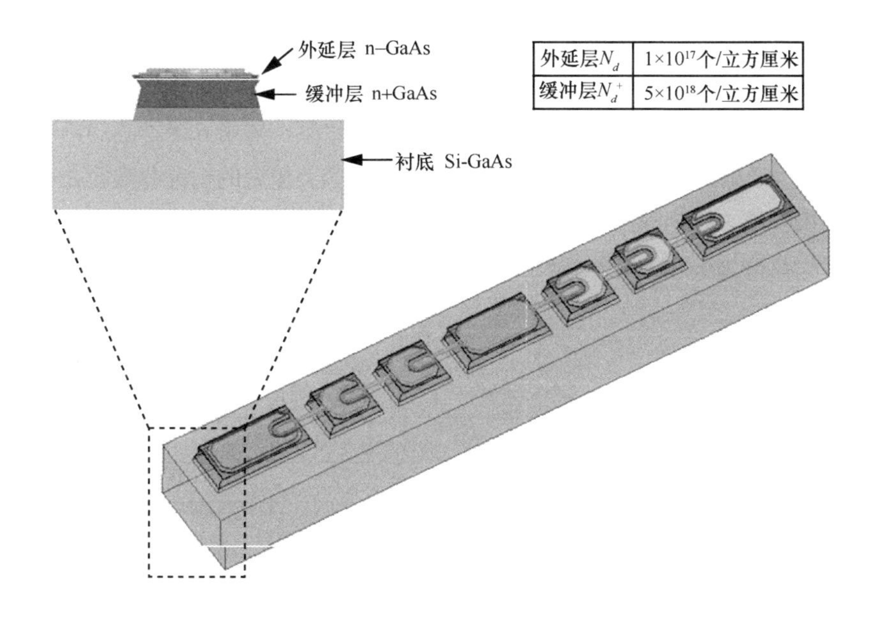

图 4-79　190 GHz 二倍频器的变容二极管芯片三维电磁模型

表 4-3　几种常见电路基片材料的热导率

材料名称	热导率/(W·(m·K)$^{-1}$)
AlN	120
GaAs	51
熔融石英	1.4

（3）电路结构

190 GHz 二倍频器基于平衡二倍频原理，采用矩形波导的主模 TE_{10} 模作为基波输入信号的传播模式，二次谐波以悬置微带的准 TEM 模形式传播。这样，在不需要额外滤波器的情况下实现输入和输出信号的隔离，具体电路结构如图 4-80 所示。

电路基片为 50 μm 厚的 AlN，输入信号从 WR10 标准波导馈入，经一段减高波导和介质加载波导后，以近似 TE_{10} 模加载到二极管上，产生的二次谐波信号以准 TEM 模沿悬置微带传播，并经探针过渡从 WR5 标准波导口输出。输入波导的减高是为了提高输入匹配的性能。TE_{10} 模的输入信号仍可以在经过二极管之后朝输出探针方向传播，所以引入了一段屏蔽腔减宽的悬置微带，这段悬置微带的屏蔽腔可看作 WR10 波导的减宽，这样就能使输入的 TE_{10} 模截止，形成一个对输入信号的短路终端。二极管上产生的准 TEM 模二次谐波不会从输入波导泄露，因为矩形波导并不支持这样的场型模式传播。二极管的直流偏置通过一个低通滤波器馈入，该滤波器防止输出信号从偏置端口泄露。输出端的两段减高是为了提高输出匹配性能。由于目前工艺的限制，在 AlN 基片上还无法像在石英和 GaAs 上那样实现梁式引线，因此在二极管两端的电路基片焊盘上是通过金带键合至腔体上，以此形成接地，使 6 个二极管芯构成平衡二倍频所需的连接。

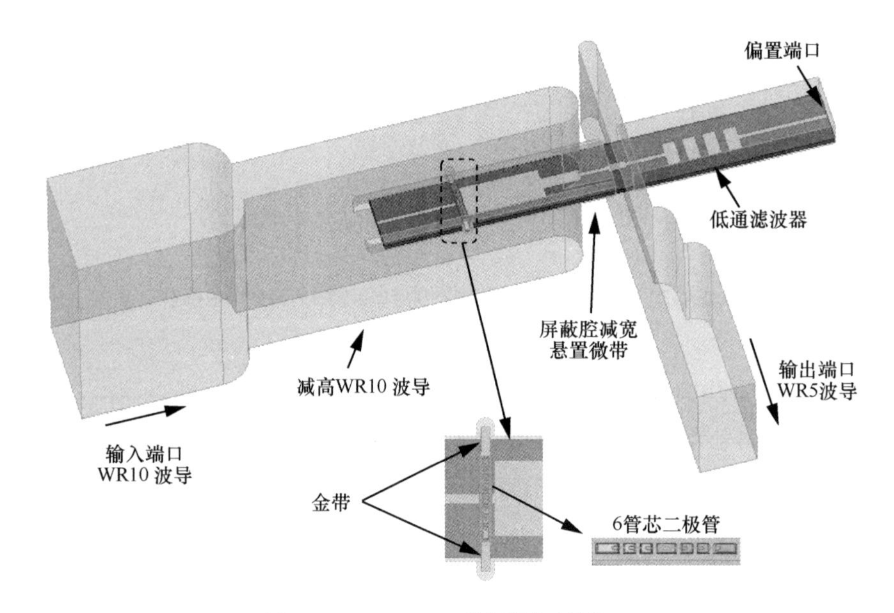

图 4-80　190 GHz 二倍频器电路结构

（4）分布式等效电路模型

在前文中确定了 190 GHz 二倍频器变容二极管的参数，得到了单个二极管的最大二倍频效率，同时也得到了二极管在获得该效率时所需的输入源和输出负载阻抗条件以及自身的阻抗。为提高电路优化效率，基于第 2 章提出的电路优化方法，建立 190 GHz 二倍频器的分布式等效电路模型，通过仿真线性参数（S 参数）来优化匹配。

图 4-81 为 190 GHz 二倍频器电路分解示意，通过分解将整个二倍频器电路拆分为 A1～A11 的若干个子单元。

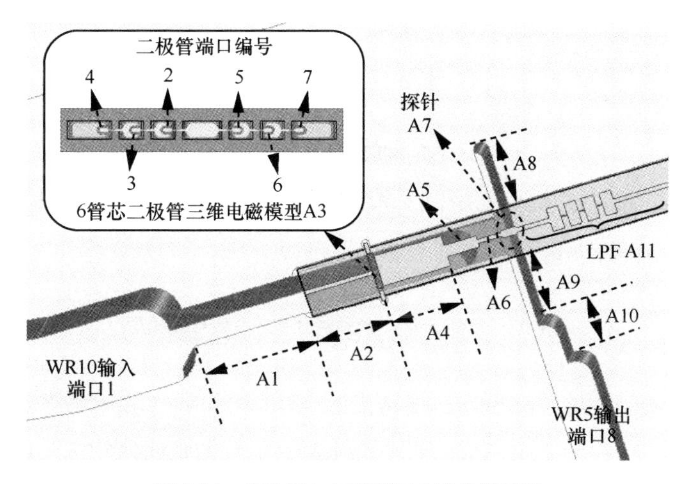

图 4-81　190 GHz 二倍频器电路分解示意

分解后，在 ADS 软件中建立对应的分布式等效电路模型来优化匹配，如图 4-82 所示。

在分布式等效电路模型中，电路分解得到的各个子单元都有相应的网络对应。6 个二极管端口（编号为 2～7）端接基波频率和二次谐波频率处的二极管阻抗，这些阻抗是通过负载牵引使单个管芯获得最大倍频效率时二极管的阻抗，并通过 DAC 文件写入模型中的对应端口。在 HFSS 软件中，6 管芯二极管三维电磁模型中端口设置的方法与第 2 章中介绍的混频器二极管的设置方法相同，即在阳极边缘设置一个同轴波端口。二倍频器的输入端口是 WR10 波导，在模型中为端口 1；输出端口是 WR5 波导，在模型中为端口 8。采用这样的分布式等效电路模型将整个二倍频器电路分解，便于同时对各个部分进行优化，以取得整体匹配性能的全局最优解。

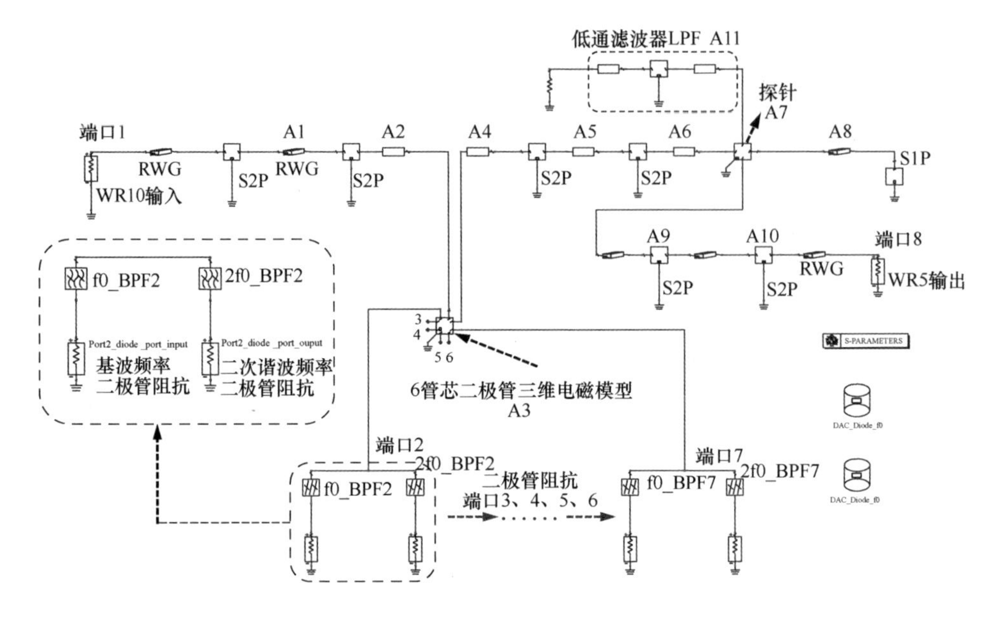

图 4-82 190 GHz 二倍频器分布式等效电路模型

建立分布式等效电路模型后，便可借助 ADS 软件中的 S 参数仿真输入输出匹配。在负载牵引中得到单个二极管管芯产生最大倍频效率时所需的阻抗条件以及管芯的阻抗。在分布式等效电路模型中，6 管芯二极管三维电磁模型端接了 6 个管芯的阻抗，通过优化，希望在输入频率范围内，电路输入端口到 6 个管芯端口的传输系数最大，而在输出频率范围内，希望 6 个管芯端口到输出端口的传输系数最大。这样就认为 6 个管芯被置于满足所需阻抗条件的匹配网络中，电路也就能达到最大倍频效率。

图 4-83 所示为 190 GHz 二倍频器输入输出匹配仿真曲线。由于二极管的对称性，在三维模型中，端口 2、3、4 分别与端口 5、6、7 对称，对称端口的仿真结果完全相同，因此在涉及两个对称端口的两条相同传输系数曲线中，只给出了其中一条。从图 4-83 可知，输入、输出的传输系数接近理论最大值 0.408，因此认为输入、输出的匹配良好，即整体电路为二极管提供了达到最大倍频效率的阻抗条件。

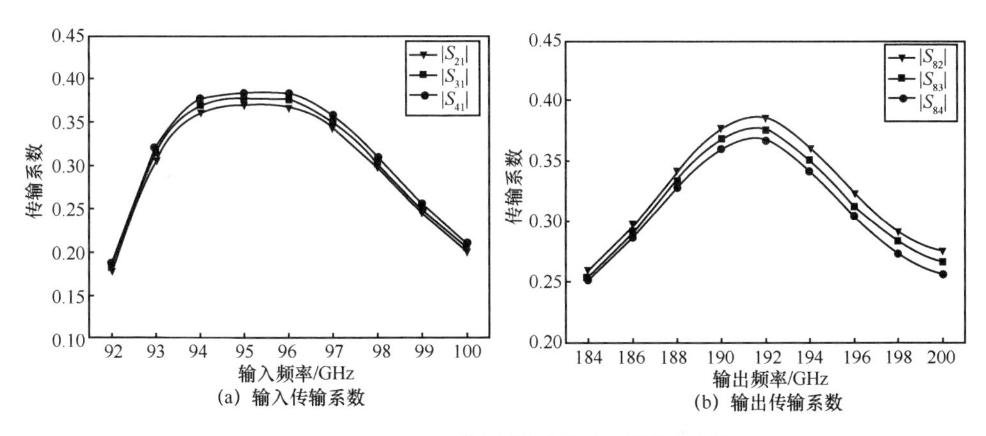

(a) 输入传输系数　(b) 输出传输系数

图 4-83　190 GHz 二倍频器输入输出匹配仿真曲线

（5）倍频器电路优化

前文建立了 190 GHz 二倍频器的分布式等效电路模型，该模型优化了电路的输入输出匹配，基本确定了电路各部分的尺寸。但是该模型实质上是线性模型，无法进行非线性电路仿真，所以本节建立倍频器整体电路性能的仿真模型，借助谐波平衡法优化倍频效率、输出功率等电路性能，最终完成电路优化。

图 4-84 所示为在 ADS 软件中建立的倍频器电路仿真模型。利用在分布式等效电路模型中确定的各部分电路尺寸，就可在 HFSS 软件中建立倍频器电路的整体三维电磁模型，电磁仿真得到的 S 参数信息写入电路仿真模型的对应网络中。电路的三维电磁模型中包含了 6 管芯的二极管模型，其 6 个二极管端口此时在电路仿真模型中端接 ADS 中的二极管非线性 SPICE 模型。至此，可对倍频器的电路性能进行仿真优化。结合腔体和基片电路的工艺等实际要求，可对电路中相应部分进行优化，经过适当迭代后就可最终完成倍频器电路的优化。

190 GHz 二倍频器在输入功率为 200 mW 时的倍频效率和输出功率仿真曲线如图 4-85 所示，此时直流偏置为−18 V，仿真结果达到研究预期。该二倍频器的主要研究目的是验证变容二极管设计方法的有效性，以及该二极管能否承受较大输入驱动功率，所以在确定变容二极管参数时，带宽和倍频效率都做出了一定程度的牺牲。

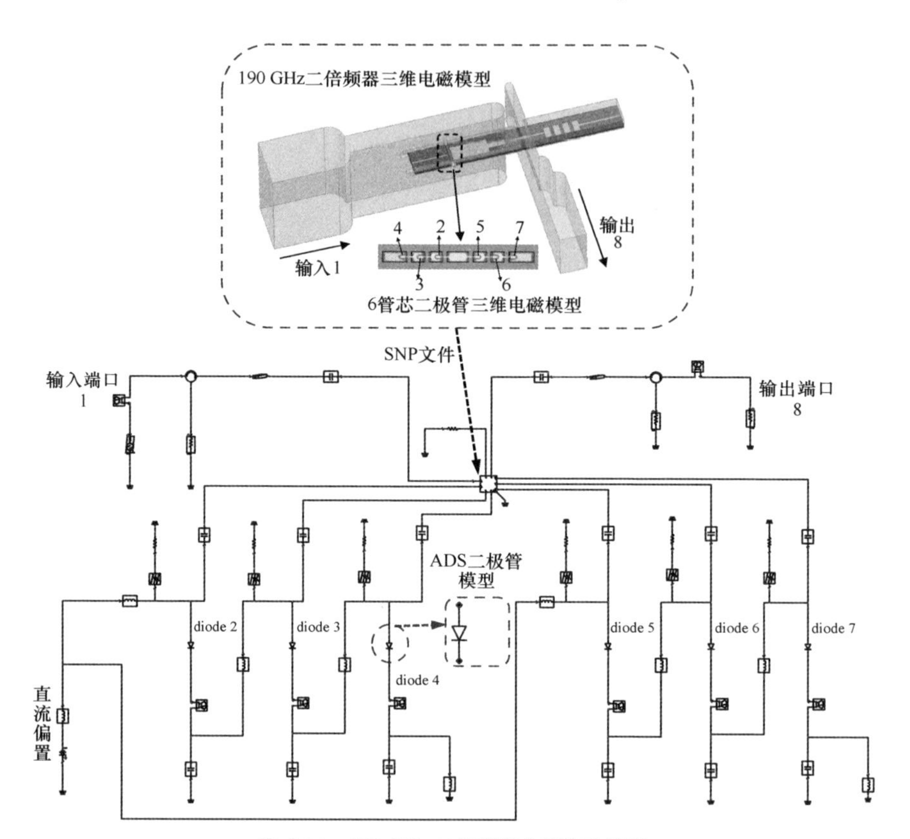

图 4-84　190 GHz 二倍频器电路仿真模型

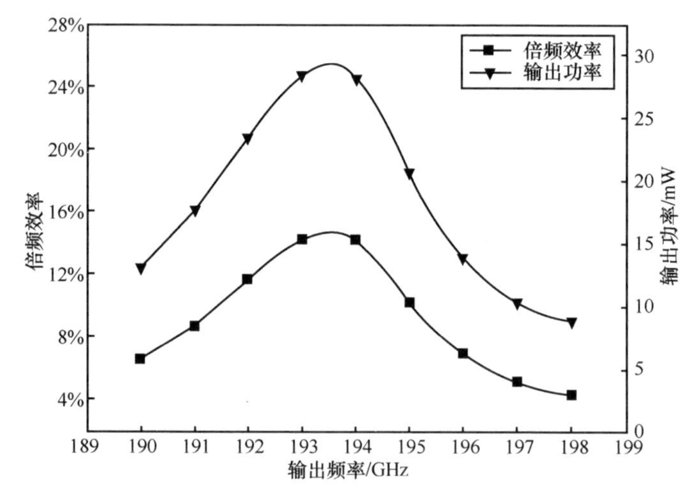

图 4-85　190 GHz 二倍频器倍频效率和输出功率仿真曲线

（6）封装研究

电路腔体通过 CNC 机床加工，腔体材料为黄铜，表面镀金，上下腔体通过定位销钉和螺钉实现定位和固定，腔体加工模型如图 4-86 所示。

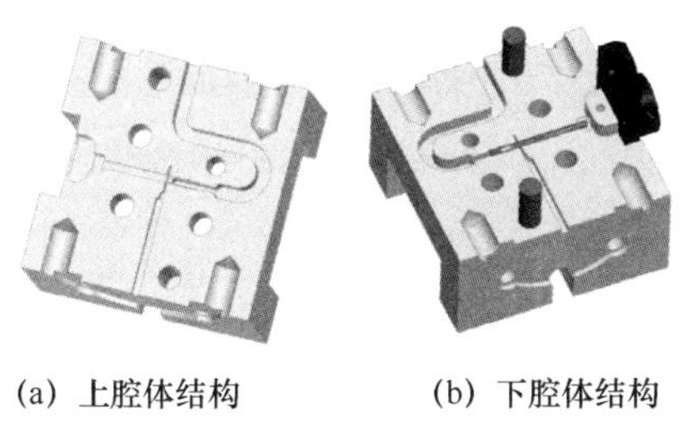

(a) 上腔体结构　　(b) 下腔体结构

图 4-86　190 GHz 二倍频器腔体加工模型

4. 180 GHz 石英基片集成二倍频器研究

180 GHz 二倍频器的主要目的是为 360 GHz 分谐波混频器提供本振信号[35]，其应用场合不需要承受较大的输入功率，因此将输入功率设定为 90～100 mW。

（1）变容二极管设计

在 ADS 软件中，建立如图 4-87 所示的变容二极管倍频性能分析模型，分析变容二极管参数对二倍频性能的影响。

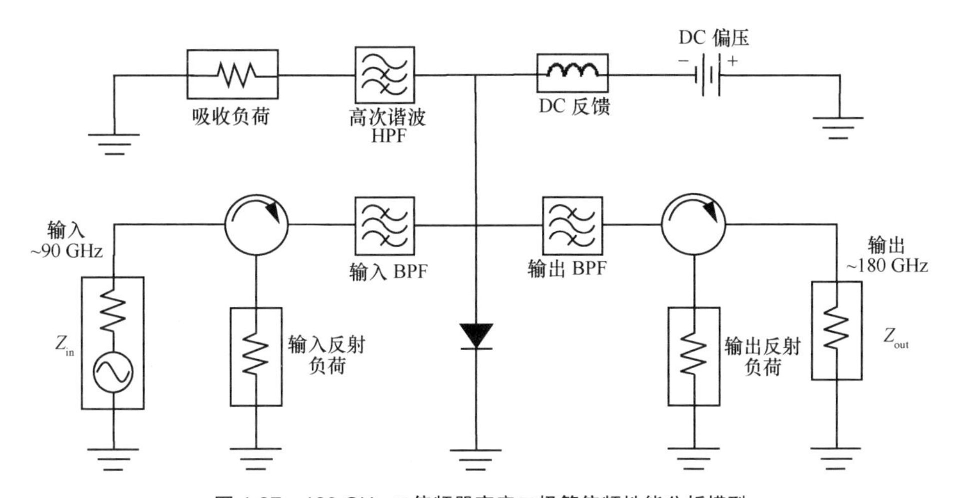

图 4-87　180 GHz 二倍频器变容二极管倍频性能分析模型

在该模型中，只分析单个二极管管芯的性能，这样便于根据电路需求确定最终二极管芯片管芯数。

在此模型中，利用 BPF 实现基波输入和二次谐波输出的信号隔离，HPF 为二次以上谐波提供通路，二极管上加负偏压实现肖特基结的变容特性。由于该 180 GHz 二倍频器对输入功率的承受要求相对较低，因此对反向击穿电压 V_{br} 的要求也就随之降低，考虑适当提高变容二极管的外延层掺杂浓度 N_d，通过提高 N_d 还可适当降低二极管的级联电阻 R_s。在设计该变容二极管时选用了外延层掺杂浓度 $N_d = 2\times10^{17}$ 个/立方厘米的晶圆，该晶圆的外延层厚度低于其掺杂浓度下的最大耗尽宽度，测试样品二极管的 V_{br} 为−7 V。

由于外延层掺杂浓度 N_d 已定，需要确定的变容二极管参数主要就是阳极面积 A_a。在图 4-87 所示的模型中，对于不同的 A_a，基于负载牵引思想，借助 ADS 软件中的优化算法，寻找使二极管达到最大倍频效率的输入功率以及输入源和输出负载阻抗条件，从而知道在某个 A_a 取值下，二极管所能达到的最大倍频效率，以及对应的最佳输入功率和此时二极管的阻抗。

图 4-88 所示为当输出频率为 180 GHz 时，变容二极管倍频性能分析模型得到的仿真结果。图 4-88 中给出了在掺杂浓度 $N_d = 2\times10^{17}$ 个/立方厘米的情况下，单个二极管的最佳输入功率和对应的耗散功率随阳极面积 A_a 变化的曲线。最佳输入功率就是使二极管达到最大二倍频效率的驱动功率，同时这些结果也是通过负载牵引使二极管呈现在最佳输入源阻抗和最佳输出负载阻抗条件下得到的。在仿真时，确保二极管上的电压变化不超过反向击穿电压，降低二极管被击穿的风险。

该 180 GHz 二倍频器同样采用平衡二倍频结构，因此变容二极管芯片所包含的管芯数需为偶数。为避免由于阳极面积过大而对匹配电路的实现带来困难[31]，该 180 GHz 二倍频器的变容二极管芯片采用 6 管芯的配置，这也意味着，如果假设 90%的输入耦合效率并且输入功率平均分配到 6 个管芯上，要实现 90～100 mW 的输入功率承载，每个管芯所需承受的输入功率应为 13.5 mW 以上。从图 4-88 可知，当阳极面积为 40 μm^2 时，14.1 mW 的输入功率使二极管管芯达到最大的二倍频效率，同时耗散功率也维持在一个相对合理的水平上。

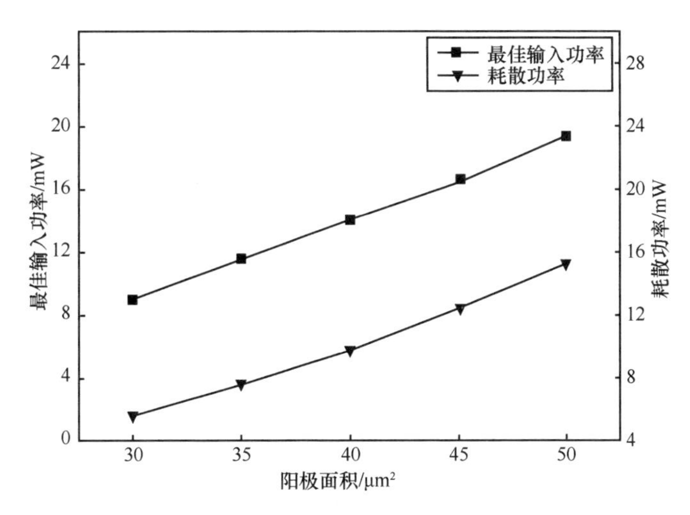

图 4-88　单个二极管芯在 180 GHz 处最佳输入功率和耗散功率随阳极面积的变化关系

表 4-4 列出了 180 GHz 二倍频器设计的变容二极管的相关参数。在这组参数下，二极管管芯达到的最大倍频效率为 31%。

表 4-4　180 GHz 二倍频器变容二极管的相关参数

参数名称	参数值
管芯数	6
外延层（n–GaAs）每立方厘米掺杂粒子数/个	2×10^{17}
阳极面积 A_a/μm²	40
零偏压结电容 C_{j0}/fF	58.6
反向击穿电压 V_{br}/V	−7
级联电阻 R_s/Ω	5.5

此时，二极管管芯在基波和二次谐波频率处的阻抗分别为（7.5–j49）Ω 和（10.6–j24.5）Ω，管芯达到最大倍频效率所需的输入源和输出负载阻抗分别与这两个阻抗呈共轭关系。

图 4-89 所示为 180 GHz 二倍频器的变容二极管芯片的三维电磁模型，含 6 个管芯，呈反向级联连接。芯片的三维封装设计和 190 GHz 二倍频器相同，这样当流片加工该二极管芯片时，可沿用 190 GHz 二倍频器二极管芯片的掩膜板。

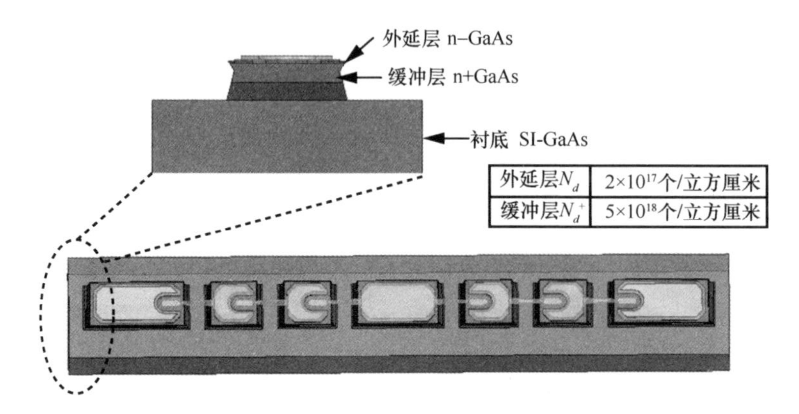

外延层N_d	2×10^{17}个/立方厘米
缓冲层N_d^+	5×10^{18}个/立方厘米

图 4-89　180 GHz 二倍频器的变容二极管芯片的三维电磁模型

（2）电路结构

180 GHz 二倍频器同样采用平衡二倍频结构，如图 4-90 所示，该 180 GHz 二倍频器的输入和输出端加入了减高和全高波导组合的波导匹配段，进一步改善了输入和输出匹配。

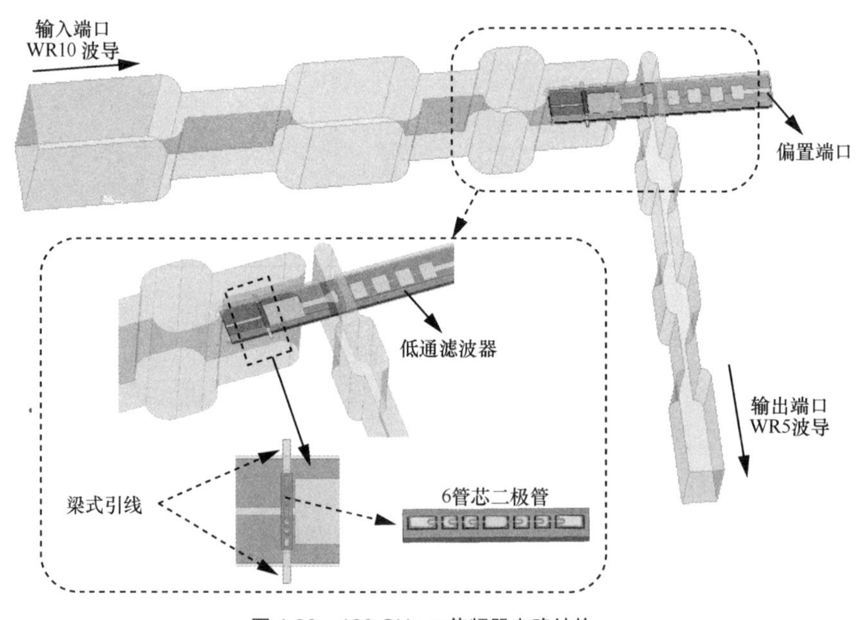

图 4-90　180 GHz 二倍频器电路结构

（3）分布式等效电路模型

前文确定了二倍频器变容二极管的参数，得到了单个管芯的最大二倍频效率，同时也得到了管芯达到最大倍频效率所需的阻抗条件以及自身的阻抗。为建立 180 GHz 二倍频器的分布式等效电路模型，如图 4-91 所示，将 180 GHz 二倍频器分解为 A1～A9 的若干个子单元。

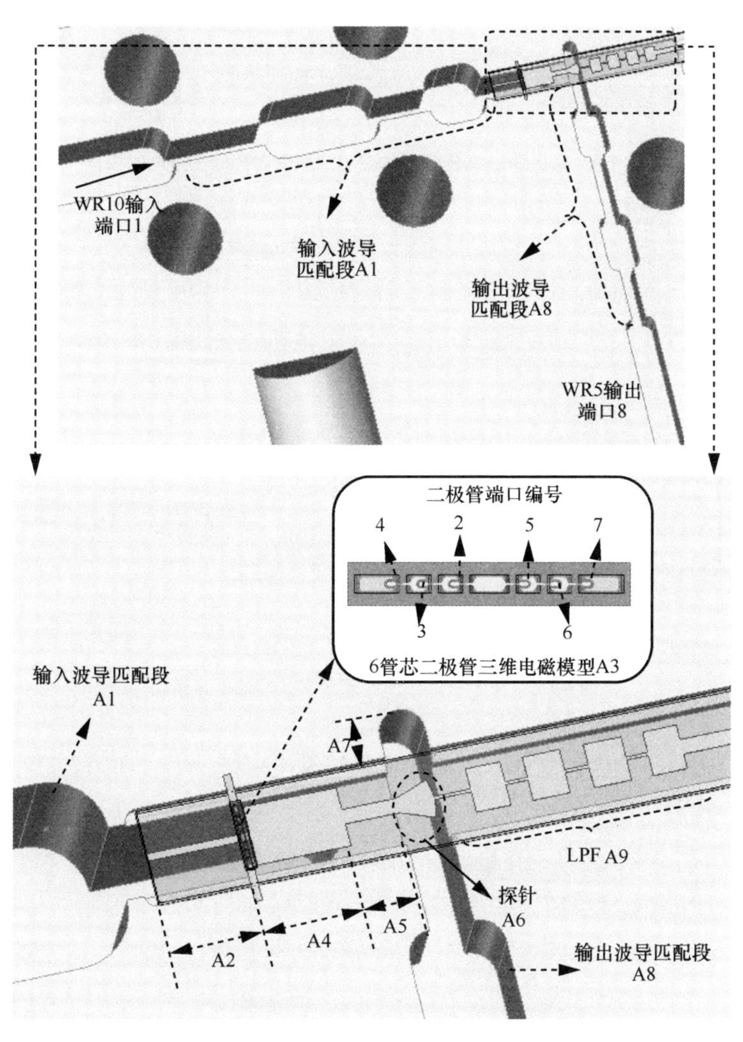

图 4-91　180 GHz 二倍频器电路分解示意

分解后，在 ADS 软件中建立分布式等效电路模型，如图 4-92 所示。在分布式等效电路模型中，电路分解得到的各子单元都有相应的网络对应。6 个二极管端口（编号 2~7）端接基波频率和二次谐波频率处的二极管阻抗，这些阻抗是通过负载牵引使单个管芯达到最大倍频效率时管芯的阻抗，并通过 DAC 文件写入模型中的对应端口。

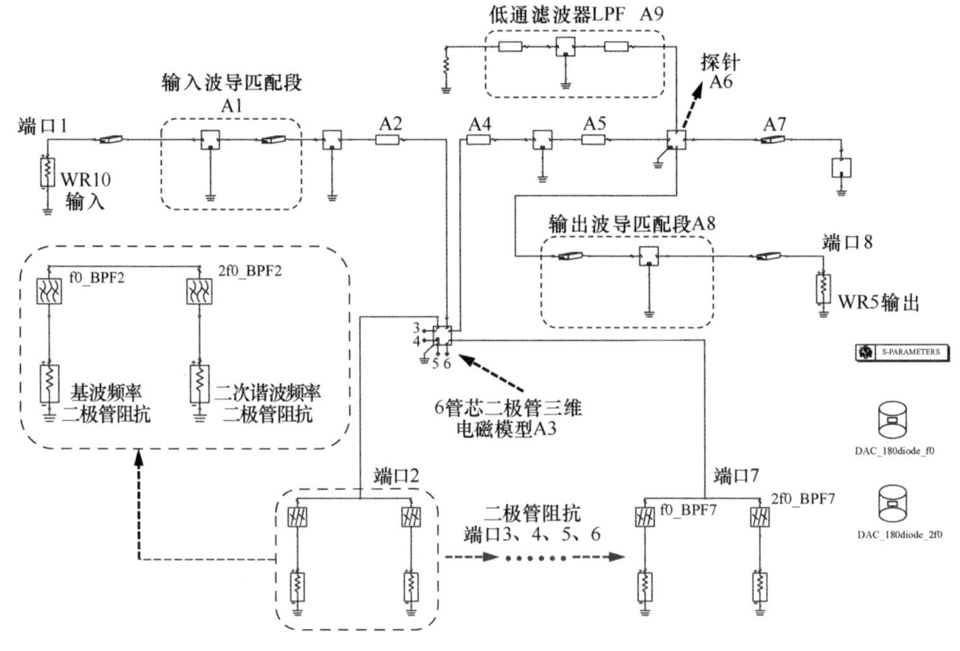

图 4-92　180 GHz 二倍频器分布式等效电路模型

在通过 HFSS 软件建立的 6 管芯二极管三维电磁模型中，在阳极边缘设置一个同轴波端口构成二极管端口。二倍频器的输入端口是 WR10 波导，在模型中为端口 1；输出端口是 WR5 波导，在模型中为端口 8。建立分布式等效电路模型后，便可借助 ADS 软件中的 S 参数计算功能仿真输入输出匹配。在分布式等效电路模型中，6 管芯二极管三维电磁模型端接 6 个管芯的阻抗，通过优化，希望在输入频率范围内，电路输入端口到 6 个管芯端口的传输系数最大，而在输出频率范围内，希望 6 个管芯端口到输出端口的传输系数最大。这样就认为 6 个管芯被置于满足所需阻抗条件的匹配网络中，电路也就能达到最大倍频效率。

理想情况下，在输入频率范围内，输入端口（WR10 波导，端口 1）到每个管芯上的传输系数最大值为 $\sqrt{1/6}$，即

$$|S_{21}|=|S_{31}|=|S_{41}|=|S_{51}|=|S_{61}|=|S_{71}|\leqslant\sqrt{\frac{1}{6}}\approx 0.408$$

同理，在输出频率范围内，每个管芯到输出端口（WR5 波导，端口 8）上的传输系数最大值也为 $\sqrt{1/6}$，即

$$|S_{82}|=|S_{83}|=|S_{84}|=|S_{85}|=|S_{86}|=|S_{87}|\leqslant\sqrt{\frac{1}{6}}\approx 0.408$$

图 4-93 所示为 180 GHz 二倍频器输入输出匹配仿真曲线。由于二极管的对称性，在三维模型中，端口 2、3、4 与端口 5、6、7 是两两对称的，对称端口的仿真结果完全相同，所以在涉及两个对称端口的两条相同的传输系数曲线中，在图中只给出了其中的一条。从图 4-93 可知，输入、输出的传输系数接近理论最大值 0.408，且在带内比较平坦，因此认为输入、输出的匹配良好，即整体电路为二极管提供了产生最大倍频效率的阻抗条件。

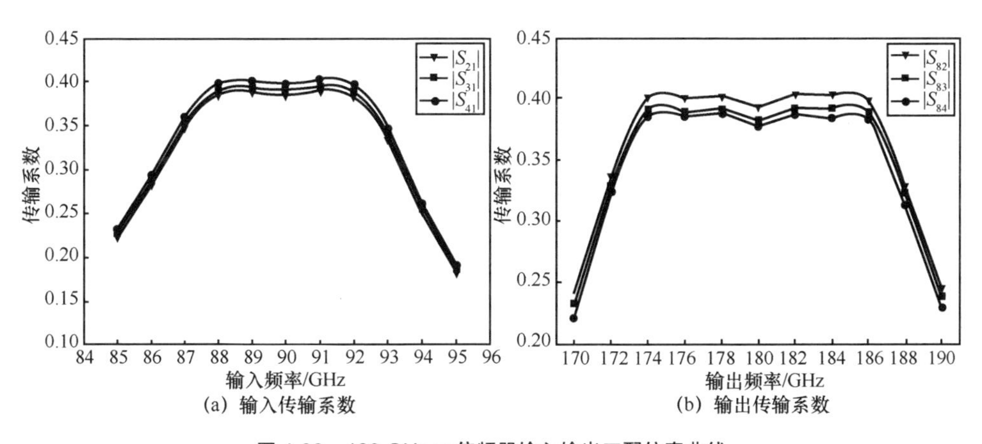

(a) 输入传输系数　(b) 输出传输系数

图 4-93　180 GHz 二倍频器输入输出匹配仿真曲线

（4）倍频器电路优化

前文中建立了 180 GHz 二倍频器的分布式等效电路模型，通过该模型优化了电路的输入输出匹配，使二极管获得了达到最大倍频效率的阻抗条件，基本确定了电路各部分的尺寸。

图 4-94 所示为在 ADS 软件中建立的倍频器电路仿真模型。利用在分布式等效电路模型中确定的各部分电路尺寸，就可在 HFSS 软件中建立起倍频器电路的整体三维电磁模型，电磁仿真得到的 S 参数写入电路仿真模型的对应网络中。电路的三维电磁模型中包含了 6 管芯的二极管模型，6 个二极管端口在电路仿真模型中端接 ADS 中的二极管非线性 SPICE 模型。至此，就可对倍频器进行非线性电路仿真，结合腔体和基片电路的工艺等实际要求，可对电路中相应部分进行优化，经过适当迭代后就可最终完成倍频器电路的优化。

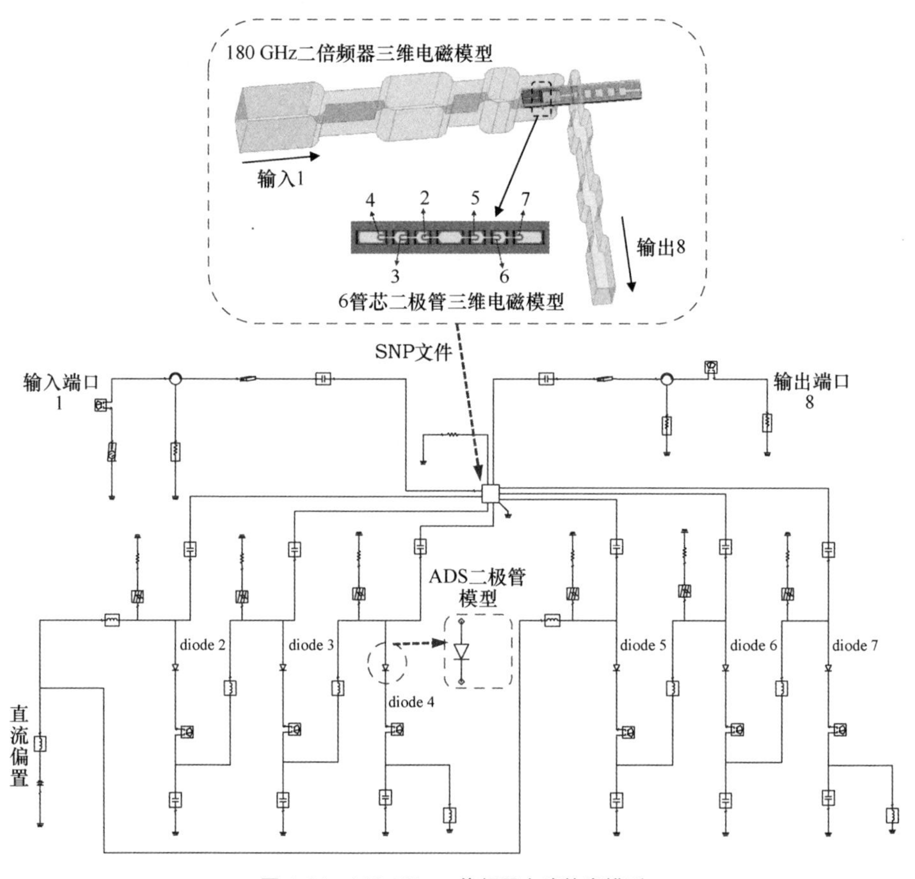

图 4-94　180 GHz 二倍频器电路仿真模型

图 4-95 为 180 GHz 二倍频器在输入功率为 100 mW 时的倍频效率和输出功

率仿真曲线，直流偏置设置为−9 V。在 174～186 GHz 频带内，倍频效率大于 12%，最大倍频效率接近 24%，仿真研究达到预期要求，为下一步实验研究奠定了良好基础。

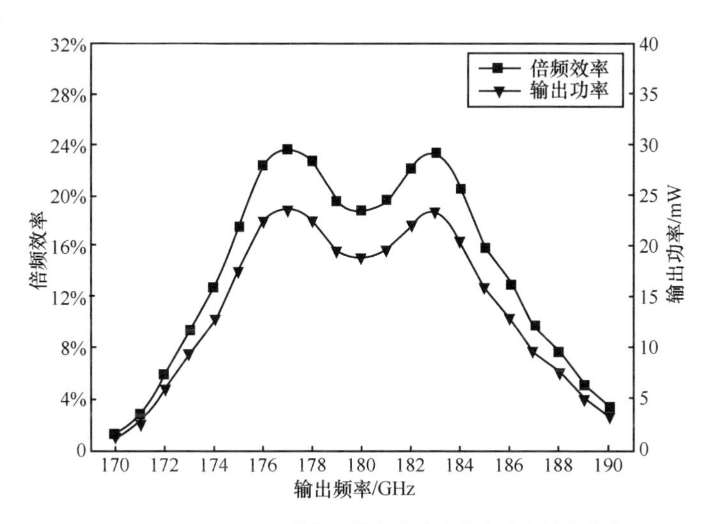

图 4-95　180 GHz 二倍频器倍频效率和输出功率仿真曲线

（5）封装研究

180 GHz 二倍频器腔体加工模型如图 4-96 所示。

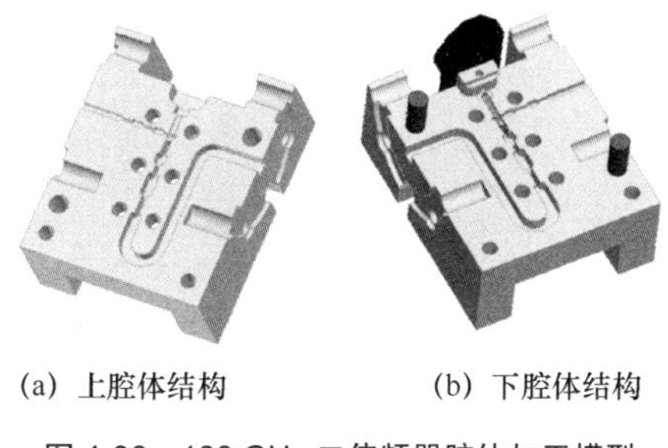

(a) 上腔体结构　　(b) 下腔体结构

图 4-96　180 GHz 二倍频器腔体加工模型

电路腔体通过 CNC 机床加工，腔体材料为黄铜，表面镀金，上下腔体通过定位销钉和螺钉实现定位和固定。

4.3.2 太赫兹频段三倍频技术

半导体二极管倍频产生的谐波分量会随着倍频次数的变大具有更小的谐波系数，也就是说，提取的目标谐波分量次数越高，理论倍频效率越低。综合考虑基波信号的获取难度和倍频效率，在太赫兹频段，常采用二倍频电路和三倍频电路进行频率倍增。理论上讲，采用单管倍频电路配合不同的滤波器和匹配网络不仅可以实现二倍频电路，也可以实现三倍频电路。但单管倍频电路的功率容量、频谱纯度性能比较差，无法满足太赫兹频段对高品质频率源的需求。基于半导体技术的发展，为了提高倍频电路的各项性能指标，常在倍频电路中采用多个半导体二极管来提高功率容量，或采用偶数个二极管构成平衡电路抑制部分谐波分量。

对于采用多个半导体二极管的太赫兹三倍频器来说，根据二极管的排布不同，又可分为同向并联型和反向并联型。

采用 4 个半导体二极管的同向并联型三倍频器原理结构，如图 4-97 所示。该三倍频电路由并联型单管倍频器扩展而来，两者的基本原理是一样的。从输入、输出端口向二极管方向看，基波信号和谐波信号在二极管上都呈现同向并联加载，可以等效为单个并联二极管倍频电路，二极管将产生基波的全部谐波分量，需要合理的匹配网络和输出滤波电路提取三次谐波信号。

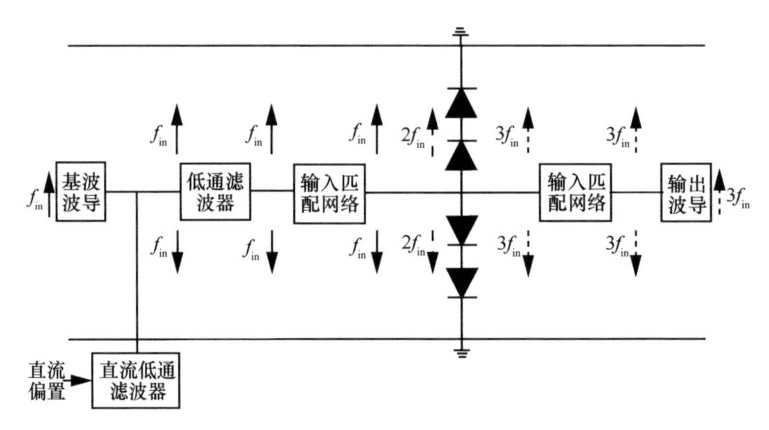

图 4-97　同向并联型三倍频器原理结构

同向并联型三倍频电路中，二极管的射频信号和直流偏置是共地的，只需将反向串联的二极管对放置在腔体上，即可完成电路的配置；偏置较灵活，电路封装比较容易。相比单管倍频电路，由于采用多个二极管，同向并联型三倍频电路将极大地提高倍频电路的功率容量，实现大的输出功率。

反向并联型三倍频电路同样由单管倍频电路扩展而来，如图 4-98 所示。反向并联型三倍频电路中，二极管对呈同向排布，垂直于信号传输方向。为了保证半导体二极管偏置电压极性的一致，电路的偏置电压必须从二极管对的一侧加载，使所有二极管在直流偏置上成串联分布。基波信号和谐波信号在二极管对上都呈反向并联加载，二极管对产生的偶次谐波分量会相互抵消，奇次谐波分量相互增强，即只输出奇次谐波分量，偶次谐波分量则形成二极管对中循环内电流。

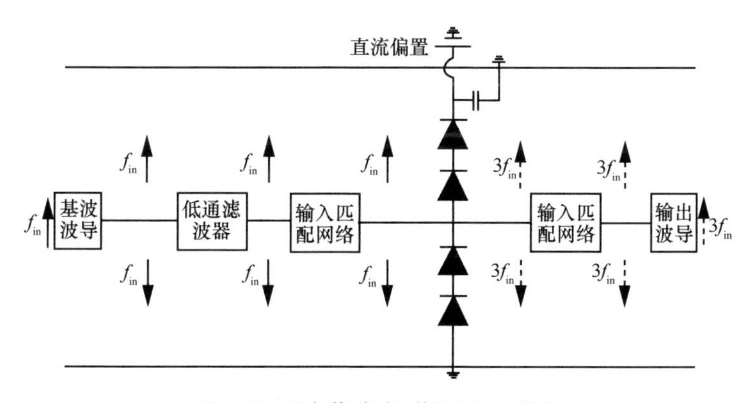

图 4-98　反向并联型三倍频器原理结构

反向并联型三倍频电路中，直流地和射频地不能共用，二极管对需要连接电容接地。组装接地电容引入的装配误差会破坏二极管对的一致性，从而影响二极管对内部的偶次谐波回路，导致电路对偶次谐波的抑制效果变差，从而引起三倍频电路的性能恶化。因此，该种电路会极大地依赖加工工艺和电路封装工艺精度，为太赫兹倍频器的加工和封装带来诸多困难。

基于国内加工工艺，本节采用反向并联型三倍频电路，对太赫兹三倍频器开展研究；并通过去掉直流偏置降低三倍频器对加工和封装工艺的要求，如图 4-99 所示。去掉直流偏置后，只需将二极管两端与屏蔽腔连接，即可实现二极管的接地回路，极大地简化了三倍频电路的复杂度。该电路中，位于金属导体两侧的反向并联二极管对具有很高的一致性，可以实现对偶次谐波的良好抑制。由于无外加偏置电压，二极管的工作状态将由基波输入功率控制，多管芯二极管对的使用提高了三倍频电路的功率容量。

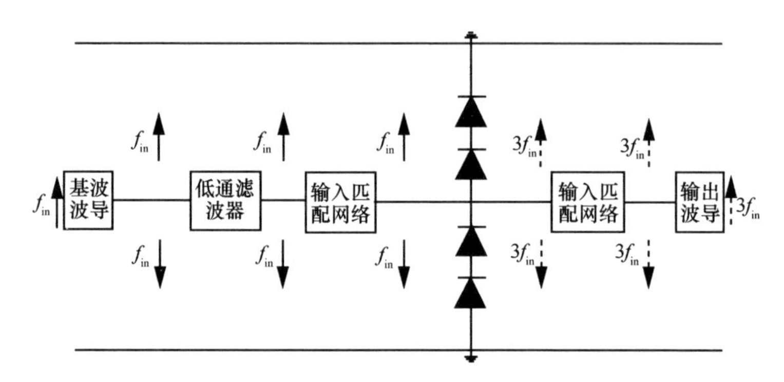

图 4-99　反向并联型无偏置三倍频器原理结构

根据电路集成工艺不同，三倍频器可分为混合集成三倍频器和单片集成三倍频器。混合集成三倍频器中，变容二极管独立封装，需要采用倒装的方式粘贴到电路基片上，该技术门槛较低，在毫米波及太赫兹低频段应用较广泛。单片集成三倍频器中，二极管采用微电子工艺直接集成在半导体衬底材料上，省去了人工贴装，具有更高的集成度。

根据国内现有的工艺水平，本节在 12 μm 的砷化镓基片上，采用 GaAs 单片集成工艺对三倍频电路开展研究。

1. 变容二极管设计

通过前文的分析可知，变容二极管的设计要考虑多方面的因素。在不同的工作频率和倍频性能需求下，变容二极管的尺寸是不一样的。本节针对 260～300 GHz 三倍频电路的应用需求，对变容二极管的主要尺寸进行设计。经过对国内工艺水平的考察，为了保证二极管稳定加工，将变容二极管的外延层和缓冲层的掺杂浓度分别定为 2×10^{17} 个/立方厘米和 5×10^{18} 个/立方厘米 。

（1）变容二极管阳极半径

变容二极管中，阳极半径决定了肖特基结的接触面积 A_a 的大小，会影响变容二极管的非线性电容特性。在外延层掺杂浓度已经确定的情况下，阳极半径更是直接决定了二极管的零偏压结电容 C_{j0} 的大小。C_{j0} 作为肖特基二极管的一个重要参数对倍频器至关重要。结合参考文献[34-36]和零偏压结电容的理论计算式可得，在 2×10^{17} 个/立方厘米的外延层掺杂浓度下，不同阳极半径对应的零偏压结电容理论值如表 4-5 所示。在变容二极管的实际应用中，由于其本身的物理结构会引入寄生电容，零偏压结电容的理论值会比实际要低。

表 4-5　肖特基变容二极管阳极半径与零偏压结电容对应关系

阳极半径/μm	零偏压结电容/fF
1.4	9.02
1.6	11.75
1.8	14.92
2	18.31
2.2	21.34
2.4	25.65
2.6	29.96

考虑到工艺条件，选取阳极半径为 1.8 μm。

（2）外延层厚度

外延层厚度主要与变容二极管的击穿电压有关。在外延层掺杂浓度确定的情况下，当外延层厚度大于耗尽层宽度以后，外延层厚度对击穿电压几乎没有影响，且较厚的外延层厚度会增加电流路径，增大串联电阻，使损耗增大。因此，外延层厚度应在保证大于最大耗尽层宽度下尽量小。耗尽层宽度主要由外加偏压、内建电势和外延层的材料特性决定，考虑到本节不再使用外加偏压，外延层的厚度设计主要考虑内建电势。根据国内的工艺条件，选取外延层厚度为 0.3 μm。

（3）缓冲层厚度

肖特基二极管中，缓冲层提供欧姆接触，具有良好的导电性。为了避免阳极和阴极之间通过缓冲层流通的电流受到绝缘材料砷化镓的影响，缓冲层厚度一般要大于当前工作频率下电流在缓冲层材料的趋肤深度。但缓冲层太厚会使肖特基二极管的加工变得困难。另外，在单片集成电路中，缓冲层厚度将会占到二极管整体厚度的一大部分，太厚的缓冲层会使二极管与外围电路的连接金属加工困难。因此，一般将缓冲层厚度设置为稍大于趋肤深度。不同工作频率下，掺杂浓度为 5×10^{18} 个/立方厘米 的砷化镓的趋肤深度与工作频率之间的关系如表 4-6 所示。

表 4-6 趋肤深度与工作频率之间的关系

工作频率/GHz	缓冲层趋肤深度 δ_{buf} /μm
100	5.055
200	3.574
300	2.918
400	2.527
500	2.261
600	2.012

从表 4-6 可以看出，为实现 260～300 GHz 的三倍频电路，变容二极管的缓冲层厚度至少应大于 2.918 μm，经综合考虑，确定缓冲层厚度为 3.5 μm。

（4）氧化层和金属层厚度

氧化层主要起到隔绝空气保护肖特基二极管的作用。氧化层会引入寄生参量，其厚度越小，引入的寄生参量越小，但极小的厚度不易加工。根据国内的工艺条件，将氧化层的厚度确定为 0.5 μm。金属层主要由阴极焊盘和空气桥金指构成。GaAs 单片集成技术中，二极管金属层与外围电路金属导带通过光刻掩膜技术一体化蒸镀沉积。本节将二极管金属层的厚度和外围电路金属导带的厚度都取为较常用的 1 μm。

（5）二极管整体尺寸

变容二极管本身的物理结构对二极管性能最大的影响就是会引入寄生参量。二极管的整体尺寸主要包括长度和宽度，这两个尺寸将决定二极管的封装特性，对变容二极管的最高工作频率有较大的影响。在 GaAs 单片集成三倍频器中，由于二极管直接横向地生长在砷化镓基片上，二极管的长度决定了砷化镓基片的最小宽度，这就限制了传输线（具有屏蔽腔的微带线、悬置微带线或共面波导）的最高单模传输频率。变容二极管的长度将决定其应用频率范围。在多管芯表面沟道平面型肖特基变容二极管中，二极管的长度主要取决于空气沟道的长度和各焊盘的总长度。空气沟道的长度主要影响寄生参量的大小；焊盘则是管芯与管芯、管芯与外部连接的必须。特别指出的是，为了降低变容二极管的寄生参量，空气沟道采用了与第 2 章一样的垂直沟道形状，如图 4-100 所示。变容二极管模型中，空气沟道长度为 9 μm，宽度为 28 μm。对于垂直沟道变容二极管，二极管宽度由空气沟道的宽度确定。

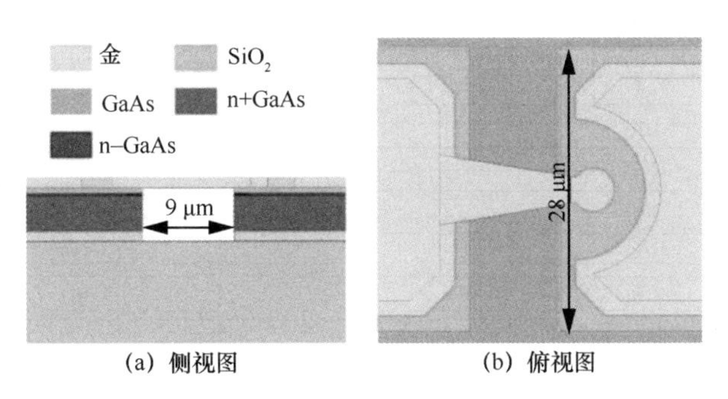

(a) 侧视图　　(b) 俯视图

图 4-100　变容二极管空气沟道及尺寸

确定了空气沟道的尺寸后，还需要考虑管芯与管芯、管芯与外围电路的连接，合理设置每个焊盘的长度，保证三倍频电路的工作频率范围。最终确定的串联四管芯变容二极管的整体尺寸如图 4-101 所示。另外，变容二极管中还采用了宽度渐变的空气桥金指。

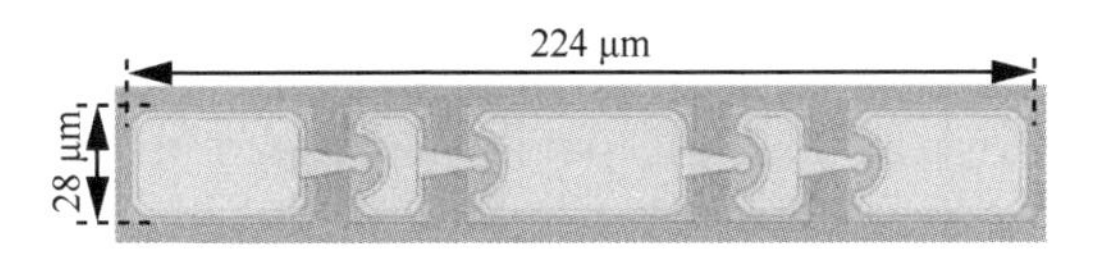

图 4-101　串联四管芯变容二极管整体尺寸

至此，用于 260～300 GHz 三倍频电路的串联四管芯变容二极管主要参数如表 4-7 所示。

表 4-7　用于 260～300 GHz 三倍频电路的串联四管芯变容二极管主要参数

参数	取值
缓冲层每立方厘米掺杂粒子数/个	5×10^{18}
缓冲层厚度/μm	3.5
外延层每立方厘米掺杂粒子数/个	2×10^{17}

（续表）

参数	取值
外延层厚度/μm	0.3
氧化层厚度/μm	0.5
金属层厚度/μm	1
阳极柱半径/μm	1.8
空气沟道长度/μm	9
空气沟道宽度/μm	28
二极管整体长度/μm	224
二极管整体宽度/μm	28
二极管厚度/μm	6.3

2. 260～300 GHz GaAs 单片集成三倍频器电路

260～300 GHz GaAs 单片集成共面波导三倍频器电路如图 4-102 所示。

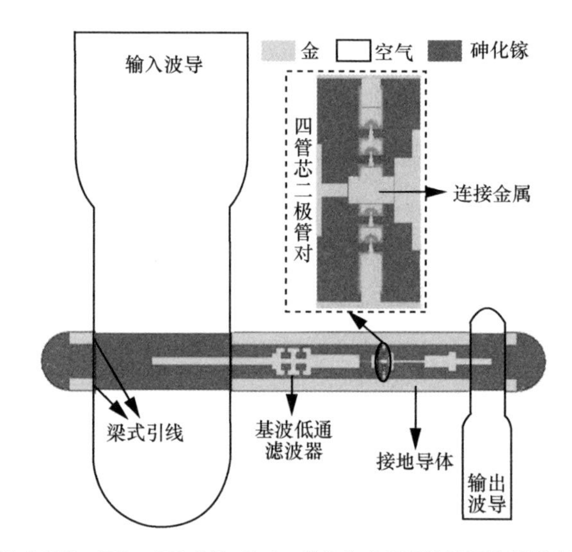

图 4-102　260～300 GHz GaAs 单片集成共面波导三倍频器电路

电路由输入输出波导–共面波导过渡、基波低通滤波器、匹配网络，四管芯同向串联二极管对构成，其中，串联二极管对被直接横向地生长在砷化镓基片上。三倍频电路采用共面波导，并通过梁式引线实现侧边接地。由于接地导体的存在，串联二极管对两端的阴极焊盘可通过与两侧接地导体连接接地。单片集成三倍频器中，肖特基变容二极管的金属层（阴极焊盘、空气桥）、外围电路、连接金属（连接二极管和外围电路）采用光刻掩膜技术一体化加工。

基波信号由标准矩形波导 WR-10 输入，经输入波导–共面波导过渡、基波低通滤波器以及匹配网络后，从二极管对的中间馈入二极管，产生的三次谐波信号经匹配网络和输出波导 - 共面波导过渡，由标准矩形波导 WR-2.8 输出。三倍电路中，输入信号频率是输出信号频率的 1/3，低于输出标准矩形波导的截止频率（WR-2.8 的截止频率为 211 GHz），所以输入信号不会从输出端泄露。三次谐波信号因基波低通滤波器（通过基波信号，阻止三次谐波信号）的存在，无法向输入端传输，只能由输出端输出。

虽然共面波导与悬置微带相比，在同频段下单位损耗稍大一些，但采用共面波导的三倍频电路除了可以利用热压金属键合工艺实现无银胶封装外，还具有更大的管芯利用率。

在共面波导中，由于两侧接地导体的存在，传输线中的电场更多地分布在导体与接地导体之间，如图 4-103 所示。从电场分布图可以看出，相比悬置微带，共面波导中的电场更加分散。当二极管横向放入共面波导时，会有更多的功率馈入外侧的管芯上，从而减小同一侧两个管芯之间的信号功率差，使输入信号功率更加均匀地分配到每个管芯，提高四管芯二极管对输入信号的整体利用率。

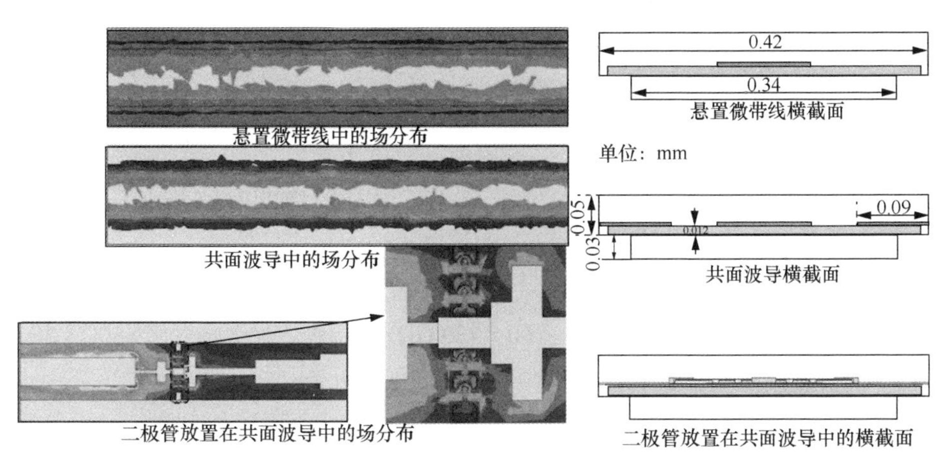

图 4-103　悬置微带、共面波导及放置有二极管的共面波导的场分布

3. 单片集成三倍频器无源电路及优化仿真

根据功能不同，将三倍频电路分为输出波导–共面波导过渡、输入波导–共面波导过渡、基波低通滤波器 3 个子单元电路进行优化仿真。

（1）输出波导–共面波导过渡

三倍频电路中，输出波导–共面波导过渡起到将三次谐波信号由共面波导过渡到标准矩形波导的作用，是三次谐波信号的主要传输路径。输出波导–共面波导过渡的过渡性能将直接影响电路的倍频效率，这就要求其在输出信号频率范围内过渡损耗尽量小。

输出波导–共面波导过渡的仿真模型如图 4-104（a）所示。端口 1 为三次谐波信号输出端口，采用标准矩形波导 WR-2.8。端口 2 为三次谐波信号的输入端口，采用共面波导，该端口通过共面波导匹配电路与二极管连接，二极管对产生的三次谐波信号将由此端口输出。过渡中，为了增加基片的牢固性以及避免基片弯曲，将基片横跨输出波导，并在侧边加工两段对称的梁式引线用于基片固定。

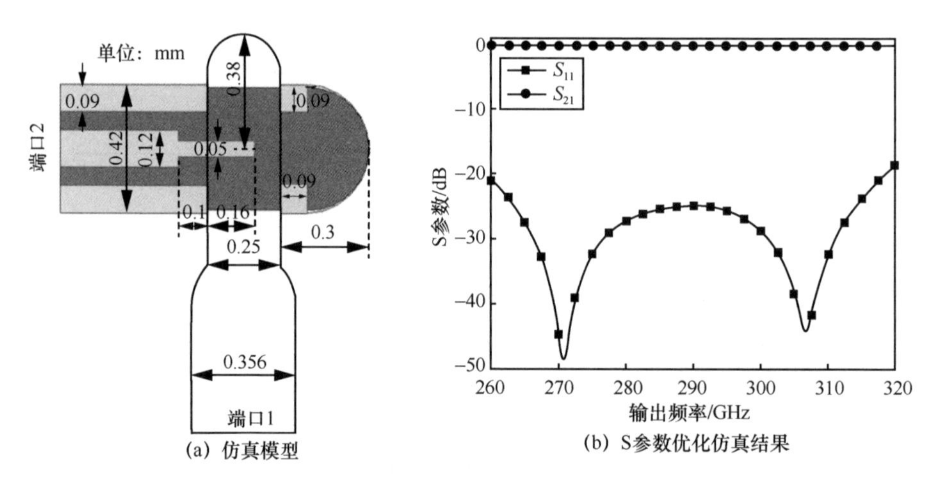

图 4-104　260～300 GHz GaAs 单片集成三倍频器输出波导–共面波导过渡

由图 4-104（b）可以看出，在 260～320 GHz 范围内，过渡损耗优于 0.14 dB，端口 1 的回波损耗优于 27 dB。三倍频信号可以良好地通过输出波导–共面波导过渡输出。

（2）输入波导–共面波导过渡

输入波导–共面波导过渡采用与输出过渡一样的探针过渡实现，如图 4-105（a）所示。端口 1 为基波信号输入端口，采用标准矩形波导 WR-10。端口 2 为基波信号输出端口，采用共面波导，该端口通过基波低通滤波器和匹配电路后与二极管连接，将基波信号馈入二极管对。同样，为了增加基片的牢固性以及避免基片弯曲，将基片横跨输入波导。

由图 4-105（b）可以看出，在 90～105 GHz 范围内，过渡损耗优于 0.2 dB，端口 1 的回波损耗优于 22 dB。输入信号可以良好地输入电路。

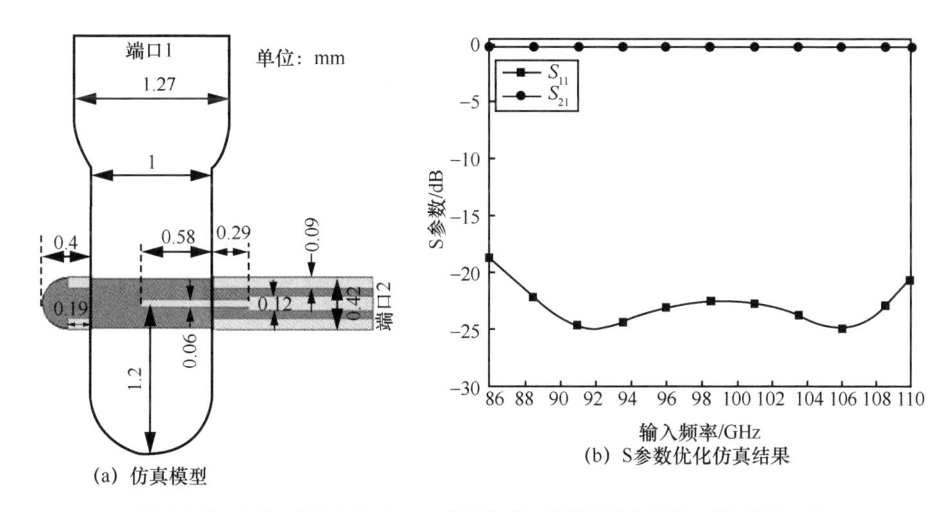

图 4-105　260～300 GHz GaAs 单片集成三倍频器输入波导–共面波导过渡

（3）基波低通滤波器

基波低通滤波器主要起到防止二极管对产生的三次谐波信号向输入端口传输的作用。由于基波低通滤波器在基波信号的传输路径上，因此要求其既能抑制三次谐波信号，又能低损耗地通过基波信号。三倍频电路中，二极管对产生的三次谐波信号将由基波低通滤波器阻止而无法泄露到输入端口。输入和输出端口在输出信号频段的隔离，将由基波低通滤波器的阻带抑制度决定。为了增大端口之间的隔离，就必须采用具有高抑制度的基波低通滤波器。本节采用前文提到的具有小型化、高阻带抑制特性的 ISRR 单元来实现基波低通滤波器。

由两个相同的 ISRR 单元串联而成的基波低通滤波器的仿真模型如图 4-106 所示。优化仿真结果显示，滤波器在 270～310 GHz 范围内，带外抑制优于 50 dB；在 90～105 GHz 范围内，带内损耗优于 0.2 dB。由此可以看出，滤波器实现了对三次谐波信号的高抑制度。

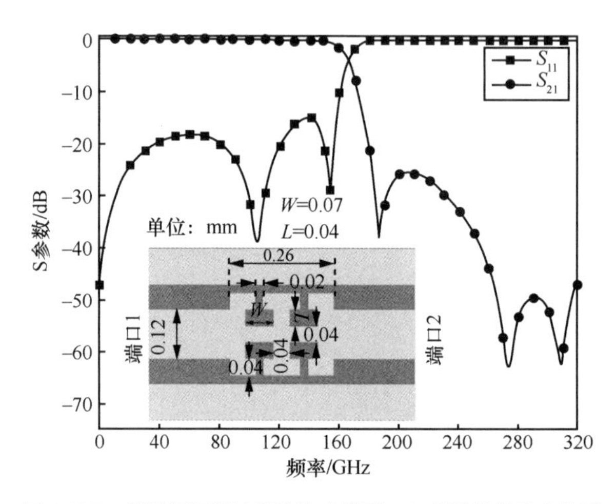

图 4-106　基波低通滤波器的仿真模型及 S 参数优化仿真结果

4. 单片集成三倍频器性能优化

三倍频器的子单元电路除了上述的 3 个功能电路外，还应该包含二极管对的仿真模型。二极管对仿真模型中包含有与非线性电路连接的端口，无法单独进行仿真优化，需要建立包含二极管对的六端口模型，并通过 HFSS 端口去嵌入后等效到 ADS 中进行联合仿真。包含二极管对的六端口仿真模型如图 4-107 所示。

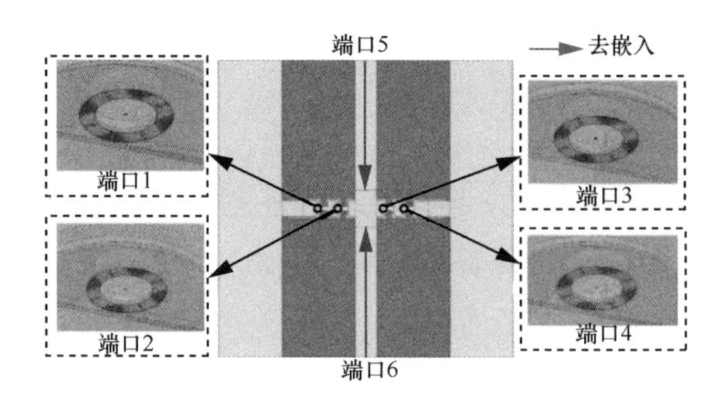

图 4-107　包含二极管对的六端口仿真模型

在仿真软件 ADS 中，连接各子单元电路等效模型，如图 4-108 所示。利用谐波平衡仿真控件，以最佳倍频损耗为目标，优化匹配电路尺寸。

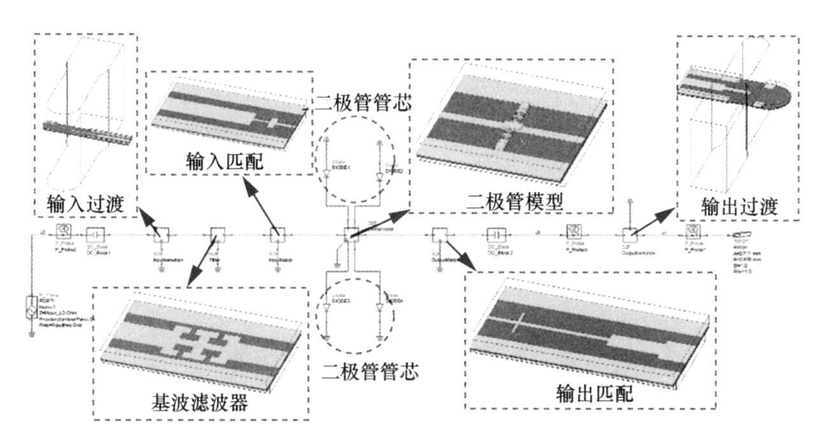

图 4-108　260～300 GHz GaAs 单片集成三倍频器单元电路仿真拓扑图及对应关系

经子单元电路分离式电路优化仿真优化出匹配网络，把各子单元电路模型在仿真软件 HFSS 中整合到一起。然后，将整体电路仿真模型的电磁特性以 S 参数的形式等效到 ADS 中，进一步优化匹配网络，可得三倍频电路的倍频效率和输出功率，如图 4-109 所示。

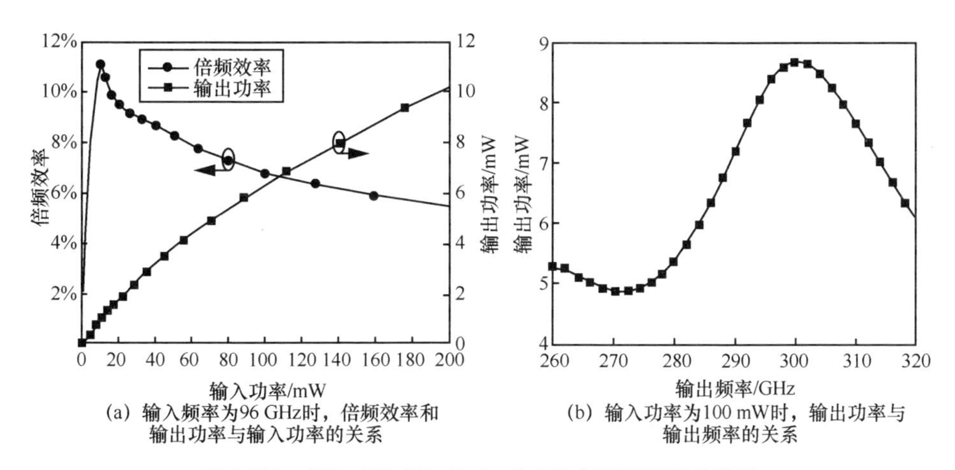

图 4-109　260～300 GHz GaAs 单片集成三倍频器仿真结果

由图 4-109（a）可以看出，当输入频率为 96 GHz 时，随着输入功率的增大，输出功率不断增大；但倍频效率先急剧增大后缓慢下降，最后趋于稳定。当输入功率为 10 mW 时，有最大倍频效率 11.2%。这说明在不加偏压的三倍频电路中，变容二极管的工作状态由输入功率控制。当输入功率较小时，变容二极管的工作效率很低；随着输入功率增大，变容二极管将迅速进入最佳工作区域；随着输入功率进一步增大，变容二极管的工作效率降低，并逐渐趋于稳定直至被击穿。当输入功率为 100 mW 时，倍频器的工作带宽特性如图 4-109（b）所示。从图 4-109（b）可以看出，在 260～320 GHz 频带内，输出功率大于 4.8 mW，最大输出功率为 8.7 mW。

4.4 太赫兹分支波导定向耦合器

4.4.1 分支波导定向耦合器基本理论

定向耦合器是一个具有方向性的无源四端口电路，主要用于功率的分配，可以设计为任意功率分配比[37]，在电子对抗、通信系统、雷达系统以及测试测量仪器中有着不可或缺的作用。在一些重要的测量仪器中如矢量网络分析仪、反射计等，定向耦合器也有着比较广泛的应用。定向耦合器的基本工作原理如图 4-110 所示，从端口 1 输入的电磁波信号按照给定的功率分配比耦合到端口 3 输出，其余的电磁波能量则从端口 2 输出，端口 2 与端口 3 相互隔离且具有 90°的相位差，按照方向性的设计，电磁波能量只在一个方向上传播而不在另一个方向上传播[38]。

图 4-110　定向耦合器的基本工作原理

定向耦合器的主要指标为耦合度 C 、方向性 D 和隔离度 I 。首先定义 P_1 为端口 1 的输入功率， P_2 、 P_3 、 P_4 分别为端口 2、3、4 的输出功率。

自 1943 年贝兹发现了小孔耦合理论后，经过近 80 年的发展，定向耦合器的种类多种多样，结构也存在着巨大差异。按传输线类型分类，定向耦合器可以分为微带线定向耦合器、同轴线定向耦合器、带状线定向耦合器、波导定向耦合器以及鳍线定向耦合器等。在众多耦合器中，由于矩形波导的场分布相对简单，波导定向耦合器的研究也相对较早，技术相对于其他形式的定向耦合器也更成熟[39]。波导定向耦合器根据耦合缝隙的种类不同，又可以分为波导单孔定向耦合器、波导多孔定向耦合器以及分支波导定向耦合器。

在太赫兹频段，由于微带耦合器微带线之间的干扰严重，而波导中耦合孔加工十分困难，分支波导定向耦合器成为太赫兹频段耦合器的主要电路结构，具有各端口匹配、隔离度高、插入损耗小等优点，改善了三端口网络的不足，而且具有高功率容量的特性。

分支波导定向耦合器的研究理论主要基于微带分支线耦合器理论，但当耦合器工作频率上升至毫米波频段，分支波导的宽度不再远远小于主波导的窄边宽度，所引入的误差也越来越大。1956 年，美国学者 Reed 基于网络分析法和奇偶模分析法，提出了分支波导宽度与耦合器耦合度之间的理论关系[40-41]，进一步优化了分支波导定向耦合器的研究。

五分支波导定向耦合器的典型结构如图 4-111 所示。根据分支线耦合器理论，两个主波导的间距和每个波导分支间的间距均为 $\lambda/4$，其中 λ 为波导波长。将最外边的两个波导分支的宽度记为 a，其他分支的宽度等长，记为 c。

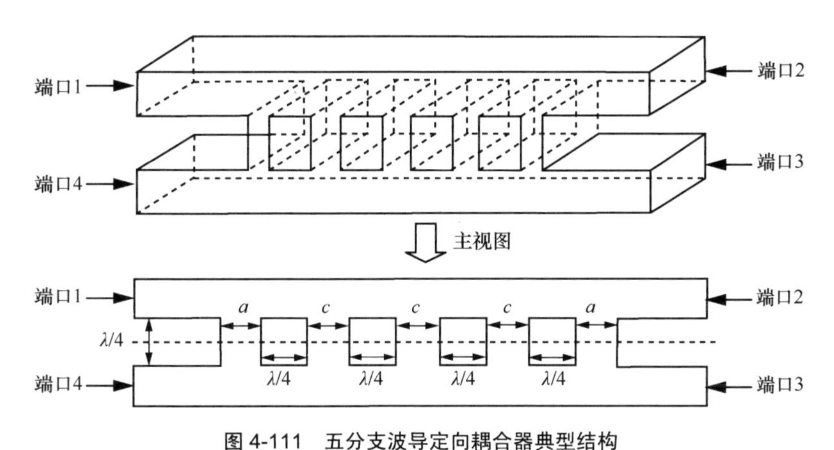

图 4-111　五分支波导定向耦合器典型结构

假设主波导宽度为 1，a 和 c 均为归一化长度，当 a 和 c 均很小时，波导分支所引入的不连续性可以等效为级联阻抗，且不连续性可以忽略不计[42]。利用奇偶模分析法对每个分支进行分析，电磁场从波导宽边耦合，每个分支波导中的奇模和偶模传输示意如图 4-112 所示。

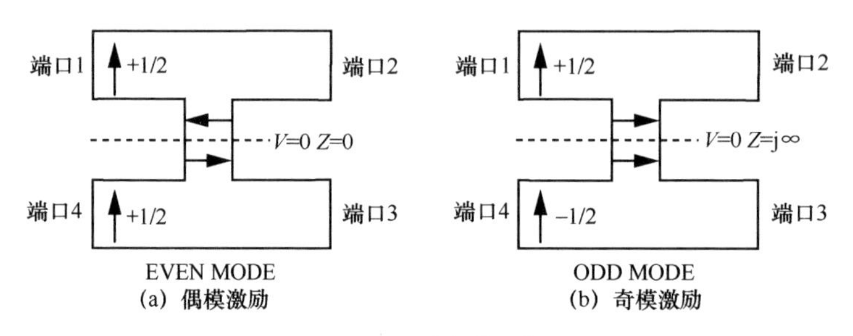

图 4-112　奇偶模分析

当两路相干同向、幅度为 $\frac{1}{2}$ 的信号同时从端口 1 和端口 4 输入，对称面上电压 $V=0$，等效为电壁，此时为偶模激励，如图 4-112（a）所示；当两路相干反向、幅度为 1/2 的信号同时从端口 1 和端口 4 输入，对称面上电流 $I=0$，等效为磁壁，此时为奇模激励，如图 4-112（b）所示。当奇模和偶模两种模式叠加时，即端口 1 输入信号幅度为 1，端口 4 无信号输入，即耦合器的工作状态。那么对于各端口，有

$$
\begin{aligned}
A_1 &= \frac{1}{2}\Gamma_e + \frac{1}{2}\Gamma_o \\
A_2 &= \frac{1}{2}T_e + \frac{1}{2}T_o \\
A_3 &= \frac{1}{2}T_e - \frac{1}{2}T_o \\
A_4 &= \frac{1}{2}\Gamma_e - \frac{1}{2}\Gamma_o
\end{aligned}
\tag{4-23}
$$

其中，$T_e/2$ 为偶模激励时的传输系数，$T_o/2$ 为奇模激励时的传输系数，$\Gamma_e/2$ 为偶模激励时的反射系数，$\Gamma_o/2$ 为偶模激励时的反射系数。

此时，对于该分支就可当作二端口网络进行分析，对于耦合器整体电路就可当

作二端口网络的级联进行分析。对于级联网络，可用 $ABCD$ 矩阵进行分析，同时，还需要对奇偶模分别定义其 $ABCD$ 矩阵。对于无损二端口网络，A 、D 项为实数，B 、C 项为纯虚数。由此，每种模式的传输系数和反射系数可由 $ABCD$ 矩阵中的元素进行定义，即

$$\frac{1}{2}T = \frac{1}{A+B+C+D} \qquad \frac{1}{2}\Gamma = \frac{A+B-C-D}{2(A+B+C+D)} \tag{4-24}$$

以三分支定向耦合器的参数推导为例，其结构如图 4-113 所示。两个主波导的间距和 3 个分支的间距均为 $\lambda/4$ ，两边分支宽度为 a ，中心分支宽度为 c 。

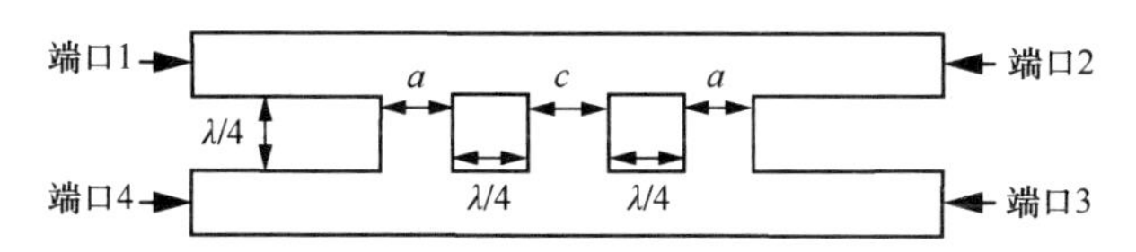

图 4-113　三分支波导定向耦合器基本结构

利用传输线、并联开路线、并联短路线的 $ABCD$ 矩阵[43]，那么，该耦合器偶模激励下的 $ABCD$ 级联矩阵为

$$M_{e3} = \begin{bmatrix} 1 & \mathrm{j}a \\ 0 & 1 \end{bmatrix} \begin{bmatrix} 0 & \mathrm{j} \\ \mathrm{j} & 0 \end{bmatrix} \begin{bmatrix} 1 & \mathrm{j}c \\ 0 & 1 \end{bmatrix} \begin{bmatrix} 0 & \mathrm{j} \\ \mathrm{j} & 0 \end{bmatrix} \begin{bmatrix} 1 & \mathrm{j}a \\ 0 & 1 \end{bmatrix} = \begin{bmatrix} -a(-c)-1 & \mathrm{j}(a^2(-c)+2a) \\ \mathrm{j}(-c) & -a(-c)-1 \end{bmatrix} \tag{4-25}$$

其中，第一、三、五矩阵为 $\lambda/8$ 并联短路线，特征阻抗分别为 a 、c 、a ；第二、四矩阵为 $\lambda/4$ 传输线，如图 4-114 所示。

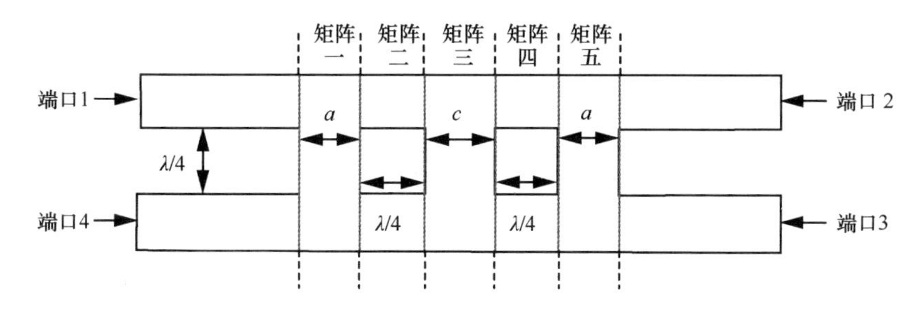

图 4-114　三分支波导定向耦合器矩阵分解示意

类似地，对于奇模激励，只需将短路线替换为开路线，即偶模矩阵中的 a 、c 替

换为$-a$、$-c$，有

$$M_{o3}=\begin{bmatrix} ac-1 & -\mathrm{j}(a^2c-2a) \\ \mathrm{j}c & ac-1 \end{bmatrix} \tag{4-26}$$

理想情况下，定向耦合器满足各端口匹配（无论是奇模激励还是偶模激励，反射系数$\Gamma=0$），同时由于对称性$A=D$，那么根据式（4-26），就有$B=C$。对于给定的中心分支宽度c，两边分支宽度a即可确定，为了降低不连续性所引入的误差，通常选择较小的a值，即

$$a=\frac{1-\sqrt{1-c^2}}{c} \tag{4-27}$$

将$\boldsymbol{M}_{e4}$矩阵中a、c替换为$-a$、$-c$，即可得到奇模$\boldsymbol{M}_{o4}$矩阵。当输入信号幅度为1时，端口2输出信号幅度为$\boldsymbol{M}_{e4}$矩阵中的C项，端口3输出信号幅度为$\boldsymbol{M}_{e4}$矩阵中的A项。四分支波导定向耦合器基本结构如图4-115所示。

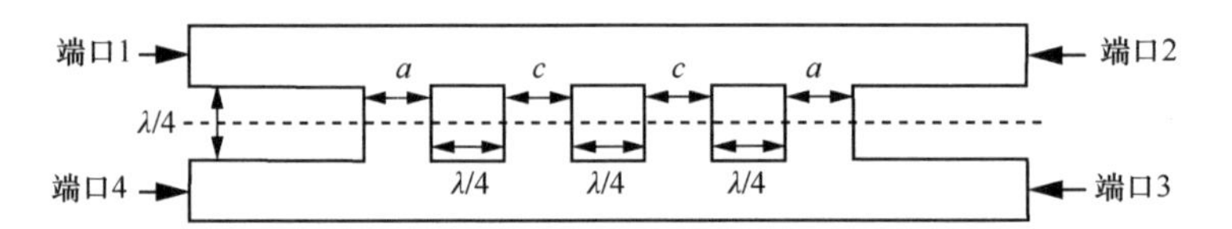

图4-115　四分支波导定向耦合器基本结构

一般情况下，对于$n+2$分支数量的定向耦合器，其中n为正整数，两个主波导的间距和3个分支的间距均为$\lambda/4$，两边分支宽度为a，其余分支宽度为c，结构如图4-116所示，其偶模$\boldsymbol{M}_{e(n+2)}$矩阵为

$$\boldsymbol{M}_{e(n+2)}=\begin{bmatrix} -aS_n(-c)-S_{n-1}(-c) & -\mathrm{j}(a^2S_n(-c)+2aS_{n-1}(-c)+S_{n-2}(-c)) \\ \mathrm{j}S_n(-c) & -aS_n(-c)-S_{n-1}(-c) \end{bmatrix} \tag{4-28}$$

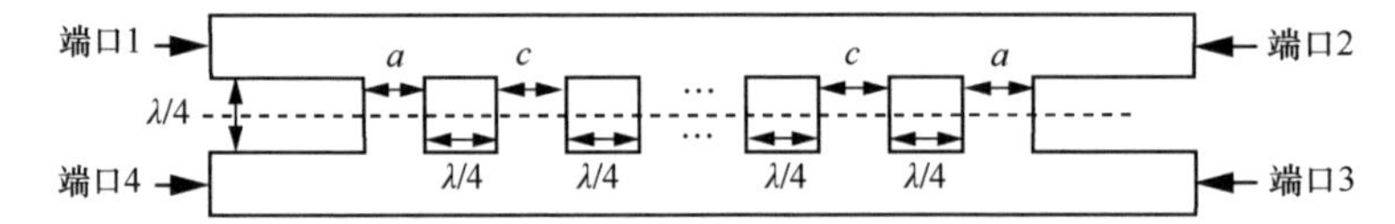

图4-116　n分支波导定向耦合器基本结构

其中，$S_n(-c)$为关于$-c$的n阶切比雪夫多项式，其前几项为

$$
\begin{gathered}
S_0(-c)=1 \\
S_1(-c)=-c \\
S_2(-c)=c^2-1 \\
S_3(-c)=-c^3+c \\
S_4(-c)=c^4-3c^2+1 \\
S_5(-c)=-c^5+4c^3-3c \\
S_{n+1}(-c)=-cS_n(-c)-S_{n-1}(-c) \\
S_n(2x)=U_n(x)
\end{gathered} \tag{4-29}
$$

其中，$S_n(-c)$ 的取值仅在 $x\in[0,2]$ 、$n\in[2,12]$ 范围内适用。由此，对于任意一个给定耦合度的分支波导定向耦合器，其 A_2 、 A_3 便可确定。当分支数量为偶数时，A_2=$S_n(-c)$；当分支数量为奇数时，A_3=$S_n(-c)$。根据切比雪夫多项式的零解，就可以确定相应的 c 值。又由 $\boldsymbol{M}_{e(n+2)}$ 矩阵中 $A^2+C^2=1$，可得 a 的计算式为

$$
a=\left|\frac{\left|\sqrt{1-S_n^{\ 2}(-c)}\right|-\left|S_{n-1}(-c)\right|}{S_n(-c)}\right| \tag{4-30}
$$

由此，即可得到耦合器各分支宽度的具体参数，该理论支撑了微波、毫米波频段分支波导定向耦合器的研究。但是，当频率进一步上升至太赫兹频段时，分支波导宽度与波长可比拟，波导不连续性引入的误差增大，严重影响了太赫兹频段分支波导定向耦合器研究的准确性。例如，在 135 GHz 频段进行验证，利用 Reed 分析方法，设计 3 dB（功率平分）三分支波导定向耦合器。经计算，归一化分支宽度 $a=0.4141$，$c=0.7071$，波导采用标准波导 WR7，尺寸为 1.651 mm×0.826 mm，主波导的间距和 3 个分支的间距 $\lambda/4=0.556$ mm，其结构如图 4-117 所示。

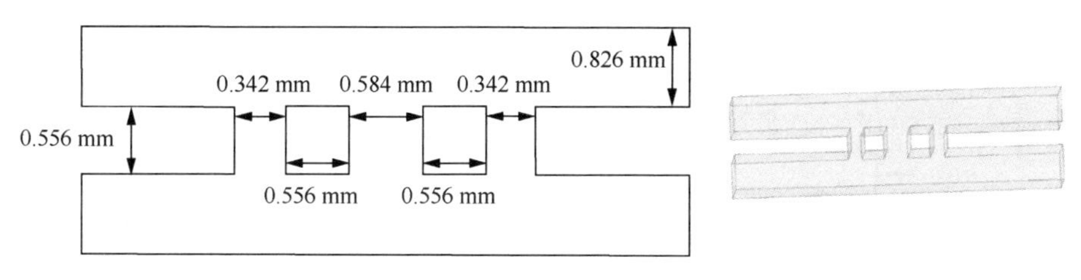

图 4-117　Reed 分析方法得到的三分支波导定向耦合器基本结构

利用 HFSS 软件进行建模，各参数赋值后仿真结果如图 4-118 所示。从仿真结果可以看出，在 125～150 GHz 频带内，其 S_{21} 和 S_{31} 曲线均偏离–3 dB，幅度不平坦度（$|S_{21}-S_{31}|$）超过 1.5 dB，目前，3 dB 分支波导定向耦合器的仿真幅度不平坦度一般要求小于 0.3 dB。在太赫兹频段，Reed 分析方法所获得的初始参数误差较大，需要进行很大程度的模型优化才可以进行工程应用。同时，如果多分支耦合器在任意耦合度的参数进行研究，需要对高阶切比雪夫多项式的零值进行计算，计算量庞大、计算过程烦琐且得到的初始值仍然误差较大，无法进行精确分析。

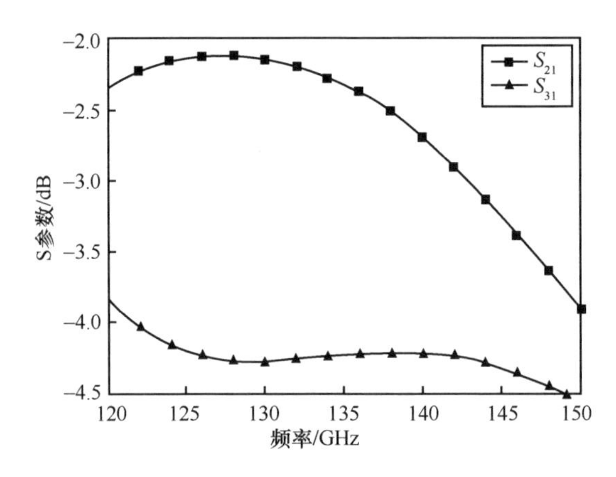

图 4-118 Reed 分析方法得到的三分支波导定向耦合器仿真结果

4.4.2 基于模式匹配法（MMM）的新型耦合器精确建模方法

为解决太赫兹频段分支波导定向耦合器建模方法不准确、研究过程烦琐的问题，本节提出了一种新型建模方法。该方法在奇偶模分析法分析矩阵网络的基础上，引入了模式匹配法（Mode Matching Method，MMM），将分支结构不连续性对分支波导定向耦合器场分布造成的影响考虑在内，具有高精度的特点[44]。模式匹配法是分析波导不连续性的重要理论方法，是一种典型的半解析数值方法。其理论基础基于广义传输线理论，以解析方式将电磁波的场分量按各个传播模式函数进行展开，得到归一化的模式电压和归一化的模式电流。在波导不连续处通过切向场分量相等建立模式电压和模式电流系数的对应系数关系，以数值方式进行求解，得到系数的网络参数，进而推导出散射矩阵进行分析。近年来，模式匹配法主要研究弯曲波导不连续性的基本原理，并对 E 面直角弯波导、H 面直角弯波导等电路进行了精确、全面的建模分析[45-48]。

基于奇偶模分析法和模式匹配法，本节经过理论推导，最终得到了一个精简、精确的耦合器耦合度计算式，由该建模方法设计分支波导定向耦合器，其理论推导初值结果经过简单优化甚至可以不经过优化就可直接指导耦合器的工程设计。该方法降低了分支波导定向耦合器的设计难度，大大缩短了耦合器的研制周期。

1．新型耦合器精确建模方法理论

首先，与 Reed 方法相同，利用奇偶模分析法将四端口网络简化为二端口网络。对于典型的五分支波导耦合器，根据分支线耦合器理论，两个主波导的间距和每个波导分支间的间距均为 $\lambda/4$，然后将每个分支的宽度分别设为 w_1 到 w_5，并如图 4-119 所示定义每个分支的宽度、长度、深度。与 Reed 方法不同的是，w_1 到 w_5 之间可以互不相同，且不需要进行归一化，其尺寸为真实尺寸。

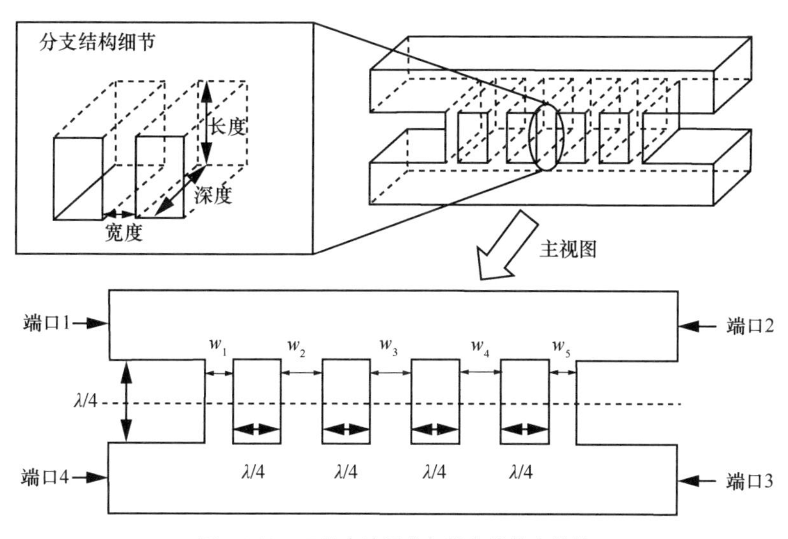

图 4-119　五分支波导定向耦合器基本结构

根据奇偶模分析法，进一步可得到耦合器的散射矩阵参数为

$$S_{11}=\frac{1}{2}\Gamma_e+\frac{1}{2}\Gamma_o \qquad S_{21}=\frac{1}{2}T_e+\frac{1}{2}T_o$$
$$S_{31}=\frac{1}{2}T_e-\frac{1}{2}T_o \qquad S_{41}=\frac{1}{2}\Gamma_e-\frac{1}{2}\Gamma_o \tag{4-31}$$

然后对耦合器结构进行进一步剖分，如图 4-120 所示，可得到组成分支波导定向耦合器的基本结构——T 型节。

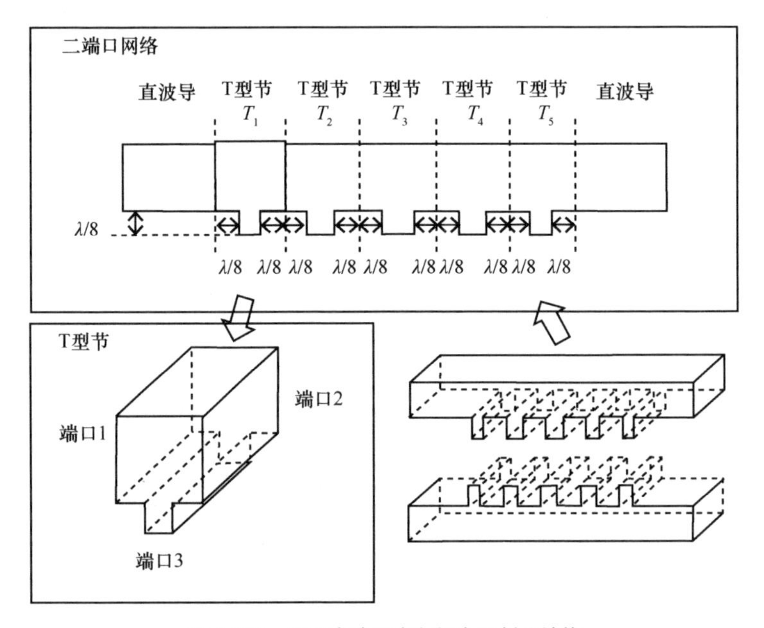

图 4-120　五分支波导定向耦合器剖分结构

经计算，$A+B+C+D=0$，那么无论是传输系数T还是反射系数Γ均无意义，所以二分支无法构成耦合器结构，分支数$n \geqslant 3$。

经过近似拟合，得到化简公式

$$S_{31}=\left(\frac{w_1+w_2+w_3}{\lambda}\right)^k \tag{4-32}$$

其中，k是与频率无关的常数，且$w_{1,2,3}<\lambda/4$，$w_1+w_2+w_3<\lambda$。

一般地，对于n分支（$n \geqslant 3$）波导定向耦合器，有

$$S_{31}=\left(\frac{w_1+w_2+w_3+\cdots+w_n}{\lambda}\right)^k \tag{4-33}$$

其中，各分支长度在同一数量级，且 $w_n<\lambda/4$ ，$w_1+w_2+w_3+\cdots+w_n<\lambda$ 。k 中包含了大量的三角函数计算，无法直接对其值进行求解。对此，本节采用了从实际结果反推的方法，利用文献[49]中研究的 3 dB 分支波导定向耦合器，其所有分支宽度的和 $w_1+w_2+w_3+\cdots+w_n=1.074\ \text{mm}$ ，耦合器中心频率为 185 GHz，即

$$0.5=\left(\frac{1.074}{1.622}\right)^k \tag{4-34}$$

可得 $k\approx1.69$ ，即可得到分支波导定向耦合器的简化设计式为

$$S_{31}=\left(\frac{w_1+w_2+w_3+\cdots+w_n}{\lambda}\right)^{1.69} \tag{4-35}$$

为了进一步验证公式的准确性和普适性，下面利用仿真软件 HFSS 对式（4-35）进行仿真验证。仍选择 135 GHz 作为耦合器的工作频率，耦合度仍为 3 dB，利用公式可快速得到所有分支的宽度和 $w_1+w_2+w_3+\cdots+w_n\approx1.48\ \text{mm}$ 。

首先进行三分支耦合器的建模，为了方便与 Reed 方法进行对比，波导仍采用标准波导 WR7，尺寸为 1.651 mm×0.826 mm，主波导的间距和 3 个分支的间距 $\lambda/4=0.556\ \text{mm}$ ，3 个分支的宽度分别为 $w_1=0.44\ \text{mm}$ ，$w_2=0.6\ \text{mm}$ ，$w_3=0.44\ \text{mm}$ 。经过 HFSS 软件仿真，仿真结果如图 4-121 所示。从图 4-121 可以看出，该耦合器中心频率有少许偏移，但在 120～135 GHz 频带内，其幅度不平坦度小于 0.3 dB，仅需要简单优化即可达到工程需求。

对于四分支耦合器的建模，主波导的间距和 3 个分支的间距仍为 $\lambda/4=0.556\ \text{mm}$ ，4 个分支的宽度分别为 $w_1=0.29\ \text{mm}$ ，$w_2=0.45\ \text{mm}$ ，$w_3=0.45\ \text{mm}$ ，$w_4=0.29\ \text{mm}$ 。经过 HFSS 软件仿真，仿真结果如图 4-122 所示。从图 4-122 可以看出，该耦合器在 125～143 GHz 频带内，其幅度不平坦度小于 0.3 dB，中心频率也基本在 135 GHz，基本不需要优化即可达到工程需求。

对于五分支耦合器的建模，主波导的间距和 3 个分支的间距仍为 $\lambda/4=0.556\ \text{mm}$ ，5 个分支的宽度分别为 $w_1=0.25\ \text{mm}$ ，$w_2=0.3\ \text{mm}$ ，$w_3=0.38\ \text{mm}$ ，$w_4=0.3\ \text{mm}$ ，$w_5=0.25\ \text{mm}$ 。经过 HFSS 软件仿真，仿真结果如

图 4-123 所示。从图 4-123 可以看出，该耦合器在 126～144 GHz 频带内，其幅度不平坦度小于 0.3 dB，中心频率也基本在 135 GHz，同样基本不需要优化即可达到工程需求。

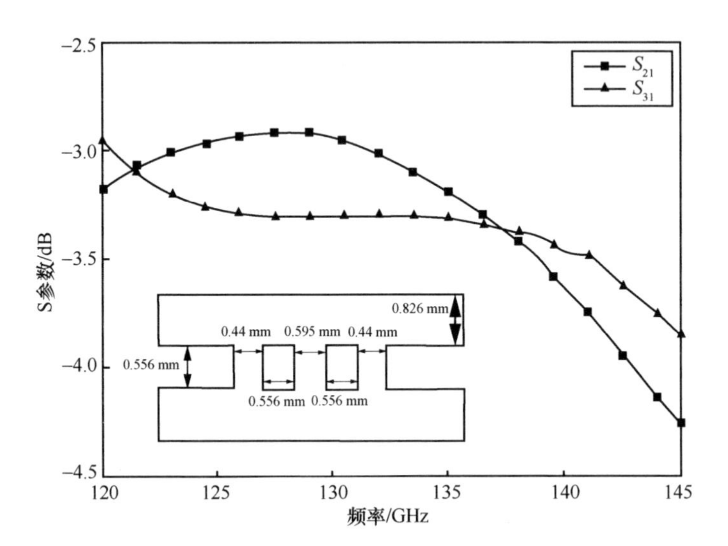

图 4-121　新型简化方法设计的三分支波导定向耦合器

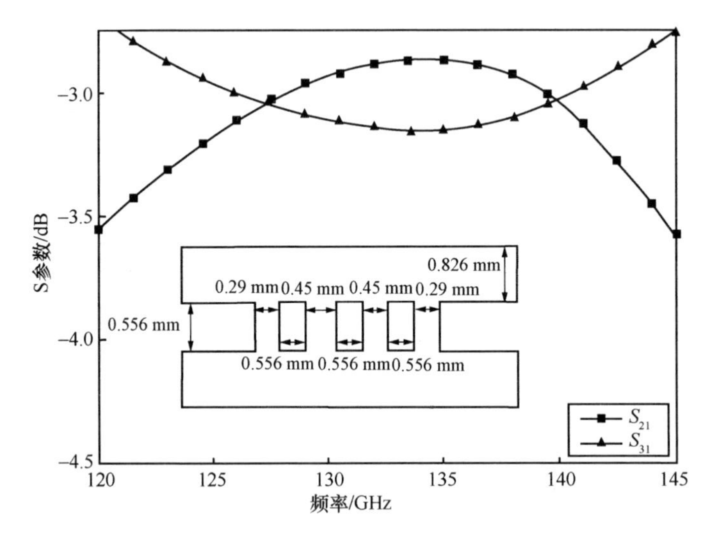

图 4-122　新型简化方法设计的四分支波导定向耦合器

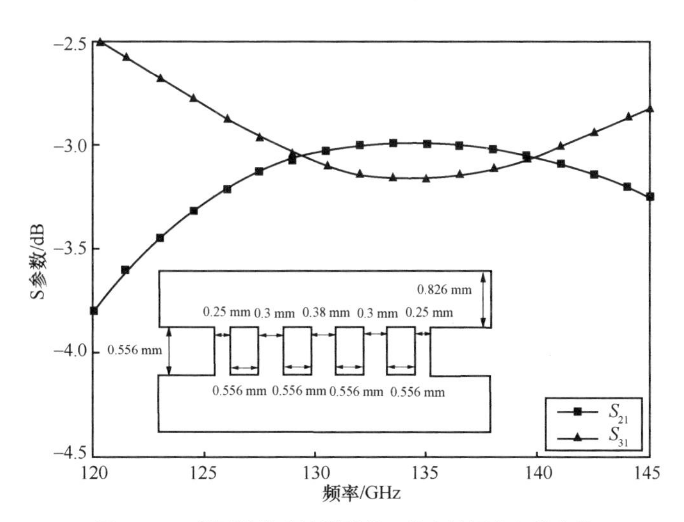

图 4-123　新型简化方法设计的五分支波导定向耦合器

同时，为了进一步验证该方法的普适性，建立了非对称结构四分支耦合器，主波导的间距和 3 个分支的间距仍为 $\lambda/4 = 0.556\ \mathrm{mm}$，4 个分支的宽度互不相同，分别为 $w_1 = 0.39\ \mathrm{mm}$，$w_2 = 0.45\ \mathrm{mm}$，$w_3 = 0.35\ \mathrm{mm}$，$w_4 = 0.29\ \mathrm{mm}$。经过 HFSS 软件仿真，仿真结果如图 4-124 所示。从图 4-124 可以看出，该耦合器在 125～144 GHz 频带内，其幅度不平坦度小于 0.3 dB，中心频率也基本在 135 GHz，同样基本不需要优化即可达到工程需求。

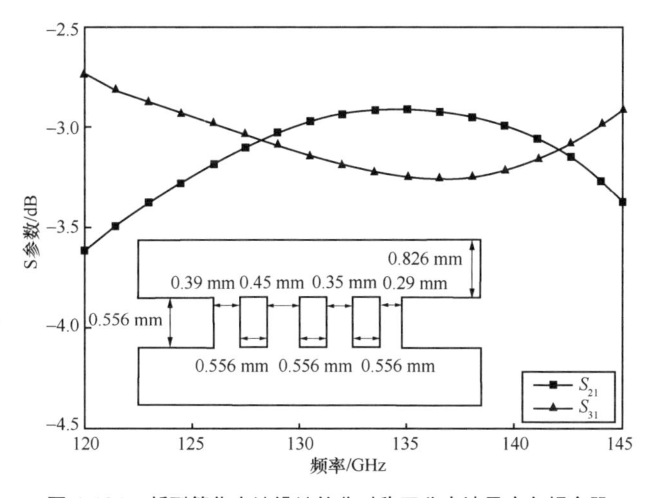

图 4-124　新型简化方法设计的非对称四分支波导定向耦合器

进一步地，对于其他耦合度，根据该方法，在 135 GHz 频段也进行了验证。当耦合度为 5 dB 时，所有分支的宽度和 $w_1+w_2+w_3+\cdots+w_n\approx1.121\text{ mm}$；类似地，当耦合度为 8 dB 时，所有分支的宽度和 $w_1+w_2+w_3+\cdots+w_n\approx0.744\text{ mm}$；当耦合度为 10 dB 时，所有分支的宽度和 $w_1+w_2+w_3+\cdots+w_n\approx0.574\text{ mm}$ 。根据宽度和对耦合器各分支宽度进行初始随机赋值，其仿真结果如图 4-125 所示。

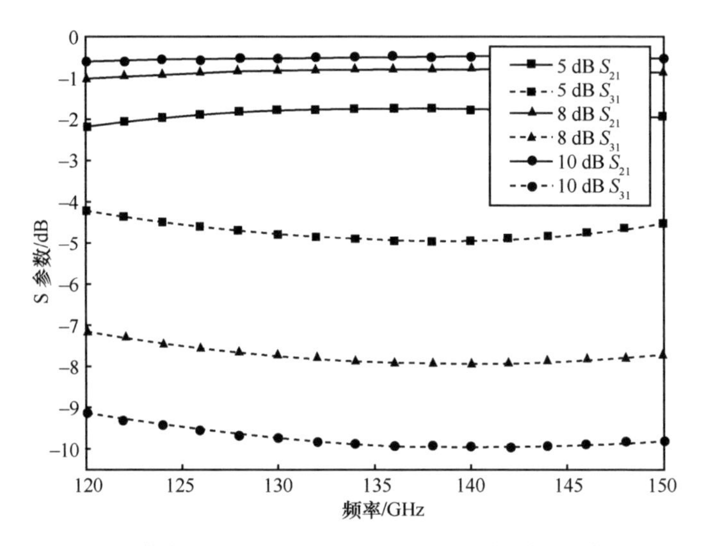

图 4-125 新型简化方法设计的 5 dB、8 dB、10 dB 波导定向耦合器仿真结果

从以上仿真结果可以看出，新型耦合器精确建模方法对于任意耦合度的耦合器均适用，且同样适用于非对称结构的耦合器。同时，理论推导所得出的初始值与仿真结果吻合良好，几乎不需要进一步仿真优化即可进行工程应用，具有快速、精确的特点。

2. 新型耦合器精确建模方法实验验证

为了进一步验证建模方法的有效性，对工作频率在 135 GHz，耦合度为 3 dB 的三分支、四分支、五分支、非对称四分支波导定向耦合器进行了腔体建模和加工，以五分支波导定向耦合器为例，其腔体模型如图 4-126 所示。耦合器腔体采用 E 面剖分结构，采用销钉对电路进行有效定位，并建立 4 个凹台结构，避免了法兰盘螺钉孔剖分所导致的螺纹受损的问题，同时也具有辅助定位的功能。

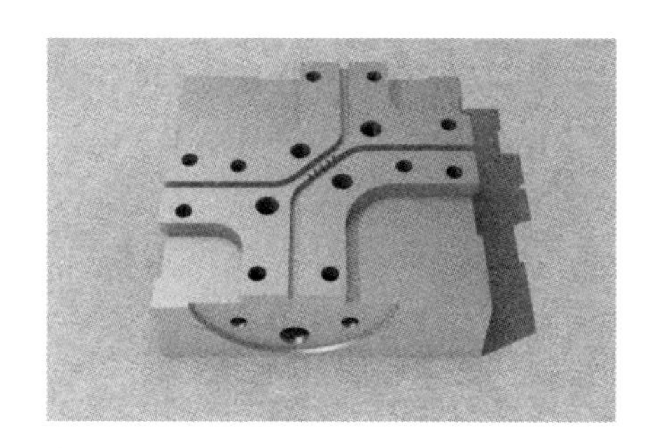

图 4-126　新型简化方法设计的 3 dB 五分支波导定向耦合器电路腔体模型

4.4.3　改进型小型化耦合器电路研究

由于分支波导定向耦合器的工作带宽会随着分支数量的增加而增加[41]，目前已报道的太赫兹频段分支波导定向耦合器为了保证优良的性能大都采用五分支甚至更多分支结构，根据上一节相关理论可以进行初步计算，在 200 GHz 频段，五分支波导定向耦合器结构的平均分支宽度为 0.2 mm，这不仅对腔体加工提出了较高的要求，由于深宽比较大，窄分支结构在加工过程中也极易导致铣刀发生折断[50]。

为了解决分支线波导定向耦合器最窄分支加工困难的问题，同时适应本节所需的小型化集成前端，经过理论研究，本节提出了一种改进型三分支波导定向耦合器结构。该结构具有小尺寸、宽带宽的特点，可以实现传统五分支波导定向耦合器相同甚至更好的性能。

1. 改进型耦合器理论

改进型耦合器基本结构如图 4-127 所示，在传统三分支波导定向耦合器的基础上，对中间分支线进行了扩展。

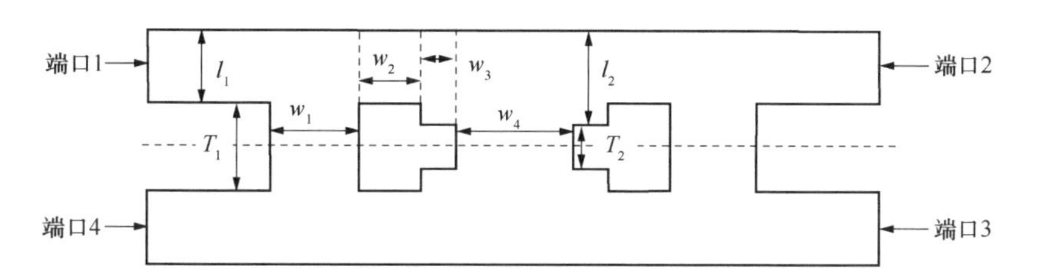

图 4-127　改进型三分支波导定向耦合器基本结构

由于该波导结构特殊，没有模式匹配法的相关模型，因此理论推导主要根据传统的奇偶模分析法。根据 Reed 方法，对改进型耦合器结构进行划分再级联，可得到其 $ABCD$ 矩阵为

$$\begin{bmatrix} A & B \\ C & D \end{bmatrix}_e = \begin{bmatrix} 1 & \mathrm{j}w_1 \tan\frac{\theta_{T_1}}{2} \\ 0 & 1 \end{bmatrix} \begin{bmatrix} 0 & \mathrm{j}\tan\theta_{w_2} \\ \mathrm{j}\tan\theta_{w_2} & 0 \end{bmatrix} \begin{bmatrix} 0 & \mathrm{j}k\tan\theta_{w_3} \\ \mathrm{j}k\tan\theta_{w_3} & 0 \end{bmatrix} \cdot$$

$$\begin{bmatrix} 1 & \mathrm{j}w_1 \tan\frac{\theta_{T_2}}{2} \\ 0 & 1 \end{bmatrix} \begin{bmatrix} 0 & \mathrm{j}k\tan\theta_{w_3} \\ \mathrm{j}k\tan\theta_{w_3} & 0 \end{bmatrix} \begin{bmatrix} 0 & \mathrm{j}\tan\theta_{w_2} \\ \mathrm{j}\tan\theta_{w_2} & 0 \end{bmatrix} \begin{bmatrix} 1 & \mathrm{j}w_1 \tan\frac{\theta_{T_1}}{2} \\ 0 & 1 \end{bmatrix}$$

$$\begin{bmatrix} A & B \\ C & D \end{bmatrix}_o = \begin{bmatrix} A_e\left(-\frac{1}{p}\right) & B_e\left(-\frac{1}{p}\right) \\ C_e\left(-\frac{1}{p}\right) & D_e\left(-\frac{1}{p}\right) \end{bmatrix} \tag{4-36}$$

其中，$k = l_2/l_1$；$p = \tan(\theta/2)$；θ 为波导的电长度，且 $\theta_l = \pi l\sqrt{(2/\lambda_0)^2 - (1/a)^2}$；$\lambda_0$ 为自由空间中电磁波波长；a 为主波导的长度。

由式（4-36）即可得到改进型三分支波导定向耦合器各参数的初值，经过优化，其参数值如表 4-8 所示。

表 4-8　改进型三分支波导定向耦合器相关参数

参数	数值/mm
T_1	0.38
T_2	0.14
l_1	0.54
l_2	0.67
w_1	0.3
w_2	0.16
w_3	0.14
w_4	0.4

考虑到直角波导无法进行加工，将直角用半径为 0.15 mm 的圆角进行替代，并将耦合器结构进一步优化，如图 4-128 所示。同时，对优化前后的耦合器进行建模仿真，仿真结果如图 4-129 所示。可以看出，将直角变为圆角对耦合器性能影响较小。

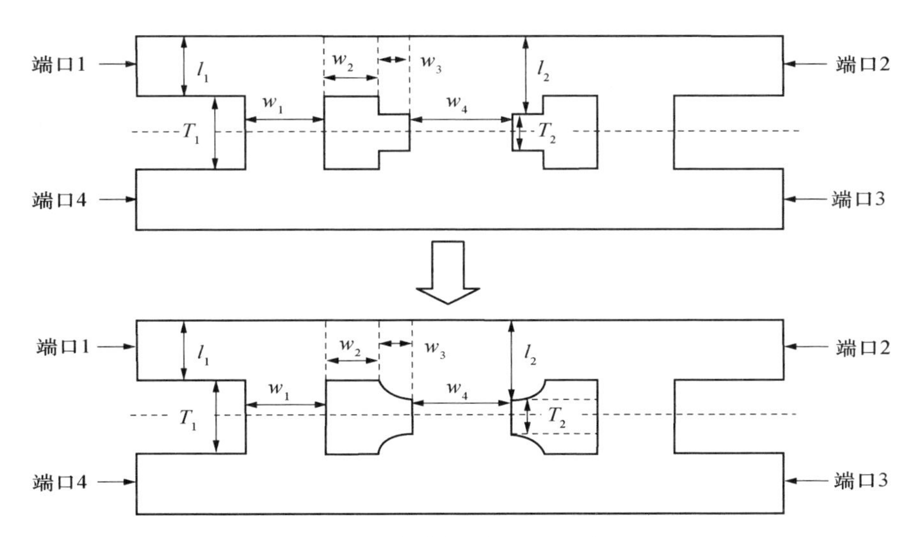

图 4-128　改进型三分支波导定向耦合器结构优化

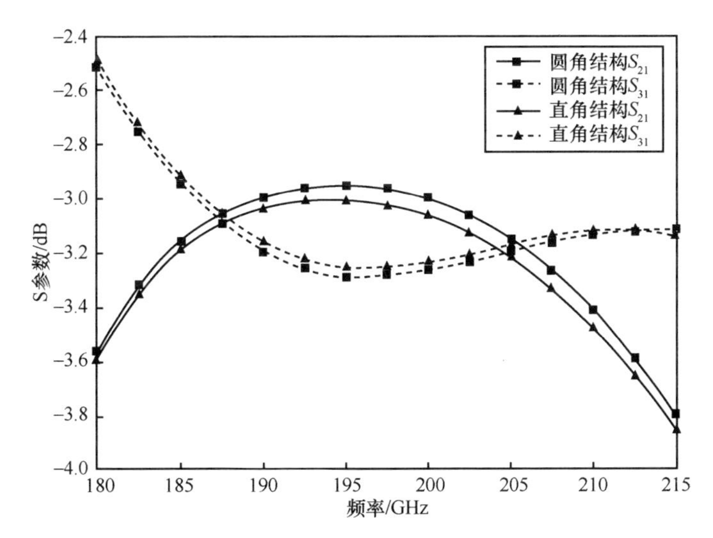

图 4-129　直角结构和圆角结构改进型耦合器仿真结果对比

2. 改进型耦合器与传统结构耦合器性能对比

与不加圆角的传统三分支波导定向耦合器进行对比，仿真结果如图 4-130 所示。从图 4-130 可以看出，虽然传统三分支波导定向耦合器的幅度不平坦度较低，但其有效带宽与改进型耦合器相比减小了 20%。

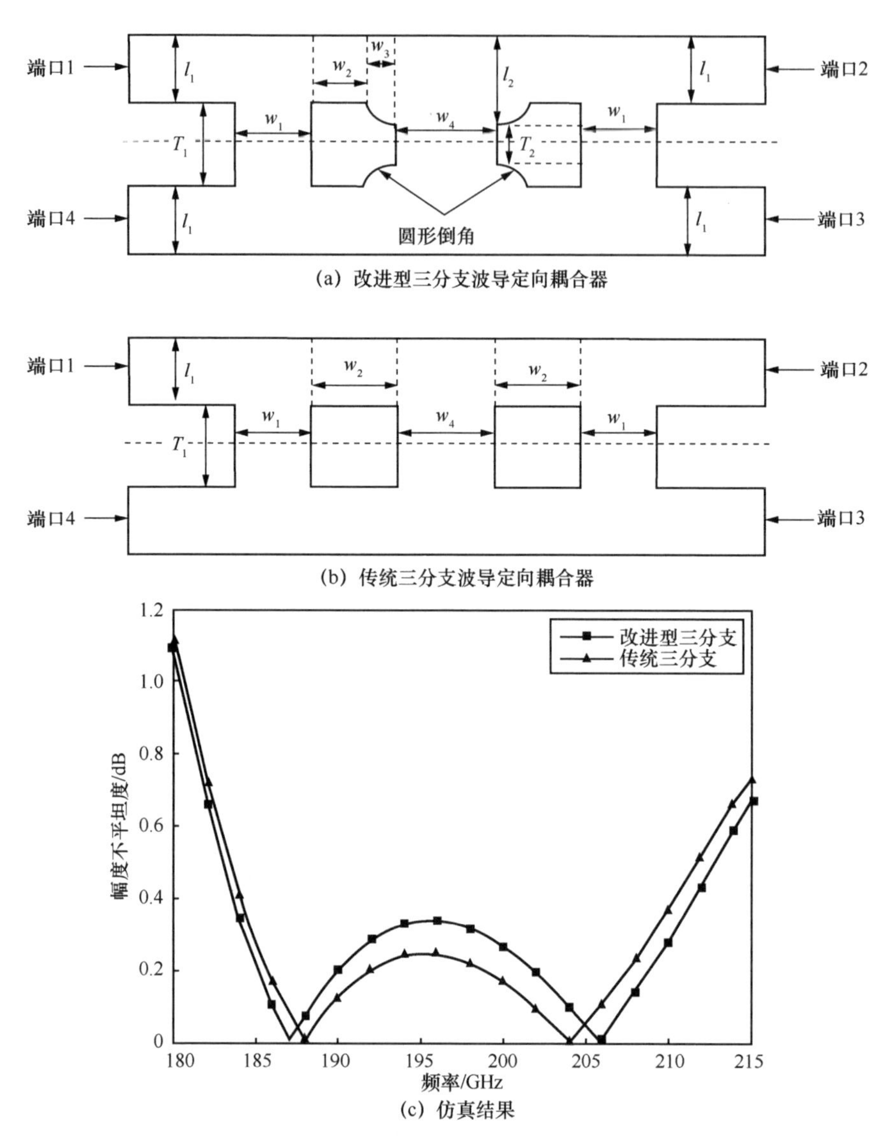

图 4-130　改进型三分支波导定向耦合器和传统三分支波导定向耦合器结构与仿真结果对比

同时，与传统五分支波导定向耦合器进行对比，优化后的五分支波导定向耦合器核心参数为 $w_1 = 0.165\ \text{mm}$ ，$w_2 = 0.198\ \text{mm}$ ，$w_3 = 0.218\ \text{mm}$ 。结构和对比仿真结果如图 4-131 所示，从图 4-131 可以看出，除了中心频率有些差异，耦合器性能基本一致，幅度不平坦度均小于 0.3 dB，具有良好的功率平分性能。但传统五分支耦合器的电路尺寸为 2.36 mm，改进型三分支耦合器的电路尺寸仅为 1.6 mm，尺寸减小了约 47%。

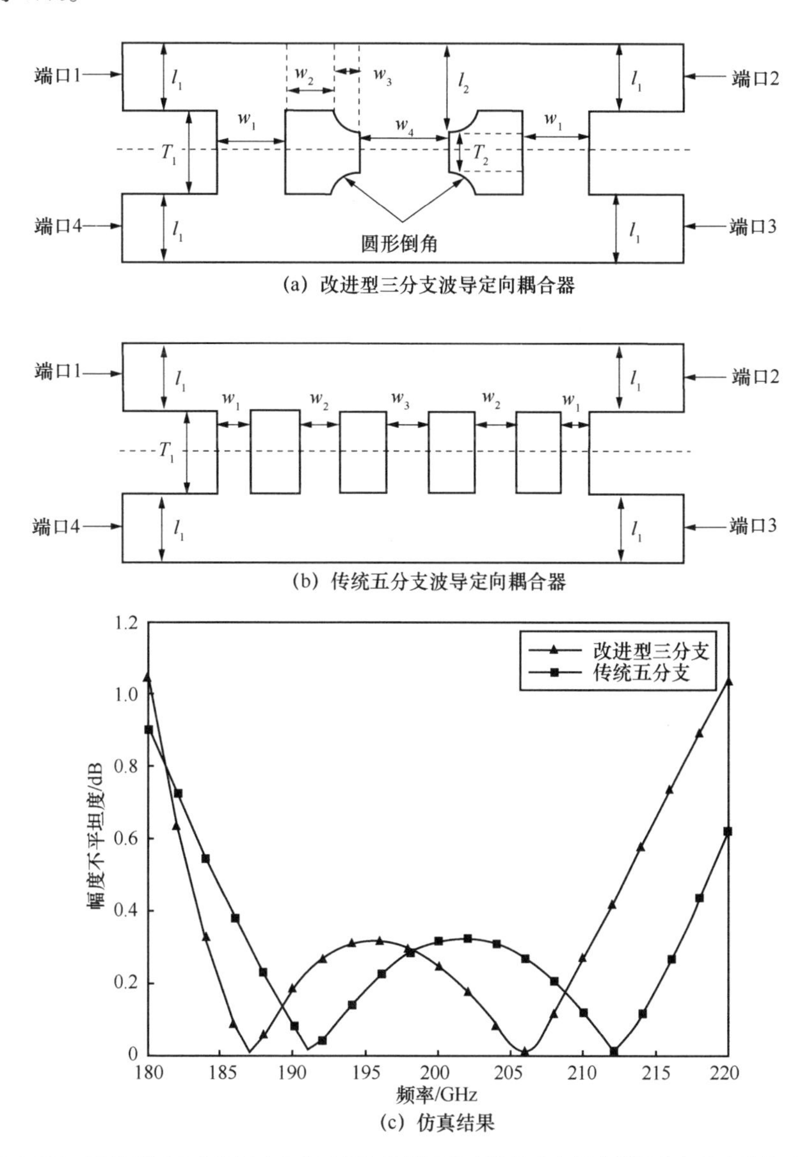

图 4-131　改进型三分支波导定向耦合器和传统五分支波导定向耦合器结构与仿真结果对比

在该频段，传统五分支波导定向耦合器的最窄分支宽度为 0.165 mm，采用数控精密机械加工技术加工时，需要直径为 0.15 mm 的铣刀加工，且加工精度需为 10 μm；改进型三分支波导定向耦合器的最窄分支宽度为 0.3 mm，同样加工方式下，仅需要直径为 0.3 mm 的铣刀即可加工，且加工精度需求仅为 100 μm。同时，当两种结构的耦合器均采用 E 面剖分结构进行加工时，传统五分支波导定向耦合器的最窄分支的深宽比约为 5.01（0.826 mm/0.165 mm），而改进型三分支波导定向耦合器最窄分支的深宽比仅约为 2.75（0.826 mm/0.3 mm）。根据文献[49]的研究，若结构深宽比超过 3，就会对加工工具造成一定影响，加工难度也会相应提高。

综上所述，改进型三分支波导定向耦合器具有尺寸小、带宽大、易加工的优势。

3. 改进型耦合器电路实验验证

为了验证改进型三分支波导定向耦合器的实际性能，对其进行了腔体建模和加工，其腔体模型如图 4-132 所示。与上一节耦合器腔体结构类似，采用 E 面剖分结构，利用销钉对电路进行有效定位，并具有 4 个凹台结构。同样地，改进型三分支波导定向耦合器采用数控精密机械加工技术进行加工，材料为硬铝，加工完成后的耦合器如图 4-133 所示。

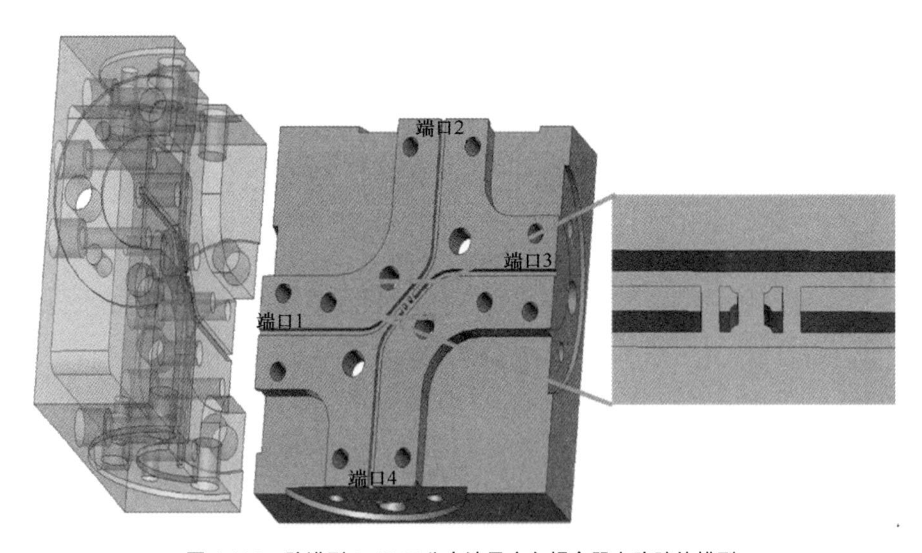

图 4-132　改进型 3 dB 三分支波导定向耦合器电路腔体模型

图 4-133　改进型 3 dB 三分支波导定向耦合器腔体实物照片

4.5　太赫兹腔体滤波器

太赫兹滤波器可以控制整个频段中某处的频率响应，在太赫兹系统中具有重要作用。本节基于矩形波导谐振腔基本理论，对太赫兹波导带通滤波器进行了研究，介绍了一种具有高矩形系数的伪椭圆波导带通滤波器，并介绍了基于数控精密机械加工技术的滤波器加工方式。

广义切比雪夫函数的相应曲线类似于椭圆函数相应曲线，具有通带内等波纹、阻带内具有有限数量的传输零点的特点，所以也被称为伪椭圆函数[51]。与传统切比雪夫函数滤波器相比，伪椭圆函数滤波器的矩形系数更高，带外抑制更好，设计也更灵活[52]，其传输系数表达式为

$$\left|S_{21}(\mathrm{j}\Omega)\right|^2=\frac{1}{1+\varepsilon^2 F_n^{\ 2}(\Omega)} \tag{4-37}$$

其中，滤波函数 $F_n(\Omega)$ 为

$$F_n(\Omega)=\begin{cases}\cos\left[\left(n-n_z\right)\cos^{-1}\Omega+\sum\limits_{k=1}^{n_z}\cos^{-1}\left(\dfrac{\Omega_k\Omega-1}{\Omega_k-\Omega}\right)\right],\left|\Omega\right|\leqslant 1\\ \cosh\left[\left(n-n_z\right)\cosh^{-1}\Omega+\sum\limits_{k=1}^{n_z}\cosh^{-1}\left(\dfrac{\Omega_k\Omega-1}{\Omega_k-\Omega}\right)\right],\left|\Omega\right|>1\end{cases} \tag{4-38}$$

其中，Ω 为归一化频率，定义为滤波器工作频率 ω 与滤波器截止频率 ω_c 的比值，即 $\Omega=\omega/\omega_c$；$\mathrm{j}\Omega_{nz}$ 为滤波器阻带中纯虚数传输零点；n_z 为传输零点的数量。

本节滤波器工作中心频率选定为 216 GHz，波导采用标准波导 WR-4.3，其波导尺寸为 1.092 mm×0.546 mm，选择 TE_{102} 模式作为谐振滤波器的主模，利用高阶模

TE_{301} 简并谐振实现带通特性，谐振腔磁场分布和拓扑结构如图 4-134 所示。

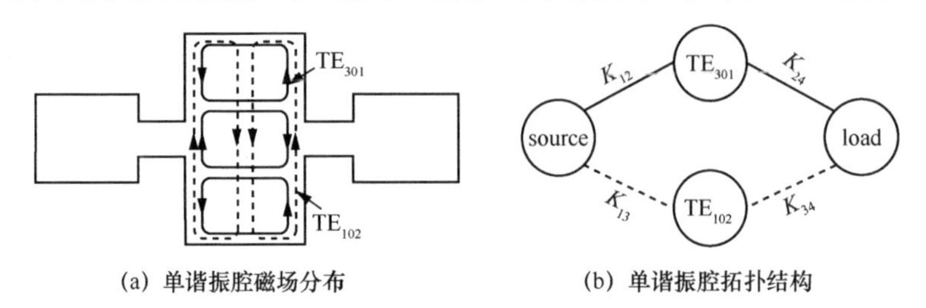

（a）单谐振腔磁场分布　　（b）单谐振腔拓扑结构

图 4-134　矩形波导谐振腔基本结构

由于滤波器的作用是对分谐波混频器上变频后产生的双边带信号的低边带进行抑制，其通带为 210～220 GHz，需要对 210 GHz 以下频段进行抑制，因此传输零点需要设置在 210 GHz 频段附近。经过式（4-38）计算得出单谐振腔尺寸初值，然后对谐振腔进行优化，最终得到的三维模型如所图 4-135 所示，仿真结果如图 4-136 所示。

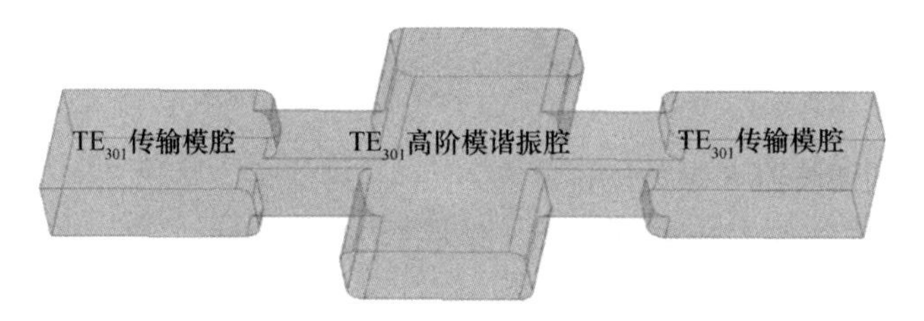

图 4-135　矩形波导单谐振腔基本结构

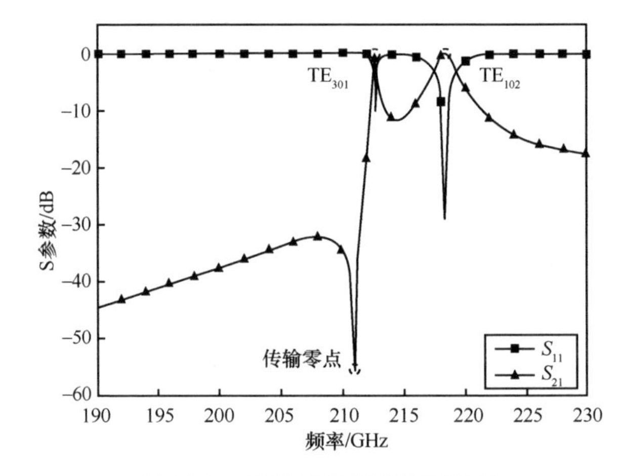

图 4-136　矩形波导单谐振腔仿真结果

从图 4-136 可以看出，传输零点出现在 210.8 GHz，位于通带和阻带的中心位置 210.6 GHz 附近，同时也可以看出，模式 TE_{102} 和 TE_{301} 的两个极点分别出现在 212.6 GHz 和 218.2 GHz。

基于性能和电路尺寸的综合考虑，在单模谐振腔结构的基础上，构建了五阶伪椭圆模波导带通滤波器模型，其结构由一个 TE_{301} 高次模谐振腔和 4 个 TE_{301} 传输模腔构成，如图 4-137 所示。

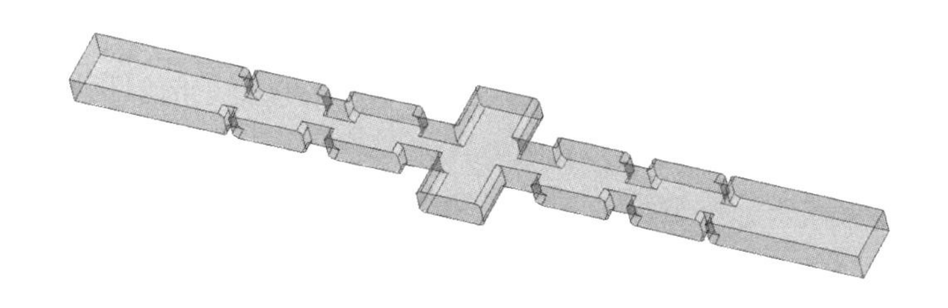

图 4-137　五阶伪椭圆模波导带通滤波器结构模型

该波导带通滤波器 S 参数仿真结果如图 4-138 所示。滤波器通带范围为 212～220 GHz，带内回波损耗优于 20 dB，可保证有用信号顺利通过；阻带低端范围为 200～210 GHz，带外抑制度大于 30 dB，可对镜频信号进行有效抑制。

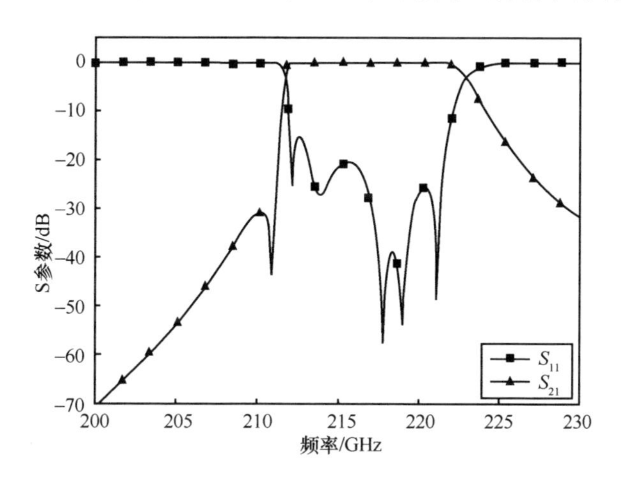

图 4-138　五阶伪椭圆模波导带通滤波器 S 参数仿真结果

最终，对该伪椭圆模波导带通滤波器进行了腔体建模和加工，也同样采用 E 面剖分结构，利用数控精密机械加工技术进行加工，材料为铜，加工完成后的滤波器如图 4-139 所示。

图 4-139　220 GHz 伪椭圆模波导带通滤波器实物

4.6 本章小结

本章围绕太赫兹固态收发前端有源电路混频器、倍频器和无源电路分支波导定向耦合器、腔体滤波器展开。从肖特基势垒二极管的工作机理研究入手，分析了二极管参数对混频器的变频损耗和倍频器的倍频效率的影响，并建立了精确的二极管非线性模型。针对太赫兹高速通信应用背景和多电路集成的实际需求，建立了低损耗分谐波混频器和高效率倍频器的电路模型，优化了电路关键参数，最后结合二极管的非线性精确模型，利用场路结合的研究方法完成了整体电路的优化。同时，本章还对太赫兹接收机前端的无源电路、分支波导定向耦合器和波导带通滤波器进行了理论和仿真研究。分支波导定向耦合器可对倍频器输出功率进行有效监测，而波导带通滤波器则是对混频器进行单边带抑制的重要电路。

参考文献

[1] SCHOTTKY W. Halbleitertheorie der Sperrschicht[J]. Naturwissenschaften, 1938, 26(52): 843.

[2] BRAUN F. Ueber die stromleitung durch schwefelmetalle[J]. Annalen Der Physik Und Chemie, 1875, 229(12): 556-563.

[3] SZE S M, CROWELL C R, KAHNG D. Photoelectric determination of the image force dielectric constant for hot electrons in Schottky barriers[J]. Journal of Applied Physics, 1964, 35(8): 2534-2536.

[4] COWLEY A M, SZE S M. Surface states and barrier height of metal-semiconductor systems[J]. Journal of Applied Physics, 1965, 36(10): 3212-3220.

[5] 伍国珏. 半导体器件完全指南[M]. 北京: 科学出版社, 2009.

[6] NEAMEN D A. Semiconductor physics and devices basic principles, 4rd edition[M]. New York: McGraw-Hill, 2011.

[7] 刘恩科, 朱秉升, 罗晋生. 半导体物理学[M]. 北京: 电子工业出版社, 2008.

[8] CROWELL C R, RIDEOUT V L. Normalized thermionic-field (T-F) emission in metal-semiconductor (Schottky) barriers[J]. Solid-State Electronics, 1969, 12(2): 89-105.

[9] SZE S M, NG K K. Physics of semiconductor devices, 3rd edition [M]. Hoboken: John Wiley & Sons, 2006.

[10] MASSOBRIO G, ANTOGNETTI P. Semiconductor device modeling with SPICE[M]. New York: McGraw-Hill, 1993.

[11] BHAUMIK K, GELMONT B, MATTAUCH R J, et al. Series impedance of GaAs planar Schottky diodes operated to 500 GHz[J]. IEEE Transactions on Microwave Theory and Techniques, 1992, 40(5): 880-885.

[12] BHAPKAR U V, CROWE T W. Analysis of the high frequency series impedance of GaAs Schottky diodes by a finite difference technique[J]. IEEE Transactions on Microwave Theory and Techniques, 1992, 40(5): 886-894.

[13] CROWE T W, GREIN T C, ZIMMERMANN R, et al. Progress toward solid-state local oscillators at 1 THz[J]. IEEE Microwave and Guided Wave Letters, 1996, 6(5): 207-208.

[14] KELLY W M, WRIXON G T. Conversion losses in Schottky-barrier diode mixers in the submillimeter region[J]. IEEE Transactions on Microwave Theory and Techniques, 1979, 27(7): 665-672.

[15] YHLAND K. Simplified analysis of resistive mixers[J]. IEEE Microwave and Wireless

Components Letters, 2007, 17(8): 604-606.

[16] HESLER J L. Planar Schottky diodes in submillimeter-wavelength waveguide receivers[D]. Charlottesville: University of Virginia, 1996.

[17] TANG A Y, STAKE J. Impact of eddy currents and crowding effects on high-frequency losses in planar Schottky diodes[J]. IEEE Transactions on Electron Devices, 2011, 58(10): 3260-3269.

[18] CROWE T W, MATTAUCH R J, ROSER H P, et al. GaAs Schottky diodes for THz mixing applications[J]. Proceedings of the IEEE, 1992, 80(11): 1827-1841.

[19] NOZOKIDO T, CHANG J J, MANN C M, et al. Optimization of a Schottky barrier mixer diode in the submillimeter wave region[J]. International Journal of Infrared and Millimeter Waves, 1994, 15(11): 1851-1865.

[20] TANG A Y. Modelling and characterisation of terahertz planar Schottky diodes[D]. Gothenburg: Chalmers University of Technology, 2013.

[21] CROWE T W. GaAs Schottky barrier mixer diodes for the frequency range 1–10 THz[J]. International Journal of Infrared and Millimeter Waves, 1989, 10(7): 765-777.

[22] BISHOP W L, MCKINNEY K, MATTAUCH R J, et al. A novel whiskerless Schottky diode for millimeter and submillimeter wave application[C]//Proceedings of 1987 IEEE MTT-S International Microwave Symposium Digest. Piscataway: IEEE Press, 1987: 607-610.

[23] THOMAS B, MAESTRINI A, GILL J, et al. A broadband 835–900-GHz fundamental balanced mixer based on monolithic GaAs membrane Schottky diodes[J]. IEEE Transactions on Microwave Theory and Techniques, 2010, 58(7): 1917-1924.

[24] SCHLECHT E, CHATTOPADHYAY G, MAESTRINI A, et al. 200, 400 and 800 GHz Schottky diode "substrateless" multipliers: design and results[C]//Proceedings of 2001 IEEE MTT-S International Microwave Sympsoium Digest. Piscataway: IEEE Press, 2001: 1649-1652.

[25] MARTIN S, NAKAMURA B, FUNG A, et al. Fabrication of 200 to 2700 GHz multiplier devices using GaAs and metal membranes[C]//Proceedings of 2001 IEEE MTT-S International Microwave Sympsoium Digest. Piscataway: IEEE Press, 2001: 1641-1644.

[26] SIMON A, GRUB A, KROZER V, et al. Planar THz Schottky diode based on a quasi vertical diode structure[C]//4th International Symposium Space Technology Terahertz Technology. [S.n.:s.l.], 1993: 392-403.

[27] ALIJABBARI N, BAUWENS M F, WEIKLE R M. Design and characterization of integrated submillimeter-wave quasi-vertical Schottky diodes[J]. IEEE Transactions on Terahertz Science and Technology, 2015, 5(1): 73-80.

[28] AFSAR M N, BUTTON K J. Precise millimeter-wave measurements of complex refractive index, complex dielectric permittivity and loss tangent of GaAs, Si, SiO_2, Al_2O_3, BeO, macor,

and glass[J]. IEEE Transactions on Microwave Theory and Techniques, 1983, 31(2): 217-223.

[29] EPO-TEK. H20E-HC epoxy technology[R]. 2019.

[30] HEJASE J A, PALADHI P R, CHAHAL P P. Terahertz characterization of dielectric substrates for component design and nondestructive evaluation of packages[J]. IEEE Transactions on Components, Packaging and Manufacturing Technology, 2011, 1(11): 1685-1694.

[31] PORTERFIE D W. Millimeter-wave planar varactor frequency doublers[D]. Charlottesville: University of Virginia, 1998.

[32] FABER M T, CHRAMIEC J, ADAMSKI M E. Microwave and millimeter-wave diode frequency multipliers[M]. Norwood: Artech House, 1995.

[33] ERICKSON N. High efficiency submillimeter frequency multipliers[C]//Proceedings of IEEE International Digest on Microwave Symposium. Piscataway: IEEE Press, 1990: 1301-1304.

[34] PORTERFIELD D W. High-efficiency terahertz frequency triplers[C]//Proceedings of 2007 IEEE/MTT-S International Microwave Symposium. Piscataway: IEEE Press, 2007: 337-340.

[35] LIU G, ZHANG B, ZHANG L S, et al. Design of a 340GHz GaAs monolithic integrated sub-harmonic mixer[C]//Proceedings of 2015 Asia-Pacific Microwave Conference (APMC). Piscataway: IEEE Press, 2015: 1-2.

[36] 赵鑫, 蒋长宏, 张德海, 等. 基于肖特基二极管的 450 GHz 二次谐波混频器[J]. 红外与毫米波学报, 2015, 34(3): 301-306.

[37] 顾继慧. 微波技术[M]. 北京: 科学出版社, 2008.

[38] 王文祥. 微波工程技术[M]. 北京: 国防工业出版社, 2009.

[39] 蒋平英. 脊波导定向耦合器的设计与研究[D]. 成都: 电子科技大学, 2007.

[40] REED J, WHEELER G J. A method of analysis of symmetrical four-port networks[J]. IRE Transactions on Microwave Theory and Techniques, 1956, 4(4): 246-252.

[41] REED J. The multiple branch waveguide coupler[J]. IRE Transactions on Microwave Theory and Techniques, 1958, 6(4): 398-403.

[42] MONTGOMERY C G, DICKE R H, PURCELL E M. Principles of microwave circuits[M]. New York: McGraw-Hill Book Co., Inc., 1948.

[43] DAVID M P. 微波工程（第三版）[M]. 张肇仪, 周乐柱, 吴德明, 等译. 北京: 电子工业出版社, 2010.

[44] UHER J, BORNEMANN J, ROSENBERG U. Waveguide components for antenna feed systems: theory and CAD[M]. Norwood: Artech House, Inc., 1993.

[45] REBOLLAR J M, ESTEBAN J, PAGE J E. Fullwave analysis of three and four-port rectangular waveguide junctions[J]. IEEE Transactions on Microwave Theory and Techniques, 1994, 42(2): 256-263.

[46] SIEVERDING T, ARNDT F. Modal analysis of the magic tree[J]. IEEE Microwave and Guided Wave Letters, 1993, 3(5): 150-152.

[47] ACCATINO L, BERTIN G. Design of coupling irises between circular cavities by modal analysis[J]. IEEE Transactions on Microwave Theory and Techniques, 1994, 42(7): 1307-1313.

[48] MACPHIE R H, WU K L. Scattering at the junction of a rectangular waveguide and a larger circular waveguide[J]. IEEE Transactions on Microwave Theory and Techniques, 1995, 43(9): 2041-2045.

[49] RASHID H, MELEDIN D, DESMARIS V, et al. Novel waveguide 3 dB hybrid with improved amplitude imbalance[J]. IEEE Microwave and Wireless Components Letters, 2014, 24(4): 212-214.

[50] SOBIS P J, STAKE J, EMRICH A. A 170 GHz 45 hybrid for submillimeter wave sideband separating subharmonic mixers[J]. IEEE Microwave and Wireless Components Letters, 2008, 18(10): 680-682.

[51] PIERRE J, JACQUES B. 微波与射频滤波器的设计技术及实现[M]. 张永亮, 译. 西安: 西安电子科技大学出版社, 2016.

[52] 肖红. W 频段准椭圆波导带通滤波器研究[D]. 太原: 中北大学, 2019.

第5章

太赫兹天线

太赫兹天线用于辐射和探测太赫兹波，是太赫兹无线通信系统中不可缺少的设备。太赫兹天线的性能，特别是天线的工作带宽和增益直接影响整个系统的质量。由于工作频段的特殊性，太赫兹天线具有频带宽、分辨率高、方向性强、小型化等优点。但是，由于器件尺寸大大减小，太赫兹天线的封装受到了材料和工艺的限制。因此，太赫兹天线在天线型号、制造材料、工艺技术等方面都有更严格的要求。如何使太赫兹天线有效地辐射太赫兹波是太赫兹天线面临的一个难点问题。

目前使用的太赫兹天线大多采用毫米波天线进行改进，对太赫兹天线的创新较少。因此，为了提高太赫兹通信系统的性能，需要对太赫兹天线进行优化[1-6]。图 5-1（a）给出了具有代表性的光电子相结合的太赫兹无线通信系统，图 5-1（b）所示为风洞测试场景。从德国目前的研究现状来看，其研发也存在工作频率低、成本高、效率低等缺点。CSIRO ICT 中心也启动了太赫兹室内无线通信系统的研究，研究了辐射频率与时间的关系，如图 5-2 所示。从图 5-2 可以看出，到 2020 年，无线通信的研究趋向于太赫兹频段，使用无线电频谱的最大通信频率每 20 年大约增加 10 倍，该中心对太赫兹天线的需求提出了建议，并确认了太赫兹通信系统的喇叭、发射机、透镜等传统天线。CSIRO ICT 中心生产的两种太赫兹喇叭天线如图 5-3 所示，两种喇叭天线分别工作在 0.84 THz 和 1.7 THz，每种天线结构简单，高斯波束性能良好。

(a) KIT 220 GHz无线通信系统

(b) 风洞测试场景

图 5-1　德国研究太赫兹通信的示例

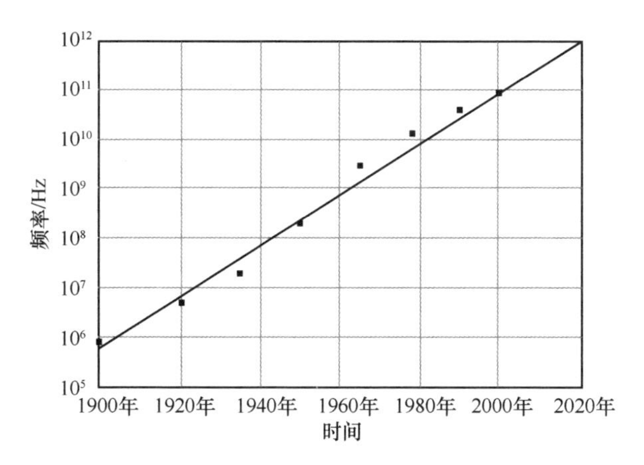

图 5-2　辐射频率与时间的关系

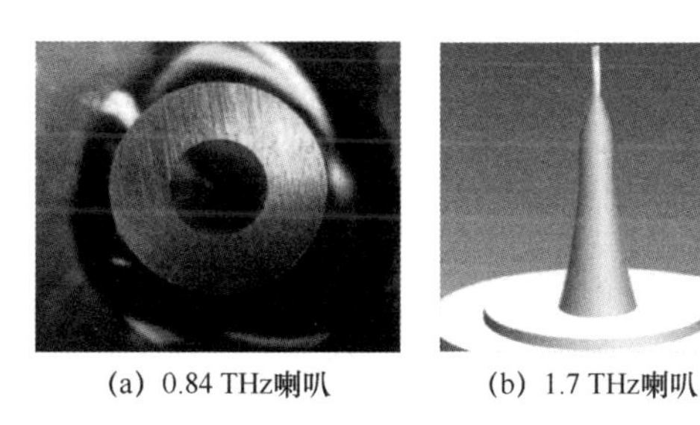

(a) 0.84 THz喇叭　　(b) 1.7 THz喇叭

图 5-3　CSIRO ICT 中心生产的两种太赫兹喇叭天线

美国对太赫兹波的发射和探测进行了广泛的研究。著名的太赫兹研究机构包括喷气推进实验室（JPL）、斯坦福直线加速器中心（SLAC）、国家实验室（LLNL）、国家航空航天局（NASA）、国家科学基金会（NSF）等。这些研究机构设计了适用于太赫兹的蝶形天线和频率波束导向天线等新型太赫兹天线。根据太赫兹天线的发展，我们可以得到当前太赫兹天线的 3 种基本设计思路，第一种是在传统微波天线的基础上，采用频率比标度法进行设计；第二种是在高增益平面天线的基础上，对介质层进行优化；第三种是基于新型材料，设计高精度天线[7-12]。以上分析表明，虽然很多国家对太赫兹天线给予了很大的重视，但它仍处于初步探索和发展阶段。太赫兹天线由于传播损耗和分子吸收高，常常受到传输距离和覆盖范围的限制[13-14]。此外，一些研究侧重于太赫兹频段的较低工作频率[15]。目前，对太赫兹天线的研究主要集中在利用介质透镜天线来提高增益，以及利用合适的算法来提高通信效率。此外，如何提高太赫兹天线封装的效率也是一个课题[16-17]。

5.1 太赫兹天线的基本类型

太赫兹天线有很多类型，包括带偶极子的金字塔腔、角度反射器阵列、领结偶极子、介质透镜平面天线、产生太赫兹辐射源的光导天线、太赫兹喇叭天线、基于石墨烯材料的太赫兹天线等[18]。根据太赫兹天线的制造材料，可以大致将其分为金属天线（主要是喇叭天线）、介质天线（基于透镜天线）和新材料天线。本章首先对这些天线进行初步的分析，然后对 5 种典型的太赫兹天线进行详细的介绍和深入的分析。

5.1.1 金属天线

喇叭天线是一种典型的金属天线，它是一种工作在太赫兹频段的天线。经典的毫米波接收器的天线是一个锥形喇叭。波纹型和双模天线具有许多优点，包括旋转对称的辐射模式，高增益为 20～30 dBi，低交叉极化水平为−30 dB，耦合效率为 97%～98%。两种喇叭天线的可用带宽（相对带宽）分别为 30%～40%和 6%～8%。

由于太赫兹波的频率非常高，喇叭天线的尺寸很小，这使梢端角加工困难，特别是在天线阵的设计中，工艺的复杂性使设计制造成本很高，产量也有限。由于复杂喇叭底部设计制造困难，因此通常采用锥形或锥形喇叭形式的简单喇叭天线，这既可以降低成本和工艺复杂性，又可以保持天线良好的辐射性能。

另一种金属天线是行波角立方天线，它由集成在 1.2 μm 介质膜上的行波天线悬浮在硅片上蚀刻的纵向空腔组成，如图 5-4 所示。该天线为开放式结构，与肖特基二极管兼容。由于其结构相对简单，制造要求低，一般可在 0.6 THz 以上频段使用。但天线的副瓣电平和交叉极化电平较高，这可能与天线的开放结构有关。因此其耦合效率相对较低（约 50%）。

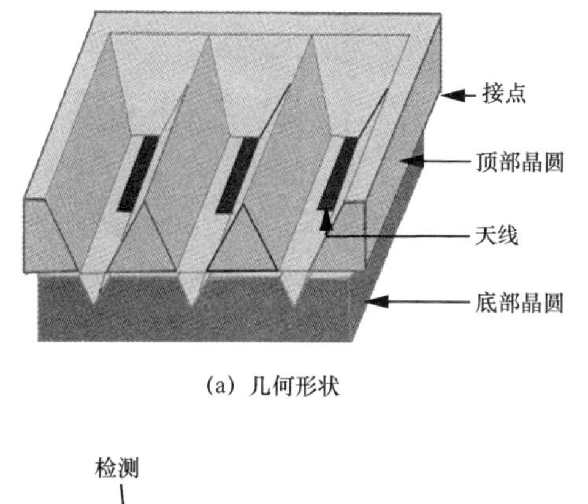

(a) 几何形状

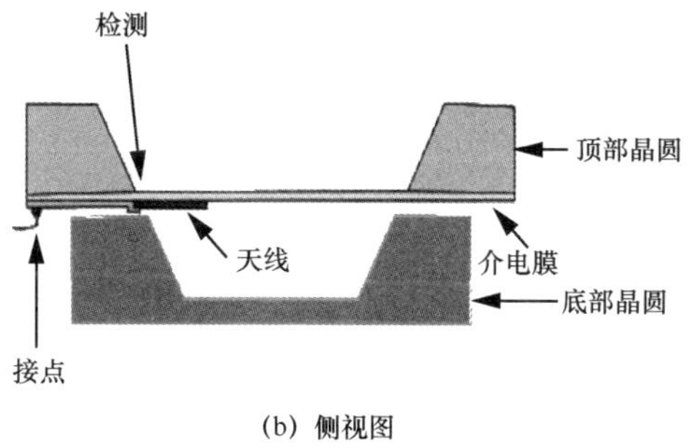

(b) 侧视图

图 5-4　行波角立方天线

5.1.2　介质天线

介质天线是介质衬底和天线辐射体的结合。通过适当的设计，介质天线可以实现与检波器的阻抗匹配，并具有工艺简单、易于集成、成本低等优点。近年来，研究人员设计了几种可与太赫兹介质天线的低阻抗检波器匹配的窄带和宽带平面天线，分别是领结天线、双 U 形天线、对数周期天线和对数周期正弦天线，如图 5-5 所示。此外，利用遗传算法可以设计出更复杂的弯曲线天线几何形状。然而，由于介质天线与介质衬底相结合，当频率趋于太赫兹频段时，会产生面波效应（也称为厚介质模式）。这一致命的缺点在操作过程中会造成大量的能量损失，并导致天线辐射效率显著降低。如图 5-6 所示，当天线辐射角大于截止角时，其能量被困在介质衬底中，并与衬底模式耦合。

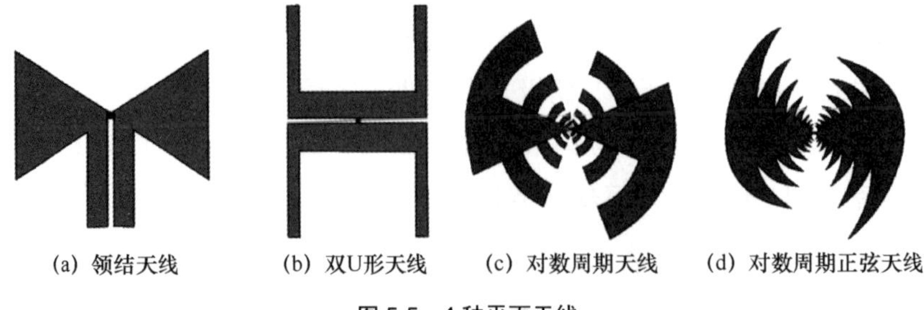

图 5-5　4 种平面天线

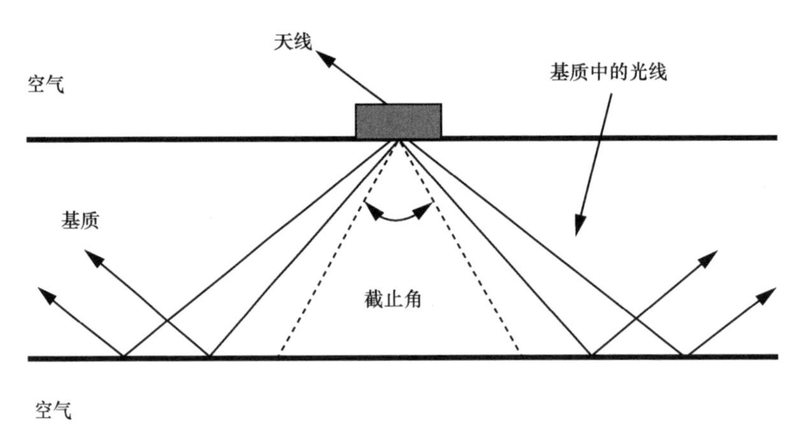

图 5-6　天线面波效应原理

随着衬底厚度的增加，衬底中的高阶模也增加。然而，这些高阶模在基板中反复辐射，使天线辐射的能量相互耦合。随着高阶模的增加，天线与衬底介质的耦合效率增加，导致能量损失。

为了减弱面波效应，有以下 3 种优化方案[19]。

① 将透镜加载在天线上，利用透镜的聚束特性来增加增益。

② 减小衬底厚度，抑制电磁波高阶模的产生。

③ 用电磁带隙（Electromagnetic Band Gap，EBG）代替衬底介质材料，EBG 的空间滤波特性可以降低高阶模。

5.1.3　新材料天线

除上述两种天线外，还有一种新材料制成的太赫兹天线。例如，2006 年，

Jin 等[20]提出了一种碳纳米管偶极子天线，详细研究了碳纳米管偶极子天线的红外和光学特性。如图 5-7 所示，偶极子由碳纳米管而不是金属材料制成。研究结果表明，该天线可以实现不同频率的多个谐振点。显然，碳纳米管偶极子天线在一定的频率范围（较低的太赫兹频率）内表现出共振，而在此范围以外则表现出强烈的阻尼。

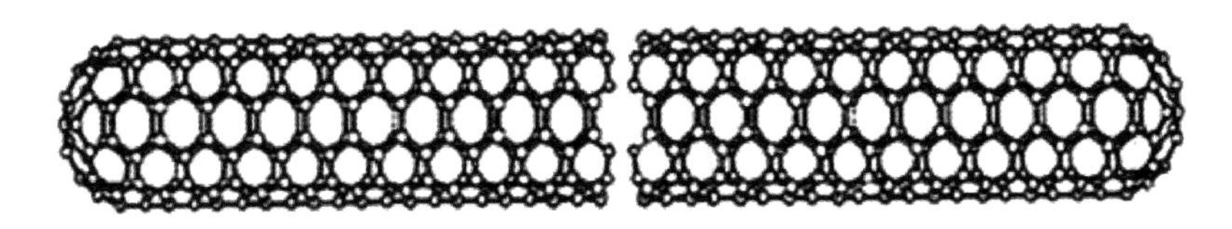

图 5-7　碳纳米管偶极子天线

2012 年，Mahmoud 等[21]提出了一种基于碳纳米管的新型太赫兹天线结构，该结构由包裹在两个介电层中的一束碳纳米管组成。内电介质层为介质泡沫层，外电介质层为超材料层，具体的结构如图 5-8 所示。经测试，与单壁碳纳米管相比，该天线的辐射性能得到了提高。

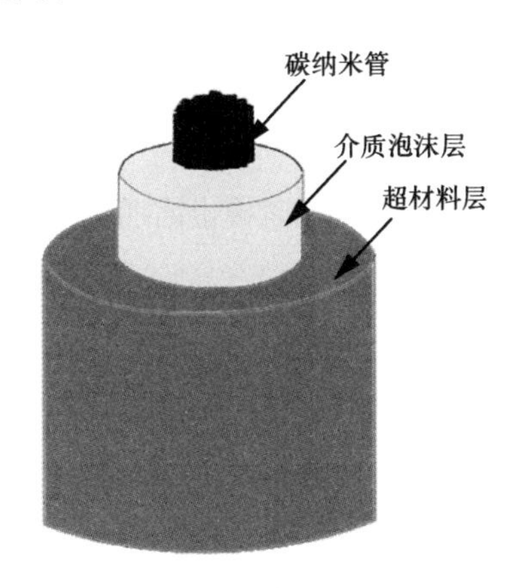

图 5-8　新型碳纳米管天线结构

上述研究的新材料太赫兹天线主要是三维的。为了提高天线的带宽和制造保形天线，平面石墨烯天线越来越受到人们的青睐。石墨烯具有优良的动态连续控制特性，可调节偏置电压和表面等离子体激元（Surface Plasmon Polariton, SPP）。正介电常数衬底（如 Si、SiO_2 等）与负介电常数衬底（如贵金属、石墨烯等）的界面存在表面等离子体激元[22]。在贵金属和石墨烯等导体中存在大量的自由电子，这些自由电子也被称为等离子体。由于导体中存在固有的势场，这些等离子体处于稳定状态，没有外界干扰。当入射电磁波能量耦合到这些等离子体上时，等离子体偏离稳态而振动。转换后的电磁模在界面处形成以横向磁模形式传播的波。根据德鲁德模型对金属表面等离子体色散关系的描述，金属不能与自由空间中的电磁波自然耦合并转换能量，需要使用其他材料来激发表面等离子体波[23]。表面等离子体波在金属与基体界面平行方向迅速衰减，当金属导体沿垂直于表面的方向导电时，会产生趋肤效应[24]。显然，由于天线的小尺寸和高频处的趋肤效应，其性能急剧下降，无法满足太赫兹天线的要求。相反，石墨烯可以实现大范围的光吸收和光调控。在太赫兹频段，石墨烯的带内跃迁占主导，等离子体的集体振荡使石墨烯具有优异的表面等离子体材料性能。石墨烯的表面等离子体不仅具有更高的结合和更低的损耗，而且支持连续的电调谐。此外，石墨烯在太赫兹频段具有复合电导率。因此，慢波传播与太赫兹频率下的等离子体模式有关。这些特性充分证明了在太赫兹频段使用石墨烯替代金属材料的可行性。

基于石墨烯表面等离子体激元的极化行为，Naghdehforushha 等[25]提出了一种新型的带状天线，结构如图 5-9 所示，同时提出了等离子体波在石墨烯中的传播特性的带形。天线可调频带的设计为研究新型材料太赫兹天线的传播特性提供了新的途径。

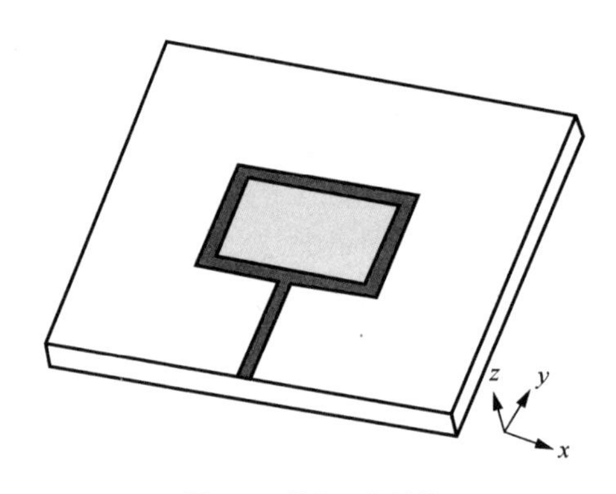

图 5-9　带状天线结构

除了探索一种单一的新材料太赫兹天线元件外，石墨烯纳米贴片太赫兹天线被设计成阵列[26]，用于构建太赫兹多输入多输出天线通信系统，天线结构如图 5-10 所示。基于石墨烯纳米贴片天线的独特特性，天线元件具有微米尺度的尺寸。化学气相沉积直接在薄镍层上合成不同的石墨烯图像，并将它们传输到任何衬底上。这种设计理念有助于不同天线阵列的设计。通过选择适当的器件数量和改变静电偏置电压，可以有效地改变辐射方向，使系统可重构。例如，Liu 等[27]提出使用孔径石墨烯和贴片石墨烯天线设计圆极化分束器。然而，这种设计存在生产效率低的问题。显然，人们迫切需要改进太赫兹天线的生产技术，以满足人们对高效率太赫兹天线的生产需求。除了优化天线性能，通过创建基于石墨烯的太赫兹反射阵列和精确的三维通道模型，文献[28]实现了一种高效的无线通信系统。

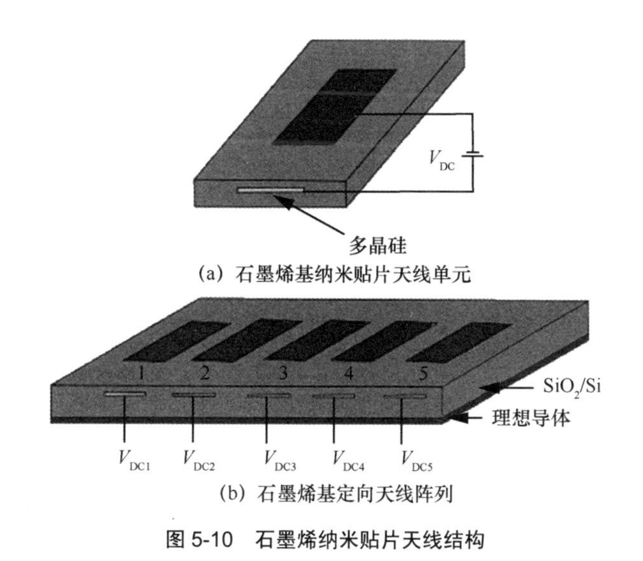

图 5-10 石墨烯纳米贴片天线结构

材料的创新有望突破传统天线的局限，发展出多种新型天线，如可重构超材料[29]、二维材料[30]。然而，这种类型的天线主要依赖于新材料的创新和工艺技术的进步。

无论如何，发展太赫兹天线需要创新的材料、精密的加工工艺和新颖的设计结构，以满足太赫兹天线高增益、低成本和宽带宽的要求。本节简要介绍了金属、介质和新材料 3 种基本太赫兹天线，并说明了它们的区别和优缺点，概括如下。

（1）金属天线。金属天线几何形状简单，易于加工，成本相对较低，对基片材料要求较低。但金属天线采用的是机械调整天线位置的方法，容易出错。如果调整不正确，天线的性能会大大降低。这种金属天线虽然体积小，但很难组装成平面电路。

（2）介质天线。介质天线具有较低的输入阻抗，易于与低阻抗检波器耦合，与平面电路的连接相对简单。介质天线的几何形状包括蝶形、双 U 形、对数周期和对数周期正弦。然而，介质天线也有一个致命的缺陷——厚衬底引起的面波效应。解决方案是装入透镜，用 EBG 结构代替衬底介质。这两种解决方案都需要依靠工艺技术和材料的创新以及不断改进，其优异的性能（如全向性和面波抑制）可以为太赫兹天线的研究提供新的思路。

（3）新材料天线。目前有碳纳米管制成的新型偶极子天线和超材料制成的新型天线结构。新材料可以带来新的性能突破，但前提是材料科学的创新。目前，新型材料天线的研究还处于探索阶段，许多关键技术还不够成熟。

综上所述，可以根据设计要求选择不同类型的太赫兹天线。

（1）如果追求产品简单和生产效率高，可以选择金属天线。

（2）如果追求低成本和低输入阻抗，可以选择介质天线。

（3）如果需要在性能上有突破，可以选择新材料天线。

以上设计也可根据具体要求进行调整。例如，将两种天线组合在一起可以获得更多的优势，但组装方法和设计技术需要满足更严格的要求。

5.2 典型的太赫兹天线

本节对目前最先进的太赫兹天线进行了研究和分析，详细介绍和分析了 5 种太赫兹天线，包括太赫兹光导天线、太赫兹喇叭天线、太赫兹透镜天线、太赫兹微带天线和太赫兹片上天线。

5.2.1 太赫兹光导天线

太赫兹光导天线（下文简称为光导天线）常用于太赫兹波的产生和检测。光导天线的创新和发展对太赫兹通信系统及其相关领域产生了影响。本节主要介绍了光导天线的研究背景、工作原理、典型光导天线以及光导天线的优化方案。

就光导天线的起源而言，飞秒宽度的太赫兹波最早是由贝尔实验室的 Auston 等[31]在 1985 年提出的。该设计首先开发了太赫兹时域光谱系统，经过十几年的发展，这种基于光子的太赫兹源方法越来越受欢迎，并逐渐发展成为一门新的学科，在太赫兹波的产生和探测方面取得了重大突破。

当激光束照射到光导半导体（如 GaAs、InP 等）开关上时，在开关上产生电子–空穴对。如果光导开关间隙中有一个外电场，通常是由直流电压产生的，就形成了电流。此时，如果激光信号在足够短的时间内（约 100 fs），则产生的光导电流就可以产生太赫兹信号。图 5-11 是光导天线的原理示意。光导天线的天线模型基本上包括天线间隙、电极和光导衬底。天线间隙是激光脉冲直接照射光导材料的位置。激光脉冲集中在电极之间的间隙，被光导衬底吸收。通常，为了增强主分量的方向性和增益，在主分量上加载一个透镜，以提高耦合效率，并在法线方向产生太赫兹波。

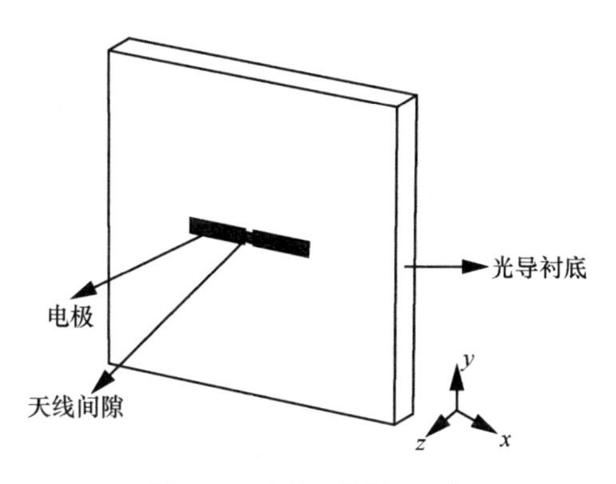

图 5-11　光导天线原理示意

光导天线的辐射性能主要取决于飞秒激光脉冲、光导衬底材料和天线几何形状 3 个因素。目前的激光脉冲可以达到飞秒级，后续的创新需要继续发展。对衬底材料的一般要求是载流子寿命短、载流子迁移率快、电阻率高。光导天线常用的衬底是 GaAs、GaP 和 ZnTe。例如，一些研究人员利用 GaAs 设计了一种带宽为 0.1～0.25 THz 的光导天线。更有效的光学材料是近期研究的热点，首先被提出的是偶极子光导天线，其次是大孔径光导天线，这两种类型都得到了广泛的研究和应用。下面，分析光导天线的典型结构。光导天线的几何形状可以有多种，典型的有偶极子光导天线和大孔径光导天线。其中，领结光导天线是偶极子光导天线的变形，对数螺旋光导天线常用于大口径天线集成。

（1）领结光导天线

领结光导天线可实现多频段功能，具有重量轻、体积小、结构简单等优点，但是天线的方向性不够。为了改善天线的弱方向性，可以将硅透镜和人工磁导体相结合。研究者提出了一种电容负载偶极子天线，并实现了阵列，测量结果表明，该阵列的峰值方向性可提高 2 dB；此外，还引入了一种金属薄膜覆盖层，研究结果表明该方法方向性强、效率高；最后，设计了太赫兹栅格天线和阵列。图 5-12 为不同光导天线在孔径效率、辐射效率和方向性方面的性能比较。

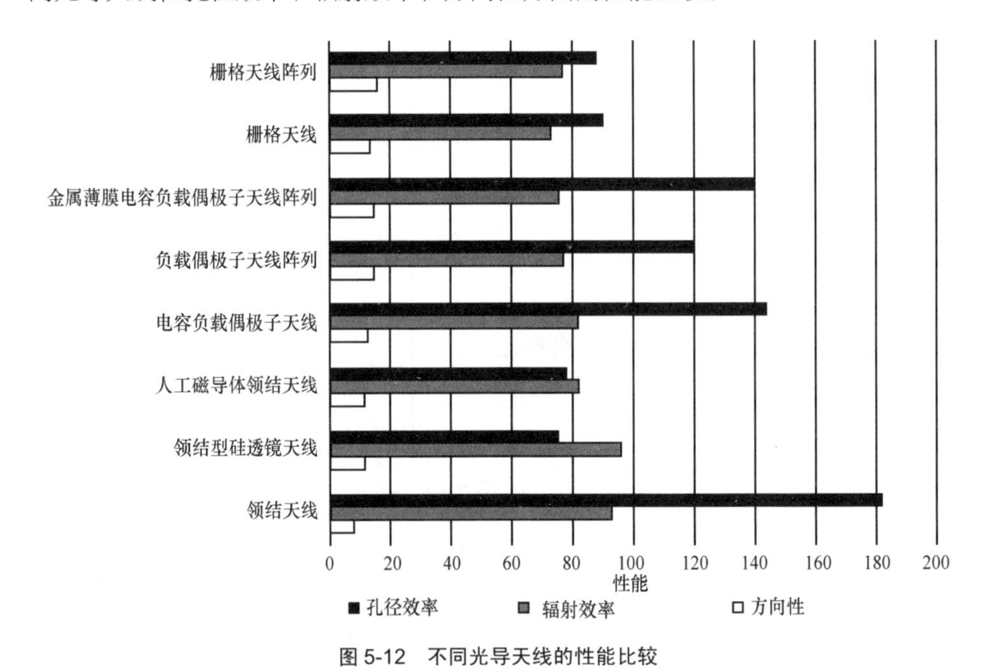

图 5-12　不同光导天线的性能比较

从图 5-12 可以看出，栅格天线阵列的方向性最好，而领结天线的孔径效率优于其他类型的天线。这些天线具有高辐射效率、高方向性和高孔径效率的优点，可作为太赫兹天线设计的参考。2017 年，Saurabh 等[32]设计并分析了用于太赫兹的领结光导天线。通过测量，该天线在 1.64 THz 时的回波损耗为 33.96 dB，在 1.25 THz 时的最大增益为 2.22 dBi。通过以上分析可以看出，领结光导天线具有结构简单、结构紧凑、小型化、成本低等优点。尺寸、衬底材料和几何形状的改进可以促进光导天线的创新。

（2）对数螺旋光导天线

对数螺旋光导天线是一种具有代表性的天线，它可以被切断到有限尺寸以获得不同频率。对数螺旋光导天线的研究有很多，大多应用于大面积光导发射机。

研究人员设计了一系列带有对数螺旋光导天线的太赫兹发射机，可用于产生高功率脉冲。因此，对数螺旋光导天线具有提高输出功率的潜力。对数螺旋光导天线在 0.1～2 THz 频率时具有低电抗优势[33]。2008 年，人们开始使用两个全波电磁求解器（HFSS 和 CST）对 600 GHz 的天线和透镜进行建模，并计算输入阻抗，设计结构如图 5-13（a）所示。实验研究了透镜对天线输入阻抗的影响，结果表明，在 0.2～1 THz 频段输入阻抗基本不变。对数螺旋光导天线集成透镜结构如图 5-13（b）所示。经比较，对数螺旋光导天线具有较高的辐射效率和方向性，同时具有较宽的太赫兹频段，频率可达 5.0 THz。

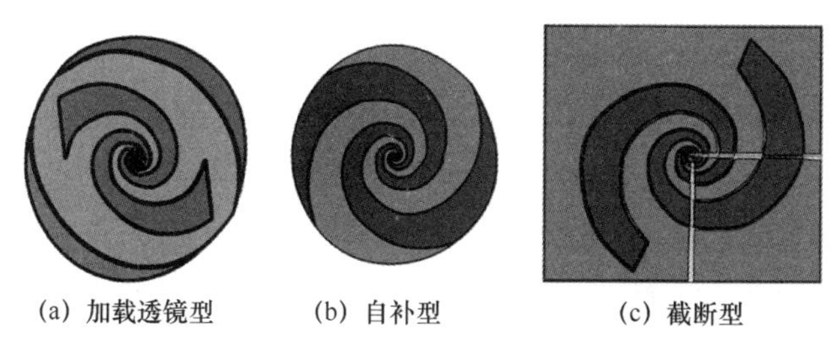

(a) 加载透镜型　　(b) 自补型　　(c) 截断型

图 5-13　3 种对数螺旋光导天线的几何形状

当螺旋臂末端锋利时，其末端反射相对较小。但是末端部分的网格密度较大，增加了计算机的工作量。因此，研究者仿真研究了几种不同的端切方法对天线性能的影响。通过比较可以发现，带有尖端的天线工作在 0.1～2 THz 范围内，其增益高达 21.98 dBi。而截止端天线的工作频率为 0.1～3 THz，可以提高计算机效率。显然，后者的函数优化效果更好，其天线结构如图 5-13（c）所示。

综上所述，由于对数螺旋光导天线具有恒定的辐射阻抗和较低的电抗，因此在光导发射机中得到了广泛的应用。目前工作频段基本处于太赫兹的低频段，对其高频段的研究还比较缺乏。未来的研究需要向太赫兹的更高频段发展，因此对数螺旋光导天线的研究还有很多工作要做。

以上通过对光导天线的背景、工作原理和典型实例的介绍可以看到，宽带太赫兹源可以应用于通信、成像、光谱和安全等领域。但是目前的光导天线还存在材料损耗大、光电转换效率低、输出功率低等问题。目前的研究主要包括加载硅透镜、利用等离子体共振、利用光子晶体等，这些方法可用于提高光导天线的效率和方向性。Yu 等介绍了一种全介电元件透镜，该元件透镜在 1 THz 时具有较高的透射效率和几乎准直的性能，在检测方面也可以相互补充。与传统的超球形硅透镜相比，这种透镜更轻、更薄，且具有更强的准直能力，为开发高性能集成光导太赫兹天线铺平了道路。Garufo 等针对光导天线色散弱、辐射效率低的问题提出了一种主成分加载透镜，结构如图 5-14（a）所示，该结构是为了克服散射和辐射效率差的问题而设计的。Berry 等通过建立不同的金属阵列，实现了等离子体共振，解决了光导天线输出功率低的问题，其中两种光导天线电极结构如图 5-14（b）所示。Rahmati 等提出了一种有缺陷的光子晶体衬底，其几何形状如图 5-14（c）所示。该衬底由在固体衬底上钻孔的二维孔阵列组成，以改善太赫兹光导天线的辐射特性。

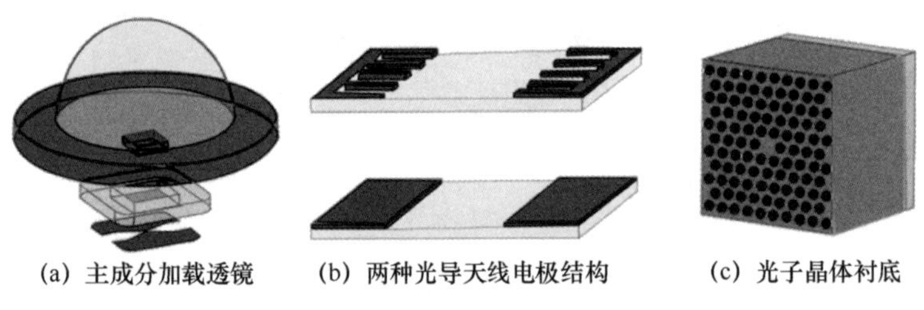

(a) 主成分加载透镜　(b) 两种光导天线电极结构　(c) 光子晶体衬底

图 5-14　3 种优化的光导天线原理

为了进一步研究太赫兹光导天线，Garufo 等引入了一种新型的脉冲光导源等效电路，用于显示光导间隙与天线之间的耦合。

不同几何形状的光导天线结构如图 5-15 所示。通过以上对光导天线的介绍，我们对光导天线有了一个大致的了解。光导天线的创新对太赫兹辐射技术的发展具有重要意义。然而，目前的光导天线存在转换效率低等缺点，且在基板材料、几何结构和新技术等领域仍处于发展阶段。

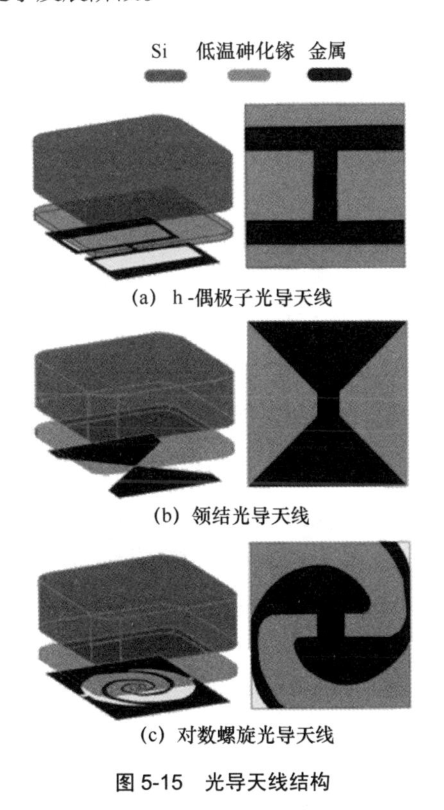

(a) h-偶极子光导天线

(b) 领结光导天线

(c) 对数螺旋光导天线

图 5-15　光导天线结构

5.2.2　太赫兹喇叭天线

在高速太赫兹通信系统中，喇叭天线可以作为独立天线，也可以作为透镜天线或发射天线的馈源。喇叭天线由于其结构简单、性能好、交叉极化低、频带宽等优点，在高增益太赫兹天线中得到了广泛的应用。由于太赫兹波的频率很高，在自由空间中太赫兹波的路径损耗比毫米波严重得多，因此太赫兹基站天线需要一个非常高的增益来满足太赫兹通信系统的距离或额外的路径损耗的要求。目前，对太赫兹喇叭天线的研究在提高增益方面具有很大的潜力。

近年来，在高增益太赫兹喇叭天线的研制方面取得了不少成果。例如，Chahat等提出了一种用无氧铜金属块制作的多角度喇叭天线，结构如图 5-16（a）所示。该天线工作在 1.9 THz，优化后的方向性可达 31.7 dB，交叉极化电平低于−22 dB。

但是这种喇叭天线由很多部件组成，所以制造成本高，时间长，装配复杂。因此，Fan 等提出了一种新的高度集成的辐射结构，该结构采用喇叭天线结合 E 面喇叭和双 H 面反射器，利用标准 WR2.2 波导激发高辐射增益。其设计的天线采用太赫兹喇叭天线作为主要馈线，结构如图 5-16（b）所示；同时，利用低成本的商业铣削技术建立了样机。该喇叭天线工作在325～500 GHz频段，天线增益超过26.5 dBi，特别是在 500 GHz，最大增益为 32.0 dBi，辐射效率超过 43.75%。很明显，喇叭天线可以作为低成本和高性能的参考原型。研究人员设计了 3 种工作在 300 GHz 的高增益天线（矩形喇叭天线、卡塞格伦喇叭天线和偏置抛物面型天线），其中矩形喇叭天线的增益为 25 dBi，原型如图 5-16（c）所示。

(a) 多角度喇叭天线

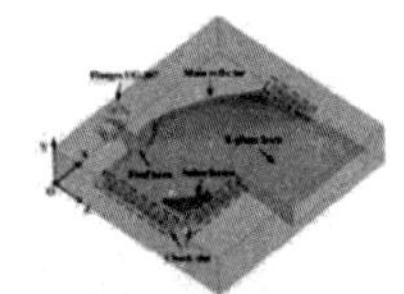
(b) E面喇叭天线

(c) 矩形喇叭天线

(d) 双频喇叭天线

图 5-16　4 种太赫兹喇叭天线

图 5-16 中前 3 种喇叭天线均为单频带喇叭天线，而具有丰富频谱信息的多频带喇叭天线在通信系统中比较流行，但是太赫兹喇叭天线非常小而且很难制造。针对这一现象，Wang 等[34]研制了工作在 94 GHz 和 340 GHz 的双频喇叭天线。如图 5-16（d）所示，该几何结构由波纹锥形喇叭和锥形介质条组成。锥形喇叭的工作频率为 94 GHz，而插入的介质条允许喇叭同时工作在 340 GHz。该设计具有低交叉极化、高端口隔离、高频率比等优点。另外，两个频段的增益可以独立调节，且设计组装简单，易于制造。Zhu 等[35]提出了一种工作在 750～1 000 GHz 的 H 面介质喇叭天线。它具有良好的性能，与平面电路集成和硅制造相兼容，但具有较大的尺寸和较低的增益。为了进一步研究，可以通过选择适当大小的六边形波导来实现圆极化喇叭天线[36]。

从上述喇叭天线的研究结果可以看出，目前的主流趋势是发展低成本、高增益、紧凑、多频带的喇叭天线。喇叭天线如果处理不当，会流出一些电流，影响喇叭天线的性能。下面介绍太赫兹喇叭的优化方案，目前的优化方案主要是波纹处理和加载透镜。

（1）波纹处理

采用合适的工艺将波纹槽雕刻在锥形喇叭上，就可以得到波纹喇叭天线。不同的工艺处理和不同的结构设计可以达到不同的效果。与传统喇叭天线相比，波纹喇叭天线改善了图案并降低了交叉极化水平。

波纹喇叭的工作原理是通过波纹壁影响内部电磁场的分布[37]。图 5-17（a）所示为波纹喇叭纵断面，波纹能改变波导传播的场。图 5-17（b）所示为波纹喇叭天线在孔径内的电场，天线孔径内电场近似为线性。显然，波纹喇叭有两大优点：一方面，纹波可以很好地抑制纵向电流；另一方面，波纹槽附近的磁场急剧减弱。

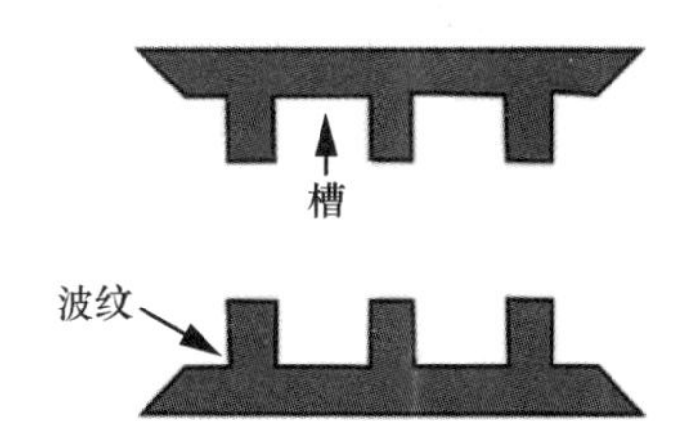

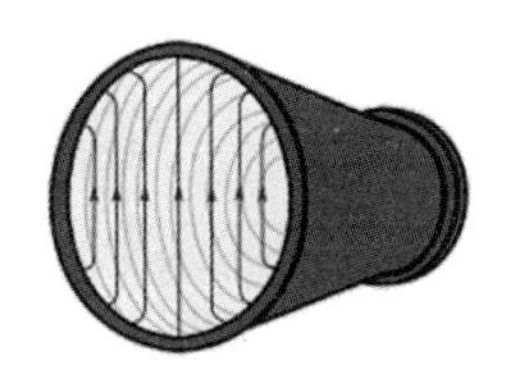

(a) 波纹喇叭纵断面　　(b) 波纹喇叭天线在孔径内电场

图 5-17　波纹喇叭工作原理

关于波纹喇叭天线的新技术研究有很多。例如，Tajima 等[38]利用低温共烧陶瓷（Low-Temperature Cofired Ceramic，LTCC）技术设计波纹喇叭天线。该天线工作在 300 GHz，并使用多层 LTCC 衬底的空腔和周围通过屏障形成馈电空心波导，如图 5-18（a）所示。由于喇叭天线的垂直配置，其波形和阶梯型轮廓被设计成接近光滑的金属表面。天线的峰值增益为 18 dBi，带宽为 100 GHz，回波损耗超过 10 dB，并且天线尺寸非常小，可以将喇叭天线集成到收发器中。该设计的创新之一是空心结构，与其他 LTCC 天线相比，空心结构相对有效，而波纹的使用使喇叭天线表现出更好的辐射图案对称性和更好的高斯分布。

根据不同的波形加载方式，波纹喇叭天线可分为径向槽型、标量槽型和轴向槽型 3 种类型。径向槽型波纹加工过程过于困难，且标量槽型波纹喇叭的开口角较大。轴向槽型波纹喇叭可在喇叭的外侧加工，制造简单。例如，Wang 等[39]设计了工作频率为 191 GHz 的太赫兹 H 面喇叭天线，在 H 面平壁同轴天线喇叭外加载轴向开槽波纹，结构如图 5-18（b）所示。该天线可以减弱壁面电流传播对天线辐射特性的干扰，有效提高天线的定向辐射能力，最大轴比增益为 9.8 dBi，方向性好。该设计最大的亮点是将波纹设计在喇叭的外面，这样很容易加工。

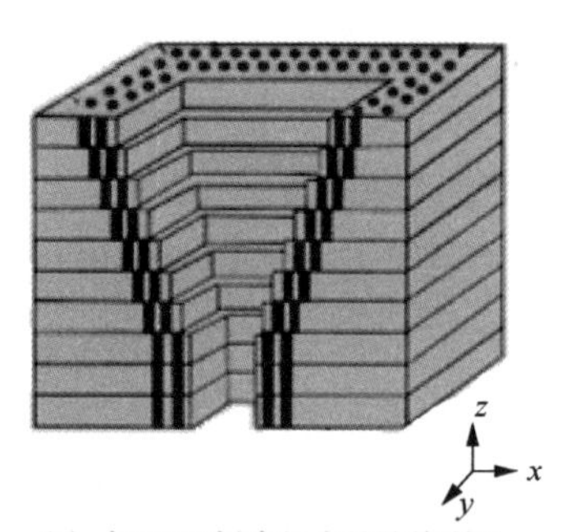

(a) 与LTCC衬底组合的波纹喇叭

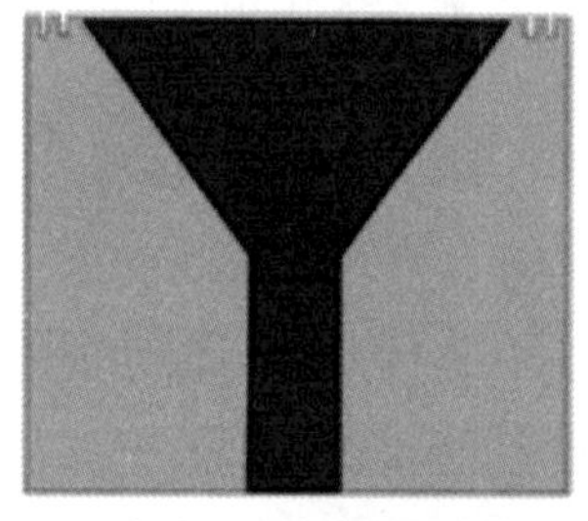

(b) 轴向开槽波纹加载的喇叭

(c) 波纹圆孔喇叭

(d) 基于铝材料加工的波纹喇叭

图 5-18　4 种波纹喇叭

尽管上述喇叭天线在结构上进行了优化，但目前这些天线仍存在旁瓣高、增益低、带宽不足等缺点。波纹喇叭可以以相同的相速度传播高阶模态波，大大扩展了工作带宽。因此，如何设计具有高耦合效率的波纹喇叭是至关重要的。Jiang 等提出了一种基于微机电系统技术的波纹圆孔喇叭，结构如图 5-18（c）所示。该天线可以实现对称的波束辐射性能，减少交叉偏振，对高斯波束的耦合效率高达 96%。另外，有学者根据波纹喇叭的特性设计了工作在 0.22 THz 的背靠背波纹喇叭，耦合效率高达 97.5%，在 0.2～0.24 THz 频段能保持 96% 以上的耦合系数。

从之前的分析中可以看出，波纹喇叭天线当前的频率大多在 0.1～1 THz，未涉及更高频段。Gonzalez 等通过直接加工单个铝块，设计并制作了两种不同的 1.25～1.57 THz 带波纹喇叭，如图 5-18（d）所示。第一种几何形状是一个长锥形波纹喇叭，第二种几何形状是基于 9 个不同锥形截面的轮廓。测量结果与模拟结果基本一致，满足高光束质量、低交叉偏振、宽带宽的应用要求。该天线可用于射电天文学领域，不同的加工工艺和波纹设计会产生不同的效果。上述研究结果显示了波纹喇叭天线高增益、低交叉极化电平的特性、多样化的纹波加载方式以及喇叭天线的工作频率。

（2）加载透镜

除了本身的结构设计和工艺之外，还有加载透镜的优化方案。透镜聚焦特性可以提高太赫兹天线的指向性和增益。因此，加载透镜是一种实用且通用的方法。现有的研究成果包括通过 H 面喇叭天线加载透镜实现太赫兹频段引信天线；在波纹喇叭馈电天线上加载开槽菲涅耳透镜，可使天线增益增加 12.5 dBi；加载一种新型“well”字叠加透镜，其加工方法和装配相对容易，工作频带为 320～380 GHz，增益高于 26.4 dBi，可以聚焦太赫兹波，满足太赫兹通信系统的要求。加载不同几何形状的不同透镜也有差异。例如，Li 提出了一种高增益的领结天线，它可以在磷化铟（InP）衬底上加载子弹型硅透镜。通过比较半球形和子弹型这两种透镜型天线的辐射特性可知，在片上安装子弹型硅透镜可获得更高的效率、带宽和增益。上述 4 种加载透镜的喇叭天线原型如图 5-19 所示。通过对太赫兹喇叭天线的性能比较可知，喇叭天线大部分工作在太赫兹波的低频范围内，天线增益可达 35.5 dBi。这些太赫兹天线可以通过纹波处理和加载透镜来实现。

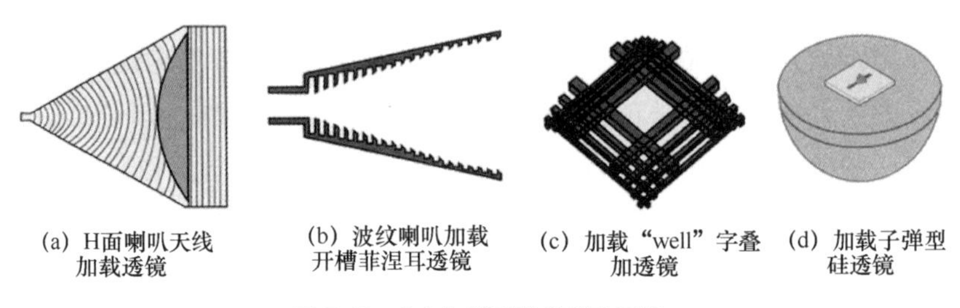

图 5-19　4 个加载透镜的喇叭天线

通过对上述太赫兹喇叭天线的性能进行比较可以看出，喇叭天线大部分工作在太赫兹波的低频范围内，天线增益可达 35.5 dBi。这些太赫兹天线可以通过纹波处理和加载透镜来实现。通过以上对喇叭天线的分析，我们可以了解喇叭天线在太赫兹频段应用的优缺点，并针对喇叭天线提出两种优化方案，此外，还可以对喇叭的材料、尺寸和几何形状等方面进行深入研究。

5.2.3　太赫兹透镜天线

透镜具有聚焦和成像能力，可以提高太赫兹天线的性能，如降低旁瓣电平和交叉极化电平，实现良好的指向性和高增益。目前，有两种常见的透镜：加速透镜和延迟天线。它们是通过减小和增加电磁波路径的电长度来分类的。前者的相速度大于光速，典型为 E 面金属板透镜；后者的相速度小于光速，具有代表性。

金属板透镜是由金属板平行排列而成的。电磁波通过金属板透镜，如同在波导中传输一样。由于折射率与金属板间距有很大关系，金属板透镜对频率非常敏感，不适合太赫兹天线的设计。由于金属板透镜精度高，加工难度大，在太赫兹频段使用的金属板透镜很少。近年来，人们研制出了一种满足太赫兹天线设计要求的人工透镜——介质透镜。

介质透镜是用低损耗介质制作的，通常是中间较厚，周围较薄，具有聚焦和成像特性。介质透镜可以制成椭球形、半球形、过半球形和膨胀半球形等不同形状。

一般来说，随着衬底厚度的增加，能量将向电介质层辐射更多。Rebeiz 研究了这一现象，并以偶极子天线为例，研究了在半无限厚度衬底上的偶极天线的辐射功率，如图 5-20 所示，其中实线是介质介电常数为 11.7 时的天线辐射，虚线是介质介电常数为 4 时的天线辐射。从图 5-20 中可以看出，偶极子天线将大部分能量辐射到介电层，所以介质损耗很大，反之，如果用辐射到介质层的能量作为辐射能，则该层的能量为辐射能，可以大大提高天线的增益和方向性。因此，采用介质透镜代替上述半无限介质层，仿真结果几乎无偏差，满足天线设计要求。

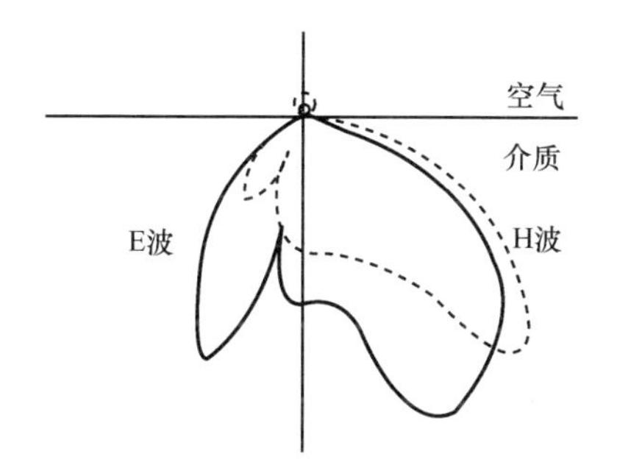

图 5-20 电介质层上偶极子天线的辐射功率分布

太赫兹透镜天线制造相对简单，材料要求低，成本低，易于集成[40]。总体来说，透镜天线是目前非常有前途并满足太赫兹天线设计要求的天线。目前流行的晶状体有两种：硅晶状体和人工制备的具有延迟特性的金属晶状体。

Llombart 等[41]设计的天线是由漏波导馈电的扩展半球形硅透镜集成阵列，集成度高，可采用激光微加工技术制作天线样机。Hossain 等设计的天线中的镜头由一个平面对数螺旋馈电，通过适当改变透镜的长度和直径，可以控制和优化远场辐射光束，以达到目标带宽，工作频率为 0.625 THz，最大方向性可达 30.8 dB，表现出良好的辐射性能。显然，太赫兹硅透镜天线通常用于集成天线或阵列设计，以实现紧凑的太赫兹天线。有研究者提出了一种基于龙勃透镜的多波束天线，该天线集成了龙勃和麦克斯韦鱼眼，有助于实现太赫兹抗干扰通信系统；此外，在硅透镜上共形涂覆了一层 SUEX 薄膜，将反射损耗降低到 4%以下[42]。

人造金属透镜可以设计成共形的或平面的，而且易于制造。因此，近年来，金属透镜作为新型天线的研究受到了广泛的关注。Hao 等[43-44]使用低成本的商业金属铣削技术结合金属透镜来制造具有非金属结构的太赫兹天线，而 Moseley 等则采用全金属太赫兹透镜天线。与传统透镜相比，人造金属透镜具有更小的面积和更宽的频带。6 种具有代表性的太赫兹透镜天线的几何结构如图 5-21 所示。综上所述，人造金属透镜可以优化弱方向性和低增益天线（如喇叭、波导等）的性能，其聚焦特性也可以降低旁瓣和交叉极化电平，为太赫兹天线的设计提供了方便。目前，硅透镜和金属透镜的应用非常广泛。硅透镜常用于集成天线设计，金属透镜可以手工制造。将透镜与新技术或其他类型的太赫兹天线相结合的研究需要人们进一步的努力。未来的太赫兹透镜天线可以小型化设计，以满足低成本和高增益的要求。

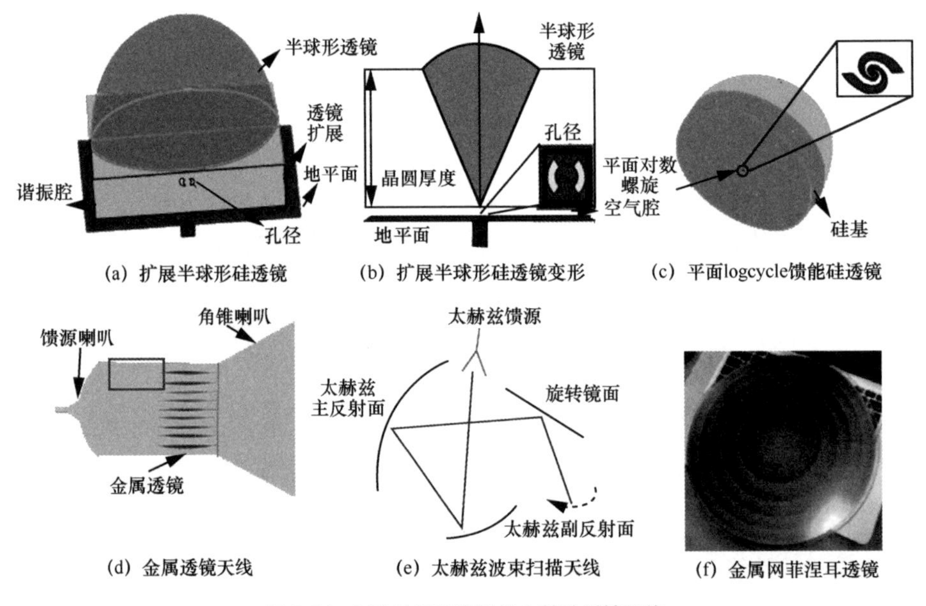

图 5-21　6 种具有代表性的太赫兹透镜天线

5.2.4　太赫兹微带天线

微带天线是由一种带金属贴片的薄介质衬底所设计的。微带天线体积小，重量轻，制造简单，可穿戴，适合大批量生产。近年来，发展起来的微带天线有多种类型，包括 T 型、开槽型、堆叠型、单频带和双频带。由于太赫兹微带天线的衬底非常薄且对频率敏感，目前，对太赫兹微带天线的研究主要集中在太赫兹（0.1～1 THz）的低频范围。本节将微带天线分为两个频段进行分析。对于低频段太赫兹微带天线，设计方法多种多样，最新的研究结果如下。

Zhang 等提出了一种基于双面多通道开环谐振器的优化太赫兹微带天线，如图 5-22（a）所示。在天线基板的两个表面，相同的多路开环谐振器（Multi Split Ring Resonator，MSRR）连接到馈线。双频微带天线一般采用 T 型结构。Wang 等[45]研究了一种新型双频太赫兹微带天线，如图 5-22（b）所示。天线设计基于双 T 型槽的原理。双 T 型的辐射间隙加载在辐射的金属贴片上，可以改变表面电路的路径，达到双频共振的效果。

Khulbe 等[46]也设计了 T 型双频微带天线，但他们通过优化衬底体积来提高增益。与 Wang 等采用的基板材料不同，Khulbe 等设计了一种基于环氧树脂（FR-4）基板上 T 型贴片的双频同轴馈电槽微带贴片天线，如图 5-22（c）所示。该槽由铜对称切割而成，这种结构的实施提供了更好的方向性和辐射效率。这种太赫兹微带天线适合各种应用，如快速和安全的数据传输、生物医学应用、雷达和太赫兹成像、纳米天线应用等。Khulbe 等使用的环氧树脂基板成本相对较低，在太赫兹频段具有很低的吸收损耗、小的抑制和对人体的高方向性，非常适合制造可穿戴微带天线。

此外，Paul 等[47]利用光子带隙（Photonic Band Gap，PBG）衬底和缺陷的结构（Defected Ground Structure，DGS）设计了宽频带（26.4 GHz）和小尺寸微带天线。首先设计了一种紧凑的矩形微带贴片天线；然后引入 PBG 结构作为衬底，在这种情况下，天线的性能显著提高；接着在地平面上制造缺陷，同时优化缺陷的大小；最后在辐射贴片上做了一些环槽，以达到最佳效果。通过优化，提高了增益和带宽。天线的原型如图 5-22（d）～图 5-22（g）所示，其中，RMP（Rectangular Microstrip Patch）表示矩形微带贴片天线。

除了单微带天线外，天线阵列可以提供更好的方向性和增益。Rabbani 等[48]使用液晶聚合物作为衬底，其工作频率分别为 0.835 THz、0.635 THz 和 0.1 THz。几何图形如图 5-22（h）所示。该设计可以在一个简单的印刷电路板（Printed Circuit

Board，PCB）上制作，适合多种医学应用，包括通过太赫兹光谱学检测癌症、通过多普勒雷达或体外技术检测生命体征。但是工作在太赫兹频段的微带天线具有较低的增益，因此对太赫兹微带天线的研究主要基于如何提高增益。

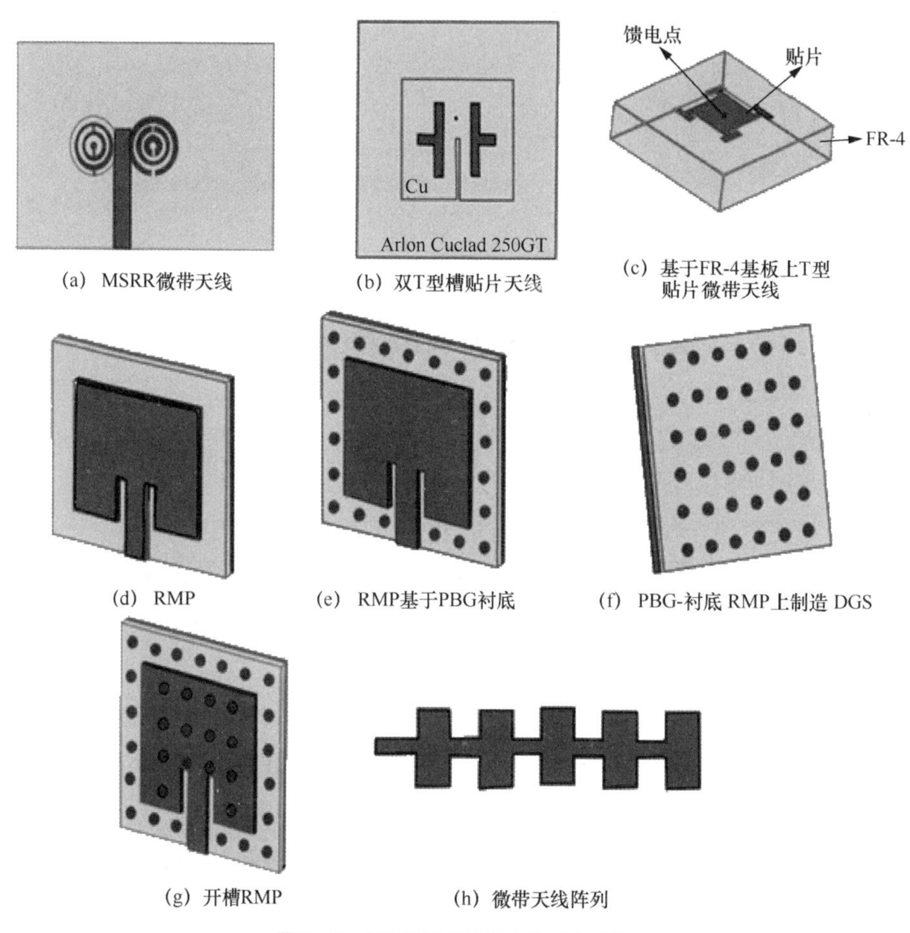

(a) MSRR微带天线　(b) 双T型槽贴片天线　(c) 基于FR-4基板上T型贴片微带天线

(d) RMP　(e) RMP基于PBG衬底　(f) PBG-衬底 RMP上制造 DGS

(g) 开槽RMP　(h) 微带天线阵列

图 5-22　低频段太赫兹微带天线的原理

2016年，Brar等设计了一种使用FR-4基板的太赫兹堆叠微带天线，如图5-23（a）所示，利用抑制效应原理检测了半导体的特性。

2017年，Prince等提出了一种带开槽的矩形太赫兹微带贴片天线，如图5-23（b）所示。该天线由铜制成，并在地平面上开矩形槽，回波损耗非常低，在谐振频率下增益为 4.254 dBi，可用于生物医学应用中维生素的检测。显然，太赫兹频段的微带天线也具有较低的增益性能，可以从材料和结构设计方面入手进行优化。

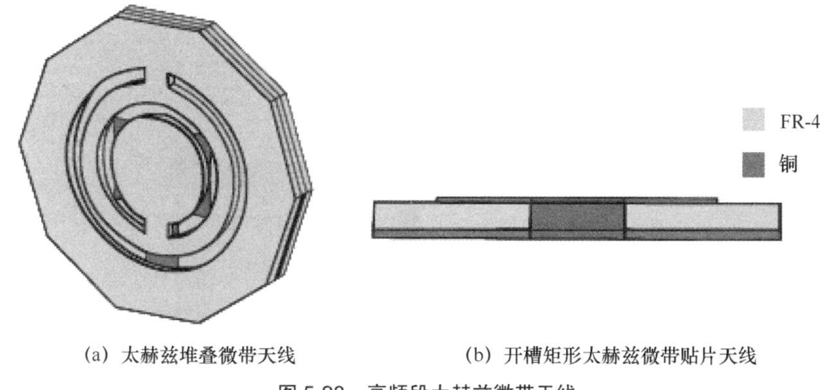

(a) 太赫兹堆叠微带天线　　(b) 开槽矩形太赫兹微带贴片天线

图 5-23　高频段太赫兹微带天线

基于以上对太赫兹微带天线的分析，太赫兹微带天线的辐射性能还需要进一步优化。综上所述，在太赫兹微带天线低频段的研究已经取得了很多成果，但对于高频段的太赫兹微带天线的研究还处于发展阶段。更好的特性与衬底的选择对天线的辐射性能有很大的影响。如何对性能进行优化是未来太赫兹微带天线的重要研究方向之一。

5.2.5　太赫兹片上天线

由于传输链路长、损耗大，芯片上的太赫兹高频信号会受到很大的衰减。同时，在如此长的连接中，各部分之间很难做到良好的阻抗匹配。因此，在芯片上集成太赫兹天线是可能的，也是必要的。封装技术的快速发展促进了太赫兹片上天线的实现，如基于互补金属氧化物半导体（Complementary Metal Oxide Semiconductor, CMOS）和 SiGe 的封装技术。矩形贴片天线是最常用的片上天线结构，不仅设计简单，而且易于满足 CMOS 技术的设计要求。例如，在同一芯片上集成多频带矩形贴片实现频率检测功能，天线工作频率分别为 1.6 THz、1.9 THz、2.6 THz、3.1 THz、3.4 THz 和 4.1 THz。但矩形片上天线的馈线截面过长或过窄，而且天线在矩形板上的面积较大，增益较小，带宽太窄，波束没有聚焦。

采用加载介质和使用阵列等方法可以提高片上天线的增益和带宽。例如，Deng等[49]在2015年提出了一种0.34 THz的片上三维天线，增益为10 dBi，辐射效率为80%。然后，他们使用标准的0.13 μm SiGe BiCMOS技术，提出了140 GHz和320 GHz两个端发射片上天线。采用加载介质的准八木天线概念，如图5-24所示。后者具有更宽的带宽和更紧凑的结构。

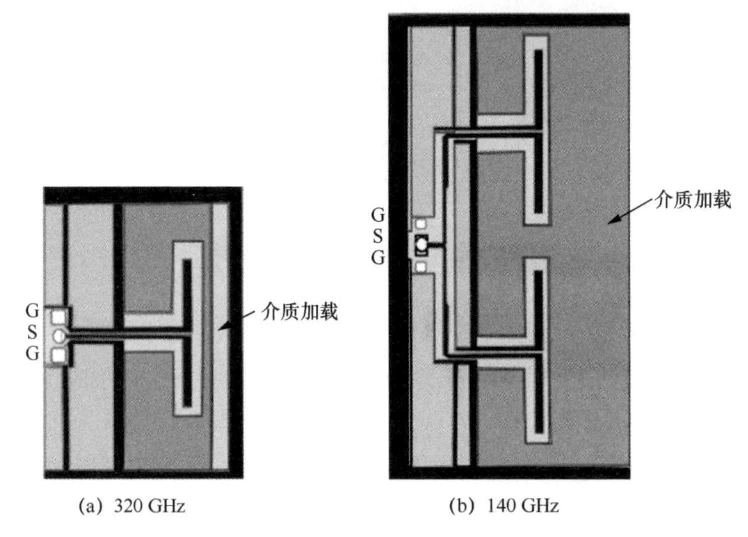

(a) 320 GHz　(b) 140 GHz

图5-24　天线阵列片上天线的显微

谐振腔天线带宽较大，尺寸较大，增益较低，如Shang和Yu设计的谐振腔天线，覆盖0.239～0.281 THz，增益为−0.5 dBi。在实际应用中，高阶模介质振荡器将是一种很有前途的技术，它可以通过简单的装配加工来提高太赫兹片上天线的性能，而且不需要额外的面积消耗[50]。2018年，Hou和Chen等提出了一种带片上介质谐振天线的270 GHz九倍频链，其3 dB带宽为33 GHz（0.258～0.291 THz），结构如图5-25所示。

传统片上天线因其成本低、体积小、电路切换简单、易于形成阵列等优点成为太赫兹天线设计的首选。例如，片上相控阵可以提供电子束转向和空间功率组合，以及空间滤波和多址访问的能力[51-52]。但是由于片上天线的固有结构限制，导致片上天线辐射效率过低。

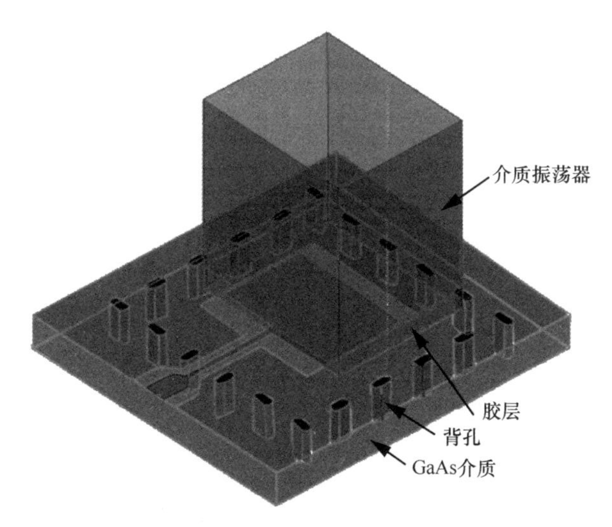

图 5-25　带片上介质振荡器的天线结构

本节详细分析了光导天线、喇叭天线、透镜天线、微带天线和片上天线等几种经典的太赫兹天线，包括工作原理、分类、性能比较等。几种天线的优缺点分析如下。

（1）光导天线

该天线应用于太赫兹辐射源。其光电转换效率、输出功率、方向性和增益对太赫兹辐射源的辐射性能有很大的影响。比较成熟的是偶极子光导天线和大孔径光导天线，其中典型的天线有领结光导天线和对数螺旋光导天线。目前，光导天线仍存在材料损耗大、光电转换效率低、输出功率低的缺点。因此有必要对光导天线进行优化，这可以通过加载硅透镜、等离子体共振和光子晶体来实现。优化光导天线的思路主要从天线几何形状、材料选择和新技术 3 个方面进行。通过创新，希望能够提高光导天线的辐射性能，从而促进太赫兹技术的发展。

（2）喇叭天线

该天线具有结构简单、交叉极化低、工作频带宽、增益高的优点。但在集成化和小型化方面存在一定的困难，可以通过波纹处理和加载透镜来实现优化。复杂的波纹喇叭天线虽然比其他喇叭天线具有更好的辐射性能，但其工艺复杂、精度要求高、成本高。低成本、结构简单的喇叭天线具有较好的方向性和较高的增益，得到了广泛的应用。目前已应用的太赫兹喇叭天线基本工作在 0.3 THz 附近，在太赫兹高频段喇叭天线较少，这与喇叭的工艺技术有关。喇叭天线的另一个致命缺陷是不易连接到平面电路，难以形成天线阵列。

（3）透镜天线

透镜的聚焦特性可用于降低天线的旁瓣电平和交叉极化电平，使天线获得更好的方向性和更高的增益。目前最基本的透镜是硅透镜和金属透镜，主要用于集成天线设计和小面积天线设计。透镜天线在太赫兹频段是最受欢迎的，它具有良好的方向性和高增益，并且很容易与平面天线连接。然而，透镜天线存在表面波效应和介质损耗，在不久的将来有必要对其材料和几何结构进行优化。

（4）微带天线

该天线具有体积小、制造简单、易磨损等优点。虽然已经研制出了许多太赫兹微带天线，但大多集中在太赫兹的较低频段，且增益低、带宽窄。衬底材料对微带天线的电磁性能有很大的影响。

（5）片上天线

该天线可以解决机械天线开关电路的缺点，而且体积小，制作简单，成本低，易于集成和阵列检测器设计，但增益较低，带宽较窄。目前研究的主要方向是如何提高片上天线的增益和带宽。

综上所述，5 种典型的太赫兹天线各有优缺点。光导天线主要用于制造太赫兹辐射源。光导天线利用飞秒激光脉冲照亮天线间隙，产生太赫兹信号。提高光电转换效率是今后的重点研究方向。喇叭天线因其方向性好、增益高、易于与波导连接等优点，被广泛应用于接近微波频段的低频段。透镜由于其聚焦特性，可以优化天线的方向性。透镜天线由于具有良好的方向性、较高的增益，并且易于与平面电路连接，特别是具有形成天线阵列的优点，非常吸引研究者的关注。微带天线体积小，广泛应用于移动太赫兹设备中。但是它们的低方向性和低增益还需要进一步的优化。片上天线避免了片外天线系统额外的连接损耗和封装步骤，这些额外的操作导致天线增益和整体尺寸的损失。片上天线可以用最新的 CMOS 技术大规模制造和组装，随着技术的成熟，制造成本将逐渐降低。

对于太赫兹天线的优化，我们可以从天线的几何形状、衬底材料和新的融合技术入手。同时，通过创建天线阵列可以获得显著的增益。反射阵列天线是高增益太赫兹天线的潜在解决方案。太赫兹反射天线结合了反射天线和阵列天线的优点，具有优异的高增益性能。太赫兹反射阵列天线不仅包括传统的微带反射阵列天线，还包括介质谐振反射阵列天线、全金属反射阵列天线和特殊材料反射阵列天线。在确定微带反射阵列天线结构的同时，也确定了波束指向的方向，无法实现波束的柔性扫描功能。为了实现天线波束指向（即可重构反射天线）的电子控制扫描功能，有必要引入一种可在高频段工作的移相器。目前使用的移相器主要是固态调谐器件，如 PIN 二极管、变容二极管。然而，在太赫兹频段，这些器件具有寄生效应和较大的损耗。因此，研究人员通过引入可电调谐的介质来实现高频移相装置的设计。常用的材料有铁电材料、液晶材料、石墨烯等。

铁电材料的非线性特性可以用来制作电容可调的电容器。但铁电材料的驱动电压非常高，一般需要施加 300 V 以上的偏置电压才能工作。液晶材料是一种介电各向异性材料。在外加电场的情况下，液晶分子的排列方向会随着电场的大小而改变，从而改变其介电常数。Perez-Palomino 等采用液晶作为电路衬底，设计了工作频率为 0.344 5 THz 的反射阵列相控阵。通过施加电场控制每个单元反射波的相位，实现天线波束的连续扫描[53-54]。但是液晶材料是液态的，由于填充和制造造成的误差是不可避免的。液晶材料在太赫兹频段的损耗较大，限制了液晶可重构反射阵列天线的效率。石墨烯是一种二维碳纳米材料，通过偏置电场可以改变石墨烯的表面电导率。石墨烯在太赫兹频段具有更高的调谐效率和更低的介电损耗[55]。Saber 等提出了一种基于石墨烯的频率可调反射阵列天线。该传输元件由印在二氧化硅介质衬底上的一个分裂环组成。元件的相位补偿和天线的谐振点分别通过改变分裂环的间隙长度和石墨烯的表面电导率来控制。频率石墨烯发射阵列天线具有良好的辐射性能。然而，目前基于石墨烯的反射阵列的设计往往受到石墨烯制备工艺的限制。

此外，一些新材料，如超材料，也被用于反射阵列。超材料是由人工结构制成的复合材料，其性能主要取决于人工结构。例如，Koziol 等提出了利用激光辐射直接金属化制备超材料的想法，利用高能激光束照射氮化铝陶瓷体，氮化铝陶瓷体表面获得金属铝，形成超材料。Jia 等设计了一种金–聚酰亚胺–金手性超材料，在聚酰亚胺两侧的金属层上蚀刻共振环，利用金属层间的耦合产生手性参数。这使负折射率独立于介电常数和渗透性的正负极。手性超材料具有较宽的频带。显然，随着新材料的不断研发，太赫兹反射阵列天线的电磁性能有望得到提高，如更高的增益和反射效率。

实际上，在太赫兹通信的应用中，人们需要根据实际情况选择不同的材料和结构来实现高增益反射阵列天线。例如，Miao 等提出了一种 400 GHz 折叠反射阵列天线，峰值增益为 33.66 dBi，孔径效率为 33.65%。尽管如此，目前，太赫兹天线仍处于发展阶段，在很多方面的功能还不够完善。未来研究将更具创新性，从而推动太赫兹高速通信系统的实现。

5.3 太赫兹天线的加工技术

太赫兹波的波长远小于毫米波的波长。因此，天线在太赫兹频段表面是光滑的这一假设是不合理的。事实上，在太赫兹频段，金属表面应被视为粗糙表面，这将导致太赫兹天线的性能下降。众所周知，天线表面粗糙度与加工精度密切相关。由于许多设计都受到工艺的限制，因此工艺技术的研究也很重要。显然，太赫兹天线的发展离不开工艺技术的发展。目前比较流行的工艺技术包括 3D 打印技术和聚焦离子束（Focused Ion Beam，FIB）技术。3D 打印技术主要用于打印波导或喇叭天线以及太赫兹透镜，具有成本低、精度高、小型化、成型快的优点[56-60]；FIB 技术克服了传统光刻技术的缺点，可用于一次性成型，尤其适用于制造螺旋天线等复杂天线。

按照工艺技术的发展阶段，太赫兹天线的加工技术可分为传统的微机械加工技术和新型太赫兹工艺技术。

5.3.1 太赫兹微机械加工技术

太赫兹微机械加工技术是在传统加工技术的基础上发展起来的。通过改进和小型化，利用微系统对加工程序进行控制，使微机械太赫兹加工技术的精度达到微米级。1979 年，微机械加工技术开始应用于太赫兹电路。微机械加工技术可以提供精确的二维和三维结构控制，展示生产各种高性能太赫兹前端部件的实用方法。

微机械加工技术是以硅技术为基础的，包括光刻、激光铣削和模具复制[61]。例如，研究人员设计并建立了一种低成本的商业铣削技术，用于工作在 0.325～0.5 THz、天线增益超过 26.5 dBi 的高增益天线。此外，硅微机械加工技术的发展可以设计波束扫描为 0.55 THz 的太赫兹天线和工作在 1.9 THz 的硅微透镜天线。这有利于天线的小型化，提高了天线的可靠性和集成能力，对平面太赫兹阵列天线的设计具有很大的应用潜力。例如，Sarabandi 等设计的波束扫描阵列天线可以在 0.23～0.245 THz 的波束扫描下进行频率扫描，增益超过 28.5 dBi。

根据微机械加工技术的发展阶段，可将其分为三大类：体微机械加工、表面微机械加工和金属微机械加工。体微机械加工主要采用蚀刻技术将硅材料加工成所需的产品。表面微机械加工始于 20 世纪 80 年代，主要用于集成电路制造，一般有牺牲层技术和多层无应力薄膜沉积技术。金属微机械加工是今后的发展方向，它依赖于 X 射线的应用，可以加工塑料、金属和陶瓷等材料。

5.3.2　新型太赫兹工艺技术

虽然微机械加工技术可以实现较高的精度，但在更高频段的加工精度需要进一步提高，因此近年来出现了新型太赫兹工艺技术。新型太赫兹工艺技术主要包括电铸、放电、铣削、厚光刻胶等[62]。电铸是指将目标材料（金属或复合材料）沉积在导电的原模具上，然后将其与原模具分离，得到想要的产品，常用于制作组件的复杂内表面，如波纹喇叭。放电是利用电能将软金属加工成具有锋利结构的金属。铣削是指固定原模具，高速旋转刀在模具上加工，以切割出所需的产品形状。这个过程的成本相对较低，是一种冷金属工艺，也是目前太赫兹天线工艺中常用的一种工艺。厚光刻胶 SU-8 是一种化学放大负性光刻胶，是太赫兹天线光刻技术中的创新技术。

从以上对太赫兹天线的分析可以看出，目前太赫兹天线制造大多采用商用铣削技术，因为其成本低、效率高、精度高，根据铣刀的大小，可同时实现粗加工和精加工，加工过程不产生化学废料。

太赫兹天线的高频段决定了太赫兹天线的尺寸较小，其主要采用微机械加工的方式进行加工。太赫兹天线相对复杂的加工过程不仅取决于天线的几何形状，还取决于天线与电路之间的集成。目前还没有统一的制造标准技术。未来的太赫兹天线加工技术在要求高精度和低成本同时，也要求工艺技术能够标准化。

5.4 本章小结

天线作为辐射和接收无线电波的装置，可以实现系统中的电信号与空间中的电磁波信号之间的转换，因此天线的性能往往决定着整个无线系统的性能。而随着工作频段不断拓展，太赫兹频段天线应运而生，成为太赫兹技术领域不可分割的重要研究领域之一。

面向不同应用环境，不同的太赫兹系统对天线有着不同的性能指标要求，因此，需要有针对性地设计不同应用场景的太赫兹天线。针对不同无线系统对太赫兹天线的需求，国内外学者对天线的关键技术进行了深入研究，提出了许多关于天线的宽频带特性和结构材料特性的技术手段和方法。在太赫兹天线的发展过程中，出现了各式各样的天线，所以分类标准并不统一。本章主要从金属天线（主要是喇叭天线）、介质天线（基于透镜天线）和新材料天线归纳总结了国内外研究现状。

参考文献

[1] HE Y J, CHEN Y L, ZHANG L, et al. An overview of terahertz antennas[J]. China Communications, 2020, 17(7): 124-165.

[2] CHEN G, PEI J, YANG F, et al. Terahertz-wave imaging system based on backward wave oscillator[J]. IEEE Transactions on Terahertz Science and Technology, 2012, 2(5): 504-512.

[3] TABATA H. Application of terahertz wave technology in the biomedical field[J]. IEEE Transactions on Terahertz Science and Technology, 2015, 5(6): 1146-1153.

[4] PETROV N V, KULYA M S, TSYPKIN A N, et al. Application of terahertz pulse time-domain holography for phase imaging[J]. IEEE Transactions on Terahertz Science and Technology, 2016, 6(3): 464-472.

[5] GRADE J, HAYDON P, WEIDE D W. Electronic terahertz antennas and probes for spectroscopic detection and diagnostics[J]. Proceedings of the IEEE, 2007, 95(8): 1583-1591.
[6] SIEGEL P H. Terahertz technology[J]. IEEE Transactions on Microwave Theory and Techniques, 2002, 50(3): 910-928.
[7] LI Y X, ZHANG M, ZHU W G, et al. Performance evaluation for medium voltage MIMO-OFDM power line communication system[J]. China Communications, 2020, 17(1): 151-162.
[8] CHEN S Z, SUN S H, XU G X, et al. Beam-space multiplexing: practice, theory, and trends, from 4G TD-LTE, 5G, to 6G and beyond[J]. IEEE Wireless Communications, 2020, 27(2): 162-172.
[9] MA L, WEN X M, WANG L H, et al. An SDN/NFV based framework for management and deployment of service based 5G core network[J]. China Communications, 2018, 15(10): 86-98.
[10] NTONTIN K, VERIKOUKIS C. Toward the performance enhancement of microwave cellular networks through THz links[J]. IEEE Transactions on Vehicular Technology, 2017, 66(7): 5635-5646.
[11] IEEE. IEEE standard for high data rate wireless multi-media networks: amendment 2: 100 Gb/s wireless switched point-to-point physical layer: IEEE Std 802.15.3[R]. 2017.
[12] NAGATSUMA T, HIRATA A, SATO Y, et al. Sub-terahertz wireless communications technologies[C]//Proceedings of 2005 18th International Conference on Applied Electromagnetics and Communications. Piscataway: IEEE Press, 2005: 1-4.
[13] AKYILDIZ I F, HAN C, NIE S. Combating the distance problem in the millimeter wave and terahertz frequency bands[J]. IEEE Communications Magazine, 2018, 56(6): 102-108.
[14] PETROV V, KOKKONIEMI J, MOLTCHANOV D, et al. Last meter indoor terahertz wireless access: performance insights and implementation roadmap[J]. IEEE Communications Magazine, 2018, 56(6): 158-165.
[15] RANJKESH N, TAEB A, GHAFARIAN N, et al. Millimeter-wave suspended silicon-on-glass tapered antenna with dual-mode operation[J]. IEEE Transactions on Antennas and Propagation, 2015, 63(12): 5363-5371.
[16] PENG B L, KÜRNER T. Three-dimensional angle of arrival estimation in dynamic indoor terahertz channels using a forward–backward algorithm[J]. IEEE Transactions on Vehicular Technology, 2017, 66(5): 3798-3811.
[17] GAO X Y, DAI L L, ZHANG Y, et al. Fast channel tracking for terahertz beamspace massive MIMO systems[J]. IEEE Transactions on Vehicular Technology, 2017, 66(7): 5689-5696.
[18] KRAUS J D, MARHEFKA R J. Antennas: for all applications[R]. 2017.
[19] BRAY J R, ROY L. Physical optics simulation of electrically small substrate lens anten-

nas[C]//Proceedings of IEEE Canadian Conference on Electrical and Computer Engineering. Piscataway: IEEE Press, 1998: 814-817.

[20] JIN H, HANSON G W. Infrared and optical properties of carbon nanotube dipole antennas[J]. IEEE Transactions on Nanotechnology, 2006, 5(6): 766-775.

[21] MAHMOUD S F, ALAJMI A R. Characteristics of a new carbon nanotube antenna structure with enhanced radiation in the sub-terahertz range[J]. IEEE Transactions on Nanotechnology, 2012, 11(3): 640-646.

[22] YAN M, QIU M. Analysis of surface plasmon polariton using anisotropic finite elements[J]. IEEE Photonics Technology Letters, 2007, 19(22): 1804-1806.

[23] WANG Y K, ZHANG X R, WANG J C, et al. Manipulating surface plasmon polaritons in a 2-D T-shaped metal-insulator-metal plasmonic waveguide with a joint cavity[J]. IEEE Photonics Technology Letters, 2010, 22(17): 1309-1311.

[24] FENG N N, BRONGERSMA M L, DAL NEGRO L. Metal–dielectric slot-waveguide structures for the propagation of surface plasmon polaritons at 1.55 μm[J]. IEEE Journal of Quantum Electronics, 2007, 43(6): 479-485.

[25] NAGHDEHFORUSHHA S A, MORADI G. Design of plasmonic rectangular ribbon antenna based on graphene for terahertz band communication[J]. IET Microwaves, Antennas & Propagation, 2018, 12(5): 804-807.

[26] XU Z, DONG X D, BORNEMANN J. Design of a reconfigurable MIMO system for THz communications based on graphene antennas[J]. IEEE Transactions on Terahertz Science and Technology, 2014, 4(5): 609-617.

[27] LIU Z T, MENG Y, HU F T, et al. Largely tunable terahertz circular polarization splitters based on patterned graphene nanoantenna arrays[J]. IEEE Photonics Journal, 2019, 11(5): 1-11.

[28] HAN C, AKYILDIZ I F. Three-dimensional end-to-end modeling and analysis for graphene-enabled terahertz band communications[J]. IEEE Transactions on Vehicular Technology, 2017, 66(7): 5626-5634.

[29] OLIVERI G, WERNER D H, MASSA A. Reconfigurable electromagnetics through metamaterials—A review[J]. Proceedings of the IEEE, 2015, 103(7): 1034-1056.

[30] ALLEN S J, TSUI D C, LOGAN R A. Observation of the two-dimensional plasmon in silicon inversion layers[J]. Physical Review Letters, 1977, 38(17): 980-983.

[31] AUSTON D H, CHEUNG K P. Coherent time-domain far-infrared spectroscopy[J]. Journal of the Optical Society of America B, 1985, 2(4): 606.

[32] SAURABH L, BHATNAGAR A, KUMAR S. Design and performance analysis of bow-Tie photoconductive antenna for THz application[C]//Proceedings of 2017 International Conference on Intelligent Computing and Control (I2C2). Piscataway: IEEE Press, 2017: 1-3.

[33] ZHANG X Y, RUAN C J, DAI J. Study of terminal truncation on log-spiral antenna characteristics at terahertz frequency[C]//Proceedings of 2017 Progress in Electromagnetics Research Symposium - Fall (PIERS - FALL). Piscataway: IEEE Press, 2017: 1445-1448.

[34] WANG X, DENG C, HU W, et al. Dual-band dielectric-loaded horn antenna for terahertz applications[C]//Proceedings of 2017 International Applied Computational Electromagnetics Society Symposium (ACES). Piscataway: IEEE Press, 2017: 1-2.

[35] ZHU H T, XUE Q, HUI J N, et al. A 750–1000 GHz H-plane dielectric horn based on silicon technology[J]. IEEE Transactions on Antennas and Propagation, 2016, 64(12): 5074-5083.

[36] BHARDWAJ S, VOLAKIS J L. Hexagonal waveguide based circularly polarized horn antennas for sub-mm-wave/terahertz band[J]. IEEE Transactions on Antennas and Propagation, 2018, 66(7): 3366-3374.

[37] SOARES P A G, PINHO P, WUENSCHE C A. High performance corrugated horn antennas for Cosmo Gal satellite[J]. Procedia Technology, 2014, 17: 667-673.

[38] TAJIMA T, SONG H J, AJITO K, et al. 300-GHz step-profiled corrugated horn antennas integrated in LTCC[J]. IEEE Transactions on Antennas and Propagation, 2014, 62(11): 5437-5444.

[39] WANG L L, LEI L, WANG S H. The design of a new H plane corrugated horn antenna in THz frequency[C]//Proceedings of 2016 2nd IEEE International Conference on Computer and Communications (ICCC). Piscataway: IEEE Press, 2016: 1715-1718.

[40] JALILI H, MOMENI O. A 0.46-THz 25-element scalable and wideband radiator array with optimized lens integration in 65-nm CMOS[J]. IEEE Journal of Solid-State Circuits, 2020, 55(9): 2387-2400.

[41] LLOMBART N, CHATTOPADHYAY G, SKALARE A, et al. Novel terahertz antenna based on a silicon lens fed by a leaky wave enhanced waveguide[J]. IEEE Transactions on Antennas and Propagation, 2011, 59(6): 2160-2168.

[42] SAHIN S, NAHAR N K, SERTEL K. Thin-film SUEX as an antireflection coating for mmW and THz applications[J]. IEEE Transactions on Terahertz Science and Technology, 2019, 9(4): 417-421.

[43] HAO Z C, WANG J, YUAN Q, et al. Development of a low-cost THz metallic lens antenna[J]. IEEE Antennas and Wireless Propagation Letters, 2017, 16: 1751-1754.

[44] HAO Z C, HONG W, CHEN J X, et al. Investigations on the terahertz beam scanning antennas with a wide scanning range[C]//Proceedings of 12th European Conference on Antennas and Propagation. Berlin: Springer, 2018: 1-3.

[45] WANG H K, BAI Y K, REN S J, et al. A novel terahertz dual-band patch antenna based on double-t-slots[J]. Study on Optical Communications, 2017, 201: 75-78.

[46] KHULBE M, TRIPATHY M R, PARTHASARTHY H, et al. Dual band THz antenna using T

structures and effect of substrate volume on antenna parameters[C]//Proceedings of 2016 8th International Conference on Computational Intelligence and Communication Networks (CICN). Piscataway: IEEE Press, 2016: 191-195.

[47] PAUL L C, ISLAM M M. Proposal of wide bandwidth and very miniaturized having dimension of μm range slotted patch THz microstrip antenna using PBG substrate and DGS[C]// Proceedings of 2017 20th International Conference of Computer and Information Technology (ICCIT). Piscataway: IEEE Press, 2017: 1-6.

[48] RABBANI M S, GHAFOURI-SHIRAZ H. Liquid crystalline polymer substrate-based THz microstrip antenna arrays for medical applications[J]. IEEE Antennas and Wireless Propagation Letters, 2017, 16: 1533-1536.

[49] DENG X D, LI Y H, LIU C, et al. 340 GHz on-chip 3-D antenna with 10 dBi gain and 80% radiation efficiency[J]. IEEE Transactions on Terahertz Science and Technology, 2015, 5(4): 619-627.

[50] LI C H, CHIU T Y. 340-GHz low-cost and high-gain on-chip higher order mode dielectric resonator antenna for THz applications[J]. IEEE Transactions on Terahertz Science and Technology, 2017, 7(3): 284-294.

[51] TOUSI Y, AFSHARI E. A high-power and scalable 2-D phased array for terahertz CMOS integrated systems[J]. IEEE Journal of Solid-State Circuits, 2015, 50(2): 597-609.

[52] DENG X D, LI Y H, LI J K, et al. A 320-GHz 1×4 fully integrated phased array transmitter using 0.13-mu m SiGe BiCMOS technology[J]. IEEE Transactions on Terahertz Science and Technology, 2015, 5(6): 930-940.

[53] HU W F, CAHILL R, ENCINAR J A, et al. Design and measurement of reconfigurable millimeter wave reflectarray cells with nematic liquid crystal[J]. IEEE Transactions on Antennas and Propagation, 2008, 56(10): 3112-3117.

[54] PEREZ-PALOMINO G, ENCINAR J A, BARBA M, et al. Design and evaluation of multi-resonant unit cells based on liquid crystals for reconfigurable reflectarrays[J]. IET Microwaves, Antennas & Propagation, 2012, 6(3): 348.

[55] CARRASCO E, PERRUISSEAU-CARRIER J. Reflectarray antenna at terahertz using graphene[J]. IEEE Antennas and Wireless Propagation Letters, 2013, 12: 253-256.

[56] ZHANG B, GUO Y X, ZIRATH H, et al. Investigation on 3-D-printing technologies for millimeter- wave and terahertz applications[J]. Proceedings of the IEEE, 2017, 105(4): 723-736.

[57] STANDAERT A, REYNAERT P. A 400-GHz 28-nm TX and RX with chip-to-waveguide transitions used in fully integrated lensless imaging system[J]. IEEE Transactions on Terahertz Science and Technology, 2019, 9(4): 373-382.

[58] WU G B, ZENG Y S, CHAN K F, et al. 3-D printed circularly polarized modified Fresnel lens operating at terahertz frequencies[J]. IEEE Transactions on Antennas and Propagation, 2019,

67(7): 4429-4437.

[59] YI H, QU S W, NG K B, et al. 3-D printed millimeter-wave and terahertz lenses with fixed and frequency scanned beam[J]. IEEE Transactions on Antennas and Propagation, 2016, 64(2): 442-449.

[60] MACHADO F, ZAGRAJEK P, FERRANDO V, et al. Multiplexing THz vortex beams with a single diffractive 3-D printed lens[J]. IEEE Transactions on Terahertz Science and Technology, 2019, 9(1): 63-66.

[61] HAO Z C, WEI H, CHEN J X, et al. Recent progresses of developing terahertz components in the SKLMMW of Southeast University[C]//Proceedings of 2016 IEEE MTT-S International Microwave Workshop Series on Advanced Materials and Processes for RF and THz Applications (IMWS-AMP). Piscataway: IEEE Press, 2016: 1-3.

[62] CHATTOPADHYAY G, RECK T, LEE C, et al. Micromachined packaging for terahertz systems[J]. Proceedings of the IEEE, 2017, 105(6): 1139-1150.

第6章 纳米微细结构超材料

针对现有太赫兹器件还存在调制效率低、太赫兹器件种类缺乏等特点，可以使用超材料与器件来解决这些问题。目前，太赫兹超材料超表面的机理研究仍有待进一步提高。在太赫兹领域，一般通过改变材料的表面来对太赫兹波进行调制，我们将这种情况叫做超表面。超表面一般分为两类，一类是被动型，主要通过改变表面结构的图案来对太赫兹波进行调控；另一类是主动型，主要指通过施加外加信号来主动调制太赫兹波。

超材料一词最初的定义是“合成的宏观复合材料，具有三维的、周期性的结构，旨在产生一种在自然界中不存在的优化组合，对特定激发至少产生两个响应”[1]。以上定义反映了超材料的部分性质。超材料实际上是由周期性或非周期性结构组成的宏观复合材料，其功能取决于基本基元结构和化学成分。

超材料最早被作为左手材料（Left-Handed Material，LHM）或负折射率材料（Negative Refractive Index Material，NIM）研究，在过去的 20 年里引起了学术界的关注。其实超材料的概念比 LHM 或 NIM 的范围要广得多。在很大程度上，经典电磁学与光学学科在研究中由于超材料的作用，有了新的发现和进展。1968 年，Veselago 首次从理论上提出了一种介电常数和磁导率同时为负的材料，LHM 具有负折射率、反向波传播、反向多普勒频移和反向切伦科夫辐射等新特性。但是由于缺乏实验验证，LHM 的研究停滞了 30 多年。

第一次研究 LHM 的热潮始于 1996 年，当时 Pendry 发现了介电常数为负的线介质，1999 年 Pendry 等[2]发现了负磁导率，2001 年 Smith 等[3]发现了 LHM。受实验实现的启发，LHM 在理论探索和实验研究中引起了越来越多的关注。然而，LHM 具有损耗大、带宽窄等无法避免的缺点，从而限制了 LHM 的应用。因此，科学家在负折射率之外寻找超材料的其他特性。

超材料的第二次研究热潮发生在 2005 年，当时由 Acosta 等[4]发现的梯度折射率介质可以弯曲电磁波。2006 年，Schurig 等[5]发现用超材料控制电磁波传播的光学变换制备隐形涂层。超材料的定义比 LHM 要广得多，它不需要负介电常数或负磁导率，因此开辟了一个全新的领域。超材料的实质是控制电磁波的能力。在实验上实现了在微波领域的隐身涂层后，科学家对超材料和光学变换领域产生了极大的研究兴趣，从而研究超材料的文章大量地出现在期刊上。

6.1　纳米微细结构超材料概述

图 6-1 显示了微波区的两种典型超材料结构，其中，图 6-1（a）所示为等效于均匀介质的周期结构，图 6-1（b）所示为等效于非均匀（梯度）介质的非周期结构。微波频段超材料主要是在 PCB 上制作不同的金属结构。这种超材料的性能主要取决于基元结构和 PCB 基板。由于超材料特性基于基元的结构，这为超材料的控制提供了很高的灵活性。我们可以创造出具有新的性质的材料，这些材料在自然界中是不存在的，但可以通过使用超材料结构来实现，而这正是超材料的最大优势。

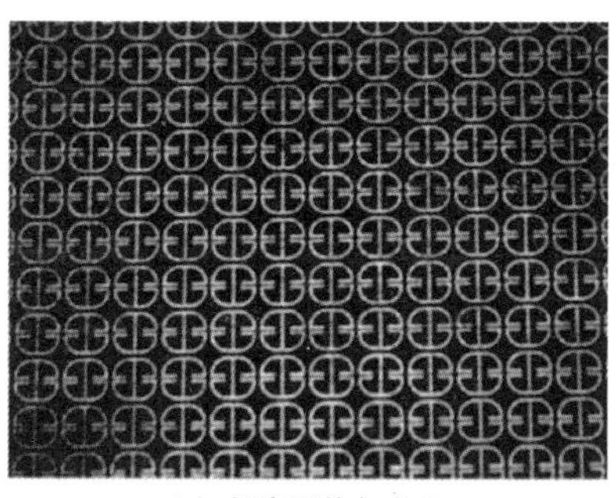

(a) 相当于均匀介质

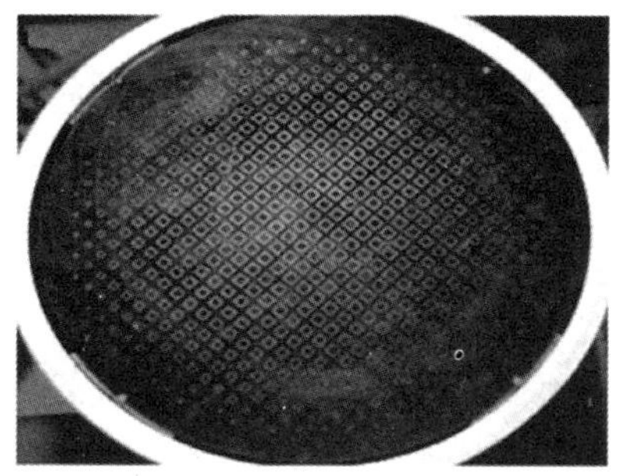

(b) 相当于非均匀（梯度）介质

图 6-1　两种典型超材料结构

通常，材料的性质用介电常数 ε 和磁导率 μ 来表征。自然界中最薄的物质 t 通常被认为是自由空间或空气，其介电常数为 ε_0，磁导率为 μ_0。材料的相对介电常数和磁导率分别定义为 $\varepsilon_r=\varepsilon/\varepsilon_0$ 和 $\mu_r=\mu/\mu_0$，其可以定义另一个重要的材料参数——折射率，即 $n=\sqrt{\varepsilon_r\mu_r}$。在自然界中，大多数材料的磁导率在 μ_0 附近，介电常数一般大于 ε_0。而超材料可以通过设计不同的基元结构和使用不同的衬底材料，实现材料所有可能的特性。图 6-2 所示为 ε-μ 域中各向同性和无损材料的所有可能的性质。在图 6-2 中，第一象限（$\varepsilon>0$ 和 $\mu>0$）表示右手材料（Right-Handed Material，RHM），支持正向传播的波。根据麦克斯韦方程组，电场 E、磁场 H 和波矢量 K 构成一个右手系统。第二象限（$\varepsilon<0$ 和 $\mu>0$）表示支持倏逝波的电等离子体。第三象限（$\varepsilon<0$ 和 $\mu<0$）是著名的 LHM，它由 Viktor[6]于 1968 年提出，支持后向传播的波。在 LHM 中，电场 E、磁场 H 和波矢量 K 构成左手系统。第四象限（$\varepsilon>0$ 和 $\mu<0$）表示支持倏逝波的磁等离子体。

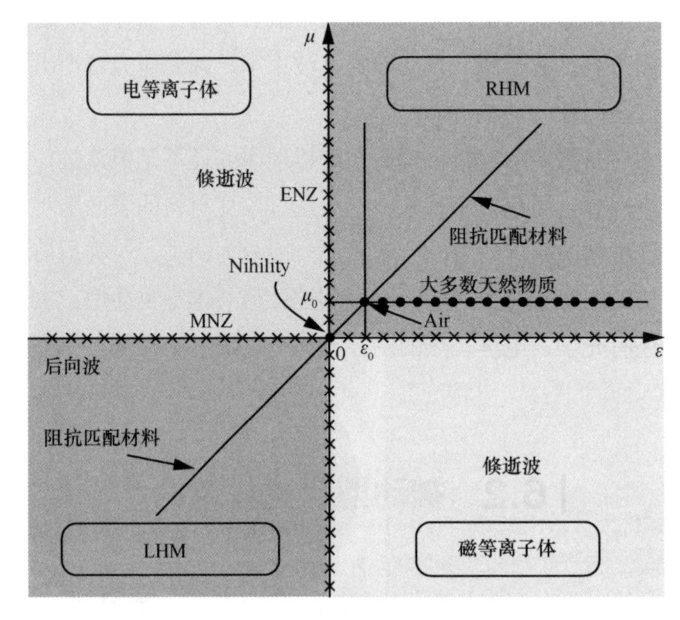

图 6-2 ε-μ 域中各向同性和无损材料的所有可能的性质

在图 6-2 中，大多数天然物质只出现在 $\mu=\mu_0$ 和 $\varepsilon\geqslant\varepsilon_0$ 线上的离散点，而出现在第二和第四象限的非常少，一般为电等离子体和磁等离子体。大多数材料特性必须要使用超材料来实现，即使对 RHM 也是如此。长期以来，超材料、LHM、NIM、双负材料（Double Negative Material，DNM）和后向波材料被视为同一种意思，然而，它们实际上代表不同的含义。如图 6-2 所示，超材料的范围比 LHM 大得多。在 ε-μ 域中，有几个特殊的线和点表示特殊的材料特性。例如，点 $\mu=-\mu_0$ 和 $\varepsilon=-\varepsilon_0$ 代表 LHM 区域的反空气，这样将产生一个完美的透镜；$\mu=0$ 和 $\varepsilon=0$ 代表虚无

(Nihility)，可以产生完美的隧道效应；RHM 和 LHM 区域的 $\mu=\varepsilon$ 线代表阻抗匹配材料，与空气具有完美的阻抗匹配，没有反射。同时，$\mu=0$ 附近称为近 μ（μ-Near Zero，MNZ）材料，$\varepsilon=0$ 附近称为近 ε（ε-Near Zero，ENZ）材料，都具有特殊的性质。

实际上，超材料的特性比图 6-2 要多得多。根据不同的要求，可以设计为强弱不同的各向异性材料。人们可以通过设计使用超材料，来控制各种材料特性以及光学变换特性实现随意控制电磁波。

由于在太赫兹频段还存在着太赫兹空白，对现有的机理还不明确以及现存的太赫兹器件还存在诸如体积与重量大、调制效率低、太赫兹器件种类缺乏等特点，而且太赫兹波的频率高、波长短、方向性强、波束窄，因此研究者提出了使用超材料与器件来解决这些问题。

目前，在太赫兹领域的超材料超表面的机理研究还不是很清楚，对超材料的应用还有待进一步提高，而在太赫兹领域一般通过改变材料的表面来对太赫兹波进行调制，我们将这种情况叫做超表面。超表面一般分为两类，一类是被动型，主要通过改变表面结构的图案来对太赫兹波进行调控；另一类是主动型，主要指除了表面结构的设计，还有光学、电学、热的调控等，可以通过施加外加信号来主动调制太赫兹波。

6.2　被动型超材料结构

本节所说的被动型超材料结构也可以理解为功能单一或者复用的结构，不可通过外加场来调谐。

6.2.1　具有单一功能的太赫兹波前调制超材料

在超材料调制太赫兹波前性质的初期，设计的器件通常功能单一，如调制太赫兹波的聚焦、成像等功能单一的超材料器件。

由于传统光学元件是通过沿光路积累的渐变相位来实现对相位的调制，这导致了曲面的连续性直接在整个厚度上的较大空间分布（如图 6-3（a）所示）。透镜技术进一步发展，利用 2π 相位跃迁将元件厚度减小到波长范围，如图 6-3（b）所示。虽然采用大折射率材料可以减小波前透镜的厚度[7-8]，但这种波前调制的基本理论仍然是基于沿光路的相位积累，相应元件的厚度仍然相当大。于是一个新的问题被提出，即是否存在相位或振幅调制的其他机制能够进一步减小光学元件的厚度。当然，我们可以通过光学谐振腔引入相位变化。电磁腔[9-11]、纳米颗粒团簇[12-13]和等离子体天线[14-15]已经被用来定制相位变化。科学家还研究了光在结构手性界面上的反射[16-17]。此外，最近还发现在两种介质之间的界面处，在波长尺度上存在一种突变的相位变化[18-20]。在此基础上，研究者发现并且总结了反射和折射定律，为光学元件的设计提供了新的途径。根据惠更斯的二次光源原理，光的传播控制本质上是通过调节波前上每个次级点光源的相位或振幅来实现的。天线共振定位的相位变化如图 6-3（c）所示，如果将非常薄的天线空间化地设计在平面界面上，则可以任意调整发光和发射光波之间的相移，并且可以实现特殊的光学元件。文献[21]对太赫兹频段超薄光学元件进行了理论设计和实验验证，用厚度为 100 nm 的平面金膜中的互补 V 形天线设计了圆柱透镜、球面透镜和相位全息图。实验证明了透镜的聚焦和成像性能以及相位全息图的再现能力，并且理论期望值与实验结果非常吻合。

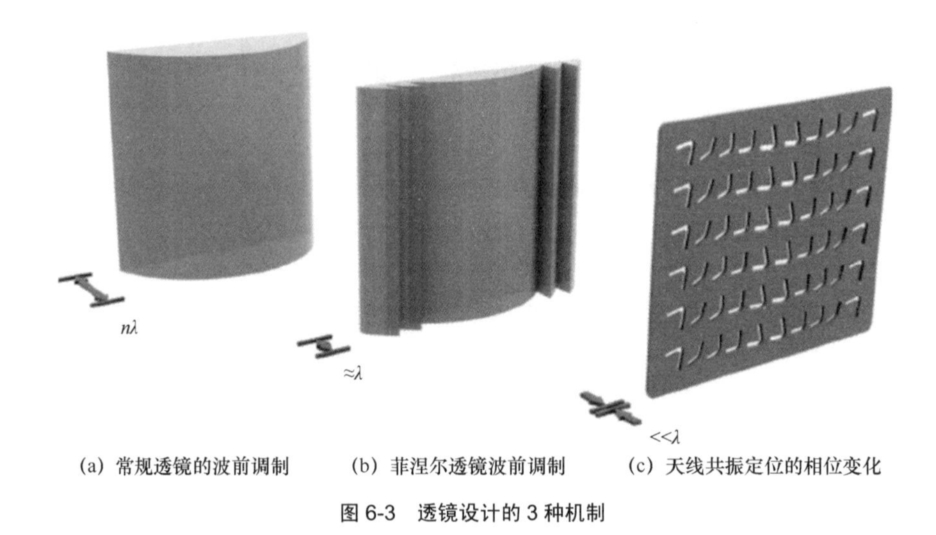

(a) 常规透镜的波前调制　(b) 菲涅尔透镜波前调制　(c) 天线共振定位的相位变化

图 6-3　透镜设计的 3 种机制

如图 6-4（a）所示，为了展示利用互补 V 形狭缝天线进行界面相位调制的超薄平面透镜的成像性能，文献[21]设计并制作了一个焦距为 4 mm 的球面透镜，该实验验证了透镜的调焦成像性能和纯相位全息图再现能力。首先，线偏振太赫兹波照射透镜时，交叉偏振光在预置焦平面上的强度分布如图 6-4（b）所示。半峰全宽为 260 μm，对应理论值为 244 μm，得到了满意的焦斑。然后，3 个字母图案（C、N 和 U）铣在不锈钢板上，如图 6-4（c）所示，被用作成像对象。3 个字母图案的太赫兹图像都清晰地显示在图 6-4（d）～图 6-4（f）中，表明超薄平面球面透镜性能良好。

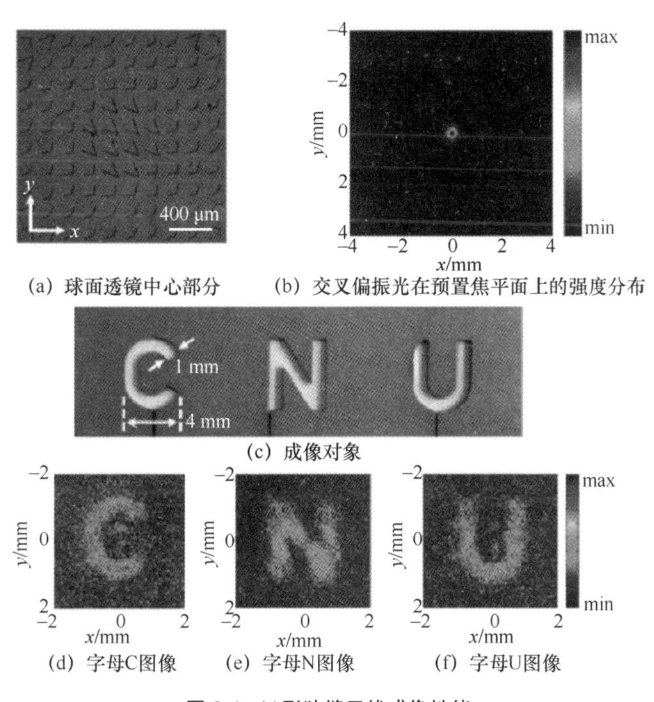

(a) 球面透镜中心部分　(b) 交叉偏振光在预置焦平面上的强度分布

(c) 成像对象

(d) 字母C图像　(e) 字母N图像　(f) 字母U图像

图 6-4　V 形狭缝天线成像性能

2014 年，天津大学的张伟力教授团队通过设计双层超材料实现了太赫兹波的聚焦[22]。若将超材料变为三层，虽然实现了更紧密的聚焦，但是透射率降低了。文献[22]提出了一个高性能的太赫兹波平面透镜。由于规则的透镜在各种基础和实际应用中是不可缺少的工具，镜片通常使用玻璃或电介质等材料制造。然而，基于超材料结构的透镜是平坦的，光学上薄而没有像差，并且可以聚焦超过衍射极限的光[23-24]。

最近还报道了包括伊顿透镜[24]、麦克斯韦鱼眼透镜[25]和龙勃透镜在内的超材料梯度折射率型透镜，它们提供了大的折射率和足够的带宽。然而，这类透镜复杂的检索算法严重阻碍了实际应用。根据费马原理，通过透镜不同半径的太赫兹波应满足如下所述的相位关系。

$$\Delta\varphi=(\sqrt{f^2+r^2}-f)\frac{2\pi}{\lambda} \tag{6-1}$$

其中，$\Delta\varphi$ 表示相变，f 表示焦距。式（6-1）所示的方程中，在特定波长下有 3 个变量，如果其中一个已知，就可以很容易地得到另外两个变量之间的关系。所以可以通过控制光束相位来调制波前光束。因此，智能超表面能够提供所需的相变，并能够开发具有独特功能和增强性能的新型超薄平面透镜[21,26]。张伟力教授团队提出了一个在太赫兹频段工作的平面超表面透镜，将其设计为金属介电金属结构[27]。所提出的周期性槽结构允许在较宽的太赫兹频段进行高速传输。通过改变每个狭缝单元的几何参数，可以在不同的位置获得较大的相位变化，从而使梯度超表面能够将太赫兹辐射聚焦到大约一个波长的光斑大小。太赫兹超表面透镜对宽入射角以及太赫兹辐射的入射线偏振态相对不敏感。

图 6-5（a）所示为在正入射激发下的超表面结构的单元示意，图 6-5（b）所示为整个太赫兹超表面透镜的设计结构。两个 200 nm 厚的金属图案由厚度为 T 的介质间隔层隔开。每个金属层上都有一排方形的环形槽，其内的正方形边长为 W、周期性为 P、长度为 L。方形的环形槽是一种对称结构，具有良好的传输特性和偏振不敏感特性，即使在大入射角下也能高效地工作。间隔层为 50 μm 厚的苯并环丁烯层，介电常数 ε=2.67，损耗角正切 $\delta=0.012$。对间隔层厚度进行优化，使两侧谐振器之间的近场耦合效应可以忽略。金属层由铝制成，电导率 $\sigma=3.72\times10^7$ S/m。利用 CST Microwave Studio TM 模拟计算了单元的光谱响应。入射波的电场极化方向沿 x 轴极化。

由于单层超表面引起的相变非常有限，因此张伟力教授团队进行双层设计。当层数进一步增加时，聚焦效果会大大增强。三层结构的电场分布如图 6-6（a）所示。与双层结构相比，三层结构的焦斑更小，焦距更短，聚焦光斑尺寸更优。然而，三层结构的缺点是透射率下降到大约 40%，而在双层结构中是 75%。因此，需要在紧密聚焦和太赫兹波通过太赫兹超表面透镜透射率之间做折中。由于聚焦主要依赖于单元级的相位变化，因此可通过构建模块来设计其他有需求的光学元件。例如，使用基于式（6-1）的相同单元设计，张伟力教授团队设置内部方形片宽度沿径向从中间到边缘逐渐增加。波前为双曲线，电场发散，形成透镜左侧的虚拟焦点，如图 6-6（b）所示。该团队系统地研究了用于太赫兹波聚焦的工程化太赫兹透镜。双层设计显示出，在需要的频率下太赫兹波具有高透射率和强聚焦性，而且法向入射角和斜入射角下电磁场的空间分布清楚地表明，超表面结构在较宽的频率范围内工作良好。作者还通过三层超表面设计实现了更紧密的聚焦，但透射率更低。此外，还提出模块化设计，可根据需要定制透镜以及成像应用。

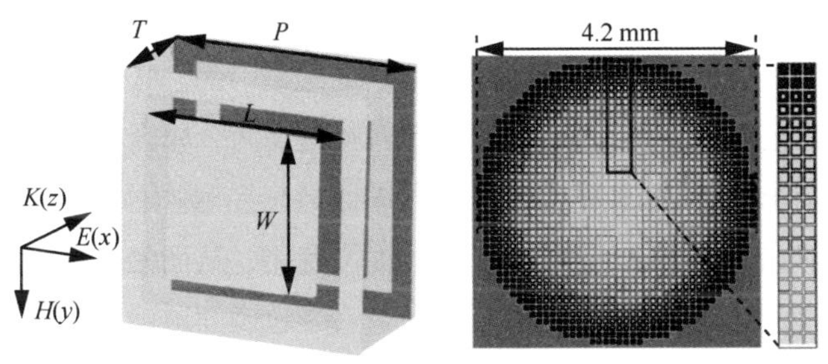

(a) 超表面结构的单元示意　(b) 整个太赫兹超表面透镜的设计结构

图 6-5　超表面结构

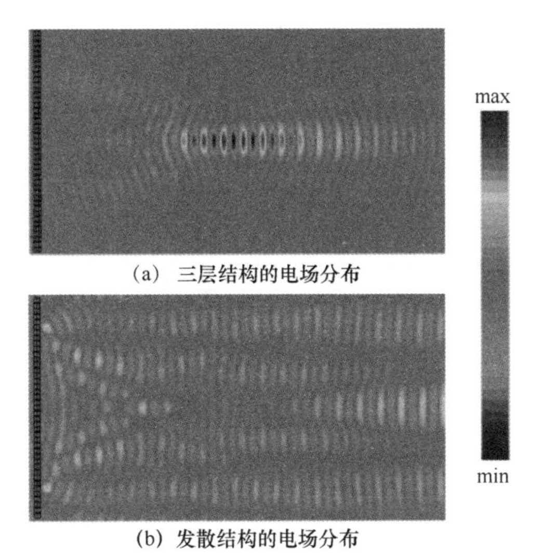

(a) 三层结构的电场分布

(b) 发散结构的电场分布

图 6-6　三层结构和发散结构的电场分布

新西伯利亚大学的 Kuznetsov 研究团队使用超薄反射的超表面实现了在 0.35 THz 下 4 个焦点的聚焦，通过计算得出整个聚焦器件的效率为 80%，为低成本和低质量的太赫兹频段的波束成形和波束聚焦设备提供了一种新的思路[28]。Kuznetsov 研究团队使用超表面激发的平面全息反射阵列对太赫兹波进行可行性的验证，如图 6-7 所示，图中参数在文献[28]中有详细描述。其设计主要包括以下几点：计算全息方法[28-31]在全息超表面上对反射相位 $\varphi_{\mathrm{HRA}}(x, y)$进行适当分布；一种基于全波电磁分析的方法，通过将超表面单元的金属片[32-33]适当变形为类似于 U 形谐振器（U-Shaped Resonator, USR）[34]和 SRR[35-36]元件，控制 HRA 在其表面任何局部点(x, y)的复杂反射系数 $\rho_{\mathrm{HRA}}(x, y)$。Kuznetsov 团队考虑到 USR 和 SRR 的各向异性，对 TM 和 TE 的偏振特性进行了数值研究，并且得到了 TE 极化方案，由于其交叉极化可以忽略不计，因此整体性能更好。作者展示了两种不同的超表面，分别将入射 TE 偏振高斯光束反射聚焦为一个单点和 4 个间隔点，对 0.35 THz（自由空间波长 λ_0=857 μm）的工作频率进行了优化[37]。在这两种情况下，总体效率都达到 80%，这比之前在太赫兹频率下工作的传输超表面的报道要好[21]。

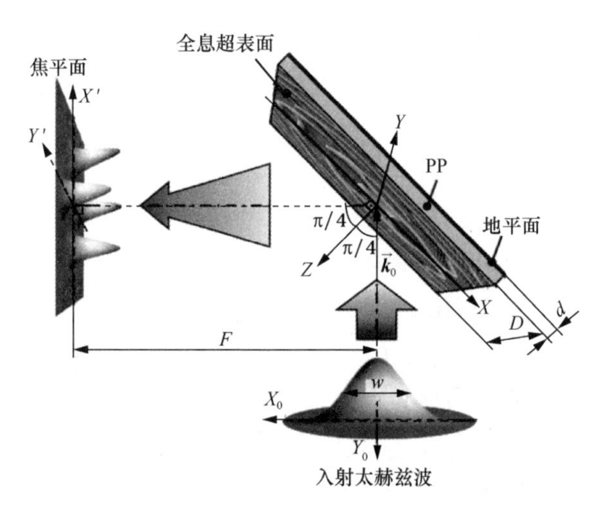

图 6-7　超表面激发的平面全息反射阵列

为了覆盖 360°反射相位 φ_{HRA} 的变化范围，Kuznetsov 团队不断地将超表面的单元几何结构从方形金属片改为 USR，然后改为 SRR，如图 6-8（a）所示。介质基板采

用厚度为 d=190 μm 低介质损耗（tan Δ<0.001）的聚丙烯板。为了减少欧姆损耗，在超表面和接地层中都使用了 0.35 μm 厚的铝金属层。由于聚丙烯（Polypropylene, PP）具有相对较低的折射率 n（n>1.5），与基于方形金属片的反射阵列（RA）相比，这种拓扑变形（方形金属片到 SRR）能够增强单元的波长，因此，替换局部相位 $\varphi_{\mathrm{HRA}}(x, y)$可以从规则图案超表面的模拟中获得。此外，当仅使用单层超表面时，材料无法克服基于方形金属片结构的主要缺点，导致无法使反射的相位达到 360°，而且基于方形金属片到 SRR 拓扑变形对偏振敏感，由 USR 和 SRR 之间横波激发。由于方形金属片到 SRR 形态变化，只涉及各向同性的单元结构，因此可以选择消除全息超表面的偏振为代价实现超表面的构建。图 6-8（b）说明了绝对反射相位 φ_{HRA} 和反射率$|\rho_{\mathrm{HRA}}|^2$ 的变化，该变化是由优化后的超表面图案在 0.35 THz 频率下的方形金属片到 SRR 拓扑变形引起的，模拟了 TE 和 TM 极化情况。变形开始时，方形金属片宽度 p 从 56 μm 单调增加到 230 μm，变量步长Δp 为 6 μm。然后，最大的方形金属片通过形成一个矩形水平凹口转化为 USR，q 从 6 μm 增加到 174 μm，变量步长Δq 为 6 μm。最后，通过延伸 USR 的金属臂，USR 变为 SRR，宽度 r 从 110 μm 减小到 56 μm，变量步长Δr 为−3 μm。选择超表面单元形态为上述三步，通过变化来逐渐修改电磁响应，使局部周期性近似成立。对于 TE 偏振，如图 6-8（a）所示，这种拓扑变形导致反射相位从初始方形金属片到最终 SRR 的 360°变化；对于 TM 偏振，相位偏移为 384°。TM 情况存在一个明显缺点，由于 USR 和 SRR 结构单元固有的双各向同性，在斜入射下存在退极化或交叉极化。从图 6-8（b）中可以看出 USR 和 SRR 情况下的交叉极化损耗，并且 USR 元件的交叉极化损耗最大，最坏情况下达到 6%。另外，在 TE 激发下，由于双各向同性导致的交叉极化不会出现，因此 TE 到 TM 的转换水平不会超过−60 dB。而且注意到，交叉偏振损耗将 TM 反射率降低到 82.7%，而 TE 情况下为 88.4%。在图 6-8（b）中，对于 TE 和 TM 的吸收损失，其数值可用 $A_{\mathrm{TE}}=1-|\rho_{\mathrm{HRA}}|^2_{\mathrm{TE}\to\mathrm{TE}}-|\rho_{\mathrm{HRA}}|^2_{\mathrm{TE}\to\mathrm{TM}}$ 和 $A_{\mathrm{TM}}=1-|\rho_{\mathrm{HRA}}|^2_{\mathrm{TM}\to\mathrm{TM}}-|\rho_{\mathrm{HRA}}|^2_{\mathrm{TM}\to\mathrm{TE}}$ 计算，它们的最大值分别是 A_{TE}=11.5%和 A_{TM}=11.2%。场分析表明，吸收主要归因于金属化过程中的欧姆损耗。综上所述，Kuznetsov 团队提出了一种新型的平面全息超表面，利用超表面图案的方形金属片到 SRR 拓扑变形，设计用于简单和复杂的太赫兹辐射聚焦，并在 0.35 THz 频率下进行了实验研究。通过对比发现，选择 TE 极化方案可以减少交叉极化损失，而交叉极化损失

容易出现在各向异性的单元结构中，如USR和SRR。实验测量证实了理论预测的一致性，并表明在焦距/横向尺寸约为1的结构下，全息超表面可以提高20%左右的工作带宽。

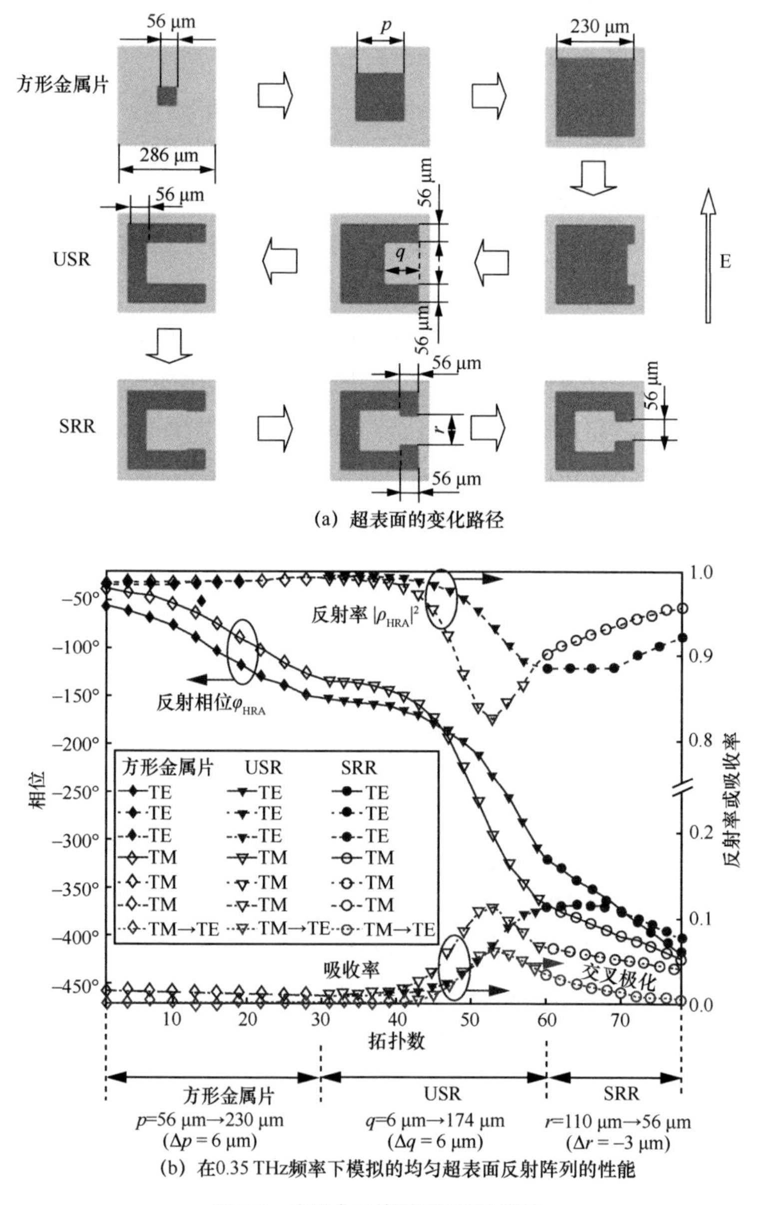

(b) 在0.35 THz频率下模拟的均匀超表面反射阵列的性能

图 6-8 方形金属片到开口环的变化

2017 年，首都师范大学的张岩教授团队又设计了一种高效太赫兹交叉极化器件，这种结构只有两层，一层是亚波长光栅，另一层是亚波长天线阵列[38]。两层的相对位置不是严格重合的，但是，它可以将透射太赫兹波的偏振态从 x 方向转换到 y 方向，实验透射率为 85%；然后详细研究了该结构产生高效率的机理，在此基础上设计并制作了一种金属透镜，并对其聚焦和成像特性进行了实验研究；最后设计并制作了能在不同平面上产生不同图像的纯相位全息图，并通过实验验证了其图像再现能力。所有设计的太赫兹器件的性能与实验结果吻合良好，表明所提出的双层超表面结构可用于高效率太赫兹器件的设计。这一结构将为太赫兹系统的小型化和集成化带来新的途径。

交叉极化转换器（Cross Polarization Coverter，CPC）的基本结构由两个物理分离的元面层组成，如图 6-9（a）所示，顶层为 C 形金天线阵列，底层为金光栅，结构中层为硅衬底。天线和光栅的厚度 d 均为 40 nm，硅层厚度 D 为 80 μm。图 6-9（b）所示为 CPC 顶视图。两个相邻结构之间的间距 P 为 80 μm，光栅的宽度 W 和周期 Λ 分别为 4 μm 和 10 μm。由于金光栅的周期远小于入射光的波长，因此金光栅起到了偏振器的作用，可以传输 x 偏振光，几乎完全反射 y 偏振光。因此，两层之间的相对位置并不严格对应，C 形天线的外半径 R 为 35 μm，天线宽度为 10 μm 或 3 μm。C 形天线的对称轴与 x 轴的夹角为 θ，天线的开启角为 2α。当天线单元收集到线性极化（Linear Polarization, LP）太赫兹波时，可以激发对称和反对称两种模式，从而使交叉极化场被这两种模式散射；然后可以利用天线的几何参数来确定交叉极化场的振幅和相位[39-41]。如图 6-9（c）所示，通过优化 C 形金天线的宽度和开口角，可以在 -0.75π～π 的范围内调制传输的 y 偏振光的相位，相位差恒定为 0.25π，而在 0.75 THz 的工作频率下，振幅透射率保持在 0.9。采用基于时域有限差分法的软件 FDTD 求解，确定了宽度和开口的最优值角度。模拟过程中，在太赫兹频段将金属设定为理想的导体是一个合理的假设。图 6-9（c）的底部显示了所选择的 8 个不同的 C 形天线。

为了阐明设计结构高效性能背后的机理，张岩教授团队提出了一种基于 F-P 共振模式的理论解释。图 6-10（a）显示了结构中散射路径组件的示意。硅层和天线层之间的界面为界面 1，硅层和光栅层之间的界面为界面 2。参数 t 和 r 分别表示界面 1 处 y 偏振光的振幅透射率和反射率，r' 表示界面 2 处 y 偏振光的振幅反射率。由

于光栅沿 y 方向排列，y 偏振光几乎完全反射，因此 $r'=1$。E_x 表示入射的 x 偏振波。当通过结构时，透射波包含 x 偏振分量 E_{x1} 和 y 偏振分量 E_{y1}，E'表示界面 1 反射的波。由于 E'的 x 偏振分量几乎全部由界面 2 发射，界面 2 反射的 x 偏振波可以忽略不计，由于 E'的 y 偏振分量几乎完全由界面 2 反射产生 E_y'，然后作为 E_{y2} 通过界面 1 透射。当谐振腔的光学长度满足 $2nd/\lambda+\Delta\varphi_1+\Delta\varphi_2=2m\pi$ 的谐振条件时，输出的 y 偏振光 E_{outy} 由每个 E_{yi} 叠加而成，其结构类似于 F-P 谐振腔，其中 λ 是入射光的波长，n 和 d 是硅层的反射指数和厚度，$\Delta\varphi_1$ 和 $\Delta\varphi_2$ 分别是界面 1 和界面 2 处的相位调制，m 是整数。该过程实现了本征干涉，输出的 y 偏振光 E_{outy} 如式（6-2）所示。

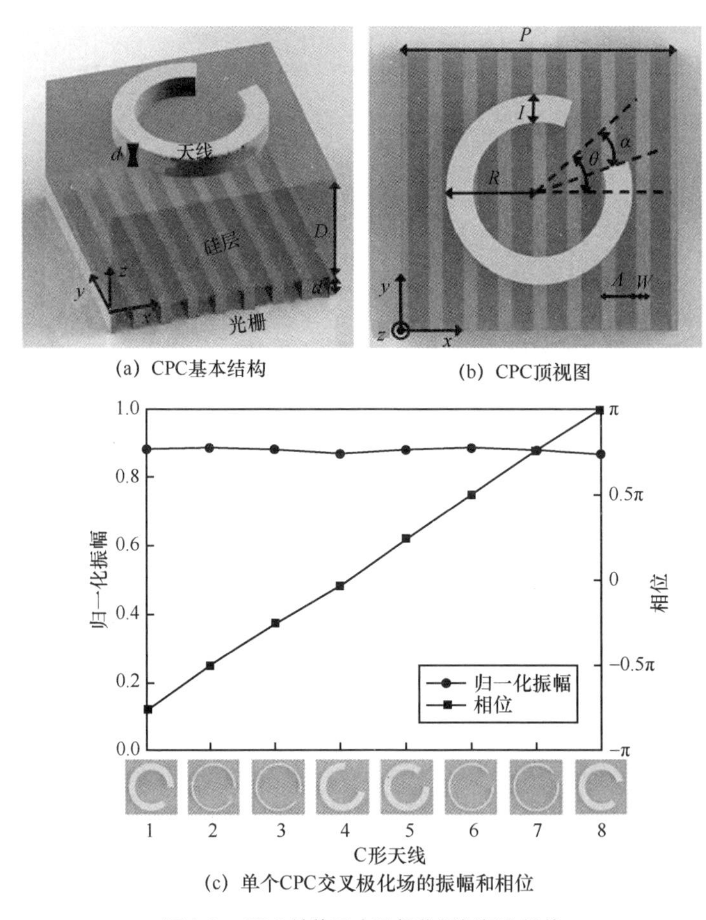

(a) CPC基本结构　(b) CPC顶视图

(c) 单个CPC交叉极化场的振幅和相位

图 6-9　CPC 结构及交叉极化场振幅和相位

$$E_{\text{outy}} = \sum_i E_{yi} = E_{y1} + E_{y2} + E_{y3} + \cdots = E_{y1} + tr'E_{y'}(1 + rtr' + (rtr')^2 + (rtr')^3 + \cdots) \tag{6-2}$$

式（6-2）可以简写为

$$E_{\text{outy}} = \sum_i E_{yi} = E_{y1} + \frac{t}{1-r}E_{y'} \tag{6-3}$$

利用式（6-3）可以计算出 y 偏振光的振幅透射，将其与数值结果和实验结果进行比较，如图 6-10（b）所示。张岩教授团队将振幅–偏振转换效率定义为 E_{outy}/E_x。通过适当的模拟确定了 E_{y1}、$E_{y'}$、t 和 r 的值。结果表明，在 0.75 THz 下，y 偏振光的理论振幅透射和数值振幅透射近似为 0.88。采用传统的光刻和金属化工艺在 80 μm 厚的双面抛光硅衬底上制备了 CPC。由于对光栅和天线的相对位置没有严格的要求，制作过程相对简单。使用太赫兹时域光谱系统对所得 CPC 的性能进行了表征。在 0.75 THz 下，最大振幅传输为 0.85，表明所设计的 CPC 具有较高的效率。图 6-10（b）中 3 条曲线形状相似，说明该模型较好地解释了高效机理。

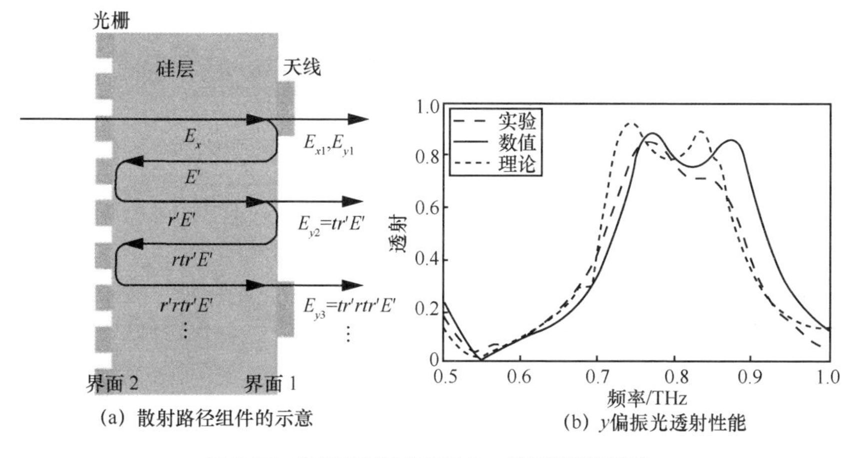

(a) 散射路径组件的示意　　(b) y偏振光透射性能

图 6-10　散射路径组件示意及 y 偏振光透射性能

张岩教授团队设计了两个基于 CPC 超表面结构的高效率太赫兹器件：一个是超表面透镜，另一个是相位全息器件。对于超表面透镜的设计，基于等光程原理，可以得到透镜在不同位置所需的相位分布，即

$$\varphi(x,y) = \frac{2\pi}{\lambda}\left(f - \sqrt{x^2 + y^2 + z^2}\right) \tag{6-4}$$

其中，λ 是入射波长，设置为 0.4 mm；f 是透镜焦距，设置为 3.84 mm。如图 6-9（c）所示，相位值在 0 到 2π 的范围内，并被量化成 8 个值。然后根据计算的相位分布选择一组 CPC 结构。所设计的超表面透镜有 128×128 个单元，对应的几何面积为 1.024 cm×1.024 cm，数值孔径为 0.8，与文献[42]中给出的数值孔径值相同。图 6-11（a）和图 6-11（b）分别显示了基板顶面和底面上的超表面透镜部分，C 形天线和金属光栅加工误差小于 1 μm。采用太赫兹全息成像系统测量了 y 偏振散射太赫兹波的信息。y 偏振光在 y-z 平面上的强度分布如图 6-11（c）所示，沿 z 方向的扫描步长为 0.5 mm。模拟结果如图 6-11（d）所示。实验结果与理论预期吻合良好。图 6-11（d）显示，太赫兹波在距镜头 3.84 mm 的预设位置聚焦良好。此外，如图 6-11（e）所示，图 6-11（c）和图 6-11（d）的白色虚线的强度分布相对应的焦点轮廓均显示出良好的正弦波形状，半峰全宽为 352 μm。

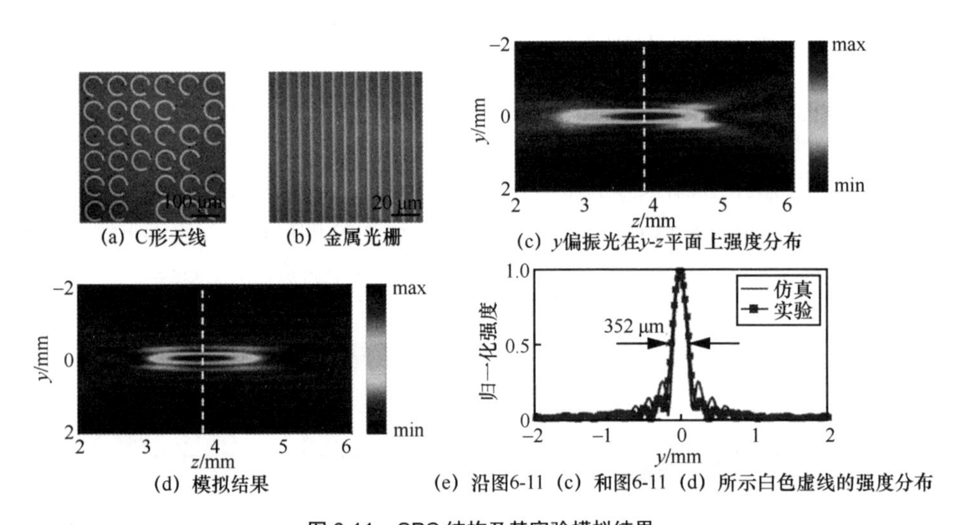

(a) C形天线　(b) 金属光栅　(c) y偏振光在y-z平面上强度分布

(d) 模拟结果　(e) 沿图6-11（c）和图6-11（d）所示白色虚线的强度分布

图 6-11　CPC 结构及其实验模拟结果

相比之下，半峰全宽的理论期望值为 313 μm，这种差异可能是由于制造误差造成的。为了证明这种基于 CPC 结构的金属的成像性能，使用在不锈钢板上铣削的 3 个字母图案（C、N 和 U），如图 6-12（a）所示，将其作为成像对象。获得了 3 个字母图案的所有太赫兹图像并显示在图 6-12（b）～图 6-12（d）中，可以清楚地看到，所设计的超表面透镜是可以正常工作的。

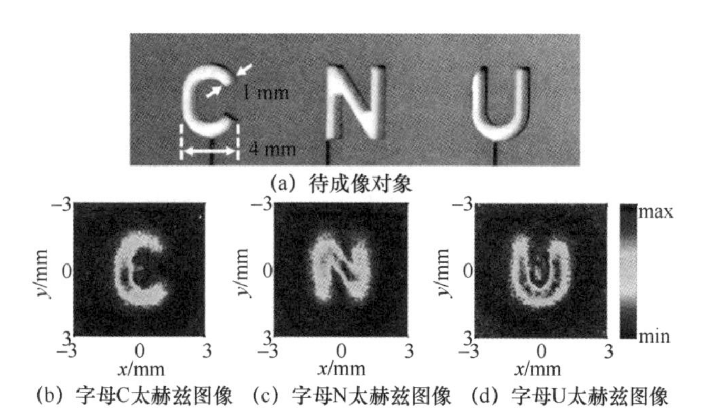

(a) 待成像对象

(b) 字母C太赫兹图像　(c) 字母N太赫兹图像　(d) 字母U太赫兹图像

图 6-12　待成像物体及其成像结果

CPC 结构也可用于实现沿传播方向产生任意强度分布的相位全息图，该系统示意如图 6-13（a）所示。当用 0.75 THz 的 x 偏振光照射时，传输的 y 偏振光将产生两个全息图像。在这个设计中，字母 C 和 N 的图案分别在距离样品 5 mm 和 15 mm 的平面上产生。采用模拟算法设计了基于 CPC 结构的全息器件，其单元数为 128×128，几何面积为 1.024 cm×1.024 cm。在 5 mm 和 15 mm 处使用瑞利–萨默菲尔德衍射积分获得的模拟结果分别如图 6-13（b）图 6-13（c）所示，产生的全息图分别如图 6-13（d）和图 6-13（e）所示。所测得的 C 和 N 图形在不同平面上的字符形状、大小和位置与所需的图形一致，说明全息图提供了良好的相位调制。

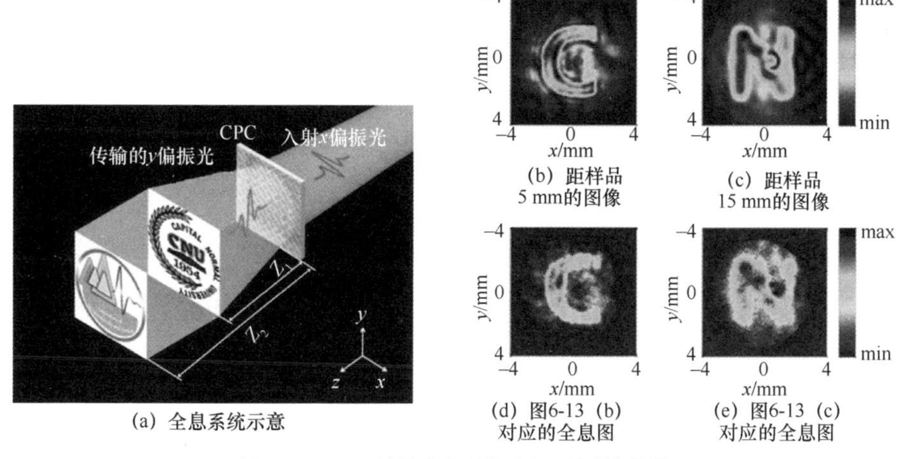

(a) 全息系统示意

(b) 距样品 5 mm的图像　(c) 距样品 15 mm的图像

(d) 图6-13 (b) 对应的全息图　(e) 图6-13 (c) 对应的全息图

图 6-13　CPC 结构全息系统示意及其成像结果

此外，张岩教授团队又提出了一种高效的 CPC 结构，并对其物理机制进行了详细的分析。这种新型 CPC 的制备工艺相对简单。实验对两种基于双层超表面 CPC 的高效率太赫兹器件的性能进行了测试，结果表明所制作的器件能够很好地实现预定的功能，CPC 结构可以应用于太赫兹器件，且器件的厚度非常适合系统集成和小型化。这一新方法为太赫兹超表面器件的实际应用铺平了道路。

2013 年，张岩教授团队将互补 V 形天线结构应用于太赫兹频段超薄涡流相位板（Vortex Phase Plate，VPP）[43]。他们利用太赫兹全息成像系统，对产生的拓扑数 l=1 的太赫兹涡旋光束的复场信息进行了相干测量，并对其远场传输特性进行了详细研究；采用拉盖尔–高斯模型对太赫兹涡旋光束的强度和相位演化进行了模拟和解释。这一工作促进了超薄太赫兹元件的发展和太赫兹涡旋光束的研究。文献[44]基于表面等离子体共振效应，设计了 8 种互补的 V 形天线，实现了透射交叉偏振光的各种相移。图 6-14（a）显示了互补 V 形天线相位调制单元在 x-y 平面上的设计示意。每个天线单元由两个等效的矩形狭缝组成，狭缝一端连接在一个正方形区域，长度 p=200 μm，狭缝宽度 w=5 μm 是固定的。通过调节狭缝长度 h、狭缝夹角 θ 和 V 形天线平分线与 y 轴夹角 β，实现了散射场的相位调制。而互补结构的选择是为了保证太赫兹光谱分量有足够的衍射效率。图 6-14（b）给出了 8 种天线设计，它们对应于−3π/4 到 π 的散射场的相位分布，间隔为 π/4。前 4 个天线的 θ 分别为 130°、120°、100°、60°，对应的 h 分别为 78 μm、82 μm、90 μm、150 μm，β 固定为 45°。其他 4 个单元是前 4 个单元的镜像。

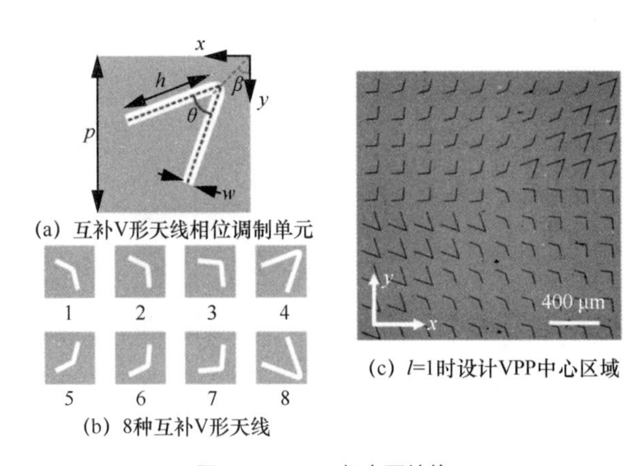

图 6-14 VPP 超表面结构

为了建立拓扑数 l=1 的 VPP，极坐标(r, α)中所需的相位分布可以很容易地用 $\varphi=l\alpha$ 来计算，相位值被量化为 8 个值。根据相位分布选取一系列互补的 V 形天线，并设计到相应的位置。设计的 VPP 由 40×40 个单元组成，面积为 8 mm×8 mm。实验中采用传统的光刻和金属化工艺，在双面抛光的高阻硅衬底（500 μm 厚）上沉积了一层 100 nm 厚的金膜。VPP 的中心区域如图 6-14（c）所示。VPP 的中心波长为 400 μm（相当于 0.75 THz），有效层厚度仅为波长的 1/4 000。当具有水平极化的入射太赫兹波束通过 VPP 时，发射的垂直极化太赫兹波束在每个天线单元上具有相同的发射强度和相应的相位调制，从而形成涡旋太赫兹场。

为了检验 VPP 的功能，利用太赫兹全息成像系统[37-38]来测量透射的交叉极化太赫兹场的强度和相位信息，如图 6-15（a）所示。具有 800 nm 中心波长、100 fs 脉冲持续时间和 1 kHz 重复比的激光束照射厚度为 3 mm 的<110>ZnTe 晶体来辐射由于光学整流效应而具有 15 mm 直径的水平偏振太赫兹波。太赫兹波通过 VPP 后，利用具有垂直偏振的太赫兹涡旋光束去透射另一个厚度为 3 mm 的<110>ZnTe 晶体。具有垂直偏振的探测光束通过 50/50 非偏振分束器（Beam Splitter，BS）反射到传感器晶体上。在晶体中，探针的偏振态被太赫兹场调制用来承载二维太赫兹信息。为了测量太赫兹垂直极化分量，ZnTe 晶体的<001>轴垂直于入射方向[45]。反射的探测光束入射到系统的成像单元中，利用平衡电光探测技术提取太赫兹复场。有关成像系统的详细原理已发表在文献[46-47]中。通过改变太赫兹光与探测光的光程差，得到 128 幅太赫兹时域图像，对应的时间窗口为 17 ps，对每个像素处的时域信号进行傅里叶变换，精确提取出 0.75 THz 分量的强度和相位信息。需要注意的是，硅衬底在 0.75 THz 时的折射率约为 3.4，因此其光学厚度达到 1.7 mm，主脉冲和回波脉冲之间的时间差约为 11 ps。利用零填充消除了主脉冲和回波脉冲之间的干扰效应。图 6-15（b）和图 6-15（c）展示了 0.75 THz 涡旋光束的强度和相位分布。当归一化太赫兹强度图像上的值小于 0.2 时，在相位图上将对应像素的颜色设置为灰色以滤除噪声。可以看出，除了两个透射率较高的区域外，光强分布基本均匀。这种差异可能是由制造误差造成的。相位图显示了与预期相同的变化。VPP 与传感器晶体之间的距离约为 4 mm。由于衍射作用，被测相位随方位角 α 从−3π/4 平稳单调地增加到 π。为了更清楚地观察相位分布，提取了不同 α 和固定 r=1.5 mm 的相位数据，并绘制在图 6-15（d）中。结果表明，相位与方位角之间具有良好的线性关系，说明所设计的 VPP 可以很好地形成太赫兹涡旋光束。

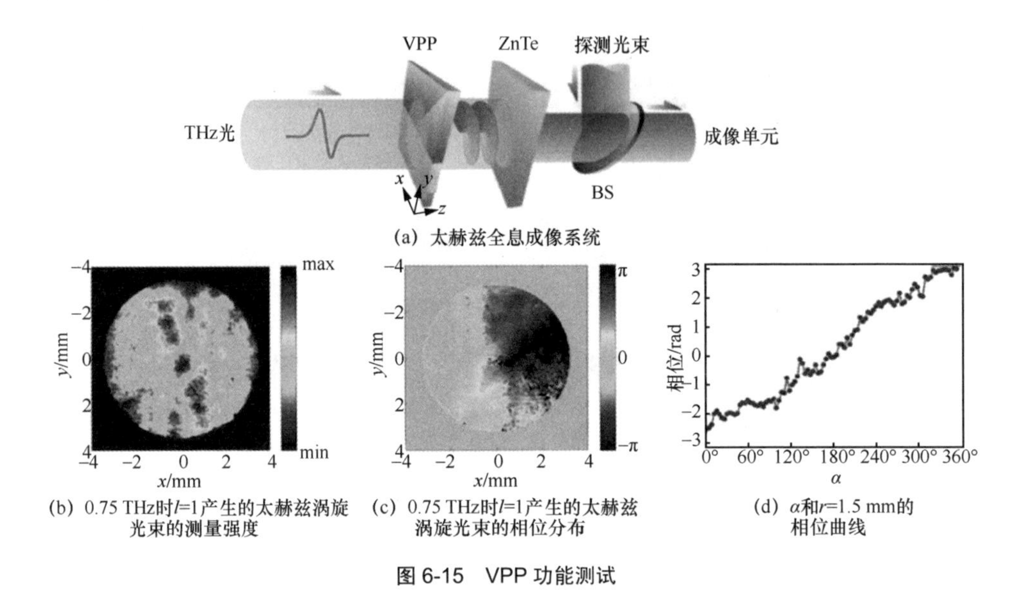

图 6-15　VPP 功能测试

为了进一步观察太赫兹涡旋光束在聚焦过程中的传输特性，还研究了它的高斯相移。在 z 轴的不同位置，提取每个强度和相位图的中心线（x=0 mm），以显示太赫兹场的纵向分布，如图 6-16（a）和图 6-16（c）所示。图 6-16（a）给出了聚焦太赫兹涡旋光束的环形强度分布的横截面，其沿 z 轴对称。图 6-16（c）清晰地显示了太赫兹涡旋光束在聚焦过程中的相位演变，且可以观察到相位旋转和扭转的变化方向。光轴周围的纵向相移由于测量范围的限制，只能达到 1.5π 左右。将从拉盖尔高斯（Laguerre-Gaussian，LG）到 z=20 mm 的传播间隔与从 LG 到 z=1 mm 的传播间隔进行比较，强度和相位如图 6-16（b）和图 6-16（d）所示，实验结果与理论结果吻合良好。为了获得 Gouy 相移，将图 6-16（c）和图 6-16（d）中的傍轴相位值（y=0.25 mm）提取并绘制在图 6-16（e）中。为了避免光轴（y=0 mm）的相位噪声，所以不选择光轴上的数据。在图 6-16（e）中，理论和实验结果都呈现出 1.5π 的相变，相互匹配良好。这种现象反映了太赫兹涡旋光束在焦点前后存在的 Gouy 相移。

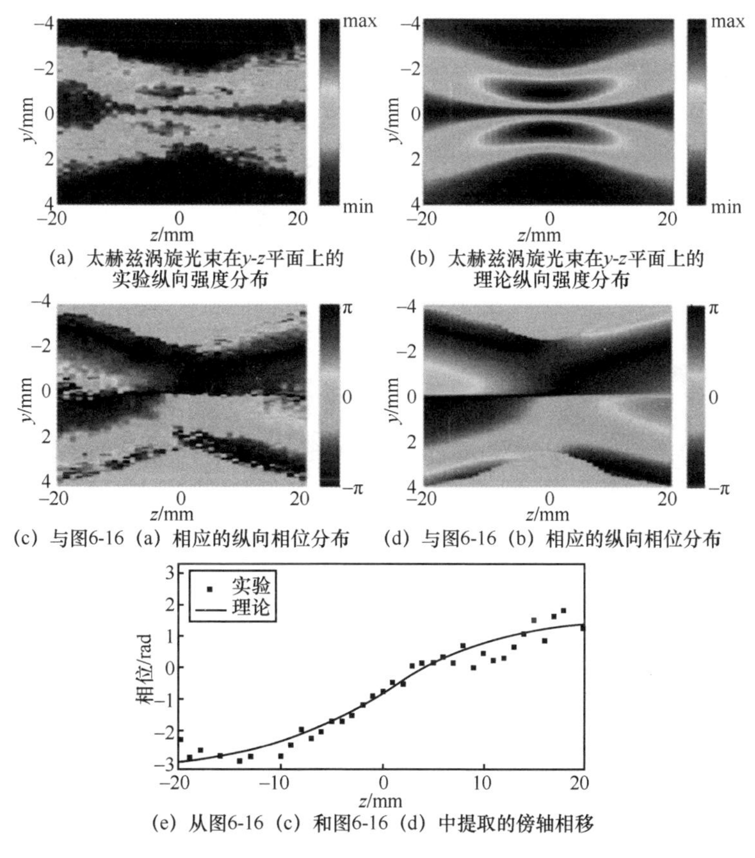

(a) 太赫兹涡旋光束在y-z平面上的实验纵向强度分布　(b) 太赫兹涡旋光束在y-z平面上的理论纵向强度分布

(c) 与图6-16 (a) 相应的纵向相位分布　(d) 与图6-16 (b) 相应的纵向相位分布

(e) 从图6-16 (c) 和图6-16 (d) 中提取的傍轴相移

图 6-16　VPP 测试结果

本节基于上述理论设计了超薄平面太赫兹 VPP，利用 VPP 产生互补的 V 形天线结构和拓扑数 l=1 的太赫兹涡旋波束。利用太赫兹全息成像系统，观测了太赫兹光束的涡旋相位分布，研究了太赫兹涡旋光束在远场中的传输特性。利用 l=1、p=0 的 LG 模，系统地分析了太赫兹涡旋光束在聚焦过程中的相位演化。实验结果表明，该方法可以产生拓扑数较高的太赫兹涡旋光束。本节的工作对特殊光束的研究、平面太赫兹元件的开发和太赫兹信息的传输具有重要的参考价值。

2016 年，He 等[48]提出了一种在太赫兹频段产生环形艾里（Airy）光束的简单方法。所设计的全息图记录了环形艾里光束在初始传播平面上的相位和振幅，利用太赫兹全息成像系统对产生的太赫兹环形艾里光束的光强分布进行了实验测量，详细研究了太赫兹环形艾里光束的透射特性。实验结果与理论结果吻合较好。环形艾里元全息图由 C 形缝隙天线阵列构成，每个天线可以为交叉极化的散射波提供特定的相位和振幅偏移，其中散射波的极化方向与入射极化垂直。C 形缝隙天线由金膜和基片组成，该狭缝由沉积在厚度为 500 μm 的双面抛光高电阻率硅衬底上的 100 nm 厚的金膜制成。天线单元的周期为 P，狭缝的开口角为 θ，对称轴的方位角为 β，C 形槽的外半径和内半径分别为 R 和 r，如图 6-17（a）所示。

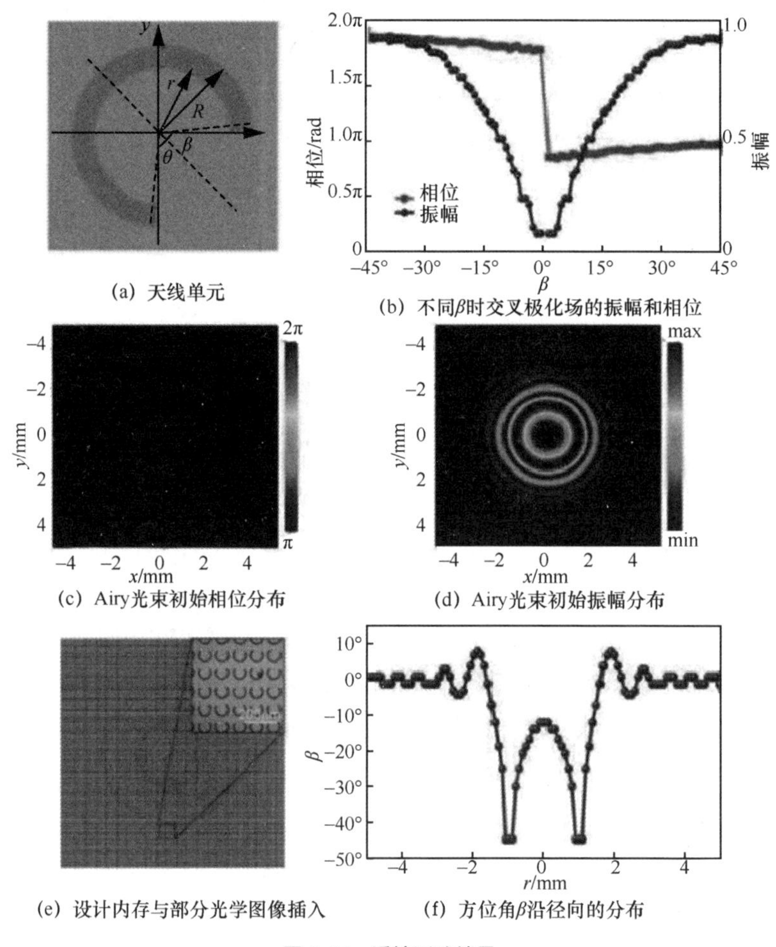

(a) 天线单元

(b) 不同β时交叉极化场的振幅和相位

(c) Airy光束初始相位分布

(d) Airy光束初始振幅分布

(e) 设计内存与部分光学图像插入

(f) 方位角β沿径向的分布

图 6-17　透镜测试结果

利用基于时域有限差分法的仿真软件FDTD计算了天线激发的交叉极化波的相位和振幅。图6-17（b）绘制了频率为0.8 THz时，R=40 μm、r= 30 μm和P= 100 μm的不同方位角β的交叉极化电场的相移和振幅传输。这里，选择具有β=−45°的天线作为参考天线，并且由参考天线发射的交叉极化散射波的相位为2π。可以清楚地看到，当对称轴β的方位角从−45°旋转到0°时，交叉极化散射场保持几乎恒定的2π相移，而振幅传输从其最大值（I_m = 0.7）减小到0.05。当对称轴β的方位角从0°旋转到45°时，振幅传输从0.05增加到最大值，并且相移在π处几乎保持不变。因此，通过旋转结构的对称轴可以获得任何振幅的传输。此外，通过使用β值与原始信号相反的天线，也可以在保持相同幅度传输的同时实现π的相移。

一束初始电场在平面y上的分布可以描述为[49]

$$U_0(r,0) = \mathrm{Ai}\left(\frac{r_0 - r}{w}\right)\mathrm{e}^{\alpha\left(\frac{r_0 - r}{w}\right)} \tag{6-5}$$

其中，Ai(x)是Airy函数，r是半径，r_0是主环的半径，w和α分别是标度长度和截断因子。峰值强度环的半径为R_0= r_0−$wg(a)$，其中$g(a)$是函数Ai′(x)+αAi(x)的第一个零点，峰值强度环的半高宽约为2.28w[50]。环形艾里光束的焦距可以描述为

$$f = 4\pi w^{3/2} R_0^{1/2} / \lambda \tag{6-6}$$

对于参数r_0=1.0 mm、w=0.3 mm和α = 0.3，可使用式（6-5）获得初始电场的相位和振幅。计算的相位和振幅分布分别如图6-17（c）和图6-17（d）所示，相位包含π和2π的值，利用天线及其反射镜结构可以很容易地实现。同时，将振幅量化为从0到I_m的16个值。选择32个天线作为RAM中的单元。天线参数选择如下：R=40 μm、r = 30 μm和P = 100 μm。对于第一组16根天线，方位角分别为β=−1°、−3°、−4°、−6°、−7°、−8°、−9°、−10°、−12°、−13°、−17°、−19°、−21°、−25°、−30°和−45°。利用这些天线可以获得从I_m /16到I_m的交叉极化散射波的振幅，并且相位值几乎为2π。第二组16根天线由第一组的反射镜对应组成，这些反射镜对应π的相位值，振幅与第一组中的对应元素相同。根据振幅和相位分布选取32根天线，并用于填充相应的位置。设计的RAM由100×100个单元组成，面积为10 mm×10 mm，如图6-17（e）所示，部分RAM的光学图像如图6-17（e）中放大图所示。方位角β沿径向的分布如图6-17（f）所示。

实验中，利用太赫兹全息成像系统测量了交叉偏振散射太赫兹波的场信息。部分实验装置如图 6-18（a）所示。一个直径为 16 mm 的 x 偏振太赫兹脉冲通过所设计的 RAM，然后产生具有 y 偏振的环形 Airy 光束并穿过<110>厚度为 3 mm 的 ZnTe 晶体。为了测量太赫兹场的 y 偏振分量，用分束器（BS:T/R = 5:5）将 y 偏振的探测光束沿 x 方向反射到<001>轴的 ZnTe 晶体中。

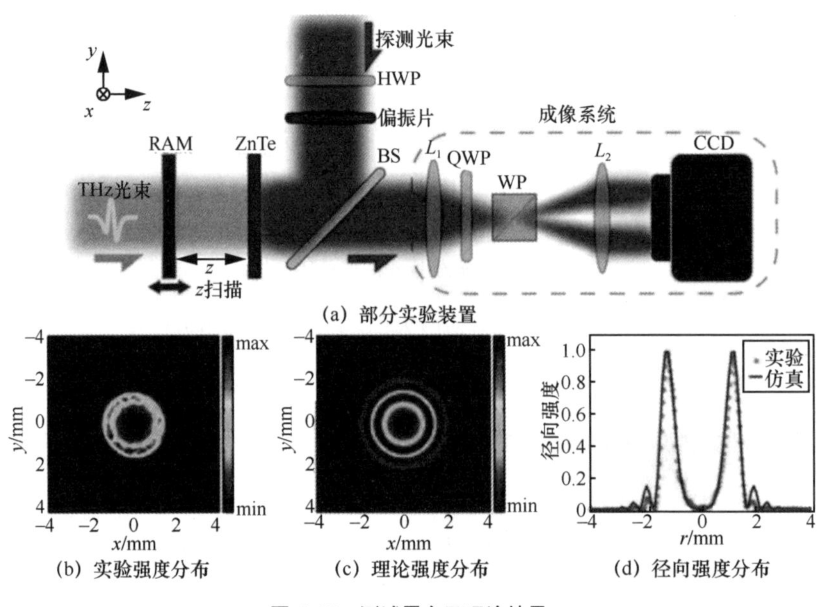

(a) 部分实验装置

(b) 实验强度分布　(c) 理论强度分布　(d) 径向强度分布

图 6-18　测试平台及理论结果

在 ZnTe 晶体中，探测光束的偏振态受太赫兹场的调制。首先，将调制后的探测光束反射到成像系统中，用 CCD 采集 ZnTe 晶体的图像。然后，利用平衡光电探测技术和动态减法技术提取太赫兹信息，通过改变太赫兹光束和探测光束之间的光程差来记录太赫兹时域信号。最后，通过在每个时间窗上执行不同的振幅和频率的傅里叶变换，可以在每个时间窗上提取图像。为了测量产生的环形 Airy 场在其初始平面上的强度分布，将 RAM 靠近传感器晶体（z=0 mm）。图 6-18（b）显示了在 0.8 THz 频率下，参数为 r_0=1.0 mm、w=0.3 mm 和 α=0.3 的环形艾里光束的实验强度分布。与内环有明显的同心，可以观察到一些最亮的圆环。理论强度分布如图 6-18（c）所示，通过将上述参数代入式（6-5）中获得。峰值强度环半径为

1.195 mm（$g(a)$=−1.65 mm）。为了更清楚地观察场强，提取了径向强度分布，并绘制在图 6-18（d）中。结果表明，测得的峰值强度环半径约为 1.2 mm，与理论值吻合较好。接下来，作者重点研究产生的太赫兹环形艾里光束的传播。在实验中，通过沿负 z 轴移动 RAM 来执行 z 扫描测量，如图 6-18（a）所示。RAM 与 ZnTe 晶体之间的距离从 0 增加到 18 mm，扫描分辨率为 0.1 mm。在每个扫描点提取 0.8 THz 的交叉极化场，重建太赫兹波环形 Airy 光束的传输。

图 6-19（a）显示了太赫兹环形艾里光束在 x-z 平面上传播的实验测量的垂直视图。随着传输距离的增加，环形 Airy 光束的半径减小，光束强度集中在一个点上。在靠近焦点处，中心的最大强度迅速增加。这种强度的突然增加是由于环形艾里光束本身的横向加速度造成的。图 6-19（b）描述了传播过程中的模拟强度分布。使用菲涅耳衍射积分计算场分布，为了更清楚地进行比较，沿中心线（x=0）提取的轴向强度分布如图 6-19（c）所示。结果表明，环形 Airy 光束在 z=4.0 mm 左右出现突然自聚焦，在 z=6.0 mm 处强度达到最大值。根据式（6-6）计算出的理论焦距为 6.065 mm，与实验结果一致。

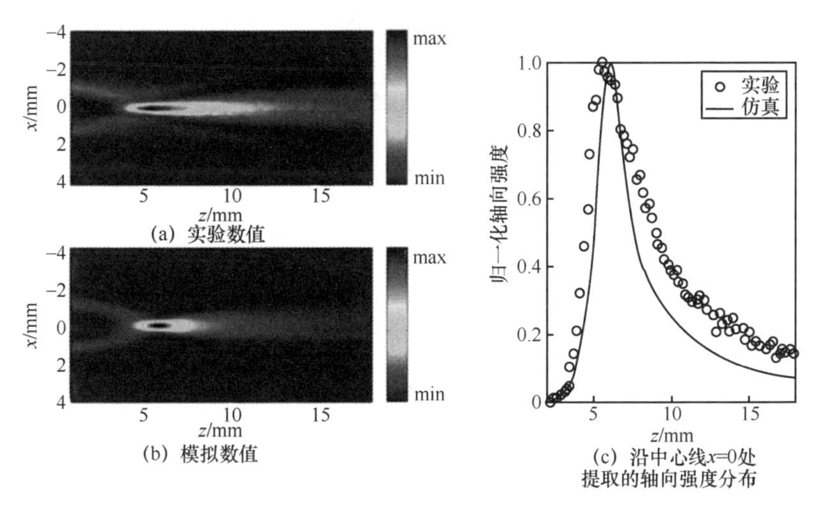

图 6-19　太赫兹环形艾里光束在 x-z 平面上传输的垂直视图和轴向强度分布

不同传播距离（z=3 mm、6 mm、9 mm 和 12 mm）下的实验横截面强度分布如图 6-20（a）～图 6-20（d）所示。为了更好地显示，横截面强度都已缩放到相同的峰值强度。由于向内加速，产生的光束环变窄，直到在传播过程中聚焦在 z=6 mm 处的一个点上，半高宽为 448 μm。在聚焦点之后，光束轮廓呈现贝塞尔光束的形式，这与文献[51]的结果一致。相应的模拟结果如图 6-20（e）～图 6-20（h）所示，与实验结果吻合较好。

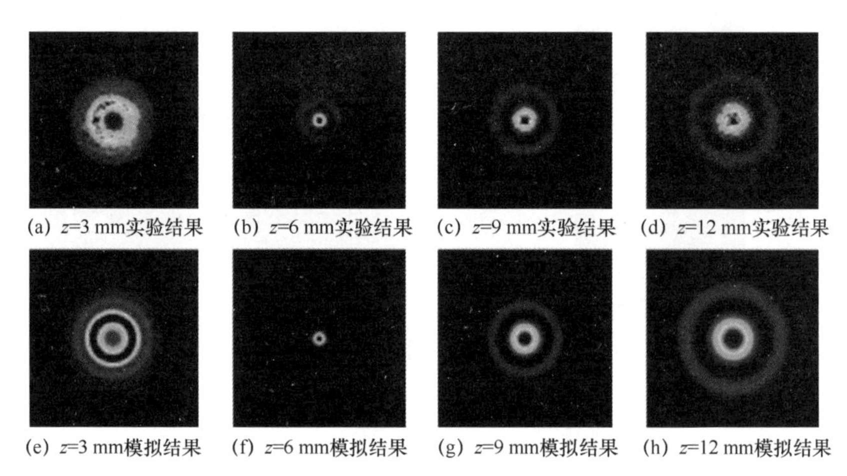
(a) z=3 mm实验结果 (b) z=6 mm实验结果 (c) z=9 mm实验结果 (d) z=12 mm实验结果

(e) z=3 mm模拟结果 (f) z=6 mm模拟结果 (g) z=9 mm模拟结果 (h) z=12 mm模拟结果

图 6-20 不同传播距离的横截面强度分布

使用类似的方法，He 等[48]还生成了一个参数为 r_0=1.6 mm、w= 0.3 mm 和 α= 0.3 的环形 Airy 光束，频率为 0.8 THz。图 6-21（a）和图 6-21（b）分别显示了初始平面上的测量强度分布和 y-z 平面上的纵向强度剖面。测得的峰值强度环半径约为 1.792 mm，与理论值 1.795 mm 吻合较好。主 Airy 环的半径逐渐减小，并沿抛物线轨迹运动，直至 z=7.8 mm 处的一个点上。在这个点之后，太赫兹环形艾里光束转变为一阶无衍射贝塞尔光束。相应的模拟结果如图 6-21（c）和图 6-21（d）所示，与实验结果一致。很明显，用全息方法可以产生其他参数的太赫兹环形艾里光束。

He 等[48]提出了一种产生环形 Airy 光束的新方法，并在太赫兹频段进行了实验验证，详细研究了产生的环形艾里光束的自聚焦特性。该方法为太赫兹频段产生和快速自聚焦波研究打开了大门，从而促进了许多有趣的应用，如医学检查和微粒操作。此外，该方法也可作为在其他频段产生突然自聚焦波的一种方法。2018 年，该实验团队利用相互交叉的十字形天线构成超表面，对入射波的幅值和极化空间分布同时进行调制，并且利用太赫兹时域系统对超材料器件进行测试，测试结果与仿真结果吻合。该装置具有结构紧凑、简单等优点，可用于生成各种复杂光场和计算偏振全息图。

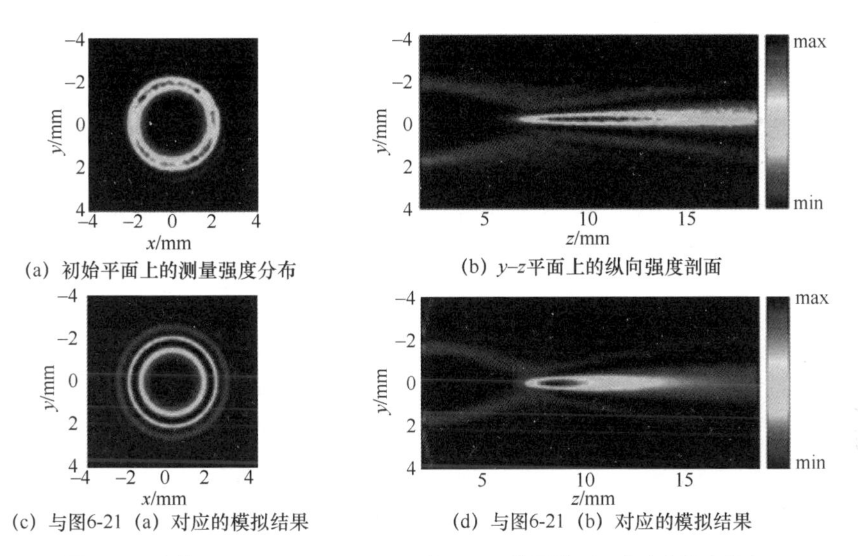

(a) 初始平面上的测量强度分布　(b) y–z 平面上的纵向强度剖面

(c) 与图6-21 (a) 对应的模拟结果　(d) 与图6-21 (b) 对应的模拟结果

图 6-21　参数 r_0=1.6 mm、w=0.3 mm 和 α=0.3 的环形 Airy 光束的强度分布

6.2.2　具有复用功能的太赫兹波前调制超材料

由于 6.2.1 节介绍的单一功能的太赫兹波前调制器件功能单一、利用率低，因此研究者提出了功能复用的超表面器件。功能复用的超表面器件要实现多功能，其机理与超表面的设计会比单一功能的器件复杂，但是可以提高器件的利用率。Wang 等[52]提出了一种设计多色超表面全息图的新概念，充分利用了各天线在不同工作频率下的波前调制能力。重建的不同频率的字符模式可以在传输区重叠，因此可以使用 3 种原色生成彩色图像。为了验证这一概念，该团队设计、制作并测量了一幅工作在 0.50 THz 和 0.63 THz 频段的基于 C 形金属天线阵的双色太赫兹亚表面全息图[52]。实验结果验证了理论预期。这种方法将为更好的全息图设计提供更大的空间带宽积，有利于在同一观察位置进行多色合成。

该团队采用模拟退火（Simulated Annealing，SA）算法设计了双色太赫兹超表面全息图，并用紫外光刻技术制作了该全息图[52]。天线阵列被转移到沉积在高阻硅衬底上的金膜上。金膜和硅衬底的厚度分别为 100 nm 和 350 μm。超表面由 128×128 个单元组成，总尺寸为 10.240 mm×10.240 mm，如图 6-22（a）所示。观察面与超表面器件的距离为 5.0 mm。使用基于电光取样方法的太赫兹焦平面成像系统记录观察面上重建的太赫兹超表面全息图的特征图案[5,43]，如图 6-22（b）所示。太赫兹脉冲是由中心波长为 800 nm 的飞秒激光束在 ZnTe 晶体上激发产生的。抛物柱面镜（Parabolic Mirror，PM）收集并准直太赫兹波。另一个 ZnTe 晶体用于探测位于观察面上的透射交叉极化波。

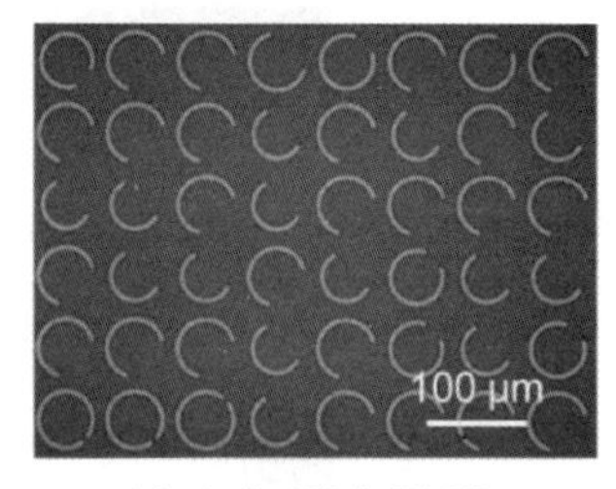

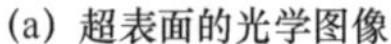
(a) 超表面的光学图像

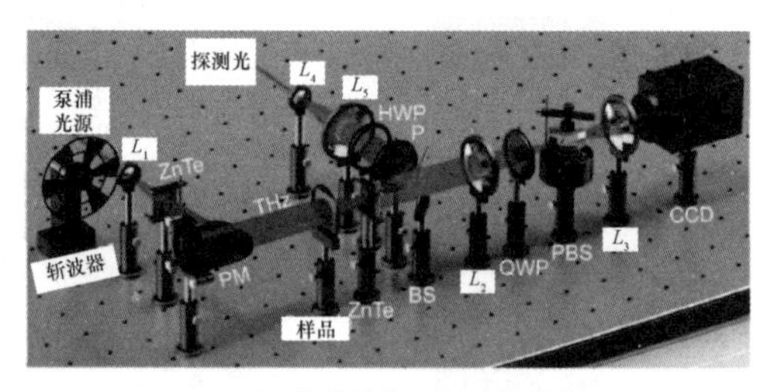

(b) 太赫兹焦平面成像系统

图 6-22　超表面的光学图像和用于器件表征的太赫兹焦平面成像系统

在 0.50 THz 和 0.63 THz 下，通过模拟退火算法获得的图像分别如图 6-23（a）和图 6-23（d）所示，设计结果分别如图 6-23（b）和图 6-23（e）所示，测量结果分别如图 6-23（c）和图 6-23（f）所示。x 轴和 y 轴对应于光的水平和垂直偏振方向。光轴位于以检测区域为中心的(x=0,y=0)处。从图 6-23（b）和图 6-23（e）可以看出，重建的字符图案围绕光轴重叠，每个工作频率都有轻微的串扰。在图 6-23（c）和图 6-23（f）中测得的 C 和 N 图案与在 0.50 THz 和 0.63 THz 处关于字符形状、位置和大小的期望图案非常一致。效率一直是实际应用中的一个重要问题，在工作频率下用太赫兹时域光谱法测量，器件的交叉极化转换效率在 10%以上。

图 6-24 给出了沿直线 y=0 的被摄体图像、设计结果和记录图像的强度分布。在图 6-24（a）中，x=−2.5 mm 和 x=0 mm 之间的一个峰值表示在工作频率 0.50 THz 下重建字符 C。在图 6-24（b）中，由于在 0.63 THz 处重建了字符 N，因此可以观察到 3 个峰值。测量结果在两个工作频率下的信噪比均低于 SA 算法的设计结果，

且主要特征可以用肉眼识别。该器件分别在频率为 0.50 THz 和 0.63 THz、带宽为 130 GHz 时复现了全息图案。由于该工作频率在天线的中心谐振频率附近，会使天线有很强的波前调制行为。通过仿真和优化算法，就可以充分利用天线在不同频率进行波前调制。

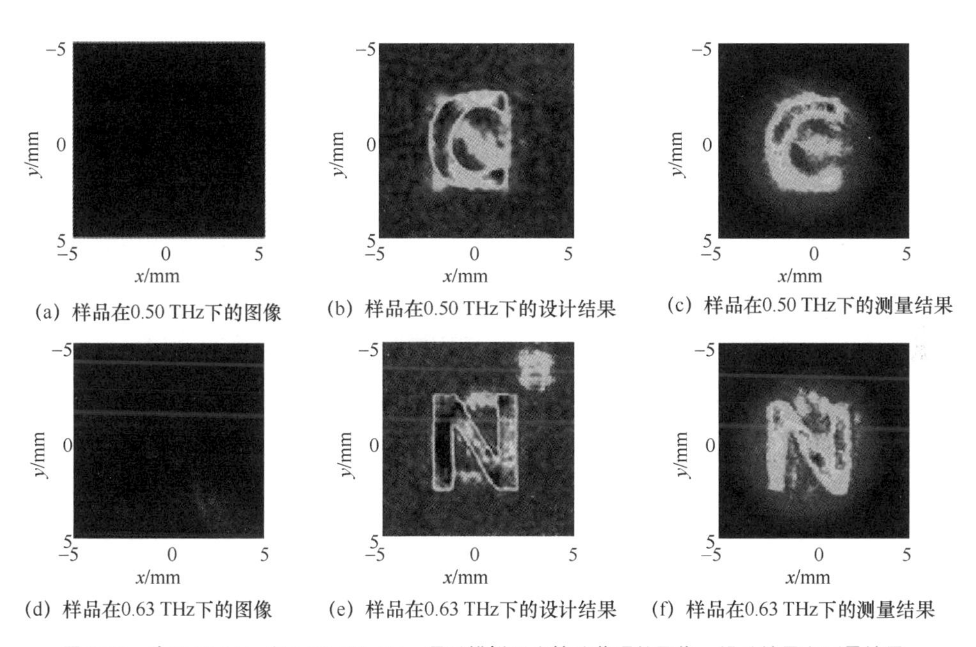

图 6-23　在 0.50 THz 和 0.63 THz 下，通过模拟退火算法获得的图像、设计结果和测量结果

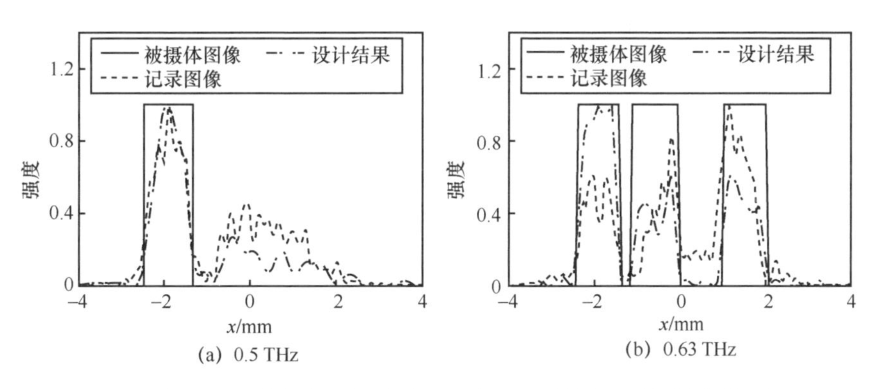

图 6-24　沿直线 y=0 的被摄体图像、设计结果和记录图像的强度分布

Wang 等[53]提出并演示了一种太赫兹频率范围内的自旋选择超表面透镜。自旋选择超表面透镜不仅可以实现巨大的横向位移，而且可以将不同自旋态的光子聚焦到宽带频率范围内的两个分离的焦点上。更有趣的是，这种镜头还可以执行自旋选择成像。多功能自旋透镜是利用光的自旋态的有力工具，可以激发更多自旋器件的设计和应用。利用 FDTD 软件模拟该透镜的自旋选择聚焦特性，仿真中天线的参数与实验中使用的相同。在 x、y 和 z 方向的边界条件都被设置为完全匹配层（Perfect Match Layer，PML）。入射源设置为频率为 0.75 THz 的平面太赫兹波。焦平面和传播平面中的模拟强度分布如图 6-25（a）～图 6-25（c）所示，分别表示 RCP（Right Circularly Polarized）、LCP（Left Circularly Polarized）和 LP 太赫兹辐射，用顺时针、逆时针和线性箭头表示。对于 RCP 太赫兹辐射，可以清楚地看到距透镜表面 4 mm 的焦平面，焦点位于右侧。如果将入射太赫兹辐射的偏振从 RCP 切换到 LCP，太赫兹辐射将聚焦在同一焦平面上，但焦点在左侧。LP 太赫兹辐射可以看作 LCP 和 RCP 太赫兹辐射的结合，焦平面上清晰地显示出两个焦点，且两焦点的间距为 2.2 mm，与设计值一致。模拟结果表明，所设计的透镜可以根据入射太赫兹辐射的偏振特性将太赫兹辐射聚焦到两个不同的焦点上，类似于光子自旋霍尔效应（Spin Hall Effect，SHE）。利用太赫兹焦平面成像系统对自旋选择超表面透镜进行实验表征，焦平面和传播平面的实验强度分布如图 6-25（d）～图 6-25（f）所示，与模拟结果相似。实验验证了 LP 和 RCP 辐射在距焦平面 1.05 mm 处的横向焦斑的聚焦功能。

利用产生的宽带太赫兹辐射，文献[53]分析了 LP 太赫兹辐射照射下自旋透镜的色散特性。传播平面中的归一化强度分布和相应的 Stokes 位移如图 6-26（a）～图 6-26（c）所示，分别代表 0.65 THz、0.75 THz 和 0.94 THz 辐射。可以看出，不同频率的太赫兹辐射都聚焦在两个焦点上，但焦距不同。上述结果利用 Stokes 参数描述了圆偏振度，证实了分裂是自旋相关的。0.65 THz、0.75 THz 和 0.94 THz 的横向和纵向强度分布的定量比较如图 6-26（d）和图 6-26（e）所示。对于不同的频率，两个焦点之间的距离几乎保持相同（2.1 mm）。然而，频率较大的太赫兹辐射的焦距较长。0.65 THz、0.75 THz 和 0.94 THz 的焦距分别约为 2.9 mm、3.9 mm 和 5.0 mm。自旋选择透镜的色散类似于传统透镜的色散和折射率。虽然焦距随频率变化，但自旋选择聚焦不受影响，这意味着所设计的透镜可以在宽带频率范围（300 GHz）内工作。

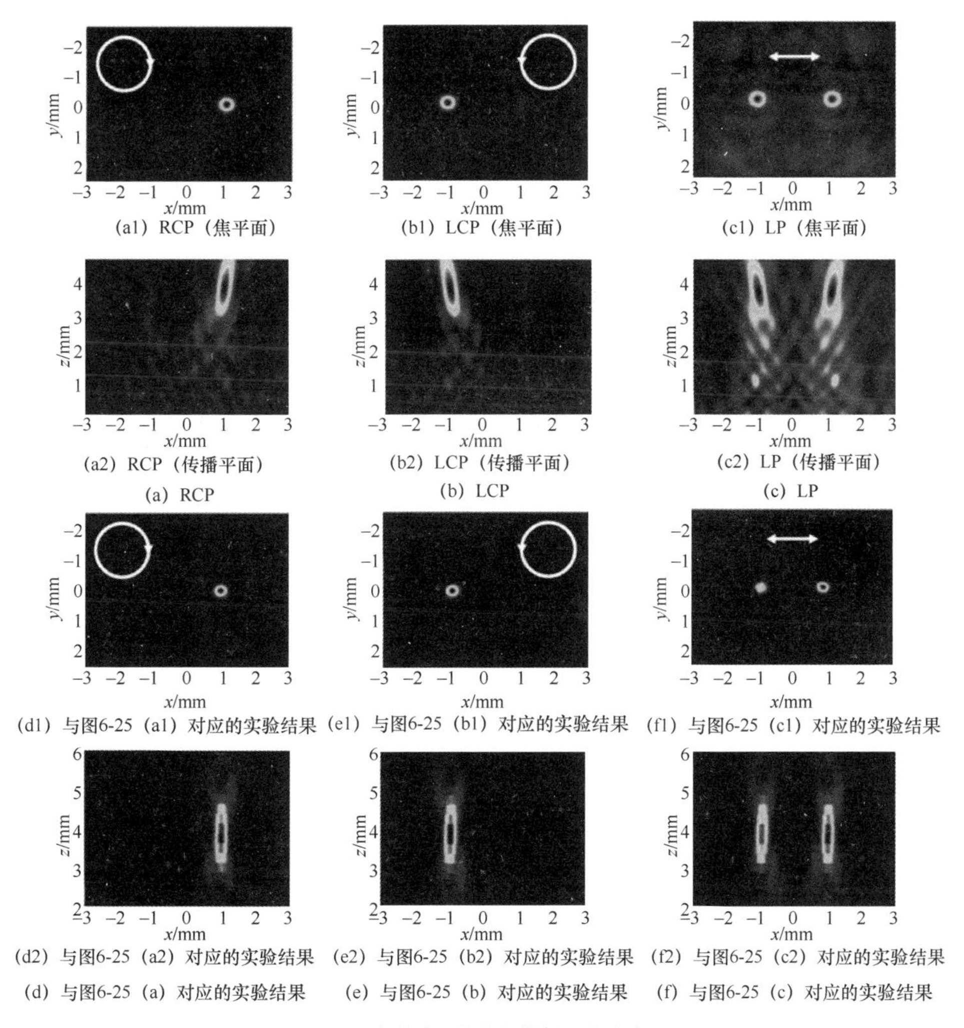

图 6-25　自旋选择聚焦的模拟和实验演示

Wang 等[53]利用光的自旋控制光子的这种途径制备能够选择性自旋的超表面透镜，并且通过实验验证了其在太赫兹频率范围的聚焦与成像功能。由于可以灵活地操纵不同自旋状态的光子，自旋选择透镜是基于自旋的光电子器件领域的实质性一步，因此可以进一步研发更多此类器件的设计，从而促进偏振相关的应用在传感、纳米光学和量子信息处理方面的应用。

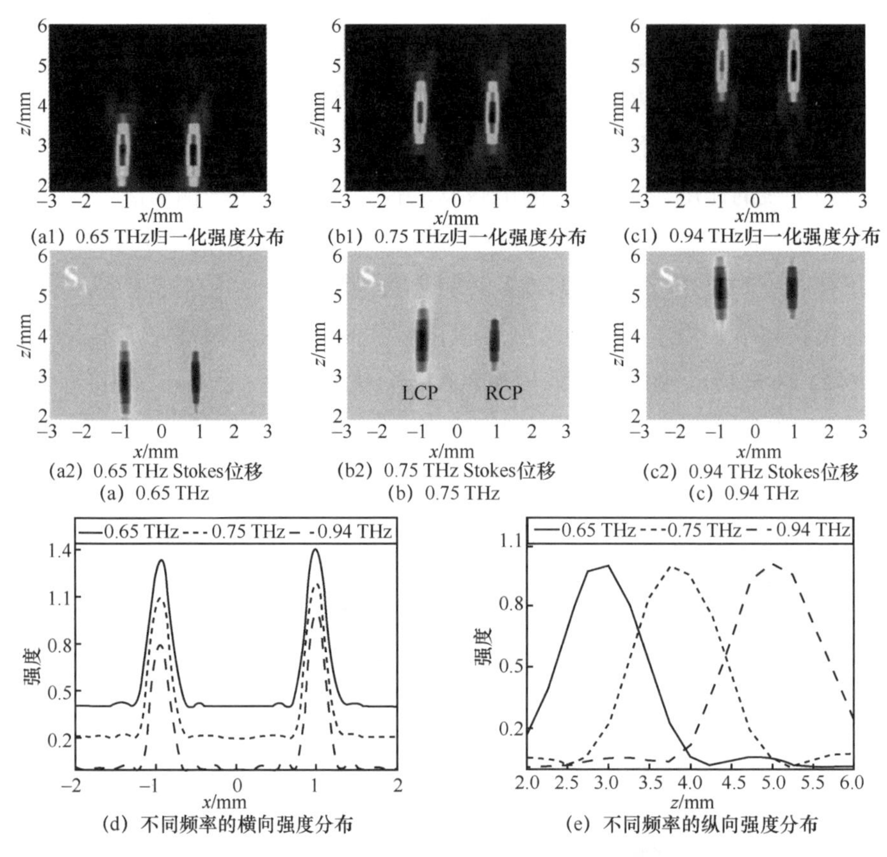

图 6-26 LP 太赫兹辐射照射下自旋透镜的色散特性及横向和纵向强度分布

6.3 主动型超材料结构

主动型超材料结构制备的器件可以通过外加场来实现性能调控，例如通过外加电场、磁场等改变太赫兹波的透射率、偏振状态等性质。

6.3.1 温控超材料器件

温控超材料器件通过外加温度使器件的超材料结构发生改变，对太赫兹波进行主动调制。Seo 等[54]在 VO_2 薄膜上的金涂层中添加纳米阵列结构，即纳米缝隙天线阵列，如图 6-27（a）所示。对于绝缘 VO_2，金涂层上的一个矩形孔在共振时可以起到缝隙天线的作用，接收附近的电磁波，并将其输送到另一侧插槽[54-58]。因此，当 VO_2 薄膜绝缘时，样品在共振时对入射的太赫兹波基本上是透明的，因为天线处于开启状态，在绝缘 VO_2 薄膜上纳米天线对共振太赫兹电磁波几乎是透明的，而在金属状态下，由于消光的急剧增强，它对相同的入射波是完全不透明的，如图 6-27（b）所示，图中标尺长度为 300 μm，狭缝长度为 150 μm。与绝缘状态形成鲜明对比的是，当薄膜相变时，纳米缝隙天线不再工作（即处于关闭状态），因此在样品的整个金属部分发生简单的反射，具有非常小的透射率。

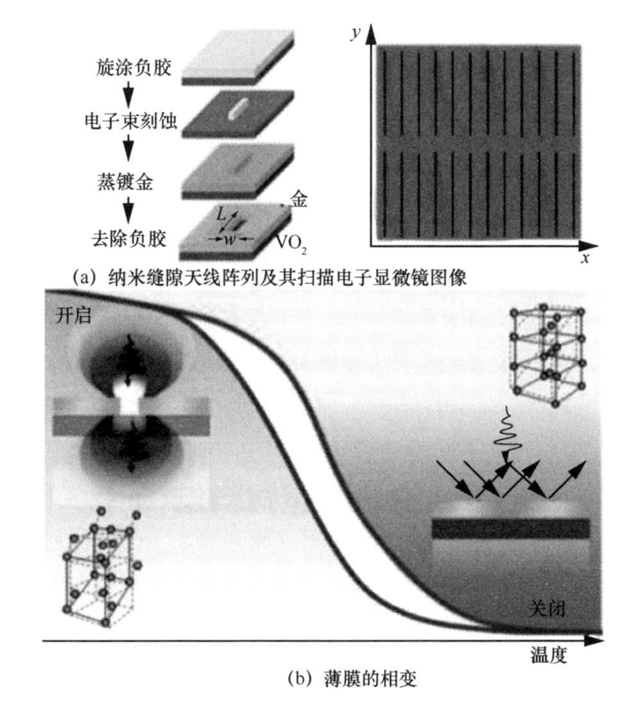

（a）纳米缝隙天线阵列及其扫描电子显微镜图像

（b）薄膜的相变

图 6-27 温控超材料器件

基于 VO_2 相变设计一个太赫兹天线，利用负性光刻胶，用电子束光刻技术来制作长为 L、宽为 w 的矩形孔阵列。在纳米图案化之前的原始样品包括通过反应射频磁控溅射在 430 μm 厚蓝宝石衬底上沉积的 100 nm 厚 VO_2 膜。在 VO_2/Al_2O_3 衬底上沉积 100 nm 厚的金，固定 L=150 μm，制备了宽度分别为 27 μm、1 μm 和 450 nm，周期分别为 100 μm、100 μm 和 30 μm 的矩形阵列。用太赫兹波谱来测量超材料的时域性能是最直接的方法，Seo 等使用一个由 2 kV/cm 偏置半绝缘 GaAs 发射器产生的单周期太赫兹源，在波长为 780 nm、重复频率为 76 MHz、脉宽为 150 fs 的飞秒钛宝石激光脉冲串的照射下，进行太赫兹时域光谱分析。将偏振垂直于矩形长轴的 p 偏振太赫兹脉冲入射到样品上。采用电光取样方法，在时域检测透射太赫兹波，其中光学探针脉冲在<110>ZnTe 晶体中受到同步太赫兹光束的轻微偏振旋转，检测水平电场。图 6-28（a）比较了固定天线长度 L=150 μm 的绝缘体–金属相变之前（实线，305 K）和之后（虚线，375 K）的无图案（即 VO_2）、微图案和纳米图案样品的时域传输信号，金属相的峰值透射率约为绝缘体相的 30%，太赫兹脉冲的单周期特性基本保持不变，表明相变前后材料系统没有共振（图 6-28（a）顶部）。对于微图案样品，在绝缘体相处的传输信号是准周期的，在光谱域中反映出良好的共振。将温度一直升高到金属仍然不能完全阻止透射，在峰值处大约有 30%的振幅（图 6-28（a）中间）。当薄膜处于绝缘阶段时，纳米图案样品再次显示准周期波形，其振幅与微图案样品相似。对于纳米图案样品，当相位变为金属时，透射完全关闭（图 6-28（a）底部）。比较 w=27 μm 样品（图 6-28（b））和 w=450 nm 样品（图 6-28（c））的傅里叶变换透射光谱，有助于定性地确定为什么纳米图案样品会随着温度和相变的升高而引起如此大的消光。最初，在较低的温度下，微图案和纳米图案样品都保留了共振光谱特性，尽管随着温度的升高，它们向较低的频率方向有很小的偏移；在较高的温度下，微图案样品仍保持共振特性，透射强度饱和约为初始强度的 10%。此外，微图案样品还受到金属相下方蓝宝石衬底的影响，形成一个平均的、很弱的共振。与此形成鲜明对比的是，纳米图案样品使消光率再下降两个数量级，几乎达到整个光谱带的噪声水平。这种巨大的消光是由电介质环境的剧烈变化导致的，这种变化使谐振电磁波无法在频率范围内通过天线。Seo 等[54]又讨论了在一个完整的加热和冷却循环形成的谐振频率下，无图案、微图案和纳米图案样品的磁滞曲线。

图 6-28（d）中显示了无图案、w=27 μm、w=1 μm 和 w=450 nm 样品在 0.4 THz 下的透射率随温度变化的磁滞曲线。无图案和微图案样品都显示出磁滞曲线，只有一阶透射比下降。在 1 μm 和 450 nm 宽度的情况下，磁滞曲线发生了显著变化，体现为磁滞曲线向较低温度的方向明显移动。这种转变并不反映 VO_2 的内在性质变化。相反，这是由于纳米图案样品对 VO_2 介电常数的变化比块体样品更敏感，缺乏薄膜干涉效应导致的。

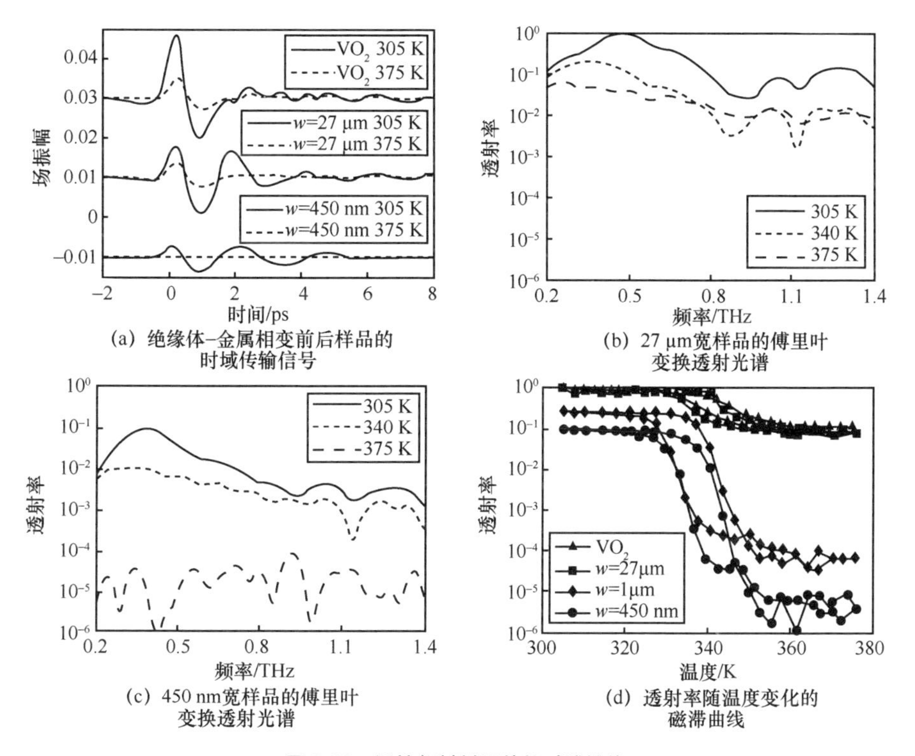

图 6-28　温控超材料器件的时域性能

在证明了每个单位单元具有一个天线的纳米天线阵列能够实现作为温度函数的更大数量级的消光之后，文献[54]继续研究每个单位单元具有多个天线的情况，这些天线由不同长度的耦合天线构成，如图 6-29（a）所示。宽频带性能设计有望在保持出色消光比的同时最大化频谱宽度，每个 40 μm 宽的单元由 10 个 350 nm 宽的纳米缝隙天线组成，长度从 50 μm 到 200 μm 不等，如图 6-29（b）所示。需要强调的是，虽然每个单元有如此多的天线，但是覆盖率仍然很小，只有 3.5%，因为其设计方向是纳米级的宽度。

绝缘 VO_2 的透射光谱确实显示了超过一个数量级的超宽带光谱，覆盖范围为 0.2～2 THz，符合预期（如图 6-29（c）中虚线所示）。当底层薄膜处于金属状态时，透射在整个光谱中被成功抑制（如图 6-29（c）中实线所示），消光比达到 1 000:1。与对数周期天线类似，单体内部紧密堆积所促进的强烈天线间的相互作用是这种超宽带性能的原因。此外，所选择的单体周期（40 μm）将瑞利极小值推到了 0.2～2 THz 的光谱范围之外。

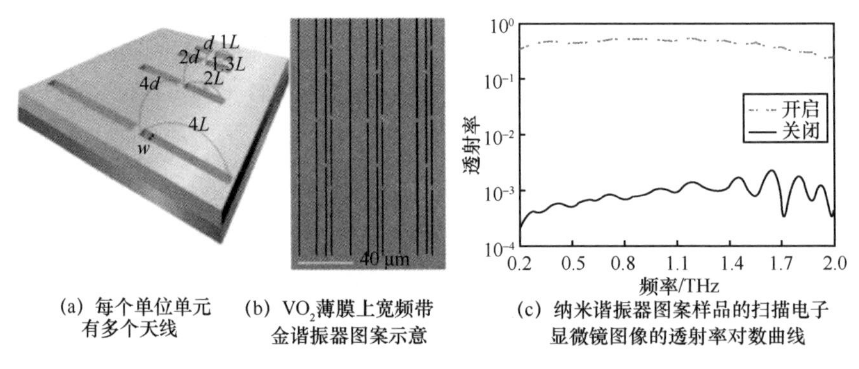

(a) 每个单位单元有多个天线　(b) VO_2薄膜上宽频带金谐振器图案示意　(c) 纳米谐振器图案样品的扫描电子显微镜图像的透射率对数曲线

图 6-29　太赫兹频率的超宽带有源超材料

这种新型的基于纳米谐振器的超材料随着温度的升高从几乎透明转变为完全不透明，实现了与金属和 VO_2 薄膜对刺激的不同响应的功能，消除了薄膜应用的多重干涉问题。太赫兹纳米谐振器超材料成功地满足了当前超材料研究的两个最重要的需求，即超宽带操作和全透射/消光控制。文献[54]使用的结构使纳米薄膜技术能够完全进入长波域，并且在宽远红外频段的理想调制、巨非线性、开关、滤波和有源智能傅里叶工程等领域具有广泛应用。

Seo 等[54]提出了一种主动太赫兹超薄透镜，利用 VO_2 薄膜在 340 K 的绝缘体到金属的相变，对太赫兹可调超表面透镜进行热控制。将太赫兹可调超表面透镜的温度从 337 K 调整到 353 K，在焦距和焦点保持不变的情况下，可以控制焦点的强度减小或者增加。当太赫兹可调超表面透镜温度低于 337 K 时，VO_2 保持绝缘性，代表透镜完全打开，聚焦的强度最大；当温度大于 353 K 时，VO_2 从绝缘性转变为金属性，则透镜完全关闭，意味着没有太赫兹波通过透镜，焦点则完全消失。Wang 等[59]也基于 VO_2 材料的绝缘金属转变性制备了热控制器件。一种设备是太赫兹可调超表面透镜，通过超表面结构可以将太赫兹波聚焦到 4 个焦点上，可以在 0.3～1.2 THz 范围内工作。在导通状态下，可以在 0.88 THz 处获得良好的聚焦性能以及 44%的衍射效率。另一种设备是太赫兹艾里波束发生器，它在接通状态下可以产生太赫兹艾里光束，利用 VO_2 的相变动态控制太赫兹波是可行的，对主动调节太赫兹波有着一定的意义。Liu 等[60]使用超材料设计了一个热相关的动态超全息图。该全息图由 C 型超表面的环形谐振器和 VO_2 C 型超表面的环形谐振器共同组成，调制采用同时控制相变和幅值突变的方法。由于 VO_2 的相变特性，因此该器件中的 VO_2 C 型超表面的环形谐振器可以受温度控制。通过仔细设计 C 型超表面的环形谐振器和 VO_2 C 型超表面的环形谐振器产生的图像幅度和相位分布以及它们之间的干涉，可以在 VO_2 处于绝缘相的低温（即 25℃）情况下产生字母 H 的图案，而在 VO_2 处于金属相的高温（即 100℃）情况下产生字母 G 的图案。在相变过程中，由于不完全干涉，会产生合并字母 G 和 H 的图案。在 0.8 THz 频率下，理论和实验相吻合并且观察到了良好的性能。这种方法为未来可调谐超表面功能器件的应用提供了一条新的途径。此外，这种主动控制机制不仅适用于热调制，还适用于其他可能的主动方式，如电激励和光激励。

6.3.2　电控超材料器件

电控超材料器件通过外加电场对器件中的超材料结构与性质进行调控，对太赫兹波进行主动调制。石墨烯由于高的电子迁移率和独特的掺杂能力，已经成为一种优秀的光电应用材料。Fang 等[61]通过电掺杂和等离激元杂化来证明对石墨烯纳米结构的等离激元的控制。前者可以快速控制等离子体波长，而后者则允许在波长为 3.7 μm 的情况下，对空间分辨率为 20 nm 的窄纳米环的反键模式进行操作。如果在制造过程中获得足够的空间分辨率，这种方法的多功能性就可以很容易地扩展到在近红外频段产生可调谐等离子体激元。

Fang 等[61]将石墨烯纳米盘夹在双电极结构中进行电掺杂，器件结构简图如图 6-30（a）所示，通过探索纳米盘阵列实现同时调谐电学和偶极等离子体激元。

特征石墨烯样品的 SEM 图像如图 6-30（b）所示，由单个分散的圆盘阵列组成。该装置可以探测大量圆盘（光斑尺寸为 10 μm），其反射光的测量光谱显示出纳米圆盘等离子体激元激发产生消光峰。对于固定的圆盘尺寸和间距（分别为 50 nm 和 120 nm），等离子体能量和强度都随外加电压的增加而增加，如图 6-30（c）所示，曲线上方数字为对应的费米能量 E_F，单位为 eV。这证明了电控等离子体激元的可调谐性。同样地，等离子体激元能量随着圆盘尺寸的减小先增大后减小，如图 6-30（d）所示，曲线上方数字表示圆盘直径，单位为 nm。因此在考虑更大的结构时显示出特征性的红移，最终在微米大小的石墨烯圆盘中达到远红外频段[62-63]。

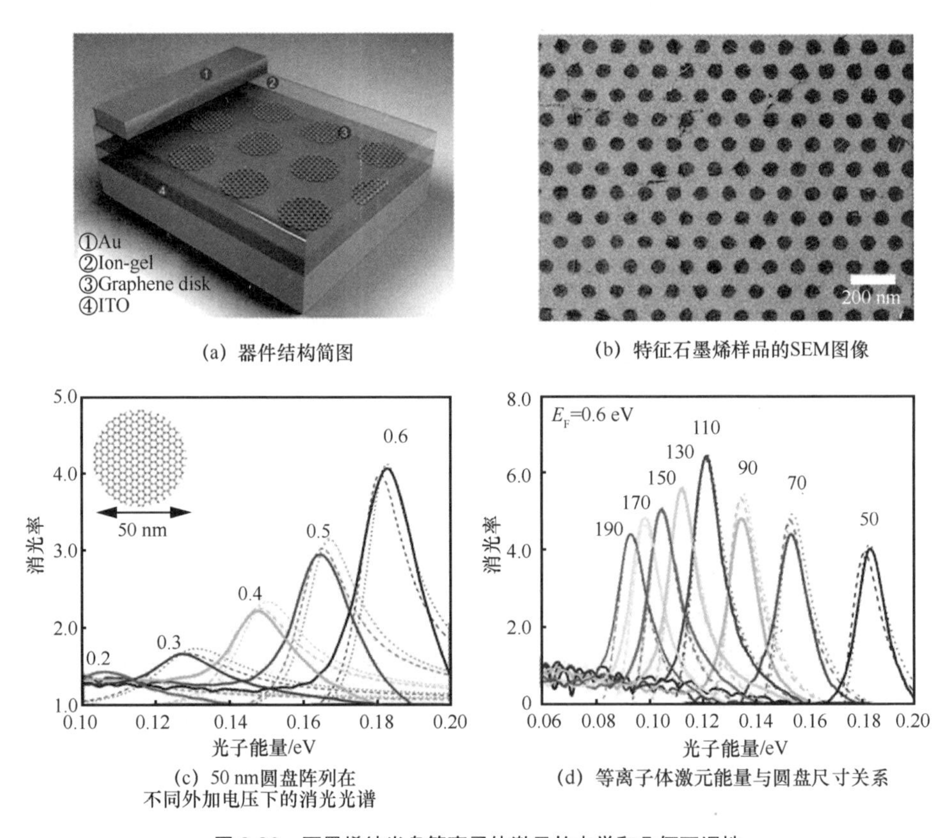

图 6-30　石墨烯纳米盘等离子体激元的电学和几何可调性

为了更好地理解观察到的光谱，文献[61]对实验样品中相同的结构进行了电磁模拟，使用消光的解析表达式。虽然这些都相当复杂，但主要的等离子体激元特性包含在圆盘极化率中，它在等离子体激元共振附近降低为

$$\alpha(\omega) \approx D^3 \frac{A_l}{\frac{2L_l}{\varepsilon_1+\varepsilon_2}-\frac{\mathrm{i}\omega D}{\sigma(\omega)}} \tag{6-7}$$

其中，D 是纳米圆盘直径；ω 是光频率；σ 是石墨烯导电率；ε_1 和 ε_2 是离子凝胶和ITO 膜的介电常数，定义圆盘所在的界面；常数 A_l 和 L_l 与频率和盘大小无关，但取决于所考虑的等离子体子的对称性。此外，A_l 和 L_l 与介电环境和 σ 的确切形式无关，它们是通过边界元法计算一次性确定的[64]，将石墨烯视为薄导体[65]。对于最低阶偶极盘等离子体子（l=1），A_l=0.65，L_l=12.5。对于不同成分的圆盘，利用这些通用参数，文献[61]使用局部 RPA 模型绘制了图 6-30（c）和图 6-30（d）的虚线[65-66]。利用 $\tau=\mu E_F/ev_F^2$，根据测得的直流迁移率（μ=780 cm²/V·s）估算等离子体子寿命 τ，其中 e 为电子带电量。此外，掺杂载流子密度 n 是由金和 ITO 触点之间的外加电压差 ΔV（称为中性点）通过线性关系 $n=C\Delta V/e$ 得出的，其中，器件的有效电容密度 C=2.49 μF/cm² 是唯一的拟合参数。利用这个 C 值，文献[61]得到了图 6-30 中标签所示的费米能量 E_F，以及由断裂曲线所示的计算光谱。理论和实验在光谱形状、等离子体激元的强度和能量方面都一致。具体地说，考虑到不同样品上的石墨烯盘间距，通过式（6-7），成功得到了固定 E_F 的等离子体强度对石墨烯盘大小的复杂程度依赖关系，如图 6-30（d）所示。对于所考虑的相对较低的光子能量（$\hbar\omega \ll E_F$），电导的 Drude 模型 $\sigma(\omega)=(e^2/(\pi\hbar^2))\mathrm{i}E_F/(\omega+\mathrm{i}\tau^{-1})$工作得非常好，如图 6-30（c）和图 6-30（d）中的点线所示。该模型与式（6-7）相结合，预测等离子体子能量 $\hbar\omega_p \approx e(2L_1E_F/\pi(\varepsilon_1+\varepsilon_2)D)^{1/2}$，与图 6-30（d）所示数据的相关性非常吻合。

在图 6-31 中，圆盘偶极等离子体激元可以与空穴的等离子体激元发生相互作用，产生键合（低能）和反键合（高能）杂化态，如图 6-31（a）所示。文献[61]通过对固定内径（60 nm）但不同外径的石墨烯环阵列进行图案化来验证这一概念。两个样品的 SEM 图像如图 6-31（b）所示，由此产生的消光光谱如图 6-31（c）所示，其中，E_F=0.8 eV，ΔV=3 eV。一个能量略低于 0.1 eV 的几乎恒定的键合等离子体，伴随着一个反键合等离子体，随着环变得更窄，显示出蓝移。二维能量选择理论[61]再现了费米行为，如图 6-31（d）所示。反键合环上的反对称电荷排列将这种

模式提高至相对较高的能量（0.33 eV）。实际上，对于外径为 80 nm 的环，反键合等离子体能达到 2.8 μm 波长的近红外频段，对于这种情况，即使是微小的缺陷也可以显著地改变这种测量，观察到的键合和反键合特征的强度都随着环尺寸的减小而降低，这与理论预测的反键合模式的行为相反，可能是因为退化的环的尺寸更小，参考图 6-31（b）的两个图像。

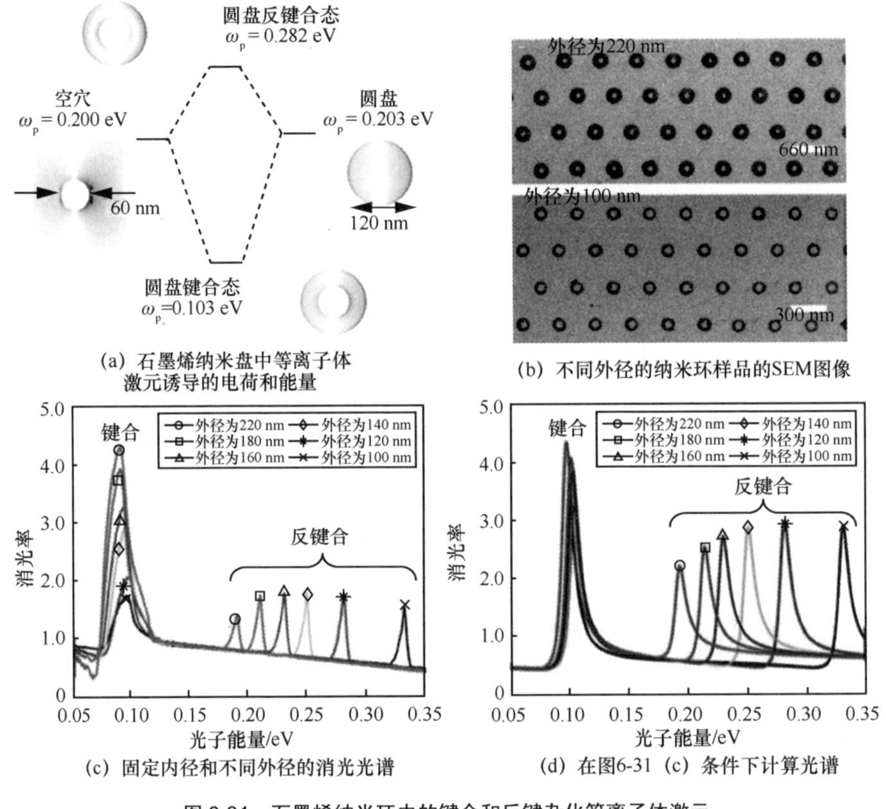

(a) 石墨烯纳米盘中等离子体激元诱导的电荷和能量

(b) 不同外径的纳米环样品的SEM图像

(c) 固定内径和不同外径的消光光谱

(d) 在图6-31（c）条件下计算光谱

图 6-31　石墨烯纳米环中的键合和反键杂化等离子体激元

如图 6-32 所示，石墨烯圆盘等离子体激元的寿命 τ 与杂质限制的直流估计值非常一致，其中 E_F=0.61 eV。从图 6-31（c）获得并在图 6-32 中表示观察到的键合等离子体寿命，高能反键合态的观察寿命明显长于键合态。对于迁移率 μ=780 cm^2/Vs 的石墨烯，退相干的主要来源是杂质的散射。数据表明，在直流杂质模型（如图 6-32 中黑色虚线所示）中，这种机制被高估了，并且随着光子能量的增加，这种估计也越来越高。这与杂质散射介导的等离子体激元和电偶对激发之间的耦合矩阵元的预期行为一致，其强度应随等离子体激元能量的增加而减小。然而，所提出的一系列测量寿命是不完整的，因为它是由观察到的等离子体构成的，所以它有一个 0.1～0.2 eV 的间隙。从上面的论点来看，在略低于 0.2 eV 的数据点上，随着等离子体能量的增加，寿命从 0.1 eV 时的约 40 fs 增加到约 120 fs。在 0.2 eV 以上，可以观察到这种寿命增长趋势似乎偏离了，这与光学声子耦合产生的额外损耗的存在是一致的，尽管这种减少比 Kubo 公式[67]估计的要小（如图 6-32 中实线所示）。根据约 9.3 fs 的测量寿命估计，由此产生的质量因子（Q=等离子体子能量/等离子体宽度）远高于小粒子中金等离子体子的预期值[68]。

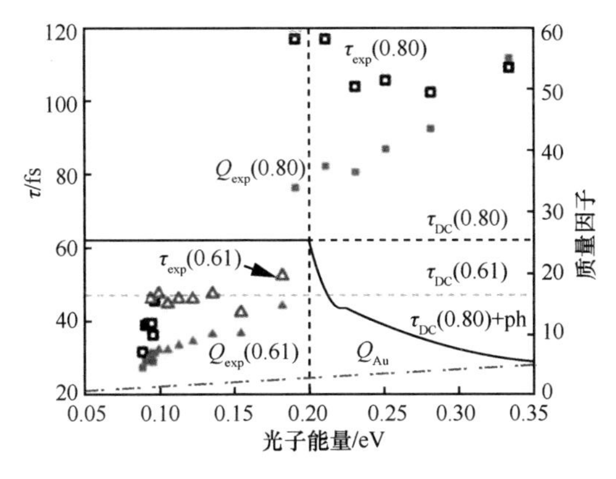

图 6-32 石墨烯圆盘等离子体激元寿命和质量因子

通过石墨烯纳米盘和纳米环中等离子体的电可调谐和杂化，其光波长可达 3.7 μm。通过在外加栅极电压的情况下对图案化的石墨烯阵列进行电掺杂，观察到等离子体激元能量和强度发生了根本性的变化，这与严格的理论分析吻合并且有定量一致性，还进一步证明了等离子体激元寿命随能量的增加而增加。这些等离子体的特殊光限制在基于增强红外吸收的分子传感方面具有巨大的潜力。

Ju 等[69]的研究表明，石墨烯中的等离子体共振在超表面的石墨烯阵列中得到控制。等离子体与太赫兹波强烈耦合，在室温下对单层材料的等离子体共振吸收超过 13%。共振时的峰值吸收会随着等离子体激元线宽的减小而变得更强，这是因为受到了散射率的限制。如果在高质量的石墨烯样品中，等离子体激元线宽将随着迁移率的增加而成比例地减小。在石墨烯微带阵列中观察到的强且宽的可调等离子激元共振可以推广到设计更复杂的基于石墨烯的超材料中，成为一种新的控制太赫兹和远红外辐射的方法。

6.3.3 光控超材料器件

光控超材料器件通过外加光载流子使器件中的超材料结构参与调控行为，对太赫兹波进行主动调制。Kanda 等[70]使用了一种通过图案化光载流子分布来主动控制太赫兹光学性质的方案，利用空间光调制器控制泵浦光束的空间轮廓，使半导体衬底中的光载流子形成手性形状，从而清晰地观察到手性敏感的偏振旋转。偏振旋转谱由空间光调制器的模式和激发密度来调谐。仿真结果与实验结果吻合较好。因为空间光调制器可以产生任意的手性图案，所以它可以实现独特的光学功能，例如通过调制手性图案来实现主动对映异构体的转化。该技术可应用于太赫兹偏振调制器件和手性敏感测量。Lv 等[71]制备了一种在无背景波影响的条件下基于偏振转换的多频段光活性手性超材料太赫兹开关。嵌入光活性硅的手性超材料保证了交叉极化传输和动态控制，从而实现了对太赫兹的高效控制。太赫兹超材料表现出光激发模式转化效应，谐振频率可调性约为 11%。超材料中的透射波表现出的与偏振很强的相关性与输入信号和光学背景的关系并不相同。光激发模式转换效应的原因可以通过交叉极化透射峰的共振模式下的表面电流分布来分析与理解，此外，可以通过介电层的厚度来控制光学效率。太赫兹超材料有利于偏振器件的设计，且在动态控制太赫兹和光波传播方面提供了相当大的灵活性。Shen 等[72]演示了一种在太赫兹频段实现可控的光学蓝移超材料器件。这个器件包含两个谐振态，位于谐振区的光半导体起到了将谐振腔在两个模式中切换的中介作用。通过对硅的光学控制，该器件在 0.76～0.96 THz 的太赫兹频段内调谐范围达到 26%。宽带蓝移可调超材料为实现同时红移和蓝移可调可切换超材料和级联可调器件提供了一种新的思路，并且这种实验方法与半导体技术兼容，可用于太赫兹频段的其他应用。

Chen 等[73]利用分子束外延生长的 ErAs/GaAs 超晶格，通过设计衬底载流子寿命，展示了太赫兹超材料的超快开关，恢复时间短至 20 ps。其注意到以 GaAs 为缺陷层的一维光子晶体太赫兹开关/调制的最新进展。开关是通过 GaAs 中载流子的光生来实现的，其显示的开关时间为 100 ps，受载流子复合时间的限制，制备出了一种基于太赫兹超材料的超快光学开关。通过使用 ErAs/GaAs 超晶格衬底并设计其载流子寿命构建超表面阵列，证明了开关恢复时间为 20 ps。总之，通过对超材料的共振响应进行光学修饰以及对支撑基底进行适当的设计，可以构建高效的太赫兹功能器件，例如太赫兹开关和调制器。

为了缩短半导体载流子寿命，人们采用了各种方法，包括辐射损伤和低温生长来引入缺陷，并且使用分子束外延法在本征 GaAs 晶片上生长 ErAs/GaAs 超晶格结构。在 ErAs/GaAs 超晶格结构中，载流子寿命与周期 L 密切相关。在这项工作中，L=100 nm ErAs/GaAs 超晶格的 20 个周期使用光泵太赫兹探针测出载流子寿命大约为 10 ps，如图 6-33 所示。太赫兹脉冲的皮秒持续时间使载流子寿命非常适合演示太赫兹超材料的超快切换。

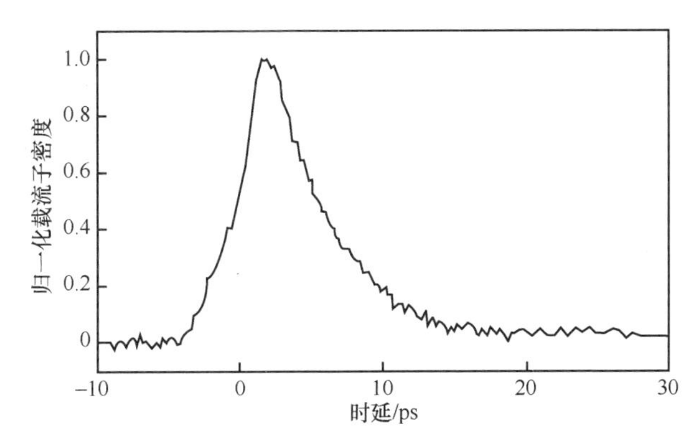

图 6-33　光载流子激发的时间依赖性实验

原始（OE2）和互补（CE2）电分裂环形谐振器（Electric Split Ring Resonator，ESRR）分别如图 6-34 和图 6-35 所示。它们是在 ErAs/GaAs 超晶格衬底上周期性地形成图案的，使用传统的光刻技术，用电子束沉积 10 nm 的钛增加附着力，然后沉积 200 nm 的金。根据巴比内特原理，这些超材料显示出互补的透射特性，这意味着 OE2 样品中的透射最小值对应于 CE2 样品中的透射最大值，两者都具有与频率相关的介电常数 $\varepsilon(\omega)$ [74]。

线偏振脉冲太赫兹辐射在垂直入射时聚焦到超材料上直径为 3 mm 的点上，场偏振如图 6-34 和图 6-35 的插图所示。将脉冲宽度为 100 fs、重复频率为 1 kHz、中心波长为 800 nm 的同步飞秒光脉冲扩展到直径 8 mm，比太赫兹焦斑大，以激发 ErAs/GaAs 超晶格衬底中的自由载流子。在太赫兹脉冲到达和光激励之间的不同时延下，测量了传输的太赫兹电场瞬态。在没有光激发和超材料的情况下，将通过 ErAs/GaAs 超晶格传输太赫兹脉冲的第二次测量作为参考。

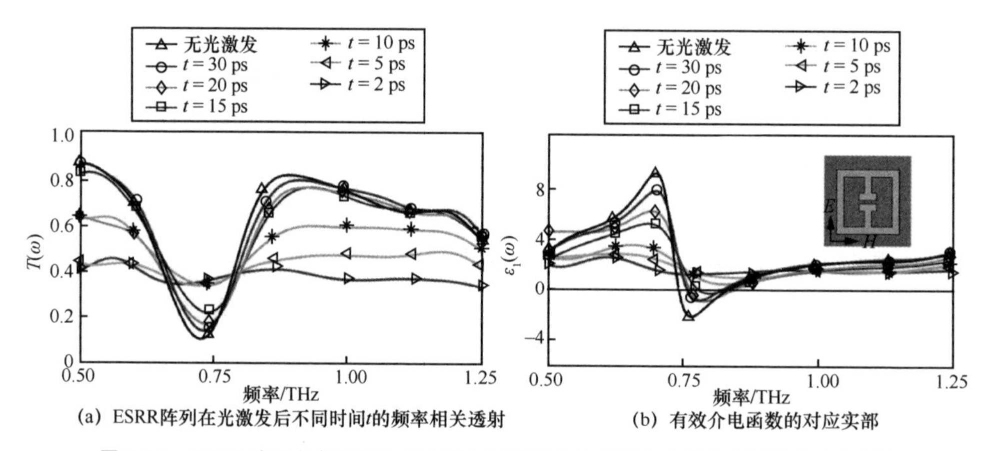

(a) ESRR阵列在光激发后不同时间t的频率相关透射

(b) 有效介电函数的对应实部

图 6-34　ESRR 阵列在光激发后不同时间 t 的频率相关透射和有效介电函数的对应实部

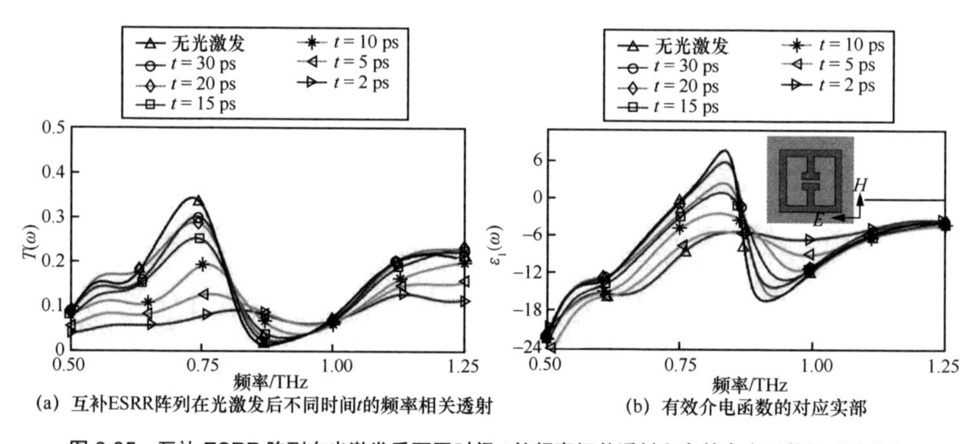

(a) 互补ESRR阵列在光激发后不同时间t的频率相关透射

(b) 有效介电函数的对应实部

图 6-35　互补 ESRR 阵列在光激发后不同时间 t 的频率相关透射和有效介电函数的对应实部

通过将样品扫描的傅里叶变换除以参考扫描的傅里叶变换，可获得超材料结构的频率相关透射。研究者特意将 ErAs/GaAs 超晶格的寿命设计为 10 ps，以尽量减少样品响应与太赫兹脉冲持续时间相比变化很快时在分析中产生的影响。然而，

ErAs/GaAs 纳米岛超晶格可以被设计成具有亚皮秒的响应时间，这使其在理论上可能具有比演示更快的开关和恢复时间。研究表明，衬底载流子密度为 $10^{16}\ cm^{-3}$（相当于 1 $\mu J/cm^2$ 的注量）足以分流共振超材料响应[75-76]。图 6-34（a）和图 6-35（a）展示了 OE2（CE2）在没有光激发的情况下，在 0.7 THz 处发生强烈的共振降低（增加）。这种纯电谐振响应（即由有效介电常数 $\varepsilon(\omega)$ 导出）严重依赖于电容分裂间隙。衬底中载流子的光激发分流了该电容，从而降低了谐振强度。OE2 和 CE2 的共振透射都在 2 ps 内被关闭。当衬底载流子被捕获并重新组合时，共振透射特性重新出现。目前的器件在光激发后 20 ps 内几乎完全恢复。重要的是，与仅有超晶格衬底相比，透射变化的幅度要大得多，仅有超晶格衬底的光激发载流子的 Drude 响应使太赫兹透射降低了 10%，这表明了平面超材料在电磁响应中的重要性。

Chen 等[74]确定了假设立方晶胞超材料的有效频率相关复介电函数。图 6-34（b）和图 6-35（b）所示为 OE2 和 CE2 超材料介电函数的实部。在没有光激发的情况下，两者都表现出类似洛伦兹的共振响应。对于 CE2 来说，金属化的互连拓扑结构是叠加在 Drude 上响应产生的。在较窄的频率范围内，介电常数为原始（互补）超材料获得负（正）值。光激发将洛伦兹共振响应分流，从而在原始（互补）超材料中将介电常数从负（正）值转换为正（负）值。Chen 等的方法不同于先前证明的太赫兹波形合成，其中切换是在太赫兹脉冲产生期间完成的。他们通过改变平面超材料的共振强度来切换和调制自由传播的太赫兹波[77]。ErAs/GaAs 超晶格衬底中的工程载流子寿命提供了有利的超快开关恢复时间。这在太赫兹脉冲整形中也是非常有用的。相比之下，由于不可避免的热效应，许多其他谐振开关的恢复时间很慢。例如，在中红外表面等离子体共振通过绝缘体到金属相变的光感应的超快切换中也出现了类似的现象。然而，恢复到绝缘阶段需要几十纳秒[78]。Chen 等的方法可以简单地缩放超材料以在其他目标频率范围下操作，但是为了获得可用响应，还必须仔细考虑衬底中的载流子密度。Chen 等制备出了一种基于太赫兹超材料的超快光学开关，通过使用 ErAs/GaAs 超晶格衬底并设计其载流子寿命构建超表面阵列证明了开关恢复时间为 20 ps。总之，通过对超材料的共振响应进行光学修饰以及对支撑基底进行适当的设计，可以构建高效的太赫兹功能器件，例如太赫兹开关和调制器。

6.4 本章小结

本章主要对纳米微细结构超表面制备的器件进行了总结，主要分为主动型与被动型。被动型主要分为单一功能和多功能的透镜波前调制器件。对于单一功能，通过 V 形天线结构设计出了在 0.75 THz 频段的超材料透镜和球透镜，利用不同的超材料结构对太赫兹波进行波前调制；对于多功能，利用光的自旋控制光子的途径制备能够选择性自旋的超表面透镜，并且通过实验验证了在太赫兹频率范围的聚焦与成像功能。主动型主要是通过改变外部条件对太赫兹波进行调制，例如利用 VO_2 薄膜在 340 K 的绝缘体到金属的相变，对太赫兹可调超表面透镜进行热控制。利用空间光调制器控制泵浦光束的空间轮廓，使半导体衬底中的光载流子形成手性形状，从而清晰地观察到手性敏感的偏振旋转，例如通过石墨烯纳米盘和纳米环中等离子体的电可调谐和杂化，其光波长可达 3.7 μm。通过在外加栅极电压的情况下对图案化的石墨烯阵列进行电掺杂，观察到等离子体激元能量和强度发生了根本性的变化，从而实现电场调控行为。本章通过代表材料的结构、结合形式以及外加场的变化，实现了超材料对太赫兹波的调制行为。

参考文献

[1] WALSER R. Introduction to complex mediums for optics and electromagnetics[M]. Bellingham: SPIE Press, 2003.

[2] PENDRY J B, HOLDEN A J, ROBBINS D J, et al. Magnetism from conductors and enhanced nonlinear phenomena[J]. IEEE Transactions on Microwave Theory and Techniques, 1999, 47(11): 2075-2084.

[3] SMITH D R, PADILLA W J, VIER D C, et al. Left-handed metamaterials[M]. Dordrecht: Springer Netherlands, 2001.

[4] ACOSTA E, GARNER L, SMITH G, et al. Tomographic method for measurement of the gradient refractive index of the crystalline lens I the spherical fish lens[J]. Journal of the Optical Society of America A, 2005, 22(3): 424.

[5] SCHURIG D, PENDRY J B, SMITH D R. Calculation of material properties and ray tracing

in transformation media[J]. Optics Express, 2006, 14(21): 9794-9804.
[6] VIKTOR G V. The electrodynamics of substances with simultaneously negative values of ε and μ[J]. Physics-Uspekhi, 1968, 10(4): 509-514.
[7] CHOI M, LEE S H, KIM Y, et al. A terahertz metamaterial with unnaturally high refractive index[J]. Nature, 2011, 470(7334): 369-373.
[8] LAROUCHE S, TSAI Y J, TYLER T, et al. Infrared metamaterial phase holograms[J]. Nature Materials, 2012, 11(5): 450-454.
[9] MIYAZAKI H T, KUROKAWA Y. Controlled plasmon resonance in closed metal/insulator/metal nanocavities[J]. Applied Physics Letters, 2006, 89(21): 211126.
[10] FATTAL D, LI J J, PENG Z, et al. Flat dielectric grating reflectors with focusing abilities[J]. Nature Photonics, 2010, 4(7): 466-470.
[11] ZHU Q F, YE J S, WANG D Y, et al. Optimal design of SPP-based metallic nanoaperture optical elements by using Yang-Gu algorithm[J]. Optics Express, 2011, 19(10): 9512.
[12] FAN J A, WU C, BAO K, et al. Self-assembled plasmonic nanoparticle clusters[J]. Science, 2010, 328(5982): 1135-1138.
[13] LUK'YANCHUK B, ZHELUDEV N I, MAIER S A, et al. The Fano resonance in plasmonic nanostructures and metamaterials[J]. Nature Materials, 2010, 9(9): 707-715.
[14] NOVOTNY L, VAN HULST N. Antennas for light[J]. Nature Photonics, 2011, 5(2): 83-90.
[15] GROBER R D, SCHOELKOPF R J, PROBER D E. Optical antenna: towards a unity efficiency near-field optical probe[J]. Applied Physics Letters, 1997, 70(11): 1354-1356.
[16] BEDEAUX D, OSIPOV M A, VLIEGER J. Reflection of light at structured chiral interfaces[J]. Journal of the Optical Society of America A, 2004, 21(12): 2431.
[17] POLO J A J, LAKHTAKIA A. Energy flux in a surface-plasmon-polariton wave bound to the planar interface of a metal and a structurally chiral material[J]. Journal of the Optical Society of America A, Optics, Image Science, and Vision, 2009, 26(7): 1696-1703.
[18] YU N F, GENEVET P, KATS M A, et al. Light propagation with phase discontinuities: generalized laws of reflection and refraction[J]. Science, 2011, 334(6054): 333-337.
[19] NI X J, EMANI N K, KILDISHEV A V, et al. Broadband light bending with plasmonic nanoantennas[J]. Science, 2012, 335(6067): 427.
[20] AIETA F, GENEVET P, YU N F, et al. Out-of-plane reflection and refraction of light by anisotropic optical antenna metasurfaces with phase discontinuities[J]. Nano Letters, 2012, 12(3): 1702-1706.
[21] HU D, WANG X K, FENG S F, et al. Ultrathin terahertz planar elements[J]. Advanced Optical Materials, 2013, 1(2): 186-191.
[22] YANG Q L, GU J Q, WANG D Y, et al. Efficient flat metasurface lens for terahertz imaging[J]. Optics Express, 2014, 22(21): 25931-25939.

[23] VOLK M F, REINHARD B, NEU J, et al. In-plane focusing of terahertz surface waves on a gradient index metamaterial film[J]. Optics Letters, 2013, 38(12): 2156-2158.

[24] WU Q N, FENG X Y, CHEN R R, et al. An inside-out Eaton lens made of H-fractal metamaterials[J]. Applied Physics Letters, 2012, 101(3): 031903.

[25] DHOUIBI A, NAWAZ B S, LUSTRAC A, et al. Metamaterial-based half Maxwell fish-eye lens for broadband directive emissions[J]. Applied Physics Letters, 2013, 102(2): 024102.

[26] SUN S L, HE Q, XIAO S Y, et al. Gradient-index meta-surfaces as a bridge linking propagating waves and surface waves[J]. Nature Materials, 2012, 11(5): 426-431.

[27] YANG Q L, GU J Q, WANG D Y, et al. Efficient flat metasurface lens for terahertz imaging[J]. Optics Express, 2014, 22(21): 25931-25939.

[28] KUZNETSOV S A, ASTAFEV M A, BERUETE M, et al. Planar holographic metasurfaces for terahertz focusing[J]. Scientific reports, 2015, 5(1): 1-8.

[29] GERCHBERG R W, SAXTON W O. Practical algorithm for the determination of phase from image and diffraction plane pictures[J]. Optik (Stuttgart), 1972, 35(2): 237-250.

[30] SOIFER V A, KOTLAR V, DOSKOLOVICH L. Iteractive methods for diffractive optical elements computation[M]. Boca Raton: CRC Press, 1997.

[31] SOIFER V A, DOSKOLOVICH L, GOLOVASHKIN D, et al. Methods for computer design of diffractive optical elements[M]. Hoboken: John Willey & Sons, Inc., 2002.

[32] HUANG J, ENCINAR J A. Reflectarray antennas[M]. Hoboken: John Wiley & Sons, Inc., 2007.

[33] POZAR D M. Wideband reflectarrays using artificial impedance surfaces[J]. Electronics Letters, 2007, 43(3): 148.

[34] LUO L, CHATZAKIS I, WANG J G, et al. Broadband terahertz generation from metamaterials[J]. Nature Communications, 2014, 5: 3055.

[35] AZNABET M, NAVARRO-CÍA M, KUZNETSOV S A, et al. Polypropylene-substrate-based SRR-and CSRR-metasurfaces for submillimeter waves[J]. Optics Express, 2008, 16(22): 18312-18319.

[36] PADILLA W J, TAYLOR A J, HIGHSTRETE C, et al. Dynamical electric and magnetic metamaterial response at terahertz frequencies[C]//Proceedings of 2006 Conference on Lasers and Electro-Optics and 2006 Quantum Electronics and Laser Science Conference. Piscataway: IEEE Press, 2006: 1-2.

[37] YANG Y H, MANDEHGAR M, GRISCHKOWSKY D R. Broadband THz pulse transmission through the atmosphere[J]. IEEE Transactions on Terahertz Science and Technology, 2011, 1(1): 264-273.

[38] ZHAO H, WANG X, HE J, et al. High-efficiency terahertz devices based on cross-polarization converter[J]. Scientific Reports, 2017, 7(1): 1-9.

[39] AIETA F, GENEVET P, KATS M A, et al. Aberration-free ultrathin flat lenses and axicons at telecom wavelengths based on plasmonic metasurfaces[J]. Nano Letters, 2012, 12(9): 4932-4936.

[40] LIU L X, ZHANG X Q, KENNEY M, et al. Broadband metasurfaces with simultaneous control of phase and amplitude[J]. Advanced Materials, 2014, 26(29): 5031-5036.

[41] ZHANG C H, JIN B B, HAN J G, et al. Nonlinear response of superconducting NbN thin film and NbN metamaterial induced by intense terahertz pulses[J]. New Journal of Physics, 2013, 15(5): 055017.

[42] KHORASANINEJAD M, CHEN W T, DEVLIN R C, et al. Metalenses at visible wavelengths: diffraction-limited focusing and subwavelength resolution imaging[J]. Science, 2016, 352(6290): 1190-1194.

[43] HE J W, WANG X K, HU D, et al. Generation and evolution of the terahertz vortex beam[J]. Optics Express, 2013, 21(17): 20230-20239.

[44] HU D, WANG X K, FENG S F, et al. Ultrathin terahertz planar elements[J]. Advanced Optical Materials, 2013, 1(2): 186-191.

[45] ZHANG R X, CUI Y, SUN W F, et al. Polarization information for terahertz imaging[J]. Applied Optics, 2008, 47(34): 6422.

[46] WANG X K, CUI Y, SUN W F, et al. Terahertz polarization real-time imaging based on balanced electro-optic detection[J]. Journal of the Optical Society of America A, Optics, Image Science, and Vision, 2010, 27(11): 2387-2393.

[47] WANG X K, CUI Y, SUN W F, et al. Terahertz real-time imaging with balanced electro-optic detection[J]. Optics Communications, 2010, 283(23): 4626-4632.

[48] HE J W, WANG S, XIE Z W, et al. Abruptly autofocusing terahertz waves with meta-hologram[J]. Optics Letters, 2016, 41(12): 2787-2790.

[49] PAPAZOGLOU D G, EFREMIDIS N K, CHRISTODOULIDES D N, et al. Observation of abruptly autofocusing waves[J]. Optics Letters, 2011, 36(10): 1842-1844.

[50] PANAGIOTOPOULOS P, PAPAZOGLOU D G, COUAIRON A, et al. Sharply autofocused ring-Airy beams transforming into non-linear intense light bullets[J]. Nature Communications, 2013, 4: 2622.

[51] ZHANG P, PRAKASH J, ZHANG Z, et al. Trapping and guiding microparticles with morphing autofocusing Airy beams[J]. Optics Letters, 2011, 36(15): 2883.

[52] WANG B, QUAN B, HE J, et al. Wavelength de-multiplexing metasurface hologram[J]. Scientific Reports, 2016, 6(1): 1-6.

[53] WANG S, WANG X K, KAN Q, et al. Spin-selected focusing and imaging based on metasurface lens[J]. Optics Express, 2015, 23(20): 26434-26441.

[54] SEO M A, ADAM A J L, KANG J H, et al. Near field imaging of terahertz focusing onto

rectangular apertures[J]. Optics Express, 2008, 16(25): 20484.

[55] GARCÍA-VIDAL F J, MORENO E, PORTO J A, et al. Transmission of light through a single rectangular hole[J]. Physical Review Lctters, 2005, 95(10): 103901.

[56] LEE J, SEO M, PARK D, et al. Shape resonance omni-directional terahertz filters with near-unity transmittance[J]. Optics Express, 2006, 14(3): 1253-1259.

[57] LEE J W, SEO M A, KANG D H, et al. Terahertz electromagnetic wave transmission through random arrays of single rectangular holes and slits in thin metallic sheets[J]. Physical Review Letters, 2007, 99(13): 137401.

[58] LIU H T, LALANNE P. Microscopic theory of the extraordinary optical transmission[J]. Nature, 2008, 452(7188): 728-731.

[59] WANG T, HE J W, GUO J Y, et al. Thermally switchable terahertz wavefront metasurface modulators based on the insulator-to-metal transition of vanadium dioxide[J]. Optics Express, 2019, 27(15): 20347-20357.

[60] LIU H W, LU J P, WANG X R. Metamaterials based on the phase transition of VO_2[J]. Nanotechnology, 2018, 29(2): 024002.

[61] FANG Z Y, THONGRATTANASIRI S, SCHLATHER A, et al. Gated tunability and hybridization of localized plasmons in nanostructured graphene[J]. ACS Nano, 2013, 7(3): 2388-2395.

[62] YAN H G, LI Z Q, LI X S, et al. Infrared spectroscopy of tunable Dirac terahertz magneto-plasmons in graphene[J]. Nano Letters, 2012, 12(7): 3766-3771.

[63] YAN H G, LI X S, CHANDRA B, et al. Tunable infrared plasmonic devices using graphene/insulator stacks[J]. Nature Nanotechnology, 2012, 7(5): 330-334.

[64] GARCÍA D A F J, HOWIE A. Retarded field calculation of electron energy loss in inhomogeneous dielectrics[J]. Physical Review B, 2002, 65(11): 115418.

[65] KOPPENS F H L, CHANG D E, ABAJO F J G D. Graphene plasmonics: a platform for strong light-matter interactions[J]. Nano Letters, 2011, 11(8): 3370-3377.

[66] FALKOVSKY L A, VARLAMOV A A. Space-time dispersion of graphene conductivity[J]. The European Physical Journal B, 2007, 56(4): 281-284.

[67] JABLAN M, BULJAN H, SOLJAČIĆ M. Plasmonics in graphene at infrared frequencies[J]. Physical Review B, 2009, 80(24): 245435.

[68] JOHNSON P B, CHRISTY R W. Optical constants of the noble metals[J]. Physical Review B, 1972, 6(12): 4370-4379.

[69] JU L, GENG B, HORNG J, et al. Graphene plasmonics for tunable terahertz metamaterials[J]. Nature Nanotechnology, 2011, 6(10): 630-634.

[70] KANDA N, KONISHI K, KUWATA-GONOKAMI M. All-photoinduced terahertz optical activity[J]. Optics Letters, 2014, 39(11): 3274-3277.

[71] LV T T, ZHU Z, SHI J H, et al. Optically controlled background-free terahertz switching in chiral metamaterial[J]. Optics Letters, 2014, 39(10): 3066-3069.
[72] SHEN N H, MASSAOUTI M, GOKKAVAS M, et al. Optically implemented broadband blueshift switch in the terahertz regime[J]. Physical Review Letters, 2011, 106(3): 037403.
[73] CHEN H T, PADILLA W J, ZIDE J M O, et al. Ultrafast optical switching of terahertz metamaterials fabricated on ErAs/GaAs nanoisland superlattices[J]. Optics Letters, 2007, 32(12): 1620-1622.
[74] CHEN H T, O'HARA J F, TAYLOR A J, et al. Complementary planar terahertz metamaterials[J]. Optics Express, 2007, 15(3): 1084.
[75] PADILLA W J, TAYLOR A J, HIGHSTRETE C, et al. Dynamical electric and magnetic metamaterial response at terahertz frequencies[J]. Physical Review Letters, 2006, 96(10): 107401.
[76] CHEN H T, PADILLA W J, ZIDE J M O, et al. Active terahertz metamaterial devices[J]. Nature, 2006, 444(7119): 597-600.
[77] AHN J, EFIMOV A, AVERITT R, et al. Terahertz waveform synthesis via optical rectification of shaped ultrafast laser pulses[J]. Optics Express, 2003, 11(20): 2486.
[78] RINI M, CAVALLERI A, SCHOENLEIN R W, et al. Photoinduced phase transition in VO_2 nanocrystals: ultrafast control of surface-plasmon resonance[J]. Optics Letters, 2005, 30(5): 558.

第7章

太赫兹实验测试台

掌握太赫兹技术这一学科，意味着不仅要解决这个波段的理论问题，还要解决一系列技术问题，如太赫兹波的产生、放大、发射、接收、传输、控制以及太赫兹器件的测试等。在这些工作中，太赫兹测试是进行量值测定并保持统一的一门专门技术，它与太赫兹理论、技术共栖交融，是必不可少的组成部分。因此，在某种意义上，没有太赫兹测试就没有今天高度发展的太赫兹理论、技术与应用。

太赫兹测试的主要任务介绍如下。

① 利用当前已有的太赫兹技术装备（通常是使用当前的先进技术专门制造），组成合乎要求的测量装置和仪器，搭建太赫兹测试平台。

② 利用当前已有的太赫兹理论与技术，研究符合实际的测试方法（包括研究新的测试仪器和先进的测试方法），而新的、日趋完善的测试方法又推动太赫兹理论与技术的发展。

③ 在各项太赫兹测试中，必须分析并尽量排除各种误差，实现必要的测量精确度，以保证在科研与生产中测量结果的可信赖性。

④ 要完成上述任务，还需要开展太赫兹计量工作，使在太赫兹量值的统一性和标准性上给予保证。也就是要使用当前最先进的理论与技术，由国家计量机关制作各项太赫兹量值基准和各级传递标准，从而保证太赫兹量值的统一。

目前，基于太赫兹技术设计的器件主要包括太赫兹混频器、太赫兹倍频器等，不同电路所关注的性能指标不同，采取的测试原理和测试方法不同，相应地就要搭建不同的测试平台，如混频器变频损耗测试平台、倍频器输出功率和倍频效率测试平台、接收机噪声系数测试平台（主要是 Y 因子法）等。

对于不同的太赫兹测试平台，应使用不同的测试设备搭建，这些测试设备主要包括信号源、功率计、频谱仪、矢量网络分析仪等基本的测试设备以及中频低噪放、直流源等辅助测试设备。

7.1　太赫兹分谐波混频器测试

7.1.1　太赫兹分谐波混频器变频损耗测试

混频器的变频损耗定义为混频器射频输入端的微波信号功率与中频输出端信号功率之比，是混频器性能的重要指标之一。分谐波混频器变频损耗的测试需提供射频信号和本振信号，并且要分别测试射频输入功率与中频输出功率。以220 GHz分谐波混频器的测试为例，装配完成后的分谐波混频器如图7-1所示。同时，建立如图7-2所示的测试方案对220 GHz低损耗分谐波混频器进行测试，实验平台主要包括射频信号源、本振信号源和中频接收3个部分。

图7-1　220 GHz分谐波混频器

① 射频信号源。射频信号先由Agilent E8257D信号源产生X频段信号，依次经过九倍频放大链路和二倍频器，从而产生220 GHz的信号，并将其功率调整至−10 dBm，输入分谐波混频器的射频端口。

② 本振信号源。本振信号由Rohde &Schwarz的SMB100 A信号源产生，经过六倍频放大链路后，产生110 GHz的驱动信号，输入分谐波混频器的本振端口。由于分谐波混频器的本振信号功率需控制在5～7 dBm（3～5 mW），因此需调整产生本振信号的倍频器在这个频点处的输入功率，以使其输出功率满足推动功率要求。

③ 中频接收。混频器产生的中频信号经由同轴线传输至 Agilent N9030A 频谱分析仪进行中频信号功率的测试。同轴线的线损需要提前测试，以便得到精确的混频器变频损耗结果。

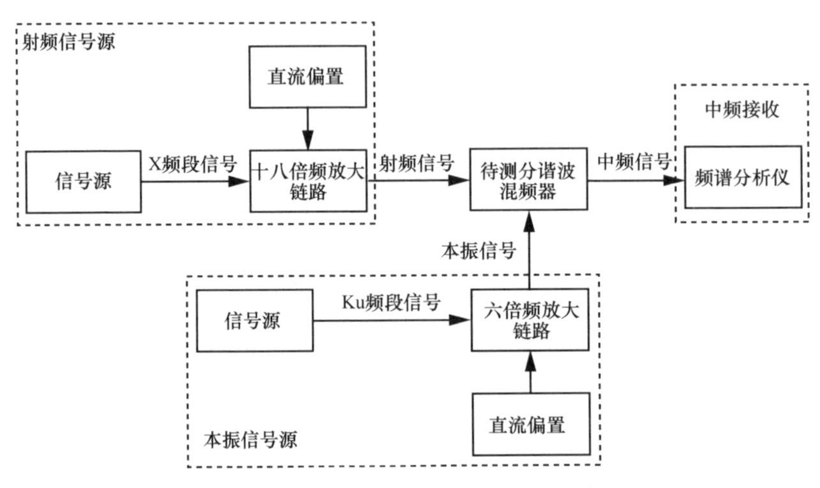

图 7-2　220 GHz 分谐波混频器测试方案

根据实验方案搭建如图 7-3 所示的测试平台，将本振频率固定在 110 GHz，驱动功率为 6.4 dBm 时，对混频器的变频损耗进行测试。

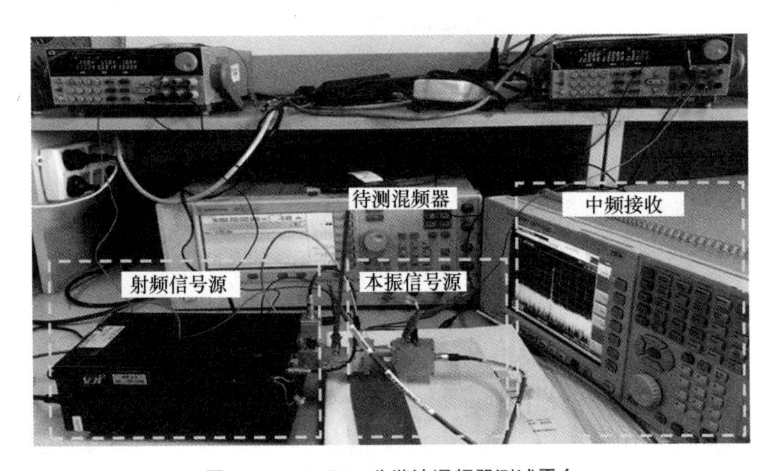

图 7-3　220 GHz 分谐波混频器测试平台

7.1.2　太赫兹分谐波混频器等效噪声温度测试

噪声温度是混频器性能的另一重要指标，直接影响接收机的噪声性能。噪声温度的测试方法主要基于 Y 因子法。Y 因子法测量等效噪声温度的基本方法是：将被测件输入端分别接入两个温差较大的噪声源，产生两个输出功率；在这两个输出功率中，既包含被测件自身产生的噪声功率，又包含来自两个噪声源的噪声功率。在已知两个噪声源噪声温度时，可通过计算得到被测件的等效噪声温度。

在 Y 因子法测试中，假设被测件输入端接入的两个噪声源分别为热源和冷源，其中，热源噪声温度为 T_{hot}，冷源噪声温度为 T_{cold}。被测件输入端接热源时，输出功率为 N_{hot}；被测件输入端接冷源时，输出功率为 N_{cold}，则有

$$N_{\text{hot}} = G\text{k}(T_{\text{hot}} + T_{\text{DUT}})B \tag{7-1}$$

$$N_{\text{cold}} = G\text{k}(T_{\text{cold}} + T_{\text{DUT}})B \tag{7-2}$$

其中，T_{DUT} 为被测件等效噪声温度，G 为被测件增益，B 为被测件带宽，k 为玻尔兹曼常数。

此时，Y 因子被定义为

$$Y = \frac{N_{\text{hot}}}{N_{\text{cold}}} = \frac{T_{\text{hot}} + T_{\text{DUT}}}{T_{\text{cold}} + T_{\text{DUT}}} \tag{7-3}$$

Y 因子可以通过被测件两次的输出功率计算出来。

在 T_{hot} 和 T_{cold} 已知时，可得被测件的等效噪声温度为

$$T_{\text{DUT}} = \frac{T_{\text{hot}} - YT_{\text{cold}}}{Y - 1} \tag{7-4}$$

由上述推导的公式可知，要使 Y 因子法测试的结果比较准确，就需要 N_{hot} 和 N_{cold} 有足够的差距，即要求冷源和热源的噪声温度不能相差太小。通常，可采用噪声源浸于液氮（温度为 77 K）中来实现冷源，将室温作为热源。但液氮不易保存，且具有一定的危险性，操作困难。本节通过加热黑体温度获得高温噪声源，与常温黑体一起构成高低温噪声源，并通过 Y 因子法测量辐射计等效噪声温度，可有效降低实现难度。

本节采用的高低温噪声源实物如图 7-4 所示。噪声源由外部圆桶和内部中心的

黑体材料构成。在热源底部设置有加热装置，可通过连接 24V 稳压电源加热黑体材料；高低温噪声源的黑体温度可通过内部的温度传感器与计算机相连显示。高温噪声源温度最高可加热到 84℃（即 357.15 K），低温噪声源温度为室温（测试时间不同会有所变化）。

图 7-4　高低温噪声源实物

采用高低温噪声源测试辐射计等效噪声温度的过程中，需要将常温负载和高温负载的中间对准辐射计的喇叭天线，并保持一个合适的距离，如图 7-5 所示。依次更换常温负载和高温负载，读取辐射计的输出功率。

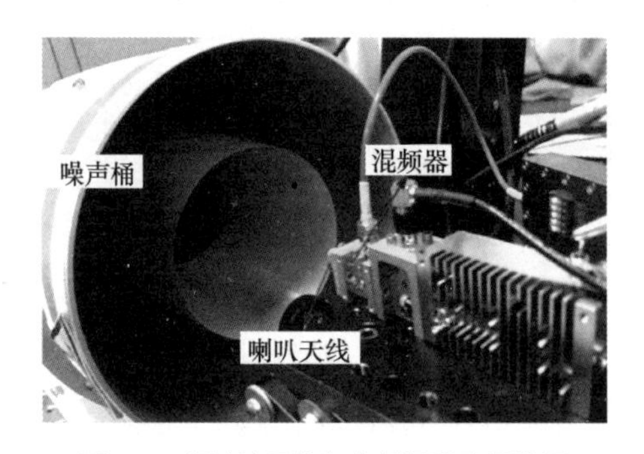

图 7-5　辐射计天线与高低温噪声源设置

利用高低温噪声源和 Y 因子法测试 582 GHz 辐射计的等效噪声温度，测试原理如图 7-6 所示。同理，只需将前端电路进行更换即可测试 380 GHz 辐射计的等效噪声温度。

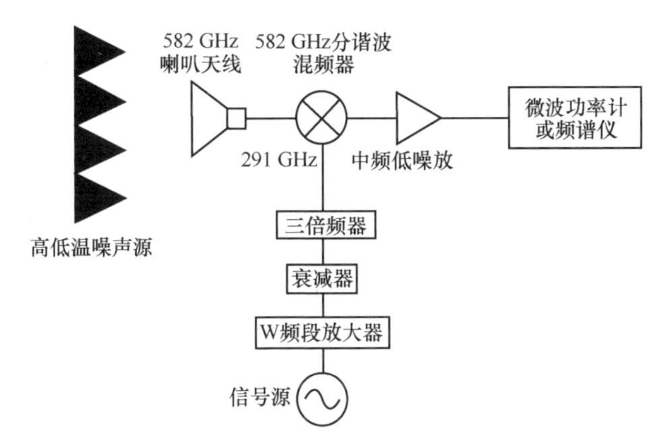

图 7-6　582 GHz 辐射计等效噪声温度测试原理

582 GHz 辐射计等效噪声温度测试平台如图 7-7 所示。

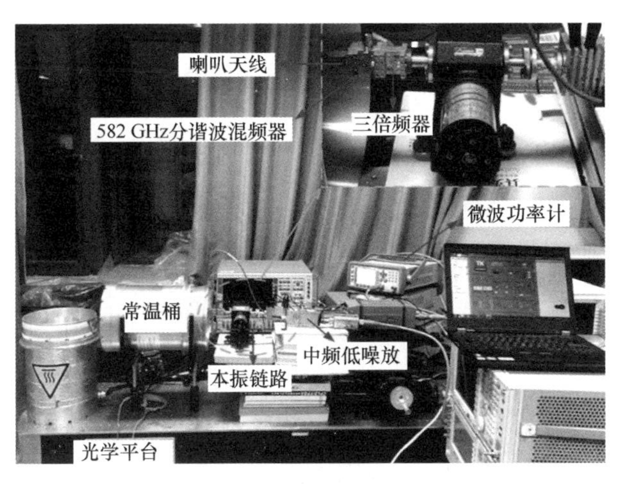

图 7-7　582 GHz 辐射计等效噪声温度测试平台

测试 582 GHz 辐射计等效噪声温度时，高温负载温度为 83.8℃，常温负载温度为 31.2℃。加载常温噪声源时，辐射计输出噪声功率为−28.635 dBm；加载高温噪声源时，输出噪声功率为−28.561 dBm。计算可得，582 GHz 辐射计的等效噪声温度为 2 756.4 K。

图 7-8 展示了 380 GHz 辐射计等效噪声温度测试平台。

图 7-8　380 GHz 辐射计等效噪声温度测试平台

测试 380 GHz 辐射计等效噪声温度时，高温负载温度为 84℃，常温负载温度为 26.1℃。加载常温噪声源时，辐射计输出噪声功率为−28.309 dBm；加载高温噪声源时，输出噪声功率为−28.234 dBm。通过式（7-4）计算可得，380 GHz 辐射计的等效噪声温度为 3 024.6 K。

7.2　太赫兹倍频器测试

倍频器的输出功率和倍频效率是衡量倍频器性能的重要指标，装配完成后的三倍频器如图 7-9 所示。三倍频器输出功率的测试需提供驱动信号，通过测试输出功率进行实验验证。对此，建立如图 7-10 所示的测试方案对 110 GHz 高效三倍频器进行测试，实验平台主要包括输入信号源和输出功率测试两个部分。

图 7-9　110 GHz 三倍频器

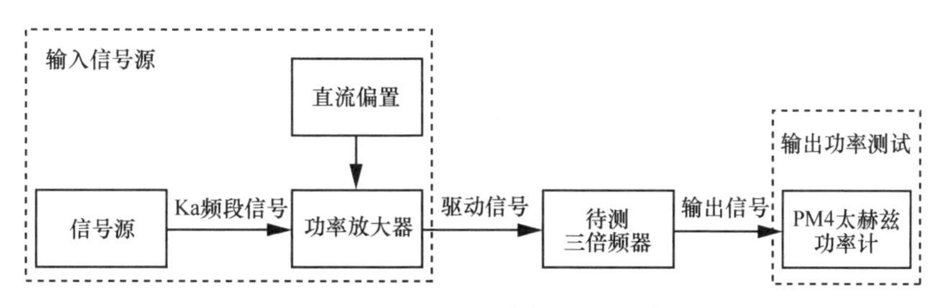

图 7-10　110 GHz 三倍频器测试方案

① 输入信号源。驱动信号由 Agilent E8257D 信号源提供，可直接产生 33～39 GHz 的驱动信号，经由同轴–波导转换器转换为波导传输信号，再经功率放大器将功率放大至 100 mW，输入三倍频器的输入端口。

② 输出功率测试。三倍频器产生的 110 GHz 信号经由波导传输至 Erickson PM4 太赫兹功率计进行输出信号功率的测试。

根据测试方案搭建如图 7-11 所示的测试平台，通过控制偏置电压，对三倍频器的输出功率进行测试，测试结果与仿真结果对比如图 7-12 所示。与测试结果对比可以看出，当偏置电压为 3 V 时，最高输出功率可达 8.7 mW，频率位于 105 GHz，可直接驱动混频器工作。与仿真结果对比可以看出，测试曲线和仿真曲线总体趋势一致，但测试输出功率较低于仿真预期，这个差别来源于变容二极管的级联电阻在太赫兹频段下会高于模型参数，同时电路基片和波导会带来一些额外损耗，二极管装配引入的随机误差也会带来损耗。

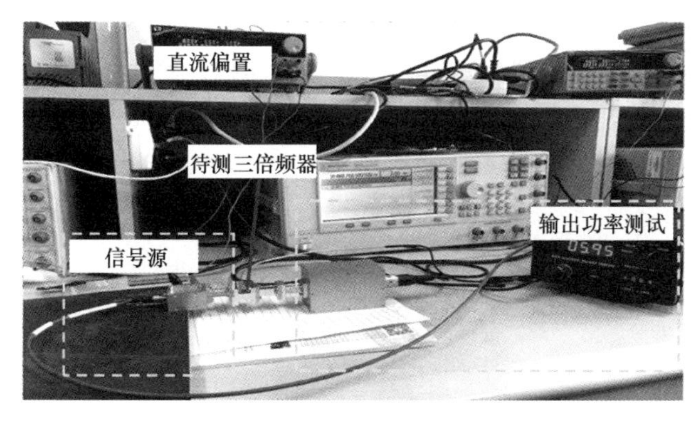

图 7-11　110 GHz 三倍频器测试平台

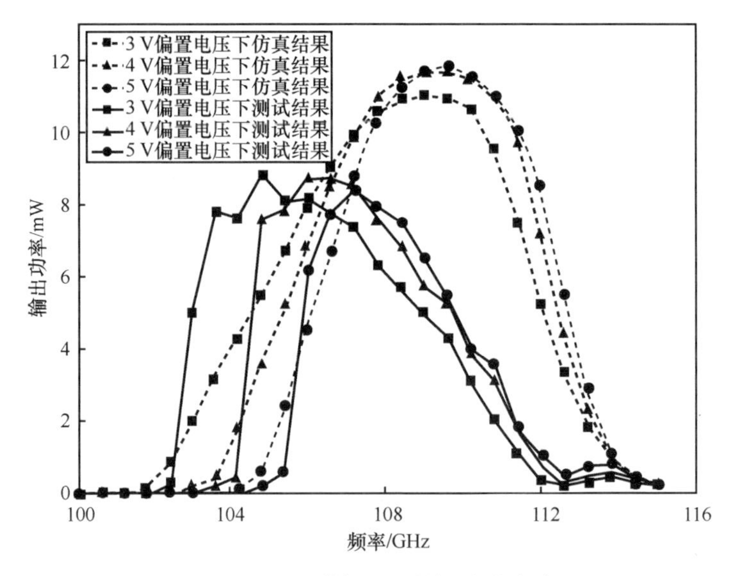

图 7-12　110 GHz 三倍频器测试结果与仿真结果对比

7.3　太赫兹无源电路测试

太赫兹无源电路测试主要基于太赫兹频段的矢量网络分析仪，下面以分支波导定向耦合器和腔体滤波器的测试为例来介绍太赫兹无源电路的测试方法。

首先是耦合器的测试，分支波导定向耦合器为四端口电路，采用 E 面剖分结构，利用销钉对电路进行有效定位，并具有 4 个凹台结构，如图 7-13 所示。

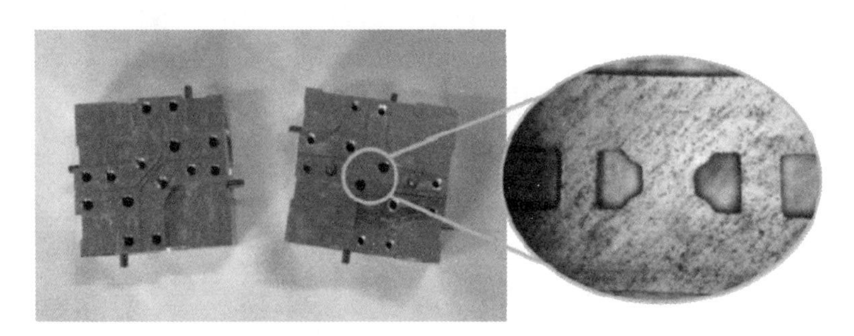

图 7-13　3 dB 三分支波导定向耦合器腔体实物

3 dB 三分支波导定向耦合器的测试采用中电科思仪公司的 AV3672C 矢量网络分析仪，配备其 AV3649 扩展模块（工作频率为 170～220 GHz）对改进型耦合器的 S 参数进行测试，实验测试平台如图 7-14 所示。

图 7-14　改进型 3 dB 三分支波导定向耦合器实验测试平台

实验测试结果如图 7-15 所示。对实验结果进行分析可知，改进型 3 dB 三分支波导定向耦合器的插入损耗低于 0.8 dB，在 185～210 GHz（相对带宽约为 18%），幅度不平坦度小于 0.3 dB，相位不平坦度小于 4°，回波损耗和隔离度均优于 17 dB，仿真结果与测试结果吻合良好。

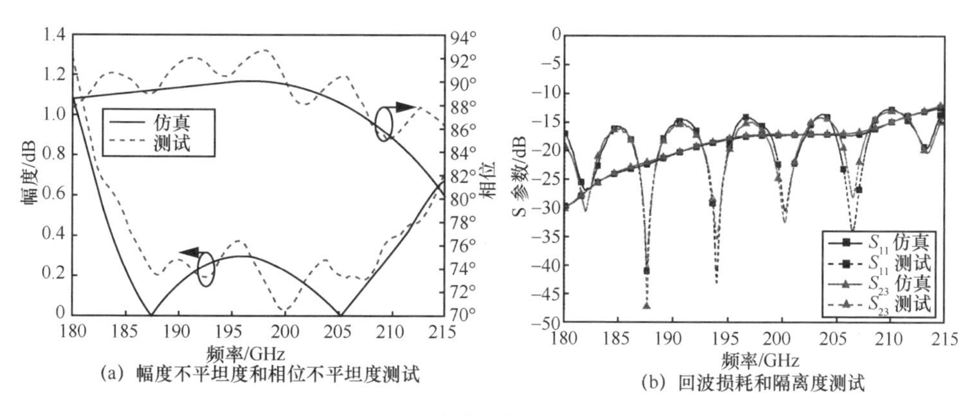

(a) 幅度不平坦度和相位不平坦度测试

(b) 回波损耗和隔离度测试

图 7-15　3 dB 三分支波导定向耦合器实验测试结果

滤波器为二端口电路，也采用 E 面剖分结构，采用数控精密机械加工技术进行加工，材料为铜，加工完成后的滤波器如图 7-16 所示。

图 7-16　220 GHz 伪椭圆模波导带通滤波器

220 GHz 伪椭圆模波导带通滤波器的测试采用中电科思仪公司的 AV3672C 矢量网络分析仪，配备 AV3643R 扩展模块（工作频率为 170～260 GHz）对波导带通滤波器的 S 参数进行测试，测试平台如图 7-17 所示。

图 7-17　220 GHz 伪椭圆模波导带通滤波器测试平台

220 GHz 伪椭圆模波导带通滤波器的仿真与测试结果对比如图 7-18 所示，从测试结果可以看出，滤波器通带范围为 212～220 GHz，回波损耗优于 15 dB，阻带范围为 200～210 GHz，带外抑制度优于 25 dB，滤波器的插入损耗低于 0.8 dB，与仿真结果吻合良好，具有良好的性能。

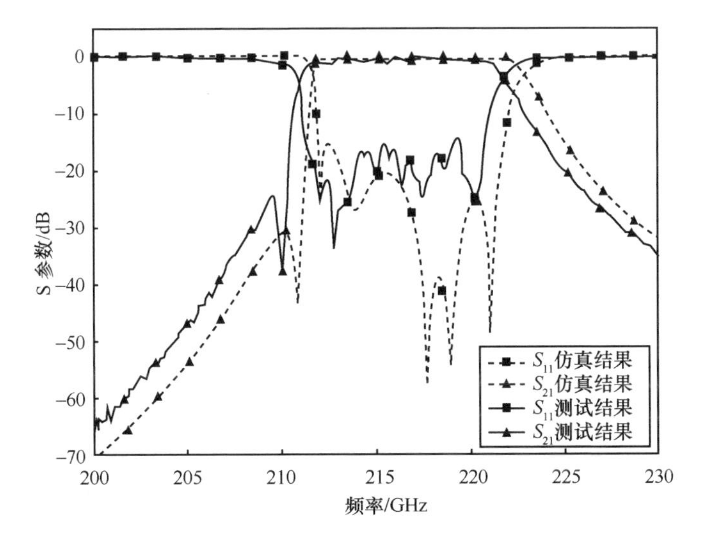

图 7-18　220 GHz 伪椭圆模波导带通滤波器的仿真与测试结果对比

7.4　太赫兹固态高速通信实验

7.4.1　220 GHz 高速通信实验验证系统

220 GHz 是太赫兹频谱资源中的一个大气窗口频段，即大气衰减相对较小，没有诸如氧分子（O_2）和水分子（H_2O）的吸收峰。图 7-19 所示曲线是根据哈佛史密森天体物理中心的信道模型并基于国际电联的相关数据计算得到的[1]。根据此模型，在海平面高度上，晴天（相对湿度为 43.4%）气象条件下，200～300 GHz 频段的大气衰减约为 2～4.2 dB/km；在雾天（水汽密度为 0.5 g/m^3）气象条件下，该频段的大气衰减为 5.2～7.8 dB/km；强降雨（50 mm/h）气象条件下，该频段的大气衰减为 19～20 dB/km。

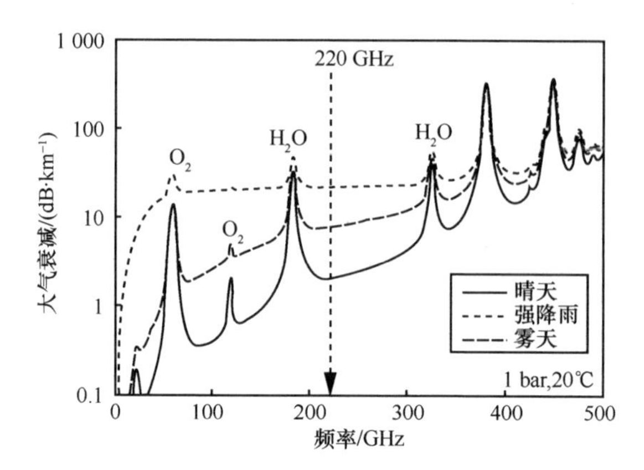

图 7-19　在晴天、雾天和强降雨气象条件下的大气衰减

虽然 220 GHz 频段在恶劣气象（强降雨）条件下大气衰减会迅速上升，但是在雾天的大气衰减并没有增加太多，在同样的气象条件下传统的激光通信难以实现。另外，值得指出的一点是，220 GHz 频段在降雨气象条件的大气衰减和毫米波频段（如 57～65 GHz、71～87 GHz）在同样气象条件下的大气衰减基本相当，图 7-20 给出了不同降雨量条件下大气衰减随频率的变化趋势[1]。

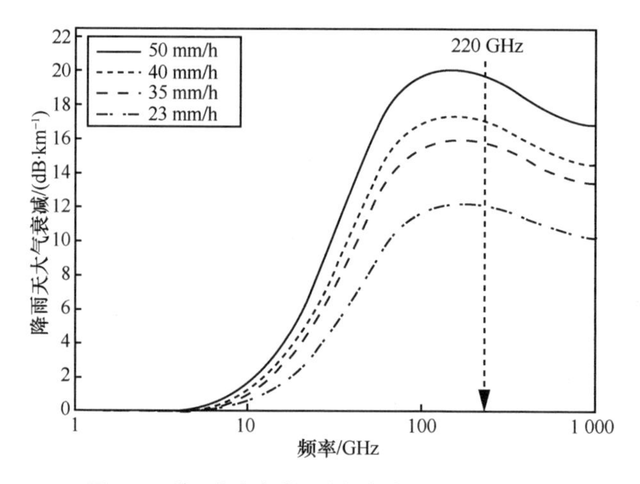

图 7-20　降雨气象条件下大气衰减随频率变化曲线

从图 7-19 和图 7-20 可以看出，220 GHz 频段在接近 100 GHz 的带宽内大气衰减相对较小，即使在强降雨这样恶劣的气象条件下其大气衰减也和 60 GHz 以上的

毫米波频段基本相当，而 220 GHz 频段相比毫米波频段能提供更多的绝对带宽资源，所以更高的传输速率就成为可能，这就是开发 220 GHz 频段的意义所在。

220 GHz 太赫兹波在大气中的传播特点成为该频段无线通信系统走向实用的基础。本节从系统组成、系统链路分析、关键部件性能指标等多方面综合考虑，通过构建实验验证系统，实现 220 GHz 频段高速数据实时传输。

1．系统组成

220 GHz 无线通信实验验证系统组成首先要考虑的是系统调制方式。随着未来的太赫兹无线通信技术走向实用，必然会涉及太赫兹频谱资源规划和分配的问题。立足未来，对 220 GHz 实验验证系统的研究就会考虑到未来可能出现的频谱分配问题，也就是说虽然理论上在 220 GHz 附近有接近 100 GHz 的带宽资源适于无线通信，但是该频段同样适于其他研究如射电天文科学等方面，未来对这一频段频谱资源分配时必然要兼顾各个方面的应用诉求。在考虑该实验验证系统调制方式时，应尽量选择频谱效率较高的调制方式，即使通信带宽受限，也可实现较高的传输速率。

正交调幅（Quadrature Amplitude Modulation，QAM）是目前频谱非常拥挤的移动通信频段常用的一种提高频谱效率的调制方式。QAM 相较于简单的调制（如 OOK 调制、ASK 调制等）来说有更高的频谱效率，但也要求调制解调器有更好的幅度和相位平衡度。QAM 有不同阶数的调制方式，如 4QAM、8QAM、16QAM、32QAM、64QAM 等，随着阶数的增加，频谱效率也随之提高，但对调制解调器的幅度和相位平衡度要求也更加苛刻。采用 QAM 的一大优势是，不同阶数 QAM 的调制解调可通过同一套 I/Q 调制解调器实现[2]，也就是说同一套射频 I/Q 调制解调器可实现不同阶数 QAM 的调制解调，只需基带信号处理部分随之配合即可。为提高频谱效率，同时也为未来向更高阶的 QAM 发展，本实验验证系统采用 I/Q 调制方式，为降低基带信号处理部分的实现复杂度，采用较低阶的 4QAM，该调制方式更为常见的叫法是正交相移键控（Quadrature Phase Shift Keying，QPSK）调制。

对本实验验证系统，如能实现 220 GHz 的直接 I/Q 调制固然最好，这样可实现更大带宽的调制，但是这需要有工作在 220 GHz 的 I/Q 调制解调器，而在太赫兹频段基于肖特基势垒二极管的 I/Q 调制解调器目前还很难实现较好的幅度和相位平衡度[3-5]。因此，综合考虑后，本系统基于超外差体制，I/Q 调制解调在 X 频段实现，220 GHz 分谐波混频器完成频谱搬移的功能。在系统中将 220 GHz 混频器的中频定在 X 频段，这样不会因为中频频率过高而使 220 GHz 混频器性能显著下降。

220 GHz 无线通信实验验证系统的组成如图 7-21 所示，其中基带信号以差分信号传输，可消除干扰；平衡–不平衡（Balanced-Unbalanced，BALUN）转换器（通常称为巴伦）用来实现信号平衡–不平衡模式的转换。

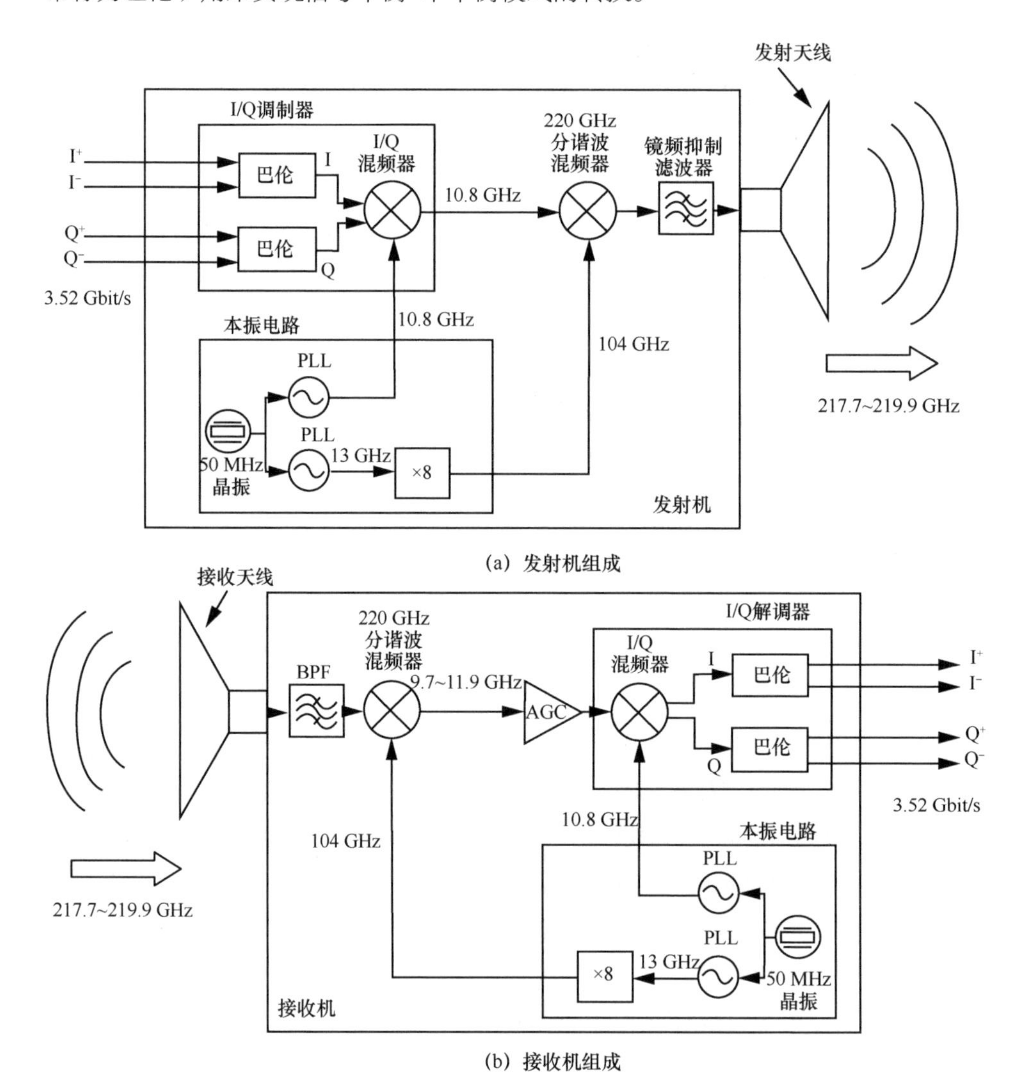

(a) 发射机组成

(b) 接收机组成

图 7-21　220 GHz 无线通信实验验证系统的组成

在发射机中，基带差分信号输入调制器进行 I/Q 调制，输出 10.8 GHz 调制中频信号，该信号被 220 GHz 分谐波混频器上变频至 220 GHz 频段，带通滤波器滤除上变频后的下边带而保留以 218.8 GHz 为中心频率的上边带信号，并送至发射天线辐射到空间中传输。

在接收机中，接收天线接收到空间传播的信号后，经镜频抑制滤波器，由 220 GHz 分谐波混频器混频，混频后的中频信号在送至 I/Q 解调器解调之前还需经过自动增益控制（Automatic Gain Control，AGC）电路的放大和幅度均衡，保证进入解调器的中频信号的电平满足解调器解调的要求。经过 I/Q 解调器解调后的基带信号同样以差分信号输出，送至基带电路进行信号处理。

发射机和接收机中的本振信号由相同实现方式的本振电路提供。该本振电路中包含两个锁相环（Phase Locked Loop，PLL），50 MHz 晶振提供其频率参考，其中一个锁相环将频率锁定在 10.8 GHz 作为调制解调的本振信号；另一个锁相环将频率锁定在 13 GHz，并通过一个八倍频模块产生 104 GHz 信号作为 220 GHz 分谐波混频器的本振信号。随着数字信号处理技术的快速发展，尽管收发采用不同的晶振提供频率参考，只要两个晶振的频率差极小，即使在接收机中没有载波恢复电路，也可以实现相干解调[6]，这也减小了接收机实现的复杂度。

为了提高系统验证高速数据传输能力，数据源采用裸眼 3D 视频信号，码速率为 3.52 Gbit/s，因此，信号带宽 B 为[2]

$$B=\frac{R_{\mathrm{b}}(1+\alpha)}{\mathrm{lb}M} \tag{7-5}$$

其中，R_{b} 为码速率；α 为滚降系数，选定为 0.25；M 为 QAM 调制的阶数。

对于 QPSK 调制，$M=4$。根据式（7-5）得到信号带宽为 2.2 GHz，因此，在发射机中经 I/Q 调制器调制后输出的信号频率为 9.7～11.9 GHz，经 220 GHz 分谐波混频器上变频并经带通滤波器滤除下边带后通过天线辐射至空间，信号频率为 217.7～219.9 GHz。对于接收机来说，在频率上完成同发射机相逆的过程。

2. 系统链路分析

根据 Friis 方程[7]，接收机接收到的功率 P_{r} 为

$$P_{\mathrm{r}}=\frac{G_{\mathrm{t}}G_{\mathrm{r}}}{L_0}P_{\mathrm{t}} \tag{7-6}$$

$$L_0 = \frac{(4\pi d)^2}{\lambda^2} \tag{7-7}$$

其中，L_0为自由空间传播损耗，P_t为发射功率，G_t为发射天线增益，G_r为接收天线增益，λ为无线信号波长，d为传输距离。

将式（7-6）和式（7-7）写成 dB 形式，可表示为

$$P_r(\text{dBm}) = P_t(\text{dBm}) + G_t(\text{dB}) + G_r(\text{dB}) - L_0(\text{dB}) \tag{7-8}$$

$$L_0(\text{dB}) = 92.4 + 20\lg f(\text{GHz}) + 20\lg d(\text{km}) \tag{7-9}$$

其中，f为无线信号频率。式（7-8）和式（7-9）中，括号内为变量的单位。

对于无线通信系统来说，除了知道最大可能被接收到的信号功率外，更为重要的是接收机输出的信噪比（Signal to Noise Ratio，SNR）是否满足基带处理的门限要求。

接收机的输出信噪比为[8]

$$\text{SNR} = \frac{S_0}{N_0} = \frac{P_r G_{\text{rec}}}{\text{k}B(T_A + T_{\text{rec}})G_{\text{rec}}} = \frac{P_r}{\text{k}B(T_A + T_{\text{rec}})} \tag{7-10}$$

其中，G_{rec}为接收机增益，k 为玻尔兹曼常数，B为系统带宽（在该系统中为 2.2 GHz），T_A为天线噪声温度（计算时取 290 K），T_{rec}为接收机系统的等效噪声温度。

接收机系统可看作带通滤波器、分谐波混频器、AGC 电路和 I/Q 解调器组成的级联系统，由于 AGC 电路的增益较大（为 70 dB），因此，I/Q 解调器对接收机的噪声贡献可忽略不计。

因此，T_{rec}的计算式为

$$T_{\text{rec}} = T_{\text{BPF}} + T_{\text{mix}}L_{\text{BPF}} + T_{\text{AGC}}L_{\text{BPF}}L_{\text{mix}} \tag{7-11}$$

其中，T_{BPF}为带通滤波器的等效噪声温度，L_{BPF}为带通滤波器的插入损耗，T_{mix}为分谐波混频器的等效噪声温度，L_{mix}为分谐波混频器的变频损耗，T_{AGC}为 AGC 电路的等效噪声温度。

带通滤波器的插入损耗按 2 dB 估算，分谐波混频器的变频损耗为 9.2 dB，

AGC 电路的噪声系数的典型值为 2 dB，估算出 T_{rec} 为 5 733 K。

接收机输出信噪比随传输距离变化的曲线如图 7-22 所示，该系统所用的发射和接收天线为卡塞格伦天线，增益为 52 dBi，计算时考虑到实际中可能存在的阻抗失配、天线对准和偏振失配等不理想因素引起的损耗，因此加入了 5 dB 的综合损耗，此外，还考虑了大气衰减。

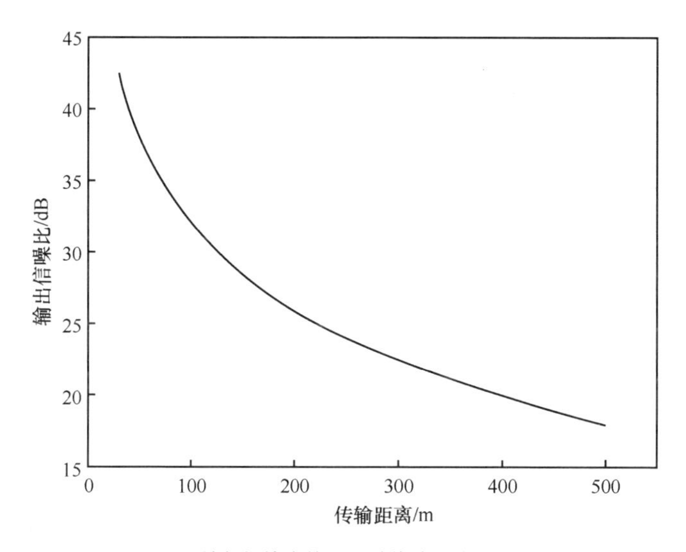

图 7-22　接收机输出信噪比随传输距离变化的曲线

从图 7-22 中可知，接收机的输出信噪比随着传输距离的增加而减小。对于 QPSK 调制方式来说，如果要保证误码率（Bit Error Rate，BER）小于 10^{-5}，理论上信噪比需要大于 12.6 dB[8]，这是理论上的 QPSK 解调门限信噪比。

在该理论中，解调器被认为是理想解调器，并未考虑 I/Q 解调器存在的幅度和相位不平衡度等非理想因素，这些非理想因素在实际通信中将会带来一定的误码率恶化。因此在确定传输距离时，需要保证信噪比相较于理论解调门限有足够的空间，保证潜在的非理想因素不致将误码率恶化至不可接受的程度。

综合考虑，将传输距离定为 200 m，此时对应的接收机输出信噪比为 25.9 dB，相比 12.6 dB 的门限值有超过 13 dB 的富余量。具体的链路分析计算参数如表 7-1 所示。

表 7-1　220 GHz 实验验证系统 200 m 传输链路分析

参数名称	参数值
无线信号中心频率/GHz	218.8
系统带宽/GHz	2.2
发射功率/dBm	−14.2
天线增益/dBi	52
自由空间传播损耗/dB	125.2
传输距离/m	200
大气衰减/dB	1
接收机系统等效噪声温度/K	5 733
综合损耗/dB	5
接收机输出信噪比/dB	25.9

3. 关键部件性能

（1）天线

220 GHz 实验验证系统由于缺乏固态放大器，为实现 200 m 无线传输需要而选用高增益天线。抛物面天线正是这样一种能提供高增益并且主瓣窄、副瓣低的天线，卡塞格林天线是一种常用的抛物面天线，结构较为简单，被广泛应用于雷达、通信、遥感等无线系统中，也是在太赫兹频段一种重要的天线形式。

本节所用的 220 GHz 卡塞格伦天线主发射面直径 22 cm，副反射双曲面直径 4 cm，馈源为波纹喇叭，如图 7-23 所示。表 7-2 给出了天线增益测试结果，天线方向图在不同频点处的测试结果如图 7-24 所示。在各个测试频点的增益均大于 52 dBi。

图 7-23　220 GHz 卡塞格伦天线

表 7-2　天线增益测试结果

频率/GHz	增益/dBi
220	52.242
226	52.031
232	52.051
235	52.396

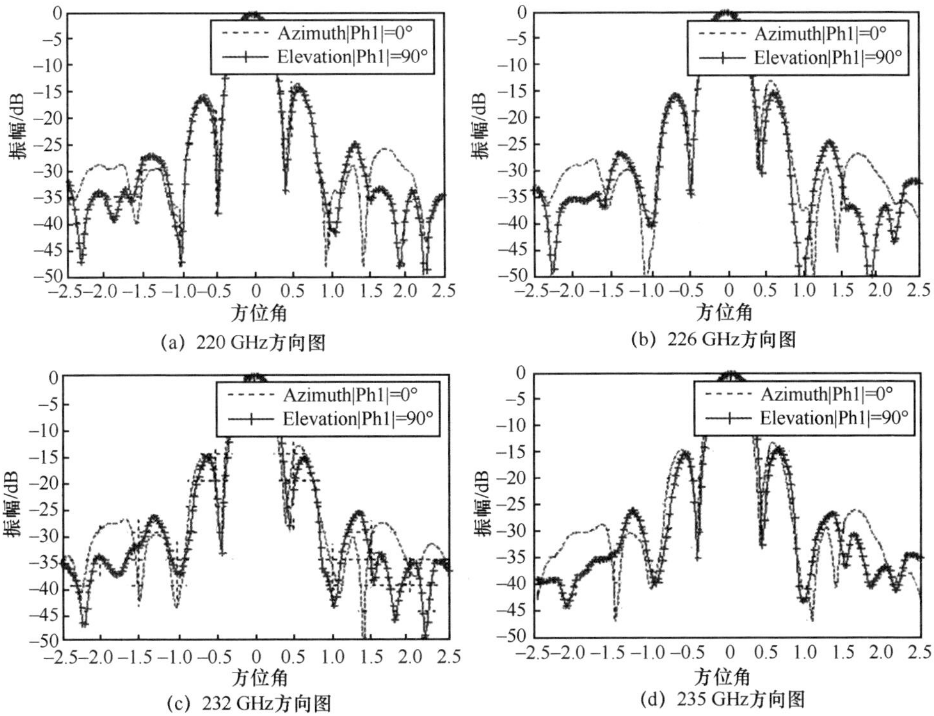

(a) 220 GHz方向图

(b) 226 GHz方向图

(c) 232 GHz方向图

(d) 235 GHz方向图

图 7-24　天线方向图在不同频点处的测试结果

（2）带通滤波器

带通滤波器为了实现系统的单边带工作，需要在通带内有较小插损，在阻带内有足够的抑制。系统中所用的带通滤波器基于 H 面偏移感性窗耦合形式结构，如图 7-25 所示，其中，a_i和 l_i分别为谐振腔宽度和长度。测试结果如图 7-26 所示[9]，滤波器在通带 205～225 GHz 内插入损耗小于 2 dB，196.1～198.3 GHz 的带外抑制大于 50 dB。

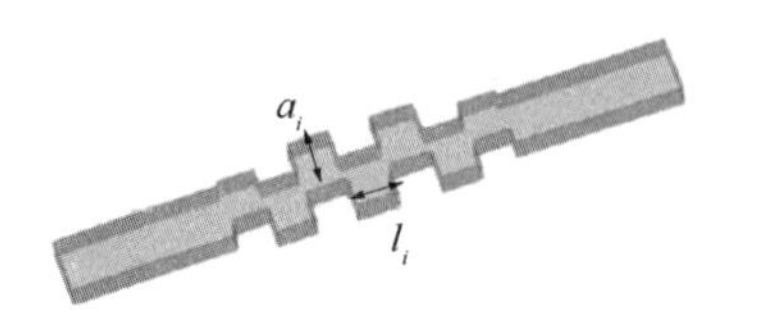

图 7-25　220 GHz 带通滤波器

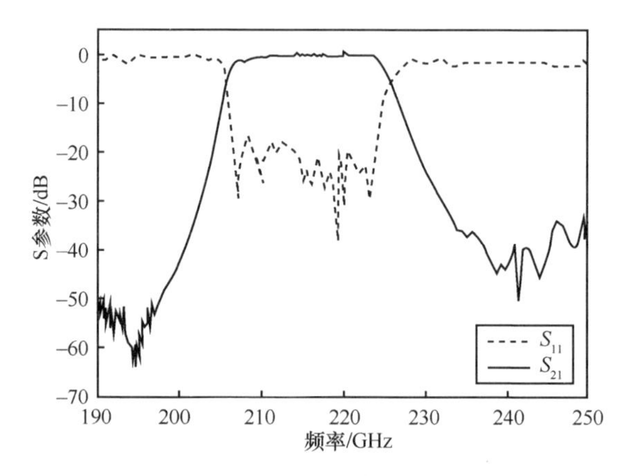

图 7-26　带通滤波器测试结果

（3）AGC 电路

AGC 电路的作用是将接收机中经 220 GHz 分谐波混频器混频后的中频信号放大至 I/Q 解调器所需的范围内，由于无线传输距离的改变和外界环境潜在的干扰，因此需要 AGC 电路有较大的输入动态范围。AGC 电路由 AGC 放大器和幅度均衡器组成[10]，如图 7-27 所示。AGC 放大器提供大动态范围的自动增益控制，均衡器确保送至 I/Q 解调器的信号有较好的幅度平坦度。该 AGC 电路最大可提供 70 dB 的增益，输入动态范围为 40 dB（–30～–70 dBm），噪声系数典型值为 2 dB。图 7-28 为该电路在–40 dBm 输入时的频率响应测试结果，在 9～12.6 GHz 频带内，幅度不平衡度在 1 dB 以内。

（4）本振电路

本系统中的本振电路提供 220 GHz 分谐波混频器和 I/Q 调制解调器的本振驱动信号。发射机和接收机中本振电路的性能指标相同。

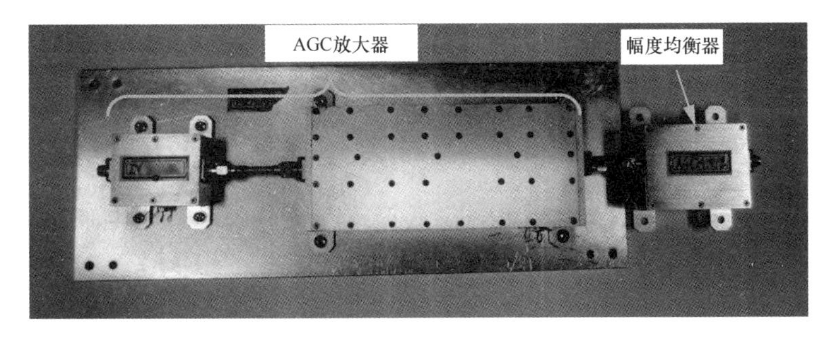

图 7-27　AGC 电路实物

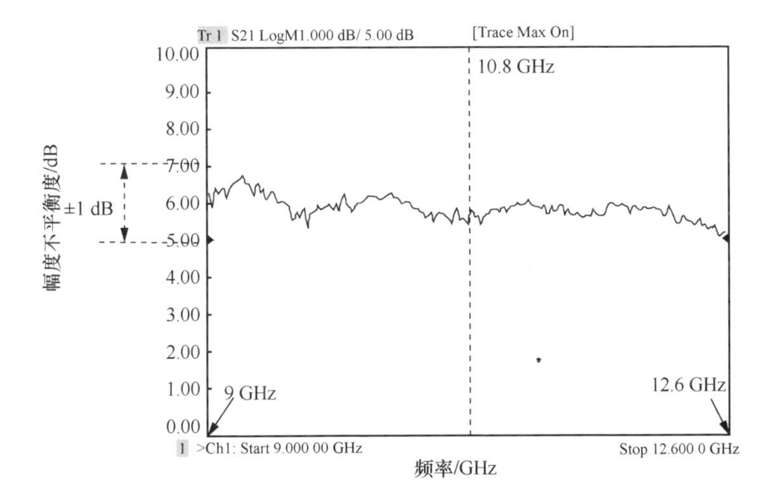

图 7-28　AGC 电路频率响应测试结果

10.8 GHz 本振信号的输出功率通过功率计测试，功率大小为 100 mW。该本振信号的相位噪声测试结果显示在偏离载波频率 10 kHz 处，相位噪声小于−90 dBc/Hz[11]。

104 GHz 本振信号的功率为 3.5 mW。104 GHz 本振信号的相位噪声测试结果显示 10 kHz 处相位噪声小于−90 dBc/Hz[11]。

（5）I/Q 调制解调器

I/Q 调制解调器基于 I/Q 混频器 MMIC 芯片和巴伦实现。3.52 Gbit/s 基带信号（滚降系数为 0.25）分 I、Q 两路以差分信号输入，经巴伦后变为单端信号加载到 I/Q 混频器上完成 QPSK 调制；解调器中解调后得到的 I、Q 两路信号通过巴伦后以差分信号输出。I/Q 调制解调器实物如图 7-29 所示，幅度不平衡度小于 1 dB，相位不平衡度小于 5°。

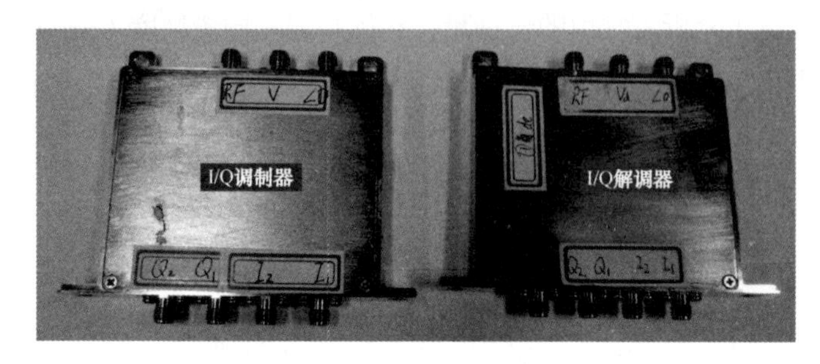

图 7-29 I/Q 调制解调器实物

I/Q 调制解调器闭环测试原理框架如图 7-30 所示。将调制器的输出通过同轴电缆接入解调器作为其输入，输入调制器的 3.52 Gbit/s 基带信号由 Agilent M8190A 任意波形发生器（Arbitrary Waveform Generator，AWG）产生，解调后输出的 I、Q 信号由 Agilent DSO91304A 四通道示波器（采样率为 40 GSa/s）接收。任意波形发生器和示波器都与预装 Agilent 矢量信号分析（Vector Signal Analysis，VSA）软件的计算机连接，通过 VSA 软件可方便地控制波形发生器的输出，并分析经高速示波器采样后的基带信号，评估调制解调闭环性能。

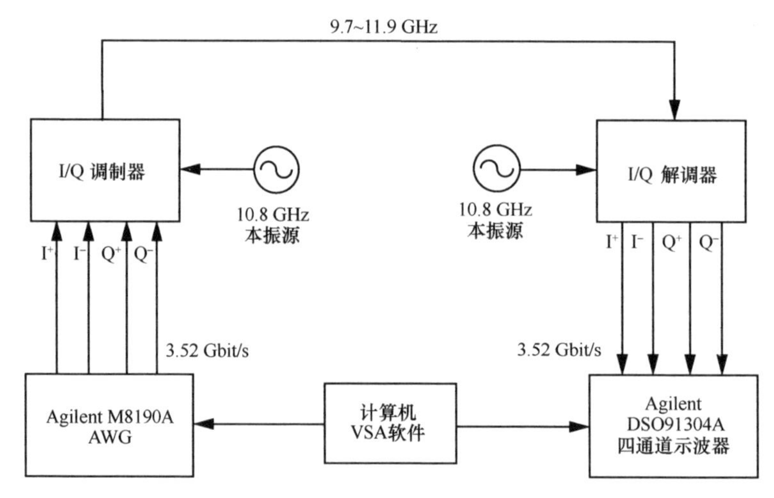

图 7-30 I/Q 调制解调器闭环测试原理框架

调制解调性能评估通过星座图测试来完成，星座图同眼图一样也是一种评估通信质量的直观方法，特别是对于正交幅度调制而言。此外，通过 VSA 软件还可对星座图进行指标量化分析，常用的一种量化指标是误差向量幅度（Error Vector Magnitude，EVM）。误差向量（包括幅度和相位）是指在一个确定时刻接收信号 $\boldsymbol{S}_m$ 与理想基准信号 $\boldsymbol{S}_i$ 的向量差，如图 7-31 所示。

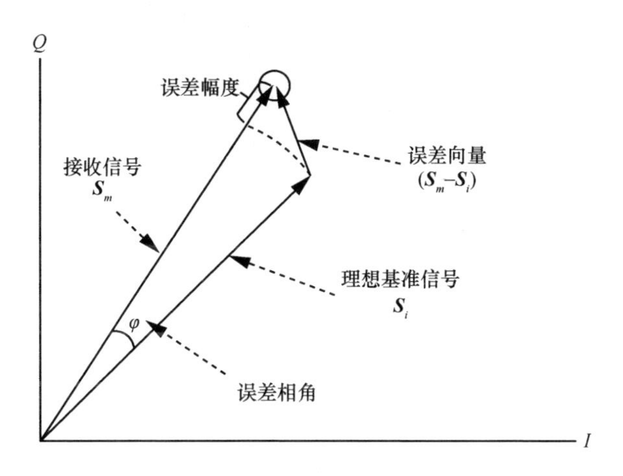

图 7-31 误差向量示意

EVM 在数学上的定义由式（7-12）给出[12]，表示为 N 个误差向量与其对应的理想基准信号向量的均方根值之比。

$$\mathrm{EVM}=\sqrt{\frac{\frac{1}{N}\sum_{r=1}^{N}\left|\boldsymbol{S}_{m,r}-\boldsymbol{S}_{i,r}\right|^2}{\frac{1}{N}\sum_{r=1}^{N}\left|\boldsymbol{S}_{i,r}\right|^2}} \tag{7-12}$$

其中，$\boldsymbol{S}_{m,r}$ 和 $\boldsymbol{S}_{i,r}$ 分别表示 N 个测试信号向量组成集合中的第 r 个信号以及与之对应的理想基准信号。EVM 数值上常以百分比的形式表示，显然 EVM 值越小，信号质量越好。

闭环测试中，调制器的输出信号频谱如图 7-32 所示。

图 7-33 为码速率等于 3.52 Gbit/s 时 I/Q 调制解调器闭环测试的星座图，此时的 EVM 值为 10%。该结果说明调制解调器工作性能良好，这是无线通信获得良好误

码性能的基本保障，为 220 GHz 实验验证系统的实现奠定了基础。

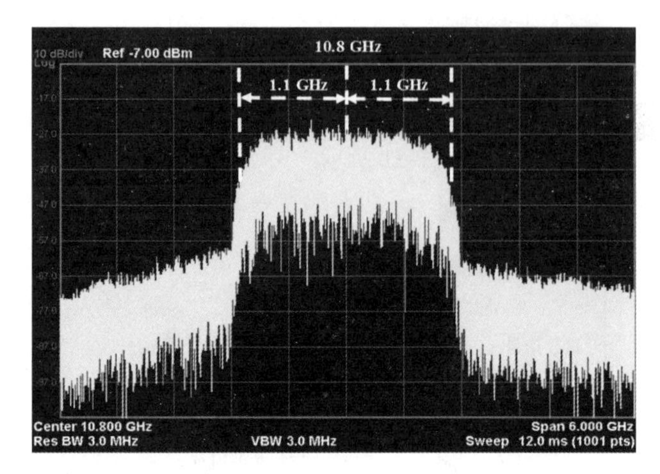

图 7-32 解调器输出信号频谱

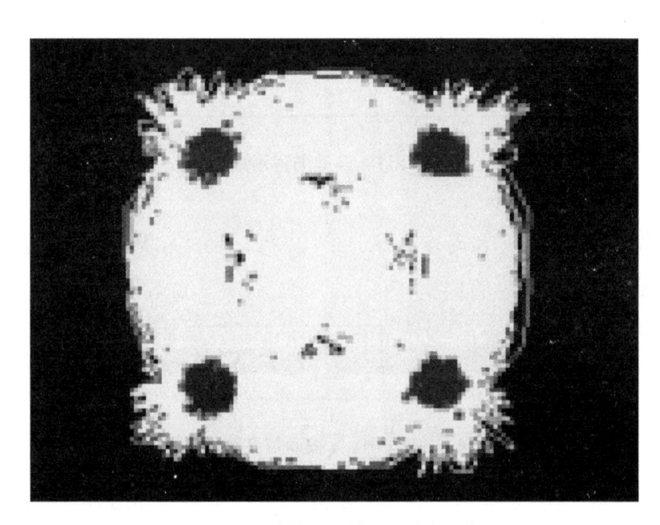

图 7-33 调制解调器闭环测试星座图

4. **数据传输实验**

将各部件和电路集成至机箱以便数据传输实验，如图 7-34 所示。机箱固定于三脚架上，方便无线数据传输实验时天线的对准。另外，机箱中还内置了直流供电电源，满足各电路的供电需要。

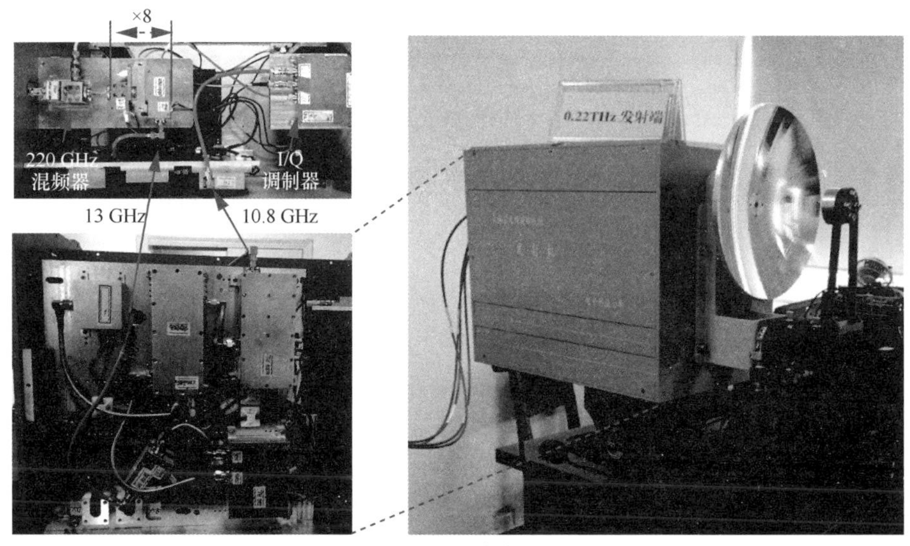

(a) 发射机实物

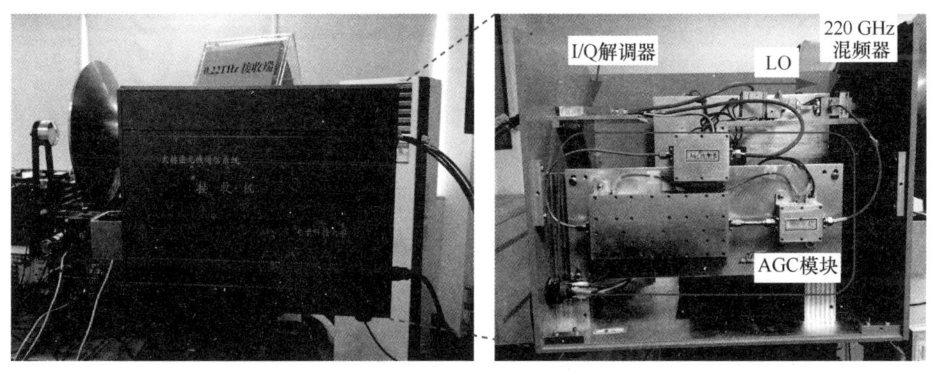

(b) 接收机实物

图 7-34　220 GHz 无线通信实验验证系统

220 GHz 无线通信信道质量 EVM 测试方案如图 7-35 所示。将发射和接收天线对准之后，通过 AWG 产生差分形式 3.52 Gbit/s 的 I/Q 测试数据信号送至发射机，滚降系数设置为 0.25；接收机接收并将解调输出的差分形式 I/Q 数据信号送至四通道高速示波器采样处理。AWG 输出的波形通过 VSA 软件控制，同时该软件读取通过示波器获取的接收信号，生成星座图，并计算 EVM 值。在发射机和接收机中的频率参考信号由两个 50 MHz 晶振分别提供。

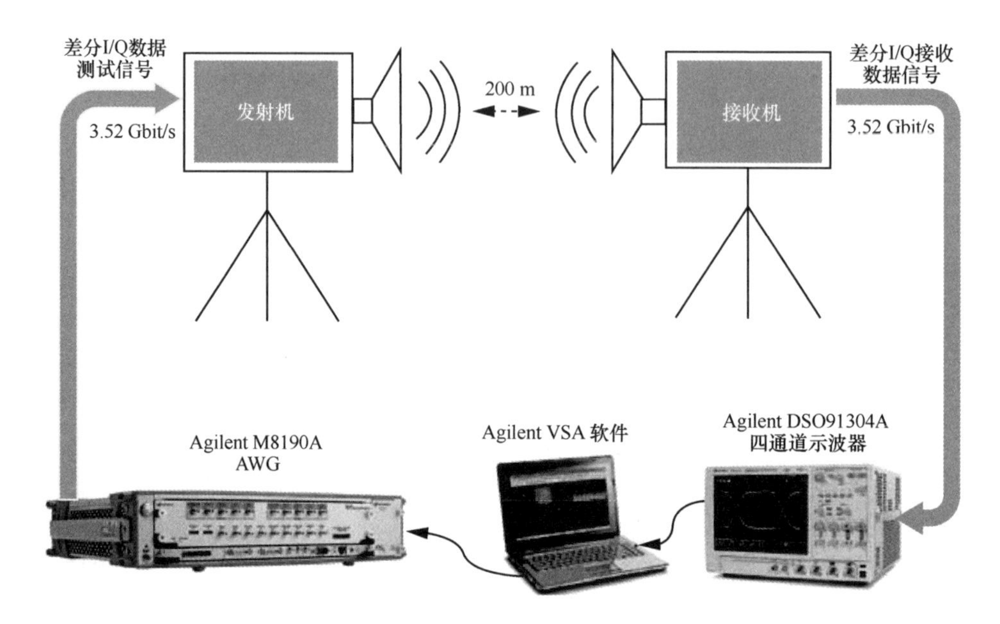

图 7-35　220 GHz 无线通信信道质量 EVM 测试方案

图 7-36 所示为发射机和接收机在相距 200 m 的距离上进行无线传输时，在不同码速率下的星座图及对应的 EVM 测试结果。星座图平面上 4 个点的聚焦程度随着码速率的增加而稍有恶化，这也和 EVM 随着码速率的增加而增加的趋势一致。

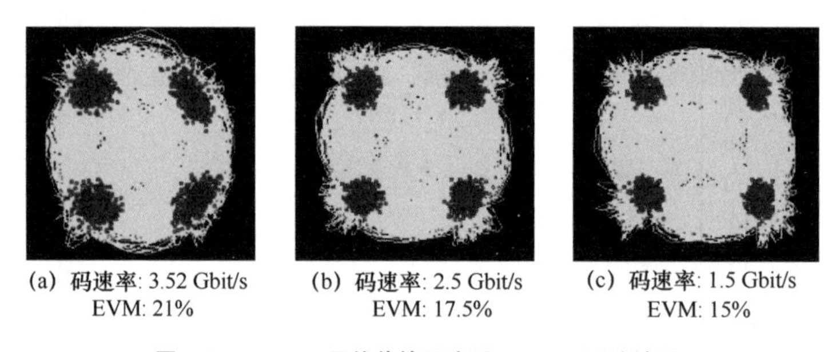

图 7-36　200 m 无线传输星座图及 EVM 测试结果

对于 QPSK 调制来说，星座图平面上的 4 个点只要能清楚分开，就可实现准确判码。当然，星座图平面上 4 个点的聚焦程度越好，说明接收信噪比越高，误码率

也就越低。因此，星座图是一种直观方便地评估通信质量的方法，此外，可根据 EVM 值来估算误码率，计算式为[12]

$$\mathrm{BER} \approx \frac{(1-L^{-1})}{\mathrm{lb}L}\mathrm{erfc}\left[\sqrt{\frac{3\mathrm{lb}L}{(L^2-1)}\frac{1}{\mathrm{EVM}^2\mathrm{lb}M}}\right] \tag{7-13}$$

其中，erfc 表示余补误差函数。

余补误差函数的定义为

$$\mathrm{erfc}(x)=\frac{2}{\sqrt{\pi}}\int_x^{\infty}\mathrm{e}^{-t^2}\,\mathrm{d}t \tag{7-14}$$

对于 QPSK 调制，系数 L=2，阶数 M=4，根据式（7-13）可计算出不同的 EVM 所对应的误码率。

图 7-37 所示为在 QPSK 调制方式下误码率和 EVM 的对应关系曲线，对于图 7-36 中 3 个码速率下 EVM 的测试结果 21%、17.5%和 15%所对应的误码率分别为 1.92×10^{-6}、1.11×10^{-8}和 2.63×10^{-11}。

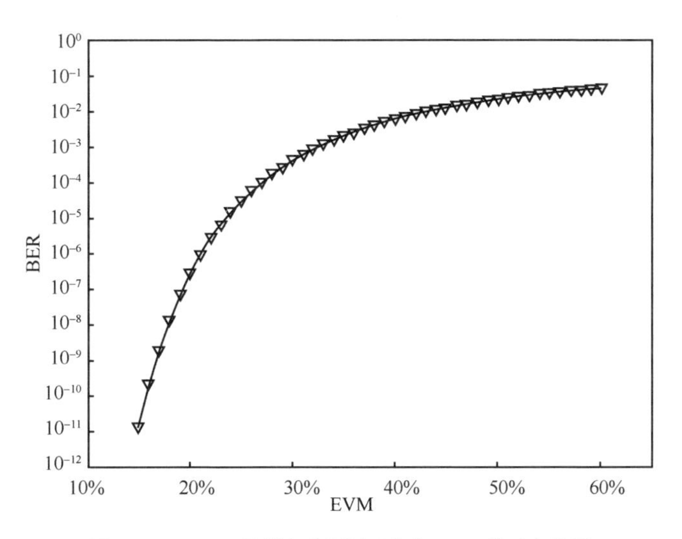

图 7-37 QPSK 调制方式下误码率和 EVM 的对应关系

目前的 EVM 测试值是未经纠错的、原始表征系统通信质量的参数，其所对应的误码率也就是未经纠错处理的参数。而在实际的无线通信系统中，往往要通过信道编码等基带信号处理技术来纠错，以保证无线数据在传输过程中误码率都始终维持在一个较低的水平。

常见的编码有 Turbo 码和 LDPC 码，这些编码都被归为前向纠错（Forward Error Correction，FEC）方法[13]。根据文献[13]的理论，4.5×10^{-3} 是一个误码率门限值，当采用 QPSK 调制方式的无线通信系统的未纠错误码率小于该门限值时，理论上，在基带处理时，通过采用恰当的 FEC 方法就可以将纠错后的误码率降至小于 1×10^{-15}。图 7-38 所示为该 220 GHz 实验验证系统实测的 3 个码速率下 EVM 所对应的、同时也是未经纠错的误码率与该门限值的差别，即使在最高码速率 3.52 Gbit/s 下，误码率（1.92×10^{-6}）也低于 FEC 门限超过 3 个数量级，这说明，在误码率这一性能指标上，该无线通信系统具备了面向实际应用的可能性。

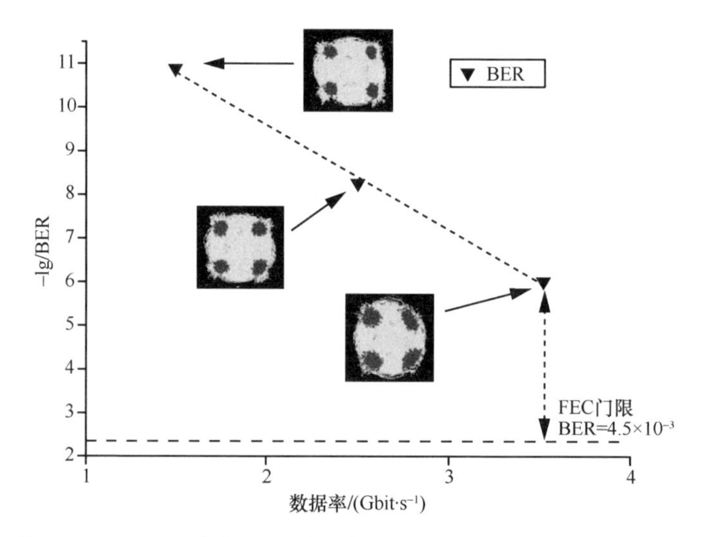

图 7-38　220 GHz 实验验证系统的未经纠错误码率与 FEC 门限相对关系

EVM 测试表明，220 GHz 实验验证系统具有良好的误码性能。在此基础之上，使用该系统进行实时裸眼 3D 高清视频业务传输。如图 7-39 所示，基带平台（由课题合作方提供）将高清视频业务数据流转换成 3.52 Gbit/s 的 I/Q 基带信号并以差分形式输入发射机，接收机解调后的信号在数字域恢复出原始数据流送至裸眼 3D 视频专用显示屏，这样就实现了高速数据的实时演示。

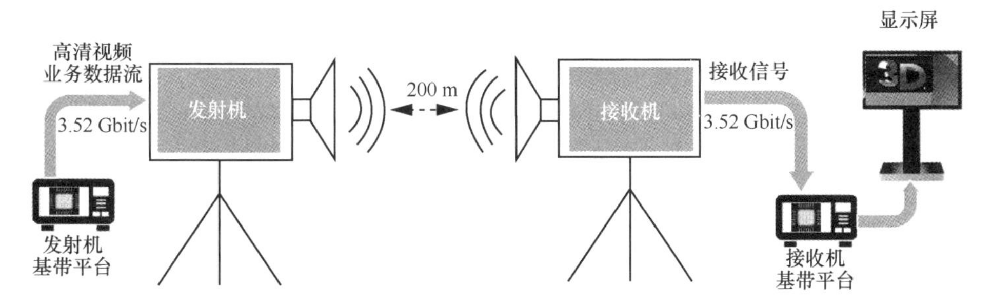

图 7-39　实时业务数据传输实验原理框架

图 7-40 为系统实时业务数据传输的实验场景，裸眼 3D 高清视频流畅、清晰，经长时间持续演示，视频质量无变化。这证明 220 GHz 无线通信实验验证系统工作性能稳定、可靠，持续流畅、清晰的视频节目演示印证了系统良好的误码性能。

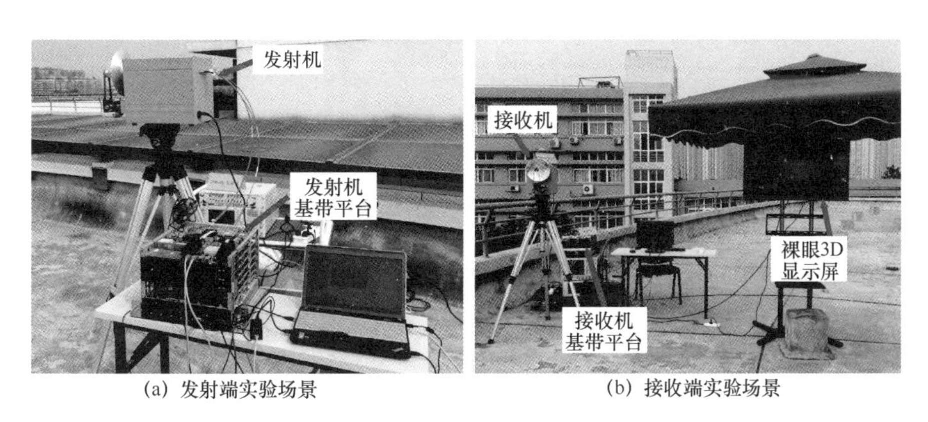

(a) 发射端实验场景　　(b) 接收端实验场景

图 7-40　系统实时业务数据传输实验场景

5. 实验结果讨论

220 GHz 实验验证系统成功实现了室外 200 m 高速业务数据的实时传输。随着未来对 220 GHz 信道建模研究的不断深入，使用更适合的 FEC 技术可进一步提高系统的误码性能，因此该系统的传输距离和速率在未来仍然存在继续提高的空间。如果有适合的太赫兹放大器出现，该系统的传输距离可得到大幅提高。

7.4.2 220 GHz 双通道高速通信实验验证系统

近年来，一些研究表明太赫兹固态通信系统的通信速率达到甚至超过了 100 Gbit/s[14-15]，实际上这些研究是利用高速信号发生器和高速示波器对射频前端电路的最优性能进行验证，与实际业务传输应用还有一定距离。目前，可实现高阶 QAM 调制的商用 ADC 芯片为亚德诺半导体技术有限公司的 AD9213 芯片，采样率仅为 10.25 Gsa/s，带宽为 6.5 GHz。受制于 ADC 芯片的发展，单载波通信系统仅能使用太赫兹信道中一部分频谱资源，无法充分发挥太赫兹频带大带宽的优势，限制了太赫兹通信系统的通信速率，降低了频谱资源的使用效率。

与目前基于固态电路技术的单载波太赫兹通信系统不同，本节研究从电路方案方面进行了改进，采用两路基带 DAC 同时进行信号编码，其中一路信号利用中频混频器进行频带搬移，然后利用双工器对两路不同频带的已调信号进行合路，再利用太赫兹分谐波混频器将合路后的信号搬移到太赫兹信道；接收方案为发射方案的逆过程，即分谐波混频器将合路信号搬移至中频频段后，经过双工器将信号分为两路，再传输至两路 ADC 同时进行信号采样和处理。这种双载波方案合理利用了太赫兹信道的宽带频谱资源，在同样 ADC 采样率的情况下，可将通信速率提升一倍，同时也提高了频谱资源的利用率。

1. **系统组成**

随着太赫兹无线通信技术走向实际应用，太赫兹频谱资源规划和分配的问题越来越重要。在考虑该通信系统调制方式时，应尽量选择频谱效率较高的调制方式。这样即使通信的带宽受限，也可实现较高的传输速率。与传统的简单调制方式相比（如 OOK 调制、ASK 调制等），QAM 调制是一种常用的提高频谱效率的调制方式。综合考虑目前的电路性能，为了实现高速高质量的数据传输，本实验验证系统采用 16QAM 调制方式。

220 GHz 双载波通信系统如图 7-41 所示。系统由 220 GHz 全固态收发前端、两套 DAC/ADC 和基带数据处理平台组成。DAC 基于 ADI 公司的 AD9119 芯片，最高采样率为 5.7 Gsa/s，ADC 则基于 ADI 公司的 AD9081 芯片，最高采样率为 4 Gsa/s。基带数据处理平台采用多个高性能的 FPGA 芯片实现帧同步、频偏估计、信道均衡以及低密度奇偶校验（Low Density Parity Check，LDPC）等多种通信算法，实现高速业务传输。

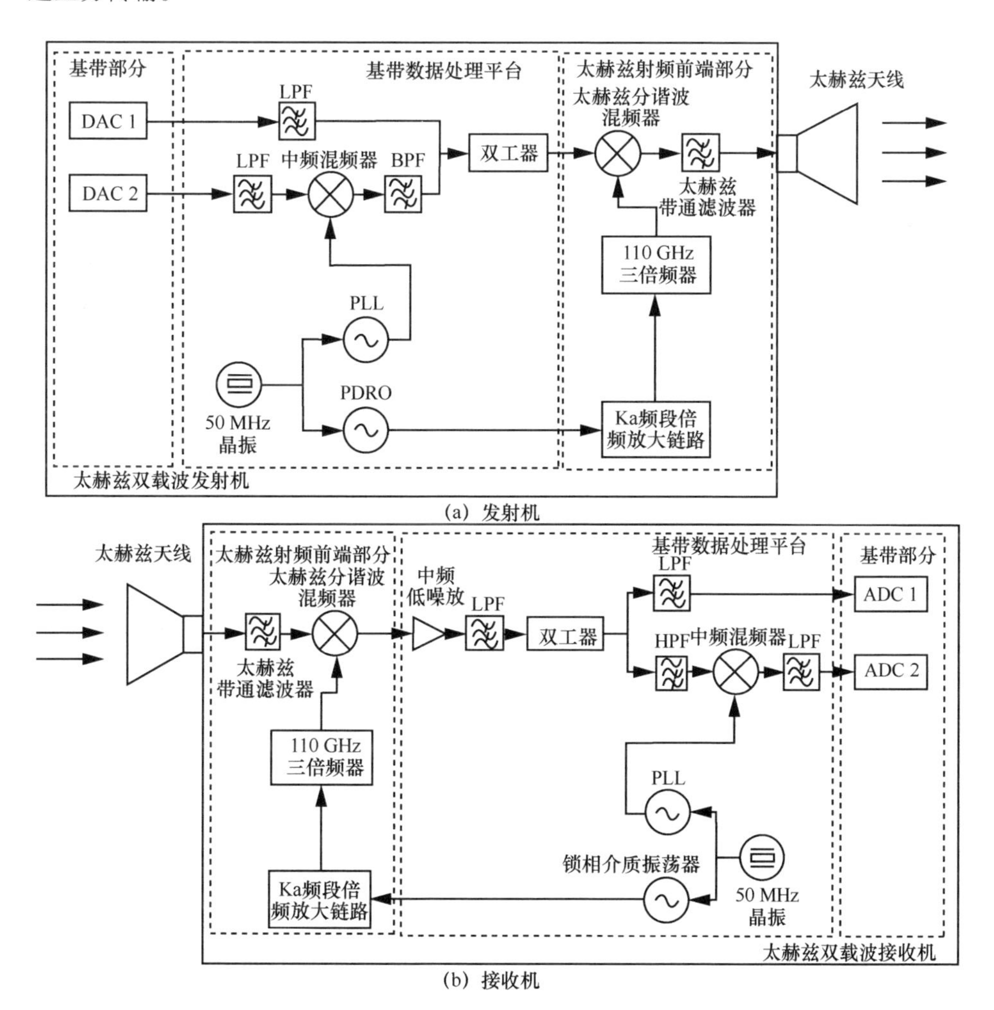

图 7-41 220 GHz 双载波通信系统

2. 关键部件性能分析

（1）天线

在 220 GHz 频段，由于大气衰减较高，为了实现远距离点对点传输，满足未来应用需求，高速通信系统选用高增益天线。抛物面天线具有高增益、高方向性的特点，且天线主瓣窄、副瓣低，十分适用于点对点通信。卡塞格伦天线是一种常用的抛物面天线，由副反射面对馈源发出的电磁波进行一次反射，将电磁波反射到主反射面上，然后经主反射面反射后获得所需的平面波波束，以实现定向发射[16]。本节所用的 220 GHz 卡塞格伦天线与 7.4.1 节相同。

（2）太赫兹收发前端

太赫兹收发前端电路的功能是将信号变频至太赫兹频段，同时可对无用边带信号进行有效抑制，防止信号干扰，影响通信质量，其结构如图 7-42 所示。

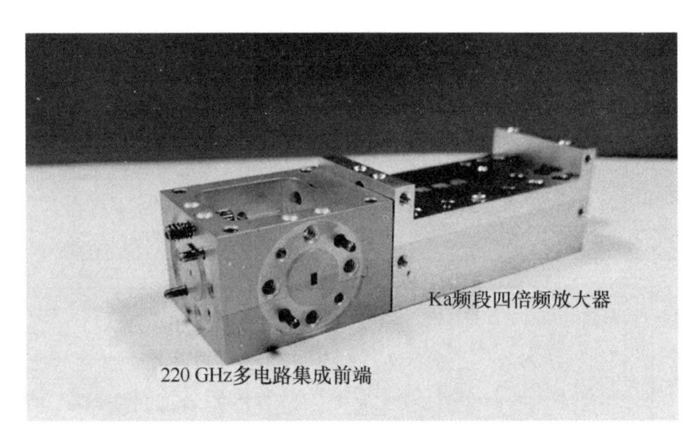

图 7-42　220 GHz 太赫兹小型化射频收发前端

（3）中频电路

中频电路分为发射机中频电路和接收机中频电路。发射机中频电路的原理如图 7-43 所示，其作用是接收两路 DAC 产生的已调制信号，其中一路信号经过中频混频器进行频率搬移，再经过双工器将两路不同频段的中频信号合路为一路宽带信号，输入太赫兹射频前端部分。电路中的 LPF 和 BPF 对无用信号进行有效的滤除，保证了通信系统的正常工作。50 MHz 晶振信号经过 PLL，产生毫米波信号为中频混频器提供本振驱动。同时，另一路 50 MHz 晶振信号经过锁相介质振荡器（Phase-Locked Dielectric Resonator Oscillator，PDRO）与太赫兹倍频链路，产生太赫兹信号为太赫兹分谐波混频器提供本振驱动。加工完成后的发射机中频电路模块如图 7-44 所示。

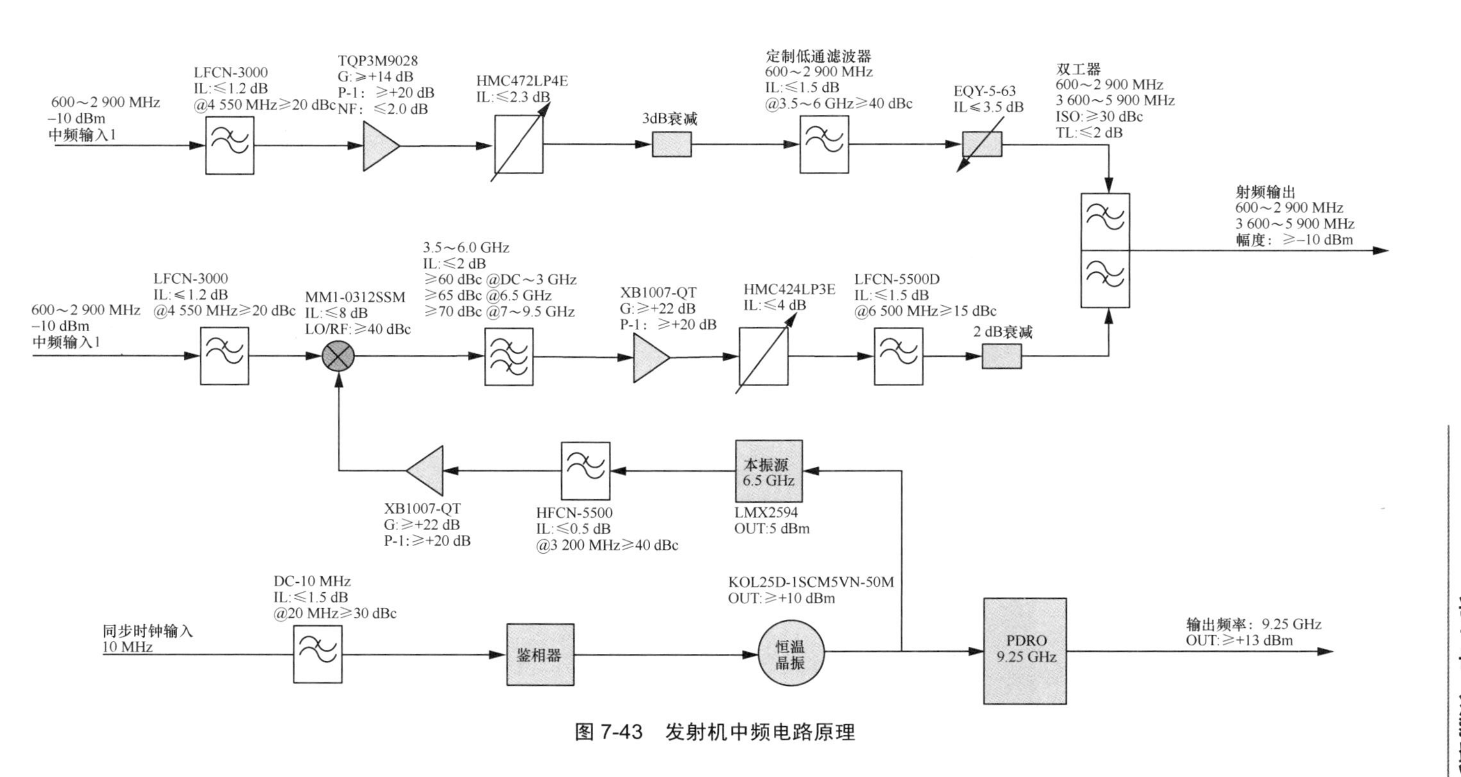

图 7-43　发射机中频电路原理

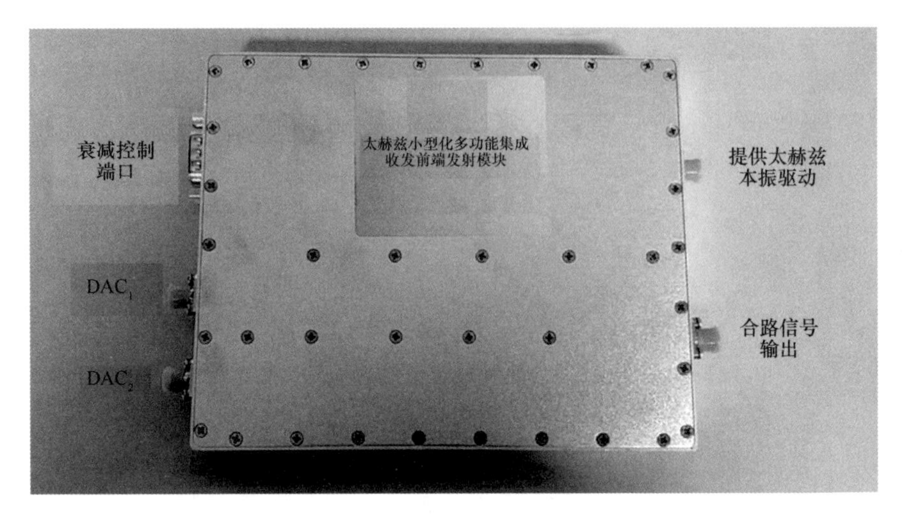

图 7-44　发射机中频电路模块

接收机中频电路原理如图 7-45 所示，其作用是接收太赫兹混频后的中频信号，通过滤波器滤掉无用信号；再经双工器分为两路，一路直接进入 ADC 进行解调，另一路经由中频混频器变频至合适的频段再进入另一路 ADC 进行解调。与发射机类似，PLL 产生毫米波信号为中频混频器提供本振驱动。PDRO 经过太赫兹倍频链路的倍频放大，产生太赫兹信号为太赫兹分谐波混频器提供本振驱动。加工完成后的接收机中频电路模块如图 7-46 所示。

发射机 9.25 GHz 本振信号的相位噪声测试结果显示在偏离载波频率 1 kHz 处，相位噪声小于−112 dBc/Hz，可以满足太赫兹通信系统的高速数据传输。

（4）基带信号处理

基带信号处理平台的功能是将业务数据利用 DAC 转换成中频信号，然后通过射频信道进行传输，或将接收的中频信号利用 ADC 模数转换恢复出业务数据。基带信号处理方案如图 7-47 所示。发射端基带信号处理平台中的现场可编程门阵列（Field Programmable Gate Array，FPGA）芯片接收由服务器端发送过来的数据信息，经过时间分割串并变换，变为 8 路并行数据，以提高基带平台数据处理吞吐量，并行数据经过 LDPC 编码后，将数据调制到 16QAM 星座点，然后在数据中插入时间保护间隔循环前缀（Cyclic Prefix，CP）和导频符号形成帧结构，最后通过数字滤波器与 DAC 芯片发射中频信号。

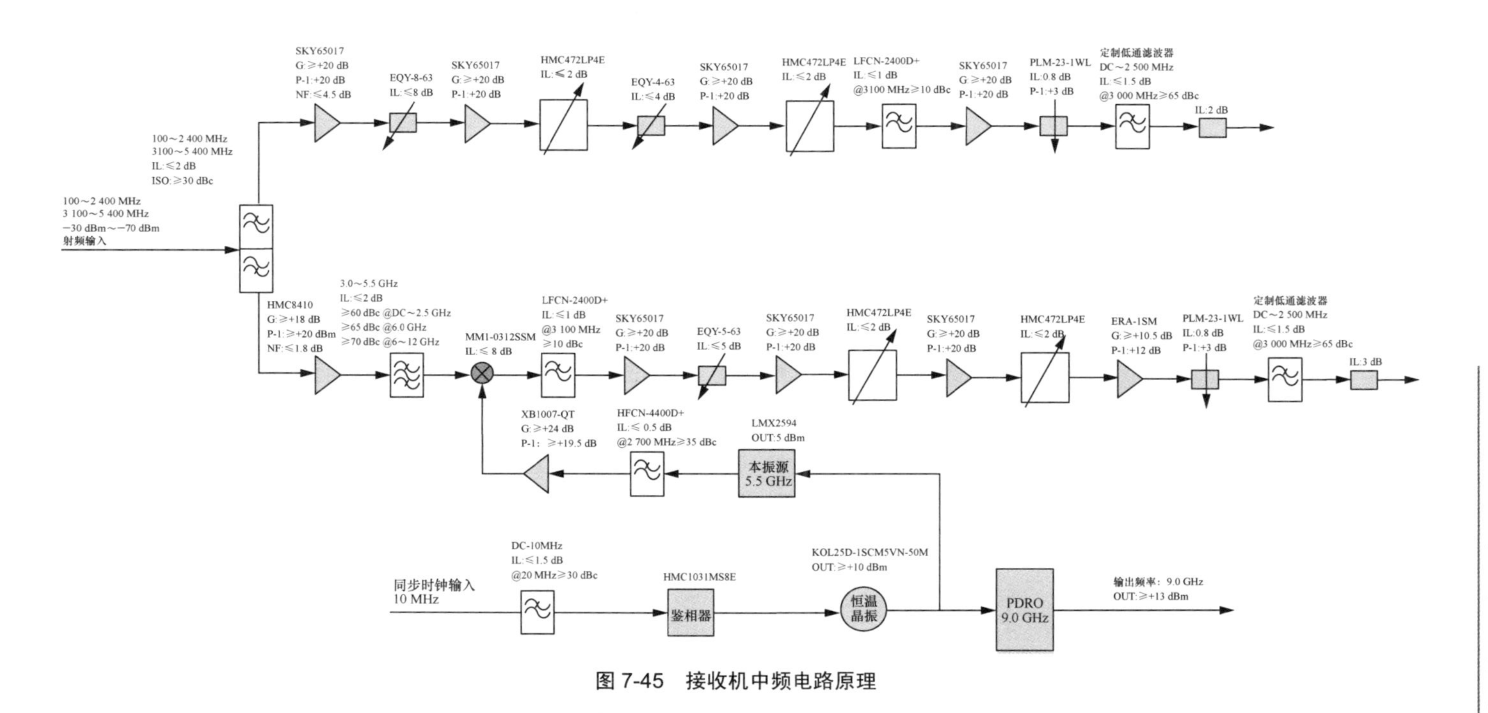

图 7-45　接收机中频电路原理

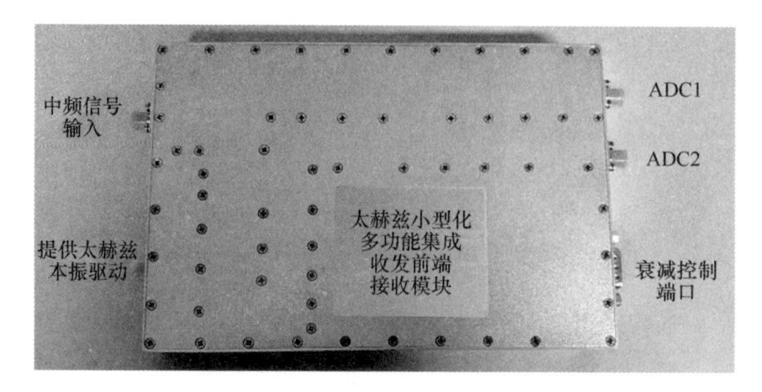

图 7-46　接收机中频电路模块

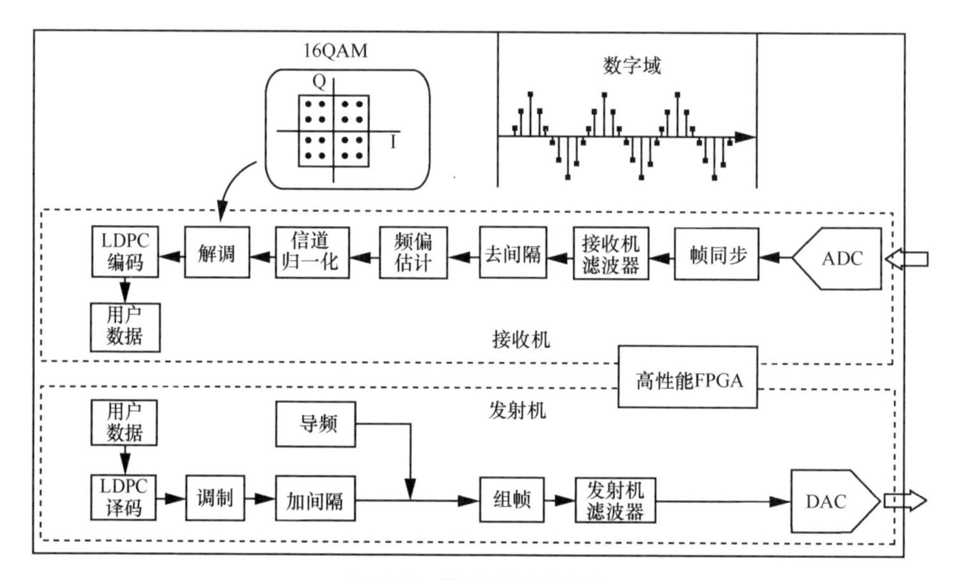

图 7-47　基带信号处理方案

接收端基带信号处理平台中的 FPGA 芯片首先接收 ADC 采集到的信号，经过帧同步、接收机滤波器与去掉保护间隔 CP 后，利用导频符号完成频偏估计与信道估计，最后经过 16QAM 解调与 LDPC 译码后恢复原始业务数据。由于通信系统需要实现远距离传输，发射机和接收机的不相干性会对传输信号造成一定的干扰。针对这个问题，基带部分对频偏估计算法进行了深入研究，频偏估计精度可达 100 Hz，从而降低了接收机基带解调的难度。整个信号处理算法通过优化逻辑资源占用率，发射端与接收端各集成在一块 FPGA 芯片里并装入机箱中，如

图 7-48 所示，不仅减小了基带平台的体积，也降低了基带平台整体的功耗。

图 7-48　基带 FPGA 板卡及基带机箱

3. 数据传输实验

将各部件和电路集成至机箱内以便进行高速信号传输实验，如图 7-49 所示。机箱固定于云台上，由计算机控制，方便实验时天线之间的对准。机箱中内置了直流电源，不需要外接电源即可满足各电路的供电需求。

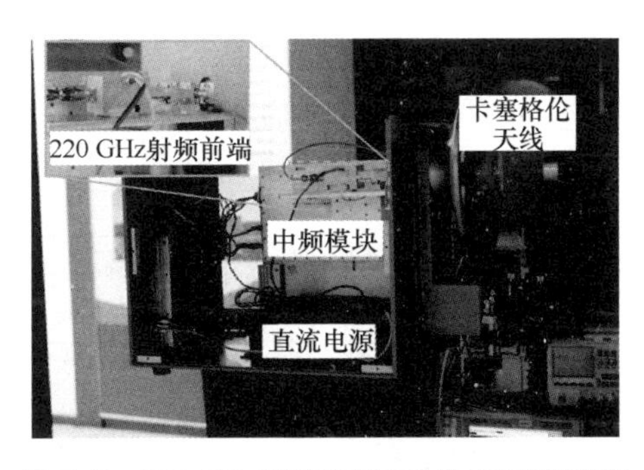

图 7-49　220 GHz 双载波高速通信系统射频机箱

220 GHz 双载波高速通信信道质量测试方案如图 7-50 所示，调整发射和接收天线进行对准后，通过基带编码产生码速率为两路 6.4 Gbit/s 的双载波测试数据信号输入至发射机；接收机接收并将数据信号送至基带高速 ADC 采样解调处理。

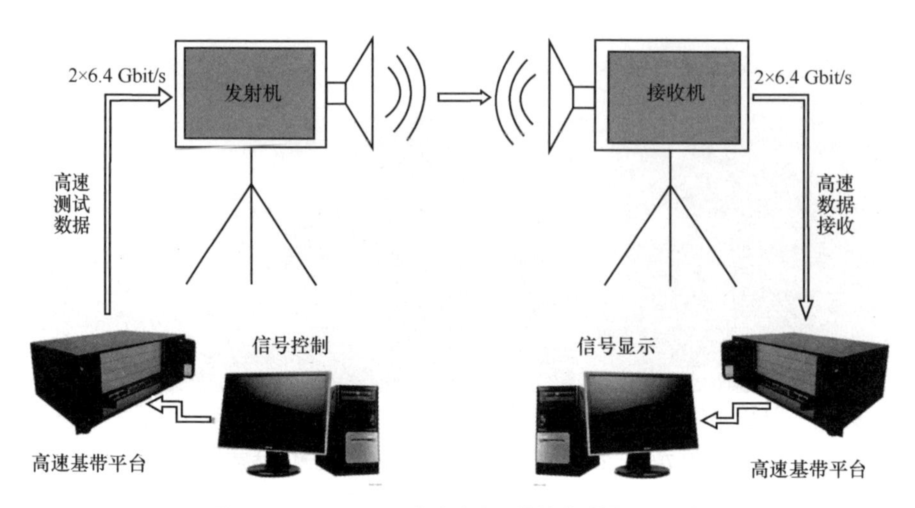

图 7-50　220 GHz 双载波高速通信信道质量测试方案

基带 DAC 输出的调制信号通过软件控制，同时读取通过基带 ADC 获取的接收信号，利用 MATLAB 软件在数字域进行载波恢复，并计算生成星座图和 EVM，用于分析信道质量。在发射机和接收机中的频率参考信号由两个独立的 50 MHz 晶振分别提供。

图 7-51 所示为发射机和接收机在相距 20 m 的距离上进行无线传输时的测试场景，单载波工作时和双载波同时工作时的星座图测试结果如图 7-52 所示。单载波工作时星座图上 16 个点的聚集程度较好，信噪比较高。而双载波同时工作时，由于两个载波的噪声相互之间有一定的干扰，造成星座图聚集程度和信噪比稍有恶化，不过仍可进行视频业务传输。

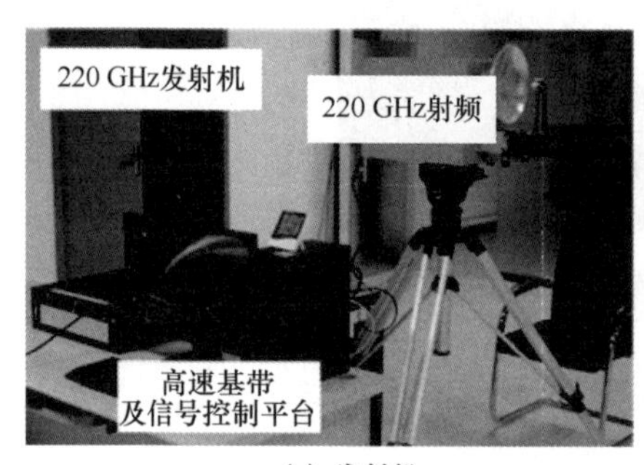

(a) 发射机

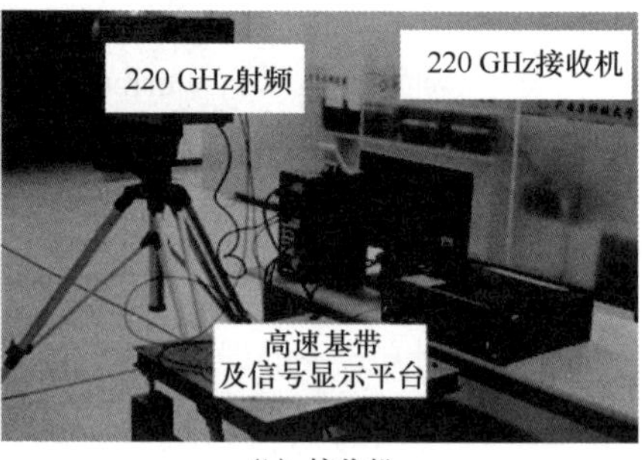

(b) 接收机

图 7-51　220 GHz 双载波通信系统信道质量测试场景

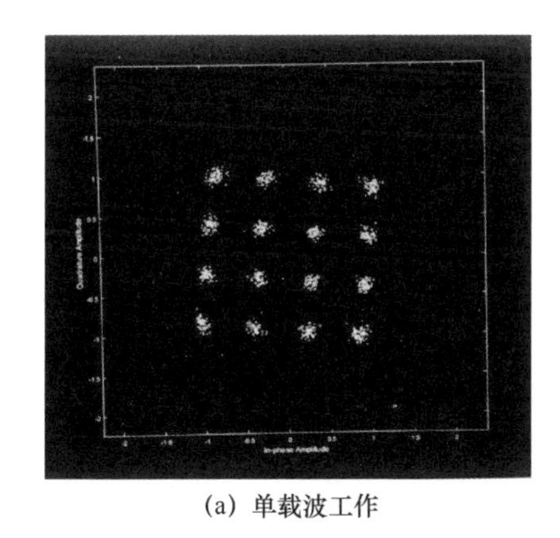

(a) 单载波工作

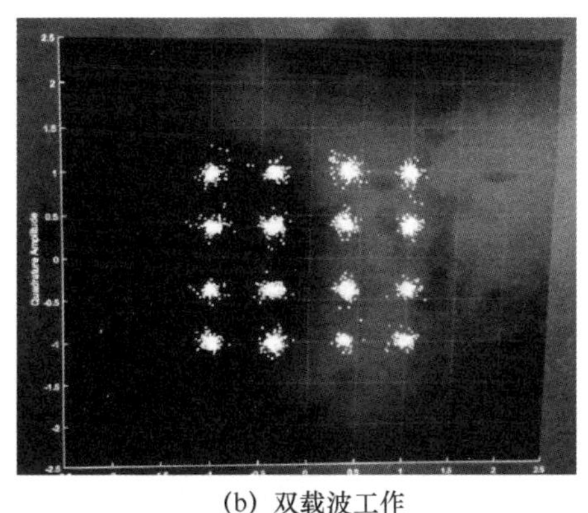

(b) 双载波工作

图 7-52　220 GHz 双载波通信系统星座图测试结果

对于 16QAM 调制方式，实现准确判码的依据就是在星座图平面中，16 个点可以清楚地分开。同时，星座图上的点聚集程度越好，就说明接收的信噪比越高，BER 也就越低。因此，星座图的观测是一种非常直观的评估通信质量的方法。此外，为了更加准确地评估通信质量，也可以根据 EVM 值来估算误码率，计算式为[17]

$$\mathrm{BER} \approx \frac{(1-L^{-1})}{\mathrm{lb}L}\mathrm{erfc}\left[\sqrt{\frac{3\mathrm{lb}L}{(L^2-1)}\frac{1}{\mathrm{EVM}^2\mathrm{lb}M}}\right] \tag{7-15}$$

其中，erfc 为余补误差函数，L 为信号系数，M 为信号阶数。

余补误差定义为

$$\mathrm{erfc}(x) = \frac{2}{\sqrt{\pi}}\int_x^{\infty} \mathrm{e}^{-t^2}\,\mathrm{d}t \tag{7-16}$$

对于本节所研究的 16QAM 调制方式，系数 L=2，阶数 M=4，那么就可以根据式（7-15）计算出不同的 EVM 所对应的误码率。

16QAM 调制方式下的误码率和 EVM 对应关系如图 7-53 所示，对于图 7-52 中两种情况下 EVM 的测试结果所对应的误码率分别为 1.11×10^{-8} 和 0.92×10^{-6}。实际视频传输时，误码率低于 1×10^{-6} 即可实现顺畅的视频播放。

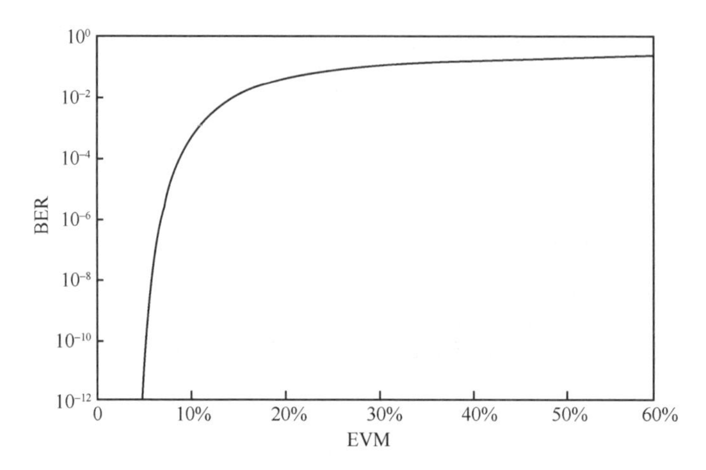

图 7-53　16QAM 调制方式下的误码率和 EVM 对应关系

EVM 测试结果表明 220 GHz 双载波通信系统具有良好的误码性能，每个载波均可进行视频业务传输。在此基础上，使用该系统进行实时 4K 高清视频业务传输，4K 高清视频业务的平均码速率约为 0.5 Gbit/s，为了实现满速率传输（单载波为 6.4 Gbit/s），本节采用了 12 口的交换机，基带平台将 12 路 4K 视频业务数据流转换基带信号输入发射机，接收机解调后的信号在数字域恢复出原始数据流送至交换机，其中一路信号送至高清视频专用显示屏，这样就实现了高清视频的实时演示，其原理如图 7-54 所示。

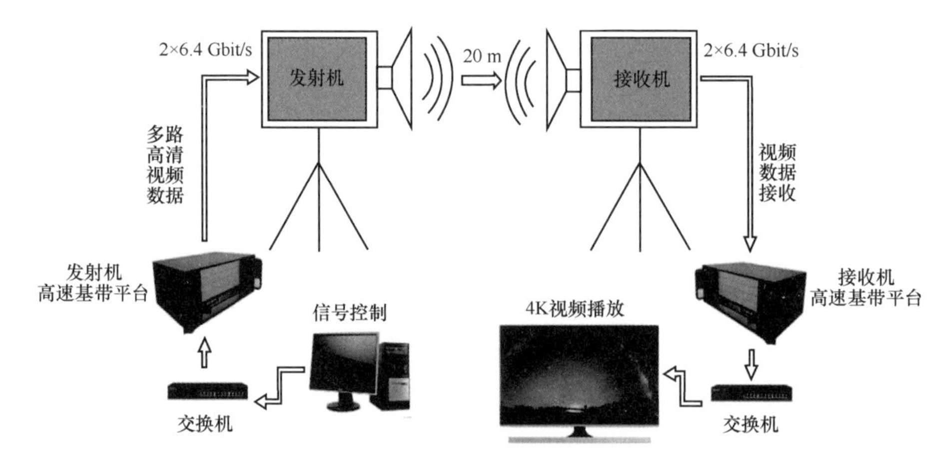

图 7-54　4K 高清视频业务实时数据传输实验原理

图 7-55 所示为系统实时高清视频业务传输的实验场景，经过长时间的演示验证，4K 高清视频播放质量无变化，播放清晰、流畅、无卡顿现象。这证明在 220 GHz 频段，双载波甚至多载波通信方案具有可行性，也验证了本节所研究的 220 GHz 双载波通信系统具有良好的稳定性和可靠性。

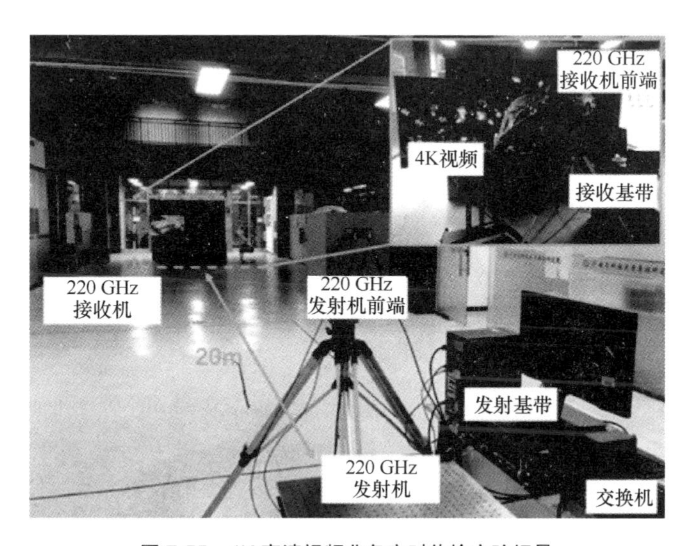

图 7-55　4K 高清视频业务实时传输实验场景

4. 实验结果讨论

本节所测试的 220 GHz 双载波高速通信系统成功实现了通信速率 12.8 Gbit/s、传输距离 20 m 的高清视频业务数据的实时传输，验证了太赫兹双载波高速通信方案的可行性。

未来将会对 220 GHz 进行更加深入的信道建模，使用更适合的基于低比特量化和神经网络算法的数字通信系统技术将会进一步提高太赫兹通信系统的误码性能。同时，如果采用性能优良的太赫兹固态低噪声放大器以及太赫兹固态功率放大器，该双载波通信系统的传输距离可大幅度提高至 km 级，甚至 10 km 级，从而达到实际应用的需求。

7.5　本章小结

本章主要研究内容围绕太赫兹实验测试台展开，具体介绍了太赫兹有源电路、基于肖特基二极管的混频器和倍频器的测试方法，也介绍了太赫兹无源电路、分支波导定向耦合器和腔体滤波器的测试方法；同时，基于固态有源电路和无源电路介绍了太赫兹通信系统的具体测试方法；最后详细介绍了 220 GHz 高速无线系统和双载波高速通信系统的测试方案。220 GHz 实验验证系统在室外 200 m 的通信距离上，通过 EVM 指标测试研究了系统的误码性能，并实时传输了码速率为 3.52 Gbit/s 的裸眼 3D 高清视频信号，取得了良好的实验结果。220 GHz 双载波高速通信实验验证系统在 20 m 的通信距离上，通过星座图和 EVM 值指标测试完成了系统误码性能的研究，验证了双载波传输速率可达到 12.8 Gbit/s，并通过交换机实时传输了 12 路 4K 高清视频信号，也取得了良好的实验结果。该 220 GHz 双载波高速通信实验验证系统验证了双载波甚至多载波方案提升通信速率的可行性，为未来进一步开发太赫兹频率资源，发展新一代无线通信技术奠定了重要的技术基础。

参考文献

[1] KALLFASS I, ANTES J, SCHNEIDER T, et al. All active MMIC-based wireless communication at 220 GHz[J]. IEEE Transactions on Terahertz Science and Technology, 2011, 1(2): 477-487.

[2] TOMASI W. 电子通信系统[M]. 王曼珠，许萍，曾萍，等译. 北京：电子工业出版社，2002.

[3] SOBIS P J, STAKE J, EMRICH A. A 170 GHz 45 hybrid for submillimeter wave sideband separating subharmonic mixers[J]. IEEE Microwave and Wireless Components Letters, 2008, 18(10): 680-682.

[4] THOMAS B, REA S, MOYNA B, et al. A 320–360 GHz subharmonically pumped image rejection mixer using planar Schottky diodes[J]. IEEE Microwave and Wireless Components Letters, 2009, 19(2): 101-103.

[5] SOBIS P J, EMRICH A, STAKE J. A low VSWR 2SB Schottky receiver[J]. IEEE Transactions on Terahertz Science and Technology, 2011, 1(2): 403-411.

[6] SIMON M K. On the bit-error probability of differentially encoded QPSK and offset QPSK in

the presence of carrier synchronization[J]. IEEE Transactions on Communications, 2006, 54(5): 806-812.

[7] FRIIS H T. A note on a simple transmission formula[J]. Proceedings of the IRE, 1946, 34(5): 254-256.

[8] POZAR D M. Microwave engineering, 4th edition[M]. Hoboken: John Wiley & Sons, Inc., 2012.

[9] 周扬帆. 高性能太赫兹无源器件研究[D]. 成都: 电子科技大学, 2015.

[10] 高意. X 频段高增益放大链路研究[D]. 成都: 电子科技大学, 2014.

[11] 任玉兴. 毫米波倍频源技术研究[D]. 成都: 电子科技大学, 2014.

[12] SCHMOGROW R, NEBENDAHL B, WINTER M, et al. Error vector magnitude as a performance measure for advanced modulation formats[J]. IEEE Photonics Technology Letters, 2012, 24(1): 61-63.

[13] CHANG F, ONOHARA K, MIZUOCHI T. Forward error correction for 100 G transport networks[J]. IEEE Communications Magazine, 2010, 48(3): S48-S55.

[14] HAMADA H, FUJIMURA T, ABDO I, et al. 300-GHz. 100-Gb/s InP-HEMT wireless transceiver using a 300-GHz fundamental mixer[C]//Proceedings of 2018 IEEE/MTT-S International Microwave Symposium. Piscataway: IEEE Press, 2018: 1480-1483.

[15] TOKGOZ K K, MAKI S, PANG J, et al. A 120Gb/s 16QAM CMOS millimeter-wave wireless transceiver[C]//Proceedings of 2018 IEEE International Solid - State Circuits Conference. Piscataway: IEEE Press, 2018: 168-170.

[16] 黄立伟, 金志天. 反射面天线[M]. 西安: 西北电讯工程学院出版社, 1986.

[17] 3GPP. Quality of service (QoS) concept and architecture [R]. 2015.

第8章

基本传播特性

太赫兹波具有独特的传播特性。与低频段的毫米波和微波，以及高频段的可见光相比较，太赫兹波的信道特征差异较大。与毫米波相比，太赫兹波路径损耗更大，散射效应更明显，透射损耗更大。与可见光相比，太赫兹波路径损耗更小，波动性更强，反射能量更强，不容易被阻挡。本章介绍太赫兹波的传播特性，主要包括高自由传播路径损耗，反射、散射、绕射等多径传播，大气分子吸收效应，以及易受气候条件影响等。

本章介绍太赫兹波的传播特性。太赫兹波具有独特的传播特性，主要包括高自由传播路径损耗，反射、散射、绕射等多径传播，大气分子吸收效应，以及易受气候条件影响等[1-2]。

8.1 自由空间传播

根据弗瑞斯自由传播定理，电磁波的自由传播路径损耗与电磁波频率的平方成正比。因此，相对于毫米波，太赫兹波具有非常高的路径损耗，极大地限制了其通信距离和覆盖范围。

太赫兹波在空间中沿球面传播，因此其信号强度随着传播距离而衰减，记为自由传播路径损耗。自由传播方程 $H_{\mathrm{Spr}}(f)$ 有以下形式

$$H_{\mathrm{Spr}}(f)=\frac{c}{4\pi fr} \tag{8-1}$$

其中，c 为光速，r 为发射机与接收机之间的距离。直线传播的到达时间 $\tau_{\mathrm{LoS}}=r/c$。

通常情况下，传播距离越长，载波频率越高，自由路径损耗越大。因此，太赫兹波的自由路径损耗相较于毫米波较大。在太赫兹频段内，扩散损耗相当大，限制了未来纳米器件的最大传输范围。虽然这对目前设想的太赫兹通信的经典应用来说

非常不便，但我们建议将这一频段用于纳米级和微米级通信，这些通信的传输距离很小，仅为几十毫米的量级[3]。

8.2　太赫兹反射、散射等传播机制

8.2.1　反射、散射、绕射以及透射效应

由于障碍物的存在，直线传播并不一定总是存在。其他非直线传播可分为镜面反射、散射和绕射（或衍射）。当直线传播存在时，直线传播与反射射线传播占主导地位；当直线传播路径受限时，反射和散射射线传播占主导地位；只有当研究区域靠近入射阴影边界时，我们才需要考虑绕射射线传播[4]。

太赫兹波与传播环境的相互作用机理与毫米波和可见光具有很大差异。在太赫兹频段，任何粗糙程度与太赫兹频段波长相当的表面都会引起电磁波的散射。太赫兹频段的波长范围为 0.03～3 mm，与常见物体表面的粗糙程度相当。因此，在低频段可看作光滑的表面，在太赫兹频段则显得相对粗糙，漫反射和散射效应进一步增强。

发射机与接收机之间的传输模型如图 8-1 所示。对于粗糙表面来说，表面上被反向散射的电磁波包括镜面方向的反射射线（或相干射线），以及其他方向的散射射线（或非相干射线），如图 8-1（b）和图 8-1（c）所示。此外，另一个多径效应来源于绕射射线，如图 8-1（d）所示。在太赫兹频段，大多数情况尤其是室内情况下，绕射（衍射）效应是可以忽略的，只有在非直线传播情况下，当区域靠近入射阴影边界时，我们才需要考虑绕射效应[4]。

下面从传播特性出发，分析并介绍太赫兹频段内的反射、散射和绕射射线的传播方程。

8.2.2　太赫兹频段内的反射射线传播

$R(f)$ 表示反射系数，r_1 表示发射机与反射体的距离，r_2 表示反射体与接收机的

距离，则太赫兹频段内反射射线传播的传递函数 $H_{\mathrm{Ref}}(f)$ 有以下形式

$$H_{\mathrm{Ref}}(f)=\left(\frac{c}{4\pi f\left(r_1+r_2\right)}\right)\mathrm{e}^{-\mathrm{j}2\pi f\tau_{\mathrm{Ref}}-\frac{1}{2}k(f)(r_1+r_2)}R(f) \tag{8-2}$$

其中，$\tau_{\mathrm{Ref}}=\tau_{\mathrm{LoS}}+(r_1+r_2-r)/c$ 为反射射线的到达时间。

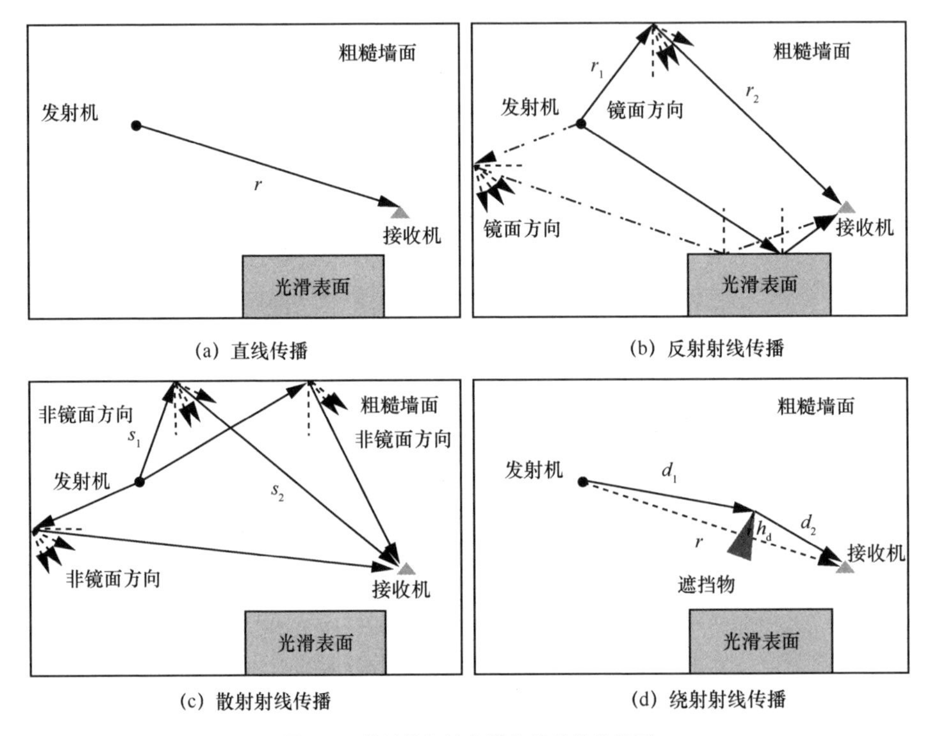

图 8-1 发射机与接收机之间的传输模型

式（8-2）中，需要计算太赫兹频段电磁波在粗糙表面上的反射损耗，这与反射面的材料、形状以及粗糙程度均有关。不失一般性，我们先考虑电磁波的横电场（Transverse Electric，TE），而横磁场（Transverse Magnetic，TM）部分以类似的方式得到。由于粗糙表面的波散射问题至今还没有解析解，因此在许多实际应用中都采用了近似解。本书用基尔霍夫衍射理论研究镜面反射中的反射损耗，因为这种近似方法适用于相对长度远大于太赫兹波波长的表面。小扰动模型[5]是另一种近似方法，它假设表面高度的变化与波长相比非常小，但是这并不适用于波长很小的太赫兹波。

因此，基于基尔霍夫衍射理论，粗糙表面的反射系数 $R(f)$ 可以用光滑表面反射系数 $\gamma_{\mathrm{TE}}(f)$ 与瑞利粗糙度因子 $\rho(f)$ 相乘得到，即

$$R(f)=\gamma_{\mathrm{TE}}(f)\rho(f) \tag{8-3}$$

其中，光滑表面上 TE 偏振波的菲涅耳反射系数 $\gamma_{\mathrm{TE}}(f)$ 可以从菲涅耳方程中得到，如式（8-4）所示。

$$\gamma_{\mathrm{TE}}(f)=\frac{\cos\theta_{\mathrm{i}}-n_t\sqrt{1-\left(\dfrac{1}{n_t}\sin\theta_{\mathrm{i}}\right)^2}}{\cos\theta_{\mathrm{i}}+n_t\sqrt{1-\left(\dfrac{1}{n_t}\sin\theta_{\mathrm{i}}\right)^2}}=$$

$$-\left(1+\frac{-2\cos\theta_{\mathrm{i}}}{\cos\theta_{\mathrm{i}}+\sqrt{n_t^2-\sin^2\theta_{\mathrm{i}}}}\right)\approx-\left(1+\frac{-2\cos\theta_{\mathrm{i}}}{\sqrt{n_t^2-1}}\right)\approx-\exp\left(\frac{-2\cos\theta_{\mathrm{i}}}{\sqrt{n_t^2-1}}\right) \tag{8-4}$$

其中，θ_{i} 表示入射角，可以通过发射机、接收机与反射点的位置信息（发射机与反射点的距离为 r_1，反射点与接收机的距离为 r_2，发射机与接收机的距离为 r）计算得到，如式（8-5）所示；n_t 表示折射率，与频率和介质材料均有关[6]。当我们考虑的反射射线具有较大的入射角时，光滑表面反射系数 $\gamma_{\mathrm{TE}}(f)$ 的泰勒近似在太赫兹频率下显示出良好的精度，式（8-4）中的负号体现在反射中引起的 180°的相位变化。

$$\theta_{\mathrm{i}}=\frac{1}{2}\cos^{-1}\left(\frac{r_1^2+r_2^2-r^2}{2r_1r_2}\right) \tag{8-5}$$

除此之外，另一个表现粗糙程度的统计学参数是粗糙表面高度的标准差 σ。通常认为粗糙表面的高度是符合高斯分布的，因此，粗糙度因子 $\rho(f)$ 用瑞利因子表示为[7]

$$\rho(f)=\exp\left(-\frac{8\pi^2f^2\sigma^2\cos^2\theta_{\mathrm{i}}}{c^2}\right) \tag{8-6}$$

8.2.3　太赫兹频段内的散射射线传播

太赫兹波的波长在毫米量级或以下，这使散射在信道建模中非常关键。散射的

影响随表面粗糙程度的增大而增大。与镜面反射模型类似，本书考虑电磁波在高度符合高斯分布的表面上的散射。这种情况下，如果粗糙表面的相对长度 L 大于波长，则可以假设不存在明显的不规则性。

$S(f)$ 表示散射系数，s_1 表示发射机与散射点的距离，s_2 表示散射点与接收机的距离，则太赫兹频段内散射射线传播的传递函数 $H_{\text{Sca}}(f)$ 有以下形式。

$$H_{\text{Sca}}(f)=\left(\frac{c}{4\pi f\left(s_1+s_2\right)}\right)\mathrm{e}^{-\mathrm{j}2\pi f\tau_{\text{Sca}}-\frac{1}{2}k(f)(s_1+s_2)}S(f) \tag{8-7}$$

其中，$\tau_{\text{Sca}}=\tau_{\text{LoS}}+(s_1+s_2-r)/c$ 为散射射线的到达时间。我们在切面上考虑散射情况的几何结构：入射波的天顶角为 θ_1，入射波的方位角 φ_1 为 π；θ_2 和 φ_2 分别为散射波的天顶角和方位角。

经典的基尔霍夫理论是基于傍轴（小角度）的假设，因此它无法准确解释大入射角的情况。相反，由修正的贝克曼–基尔霍夫理论[8]得到的粗糙表面散射系数在大入射角和大散射角情况下则具有较好的实验一致性，它的表达式为

$$\begin{aligned}S(f)=\gamma_{\text{TE}}(f)\mathrm{e}^{-\frac{g}{2}}\sqrt{\rho_0^2+\frac{\pi L^2F^2}{l_x l_y}\sum_{m=1}^{\infty}\frac{g^m}{m!m}\mathrm{e}^{-\frac{v_s}{m}}}=\\ \gamma_{\text{TE}}(f)\sqrt{\frac{1}{\mathrm{e}^g}}\sqrt{\rho_0^2+\frac{\pi L^2F^2}{l_x l_y}\sum_{m=1}^{\infty}\frac{g^m}{m!m}\mathrm{e}^{-\frac{v_s}{m}}}\approx\\ -\exp\left(\frac{-2\cos\theta_{\text{i}}}{\sqrt{n_t^{\,2}-1}}\right)\sqrt{\frac{1}{1+g+\frac{g^2}{2}+\frac{g^3}{6}}}\sqrt{\rho_0^2+\frac{\pi\cos\theta_{\text{i}}}{100}\left(g\mathrm{e}^{-v_s}+\frac{g^2}{4}\mathrm{e}^{-\frac{v_s}{2}}\right)}\end{aligned} \tag{8-8}$$

上述推导使用了泰勒近似来简化散射系数的表达式。随着频率的增加，菲涅耳反射系数 $\gamma_{\text{TE}}(f)$ 减小，而总和项增大，这就是散射系数不随着频率增加单调降低的原因。各项参数（如 g、ρ_0、l_x、l_y、v_x、v_y、v_s）的详细计算可以参考文献[9]。

8.2.4 太赫兹频段内的绕射射线传播

在太赫兹频段，非直线传播情况下，仅当区域靠近入射阴影边界时，才需要考虑绕射（衍射）效应。绕射效应可以用均匀几何绕射理论准确描述，但是这个方法

的复杂度非常高，并且需要路径损耗的数值解。另一种可供选择的方法是使用菲涅耳刃形衍射（Knife Edge Diffraction, KED）理论来寻求近似。需要特别提到的是，该模型考虑了非常薄的衍射物体，忽略了偏振、电导率和表面粗糙度等衍射参量，因此可能存在误差。本书使用与频率相关的系数 μ_1 、 μ_2 、 μ_3 来修正菲涅耳刃形衍射模型，使它适用于太赫兹频段通信。

绕射系数体现了除了直线传播衰减之外所产生的损耗。引入绕射系数 $L(f)$ ，并用 d_1 表示发射机与绕射点的距离，d_2 表示绕射点与接收机的距离，则绕射信道转移函数 $H_{\mathrm{Dif}}(f)$ 可以表示为

$$H_{\mathrm{Dif}}(f)=\left(\frac{c}{4\pi f\left(d_1+d_2\right)}\right)\mathrm{e}^{-\mathrm{j}2\pi f\tau_{\mathrm{Dif}}-\frac{1}{2}k(f)(d_1+d_2)}L(f) \tag{8-9}$$

其中，$\tau_{\mathrm{Dif}}=\tau_{\mathrm{LoS}}+\Delta d/c$ 为绕射射线的到达时间，Δd 为绕射信号相较于直线传播多经过的一段额外距离。在通常的绕射情形下，相比于 d_1 与 d_2 ，h_{d} 很小，如图 8-1（d）所示。因此，这段额外距离 Δd 可以近似为

$$\Delta d=\frac{h_{\mathrm{d}}^2\left(d_1+d_2\right)}{2d_1d_2} \tag{8-10}$$

此外，绕射角度 θ_{d} 是入射阴影边界和指向接收机的绕射路径之间的夹角，可以通过式（8-11）计算。

$$\theta_{\mathrm{d}}=\pi-\cos^{-1}\left(\frac{h_{\mathrm{d}}}{d_1}\right)-\cos^{-1}\left(\frac{h_{\mathrm{d}}}{d_2}\right) \tag{8-11}$$

绕射系数 $L(f)$ 可以通过近似菲涅耳积分得到，即

$$L(f)=\begin{cases}\mu_1(f)\left(0.5\mathrm{e}^{-0.95v(f)}\right), & 0<v\leqslant 1\\ \mu_2(f)\left(0.4-\sqrt{0.12-(0.38-0.1v(f))^2}\right), & 1<v\leqslant 2.4\\ \mu_3(f)\left(0.225/v(f)\right), & v>2.4\end{cases} \tag{8-12}$$

$$v(f)=\sqrt{\frac{2f\Delta d}{c}} \tag{8-13}$$

其中，与频率相关的系数 $\mu_1(f)$ 、$\mu_2(f)$ 、$\mu_3(f)$ 可根据实际情况设置，使它们能够更好地拟合文献[10]中的实测数据。

8.3 大气分子吸收及雨雾衰减

8.3.1 大气分子吸收效应

在标准介质中，一些分子会被特定频率的太赫兹频段的电磁波激发，从而进行内部振动（即其原子呈周期性运动，而整个分子则进行恒定的平动和旋转运动）。这种振动使传播波的部分能量被转换成动能，或者从通信的角度简单地视为这部分能量被损耗[11]。简单来说，大气中存在的极性分子会吸收太赫兹波的能量并将其转化为分子内的动能，这种现象被称为分子吸收效应。

给定分子的共振频率可以通过求解分子特定内部结构的薛定谔方程得到[11]。另一种办法是广泛收集用于表现不同分子共振特性的必要参数，与实际测量结果进行对比，并在公共或私人数据库中编译[12]。

在不同频率下，分子吸收的强弱程度不同，在某些特定的频率下会产生强烈的吸收峰，从而将整个连续的太赫兹频段分为大小不同的离散的频谱窗口，如图 8-2 所示。

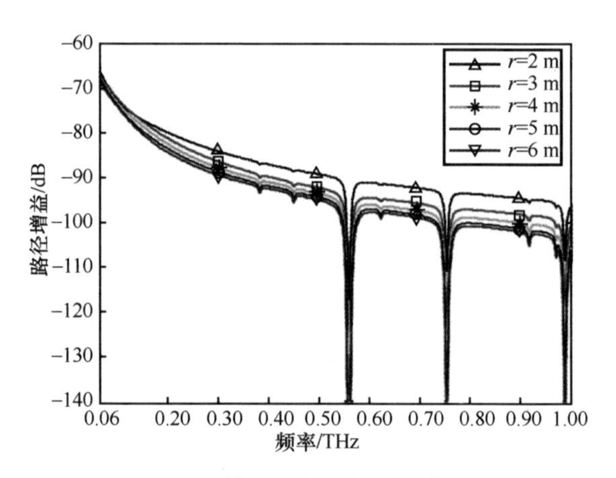

图 8-2 不同距离情况下路径增益随频率的变化关系

从图 8-2 中可以观察到 3 个典型的频谱窗口，分别是 0.06～0.54 THz、0.57～0.74 THz、0.76～0.97 THz。未来随着材料在太赫兹频段（1～10 THz）的反射、散射和绕射特性被测量出来，我们会发现越来越多的频谱窗口。

大气分子吸收效应造成太赫兹频段具有频率和距离双重选择性衰落，如图 8-3 所示。

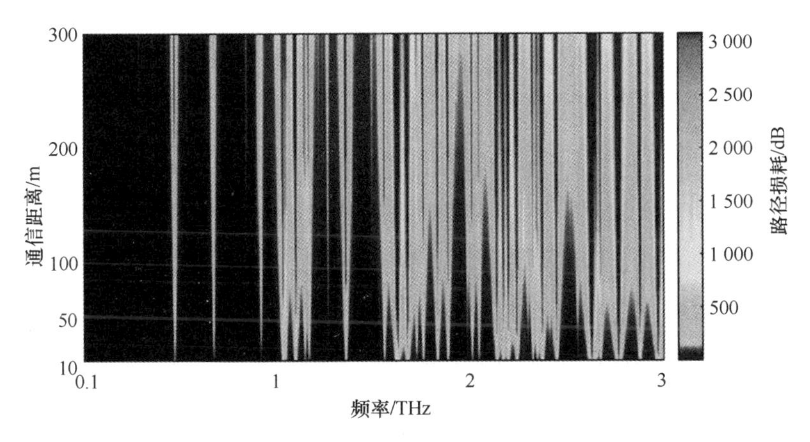

图 8-3　太赫兹频段的路径损耗

太赫兹频段分子吸收损耗方程 $H_{\text{Abs}}(f)$ 的形式为

$$H_{\text{Abs}}(f)=\mathrm{e}^{-\frac{1}{2}k(f)r} \tag{8-14}$$

$H_{\text{Abs}}(f)$ 指代的衰减是电磁波的部分能量转化为传播介质中分子内部的动能导致的。这部分能量可以用比尔-朗伯定律计算得到。k 是介质吸收系数，它是一个与频率 f 相关的量，并同时取决于分子水平上传输介质的组成，如式（8-15）所示。

$$k(f)=\sum_{q}\frac{p}{p_0}\frac{T_{\text{STP}}}{T}Q^{q}\sigma^{q}(f) \tag{8-15}$$

其中，p 为系统压力；p_0 为参考压力；T_{STP} 为标准压力下的温度；T 为实际温度；Q^q 为单位体积内气体 q 的分子数；σ^q 为气体 q 的吸收截面。具体来说，氧气、二氧化碳、甲烷、二氧化氮、臭氧、一氧化二氮、一氧化碳和水蒸气都会导致分子吸收效应。太赫兹频段内，常规介质中的总分子吸收主要来自水蒸气分子。

在微波区和红外区，对于给定的介质，已有一些预测分子吸收的方法可以指导我们研究太赫兹频段的分子吸收效应。无线电频率内，如果要计算大气中气体在1.0～1 000.0 GHz 的特定衰减，ITU-R P.676[13]中描述的方法是常用模型，它是通过逐行光谱方式获得的，只考虑了水蒸气分子和氧气分子的吸收。红外频率内，主要的代替方案（也是 1 THz 以上频率的唯一可用方案）依赖于高分辨率传输（High-Resolution Transmission，HITRAN）分子吸收数据库（简称为 HITRAN 数据库）行目录[12]或类似的数据库。虽然这个数据库最初并没有考虑 0.1～10.0 THz 频段，但它对于计算我们感兴趣的频段中由分子吸收导致的衰减是一个有用的资产。文献[3]中的分析就使用了辐射传递理论[14]和 HITRAN 数据库提供的信息来计算在几米远的距离内电磁波由于分子吸收而导致的衰减。

太赫兹频段的电磁波信号在自由空间中传播时与气体分子（如水蒸气分子、氧气分子）发生共振作用，不同频率的信号成分会受到不同程度的分子吸收效应的影响。大气分子吸收损耗记为γ_{atm}，其单位为 dB/km。在空气的常见分子组成中，氧气分子和水蒸气分子由于其极化特性，对于太赫兹频段电磁波的吸收衰减效应远远大于其他分子的吸收衰减效应，其根据 ITU-R P.676-12 中标准模型，计算结果如图 8-4 所示。对比之下，毫米波频段主要受到氧气分子吸收效应的影响，而太赫兹频段水蒸气分子吸收效应会增强，因此也需要考虑。

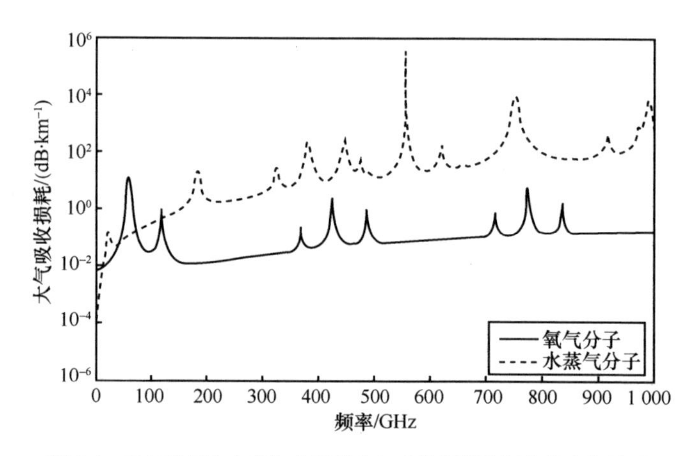

图 8-4 氧气分子和水蒸气分子的大气吸收损耗随频率的变化关系

大气分子吸收损耗取决于当前环境的大气成分中氧气和水蒸气分子的含量以及温度，而大气成分又由地区、季节、海拔所决定。在 ITU 标准大气模型中，地区根据地理和季节可大致分为低纬度地区（纬度为(0°,22°]）、中纬度地区（纬度为(22°,44°]）和高纬度地区（纬度为(44°,90°]）。其中，低纬度地区的大气成分不受季节影响，而中纬度和高纬度地区的大气成分在春季和夏季有明显不同。ITU 标准大气模型给出了不同纬度的地区和季节中，大气成分（即水汽分压、干空气分压）和温度随海拔的变化情况。根据 ITU 标准大气模型，我们计算了不同地区和季节的分子吸收损耗随高度和纬度的变化关系，如图 8-5 所示。可见，低纬度地区的分子吸收损耗最大，高纬度地区冬季的分子吸收损耗最小。分子吸收损耗随着高度增加而减少，在 10 km 以上的高度分子吸收可认为不存在。

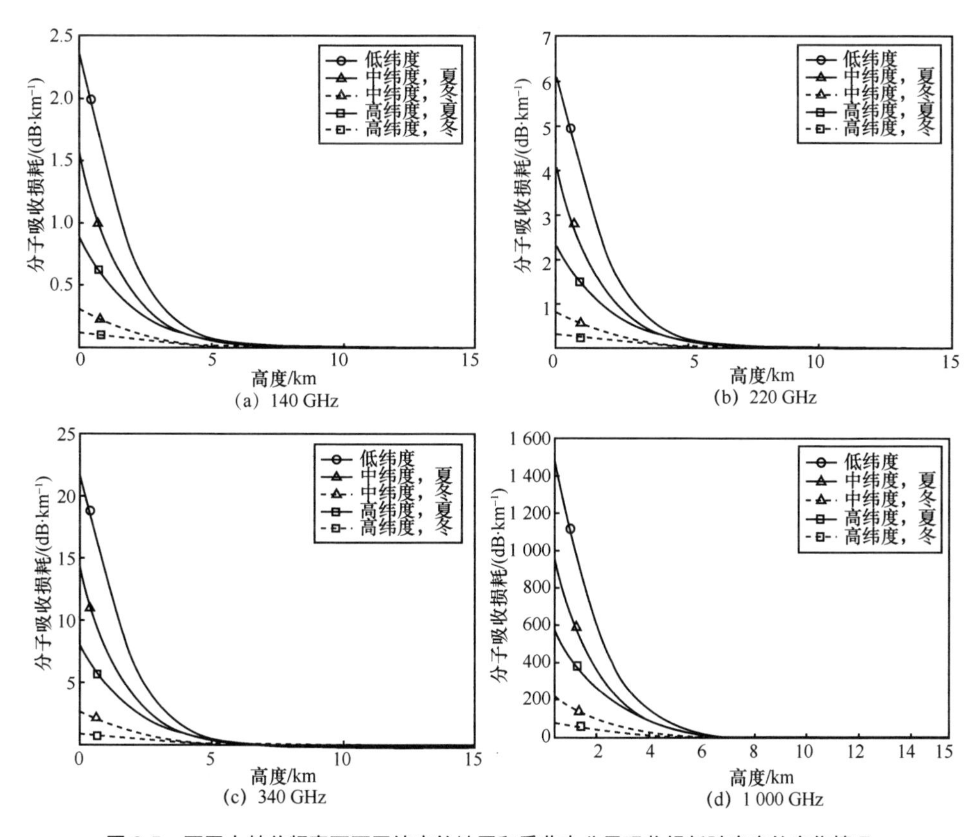

图 8-5　不同太赫兹频率下不同纬度的地区和季节中分子吸收损耗随高度的变化情况

8.3.2 天气因素的影响

太赫兹波在传播过程中受到雨、雾、雪、沙尘等天气因素的影响会产生额外的衰减，覆盖率和稳定性降低。相较于毫米波，在同样的降雨量和天气能见度下，天气因素对太赫兹波传播造成的额外衰减会有所增加。

（1）太赫兹波在传播过程中受到降雨的影响

根据 ITU-R P.838 标准模型，我们计算出降雨衰减 γ_{rain} 与降雨强度和频率的关系，如图 8-6 所示。从图 8-6 中可以发现，降雨衰减在频率为 100～200 GHz 时比较明显，且随着降雨强度的增大而增大。

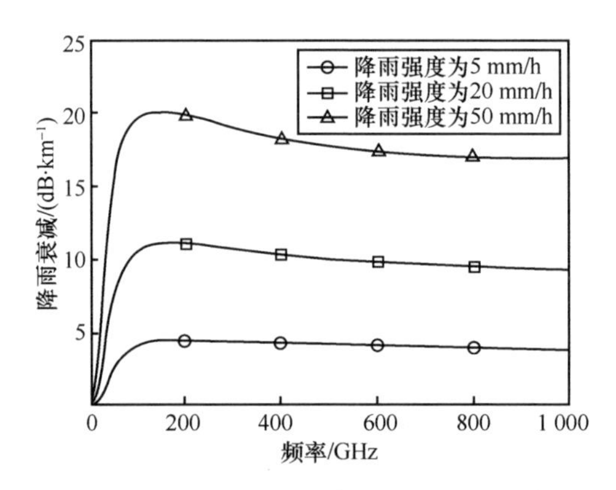

图 8-6 降雨衰减在不同降雨强度下与太赫兹波频率的关系

分析链路稳定性时，本节以中断概率不超过 0.01%的要求为例，采用一年中 0.01%时间的降雨强度 $R_{0.01}$ 进行计算。在该降雨强度情况下，降雨衰减可认为是达到中断概率不超过 0.01%条件下最大的降雨衰减。表 8-1 中总结了我国 5 个气象站的 0.01%降雨强度以及对应的降雨衰减。可见，0.01%降雨强度在不同站点具有很大的差异性，尽管这些站点都属于中纬度地区，但是它们的降雨分布仍然有很大差别。因此在实际计算降雨衰减的时候需要精准的地理位置。

计算降雨衰减时，还需要考虑降雨高度 h_r。根据 ITU-R 836 标准模型，降雨高度 h_r（单位为 km）由 0℃等温线 h_0 决定，如式（8-16）所示。

$$h_{\mathrm{r}} = h_0 + 0.36 \tag{8-16}$$

表 8-1　我国 5 个气象站的 0.01%降雨强度以及对应的降雨衰减

站点	海拔/m	0.01%降雨强度/(mm·h^{-1})	降雨衰减/(dB·km^{-1})			
			140 GHz	220 GHz	340 GHz	1 000 GHz
北京	31.2	58	22.1	21.7	20.6	18.5
广州	6.3	122	35.9	34.8	32.9	29.8
哈尔滨	171.7	49	19.8	19.5	18.6	16.6
乌鲁木齐	635.5	5	4.5	4.6	4.4	3.9
上海	4.5	80	27.2	26.6	25.3	22.7

对于链路高度大于降雨高度 h_{r} 的链路，可以不考虑降雨的衰减。而对链路高度小于降雨高度 h_{r} 的链路，其降雨衰减路径 d_{r} 可由降雨高度 h_{r}、站点高度 h_s 以及链路仰角 ϕ 计算，即

$$d_{\mathrm{r}} = \frac{h_{\mathrm{r}} - h_s}{\sin\phi} \tag{8-17}$$

（2）太赫兹波在传播过程中受到云雾、沙尘或雾霾天气的影响

云雾、沙尘或雾霾的天气条件带来的额外信号能量衰减随能见度的降低而增大。其中，由于液态水珠较固体颗粒物对太赫兹波的散射效应较大，信号的传输在云雾天气下会受到更大的影响。上述衰减与能见度和频率的关系如图 8-7 所示。能见度越小，频率越高，衰减越大。在同样的能见度下，云雾天气的衰减较沙尘天气更强。

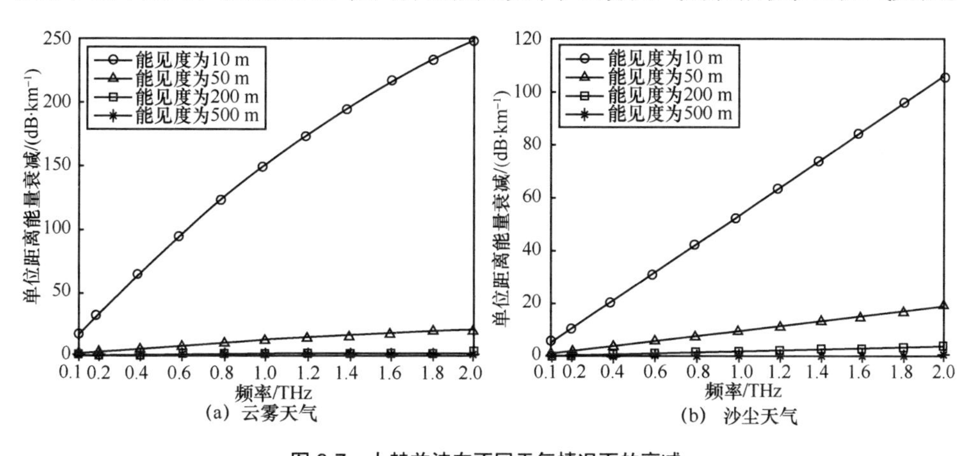

图 8-7　太赫兹波在不同天气情况下的衰减

8.4 本章小结

与低频段的毫米波和微波，以及高频段的可见光相比较，太赫兹波的信道特征差异较大。与毫米波相比，太赫兹波路径损耗更大，散射效应更明显，透射损耗更大。与可见光相比，太赫兹波路径损耗小，波动性更强，反射能量更强，不容易被阻挡。除此之外，大气分子的吸收效应使太赫兹波的传播具有更强的频率选择性，太赫兹波也受到地区、季节、海拔、天气等因素的影响。

由此可见，已有的毫米波、微波、可见光系统的信道模型及测量方法均无法直接应用于太赫兹波。我们将在第 9 章和第 10 章分别介绍太赫兹信道建模与信道测量方法。

参考文献

[1] HAN C, CHEN Y. Propagation modeling for wireless communications in the terahertz band[J]. IEEE Communications Magazine, 2018, 56(6): 96-101.

[2] AKYILDIZ I F, JORNET J M, HAN C. Terahertz band: next frontier for wireless communications[J]. Physical Communication, 2014, 12: 16-32.

[3] JORNET J M, AKYILDIZ I F. Channel modeling and capacity analysis for electromagnetic wireless nanonetworks in the terahertz band[J]. IEEE Transactions on Wireless Communications, 2011, 10(10): 3211-3221.

[4] HAN C, BICEN A, AKYILDIZ I F. Multi-ray channel modeling and wideband characterization for wireless communications in the terahertz band[J]. IEEE Transactions on Wireless Communications, 2015, 14(5): 2402-2412.

[5] VAUGHAN R, BACH-ANDERSON J. Channels, propagation and antennas for mobile communications[M]. London: IET, 2003.

[6] PIESIEWICZ R, KLEINE-OSTMANN T, KRUMBHOLZ N, et al. Terahertz characterisation of building materials[J]. Electronics Letters, 2005, 41(18): 1002.

[7] PIESIEWICZ R, JANSEN C, MITTLEMAN D, et al. Scattering analysis for the modeling of THz communication systems[J]. IEEE Transactions on Antennas and Propagation, 2007, 55(11): 3002-3009.

[8] RAGHEB H, HANCOCK E R. The modified Beckmann-Kirchhoff scattering theory for rough surface analysis[J]. Pattern Recognition, 2007, 40(7): 2004-2020.
[9] VERNOLD C L, HARVEY J E. Modified Beckmann-Kirchoff scattering theory for nonparaxial angles[C]//SPIE's International Symposium on Optical Science, Engineering, and Instrumentation. Bellingham: SPIE Press, 1998: 51-56.
[10] JANSEN C, PRIEBE S, MOLLER C, et al. Diffuse scattering from rough surfaces in THz communication channels[J]. IEEE Transactions on Terahertz Science and Technology, 2011, 1(2): 462-472.
[11] MILLER D A B. Quantum mechanics for scientists and engineers[M]. Cambridge: Cambridge University Press, 2008.
[12] ROTHMAN L S, GORDON I E, BARBE A, et al. The HITRAN 2008 molecular spectroscopic database[J]. Journal of Quantitative Spectroscopy and Radiative Transfer, 2009, 110(9/10): 533-572.
[13] ITU-R. ITU-R recommendation P.676-7: attenuation by atmospheric gases[S]. ITU-R Std. 2007.
[14] GOODY R M, YUNG Y L. Atmospheric radiation: theoretical basis, 2nd edition[M]. Oxford: Oxford University Press, 1989.

第 9 章

信道建模

准确有效的信道模型是搭建通信网络的基础。与低频段的毫米波和微波以及高频段的可见光相比较，太赫兹波的信道特征差异较大。已有的毫米波、微波、可见光系统的信道模型及测量方法均无法直接应用于太赫兹波。为了在太赫兹频段实现最优无线通信网络设计，我们必须建立一个能准确表征太赫兹频谱特性的统一信道模型。本章介绍太赫兹信道建模方法以及常用的太赫兹信道模型。

与低频段的毫米波和微波以及高频段的可见光相比较，太赫兹波的信道特征差异较大。已有的毫米波、微波、可见光系统的信道模型及测量方法均无法直接应用于太赫兹波。此外，太赫兹波的传播特性需通过测量仪器进行细致的验证和分析，建立可靠、准确的信道模型，指导太赫兹通信系统的设计。为了在太赫兹频段实现最优无线通信网络,我们必须建立一个能准确表征太赫兹频谱特性的统一信道模型。本章介绍太赫兹信道建模方法[1]以及常用的太赫兹信道模型。

9.1 太赫兹信道建模概述

准确有效的信道模型是搭建通信网络的基础。为了搭建太赫兹频段的通信网络，需要建立信道模型，对太赫兹频段的特点进行准确描述。

太赫兹频段的信道建模面临许多挑战。首先，研究分析太赫兹波的传播特性极为关键，包括直射径（即 LoS 路径）、反射径、散射径和衍射径的传播特性等。除了传播路径的不同，环境（如静态或时变场景）的影响也需要进行细致的分析。其次，太赫兹天线对信道特性的影响需要考虑。特别地，对基于单天线的单输入单输出（Single-Input Single-Output, SISO）信道和由成百上千条天线组成的多输入多输出（MIMO）信道[2]要分别开展研究。超密集多输入多输出（Ultra-Massive MIMO, UM-MIMO）系统（也称为超大规模多输入多输出系统）可以有效地克服太赫兹通信的距离限制，进一步提高信道容量。最后，对太赫兹频段的信道参数的量化分析是必要的，包括路径增益、时延扩展、时域扩张效应、宽带信道容量等。特别地，在多输入多输出系统的建模中，物理传播受到了广泛的关注，因为散射环境直接决定了多输入多输出信道中分集和空间复用增益的性能潜力。对于超密集多输入多输出系统，利用详细的角度信息进行时空处理至关重要。因此，超密集多输入多输出信道模型更注重表征物理传播和空间特性。对于超密集多输入多输出系统，信道相关性、空域自由度和信道容量需要得到准确分析。

总体来说，无线通信中信道建模的方法可以分为确定性建模方法[3-6]、统计性建模方法[7-12]和混合建模方法。尽管低频段的信道模型已经相当成熟[8,13]，但这些建模方法还需进一步改进以适用于太赫兹频段。

9.2　确定性信道建模

确定性信道建模的原理是根据电磁波的传输理论，准确地模拟电磁波的传播[14]。确定性模型是依赖于环境信息的，包括环境的几何排布、材料的电磁特性以及发射机和接收机的位置信息。因此，这种方法可以得到十分近似于信道测量的准确结果[14]，能反映该环境下的真实信道。但其得到的信道也只适用于该传播环境，广泛适用性差。

因其准确度较高，确定性信道建模方法可以在某些场景下用来代替信道测量。太赫兹频段中，在信道测量设备不够成熟以及测量场景较复杂（例如，室外场景和高速移动场景）的情况下，经过参数修正的射线追踪法可以提供具有合理精度的大量信道数据，这些信道数据可以用来对信道特性进行进一步分析。通过确定性信道建模，信道的统计特性可以被提取出来。例如，采用蒙特卡罗方法生成许多随机的发射机和接收机位置以及随机的环境特性，从而提取信道的统计特性，进行统计性建模。

下面介绍两种具有代表性的确定性建模方法：射线追踪法[5,15-16]和时域有限差分法[3,6,17]。首先，介绍针对单输入单输出系统的射线追踪法和时域有限差分法；然后，介绍适用于超密集多输入多输出系统的射线追踪法。

9.2.1 单输入单输出系统的射线追踪法

射线追踪法在分析大型场景时表现优异，对计算资源的要求也不高。因此近年来，射线追踪法在对特定场景的分析中得到长足发展[18]。射线追踪法中，电磁波信号由某确定的源发出，在传播过程中与多个物体相互作用，产生反射信号、衍射信号和散射信号。通过将电磁波的波前用粒子表示，射线追踪法可以近似地模拟电磁波的传播[15]。电磁波的传播如图 9-1 所示。

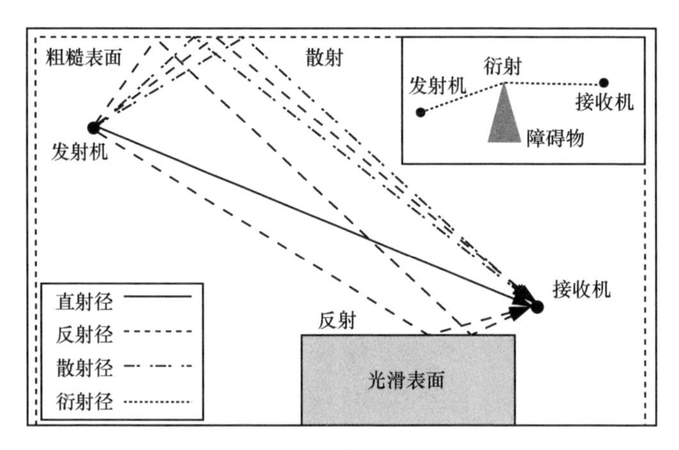

图 9-1 射线追踪法建模中的电磁波传播

射线追踪法中，反射、衍射和散射对电磁波波前的影响均通过几何光学的方法进行求解，而非求解麦克斯韦方程组。在射线追踪过程中，计算机追踪发射机和接收机之间的各种传输路线，并将传输效应用信道的冲激响应或传递函数表示。在射线追踪法的多径信道中，N_{Ref} 代表反射径数量，N_{Sca} 代表散射径数量，N_{Dif} 代表衍射径数量，信道模型可以表示为直射径、反射径、散射径和衍射径的叠加[16]，即

$$h(\tau)=\alpha_{\text{LoS}}\delta(\tau-\tau_{\text{LoS}})\neg_{\text{LoS}}+\sum_{p=1}^{N_{\text{Ref}}}\alpha_{\text{Ref}}^{(p)}\delta\left(\tau-\tau_{\text{Ref}}^{(p)}\right)+$$
$$\sum_{q=1}^{N_{\text{Sca}}}\alpha_{\text{Sca}}^{(q)}\delta\left(\tau-\tau_{\text{Sca}}^{(q)}\right)+\sum_{u=1}^{N_{\text{Dif}}}\alpha_{\text{Dif}}^{(u)}\delta\left(\tau-\tau_{\text{Dif}}^{(u)}\right) \tag{9-1}$$

其中，$\neg_{\text{LoS}}$ 为指示函数，$\neg_{\text{LoS}}=1$ 代表直射径存在，否则代表直射径不存在；τ_{LoS}、

τ_{Ref} 、 τ_{Sca} 、 τ_{Dif} 分别为直射径、反射径、散射径和衍射径的到达时间； α_{LoS} 、 α_{Ref} 、 α_{Sca} 、 α_{Dif} 分别为直射径、反射径、散射径和衍射径的衰减。每条径的到达时间是由其传输路径的长度决定的。以上模型可以通过加入角度信息以适用于三维信道，如加入到达和发射的方位角和天顶角[19]。为了分析频率的影响，用信道传递函数来表示太赫兹频段的衰减，本书将在 9.4 节中具体介绍。

9.2.2　单输入单输出系统的时域有限差分法

时域有限差分法又叫叶氏法（根据华裔数学家 Kane S.Yee 命名[6]），是一种直接求解麦克斯韦方程组的数值分析方法。在时域有限差分法中，空间首先被差分为网格（又称叶元胞），然后相继对电磁场在空域和时域进行采样。采样后，每个磁场分量的采样点被 6 个电场分量的采样点包围，同样电场分量采样点也被 6 个磁场分量的采样点包围，如图 9-2 所示。

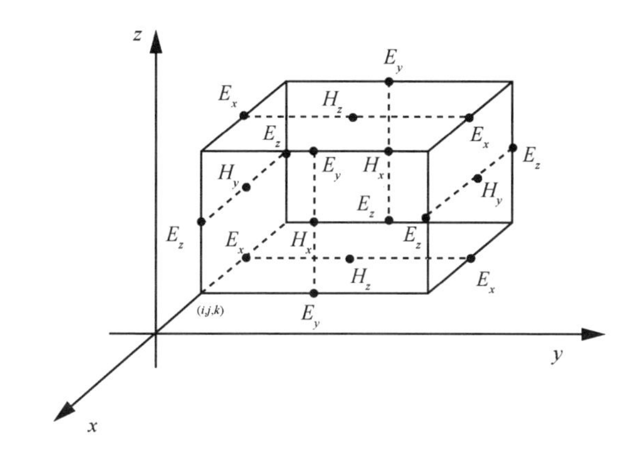

图 9-2　时域有限差分法

$F(x,y,z,t)$ 代表电场或磁场强度，其离散化形式为 $F_n(i,j,k)=F(i\Delta x, j\Delta y, k\Delta z, n\Delta t)$ ，其中， Δx 、 Δy 、 Δz 、 Δt 分别代表三维空间离散步长和时间离散步长。通过中心差分近似，将麦克斯韦方程组的微分形式转换为差分方程组，进一步推导出各个场量分量的迭代形式。例如，对于电场分量，有

$$E_x^{n+1}\left(i+\frac{1}{2},j,k\right)=E_x^{n}\left(i+\frac{1}{2},j,k\right)+\Delta t\left[\frac{H_z^{n+\frac{1}{2}}\left(i+\frac{1}{2},j+\frac{1}{2},k\right)-H_z^{n+\frac{1}{2}}\left(i+\frac{1}{2},j-\frac{1}{2},k\right)}{\Delta y}+\right.$$
$$\left.\frac{H_y^{n+\frac{1}{2}}\left(i+\frac{1}{2},j,k-\frac{1}{2}\right)-H_y^{n+\frac{1}{2}}\left(i+\frac{1}{2},j,k+\frac{1}{2}\right)}{\Delta z}\right] \tag{9-2}$$

可见，在时域上更新电场分量需要上一时刻的电场分量值以及邻近的磁场分量值。磁场分量也可以用同样的方式进行更新[6]。通过这样迭代的方式，电场和磁场可以在整个仿真区域及仿真时间上进行更新。由于时域有限差分法是一种近似地求解麦克斯韦方程组的方法，其精确性比较高。此外，时域有限差分法在散射体较小或较复杂情况下的适用性很强。尤其是在太赫兹频段，由于电磁波波长的缩短，相对更大的表面粗糙度使散射的影响更明显。这就要求射线追踪法的散射模型得到修正或校准，而时域有限差分法可以在任何情况下保持较高的精确性。但是，时域有限差分法中网格的大小必须比研究频段中最短的电磁波波长都要小，其对计算时间和计算资源的要求很高。另外，时域有限差分法要求大量存储资源以保存所有空间采样点的场量值，以在时域上对场量值进行更新[18]。这些限制使时域有限差分法的应用场景仅限于室内场景。

9.2.3 超密集多输入多输出系统的射线追踪法

如前文所述，射线追踪法十分依赖于环境，因此需要详细的环境信息。所有可能的多径分量（Multi-Path Component，MPC）都需要进行追踪。实际应用中，一种可见度树的方法被应用到追踪过程中。可见度树由节点和枝杈组成，为层状结构。每一个节点代表场景中的一个物体（如一堵墙、一个拐角、接收机天线等），每一个枝杈代表两个节点（物体）之间的视距连接。可见度树的根节点是发射机。从根节点（发射机）开始，可见度树以一种递归的方式构建起来。第一层的节点代表所有和发射机间存在视距连接的物体。类似地，在更高层中，两个存在视距连接的物体被枝杈连接起来。重复该过程，直到可见度树的层数达到 $N_{\max}$ 。当某一层中出现了接收机，相应的枝杈就不再延展，成为一个树叶。可见度树中所有树叶的数量就代表了射线追踪中的路径数。

但是，在单输入单输出信道中，可见度树的构建是十分复杂的，尤其是在三维情况下或者当 $N_{\max}$ 很大时。超密集多输入多输出信道中对每个子信道进行射线追踪仿真极为复杂，复杂度与天线阵列中阵子的数量成正比。因此，复杂度与天线阵列大小无关的虚拟节点法被用来减少计算复杂度[20]，该方法以虚拟节点为参考点，通过点对点的射线追踪估计信道矩阵，如图 9-3 所示。该方法假设所有子信道都经历近乎一致的路径集合，将虚拟节点放置于实际天线附近。在虚拟节点上进行射线追踪操作后，再根据天线阵子的实际位置执行映射和检查程序。

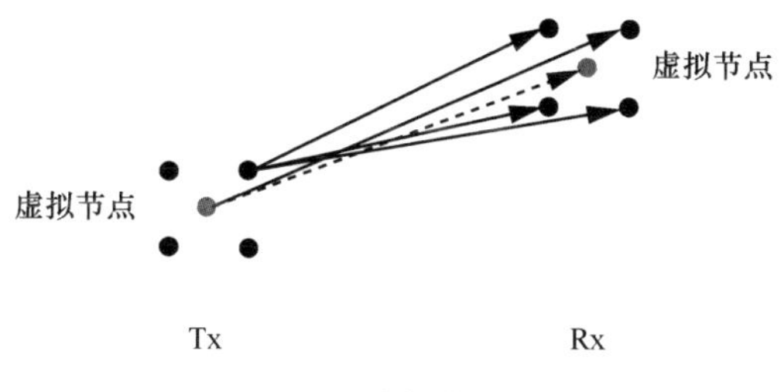

图 9-3　虚拟节点法

τ 、Φ 、Ψ 分别表示多径信号的时延、到达角（Direction-of-Arrival，DoA）和发射角（Direction-of-Departure，DoD），则双向的信道冲激响应可以表示为

$$\operatorname{diag}\left\{H_{\mathrm{spt}}\right\}=\begin{bmatrix} h_1(\tau,\Phi,\Psi) \\ \vdots \\ h_l(\tau,\Phi,\Psi) \\ \vdots \\ h_L(\tau,\Phi,\Psi) \end{bmatrix}^{\mathrm{T}} \tag{9-3}$$

其中，L 是多径数量。第 l 条径的冲激响应 $h_l(\tau,\Phi,\Psi)$ 可以表示为

$$h_l(\tau,\Phi,\Psi)=\alpha_l\delta(\tau-\tau_l)\delta(\Phi-\Phi_l)\delta(\Psi-\Psi_l) \tag{9-4}$$

其中，α_l 、τ_l 、Φ_l 、Ψ_l 分别是第 l 条径的复振幅、时延、到达角和发射角。

9.3 统计性信道建模

统计性信道建模是利用测量或者确定性信道建模的方法得到某一类场景下的信道数据，进行统计性分析，并利用其信道参数的统计特性对信道建模的一种方法。统计性信道模型由于通常用随机变量来描述信道参数，又称为随机性信道模型。

虽然确定性方法提供了精确的信道建模结果，但它们需要传播环境的详细几何条件[14]。为避免对环境信息的高度依赖，可以采用统计方法，用统计模型描述信道特性[15]。基于对信道测量数据的统计性分析，统计模型可以较有效地刻画无线信道的特性。统计性信道模型需要提取某一类通信场景下信道的统计特征，往往能很好地体现某一类典型通信场景（例如，室内办公室场景或城市宏小区）下的信道特征，被广泛应用于对通信网络性能（如干扰、接收信噪比、网络容量）的随机性分析，因此太赫兹统计性信道模型对太赫兹通信网络的建设具有重要意义。虽然统计性信道模型在统计意义上符合某一类通信场景的信道特征，但其结果不能对应于某一个具体的传播环境，准确度相较于确定性信道模型有不小差距。统计性信道建模的一个主要优势在于其计算复杂度低，基于关键的信道统计特性可以进行快速的信道模型构建。

9.3.1 单输入单输出系统的统计性信道模型

对于窄带信道，由于信号带宽小，时域分辨率低，无法在时域上分辨多径，因此接收信号被看作多径叠加后形成的随机变量，被称为小尺度衰落。窄带统计性信道模型用服从特定分布的复随机变量表征信道的小尺度衰落，常见的分布包括：瑞利分布、莱斯分布、NAKAGAMI 分布。有研究指出，随着测量带宽的增加，信道的小尺度衰落会不再明显。因此在太赫兹频段，由于信号带宽较大，用窄带衰落模型去研究太赫兹信道已不再合适，必须考虑冲激响应模型而非窄带衰落模型（如瑞利衰落、莱斯衰落等）。

对于宽带信道，由于信号的带宽大，时域分辨率高，可以在时域上分辨多径，因此信道可以看作许多多径分量的总和。每一个时域上的多径分量可以由随机变量来描述其小尺度衰落。因为由某一个散射体产生的多个多径分量在时域以及空域上距离较近，所以对毫米波和太赫兹信道的研究往往采用基于簇的信道模型，例如 S-V（Saleh-Valenzuala）模型，即认为信道包含多个簇，每个簇包含多个多径分量。在太赫兹频段，由于信号传播损耗和反射损耗高，信道多径分量的数量相较于低频更少，信道在时域和空域上呈现稀疏性，可以用少量的簇来描述。

时延抽头模型是一种重要的统计性冲激响应模型，具有与射线追踪法中冲激响应类似的形式，但信道参数是基于统计性模型的。在该模型中，多径分量参数符合一定的统计分布，包括发射角、到达角、到达时间（Time-of-Arrival，ToA）和复振幅。

此外，根据实验观测到的多径信号在时域和空域成簇到达接收机的现象，基于簇的统计冲激响应模型得到了建立和发展。多径分量的成簇现象对信道容量有着明显影响。现有的低频段研究表明，若簇在实际信道中存在，不考虑簇的信道模型会过度估计信道容量[21]。基于簇的信道模型假设具有相似到达时间和到达角/发射角的多径分量会聚集成簇。一种典型的基于簇的信道冲激响应模型是 S-V 模型，如图 9-4 所示[9]。

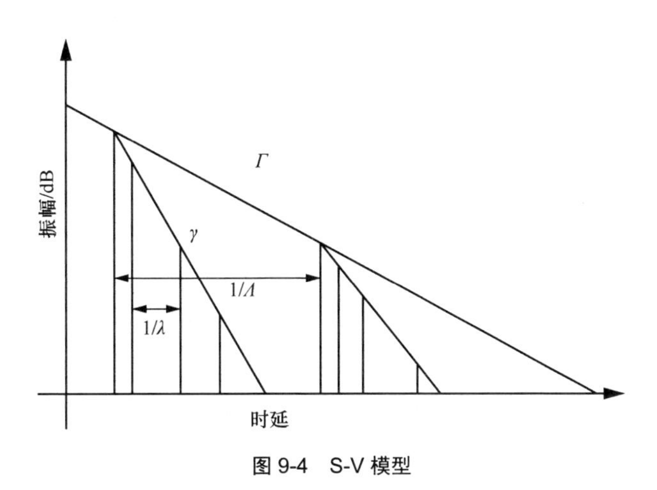

图 9-4　S-V 模型

假设簇的数量为 L，每个簇内有 k 条多径分量，方向性信道冲激响应为

$$h(t,\theta_{\text{rx}},\theta_{\text{tx}})=\sum_{l=0}^{L}\sum_{k=0}^{K_l}\beta_{k,l}\mathrm{e}^{\mathrm{j}\chi_{k,l}\delta(t-T_l-\tau_{k,l})\delta(\theta_{\text{rx}}-\Omega_l-\omega_{k,l})\delta(\theta_{\text{tx}}-\Psi_l-\psi_{k,l})} \tag{9-5}$$

其中，$\beta_{k,l}$是第l个簇中第k条多径分量的复振幅；T_l、Ω_l、Ψ_l是第l个簇的时延、到达角、发射角；类似地，$\tau_{k,l}$、$\omega_{k,l}$、$\psi_{k,l}$是第l个簇中第k条多径分量的时延、到达角、发射角；$\delta(g)$是冲激函数；$\chi_{k,l}$是每条径的相位，可被假设为独立同分布的随机变量，在$[0,2\pi)$上服从均匀分布。

在早期的空域扩展 S-V 模型中，时域和角度域被假设为独立的[22]。从时域上来说，簇和簇内多径的到达时间分布可以通过两个泊松随机过程来表示。以上一个簇的到达时间为条件，每个簇的到达时间的条件概率符合指数分布，即

$$p(T_l|T_{l-1})=\Lambda\mathrm{e}^{-\Lambda(T_l-T_{l-1})},l>0 \tag{9-6}$$

其中，Λ是簇到达指数。类似地，多径的到达时间为

$$p(\tau_{k,l}|\tau_{k-1,l})=\lambda\mathrm{e}^{-\lambda(\tau_{k,l}-\tau_{k-1,l})},l>0 \tag{9-7}$$

其中，λ是多径到达指数。

为描述多径信号在空域的分布，到达角和发射角的概率分布需要得到描述。在太赫兹频段，零均值二阶高斯混合模型是对簇间发射角和到达角较好的近似模型[7,23]。

总体来说，冲激响应模型刻画了信道的功率时延分布、到达时间和到达角的概率分布，以此来体现无线信道的特征。目前，对于毫米波频段和太赫兹波频段统计性信道建模的工作集中于对 S-V 模型的校准和扩展上，如基于簇的统计信道模型[24-26]和 60 GHz 的 IEEE 802.15.3c 信道模型[27]。另外，在一些研究中，学者们不再使用泊松分布来描述到达时间的概率分布，而是使用其他更符合实际测量结果的概率分布模型[8,10,28-29]。文献[12]提出了一种解决毫米波频段信道建模问题的方法，开创性地将信道的转换函数考虑为α-稳定随机过程，该随机过程的参数可通过测量来唯一确定。在 60 GHz 开展的超宽带信道测量证明了该模型的有效性。

9.3.2 超密集多输入多输出系统的统计性信道模型

超密集多输入多输出的统计性信道模型可分为矩阵式模型和参考天线模型。矩阵式模型描述信道传递矩阵的特性，能够通过理论分析合成得到超密集多输入多输

出的信道矩阵。对应地，参考天线模型是基于参考发射天线和参考接收天线间的信道转换函数，可由 9.3.1 节介绍的统计性冲激响应推导而来，在通信标准中得到广泛应用。

1. 矩阵式模型

矩阵式模型是专用于多输入多输出信道的，因为它们以矩阵理论为基础直接描述多输入多输出信道矩阵，重点刻画多输入多输出信道矩阵的特性。某些矩阵式模型以信道的相关特性为基础建立，其他部分模型则考虑波束或本征空间内的信道特性，将信道分解为指向或本征向量，结合耦合矩阵来表征信道特性。

（1）独立同分布瑞利衰落信道模型

该模型认为天线阵子间不存在耦合或相关效应，是理想情况下的信道模型，提供了对超密集多输入多输出信道中天线影响分析时的信道容量标准。信道传递矩阵的元素 $\boldsymbol{H}=[\boldsymbol{h}_1,\boldsymbol{h}_2,\cdots,\boldsymbol{h}_{N_t}]$ 是独立同分布的高斯随机变量。

独立同分布的瑞利衰落信道的最重要的特性是信道正交性，即

$$\frac{1}{N}\boldsymbol{H}^{\mathrm{H}}\boldsymbol{H}\approx\boldsymbol{I} \tag{9-8}$$

其中，$\{\cdot\}^{\mathrm{H}}$ 表示共轭转置。同样，子信道间也具有正交性，即

$$\frac{1}{N}\boldsymbol{h}_i^{\mathrm{H}}\boldsymbol{h}_j\approx\begin{cases}0, & i\neq j\\1, & i=j\end{cases} \tag{9-9}$$

信道正交性可以减轻用户间或小区间干扰，提高系统的信道容量。因此，可认为独立同分布瑞利衰落信道是所有信道条件下表现最好的。独立同分布瑞利衰落信道被广泛应用于对天线结构和耦合效应的分析中。

（2）Kronecker 信道模型

该模型假设发射天线阵列的相关特性和接收天线阵列的相关特性是独立可分的，简化对信道的相关矩阵的分析[30]。因此，信道的相关矩阵可以表示为

$$\boldsymbol{R}=\boldsymbol{R}_{\mathrm{T}}\otimes\boldsymbol{R}_{\mathrm{R}} \tag{9-10}$$

其中，发射端和接收端的相关矩阵为

$$\begin{cases}\boldsymbol{R}_{\mathrm{T}}=E\left\{\boldsymbol{H}^{\mathrm{H}}\boldsymbol{H}\right\}\\\boldsymbol{R}_{\mathrm{R}}=E\left\{\boldsymbol{H}\boldsymbol{H}^{\mathrm{H}}\right\}\end{cases} \tag{9-11}$$

其中，$\boldsymbol{R}_{\mathrm{T}}$ 和 $\boldsymbol{R}_{\mathrm{R}}$ 为发射天线阵和接收天线阵处信号的协方差矩阵，$\otimes$ 为克罗内克积。因此，信道矩阵可以表示为

$$\boldsymbol{H}=\boldsymbol{R}_{\mathrm{R}}^{\frac{1}{2}}\boldsymbol{R}_{\mathrm{T}}^{\frac{1}{2}} \tag{9-12}$$

Kronecker 信道模型极大地减小了 MIMO 信道建模中对存储和计算资源的消耗，并且表现出很好的有效性。但是，发射端和接收端没有相关性的简单假设并不是在任何情况下都成立的。研究表明，使用克罗内克积得到的信道协方差矩阵的估计误差会随着天线阵列规模的增大而增大。当天线阵子数量从 2 增大到 8 时，该误差增大了 3 倍[31]。此外，接收机和发射机之间的距离同样会影响该估计误差，距离越大，误差越小。若移动终端对天线阵列没有机械下倾或信道的倾角扩展很小，则收发端相关性独立可分离的假设是成立的[32]。因此，该假设对于超密集多输入多输出信道来说是比较严格的。

（3）虚拟信道表示模型

在波束空间中，基于预定义指向向量的虚拟信道表示（Virtual Channel Representation, VCR）模型[33]可表示为

$$\boldsymbol{H}=\boldsymbol{A}_{\mathrm{Rx}}(\boldsymbol{\Omega}_{V}\odot\boldsymbol{H})\boldsymbol{A}_{\mathrm{Tx}}^{\mathrm{H}} \tag{9-13}$$

其中，离散傅里叶变换矩阵 $\boldsymbol{A}_{\mathrm{Rx}}$ 和 $\boldsymbol{A}_{\mathrm{Tx}}$ 包含对 N_{r} 个虚拟接收角和 N_{t} 个虚拟发射角的指向向量；$\boldsymbol{\Omega}$ 是 $N_{\mathrm{r}}\times N_{\mathrm{t}}$ 的矩阵，每个元素代表了一对虚拟角度之间的耦合度；$\boldsymbol{\Omega}_{V}\odot\boldsymbol{H}$ 代表了虚拟发射机和虚拟接收机之间的传播环境。实质上，这种表示对应了空域抽样，将所有的到达角和发射角压缩为由天线阵列的空域分辨率决定的确定方向上。虚拟信道表示模型的角度分辨率，即其精确度，取决于虚拟角度的个数。但是，使用离散傅里叶变换指向矩阵的虚拟表示形式只适用于均匀线性矩阵。

（4）Weichselberger 模型

在超密集多输入多输出信道中，Kronecker 模型在天线阵子数目很大时可能不再适用。为了准确地描述超密集多输入多输出信道，Weichselberger 模型在 2006 年被提出。该模型基于 Kronecker 模型和虚拟信道表示模型，可以表示为[34]

$$\boldsymbol{H}=\boldsymbol{U}_{\mathrm{R}}(\widetilde{\boldsymbol{\Omega}}\odot\boldsymbol{G})\boldsymbol{U}_{\mathrm{T}} \tag{9-14}$$

其中，$\boldsymbol{G}$ 是 $N_{\mathrm{r}}\times N_{\mathrm{t}}$ 维独立同分布的零均值高斯矩阵；$\boldsymbol{U}_{\mathrm{T}}$ 和 $\boldsymbol{U}_{\mathrm{R}}$ 是单位本征基底矩阵，通过 Kronecker 模型中的相关矩阵来定义。

$$\begin{cases} \boldsymbol{R}_{\mathrm{T}} = \boldsymbol{U}_{\mathrm{T}} \boldsymbol{\Lambda}_{\mathrm{T}} \boldsymbol{U}_{\mathrm{T}}^{\mathrm{H}} \\ \boldsymbol{R}_{\mathrm{R}} = \boldsymbol{U}_{\mathrm{R}} \boldsymbol{\Lambda}_{\mathrm{R}} \boldsymbol{U}_{\mathrm{R}}^{\mathrm{H}} \end{cases} \tag{9-15}$$

其中，$\boldsymbol{U}_{\mathrm{T}}$ 和 $\boldsymbol{U}_{\mathrm{R}}$ 的列向量是 $\boldsymbol{R}_{\mathrm{T}}$ 和 $\boldsymbol{R}_{\mathrm{R}}$ 的本征向量，$\boldsymbol{\Lambda}_{\mathrm{T}}$ 和 $\boldsymbol{\Lambda}_{\mathrm{R}}$ 是 $\boldsymbol{R}_{\mathrm{T}}$ 和 $\boldsymbol{R}_{\mathrm{R}}$ 的本征值对角矩阵。

矩阵 $\widetilde{\boldsymbol{\Omega}}$ 的元素是耦合矩阵 $\boldsymbol{\Omega}$ 的平方根，这些元素决定了发射端和接收端本征模式间的平均能量耦合。矩阵 $\boldsymbol{\Omega}$ 的结构决定了散射体的空间摆放，影响信道的信道容量和空间分集自由度。耦合矩阵 $\boldsymbol{\Omega}$ 可通过测量确定为

$$\boldsymbol{\Omega} = E_{\boldsymbol{H}}\left\{\left(\boldsymbol{U}_{\mathrm{R}}^{\mathrm{H}} \boldsymbol{H} \boldsymbol{U}_{\mathrm{T}}^{*}\right) \odot \left(\boldsymbol{U}_{\mathrm{R}}^{\mathrm{T}} \boldsymbol{H}^{*} \boldsymbol{U}_{\mathrm{T}}\right)\right\} \tag{9-16}$$

Weichselberger模型保留了Kronecker模型中的信道相关矩阵和虚拟信道表示模型中的耦合矩阵。从相关性的角度来说，耦合矩阵包含了链路之间的相关性。因此，耦合矩阵放宽了 Kronecker 模型中对相关性可分离的严格假设，实现了收发端相关性的共同建模。从空间构建的角度来说，耦合矩阵反映了传播环境中散射体的影响，不同的耦合矩阵结构对应着不同的散射环境。此外，虚拟信道表示模型中预定义的离散傅里叶变换矩阵被本征基底矩阵所取代，使该模型不仅适用于均匀直线阵，对天线阵形式的要求也不再严格。

2. 参考天线模型

在参考天线模型中，不考虑天线阵列影响的情况下，两参考天线间的信道转换函数被生成。然后根据天线阵列结构和发射角/到达角，每个子信道相对参考信道的相移被求出，从而可以合成整个信道的信道转换矩阵。当天线阵列足够紧凑时，该方法较为准确有效，因此很适用于太赫兹信道。

9.3.1 节介绍的单输入单输出信道的统计脉冲响应模型可用于建立超密集多输入多输出信道。建立参考天线模型时，我们先不考虑阵列的影响，在发射阵列和接收阵列中两个参考天线之间生成信道传递函数；然后根据阵列结构和到达角/发射角信息，利用该信道中每条路径相对于参考信道的相移来合成信道传输矩阵。对于太赫兹超密集多输入多输出信道来说，在天线阵列足够紧凑的情况下，该方法是有效和合理的。

对于超密集多输入多输出信道，为了利用空间自由度，统计脉冲响应模型必须包含角度信息。簇时延线（Cluster Delay Line，CDL）模型是在假设射线被分成各个簇并加入角信息后提出的，例如具有空间域的扩展 S-V 模型[11,22,35]。在簇时延线

模型中，无线信道可以表示为簇中不同传播路径的叠加。多径分量是由传播环境中障碍物与波的相互作用产生的，在角域和时延域均有表征。我们可以利用分布函数和互相关系数把簇的参数（如功率、时延、到达角和发射角等）建模为随机变量。在实际仿真中，该模型只考虑几个对信道有显著影响的关键簇。

统计空间脉冲响应模型常被用作系统级仿真模型。3GPP 空间信道模型（Spatial Channel Model，SCM）就是包含了大尺度参数（Large Scale Parameter，LSP）和小尺度参数（Small Scale Parameter，SSP）的典型模型。大尺度参数包括时延扩散、角扩散、莱斯 K 因子和阴影衰减。大尺度参数是根据具体场景，从制成表格形式的分布函数中随机抽取得到的；而小尺度参数（如到达和出发的时延、功率、方向等）则是根据制成表格形式的分布函数以及大尺度参数随机抽取的。换句话说，在生成小尺度参数时，大尺度参数被用作控制参数。

然而，上述提到的 3GPP 与 WINNER（Wireless World Initiative New Radio）空间信道模型是基于 1～6 GHz 的实证性研究和 5～100 MHz 的射频带宽。而为了体现毫米波和太赫兹信道的空间传播特性，我们需要新的空间信道模型。毫米波频段的测量结果表明，几个时间簇可能会到达接收端的同一个空间瓣，这与 3GPP 和 WINNER 空间信道模型中假设的“时间簇与空间簇相对应”的观点相反[36]。因此，文献[37]分别使用时间簇和空间瓣来处理时间和空间成分，新的空间信道模型中，一个空间瓣可以包含多个到达时间不同的簇。

9.4 常用的太赫兹信道模型

9.4.1 多径传播模型

在许多情况下都存在多径传播，我们通常使用一套统一的、基于射线跟踪的多径模型，其中包含了直线传播、反射射线传播、散射射线传播与绕射射线传播。由于太赫兹频段的传播信道和天线存在频率选择性，因此太赫兹频段多径传播模型需要的是多个独立子频段传输模型的组合。

基于射线跟踪技术的太赫兹（0.06～10 THz）多径传播理论模型[16]已经得到了0.06～1 THz 子频段内实验测量值的验证。在这套模型中，假设每个子频段窄到足以有平坦的频率响应。因此，在第 i 个子频段内，窄带信道的脉冲响应是 N_i 条射线的叠加。假设 $\alpha_{i,n}$ 表示第 n 条射线经历的与频率相关的衰减；τ 表示传输时延；τ_n 表示第 n 条射线的传输时延，由这条射线的传播距离 r_n 除以光速 c 计算得到。对于任何固定位置的发射机和接收机以及静止的环境，模型中的时间参数是可以忽略的。因此，时不变多径模型中，第 i 个子频段的信道响应可以表示为

$$h_i(\tau)=\sum_{n=1}^{N_i}\alpha_{i,n}\delta(\tau-\tau_n) \tag{9-17}$$

考虑第 i 个子频段内有 $N_{\text{Ref}}^{(i)}$ 条反射射线、$N_{\text{Sca}}^{(i)}$ 条散射射线，以及 $N_{\text{Dif}}^{(i)}$ 条绕射射线。$\neg_{\text{LoS}}$ 是直射径是否存在的指示函数，存在时其值为 1，否则为 0。对于直射径，$\alpha_{\text{LoS}}^{(i)}$ 表示其衰减。对于第 p 条反射、第 q 条散射、第 u 条绕射路径，$\alpha_{\text{Ref}}^{(i,p)}$、$\alpha_{\text{Sca}}^{(i,q)}$、$\alpha_{\text{Dif}}^{(i,u)}$ 分别表示其衰减，$\tau_{\text{Ref}}^{(p)}$、$\tau_{\text{Sca}}^{(q)}$、$\tau_{\text{Dif}}^{(u)}$ 分别表示其时延。则第 i 个子频段的信道响应 $h_i(\tau)$ 可以扩展为

$$\begin{aligned}h_i(\tau)=&\alpha_{\text{LoS}}^{(i)}\delta(\tau-\tau_{\text{LoS}})\neg_{\text{LoS}}+\sum_{p=1}^{N_{\text{Ref}}^{(i)}}\alpha_{\text{Ref}}^{(i,p)}\delta\left(\tau-\tau_{\text{Ref}}^{(p)}\right)+\\&\sum_{q=1}^{N_{\text{Sca}}^{(i)}}\alpha_{\text{Sca}}^{(i,q)}\delta\left(\tau-\tau_{\text{Sca}}^{(q)}\right)+\sum_{u=1}^{N_{\text{Dif}}^{(i)}}\alpha_{\text{Dif}}^{(i,u)}\delta\left(\tau-\tau_{\text{Dif}}^{(u)}\right)\end{aligned} \tag{9-18}$$

假设用 H_{LoS}、$H_{\text{Ref}}^{(p)}$、$H_{\text{Sca}}^{(q)}$、$H_{\text{Dif}}^{(u)}$ 分别表示直射、第 p 条反射、第 q 条散射、第 u 条绕射路径的传递函数，f_i 是第 i 个子频段的中心频率，由维纳–辛钦定理可知

$$\begin{pmatrix}\alpha_{\text{LoS}}^{(i)}\\ \alpha_{\text{Ref}}^{(i,p)}\\ \alpha_{\text{Sca}}^{(i,q)}\\ \alpha_{\text{Dif}}^{(i,u)}\end{pmatrix}=\begin{pmatrix}\left|H_{\text{LoS}}(f_i)\right|\\ \left|H_{\text{Ref}}^{(p)}(f_i)\right|\\ \left|H_{\text{Sca}}^{(q)}(f_i)\right|\\ \left|H_{\text{Dif}}^{(u)}(f_i)\right|\end{pmatrix} \tag{9-19}$$

从太赫兹频段传播特性出发，我们可以得到直射、反射、散射和绕射路径的传递函数。太赫兹频段内直线传播的传递函数为

$$H_{\mathrm{LoS}}(f)=H_{\mathrm{Spr}}(f)H_{\mathrm{Abs}}(f)\mathrm{e}^{-\mathrm{j}2\pi f\tau_{\mathrm{LoS}}} \tag{9-20}$$

如第 8 章所述，太赫兹频段内的自由空间直射（或视距）信道的传递函数由自由传播路径损耗方程 $H_{\mathrm{Spr}}(f)$ 和分子吸收损耗方程 $H_{\mathrm{Abs}}(f)$ 构成，具体表达式如式（8-1）和式（8-14）所示。太赫兹频段内的反射、散射和绕射传播方程分别如式（8-2）、式（8-7）和式（8-9）所示。根据上述分析，将直射、第 p 条反射、第 q 条散射、第 u 条绕射路径的传递函数（H_{LoS}、$H_{\mathrm{Ref}}^{(p)}$、$H_{\mathrm{Sca}}^{(q)}$、$H_{\mathrm{Dif}}^{(u)}$）代入第 i 个子频段的信道响应 $h_i(\tau)$，可以得到完整的表达式为

$$\begin{aligned}
h_i(\tau)=&\left|\frac{c}{4\pi f_i r}\right|\delta(\tau-\tau_{\mathrm{LoS}})\neg_{\mathrm{LoS}}+\\
&\sum_{p=1}^{N_{\mathrm{Ref}}^{(i)}}\left|\left(\frac{c}{4\pi f_i(r_1+r_2)}\right)\mathrm{e}^{-\frac{1}{2}k(f_i)(r_1+r_2)}\left(-\mathrm{e}^{\frac{-2\cos\theta_i}{\sqrt{n_t^2-1}}}\right)\mathrm{e}^{-\frac{8\pi^2 f^2\sigma^2\cos^2\theta_i}{c^2}}\right|_p\delta\left(\tau-\tau_{\mathrm{Ref}}^{(p)}\right)+\\
&\sum_{q=1}^{N_{\mathrm{Sca}}^{(i)}}\left|\left(\frac{c}{4\pi f_i(s_1+s_2)}\right)\mathrm{e}^{-\frac{1}{2}k(f_i)(s_1+s_2)}\left(-\mathrm{e}^{\frac{-2\cos\theta_i}{\sqrt{n_t^2-1}}}\right)\sqrt{\frac{1}{1+g+\frac{g^2}{2}+\frac{g^3}{6}}}\right|_q\cdot\\
&\left|\sqrt{\rho_0^2+\frac{\pi\cos\theta_i}{100}\left(g\mathrm{e}^{-v_s}+\frac{g^2}{4}\mathrm{e}^{-v_s/2}\right)}\right|_q\delta\left(\tau-\tau_{\mathrm{Sca}}^{(q)}\right)+\\
&\sum_{u=1}^{N_{\mathrm{Dif}}^{(i)}}\left|\left(\frac{c}{4\pi f_i(d_1+d_2)}\right)\mathrm{e}^{-\frac{1}{2}k(f_i)(d_1+d_2)}L(f_i)\right|_u\delta\left(\tau-\tau_{\mathrm{Dif}}^{(u)}\right)
\end{aligned} \tag{9-21}$$

9.4.2 无线片上信道模型

无线收发器和天线的小型化推动了无线片上网络（Wireless Networks-on-Chip，WNoC）的发展，该网络利用芯片规模的通信来提高多核或多芯片架构的计算性能[38]。夹在射频与光频之间的太赫兹波频段也被认为是无线片上网络的一种实现技术。通过使用平面纳米天线创建超高速链路，太赫兹波频段可以在无线片上网络[39]中提供高效和可扩展的多核/多芯片间通信手段[40]，如图 9-5 所示。这种方法由于其高带宽和极低的区域开销，有望满足片上场景在限制面积和密集通信方面的严格要求。更

重要的是，使用基于石墨烯的太赫兹波频段通信[41]将在核心层提供固有的多播和广播的通信能力。

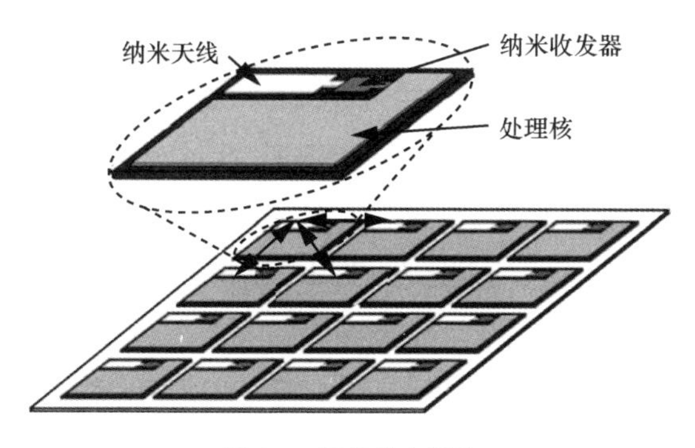

图 9-5　无线片上通信

虽然太赫兹技术不如射频或硅光子技术成熟，但通过互补电子、光子和等离子体方法[42-44]，太赫兹技术上的差距正在逐步缩小。尽管目前研究者对无线片上网络的潜在优势进行了深入研究，但为了确定其实用性，我们仍然需要对芯片规模和跨频谱的无线信道进行合理的描述[38]。

无线片上网络与传统无线网络场景之间有几个基本区别，这激励研究者对无线片上网络这一场景的电磁波传播和信道建模进行专门的研究[45]。在大多数无线网络场景中，通信节点和场景通常是移动的或随时间变化的；而在无线片上网络中，整个通信环境是静态的。因此，我们可以使用确定性信道建模方法描述信道，然后利用它来指导优化通信方案的设计。例如，我们可以设计波形来克服通过有损耗介质的多径传播所产生的固定频率选择响应，或者设计空间多路复用策略来最小化多用户干扰。

下面讨论 4 种用于分析芯片级信道的确定性信道建模方法。首先，对这 4 种方法进行介绍；然后，分析其应用于芯片规模场景时的主要特点和挑战[38,46]。

（1）测量法

我们可以采用基于测量的方法来描述无线传播，并生成经验和统计模型。一方面，频域测量会扫描频谱带并记录信道传递函数，然后通过对信道传递函数的逆傅里叶变换得到时域特性，即信道脉冲响应。时间上的分辨率由测量带宽决定，而最大超量时延由频域内的采样间隔决定。另一方面，时域测量通常会将接收序列与接收机上发射的随机序列相关联，以此获得信道脉冲响应。

（2）全波电磁解算器

全波电磁解算器包括 Ansoft HFSS（High Frequency Structure Simulator）、COMSOL Multiphysics、CST（Computer Simulation Technology）、Mentor Graphics IE3D 和 EMSS FEKO 等。全波电磁解算器使用一种或多种计算电磁学方法（Computational Electromagnetic Method，CEM）求解带有边界条件的麦克斯韦方程组，以此计算传播介质中的电磁场。CEM 根据求解域和麦克斯韦方程组的形式分为时域方法和频域方法，以及积分方法和微分方法。全波电磁解算器的内存和时间成本随着模拟尺度的增大而增加，但不同方法的内存和时间成本不同。对于无线片上网络来说，环境的最大尺寸可达 100 mm，相当于毫米波波长的几十倍，是太赫兹波和光波波长的数百甚至数千倍。因此，我们应根据研究频率选择是否应用 CEM。

（3）电磁分析法

在特定的系统条件下，我们可以推导出麦克斯韦方程组的精确数学解。天线辐射的电磁场可以通过辐射空间的格林函数来计算，被称为解析电磁场评估。我们将芯片内部环境视为分层介质，并采用 Sommerfeld 积分法计算电磁场的表达式。需要注意的是，层状介质的横向尺寸是无限的，因此，该方法实际上忽略了芯片边缘的影响。例如，y 向偶极子的电场只包含 x 方向分量 $E_x(\rho,z)$，具体的表达式为[46]

$$E_x(\rho,z)=\int_{\mathrm{SIP}}\frac{\mathrm{j}k_{0,z}}{\zeta^2\rho}\left[A_0^h\exp(\mathrm{j}k_{0,z}z)-B_0^h\exp(-\mathrm{j}k_{0,z}z)\right]H_1^{(1)}(\zeta\rho)\mathrm{d}\zeta+\\ \int_{\mathrm{SIP}}\frac{\mathrm{j}\omega\mu_0}{\zeta}\left[C_0^h\exp(\mathrm{j}k_{0,z}z)-D_0^h\exp(-\mathrm{j}k_{0,z}z)\right]H_1^{(1)\prime}(\zeta\rho)\mathrm{d}\zeta \tag{9-22}$$

其中，ρ 为从信源到观察点的水平距离；z 为发射端到偶极子的相对高度；ω 为波的角频率；$H_1^{(1)}(\cdot)$ 为第一类一阶汉克尔函数，其实部是第一类贝塞尔函数，虚部是第二类贝塞尔函数；$H_1^{(1)\prime}(\cdot)$ 为第一类一阶汉克尔函数的导数；ζ 为 x - y 平面的径向波数，$k_l=\omega\sqrt{\varepsilon_l\mu_l}$ 为第 l 层的波数，那么 $k_{l,z}=\sqrt{k_l^2-\zeta^2}$ 为 z 方向上第 l 层的波数，例如，$k_{0,1}$ 表示第 0 层，也就是放置天线的位置；SIP 为 Sommerfeld 积分路径，即沿着实轴从负无穷到正无穷，$\zeta<0$ 时略高于负实轴，$\zeta>0$ 时略低于正实轴；A_0^h、

B_0^h、C_0^h、D_0^h 为由分层介质确定的系数。

（4）射线追踪法

来自几何光学方法的射线追踪法是综合精度、数学易处理性和复杂性的折中方法。由于无线片上网络的环境由有损介质构成，因此需要解决电磁波在有损介质中的传播和反射问题。

电磁波在有损介质中传播时，由于电磁波在等相位平面和等幅度平面的法线不再重合，因此电磁波在有损介质中传播是不均匀的。如图 9-6 所示，我们将两条法线的方向向量表示为 $\boldsymbol{e}_N$ 和 $\boldsymbol{e}_K$，两条法线之间的夹角表示为 γ，在无损介质中 $\gamma=0$，在有损介质中 $\gamma>0$。$\boldsymbol{k}=k_0(N\boldsymbol{e}_N+\mathrm{j}K\boldsymbol{e}_K)$ 表示复波矢量，其中 $k_0=2\pi f/c$，c 为真空中的光速，有损介质中电场公式 $\boldsymbol{E}(\boldsymbol{r},t)$ 为[47]

$$\boldsymbol{E}(\boldsymbol{r},t)=\boldsymbol{E}\mathrm{e}^{\mathrm{j}\boldsymbol{kr}-\mathrm{j}2\pi ft}=\boldsymbol{E}\mathrm{e}^{-k_0Kr\cos\gamma}\mathrm{e}^{\mathrm{j}k_0Nr-\mathrm{j}2\pi ft} \tag{9-23}$$

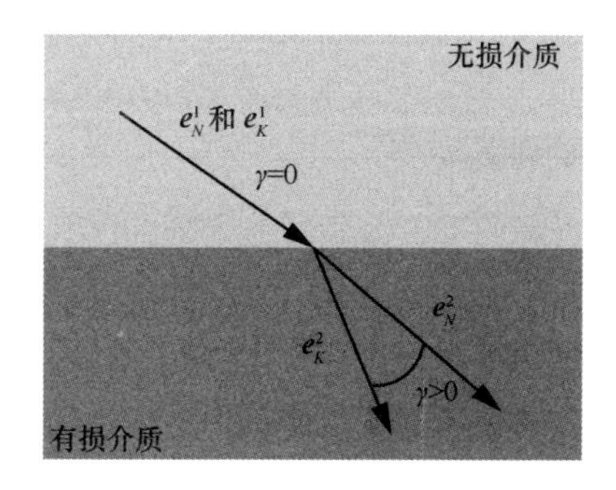

图 9-6 电磁波从无损介质到有损介质的传播

电介质的复折射率 $\tilde{n}_0=n+\mathrm{j}k$，$\tilde{n}_0^2=\varepsilon+\mathrm{j}\dfrac{\sigma}{\varepsilon_0\omega}$，$\varepsilon$ 和 σ 分别是介质的介电常数和电导率，ε_0 是真空介电常数。波向量的实部 N 和虚部 K 分别为

$$N=\sqrt{\frac{1}{2}\left(n^2-k^2+\sqrt{(n^2-k^2)^2+4\left(\frac{nk}{\cos\gamma}\right)^2}\right)} \tag{9-24}$$

$$K=\frac{nk}{N\cos\gamma} \tag{9-25}$$

横向电场的反射系数 R 和传输系数 T 分别为

$$R = \frac{p_i - p_t}{p_i + p_t} \tag{9-26}$$

$$T = \frac{2p_i}{p_i + p_t} \tag{9-27}$$

其中，$p_i = N_i \cos\theta_i + \mathrm{j}K_i \cos\psi_i$，$p_t = N_t \cos\theta_t + \mathrm{j}K_t \cos\psi_t$。

上述4种信道建模方法都是确定性方法。虽然在传统无线网络中用户和环境通常是移动的，我们很少使用确定性建模方法，但是在芯片规模的网络中，一切都是静态的，因此这些方法是可以接受的。表9-1对比了上述4种芯片级信道的建模方法[38]。

表9-1 芯片级信道的建模方法对比

建模方法	复杂度	精确度	文献
测量法	高	低	文献[48]
全波电磁解算器	高	高	文献[49]
电磁分析法	中	低	文献[50]
射线追踪法	低	中	文献[51]

在所有的信道建模方法中，测量法表现出最高的准确性，因为它描述了真实信道的参数；而在其他方法中，信道环境在一定的假设下或多或少地被简化。然而，由于物理上的限制，无线片上网络的信道测量都是在发射与接收天线暴露在外（没有芯片封装）的情况下进行的。对于不同的天线类型，信道测量结果会随之改变。此外，测量法对用于测量的芯片和设备的制造有一定要求，可能不适用于评估芯片的内部信道。因此，我们面临的一大挑战是开发袖珍探头来进行精确的通道测量，同时不破坏芯片规模的环境本身，这一挑战的复杂性还会随着频率的增加进一步增大。

全波电磁解算器可以用于开发高精度的信道模型，但代价是对计算能力的需求非常高。宽泛来说，如果对麦克斯韦方程组所解空间的采样分辨率约为最高频率对应波长的五分之一，那么该方法提供的解是准确的。尽管几年前这在计算上是难以实现的，但近来计算研究上的重大进展和大型计算集群的出现都为这一信道建模方法提供了便利。

作为一种几何光学近似方法，射线追踪法因其低计算复杂度以及合理的计算结果被广泛应用于室内 Wi-Fi 场景、室外蜂窝网络等大规模环境的建模。现在已经证明，在分层介质中，射线追迹可以看作由麦克斯韦方程组及鞍点法推导出的理论解的一阶近似。射线追踪法的缺点是其精确度是所有方法中最低的。不过，它的准确性会随着我们对射线类信号传播研究的发展而提高，正如我们迈向频谱的更高端（例如红外和可见光学）一样，因为射线追踪法本质上是一个跟踪发射的光线的几何光学方法。作为一种远场方法，射线追踪法需要进一步集成芯片内传播信道中至关重要的表面波、导波和横向波。

芯片内通道可以看作一个简单的结构（如分层介质或微混响室），因此我们可以推导出信道模型的解析表达式。例如，格林函数是平面分层介质中的 Sommerfeld 积分；又如，微混响室具有均方根时延扩展的解析表达式。解析电磁分析可以提供准确的信道特性，并且它的计算复杂度低于全波仿真。因此，当信道参数（如每层的厚度、每层的电磁性质或天线的位置等）改变时，电磁分析法会在芯片内部信道分析中表现出它的优势。然而，下填充层中的焊料凸起和数字电路中的不规则金属线这样的小物体，会使在真实的无线片上网络环境中精确解决格林函数成为一个挑战。此外，在假设传播平面无限大的场分析中，边缘效应被自然地排除在外，这将降低分析结果的准确性，需要加以纠正。

与射频和毫米波技术相比，太赫兹技术仍处于起步阶段，尽管近十年来取得了重大进展，但开发紧凑而节能的芯片级太赫兹信号调制器和探测器以及超宽带调制器和解调器仍是一大挑战。然而，除了传统的电子和光子的方法[42-43]，新材料的运用（如石墨烯[52]）和物理学的探索（如等离子体[53]）推动了微型芯片上可用的直接太赫兹源和探测器[54-55]、调制器和解调器[56-57]、天线[39,41]的开发，这些都可以被应用于无线片上网络中。在这些成果的推动下，人们对片上太赫兹通信的概念越来越感兴趣，下面总结一些关于无线片上太赫兹信道建模的开创性工作。

文献[58]通过使用 300 GHz 的全波电磁解算器 HFSS 模拟了开放芯片方案，天线放置在聚酰亚胺层的芯片内通道。研究显示，与发射源水平距离 1 cm 处的衰减约为 40 dB，与传统硅上的片上天线相比，放置在低损耗介质聚酰亚胺层的片上天线可以改善 20～30 dB 的信道损耗。

作为太赫兹频段芯片级信道建模的首次尝试，文献[59]利用 CMOS 芯片中的

Sommerfeld 积分方法对电磁场进行了分析，并用 HFSS 对结果进行了验证。研究得到，由于表面波和导波的传播，路径损耗具有高频率选择性：路径损耗在太赫兹频段周期性振荡，如图 9-7[59]所示。研究同时分析了芯片设计对信道的影响，并提供了有望改善无线片上信道的芯片设计准则。

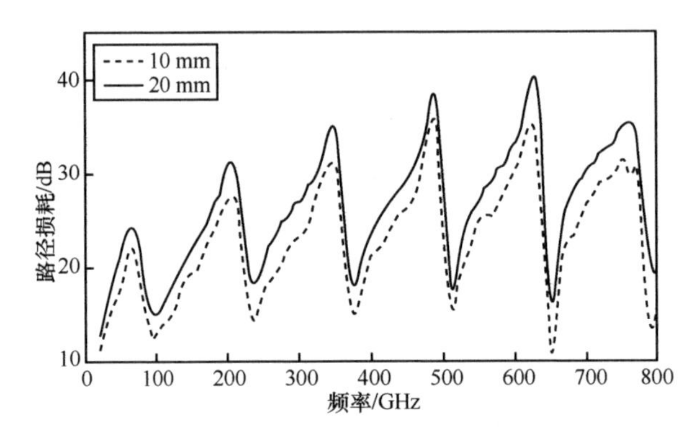

图 9-7　太赫兹芯片级无线信道的路径损耗

文献[45]中提出了一个双射线模型，用于估计芯片内通道的路径损耗，包括直射路径以及从发射天线和接收天线所在平面反射的反射路径。用 h_{T} 和 h_{R} 表示发射天线和接收天线的高度，在断点 $d_b = 2\pi h_{\mathrm{T}} h_{\mathrm{R}} / \lambda$ 以下，路径损耗指数为 2；超过断点后，路径损耗指数增加到 4。当频率低于 10 THz 并且天线高度小于 100 μm 时，对数尺度下路径损耗正比于传输距离；当频率增加到 100 THz 时，对数尺度的路径损耗为 10^{-5}～10^{-2} m 并具有很强的距离选择性。需要注意的是，该模型的有效性还需在除开放芯片外的其他包装结构中进行进一步的验证。

文献[51]对倒装芯片封装结构中太赫兹频段（0.1～1 THz）的芯片内通道使用射线追踪法开发了多射线模型。根据所开发的通道模型，我们可以得出如下结果：第一，由于多径效应，尽管芯片中并不存在分子吸收，芯片内通道仍具有高频率选择性；第二，高电阻率衬底会导致大时延扩展，从而使相干带宽变窄，这是由于在衬底中到达时间较长的路径会经历较小的衰减；第三，当发射功率分别为 1 dBm 和 10 dBm，传输距离为 40 mm 时，芯片内通道容量可分别达到 150 Gbit/s 和 1 Tbit/s，同时误码率在 10^{-14} 以下。

9.4.3 车载信道模型

车载通信是指面向交通安全及用户服务应用的、以陆地移动车体作为通信终端承载体的无线通信技术。广义的车载通信包括铁路交通和公路交通两个领域。未来，铁路交通会向智能铁路交通的方向发展，实现基础设施、列车、乘客以及货物之间的高速通信连接[60]；类似地，结合超高速通信的公路智能交通系统是自动驾驶等应用的重要基础[61]。因此，能够提供大带宽、高速率连接的太赫兹频段被视为实现智能交通系统中通信部分的关键[62]。研究太赫兹车载通信最重要的基础就是太赫兹频段的车载信道模型。目前文献中的太赫兹车载信道模型主要包括确定性信道模型、几何随机模型（Geometry-Based Stochastic Model，GBSM）、非几何随机模型（Non-Geometrical Stochastic Model，NGSM）等。

1．确定性信道模型

由于车载信道的高速移动性，信道测量较为困难。因此，可以使用射线追踪法等确定性信道建模方法，代替信道测量得到信道特性数据。另外，由于车载信道是时变的，确定性信道建模方法对车载信道的时变性刻画比较完整，相比其他模型具有更高的准确性，因此在对车载信道的建模研究中得到广泛应用。通过确定性信道建模可以得到原始信道数据，根据信道数据可以对信道特性进行统计性分析。

例如，文献[61]对城市环境下的汽车与基站间通信信道进行了射线追踪仿真，分析了 300～308 GHz 频段的信道特性；文献[63]针对 100 GHz 频率的火车与基站间的通信信道进行射线追踪仿真，研究了不同的天线波束成形算法的影响，分析了信道的统计特性；文献[64]在 60～68 GHz 频段对高速铁路交通中 6 种典型场景开展了射线追踪仿真，包括隧道入口、城市车站等场景，分析了信道的路径损耗、阴影衰落等特性；文献[65]对 110 GHz 频率城市场景下车辆与基站间的信道开展了射线追踪仿真，针对路径损耗、到达时延分布等信道统计特性进行了分析。

总而言之以射线追踪法为代表的确定性信道建模方法具有高精确性的特点，但由于其对于环境信息依赖较高，因此泛用性较差，常被作为生成信道原始数据的方法来对信道统计特性进行分析。

2. 几何随机模型

几何随机模型是指按一定概率分布，以随机方式生成散射体的位置，并根据简单的射线追踪得到信道的冲激响应模型。相比确定性模型，几何随机模型的分析更为简单，需要的计算和存储资源都比较少，尤其适用于对 MIMO 信道的建模。

几何随机模型又可分为规则形状的几何随机模型（Regular-Shaped Geometry-Based Stochastic Model，RS-GBSM）和非规则形状的几何随机模型（Irregular-Shaped Geometry-Based Stochastic Model，IS-GBSM）。在规则形状的几何随机模型中，散射体被认为分布于一个规则表面上，如以发射机或接收机为球心的球面[66]、以发射机和接收机为两个焦点的椭球面[67-69]、围绕发射机或接收机的圆柱面[67]等。例如，文献[66]为了考虑车对车信道中车流量的影响，将移动的散射体（如其他车辆等）和静态的散射体（如街道周围的建筑等）分开考虑，假设移动的散射体分布在以发射机和接收机为球心的球面上，静态的散射体分布在以发射机和接收机为焦点的椭圆柱面上。

设计 RS-GBSM 模型的流程如下[70]。首先，假设散射体分布于一定的几何形状上，生成规则形状的几何模型；其次，基于生成的几何模型，由无限个散射体组成的随机信道被生成。但由于无穷多的散射体无法应用到仿真当中，需要进一步生成由有限个有效散射体组成的随机信道模型，即通过使用适当的参数计算方法，如精确多普勒扩展法（Extended Method of Exact Doppler Spread, EMEDS）、修正等效面积法（Modified Method of Equal-Area, MME）、L_{p} 范数法（L_{p} Norm Method, LPNM）等，计算得到仿真模型的参数（散射体分布等），从而应用 RS-GBSM 进行仿真。

不同于规则形状的几何随机模型，非规则形状的几何随机模型以一定的概率分布生成散射体的位置，散射体位置不一定分布于某规则形状上[71-73]。

通常，在几何随机模型中，仅考虑直射径和反射径的影响，多数文献考虑反射径时至多考虑两次反射。对于 MIMO 信道，发射端第 p 个天线阵子和接收端第 q 个天线阵子间的信道可以表示为[66]

$$h_{qp}(t,\tau) = h_{qp}^{\mathrm{LoS}}(t,\tau) + h_{qp}^{\mathrm{SB}}(t,\tau) + h_{qp}^{\mathrm{DB}}(t,\tau) \tag{9-28}$$

其中，

$$h_{qp}^{a} = \sum_{l=1}^{L^a} \alpha_l^a \mathrm{e}^{\mathrm{j}\left[2\pi\left(k_0 d_l^a + f_{d,l}^a t\right) + \theta_l^a\right]} \tag{9-29}$$

其中，$a=\{\text{LoS,SB,DB}\}$ 代表多径的种类，LoS 表示直射径，SB（Single-Bounce）表示单次反射径，DB（Double-Bounce）表示两次反射径，α_l^a 、θ_l^a 、d_l^a 、$f_{d,l}^a t$ 分别为第 a 类多径中第 l 条径的复振幅、初始相位、传播距离和多普勒频移。

此外，由于车载信道中发射机和接收机的高速移动，发射机和接收机周围的散射环境是变化的，因此簇会存在生成和重组的过程。在几何随机模型中，常使用离散马尔可夫随机过程来描述这种变化[74]。信道的变化量可以表示为

$$\delta_{\mathrm{P}}(t,\Delta t)=\delta_{\mathrm{R}}(t,\Delta t)+\delta_{\mathrm{T}}(t,\Delta t) \tag{9-30}$$

其中，

$$\delta_{\mathrm{R}}(t,\Delta t)=\int_t^{t+\Delta t} v_{\mathrm{R}}(t)\mathrm{d}t \tag{9-31}$$

$$\delta_{\mathrm{T}}(t,\Delta t)=\int_t^{t+\Delta t} v_{\mathrm{T}}(t)\mathrm{d}t \tag{9-32}$$

在某一确定时刻，新生成的簇和从前一时刻延续下来的簇可以分开处理。描述簇的生成与湮没的马尔可夫随机过程由两个参数表示，分别是簇的生成率 λ_{G} 和重组率 λ_{R}。在几何随机模型中，散射体总数，同样定义为初始的散射体数量，可以表示为

$$\mathrm{E}\left[L(t)\right]=\frac{\lambda_{\mathrm{G}}}{\lambda_{\mathrm{R}}} \tag{9-33}$$

簇从时刻 t 存活到时刻 $t+\Delta t$ 的概率为

$$P_{\mathrm{surv}}(\Delta t)=\mathrm{e}^{-\lambda_{\mathrm{R}}\frac{\delta_{\mathrm{P}}(t,\Delta t)}{D_{\mathrm{c}}}} \tag{9-34}$$

其中，D_{c} 是与环境有关的相关系数。在时间段 $t\sim\ t+\Delta t$ 生成新簇的数量的期望为

$$\mathrm{E}\left[L_{\mathrm{New}}(\Delta t)\right]=\frac{\lambda_{\mathrm{G}}}{\lambda_{\mathrm{R}}}\left(1-\mathrm{e}^{-\lambda_{\mathrm{R}}\frac{\delta_{\mathrm{P}}(t,\Delta t)}{D_{\mathrm{c}}}}\right) \tag{9-35}$$

在几何随机模型中，新生成的簇可以以一定的概率分布生成其时延和功率。而从前一时刻延续下来的簇可根据散射体位置和收发器位置得到其相关系数。

3. 非几何随机模型

不同于几何随机模型，非几何随机模型不生成散射体的位置，而是直接以一定的概率分布生成随机的信道参数，如多径的时延、功率等。相比几何随机模型，非几何随机模型更简单，更容易实现，但相对地，其精确性比几何随机模型差。

文献[75]提出了一种基于有限状态马尔可夫链的非几何随机模型，该模型可以

通过使用马尔可夫链来模拟接收端信噪比的变化，从而得到时变的高速铁路无线信道的信道特性。文献[65]根据使用射线追踪法得到的信道数据，提取了信道的统计特性，对信道参数的统计分布进行了建模，包括路径损耗模型、多径分量的时延与功率模型等，根据这些模型，使用非几何随机模型重新生成了信道，得到了与射线追踪法接近的信道统计特性。

非几何随机模型的信道冲激响应可以表示为[65]

$$h(\tau,t)=\sum_{l=1}^{I(t)}\alpha_l(t)\mathrm{e}^{\mathrm{j}\left[\theta_l-k_0d_l-2\pi tf_{d,l}(t)\right]}\delta(\tau-\tau_l(t)) \tag{9-36}$$

其中，$I(t)$ 是时刻 t 的多径分量总数，α_l 是第 l 条多径的复振幅，θ_l 是第 l 条多径的相位，$f_{d,l}$ 是第 l 条多径的多普勒频移，τ_l 是第 l 条多径的到达时间。

由于在非几何随机模型中，散射体的位置是未知的，因此多径分量参数随时间的演化就不能用几何随机模型的方法得到。文献[65]提出了一种多径分量的时延和有效到达角随时间演化的近似表示，该理论分析基于镜面反射假设。第 l 条镜面反射的多径分量的几何关系如图 9-8 所示。

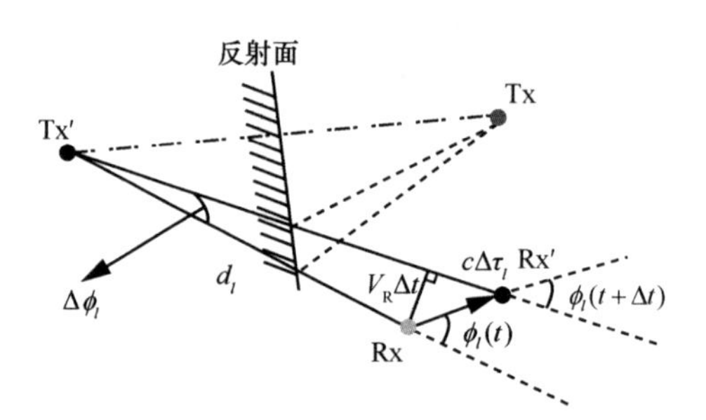

图 9-8　第 l 条镜面反射的多径分量的几何关系

该分析针对车与基站之间的通信信道，因此发射机 Tx（即基站）是静止的，接收机 Rx（即车辆）是移动的。图 9-8 中，d_l 表示第 l 条多径分量的传播距离；ϕ_l 表示第 l 条多径分量的有效到达角，即多径分量到达方向与接收机移动方向之间的夹角。

如图 9-8 所示，对于单次镜面反射，可以将发射机位置投影到反射面另一端，再根据三角形中的几何关系，推导多径分量的时延 τ_l 和角度 ϕ_l 的变化量，即

$$\Delta\tau_l=\frac{\Delta tV_{\mathrm{R}}\cos\phi_l(t)}{c} \tag{9-37}$$

$$\Delta\phi \approx \sin(\Delta\phi) = -\frac{\Delta t V_{\mathrm{R}} \sin\phi_l(t)}{c\tau_l} \tag{9-38}$$

因此，$\Delta\phi_l$ 和 $\Delta\tau_l$ 的比值可以表示为

$$\frac{\Delta\phi_l}{\Delta\tau_l} \approx \frac{c\tan\phi_l(t)}{d_l} \tag{9-39}$$

尽管这些推导基于单次镜面反射，但对于任意次反射，我们总能找到一个对应的发射机的镜面位置，从而找到如图 9-8 所示的三角形。因此，这些推导对于任意次反射都是成立的。并且，$\Delta\phi_l / \Delta\tau_l$ 与 $\tan\phi_l(t)$ 相关，如图 9-9 所示。

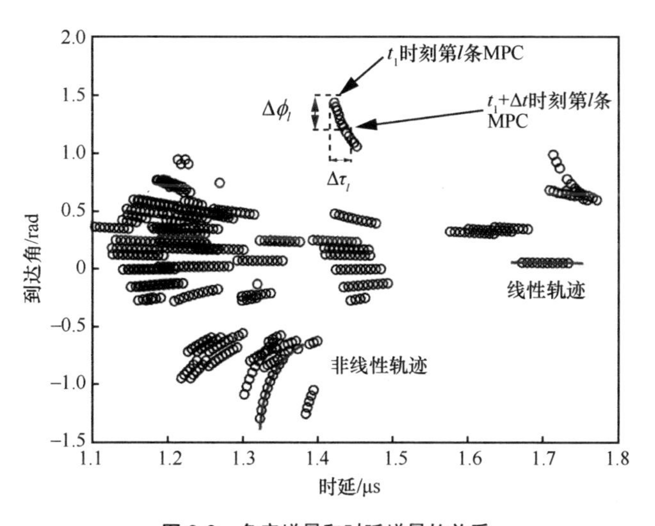

图 9-9　角度增量和时延增量的关系

从图 9-9 中可以观察到，当角度 ϕ_l 接近 0 时，角度增量和时延增量的比值同样接近 0，多径分量变化的轨迹是线性的；当角度 ϕ_l 接近 $\pi/2$ 和 $-\pi/2$ 时，该比值趋近于无穷，$\phi_l(t)$ 的快速变化导致该比值的快速变化，从而形成非线性的变化轨迹。因此，图 9-9 证明了式（9-39）的正确性。

使用式（9-37）和式（9-38），结合由马尔可夫过程描述的多径分量的生成与湮没过程，即可得到时变的非几何随机模型。射线追踪法与非几何随机模型的性能对比如图 9-10 和图 9-11 所示。可以看出，使用非几何随机模型生成的信道具有和射线追踪法接近的统计特性，从而证明了该模型的有效性。

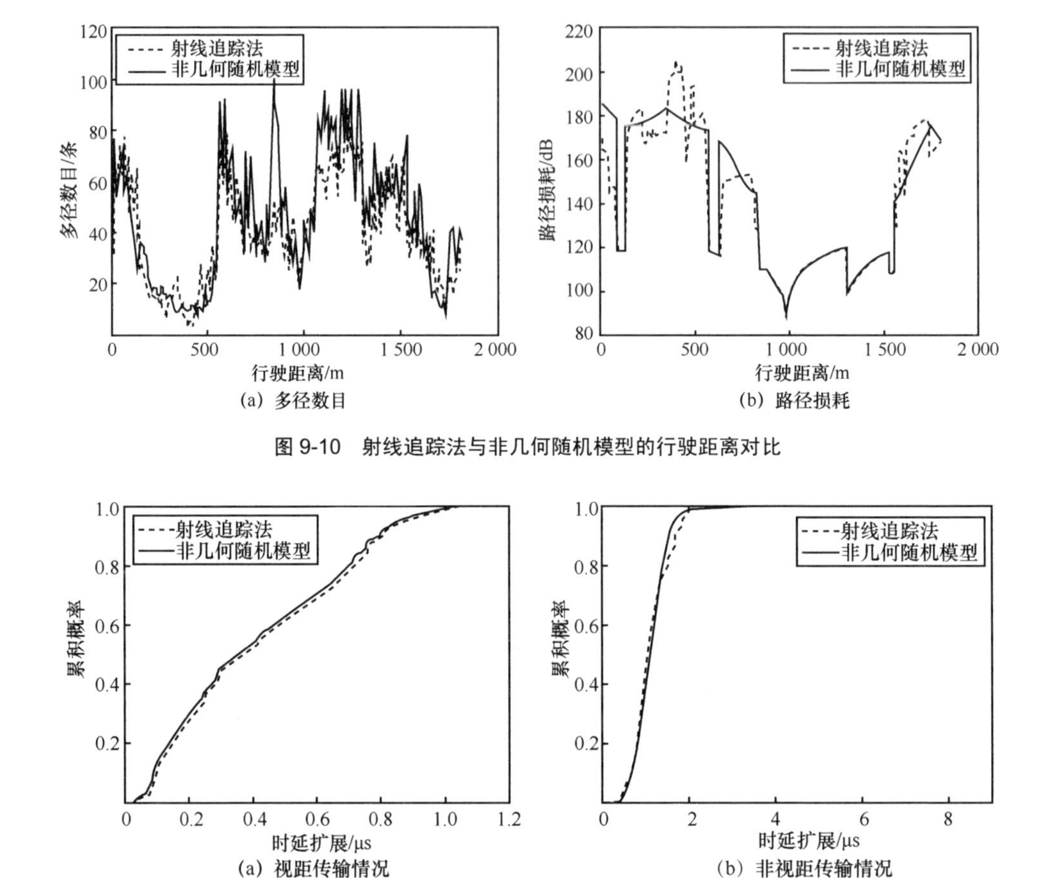

图 9-10 射线追踪法与非几何随机模型的行驶距离对比

图 9-11 射线追踪法和非几何随机模型的时延扩展对比

9.5 本章小结

9.5.1 单输入单输出信道建模

表 9-2 总结了太赫兹频段的确定性方法、统计性方法和混合方法间的优缺点。对于确定性信道建模方法来说，射线追踪法可以用较为适当的计算资源消耗来模拟

电磁波的传播。由于太赫兹频段的电磁波波长较短，电磁波的传播是准光学的，因此像射线追踪法这样的基于几何光学的方法具有较高的精确度[63]。由于在非视距信道中多径信号的影响十分重要，射线追踪法需要准确的漫反射模型，但类似的模型在太赫兹频段还未得到研究。这意味着射线追踪法目前更适用于多径较少的室内信道。其次，对于复杂的小规模结构的研究，时域有限差分法表现出比射线追踪法更强大的能力。然而，尽管时域有限差分法具有更高的精确度，其较低的计算效率使其应用范围受限。因此，时域有限差分法适用于元器件间的信道模拟，如芯片间或芯片上通信仿真。另外，射线追踪法的计算复杂度会随着多径数量的增加而增大，因此在复杂的散射环境中计算资源消耗很大，而时域有限差分法则没有类似问题。

表 9-2　各种信道建模方法的优缺点对比

方法		优点	缺点	应用场景
确定性方法	射线追踪法	精确度较高，计算复杂度适当	需要环境信息和材料信息	室内、室外
	时域有限差分法	精确度极高，对复杂结构的分辨率高	需要环境信息和材料信息，计算资源消耗大	元器件间
统计性方法	冲激响应模型	计算复杂度低，适用范围大	精确度低	室内和室外宽带通信
混合方法	RT-FDTD	精确度高	需要环境信息和材料信息	高频复杂结构
	SRH	精确性和计算复杂度均较好	—	室外
	SSRH	适用范围大	从测量结果中提取参数较困难	多链路通信

与确定性方法相比，统计性方法的计算复杂度低得多。根据信道的统计特性，统计性方法可以适用于一定范围内的传输环境。然而，统计性方法的分析结果与实际测量结果间会存在一定偏差。总之，由于模型生成难度低以及可描述信道特性的统计分布的优点，统计性冲激响应模型被广泛应用于室内和室外移动通信网络的标准化信道中。

为了同时实现高精确度和低计算复杂度，混合建模方法被提出，下面对其进行简单介绍。第一，结合射线追踪法和时域有限差分法的混合方法（RT-FDTD）进一步改进了射线追踪法在面对复杂结构时的精确性，但该混合方法仍具有较高的计算资源消耗，适用于太赫兹频段的室内信道建模。第二，结合统计方法和射线追踪

（Statistical and Ray-Tracing Hybrid，SRH）方法保持了统计方法对信道统计特性的描述，同时在应用于具体场景时也有很好的适用性。因为信道中的主要多径分量是用追踪的方式确定的，所以该方法同时具有低计算复杂度和高精确性。第三，结合随机散射体生成和射线追踪（Stochastic Scatterers-Placement and Ray-Tracing Hybrid，SSRH）方法支持多链路仿真和信道的时间演化。该方法通过散射体的空间统计分布，模拟了电磁波的传播过程，被应用于蜂窝网络的各种场景中，但是，其对典型场景下的信道参数的提取过程更为复杂，且需要大量的测量结果作为支撑[76]。

9.5.2 超密集多输入多输出信道建模

基于射线追踪法的确定性信道建模方法具有精确描述太赫兹波传播过程的能力。由于太赫兹频段的超密集多输入多输出信道的测量仪器十分昂贵且不方便携带，在有些情况下信道测量不可实现，因此能够生成三维时空信道响应的三维射线追踪法被看作代替信道测量的有效工具。

此外，统计性的矩阵式模型可以迅速合成信道矩阵，适用于对超密集多输入多输出信道的分析。例如，独立同分布的瑞利衰落模型代表了理想传播情况，被应用于大规模天线对信道容量、干扰以及信号处理的影响分析中[77]。基于对发射机和接收机具有独立相关性的严格假设，Kronecker 模型描述了信道矩阵的相关特性。VCR 和 Weichselberger 模型体现了电磁波的传播过程和散射体在发射端和接收端的耦合效应，因此这两种模型又被称为基于传播的模型或基于耦合的模型。相比基于信道相关性的模型，基于传播或耦合的模型能够反映不同的传播环境的影响。除矩阵式模型外，参考天线模型是另一种重要的统计性模型。根据天线阵列模式，通过在统计性单输入单输出信道的基础上施加每条子信道的相移，参考天线模型可以合成超密集多输入多输出信道的信道矩阵。该模型常被应用于系统级分析，包括多基站和多用户终端的分析等。

SSRH 结合了统计方法和射线追踪法，被应用于基于簇的多径模型，如 COST2100。该方法的核心思想是产生传播环境的虚拟地图，即根据响应的概率分布函数，在随机位置放置散射体。通过不同散射体位置的概率分布函数，SSRH 可以适用于各种环境，体现各种传播效应。此外，由于虚拟地图与移动终端无关，且在一次仿真中是不变的，SSRH 支持对移动性变化信道的连续性仿真模拟。对比来看，统计性的空域冲激响应模型在每个时刻随机生成多径信号的参数，使信道特性不连续。为了体现不同链路间的相关性，SSRH 中定义了多链路间的公共散射体。SSRH 的另一个优点在于，由于每个散射体以及天线的位置都是已知的，因此可以很方便地计算近场情况下每条径的相移。

参考文献

[1] HAN C, CHEN Y. Propagation modeling for wireless communications in the terahertz band[J]. IEEE Communications Magazine, 2018, 56(6): 96-101.

[2] AKYILDIZ I F, JORNET J M. Realizing ultra-massive MIMO (1024 × 1024) communication in the (0.06-10) Terahertz band[J]. Nano Communication Networks, 2016, 8: 46-54.

[3] ZHAO Y, HAO Y, PARINI C. FDTD characterization of UWB indoor radio channel including frequency dependent antenna directivities[J]. IEEE Antennas and Wireless Propagation Letters, 2007, 6: 191-194.

[4] SON H W, MYUNG N H. A deterministic ray tube method for microcellular wave propagation prediction model[J]. IEEE Transactions on Antennas and Propagation, 1999, 47(8): 1344-1350.

[5] YANG C F, WU B C, KO C J. A ray-tracing method for modeling indoor wave propagation and penetration[J]. IEEE Transactions on Antennas and Propagation, 1998, 46(6): 907-919.

[6] YEE K S. Numerical solution of initial boundary value problems involving Maxwell's equations in isotropic media[J]. IEEE Transactions on Antennas and Propagation, 1966, 14(3): 302-307.

[7] CHOI Y, CHOI J W, CIOFFI J M. A geometric-statistic channel model for THz indoor communications[J]. Journal of Infrared, Millimeter, and Terahertz Waves, 2013, 34(7): 456-467.

[8] SAMIMI M K, RAPPAPORT T S. 3D statistical channel model for millimeter-wave outdoor mobile broadband communications[C]//Proceedings of 2015 IEEE International Conference on Communications (ICC). Piscataway: IEEE Press, 2015: 2430-2436.

[9] SALEH A A M, VALENZUELA R. A statistical model for indoor multipath propagation[J]. IEEE Journal on Selected Areas in Communications, 1987, 5(2): 128-137.

[10] SMULDERS P. Statistical characterization of 60 GHz indoor radio channels[J]. IEEE Transactions on Antennas and Propagation, 2009, 57(10): 2820-2829.

[11] CHONG C C, TAN C M, LAURENSON D I, et al. A new statistical wideband spa-

tio-temporal channel model for 5 GHz band WLAN systems[J]. IEEE Journal on Selected Areas in Communications, 2003, 21(2): 139-150.

[12] AZZAOUI N, CLAVIER L. Statistical channel model based on α-stable random processes and application to the 60 GHz ultra wide band channel[J]. IEEE Transactions on Communications, 2010, 58(5): 1457-1467.

[13] MOLISCH A F, FOERSTER J R, PENDERGRASS M. Channel models for ultrawideband personal area networks[J]. IEEE Wireless Communications, 2003, 10(6): 14-21.

[14] SARKAR T K, JI Z, KIM K, et al. A survey of various propagation models for mobile communication[J]. IEEE Antennas and Propagation Magazine, 2003, 45(3): 51-82.

[15] GOLDSMITH A. Wireless communications[M]. Cambridge: Cambridge University Press, 2005.

[16] HAN C, BICEN A, AKYILDIZ I F. Multi-ray channel modeling and wideband characterization for wireless communications in the terahertz band[J]. IEEE Transactions on Wireless Communications, 2015, 14(5): 2402-2412.

[17] TAFLOVE A, HAGNESS S C. Computational electrodynamics: the finite-difference time-domain method. 2nd ed[R]. 2000.

[18] WANG Y, SAFAVI-NAEINI S, CHAUDHURI S K. A hybrid technique based on combining ray tracing and FDTD methods for site-specific modeling of indoor radio wave propagation[J]. IEEE Transactions on Antennas and Propagation, 2000, 48(5): 743-754.

[19] HAN C, AKYILDIZ I F. Three-dimensional end-to-end modeling and analysis for graphene-enabled terahertz band communications[J]. IEEE Transactions on Vehicular Technology, 2017, 66(7): 5626-5634.

[20] NG K H, TAMEH E K, NIX A R. Modeling and performance prediction for multiple antenna systems using enhanced ray tracing[C]//Proceedings of IEEE Wireless Communications and Networking Conference. Piscataway: IEEE Press, 2005: 933-937.

[21] LI K H, INGRAM M A, VAN N A. Impact of clustering in statistical indoor propagation models on link capacity[J]. IEEE Transactions on Communications, 2002, 50(4): 521-523.

[22] SPENCER Q H, JEFFS B D, JENSEN M A, et al. Modeling the statistical time and angle of arrival characteristics of an indoor multipath channel[J]. IEEE Journal on Selected Areas in Communications, 2000, 18(3): 347-360.

[23] PRIEBE S, JACOB M, KUERNER T. AoA, AoD and ToA characteristics of scattered multipath clusters for THz indoor channel modeling[C]//Wireless Conference-sustainable Wireless Technologies. Piscataway: IEEE Press, 2011: 1-9.

[24] GUSTAFSON C, HANEDA K, WYNE S, et al. On mm-wave multipath clustering and channel modeling[J]. IEEE Transactions on Antennas and Propagation, 2014, 62(3): 1445-1455.

[25] PARK J H, KIM Y, HUR Y S, et al. Analysis of 60 GHz band indoor wireless channels with

channel configurations[C]//Proceedings of Ninth IEEE International Symposium on Personal, Indoor and Mobile Radio Communications. Piscataway: IEEE Press, 1998: 617-620.
[26] KUNISCH J, ZOLLINGER E, PAMP J, et al. MEDIAN 60 GHz wideband indoor radio channel measurements and model[C]//Proceedings of 50th Vehicular Technology Conference. Piscataway: IEEE Press, 1999: 2393-2397.
[27] YongSK.TG3C channel modeling subcommittee final report[R]. 2007.
[28] PRIEBE S, KURNER T. Stochastic modeling of THz indoor radio channels[J]. IEEE Transactions on Wireless Communications, 2013, 12(9): 4445-4455.
[29] AKDENIZ M R, LIU Y P, SAMIMI M K, et al. Millimeter wave channel modeling and cellular capacity evaluation[J]. IEEE Journal on Selected Areas in Communications, 2014, 32(6): 1164-1179.
[30] KERMOAL J P, SCHUMACHER L, PEDERSEN K I, et al. A stochastic MIMO radio channel model with experimental validation[J]. IEEE Journal on Selected Areas in Communications, 2002, 20(6): 1211-1226.
[31] SVANTESSON T, WALLACE J W. Tests for assessing multivariate normality and the covariance structure of MIMO data[C]//Proceedings of 2003 IEEE International Conference on Acoustics, Speech, and Signal Processing. Piscataway: IEEE Press, 2003: IV-656.
[32] YING D W, VOOK F W, THOMAS T A, et al. Kronecker product correlation model and limited feedback codebook design in a 3D channel model[C]//Proceedings of 2014 IEEE International Conference on Communications (ICC). Piscataway: IEEE Press, 2014: 5865-5870.
[33] SAYEED A M. Deconstructing multiantenna fading channels[J]. IEEE Transactions on Signal Processing, 2002, 50(10): 2563-2579.
[34] WEICHSELBERGER W, HERDIN M, OZCELIK H, et al. A stochastic MIMO channel model with joint correlation of both link ends[J]. IEEE Transactions on Wireless Communications, 2006, 5(1): 90-100.
[35] WALLACE J W, JENSEN M A. Modeling the indoor MIMO wireless channel[J]. IEEE Transactions on Antennas and Propagation, 2002, 50(5): 591-599.
[36] RAPPAPORT T S, SUN S, MAYZUS R, et al. Millimeter wave mobile communications for 5G cellular[J]. IEEE Access, 2013, 1:335-349.
[37] SAMIMI M K, RAPPAPORT T S. Ultra-wideband statistical channel model for non-line of sight millimeter-wave urban channels[C]//Proceedings of 2014 IEEE Global Communications Conference. Piscataway: IEEE Press, 2014: 3483-3489.
[38] ABADAL S, HAN C, JORNET J M. Wave propagation and channel modeling in chip-scale wireless communications: a survey from millimeter-wave to terahertz and optics[J]. IEEE Access, 2019, 8: 278-293.
[39] ABADAL S, ALARCÓN E, CABELLOS-APARICIO A, et al. Graphene-enabled wireless

communication for massive multicore architectures[J]. IEEE Communications Magazine, 2013, 51(11): 137-143.

[40] AKYILDIZ I F, JORNET J M, HAN C. Terahertz band: next frontier for wireless communications[J]. Physical Communication, 2014, 12: 16-32.

[41] JORNET J M, AKYILDIZ I F. Graphene-based plasmonic nano-antenna for terahertz band communication in nanonetworks[J]. IEEE Journal on Selected Areas in Communications, 2013, 31(12): 685-694.

[42] SENGUPTA K, NAGATSUMA T, MITTLEMAN D M. Terahertz integrated electronic and hybrid electronic–photonic systems[J]. Nature Electronics, 2018, 1(12): 622-635.

[43] SILES J V, COOPER K B, LEE C, et al. A new generation of room-temperature frequency-multiplied sources with up to 10 × higher Output Power in the 160 GHz–1.6 THz Range[J]. IEEE Transactions on Terahertz Science and Technology, 2018, 8(6): 596-604.

[44] NAFARI M, AIZIN G R, JORNET J M. Plasmonic HEMT terahertz transmitter based on the Dyakonov-Shur instability: performance analysis and impact of nonideal boundaries[J]. Physical Review Applied, 2018, 10(6): 064025.

[45] MATOLAK D W, KAYA S, KODI A. Channel modeling for wireless networks-on-chips[J]. IEEE Communications Magazine, 2013, 51(6): 180-186.

[46] CHEN Y, HAN C. Channel modeling and characterization for wireless networks-on-chip communications in the millimeter wave and terahertz bands[J]. IEEE Transactions on Molecular, Biological and Multi-Scale Communications, 2019, 5(1): 30-43.

[47] CHANG P C Y, WALKER J G, HOPCRAFT K I. Ray tracing in absorbing media[J]. Journal of Quantitative Spectroscopy and Radiative Transfer, 2005, 96(3/4): 327-341.

[48] ZHANG Y P, CHEN Z M, SUN M. Propagation mechanisms of radio waves over intra-chip channels with integrated antennas: frequency-domain measurements and time-domain analysis[J]. IEEE Transactions on Antennas and Propagation, 2007, 55(10): 2900-2906.

[49] TIMONEDA X, ABADAL S, CABELLOS-APARICIO A, et al. Millimeter-wave propagation within a computer chip package[C]//Proceedings of 2018 IEEE International Symposium on Circuits and Systems (ISCAS). Piscataway: IEEE Press, 2018: 1-5.

[50] YAN L P, HANSON G W. Wave propagation mechanisms for intra-chip communications[J]. IEEE Transactions on Antennas and Propagation, 2009, 57(9): 2715-2724.

[51] CHEN Y, HAN C. Channel modeling and analysis for wireless networks-on-chip communications in the millimeter wave and terahertz bands[C]//Proceedings of IEEE INFOCOM 2018 - IEEE Conference on Computer Communications Workshops (INFOCOM WKSHPS). Piscataway: IEEE Press, 2018: 651-656.

[52] FERRARI A C, BONACCORSO F, FALKO V, et al. Science and technology roadmap for graphene, related two-dimensional crystals, and hybrid systems[J]. Nanoscale, 2015, 7(11):

4598-4810.
[53] GONÇALVES P A D, PERES N M R. An introduction to graphene plasmonics[J]. arXiv Preprint,arXiv: 1609.04450, 2016.
[54] JORNET J M, AKYILDIZ I F. Graphene-based plasmonic nano-transceiver for terahertz band communication[C]//Proceedings of 8th European Conference on Antennas and Propagation (EuCAP 2014). Piscataway: IEEE Press, 2014: 492-496.
[55] BHARDWAJ S, NAHAR N K, RAJAN S, et al. Numerical analysis of terahertz emissions from an ungated HEMT using full-wave hydrodynamic model[J]. IEEE Transactions on Electron Devices, 2016, 63(3): 990-996.
[56] SENSALE-RODRIGUEZ B, YAN R S, KELLY M M, et al. Broadband graphene terahertz modulators enabled by intraband transitions[J]. Nature Communications, 2012, 3: 780.
[57] SINGH P K, AIZIN G, THAWDAR N, et al. Graphene-based plasmonic phase modulator for Terahertz-band communication[C]//Proceedings of 2016 10th European Conference on Antennas and Propagation (EuCAP). Piscataway: IEEE Press, 2016: 1-5.
[58] LEE S B, ZHANG L X, CONG J, et al. A scalable micro wireless interconnect structure for CMPs[C]//Proceedings of the 15th Annual International Conference on Mobile Computing and Networking - MobiCom'09. New York: ACM Press, 2009: 1-10.
[59] CHEN Y, CAI X Z, HAN C. Wave propagation modeling for mmWave and terahertz wireless networks-on-chip communications[C]//Proceedings of 2019 IEEE International Conference on Communications (ICC). Piscataway: IEEE Press, 2019: 1-6.
[60] HORIZON 2020 Work Programme. Smart, green and integrated transport revised[R]. 2014.
[61] YI H F, GUAN K, HE D P, et al. Characterization for the vehicle-to-infrastructure channel in urban and highway scenarios at the terahertz band[J]. IEEE Access, 2019, 7: 166984-166996.
[62] MUMTAZ S, MIQUEL J J, AULIN J, et al. Terahertz communication for vehicular networks[J]. IEEE Transactions on Vehicular Technology, 2017, 66(7): 5617-5625.
[63] GUAN K, LI G K, KURNER T, et al. On millimeter wave and THz mobile radio channel for smart rail mobility[J]. IEEE Transactions on Vehicular Technology, 2017, 66(7): 5658-5674.
[64] GUAN K, AI B, PENG B L, et al. Scenario modules, ray-tracing simulations and analysis of millimeter wave and terahertz channels for smart rail mobility[J]. IET Microwaves, Antennas & Propagation, 2018, 12(4): 501-508.
[65] CHEN Y, HAN C. Time-varying channel modeling for low-terahertz urban vehicle-to-infrastructure communications[C]//Proceedings of 2019 IEEE Global Communications Conference (GLOBECOM). Piscataway: IEEE Press, 2019: 1-6.
[66] YUAN Y, WANG C X, HE Y J, et al. 3D wideband non-stationary geometry-based stochastic models for non-isotropic MIMO vehicle-to-vehicle channels[J]. IEEE Transactions on Wireless Communications, 2015, 14(12): 6883-6895.

[67] JIANG H, ZHANG Z C, WU L, et al. A 3D non-stationary wideband geometry-based channel model for MIMO vehicle-to-vehicle communications in tunnel environments[J]. IEEE Transactions on Vehicular Technology, 2019, 68(7): 6257-6271.

[68] BI Y M, ZHANG J H, ZHU Q M, et al. A novel non-stationary high-speed train (HST) channel modeling and simulation method[J]. IEEE Transactions on Vehicular Technology, 2019, 68(1): 82-92.

[69] JIANG H, ZHANG Z C, WU L, et al. A non-stationary geometry-based scattering vehicle-to-vehicle MIMO channel model[J]. IEEE Communications Letters, 2018, 22(7): 1510-1513.

[70] WANG C X, GHAZAL A, AI B, et al. Channel measurements and models for high-speed train communication systems: a survey[J]. IEEE Communications Surveys & Tutorials, 2016, 18(2): 974-987.

[71] LÓPEZ C F, WANG C X. Novel 3D non-stationary wideband models for massive MIMO channels[J]. IEEE Transactions on Wireless Communications, 2018, 17(5): 2893-2905.

[72] WU S B, WANG C X, AGGOUNE E H M, et al. A non-stationary 3D wideband twin-cluster model for 5G massive MIMO channels[J]. IEEE Journal on Selected Areas in Communications, 2014, 32(6): 1207-1218.

[73] ZHU Q M, YANG Y, CHEN X M, et al. A novel 3D non-stationary vehicle-to-vehicle channel model and its spatial-temporal correlation properties[J]. IEEE Access, 2018, 6: 43633-43643.

[74] CHANG H T, BIAN J, WANG C X, et al. A 3D non-stationary wideband GBSM for low-altitude UAV-to-ground V2V MIMO channels[J]. IEEE Access, 2019, 7: 70719-70732.

[75] LIN S Y, ZHONG Z D, CAI L, et al. Finite state Markov modeling for high speed railway wireless communication channel[C]//Proceedings of 2012 IEEE Global Communications Conference (GLOBECOM). Piscataway: IEEE Press, 2012: 5421-5426.

[76] LIU L F, OESTGES C, POUTANEN J, et al. The COST 2100 MIMO channel model[J]. IEEE Wireless Communications, 2012, 19(6): 92-99.

[77] MARZETTA T L. Noncooperative cellular wireless with unlimited numbers of base station antennas[J]. IEEE Transactions on Wireless Communications, 2010, 9(11): 3590-3600.

第 10 章

信道测量

作为通信系统关键参数设计的重要物理基础，太赫兹波的传播特性（包括大小尺度衰减、相干带宽、多普勒效应等）需被深刻了解，以刻画太赫兹信道的传播模型、开发信道仿真软件，而信道测量则是实现上述目标公认的支撑基础和重要手段。太赫兹波的独特传播特性、太赫兹天线的窄波束特性以及应用场景，导致太赫兹频段的信道测量相对于低频段具有更高的指标要求。本章介绍 3 种太赫兹信道测量方法，并总结现有的太赫兹信道测量系统。

作为通信系统关键参数设计的重要物理基础，太赫兹波的传播特性（包括大小尺度衰减、相干带宽、多普勒效应等）需被深刻了解，以刻画太赫兹信道的传播模型、开发信道仿真软件，而信道测量则是实现上述目标公认的支撑基础和重要手段。本章将介绍 3 种太赫兹信道测量方法并总结现有的太赫兹信道测量系统。

10.1 太赫兹信道测量概述

太赫兹波的独特传播特性、太赫兹天线的窄波束特性以及应用场景，导致太赫兹频段的信道测量相对于低频段具有更高的指标要求，如图 10-1 所示。第一，太赫兹信道测量频率要求更高，测量频率最高可达到 1 THz。第二，太赫兹信道测量对测量带宽要求更高。太赫兹频段的可利用带宽达到数十吉赫兹，远远高于毫米波以及厘米波通信系统。太赫兹信道测量系统单次测量带宽需至少应达到 30 GHz。第三，太赫兹信道测量对测量系统的动态范围以及灵敏度要求更高。太赫兹波的高路径损耗要求信道测量系统具有高灵敏度以探测更大路径损耗的多径信号。太赫兹波的高反射损耗使太赫兹波的多径信号之间的强度差异更大，需要更大的动态范围来捕捉多径信号。第四，太赫兹信道测量对测量系统的速度要求更高。太赫兹波的波长较短，信道相干时间更短（小于 0.6 ms），在动态信道测量下与低频信号相比需要在相同时间内完成更多次的信道测量。第五，太赫兹信道测量对测量系统的收发距离要求更高。因为太赫兹通信场景的差异性，测量系统要具有近距离（不到 1 m）、短距离（室内，收发距离小于 10 m）和远距离（室外，收发距离大于 100 m）的信道测量能力。

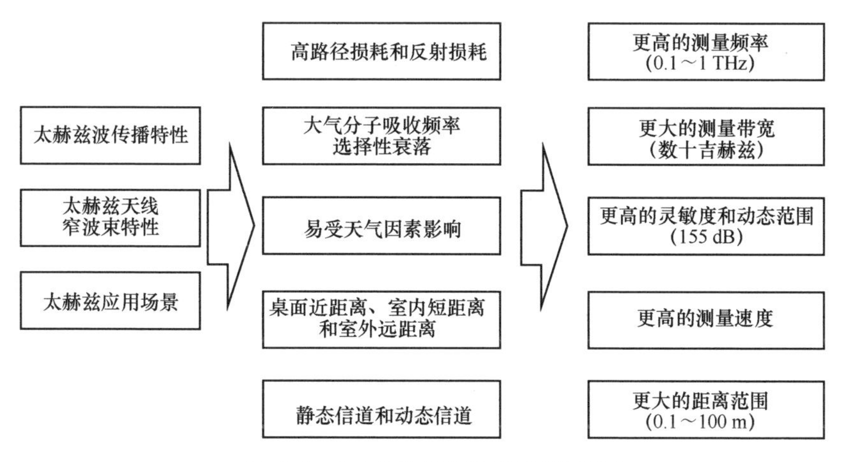

图 10-1　太赫兹信道测量仪器的指标要求

10.2　室内信道测量

10.2.1　基于矢量网络分析仪的信道测量与信道测量系统

基于矢量网络分析仪的频域信道测量原理基于线性信号系统的单频特性。发射端发射频率为 f_c 的单载波 $x(t)=e^{j2\pi f_c t}$，接收信号与发射信号的比值为该线性系统在该频率的频谱响应 $H(f_c)$，则有

$$y(t)=\int h(\tau)x(t-\tau)d\tau=\int h(\tau)e^{j2\pi f_c(t-\tau)}d\tau=H(f_c)x(t) \tag{10-1}$$

因此，通过连续发射不同频率的单载波信号，在频域上对信道进行扫描，可得到信道在该频段的频谱响应 $H(f)$。由于信道的时域和频域互为傅里叶变换关系，对得到的频域响应做傅里叶逆变换，即可得到信道的时域冲激函数 $h(t)$ 为

$$h(t)=\mathcal{F}^{-1}(H(f)) \tag{10-2}$$

硬件结构上，频域信道测量模块主要由太赫兹倍频器、谐波混频器、太赫兹天线、矢量网络分析仪组成。太赫兹发射链路采用倍频方案，输入端为矢量网络分析仪的 S_1 端口，经过太赫兹倍频器倍频到太赫兹频段；接收链路采用混频方案，接收信号经过谐波混频器后下变频至中频，输出到矢量网络分析仪的 S_2 端口，完成宽频带频域信道测量与分析。频域信道测量模块架构如图 10-2 所示。

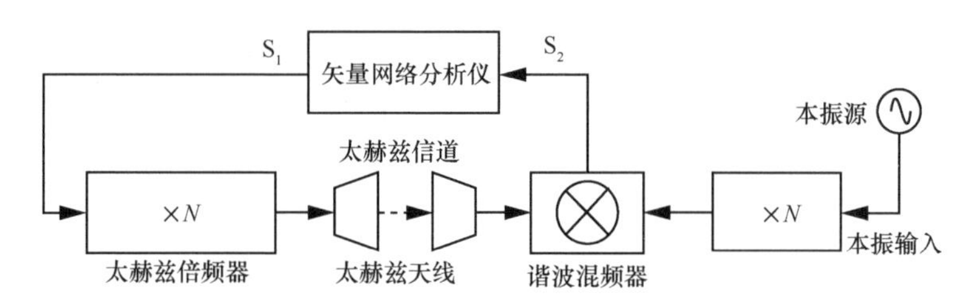

图 10-2　频域信道测量模块架构

下面介绍一些基于矢量网络分析仪的太赫兹信道测量系统。

1. 华为 140 GHz 信道测量系统

华为 140 GHz 信道测量系统包含 140 GHz 传输系统和矢量网络分析仪[1]。矢量网络分析仪的频带宽度为 130～140 GHz。测量系统的时域分辨率为 76.9 ps，对应的空间分辨率为 2.3 cm。频域采样间隔为 10 MHz，因此可记录的最大时延为 100 ns，对应的路径长度为 30 m。其发射天线的主瓣宽度为 30°，增益为 15 dBi，接收天线的主瓣宽度为 10°，增益为 25 dBi。发射端和接收端都安装在云台上，可实现水平方向 0°～360°旋转，仰角 0°～30°旋转。表 10-1 介绍了该测量系统的详细参数。

表 10-1　华为 140 GHz 信道测量系统参数

参数	符号	参数值
起始频率/GHz	f_{start}	130
截止频率/GHz	f_{stop}	143
带宽/GHz	B_w	13
抽样点数	N	1 301
抽样频率间隔/MHz	Δf	10

（续表）

参数	符号	参数值
平均噪声门限/dBm	P_{N}	−120
测试信号功率/mW	P_{in}	1
发射机半功率波束宽度	$\mathrm{HPBW}^{\mathrm{Tx}}$	30°
接收机半功率波束宽度	$\mathrm{HPBW}^{\mathrm{Rx}}$	10°
发射天线增益/dBi	G_{t}	15
接收天线增益/dBi	G_{r}	25
时域分辨率/ps	Δt	76.9
空间分辨率/cm	ΔL	2.3
最大时延/ns	τ_{m}	100
最大路径长度/m	L_{m}	30

140 GHz 频段的太赫兹信道测量在一个典型会议室场景中开展，如图 10-3 所示。

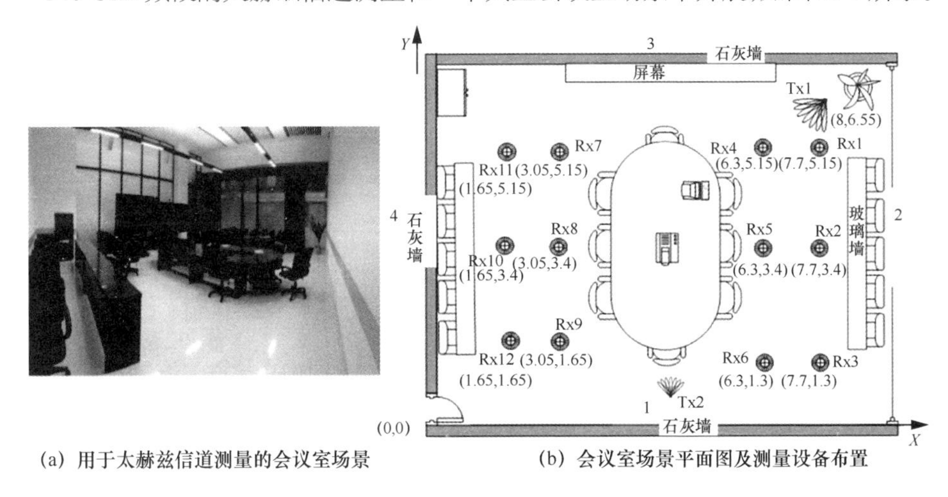

(a) 用于太赫兹信道测量的会议室场景　　(b) 会议室场景平面图及测量设备布置

图 10-3　太赫兹信道测量的会议室场景和设备布置

该会议室长 10.15 m，宽 7.9 m，高 4 m。会议室中心放置了一个高 0.77 m、长 4.8 m、宽 1.9 m 的圆桌，围绕该圆桌放置 8 个椅子。如图 10-3（b）所示，发射机位置有两个，接收机位置有 12 个。本节实验共进行两次测量，第一次测量中，发射机位于 Tx1，接收机位于 Rx1～Rx4 和 Rx6～Rx10；第二次测量中，发射机位于 Tx2，接收机位于 Rx1～Rx12。测量结果如下。

（1）路径损耗

通过两次信道测量，信号传播的路径损耗（PL）被提取出来，并使用 CI（Close-In）自由空间参考距离模型（简称 CI 模型），进行拟合。CI 模型的 PL 表达式为

$$\mathrm{PL}^{\mathrm{CI}}[\mathrm{dB}]=10\mathrm{PLE}\times\lg\left(\frac{d}{d_0}\right)+\mathrm{FSPL}(d_0)+X_\sigma \tag{10-3}$$

其中，PLE（Path Loss Exponent）是路径损耗指数；d 是发射机和接收机之间的距离；d_0 是参考距离，在本次测量中，d_0=1 m；FSPL(d_0) 是距离 d_0 处的自由空间损耗值；X_σ 是零均值高斯随机变量，其标准差为 σ_{SF}，代表阴影衰落的影响。本次测量中，PLE=1.75，σ_{SF}=3.44 dB，路径损耗测量结果如图 10-4 所示。

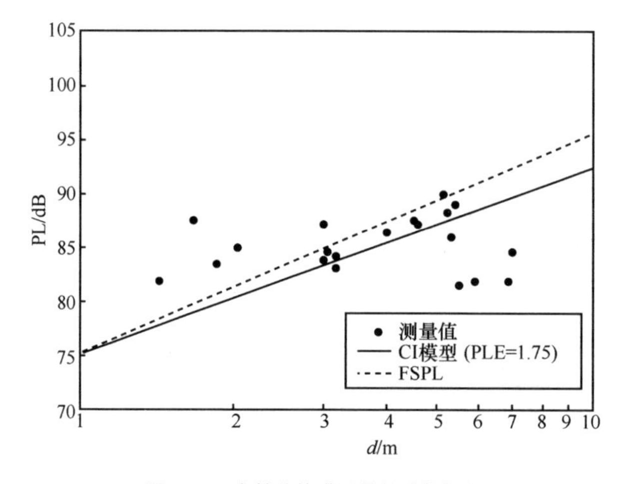

图 10-4 太赫兹信道测量的路径损耗

（2）反射损耗

单次反射、两次反射和三次反射路径的路径损耗的累积分布函数如图 10-5 所示。3 种路径的平均路径损耗分别为 124.2 dB、129.5 dB 和 138.6 dB。该结果表明单次反射的额外损耗介于 6～9 dB，这和该测量场景中干燥墙面的相对介电常数（$\varepsilon_{\mathrm{r}}=6.4$）的结果基本一致。

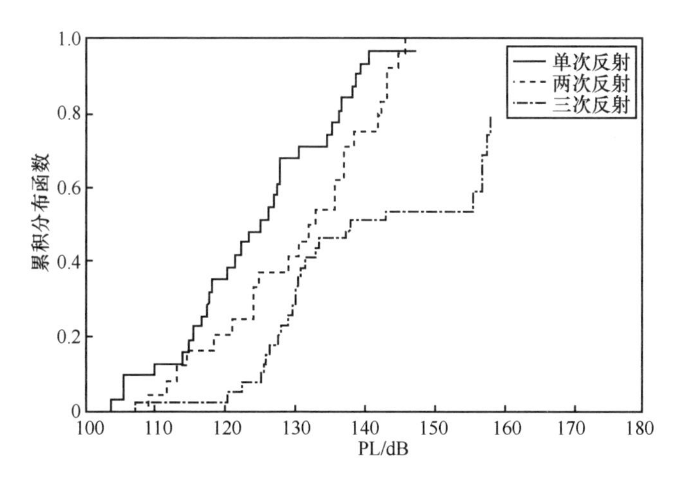

图 10-5 反射路径的路径损耗的累积分布函数

（3）太赫兹信道的空时特性

本节通过信道数据提取了太赫兹室内信道的空时特性，如表 10-2 所示，包括簇的数量 N、莱斯因子 K、时延扩展 DS 、角度扩展 AS 和墙面反射径与非墙面反射径的功率比值 R_{W} 。进一步地，对于 N、K 、DS 、AS 和 R_{W} ，使用对数正态分布进行拟合，第一次测量、第二次测量和两次测量结果结合的拟合参数如表 10-3 所示。可以观察到，两次测量结果的拟合参数没有太大差别，说明两次测量中的信道统计特性是一致的。

表 10-2 太赫兹室内信道的空时特性

Tx	Rx	d /m	N	K	DS /ns	AS	R_{W}
1	1	1.43	15	28.10	6.02	29.48°	2.32
	2	3.16	14	27.88	3.63	35.36°	1.89
	3	5.26	16	11.90	3.94	51.55°	21.92
	4	2.20	15	48.80	6.54	27.56°	1.87
	6	5.52	8	18.03	2.35	34.76°	144.15
	7	5.14	10	8.59	11.15	40.50°	5.53
	8	5.87	7	56.43	2.54	20.98°	134.11
	9	6.97	7	13.67	4.39	45.56°	10.20
	10	7.12	5	10.88	7.15	41.12°	2.12

（续表）

Tx	Rx	d /m	N	K	DS /ns	AS	R_W
2	1	5.28	6	6.01	8.58	60.88°	61.34
	2	3.97	8	36.27	4.48	29.63°	0.86
	3	3.04	13	12.91	4.60	43.23°	35.59
	4	4.63	10	7.47	5.90	55.94°	47.23
	5	3.05	12	30.51	6.74	30.62°	14.90
	6	1.68	10	35.14	4.90	29.16°	1.14
	7	4.65	9	8.85	4.88	49.06°	43.29
	8	3.08	8	31.89	4.93	29.04°	67.46
	9	1.86	11	326.94	1.79	10.78°	4.14
	10	4.01	6	22.28	3.76	30.28°	128.41
	11	5.34	6	18.90	3.39	33.05°	68.71
	12	3.17	8	19.56	2.85	33.49°	88.71

表 10-3　太赫兹空时特性的对数正态分布拟合参数

测量	μ_N	σ_N	μ_K	σ_K	μ_{DS}	σ_{DS}	μ_{AS}	σ_{AS}	μ_{R_W}	σ_{R_W}
第一次测量	2.30	0.40	3.01	0.63	1.55	0.48	3.56	0.26	2.21	1.66
第二次测量	2.16	0.26	3.12	1.00	1.48	0.39	3.51	0.43	3.10	1.64
两次测量结合	2.22	0.33	3.07	0.86	1.51	0.43	3.53	0.37	2.72	1.71

2. 南加州大学 140 GHz 光纤扩展远距离信道测量系统

由于矢量网络分析仪的信道测量系统中收发两端的中频信号和本振信号需要由传输线连接到矢量网络分析仪，其信道测量距离被大大限制。其中，中频信号频率较低，长传输线引起的衰减较小；而本振信号频率较高，长传输线会引起很大的衰减。因此南加州大学研究团队采用光纤扩展的办法，使发射机和矢量网络分析仪保持连接，而接收端采用光纤与矢量网络分析仪进行连接以传输本振信号，使原本 8～10 m 的传输距离增加到 100 m，克服了矢量网络分析仪的传输距离的劣势[2]。该系统的测量频率为 140 GHz，测量频率范围为 141～148.5 GHz，动态范围达到 146 dB。阿尔托大学 Katsuyuki Haneda 教授的研究团队也采用类似的方法，利用光纤对 140 GHz 信道测量系统进行扩展，使信道测量的直线距离增大到 200 m [3-4]。

3. 南加州大学 140～220 GHz 室内信道测量系统

该测量系统为南加州大学 140 GHz 光纤扩展远距离信道测量系统的改进版本。矢量网络分析仪为 Keysight Technologies（N5247A），通过对 11.67～18.33 GHz 的本振信号进行十二倍频，实现了 140～220 GHz 的 80 GHz 超大带宽的频谱扫描[5]。其中，中频信号为 279 MHz，带宽为 500 Hz，每次扫描采样 5 000 个频点，频域分辨率为 16 MHz，能测量最大路径长度为 18.75　m 的多径信号。

4. 电子科技大学 220 GHz 信道测量系统

电子科技大学抗干扰国家重点实验室搭建了 220 GHz 太赫兹传输系统，其发射端为信号发生器，天线发射的信号频率范围为 200～240 GHz，中心频率为 220 GHz，带宽为 40 GHz，极化方向包括共极化和交叉极化。收发端天线在 200～240 GHz 频段的增益为 51 dB，主波瓣宽度为 0.15°。接收端为频谱分析仪，可以测量接收信号在不同频率的强度。收发天线搭载在自动化控制的机械云台上，云台最大旋转速度为水平 9°/s～45°/s，俯仰 5.4°/s～27°/s。云台的旋转角度范围为水平 0°～360°，俯仰−30°～30°。云台旋转定位精度为 0.05°。测量系统如图 10-6 所示。

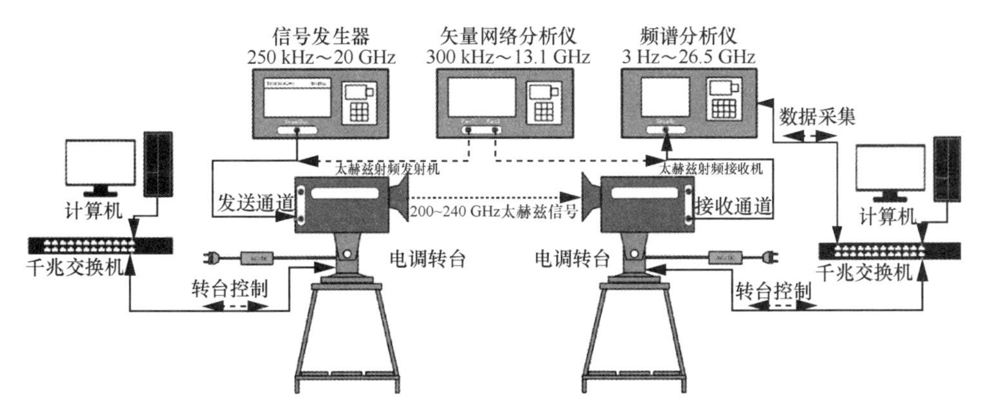

图 10-6　电子科技大学 220 GHz 信道测量系统

5. 德国布伦瑞克工业大学 300 GHz 电波特性测量系统

德国布伦瑞克工业大学所研发的300 GHz的电波特性测量系统主要包括300 GHz传输系统和罗德与施瓦茨的矢量网络分析仪[6]，该系统如图 10-7 所示。罗德与施瓦茨的矢量网络分析仪产生基带测试信号，次谐波肖特基二极管混频器将基带测试信号上变频到 300 GHz 进行传输，并在 Rx 处下变频。完全相位相干对于矢量网络是必要的。介质振荡器产生的公共本地振荡器信号被成倍增加，然后在 Tx 和 Rx 处被馈送到次谐波混频器。这种利用矢量网络分析仪与上下变频器相结合的测量系统较为灵活，在其他的高频测量系统中也很常见，如 UPC 的 94 GHz 的测量设备。该信道测量系统的详细参数如表 10-4 所示。

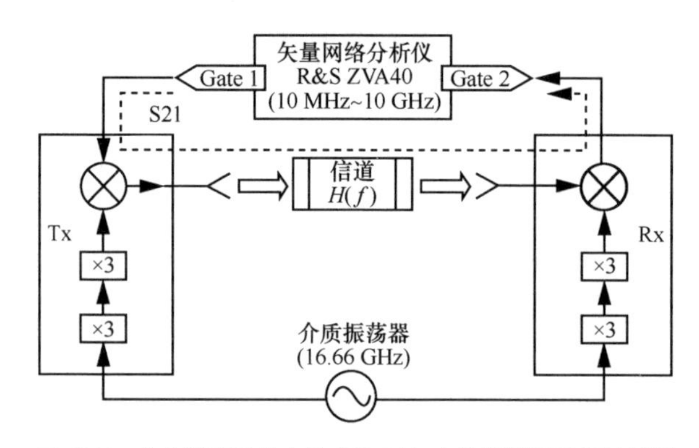

图 10-7　布伦瑞克工业大学 300 GHz 电波特性测量系统配置

表 10-4　布伦瑞克工业大学 300 GHz 电波特性测量系统详细参数

参数	符号	数值
频域采样点	N	801
中频滤波器带宽/kHz	Δf_{IF}	10
平均背景噪声/dBm	P_{N}	−113.97
测试信号功率/dBm	P_{in}	−5
起始频率/MHz	f_{start}	10
终止频率/GHz	f_{stop}	10
测量带宽/GHz	B	9.99
时域分辨率/ns	Δt	0.1
最大时延/s	τ_{m}	80

6. 佐治亚理工学院太赫兹信道测量系统

佐治亚理工学院 Zajic 教授领导的研究小组采用安捷伦 N5224A 矢量网络分析

仪，以及安普生 Tx210 和 Rx148 收发机组成信道测量系统，如图 10-8 所示[7-9]。其本振信号频率为 25 GHz，通过两次上变频为 300 GHz，再与矢量网络分析仪的基带测试信号混频。其测量带宽可达 20 GHz，提供 0.067 ns 的时域分辨率，优于德国布伦瑞克工业大学的测量系统。表 10-5 介绍了该信道测量系统的详细参数。

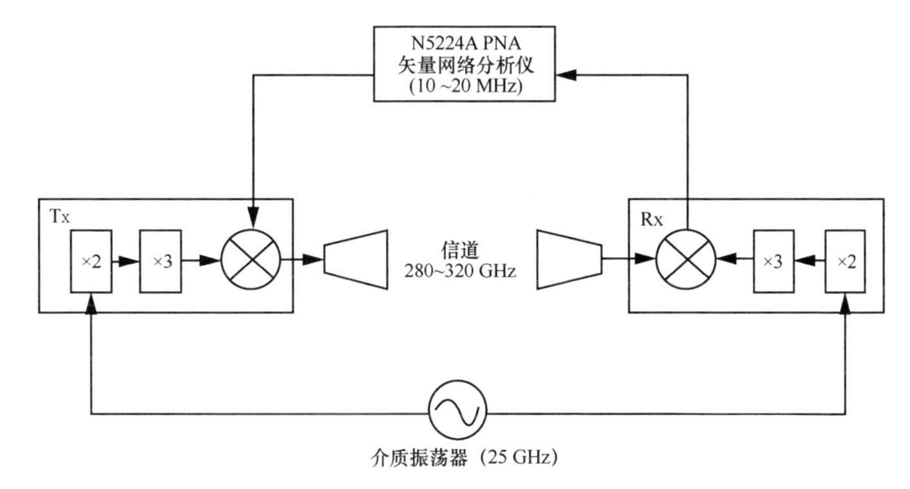

图 10-8　佐治亚理工学院太赫兹信道测量系统

表 10-5　佐治亚理工学院太赫兹信道测量系统参数

参数	符号	数值
频域采样点	N	801
中频滤波器带宽/kHz	Δf_{IF}	20
平均噪底/dBm	P_N	−90
测试信号功率/dBm	P_{in}	−5
起始频率/MHz	f_{start}	10
终止频率/GHz	f_{stop}	20
测量带宽/GHz	B	19.99
时域分辨率/ns	Δt	0.05
最大时延/ s	τ_m	40

7. 浦项科技大学 270～330 GHz 信道测量系统

该信道测量系统的测量带宽为 270～330 GHz，使用 WR3.4 矢量网络分析仪扩频组件，如图 10-9 所示。频域扫描间隔为 6.5 MHz，因此最大可测量 13 ns 的时延以及路径长度为 3.9 m 的多径信号。收发端均采用 25 dBi 的高增益喇叭天线。

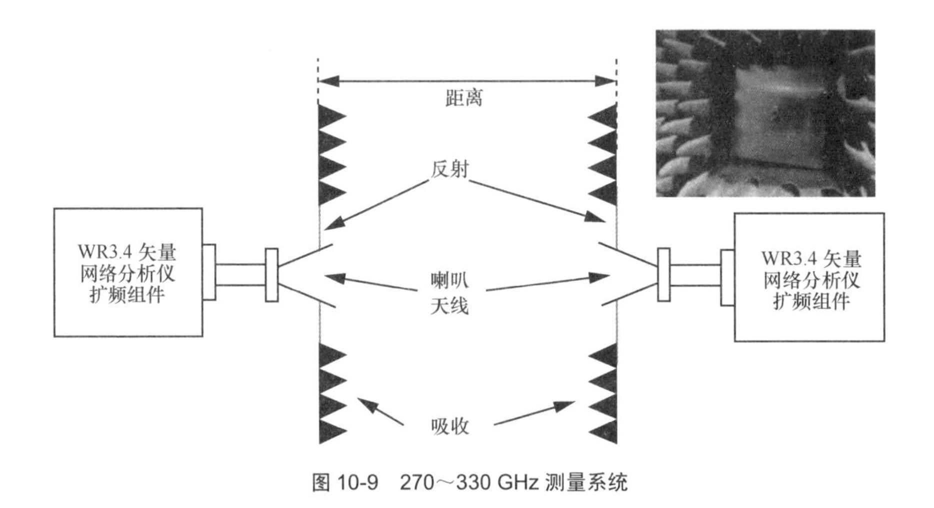

图 10-9 270～330 GHz 测量系统

8. 英国萨里大学和太丁顿国家物理实验室 500～750 GHz 信道测量系统

该信道测量系统使用了 Keysight PNA-X 矢量网络分析仪，配置了 VDI 以及扩频头 WM380，可以扩展频率至 500～750 GHz。扩频头的动态范围超过 80 dB（中频带宽为 10 Hz），输出功率为−25 dBm。

10.2.2 基于太赫兹时域光谱仪的信道测量与信道测量系统

太赫兹时域光谱仪可以发射周期大于最大时延的极窄脉冲串，接收端对接收信号在时域上进行高速采样，某采样点的幅度即可认为是信道冲激响应在该时间点的幅值，可以直接得到信道冲激响应。然而，太赫兹时域光谱仪输出功率小，往往要在发射端和接收端加入透镜以提高脉冲信号的强度，其波束非常窄，因此其往往局限于测量材料在太赫兹频段的反射、散射和透射特性。太赫兹时域光谱仪测量材料透射、反射特性如图 10-10 所示。

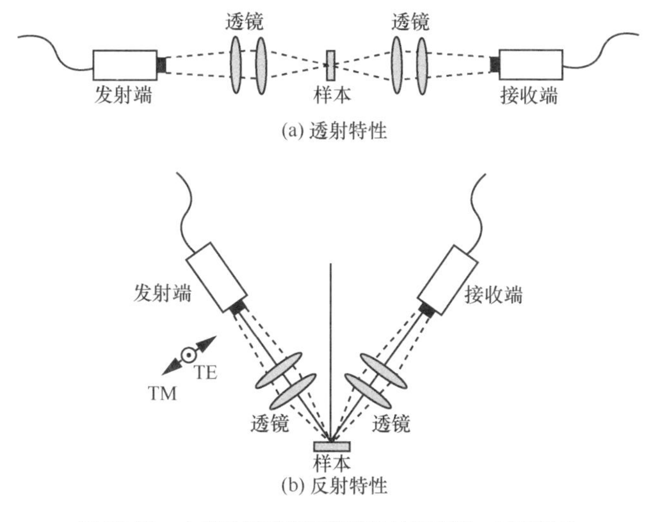

图 10-10　太赫兹时域光谱仪测量材料透射、反射特性

下面介绍一个基于太赫兹时域光谱仪的信道测量系统——新泽西大学 Picometrix T-Ray 2000 太赫兹时域光谱仪。

新泽西大学 Daniel Mittleman 教授和 John Federici 教授团队的 T-Ray 2000 太赫兹时域光谱仪可发射带宽为 0.1～3 THz 的太赫兹脉冲，接收端通过采样得到时域冲激响应[10-12]。太赫兹时域光谱仪发出电磁波由激光下转换到太赫兹频段，其系统结构如图 10-11 所示。相较于基于矢量网络分析仪以及滑动相关法的信道测量系统，太赫兹时域光谱仪可以实现非常大的带宽。但是，太赫兹时域光谱仪体积大，输出功率小，适合通信距离不大的场景的信道测量。

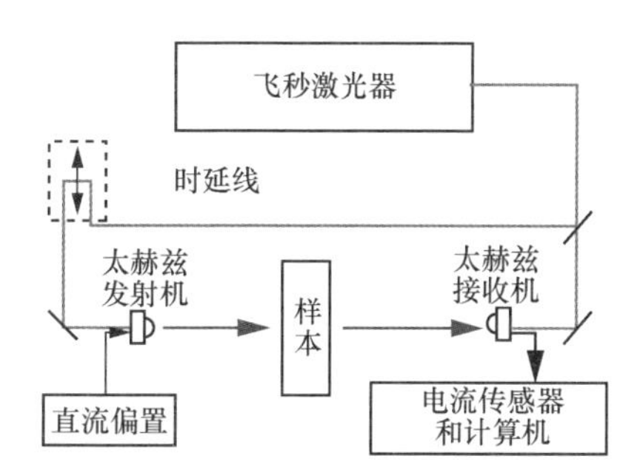

图 10-11　太赫兹时域光谱仪系统结构

10.3 室外信道测量

10.3.1 基于滑动相关法的信道测量

基于相关法的时域信道测量基于信号序列的自相关特性。时域信道测量模块中，发射端生成具有强自相关性的信号序列 $x(t)$ ，其自相关函数近似于狄拉克函数，即

$$\mathrm{Cor}_{xx}(t_0)=\int x(t+t_0)x(t)\mathrm{d}t=\delta(t_0) \tag{10-4}$$

接收端接收到的信号 $y(t)$ 经过时延 t_0 后为 $y(t-t_0)$，与原始信号做互相关运算可得到信道的时域冲激响应为

$$\mathrm{Cor}_{yx}(t_0)=\int y(t+t_0)x(t)\mathrm{d}t=\int\int h(\tau)x(t+t_0-\tau)x(t)\mathrm{d}\tau\mathrm{d}t=\int h(\tau)\delta(t_0-\tau)\mathrm{d}\tau=h(t_0) \tag{10-5}$$

该方法每次互相关运算只能得到一个时间上的信道冲激响应值。实际测量过程中，时域信道测量模块采用滑动相关法，即发射端发送的自相关序列为扩频的 M 序列或者 PN 序列，其长度为 L ，信号的最大幅度为 V_0。发射端生成的序列 $x(t)$ 和接收端生成的扩频序列 $x'(t)$ 的码片速率有所差异，分别为 f_c 和 f_c' 。收发序列经过滑动相关计算后再经过低通滤波，得到低通时延互相关系数为

$$\mathrm{Cor}_{yx,\mathrm{sc}}(t)=\mathrm{LP}\left[y(t)x'(t)\right] \tag{10-6}$$

其中，$\mathrm{LP}[\cdot]$ 为低通滤波函数，γ 为滑动系数。

$$\gamma=\frac{f_\mathrm{c}}{f_\mathrm{c}-f_\mathrm{c}'} \tag{10-7}$$

而低通时延互相关系数 $\mathrm{Cor}_{yx,\mathrm{sc}}(t)$ 与信道的时域冲激响应 $h(t)$ 有如下线性关系。

$$\mathrm{Cor}_{yx,\mathrm{sc}}(t)\approx V_0^2 h\left(\frac{t}{\gamma}\right) \tag{10-8}$$

由此可得到真实的信道冲激响应 $h(t)$ 。时域信道测量指标的计算式如表 10-6 所示。

表 10-6 时域信道测量指标的计算式

指标	计算式
扩频增益	$G_{\mathrm{p}}=10\lg\gamma$
动态范围	$D_{\mathrm{R}}=16\lg L$
时域分辨率	$T_{\mathrm{S}}=\dfrac{1}{f_{\mathrm{c}}}$
最大多径时延	$\tau_{\mathrm{m}}=\dfrac{L}{f_{\mathrm{c}}}$
多普勒分辨率	$\dfrac{f_{\mathrm{c}}}{2\gamma L}$

硬件结构上，时域信道测量模块主要由太赫兹倍频器、谐波混频器、太赫兹天线、高速 AD/DA 芯片组成。太赫兹发射链路使用高速 DA 芯片发送预先存储在 FPGA 中的宽带信号序列，信号经过谐波混频器与倍频器后变频到太赫兹频段；太赫兹接收链路与发射链路正好相反，信号经过倍频器与谐波混频器后下变频至基带，由高速 AD 芯片采集后送入接收端 FPGA 进行分析。为了弥补谐波混频器变频损耗以及自由空间损耗，收发两端分别使用喇叭天线，同时使用噪声放大器对发射/接收信号进行放大，提高信道测量仪器的动态范围。时域信道测量模块架构如图 10-12 所示。

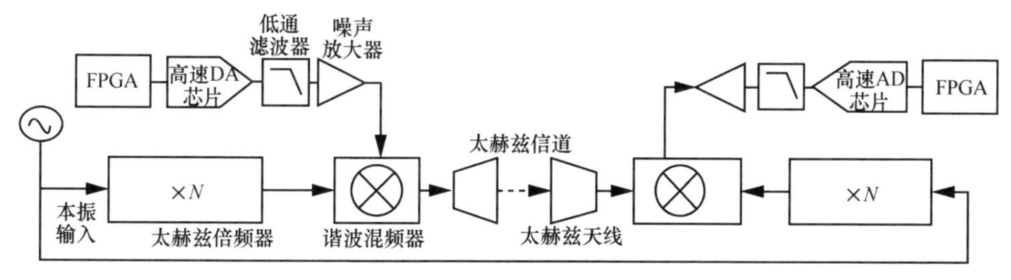

图 10-12 时域信道测量模块架构

10.3.2 基于滑动相关法的太赫兹信道测量系统

下面介绍一些基于滑动相关法的太赫兹信道测量系统。

1. 纽约大学滑动相关和实时扩频的双模 140 GHz 信道测量平台

纽约大学 Rappaport 教授领导的无线通信实验室研发了可以切换滑动相关模式

与实时扩频模式的 140 GHz 信道测量平台，其结构如图 10-13 所示[13]。其测量的频谱宽度为 4 GHz，接收端装载了两个独立的接收信号处理模块，使其可以自由选择滑动相关模式或实时扩频模式。滑动相关模式下，接收端接收到的信号与 PN 序列发生器所生成的序列进行相关处理，得到时域信道冲激响应，每次信道冲激响应的获取时间为 32.752 ms，可测量 185 dB 的路径损耗，非常适合远距离信道测量。实时扩频模式下，额外的 FPGA 模块对接收信号进行处理，其获取一次信道冲激响应的时间为 32.752 μs，仅为滑动相关模式下的千分之一，但是其动态范围受限，仅能测量 40 dB 的路径损耗，因此更适合于短距离、移动的信道测量场景。

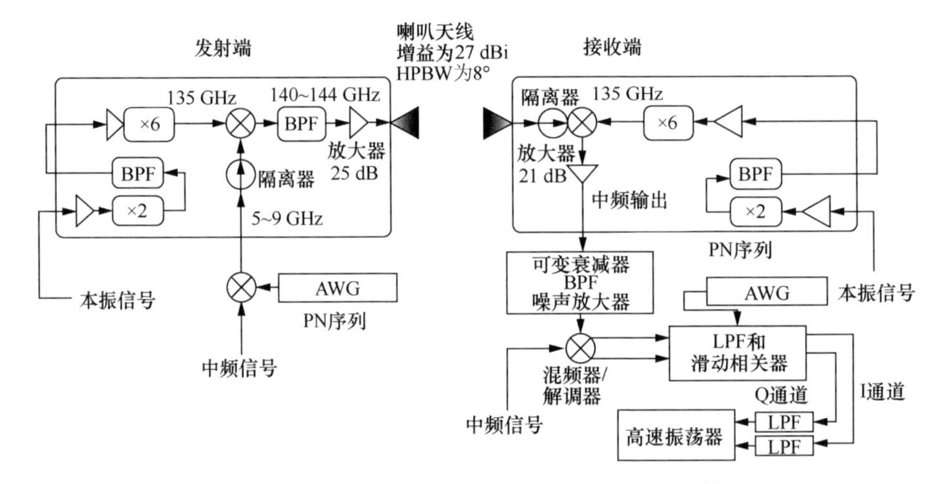

图 10-13　纽约大学双模 140 GHz 信道测量平台结构

2. 德国布伦瑞克工业大学基于 M 序列的超带宽 300 GHz 信道测量平台

德国布伦瑞克工业大学研发的信道测量平台利用基于 M 序列的滑动相关法，发射端发送 M 序列，接收端进行自相关运算得到信道时域冲激响应，其结构如图 10-14 所示[14]。12 阶的 M 序列由时钟频率为 9.22 GHz 的序列发生器产生，其序列带宽约为 8 GHz，因为大部分能量都集中在 8 GHz 以内。M 序列被混频到 5～13 GHz 以后，由宽带频率扩展器将载波频率提升到 304.2 GHz。由于接收端的采样因子为 128，因此每一次序列的记录时间为 56.9 μs，每秒可以测量 17 590 个信道时域冲激响应。每次测量得到的时域冲激响应长度为 444.14 ns，所对应的最大路径长度为 133 m。而时域分辨率为 108.5 ps，对应 3.25 cm 的空间分辨率。理论的最大多普勒频率为

8.8 kHz，对应的移动速度为 31.7 km/h，足以应对行人等低速移动物体的移动测量。其测量动态范围为 60 dB，通过大量不同 M 序列测量结果的平均运算，动态范围可以进一步增加。该信道测量平台参数如表 10-7 所示。

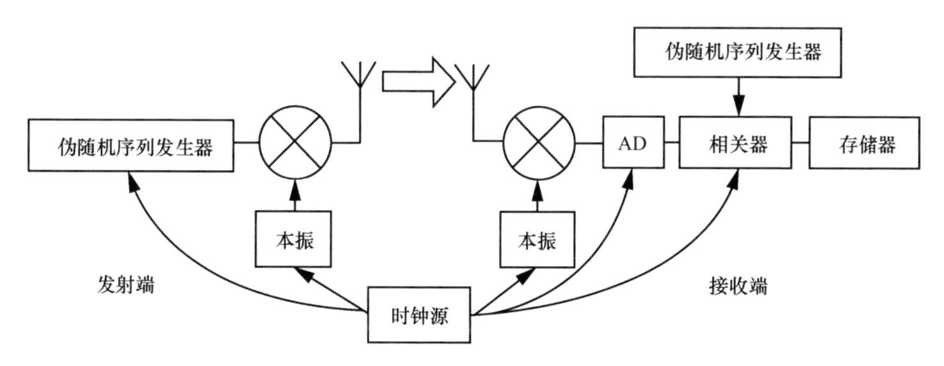

图 10-14　基于 M 序列的超带宽 300 GHz 信道测量平台结构

表 10-7　基于 M 序列的超带宽 300 GHz 信道测量平台参数

参数	数值
时钟频率/GHz	9.22
带宽/GHz	8
时域分辨率/ps	108.5
M 序列阶数	12
序列长度	4 095
序列时长/μs	56.9
采样因子	128
时域冲激响应长度/ns	444.14
载波频率/GHz	304.2

10.4　本章小结

从信道测量的方法分析，目前国外研究已经搭建了许多 140 GHz、220 GHz 以及 300 GHz 频段的太赫兹信道测量系统，包括基于矢量网络分析仪、滑动相关法以及时域光谱仪的信道测量系统。表 10-8 对比了这 3 种测量系统的特点以及优缺点。基于矢量网络分析仪的信道测量系统的信道收发端由矢量网络分析仪连接，通过在频域上的扫频，直接测量记录信道在某一频带宽度内的 S 参数，经过系统校正等处理后得到信道幅频响应。其优点是时域分辨率较高，收发端同步，测量系统复杂度低；缺点是扫频时间过长，收发端需要由传输线连接，导致测量距离和应用场景受限，尤其不适用于室外场景。基于滑动相关法的信道测量系统的发射端发射自相关序列，接收端对接收到的信号进行互相关运算，得到信道时域冲激响应。其优点是实现瞬时宽带测量，测量速度快，可以直接获取信道的时域信息；缺点是收发端需要严格同步，测量系统的复杂度较高，且对采样率要求高。基于太赫兹时域光谱仪的信道测量系统由太赫兹时域光谱仪发射太赫兹脉冲，接收端经过检测采样后可直接得到太赫兹信道的时域响应。太赫兹时域光谱仪发射的太赫兹波由光频段下转换得到，信号功率较前两种信道测量系统低得多；但太赫兹时域光谱仪体积大，波束宽度窄，不适合空间扫描以及室外场景测量。

表 10-8　不同信道测量系统的对比

信道测量系统	测量域	测量信号	测量距离	收发端同步	优点	缺点
基于矢量网络分析仪的信道测量系统	频域	单频信号	受传输线长度和衰减的限制	不需要额外同步电路设计	测量频率范围大，时域分辨率高	测量速度较慢，不适合动态信道测量；测量距离受限，不适合远距离信道测量
基于滑动相关法的信道测量系统	时域	自相关序列	较远	需要额外同步电路设计	瞬时宽带测量，测量速度快，每秒可测量数万个时域冲激响应，适合动态信道测量	系统复杂度高，同步要求严格，采样率要求高
基于太赫兹时域光谱仪的信道测量系统	时域	太赫兹脉冲	受脉冲强度的限制	需要额外同步电路设计	测量带宽大，可形成极窄脉冲	体积大，波束宽度窄，不适合远距离信道测量

参考文献

[1] YU Z M, CHEN Y, WANG G J, et al. Wideband channel measurements and temporal-spatial analysis for terahertz indoor communications[C]//Proceedings of 2020 IEEE International Conference on Communications Workshops (ICC Workshops). Piscataway: IEEE Press, 2020: 1-6.

[2] ABBASI N A, HARIHARAN A, NAIR A M, et al. Double directional channel measurements

for THz communications in an urban environment[C]//Proceedings of 2020 IEEE International Conference on Communications (ICC). Piscataway: IEEE Press, 2020: 1-6.
[3] NGUYEN S L H, JARVELAINEN J, KARTTUNEN A, et al. Comparing radio propagation channels between 28 and 140 GHz bands in a shopping mall[C]//Proceedings of 12th European Conference on Antennas and Propagation (EuCAP 2018). Piscataway: IEEE Press, 2018: 1-5.
[4] NGUYEN S L H, HANEDA K, PUTKONEN J. Dual-band multipath cluster analysis of small-cell backhaul channels in an urban street environment[C]//Proceedings of 2016 IEEE Globecom Workshops. Piscataway: IEEE Press, 2016: 1-6.
[5] ABBASI N A, HARIHARAN A, NAIR A M, et al. Channel measurements and path loss modeling for indoor THz communication[C]//Proceedings of 2020 14th European Conference on Antennas and Propagation (EuCAP). Piscataway: IEEE Press, 2020: 1-5.
[6] PRIEBE S, JASTROW C, JACOB M, et al. Channel and propagation measurements at 300 GHz[J]. IEEE Transactions on Antennas and Propagation, 2011, 59(5): 1688-1698.
[7] KIM S, ZAJIĆ A G. Statistical characterization of 300 GHz propagation on a desktop[J]. IEEE Transactions on Vehicular Technology, 2015, 64(8): 3330-3338.
[8] KIM S, ZAJIĆ A. Characterization of 300 GHz wireless channel on a computer motherboard[J]. IEEE Transactions on Antennas and Propagation, 2016, 64(12): 5411-5423.
[9] CHENG C L, ZAJIĆ A. Characterization of propagation phenomena relevant for 300 GHz wireless data center links[J]. IEEE Transactions on Antennas and Propagation, 2020, 68(2): 1074-1087.
[10] HOSSAIN Z, MOLLICA C N, FEDERICI J F, et al. Stochastic interference modeling and experimental validation for pulse-based terahertz communication[J]. IEEE Transactions on Wireless Communications, 2019, 18(8): 4103-4115.
[11] MA J J, VORRIUS F, LAMB L, et al. Comparison of experimental and theoretical determined terahertz attenuation in controlled rain[J]. Journal of Infrared, Millimeter, and Terahertz Waves, 2015, 36(12): 1195-1202.
[12] FEDERICI J F, MA J J, MOELLER L. Review of weather impact on outdoor terahertz wireless communication links[J]. Nano Communication Networks, 2016, 10: 13-26.
[13] XING Y C, RAPPAPORT T S. Propagation measurement system and approach at 140 GHz-moving to 6G and above 100 GHz[C]//Proceedings of 2018 IEEE Global Communications Conference (GLOBECOM). Piscataway: IEEE Press, 2018: 1-6.
[14] GUAN K, LI G K, KURNER T, et al. On millimeter wave and THz mobile radio channel for smart rail mobility[J]. IEEE Transactions on Vehicular Technology, Special Issue on THz Communication for Vehicular Networks, 2016, 66(7): 5658-5674.

第11章

信道编码、调制与波形设计

信道编码主要解决信息传输过程中由于噪声、干扰、畸变、失步等非理想特性而引起的传输差错，通过引入适当的信息冗余和信号内在关联性来有效应对这些差错，进而逼近信道容量。调制以及波形设计是通信系统设计中最基本的也是非常重要的过程，主要解决信息到其传输载体之间的适配问题，通过将信息比特进行映射、变换，用合适的信号波形来实现信息的有效承载。本章将根据太赫兹无线通信的研究现状，分别介绍目前被高度关注的几种信道编码、调制以及波形设计。

信道编码主要解决信息传输过程中由于噪声、干扰、畸变、失步等非理想特性而引起的传输差错，通过引入适当的信息冗余和信号内在关联性来有效应对这些差错，进而逼近信道容量。调制以及波形设计是通信系统设计中最基本的也是非常重要的过程，主要解决信息到其传输载体之间的适配问题，通过将信息比特进行映射、变换，用合适的信号波形来实现信息的有效承载。

一般而言，在无线通信系统中，选择某一种调制或波形设计方案是为了在特定的传输质量（即误码率）和信道带宽的限制下，以特定的能量传输尽可能多的信息。因此，好的波形设计与调制方案应具备以下特点。

（1）调制方案的频谱效率尽可能高，一般可通过高阶调制实现。

（2）相邻信道的干扰尽可能小，保证信号频谱带外滚降速度快。

（3）对噪声的敏感度低，可以通过低阶调制方案实现。

（4）波形设计以及调制方案便于硬件实现。

编码技术可以将日常生活中的模拟信号转化成线性或者非线性的数字信号，从而在现代数字通信系统中进行有效的信息传递。为了在已知信噪比的情况下实现一定的误码率指标，首先应合理设计基带信号，选择调制、解调方式使误码率尽可能低，但若误码率仍不能满足要求，则必须采用信道编码，即差错控制编码。常用的差错控制编码策略主要有 3 种：自动请求重发（Automatic Repeat Request，ARQ）、FEC 和混合纠错（Hybrid Error Correction，HEC）。

（1）ARQ 中，发射端将信息编码后发出能够被发现错误的码组；接收端收到这些码组后进行检验，如果发现传输中有错误，则通过反向信道把这一判断结果反馈给发射端，发射端重新传送信息，直到接收端认为已正确地收到信息为止。

（2）FEC 中，发射端将信息编码后发出能够纠正错误的码，接收端收到这些码后，通过译码能自动发现并纠正传输中的错误。FEC 不需要反馈信道，特别适用于只能提供单向信道的场合。FEC 由于能自动纠错，不需要自动请求重发，因此时延小、实时性好。为了保证纠错后获得低误码率，纠错码应具有较强的纠错能力。但纠错能力越强，译码设备越复杂。前向纠错系统的主要缺点是设备较复杂。

（3）HEC 是 FEC 和 ARQ 的结合，接收端不但有纠正错误的能力，而且对超出纠错能力的错误有检测能力。遇到后一种情况时，接收端可通过反馈信道要求发射端重发信息。HEC 在实时性和译码复杂性方面是 FEC 和 ARQ 的折中。

太赫兹无线通信系统不同于传统低频通信。一方面，太赫兹频段固有的高频特性使信道条件极为复杂，且超高频率太赫兹信号的硬件实现复杂，这些因素使调制、波形设计以及编码技术面临许多困难和挑战；另一方面，太赫兹频段信号波长极小，可为纳米网络场景的实现提供通信技术支持，在纳米网络场景中，通信信道环境以及通信终端的物理特性、电池容量等一系列需要考虑的技术指标与宏观通信场景所需要考虑的技术指标差别较大，因此，目前的调制、波形设计以及编码技术针对 2 种不同场景同时展开。需要注意的是，调制、波形设计以及编码技术直接关系到无线空口的设计和信号层面的互操作性，是通信系统底层最基础的部分，是标准化竞争的核心技术。

本章将根据太赫兹无线通信的研究现状，分别介绍目前太赫兹无线通信中被高度关注的几种信道编码、调制以及波形设计的相关技术。

11.1　信道编码

目前，太赫兹信道编码的工作主要针对微观纳米网络开展，因此本章所述编码技术主要针对纳米网络通信展开。太赫兹通信为纳米网络的实现提供了良好的技术支持。一方面，纳米器件的物理尺寸限制了配置天线的尺寸，因此传统的低频通信技术无法很好地适用于纳米网络；另一方面，纳米天线的发展使太赫兹频段成为纳米机器的通信频段[1]，由于纳米网络通信距离极短，因此在宏观通信中由于通信距离过大致使分子吸收损耗过大而导致太赫兹使用频段有限的问题，将不存在于纳米网络中，纳米网络中基本可实现太赫兹全频段的使用，这将为纳米网络带来极大的网络吞吐量。

考虑到从纳米收发器产生太赫兹频段高功率载波信号的困难，基于传输 100 fs 脉冲的时间扩展开关键控（Time Spread On-Off Keying，TS-OOK）调制方案被提出[2]，使纳米网络的通信建立成为可能。TS-OOK 调制方案将在 11.2 节进行详细介绍。

纳米网络中的信道误差通常是由太赫兹频段下的分子吸收噪声以及 TS-OOK 运行下的分布式纳米网络中的多用户干扰导致的。一方面，由于纳米器件的能量限制，ARQ 可能不适用于纳米网络；另一方面，大多数 FEC 过于复杂，无法满足纳米器件的预期性能。因此，需要新的差错控制编码策略。

要制定有效的差错控制编码策略，首先应通过建立噪声、多径衰落和干扰的随机模型来描述这些误差的性质。在了解太赫兹频段的信道误差性质之后，即可开发新的超低复杂度信道编码方案。目前针对短距离通信，尤其是微观纳米网络，已有部分科研团队发现了低权重码对信道误差的积极作用[3-5]。

纽约州立大学布法罗分校的 Jornet[3]充分考虑了纳米网络中造成信道误差的主要因素，即分子吸收噪声和多用户间干扰，进而提出了一种基于低权重信道编码的电磁纳米网络差错控制编码策略，分析证明了可以通过降低信道码的权重来减轻噪声和干扰，并且证明了存在一个最优码权使信息速率最大。浙江大学的姚信威团队[4]考虑到纳米网络中器件的续航能力较差的特点，提出了一种基于探测机制的差错控制（Error Control with Probing，ECP）编码策略，该策略基于扩展的马尔可夫链方法，建立了考虑能量捕获–消耗过程的能量状态模型，并基于上述模型，全面分析了不同包能量消耗对纳米节点状态转移和状态概率分布的影响，最后从端到端成功数据包投递概率、端到端时延、可实现吞吐量以及能耗等方面，分析了 ECP 和其他 4 种差错控制编码策略，即 ARQ、FEC、差错预防码（Error Prevention Code，EPC）和混合 EPC 的性能差异。结果表明，与其他 4 种差错控制编码策略相比，ECP 能够最大限度地提高端到端成功数据包投递概率，可实现吞吐量优于 ARQ 和 EPC，能耗优于 ARQ 和 FEC。法国蒙波利埃综合理工学校的 Julien Bourgeois 团队[5]充分考虑了纳米网络通信的性质，并综合文献[3-4]的讨论目标，提出了一种新的编码——NPG（New Prakash and Gupta），数据结果表明，除了带宽扩展方面，NPG 在能量效率、信息速率、多用户干扰方面都具有非常好的性能。

低权重信道编码[3]可用于防止纳米网络中发生信道误差。低权重信道编码的主要思想是防止这些错误的发生，而不是重新传输或尝试纠正错误。文献[3]中证明，通过减少码重，即码字中逻辑 1 的平均数目，可以减轻太赫兹频段的分子吸收噪声和 TS-OOK 中的多用户干扰，因此生成的错误更少。此外，存在一个最佳的编码权重，在最大化或至少不惩罚可实现的信息速率的同时最小化错误的数量，最佳编码权重取决于信道和网络条件。这一结果推动了新的链路策略的发展，这种策略能够动态地根据信道和网络条件调整码重。接下来将详细介绍低权重信道编码的原理。

11.1.1　信道误差模型

纳米网络中的信道误差模型是在飞秒脉冲调制方案下提出的，具体的调制方案将在 11.2 节中描述。一般认为，纳米网络中的信道误差产生原因包含以下两方面：太赫兹频段产生的分子吸收噪声和纳米网络中纳米机器间的多用户干扰。本节将分别介绍两种信道误差模型。

1. 分子吸收噪声模型

分子吸收噪声是造成纳米网络中出现信道误差的主要信道效应之一。处在太赫兹频段的信号在遇到信道中的分子（尤其是水分子）时，会产生内部震动，因此，部分信道能量首先被信道中的分子吸收，然后通过这些分子将能量辐射出来，被辐射出的能量将作为信道中的分子吸收噪声。考虑到分子吸收噪声的产生与发射信号相关，因此这里将分子吸收噪声建模为加性有色高斯噪声（Additive Colored Gaussian Noise，ACGN）。

接收器处分子吸收噪声的概率密度函数（Probability Density Function，PDF）与信号中的二进制传输符号 $\mathcal{X}_m$ 有关，其中，无信号传输时，$\mathcal{X}_m=0$；有信号传输时，$\mathcal{X}_m=1$。则分子吸收噪声的概率密度函数 $f_N(n\,|\,X=\mathcal{X}_m)$ 可表示为

$$f_N(n \mid X=\mathcal{X}_m)=\frac{1}{\sqrt{2\pi N_m(d)}}\mathrm{e}^{-\frac{1}{2}\frac{n^2}{N_m(d)}} \tag{11-1}$$

其中，N_m 表示分子吸收噪声功率。当第 m 个符号传输时，N_m 可表示为

$$N_m(d)=\int_B S_{N_m}(f,d)\left|H_r(f)\right|^2\mathrm{d}f \tag{11-2}$$

其中，B 表示接收端噪声等效带宽，S_{N_m} 表示分子吸收噪声功率谱密度（Power Spectral Density，PSD），H_r 表示接收端的脉冲响应。分子吸收噪声功率谱密度 S_{N_m} 由大气背景噪声 S_{N^B} 和自感噪声 S_{N^X} 共同决定[3]，可表示为

$$S_{N_m}(f,d)=S_{N^B}(f)+S_{N^X}(f,d) \tag{11-3}$$

信号功率与分子吸收噪声功率示意如图 11-1 所示[3]。其中，P 和 $\hat{P}$ 分别表示接收信号功率的理论值与近似值；当发射符号为逻辑 0 和逻辑 1 时，分子吸收噪声功率分别由 N_0 和 N_1 表示。每个信号脉冲的传输能量是固定的，为 $E_p=0.1$ aJ。观察图 11-1 可知，N_1 随通信距离的增加而逐渐减小，通信距离小于 10^{-1} m 时，$N_1<P$；N_0 不随通信距离变化（由于背景噪声总是相同的），且总有 $N_0 \leqslant N_1$ 成立。很明显，逻辑 0 的传输不太可能受到信道误差的影响。

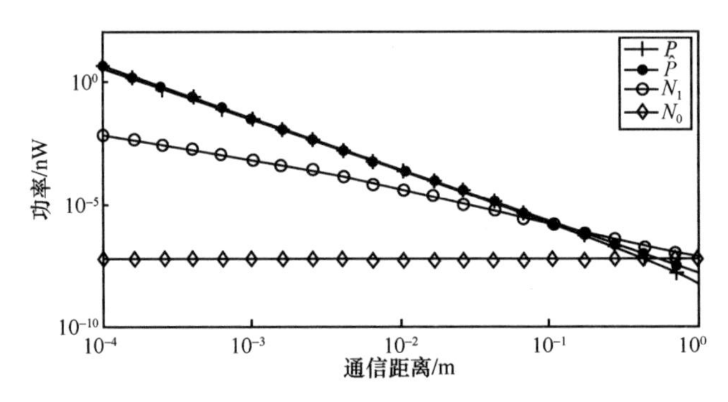

图 11-1　信号功率与分子吸收噪声功率示意

2. **多用户干扰模型**

多用户干扰是限制纳米网络性能的另一个主要因素。在 TS-OOK 的通信系统中，飞秒脉冲信号能够在大量纳米终端之间同时传输。然而，由于实际应用中纳米器件的密度非常大，并且考虑纳米器件可以在任何特定时间以分布式的方式开始进行通

信，因此传输的符号之间可能会“相互碰撞”，这些碰撞会导致干扰，限制纳米器件之间通信的速率。

目前已有许多干扰的随机模型，然而这些模型并不能准确捕捉太赫兹频段信道的特性，如分子吸收损耗和干扰节点产生的额外的分子吸收噪声。为了定量评估碰撞对系统性能的影响，本节给出了一种新的接收机干扰功率随机模型，该模型能够捕捉太赫兹频段信道的特性以及 TS-OOK 的特性。下面简要说明该模型的推导，并给出接收端干扰功率 I 的概率密度函数 f_I 的闭合形式的表达式。

不失一般性地，接收机定位在坐标原点，包含在半径为 a 的圆形区域中的纳米器件 $\mathcal{J}$ 在接收机侧产生的干扰功率表示为

$$I_a = \sum_{j \in \mathcal{J} | d_j \leqslant a} P(d_j) \tag{11-4}$$

其中，P 表示接收机接收到信号的功率，d 为发射端与接收机的距离。

为了计算包含在半径为 a 的圆形区域内的纳米器件所产生的总干扰，需要知道节点的空间分布。例如，纳米器件的空间分布可以模拟为泊松分布。当两个或多个符号同时到达接收端时，符号之间会发生碰撞。在 TS-OOK 中，认为到达时间也为泊松分布，则符号在 T_{s} 内到达的概率是均匀的随机概率分布，且概率密度函数为 1。因此，对于给定的传输，发生碰撞的概率可表示为 $2T_{\text{p}} / T_{\text{s}}$，其中，$T_{\text{p}}$ 为符号持续时间，T_{s} 为相邻符号间的时间间隔。需要注意的是，并非所有类型的符号都会产生有害的碰撞，只有脉冲（逻辑 1）才会产生干扰。

为了得到干扰功率的闭式解，首先需要计算 I_a 的特征函数 $\varPhi_{I_a}$，并计算当 a 无穷大时干扰功率的极限值 I，得到干扰功率的概率密度函数 f_I，详细推导过程可见文献[3]，I 的概率密度函数的近似表达为

$$f_I(i) = \frac{1}{\pi i} \sum_{k=1}^{\infty} \frac{\varGamma(\gamma k + 1)}{k!} \left(\frac{\pi \lambda' \beta \varGamma(1-\gamma)}{i^{\gamma}} \right)^k \sin k\pi(1-\gamma) \tag{11-5}$$

其中，$i \in [0, I]$，$\varGamma(\cdot)$ 为伽马方程；$0 < \gamma < 1$ 时，$\gamma \approx 0.95$，$\beta \approx 1.39 \times 10^{-18}$；$\lambda' = \lambda_T (2T_{\text{p}} / T_{\text{s}}) p_X(X=1)$，$\lambda_T$ 表示处于激活状态的纳米器件的密度，$p_X(X=1)$ 表示纳米器件发送一个脉冲（逻辑 1）的概率。干扰功率的概率密度函数如图 11-2 所示[3]。

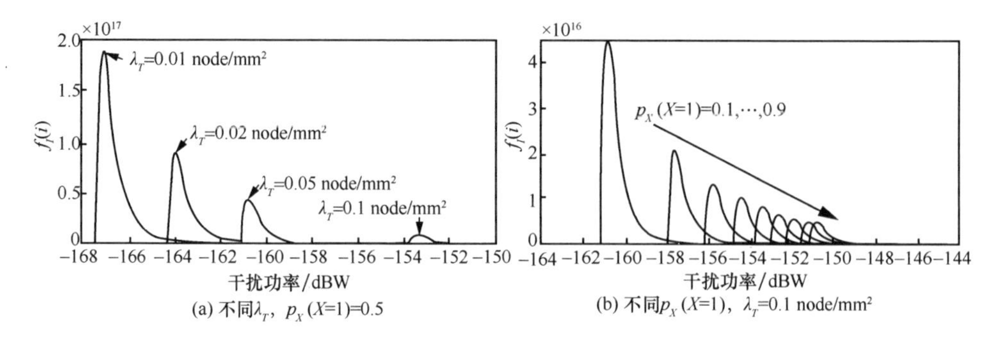

(a) 不同λ_T，$p_X(X=1)=0.5$ (b) 不同$p_X(X=1)$，λ_T=0.1 node/mm²

图 11-2 干扰功率的概率密度函数

λ_T 不同时干扰功率的概率密度函数如图 11-2（a）所示。其中，$T_p/T_s=1\,000$，$p_X(X=1)=0.5$，λ_T 的取值范围为 0.01～0.1 node/mm²。$\lambda_T=0.1$ node/mm² 时，纳米器件产生的平均干扰功率约为−153 dBW；$\lambda_T=0.01$ node/mm² 时，纳米器件产生的平均干扰功率约为−167 dBW。

$p_X(X=1)$ 不同时干扰功率的概率密度函数如图 11-2（b）所示。其中，$T_p/T_s=1\,000$，$\lambda_T=0.1$ node/mm²。可以看出，当发射脉冲（逻辑 1）的概率从 0.9 变为 0.1 时，总干扰可减少 10 dB 以上。基于上述结果以及分子吸收噪声模型的结果，很明显脉冲（逻辑 1）传输增加了总分子吸收噪声和多用户干扰，这可能导致更多的信道误差。新的差错控制编码策略可以利用这种独特的情况来开发，11.1.2 节将详细阐述低权重信道编码。

11.1.2 低权重信道编码

在现有通信系统中，信道编码通常被消息接收者用于检测和纠正传输错误。不同于传统的信道编码方案,低权重信道编码将用来减少第一次出现这些错误的机会。低权重信道编码的目的不是开发新型的纠错码，而是通过分析和数值说明如何通过控制码重，在不影响信息速率的条件下降低分子吸收噪声功率和干扰功率。

现有的信道码通常独立于其权重来使用所有可能的码字。然而，有时需要限制码字权重可以采用的值。基于 11.1.1 节介绍的分子吸收噪声模型和多用户干扰模型，发射脉冲（逻辑 1）的概率与分子吸收噪声和干扰行为直接相关。通过控制传输码字的权重，可以修改 1 和 0 的概率分布。最后，通过使用恒定的低权重信道编码，可以降低分子吸收噪声和系统的干扰。值得注意的是，为了以较低的权重对消息进行唯一编码，将需要使用更大数量的比特。为了说明这一效果，具体分析如下。

假设未编码消息的长度 n bit 是恒定的。对于给定的 n，可能出现的 n bit 长度的消息共有 2^n 种。经过编码后消息的长度为 m bit，$m \geqslant n$，编码后消息的权重用 u 表示，则可能的码字的总数为 $\mathcal{W}(m,u)=\dfrac{m!}{(m-u)!u!}$，因此，为了能够将所有可能的 n bit 消息编码为固定权重 u 的码字，必须满足 $\mathcal{W}(m,u) \geqslant 2^n$。例如，当 $n=32$ bit，$u=17$ 时，则需要 $m=35$ bit 的编码信息长度才可以满足 $\mathcal{W}(m,u) \geqslant 2^n$ 所示的 2^{32} 种码字总数。

进一步考虑会发现，尽管在任何情况下，减少码字的权重都可以减少网络中的分子吸收噪声和多用户间的干扰；但是为了减少码字权重，需要发送的额外比特增加，反而降低了发送信息中有用的信息量，这里可以直观地认为每单位时间可以发送的有用信息减少了。要平衡上述的关系，需要定量的性能分析进行衡量，其中最主要的两个指标分别是低权重信道编码后的信息速率、码字错误率（Codeword Error Rate，CER）。尽管降低码字权重会降低干扰，然而额外增加的比特信息会降低信息速率，也会降低符号错误率（Symbol Error Rate，SER），具体的折中关系详见文献[3]。

11.2　飞秒脉冲调制

随着太赫兹频段的开发，利用太赫兹频段作为基带信号的载频，即将基带信号调制到太赫兹频段进行发射，成为实现太赫兹通信的第一步。然而与传统的低频通信调制和波形设计不同，一些太赫兹频段独有的特性成为目前为太赫兹通信寻找合适调制方案与波形设计的阻碍，具体如下。

（1）太赫兹频段除了极高的路径损耗外，还有因大气中分子吸收造成路径损耗峰值，这些峰值所处的频域区间是调制时所需避免的，然而这些峰值的频域区间并不固定，且随通信距离而变化，这给载波频域的选择提出挑战。

（2）太赫兹频段的超高频带来了更高的时间扩展效应，这制约了载波间的最小间隔，然而过高的载波间隔不利于良好的频谱利用率的实现，这给如何提高频谱利用率带来挑战。

（3）太赫兹频段通信极易造成功率放大器的非线性失真，如何设计波形保证载波信号的峰均值比处在合理范围，这给调制和波形设计带来了挑战。

因此，为了制定合适的调制方案并设计传输性能良好的波形，需要充分考量太赫兹频段信道的特性，针对性地提出适合于太赫兹通信的调制波形设计方案。

由于太赫兹通信频段波长极短，纳米网络的实现成为可能。而由于微观纳米网络中，终端间通信距离短，其需要考虑的太赫兹特性与宏观场景相比存在较大差异，因此在调制技术中通常将两种场景分开考虑，本节将介绍针对纳米网络以及通信距离小于 1 m 的短距离通信提出的飞秒脉冲调制技术。

在纳米网络中，文献[2-3,6]详细探究了太赫兹频段纳米信号发生器和探测器的特点、纳米天线在传输和接收中的影响，以及太赫兹频段的信道效应和传播现象；考虑到纳米器件物理尺寸限制无法产生太赫兹频段的载波，本节进一步引入基于脉冲调制的开关键控（On-Off Keying，OOK）调制作为太赫兹频段纳米网络的调制和信道接入方案，并简要描述了它在单用户和多用户情况下的功能。在无干扰和有干扰两种情况下[2,6]，分别阐述了单用户和多用户场景 TS-OOK 调制的性能。文献[2,6]充分考虑了 TS-OOK 技术，该技术需要借助飞秒脉冲实现，而这些很短的脉冲的功率谱密度在太赫兹频段可以很容易地由光子和等离子器件产生和检测。同时该技术也被证实对于 1 m 以下的短距离通信可实现 Tbit/s 级的传输速率[2,6]。

11.2.1 基于飞秒脉冲的 TS-OOK 调制

本节将介绍文献[2]提出的飞秒脉冲调制技术，其既是一种调制技术也是一种多址接入机制。飞秒脉冲调制技术是指在纳米网络的终端纳米器件之间，以每次交换持续时间为 100 fs 的脉冲为基础，进行无载波调制的时间扩展开关键控调制，具体的通信机制如下所述。

（1）逻辑 1 使用 100 fs 的脉冲表示，逻辑 0 作为静默传输，即当传输逻辑 0 时，纳米器件保持静默。由于固态太赫兹频段收发机不期望能够精确地控制发射脉冲的形状或相位，因此使用简单的 OOK 调制。为了避免传输静默和不传输之间的混淆，可以使用初始化前导码和等长数据包作为鉴别准则，即检测到前导码后，静默被认为是逻辑 0。

（2）纳米器件每次进行通信（传输信号）之间的时间间隔是固定的，且比脉冲持续时间长得多。由于上述纳米收发器的限制，脉冲或静默不以突发方式传输，而是像在脉冲无线电超宽带（Impulse Radio Ultra-Wide-Band，IR-UWB）中那样在时域上进行传输。通过固定连续的传输之间的时间间隔，在初始化前导码之后，纳米器件不需要连续不断地探测信道，只需要按照固定的传输时间间隔等待下一次传输即可。该方案不要求纳米器件之间始终保持紧密的同步，而是在检测到初始化前导码后，只对选定的纳米器件进行同步。

基于上述的通信机制，纳米终端 u 发送的信号 s_T^u 可表示为

$$s_T^u = \sum_{k=1}^{K} A_k^u p(t - kT_s - \tau^u) \tag{11-6}$$

其中，K 表示每个发送的数据包中包含的符号数目；A_k^u 表示 u 发送的第 k 个符号的幅度，$A_k^u \in \{0,1\}$；p 表示一个持续时间为 T_p 的脉冲；T_s 表示连续传输之间的时间间隔；τ^u 表示随机的初始传输时延。需要注意的是，连续传输时间间隔远大于脉冲持续时间，为了表示方便，定义 $\beta = \dfrac{T_s}{T_p} \gg 1$。

纳米终端 j 接收到的信号可表示为

$$s_R^j = \sum_{k=1}^{K} A_k^u p(t - kT_s - \tau^u) * h^{u,j}(t) + n_k^{u,j}(t) \tag{11-7}$$

其中，$n_k^{u,j}$ 表示纳米终端 u 和 j 在传输符号 k 时的噪声；$h^{u,j}$ 表示纳米终端 u 和 j 之间的信道脉冲响应，即传输中天线的影响、传输效应以及接收端天线的影响，可表示为三者的卷积，即 $h^{u,j}(t) = h_{\text{ant}}^{\text{T}}(t) * h_{\text{c}}(t) * h_{\text{ant}}^{\text{R}}(t)$，$h_{\text{ant}}^{\text{T}}$ 表示天线发送脉冲响应，$h_{\text{c}}(t)$ 表示信号的传输响应，$h_{\text{c}}(t,d) = \mathcal{F}^{-1}\{H_{\text{c}}(f,d)\}$，$H_{\text{c}}(f,d)$ 表示传输频点为 f，传输距离为 d 时的太赫兹信道频率响应，$\mathcal{F}^{-1}$ 表示傅里叶逆变换，$h_{\text{ant}}^{\text{R}}$ 表示接收天线的脉冲响应。

TS-OOK 支持纳米终端之间的稳健并发通信。在纳米网络通信场景中，纳米终

端可以随时开始传输，而不需要任何类型的网络中心实体进行同步或控制。且由于传输之间的时间间隔 T_s 远大于脉冲持续时间 T_p，多个纳米终端可以同时使用信道而不相互影响。非常短的符号持续时间 T_p（约为 100 fs）使符号之间的碰撞几乎不可能发生。此外，并非所有类型的碰撞都是有害的，如静默之间没有冲突，脉冲和静默之间的冲突仅从静默的角度来看是有害的，即如果同时接收静默，则脉冲的预期接收器将不会注意到任何差异。另外需要注意的是，任何情况下都可能发生碰撞，造成多用户干扰。

图 11-3 展示了纳米终端 NT_1 和 NT_2 同时向纳米终端 NR 传输不同二进制序列的 TS-OOK 示例[2]。NT_1 传输序列“101100”，逻辑 1 由高斯脉冲的一阶导数表示，逻辑 0 由静默表示。该信号通过信道传播，接收端接收到的信号会有失真和时延。NT_2 传输序列“110010”。NT_2 与 NR 的距离比 NT_1 与 NR 的距离远。

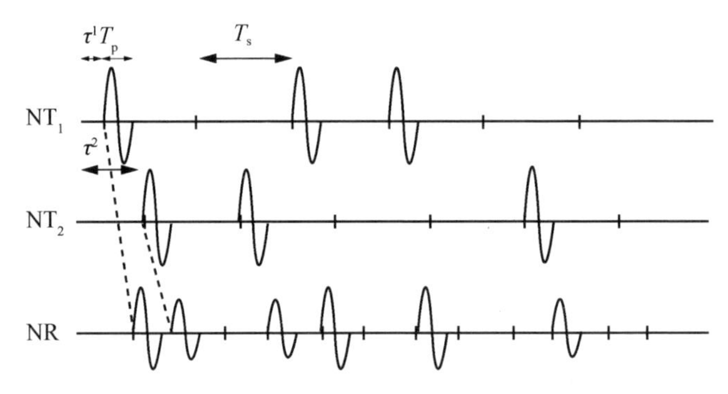

图 11-3　纳米终端传输二进制序列的 TS-OOK 示例

本节详细介绍了 TS-OOK 的调制机制，以及在此调制机制下纳米终端的收发信号表示。为了展示 TS-OOK 调制机制的性能，下面将分别从单用户以及多用户的场景，分析噪声和干扰对调制机制性能的影响。

11.2.2　单用户场景性能分析

本节将针对纳米网络通信建立分子吸收噪声的随机模型，并分析研究单用户情况下 TS-OOK 的可实现数据传输速率。

1. 分子吸收噪声随机模型

为了研究 TS-OOK 在单用户情况下的可实现数据传输速率，有必要对太赫兹频段的噪声进行模型描述。分子吸收是太赫兹频段的主要噪声源之一。被激发的分子重新辐射出它们先前吸收的部分能量。这种噪声有以下两个主要特征：（1）分子吸收噪声与发射信号有关；（2）不同的分子以不同的频率共振，而且，它们的共振不局限于单一频率，而是分布在一个窄带上，导致分子吸收噪声的功率谱密度在频域上有几个峰值。

接收端的整体分子吸收噪声来自通道中随机分布的大量分子的辐射。因此可以采用中心极限定理，将接收端的分子吸收噪声建模为高斯分布，这是一个常见的假设。令分子吸收噪声分布的均值为 0，方差由感兴趣的频带内的噪声功率给出，针对特定的分子共振频率 v，可将分子吸收噪声表示为 $N_v(\mu_v = 0, {\sigma_v}^2 = \int_B S_{N_v}(f)\mathrm{d}f)$。其中，$S_{N_v}(f)$ 表示分子吸收噪声的功率谱密度（对于不同的分子共振频率，$S_{N_v}(f)$ 具有不同形状），B 表示接收端接收到的等效噪声带宽。考虑同一分子的不同共振以及不同分子的共振是独立的，可以将总的分子吸收噪声也建模为加性高斯噪声，其均值为 0，方差由每个共振对应的噪声功率相加得到，即 $N(\mu = 0, \sigma^2 = \int_B S_N(f)\mathrm{d}f)$。

分子吸收噪声功率可以通过在接收端等效带宽上对分子吸收噪声功率谱密度进行积分获得。分子吸收噪声功率谱密度 $S_{N_m}(f,d)$ 包含两部分：大气背景噪声功率谱密度 $S_{N^B}(f)$ 和分子自感噪声功率谱密度 $S_{N_m^X}(f,d)$。$S_{N_m}(f,d)$ 计算式参见式（11-3）。

注意，大气背景噪声主要考虑以下特点：（1）该噪声是温度在 0 K 以上由分子辐射产生的；（2）该噪声在接收端能被接收天线检测到。自感噪声主要考虑以下特点：（1）该噪声由发射信号 X_m 产生；（2）该噪声在发射端以球面波前的形式传播；（3）该噪声在接收端能被接收天线检测到。

事实上，在实际的通信系统中，除了分子吸收噪声外，还存在其他噪声，如接收端的电子噪声等，这些噪声会影响所能达到的数据传输速率。接收端的噪声系数很大程度上取决于特定的设备技术。然而，目前的接收端电子噪声模型并不完善。因此，接下来进行的可实现数据传输速率的分析只是其上限，这些结果将随着接收端随机噪声模型的发展而推广。

2. 可实现数据传输速率

在特定的通信系统中，可实现的最大数据传输速率 $\mathrm{IR}_{u\text{-sym}}$（单位为 bit/symbol）可表示为

$$\mathrm{IR}_{u\text{-sym}} = \max_{X}\{H(X) - H(X \mid Y)\} \tag{11-8}$$

其中，X 表示发送信源数据；Y 表示信道输出数据；$H(X)$ 表示信源熵；$H(X \mid Y)$ 表示在已知 Y 的条件下 X 的条件熵，也称为信道的不确定度。

本节考虑信源 X 为离散形式，而纳米发射端 s_T^u 发出的信号以及分子吸收噪声都为连续形式。在以上的假设下，将信源 X 建模为离散二进制随机变量。具体的推导过程可见文献[2]，这里给出最终的信息速率表示结果。

可实现的数据传输速率（单位为 bit/symbol）如式（11-9）所示。则可实现的最大数据传输速率（单位为 bit/s）可通过将式（11-9）与码元速率相乘得到。其中，码元速率表示为 $R = 1/T_\mathrm{s} = 1/(\beta T_\mathrm{p})$。若假设 $BT_\mathrm{p} \approx 1$，其中 B 表示信道带宽，则数据传输速率（单位为 bit/s）可表示为 $\mathrm{IR}_u = B\mathrm{IR}_{u\text{-sym}}/\beta$。

$$\begin{aligned}\mathrm{IR}_{u\text{-sym}} = -\max_{p_X(x_0)}\Bigg\{\int\Bigg(&\frac{p_X(x_0)}{\sqrt{2\pi N_0}}\mathrm{e}^{-\frac{1}{2}\frac{y^2}{N_0}}\mathrm{lb}\left(p_X(x_0)\left(1+\frac{1-p_X(x_0)}{p_X(x_0)}\sqrt{\frac{N_0}{N_1}}\mathrm{e}^{-\frac{1}{2}\frac{y^2}{N_0}}\frac{(y-a_1)^2}{N_1}\right)\right)+\\ &\frac{1-p_X(x_0)}{\sqrt{2\pi N_1}}\mathrm{e}^{-\frac{1}{2}\frac{(y-a_1)^2}{N_1}}\mathrm{lb}\left((1-p_X(x_0))\left(1+\frac{p_X(x_0)}{1-p_X(x_0)}\sqrt{\frac{N_1}{N_0}}\mathrm{e}^{-\frac{1}{2}\frac{(y-a_1)^2}{N_1}+\frac{1}{2}\frac{y^2}{N_0}}\right)\right)\Bigg)\mathrm{d}y\Bigg\}\end{aligned} \tag{11-9}$$

值得思考的是，如果 $\beta = 1$，即所有符号（脉冲或静默）都以突发方式传输，则每个纳米终端可以达到最大速率，但是其前提是传入信息的速率和从纳米终端读出信息的速率可以匹配信道速率。反过来看，适当增大 β 的取值，尽管降低了单用户数据传输速率，但是对纳米终端的要求大大放宽，数据传输速率以及纳米终端之间存在的这种折中关系值得深思。另外，由于式（11-9）的复杂度较高，很难给出最大信息速率表达式的解析解，只能通过求解数值解具体研究 β 的取值对上述折中关系造成的影响。

11.2.3　多用户场景性能分析

本节针对多用户场景进行分析，首先建立多用户间干扰模型，然后理论分析多用户场景可实现数据传输速率。

1．TS-OOK 机制下多用户间干扰模型

当多个发射端同时向同一个纳米接收终端发送数据时，来自多个发射端的数据在接收端进行重叠，多用户间的干扰就此发生。不失一般性地，本节主要关注纳米终端 1 发送的数据，并在纳米终端 j 检测纳米终端 1 的发送数据时，分析干扰 I 对检测数据造成的影响，纳米终端 j 接收到的干扰可表示为

$$I=\sum_{u=2}^{U}A^{u}(p*h)^{u,j}(T_1^u)+n^{u,j}(T_1^u) \tag{11-10}$$

其中，*表示卷积，U 表示纳米终端的总数，A^u 表示纳米终端 u 发送的符号幅度（取值为 1 或 0），T_1^u 表示纳米终端 u 与纳米终端 1 发送数据到达接收端的时延差。

为了更好地描述太赫兹信道特点，并对多用户间的干扰进行随机表征，干扰模型需要考虑以下因素。

（1）纳米终端的通信行为不受中心实体的控制，且它们以一种不需要协调的方式进行通信。

（2）来自不同纳米终端的传输数据是彼此独立的，并且这些数据具有相同的信源概率分布。

（3）纳米终端在空间上呈现均匀分布，因此任意一对纳米终端之间的传输时延在时间上也是均匀分布的。

（4）静默数据之间的碰撞是无害的。脉冲和静默数据之间的碰撞只从静默数据的角度来看是有害的，从脉冲角度来看，静默数据仍然是无害的。

基于上述假设，纳米终端 u 与纳米终端 1 发送数据到达接收端的时延差 T_1^u 可以在 $[0,T_s]$ 描述为服从均匀分布。另外，总干扰 I 服从高斯分布 $\mathcal{N}_I(\mu=\mathrm{E}[I^2],\sigma^2=N_I)$，其中，$\mathrm{E}[I^2]$ 和 N_I 分别表示高斯分布的均值和方差。事实上，对于单个干扰纳米终

端，干扰幅度取决于传播条件和该终端与接收器之间的距离。这里假设纳米终端的空间分布非常密集，因此可以应用中心极限定理，即用高斯模型来描述干扰 I 的特征[2]。干扰方差 N_I 的完整表达式为

$$N_I = \sum_{u=2}^{U}\left(\frac{(a^{u,j})^2 + N^{u,j}}{\beta}\right)p_X(x_1) + 2\sum_{u=2<v}^{U}\left(\frac{p_X(x_1)}{\beta}\right)^2 a^{u,j}a^{v,j} - \left(\sum_{u=2}^{U}\frac{a^{u,j}}{\beta}p_X(x_1)\right)^2 \quad (11\text{-}11)$$

多用户间的干扰模型已建立，下面分析多用户间的干扰对用户可实现数据传输速率的影响。

2. **多用户可实现数据传输速率**

多用户可实现的数据传输速率定义为可以在网络上传输的最大聚合吞吐量。数据传输速率表示为

$$\mathrm{IR}_{\mathrm{net}} = \max_X\left\{U\frac{B}{\beta}\mathrm{IR}_{u-\mathrm{sym}}^{I}\right\} \quad (11\text{-}12)$$

其中，U 表示干扰的纳米终端的总数，$\mathrm{IR}_{u-\mathrm{sym}}^{I}$ 表示每个纳米终端可实现的最大数据传输速率。由于干扰的存在，$\mathrm{IR}_{u-\mathrm{sym}}^{I}$ 不能直接通过计算式（11-9）得到结果。此外，最佳信源概率分布 X 取决于 U ，因此获得多用户可实现的数据传输速率意味着联合优化 X 和 U 。

本节已针对飞秒脉冲 TS-OOK 调制分别分析了纳米网络中单用户场景和多用户场景的性能，由于可实现数据传输速率过于复杂，具体的性能结果只能进行数值分析，数值结果可参考文献[2]。

11.3 分层调制

太赫兹频段的开发为通信设备提供了前所未有的巨大带宽。然而，由于分子吸收损耗的存在，太赫兹频段并不能全部用于通信传输，而是根据分子吸收将太赫兹频段划分为多个传输窗口，每个窗口带宽为几十或几百 GHz，且随着传输距离增大，分子吸收峰会越来越稀疏且越来越强，因此每个传输窗口的带宽随着传输距离的增

加而缩小，并且当传输距离从 1 m 增加到 10 m 时，带宽的大小可以轻易减少一个数量级，因此，宽带脉冲的传输似乎不再适用于太赫兹通信[7]。此外，由于太赫兹频段的频率较高，目前多载波技术的实现仍然较为困难，4G 中使用的正交多载波技术也很难应用于太赫兹频段来提高频谱利用率。

传统的无线通信系统中，调制方案是根据最坏情况（最远）接收机的信噪比（SNR）来确定的。类似地，通信带宽也可以按照某种规则确定。特别是考虑到太赫兹频段的通信带宽随传输距离而变化，根据信道状况以及网络条件确定带宽将会更好地利用太赫兹频谱资源。

为了最大限度地提高频谱利用率，文献[7]提出了一种能够适应太赫兹信道中与传输距离相关的分层带宽调制方案。分层带宽调制方案的基本思想是通过操控码元时间，实现在同一载波上嵌入多个二进制信息流。特别是针对通信距离较短的用户，这些用户可用带宽大，路径损耗低，分层带宽调制方案可以让距离较近的用户充分享受太赫兹频段丰富的带宽资源。

本节将详细描述分层带宽调制方案。首先，介绍分层带宽调制下可实现的调制器和解调器；然后，分析该方案在可实现数据传输速率方面的性能，并与传统的分层调制方案进行比较；最后，从新定义的星座图出发，推导符号错误率。

11.3.1　调制器、解调器结构

太赫兹频段可用于通信的传输窗口带宽对传输距离的变化非常敏感，为了最大化利用频谱资源，分层带宽调制将充分利用太赫兹频段的这一特性。

1．**分层带宽调制**

考虑一个发射端、多个接收用户的情况。首先按照用户距离发射端由远及近的顺序对用户进行标号，$r_1 > r_2 > r_3 > \cdots > r_M$，其中 r_i 表示用户 i 到发射端的距离，根据太赫兹传输窗口的特性，用户通信带宽存在 $B_1 < B_2 < B_3 < \cdots < B_M$ 的递减关系。令每个用户的传输数据单独作为分层带宽调制中的一层，则 M 个用户构成 M 层分层带宽调制。令距离发射端最远的用户 1 的数据作为基本层，选择 QPSK 作为每个用户各自的数据调制方案，分层带宽调制过程如图 11-4 所示[7]。

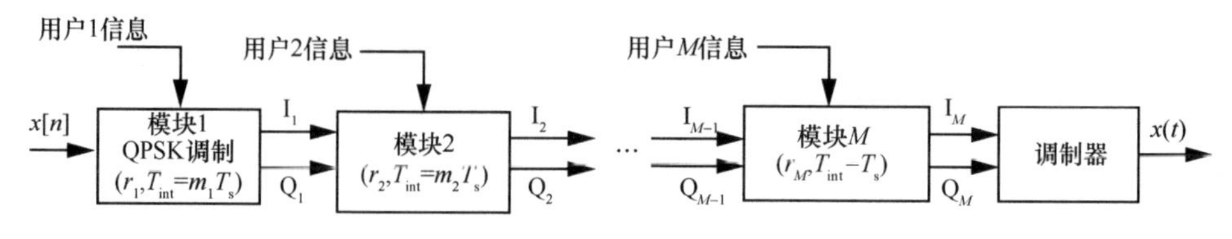

图 11-4　分层带宽调制过程

分层带宽调制按照图 11-4 中从左到右的顺序执行。第一个模块输出的是用户 1 经过 QPSK 调制后输出的 I 路和 Q 路信号。其中，用户 1 接收信号的每个符号持续的时间为 m_1T_s， m_1 为一个整数， T_s 为距离发射端最近的用户 M 接收信号的每个符号持续时间，且 $T_s=1/B_M$， B_M 为向用户 M 发送的信号占用的带宽。模块 1 输出的 I 路和 Q 路信号将输入模块 2，用户 2 的信息被映射到 I 路和 Q 路信号中，此时用户 2 信号中每个符号的持续时间为 m_2T_s，由于用户 2 和用户 1 可用带宽的关系为 $B_1<B_2$，则用户 1 的信号的符号持续时间要大于用户 2，且考虑信息传递的完整性，为便于解调，令 m_1 为 m_2 的整数倍。经过模块 2 的数据继续进入模块 3 并将用户 3 的数据进一步映射到数据流中，依次按照上述的关系执行直到最高层用户 M 完成调制和映射，整个分层带宽调制完成，此时用户 M 的信号每符号持续时间仅为 T_s。

需要注意的是，当发射端数据传输功率给定时，由于层数越高调制每个符号的持续时间越短，因此越高层的用户发送信息中每比特所包含的能量 E_b 就越小；同时，越高层的用户距离发射端越近，信号传输所经历的路径损耗越小，因此对于调制层数越高的用户，每比特信噪比 E_b/N_0 仍然越高，能够保证接收信号的质量。

2. **分层带宽解调**

发射端将经过分层带宽调制后的数据向所有用户发出，每个用户针对接收到的信息各自进行解调，只解调该用户本身需要的数据，具体的解调过程如图 11-5 所示[7]。用户端首先利用一系列的训练脉冲进行接收信号带宽的检测，并记录此时的检测信号带宽为 $1/T_s'$，因此根据用户 M 的信号持续时间为 T_s，可估算出用户处在分层带宽调制中的系数 $m=T_s'/T_s$，接收端可利用 4^{M-m+1} QAM 进行解调，解调速率为 $1/mT_s$。

分层带宽解调不同于传统的分层调制技术。传统分层调制技术在接收端采用相同的解调速率进行解调（速率为最远端用户的解调速率）；而本节所述分层带宽调制技术中，每个用户根据自行估计的解调系数 m 选择 QAM 解调阶数，但需要注意的是，尽管解调阶数不同，而符号持续时间对于所有接收用户而言都是 MT_s 。

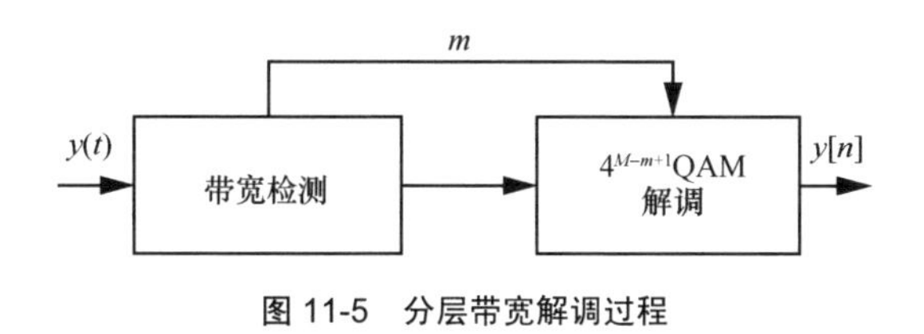

图 11-5　分层带宽解调过程

11.3.2　分层带宽调制星座图

本节进一步展示分层带宽调制技术与传统分层调制技术的区别。分层带宽调制技术的星座图如图 11-6 所示[7]。可以看出，分层带宽调制的基本层的点（00、01、10 和 11）位于星座图中最外部，而传统的分层调制星座图中，基本层分布在每个象限中点集的中间，这意味着在分层带宽调制技术中，基本层符号具有更高的能量。出现这种现象的原因是，相比于增强层，基本层符号持续时间更短，因此在发射功率一定的情况下，基本层数据具有比增强层数据更高的能量。

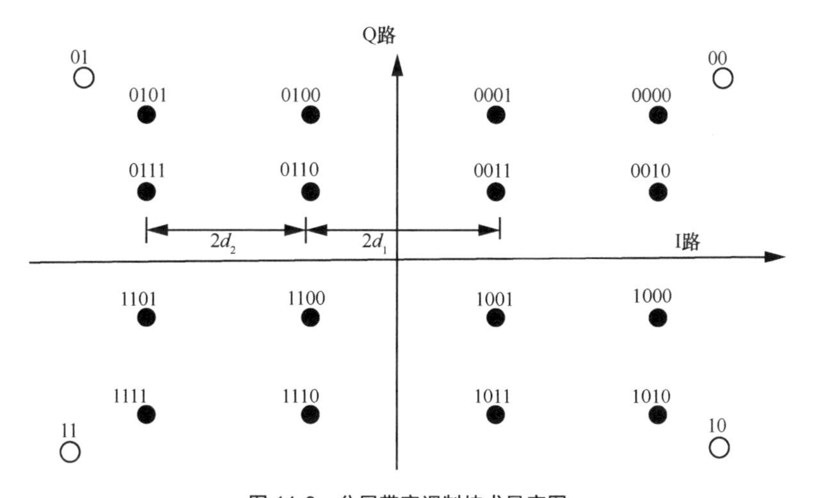

图 11-6　分层带宽调制技术星座图

11.3.3 性能分析

本节将从可实现数据传输速率以及 SER 两个指标出发，分析分层带宽调制技术的性能。

1. **可实现数据传输速率**

两个用户的高斯广播信道模型可表示为[8]

$$y_k[m]=h_k[m]x[m]+w_k[m],\quad k=1,2 \tag{11-13}$$

其中，y_k 表示用户 k 的接收信号，h_k 表示用户 k 到发射端的信道，w_k 表示用户 k 接收到的噪声。这里假设用户 1 到发射端距离更近，即 $|h_1|>|h_2|$，且发射功率分配遵守 $P=P_1+P_2$，则单位传输带宽下，采用本节所述分层带宽调制技术，由于更近的用户 1 可以使用的传输带宽更大，假设两个用户可用传输带宽存在两倍的关系，则两个用户可实现数据传输速率（单位为 bit/(s·Hz)）可表示为

$$R_1=2\log\left(1+\frac{P_1|h_1|^2}{2N_0}\right)+\log\left(1+\frac{P_2|h_2|^2}{P_1|h_2|^2+N_0}\right)$$

$$R_2=\log\left(1+\frac{P_2|h_2|^2}{P_1|h_2|^2+N_0}\right) \tag{11-14}$$

与传统的分层调制技术相比[7]，分层带宽调制技术利用传输窗口带宽随距离变化的特性，进一步扩大了近距离用户的可实现数据传输速率的范围。

2. **符号错误率**

符号错误率是各种调制技术关注的一项指标，符号错误率性能的好坏将直接影响系统的性能。本节将在接收端接收信号为加性白高斯噪声（Additive White Gaussian Noise，AWGN）的前提下，分析两用户场景。在传统的分层调制技术中，SER 通常分别针对基本层和附加层进行分析，这里将给出基本层与附加层的 SER 统一表示。首先考虑距离更近的用户 1，它的接收星座图可表示为非均匀的 16QAM，而 16QAM 可认为是两个一维 4 元脉冲振幅调制（Pulse Amplitude Modulation，PAM）的笛卡儿积。P_e' 表示在非均匀 4PAM 星座图下的 SER，则 16QAM 的检测正确的概

率可表示为 $P_c=(1-P_e')^2$，16QAM 的 SER 可表示为

$$P_e^{\text{closer}}=1-P_c\approx 2P_e'=2Q\left(\frac{d_2}{\sqrt{N_0/2}}\right)+Q\left(\frac{d_1}{\sqrt{N_0/2}}\right) \tag{11-15}$$

其中，$Q(\cdot)$ 表示标准 Q 函数；P_e^{closer} 表示距离更近的用户 1 的 SER，对于距离较远的用户 2，SER 具有相同的表达式。因此，最终得到的 SER 表达式将适用于分层带宽调制系统，而不只针对某个单独的用户。

本节所述分层带宽调制技术充分利用了与发射端距离不同的用户可用的带宽资源，一方面，理论分析了分层带宽调制技术扩大了可实现数据传输速率范围；另一方面，给出了在加性白高斯噪声信道中分层带宽调制系统的 SER 性能。尽管目前的理论分析只针对两个用户的理想信道场景，然而分层带宽调制技术提供的优越性能，将使其有望在未来太赫兹通信系统中成为重要的技术支撑。

11.4　宽带波形设计

太赫兹通信的主要优势是非常宽的带宽，其带宽取决于传输距离，为几十 GHz。太赫兹频带中的波形设计需要充分利用通道的唯一性，包括随距离变化的频谱窗口、由于时延扩展而引起的大相干带宽以及时间扩展效应。因此，需要针对信道调整用于传输的波形。

本节提出了一种用于距离自适应太赫兹频段通信的多宽带波形设计，该设计可以动态调整每个子窗口的速率和发射功率，目的是在满足速率和发射功率约束的同时最大化通信距离。

11.4.1　太赫兹频段中的多宽带通信

本节首先基于太赫兹频带的信道特性提出距离自适应的多宽带波形模型；然后，对连续符号之间的符号间干扰（Inter Symbol Interference，ISI）和多宽带系统相邻频率子带之间的频带间干扰（Inter Band Interference，IBI）进行分析。

1. 脉冲波形模型

在多宽带通信中，由于子窗口带宽大于相关带宽，每个子窗口都会经历频率选择性衰落。为了抵抗频率选择性衰落并提高每比特接收到的信干噪比（Signal to Interference Plus Noise Ratio，SINR），子窗口上的每个信息符号都由一系列非常短的脉冲表示，称为脉冲增益。在一个序列中，脉冲的位置由每个子窗口特定的伪随机时间跳跃序列确定。此外，基于脉冲的极性随机化被用于进一步提高抗干扰能力，并有助于优化频谱形状，可将此脉冲波形应用到太赫兹频段，以应对太赫兹频率的独特特性，并改善 SINR 或等效距离。

在第 u 个子窗口上传输的基带信号由不同的符号组成，其中 N_f^u 个帧被用来表示第 i 个信息符号，每个帧由多个脉冲组成，表示为

$$x_u(t)=\sqrt{P_u}\sum_i a_u^{(i)}\sum_{m=0}^{N_{\mathrm{f}}^u-1}p_u^{(i,m)}g\left(t-iN_{\mathrm{f}}^uT_{\mathrm{f}}-mT_{\mathrm{f}}-c_u^{(i,m)}T_{\mathrm{p}}\right) \tag{11-16}$$

其中，T_{f} 和 T_{p} 表示一帧和一个脉冲的持续时间，$N_{\mathrm{p}}=T_{\mathrm{f}}/T_{\mathrm{p}}$ 定义一帧中的脉冲数量；P_u 代表子窗口中分配的功率；N_{f}^u 表示一个信息符号的帧数。在具有极性随机化和跳时的信号模型中，$a_u^{(i)}\in\{+1,-1\}$ 是二进制信息符号，$p_u^{(i,m)}$ 表示等概率接收的随机极性码，$c_u^{(i,m)}\in\{0,1,\cdots,N_p-1\}$ 是第 m 个帧的具有相同概率的跳时码；$g(t)$ 是具有持续时间 T_{p} 和单位能量的发射宽带脉冲。

为了得到用于第 u 个子窗口的多径信号，使用权重为 $\boldsymbol{\beta}^{(u)}=\left[\beta_{\mathrm{LoS}}^{(u)},\beta_1^{(u)},\cdots,\beta_{N_{\mathrm{Ref}}}^{(u)}\right]$ 的 Rake 接收机。Rake 接收机的二进制信息符号的输出表示为

$$r_u^{(i)}(d)=a_u^{(i)}\sqrt{P_u}N_{\mathrm{f}}^u\alpha_{\mathrm{LoS}}^{(u)}\beta_{\mathrm{LoS}}^{(u)}\mathrm{II}_{\mathrm{LoS}}+a_u^{(i)}\sqrt{P_u}N_{\mathrm{f}}^u\sum_{q=1}^{N_{\mathrm{Ref}}^{(u)}}\alpha_{\mathrm{Ref}}^{(u,q)}(d)\beta_q^{(u)}+\mathrm{ISI}_u+\mathrm{IBI}_u+w_u \tag{11-17}$$

式（11-17）等号右侧第一项是由于期望信号通过 LoS 路径传播而引起的，二元符号 $\mathrm{II}_{\mathrm{LoS}}$=1 表示 LoS 路径存在，否则表示不存在；第二项是通过反射路径获得的期望信号；第三项是由于多径和时间扩展效应来自相邻帧中脉冲的 ISI；第四项是周围的子窗口引起的 IBI；最后一项是输出噪声。

2. 符号间干扰以及频带间干扰

如前文所述，与多宽带通信相关的两种干扰为 ISI 和 IBI，下面分别说明不同符号和不同频带之间的干扰影响。

（1）符号间干扰

第 i 个符号的干扰可以由对该符号组成的单个脉冲的干扰影响之和获得，由于采取等概率的随机极性码，干扰的期望值为 0，干扰的方差为

$$\mathrm{E}\left[I_u^{(i,m)^2}\right]=\frac{1}{N_\mathrm{p}^2}\sum_{m=1}^{N_u-1}m\left[\sum_{l=1}^{N_u-m}R_{g_r}(mT_\mathrm{p})\left(\boldsymbol{\beta}^{(u)}(l)\boldsymbol{\alpha}^{(u)}(l+m)\right)+\boldsymbol{\alpha}^{(u)}(l)\boldsymbol{\beta}^{(u)}(l+m)\right] \quad (11\text{-}18)$$

因此，多径传播的符号间干扰服从的高斯概率分布可表示为 $\mathrm{ISI}_u \sim \mathcal{N}\left(0,P_u\mathrm{E}\left[I_u^{(i,m)^2}\right]\right)$。其中，$p_u^{(i,m)}$ 表示随机极性码；$a_u^{(i)}$ 是第 i 个二进制信息符号，假设信源为等概率信源，则 $a_u^{(i)}$ 的各种信息符号均以相同的概率出现。

ISI 振幅的概率密度函数如图 11-7 所示[9]。可以看出，图 11-7 中的近似值与仿真值具有很好的一致性。随着 N_f^u 增加，近似值的精度提高。

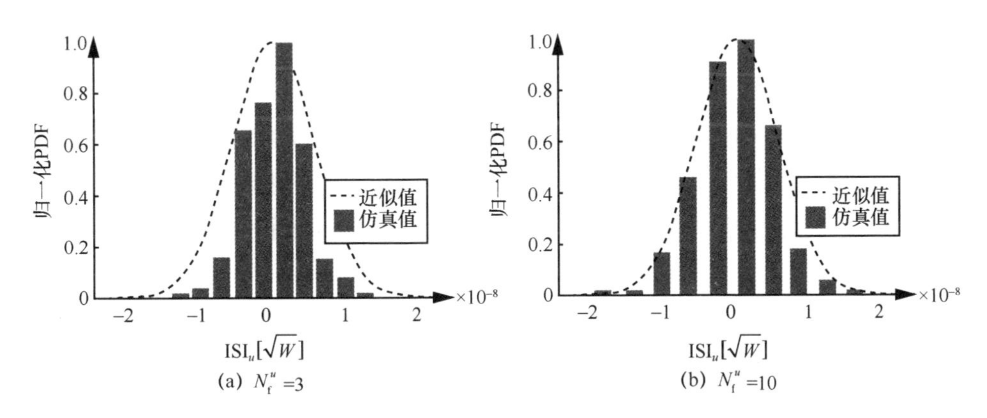

图 11-7　ISI 振幅的概率密度函数

随着距离的增加，时延扩展和时间扩展效应也增加。然而，距离的增加降低了路径增益，特别是反射路径的路径增益，这是因为它们多传输了额外的距离并且遭受了反射损耗。因此，所得的 ISI 变得更弱。上述对 ISI 的分析是针对多径传播的。通过使用高增益天线，传输的波束宽度变小，并且多径分量的数量大大减少。此外，由于信道中较小的路径损耗和频率选择性，导致时间扩展效应降低。

（2）频带间干扰

频带间干扰发生在多宽带系统中，这是由于相邻子窗口的功率泄露引起的。在太赫兹频段中，子窗口的数量约为几十个数量级。为了对此干扰建模，根据中心极

限定理以高斯过程近似 IBI。IBI 反映了周围子窗口的功率泄露问题，可以将相邻频带的干扰近似为高斯分布随机变量。因此，叠加在子窗口上的干扰功率分布来自其他子窗口的表达式为

$$\mathrm{IBI}_u \sim \mathcal{N}\left(0, \int_{f_u}\sum_{v,v\neq u}^{U(d)} P_v \left|G_r^v\left(f_u\right)\sum_{m=1}^{N_u}\boldsymbol{\alpha}^{(v)}(m)\boldsymbol{\beta}^{(v)}(m)\right|^2 \mathrm{d}f_u\right) \approx$$

$$\mathcal{N}\left(0, P_u \int_{f_u}\sum_{v,v\neq u}^{U(d)} \left|G_r^v\left(f_u\right)\sum_{m=1}^{N_u}\boldsymbol{\alpha}^{(v)}(m)\boldsymbol{\beta}^{(v)}(m)\right|^2 \mathrm{d}f_u\right) \tag{11-19}$$

其中，$G_u^v(f_u)$ 用来描述子窗口 u 对子窗口 v 的干扰。

IBI 主要来自相邻的子窗口，考虑到信道质量和相邻子窗口的发射功率相似，在上述近似值中使用 P_u 对 IBI_u 进行重新排列。基于接收信号中的接收脉冲来自子窗口的频率响应，式（11-19）表现了太赫兹频带信道和接收机系数的相互作用。IBI 表示周围子窗口的功率泄露，如果连续子窗口之间的间隔（即子窗口的带宽，用 B_g 表示）减小，则 IBI 会增加。随着距离的增加，频率选择性变得更加明显。因此，时间扩展使时域中的发射脉冲变宽，从而导致频域中的 IBI 减小。通过使用高增益天线，时延显著减小，并且信道频率响应的频率选择性变化较小。但是，通道的路径损耗减少了，因此 IBI 变得更加突出。

11.4.2 宽带波束设计

为了应对太赫兹信道的独特性并改善距离，在距离自适应多宽带系统的脉冲波形模型中动态调整每个子窗口的速率（即帧数）和发射功率，本节针对这些参数，制定了优化框架，其目的是在满足速率和发射功率约束的同时，使距离最大化。

1. 固定距离的码率最大化

对于距离 d，子窗口的总数 $U(d)$ 可表示为总带宽与子窗口带宽 B_g 之比。总码率等于每个子窗口的码率之和，即 $R_{\text{tot}} = \sum_{u=1}^{U(d)} k_u$。第 k 个子窗口的速率等于 1 s 内符号数量的倒数，可表示为 $k_u = \dfrac{1}{N_{\mathrm{f}}^u N_{\mathrm{p}} T_{\mathrm{p}}} = \dfrac{1}{N_{\mathrm{f}}^u T_{\mathrm{f}}}$。$k_u$ 是帧数的函数，每位信号 SINR 都

与帧数有关。此外，BER 是每比特 SINR 和帧数 k_u 的函数。因此 k_u 隐性地考虑了每比特 SINR 和 BER。实际上，帧数增加导致速率降低、每比特 SINR 提高以及 BER 降低。

根据 11.4.1 节的波形设计，$N_{\mathrm{f}}^{u}=1,\forall u=1,\cdots,U(d)$ 是数据速率的理论上限。然而由于发射功率和 SINR 的限制，这一条件无法达到。为了最大化速率，需要在每个子窗口上确定发射功率 P_u 和帧数 k_u。由于在一个子窗口上达到特定速率所需的功率与其他子窗口上的速率无关，因此本节将发射功率的分配与帧数的分布分开考虑，以获得次优解决方案。此外，用于传输的子窗口是距离自适应的，且不使用路径损耗超过路径损耗阈值的子窗口。在完成发射功率分配之后，可以将每个子窗口上的帧数确定为满足 SINR 要求的最小数。

具体而言，本节分析中考虑了以下 4 种功率分配方案。

（1）最小功率（位）方案。该方案通过最小化每位功率来分配发射功率。关于波形设计，该方案的目标是使每个子窗口的功率/比特最小，即最小化 $P_u N_{\mathrm{f}}^{u}$，码率与 N_{f}^{u} 成反比。该方案允许有效且公平地利用发射功率。随着频率的增加和 SINR 的降低，最终产生的功率分配将稳定增加。所得的分配方案等效于功率反转方案，将更多的功率分配给较高的频带。

（2）最小 N_{f}^{u} 方案。由于路径损耗值的单调增加，最小 N_{f}^{u} 方案从较低的频率 $f_1=0.06\ \mathrm{THz}-f_U=1\ \mathrm{THz}$ 开始分配功率。在每个子窗口处，发射功率为满足 SINR 要求的最低值。这种分配一直持续到满足发射功率要求为止。通过不为高的太赫兹频率分配功率，可能导致不合理地利用发射功率。

（3）注水分配方案。该方案遵循注水分配原理，信道质量更高的子窗口分配到的功率更大。为了实现注水分配方案，通过假设帧数相同计算每个子窗口的 SINR。确定功率分配后，为每个子窗口计算最小值，以实现可能的最大速率。

（4）等功率方案。遵循等功率原理，使 $P_u=P_{\mathrm{Tx}}$，然后为每个子窗口计算最小的 N_{f}^{u}。该方案大大降低了计算复杂度。

发射功率的分配与帧数的分布（即每个子窗口的速率）不相关，这大大降低了次优算法的复杂性。上述 4 种方案产生了不同的系统性能以及计算复杂度。

2. **距离最大化**

由于太赫兹通信受到极大自由空间损耗以及分子吸收损耗的制约，通信覆盖范围一直是太赫兹通信需要关注的问题，因此本节提出通过调整波形设计方案最大化通信距离。前文给出了给定距离的最大码率以及对发射功率和每比特 SINR 的约束。根据这些结果，本节提出了一种优化方法，以迭代方式解决前一个问题，从而找到最大距离，当第一个问题的最大比率达到阈值时，可以通过该最大距离获得最大通信距离。

（1）优化框架公式

对于太赫兹频段的多宽带系统，本节提出了一个优化问题以最大化通信距离 d，如式（11-20）所示。

$$\begin{aligned}&\text{Givin: } P_{\mathrm{Tx}},\gamma_{\mathrm{th}},R_{\mathrm{th}},S_w\\&\text{Find offline: } T_{\mathrm{f}},T_{\mathrm{p}},N_{\mathrm{p}},B_g,\boldsymbol{\beta}^u\geqslant 0\\&\text{Find: } N_{\mathrm{f}}^u,P_u\geqslant 0\\&\text{Maximize: } d\\&\text{s.t.}\\&\text{Transmit power:} \mathrm{E}[P_u]\leqslant P_{\mathrm{Tx}}\\&\text{SNR-per-bit：} \gamma_u^{mp}(d)\geqslant\gamma_{\mathrm{th}},\forall u=1,\cdots,U(d)\\&\text{Data rate:} \sum_{u=1}^{U(d)}\frac{1}{N_{\mathrm{f}}^u N_{\mathrm{p}}T_{\mathrm{p}}}\geqslant R_{\mathrm{th}}\end{aligned}\tag{11-20}$$

其中，$\mathrm{E}[\cdot]$ 代表期望运算符；U 表示在具有子窗口带宽的距离 d 处的子窗口总数，其数量级为 10^2。

（2）优化问题的解决

由于以下原因，该优化需要极高的计算复杂度才能获得最佳解决方案。首先，这是一个具有非凸约束的非凸优化问题，因为该约束不是半正定的。其次，复杂度随约束和变量的数量呈指数增长，存在 $U+2$ 个约束且变量的数量为 $2U$，其数量级为 10^2。因此本节不考虑最佳解决方案，考虑设计参数的次优解决方案。

通过遵循最大比率组合原理来选择 Rake 接收机系数，幅度和相位满足 $\beta_l^{(u)}=|\alpha_l|\mathrm{e}^{\mathrm{j}2\pi f_u t_l},l=1,\cdots,N_u$。此外，计算一帧中的脉冲宽度 $T_{\mathrm{p}}=0.5\ \mathrm{ns}$，脉冲的数量 $N_{\mathrm{p}}=5$，子窗口的带宽 $B_g=10\ \mathrm{GHz}$，以满足对所有子窗口都适用的太赫兹信道特性。连续脉冲之间的间隔需要足够大以避免时间扩展效应，并且在任意距离处选择频谱窗口以满足链路预算方程。

接下来，通过迭代来解决距离最大化问题。通过最大化给定距离的码率，当最大码率达到阈值时获得最大距离。码率最大化问题的详细解决方案在本节中已进行了详细说明。考虑了 4 种功率分配方案，即最小功率（位）方案、最小 N_f^u 方案、注水分配方案和等功率方案，基于这些功率分配方案，可以获得每个子窗口上的帧数，从而解决距离最大化问题。

11.5　本章小结

目前，太赫兹编码、调制与波形设计已经取得了一些进展，研究者分别针对微观纳米网络通信以及宏观经典通信场景开展了研究。此外，还有一些关于调制与波形设计的文献具有良好的前景，如通过合适的波形和调制手段控制传输信号的峰均值比，从而减轻高频放大器等硬件的非线性效应对通信质量的影响[9]；利用分子吸收特性，在分子吸收损耗较高的频段保障太赫兹安全通信[10]。尽管目前的研究正积极着眼于描述太赫兹通信特性，但是目前研究考虑的场景较为单一，且不能完全描述太赫兹通信特性，未来仍需投入大量研究。

参考文献

[1] TAMAGNONE M, GOMEZ-DÍAZ J S, MOSIG J R, et al. Reconfigurable terahertz plasmonic antenna concept using a graphene stack[J]. Applied Physics Letters, 2012, 101(21): 214102.
[2] JORNET J M, AKYILDIZ I F. Femtosecond-long pulse-based modulation for terahertz band communication in nanonetworks[J]. IEEE Transactions on Communications, 2014, 62(5): 1742-1754.
[3] JORNET J M. Low-weight error-prevention codes for electromagnetic nanonetworks in the terahertz band[J]. Nano Communication Networks, 2014, 5(1/2): 35-44.
[4] YAO X W, MA D B, HAN C. ECP: a probing-based error control strategy for THz-based nanonetworks with energy harvesting[J]. IEEE Access, 2019, 7: 25616-25626.
[5] ZAINUDDIN M A, DEDU E, BOURGEOIS J. Low-weight code comparison for electromagnetic wireless nanocommunication[J]. IEEE Internet of Things Journal, 2016, 3(1): 38-48.

[6] HOSSAIN Z, MOLLICA C N, FEDERICI J F, et al. Stochastic interference modeling and experimental validation for pulse-based terahertz communication[J]. IEEE Transactions on Wireless Communications, 2019, 18(8): 4103-4115.

[7] HOSSAIN Z, JORNET J M. Hierarchical bandwidth modulation for ultra-broadband terahertz communications[C]//Proceedings of ICC 2019-2019 IEEE International Conference on Communications (ICC). Piscataway: IEEE Press, 2019: 1-7.

[8] TSE D, VISWANATH P. Fundamentals of wireless communication[M]. Cambridge: Cambridge University Press, 2005.

[9] HAN C, BICEN A, AKYILDIZ I F. Multi-wideband waveform design for distance-adaptive wireless communications in the terahertz band[J]. IEEE Transactions on Signal Processing, 2016, 64(4): 910-922.

[10] NASARRE I P, LEVANEN T, VALKAMA M. Constrained PSK: energy-efficient modulation for Sub-THz systems[C]//2020 IEEE International Conference on Communications Workshops (ICC Workshops). Piscataway: IEEE Press, 2020: 1-7.

第12章

超大规模MIMO传输

波束成形技术利用波的干涉原理，通过发射端配置多根天线并改变与每个天线连接的移相器的相位，使整个天线阵列感应出一个或几个指定方向的主波瓣，即将电磁波能量集中在某个或某几个指定方向。波束成形技术可以对抗太赫兹通信中的高路径损耗，同时，形成的高增益波束以及高方向性可以减少用户设备之间的信号干扰。本章从大规模阵列天线的概念出发，介绍了太赫兹等离子体纳米天线、信道状态信息获取方法以及宽带波束成形技术。

虽然太赫兹无线通信可以为数据传输提供超大带宽以及超高的数据速率，然而太赫兹波传播过程中的极大路径损耗，及其硬件设备所造成的功率限制，使其通信距离通常较短，因此，借助大规模天线阵列提高传输增益是提高太赫兹通信距离的必要解决方案。

考虑到提高太赫兹波的方向性以进一步提高天线增益，波束成形技术自 MIMO 技术提出以来一直受到广泛关注。波束成形需要收发端为阵列天线，通过改变与每个天线连接的移相器的相位，利用波的干涉原理，使整个天线阵列感应出一个或几个指定方向的主波瓣，即将电磁波能量集中在某个或某几个指定方向。这可以对抗太赫兹通信中的高路径损耗，同时，波束成形技术形成的高增益波束以及高方向性可以减少用户设备之间的信号干扰。

本章首先从大规模阵列天线的概念出发，介绍了太赫兹等离子体纳米天线；然后重点研究了几种信道状态信息（Channel State Information，CSI）获取方法；最后从波束成形角度出发，重点探究了基于超大规模多输入多输出（UM-MIMO）的联合两级波束成形和波束控制码本的宽带波束成形技术。

12.1 超大规模天线阵列

更大带宽和更高速率无线通信需求的不断增长推动了通信领域对更高频段的探

索。太赫兹频段被视为满足此类需求的主要频段之一。但是，太赫兹频段下的可用带宽带来了更高的传输损耗，又由于紧凑型固态太赫兹收发器的功率限制，导致其通信距离非常短，约为1 m。

因此，本节提出了UM-MIMO天线阵列的概念，并将其作为一种可实现的超宽带通信方式。利用纳米材料和超材料的特性，非常小尺寸的太赫兹等离子体纳米天线能够在非常小的占地面积内开发出非常大的天线阵列。

本节介绍了等离子体纳米天线阵列的主要特性之后，介绍了UM-MIMO的工作模式，并给出了初步的研究结果，以突出这种模式的潜力。然后，建立UM-MIMO通信系统模型，并研究了子阵列（Array of Sub Array，AoSA）结构。

12.1.1　等离子体纳米天线阵列

一般而言，谐振天线的长度约为谐振频率处波长的一半。在太赫兹频段，波长范围为60 GHz的5 mm到10 THz的30 μm。例如，调谐为1 THz谐振的金属天线的长度需为二分之一波长，即约150 μm。上述结论已经显示出开发规模非常大的太赫兹天线阵列的潜力，通过使用近年来研究的等离子体超材料开发纳米天线和纳米收发器，可以获得更大的收益。

1．天线小型化

等离子体超材料是支持表面等离子体激元（SPP）波传播的金属或类金属材料。SPP波是受限的电磁波，由于电荷的整体振荡而出现在金属和电介质之间的界面上。不同的等离子体超材料可以支持不同频率的SPP波。金和银等贵金属在红外和可见光频段支持SPP波。石墨烯是一种具有单原子厚度的碳基纳米材料，具有独特的机械、电和光学特性，可支持SPP波在太赫兹频段的传播。超材料（即纳米结构砌块的工程布置）可以设计为在许多频段（包括毫米波频段）支持SPP波。

SPP波的独特传播特性使新型等离子体纳米天线的发展成为可能。特别是SPP波在自由空间中的传播速度比EM波低得多，因此SPP波的波长λ_{spp}比自由空间波长λ小得多。$\gamma=\dfrac{\lambda}{\lambda_{spp}}>1$被称为限制因子，取决于等离子体超材料和系统频率，可以通过求解由特定器件的几何形状施加边界条件的SPP波色散方程来获得限制因子。

与金属天线不同，等离子体纳米天线的谐振长度由 λ_{spp} 的二分之一给出，因此等离子体纳米天线长度比金属天线小得多。

基于这些特性，文献[1]中提出了利用石墨烯来开发太赫兹等离子体纳米天线的方法。石墨烯中的限制因子 γ 取值范围为 10～100。因此，基于石墨烯的等离子体纳米天线只有几微米长、几百纳米宽，比金属太赫兹天线小近两个数量级。此外，基于石墨烯的等离子体纳米天线的共振频率可以动态调整，SPP 波在石墨烯中的传播特性取决于其动态复电导率，导电性取决于石墨烯结构的尺寸及其热能，即材料中电子所占据的最高能带。有趣的是，费米能量可以很容易地通过材料掺杂或静电偏压来改变，因此可以动态调整 SPP 波传播特性，从而限制调整因子。

对于频率低于 1 THz 的频段，石墨烯中 SPP 波极短的传播长度限制了较低频率下基于石墨烯的等离子体纳米天线的性能。不过仍可以使用等离子超材料来开发频率为 60 GHz～1 THz 的等离子体纳米天线。文献[2]提出了 SPP 波在频率低至 10 GHz 的超材料上的传播特性。尽管 SPP 波可以以这种频率在超材料上传播，但通常它们的限制因子 $\gamma<10$，因此，微型化增益低于 1 THz 以上频率的传播增益。另外，常规的超材料是不可调谐的。然而，文献[3]中提出了新颖的软件定义的超材料（Software Defined Meta-Material，SDM）。SDM 的基本思想是将常规超材料与纳米级通信网络结合起来，通过切换其构造块的状态来动态控制超材料的属性。这种方法可用于改变材料的有效介电常数或电导率，从而实时修改限制因子。

2. 多天线集成

尽管具有很高的辐射效率，等离子体纳米天线的有效面积却很小。这种小尺寸天线可以在很小的空间内建立非常密集的天线阵列。一种概念性等离子体纳米天线阵列——正方形均匀等离子体纳米天线阵列示意如图 12-1 所示。

除了天线的尺寸外，天线的总数还取决于天线之间所需的最小间距和该阵列的最大允许占用面积。将纳米天线之间的最小间隔定义为它们之间没有明显相互耦合的距离。可以看出，当两个纳米天线之间的距离接近等离子体波长时，等离子体纳米天线之间的相互耦合会迅速下降。因此，等离子体限制因子 γ 在可整合到固定面积中的天线数量上起着关键作用。

不失一般性地，每面具有 N 个天线的正方形均匀等离子体纳米天线阵列的占用面积由计算式（$N\lambda/\gamma$）^{2} 给出。不同天线阵列占用面积随天线数量的变化如图 12-2 所示。对于基于超材料的等离子体纳米天线阵列，γ=4；对于基于石墨烯的等离子体纳米天线阵列，γ=25。

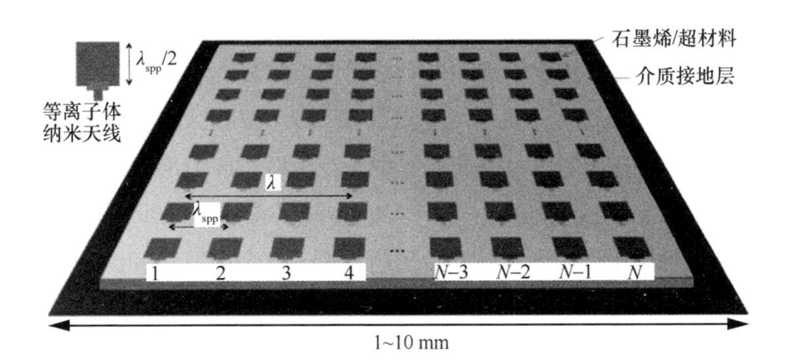

图 12-1　正方形均匀等离子体纳米天线阵列示意

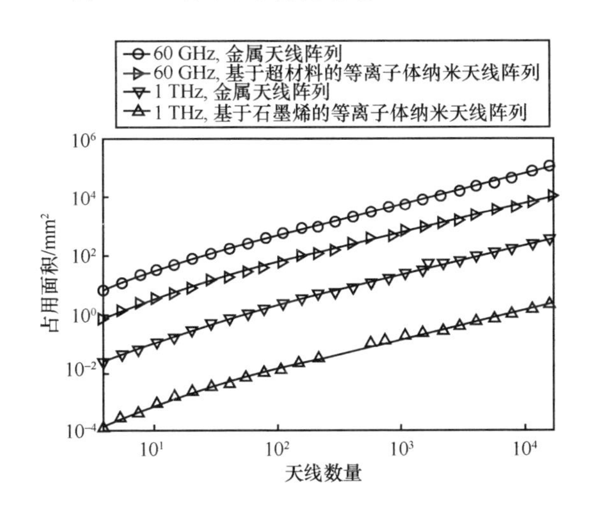

图 12-2　不同天线阵列占用面积随天线数量的变化

如图 12-2 所示，当频率为 60 GHz 时，超材料的使用可以减少占用面积一个数量级以上。例如，1 024 个基于超材料的等离子体纳米天线将占用 10 cm^2，而相同数量的金属天线将占用 100 cm^2，该金属天线阵列因占用面积太大而无法嵌入常规的移动通信设备中。因此，对于 1 THz 或更高的频率，石墨烯的高限制因子会大大减少阵列的占用面积。例如，当频率为 1 THz 时，可以在 1 cm^2 的面积中封装 1 024 个金属天线，而相同数量的基于石墨烯的等离子体纳米天线需要的面积甚至小于 1 mm^2。

因此，等离子体纳米天线阵列的尺寸将会非常小，可以将其集成在所有类型的通信设备中。这些结果进一步突出了利用等离子体材料设计天线和天线阵列的优势。

3. 天线的馈电和控制

为了操作纳米天线阵列，希望能够在每个纳米天线处产生并控制 SPP 波的幅度或时延/相位。目前已有几种在太赫兹频段产生 SPP 波的方法。

对于低于 1 THz 的频率，可以使用标准的硅（Si）CMOS 技术、硅锗（SiGe）技术和 III-Vs 半导体技术，例如氮化镓（GaN）、砷化镓（GaAs）和磷化铟（InP）技术可用于生成高频电信号。借助等离子体光栅结构，可以将 SPP 波发射到基于等离子体材料的天线上[4]。

对于高于 1 THz 的频率，可以考虑激发 SPP 波的不同机制。这些技术可以分为光泵浦技术和电泵浦技术。在光泵浦技术方面，可以配置结合光栅结构的 QCL 来激发 SPP 波。虽然 QCL 可以提供高功率的太赫兹波，但在室温下其性能会迅速下降。红外激光器和光电导天线也可以用来激发 SPP 波。然而，外部激光器的需求限制了这种方法在实际应用中的可行性。对于电泵浦技术，可以利用基于化合物的半导体材料以及石墨烯的亚微米级高电子迁移率晶体管（High-Electron-Mobility Transistor，HEMT）来激发 SPP 波。虽然单个 HEMT 的功能预计都非常低，但它们的体积很小，并且其在室内运行的可能性也激发了研究者的进一步探索。

通过纳米天线阵列的等离子体信号的分布取决于激励机制。当采用光泵浦技术时，由于所需激光器的孔径相对较大，因此可以利用单个激光器在所有纳米天线上同时激发 SPP 波。这样虽然简化了纳米天线的馈电难度，但也会限制阵列的应用范围，因为所有信号将以相同的时延或相位馈电。对于电泵浦技术，可以考虑不同的方法。常规方案是利用基于 HEMT 的纳米收发器来生成所需信号，然后依靠等离子波导和等离子时延/相位控制器将具有适当相位的信号分配到不同的纳米天线。然而，由于单个收发机产生的功率低（为数微瓦）和 SPP 波的传播长度有限（仅为几个波长），纳米天线阵列的性能将受到损害。单个等离子体激元的非常小的尺寸允许它们与每个纳米天线集成在一起，因此其等同于全数字架构。这不仅增加了总辐射功率，而且可能潜在地简化了支持 UM-MIMO 通信所需的纳米天线阵列的控制系统。

12.1.2　超大规模 MIMO 通信

在太赫兹频段中创建非常大的可控纳米天线阵列 UM-MIMO 通信系统是可行的。UM-MIMO 的目标就是通过克服影响太赫兹波传播的两个主要问题，即传输损耗和分子吸收损耗，来最大限度地提高太赫兹频段在长距离通信上的利用率。

本节将描述 UM-MIMO 的工作模式，并提出初始性能估计。

1．*动态* UM–MIMO

通过动态调整每个纳米天线上 SPP 波的幅度和时延/相位，可以定义不同的 UM-MIMO 操作模式，范围从 UM 波束成形到 UM 空间复用。

（1）UM 波束成形

UM 波束成形情况下，与常规波束成形一样，所有纳米天线都被馈以相同的等离子体信号。UM-MIMO 的主要优势来自可以集成在一个阵列中的大量纳米天线。但是，UM-MIMO 与常规天线阵列有以下两个主要区别。一方面，在每个纳米天线内集成等离子体信号源的可能性导致更高的输出功率，与天线的间隔或它们之间的时延/相位无关；而在传统架构中要么将信号分配到所有元素中，要么使用子阵列结构，其中每个子阵列均处于有源状态，因此等离子体纳米天线阵列的增益更高。另一方面，由于纳米天线间隔更近，因此降低了阵列的波束成形能力。

下面在不失一般性的前提下，考虑在宽边方向上具有单个波束的正方形均匀等离子体纳米天线阵列。金属/等离子体纳米天线阵列在不同频率下的增益随其占用面积的变化如图 12-3 所示，其中“+”表示验证点。对于基于石墨烯的等离子体纳米天线阵列，COMSOL 多物理场仿真已验证了在发射和接收过程中具有多达 128 个天线的较小占用面积的结果。

从图 12-3 中可以看出，在 60 GHz 时，100 mm^2 基于超材料的等离子体纳米天线阵列的增益高达 40 dB，比具有相同占用面积的金属天线阵列的增益高 25 dB 以上。在 1 THz 时，1 mm^2 的基于石墨烯的等离子体纳米天线阵列的增益高达 55 dB，比具有相同占用面积的金属天线阵列的增益高 35 dB。值得注意的是，获得这种更高的增益不仅因为纳米天线数量更多，还因为每个纳米天线都由纳米收发器主动供电，这也可以从天线阵列的波束立体角看出。

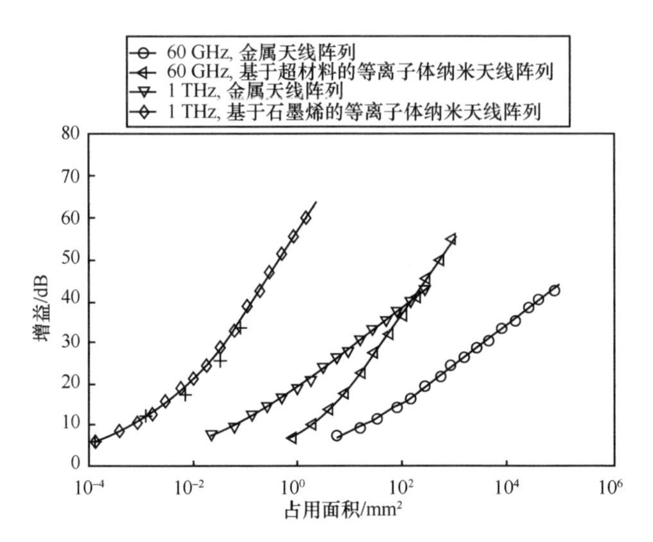

图 12-3　金属/等离子体纳米天线阵列在不同频率下的增益随其面积的变化

金属/等离子体纳米天线阵列的波束立体角随其占用面积的变化如图 12-4 所示，其中“+”表示验证点。

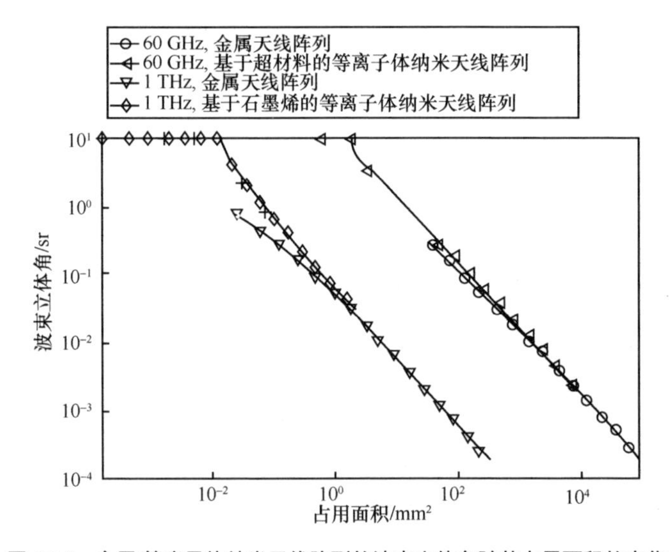

图 12-4　金属/等离子体纳米天线阵列的波束立体角随其占用面积的变化

尽管使用等离子体材料可以在很小的占用面积内集成大量天线，但是这种阵列除非扩展到至少半个自由空间波长，否则不会显示出波束成形能力的优势。这是由相隔小于二分之一波长的纳米天线之间的空间相关性导致的。通过紧密集成纳米天线可以扩展出许多新的研究方向，例如创建用于空间复用的交错子阵列的可能性。

下面以一个具体示例来说明 UM-MIMO 波束成形的影响。考虑 1 THz 的吸收率固定的传输窗口，该窗口在通信距离 10 m 处的带宽约为 120 GHz。频率为 1 THz 时的总路径损耗在 10 m 内超过 115 dB[5]。如果认为发射功率为 0，接收机的噪声功率为−80 dBm，则可以很容易地证明，在发射和接收中具有 40 dB 增益的 1 024×1 024 UM 波束成形方案可以实现无线通信距离 10 m 处的数据传输速率接近 2 Tbit/s。但需要注意的是，随着通信距离的增加，太赫兹频带中的可用带宽会缩小，因此试图通过简单地增加天线来增加容量并不是最好的选择，同时在多个窗口上传输的方案可能会更有效，这将在本节后文中讨论。

（2）UM 空间复用

我们可以将非常大的天线阵列进行虚拟划分，以支持不同方向上的多个较宽和较低增益的波束。与在传统 MIMO 或大规模 MIMO 中一样，这些波束可用于开发空间分集并增加单用户链路的容量或在不同用户之间创建独立链路。此外，借助等离子体纳米收发器独立控制每个纳米天线上信号的可能性，研究者实现了创新的方式来对阵列元件进行分组，从而在保持相对窄波束的同时增加波束的数量。例如，可以物理地交织子阵列，来代替将阵列划分为单独的子阵列的方法，如图 12-5 所示。

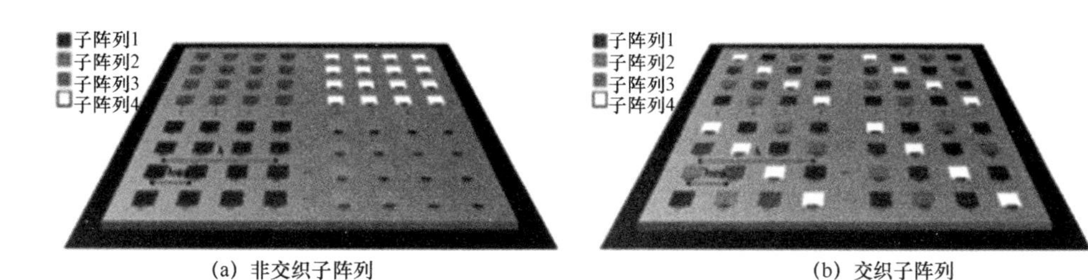

(a) 非交织子阵列　　(b) 交织子阵列

图 12-5　等离子体纳米天线虚拟子阵列示意

从图 12-5 可以看出，增加一个虚拟子阵列中元素之间的间隔不会影响系统的占用面积。如前文所述，为了执行波束成形，阵列元件需要扩展至大于半波长但不大于一个完整波长的区域，以防止出现光栅波瓣。在非交织子阵列的情况下，如图 12-5（a）所示，由于每个子阵列的有源元件少，而且它们太接近以至于无法展现波束成形能力，因此可达到的波束增益也会受到损害。通过交织子阵列，如图 12-5（b）所示，使元件之间的间隔增加到二分之一波长，从而获得波束增益。

考虑在 1 THz 处具有 1 024 根天线的基于石墨烯的等离子体纳米天线阵列时，波束增益与非交织子阵列和交织子阵列的波束数的关系如图 12-6 所示[6]。

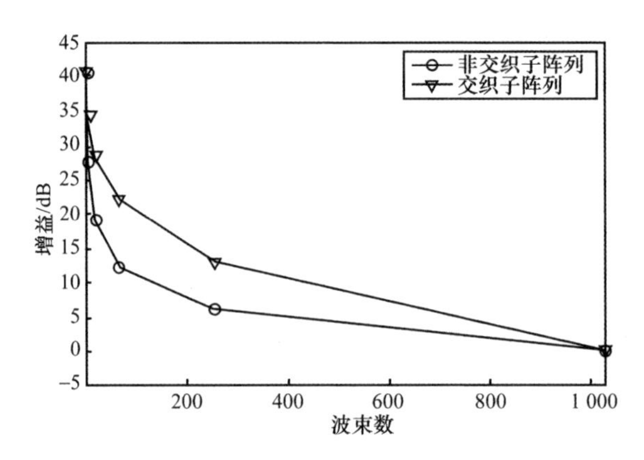

图 12-6　等离子体纳米天线非交织/交织子阵列增益

一方面，可以利用 1 024 个纳米天线来产生单个波束，这种情况对应于 UM 波束成形；另一方面，每个纳米天线都被用来产生单独的波束。正方形平面子阵列是通过对等离子体纳米天线进行分组来创建的。例如，可以创建 64 个子阵列，每个子阵列包含 16 个纳米天线。如果采用非交织子阵列，则每个波束的增益可以达到 12 dB；而采用交织子阵列，每个波束的增益可增加到 22 dB。上述结果突出展示了子阵列交织的好处，并激发了新的阵列模式合成方法的发展。

2. **多频带 UM-MIMO**

本节已经考虑了天线阵列被设计为在特定频率的传输窗口下运行的情况。但是，对于超过几米的通信距离，太赫兹频段会显示多个吸收限定的传输窗口。为了最大限度地利用太赫兹信道并启用 Tbit/s 目标链路，可能需要多个窗口。

多频带 UM-MIMO 通过利用等离子体纳米天线阵列来实现同时利用不同的传输窗口的目的。其基本思想是将一个纳米天线阵列虚拟分割成多个子阵列，并调整每个子阵列以不同的中心频率工作。每个传输窗口实际上是窄带的，即其带宽远小于其中心频率。这简化了每个纳米天线的设计以及纳米天线阵列的动态控制。

等离子体纳米天线阵列具有多种独特功能，可实现多频带 UM-MIMO 通信。一方面，如 12.1.1 节中的天线小型化所述，可以通过电子方式调整单个等离子体纳米天线的共振频率，因此可以动态独立地修改子阵列中各个纳米天线的共振频率；另一方面，可以通过选择合适的元件来实现天线元件之间的所需间隔。例如，选择元件以使它们在目标频段的间隔约为二分之一波长。极高密度的元件（其间隔比自由空间波长要短得多）提供了所需的粒度，可以在所需频率下创建所需的间隔。此外，可以交织使用不同频率的虚拟子阵列。

12.1.3　UM-MIMO 通信系统

1. UM-MIMO 通信系统模型

本节讨论 UM-MIMO 通信系统模型。如图 12-7 所示，该系统由具有 N_s 个天线的基站 BS、具有 N_d 个天线的用户 UE 以及具有 N_a 个天线的 UM-MIMO 等离子体纳米天线阵列组成，这些天线安装在室内空间的垂直墙上。特别地，等离子体纳米天线阵列基于太赫兹频段的毫米波和石墨烯的超表面，纳米收发器和纳米天线的最大尺寸为 $\lambda/20$（λ 为信号波长），允许它们紧密集成在很小的封装中（例如，在 1 THz 时 1 mm^2 的面积中有 1 024 个天线元件）。

阵列中的每个元件都包括一个片上太赫兹源，该源内置基于 III-V 半导体的高电子迁移率晶体管和一个调制器，调制器基于石墨烯的等离激元波导来修改表面等离子体极化波的传播速度，可应用于子阵列的结构，该结构可以将大型天线阵列有效地划分为几个独立的阵列，并同时起作用[7]。

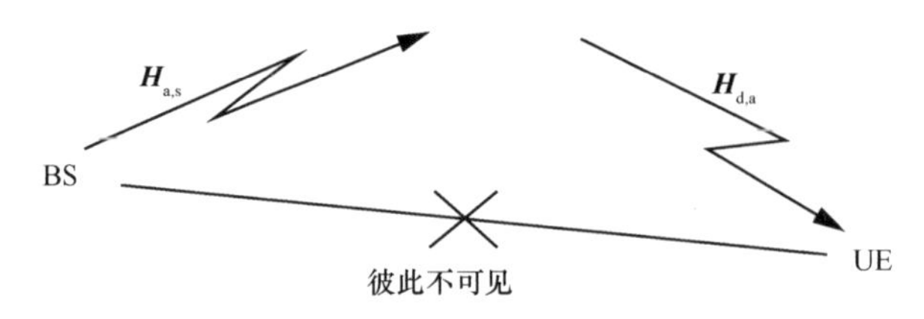

图 12-7 基于 UM-MIMO 通信系统示意

室内环境中，假设 BS 和 UE 在一般瑞利衰落信道中彼此不可见，但两者对 UM-MIMO 等离子体纳米天线阵列可见。假设在信道估计阶段，UM-MIMO 通信系统已知理想的信道条件，BS 阵列链路和 UE 阵列链路的信道分别表示为 $\boldsymbol{H}_{a,s} \in C^{N_a \times N_s}$ 和 $\boldsymbol{H}_{d,a} \in C^{N_d \times N_a}$。在 BS 阵列链路中，等离子体纳米天线阵列接收的信号可以表示为

$$\boldsymbol{y}_{a,s} = \boldsymbol{H}_{a,s}\boldsymbol{w}_s\boldsymbol{s} + \boldsymbol{n}_{a,s} \tag{12-1}$$

其中，$\boldsymbol{w}_s \in C^{N_s \times N_s}$ 是 BS 处 UM-MIMO 天线阵列的预编码矩阵；$\boldsymbol{s} \in C^{N_s \times 1}$ 是发射的符号向量；$\boldsymbol{n}_{a,s}$ 是 AWGN 向量，在 BS 阵列链路中具有零均值和方差 σ_s^2，并且与发射信号不相关。

在 UM-MIMO 等离子体纳米天线阵列中，$\boldsymbol{y}_{a,s}$ 与大小为 $N_a \times N_a$ 的权重矩阵 $\boldsymbol{G}_a$ 相乘以调整其相位；然后发射给 UE，则 UE 接收到的信号为

$$\boldsymbol{y}_{d,a} = \boldsymbol{w}_d^H(\boldsymbol{H}_{d,a}\boldsymbol{G}_a\boldsymbol{y}_{a,s}) + \boldsymbol{n}_{d,a} = \boldsymbol{w}_d^H\boldsymbol{H}_{d,a}\boldsymbol{G}_a\boldsymbol{H}_{a,s}\boldsymbol{w}_s\boldsymbol{s} + \tilde{\boldsymbol{n}}_{eq} \tag{12-2}$$

其中，$\boldsymbol{w}_d \in C^{N_d \times N_d}$ 是 UE 处 UM-MIMO 天线阵列的权重矩阵，$\boldsymbol{n}_{d,a}$ 是 UE 处的 AWGN 向量，$\tilde{\boldsymbol{n}}_{eq}$ 是 UE 处的等效噪声。

2. UM-MIMO 通信系统的子阵列结构

尽管 UM-MIMO 通信系统在每个收发器端以及智能环境中采用了数百甚至数千个等离子体纳米天线元件，但由于太赫兹频段中有限的发射功率和显著的路径损耗，从发射机发射的信号最终只有极少量能到达接收机。另外，对于信道中随机散射所引起的多径分量，通常有超过 20 dB 的额外衰减。因此，这样的高频信道可以被认为是稀疏的，从而允许更少的 RF 链被连接到阵列。

此外，整个 UM-MIMO 天线阵列可以被虚拟地分成子阵列结构，如图 12-8 所示。

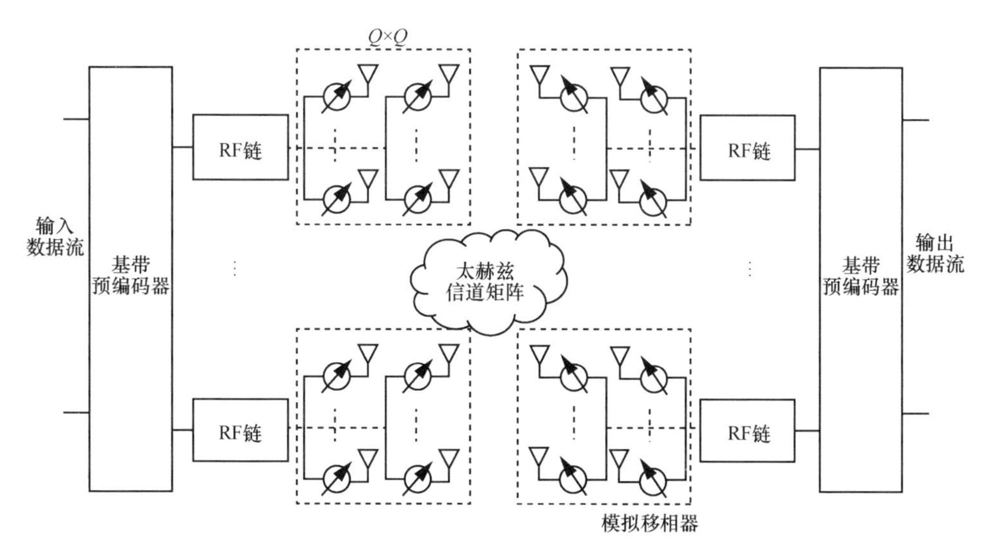

图 12-8　基于子阵列结构的混合波束成形的 UM-MIMO 示意

利用这种子阵列结构的目的是正交波束可以零自干扰独立地服务于 BS 和 UE，解决传统的多天线中继所面临的挑战。为了便于分析，假设子阵列为正方形，每个边的天线数量为 Q，则每个子阵列的天线总数为 Q^2。因此，UM-MIMO 天线阵列中，阵列数量对于 UE 是 N_{d}/Q^2，对于 BS 是 N_{s}/Q^2。

12.2　信道状态信息获取

在 MIMO 系统中对信道状态信息的掌握可以使系统适应当前的信道条件，为高可靠性、高速率的通信提供了保障。而在大规模 MIMO 系统中更是如此，只有在基站充分掌握 CSI 的前提下，才能充分利用大规模天线阵列提供的阵列增益和空间自由度，来获得系统容量的显著提升。

在实际系统中，基站为了及时地获取精确的 CSI，通常会采用基于导频辅助的信道估计方法。此时对于上行链路来说，基站通过接收用户发射的导频信号进行估计就能获得与用户之间的 CSI。对于下行链路来说，基站则需要依靠下行链路发射导频信号，由用户对各自的信道进行估计，再将结果量化后经由上行链路反馈来获取 CSI。时分双工（Time Division Duplex，TDD）系统由于信道的互易性，可以凭借上行链路的导频信号来估计得到下行链路的 CSI，为基站对 CSI 的获取带来了便利，其被公认是最适合与大规模 MIMO 技术结合的系统。因此之前许多关于大规模 MIMO 系统中 CSI 获取方法的研究主要考虑的是 TDD 系统。

然而，当前最主流的系统并非 TDD 系统，而是频分双工（Frequency Division Duplex，FDD）系统。因此考虑到系统的向后兼容性和成本效率等问题，研究如何在大规模 MIMO-FDD 系统中对 CSI 进行获取将更具实际意义。与 TDD 系统不同，在 FDD 系统中基站只能通过下行链路发射导频，由用户估计信道并反馈的策略来获取 CSI。因此，大规模 MIMO-FDD 系统中更受关注的是如何降低获取 CSI 所需的导频开销和反馈开销。为了降低这些开销，当前已有的大量研究可以被分为四类：基于时间相关性的获取方法、基于空间相关性的获取方法、基于压缩感知技术的获取方法和其他方法。

12.2.1 传统信道估计方法

系统为了获得更多的复用增益或分集增益，需要基站提前对各用户在各子载波上的 CSI 有充分的认识，来对发射信号进行预编码处理。也就是说，在大规模 MIMO 系统中，基站在对用户进行数据传输前需要对用户当前的 CSI 进行获取。然而，在信道不具备互易性的 FDD 系统中，基站只能通过下行链路发射导频序列或数据，由用户对各自的信道进行估计，并通过反馈的方式来获取所需的 CSI。因此在大规模 MIMO 系统中，数据传输可以大致被分为 3 个阶段：导频训练、信息反馈、数据传输。

为了解决 CSI 获取问题，首先需要对无线信道进行估计。作为无线通信系统中的关键技术，信道估计技术根据有无导频辅助可以分为两类：盲估计方法和非盲估计方法。

盲估计方法主要利用长时间内发射数据信号的统计特性和接收信号的协方差信息，至少可以对一部分信道信息进行估计。尽管理论上盲估计方法不需要任何辅助导频信号，可以获取极限的频谱利用率，但由于其计算复杂度高、收敛慢和存在模糊因子等问题，难以运用到实际场景中。而非盲估计方法则利用发射和接收双方都已知的导频信号，让接收方可以通过接收到的导频信号对当前 CSI 做出精确估计。

相比于盲估计方法，基于导频辅助的非盲估计方法虽然需要占用一部分频谱资源来发射导频信号，对频谱的利用率有所降低，但因其实现简单、复杂度低且估计精度高，在信道估计技术中占主导地位，被广泛应用于现代无线通信系统中。

下面考虑利用基于导频辅助的估计方法对各用户在单个子载波上的信道信息 $\boldsymbol{H}$ 进行估计。令 $\boldsymbol{P} \in C^{L_p \times M}$ 为基站在子载波 k 上发射的导频矩阵，其中 L_p 为导频长度，则用户在第 k 个子载波上接收到的导频信号为

$$\boldsymbol{Y} = \boldsymbol{PH} + \boldsymbol{N} \tag{12-3}$$

1. 传统的 LS 算法与 MMSE 算法

最小二乘（Least Squares，LS）算法通过解决以下最小化问题来对式（12-3）进行求解。

$$\hat{\boldsymbol{H}}^{\mathrm{LS}} = \underset{\boldsymbol{H}}{\operatorname{argmin}}\{(\boldsymbol{Y} - \boldsymbol{PH})^{\mathrm{H}}(\boldsymbol{Y} - \boldsymbol{PH})\} \tag{12-4}$$

在不考虑插值的情况下，要想估计出完整的 CSI，$\boldsymbol{P}^{\mathrm{H}}\boldsymbol{P}$ 必须可逆，即要求此矩阵是满秩的，而根据矩阵秩的性质有 $\mathrm{rank}(\boldsymbol{P}^{\mathrm{H}}\boldsymbol{P}) = M \leqslant \mathrm{rank}(\boldsymbol{P}) \leqslant \min(L_p, M)$，因此有 $L_p \geqslant M$，得到满足 LS 算法的最短导频长度为 M。则当采用正交导频设计，且 $L_p = M$ 时，即 $\boldsymbol{P}^{\mathrm{H}}\boldsymbol{P} = \boldsymbol{I}_M$，LS 算法的估计值还可以写为 $\hat{\boldsymbol{H}}^{\mathrm{LS}} = \boldsymbol{P}^{\mathrm{H}}\boldsymbol{Y}$。

最小均方误差（Minimum Mean Square Error，MMSE）算法利用信道信噪比和信道相关统计信息对 LS 算法的误差性能进行提升。与 LS 算法相同，MMSE 算法也是通过解决一个最小化问题来对式（12-3）进行求解，只是代价函数变为

$$\hat{\boldsymbol{H}}^{\mathrm{MMSE}} = \underset{\boldsymbol{H}}{\operatorname{argmin}}\{\mathrm{E}[\boldsymbol{H} - \hat{\boldsymbol{H}}^{\mathrm{MMSE}}]^2\} \tag{12-5}$$

2. 基于空间相关性的估计方法

此类算法是在传统的 LS 算法与 MMSE 算法基础上，考虑了大规模 MIMO 信道较强的空间相关性，可以降低信道估计所需的导频开销。

考虑在 LS 算法利用空间相关性的情况。将信道信息 $\boldsymbol{H}$ 用 Karhunen-Loeve 表达式表示为 $\boldsymbol{H} = \boldsymbol{R}_{HH}^{1/2} z$，然后将 $\boldsymbol{R}_{HH}$ 进行特征值分解（Eigenvalue Decomposition，EVD），$\boldsymbol{\Lambda} = \mathrm{diag}(\lambda_1, \lambda_2, \cdots, \lambda_M)$ 是由特征值按降序组成的对角矩阵。$\boldsymbol{U}$ 为 $\boldsymbol{\Lambda}$ 中特征值对应特征向量组成的酉矩阵。

当 $\boldsymbol{R_{HH}}$ 保持强相关性时，$\boldsymbol{\Lambda}$ 中只有前 B（$B \leqslant M$）个特征值能取到较大的绝对值，而其余的 $M-B$ 个特征值为 0 或趋近于 0，且当 $\boldsymbol{U}^{\mathrm{H}}\boldsymbol{P}^{\mathrm{H}}\boldsymbol{PU}$ 为对角矩阵时，取到最小绝对值。令 $\boldsymbol{U}^{\mathrm{H}}\boldsymbol{P}^{\mathrm{H}}\boldsymbol{PU}=\boldsymbol{\Lambda}_{\mathrm{p}}$，$\boldsymbol{\Lambda}_{\mathrm{p}}$ 为对角矩阵，ρ_i 为对应导频信号的功率，有

$$\arg\min_{\rho_i}\sum_{i=1}^{M}\left(\frac{\sigma^2}{\lambda_i}+\rho_i\right)^{-1}，\ \text{s.t.}\ \sum_{i=1}^{M}\rho_i \leqslant \rho L_{\mathrm{p}}\text{且}\rho_i \geqslant 0 \tag{12-6}$$

此时，最优的导频设计问题转变为最优的功率分配问题。而当 λ_i 趋近于 0 时，$\left(\frac{\sigma^2}{\lambda_i}+\rho_i\right)^{-1}$ 也趋近于 0。也就是说，式（12-6）中并不是所有的导频信号都需要分配功率，由 $\boldsymbol{R_{HH}}$ 的强相关性假设，当 $B<i<M$ 时，λ_i 趋近于 0，即对应的 ρ_i 可以为 0。而基站一般不会在导频训练阶段和数据传输阶段进行变化的功率控制，则假设除了 $\rho_i=0$ 的导频信号外，其余的导频信号进行平均功率分配，基于空间相关性的 LS 算法一样有 $\boldsymbol{P}=(\boldsymbol{U}_{[1:B]})^{\mathrm{H}}$，此时所需的导频开销 $L_{\mathrm{p}}=B$。

3. **基于时间相关性的估计方法**

基于时间相关性的估计方法主要以基于卡尔曼滤波的估计方法为代表，由于该方法的导频序列是在用户侧设计再反馈给基站的，因此基于卡尔曼滤波的估计方法被称为闭环的训练方法。不同于慢衰落信道，基于时间相关性的估计方法需要对时变信道进行建模，根据高斯马尔可夫模型 $\boldsymbol{v}_i$ 与 $\boldsymbol{H}_i$ 均不相关，$\eta\in[0,1]$ 为时间相关系数，$\boldsymbol{H}_i$ 为在第 i 个相干时间段内的信道信息。

令 $\hat{\boldsymbol{H}}_{i|i}$ 和 $\boldsymbol{R}_{i|i}$ 分别表示第 i 个相干时间内信道估计值和估计误差协方差矩阵，$\hat{\boldsymbol{H}}_{i+1|i}$ 和 $\boldsymbol{R}_{i+1|i}$ 分别表示通过 $\hat{\boldsymbol{H}}_{i|i}$ 对第 $i+1$ 个相干时间段内信道信息的预测值和预测误差协方差矩阵，$\boldsymbol{P}_i\in C^{L_{\mathrm{p}}\times M}$ 表示第 i 个相干时间内发射的导频信号，$\boldsymbol{Y}_i\in C^{L_{\mathrm{p}}\times 1}$ 表示第 i 个相干时间内导频的接收信号，则由状态方程和测量方程构成卡尔曼滤波的迭代过程如下。

初始化 $\hat{\boldsymbol{H}}_{0|-1}=0$，$\hat{\boldsymbol{H}}_{0|-1}=0$

Step 1 更新卡尔曼增量：$\boldsymbol{K}_i=\boldsymbol{R}_{i|i-1}\boldsymbol{P}_i^{\mathrm{H}}(\sigma^2\boldsymbol{I}_{L_{\mathrm{p}}}+\boldsymbol{P}_i\boldsymbol{R}_{i|i-1}\boldsymbol{P}_i^{\mathrm{H}})^{-1}$

Step 2 更新信道估计值：$\hat{\boldsymbol{H}}_{i|i}=\hat{\boldsymbol{H}}_{i|i-1}+\boldsymbol{K}_i(\boldsymbol{Y}_i-\boldsymbol{P}_i\hat{\boldsymbol{H}}_{i|i-1})$

Step 3 更新估计误差协方差矩阵：$\boldsymbol{R}_{i|i}=(\boldsymbol{I}_M-\boldsymbol{K}_i\boldsymbol{P}_i)\boldsymbol{R}_{i|i-1}$

Step 4 更新下一个相干时间内信道的预测值：$\hat{\boldsymbol{H}}_{i+1|i}=\eta\hat{\boldsymbol{H}}_{i|i}$

Step 5　更新预测误差协方差矩阵：$\boldsymbol{R}_{i+1|i} = \eta^2 \boldsymbol{R}_{i|i} + (1-\eta^2)\boldsymbol{R}_{\boldsymbol{HH}}$

可以看出，卡尔曼滤波不仅利用了当前相干时间内的导频信息，还利用了之前所有相干时间内的导频信息来完成信道估计，使在每个训练周期内的导频开销可以降为 $L_\text{p}=1$，但当 L_p 取值越小时，$\hat{\boldsymbol{H}}_{i|i}$ 收敛到最优所需的时间就会越长。为了进一步提高 $\hat{\boldsymbol{H}}_{i|i}$ 的收敛速度和估计性能，需要对每个相干时间内的导频信号进行优化，主要有以下两种优化方案。

（1）基于最小化 MSE。根据估计误差协方差矩阵 $\boldsymbol{R}_{i|i}$，有如下导频优化问题

$$\arg\min_{\boldsymbol{P}}\{\text{tr}(\boldsymbol{R}_{i|i})\},\ \ \text{s.t.}\ \ \text{tr}(\boldsymbol{P}^\text{H}\boldsymbol{P}) = \rho L_\text{p} \tag{12-7}$$

（2）基于最大化平均归一化接收 SNR。若系统采用预编码 $\boldsymbol{w}_i = \hat{\boldsymbol{H}}_{i|i}^\text{H} / \hat{\boldsymbol{H}}_{i|i}$，即在第 i 个相干时间内发射信号 $\boldsymbol{X}_i = \boldsymbol{w}_i \boldsymbol{s}_i$，且 $\text{E}\{|\boldsymbol{s}_i|^2\} = \rho$，则有如下导频优化问题

$$\arg\min_{\boldsymbol{P}}\{\text{SNR}\},\ \ \text{s.t.}\ \ \text{tr}(\boldsymbol{P}^\text{H}\boldsymbol{P}) = \rho L_\text{p} \tag{12-8}$$

其中，$\text{SNR} = \hat{\boldsymbol{H}}_{i|i}{}^2 + (\hat{\boldsymbol{H}}_{i|i}^\text{H}\boldsymbol{R}_{i|i}\hat{\boldsymbol{H}}_{i|i}) / \hat{\boldsymbol{H}}_{i|i}{}^2$。

4. 基于压缩感知的估计方法

本质上，基于压缩感知的估计方法与基于空间相关性的估计方法相同，都是利用了大规模 MIMO 信道有效的信号空间维度远小于基站天线数这一特性。也就是说，大规模 MIMO 信道在某种意义上来说是稀疏的，这就给用较少的开销来获取精确的 CSI 带来了可能。不同的是基于空间相关性的估计方法需要掌握空间信道完整的相关统计信息，才能对信道信息进行有效的稀疏化。

信道的相关统计信息有如下缺点。

（1）其需要长期统计，在通信初期难以获得。

（2）虽然其随时间变化缓慢，但还是会发生变化，需实时更新。

（3）在 FDD 系统中，收发两端不可能获得完全相同的信道相关统计信息，而通常只有在用户侧能够获得下行链路精确的信道相关统计信息。导致基于空间相关性的估计方法所需的最优导频设计需要在用户侧完成，并反馈给基站。

基于卡尔曼滤波的闭环训练方法同样会用到信道的相关统计信息，所以也存在上述问题。相比之下，基于压缩感知的估计方法主要考虑的是时域离散的信道冲击响应 $\boldsymbol{H}_n(k)$ 自身的稀疏性，或是空域的信道信息 $\boldsymbol{H}_n(k)$ 在某一个确定变换域上的稀

疏性，使基站与用户可以不需要任何前提条件，同时知晓完全相同的稀疏变换域。但缺点是在确定稀疏变换域上得到的稀疏信道的支撑集具有不可预知性，这就使基于压缩感知的估计方法较前两种方法需要更多的导频开销。

然而，通过对大规模 MIMO-OFDM 信道的进一步研究发现，可重点研究利用系统中各子载波信道的高度结构化来降低 CSI 获取的资源开销。

12.2.2 信道反馈方法分析

用户侧有了对信道的估计值后，还需要将这些信息反馈给基站。目前的 CSI 反馈技术包括模拟反馈和数字反馈,而数字反馈又包括标量量化反馈和向量量化反馈。其中，向量量化反馈（基于码本的量化反馈）方案已经纳入 3GPP-LTE 的标准化进程，成为标准化的 CSI 反馈方案。但在大规模 MIMO 系统中，该反馈方案存在以下弊端。

（1）占用大量的存储空间。基于码本的反馈方案需要反馈双方都保存预先设定好的非结构码本（向量集合），由于大规模 MIMO 信道的高维特性导致码本的尺寸也很大，需要占用大量的存储空间。

（2）搜索复杂度高。基于码本的反馈方案需要从预先设定好的码本中按一定的准则找到一个符合要求的向量，再将该向量在码本中的序号进行反馈。若用户需要反馈 D 个比特，则搜索向量的复杂度为 $O(M2^{MD})$。

（3）反馈误差大。基站通过反馈回来的序号在码本中索引得到信息向量。显然，由于存储空间和反馈开销的限制，预先设定好的码本不可能包含所有向量，导致基站得到的信息与原始信息间存在很大的误差。

然而在大规模 MIMO 系统中，基站往往需要知道更准确完整的 CSI 来进行干扰消除，提高系统容量。因此，研究者开始考虑采用标量量化的反馈方案，将用户估计所得的信道向量中的各项进行标量量化，再反馈给基站。这样不仅可以减少反馈误差，还可以解决码本占用大量存储空间的问题。但是同样因为大规模 MIMO 信道的高维特性，导致需要反馈的信息量 MD（D 为信道向量中每一项量化所需的位数）和编码所需的计算量大量增加。

解决反馈信息量的问题可以主要从两个方面来考虑。

（1）用户利用信道的相关性或稀疏性对估计所得的信道信息进行压缩后再量化反馈。

（2）用户不进行信道估计，而是直接将导频测量值进行反馈，此时，基站往往也会利用信道的相关性或稀疏性来减少发射导频的长度，也就是减少了需要反馈的信息量。

12.3　波束成形技术

为了提高太赫兹通信的方向性，且进一步提高天线增益，波束成形技术自 MIMO 技术提出以来一直受到广泛关注。波束成形需要收发端为天线阵列，通过改变与每个天线连接的移相器的相位，利用波的干涉原理，使整个天线阵列感应出一个或几个指定方向的主波瓣，即将电磁波能量集中在某个或某几个指定方向。这可以对抗太赫兹通信中的高路径损耗，同时波束成形技术形成的高增益波束以及高方向性可以减少用户设备之间的信号干扰。

波束成形按照天线阵列中天线单元与 RF 链的连接方案可分为全数字链接与混合波束成形。相比于为每根天线单独配置一个 RF 链的全数字链接，混合波束成形通过为多根天线单元配置一条 RF 链，降低了硬件电路的复杂性，且降低了功率消耗，因此受到广泛关注。混合波束成形又分为两类：全连接模式，即 RF 链连接每一根天线；子阵列模式，即 RF 链连接不相交的子阵列。

需要注意的是，尽管混合波束成形技术降低了功耗开销、减小了电路复杂度，如何进行天线矩阵设计使混合波束成形可以达到全数字波束成形的最优解，以及如何平衡频谱利用率以及功率利用率，仍是目前太赫兹通信中需要关注的问题。

本节从波束成形角度出发，主要提出两种波束成形方法。第一种方法通过考虑超大规模天线和太赫兹信道的特殊性，在太赫兹多子阵列混合波束成形（Multi-Subarray Hybrid Beamforming，MS-HB）系统中提出联合两级空间复用和波束成形（Two-Level Spatial Multiplexing and Beamforming，J2SMB）构建 J2SMB MS-HB 系统；第二种方法是一种新颖的波束控制码本搜索算法，旨在共同最大化所有子载波上的标准化等效信道模量之和，以达到宽带波束成形的目的。

12.3.1 基于 UM-MIMO 的联合两级波束成形

全连接式混合波束成形（Fully-Connected Hybrid Beamforming，FC-HB）系统是一种高性能的 UM-MIMO 系统，可以提供较高的波束成形增益来补偿巨大的路径损耗和较小的空间复用增益，从而进一步提高太赫兹系统的频谱效率。然而在 FC-HB 系统中，天线被严格地间隔开，即天线间距为 $\lambda/2$，其中 λ 是载波波长。因此空间复用仅得益于在不同传播路径上传输不同信息的方法，即路径间复用。由于极高的传播衰减和散射损耗，传播路径的数量受到限制，即太赫兹通道稀疏。稀疏性导致即使使用波束成形增益来提高接收功率，较差的路径间复用增益也可能不足以满足 FC-HB 系统中 Tbit/s 的数据速率需求。当天线间距较宽时，即天线间距约为 $\sqrt{\lambda D}$，其中 D 是发射机和接收机之间的距离，宽间距天线之间的相位差带来的多路复用称为路径内复用。即使在只有一条传播路径的情况下，例如在 LoS MIMO 系统中，路径内复用增益也是能够实现的方法。但是，由于天线间距较宽，LoS MIMO 系统仅具有路径内复用增益，而没有波束成形增益来补偿巨大的路径损耗。在太赫兹频段上这两种类型复用的局限性促使了 J2SMB 的设计，J2SMB 已在文献[7]中针对毫米波提出。

通过考虑超大规模天线和太赫兹信道的特殊性，在太赫兹 MS-HB 系统中提出 J2SMB。

多子阵列混合波束成形系统架构如图 12-9 所示。天线被均匀地分成 k 个宽间距的子阵列，而每个子阵列中的天线都被严格间隔。子阵列获得了路径间复用和波束成形增益。k 个宽间距子阵列通过解决由宽间距子阵列和球面波传播引起的相位差来获得路径内复用增益。当联合利用 J2SMB 时，可以得出空间复用增益。除此之外，将难处理的 J2SMB 问题分解为 k 个子问题，可以通过低复杂度逐列（Column-by-Column，CBC）算法来计算。

1. 太赫兹频段联合两级波束成形

本节首先分别研究 FC-HB 系统中的波束成形和路径间复用；其次，分析 LoS MIMO 系统中的路径内复用；最后，分析了太赫兹频段 MS-HB 系统中的 J2SMB，并得出了空间复用增益。

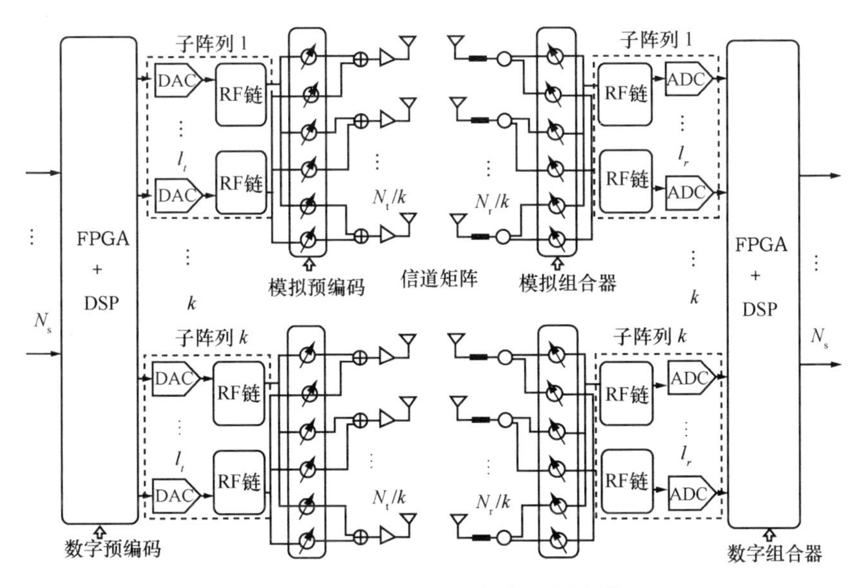

图 12-9 多子阵列混合波束成形系统架构

（1）波束成形

波束成形是一种通过将能量集中在一个方向上来增强接收功率的技术。下面介绍单个数据流传输方案的波束成形，当考虑多个数据流传输时，波束成形增益可以扩展到多个子信道。

在 FC-HB 系统中，平面波传播是一个普遍的假设，因为天线间距 $\lambda/2$ 远小于通信距离。所以，可以将太赫兹频段中 FC-HB 系统的信道模型表示为

$$\boldsymbol{H}=\sqrt{N_{\mathrm{t}}N_{\mathrm{r}}}\alpha\boldsymbol{a}_{\mathrm{r}}\boldsymbol{a}_{\mathrm{t}}^{\mathrm{H}} \tag{12-9}$$

其中，α 是单传播路径的复数路径增益；向量 $\boldsymbol{a}_{\mathrm{t}}$ 和 $\boldsymbol{a}_{\mathrm{r}}$ 表示发射和接收的空间特征向量，取决于天线阵列的结构。

波束成形之后的有效信道 $\boldsymbol{h}_{\mathrm{e}}=\boldsymbol{w}_{\mathrm{r}}^{\mathrm{H}}\boldsymbol{H}\boldsymbol{w}_{\mathrm{t}}$，其中 $\boldsymbol{w}_{\mathrm{t}}$ 和 $\boldsymbol{w}_{\mathrm{r}}$ 是发射和接收天线阵列聚焦能量的阵列响应矢量，其结构与空间特征向量 $\boldsymbol{a}_{\mathrm{r}}$ 和 $\boldsymbol{a}_{\mathrm{t}}$ 相同，与空间特征向量的 ϕ 和 θ 不同，$\boldsymbol{w}_{\mathrm{t}}$ 和 $\boldsymbol{w}_{\mathrm{r}}$ 的 ϕ 和 θ 是传播的目标角度。

波束成形增益定义为 $G_{\mathrm{BF}}=\left|\boldsymbol{h}_{\mathrm{e}}\right|^2$。当阵列响应矢量的目标方向与发射机和接收机处的传播路径对齐时，波束成形增益将达到最大值，从而 $G_{\mathrm{BF}}=N_{\mathrm{t}}N_{\mathrm{r}}$。也就是说，一个阵列可获得的最大波束成形增益是发射天线和接收天线的数

量的乘积。

（2）路径间复用

FC-HB 系统的路径间复用如图 12-10（a）所示，传播路径的数量为 N_{p}。为方便说明，图 12-10（a）只画出了两条路径。

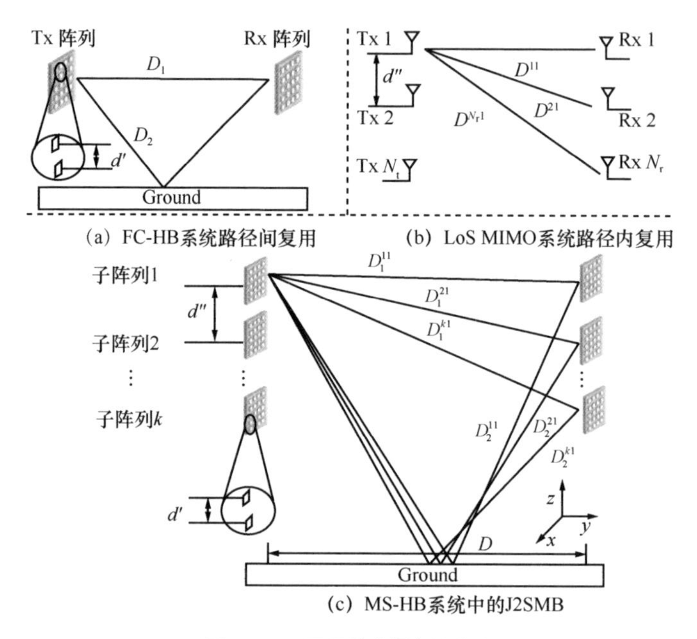

图 12-10 不同的路径复用方法

FC-HB 系统在太赫兹频带中的信道模型可以表示为 $\boldsymbol{H}_{\text{inter}}=\sqrt{N_{\mathrm{t}}N_{\mathrm{r}}}\sum_{i=1}^{N_{\mathrm{p}}}\alpha_i\boldsymbol{a}_{\mathrm{r}i}\boldsymbol{a}_{\mathrm{t}i}^{\mathrm{H}}$，其中，$\alpha_i$ 为第 i 条路径的复数路径增益，$\boldsymbol{a}_{\mathrm{t}i}$ 和 $\boldsymbol{a}_{\mathrm{r}i}$ 分别为第 i 个发射和接收的空间特征向量。

通过奇异值分解（Singular Value Decomposition，SVD），可以将 $\boldsymbol{H}_{\text{inter}}$ 分解为 N_{p} 个独立并行的 SISO 子通道。在这 N_{p} 个子信道上发射不同的信息，空间复用增益为 N_{p}。

（3）路径内复用

考虑太赫兹信号的球面波传播，LoS MIMO 系统仅存在 LoS 路径时的路径内复用如图 12-10（b）所示。当天线间距较大时，由平面波传播假设引起的近似误差不

可忽略。因此，应考虑球面波的传播，并且宽间距天线之间的LoS路径的相位差可提供路径内空间复用。则LoS MIMO系统的信道模型可以表示为$\boldsymbol{H}_{\text{intra}}=|\alpha_{\text{LoS}}|\boldsymbol{H}_{\text{LoS}}$，其中，$|\alpha_{\text{LoS}}|$是LoS路径的路径增益的幅度，$\boldsymbol{H}_{\text{LoS}}(m,n)=\mathrm{e}^{-\mathrm{j}\frac{2\pi}{\lambda}D^{mn}}$是相位耦合矩阵。

$\boldsymbol{H}_{\text{intra}}$的秩等于$\boldsymbol{H}_{\text{LoS}}$的秩，即$\min\{N_{\text{t}},N_{\text{r}}\}$。因此通过SVD，子信道的数量为$\min\{N_{\text{t}},N_{\text{r}}\}$，即路径内复用增益的数目为$\min\{N_{\text{t}},N_{\text{r}}\}$。

（4）太赫兹频段MS-HB系统联合两级空间复用和波束成形

太赫兹频段MS-HB系统中的J2SMB如图12-10（c）所示，下面对其进行分析，并证明空间复用增益等于kN_{p}，存在N_{p}条传播路径。为了方便说明，图12-10（c）只画出两条路径。

该系统子阵列与FC-HB系统一样获得路径间空间复用和波束成形增益。在k个宽间距子阵列中，通过解决由宽间距子阵列和球面波传播引起的相位差来获得路径内复用增益。可以将J2SMB MS-HB系统中的整个UM-MIMO信道写为

$$\boldsymbol{H}=\sum_{i=1}^{N_{\text{p}}}|\alpha_i|\boldsymbol{H}_i\otimes\left[\boldsymbol{a}_{\text{r}i}\boldsymbol{a}_{\text{t}i}^{\text{H}}\right] \tag{12-10}$$

其中，$|\alpha_i|$是第i个路径增益的幅度；$\boldsymbol{H}_i$是相位耦合矩阵，使$\boldsymbol{H}_i(m,n)=\mathrm{e}^{-\mathrm{j}\frac{2\pi}{\lambda}D_i^{mn}}$；$\boldsymbol{a}_{\text{r}i}$和$\boldsymbol{a}_{\text{t}i}$是每个均匀平面子阵列的第$i$条路径的空间特征向量；$\otimes$是Kronecker内积。

由于太赫兹波的波长非常小，因此在考虑太赫兹通信的一般情况时，使波长为0.3mm（频率为0.8THz），传播距离D=70m，天线间隔d''=0.16m，子阵列之间的间距合理，可以在发射机和接收机处实现。

可以证明信道矩阵$\boldsymbol{H}$的秩为kN_{p}。因此，J2SMB MS-HB系统中的空间复用增益为kN_{p}，是FC-HB系统的k倍。

2. J2SMB MS–HB系统模型

J2SMB MS-HB系统中，由于子阵列间隔较大，为了获取路径内多路复用增益，RF链只能连接到一个子阵列。本节分配l_{t}和l_{r}根RF链来分别控制发射机和接收机处的一个子阵列。为了充分利用两级复用增益，l_{t}和l_{r}应该不小于数据流的数量N_{s}。

因此，将J2SMB MS-HB系统的系统模型表示为

$$y=\sqrt{\rho}C_D^H C_D^H H P_A P_D s + C_D^H C_A^H n \tag{12-11}$$

其中，s和y分别是大小为$N_s \times 1$的发射和接收信号；ρ是发射功率；模拟预编码矩阵P_A和数字预编码矩阵P_D的维数为$N_t \times kl_t$和$kl_t \times N_s$；模拟合并矩阵C_A和数字合并矩阵C_D的维数分别为$kl_t \times N_s$和$kl_r \times N_r$；n是$N_r \times 1$的噪声矢量。

由于每条 RF 链控制一个子阵列，而不能控制其他子阵列，因此P_A是块对角矩阵。

$$P_A=\begin{bmatrix} P_{11} & \cdots & P_{1l_t} & 0 & \cdots & \cdots & \cdots & \cdots & 0 \\ 0 & \cdots & 0 & P_{21} & \cdots & P_{2l_t} & 0 & \cdots & 0 \\ \cdots & \cdots & \cdots & \cdots & \cdots & \cdots & \cdots & \cdots & \cdots \\ 0 & \cdots & \cdots & \cdots & \cdots & 0 & P_{k1} & \cdots & P_{kl_t} \end{bmatrix} \tag{12-12}$$

其中，P_{il}是$N_t/k \times 1$向量，0是$N_t/k \times 1$零向量；由于P_{il}由移相器实现，因此P_{il}的元素遵循恒定模数约束，即$\left|P_{il}(m,n)\right|^2=1/N_t$。

数字预编码器没有其他硬件限制，只有发射机的功率限制，使$\| P_A P_D \|_F^2 = N_s$，对C_A和C_D的约束与P_A和P_D相同。

（1）预编码设计

由于预编码矩阵和组合矩阵的联合设计较困难，因此首先关注完整 CSI 和最佳组合矩阵。已知求解适当的P_A和P_D以使频谱效率最大化等效于解决以下问题。

$$\begin{aligned} (P_A^{opt}, P_D^{opt}) &= \underset{P_A, P_D}{\operatorname{argmin}} \| P_{opt} - P_A P_D \|_F \\ \text{s.t.} &\left|P_{il}(m,n)\right|^2 = 1/N_t, P_A P_{DF}^{\ 2} = N_s \end{aligned} \tag{12-13}$$

其中，最优预编码器P_{opt}是信道矩阵H的 SVD 右奇异矩阵的前N_s列。

预编码矩阵$P=P_A P_D$可分解为

$$\begin{aligned} P_A P_D &= \begin{bmatrix} P_{11} & \cdots & P_{1l_t} & 0 & \cdots & \cdots & \cdots & \cdots & 0 \\ 0 & \cdots & 0 & P_{21} & \cdots & P_{2l_t} & 0 & \cdots & 0 \\ \cdots & \cdots & \cdots & \cdots & \cdots & \cdots & \cdots & \cdots & \cdots \\ 0 & \cdots & \cdots & \cdots & \cdots & 0 & P_{k1} & \cdots & P_{kl_t} \end{bmatrix} \left[P_{D1}^T \cdots P_{Dk}^T\right]^T = \\ &\left[(P_{A1}P_{D1})^T, \cdots, (P_{Ak}P_{Dk})^T\right] \end{aligned} \tag{12-14}$$

其中，$P_D=\left[P_{D1}^T \cdots P_{Dk}^T\right]^T$。

通过以上分解，将 $\boldsymbol{P}_{\mathrm{A}}\boldsymbol{P}_{\mathrm{D}}$ 分为 k 个部分，每个子预编码矩阵 $\boldsymbol{P}_{\mathrm{A}i}\boldsymbol{P}_{\mathrm{D}i}$ 对应于图 12-9 中的子阵列。也就是说，在每个子预编码矩阵中都包括路径间复用和波束成形。由于这些子预编码矩阵是并行的，因此可以在其中传输不同的信息，并且可以在这些子预编码矩阵中获取路径内复用。

因此，J2SMB 多子数组问题等效于分别解决 k 个并行子问题，如式（12-15）所示。

$$\left(\boldsymbol{P}_{\mathrm{A}i}^{\mathrm{opt}i},\boldsymbol{P}_{\mathrm{D}i}^{\mathrm{opt}i}\right)=\underset{\boldsymbol{P}_{\mathrm{A}i},\boldsymbol{P}_{\mathrm{D}i}}{\operatorname{argmin}}\|\boldsymbol{P}_{\mathrm{opt}i}-\boldsymbol{P}_{\mathrm{A}i}\boldsymbol{P}_{\mathrm{D}i}\|_{\mathrm{F}},i\in[1,k]$$
$$\text{s.t.}\ |\boldsymbol{P}_{\mathrm{A}}i(m,n)|^2=1/N_{\mathrm{t}},\ \|\boldsymbol{P}_{\mathrm{A}i}\boldsymbol{P}_{\mathrm{D}i}\|_{\mathrm{F}}^2=N_{\mathrm{s}}/k \tag{12-15}$$

（2）CBC 算法

值得注意的是，k 个子问题属于 FC-HB 问题，目前已有多种算法对其求解。但是，这些算法的计算复杂度太高而无法实现。因此本节提出一种低复杂度的 CBC 算法。

$\boldsymbol{P}_{\mathrm{opt}i}$ 的每个列向量可以表示为

$$\boldsymbol{P}_{\mathrm{opt}i}^{(l)}=\boldsymbol{P}_{\mathrm{A}i}\boldsymbol{P}_{\mathrm{D}i}^{(l)}=\left[\cdots,\boldsymbol{P}_{\mathrm{A}i}^{(2l-1)},\boldsymbol{P}_{\mathrm{A}i}^{(2l)},\cdots\right]\left[0,\cdots,0,d_{2l-1},d_{2l},0,\cdots,0\right]^{\mathrm{T}} \tag{12-16}$$

其中，d_{2l-1} 和 d_{2l} 是 $\boldsymbol{P}_{\mathrm{D}i}^{(l)}$ 的第 $2l-1$ 和第 $2l$ 个元素。在 $\boldsymbol{P}_{\mathrm{A}i}$ 的恒定模数约束下，可以将式（12-16）作为具有低复杂度的非线性方程进行求解。$\boldsymbol{P}_{\mathrm{opt}i}$ 的大小为 $N_{\mathrm{t}}/k\times N_{\mathrm{s}}$，由于每个 $\boldsymbol{P}_{\mathrm{opt}i}^{(l)}$ 都可表示为 $\boldsymbol{P}_{\mathrm{A}i}$ 中两个列向量的线性组合，如果以这种方式表示所有 $\boldsymbol{P}_{\mathrm{opt}i}^{(l)}$，则 $\boldsymbol{P}_{\mathrm{A}i}$ 至少有 $2N_{\mathrm{s}}$ 列。但是，$\boldsymbol{P}_{\mathrm{A}i}$ 的尺寸为 $N_{\mathrm{t}}/k\times l_{\mathrm{t}}$。则当 $l_{\mathrm{t}}>2N_{\mathrm{s}}$ 时，$\boldsymbol{P}_{\mathrm{A}i}$ 中的列数会不足。

为了解决这个问题，选择 $l_{\mathrm{t}}-N_{\mathrm{s}}$ 个 $\boldsymbol{P}_{\mathrm{opt}i}^{(l)}$ 通过式（12-16）逐列表示。剩下的问题是：如何选择精确表示的 $l_{\mathrm{t}}-N_{\mathrm{s}}$ 个列向量，以及如何选择 $2N_{\mathrm{s}}-l_{\mathrm{t}}$ 个列向量用近似结果表示。

选择标准如下：选择 $2N_{\mathrm{s}}-l_{\mathrm{t}}$ 个列向量，其与 $\boldsymbol{P}_{\mathrm{opt}i}^{(l)}$ 的偏差最小，以将其近似；将剩余的 $l_{\mathrm{t}}-N_{\mathrm{s}}$ 个列向量用式（12-16）计算。

为了解决上述问题，CBC 算法描述如下。

Step 1　计算 $\boldsymbol{P}_{\mathrm{opt}i}^{(l)}$ 的 σ_l^2 并执行选择

Step 2　设计 $\boldsymbol{P}_{\mathrm{A}i}$ 和 $\boldsymbol{P}_{\mathrm{D}i}$

Step 3 重复k次以解决k个子问题

CBC 算法的计算复杂度为$O(kl_{t}N_{t})$，如果使用常规正交匹配追踪（Orthogonal Matching Pursuit，OMP）算法来求解式（12-16），则复杂度为$O(k^{2}l_{t}^{2}N_{t})$，比 CBC 算法复杂度高。在设计了预编码过程之后，可以使用类似的方法来计算合并矩阵。通过用$\boldsymbol{C}$替换$\boldsymbol{P}$，其中$\boldsymbol{C}_{\text{opt}}$等于$\boldsymbol{H}$的 SVD 左奇异矩阵的前$N_{s}$列，则可以确定组合矩阵。

3. 方法小结

本节在太赫兹频段研究了 MS-HB 系统中的 J2SMB，证明了 J2SMB MS-HB 系统中的空间复用增益等于kN_{p}，是 FC-HB 系统的k倍。然后，将这个棘手的 J2SMB 问题分解为k个子问题，并提出了一种低复杂度的 CBC 算法来解决这些子问题。

分析结果表明，由于额外的路径内复用增益，J2SMB MS-HB 系统的容量明显大于 FC-HB 系统，而由于波束成形增益，其容量远远大于 LoS MIMO 系统。低复杂度 CBC 算法在频谱效率方面的性能和容量非常接近,并且复杂度低于 OMP 算法。利用路径内复用的多子阵列降低了 J2SMB MS-HB 系统中的波束成形增益，这说明 J2SMB MS-HB 系统的接收机的平均 SNR 低于 FC-HB 系统，明显高于没有波束成形增益的 LoS MIMO 系统。

12.3.2 波束控制码本的宽带波束成形

本节提出一种基于两阶段宽带码本的混合波束成形方案。第一阶段，首先，为模拟波束成形开发了一种新颖的波束控制码本搜索算法，希望共同最大化所有子载波上的标准化等效信道模量之和,以获得服务于所有子载波的最优模拟波束成形器；然后，定义一个独特的归一化因子，该因子等于 LoS 路径增益，以确保子载波之间的公平性。第二阶段,设计具有功率约束的基带正则化信道反转(Regularized Channel Inversion，RCI）方法。该方法的基本原理是使模拟波束成形的长期平均信号功率最大化，并最小化载波频率偏移（Carrier Frequency Offset，CFO）进行数字波束成形的 IBI。

在考虑的系统中，模拟波束成形是由太赫兹移相器实现的。由于太赫兹移相器大部分是数字控制的，因此只有量化角度可用。这里考虑波束控制码本，其中的码字与天线阵列响应矢量具有相同的形式。BS 处的发射波束控制码本用 $\mathcal{W}$ 表示，UE 处的接收波束控制码本用 $\mathcal{V}$ 表示，接下来设计混合波束成形，包括 RF 域中的模拟波束成形和基带处的数字波束成形。

1．模拟波束成形设计

在 BS 处，每个天线子阵列在子连接架构内具有一个波束方向控制部件。将信道矩阵分解为 $\boldsymbol{H}[k]=[\boldsymbol{H}_1[k],\boldsymbol{H}_2[k],\cdots,\boldsymbol{H}_{N_{\mathrm{RF}}}[k]]$，其中 $\boldsymbol{H}_n[k]$ 是 $M_{\mathrm{r}}N_{\mathrm{r}}\times M_{\mathrm{t}}N_{\mathrm{t}}$ 阶从第 n 个天线子阵列到 UE 的信道矩阵。在给定目标 A-AoA、θ_0^{r} 和目标 E-AoA、ϕ_0^{r} 的情况下，以 $\boldsymbol{a}_{\mathrm{r}}(\theta_0^{\mathrm{r}},\phi_0^{\mathrm{r}})$ 表示的相应波束控制矢量被用作接收机处的理想模拟波束成形器。类似地，给定目标 A-AoD、θ_0^{t} 和目标 E-AoD、ϕ_0^{t}，用 $\hat{\boldsymbol{a}}_{\mathrm{t}}(\theta_0^{\mathrm{t}},\phi_0^{\mathrm{t}})$ 表示的相应波束控制矢量被用作发射机处的理想模拟波束成形器。

因此，基带子阵列的等效信道表示为

$$\begin{aligned}\hat{h}_n[k]=&\boldsymbol{a}_{\mathrm{r}}^{\mathrm{H}}(\theta_0^{\mathrm{r}},\phi_0^{\mathrm{r}})\boldsymbol{H}_n[k]\hat{a}_{\mathrm{t}}(\theta_0^{\mathrm{t}},\phi_0^{\mathrm{t}})=\\&\alpha_k^L G_{\mathrm{t}}G_{\mathrm{r}}\mathcal{A}_{\mathrm{r}}^{\mathrm{eq}}(\theta_0^{\mathrm{r}},\phi_0^{\mathrm{r}})\mathcal{A}_{\mathrm{t}}^{\mathrm{eq}}(\theta_0^{\mathrm{t}},\phi_0^{\mathrm{t}})\boldsymbol{P}_{\mathrm{r}}(k,\tau)+\\&\sum_{i=1}^{N_{\mathrm{clu}}}\sum_{l=1}^{L_{\mathrm{ray}}}\alpha_{k,i,l}^{\mathrm{NL}}G_{\mathrm{t}}G_{\mathrm{r}}\mathcal{A}_{\mathrm{r}}^{\mathrm{eq}}(\theta_{i,l}^{\mathrm{r}},\phi_{i,l}^{\mathrm{r}})\mathcal{A}_{\mathrm{t}}^{\mathrm{eq}}(\theta_{i,l}^{\mathrm{t}},\phi_{i,l}^{\mathrm{t}})\boldsymbol{P}_{\mathrm{r}}(k,\tau_{i,l})\end{aligned}\tag{12-17}$$

其中，

$$\mathcal{A}_{\mathrm{r}}(\theta,\phi)\approx\sin\frac{\left[\pi M_{\mathrm{r}}\left(\cos\theta\sin\phi-\cos\theta_0^{\mathrm{r}}\sin\phi_0^{\mathrm{r}}\right)\right]}{\sqrt{M_{\mathrm{r}}N_{\mathrm{r}}}\sin\left[\pi\left(\cos\theta\sin\phi-\cos\theta_0^{\mathrm{r}}\sin\phi_0^{\mathrm{r}}\right)\right]}\times\frac{\left[\pi N_{\mathrm{r}}\left(\sin\theta\sin\phi-\sin\theta_0^{\mathrm{r}}\sin\phi_0^{\mathrm{r}}\right)\right]}{\sin\left[\pi\left(\sin\theta\sin\phi-\sin\theta_0^{\mathrm{r}}\sin\phi_0^{\mathrm{r}}\right)\right]}$$

$$\mathcal{A}_{\mathrm{t}}(\theta,\phi)\approx\sin\frac{\left[\pi M_{\mathrm{t}}\left(\cos\theta\sin\phi-\cos\theta_0^{\mathrm{t}}\sin\phi_0^{\mathrm{t}}\right)\right]}{\sqrt{M_{\mathrm{t}}N_{\mathrm{t}}}\sin\left[\pi\left(\cos\theta\sin\phi-\cos\theta_0^{\mathrm{t}}\sin\phi_0^{\mathrm{t}}\right)\right]}\times\frac{\left[\pi N_{\mathrm{t}}\left(\sin\theta\sin\phi-\sin\theta_0^{\mathrm{t}}\sin\phi_0^{\mathrm{t}}\right)\right]}{\sin\left[\pi\left(\sin\theta\sin\phi-\sin\theta_0^{\mathrm{t}}\sin\phi_0^{\mathrm{t}}\right)\right]}$$

研究发现，当 θ^{r} 和 ϕ^{r} 接近接收机的理想波束成形角时，$\mathcal{A}_{\mathrm{r}}(\theta^{\mathrm{r}},\phi^{\mathrm{r}})$ 的模量接近最大值。当 θ^{t} 和 ϕ^{t} 接近发射机的理想波束成形角时，$\mathcal{A}_{\mathrm{t}}(\theta^{\mathrm{t}},\phi^{\mathrm{t}})$ 的模量接近最大值。因此，可以从码本中选择最佳波束成形角，其目的是共同最大化所有子载波上的归一化等效信道模量之和。

实际上，由于太赫兹信道以 LoS 传输为主，因此太赫兹信道增益近似确定，可以忽略小规模衰落，BS 可以仅基于传输频率和距离来估计信道增益。本节在此基础上提出一种波束控制码本搜索算法，如算法 12-1 所示。

算法 12-1 波束控制码本搜索算法

输入 UE 处接收波束控制码本$\mathcal{V}$，BS 处发射波束控制码本$\mathcal{W}$

Step1 估计每个子载波的归一化因子

$$F(f_k,d)=\left(\frac{c}{4\pi f_k d}\right)^2 \mathrm{e}^{-k_{\mathrm{abs}}(f_k)d}$$

Step2 搜索$\mathcal{V}$以找到 UE 处的最佳模拟波束成形角$\hat{\theta}^{\mathrm{r}}$和$\hat{\phi}^{\mathrm{r}}$，得

$$\left\{\boldsymbol{a}_{\mathrm{r}}(\hat{\theta}^{\mathrm{r}},\hat{\phi}^{\mathrm{r}})\right\}=\operatorname{argmax}\sum_{n=1}^{N_{\mathrm{RF}}}\sum_{k=1}^{K}\frac{\left|\boldsymbol{a}_{\mathrm{r}}^{\mathrm{H}}(\theta^{\mathrm{r}},\phi^{\mathrm{r}})\boldsymbol{H}_n[k]\right|^2}{F(f_k,d)}$$

Step3 $n=1:N_{\mathrm{RF}}$

搜索$\mathcal{W}$以找到 RF 链处的最佳模拟波束成形角$\hat{\theta}^{\mathrm{t}}$和$\hat{\phi}^{\mathrm{t}}$，得

$$\left\{\hat{\boldsymbol{a}}_{\mathrm{t}}(\hat{\theta}_n^{\mathrm{t}},\hat{\phi}_n^{\mathrm{t}})\right\}=\operatorname{argmax}\sum_{n=1}^{N_{\mathrm{RF}}}\sum_{k=1}^{K}\frac{\left|\boldsymbol{a}_{\mathrm{r}}(\hat{\theta}^{\mathrm{r}},\hat{\phi}^{\mathrm{r}})\boldsymbol{H}_n[k]\hat{\boldsymbol{a}}_{\mathrm{t}}(\theta^{\mathrm{t}},\phi^{\mathrm{t}})\right|^2}{F(f_k,d)}$$

Step4 输出$v=a_{\mathrm{r}}(\hat{\theta}^{\mathrm{r}},\hat{\phi}^{\mathrm{r}})$， $w_n=\hat{a}_{\mathrm{t}}(\hat{\theta}_n^{\mathrm{t}},\hat{\phi}_n^{\mathrm{t}})$

算法 12-1 对每个子阵列搜索给定的波束控制码本，以找到服务于所有子载波的最佳发射波束成形矢量。由于所有子载波的信道都是低秩且高度相关的，因此期望获得的一致模拟波束成形器在所有子载波上都能很好工作。还需要注意的是，算法 12-1 不是全局最优的。由于 UE 处仅装备了一个 RF 链，因此在 BS 和 UE 处对每个 RF 链执行联合搜索以找到最佳模拟波束成形是不切实际的。分解联合的发射机-接收机优化问题，并提出这种贪婪算法，在 UE 处选择的模拟波束成形在所有 RF 链的平均意义上是最佳的。

利用获得的模拟波束成形器，可以将基带上的有效信道视为一个 MISO 信道，需要反馈的信道信息为$\hat{\boldsymbol{h}}[k]$。这表明数字波束成形设计不再需要确切的 CSI，从而显著减少了反馈开销。

2. *数字波束成形设计*

下面设计用于消除 IBI 的数字波束成形。假设通过反馈基带处的有效信道$\left\{\hat{\boldsymbol{h}}[k]\right\}_k^K=1$是已知的，采用 RCI 方法消除 IBI，有

$$\boldsymbol{f}_{\mathrm{BB}}[k]=\left[(\boldsymbol{H}_{\mathrm{comb}}^{\mathrm{H}}[k]\boldsymbol{H}_{\mathrm{comb}}[k]+\beta\boldsymbol{I}_{N_{\mathrm{RF}}})^{-1}\boldsymbol{H}_{\mathrm{comb}}^{\mathrm{H}}[k]\right]_{:,k} \tag{12-18}$$

其中，β 是要优化的正则化参数，$\boldsymbol{H}_{\text{comb}}[k]=\left[\boldsymbol{S}_{1-k}\hat{\boldsymbol{h}}^{\text{T}}[1],\cdots,\boldsymbol{S}_{0}\hat{\boldsymbol{h}}^{\text{T}}[k],\cdots,\boldsymbol{S}_{K-k}\hat{\boldsymbol{h}}^{\text{T}}[K]\right]$。

使用 RCI 方法的基本原理是最大化 SINR。下面给出最优的 β 值，使 SINR 最大化。

首先，将 SINR 表示为 $\gamma_k=\dfrac{\omega_k}{1-\omega_k}$。

$$\omega_k=\frac{\boldsymbol{f}_{\text{BB}}^{\text{H}}[k]\left|S_0\right|^2\hat{\boldsymbol{h}}^{\text{H}}[k]\hat{\boldsymbol{h}}[k]\boldsymbol{f}_{\text{BB}}[k]}{\boldsymbol{f}_{\text{BB}}^{\text{H}}[k]\left(\boldsymbol{H}_{\text{comb}}^{\text{H}}[k]\boldsymbol{H}_{\text{comb}}[k]+\dfrac{\psi}{\boldsymbol{f}_{\text{BB}}[k]_F^2}\boldsymbol{I}_{N_{\text{RF}}}\right)\boldsymbol{f}_{\text{BB}}[k]}\cdot$$

$$\frac{\boldsymbol{f}_{\text{BB}}^{\text{H}}[k]\left|S_0\right|^2\hat{\boldsymbol{h}}^{\text{H}}[k]\hat{\boldsymbol{h}}[k]\boldsymbol{f}_{\text{BB}}[k]}{\boldsymbol{f}_{\text{BB}}^{\text{H}}[k]\left(\boldsymbol{H}_{\text{comb}}^{\text{H}}[k]\boldsymbol{H}_{\text{comb}}[k]+\dfrac{\psi}{\boldsymbol{f}_{\text{BB}}[k]_F^2}\boldsymbol{I}_{N_{\text{RF}}}\right)\boldsymbol{f}_{\text{BB}}[k]} \tag{12-19}$$

从式（12-19）发现 $0\leqslant\omega_k<1$，并且 γ_k 是 ω_k 的单调递增函数。ω_k 具有广义瑞利商的形式，并且使 ω_k 最大化的最优 $\boldsymbol{f}_{\text{BB}}^{\text{H}}[k]$ 具有与 ω_k 的广义特征向量相同的方向。由于 $\boldsymbol{H}_{\text{comb}}^{\text{H}}[k]\boldsymbol{H}_{\text{comb}}[k]+\dfrac{\psi}{\boldsymbol{f}_{\text{BB}}\left[k\right]_F^2}\boldsymbol{I}_{N_{\text{RF}}}$ 是可逆的，最大化 γ_k 的最优 $\boldsymbol{f}_{\text{BB}}^{\text{H}}[k]$ 成为主要的特征向量。

注意到，与常规 RCI 方法相比，这里的最佳正则化参数值通过 $\|\boldsymbol{f}_{\text{BB}}[k]\|_{\text{F}}^2$ 归一化。在本节方案中，模拟波束成形器被集成到组合的有效信道中，但是混合波束成形矢量受到联合功率的约束，即 $\|\boldsymbol{W}\boldsymbol{f}_{\text{BB}}[k]\|_{\text{F}}^2=1$。因此，$\boldsymbol{f}_{\text{BB}}[k]$ 的范数不是确定的，需要进行归一化。

另外，上述数字波束成形设计的可能缺点是 $\boldsymbol{H}_{\text{comb}}[k]$ 的尺寸太大，因此计算复杂度可能是不能容忍的。幸运的是，当 $m\leqslant-2$ 或 $m\geqslant2$ 时 $\left|S_m\right|^2$ 接近于 0，由非相邻子载波引起的干扰可以忽略，原始信道矩阵的大小 $N_{\text{RF}}\times K$ 被简化为

$$N_{\text{RF}}\times3\gamma_k^{\max}=\text{tr}\left\{\left|S_0\right|^2\hat{\boldsymbol{R}}[k]\left(\sum_{\lambda=1,\lambda\neq k}^{K}\left|S_{\lambda-k}\right|^2\hat{\boldsymbol{R}}[\lambda]+\psi\boldsymbol{I}_{N_{\text{RF}}}\right)^{-1}\right\} \tag{12-20}$$

通过上述简化，本节提出的混合波束成形方案避免了处理大型信道矩阵，并确保了较低的复杂度。

3. 方法小结

本节考虑到太赫兹移相器的限制，提出了一种宽带波束成形方案。在该方案中，设计了一种新颖的波束控制码本搜索算法，旨在共同最大化所有子载波上的标准化等效信道模量之和。由于太赫兹 LoS 信道的独特优势，可以在 BS 处估计等于每个子载波的信道增益的归一化因子。此外，本节还提出了具有功率约束的基带正则化信道反转方法。该方法的基本原理是使模拟波束成形的长期平均信号功率最大化，并使由 CFO 进行数字波束成形的 IBI 最小化。

12.4 本章小结

更高带宽和更高速率无线通信的需求不断增长推动了通信领域对更高频段的探索。太赫兹频段（0.06～10 THz）被视为满足此类更高带宽和数据速率需求的主要频段之一。但是，太赫兹频率下的可用带宽带来了更高的传输损耗，又由于紧凑型固态太赫兹收发器的功率限制导致其通信距离非常短。

本章首先从超大规模多输入多输出（UM-MIMO）天线阵列出发，介绍了太赫兹等离子体纳米天线阵列，并建立 UM-MIMO 通信系统模型和子阵列结构。

其次，对 CSI 的掌握可以使系统适应当前的信道条件，为高可靠性、高速率的通信提供保障，因此 12.2 节重点研究了几种传统的信道状态信息获取方法。

最后，从波束成形角度出发，主要提出两种波束成形方法。第一种方法通过考虑超大规模天线和太赫兹信道的特殊性，在太赫兹多子阵列混合波束成形（MS-HB）系统中提出联合两级空间复用和波束成形（J2SMB）；第二种方法是一种新颖的波束控制码本搜索算法，旨在共同最大化所有子载波上的标准化等效信道模量之和，以实现宽带波束成形的目的。

参考文献

[1] JORNET J M, AKYILDIZ I F. Graphene-based plasmonic nano-antenna for terahertz band communication in nanonetworks[J]. IEEE Journal on Selected Areas in Communications,

2013, 31(12): 685-694.

[2] LOCKYEAR M J, HIBBINS A P, SAMBLES J R. Microwave surface-plasmon-like modes on thin metamaterials[J]. Physical Review Letters, 2009, 102(7): 073901.

[3] LIASKOS C, TSIOLIARIDOU A, PITSILLIDES A, et al. Design and development of software defined metamaterials for nanonetworks[J]. IEEE Circuits and Systems Magazine, 2015, 15(4): 12-25.

[4] DYER G C, AIZIN G R, RENO J L, et al. Novel tunable millimeter-wave grating-gated plasmonic detectors[J]. IEEE Journal of Selected Topics in Quantum Electronics, 2011, 17(1): 85-91.

[5] HAN C, BICEN A, AKYILDIZ I F. Multi-ray channel modeling and wideband characterization for wireless communications in the terahertz band[J]. IEEE Transactions on Wireless Communications, 2015, 14(5): 2402-2412.

[6] HAN C, JORNET J M, AKYILDIZ I. Ultra-massive MIMO channel modeling for graphene-enabled terahertz band communications[C]//Proceedings of 2018 IEEE 87th Vehicular Technology Conference (VTC Spring). Piscataway: IEEE Press, 2018: 1-5.

[7] SONG X H, RAVE W, BABU N, et al. Two-level spatial multiplexing using hybrid beamforming for millimeter-wave backhaul[J]. IEEE Transactions on Wireless Communications, 2018, 17(7): 4830-4844.

第13章

波束对准和追踪

太赫兹频段由于具有超大带宽，可以有效缓解现代无线通信日益严重的频谱资源压力，提供超高的数据传输速率。相比低频段而言，太赫兹波的传播将经历更严重的路径损耗，这限制了太赫兹通信的覆盖范围。太赫兹波束成形技术通过产生具有高方向增益的波束，可以提高太赫兹通信的覆盖距离。但是，方向增益越高，意味着波束越窄，这对波束的对准和追踪，提出了更高的要求。为此，本章介绍了几种常见的太赫兹通信波束追踪方案。

波束成形技术为太赫兹通信提供了良好的波束增益，有效缓解了太赫兹频段极高的路径损耗以及太赫兹器件硬件功耗的限制，进一步提高了太赫兹系统的通信距离。然而，需要注意的是，太赫兹通信中的超大规模 MIMO 天线阵列形成的波束相比于大规模 MIMO 形成的波束具有更加锋利的形状，即方向性更高。这种结果虽然使用户接收到的信号能量更强，然而一旦波束成形的方向出现轻微的偏差而导致无法对准用户，或者用户处在运动状态，波束没有实现快速的追踪，都会使系统性能严重下降，因此精确的波束对准以及快速的波束追踪是获得波束增益的先决条件。

本章从太赫兹信道的稀疏性和稀疏编码出发，探究稀疏编码和稀疏性在太赫兹信道中的应用，并提出基于稀疏性的波束空间 MIMO；对于波束快速对准问题，讨论与 AoSA 结构相匹配的离网超高分辨率 DoA 估计方法，以及时间和频率上具有单波束同步（Per-Beam Synchronization，PBS）的 BDMA 波束调度算法；对于宽带波束追踪问题，讨论基于 AoSA-MUSIC（Multiple Signal Classification）的用于 DoA 追踪的 AoSA-MUSIC-T 算法和先验辅助（Priori Aided，PA）信道追踪方案；最后进行了总结。

13.1 稀疏编码

稀疏性自然地产生于信号处理领域。由于自然界中信号的低频部分居多，高频部分基本都是噪声，因此使用小波变换或傅里叶变换做基矩阵时，表达系数往往只在几个低频的基上比较大，而高频的基所对应的系数基本都接近 0。为此，Donoho 等提出了对表达系数做软阈值，去掉高频分量，从而滤除噪声、提升信号恢复效果。

在太赫兹通信中，过高的太赫兹频率会引起严重的信号衰减。为此，可以在太赫兹通信中使用具有非常大的天线阵列的大规模 MIMO，以提供足够的阵列增益来补偿这种严重的信号衰减。但实现太赫兹大规模 MIMO 并不容易，最具挑战性的问题之一就是：MIMO 系统中的每个天线通常都需要一个专用的射频（RF）链，而在太赫兹大规模 MIMO 系统中这将导致难以承受的硬件成本和能耗，因为天线数量很大且 RF 链的能耗很高。因此需要利用太赫兹信号的特性来降低成本和能耗。

由于太赫兹信号是准光学信号，太赫兹通信中有效激励路径的数量非常有限，仅占用少量光束，因此太赫兹波束空间信道是稀疏的，可以根据稀疏波束空间信道选择少量的主波束，以显著减小 MIMO 系统的尺寸和所需的 RF 链数，而不会造成明显的性能损耗。

13.1.1　稀疏编码算法

稀疏编码算法是一种无监督学习方法，它用于寻找一组“超完备”基向量（也称为字典）来更高效地表示样本数据。稀疏编码算法的目的就是找到一组基向量（字典），将输入向量 $\boldsymbol{\varphi}_i$ 表示为这些基向量的线性组合：$\boldsymbol{x}=\sum_{i=1}^{k}a_i\boldsymbol{\varphi}_i$。

稀疏性是指只有很少的几个非 0 元素或只有很少的几个远大于 0 的元素。系数 a_i 是稀疏的，就是说，对于一组输入向量，只有尽可能少的几个系数远大于 0。一般情况下，基的个数 k 应非常大，至少远大于 $\boldsymbol{x}$ 中元素的个数 n，因为这样的基组合才能更容易地学到输入数据内在的结构和特征。在常见的分析方法，例如主成分分析（Principal Component Analysis，PCA）算法中，是可以找到一组基来分解 $\boldsymbol{x}$ 的，但是基的数目比较小，所以分解后的系数 a_i 可以唯一确定；而在稀疏编码中，k 远大于 n，其 a_i 不能唯一确定。一般的做法是对 a_i 进行稀疏性约束，这就是稀疏编码算法的来源。

此外，很有可能因为减小 a_i 或增加 $\|\boldsymbol{\varphi}_i\|$ 至较大的常量，使稀疏惩罚变得非常小，达不到想要的目的——分解系数中只有少数系数远远大于 0，而不是大部分系

数都比 0 大。为防止此类情况发生，应限制$\|\boldsymbol{\varphi}_i\|^2$小于某常量 C。

13.1.2 稀疏信号处理问题

首先，讨论信号稀疏性的量化方法，通常采用信号中的非 0 元素个数描述信号的稀疏性。稀疏信号表示问题即找到一个目标信号在一组冗余基下的稀疏表示：$\boldsymbol{y}=\boldsymbol{\Phi x}+\boldsymbol{n}$，其中，$\boldsymbol{y}\in\mathbf{R}^N$ 是观测信号，$\boldsymbol{x}$ 满足稀疏特性权重，$\boldsymbol{n}$ 是高斯噪声，$\boldsymbol{\Phi}\in\mathbf{R}^{N\times M}$ 是由 M 个特征向量构成的字典。

稀疏信号表示问题即通过 $\boldsymbol{y}$ 和 $\boldsymbol{\Phi}$，以及 $\boldsymbol{x}$ 的系数特性估计 $\boldsymbol{x}$。在常见的稀疏信号表示问题中，经常会出现 $M>N$ 的情况，即需要估计的 $\boldsymbol{x}$ 的维度大于观测向量 $\boldsymbol{y}$ 的维度，因此 $\boldsymbol{x}$ 为欠定的，有无穷多组解。

13.1.3 基于稀疏性的波束空间 MIMO

K 个用户的传统空间 MIMO 模型下行链路可表示为 $\boldsymbol{y}=\boldsymbol{H}^{\mathrm{H}}\boldsymbol{x}+\boldsymbol{n}=\boldsymbol{H}^{\mathrm{H}}\boldsymbol{Ps}+\boldsymbol{n}$，其中，$\boldsymbol{H}=[\boldsymbol{h}_1,\boldsymbol{h}_2,\cdots,\boldsymbol{h}_K]$是大小为 $N\times K$ 的 MIMO 信道矩阵，$\boldsymbol{h}_k$是基站与第 k 个用户间的大小为 $N\times1$ 的信道矢量；$\boldsymbol{x}=\boldsymbol{Ps}$ 是大小为 $N\times1$ 的传输信号矢量，$\boldsymbol{s}$ 是 K 个用户大小为 $K\times1$ 的原始信号矢量，归一化功率满足 $\mathrm{E}(\boldsymbol{ss}^{\mathrm{H}})=\boldsymbol{I}_K$；$\boldsymbol{P}$ 是满足总发射功率约束 $\mathrm{tr}(\boldsymbol{PP}^{\mathrm{H}})\leqslant\rho$ 的大小为 $N\times K$ 的预编码矩阵。

根据太赫兹通信的 Saleh-Valenzuela[1]模型，第 k 个用户的信道矢量 $\boldsymbol{h}_k$ 可表示为

$$\boldsymbol{h}_k=\beta_k^{(0)}a(\varphi_k^{(0)})+\sum_{i=1}^{L}\beta_k^{(i)}a(\varphi_k^{(i)}) \tag{13-1}$$

其中，$\beta_k^{(0)}a(\varphi_k^{(0)})$是第 k 个用户的 LoS 分量，$\beta_k^{(0)}$为复杂度增益，$\varphi_k^{(0)}$为空间方向；$\beta_k^{(i)}a(\varphi_k^{(i)})$是第 k 个用户的 NLoS 分量，L 是非视距信道总数；$a(\varphi)$是大小为 $N\times1$ 的阵列空间特征向量。

太赫兹频段的散射会引起超过 20 dB 的衰减，几乎只有 LoS 分量可用于太赫兹频段的可靠高速率通信。因此本节主要考虑 LoS 分量 $\boldsymbol{h}_k=\beta_k a(\varphi_k)$。

传统空间 MIMO 系统中的每个天线通常都需要一个专用的 RF 链，而在太赫兹

大规模 MIMO 系统中，这将导致难以承受的硬件成本和能耗，因为天线数量很大且 RF 链的能耗很高。为了减少所需的 RF 链数量，本节采用最近提出的带有离散透镜阵列（Discrete Lens Array，DLA）的波束空间 MIMO，如图 13-1 所示。

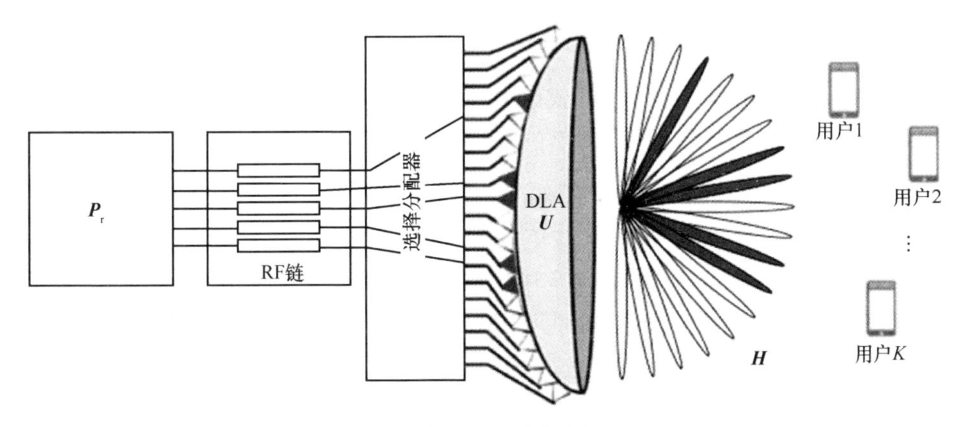

图 13-1　带有 DLA 的波束空间 MIMO

本质上，DLA 扮演着 $N \times N$ 空间离散傅里叶变换矩阵 $\boldsymbol{U}$ 的角色，它包含覆盖整个空间的 N 个正交方向（光束）的空间特征向量，$\bar{\varphi}_n = \frac{1}{N}\left(n - \frac{N+1}{2}\right)$ 是 DLA 预先定义的空间方向。

由此，太赫兹波束空间大规模 MIMO 的系统模型可以表示为

$$\begin{aligned}\tilde{\boldsymbol{y}} &= \boldsymbol{H}^{\mathrm{H}}\boldsymbol{U}^{\mathrm{H}}\boldsymbol{P}\boldsymbol{s} + \boldsymbol{n} = \tilde{\boldsymbol{H}}^{\mathrm{H}}\boldsymbol{P}\boldsymbol{s} + \boldsymbol{n} \\ \tilde{\boldsymbol{H}} &= \left[\tilde{\boldsymbol{h}}_1, \tilde{\boldsymbol{h}}_2, \cdots, \tilde{\boldsymbol{h}}_K\right] = \boldsymbol{U}\boldsymbol{H} = \left[\boldsymbol{U}\boldsymbol{h}_1, \boldsymbol{U}\boldsymbol{h}_2, \cdots, \boldsymbol{U}\boldsymbol{h}_K\right]\end{aligned} \tag{13-2}$$

由于几乎只有 LoS 分量可用于太赫兹频段的可靠高速率通信，因此在太赫兹频率处的波束空间信道 $\tilde{\boldsymbol{H}}(\tilde{\boldsymbol{h}}_k)$ 享受稀疏结构。因此，可以根据稀疏的波束空间信道选择少量的主要波束，以减小 MIMO 系统的尺寸，而不会出现明显的性能损耗，由此可得 $\tilde{\boldsymbol{y}} = \tilde{\boldsymbol{H}}_{\mathrm{r}}^{\mathrm{H}}\boldsymbol{P}_{\mathrm{r}}\boldsymbol{s} + \boldsymbol{n}$，$\tilde{\boldsymbol{H}}_{\mathrm{r}} = \tilde{\boldsymbol{H}}(s,:)_{s \in B}$，其中，$B$ 是包含选定波束的索引，$\boldsymbol{P}_{\mathrm{r}}$ 是降维的数字预编码矩阵。

由于与 $\boldsymbol{P}$ 相比，$\boldsymbol{P}_{\mathrm{r}}$ 维度小得多，因此波束空间 MIMO 可以显著减少所需 RF 链的数量。为保证 K 个用户的空间复用增益，在不损失一般性的前提下，可认为 $N_{\mathrm{RF}} = K$。

13.2 波束快速对准

波束成形技术的存在为太赫兹通信提供了良好的波束增益，有效缓解了太赫兹频段极高的路径损耗以及太赫兹器件硬件功耗的限制，进一步提高了太赫兹系统的通信距离。但如果波束成形的方向出现轻微的偏差而导致无法对准用户，会造成系统性能的严重下降[2]。

本节将讨论以下两种重要的波束对准方法。（1）采用 AoSA 结构的太赫兹混合 UM-MIMO 系统模型，提出与 AoSA 结构相匹配的离网超高分辨率 DoA 估计方法；（2）基于时间和频率上的 PBS，采用 BDMA 技术，研究上行和下行 BDMA 的遍历可达速率最大化的波束调度问题，并提出一种贪婪的波束调度算法。

13.2.1 基于 DoA 的波束对准

AoSA 混合波束成形实现了高波束成形增益并降低了硬件复杂性，是一种可用于太赫兹通信的技术，产生的锋利光束可以补偿严重的路径损耗并克服距离限制。但是，其需要准确估计并快速追踪接收机处的 DoA 信息，以完成波束对准和波束成形。使用非常大规模的天线阵列会出现锋利的波束，因此任何轻微未对准的波束都会导致严重的性能下降，迫切需要毫秒级的 DoA 估计和追踪。

太赫兹混合波束成形系统的主要问题是毫米级的 3D 角度估计。为了解决这个问题，本节讨论一种与 AoSA 结构相匹配的离网超高分辨率 DoA 估计方法，即 AoSA-MUSIC，该方法涉及粗略和精细的训练。

1. 系统建模

本节首先对太赫兹 UM-MIMO 时变信道模型进行分析；然后提出基于太赫兹 AoSA 的 UM-MIMO 系统模型；最后介绍一个帧结构，该结构说明所考虑的基于太赫兹 AoSA 的 UM-MIMO 系统中的 DoA 估计和追踪过程。

（1）太赫兹 UM-MIMO 时变信道模型

假设发射天线数量为 N_t，接收天线数量为 N_r，$N_r \times N_t$ 阶太赫兹 UM-MIMO 信道

矩阵 $\boldsymbol{H}[f,r,k]$可表示为

$$\boldsymbol{H}[f,r,k]=\sum_{l=1}^{L}\alpha_l[f,t,k]\boldsymbol{a}_{\mathrm{r}}(\theta_{l,\mathrm{r}}[k],\varphi_{l,\mathrm{r}}[k])\boldsymbol{a}_{\mathrm{t}}(\theta_{l,\mathrm{t}}[k],\varphi_{l,\mathrm{t}}[k])^{\mathrm{H}}=\boldsymbol{A}_{\mathrm{r}}[k]\boldsymbol{\Lambda}[k]\boldsymbol{A}_{\mathrm{t}}^{\mathrm{H}}[k] \quad (13\text{-}3)$$

其中，f 表示载波频率；r 表示通信距离；$k=1,2,\cdots,K$ 表示时隙索引；L 表示太赫兹 UM-MIMO 信道的多路径数，通常由一个 LoS 路径和几个 NLoS 路径组成；$\alpha_l[f,r,k]$ 表示载波频率f和距离 r 处的第 l 条路径的增益；$\boldsymbol{a}_{\mathrm{r}}(\theta_{l,\mathrm{r}}[k],\varphi_{l,\mathrm{r}}[k])$ 和 $\boldsymbol{a}_{\mathrm{t}}(\theta_{l,\mathrm{t}}[k],\varphi_{l,\mathrm{t}}[k])$ 分别表示接收机和发射机处的阵列空间特征向量，其中 $(\theta_{l,\mathrm{r}}[k],\varphi_{l,\mathrm{r}}[k])$ 和 $(\theta_{l,\mathrm{t}}[k],\varphi_{l,\mathrm{t}}[k])$ 分别表示第 l 条路径的 DoA 和 DoD 角度对，θ 和 φ 分别表示方位角和仰角；阵列空间特征向量的形式取决于天线阵列的结构。

特别地，考虑沿 XOZ 平面配备 $N_x\times N_z$ 个天线的均匀平面阵列（Uniform Planar Array，UPA），λ 表示载波波长，$d=\lambda/2$ 是天线间隔。将式（13-3）重新排列为更紧凑的矩阵形式，可以得到发射机和接收机处的数组流形矩阵，如 $\boldsymbol{A}_{\mathrm{r}}[k]=[\boldsymbol{a}_{\mathrm{r}}(\theta_{1,\mathrm{r}}[k],\varphi_{1,\mathrm{r}}[k]),\cdots,\boldsymbol{a}_{\mathrm{r}}(\theta_{L,\mathrm{r}}[k],\varphi_{L,\mathrm{r}}[k])]$。此外，由多径信道增益组成的对角矩阵可以表示为 $\boldsymbol{\Lambda}[k]=\mathrm{diag}\{[\alpha_1[f,t,k],\cdots,\alpha_L[f,t,k]]\}$。具体来说，对于太赫兹通信信道，每个 $\theta_{l,\theta}$ 和 $\phi_{l,\varphi}$ 都遵循高斯混合模型的形式[3]。

（2）基于太赫兹 AoSA 的 UM-MIMO 系统模型

考虑一个接收机具有 AoSA 结构的 3D 太赫兹 UM-MIMO 系统，如图 13-2 所示。

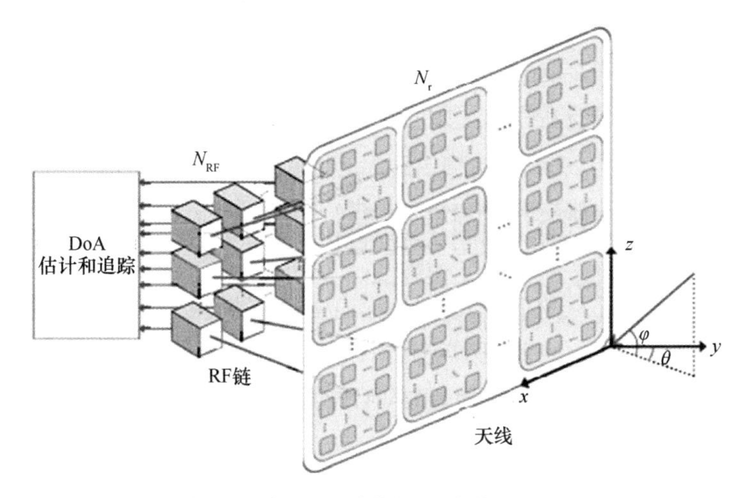

图 13-2　接收机具有 AoSA 结构的 3D 太赫兹 UM-MIMO 系统

具体来说，AoSA 结构的太赫兹 UM-MIMO 系统有 N_r 个接收天线和 N_{RF} 个 RF 链，$N_{RF} < N_r$，每个 RF 链与 $N_a = N_r / N_{RF}$ 个天线连接，以形成一个子阵列。因此，接收信号矢量可以表示为 $\boldsymbol{y} = \boldsymbol{W}^H \boldsymbol{H}\left[f,r,k\right]\boldsymbol{F}\boldsymbol{s} + \boldsymbol{W}^H \boldsymbol{n}$，$\boldsymbol{s} \in C^{N_s \times 1}$ 是发射的导频符号矢量，使 $\boldsymbol{s}\boldsymbol{s}^H = \boldsymbol{I}_{N_s}$，$N_s$ 表示数据流的数量。

用于上述系统的组合矩阵为 $\boldsymbol{W} = \boldsymbol{W}_{RF}\boldsymbol{W}_{BB} \in C^{N_r \times N_s}$，其中 $\boldsymbol{W}_{BB} \in C^{N_{RF} \times N_s}$ 是数字组合矩阵。由于数字组合矩阵主要用于基于 CSI 的功率分配，而又不失一般性，因此在 DoA 估计和追踪过程中，将 $\boldsymbol{W}_{BB}$ 设置为一个单位矩阵，从而 $\boldsymbol{W} = \boldsymbol{W}_{RF}$。AoSA 模拟合并矩阵 $\boldsymbol{W}_{RF} \in C^{N_r \times N_{RF}}$ 保持块对角线形式，$\boldsymbol{w}_i = [\omega_{1,i}, \cdots, \omega_{N_a,i}]^T$ 表示第 i 个 RF 链的模拟组合矢量。

特别地，模拟合并是通过移相器实现的。因此，$\boldsymbol{w}_i$ 中的每个元素都可以表示为 $\omega_{n_a,i} = \left(\frac{1}{\sqrt{N_r}}\right)e^{j2\pi\tilde{\omega}_{n_a,i}}$，其中 $n_a = 1,\cdots,N_a$ 是天线在子阵列上的索引；$0 \leqslant \tilde{\omega}_{n_a,i} \leqslant 1$ 是相移系数，其值由训练设计决定。此外，$\boldsymbol{F} \in C^{N_t \times N_s}$ 描述了发射机处的预编码矩阵。

归一化得到接收信号矩阵 $\boldsymbol{Y} = \boldsymbol{W}^H \boldsymbol{H}[f,r,k]\boldsymbol{F} + \boldsymbol{N}$，其中 $\boldsymbol{N} = \boldsymbol{W}^H \boldsymbol{n}\boldsymbol{s}^H$ 是修订后的噪声。通过将式（13-3）代入上式，信道矩阵将转换为 $\boldsymbol{Y} = \boldsymbol{W}^H \boldsymbol{A}_r[k]\boldsymbol{S}[k] + \boldsymbol{N}$，$\boldsymbol{S}[k] = \boldsymbol{\Lambda}[k]\boldsymbol{A}_t[k]^H \boldsymbol{F}$ 为第 k 个时隙的等效发射信号。

由于 $\boldsymbol{A}_r[k]$ 包含角度信息，因此可以估算 DoA。训练过程中，相移系数的值演化为多个观测矩阵，可据此估算 DoA。

（3）DoA 估计和追踪帧结构

包含 DoA 估计和追踪的帧结构如图 13-3 所示。

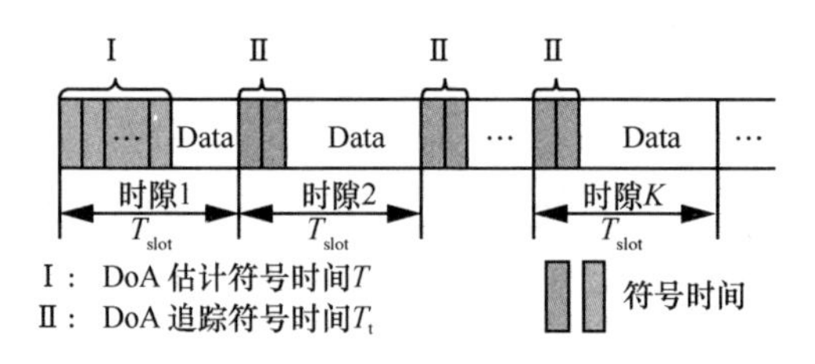

图 13-3 包含 DoA 估计和追踪的帧结构

假设 DoA 在时隙 T_{slot} 内保持固定，并随时间的推移而变化。在每个时隙的开始执行 DoA 估计或追踪。具体地，发射导频符号来探索符号时间 T 和 T_t 并分别执行

DoA 估计和追踪。下面分析时隙 T_{slot} 的典型长度，以与 AoSA 太赫兹 UM-MIMO 系统匹配。具体而言，将 DoA 变化与接收功率的光束未对准公差之间的关系作为度量指标。

考虑配备 32×32 个天线元件的太赫兹 UM-MIMO 系统，光束未对准对归一化接收功率的影响如图 13-4 所示。

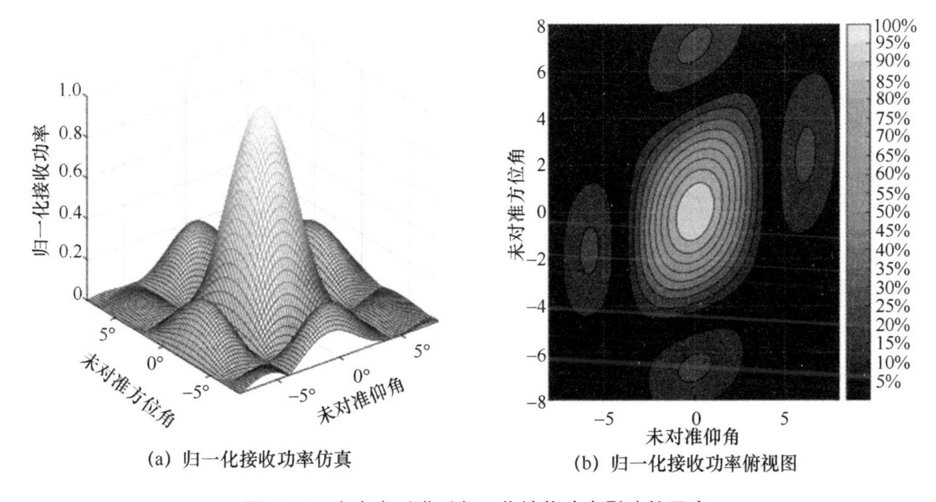

(a) 归一化接收功率仿真　　(b) 归一化接收功率俯视图

图 13-4　光束未对准对归一化接收功率影响的示意

如图 13-4 所示，随着方位角或仰角的未对准角变化 1°，归一化接收功率将降低至 0.95。

DoA 的变化上界是 $\arctan\left(\frac{vT_{slot}}{r}\right)+\beta T_{slot}$ [4]，其中，β 和 v 分别是平移速度和旋转速度。可以通过将 DoA 的变化限制在光束未对准公差范围内，即 $\arctan\left(\frac{vT_{slot}}{r}\right)+\beta T_{slot}\leqslant 1°$ 来获得时隙的长度，典型值包括 β=70°/s 和 v=1.2 m/s，通信距离 r=10 m。因此，时隙的典型长度 $T_{slot}\approx 12$ ms。

2. 基于 AoSA-MUSIC 的 DoA 估计

MUSIC 算法最初是为全数字阵列开发的，它需要通过执行二维搜索[5]来估算 DoA，因此需要巨大的搜索开销。相较而言，Root-MUSIC 可以减少搜索开销。但是由于 AoSA 结构在每个路径上增加了（$2N_{RF}-3$）的根，因此估计精度会下降。为了减少基于太赫兹 AoSA 的 UM-MIMO 系统的搜索开销并提高估计精度，本节提出了基于 AoSA-MUSIC 的 DoA 估计方案。

本节方案通过进行 C-估计和 R-估计两阶段训练，对观测值进行重构，以便将 MUSIC 算法用于提高 DoA 估计的准确性。此外，还对 Gold-MUSIC 技术进行了调整，以获得 3D DoA，从而有效降低了计算复杂度。具体如算法 13-1 所示。

算法 13-1 AoSA-MUSIC

阶段 1 C-估计

Step1 生成并存储 $\boldsymbol{W}_{\mathrm{c}}^{\tau}$

Step2 训练，基于式（13-6）构造 $\boldsymbol{Y}_{\mathrm{c}}$

Step3 应用 3D DoA 估计得到 $(\tilde{\theta}_l,\tilde{\varphi}_l)$

阶段 2 R-估计

Step1 基于式（13-5）和 $(\tilde{\theta}_l,\tilde{\varphi}_l)$ 生成并存储 $\boldsymbol{W}_{\mathrm{r}}$

Step2 训练，构造 $\boldsymbol{Y}_1$

Step3 应用 3D DoA 估计得到 $(\hat{\theta}_l,\hat{\varphi}_l)$

阶段 3 3D DoA 估计

Step1 输入 $\hat{\boldsymbol{Y}}=\boldsymbol{Y}_{\mathrm{c}}$ 或 $\boldsymbol{Y}_1$，基于式（13-4）得到 G

Step2 计算 $\boldsymbol{R}_y=\hat{\boldsymbol{Y}}\hat{\boldsymbol{Y}}^{\mathrm{H}}$

Step3 执行 EVD，得到 $\boldsymbol{U}_{\mathrm{n}}\boldsymbol{U}_{\mathrm{n}}^{\mathrm{H}}$、$P(\theta,\varphi)$

Step4 使用 C_{coarse} 评估 $P(\theta,\varphi)$ 函数值

Step5 找到粗峰的坐标 $(\breve{\theta}_l,\breve{\varphi}_l)$

Step6 执行二维黄金分割搜索（2D-Golden Section Search，2D-GSS）

Step7 返回 DoA 估计值 $(\tilde{\theta}_l,\tilde{\varphi}_l)$、$(\hat{\theta}_l,\hat{\varphi}_l)$

（1）C-估计

在 AoSA-MUSIC 估计的阶段 1，由于在接收机之前没有 DoA 的值，因此本节使用 $T-1$ 随机生成的组合矩阵来捕获信道的全向分量，以进行粗糙的 DoA 估计。具体地，将训练组合矩阵表示为 $\boldsymbol{W}_{\mathrm{c}}^{\tau}$，其中 $\tau=1,\cdots,T-1$，相移系数是 0～1 的均匀分布随机产生的。通过在接收机上成功地应用 $\boldsymbol{W}_{\mathrm{c}}^{\tau}$，可以获得 $T-1$ 个观测矩阵，然后分配重建操作以充分利用这些观测结果。

对于重构，利用 AoSA 的特性可以分别或同时处理子阵列，为 DoA 估计提供灵活性。具体而言，每个子阵列都被视为一个单元，其观测值将被聚类在一起。

将第 i 个 RF 链上、第 τ 个符号时间的模拟组合向量定义为 $\boldsymbol{W}_{i,\mathrm{c}}^{\tau}$，其中，下标 c 表示 C-估计，相应的观测矢量表示为 $\boldsymbol{y}_{i,\mathrm{c}}^{\tau}=\boldsymbol{w}_{i,\mathrm{c}}^{\tau\mathrm{H}}\boldsymbol{A}_{\mathrm{r},(i-1)N_{\mathrm{a}}+1:iN_{\mathrm{a}}}[k]\boldsymbol{S}[k]+\boldsymbol{N}_{i,\mathrm{c}}^{\tau}$，然后计算第 i 个 RF 链上的 $T-1$ 个观测向量以获得 $\bar{\boldsymbol{y}}_{i,\mathrm{c}}=\boldsymbol{W}_{i,\mathrm{c}}^{\tau\mathrm{H}}\boldsymbol{A}_{\mathrm{r},(i-1)N_{\mathrm{a}}+1:iN_{\mathrm{a}}}[k]\boldsymbol{S}[k]+\tilde{\boldsymbol{N}}_{i,\mathrm{c}}$，其中，$\boldsymbol{W}_{i,\mathrm{c}}^{\tau\mathrm{H}}=[\boldsymbol{w}_{i,\mathrm{c}}^{1\mathrm{H}},\cdots,\boldsymbol{w}_{i,\mathrm{c}}^{(T-1)\mathrm{H}}]^{\mathrm{T}}$ 表示第 i 个 RF 链所收集的组合矩阵，$\tilde{\boldsymbol{N}}_{i,\mathrm{c}}=[\boldsymbol{N}_{i,\mathrm{c}}^{1},\cdots,\boldsymbol{N}_{i,\mathrm{c}}^{T-1}]$ 表示噪声。

接下来考虑组合操作，以便同时使用子阵列上的观测值。特别地，将所有 $\bar{\boldsymbol{y}}_{i,\mathrm{c}}$ 堆叠为一个矩阵 $\boldsymbol{Y}_{\mathrm{c}}=[\bar{\boldsymbol{y}}_{1,\mathrm{c}},\cdots,\bar{\boldsymbol{y}}_{N_{\mathrm{RF}},\mathrm{c}}]^{\mathrm{T}}=\bar{\boldsymbol{W}}_{1,\mathrm{c}}^{\mathrm{H}}\boldsymbol{A}_{\mathrm{r}}[k]\boldsymbol{S}[k]+\bar{\boldsymbol{N}}_{\mathrm{c}}$，$\bar{\boldsymbol{W}}_{1,\mathrm{c}}^{\mathrm{H}}=\mathrm{diag}\{\tilde{\boldsymbol{W}}_{1,\mathrm{c}}^{\mathrm{H}},\cdots,\tilde{\boldsymbol{W}}_{N_{\mathrm{RF}},\mathrm{c}}^{\mathrm{H}}\}$ 表示重构的组合矩阵；$\bar{\boldsymbol{N}}_{\mathrm{c}}=[\tilde{\boldsymbol{N}}_{1,\mathrm{c}}^{\mathrm{T}},\cdots,\tilde{\boldsymbol{N}}_{N_{\mathrm{RF}},\mathrm{c}}^{\mathrm{T}}]$ 表示重建的噪声；T 表示训练开销，取决于所需的 DoA 估计分辨率和系统中的 RF 链数。

利用重构的观测值，可以使用常规的 MUSIC 算法[5]来获得粗略的 DoA 估计。特别地，将观测矩阵用于计算协方差矩阵 $\boldsymbol{R}_y$，然后执行 EVD，$\boldsymbol{\Sigma}_{\mathrm{s}}\in C^{L\times L}$ 和 $\boldsymbol{\Sigma}_{\mathrm{n}}\in C^{(N_{\mathrm{RF}}-L)\times(N_{\mathrm{RF}}-L)}$ 分别为 $\boldsymbol{R}_y$ 的信号和噪声对角线矩阵，其元素表示特征值。具体而言，信号子空间 $\boldsymbol{U}_{\mathrm{s}}\in C^{N_{\mathrm{RF}}\times L}$ 由对应于 L 个极大特征值的特征向量组成，而噪声子空间 $\boldsymbol{U}_{\mathrm{n}}\in C^{N_{\mathrm{RF}}\times(N_{\mathrm{RF}}-L)}$ 由剩余的特征向量组成。

最后，通过搜索伪频谱函数的峰值来获得粗略的 DoA 估计 $(\tilde{\theta}_l,\tilde{\varphi}_l)$。然而，对于 10^{-3} 的所需精度，常规 MUSIC 算法通过进行二维搜索来执行 6.48×10^{10} 的函数评估，这带来了巨大的搜索开销。因此，考虑将文献[6]中的 Gold-MUSIC 技术扩展到 UPA 的二维方案中，从而获得降低复杂性的 3D DoA。

首先，在伪谱函数上沿着 θ 轴和 φ 轴，用粗间隔粗略地对 L 个峰的不确定性间隔进行搜索，以找到粗峰 $(\breve{\theta}_l,\breve{\varphi}_l)$。然后，执行 2D-GSS 以连续缩小不确定性的间隔并确定 DoA 估计。

给定 C_{coarse} 估计粗略值和迭代次数 G，DoA 估计的分辨率为 $C_{\mathrm{DoA}}=C_{\mathrm{coarse}}\times g^{G}$，由此 C_{DoA} 的值可以得到。

$$G=\mathrm{ceil}\left(\frac{\log C_{\mathrm{DoA}}-\log C_{\mathrm{coarse}}}{\log g}\right) \tag{13-4}$$

（2）R-估计

然而，在波束对准之前，太赫兹频带中接收到的 SNR 较低会导致 C-估计阶段的估计误差，因此，需要改进训练过程。为了解决这个问题，考虑使用一种精巧的组合器，该组合器通过将波束转向到每个 RF 链上的粗峰$(\breve{\theta}_l,\breve{\varphi}_l)$来提取信道的方向信息。此外，由于在 RF 链上的操作为 DoA 估计提供了灵活性，因此可以像在 C-估计中一样重构通过精简组合器获得的观测结果。

特别地，首先将 RF 链按多径的数量分组，并确保每个$(\breve{\theta}_l,\breve{\varphi}_l)$被至少一个 RF 链控制。在不失一般性的前提下，考虑$L \leqslant N_{\mathrm{RF}}$，因此只需要一个精细的组合矩阵$\boldsymbol{W}_{\mathrm{r}}$，那么用于 DoA 估计的观测总次数可以用$T$表示。

第i个模拟波束控制权重转向$(\breve{\theta}_l,\breve{\varphi}_l)$的 RF 链为

$$\boldsymbol{w}_{i,\mathrm{r}} = \frac{1}{\sqrt{N_{\mathrm{ax}} N_{\mathrm{az}}}}\left[1,\cdots,\mathrm{e}^{\mathrm{j}2\pi d\left(N_{\mathrm{ax}}\sin\tilde{\theta}\cos\varphi+N_{\mathrm{az}}\sin\tilde{\varphi}\right)/\lambda},\cdots,\mathrm{e}^{\mathrm{j}2\pi d\left((N_{\mathrm{ax}}-1)\sin\tilde{\theta}\cos\tilde{\varphi}+(N_{\mathrm{az}}-1)\sin\tilde{\varphi}\right)/\lambda}\right]^{\mathrm{T}} \quad (13\text{-}5)$$

其中，N_{ax}和N_{az}分别是子阵列沿x轴和z轴的天线数。

遵循 C-估计中的重建步骤，在$k=1$的第一个时隙获得重建的观测值$\boldsymbol{Y}_1=\bar{\boldsymbol{W}}_1^{\mathrm{H}}\boldsymbol{A}_{\mathrm{r}}[k]\boldsymbol{S}[k]+\bar{\boldsymbol{N}}$，$\bar{\boldsymbol{W}}_1^{\mathrm{H}}=\mathrm{diag}\{\tilde{\boldsymbol{W}}_1^{\mathrm{H}},\cdots,\tilde{\boldsymbol{W}}_{N_{\mathrm{RF}}}^{\mathrm{H}}\}\in C^{N_{\mathrm{r}}\times N_{\mathrm{RF}}T}$是 R-估计阶段的重构组合矩阵；$\bar{\boldsymbol{N}}$是噪声；$\tilde{\boldsymbol{W}}_i^{\mathrm{H}}=[\tilde{\boldsymbol{W}}_{i,\mathrm{c}}^{*},\boldsymbol{w}_i^{\mathrm{H}}]^{\mathrm{T}}$表示第$i$个 RF 链的组合矩阵。

最后，将 MUSIC 算法用于观测值，以进行高分辨率的精细 DoA 估计。

3. 方法小结

本节首先对太赫兹 UM-MIMO 时变信道模型进行分析，提出基于太赫兹 AoSA 的 UM-MIMO 系统模型。然后，介绍 DoA 估计和追踪帧结构，该结构说明所考虑的基于太赫兹 AoSA 的 UM-MIMO 系统中的 DoA 估计和追踪过程。最后，提出一种与 AoSA 结构相匹配的离网超高分辨率 DoA 估计方法，即 AoSA-MUSIC，该方法通过进行 C-估计和 R-估计两阶段训练重构了观测值，以便将 MUSIC 算法用于提高 DoA 估计的准确性;此外,还对 Gold-MUSIC 技术进行了调整,以获得 3D DoA,从而有效降低了计算复杂度。

13.2.2 基于 PBS 的 BDMA 波束对准

除了根据信道以及用户信息对波束策略进行提前训练的方法，还可以利用太赫兹频段信道和波束本身具备的特点，完成实时精确的波束对准和追踪。本节提出了一种时间和频率上具有单波束同步的波束分割多址接入技术。

首先，本节证明了当基站（BS）和用户终端（User Terminal，UT）的天线数量趋于一致时，波束域信道的包络往往与时间和频率无关。基于所得到的波束域信道特性，本节提出了太赫兹大规模 MIMO 的 PBS 方案。结果表明，与传统同步方法相比，使用 PBS 可以有效减少信道时延和频率扩展。然后，将 PBS 应用于 BDMA，研究了上行和下行 BDMA 的遍历可达速率最大化的波束调度问题，并提出了一种贪婪的波束调度算法，证明了基于 PBS 的 BDMA 在典型移动场景中的有效性。

1. **波束域信道模型**

本节首先介绍用于太赫兹通信的大规模 MIMO 的物理波束域信道模型，然后研究其特性。考虑一个单小区大规模 MIMO 系统，其中，具有 M 个天线的 BS 同时为 U 个 UT 服务，每个 UT 具有 K 根天线。UT 集表示为 $\mathcal{U}=\{0,1,\cdots,U-1\}$，其中 $u\in\mathcal{U}$ 表示 UT 索引。太赫兹频带的小波长使除 BS 之外，还可以在 UT 处设置大量天线。我们关注的是 BS 和 UT 的天线数量都足够大的情况，这与低频下的大规模 MIMO 通信不同。

（1）DL 信道模型

假设 BS 和 UT 均配备了均匀的线性阵列（Uniform Linear Array，ULA），其天线波长间隔为半波长。垂直于 BS 和 UT 阵列的 AoD（Angle of Departure）、AoA（Angle of Arrival）的阵列响应矢量分别为 $\boldsymbol{v}_{\mathrm{bs}}(\theta)=[1,\mathrm{e}^{-\mathrm{j}\pi\sin\theta},\cdots,\mathrm{e}^{-\mathrm{j}\pi(M-1)\sin\theta}]\in C^{M\times1}$、$\boldsymbol{v}_{\mathrm{ut}}(\phi)=[1,\mathrm{e}^{-\mathrm{j}\pi\sin\phi},\cdots,\mathrm{e}^{-\mathrm{j}\pi(K-1)\sin\phi}]\in C^{K\times1}$ [7]，其中 $\theta,\phi\in[-\pi/2,\pi/2]$。

由于不同的 UT 通常在空间上被至少几个波长隔开，特别是在具有小波长的太赫兹频段，因此可以合理地假设 BS 和不同 UT 之间的信道是不相关的。关注 BS 和 UT u 之间的 DL 信道，对于基于射线追踪的无线信道模型[7]，接收到的信号由多个发射信号组成，它们有不同的衰减、AoA、AoD、多普勒频移和时延。

信道时延和多普勒频移特性通常与其 AoA-AoD 特性有关。首先考虑多普勒频移和 AoA-AoD 对之间的关系。假设散射体是静止的，并且信道时间波动主要由 UT 的运动导致。同时，假定 UT u 以恒定速度 v_u 沿直线移动，并且运动方向平行于 UT u 的 ULA。然后根据 Clarke-Jakes 模型[8]，具有 AoA φ 的信道路径将经历多普勒频移为 $\nu_u(\phi)=\nu_u\sin\phi$，其中，$\nu_u\triangleq f_{\mathrm{c}}v_u/c$ 是 UT u 的最大多普勒频移，f_{c} 是载波频率，c 是光速。

考虑传播时延和 AoA-AoD 对之间的关系，由于信道稀疏性和太赫兹频段相对较大的传输带宽，几乎可以忽略两个可分辨传播路径具有相同的 AoA-AoD 对但路径时延不同的可能性。因此，假设不存在两条路径具有相同的 AoA-AoD 对但路径时延不同，并且将具有 AoA-AoD 对 (ϕ,θ) 的信道的路径时延定义为 $\tau_u(\phi,\theta)$。

利用上述信道时延和多普勒频移的建模，可以将在时间 t 和频率 f 对应的复杂基带 DL 空域信道频率响应用 $G_u^{\mathrm{dl}}(t,f)$ 表示，同时上述信道模型也适用于 UT 的相对位置不会显著变化的不同时间间隔，并且物理信道参数 $v_u(\phi)$、$\tau_u(\phi,\theta)$ 和 $S_u(\phi,\theta)$ 可以假定为时不变的。当 UT 的位置发生显著变化时，应相应更新这些参数。

接下来，定义 DL 波束域信道频率响应矩阵为 $\overline{\boldsymbol{G}}_u^{\mathrm{dl}}(t,f)=\boldsymbol{V}_K^{\mathrm{H}}\boldsymbol{G}_u^{\mathrm{dl}}(t,f)\boldsymbol{V}_M^{*}\in C^{K\times M}$，对于给定的正整数 K，矩阵 $\boldsymbol{V}_K\in C^{K\times K}$ 是定义为 $[\boldsymbol{V}_k]_{i,j}=\dfrac{1}{\sqrt{K}\mathrm{e}^{-\mathrm{j}2\pi i(j-K/2)/K}}$ 的离散傅里叶变换（DFT）矩阵。两个变换矩阵 $\boldsymbol{V}_K$ 和 $\boldsymbol{V}_M$ 可以分别解释为在 BS 和 UT 处执行的 DFT 波束成形操作。因此，将 $\overline{\boldsymbol{G}}_u^{\mathrm{dl}}(t,f)$ 称为在时间 t 和频率 f，BS 和 UT u 之间的 DL 波束域信道频率响应矩阵。

（2）渐近 DL 信道特性

BS 和 UT u 之间的 DL 波束域信道的元素可以写为

$$[\boldsymbol{G}_u^{\mathrm{dl}}(t,f)]_{k,m}=\left([\boldsymbol{V}_K]_{:,k}\right)^{\mathrm{H}}\boldsymbol{G}_u^{\mathrm{dl}}(t,f)[\boldsymbol{V}_M]^{*}_{:,m}=$$
$$\int_{-\frac{\pi}{2}}^{\frac{\pi}{2}}\int_{-\frac{\pi}{2}}^{\frac{\pi}{2}}\sqrt{S_u(\phi,\theta)}\mathrm{e}^{\mathrm{j}\zeta_{\mathrm{dl}}(\phi,\theta)}q_K\left(\left(\frac{2k}{K}-1\right)-\sin\phi\right)q_M\left(\left(\frac{2m}{M}-1\right)-\sin\theta\right)\mathrm{e}^{\mathrm{j}2\pi[tv_u(\phi)-f\tau_u(\phi,\theta)]}\mathrm{d}\varphi\mathrm{d}\theta \tag{13-6}$$

其中，$q_K(x)=\dfrac{1}{\sqrt{K}}\sum\limits_{k=0}^{K-1}\mathrm{e}^{\mathrm{j}\pi kx}=\mathrm{e}^{\frac{\mathrm{j}\pi}{2(K-1)x}}\dfrac{\sin\left(\frac{\pi}{2}Kx\right)}{\sqrt{K}\sin\left(\frac{\pi}{2}x\right)}$。

作为函数的傅里叶逆变换，因为 K 和 M 都趋于无穷大，所以 $q_K(x)$ 和 $q_M(x)$ 都趋向于三角函数，那么波束域信道频率的渐近性质响应矩阵可以在以下命题中陈述。

命题 1 定义

$$[\overline{\boldsymbol{G}}_u^{\mathrm{dl,asy}}(t,f)]_{k,m}=\sqrt{S_u(\phi_k,\theta_m)}\mathrm{e}^{\mathrm{j}\zeta_{\mathrm{dl}}(\phi_k,\theta_m)}\mathrm{e}^{\mathrm{j}2\pi[tv_u(\phi_k)-f\tau_u(\phi_k,\theta_m)]} \tag{13-7}$$

其中，$\phi_k \triangleq \arcsin\left(\frac{2k}{K}-1\right)$，$\theta_m=\arcsin\left(\frac{2m}{M}-1\right)$，对于固定的非负整数 k 和 m，有 $\lim_{K,M\to\infty}\left[\bar{\boldsymbol{G}}_u^{\text{dl}}-\bar{\boldsymbol{G}}_u^{\text{dl,asy}}\right]_{k,m}=0$。

命题 1 表明，当天线的数量趋于无穷大时，波束域信道元素会渐近地表现出式（13-7）中的结构。基于命题 1，本节继续研究大阵列状态下的波束域通道特性。

命题 2 定义 $[\boldsymbol{\Omega}_u^{\text{asy}}]_{k,m}=S_u(\phi_k,\theta_m)\in R^{K\times M}$，对于每个 t 和每个 f，当天线数量 M 和 K 都趋于无穷大时，波束域信道元素满足

$$\mathrm{E}\left\{[\bar{\boldsymbol{G}}_u^{\text{dl}}(t,f)]_{k,m}\left[\bar{\boldsymbol{G}}_u^{\text{dl}}(t,f)\right]^*_{k',m'}\right\}\to\left[\boldsymbol{\Omega}_u^{\text{asy}}\right]_{k,m}\delta(k-k')\delta(m-m')$$

命题 2 表明，不同的波束域信道元素渐近不相关。另外，波束域信道元素的方差与 f 无关，而与对应的信道功率角频谱（Power Angle Spectrum，PAS）相关，这有助于波束域信道频率响应矩阵的物理解释。具体地，不同的波束域信道元素对应于不同的发射–接收波束方向的信道增益，这可以在 BS 和 UT 侧都具有足够大的天线阵列孔径的太赫兹超大规模 MIMO 中解决。此外，与常规频段上的信道相比，太赫兹信道通常表现出稀疏的性质，$\boldsymbol{\Omega}_u^{\text{asy}}$ 近似为 0，可以用来促进无线传输设计。

命题 2 的结论与许多现有结果保持一致。例如，当模型建立在波束域时，空间域信道统计与频率无关的结果已在文献[9]中显示。此外，对于具有单天线 UT 的情况，已证明命题 2 中得到的结论，虽然这一结果也适用于 UT 配备大量天线的情况，这对于太赫兹频带上的超大规模 MIMO 通信具有实际意义。

基于式（13-7）可以获得如下波束域信道的色散特性。

命题 3 定义 $[\bar{\boldsymbol{G}}_u^{\text{asy,env}}]_{k,m}=\sqrt{S_u(\phi_k,\theta_m)}\in R^{K\times M}$，当天线的数量 M 和 K 都趋于无穷大时，波束域信道单元的包络倾向于独立于 t 和 f。在这种意义上，对于每个 t 和 f 以及固定的非负整数 k 和 m，有 $\left|[\bar{\boldsymbol{G}}_u^{\text{dl}}(t,f)]_{k,m}\right|\to[\bar{\boldsymbol{G}}_u^{\text{asy,env}}]_{k,m}$。

从命题 3 开始，在渐近大阵列方案中，当 BS 和 UT 处的天线数量都趋于无穷大时，每个波束域信道元素的衰落都趋于 0。

命题 3 的物理解释是直观的，具体而言，波束成形可以在角域中有效地划分信道，并且在 BS 和 UT 处具有足够数量天线的情况下，划分信道的分辨率可以足够高，进而可以解析每个传播路径，并且波束域信道元素对应于沿着固定 AoA-AoD

对的特定传播路径的增益。因此，波束域信道包络倾向于在时域和频域中都保持恒定。另外，在最近的毫米波信道测量结果中已经观察到波束成形的时延扩展减小了[10]。对于宽带太赫兹超大规模 MIMO 信道，同时考虑了时延和多普勒扩展。

（3）DL 信道近似

在前文渐近 DL 信道特性中已经给出了波束域通道的一些渐近性质。这里先研究有限（但数量很大）天线的情况。

考虑定义的函数 $q_K(x)$ 在 $x=0$ 周围具有较大的 K 峰，因此对于足够大的 K 和 M，可以将波束域信道元素很好地近似，近似值与波束域通道的物理表现一致。具体而言，在天线数量较大的情况下，天线阵列具有形成较窄波束的能力。对于给定的发射–接收波束对，发射信号将集中在相应的 AoA-AoD 对上，而信号泄露几乎可以忽略。值得注意的是，渐近状态中的大多数波束域通道特性都很好地反映在近似模型中。例如，维持整个波束域信道矩阵的时延和多普勒扩展的同时，特定波束域信道元素的时延和多普勒扩展趋于消失，这与命题 3 的结论保持一致。

（4）UL 信道模型

对于时分双工系统，UL 信道响应是 DL 信道响应在相同时间和频率处的转置。因此，可以容易地获得与 DL 信道近似中相似的结果。

对于相对载波频率差较小的频分双工系统，物理信道参数 $S_u(\phi,\theta)$、$v_u(\phi)$、$\tau_u(\phi,\theta)$ 以及 UL 和 DL 的阵列响应几乎完全相同。因此，UL 和 DL 信道之间的主要区别在于随机相位，以及在时间 t 和频率 f、UT u 和 BS 之间的 UL 波束域信道频率响应矩阵 $\bar{\boldsymbol{G}}_u^{\mathrm{ul}}(t,f)\in C^{M\times K}$，可以建模为 $\bar{\boldsymbol{G}}_u^{\mathrm{ul}}(t,f)=\int_{-\frac{\pi}{2}}^{\frac{\pi}{2}}\int_{-\frac{\pi}{2}}^{\frac{\pi}{2}}\sqrt{S_u(\phi,\theta)}\mathrm{e}^{\mathrm{j}\zeta_{\mathrm{ul}}(\phi,\theta)}\mathrm{e}^{\mathrm{j}2\pi[tv_u(\phi)-f\tau_u(\phi,\theta)]}\cdot \boldsymbol{V}_M^{\mathrm{H}}\boldsymbol{v}_{\mathrm{bs}}(\theta)\boldsymbol{v}_{\mathrm{ut}}^{\mathrm{T}}(\phi)\boldsymbol{V}_k^{*}\mathrm{d}\phi\mathrm{d}\theta$，其中，$\zeta_{\mathrm{ul}}(\phi,\theta)$ 是 UL 随机相位，与 DL 随机相位 $\zeta_{\mathrm{dl}}(\phi,\theta)$ 不相关，均匀分布在[0,2π)上，并且独立于 $\zeta_{\mathrm{ul}}(\phi',\theta')$。

对于足够大的 K 和 M，$\bar{\boldsymbol{G}}_u^{\mathrm{ul}}(t,f)$ 可以很好地近似，UL 波束域信道的时延和多普勒扩展倾向于随着 K 和 M 的增加而降低。另外可以看出，UL 波束域信道元素在某些情况下是不相关的，揭示了 UL 和 DL 波束域信道统计之间的互易性。

将近似 DL 和 UL 波束域信道频率响应矩阵 $\bar{\boldsymbol{G}}_u^{\mathrm{dl}}(t,f)\in C^{K\times M}$ 和 $\bar{\boldsymbol{G}}_u^{\mathrm{ul}}(t,f)\in C^{M\times K}$ 定义为反函数。$\bar{\boldsymbol{G}}_u^{\mathrm{ul}}(t,f)\in C^{M\times K}$ 和 $\bar{\boldsymbol{G}}_u^{\mathrm{ul}}(t,f)\in C^{M\times K}$ 的傅里叶变换为

$$\left[\bar{\boldsymbol{G}}_u^{\mathrm{dl}}(t,\tau)\right]_{k,m}=\int_{\theta_m}^{\theta_{m+1}}\int_{\phi_k}^{\phi_{k+1}}\sqrt{S_u(\phi,\theta)}\mathrm{e}^{\mathrm{j}\zeta_{\mathrm{ud}}(\phi,\theta)}\mathrm{e}^{\mathrm{j}2\pi t v_u(\phi)}\delta(\tau-\tau_u(\phi,\theta))\mathrm{d}\phi\mathrm{d}\theta$$
$$\left[\bar{\boldsymbol{G}}_u^{\mathrm{ul}}(t,\tau)\right]_{m,k}=\int_{\theta_m}^{\theta_{m+1}}\int_{\phi_k}^{\phi_{k+1}}\sqrt{S_u(\phi,\theta)}\mathrm{e}^{\mathrm{j}\zeta_{\mathrm{ul}}(\phi,\theta)}\mathrm{e}^{\mathrm{j}2\pi t v_u(\phi)}\delta(\tau-\tau_u(\phi,\theta))\mathrm{d}\phi\mathrm{d}\theta \quad (13\text{-}8)$$

2. **时/频域上的 PBS**

基于获得的波束域信道特性，本节讨论太赫兹超大规模 MIMO 通信中在时间和频率上使用单波束同步，以减少 MIMO 在时间和频率上的信道分散。

（1）DL 传输模型

考虑采用 OFDM 调制的太赫兹宽带超大规模 MIMO 系统，其子载波数为 N_{us}，CP 为 N_{cp} 个样本，OFDM 符号长度和 CP 长度分别为 $T_{\mathrm{us}}=N_{\mathrm{us}}T_{\mathrm{s}}$ 和 $T_{\mathrm{cp}}=N_{\mathrm{cp}}T_{\mathrm{s}}$，其中 T_{s} 是系统采样间隔。

定义 $\{\bar{\boldsymbol{x}}_n^{\mathrm{dl}}\}_{n=0}^{N_{\mathrm{us}}-1}$ 为 DL 中给定的 OFDM 传输块中要在波束域中传输的复数值符号，因此传输信号 $\bar{\boldsymbol{x}}^{\mathrm{dl}}(t)\in C^{M\times 1}$ 可以表示为 $\bar{\boldsymbol{x}}^{\mathrm{dl}}(t)=\sum_{n=0}^{N_{\mathrm{us}}-1}\bar{\boldsymbol{x}}_n^{\mathrm{dl}}\mathrm{e}^{\mathrm{j}2\pi\frac{n}{T_{\mathrm{us}}}t},-T_{\mathrm{cp}}\leqslant t<T_{\mathrm{us}}$。给定的传输块中不存在噪声和可能的块间干扰可以表示为 $\bar{\boldsymbol{y}}^{\mathrm{dl}}(t)=\int_{-\infty}^{\infty}\bar{\boldsymbol{G}}_u^{\mathrm{dl}}(t,\tau)\bar{\boldsymbol{x}}^{\mathrm{dl}}(t-\tau)\mathrm{d}\tau\in C^{K\times 1}$，$\bar{\boldsymbol{G}}_u^{\mathrm{dl}}(t,\tau)$ 是式（13-8）中给出的 UT u 的近似 DL 波束域信道冲激响应矩阵。

本节研究专注于波束域传输，DL 波束域传输模型可以使用波束域和空间域信道之间的等价特性直接转换为空间域。利用上述传输模型，继续讨论由信道色散引起的接收信号的扩展特性。

因此，在时间 t，UT u 的波束 k 上的接收信号为

$$\left[\bar{\boldsymbol{y}}^{\mathrm{dl}}(t)\right]_k=\sum_{m=0}^{M-1}\int_{-\infty}^{\infty}\left[\bar{\boldsymbol{G}}_u^{\mathrm{dl}}(t,\tau)\right]_{k,m}\left[\bar{\boldsymbol{x}}^{\mathrm{dl}}(t-\tau)\right]_m\mathrm{d}\tau=$$
$$\sum_{m=0}^{M-1}\int_{\theta_m}^{\theta_{m+1}}\int_{\phi_k}^{\phi_{k+1}}\sqrt{S_u(\phi,\theta)}\mathrm{e}^{\mathrm{j}\zeta_{\mathrm{dl}}(\phi,\theta)}\mathrm{e}^{\mathrm{j}2\pi t v_u(\phi)}\left[\bar{\boldsymbol{x}}^{\mathrm{dl}}(\tau-\tau_u(\phi,\theta))\right]_m\mathrm{d}\phi\mathrm{d}\theta \quad (13\text{-}9)$$

（2）DL 同步

由于基于 OFDM 的系统传输性能对时间和频率偏移很敏感，因此有必要执行时间和频率同步以补偿接收信号的时间和频率偏移。特别是应仔细调整接收信号，以使最终的最小时间偏移和中心频率偏移为 0。

MIMO系统最常见的同步方法是使用相同的时间和频率调整参数来补偿空域中接收信号的时间和频率偏移。具体而言，将时间调整 $\tau_u^{\text{syn}} = \tau_u^{\min}$ 和频率调整 $v_u^{\text{syn}} = (v_u^{\min} + v_u^{\max})/2$ 的情况应用于接收的空域信号矢量，所得波束域信号为 $\overline{\boldsymbol{y}}_u^{\text{dl,joi}}(t) = \overline{\boldsymbol{y}}_u^{\text{dl}}(t+\tau_u^{\text{syn}})\text{e}^{-\text{j}2\pi(t+\tau_u^{\text{syn}})v_u^{\text{syn}}}$。

有效信道频率扩展 $\Delta_{v_u}^{\text{joi}}$ 对于给定的移动速度与载频 f_c 呈线性关系。因此，为了支持相同的UT移动性，与常规微波系统相比，太赫兹系统中的OFDM符号的长度将被大大减少。同时，CP的长度需要与常规微波系统中的CP相同以应对相同的时延扩展，这可能导致难以选择合适的OFDM参数。

我们可以观察到特定波束 k 上信号的频率偏移 $v_{u,k}^{\min}$ 和 $v_{u,k}^{\max}$ 可能和上述的频率偏移不同。如果在每个波束上分别适当地调整这些偏移量，则可以减少接收波束合成信号的有效信道时延和频率扩展。因此，考虑在时间和频率上使用 PBS，具体而言，分别将时间和频率偏移的调整应用于每个接收波束上的信号。

命题 4 每个 PBS 的有效信道在时间和频率上的时延 $\Delta_{\tau_u}^{\text{per}}$ 和频率扩展 $\Delta_{v_u}^{\text{per}}$ 满足 $\Delta_{\tau_u}^{\text{per}} \leqslant \Delta_{\tau_u}^{\text{joi}}, \Delta_{v_u}^{\text{per}} = \Delta_{v_u}^{\text{joi}}/K$。

从命题4来看，与传统同步方法相比，使用PBS方法可以减少有效信道时延和频率扩展。特别是在大天线阵列方案中，有效信道频率扩展大约减少了UT天线数 K 的一个因子。此外，使用PBS也可以减少有效信道时延扩展，但是如果不对传播时延函数 $\tau_u(\phi,\theta)$ 进行明确的物理建模，则难以建立定量结果。

考虑到太赫兹信道的群集性质，可以预测有效信道时延扩展的显著减少。考虑以下特殊情况，散射体环位于UT周围，UT u 周围散射环的半径为 r_u，则具有AoA ϕ 的信道路径传播时延由 $\tau_u^{\text{oner}}(\phi,\theta) = \dfrac{r_u}{c}(1+\sin\phi)$ 给出。对于单环情况，使用PBS扩展的有效信道时延也减少了UT天线数 K 的一个因子。

命题 4 中的结果可用于简化实现并提高太赫兹超大规模 MIMO-OFDM 系统的性能。特别是尽管最大信道多普勒频移 v_u 与载频呈线性关系，但是对于相同的天线阵列孔径，UT天线的数量 K 也与载频呈线性关系。因此，假设天线阵列孔径固定，则在太赫兹频段扩展的有效信道多普勒频率变得与在 PBS 上常规频段的有效频率大致相同，这可以减轻太赫兹信道上的严重多普勒效应。此外，使用PBS可以有效地减少有效信道时延扩展，进一步使CP开销大幅减少。

利用上述的 PBS，可以选择 CP 长度和 OFDM 符号长度，以即使在高移动性场景中，仍满足 $\max_u\{\Delta_{\tau_u}^{\text{per}}\}\leqslant T_{\text{cp}}\leqslant T_{\text{us}}=1/\max_u\{\Delta_{\nu_u}^{\text{per}}\}$，给定块中子载波 n，UT u 的波束 k 上的解调 OFDM 符号为 $\left[\bar{\boldsymbol{y}}_{u,n}^{\text{dl}}\right]_k=\sum_{m=0}^{M-1}\left[\bar{\boldsymbol{G}}_{u,n}^{\text{dl,per}}\right]_{k,m}\left[\bar{\boldsymbol{x}}_n^{\text{dl}}\right]_m$。

如果采用常规同步方法，则在考虑的太赫兹系统中，难以选择 CP 长度和 OFDM 符号长度来满足上述无线 OFDM 设计要求。在这种情况下，应考虑涉及载波间干扰和块间干扰的复杂传输模型。

（3）UL 同步

上文仅探讨了 DL 的 PBS。下面通过利用 UL 和 DL 物理参数的互易性来解决 UL 问题。

定义 $\left\{\bar{\boldsymbol{x}}_{u,n}^{\text{ul}}\right\}_{n=0}^{N_{\text{us}}-1}$ 是 UT u 在给定的 OFDM 块内，在波束域中要发射的复数值符号，则发射信号 $\boldsymbol{x}_u^{\text{ul}}(t)\in C^{K\times 1}$ 可以表示为 $\bar{\boldsymbol{x}}_u^{\text{ul}}(t)=\sum_{n=0}^{N_{\text{us}}-1}\bar{\boldsymbol{x}}_{u,n}^{\text{ul}}\mathrm{e}^{\mathrm{j}2\pi\frac{n}{T_{\text{us}}}t}$，$-T_{\text{cp}}\leqslant t<T_{\text{us}}$。

由于 BS 接收的 UL 波形是从不同 UT 发射的信号的组合，因此在 UT 端执行 PBS。特别地，通过调整时间偏移量 $\tau_{u,k}^{\text{syn}}=\tau_{u,k}^{\min}$ 和频率偏移量 $\nu_{u,k}^{\text{syn}}=(\nu_{u,k}^{\min}+\nu_{u,k}^{\max})/2$ 以适用于 $[\bar{\boldsymbol{x}}_u^{\text{ul}}(t)]$，调整后的信号为 $\bar{\boldsymbol{x}}_u^{\text{ul,per}}(t)=\left[\bar{\boldsymbol{x}}_u^{\text{ul}}(t+\tau_{u,k}^{\text{syn}})\right]_k\mathrm{e}^{-\mathrm{j}2\pi(t+\tau_{u,k}^{\text{syn}})\nu_{u,k}^{\text{syn}}}$。

在给定传输块期间（时域没有噪声的情况下），时间 t 在 BS 端接收到的波束域信号可以表示为 $\left[\bar{\boldsymbol{y}}^{\text{ul}}(t)\right]_m=\sum_{u=0}^{U-1}\sum_{k=0}^{K-1}\int_{-\infty}^{\infty}\left[\bar{\boldsymbol{G}}_u^{\text{ul}}(t,\tau)\right]_{m,k}\bar{\boldsymbol{x}}_u^{\text{ul,per}}(t-\tau)\mathrm{d}\tau$。

与 DL 情况类似，UL 中的 PBS 可以有效减少信道时延和多普勒扩展。从而，给定传输块中子载波 n 处的 BS 波束 m 上的解调 OFDM 符号可以写为 $\left[\bar{\boldsymbol{y}}_n^{\text{ul}}\right]=\sum_{u=0}^{U-1}\sum_{k=0}^{K-1}\left[\bar{\boldsymbol{G}}_{u,n}^{\text{dl,per}}\right]_{m,k}\left[\bar{\boldsymbol{x}}_{u,n}^{\text{ul}}\right]_k$。其中，$\bar{\boldsymbol{G}}_{u,n}^{\text{dl,per}}$ 表示在子载波 n 上 BS 和 UT u 之间的有效 UL 波束域信道的频率响应。

以每个子载波的方式表示太赫兹超大规模 MIMO-OFDM 的 UL 波束域传输模型，为

$$\bar{\boldsymbol{y}}_n^{\text{ul}}=\sum_{u=0}^{U-1}\bar{\boldsymbol{G}}_{u,n}^{\text{dl,per}}\bar{\boldsymbol{x}}_{u,n}^{\text{ul}}\in C^{M\times 1},n=0,1,\cdots,N_{\text{us}}-1 \tag{13-10}$$

（4）离散时间信道统计

离散时波束域信道的统计特性可以类似地得出。

3. 带 PBS 的 BDMA

利用上述讨论中提出的 PBS，在太赫兹频段的波束域中的有效信道频率扩展变得与在常规无线频段的有效信道频率几乎相同，同时可以显著减小在波束域中的有效信道时延扩展。因此 PBS 可以嵌入所有太赫兹超大规模 MIMO 传输中。

由于以下原因，BDMA 是太赫兹大规模 MIMO 的一种很有吸引力的方法，特别是在高移动性场景中。首先，太赫兹频段的波束域信道表现出稀疏的性质，因此 BDMA 非常适合此类信道。其次，发射机只需要知道统计 CSI，就可以避免在太赫兹信道上进行常规大规模 MIMO 传输所需的瞬时 CSI 的获取难点，这对于高移动性场景的传输很有吸引力。最后，BDMA 的实现复杂度相对较低，因为其仅需要基于波束域统计 CSI 针对不同 UT 的波束调度和功率分配，而不是复杂的多用户预编码和检测。

本节将研究带 PBS 的 BDMA 太赫兹超大规模 MIMO 通信方案。

（1）DL BDMA

基于式（13-10）和文献[11]中用于 DL 大规模 MIMO 传输的 BDMA 可以将 DL 波束域传输模型重写为 $\bar{\boldsymbol{y}}_{u,n}^{\mathrm{dl}}=\bar{\boldsymbol{G}}_{u,n}^{\mathrm{dl,per}}\bar{\boldsymbol{x}}_{n}^{\mathrm{dl}}+\bar{\boldsymbol{G}}_{u,n}^{\mathrm{dl,per}}\sum_{u'\neq u}\bar{\boldsymbol{x}}_{u'}^{\mathrm{dl}}+\bar{\boldsymbol{z}}_{u}^{\mathrm{dl}}\in C^{K\times 1}$，其中，$\bar{\boldsymbol{z}}_{u}^{\mathrm{dl}}$ 是有效 DL 噪声，$\bar{\boldsymbol{x}}_{n}^{\mathrm{dl}}$ 是 UT u 的 DL 波束域传输信号。

利用离散时间信道统计中的波束域信道元素的不相关性，讨论可以最大化 R_{dl} 的 DL 发射协方差的结构。具体而言，发射协方差的特征值分解表示为 $\bar{\boldsymbol{Q}}_{u}^{\mathrm{dl}}=\bar{\boldsymbol{U}}_{u}^{\mathrm{dl}}\mathrm{diag}\{\lambda_{u}^{\mathrm{dl}}\}(\bar{\boldsymbol{U}}_{u}^{\mathrm{dl}})^{\mathrm{H}}$，其中，$\bar{\boldsymbol{U}}_{u}^{\mathrm{dl}}$ 的列是 $\bar{\boldsymbol{Q}}_{u}^{\mathrm{dl}}$ 的特征向量，$\lambda_{u}^{\mathrm{dl}}$ 是 $\bar{\boldsymbol{Q}}_{u}^{\mathrm{dl}}$ 的特征值，则 DL 波束域发射协方差矩阵满足以下结构：$\boldsymbol{U}_{u}^{\mathrm{dl}}=\boldsymbol{I},\forall u,(\lambda_{u}^{\mathrm{dl}})^{\mathrm{T}}\lambda_{u'}^{\mathrm{dl}}=0$，$\forall u\neq u'$。

DL 发射协方差矩阵的上述结构具有直接的工程意义。具体而言，$\boldsymbol{U}_{u}^{\mathrm{dl}}=\boldsymbol{I}$ 表示波束域中发射的 DL 信号。同时，$(\lambda_{u}^{\mathrm{dl}})^{\mathrm{T}}\lambda_{u'}^{\mathrm{dl}}=0$ 表示可以将一个 DL 发射波束分配给最多一个 UT。因此，找到 DL 波束域发射协方差矩阵等效于为不同的 UT 调度非重叠的发射波束集，并在不同调度的发射波束之间适当地执行功率分配。由于跨调度子信道的相等功率分配通常接近最佳性能，于是本节将研究重点放在针对不同 UT 的波束调度上。

基于以上的 DL 发射协方差矩阵结构，本节提出了 BDMA，通过为每个 UT 提供相互不重叠的 BS 波束集来实现多路访问，研究用于不同 UT 的 DL 波束调度。将

$B_u^{\mathrm{dl,bs}}$ 和 $B_u^{\mathrm{dl,ut}}$ 分别表示为 UTu 调度的 DL 发射和接收波束集，具有相等功率分配的 DL 遍历可达到的总速率为

$$R^{\mathrm{dl,epa}}=\sum_{u=0}^{U-1}\mathrm{E}\left\{\mathrm{lb}\frac{\det\left(\boldsymbol{I}+\frac{\rho^{\mathrm{dl}}}{\sum_{u'=0}^{U-1}\left|B_{u'}^{\mathrm{dl,bs}}\right|}\sum_{u''=0}^{U-1}\left[\bar{\boldsymbol{G}}_u^{\mathrm{dl,per}}\right]_{B_u^{\mathrm{dl,ut}},B_{u''}^{\mathrm{dl,bs}}}\left[\bar{\boldsymbol{G}}_u^{\mathrm{dl,per}}\right]^{\mathrm{H}}_{B_u^{\mathrm{dl,ut}},B_{u''}^{\mathrm{dl,bs}}}\right)}{\det\left(\boldsymbol{I}+\frac{\rho^{\mathrm{dl}}}{\sum_{u'=0}^{U-1}\left|B_{u'}^{\mathrm{dl,bs}}\right|}\sum_{u''\neq u}^{U-1}\left[\bar{\boldsymbol{G}}_u^{\mathrm{dl,per}}\right]_{B_u^{\mathrm{dl,ut}},B_{u''}^{\mathrm{dl,bs}}}\left[\bar{\boldsymbol{G}}_u^{\mathrm{dl,per}}\right]^{\mathrm{H}}_{B_u^{\mathrm{dl,ut}},B_{u''}^{\mathrm{dl,bs}}}\right)}\right\} \tag{13-11}$$

其中，$\rho^{\mathrm{dl}}=P^{\mathrm{dl}}/\sigma^{\mathrm{dl}}$ 是 DL 信噪比，P^{dl} 是 DL 总功率预算。

DL 波束调度问题可以表示为

$$\begin{aligned}&\max_{\left\{B_u^{\mathrm{dl,bs}},B_u^{\mathrm{dl,ut}}:u\in\mathcal{U}\right\}} R^{\mathrm{dl,epa}}\\&\mathrm{s.t.} B_u^{\mathrm{dl,bs}}\cap B_{u'}^{\mathrm{dl,bs}}=\varnothing,\forall u\neq u'\\&\left|B_u^{\mathrm{dl,bs}}\right|\leqslant B_u^{\mathrm{dl,bs}},\forall u\\&\left|B_u^{\mathrm{dl,ut}}\right|\leqslant B_u^{\mathrm{dl,ut}},\forall u\\&\sum_{u=0}^{U-1}\left|B_u^{\mathrm{dl,bs}}\right|\leqslant B^{\mathrm{dl,bs}}\end{aligned} \tag{13-12}$$

其中，$B_u^{\mathrm{dl,bs}}$ 、$B_u^{\mathrm{dl,ut}}$ 和 $B^{\mathrm{dl,bs}}$ 分别是 DL 中 UT u 的发射、接收波束和总发射波束的最大允许数目。

这里考虑了基于 DFT 的波束成形，它可以在数字或模拟域中实现。上述方法也适用于以下情况：RF 链的数量小于天线的数量，并且可以通过调整最大允许波束的数量来控制太赫兹超大规模 MIMO 中所需的 RF 链数量。

由于式（13-12）中目标函数 $R^{\mathrm{dl,epa}}$ 的随机性质和波束调度的组合性质，式（13-11）中的优化问题通常很难解决，尤其是考虑的具有大量天线和 UT 的太赫兹大规模 MIMO 系统，因此必须通过遍历搜索找到最佳解决方案。

为了获得具有较低复杂度的式（13-11）的可行解，本节提出一种基于范数的 DL 贪婪波束调度算法。具体而言，BS 首先基于定义的 BS 处均方波束域信道范数 $\omega_{u,m}^{\mathrm{bs}}$ 的顺序来调度不同 UT 的 DL 发射波束，然后根据定义的 UT 处的均方波束域

信道范数 $\omega_{u,m}^{\text{ut}}$ 的顺序来调度不同 UT 的接收波束。

提出的 DL 贪婪波束调度算法的计算复杂度（即基于式（13-11）中的 DL 遍历率的运行时间）为 $O(M+UB_u^{\text{dl,ut}})$，与通常需要指数复杂度的穷举搜索相比，这种方法的复杂度大大减少。需要注意的是，波束调度是基于长期统计 CSI 来实现的，当统计 CSI 发生显著变化时，应相应更新波束调度模式。

（2）UL BDMA

参考上述 DL BDMA 的推导，本节考虑用于 UL 传输的 BDMA。特别地，在 UL 期间，每个 UT 被分配有 BS 的总接收波束的相互不重叠的子集。然后，基于在分配的接收波束上接收的信号来执行针对每个 UT 的 UL 信号检测，并且在 UL BDMA 中不需要复杂的多用户检测。

与 DL BDMA 类似,所有 UT 信号的发射方向都与 UL BDMA 中的波束域对准，在 UL 中调度的发射波束上功率平均分配。假设 UT 知道自己的统计 CSI，而 BS 可以通过调度波束访问 UT 的瞬时 UL CSI。

UL 波束调度问题可以表示为

$$
\begin{aligned}
&\max_{\left\{\mathcal{B}_u^{\text{ul,bs}},\mathcal{B}_u^{\text{ul,ut}}:u\in\mathcal{U}\right\}} R^{\text{ul,epa}} \\
&\text{s.t.}\mathcal{B}_u^{\text{ul,bs}}\bigcap\mathcal{B}_{u'}^{\text{ul,bs}}=\varnothing,\forall u\neq u' \\
&\left|\mathcal{B}_u^{\text{ul,bs}}\right|\leqslant B_u^{\text{ul,bs}},\forall u \\
&\left|\mathcal{B}_u^{\text{ul,ut}}\right|\leqslant B_u^{\text{ul,ut}},\forall u \\
&\sum_{u=0}^{U-1}\left|\mathcal{B}_u^{\text{ul,bs}}\right|\leqslant B^{\text{ul,bs}}
\end{aligned}
\qquad (13\text{-}13)
$$

其中，$B_u^{\text{ul,bs}}$、$B_u^{\text{ul,ut}}$ 和 $B^{\text{ul,bs}}$ 分别是 UL 中 UT u 的发射、接收波束和总接收波束的最大允许数目。

式（13-13）中的 UL 波束调度问题表现出与式（13-12）中的 DL 波束调度问题类似的结构。因此，可以类似地开发基于范数的 UL 贪婪波束调度算法。

4. 方法小结

本节首先介绍了用于大规模 MIMO 的物理波束域信道模型，当 BS 和 UT 处的天线数量都足够大时，波束域信道元素在统计上趋于不相关，并且各自的方差取决于信道 PAS，而波束域信道的包络元素往往与时间和频率无关。

然后，讨论了在太赫兹超大规模 MIMO 的时域和频率上使用 PBS。与传统的同步方法相比，带 PBS 的宽带 MIMO 信道的时延和多普勒频率扩展大约减少了 UT 天线数量的一个因子。

最后，将 PBS 应用于通过向每个 UT 提供彼此不重叠的 BS 波束子集实现多址访问的 BDMA，研究了波束调度以最大化 UL 和 DLBDMA 的遍历可达速率，并开发了基于均方波束域信道范数的贪婪波束调度算法。

13.3　宽带波束追踪

太赫兹通信中，对于未知用户，首先需要采用精准有效的波束对准技术确定用户位置，以便在需求时间内完成性能较高、质量良好的通信。但通信方通常是处于运动状态下的动态用户，波束一旦没有实现快速的追踪，就会使系统性能严重下降。

为了更快更好地完成波束追踪，本节将介绍两种方法。（1）在基于 DoA 的波束对准的基础上，提出 AoSA-MUSIC-T 追踪方法，在完成波束快速追踪的基础上训练开销减少 50%；（2）考虑实际的用户运动模型，并基于太赫兹波束空间信道的特殊稀疏结构，利用先前时隙中获得的波束空间信道来预测后续时隙中波束空间信道的先验信息，以较低导频开销实现波束追踪。

13.3.1　基于 AoSA-MUSIC-T 的 DoA 追踪

13.2.1 节基于 DoA 的波束对准中，讨论了一种与子阵列结构相匹配的离网超高分辨率 DoA 估计方法，即 AoSA-MUSIC，本节将进一步介绍 AoSA-MUSIC-T 追踪方法，针对 DoA 追踪的训练设计进行了研究，旨在与估计阶段相比减少训练开销并捕获太赫兹信道的变化。由于 AoSA-MUSIC 的 DoA 估计取决于子空间，因此在获取追踪观测值后本节提出了子空间追踪问题。

1. AoSA-MUSIC-T 方法设计

本节从 DoA 追踪训练设计出发，考虑使用交替过程来解决具有两个矩阵变量的非凸优化问题。首先，给定先前的追踪结果计算系数矩阵。然后，使用 AoSA 合并矩阵将子空间矩阵变量分解为块。最后，每个子空间行由卡尔曼滤波器并行更新，给出用于 DoA 追踪的 AoSA-MUSIC-T 算法。

（1）DoA 追踪训练设计

为了实现 DoA 追踪的训练设计，首先对训练开销和捕获通道潜在变化的观测结果进行分析。训练开销可以用形成重构观测值的观测值数量表示，在 DoA 估计阶段用 T 表示。此外，如 13.2.1 节基于 DoA 的波束对准中所分析的，可以通过重构组合矩阵 $\bar{\boldsymbol{W}}_1$ 提取全向信息和方向信息。

因此，对时隙 k 的完整观测可以表示为 $\boldsymbol{X}_k=\bar{\boldsymbol{W}}_1^{\mathrm{H}}\boldsymbol{A}_{\mathrm{r}}\left[k\right]\boldsymbol{S}\left[k\right]+\bar{\boldsymbol{N}}$，若在每个时隙都进行操作，则可以捕获太赫兹信道的变化。

遵循 DoA 追踪的训练设计，首先考虑在第 k 个时隙中利用 $T_t\leqslant T$ 导频符号时间来减少训练开销。为了利用追踪观测结果 $\boldsymbol{Y}_k$ 来检测信道演变，从 T 中选取不重叠的 T_t 进行提取操作，以便最大限度地保留信息，同时减少开销。因此，$\boldsymbol{Y}_k$ 的表达式可以表示为 $\boldsymbol{Y}_k=\bar{\boldsymbol{W}}_k^{\mathrm{H}}\boldsymbol{A}_{\mathrm{r}}[k]\boldsymbol{S}[k]+\bar{\boldsymbol{N}}$，其中，$\bar{\boldsymbol{W}}_k$ 是重构的追踪合并矩阵，由 $\bar{\boldsymbol{W}}_1$ 中提取的元素组成。特别地，提取是在每个 RF 链上进行的，因此在 DoA 追踪期间可以充分使用 RF 链。

相应的训练过程如下。对于 $k>1$ 个时隙处的 $t=1,\cdots,T_t$ 的每个符号时间，第 i 个 RF 链提取与 $\tilde{\boldsymbol{W}}_i^{\mathrm{H}}$ 形式不同的列，以形成矩阵 $\boldsymbol{W}$。然后，可以在每个符号时间获得一个观测值，而 $\boldsymbol{Y}_k$ 可以按照 13.2.1 节基于 DoA 的波束对准中的 C-估计部分进行重建。

（2）子空间追踪问题

首先，以数学方式表示完整观测值与追踪观测值之间的关系。特别地，为提取操作定义观测变换矩阵 $\boldsymbol{B}_k\in C^{N_{\mathrm{RF}}T_t\times N_{\mathrm{RF}}T}$。由于提取是在 RF 链上执行的，因此 $\boldsymbol{B}_k$ 保持块对角线形式，$\boldsymbol{B}_{k,i}=\left[\boldsymbol{e}_{1,i}^{\mathrm{T}},\cdots,\boldsymbol{e}_{T_t,i}^{\mathrm{T}}\right]$ 表示 $\boldsymbol{B}_k$ 的第 i 个块，$\boldsymbol{e}_{t,i},t=1,\cdots,T_t$ 是单位矩阵 $\boldsymbol{I}_T$ 的不重叠列。因此，转换关系为 $\bar{\boldsymbol{W}}_k^{\mathrm{H}}=\boldsymbol{B}_k\bar{\boldsymbol{W}}_1^{\mathrm{H}}$，$\boldsymbol{Y}_k=\boldsymbol{B}_k\boldsymbol{X}_k$。

使用上述追踪结果介绍 DoA 追踪方案。由于使用 AoSA-MUSIC 估计 DoA 是通过获得噪声子空间 $\boldsymbol{U}_{\mathrm{n}}$ 来实现的，信号子空间 $\boldsymbol{U}_{\mathrm{s}}$ 与 $\boldsymbol{U}_{\mathrm{n}}$ 正交，即 $\boldsymbol{U}_{\mathrm{n}}\boldsymbol{U}_{\mathrm{n}}^{\mathrm{H}}=\boldsymbol{I}-\boldsymbol{U}_{\mathrm{s}}\boldsymbol{U}_{\mathrm{s}}^{\mathrm{H}}$。

可以通过追踪 $\boldsymbol{U}_{\mathrm{s}}$ 来追踪 DoA。特别地，考虑到追踪观测，可以将 AoSA-

MUSIC-T 中第 k 个时隙的子空间追踪转化为优化问题，如式（13-14）所示。

$$\begin{aligned}\boldsymbol{U}_k &= \arg\min_{\boldsymbol{U}} \sum_{m=1}^{k} \mu^{k-m} \min_{\boldsymbol{D}} \left\{ \| \boldsymbol{B}_m \boldsymbol{U}\boldsymbol{D} - \boldsymbol{Y}_m \|_{\mathrm{F}} \right\} = \\ & \arg\min_{\boldsymbol{U}} \sum_{m=1}^{k} \mu^{k-m} \min_{\boldsymbol{D}} \left\{ \| \boldsymbol{B}_m \left(\boldsymbol{U}\boldsymbol{D} - \boldsymbol{X}_m \right) \|_{\mathrm{F}} \right\}\end{aligned} \tag{13-14}$$

其中，$\boldsymbol{U}$ 和 $\boldsymbol{D}$ 分别表示信号子空间和系数矩阵；$m = 1,\cdots,k$ 与过去的时隙有关，因此 $\boldsymbol{B}_m$ 和 $\boldsymbol{Y}_m$ 分别表示第 m 个时隙中的观测变换和追踪观测矩阵。

（3）替代问题解决方案

式（13-14）中的优化问题是非凸的。因此，本节提出一种交替算法，该算法首先使用固定的 $\boldsymbol{U}$ 优化 $\boldsymbol{D}$，然后使用给定的 $\boldsymbol{D}$ 设计 $\boldsymbol{U}$。

特别地，在不失一般性的前提下，首先将要追踪的子空间固定为前一个时隙中获得的结果，即 $\boldsymbol{U} = \boldsymbol{U}_{k-1}$。然后，通过解决以下优化问题获得系数矩阵 $\boldsymbol{D}$ 的估计 $\boldsymbol{D} = \arg\min_{\boldsymbol{D}} \left\{ \| \boldsymbol{B}_k \boldsymbol{U}_{k-1} \boldsymbol{D} - \boldsymbol{Y}_k \|_{\mathrm{F}} \right\}$，$\hat{\boldsymbol{D}} = \left[(\boldsymbol{B}_k \boldsymbol{U}_{k-1})^{\mathrm{T}} (\boldsymbol{B}_k \boldsymbol{U}_{k-1}) \right]^{+} (\boldsymbol{B}_k \boldsymbol{U}_{k-1})^{\mathrm{T}} \boldsymbol{Y}_k$。

对 $\boldsymbol{U}$ 的设计进行分步求解。首先，由于 $\boldsymbol{B}_k$ 的块对角线结构，解决式（13-14）中的优化问题等同于当 $\boldsymbol{D}$ 固定时同时解决 N_{RF} 个子问题，每个子问题可表示为

$$\boldsymbol{U}_k = \arg\min_{\boldsymbol{U} \in C^{T \times L}} \sum_{m=1}^{k} \mu^{k-m} \left\{ \boldsymbol{B}_{m,i} \boldsymbol{U}\boldsymbol{D} - \boldsymbol{Y}_{i,m} \right\} \tag{13-15}$$

其中，$\boldsymbol{U}_{i,k}$ 和 $\boldsymbol{Y}_{i,m}$ 分别代表 $\boldsymbol{U}_k$ 和 $\boldsymbol{Y}_k$ 的第 i 个块，通过将 $\boldsymbol{U}_k$ 和 $\boldsymbol{Y}_k$ 分成 N_{RF} 部分得到 $\boldsymbol{U}_k = \left[\boldsymbol{U}_{1,k}^{\mathrm{T}}, \cdots, \boldsymbol{U}_{N_{\mathrm{RF}},k}^{\mathrm{T}} \right]^{\mathrm{T}}$ 和 $\boldsymbol{Y}_k = \left[\boldsymbol{Y}_{1,k}^{\mathrm{T}}, \cdots, \boldsymbol{Y}_{N_{\mathrm{RF}},k}^{\mathrm{T}} \right]^{\mathrm{T}}$。

每个子问题都被进一步划分和逐行求解，以降低计算复杂度。具体来说，将对第 i 个 RF 射频链的完整观测的预测值定义为 $\hat{\boldsymbol{X}}_{i,k} = \boldsymbol{B}_{i,k}^{\mathrm{T}} \boldsymbol{Y}_{i,k}$。

$\boldsymbol{U}_{i,k}$ 的第 τ 行由式（13-16）计算得出。

$$\boldsymbol{u}_{\tau,k} = \arg\min_{\boldsymbol{u}} \sum_{m=1}^{k} \mu^{k-m} \left\{ b_{\tau,m} \| \boldsymbol{u}\boldsymbol{D} - \hat{\boldsymbol{x}}_{\tau,m} \|_{\mathrm{F}} \right\} \tag{13-16}$$

其中，$b_{\tau,m} \in \boldsymbol{b}_k = \left[b_{1,k}, \cdots, b_{T,k} \right]^{\mathrm{T}}$，$\boldsymbol{b}_k$ 从 $\boldsymbol{B}_{k,i}^{\mathrm{T}} \boldsymbol{B}_{k,i} = \mathrm{diag}\left\{ \boldsymbol{b}_k \right\}$ 中获得；向量 $\hat{\boldsymbol{x}}_{\tau,k}^{\mathrm{T}}$ 和 $\hat{\boldsymbol{u}}_{\tau,k}^{\mathrm{T}}$ 分别表示 $\hat{\boldsymbol{X}}_{i,k}$ 和 $\boldsymbol{U}_{i,k}$ 的第 τ 行。在这些操作之后，可以通过对式（13-16）执行并行实

现来降低计算复杂度。

但是，要解决式（13-16）中的问题，需要知道所有先前的预测 $\hat{\boldsymbol{x}}_m$ ，这会导致非常大的开销。因此，本节使用卡尔曼滤波器来更新 $\boldsymbol{u}_{t,k}$ 。特别地，为了表示卡尔曼滤波器的线性状态空间演化，将状态矢量 $\boldsymbol{z}_{t,k}$ 和观测矢量 $\boldsymbol{v}_{t,k}$ 定义为 $\boldsymbol{z}_{t,k}=\boldsymbol{u}_{t,k}^{\mathrm{T}}$ 、$\boldsymbol{v}_{t,k}=\hat{\boldsymbol{x}}_{t,k}^{\mathrm{T}}$ 。

根据预测关系，可以将卡尔曼滤波器的状态空间演化表示为 $\boldsymbol{z}_{t,k}=\boldsymbol{T}\boldsymbol{z}_{t,k-1}+\boldsymbol{\psi}_k$, $\boldsymbol{v}_{t,k}=b_{t,k}\boldsymbol{P}_k\boldsymbol{z}_{t,k}+\boldsymbol{\delta}_k$ 。其中，$\boldsymbol{T}=\boldsymbol{I}$ 表示状态转换矩阵；预测矩阵 $\boldsymbol{P}_k=\boldsymbol{D}_T$ ，$\boldsymbol{\psi}_k$ 和 $\boldsymbol{\delta}_k$ 分别表示创新矩阵和残差误差矩阵，将其建模为具有协方差矩阵 $\boldsymbol{Q}_{\psi_k}$ 和 $\boldsymbol{R}_{\delta_k}$ 的零均值高斯噪声。

最后，可以遵循标准卡尔曼滤波器的过程来追踪信号子空间。用于子空间追踪的 AoSA-MUSIC-T 伪代码如算法 13-2 所示。基于式（13-16）计算出追踪的噪声划分子空间，然后从算法 13-1 中 3D DoA 估计的 Step 3 开始，组成用于 DoA 追踪的 AoSA-MUSIC-T。

算法 13-2 用于子空间追踪的 AoSA-MUSIC-T

Step1 输入 $\boldsymbol{Y}_k$ 和 $\boldsymbol{B}_k$ ，初始化基于式（13-7）的 $\boldsymbol{U}_{\mathrm{s}}$

Step2 当 k=1:K 时

基于 $\hat{\boldsymbol{D}}=\left[(\boldsymbol{B}_k\boldsymbol{U}_{k-1})^{\mathrm{T}}(\boldsymbol{B}_k\boldsymbol{U}_{k-1})\right]^{+}(\boldsymbol{B}_k\boldsymbol{U}_{k-1})^{\mathrm{T}}\boldsymbol{Y}_k$ 计算系数矩阵 $\boldsymbol{D}$

Step3 当 i=1: N_{RF} 时，得到 $\boldsymbol{U}_{i,k}$ 和 $\hat{\boldsymbol{X}}_{i,k}$

对 $\boldsymbol{u}_{t,k},\hat{\boldsymbol{x}}_{t,k}$ 的每一行

定义状态矢量 $\boldsymbol{z}_{(t,k)}=\boldsymbol{u}_{(t,k)}^{\mathrm{T}}$

定义观测矢量 $\boldsymbol{v}_{t,k}=\hat{\boldsymbol{x}}_{t,k}^{\mathrm{T}}$

Step4 计算 $\boldsymbol{e}_k=\|\boldsymbol{U}_k-\boldsymbol{U}_{k-1}\|_{\mathrm{F}}$

Step5 计算 $E_k=\left|\boldsymbol{e}_k-\boldsymbol{e}_{k-1}\right|$

Step6 如果 $E_k>0.5$ ，则信道发生变化，重新进行 DoA 估计

否则，返回 $\boldsymbol{U}_k$

2. **方法小结**

本节提出了一种基于 AoSA-MUSIC 的用于 DoA 追踪的增强训练程序，称为 AoSA-MUSIC-T，而训练开销减少了一半。然后将 DoA 追踪问题转化为具有两个矩

阵变量的子空间追踪问题，以代替 AoSA-MUSIC 的特征值分解过程。通过利用 AoSA 结构的特性进行交替分解过程，子空间的每一行由卡尔曼滤波器并行更新，AoSA-MUSIC-T 追踪方法可以比现有方法更快地追踪 DoA 信息，以完成对波束的快速追踪。

13.3.2　先验辅助信道追踪

清华大学戴凌龙教授团队提出了一种先验辅助信道追踪方案。该方案通过考虑实际的用户运动模型，首先挖掘基站与每个移动用户之间的物理方向的时间变化规律；然后，基于该定律和太赫兹波束空间信道的特殊稀疏结构，利用先前时隙中获得的波束空间信道来预测后续时隙中波束空间信道的先验信息，而不需要进行信道估计；最后，借助获得的先验信息，可以用较低的导频开销实现追踪时变的波束空间信道的目标。

1. 波束空间信道追踪

本节首先通过考虑实际的用户运动模型来挖掘每个移动用户的物理方向的时间变化规律；然后，提出使用物理方向来获得稀疏波束空间信道的先验信息，即支撑集，而不需要信道估计；最后，提出了一种先验辅助的信道追踪方案，以追踪导频开销较低的时变波束空间信道。

（1）物理方向的时间变化规律

本节的目标是追踪用户 k 的波束空间信道 $\tilde{\boldsymbol{h}}_k$，并且类似的方法可以直接应用到其他用户。如 13.1.3 节基于稀疏性的波束空间 MIMO 所述，对于波束空间信道 $\tilde{\boldsymbol{h}}_k$，LoS 分量的物理方向 θ_k（相当于空间方向 φ_k）是一个关键参数。因此，如果可以利用物理方向的时间变化规律，则可以以较低的导频开销追踪 $\tilde{\boldsymbol{h}}_k$。

本节考虑线性用户运动模型。在不失一般性的前提下，将 DLA 在 BS 的中心设置为原点，并假设与 DLA 平行和垂直的方向分别是 X 轴和 Y 轴。BS 处的 DLA 与第 k 个移动用户之间的几何关系如图 13-5 所示，其中，$r_k(t)$ 和 $\theta_k(t)$ 是第 t 次 DLA 与用户 k 之间的距离和物理方向，T 是时间间隔；v_k 和 ϕ_k 分别是用户 k 的运动速度和运动方向，假设每个用户在线性用户运动模型中线性且均匀地运动，因此这两个参数未知，但不会随时间变化。

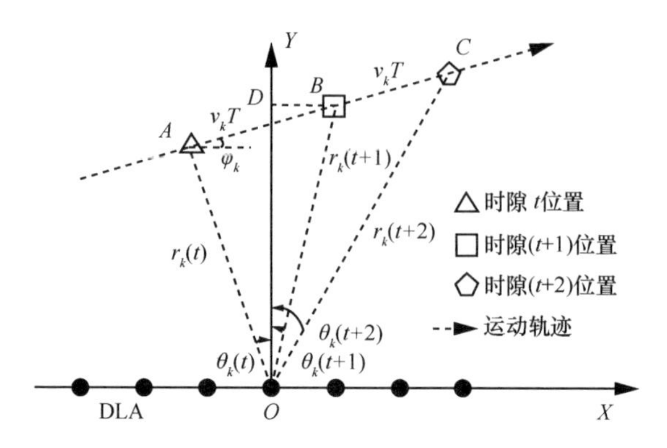

图 13-5 BS 处的 DLA 与第 k 个移动用户的几何关系

定义一个描述用户 k 在时隙 t 中的运动特征的运动状态矢量 $\boldsymbol{m}_k(t)=\left[\theta_k(t),\lambda_k(t),\varphi_k\right]^{\mathrm{T}}$，其中，$\lambda_k(t)=\dfrac{v_k}{r_k(t)}$ 可视作角速度。

因此，有

$$\lambda_k(t+1)=\frac{\lambda_k(t)}{\sqrt{1+2T\lambda_k(t)\sin\left[\theta_k(t)+\varphi_k\right]+T^2\lambda_k^2(t)}} \tag{13-17}$$

在找到 $\boldsymbol{m}_k(t)$ 和 $\boldsymbol{m}_k(t+1)$ 之间的关系后，要挖掘物理方向的时间变化规律，需要重新公式化 $\boldsymbol{m}_k(t)$ 中的 $\lambda_k(t)$ 和 ϕ_k 。根据图 13-5 中的三角形△OAB 和△OAC，使用正弦定律可以得到

$$\begin{aligned}\lambda_k(t+2)&=\frac{\sin\left[\theta_k(t+2)-\theta_k(t)\right]}{2T\cos\left[\theta_k(t)+\varphi_k\right]}\\ \varphi_k&=\frac{2a_k\cos\left[\theta_k(t+2)\right]-b_k\cos\left[\theta_k(t+1)\right]}{2a_k\sin\left[\theta_k(t+2)\right]-b_k\sin\left[\theta_k(t+1)\right]}\end{aligned} \tag{13-18}$$

其中，$a_k=\sin\left[\theta_k(t+1)-\theta_k(t)\right]$，$b_k=\sin\left[\theta_k(t+2)-\theta_k(t)\right]$。

根据式（13-18）和关系 $m(t+3)=\Theta(m(t+2))$，可以得出以下结论：一旦估计了时隙 t、$(t+1)$、$(t+2)$ 中的物理方向，就可以在不进行信道估计的情况下预测下一个时隙(t+3)中的物理方向。

（2）基于稀疏性的太赫兹波束空间信道

本节使用物理方向来获得太赫兹波束空间信道的支撑集，而不需要进行信道估计。这是通过利用太赫兹波束空间信道的特殊稀疏结构来实现的。

考虑用户 k 的波束空间信道 $\tilde{\boldsymbol{h}}_k$，并假设 V 为偶数。不失一般性地，一旦确定了 $\tilde{\boldsymbol{h}}_k$ 最强元素的位置 n_k^*，其他 $V-1$ 个次最强元素将均匀地位于其周围。

$\tilde{\boldsymbol{h}}_k$ 中元素的归一化幅度（无 β_k）分布如图 13-6 所示。空间方向 $\bar{\varphi}_n = \frac{1}{N}\left(n - \frac{N+1}{2}\right)$，$n = 1, 2, \cdots, N$，由 DLA 预先定义。

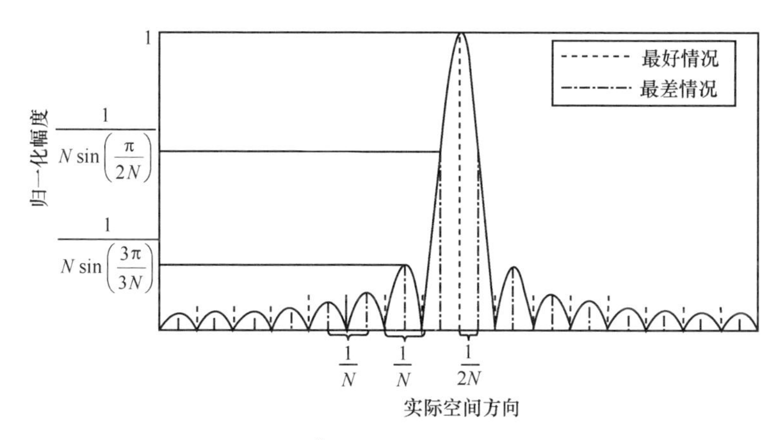

图 13-6　$\tilde{\boldsymbol{h}}_k$ 中元素的归一化幅度分布

由图 13-6 可以观察到，当实际空间方向 φ_k 恰好等于一个预定义的空间方向时，只有一个最强的元素包含所有 $\tilde{\boldsymbol{h}}_k$ 的幂，这是最好的情况。相反，最差情况发生在 φ_k 与一个预定义值之间的空间距离等于 $\frac{1}{2N}$ 的位置。

可以得出以下两个结论：① $\tilde{\boldsymbol{h}}_k$ 可以被视为稀疏向量，因为 $\tilde{\boldsymbol{h}}_k$ 的最大功效集中在少数元素上，例如，当 $N = 256$ 且 $V = 16$ 时，P_V / P_T 的下限约为 98%；② $\tilde{\boldsymbol{h}}_k$ 的支撑集可以由 n_k^* 唯一地确定为

$$\text{supp}(\tilde{\boldsymbol{h}}_k) = \text{mod}_N\{n_k^* - V/2, \cdots, n_k^* + (V-2)/2\} \tag{13-19}$$

其中，$\text{mod}_N(\cdot)$ 是关于 N 的模运算，保证了 $\text{supp}(\tilde{\boldsymbol{h}}_k)$ 中的所有索引都属于 $\{1,2,\cdots,N\}$。

值得指出的是，如上所述，n_k^* 取决于 φ_k（或 θ_k），因此，其对应关系可以表示为

$$n_k^* = \arg\min_{1 \leqslant n \leqslant N} \left| \overline{\varphi}_n - \varphi_k \right| = \arg\min_{1 \leqslant n \leqslant N} \left| \overline{\varphi}_n - \frac{d}{\lambda} \sin\theta_k \right| \tag{13-20}$$

因此，一旦获得了物理方向θ_k，就可以根据式（13-19）和式（13-20）直接检测波束空间信道$\tilde{\boldsymbol{h}}_k$的支撑集$\mathrm{supp}(\tilde{\boldsymbol{h}}_k)$，而不需要进行信道估计。

（3）PA 信道追踪方案

基于以上结论，本节提出了 PA 信道追踪方案。其关键思想是首先利用先前时隙中估计的物理方向来预测后续时隙中的物理方向；然后，利用预测的物理方向，得到后续时隙的波束空间信道支撑集，而不需要进行信道估计；最后，借助已知的支撑集，以低导频开销追踪随时间变化的波束空间信道。所提 PA 信道追踪方案的伪代码如算法 13-3 所示，该伪代码分为两部分。

算法 13-3　PA 信道追踪

Stage 1　当 $1 \leqslant t \leqslant 3$ 时，进行常规信道估计

Step1　估计波束空间信道$\tilde{\boldsymbol{h}}_k(t)$

Step2　将物理方向$\theta_k(t)$近似为$\theta_k(t) \approx \arcsin \dfrac{\lambda}{Nd}\left(n_k^*(t) - \dfrac{N+1}{2}\right)$

Stage 2　当 $t>3$ 时，进行信道追踪

Step3　根据$\theta_k(t-3)$、$\theta_k(t-2)$、$\theta_k(t-1)$估计$\theta_k(t)$

Step4　根据式（13-19）、式（13-20）确定$\mathrm{supp}(\tilde{\boldsymbol{h}}_k)$

Step5　估计$\tilde{\boldsymbol{h}}_k$的非 0 元素

Step6　根据n_k^*细化物理方向$\theta_k(t)$

算法 13-3 的第一部分（即 Stage 1）是前 3 个时隙中的常规信道估计，使用传统的波束空间信道估计方案估计$\tilde{\boldsymbol{h}}_k(t)$；基于估计的信道，可以获得最强元素的位置$n_k^*(t)$。然后，利用式（13-20）可以将空间方向$\varphi_k(t)$近似为$\varphi_k(t) \approx \overline{\varphi}_{n_k^*(t)}$。

将$\varphi_k(t) = \dfrac{d}{\lambda}\sin\theta_k(t)$代入式（13-20），可以等效地将物理方向$\theta_k(t)$近似。获得前 3 个时隙中的物理方向后，可以执行第二部分（即 Stage 2）中的信道追踪。具体地，Step3 中基于式（13-18）和物理方向的时间变化规律，利用$\theta_k(t-3)$、$\theta_k(t-2)$、$\theta_k(t-1)$来预测$\theta_k(t)$。Step4 中根据式（13-19）、式（13-20）检测$\tilde{\boldsymbol{h}}_k(t)$的支撑集，而不需要进行信道估计。

Step5 中估计 $\tilde{\boldsymbol{h}}_k(t)$ 的非 0 元素。为此，用户 k 应该在时隙间隔内的总共 Q 个时隙向 BS 发射 Q 个已知导频，并且信道 $\tilde{\boldsymbol{h}}_k(t)$ 被认为在此 Q 个瞬间保持不变。由于 BS 在每个时刻都使用 $N_{\mathrm{RF}}=K$ 个 RF 链，因此可以利用图 13-1 所示的选择网络根据 $\mathrm{supp}(\tilde{\boldsymbol{h}}_k)$ 选择 K 个波束，并直接估计 K 对应的使用经典最小二乘算法计算的非 0 $\tilde{\boldsymbol{h}}_k(t)$ 的元素。因此，使用 $\mathrm{Card}(\mathrm{supp}(\tilde{\boldsymbol{h}}_k))=V$ 个非 0 元素来完全估计 $\tilde{\boldsymbol{h}}_k(t)$ 所需的最小瞬时数仅为 V/K 。值得指出的是，如基于稀疏性的太赫兹波束空间信道所示，V 远小于天线数量 N。因此，Step5 仅涉及相当低的先导开销。

在追踪 $\tilde{\boldsymbol{h}}_k(t)$ 之后，将物理方向 $\theta_k(t)$ 进一步细化为 $n_k^*(t)$ 的原因有两个：① 避免由于 Step2 中的近似而引起的错误传播的影响；② 当运动方向 ϕ_k 或运动速度 v_k 改变时，可以自适应地修改 Step3 中的预测所引起的偏差，因此可以将所提 PA 信道追踪方案用于具有时变运动速度的非线性用户运动模型中。

应该指出的是，有时由于阻塞，LoS 路径可能不可用。在这种情况下，可以通过一阶马尔可夫过程对两个相邻时隙中的 NLoS 路径的物理方向进行建模。文献[12]中提出的方案可以用作追踪时变信道的代替方案。

2. **方法小结**

本节提出了用于太赫兹波束空间大规模 MIMO 系统的 PA 信道追踪方案。首先基于二维用户运动物理模型挖掘用户物理方向的时间变化规律。然后，基于该定律和太赫兹波束空间信道的特殊稀疏结构，讨论在不进行信道估计的情况下，利用先前时隙（前 3 个时隙）获得的波束空间信道来预测后续时隙对波束空间信道的支撑集。最后，借助已知的支撑集，可以用低导频开销追踪时变波束空间信道。PA 信道追踪方案的导频开销和 SNR 比传统的 OMP 信道估计方案低，这使其对太赫兹波束空间大规模 MIMO 系统具有吸引力。

13.4　本章小结

波束成形技术为太赫兹通信提供了良好的波束增益，降低了太赫兹频段极高的路径损耗以及太赫兹器件硬件功耗的限制，进一步提高了太赫兹系统的通信距离。然而太赫兹通信中应用的超大规模 MIMO 天线阵列形成的波束方向性极高，虽然使用户接收到的信号能量更强，然而一旦波束成形的方向出现轻微的偏差而导致无法对准用户，或者用户处在运动状态，波束没有实现快速的追踪，都将会使系统性能严重下降，因此精确的波束对准以及快速的波束追踪是获得波束增益的先决条件。

本章首先从太赫兹信道的稀疏性和稀疏编码出发，探究了稀疏编码和稀疏性在太赫兹信道中的应用，并提出基于稀疏性的波束空间 MIMO。

对于波束快速对准问题，本章讨论了一种与子阵列架构相匹配的离网超高分辨率 DoA 估计方法，即 AoSA-MUSIC，可以获得毫度级的高精度 DoA 估计。除了根据信道以及用户信息对波束策略进行提前的训练，还可以利用太赫兹频段信道和波束本身具备的特点进行波束对准，本章提出了一种时间和频率上具有 PBS 的 BDMA 波束调度算法，基于所得到的波束域信道特性，提出了太赫兹超大规模 MIMO 的 PBS 方案，并将 PBS 应用于 BDMA，研究了上行和下行 BDMA 的遍历可达速率最大化的波束调度问题，并提出了一种贪婪的波束调度算法。

对于宽带波束追踪问题，本章提出了一种扩展的 DoA 追踪方案，即 AoSA-MUSIC-T，采用一种开销较小的子空间追踪方案来代替 AoSA-MUSIC 方法中的高复杂度 EVD 过程，AoSA-MUSIC-T 算法可以在毫秒内捕捉到短暂的 DoA 变化，训练开销减少了 50%。除此之外，由于用户移动性通常导致太赫兹波束空间信道的快速变化，传统的实时信道估计方案有难以承受的导频开销，信道信息很难获得，因此清华大学戴凌龙教授团队提出了一种 PA 信道追踪方案，利用先前时隙中获得的波束空间信道来预测后续时隙中波束空间信道的先验信息，而不需要进行信道估计，以较低的导频开销实现追踪时变的波束空间信道。

参考文献

[1] LIN C, LI G Y. Indoor terahertz communications: how many antenna arrays are needed? [J]. IEEE Transactions on Wireless Communications, 2015, 14(6): 3097-3107.

[2] JAYAPRAKASAM S, MA X X, CHOI J W, et al. Robust beam-tracking for mmWave mobile communications[J]. IEEE Communications Letters, 2017, 21(12): 2654-2657.

[3] CHOI Y, CHOI J W, CIOFFI J M. A geometric-statistic channel model for THz indoor communications[J]. Journal of Infrared, Millimeter, and Terahertz Waves, 2013, 34(7): 456-467.

[4] PENG B L, KÜRNER T. Three-dimensional angle of arrival estimation in dynamic indoor terahertz channels using a forward–backward algorithm[J]. IEEE Transactions on Vehicular Technology, 2017, 66(5): 3798-3811.

[5] STOICA P, NEHORAI A. MUSIC, maximum likelihood, and Cramer-Rao bound[J]. IEEE Transactions on Acoustics, Speech, and Signal Processing, 1989, 37(5): 720-741.

[6] RANGARAO K V, VENKATANARASIMHAN S. Gold-MUSIC: a variation on MUSIC to accurately determine peaks of the spectrum[J]. IEEE Transactions on Antennas and Propagation, 2013, 61(4): 2263-2268.

[7] TSE D, VISWANATH P. Fundamentals of wireless communication[M]. Cambridge: Cambridge University Press, 2005.

[8] PÄTZOLD M. Mobile radio channels[M]. 2nd ed. New Jersey: John Wiley & Sons, Inc., 2012.

[9] LIU K, RAGHAVAN V, SAYEED A M. Capacity scaling and spectral efficiency in wide-band correlated MIMO channels[J]. IEEE Transactions on Information Theory, 2003, 49(10): 2504-2526.

[10] RAPPAPORT T S, MACCARTNEY G R, SAMIMI M K, et al. Wideband millimeter-wave propagation measurements and channel models for future wireless communication system design[J]. IEEE Transactions on Communications, 2015, 63(9): 3029-3056.

[11] SUN C, GAO X Q, JIN S. et al. Beamdivision multiple access transmission for massive MIMO communications[J]. IEEE Transactions on Communications, 2015, 63(6): 2170-2184.

[12] ZHANG C, GUO D N, FAN P Y. Tracking angles of departure and arrival in a mobile millimeter wave channel[C]//Proceedings of 2016 IEEE International Conference on Communications (ICC). Piscataway: IEEE Press, 2016: 1-6.

第 14 章

无源智能超表面反射

智能反射表面（IRS）通过调整反射单元的相位灵活地调控太赫兹波的传播方向，从而使太赫兹信号绕过障碍物，提升太赫兹通信系统的覆盖能力和频谱效率。首先，本章介绍了基于 IRS 的典型太赫兹通信场景，包括覆盖增强、无人机组网、边缘计算等。然后，本章讨论了 IRS 应用于太赫兹通信所需要的关键技术，包括硬件设计、信道估计、容量优化等。最后，本章探讨了 IRS 在未来太赫兹通信中所面临的挑战和机遇，并为实现可重构、可编程、智能化的太赫兹通信环境提供思路。

由于载波频率的增加，太赫兹波的传播衰减严重，通信距离有限。特别地，太赫兹波对建筑物、墙壁、天花板、混凝土等传统反射表面比较敏感，造成了极高的反射衰减，严重削弱了太赫兹信号的覆盖能力，降低了太赫兹通信性能。此外，相较于微波频段和毫米波频段，太赫兹波束更窄，这也导致太赫兹通信很难进行波束的捕获追踪。为了解决这些挑战，传统的解决方案通常是对通信系统的收发端进行优化设计，但不会把无线传播环境考虑进来。虽然增加发射端的天线数目或者提升发射功率可以改善通信性能，但是太赫兹通信系统的成本和能量消耗高。因此，探索一个可控的、可编程的无线传播环境，并构建智慧的无线传播方式是未来太赫兹通信的重要发展趋势。

智能反射表面（Intelligent Reflecting Surface，IRS）被认为是一个重要的通信范式转变，以协助 6G 太赫兹通信系统来构建智能可重构的无线传播环境。IRS 也有其他等价的定义，例如可重构智能表面（Reconfigurable Intelligent Surface，RIS）、大型智能表面（Large Intelligent Surface, LIS）、可重构超表面（Reconfigurable Metasurface，RMS）、智能反射阵列。从本质上说，IRS 的概念属于可调超表面，即其由大量的无源反射单元组成。具体而言，IRS 由一个中央处理器进行控制，每个反射单元能够改变入射太赫兹波的相位和幅度。通过在无线传播环境中安装 IRS，发射机和接收机之间的无线信道可以实现可控性和可重构性。一方面，基于 IRS 的太赫兹通信能够克服不理想的传播条件，利用被动波束成形来缓解严重的路径衰减。另一方面，IRS 在较低反射损耗情况下能够灵活地改变太赫兹波的传播方向，通过 IRS，太赫兹波能够绕过处于 LoS 路径上的遮挡物，广泛地覆盖边缘区域和角落，进一步增强信号的覆盖范围和传播距离。基于此，在 IRS 的协助下，太赫兹通信可以更好地适应 6G 无线网络的实际应用场景[1]。

除了上述优势之外，IRS 在实际应用中与其他相关技术相比仍具有一定的特殊性，包括大规模 MIMO、反射阵列、放大转发中继、反向散射通信，具体如下。（1）每个被动反射单元都是无源的，不需要任何有源器件，例如射频链路、放大器、AD 转换器等。（2）在太赫兹频段，IRS 能够支持稳定的宽带响应，并在全双工模式下正常工作，这对提升太赫兹通信的频谱效率十分重要。（3）相较于有源技术，IRS 这种无源设计具有更低的部署成本和系统功耗，能够避免在高频段更可能出现的有源电路噪声。（4）IRS 易于塑形，可构成任意形状表面，连续表面均可反射电磁波。

IRS 与反向散射通信、中继、大规模 MIMO 等技术的对比如表 14-1 所示。本章将介绍 IRS 辅助的太赫兹通信系统，具体讨论内容包括应用场景、关键技术以及未来面临的挑战。

表 14-1　不同技术对比

技术	工作方式	双工	RF 链路需求	硬件成本	功耗	功能
IRS	无源	全双工	0	低	低	辅助
反向散射通信	无源	全双工	0	极低	极低	源
中继	有源，收发	半/全双工	大量	高	高	辅助
大规模 MIMO	有源，收发	半/全双工	大量	极高	极高	源/收发

14.1　IRS 应用场景

14.1.1　IRS 覆盖增强场景

太赫兹通信虽然相较于微波毫米波通信具有明显的优势，例如可以为 6G 移动通信系统提供超高的通信速率和充足的频谱资源，但是由于太赫兹本身的衰减特性以及分子吸收特性等，其远距离传播衰减特别严重，因此覆盖能力是太赫兹通信亟待解决的挑战。一方面，由于其超高频的特性，太赫兹通信具有极高的传播衰减和很强的分子吸收效应，因此太赫兹信号仅能覆盖短距离区域。另一方面，太赫兹波在如此高的频段具有较弱的衍射特性，这使太赫兹通信对阻塞非常敏感。特别是当太赫兹通信应用于典型的室内应用场景时，LoS 传输路径很容易被家具、墙体等复杂的内部结构遮挡，而太赫兹波不具有很好的穿透能力，从而容易导致太赫兹通信链路中断。因此，解决太赫兹通信场景中出现的覆盖漏洞仍然是一个棘手的问题。为了解决太赫兹通信场景中存在的覆盖问题，IRS 被广泛认为是重新配置无线传播环境和提高通信性能的一种很有价值的解决方案，如图 14-1 所示。

IRS 是一种可以自主地调控入射波的相位，从而改变信号传播方向的超材料。鉴于其独特的物理特性，将 IRS 应用于 6G 太赫兹通信具有一些明显的优势。首先，当发射机和接收机之间的实际 LoS 传输路径被障碍物阻挡时，IRS 可以提供虚拟无线 LoS 传输路径，其中虚拟 LoS 传输路径由发射机–IRS 链路和 IRS–接收机链路组成。由于 IRS 能够控制太赫兹波的传播方向，因此可以很好地绕过遮挡物。其次，IRS 可以被制造成任意形状，并且 IRS 的厚度很小。另外，IRS 没有复杂的硬件电路，也没有射频链路，所以 IRS 的质量很轻且功耗很低。在此基础上，IRS 可以方便地安装在无线传播环境中，包括建筑立面、天花板、家具、衣物等。这些物理特性使 IRS 可以充分地利用电磁波，有利于增强太赫兹信号在空间的覆盖。目前，对太赫兹通信覆盖问题的研究还处于起步阶段。例如，为探索人为阻塞对太赫兹系统性能的影响，研究者采用两个发射机来建立 LoS 路径并处理人为遮挡。然而，增加发射机的数量会导致额外的系统成本和功耗。此外，可利用随机几何工具推导覆盖概率和平均可达速率的半封闭表达式。值得注意的是，上述研究内容没有考虑 IRS 和太赫兹通信的结合。文献[2]尝试解决室内 IRS 辅助太赫兹通信系统中出现的覆盖问题，并将覆盖优化问题转化为离散相移搜索问题；通过在相位搜索过程中选择部分较好的相移组合，提出了一种高效的相移搜索方案，在覆盖性能和计算复杂度之间取得了较好的折中。虽然低频段（如微波频段和毫米波频段）的覆盖分析已经被广泛研究，但在不久的将来，6G 无线网络中 IRS 辅助的太赫兹通信覆盖范围的增强仍然是需要解决的问题。

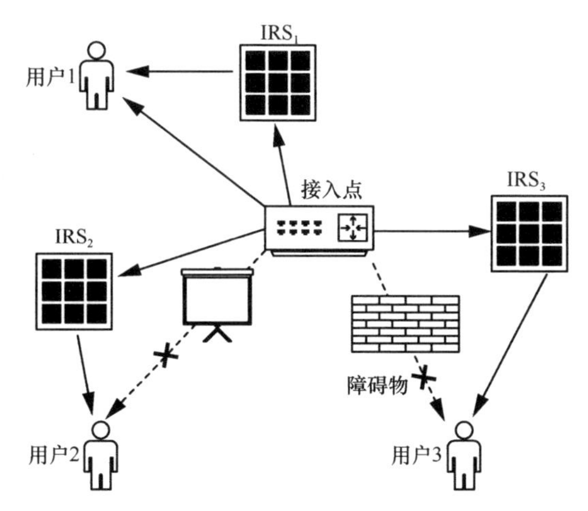

图 14-1　IRS 辅助的太赫兹通信覆盖增强场景

14.1.2　IRS 安全通信场景

随着 6G 网络的快速发展，超高速通信场景对信息安全的要求更高。考虑到商用场景，用户信息泄露问题引起了人们的广泛关注，因此无线通信物理层安全技术逐渐成为安全敏感应用的重要研究热点之一。虽然太赫兹通信本身因为极高的通信频段在一定程度上比微波和毫米波通信具有更好的安全性能，但提高太赫兹通信系统的安全水平仍然是一个紧迫的问题。由于太赫兹通信提供超高的数据传输速率，因此窃听者可以在短时间内抓取大量的私人数据。基于此，对于高数据速率的通信场景，就更需要深入研究数据泄露问题。与有线光纤通信相比，太赫兹通信是一种无线传输方式，安全级别相对较低，这也是迫切需要提高其安全性能的另一个重要原因。为了提高太赫兹通信的覆盖范围，增加发射机的数量是一种有效的方法，但这会加剧部署成本和系统消耗。值得注意的是，IRS 可以很好地用于物理层安全，构建可编程的传播环境，避免信息泄露。通过将不可控信道转换为可重新配置的传播环境，IRS 辅助的太赫兹通信系统能够增强合法用户的信号并抑制窃听者的信号。因此，利用 IRS 提高物理层安全水平对太赫兹通信具有重要意义。考虑到图 14-2 所示的具有合法用户和窃听者的 IRS 辅助的太赫兹安全通信场景，研究者提出了不同的优化算法来最大化保密率。针对窃听信道比合法信道强的情况，文献[3]提出了一种新的交替优化半正定松弛（Semi-Definite Relaxation，SDR）技术来解决这一问题。现有文献大多假设窃听者的 CSI 是发送者已知的，但这一假设在实践中是不合理的。为了实现未知窃听者 CSI 的安全传输，一种联合波束成形和干扰方法被提出以最小化合法发射机的发射功率，从而满足合法接收机的服务质量。此外，为了克服级联窃听信道的不理想 CSI，研究者提出了稳健安全波束成形方案，并详细介绍了一种基于交替优化和 SDR 技术的稳健安全波束成形方案。然而，目前的研究几乎没有考虑太赫兹频段下的物理层安全通信场景。

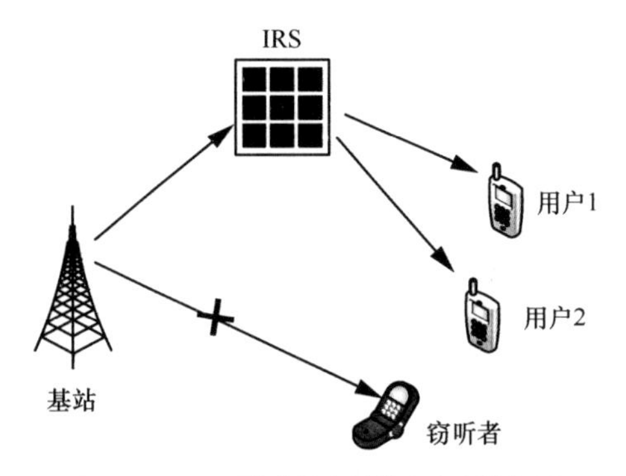

图 14-2　IRS 辅助的太赫兹安全通信场景

随着个人信息泄露愈发严重，研究者逐渐注意到，提高太赫兹通信的安全性非常重要，并且已经做了一些相关工作，例如，在低秩太赫兹信道的假设下，结合发射功率和离散相移约束，对基站的发射波束成形和 IRS 的相移矩阵进行联合优化。此外，交替优化算法还用于迭代设计预编码器和离散相移矩阵。与 MISO 系统相比，IRS 辅助的 MIMO 系统在高频段更有意义，它使用了大量的阵列天线来克服发射端和接收端的严重路径损耗。值得注意的是，人工智能同样能够增强太赫兹安全通信，例如，通过利用深度强化学习，采用后判决状态和优先级经验重放来提高 MIMO 通信系统的安全性能。综上所述，IRS 辅助太赫兹安全通信的研究还处于起步阶段，尤其是对于太赫兹通信。为了促进 IRS 和太赫兹保密通信的协调，需要进行更全面的研究，如窃听者的信道估计、发射功率最小化、安全容量表征等。

14.1.3 IRS 无人机通信场景

在无人机通信领域，与传统的地面通信站相比，无人机能以更低成本和更高组网效率来灵活、快速地部署无线网络。此外，可以通过增加无人机的高度和数量来增强覆盖能力（如 LoS 传输）。因此，无人机可以看作扩展 6G 无线网络传输距离的移动中继，这种方案极大弥补了太赫兹通信系统的不足。同样，IRS 通常放置在地面的固定位置，通过调整反射元件的相移，使传播信号远离障碍物。然而，在无线网络中部署 IRS，当接收机和发射机安装在 IRS 的同一侧时才有明显的性能提升；当接收机和发射机安装在 IRS 的不同侧时，性能提升其实并不明显。总而言之，无人机比 IRS 更灵活，而 IRS 具有更低的成本和更低的功耗。如图 14-3 所示，如果将无人机和 IRS 的优点结合在一起，太赫兹通信就可以实现全方位覆盖。因此，考虑到无人机的灵活性和 IRS 的经济性，将无人机和 IRS 结合起来进行太赫兹通信是一个很有潜力的发展趋势。

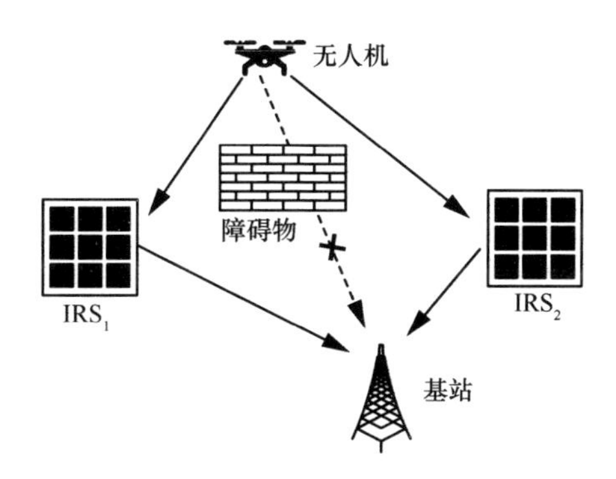

图 14-3 IRS 辅助的无人机通信场景

早期的研究已经对 IRS 辅助的无人机通信系统进行了研究，其中的分析结果验证了 IRS 可以显著增强接收侧的信号强度。例如，文献[4]研究了 IRS 辅助的下行链路无人机通信场景，其中无线链路包括无人机–IRS 链路和 IRS–接收机链路，具体来说，以最大化 IRS 辅助无人机通信系统的平均可达速率为目标，建立了联合无源波束成形和航迹优化问题。进一步考虑散射效应的信道模型，通过推导平均 BER、平均容量和中断概率的解析表达式，可论证部署 IRS 能有效地提高无人机系统的覆盖性能和可靠性。针对当前凸优化算法需要耗时迭代才能获得近似解的问题，研究者提出了一种基于深度 Q 网络（Deep Q Network，DQN）的强化学习算法来优化无人机的航迹和 IRS 的相移矩阵，从而最大化所有终端设备的加权数据速率和地理公平性。与窄带信道模型不同，另一项研究工作应用正交频分多址技术来提高 IRS 辅助无人机通信系统的和速率，特别地，该研究提出了一种参数逼近方法来建立所构造的非凸优化问题的上下界。

由于太赫兹信号具有严重的传播损耗，未来 6G 无线网络将密集部署大量的 IRS 和无人机。随着无人机数量的增加，整个系统的安全等级也相应降低。除了上述研究方向外，IRS 辅助太赫兹无人机通信还有许多棘手的问题需要解决，在未来实际应用中需要开发更先进的电源或充电技术来解决无人机通信场景的续航问题。此外，由于太赫兹通信部署了大量的 IRS 和无人机，地面或空中通信场景应该进行合理的空间资源分配。更重要的是，当利用辅助通信设备（如 IRS、无人机）时，保证人们生活环境的安全可靠仍然是第一要务。

14.1.4 IRS 边缘计算场景

边缘计算是指在靠近物或数据源头的一侧，采用网络、计算、存储、应用核心能力为一体的开放平台，就近提供最近端服务。其应用程序在边缘侧发起，产生更快的网络服务响应，满足行业在实时业务、应用智能、安全与隐私保护等方面的基本需求。边缘计算处于物理实体和工业连接之间，或处于物理实体的顶端。而云端计算仍然可以访问边缘计算的历史数据。移动边缘计算（Mobile Edge Computing，MEC）是从集中式云计算向分布式本地边缘计算演变而来的网络计算体系结构。通过将移动设备的计算目标分流到计算能力更强的通信网络边缘，可以大幅降低 6G 无线网络的通信时延。同时，由于大量计算任务在本地处理，可以有效缓解上层网络拥塞问题，降低整个无线通信系统的成本和功耗。由于太赫兹通信具有传输大量数据的能力，能够降低数据传输的时延，因此在未来无线网络中实用太赫兹 MEC 技术将会带来很多好处。然而，太赫兹信号对障碍物非常敏感，不稳定的 NLoS 路径传输给系统带来了额外的通信时延和功耗，这必定会影响 MEC 技术与太赫兹通信的结合。因此，为了同时降低网络时延和提高系统吞吐量，可以采用 IRS 来辅助太赫兹 MEC 系统，如图 14-4 所示。IRS 能够在反射损耗可以忽略不计的前提下改变入射太赫兹波传播方向，进而协助太赫兹信号绕过障碍物，提升太赫兹信号的覆盖能力。

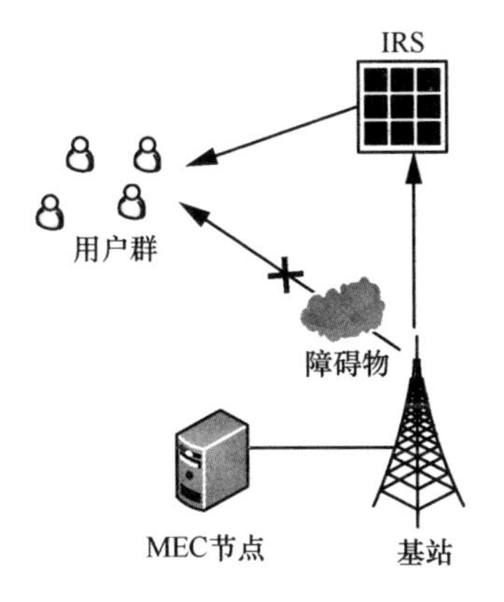

图 14-4　IRS 辅助的太赫兹 MEC 系统

在讨论太赫兹 MEC 系统之前，目前的研究工作主要考虑低频段 IRS 辅助的 MEC 系统。在 IRS 的辅助下，该 MEC 系统通过配备多个天线的接入点，可以将单天线设备的一小部分计算任务卸载到边缘计算节点。具体地，目前研究在提升边缘计算能力的情况下，建立了时延最小化问题的数学模型，分别考虑了单个设备和多个设备的情况。仿真结果表明，与不带 IRS 的传统 MEC 系统相比，IRS 辅助 MEC 系统的通信时延显著降低。文献[5]进一步考虑了移动计算的成本度量，移动设备将计算需求卸载到接入点的边缘服务器。在分流移动设备传输数据的前提下，需要保证每个设备都有定制的信息速率。通过调整 IRS 的相移，边缘服务器可以最大限度地提高其计算性能。此外，该研究还证明了 IRS 辅助的 MEC 可以显著提高从接入点到移动设备的数据速率。与文献[5]中移动设备进行相同功率分配不同，文献[6]主要研究 IRS 辅助 MEC 场景下的无线资源分配。在预先定义的最大时延要求下，通过在 IRS 侧联合设计单个设备功率、多用户检测矩阵和被动波束成形，最小化上行 MEC 系统的移动多用户功率。IRS 能够以低成本、低时延的方式缓解 MEC 系统中存在的拥塞问题，从而保证计算需求的实时计算卸载。此外，最小化 IRS 辅助的无线 MEC 场景的能量消耗也是值得探索的研究方向。

尽管上述研究已经针对 IRS 辅助的 MEC 系统提出了各种优化方案，但将太赫兹通信考虑在内的应用场景研究还是空白。在 IRS 辅助的太赫兹 MEC 系统中，降低时延和提升系统传输速率的优化问题将变得更加复杂，因为这样的应用场景要求更强大的计算能力、更少的系统消耗和更稳定的传输环境，而这些新出现的挑战需要逐步解决。

14.1.5 IRS 感知与定位场景

定位和感知是无线通信应用中的一项关键技术，例如移动设备之间需要相互通信，而精确通信需要实现终端设备的精确定位。随着研究工作的深入，太赫兹系统中的定位问题显得越来越具有挑战性，尽管由于太赫兹波的波长短、角度分辨率高，可以实现更精确的定位和感知，但是在实际应用上还存在诸多挑战。首先，太赫兹通信系统采用窄波束来实现超高数据速率传输，与低频段相比，要求达到厘米级的精度。其次，由于太赫兹信号的传输距离受限于很小的区域，太赫兹波严重的传播损耗使定位和感知变得更加困难。最后，由于太赫兹波具有很强的方向性，传播信号很难覆盖盲区。一旦 LoS 路径被阻塞，NLoS 区域的定位和感知方案就变得更加烦琐。值得注意的是，在 IRS 的帮助下，高精度的定位和感知可以应用到实际太赫兹通信场景中。与传统的反射材料（如塑料、混凝土、玻璃）相比，IRS 能够改变太赫兹波的传播方向，同时反射损耗可以忽略不计。换言之，IRS 可以将 NLoS 路径转换为虚拟 LoS 路径，从而可以利用太赫兹通信的多径信息来增强终端设备的接收功率。在实际应用中，IRS 提供位置和方位作为先验信息，可以更进一步提高定位和感知的精度。

在 IRS 辅助定位和感知的研究方面，目前大量的研究工作主要集中在微波频段和毫米波频段。文献[7]讨论了 IRS 在集中式和分布式场景下的辅助定位，并进一步验证了分布式场景下的定位精度优于集中式场景，计算了采用量化相位和幅度的 IRS 定位的 Cramer-Rao 下界，并分析了不同量化分辨率造成的 Cramer-Rao 下界损耗；此外，还从费舍尔信息的角度考虑了 IRS 辅助的下行链路定位问题。在此基础上，该文献提出了一种两步优化方案，即选择最优的 IRS 相移组合，以提高无线定位性能。由于 IRS 在 3D 空间具有聚焦能量的功能，可将 IRS 模型从 2D 平面形状扩展为 3D 球形，这种创新的 IRS 模型更有利于实现三维定位和感知，在 MIMO 毫米波系统的情况下，评估了反射单元的数量和移相器取值对位置估计精度的影响。文献[8]提出了一种基于分层码本和接收机反馈的自适应移相器设计，其优点是提高了精确定位和高速数据传输。除了开始研究 IRS 的室内和室外物理信道建模之外，研究者还提供了一些有价值的思路来实现 IRS 辅助通信系统的有效定位。如前文所述，太赫兹通信需要厘米级甚至毫米级的定位和感知，但是这些研究内容都是基于传统的定位方法，具有一定的局限性。为了满足太赫兹通信的定位要求，IRS 辅助太赫兹定位感知系统面临的未来挑战包括信道建模、IRS 部署、定位算法和实验平台。

14.1.6　IRS 非正交多址接入场景

非正交多址接入（Non-Orthogonal Multiple Access，NOMA）被认为是在不久的将来，6G 无线网络中支持海量连接和提高频谱效率的不可或缺的技术。特别地，NOMA 能够通过使用相同的无线资源来服务于大量用户，并且在扩大连接能力和平衡用户公平性方面优于正交多址接入（Orthogonal Multiple Access，OMA）方案。随着 6G 无线网络中连接的通信设备数量的急剧增加，利用 NOMA 技术也需要充足的频谱资源。鉴于太赫兹频段具有丰富的频谱资源，因此太赫兹频段是解决 6G NOMA 系统带宽短缺问题的合适选择。NOMA 和太赫兹通信的有机结合可以实现更低的时延、更高的频谱效率和更多的设备连接。由于上述优点，太赫兹与 NOMA 相结合的网络架构是值得关注的研究领域。

尽管太赫兹 NOMA 系统有一些先天的优势，但仍存在一些亟待解决的问题。太赫兹频段可以支持海量大规模设备互联，但是太赫兹 NOMA 通信系统的译码复杂度也会随之急剧增加。此外，NOMA 系统在太赫兹频段存在严重的传播衰减，这极大地限制了发射机和接收机之间的通信距离。更重要的是，太赫兹 NOMA 方案要求无线网络提供相当好的覆盖能力，如果连接的设备被障碍物阻挡，系统性能将受到明显影响。因此，研究 IRS、太赫兹和 NOMA 三者有机结合对推动 6G 无线网络的发展是非常有意义的。

据我们所知，目前还没有关于 IRS 辅助的太赫兹 NOMA 系统的研究，尽管根据相关的研究现状可以得出一些启发式的研究热点，但是还无法形成系统的应用。文献[9]联合优化 IRS 辅助 NOMA 系统的信道分配、译码顺序、功率分配和相移优化；然后针对所建立的吞吐量最大化问题，通过交替优化功率分配系数和反射系数提出了交替优化算法。文献[10]对 IRS 增强型毫米波 NOMA 系统进行了研究，通过建立虚拟 LoS 路径来提高信号覆盖范围。然而，由于发射端的有源波束成形矢量、IRS 处的相移矩阵和功率分配系数耦合在一起，所建立的多变量优化问题并不容易解决。针对这种情况，研究者提出了基于联合交替优化和逐次凸逼近的迭代算法，以提高和速率增益及系统吞吐量。与上述下行 NOMA 系统不同的是，本章关注 IRS 辅助的上行 NOMA 系统，并在此基础上对个体功率约束下的和速率最大化问题进行了优化。具体来说，就是利用基于 SDP 的方法来获得近乎最优的性能。为了满足 6G 无线网络的需求，上述研究需要与太赫兹通信相结合。通过进一步挖掘 IRS、太赫兹和 NOMA 的联合特性，更有可能填补 6G 无线网络研究空白，这也为以后的通信整体架构提供了一种发展方向。

14.2 IRS 关键技术

14.2.1 IRS 硬件设计

IRS 的概念源自人工结构表面。人工结构表面是由人工材料构成的二维平面。传统的自然材料是由宏观媒质构成的，而宏观媒质的单元是由微观原子组成的。类比于自然材料，IRS 也是由宏观媒质构成的，组成该宏观媒质的单元是人工原子，可通过设计者的自由设计产生。通过将人工原子自由排列可实现自然媒质不能提供的特殊性质。若人工原子的设计尺寸为亚波长量级，可实现对电磁波电磁特性的操控，并带来全新的物理现象与应用。早期关于 IRS 的研究是从物理层上定义 IRS，例如用等效的介电常数、磁导率定义超材料，并通过对单元的设计以实现自然界中不存在的介电常数、磁导率，从而改变电磁波的特性。

在太赫兹频段的 IRS 硬件设计中，所设计的 IRS 应具备调控各反射单元相位和幅度以适应变化的无线传输环境的能力。这样的 IRS 称为可编程的全息 IRS。相较于功能固化、单一，不能实时调控太赫兹波的初代 IRS，全息 IRS 实现了可编程的功能，可实时调控太赫兹波，并可通过数字编码序列来调控太赫兹波。全息 IRS 由大量的反射单元构成，每一反射单元的状态可通过连接的 FPGA 等数控单元产生的编码序列来控制，从而实现对太赫兹波的实时调控。单一的全息 IRS 可实时地切换为单波束辐射、可控多波束辐射。全息 IRS 不由介电常数、磁导率、折射率定义，而由数字 0 和 1 定义，也就是说 IRS 的每个反射单元是 0 状态或者 1 状态，这里的 0 状态和 1 状态与基带中的数字 0 和 1 是不一样的，基带中的数字 0 和 1 是由电平的高低定义的，而 IRS 中的 0 状态和 1 状态是指其物理状态呈现相反的两个状态，例如用相位定义 0 状态和 1 状态，如果将 0°相位定义为 0 状态，那么 180°相位就是 1 状态。早期关于 IRS 的一种经典的结构设计是在无源 IRS 的结构上增加一个偏压二极管，这样构成的一个有源单元可实现物理上的 0 状态和 1 状态，并通过控制偏压二极管的导通和断开以产生 0°和 180°的相位差。利用这样一个简单的结构便可实现 IRS 反射单元 0°和 180°相位的设计。由于偏压二极管的导通与断开是由零电平和高电平控制的，而零电平和高电平正好对应的是基带的数字 0 和 1，这样一个单元的设计就将基带的 0 和 1 与物理的 0 状态和 1 状态结合起来了。除了偏压二极管，还可由三极管、MEMS、石墨烯、温敏器件、光敏器件等材料与元器件控制 IRS，以实现 IRS 反射单元的多种相位状态。在太赫兹频段的 IRS 硬件实现中，偏压二极管不再适用，需要采用液晶、石墨烯、二氧化钒等材料构成的器件替代二极管。虽然材料器件改变了，但 IRS 的硬件设计原理是一致的，均是通过改变外加电压强度来影响 IRS 反射单元的相位。

本书研究团队采用石墨烯材料来改变 IRS 反射单元相位的状态。通过改变 IRS 外加电压的强度，可以改变石墨烯材料的电导率，进而改变 IRS 反射单元的相位。对于石墨烯材料构成的 IRS，采用 CST 微波工作室电磁仿真软件对其幅度和相位特性的仿真结果如图 14-5 所示。观察图 14-5 可以发现，当石墨烯的化学势从 0 变化到 0.8 eV 时，频率为 1.75 THz 的入射波在该材料上实现的振幅响应（即反射率）几乎维持在 70%以上，同时 IRS 反射单元相位可以达到 275°。

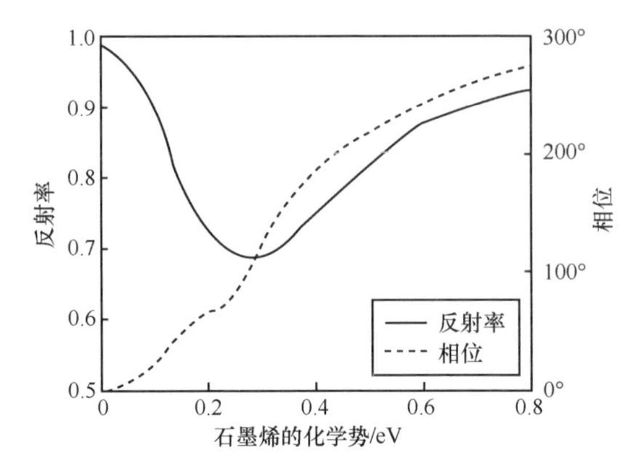

图 14-5 基于石墨烯的 IRS 在 1.75 THz 频率处幅度和相位特性的仿真结果

14.2.2 IRS 信道估计

信道估计是 IRS 辅助的太赫兹通信系统中的一个基本问题。由于终端对信号的调制解调过程很大程度上依赖于对系统信道状态信息的掌握，若能实现低误差的信道估计，则有利于系统建立可靠的无线通信链路。不同于传统低频通信系统，IRS 辅助的太赫兹通信系统在信道估计方面面临更严峻的挑战。首先，由于 IRS 中的众多反射单元均为被动反射单元，IRS 并不具有接收信号和处理信号的能力。因此，很难只通过基站和用户终端来同时估计 IRS 系统中的多段信道状态信息，包括基站与 IRS、IRS 与用户、基站与用户之间的信道状态信息。其次，由于在太赫兹通信系统中，为对抗太赫兹波的高损耗，IRS 需要拥有大量的反射单元，而基站也需要众多的发射天线反射单元，导频符号数会随着反射单元数量的增加而增加，因此，在 IRS 系统中进行信道估计开销十分巨大。此外，未来的通信应用对于时延的要求会越来越高，太赫兹作为未来通信的关键技术，需要在 IRS 通信系统信道估计技术中满足低时延要求。当前，已有研究者对此项技术进行了研究。大体来说，基于 IRS 的通信系统信道估计技术分为两大类：半被动式 IRS 信道估计以及全被动式 IRS 信道估计[11]。

在半被动式 IRS 信道估计中，通过将额外的感知器件（如低功率的感应器）嵌入 IRS 的反射单元中，可使 IRS 具有一定的感知能力。有感应能力的反射单元需要与相应的低功耗射频链路连接，并同时配备低精度的模数转换器用于处理 IRS 感应到的信号。具有感知能力的 IRS 一般有两种工作模式，一种是信道感应模式，另一种是反射模式。在信道感应模式下，当所有的不具有感应能力的反射单元处于静默状态时，具有感应能力的反射单元开始工作，并接收来自基站或者用户的导频信息以估计下行或上行链路的信道状态信息。在反射模式下，所有的具有感应能力的反射单元处于静默状态，此时不具有感应能力的反射单元开始工作，并反射来自基站或用户的电磁波信号以增强下行或上行的通信链路传输质量。对于具有感应能力的 IRS 通信系统，一种普遍适用的信道估计策略是将每个信道的相干间隔分为 3 个阶段。第一阶段，基站或用户发射导频信号以估计下行或上行链路中基站与用户之间的无 IRS 信道状态信息。同时，将 IRS 设置为信道感应模式以估计来自基站或用户的信道状态信息。第二阶段，基站和 IRS 共享各自估计出的信道状态信息。由于基站和 IRS 的控制器可通过无线或有线的方式连接，第二阶段的操作得以实现。第三阶段，将 IRS 设置为反射模式，由于系统已经估计出信道状态信息，IRS 可借此调整各反射单元的相位以增强通信链路的质量。值得注意的是，对于具有感应能力的 IRS 通信系统，IRS 只能估计出下行链路中基站与 IRS 之间的信道状态信息，无法估计 IRS 与用户之间的信道状态信息，同理 IRS 也只能估计出上行链路中用户与 IRS 之间的信道状态信息，无法估计 IRS 与基站之间的信道状态信息。由于在时分双工模式下，信道具有互易性，对于不能直接估计出的信道状态信息可以通过信道互易手段获得。

在全被动式 IRS 信道估计中，由于没有感应器嵌入 IRS 反射单元中，此时 IRS 不具有感应能力，只具有被动反射信号的能力，因而信道估计的难度较大。在这种情形下，可通过迭代方法分别估计上行链路中用户–IRS–基站链路的级联信道状态信息以及下行链路中基站–IRS–用户链路的级联信道状态信息。全被动式的 IRS 通信系统也具有一种普遍适用的信道估计策略，该策略同样将每个信道的相干间隔分为 3 个阶段。考虑上行通信链路（下行通信链路也同样适用），第一阶段，用户发射正交导频信号给基站，同时 IRS 根据预先设定的相位分布情况调整各反射单元的相位。基站可以从接收信号中估计出用户–基站链路和用户–IRS–基站链路的信道状态信息。第二阶段，基站可以依据估计出的信道状态信息为 IRS 制定相应的反射单元相位调整方案，并将此方案信息传递到 IRS 控制器。第三阶段，IRS 根据此方案信息调整各反射单元的相位以提升通信系统的性能。

14.3 IRS 容量优化

通过智能地调整各反射单元相位的偏转，IRS 可以提升太赫兹通信系统的传输容量。具体来说，通过调整各反射单元的相位，IRS 可以产生三维空间的波束成形，赋予系统较高的波束成形增益。类似于传统基于大规模天线阵列的 MIMO 通信系统，具有大量反射单元的 IRS 也能通过高增益波束显著提升系统容量。在良好的信道状态条件下，相比于传统的无 IRS 的大规模天线阵列 MIMO 通信系统，有 IRS 的通信系统能产生更高的系统容量。在糟糕的信道状态条件下，例如由墙体、家具等障碍物遮挡导致的基站与用户之间的 LoS 通信链路中断，此时无 IRS 的通信系统传输容量性能急剧下降，而有 IRS 的通信系统通过基站–IRS–用户链路（即虚拟 LoS 通信链路）仍可维持一个较好的系统容量性能。因此，IRS 不仅提升了系统容量性能，也增强了系统的可靠性。

在 IRS 辅助的通信系统中，如果发射端也采用大规模天线阵列结构，那么可以通过联合设计发射端的预编码矩阵以及 IRS 处的相位偏转矩阵，即通过发射端的主动波束成形以及 IRS 处的被动波束成形来提升通信系统容量性能。在此过程中，一种普遍适用的优化方法是基于交替迭代的优化方法。由于发射端的预编码矩阵与 IRS 处的相位偏转矩阵是两个独立的矩阵变量，即两个矩阵变量之间不存在交叉、包含等关系，因此可以先固定其中一个矩阵变量，优化另一个矩阵变量，得到其局部最优解，然后固定此局部最优解，优化先前的矩阵变量，如此交替迭代数次，以此方法最终求得最大化系统容量目标下发射端的预编码矩阵以及 IRS 处的相位偏转矩阵。需要注意的是，IRS 各反射单元相位的约束设定本身也会影响通信系统的容量性能。在不考虑工艺制造水平的条件下，IRS 各反射单元可以实现连续的相位调整，即各反射单元相位的偏转可以为[0°, 360°]内的任意一个相位。由于此时相位偏转是连续的，这大大降低了算法设计的难度。但在实际工艺制造中，IRS 各反射单元相位的偏转不能取得一个连续值，也就是说其相位服从离散分布，只能取得某几个固定的相位值。对于这种情况下的 IRS 通信系统容量的优化问题，需考虑离散相位的约束条件，因此求解该问题的算法设计变得更加困难。一般考虑用遗传算法、粒子群算法等启发式优化算法和机器学习、深度学习等智能优化算法对其进行求解。

对于 IRS 辅助的太赫兹通信系统，可考虑采用基于多跳 IRS 传输数据的通信方式，即基站与用户之间的通信链路可经过多个 IRS 的反射传输过程。由于 IRS 对电磁波束的反射损耗低于传统反射体，因此该方式可大大降低太赫兹传输过程中的损耗，并可延长传输距离。对于相同的传输距离，多跳 IRS 辅助的太赫兹通信系统实现的系统容量性能往往优于单跳 IRS 辅助的系统容量性能。太赫兹在传输过程中不仅存在很高的路径损耗，也存在很高的分子吸收损耗，如受空气湿度影响的水分子吸收损耗、受氧气浓度影响的氧分子吸收损耗。这些损耗还与太赫兹波的频率有关，在某些频点附近，太赫兹损耗急剧增大呈现峰值特性，此时该频点不适用于太赫兹传输；而在这些频点中间的频段损耗呈现平坦趋势，称为频谱窗口，可以用于太赫兹的通信传输。由于太赫兹具有丰富的频谱资源，在研究太赫兹传输系统的容量性能时需要最大化多段频带所实现的总容量。因此，IRS 太赫兹通信系统的容量优化问题实际上是一个多变量多约束的优化问题，其中变量不仅包括传输距离、频率，还包括太赫兹的频谱窗口等信息。

文献[12]对基于 IRS 的点对点太赫兹 MIMO 通信系统进行了容量性能的仿真分析。不同算法实现的太赫兹容量性能对比如图 14-6 所示。与传统的梯度下降法相比，文献[12]提出的基于泰勒展开的梯度下降法可以实现更好的太赫兹容量性能。

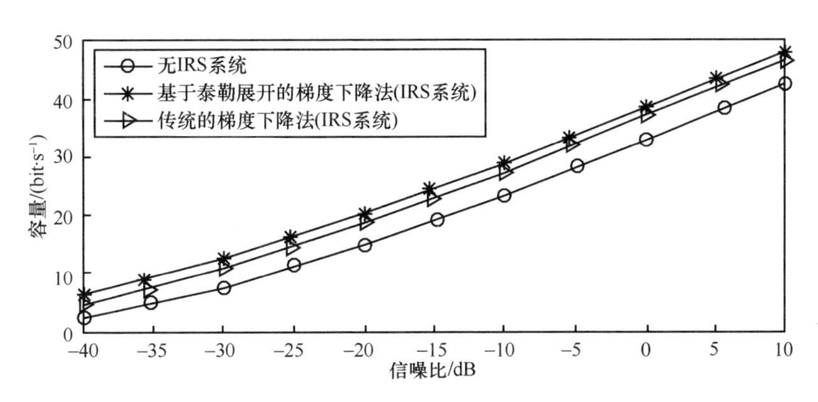

图 14-6　不同算法实现的太赫兹容量性能对比

14.3.1 IRS 波束成形

为缓解太赫兹波在传输过程中严重的路径损耗和分子吸收损耗，传统通信一般引入基于大规模天线阵列的 MIMO 通信系统。大规模天线阵列系统可通过调整各反射单元的电磁波相位和幅度形成空间波束，以此方式汇聚太赫兹波的能量，通过在发射端形成高增益强方向性的波束，可延长太赫兹波的有效传输距离。调整各反射单元电磁波相位和幅度的技术称为波束成形技术，与波束成形技术紧密结合的是预编码技术。由于预编码矩阵的设计很大程度上依赖于终端对信道状态信息的掌握情况，因此通过波束控制的方式获得发射端准确的 AoD 以及接收端准确的 AoA 信息十分重要。AoD 和 AoA 信息的估计技术称为波束追踪技术。在波束追踪技术中，发射端首先需要产生一个覆盖空间内各个方向的训练波束序列。在该波束序列中，每个子波束分别对应于空间中的某个方向。所有的子波束的方向可覆盖整个空间。同理，接收端也会相应地产生一个接收波束序列用于估计来自发射端的 AoD 信息。

类似于传统低频通信中基于大规模天线阵列的 MIMO 系统，IRS 辅助的太赫兹通信系统也具有波束控制的能力。通过调整 IRS 各反射单元的相位和幅度，可以实现对太赫兹波的反射、透射、吸收等能力。在反射过程中，IRS 可通过调整各反射单元的相位对入射太赫兹波形成反射波束，并且该波束的方向可灵活控制。由于 IRS 形成的反射波束同样具有高增益强方向性，因此可提升通信系统的性能，例如，用于对抗太赫兹波在传播过程中的路径损耗以及分子吸收损耗，延长太赫兹波的有效传输距离。IRS 对波束的有效控制同样需要波束成形技术以及波束追踪技术的支撑。在波束成形技术中，与发射端预编码矩阵的设计类似，通过设计理想的 IRS 相位偏转矩阵可以提升通信系统的性能。而在波束追踪技术中，为对抗太赫兹波的高路径损耗以及分子吸收损耗，发射端需要产生能量高度集中的物理窄波束，这增加了太赫兹通信系统追踪对准的难度。此外，为产生窄波束，需要增大天线反射单元的个数，传统的线阵天线不再适用，发射端、接收端以及 IRS 均需要采用面阵天线结构，在这种结构下可以实现三维空间的波束成形。不同于线阵结构的二维波束成形，三维波束成形产生的波束由于具有两个维度的角度信息（水平维度方位角、垂直维度俯仰角），因而波束主瓣宽度更窄，能量也更集中。但同时，高精度的窄波束增加了波束追踪的难度。由于波束主瓣宽度窄，扫描整个空间波束的耗时也会更长。如图 14-7 所示，对于一个典型的基于 IRS 的波束追踪通信场景，需要分别追踪基站与 IRS 之间以及 IRS 与用户之间的两段信道状态信息。该问题的一种普遍适用的解决办法是分阶段进行波束扫描。第一阶段，采用低频段的宽波束进行空间范围的粗略扫描，由于波束宽度较大，可以通过较少扫描次数以较低扫描时间得到移动用户的大概方位。第二阶段，发射端换成高频段的太赫兹窄波束进行局部空间范围的精细扫描。由于此时波束的主瓣宽度很窄，在局部空间内也可以用较少的扫描次数得到移动用户的精确方位。如果发射端已知移动用户的运动规律，那么还可以通过物理空间估计与波束扫描相结合的方式得到移动用户的方位角等信息。假如移动用户处于匀速直线运动状态，那么在已知当前时刻以及上一时刻移动用户的运动位置等信息的前提下,可以通过物理空间建模计算出下一时刻移动用户相应的运动位置信息，这大大降低了太赫兹波束扫描的难度。

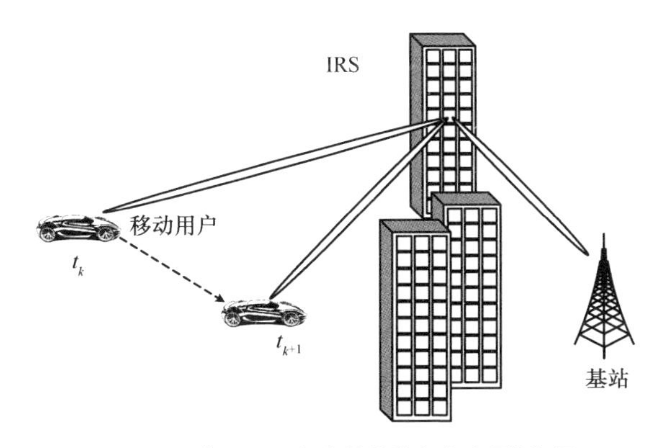

图 14-7　基于 IRS 的太赫兹波束追踪通信场景

14.3.2　IRS 资源分配

太赫兹通信的一个显著特征是具有丰富的频谱资源，可实现高速的数据传输速率，并为未来 6G 无线网络的众多应用提供了保障。对太赫兹频谱资源的合理分配利用，不仅能减缓当前日益增长的频谱资源需求压力，也能提升太赫兹通信系统的性能。在基于 IRS 的太赫兹通信系统中，多种资源需要进行合理的优化分配，涉及的问题包括子信道分配问题、用户与 IRS 关联问题、多个小区与 IRS 关联问题。

在子信道分配问题中，由于太赫兹频谱资源丰富，采用多频点多载波的通信方式有利于提升太赫兹通信系统传输速率，因此太赫兹通信系统应采用宽带多频点的通信方式进行信息的传送与接收。无线通信中各频点对应的传输信道称为一个子信道，宽带太赫兹通信系统中包含大量的子信道。为了使太赫兹通信系统带宽利用率性能达到最佳，如何为不同的用户分配相应的子信道是信道分配的关键问题。在基于 IRS 的太赫兹通信系统中，由于 IRS 通常并不具有频率选择特性，即一个给定的 IRS 需要服务于所有频点的信息传输。IRS 的这种特性使子信道分配优化问题的求解变得愈发困难。为解决此类问题，文献[13]提出了一种动态的被动波束成形策略，根据不同时隙 IRS 的相位矩阵为不同的用户组动态地设计资源块矩阵。文献[9]研究了基于 IRS 的 NOMA 网络子信道分配、功率分配以及反射系数设计等问题的联合求解方法。

在用户与 IRS 关联问题中，对于包含多个 IRS 多个用户的通信系统，如何将用户与 IRS 关联是一个关键的问题。用户与 IRS 的关联策略决定了整个网络的性能。在基于多个 IRS 的大规模 MIMO 通信系统中，当智能反射表面足够大时，用户之间的自动干扰消除特性得到满足。此时，针对该系统的最大–最小化信干噪比问题可以被转化为单用户关联 IRS 的优化问题，并且该问题可由贪婪搜索算法解决。

在多个小区与 IRS 关联问题中，对于包含多个小区的通信系统，由于需要同时考虑用户与基站的关联、用户与 IRS 的关联，以及子信道的分配策略，因此优化问题变得愈发困难。该类问题的研究通过优化 IRS 的部署方法来增强边缘用户的性能。仿真结果证明，通过优化 IRS 的部署，确实可以显著提升边缘用户的性能。

从以上 3 种场景的资源分配中可以发现，为不同的用户分配不同的子信道、不同的 IRS，以及不同的基站等资源的优化问题本质上是一个 NP-hard 问题。虽然该类问题的最优解可通过遍历搜索所有可能的关联组合而得到，但遍历搜索方法需要极高的计算复杂度，尤其是针对大规模网络的优化问题。因此，需要开发一些具有较低计算复杂度的有效算法，以寻求系统性能和算法复杂度的折中，例如启发式优化算法。该类算法往往可以在可接受的计算复杂度下得到原优化问题的近似解。

14.3.3 IRS 稳健设计

在太赫兹通信中，稳健设计是一项决定系统性能优劣的关键技术。太赫兹通信极易受到环境的影响而导致系统性能变差。例如，空气的湿度会导致太赫兹波的分子吸收损耗增大，障碍物的阻挡会导致太赫兹通信质量下降甚至通信中断。由于低频通信在传输过程中受环境的影响弱于太赫兹通信，因此稳健设计技术对于太赫兹通信的重要程度高于低频通信。在基于 IRS 的太赫兹通信系统中，IRS 有助于提升太赫兹通信的稳健性。一个原因是 IRS 可增加太赫兹通信过程中的传输路径数。即使由于障碍物的遮挡导致发射端与接收端之间的 LoS 路径中断，发射端仍可通过 IRS 将信号传递给用户。另一个原因是 IRS 可汇聚能量、对抗损耗。由于 IRS 实现的是被动波束成形的功能，它通过调整各反射单元的相位将到达 IRS 的电磁波汇聚成波束，以波束的方式反射给用户，该方式汇聚了电磁波的能量，可有效对抗太赫兹传输过程中的高路径损耗，提升了太赫兹传输的稳健性。

在基于 IRS 的太赫兹通信中，当前关于稳健设计的研究一般针对以下 3 种应用场景：基于波束成形的无线移动通信场景、安全通信场景以及认知无线电通信场景。针对基于波束成形的无线移动通信场景，文献[14]在 IRS 辅助的 MISO 通信系统可达传输速率性能的优化问题中，考虑信道估计的误差对系统性能的影响，提出了一种交替优化的最大–最小化波束成形设计算法。此外，可将通信场景扩展为多用户 MISO 场景，并采用基于凹凸函数与近似变换的稳健迭代算法，在满足用户服务质量需求的同时可达到系统性能的最佳值。针对安全通信场景，考虑到窃听信道的信道状态信息不完美性，可采用逐次凸逼近、半定松弛和基于惩罚函数的方法以提升系统安全速率以及设计算法的稳健性。在此基础上，将无线信道建模为级联统计信道模型，选取离散样本以加权和建立凸集，可采用半定松弛方法实现 IRS 辅助通信系统的安全性能稳健设计。此外，也可采用 Bernstein 型不等式以近似中断概率限制，在满足最低安全速率的要求下采用基于惩罚函数的半定松弛算法以满足系统最小化传输功率的要求。针对认知无线电通信场景，对于不完美信道状态信息条件下主要用户的稳健性波束成形算法设计，可通过联合优化 IRS 的相位矩阵以及次要用户的波束成形矩阵以最小化发射功率。对于最坏信道状态信息条件下的发射功率优化问题，可采用基于半定松弛的迭代优化算法求解。由于在 IRS 辅助的太赫兹通信系统中，系统性能的稳健性很大程度上还依赖于 IRS 的硬件特性，因此本书建议今后在稳健设计的研究中将 IRS 的一些硬件结构限制也纳入优化考虑。

14.4 IRS 面临的挑战与机遇

本节主要讨论基于 IRS 的太赫兹通信所面临的严峻挑战和存在的公开问题。首先，研究了 IRS 辅助的太赫兹通信信道测量和信道建模。然后，探索发现 IRS 新材料是扩大反射单元的相位响应范围的有效途径。最后，对 IRS 实验平台和 IRS 部署进行了详细的研究。

14.4.1 IRS 信道测量与建模

基于 IRS 的太赫兹通信信道测量和建模能够揭示 6G 无线网络对太赫兹波传播特性和 IRS 物理特性的要求。为了优化 IRS 辅助的太赫兹通信系统，精确和贴近真实的信道模型显得尤为重要。从电磁理论的角度出发，文献[15]考虑了 IRS 的物理尺寸、反射元件的辐射方向等重要因素，提出了 3 种有关 IRS 结合无线通信的自由空间路径损耗模型，这些模型分别用于 3 种不同的场景：（1）远场波束成形场景，发射机和接收机都在 IRS 的远场，所有 IRS 反射单元被动反射波束，进而增强接收机的信号功率；（2）近场波束成形场景，其中发射机或接收机位于 IRS 的近场，使 IRS 能够通过适当地调整相位响应和反射幅度将入射信号聚焦到接收机；（3）近场广播场景，IRS 被用于波束成形并且最大化特定用户的接收功率。此外，该研究成果对 3 种传播模型进行了评估，并通过实验仿真进行了验证。对于远场和近场传输场景下的 IRS 辅助无线通信系统的路径损耗模型，利用散射矢量理论，并用一个可计算的积分表示，该积分取决于传输距离、无线电波的极化、IRS 的尺寸以及 IRS 的曲面变换。该研究表明，路径损耗高度依赖于 IRS 的大小和传输距离，特别是在近场区域。对于一种实用的反射单元相移模型，该模型能充分体现 IRS 反射幅度变化带来的影响。具体来说，每个被动反射单元的幅度响应随着相位响应是非均匀分布的。IRS 反射幅度通常在零相移处取得最小值，但在 180°或−180°的相移处接近单位振幅。在实际相移模型的基础上，该研究进而提出了一种实用的波束成形优化方案，以获得比传统理想幅度模型更好的性能增益。

现有的 IRS 辅助的太赫兹通信信道模型是由通用理论建模技术产生的，这种信道模型产生方式可以用于低频通信和高频通信，然而，其未充分考虑太赫兹波的传播特性。对于不同频段的太赫兹通信而言，太赫兹波经历的路径损耗和分子吸收损耗是不同的。基于这种现象，考虑 IRS 辅助的太赫兹无线信道模型由多个与频率和距离相关的子带组成，每个子带的信道衰落同时受到路径损耗和分子吸收损耗的影响。为了更进一步解决太赫兹传播衰减严重的问题，多跳 IRS 辅助的太赫兹信道模型同时使用多个 IRS 来克服基站和用户之间严重的信号阻塞，实现更好的太赫兹信号覆盖范围。与单跳 IRS 辅助的太赫兹信道模型相比，多跳 IRS 辅助的太赫兹信道模型更复杂多变。为了验证该信道模型，需要进行实际信道测量来验证太赫兹波的传播特性和 IRS 的电磁特性。然而，现有在太赫兹频段的 IRS 研究工作大部分还处于理论分析和软件仿真阶段，目前尚不存在真正意义上的智能可编程无线通信环境。因此，研究一种实用的信道模型是实现 IRS 辅助的太赫兹通信的基础，而该无线信道建模的精确性需要通过实际的信道测量来完成验证。

14.4.2　IRS 测试平台搭建

近年来，国内外对 IRS 的相关技术都进行了深度的研究，如被动波束成形、信道估计、波束控制等，但 IRS 辅助太赫兹通信系统在建立真实信道模型方面仍存在一些问题和挑战。为了满足这些要求，有必要实现和开发 IRS 辅助太赫兹系统的实验评估和实验平台，以验证理论分析结果和数学假设的准确性。

目前部分研究工作已经对亚太赫兹频段的 IRS 实验平台进行研制。NTT-DOCOMO 和 Metawave 公司宣布使用 28 GHz 频段的 5G 移动通信系统和第一个 IRS 技术。该研究结果表明，采用 IRS 结构的通信系统可以达到 560 Mbit/s，而传统 IRS 的通信系统数据传输速率只有 60 Mbit/s。文献[16]介绍了一种采用 60 GHz 的 IRS 的实验平台。该实验平台的 IRS 由小尺寸的矩阵结构块组成，每个矩阵结构块的长宽分别为 25.5 mm 和 25 mm。对于一个包含 14×16=224 个反射单元的 IRS，其长宽高尺寸分别为 337 mm、345 mm、0.245 mm。另外，其设计的两个相邻反射单元贴片之间的距离大于一个波长，以防止贴片之间的耦合。在实验平台上，该研究证明了 IRS 能够在无明显干扰的情况下实现多路并行通信，并具有较低的链路中断概率。文献[17]建立了一个工作频段为 2.4 GHz 的 RFocus 原型样机，其在 6 m^2 的 IRS 上安装 3 200 个廉价天线。值得一提的是，该系统配置是已公布的用于单个通信链路的最多天线数量。实验结果表明，在典型的室内办公环境下，RFocus 通信系统的信号强度相较于传统通信系统提高了 9.5 倍，并且信道容量提高了 2 倍。此外，一种包含 256 个反射单元的高增益低成本的 IRS 将相移和辐射功能结合在一个电磁表面上，利用 PIN 二极管实现 2 bit 量化相移的波束成形。该 IRS 原型样机的测试结果表明，工作频段为 2.3 GHz 时可以实现 27.1 dBi 的天线增益，工作频段为 28.5 GHz 时可以实现 19.1 dBi 的天线增益。一种基于 IRS 的姿态识别射频传感系统可以主动感知环境，并提供理想的传播特性和多样化的传输信道。实验结果表明，与随机配置和不可配置的环境情况相比，该系统可以大幅度提高识别精度。

上述的实验平台都是基于低频段的 IRS，但是基于高频段的 IRS 设计和制造过程更具有挑战性。目前，基于太赫兹频段的 IRS 原理样机研究较少，未来需要更加广泛的探索。例如，在一种利用单比特编码 IRS 来衡量太赫兹波反射和散射的方法中，特定的编码序列会导致不同的太赫兹远场反射和散射模式，范围从单个波束到两个、3 个甚至多个波束。实验结果表明，IRS 在 0.8～1.4 THz 频率范围内的反射率小于−10 dB。在太赫兹频段的超低反射 IRS 的设计与制作中，数值计算结果表明，由于 IRS 结构间存在随机分布的相位梯度，在 IRS 的结构表面可以产生散射效应。对于一种具有双频带的单比特编码 IRS，实验证明该 IRS 可以独立地调控两个不同工作频率（即 0.78 THz、1.19 THz）的太赫兹波。基于部分原子的解构干涉设计，一种具有所需带宽低散射 IRS 的新方案被提出。该 IRS 是在聚酰亚胺基片上制备的，其总体尺寸为 9 504 μm×9 504 μm，由 3 种不同相位响应的亚波长环形谐振器组成。此外，该研究利用太赫兹时域光谱系统（美国 Zomega-Z3）对所提出的 IRS 结构性能进行了测试，该系统可以测量不同入射角情况下的镜面反射率。值得一提的是，电子科技大学研究团队通过利用二氧化矾（VO_2）的相变特性已经研制出工作频率为 300 GHz 的 IRS 原理样机，并搭建了相应的实验平台，如图 14-8 所示。然而，为了满足实际太赫兹通信多样化的应用场景，具有多功能的 IRS 硬件设计仍然是一个极具潜力的研究领域。

图 14-8　电子科技大学研制的太赫兹频段 IRS 原理样机

14.4.3　IRS 部署与组网

IRS 部署与组网技术是太赫兹无线通信系统中必不可少的研究领域。如前文所述，太赫兹通信由于其严重的传播衰减而受到传输距离的限制。为了保证有效的太赫兹通信距离，必须在无线环境中部署大量的 IRS 来辅助太赫兹无线通信。因此，IRS 在不同位置（如发射端、接收端以及分布在环境间）的部署优化策略值得深入探讨。一方面，IRS 能够为太赫兹通信提供虚拟 LoS 无线链路，降低太赫兹波在传播过程中的反射损耗，进而提升太赫兹无线通信系统的传输距离和覆盖范围。另一方面，在实际安装 IRS 时，还需要考虑其他影响因素，包括 IRS 数量、部署成本、真实环境布局、建筑物分布、维护难度、美观程度等，这些至关重要的问题和挑战都是 IRS 部署在 6G 太赫兹通信应用中迫切需要解决的。

目前，对 IRS 的研究工作主要集中在部署较少 IRS 数量情况下的应用场景。例如，单用户场景和多用户场景，通过联合优化 IRS 的相移矩阵和发射机的预编码矩阵来提升系统容量。然而，对于大规模 IRS 情况下的太赫兹通信的研究较少，具体包括 IRS 部署数量和 IRS 部署位置等。不同于传统的有源中继，IRS 的部署有几个明显的特点。首先，由于 IRS 具有无源特性，其只能被动地反射太赫兹波，而不具备任何信号处理的能力。因此，将 IRS 放置在靠近发射机或接收机的位置，太赫兹通信系统能够更好地克服严重的路径损耗，进而提升传输速率。其次，由于 IRS 具有结构简单、重量轻、功耗低等优点，因此相较于有源中继，IRS 可以更密集地安装部署在 6G 太赫兹通信场景中，有助于扩展通信距离，从而能够缓解太赫兹波的传播衰减特性。此外，有源中继之间会受到相互干扰，这将加剧有源中继的部署管理难度。相反，IRS 是由无源反射单元组成的，不同 IRS 反射的太赫兹信号可以分离，所以 IRS 的部署设计难度也相对较低。文献[18]提出了两种不同的 IRS 部署方案，包括分布式 IRS 部署和集中式 IRS 部署，如图 14-9 所示。更重要的是，该研究工作通过推导容量边界来寻求 IRS 辅助通信系统在实际应用中的最优部署。由于未来 6G 太赫兹通信极有可能采用一种新型的无线网络架构，因此 IRS 的安装部署和组网架构既需要考虑与传统蜂窝网络结构的兼容性，也需要研究探索在未来全新网络架构中的实现方案。此外，考虑到太赫兹波束较窄，其捕获追踪难度较大，应联合设计 IRS 部署和 MAC 协议以获得最佳的无线网络性能。目前的研究工作对大规模 IRS 部署与组网的考虑较少，特别是在太赫兹频段。正如前文所述，IRS 的引入极有可能带来全新的通信范式，如何在无线网络中智能地部署大量 IRS 以优化其网络性能是亟待解决的关键问题。除此之外，需要基于 IRS 的物理特性和技术特点研究可能支持的典型太赫兹通信场景，并研究 IRS 辅助的太赫兹通信系统可能存在的问题与挑战，以实现基于 IRS 的全新网络范式。

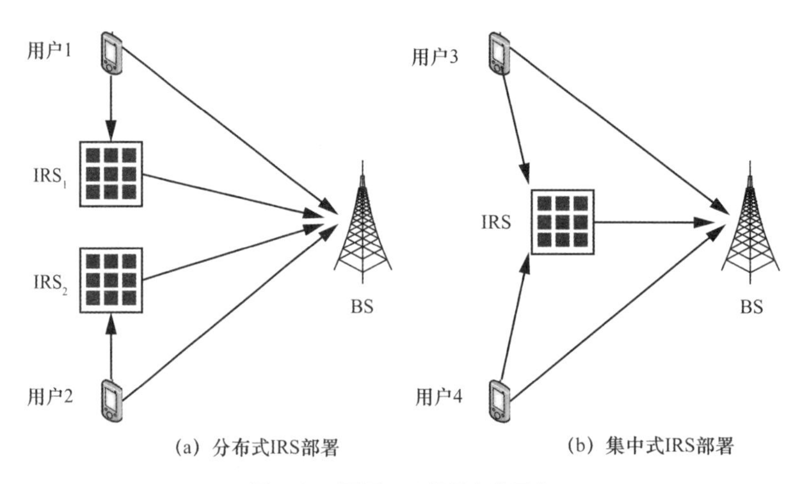

图 14-9　不同 IRS 部署方案示意

14.5　本章小结

本章对 IRS 辅助的太赫兹通信相关研究工作进行了介绍，其能够在未来无线网络中实现一个可重构、可编程的无线通信环境。尽管 IRS 辅助太赫兹通信的研究还处于起步阶段，但是大量研究表明，IRS 是一种很有前景的通信范式转变，可以提高太赫兹通信的覆盖能力和数据传输速率。在 IRS 的协助下，太赫兹通信可以很好地应用于未来 6G 无线网络中多样化的应用场景。本章从物理层技术和硬件设计两方面对 IRS 进行了深入研究。除了介绍 IRS 带来的显著优势，本章也讨论了一些即将出现的挑战和未来太赫兹通信将面临的关键问题。

参考文献

[1] YOU X H, WANG C X, HUANG J, et al. Towards 6G wireless communication networks: vision, enabling technologies, and new paradigm shifts[J]. Science China Information Sciences, 2021, 64(1): 110301.

[2] MA X Y, CHEN Z, CHEN W J, et al. Intelligent reflecting surface enhanced indoor terahertz communication systems[J]. Nano Communication Networks, 2020, 24: 100284.

[3] CUI M, ZHANG G C, ZHANG R. Secure wireless communication via intelligent reflecting surface[J]. IEEE Wireless Communications Letters, 2019, 8(5): 1410-1414.

[4] LI S X, DUO B, YUAN X J, et al. Reconfigurable intelligent surface assisted UAV communication: joint trajectory design and passive beamforming[J]. IEEE Wireless Communications Letters, 2020, 9(5): 716-720.

[5] CHEN X, JIAO L, LI W Z, et al. Efficient multi-user computation offloading for mobile-edge cloud computing[J]. IEEE/ACM Transactions on Networking, 2016, 24(5): 2795-2808.

[6] BAI T, PAN C H, DENG Y S, et al. Latency minimization for intelligent reflecting surface aided mobile edge computing[J]. IEEE Journal on Selected Areas in Communications, 2020, 38(11): 2666-2682.

[7] CAO Y, LYU T. Intelligent reflecting surface enhanced resilient design for MEC offloading over millimeter wave links[J]. arXiv Preprint, arXiv: 1912.06361, 2019.

[8] LIU Y M, LIU E W, WANG R. Reconfigurable intelligent surface aided wireless localiza-

tion[J]. arXiv Preprint, arXiv: 2009.07459, 2020.

[9] ZUO J K, LIU Y W, QIN Z J, et al. Resource allocation in intelligent reflecting surface assisted NOMA systems[J]. IEEE Transactions on Communications, 2020, 68(11): 7170-7183.

[10] ZUO J K, LIU Y W, BASAR E, et al. Intelligent reflecting surface enhanced millimeter-wave NOMA systems[J]. IEEE Communications Letters, 2020, 24(11): 2632-2636.

[11] WU Q Q, ZHANG S W, ZHENG B X, et al. Intelligent reflecting surface-aided wireless communications: a tutorial[J]. IEEE Transactions on Communications, 2021, 69(5): 3313-3351.

[12] CHEN Z, CHEN W J, MA X Y, et al. Taylor expansion aided gradient descent schemes for IRS-enabled terahertz MIMO systems[C]//Proceedings of 2020 IEEE Wireless Communications and Networking Conference Workshops (WCNCW). Piscataway: IEEE Press, 2020: 1-7.

[13] YANG Y F, ZHANG S W, ZHANG R. IRS-enhanced OFDMA: joint resource allocation and passive beamforming optimization[J]. IEEE Wireless Communications Letters, 2020, 9(6): 760-764.

[14] ZHANG J Z, ZHANG Y, ZHONG C J, et al. Robust design for intelligent reflecting surfaces assisted MISO systems[J]. IEEE Communications Letters, 2020, 24(10): 2353-2357.

[15] TANG W K, CHEN M Z, CHEN X Y, et al. Wireless communications with reconfigurable intelligent surface: path loss modeling and experimental measurement[J]. IEEE Transactions on Wireless Communications, 2021, 20(1): 421-439.

[16] TAN X, SUN Z, JORNET J M, et al. Increasing indoor spectrum sharing capacity using smart reflect-array[C]//Proceedings of 2016 IEEE International Conference on Communications (ICC). Piscataway: IEEE Press, 2016: 1-6.

[17] ARUN V, BALAKRISHNAN H. RFocus: beamforming using thousands of passive antennas[C]// USENIX Symposium on Networked Systems Design and Implementation. Berkeley: USENIX Association, 2020: 1047-1061.

[18] ZHANG S W, ZHANG R. Intelligent reflecting surface aided multiple access: capacity region and deployment strategy[C]//Proceedings of 2020 IEEE 21st International Workshop on Signal Processing Advances in Wireless Communications (SPAWC). Piscataway: IEEE Press, 2020: 1-5.

第 15 章

无线网络干扰和覆盖

为提高通信覆盖范围并实现可靠传输，需要对太赫兹无线组网的特性进行分析。太赫兹组网性能分析的重要参考指标包括信号干扰、网络覆盖概率和用户体验速率等。太赫兹通信协议性能分析和优化依赖于可靠的太赫兹网络模型。本章以网络随机几何模型为切入点，从不同场景下的太赫兹通信网络随机几何建模理论出发，进一步分析网络的干扰和覆盖特性，为后续的协议设计和优化提供基础。

由于太赫兹频段的传输距离非常有限，探索太赫兹网络的通信覆盖范围是一个重点。因此，需要对太赫兹无线组网的特性进行分析。对太赫兹网络分析的一个重要切入点是对太赫兹网络建立随机几何模型，分析其中信号的干扰、网络覆盖概率和平均可达速率等。为了更加准确地刻画太赫兹信道特点、优化网络参数，太赫兹网络的干扰建模占据着极其重要的地位。

许多关键因素会影响太赫兹频段波的传播，从而影响5G系统中的干扰。与低频通信不同的是，太赫兹传播模型、信道模型、分子吸收模型更加复杂。太赫兹传播特性不仅与距离相关，还具有频率选择性，这使太赫兹通信网络干扰建模在数学模型上与传统模型有了根本性的不同。具体地，目前太赫兹干扰建模面临的困难与挑战如下。

（1）由于太赫兹波的波长极短，信号存在较明显的阻塞效应，通常直径为几厘米的物体就会产生LoS阻挡，即用户自身成为潜在的阻挡物。阻塞效应会改变节点的距离分布，从而导致接收机处的总干扰受到影响。

（2）由于太赫兹通信范围较小，不能将通信节点简单地建模为圆点，如贴片式医疗检测设备；除此之外，由于通信两端的相对距离较小，阻挡物也不能简单地建模为圆形或圆柱体，如智能室内通信中的办公设备。

（3）分子吸收噪声对太赫兹噪声模型的改变。分子吸收噪声是一种自引入噪声。被大气吸收的太赫兹信号会在随机的方向再辐射到传播空间，形成分子吸收噪声。由于其来自网络中通信节点发射的电磁波，分子吸收噪声与节点的密度和大气的分子成分密切相关，与传统模型相比，太赫兹网络中增加了多种需要分析的参数。

为了补偿严重的路径衰落和分子吸收效应，通常需要在发射机/接收机上使用高度定向的天线，以克服严重的传播损耗。定向天线（Directional Antenna，DA）的引入进一步改变了太赫兹系统中干扰的分布。虽然采用的高指向性天线将减少信号对周围用户的干扰。但是，由于太赫兹网络架构趋于分散，太赫兹网络具有高动态、高随机性的多种类用户节点接入，高密度的移动设备分布的特性。因此，随着网络密度不断提高，在诸如微微/毫微微小区的复杂网络结构、客户端中继和设备到设备通信等通信场景下，即使使用定向天线，也可能造成干扰。

一种有效的太赫兹系统的干扰和覆盖的建模方法是采用随机几何理论。随机几何理论是概率论的一个分支，特别适用于研究平面上或三维空间中的随机现象。从随机几何理论的角度可以将整个网络建模为一个随机模型，从而提取出大规模的无线通信网络核心特征。15.1 节将具体介绍随机几何理论的相关知识。

基于随机几何理论，可以将网络重点节点建模为一系列特殊的随机点过程。根据场景的不同，对于太赫兹系统干扰和覆盖的建模主要分为两类，分别是二维空间建模和三维空间建模。二维空间建模可以广泛适用于各类传统的、新兴的太赫兹应用场景，如传统的基站–用户通信、车联网和物联网等。而三维空间建模主要针对室内的太赫兹应用场景和部分太赫兹纳米网络，如大型商场中的太赫兹通信、用于医疗的太赫兹纳米网络和智能办公等。

15.1　随机几何理论和无线网络

无线通信网络可以被视为位于某个域中的节点的集合，这些节点可以是发射机或接收机。基于不同的网络架构，节点可以是移动用户、蜂窝网络中的基站、Wi-Fi网络的接入点等。在某一时刻，网络中存在多个节点同时发射，且每个节点的发射方向、发射信号能量具有一定的概率分布特性。网络中的节点位置在二维或三维空间的几何分布起着关键作用，因为它决定了每个接收机处的 SINR。随机几何理论通过对各个网络节点内在的几何关系的随机特性进行描绘，对于所有可能的几何分布模式进行平均，给出网络中信道到达参数的分析。

15.1.1 一般点过程和泊松点过程

本节首先介绍一般点过程（Point Process，PP），在其基础上，针对通信网络的随机几何建模，介绍一种特殊的非常实用的泊松点过程（Poisson Point Process，PPP）。在泊松点过程的概念之上，本节给出在网络建模中可能会用到的一些泊松点过程理论中的相关概念、重要性质及其推广。

1. **一般点过程**

首先，介绍一般点过程的概念。将多维空间中随机出现点的几何分布建模为随机模型，其中点的数目和位置都可以被建模为随机变量，这样的一簇随机变量称为一般点过程。一个集合类中的点仅在状态空间 $\mathcal{S}$ 中，属于这一集合类的随机集合产生了点过程[1]。考虑 d 维的欧几里得空间 $\mathbb{R}^d, d>1$，点过程 $\varPhi$ 是在空间 $\mathbb{R}^d$ 中一系列随机的、数目有限或者无限的点的集合。随机变量的一个实现 $\phi=\{x_i\}\subset\mathbb{R}^d$ 是在该空间中的一个离散子集。

通常，可以考虑将 ϕ 看作一个计数测度或点测度，即 $\phi=\sum_i \varepsilon_{x_i}$，其中 ε_{x_i} 是对 x_i 的狄拉克测度，即对于 $A\subset\mathbb{R}^d$，若 $x_i\in A$，则有 $\varepsilon_{x_i}(A)=1$；若 $x_i\notin A$，则有 $\varepsilon_{x_i}(A)=0$。因此，随机变量的实现 $\phi(A)$ 表示空间 A 中包含 ϕ 的点的数目。

2. **泊松点过程**

在随机点过程中，有一种特殊的点过程在通信随机几何建模领域有广泛的应用，即泊松点过程，其定义如下[1]。

定义 15.1 令 $\varLambda$ 是定义在空间 $\mathbb{R}^d$ 上的一个有限且非空的测度，具有强度 $\varLambda$ 的泊松点过程定义为其有限维分布的均值，即

$$\boldsymbol{P}\{\varPhi(A_1)=n_1,\cdots,\varPhi(A_k)=n_k\}=\prod_{i=1}^{k}\left(\mathrm{e}^{-\varLambda(A_i)}\frac{\varLambda(A_i)^{n_i}}{n_i\,!}\right) \tag{15-1}$$

对 $k=1,2,\cdots$ 和有界且相互不相交的集合 $A_i, i=1,\cdots,k$，进一步地，如果强度 $\varLambda$ 在空间 $\mathbb{R}^d$ 上满足 $\varLambda(\mathrm{d}x)=\lambda\mathrm{d}x$，即其可以恒表示为 $\mathbb{R}^d$ 中勒贝格测度（体积）的倍数，这样的泊松点过程 $\varPhi$ 被称为齐次泊松点过程，且 λ 被称为 $\varPhi$ 的强度参数。由式（15-1）可以直接得到的一个有用结论为空间 $\mathbb{R}^d$ 的一个子集 A 具有如下性质

$$\mathrm{E}(\Phi(A)) = \Lambda(A) \tag{15-2}$$

定义 15.1 可以直接应用在网络节点位置的随机几何建模中。通常，在自组织网络中，通信节点（用户）处在一个区域 W（可以考虑分布在平面或者是三维空间）中，并且各自的位置独立。对于每个节点，其在 W 中的位置可以看成具有概率分布 $a(\cdot)$ 的随机变量，即每个节点处在位置 $\mathrm{d}x$ 的概率为 $a(\mathrm{d}x)$。由定义 15.1，在区域 W 中 n 个用户节点的分布满足泊松点过程分布，其强度 $\Lambda(\mathrm{d}x)$ 与定义在 W 上的 $a(\mathrm{d}x)$ 成比例，且满足 $\Phi(W) = n$。考虑另外一种情景，在不知道网络中确切节点数、仅知道单位空间 $\mathrm{d}x$ 中平均点数 $A(\mathrm{d}x)$ 的时候，可以假设区域中节点的位置服从强度为 $\Lambda(\mathrm{d}x) = A(\mathrm{d}x)$ 的泊松点过程分布。

下面介绍一个在泊松点过程分析中很重要的一个函数——拉普拉斯泛函 $\mathcal{L}$，及其重要性质。

定义 15.2　一般点过程 Φ 的拉普拉斯泛函 $\mathcal{L}$ 可以定义为

$$\mathcal{L}_{\Phi}(f) = \mathrm{E}[\mathrm{e}^{-\int_{\mathbb{R}^d} f(x)\Phi(\mathrm{d}x)}] \tag{15-3}$$

其中，$f(x)$ 为定义在空间 $\mathbb{R}^d$ 的函数。

分析定义 15.2 中的拉普拉斯泛函 $\mathcal{L}_{\Phi}(f)$ 可以发现，其准确刻画了点过程 Φ 的分布特性。特别地，对于 PPP，拉普拉斯泛函具有如下重要性质。

定理 15.1　对于一个具有强度参数 Λ 的泊松点过程 Φ，给定非负函数 $f(x)$，其拉普拉斯泛函为

$$\mathcal{L}_{\Phi}(f) = \mathrm{e}^{-\int_{\mathbb{R}^d}(1-\mathrm{e}^{-f(x)})\Lambda(\mathrm{d}x)} \tag{15-4}$$

式（15-4）也被称为概率母泛函（Probability Generating Functional，PGFL）。

3. **标号泊松点过程**

标号泊松点过程（Marked Poisson Point Process，MPPP）是对 PPP 的一个拓展。对于一个泊松点过程 $\Phi = \{x_i\}$，对其每个点 x_i 附加一个标号 m_i，这个标号同样也是一个随机变量且属于另一个测度空间，这样的点–标号对的集合构成了标号泊松点过程 $\tilde{\Phi} = \{(x_i, m_i)\}$。特别地，如果标号之间相互独立，且标号的分布仅和与之相关的点有关，这样的标号泊松点过程被称为独立标号点过程（Independent Marked Point Process，IMPP）。标号泊松点过程的概念是通信网络建模的基础，本书将在 15.2

节重点介绍。

15.1.2 泊松点过程的性质

1. 泊松点过程的叠加

一系列泊松点过程 Φ_k 的叠加定义为一个点过程 $\Phi = \sum_k \Phi_k$ 。定义中的总和可以理解为点测度的和。泊松点过程的叠加满足定理 15.2。

定理 15.2 一系列强度为 λ_k 的独立泊松点过程的叠加仍然是一个泊松点过程，并且强度参数 $\lambda = \sum_k \lambda_k$ 。

2. 泊松点过程的独立细化

考虑一个函数 $p:\mathbb{R}^d \mapsto [0,1]$，对点过程 Φ 的独立细化得到的点过程 Φ^p 可以定义为 $\Phi^p = \sum_k \delta_k \varepsilon_{x_k}$ ，其中随机变量 $\{\delta_k\}$ 与 Φ 独立，并且满足 $\boldsymbol{P}\{\delta_k = 1 \mid \Phi\} = 1 - \boldsymbol{P}\{\delta_k = 0 \mid \Phi\} = p(x_k)$。函数 p 称为保留函数。独立细化也被称作伯努利细化。特别地，泊松点过程的细化具有如下性质。

定理 15.3 泊松点过程 Φ 以保留函数 p 细化得到的 Φ^p 仍然是一个泊松点过程，并且其强度为 $p\Lambda$ ，即 $(p\Lambda)(A) = \int_A p(x)\Lambda(\mathrm{d}x)$。

定理 15.3 在通信网络中的一个典型应用为采用 ALOHA 随机接入协议的自组织网络建模。假设该网络中节点满足 PPP 分布，并且每个节点以概率 p 发射信息，发射概率可能取决于网络节点的密度。定理 15.3 指出选择发射的节点集和选择不发射的节点集分别构成新的泊松点过程。

3. 点的随机变换

考虑原始点过程 Φ 和一个概率核函数 $p(x,B):\mathbb{R}^d \mapsto \mathbb{R}^{d'}$，其中 $d' \geqslant 1$，即对于点 $x \in \mathbb{R}^d$，$p(x,B)$ 是一个在 $\mathbb{R}^{d'}$ 上的概率测度。将概率核函数 $p(x,B)$ 变换后的点过程 Φ^p 定义为 $\Phi^p = \sum_k \varepsilon_{y_k}$ ，其中 $\{y_k\}$ 是定义在 $\mathbb{R}^{d'}$ 上与 Φ 独立的随机向量，且 $\boldsymbol{P}\{y_k \in B' \mid \Phi\} = p(x_k, B')$。换言之，通过将 Φ 中的点 x_k 独立地以一个核函数 $p(x,B)$ 放置到新的位置 y_k 上，新的位置的集合组成 Φ^p 。对于泊松点过程，具有如下的重要定理。

定理 15.4 强度为Λ的泊松点过程Φ以概率核函数p变换得到的新的点过程仍然是泊松点过程，且具有强度

$$\Lambda'(A)=\int_{\mathbb{R}^d}p(x,A)\Lambda(\mathrm{d}x),A\subset\mathbb{R}^{d'} \tag{15-5}$$

定理 15.4 的一个重要应用是在移动自组织网络（Mobile Ad-Hoc Network，MANET）中。在 MANET 中，移动节点的概率特性可以由定理 15.4 刻画。考虑具有初始 PPP 分布的节点，假设每个节点在离散时间上以核函数$p(x,\mathrm{d}y)$移动，即$p(x,\mathrm{d}y)$为状态转移函数。更准确地说，在每个时隙，节点从初始位置$x\in\mathbb{R}^d$移动到$y\in\mathbb{R}^d$，且移动过程仅与$x\in\mathbb{R}^d$有关。定理 15.4 指出，移动后的节点仍然服从 PPP 分布。进一步地，经过多个时隙后，节点的分布仍然满足 PPP 分布，这为 MANET 用户的移动性分析提供了随机基础。网络用户移动模型可以简化为下面 3 类特殊的场景。

（1）随机游走模型。该模型中，用户的移动D是一个与x独立的随机变量。

（2）随机停留模型。该模型中，用户的移动D以概率q为 0，以概率$(1-q)$为一个与x独立的随机变量。即节点在下一时隙以概率q保持静止，以概率$(1-q)$移动D。

（3）高动态随机游走模型。类似于随机游走模型，该模型中移动距离D与x独立，除此之外，存在一个参数ϵ，使用户的实际移动为D/ϵ。对于齐次泊松点过程，当$\epsilon\to 0$，即用户每个时隙位置变化极大时，两个时隙中节点的位置分布Φ和Φ'实际上是独立的。

4. Palm 理论

在通信网络中，通常随机选取一个节点作为研究对象，例如分析整体网络对于一个处在位置x的节点的影响。但是，基于对 PPP 分布的定义，给定一个节点的位置后，网络节点的分布并不直接满足 PPP 分布。对在特定位置有一固定点的网络节点分布的概率特性分析通常基于重要的 Palm 理论，其核心定理被称为 Slivnyak 定理。

首先介绍简化 Palm 分布。对于一般点过程Φ_x，假设其具有有限的平均测度，且包括一个处在x的点，则去掉这个点得到的新点过程称为简化 Palm 过程Φ_x'，即$\Phi_x=\Phi_x'+\epsilon_x$。$\Phi_x'$的分布称为简化 Palm 分布$P_x'(\cdot)$。

定理 15.5 Slivnyak 定理。对于泊松点过程 Φ_x，给定其中一个点的位置后，其分布和去掉该点后的分布 Φ_x'（简化 Palm 分布）相同。

定理 15.5 在基于 PPP 分布的网络分析中起着重要作用。该定理的存在使我们可以分析整体网络对任意给定通信节点的影响，从而衍生了一系列重要的应用，如分析网络邻居节点之间的距离问题。对于有强度参数 λ 的齐次泊松点过程 Φ，对给定点 $x \in \mathbb{R}^d$ 的邻居由近到远排序，第 n 个邻居与 x 的距离 $R_n(x)$ 的概率密度函数为

$$p_{x,n}\left\{R_n(x)=r\right\}=\frac{d}{(n-1)!}(\lambda c_d)^n r^{dn-1}\mathrm{e}^{-\lambda c_d r^d} \tag{15-6}$$

其中，c_d 表示在空间 $\mathbb{R}^d$ 上的单位 d 维球区域的体积。

15.2 二维空间场景干扰及覆盖

基于 15.1 节中对点过程、泊松点过程概念及其性质的分析，本节将对二维场景下太赫兹网络干扰及其覆盖建模方法进行介绍。

15.2.1 一般网络下干扰和覆盖的建模

1. 网络模型

太赫兹通信网络通常是具有高移动性、高动态随机接入特性的自组织网络。为分析太赫兹网络中的干扰对信号传输的影响，以及太赫兹网络可以实现覆盖的范围，研究 MANET 架构下网络的随机几何特性显得尤为重要。本节从简化的 MANET 模型出发，给出在一个典型的自组织网络中干扰和覆盖的建模过程。采用 ALOHA 随机接入协议的 MANET 配对网络模型如图 15-1 所示[1]，每个发射节点有无限多的数据包要发射给相关接收机，其间距为 r。发射节点在区域中服从强度为 λ 的齐次泊松点过程分布。在一个时隙中，各节点基于时隙 ALOHA 随机接入协议确定信息发送顺序。时隙 ALOHA 的工作原理为在每一个时隙开始的时候，接入网络中的节点如果有数据发射，则立即发射到信道上，若没有收到应答则重发。

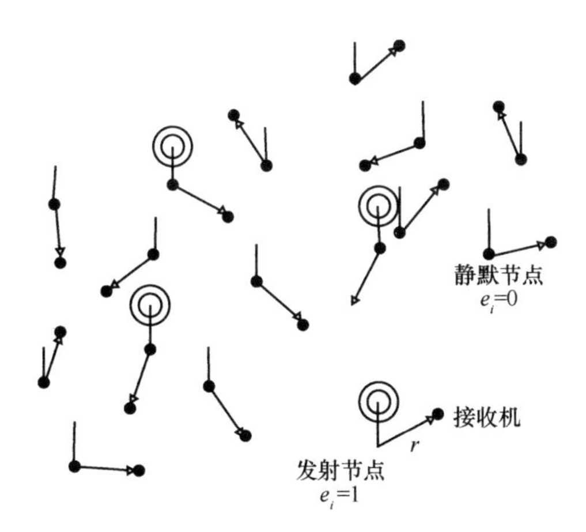

图 15-1 采用 ALOHA 随机接入协议的 MANET 配对网络模型

该简化的配对网络模型可以表述为一个标号泊松点过程 $\tilde{\boldsymbol{\Phi}}=\{(X_i,e_i,y_i,\boldsymbol{F}_i)\}$，具体说明如下。

（1）$\boldsymbol{\Phi}=\{X_i\}$ 表示发射机的位置，假设服从强度为 λ 的 PPP 分布。

（2）$\{e_i\}$ 为一簇表示节点 i 的媒体访问指示的随机变量，服从两点分布，$P\{e_i=1\}=p$，$P\{e_i=0\}=1-p$。p 也被称为介质访问概率（Medium Access Probability, MAP），即 $e_i=1$ 表示允许节点 i 接入网络，$e_i=0$ 表示拒绝节点 i 接入网络。随机变量 $\{e_i\}$ 是独立同分布的且与模型中其他随机变量独立的参数。

（3）$\{y_i\}$ 表示与节点 i 关联的接收机的位置，假设随机变量 $\{X_i-y_i\}$ 是独立同分布的，且满足 $|X_i-y_i|=r$，即发射机与接收机的距离为 r。在更复杂的网络情况下，可以通过改变 $|X_i-y_i|$ 的分布，分析不同的配对协议对网络性能的影响。

（4）$\{\boldsymbol{F}_i=(F_i^j:j)\}$ 表示接收机 j 接收到来自发射机 i 的信号能量，F_i^j 对发射信号能量和信号小尺度衰落进行建模。假设 $\{\boldsymbol{F}_i\}$ 是独立同分布的。特别地，如果发射信号能量为定值 $1/\mu$，假设在信道中的传播是瑞利衰落，则 F_i^j 服从指数分布，且其均值为 $1/\mu$。更一般地，由于太赫兹信号在信道中的传播非直射径，其能量相对于直射径能量较小，且通信距离相对较短，多径效应不明显。模型可以进一步简化为没有小尺度衰落的传播模型，即 F_i^j 为定值 $1/\mu$。

除此之外，通信网络中存在的热噪声可以建模为一个随机变量 W，且噪声与标号泊松点过程 $\tilde{\boldsymbol{\Phi}}=\{(X_i,e_i,y_i,\boldsymbol{F}_i)\}$ 独立。基于 15.1.2 节中对泊松独立细化过程的分析。利用定理 15.3 的结论，被允许接入网络的发射机的集合仍然是一个 PPP: $\Phi^1=\{X_i:e_i=1\}$，其强度参数为 $\lambda_1=\lambda p$。

2. 干扰和覆盖概率模型

不失一般性地，定义信号传播衰落模型为函数 $l(\cdot)$。低频信号中，对于采用全向天线的发射机，衰落可以建模为 $l(r)=(Ar)^{\beta}$，而对于将在 15.2.2 节中详细讨论的太赫兹信号传播模型，不可忽略的分子吸收效应将体现在其衰落模型上，即 $l(r)=Ar^{-2}\mathrm{e}^{-K(f)r}$，其中，$K(f)$ 是分子吸收系数，与大气分子构成和太赫兹信号频率密切相关。不失一般性地，假设接收机 i 处在原点，即 $y_j=0$。利用 15.1.2 节中介绍的简化 Palm 过程，可以得到接收机 i 接收到的聚合干扰为

$$I_i^1=\sum_{X_j\in\tilde{\Phi}^1,j\neq i}\frac{F_i^j}{l(|X_j-y_i|)} \tag{15-7}$$

根据定理 15.1，接收机 i 接收到的聚合干扰的拉普拉斯泛函 $\mathcal{L}_{I^1}(s)$ 可以表示为随机变量 F_i 的拉普拉斯泛函 $\mathcal{L}_{F_i}(s)$ 的函数，即

$$\mathcal{L}_{I^1}(s)=\mathrm{E}[\mathrm{e}^{-I^1(s)}]=\exp\left\{-\lambda_1 2\pi\int_0^{+\infty}t\left(1-\mathcal{L}_{F_i}\left(\frac{s}{l(t)}\right)\right)\mathrm{d}t\right\} \tag{15-8}$$

在通信网络性能分析中，当接收机处的 SINR 大于一定的门限 T 时，称发射机与接收机的链接成功，即该接收机被其关联的发射机覆盖。因此，对于网络中典型节点 x_0，其被覆盖的概率定义为

$$p_c(r,\lambda_1,T)=P\{\mathrm{SINR}\geqslant T\mid e_0=1\}=P\{F\geqslant Tl(r)(W+I_0^1)\mid e_0=1\} \tag{15-9}$$

对于一般的衰落模型，利用拉普拉斯泛函的性质，可以得到定理 15.6。

定理 15.6 考虑服从 PPP 分布的发射机构成的通信网络，对于一般分布的随机变量 F 具有有限的均值，且随机变量 F、W、I^1 均具有平方可积的概率密度函数。则对于给定节点，其覆盖概率为[1]

$$p_c(r,\lambda_1,T)=\int_{-\infty}^{+\infty}\mathcal{L}_{I^1}(2i\pi l(r)Ts)\mathcal{L}_W(2i\pi l(r)Ts)\frac{\mathcal{L}_F(-2i\pi s)-1}{2i\pi s}\mathrm{d}s \tag{15-10}$$

证明 因为随机变量 I^1 和 W 相互独立，所以随机变量 (I^1+W) 的概率密度函数仍然保持平方可积。在概率密度函数均方可积的条件下，类似于傅里叶变换，拉普

拉斯泛函具有下面两个重要性质。

$$\mathcal{L}_{X+Y}(s)=\mathcal{L}_X(s)\mathcal{L}_X(s) \tag{15-11}$$

$$P\{a \leqslant X \leqslant b\}=\int_{-\infty}^{+\infty}\mathcal{L}_X(2i\pi s)\frac{\mathrm{e}^{-2i\pi bs}-\mathrm{e}^{-2i\pi as}}{2i\pi s}\mathrm{d}s \tag{15-12}$$

利用式（15-11）和式（15-12）可以得到式（15-10），证毕。

15.2.2 太赫兹网络干扰和覆盖模型

1. 太赫兹信号传播模型

太赫兹频段与其他频段之间最大的差别在于其较大的路径损耗和分子吸收效应。严重的路径损耗主要来自太赫兹信号自身的高频段，而分子吸收效应则受周围环境大气构成和传输频段的影响。分子吸收效应是信号在介质传播过程中，一部分电磁能量被大气中振动的分子吸收，转化为大气分子的动能的过程。从通信的角度看，信号损耗了一部分电磁能量，造成了衰落。在相对低频段，如 60 GHz，对信号起主要吸收作用的是氧分子。与其他频段不同的是，在太赫兹频段，对信号起主要吸收作用的是水分子，即传播空间的湿度会对信号的传播造成较大的影响[2]。由于分子吸收效应的存在，太赫兹信号传播具有较高的频率选择性。这是因为分子吸收效应为太赫兹频段的传输留下了一些传输窗口，即在某些频段，分子吸收现象对传播的影响较小，适用于通信传输。因此，在太赫兹网络性能分析中，有必要将干扰和覆盖建模为与频率相关的函数，便于分析网络性能和传输频段的关系，进而为最优的传输频段的选择提供参考。通常可以通过查阅数据库，如 HITRAN，获得在不同大气分子组成、不同频率下的分子吸收系数 $K(f)$。

2. 二维定向天线模型

在太赫兹系统中，由于发射功率受限，为了补偿较大的传播损耗，接收机和发射机通常会使用高指向性天线来保证信息的有效传输。在太赫兹网络中，大规模使用定向天线将改变网络中信号传输和干扰的分布，因此在太赫兹网络分析中对定向天线进行建模非常重要。定向天线通常可以简化为一个圆锥，如图 15-2

所示[2]，天线方向图用单个锥形波束建模，锥形波束的宽度表示天线的方向性。

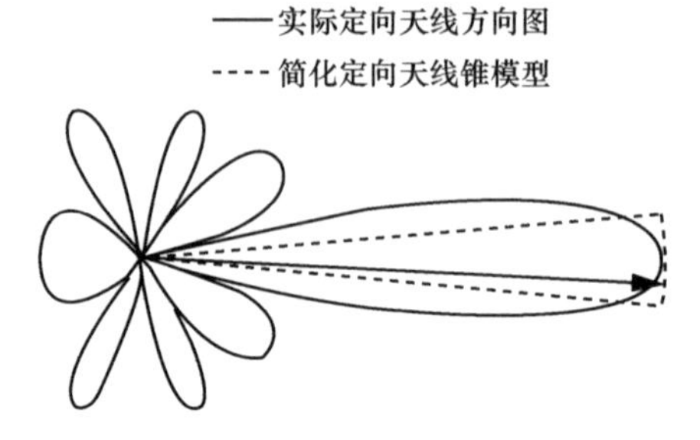

图 15-2　定向天线的圆锥模型

假设发射信号功率为 P_{Tx}，定向天线指向角为 α，其定向天线增益为

$$G=\frac{2}{1-\cos\frac{\alpha}{2}} \tag{15-13}$$

3. **二维场景直射径阻挡模型**

在太赫兹网络中，一个不可忽略的现象为 LoS 阻挡问题。由于太赫兹频段为 0.1～10 THz，几厘米宽的物体都可能对太赫兹信号造成阻挡。因此，除了传统频段通信面临的建筑物阻挡问题，对于太赫兹网络，用户本身可能造成 LoS 阻挡，从而改变太赫兹网络的信号传输和干扰分布。

考虑服从强度为 λ 的 PPP 分布的网络节点，将节点建模为半径为 r_{B} 的圆。

定理 15.7　一个随机节点对与其相距 x 的接收机产生干扰的概率 $P_{\mathrm{UB}}(x)$ 为

$$P_{\mathrm{UB}}(x)=\frac{\alpha}{2\pi}(1-P_{\mathrm{B}}(x))=\frac{\alpha}{2\pi}\mathrm{e}^{-\lambda(x-2r_{\mathrm{B}})2r_{\mathrm{B}}} \tag{15-14}$$

证明　首先，由于节点不会重叠，因此，节点中心间距至少为 $2r_{\mathrm{B}}$，即式（15-14）中，$x>2r_{\mathrm{B}}$。随机节点对接收机产生干扰需要满足两个条件：（1）该节点的定向天线对准了接收机；（2）该节点未被网络中其他节点阻挡。

节点被其他节点阻挡的概率 $P_{\mathrm{B}}(x)$ 可以通过变量转换来得到，即将平面上的随机变量转换为一个一维的随机变量，通过降维进行简化，考虑如图 15-3 所示的干扰源被阻挡的场景[2]。

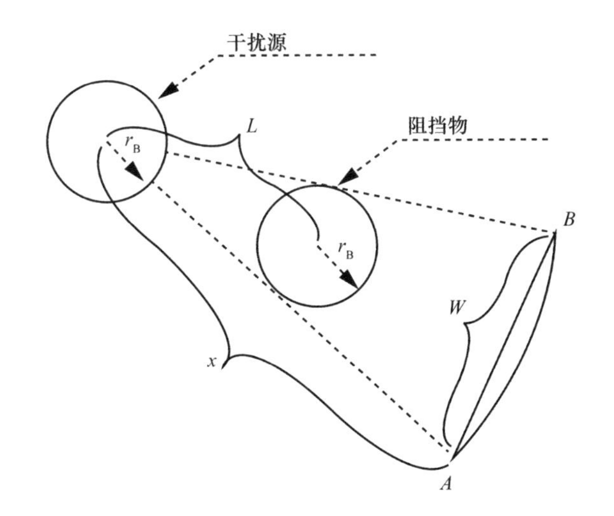

图 15-3　干扰源被阻挡的场景

假设干扰源与目标接收机间距为 x，阻挡物距离干扰源为 L。干扰源被阻挡这一事件可以投射到半径为 x 的圆弧上，转换为弧长 W，即阻挡物产生的阴影区域长度。根据几何分析，阴影弧长 W 与距离 L 的关系为 $W = 2xr_B / L$，根据随机变量转换公式，W 的均值为

$$E[W] = \int_{2r_B}^{x} \frac{8xr_B^2}{(x^2 - 4r_B^2)y^3} dy = \frac{4xr_B}{x + 2r_B} \tag{15-15}$$

由定理 15.4 可知，弧长 W 仍然服从泊松分布，并且由于阻挡物和其产生的阴影弧是一一对应的关系，因此 W 服从的泊松分布的强度参数为 $\lambda_P = \lambda(x^2 - 4r_B^2) / (2x)$。对于干扰源，只要存在一个节点对其造成阻挡，则其信号被阻挡。因此，由泊松分布的性质可得

$$P_B(x) = 1 - \exp(\lambda_P E[W]) \tag{15-16}$$

证毕。

4. 太赫兹网络覆盖分析

定义接收节点 R_0 被发射机覆盖的充分必要条件为：（1）T_0 未被阻挡；（2）R_0 处的 SINR 大于给定的门限 T。利用推导出的太赫兹信号传播模型，假设网络中节

点均采用天线角为 α 的定向天线，且与发射频率无关。对于一个接收机 R_0，假设与之关联的发射机 T_0 与之距离为 r_0。因此，覆盖概率表示为

$$P_{\text{cvp}}=(1-P_{\text{B}}(r_0))\int_{-\infty}^{+\infty}\mathcal{L}_I(2i\pi s)\mathrm{e}^{-2i\pi sN}\frac{\exp\left(\dfrac{2i\pi s}{T}P_{\text{Tx}}G_{\text{Tx}}G_{\text{Rx}}\dfrac{c^2}{16\pi^2 f^2}r_0^{-2}\mathrm{e}^{-K(f)r_0}\right)-1}{2i\pi s}\mathrm{d}s \tag{15-17}$$

其中，干扰的拉普拉斯泛函 $\mathcal{L}_I(2i\pi s)$ 可以利用定理 15.1 求出。

15.3 三维空间场景干扰及覆盖

太赫兹应用场景逐渐趋于复杂，简单的二维空间网络建模已经不能满足一些场景下网络性能分析的需求，例如使用无人机的车联网、室内通信场景和可穿戴电子设备的物联网等。在这些场景下，通信设备处在不同的高度上，因此阻挡物和三维定向天线对网络性能的影响与二维场景有较大的不同，需要基于二维场景的干扰和覆盖模型进行一定的推广，进一步分析在三维空间下太赫兹网络的干扰以及覆盖特性。

与二维空间建模对比，三维空间建模的主要难点和挑战在于：（1）三维空间下定向天线的建模；（2）相对于二维空间，阻挡物高度、接收机和发射机的高度均存在一定的随机性，存在多种可能的随机模型，增加了需要分析的参数和场景数；（3）由于增加了随机变量和需要考虑的参数，三维空间中干扰和覆盖概率本质上更为复杂，很难得到精确解或者闭式解。类似于 15.2.2 节中对二维空间干扰的分析，三维空间中的干扰和覆盖同样可以使用 15.1 节中提到的泊松点过程的性质定理，在三维空间中的干扰和覆盖概率的推导仅需要将二维空间的传播模型、天线模型和直射径阻挡模型替换为三维的即可。本节将基于最基础的三维场景模型，介绍三维定向天线模型和直射径阻挡模型。

1. 三维定向天线模型和信号传播模型

类似于 15.2.2 节中对二维定向天线的建模，三维定向天线可以简化为一个锥体模型，如图 15-4 所示[3]。

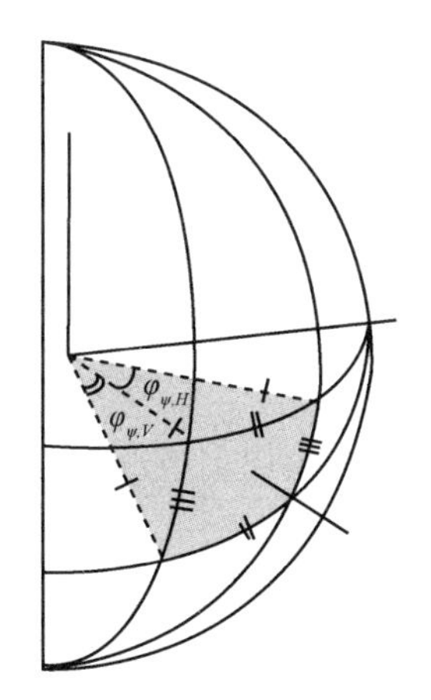

图 15-4 三维定向天线模型

三维定向天线的天线增益G与天线水平角$\varphi_{\Psi,V}$和垂直角$\varphi_{\Psi,H}$有关。根据立体几何理论，可得三维天线增益的表达式为

$$G'=\pi\left(\arcsin\left(\tan\left(\frac{\varphi_{\Psi,H}}{2}\right)\tan\left(\frac{\varphi_{\Psi,V}}{2}\right)\right)\right)^{-1} \tag{15-18}$$

2. 三维场景直射径阻挡模型

不同于二维场景，三维场景的直射径阻挡需要从两个角度来考虑，即水平角和垂直角，如图 15-5 所示[3]。考虑服从强度为λ的 PPP 分布的网络节点，将发射节点和接收节点分别建模为半径为r_B的圆柱体，高度分别为h_A和h_U，且水平距离为x，假设阻挡物的高度为h_B。需特别说明的是，节点的高度可能服从多种不同的分布，即均匀分布、指数分布或固定值，且根据应用场景的不同，不同种类的节点可能具有不同的分布。例如在室内场景中，接入点（Access Point, AP）为固定在天花板上的信号源，其高度为固定值，而用户节点为手持移动终端，在一定高度范围内呈均匀分布或指数分布，不同的分布将对之后的干扰和覆盖建模产生较大的影响。

类似于 15.2.2 节中采用的方法，三维空间中阻挡物对发射机是否造成阻挡这一事件可以投影在二维平面上，即图 15-5（b）所示阴影区域，只要存在一个阻挡物处在这个阴影区域中，发射机的信号就被阻挡，因此三维模型中的 LoS 阻挡模型可以转换为一个二维 PPP 分布的问题。

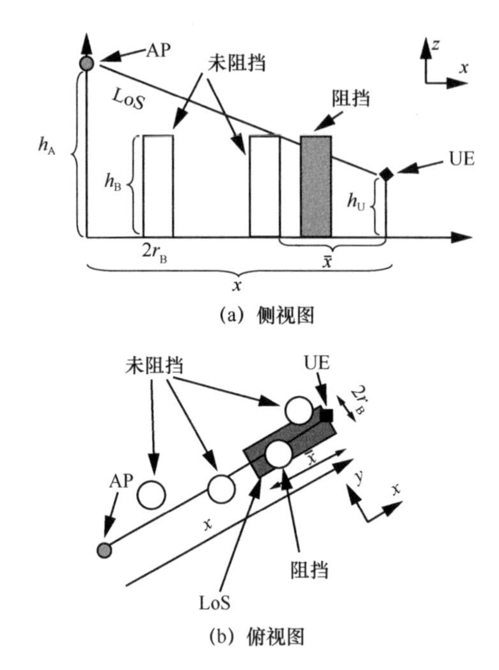

(a) 侧视图

(b) 俯视图

图 15-5　三维场景直射径阻挡模型

发射机的信号未被阻挡的概率转化为在二维平面上没有阻挡物处于阴影区域面积的问题。

15.4　太赫兹网络性能参数

除了在 15.2 节和 15.3 节中考虑的干扰和覆盖概率,为了更全面地分析太赫兹网络的整体性能和相关的性能参数，可以基于推导得到的干扰和覆盖概率表达式进行分析。本节将介绍 4 种具有重要意义的网络性能参数。

1. **吞吐量 $\tau(r,\lambda)$**

15.3 节定义了覆盖概率。覆盖概率是一种基于系统对通信门限需求的参数，即要求 SINR 大于阈值 T 。而对于整体网络，其性能的另一方面体现为基于香农公式的吞吐量，对单用户 i 定义吞吐量为 $T_i = \lg(1+\text{SINR}_i)$ 。

2. 空间中成功传输数的密度 $d_{suc}(r_0,\lambda,T)$

单位空间中，将 SINR 大于门限 T 作为一次成功传输。根据泊松点过程分布的独立细化定理 15.3，成功传输次数的密度可以表示为 $d_{suc}(r_0,\lambda,T)=\lambda P_{cvp}(r_0,\lambda,T)$，其中 $P_{cvp}(r_0,\lambda,T)$ 是覆盖概率。

3. 吞吐量密度 $d_{\tau}(r_0,\lambda)$

单位空间中，平均吞吐量定义为吞吐量密度，表示为 $d_{\tau}(r_0,\lambda)=\lambda\tau(r,\lambda)$。

4. 传输密度 $d_{tran}(r,\lambda)$

单位空间、单位时间中，平均每 1 m 传播比特数定义为传输密度，表示为 $d_{tran}(r,\lambda)=\lambda r\tau(r,\lambda)$。

15.5　本章小结

本章从随机几何的基础知识出发，介绍了在太赫兹网络中的概念和理论。基于随机几何理论，本章对二维场景下太赫兹网络场景中的传播模型、天线模型和直射径阻挡模型进行建模，并基于这 3 个模型系统地分析了太赫兹网络中的聚合干扰和覆盖概率。最后，对网络性能参数进行拓展，给出了一些具有重要网络分析价值的参数。这些参数均可以基于干扰和覆盖概率表达式推导得到，为后续全面的太赫兹网络分析提供重要基础。本章仅基于最基础的太赫兹自组织网络架构，即基于 ALOHA 随机接入协议的通信系统性能进行分析。更全面的太赫兹网络性能分析包括分析采用不同的 MAC 协议对太赫兹网络性能的影响，进而帮助研究者开发最合适的 MAC 协议。除此之外，由于太赫兹网络的复杂性，网络节点的各项参数均可以建模为随机变量，基于本章提供的框架对网络性能进行更细致的分析。

参考文献

[1] BACCELLI F, BŁASZCZYSZYN B. Stochastic geometry and wireless networks[M]. Boston: Now Publishers Inc, 2010.

[2] PETROV V, KOMAROV M, MOLTCHANOV D, et al. Interference and SINR in millimeter wave and terahertz communication systems with blocking and directional antennas[J]. IEEE Transactions on Wireless Communications, 2017, 16(3): 1791-1808.
[3] SHAFIE A, YANG N, SUN Z, et al. Coverage analysis for 3D terahertz communication systems with blockage and directional antennas[J]. arXiv Preprint, arXiv:2004.07466, 2020.

第16章

媒体接入控制与多址接入

可靠的太赫兹通信需要考虑多个关键问题，包括太赫兹网络的覆盖范围增强、高稳定性链路建立、移动性管理和视线阻塞缓解等。高效的太赫兹媒体接入控制（Media Access Control，MAC）层协议需要根据网络应用场景和用户需求完成包括信道接入、冲突控制、功耗控制和覆盖性能提升等多项功能。为此，本章从太赫兹组网的MAC层设计重难点分析出发，首先给出设计要点和重要性能参数，然后给出两个适用于不同场景的典型协议及其性能分析。

媒体接入控制又称为介质访问控制。MAC 层属于计算机网络中的数据链路层，在物理层之上，作为上层与下层协议层之间的适配。MAC 层负责逻辑信道和传输信道之间的映射、上层协议数据单元（Protocol Data Unit，PDU）的复用和解复用、在上行链路和下行链路中调度空中接口资源并完成纠错，以及通过动态调度，在不同的用户之间进行优先级处理和对一个用户的不同逻辑信道之间的优先级处理。MAC 协议用于解决当信道使用产生了竞争时，如何分配信道的使用权的问题。MAC 协议定义了数据帧如何在介质上传输，通常包括帧结构、同步、MAC 寻址、检错与纠错和链路管理方案等信息。

为了使每个用户都有机会访问公共资源，可以创建不同的“频道”，并将每个用户分配给自己的频道，或者让多个用户竞争同一频道。将信道进行合理划分的技术就是多址接入技术。通过研究多址接入技术，我们期望能使接入网络的节点冲突的概率最小，且同时传输的数据量最大。MAC 协议中的多址接入技术主要研究两个问题：（1）如何为每个用户创建逻辑信道；（2）如何对逻辑信道使用进行优化。上述问题主要基于网络拓扑结构、信道状态和用户需求（包括网络吞吐量、时延和可靠性等参数）。

16.1 太赫兹 MAC 协议特性

本节重点关注太赫兹网络中 MAC 协议主要包括的内容，以及需要关注的重点及其设计上的难点。

太赫兹频段与较低频段相比具有高带宽、高频衰减的特点。因此，在大多数情况下，传统的 MAC 概念需要被修改来考虑应用需求，例如超高吞吐量、覆盖范围和低时延。经典方案难以适应太赫兹频段的特殊性，因此太赫兹频段通信网络需要新的 MAC 协议。太赫兹频段非常大的可用带宽和窄定向波束的使用几乎消除了节点争夺信道的需要。非常短的信号传输也使碰撞的可能性达到最小化，但是同时会带来设备之间更复杂的同步方案。

本节重点介绍适用于太赫兹网络的 MAC 协议主要包括的内容、设计难点和挑战，主要从 3 个方面介绍为适用于太赫兹网络 MAC 协议所需要考虑的方向和协议中需要囊括的内容。MAC 协议与物理层关联，为了适应太赫兹网络，应考虑太赫兹网络在物理层传输的特性，如定向天线技术。在此基础上，MAC 协议应与太赫兹网络实际应用场景和用户需求结合，从 MAC 层考虑其设计要点，如信道接入、冲突控制、能耗与覆盖性能等。最后，本节给出 MAC 协议要做出的主要决策。

16.1.1　物理层相关设计要点

由于 MAC 层接收来自物理层的信息，虽然物理层不会直接影响 MAC 层的性能，但是由于物理层设计的巨大改变，MAC 层的性能、吞吐量和时延将会随之改变。物理层功能的选择也会影响 MAC 层的设计，如天线技术、调制和编码方案以及波形。MAC 功能取决于信道特性、设备技术和物理层特性。在为不同的应用程序设计一个高效的 MAC 协议时，需要考虑与物理层和 MAC 层特性相关的几个设计问题。

1. 定向天线技术

如前文所述，太赫兹信号在介质中的传播受到多种因素的影响，如自由空间路径损耗、分子吸收效应、散射和多径效应。太赫兹信号由于在介质中的传播而受到多种损耗，从高频引起的自由空间损耗到分子吸收噪声和散射。为了解决这个问题，需要高增益天线在一个特定方向上增强信号来补偿损耗。在通信网络中，许多节点都试图接入共享信道，如果天线是定向的，那么同时为所有节点服务将是一个挑战。在 MAC 协议设计中，定向天线技术使邻居节点发现算法更为复杂。邻居节点发现算法是在节点预先不知道网络中其他节点位置信息的情况下，通过一定的算法找到其天线覆盖范围内的邻居节点并且建立握手关系的过程。定向天线的使用减少了单次扫描可以查找的范围。

因此，需要开发具有快速波束交换能力的天线技术，来实现节点使用窄波束访问共享信道，同时需要在 MAC 协议中设计有效的定向天线下的邻居发现算法。在 MAC 层，给定时隙节点对信道的访问需要通过协议来规定。因此，不同于传统 MAC 协议，太赫兹 MAC 协议应包括一个天线控制模块，用于快速地将波束转向接收机。该天线控制模块应与节点处天线控制能力相结合，这样可以使不同节点的 MAC 协议和其天线实现较好的同步，以减少错误和时延。通过优化天线增益，可以达到较高的数据传输速率和良好的信号质量。

对于不同的应用场景，节点采用的定向天线及其性能也不同。对于宏网络，如传统的基站–用户通信，大规模 MIMO 技术被设想用于太赫兹网络。由于太赫兹极短的波长，大量的天线阵元可以实现超高密度的集成，并且具有较小的体积和可以接受的功耗。MAC 协议需要考虑控制大规模天线的复杂度和能耗，在性能和功耗之间寻找一个平衡。对于纳米网络，大规模天线难以集成在纳米设备上，并且纳米网络通常具有较短的节点间距离。因此，纳米网络中采用的天线通常是结构较为简单的全向天线，或者是具有较少的天线阵元的阵列天线。由于纳米设备自身信号处理能力受限，且通常需要低功耗来维持其工作时长，因此针对纳米网络的 MAC 协议需要关注节点的能耗。

为了应对高衰减和多径问题，快速波束切换和导向技术可以由 MAC 层控制，相控阵天线是满足这一要求的最佳选择。相控阵可以改善链路预算，还可以通过波束切换和导向提高用户间的公平性。然而，技术的实际发展仍然朝着减少切换时间和增加天线元件的数量以增加增益的方向发展。从数学上来看，在特定角度方向 (θ,ϕ) 的均匀平面阵列的天线增益描述了波束成形和波束导向这两种功能，计算式为

$$G(\theta,\phi)=G_{\max}\frac{\sin(Ma(\sin\theta\cos\phi-v_0))}{M\sin(a(\sin\theta\cos\phi-v_0))}\frac{\sin(Nb(\sin\theta\sin\phi-v_1))}{N\sin(b(\sin\theta\sin\phi-v_1))} \tag{16-1}$$

其中，a 和 b 是与天线元件之间的垂直和水平间距相关的两个参数，也是太赫兹频率的函数；v_0 和 v_1 是水平和垂直转向参数，MAC 层应该正确选择 v_0 和 v_1 来建立与

节点的通信链路；G_{max} 是最大天线增益。

太赫兹 MAC 天线控制模块将数据流映射到每个天线波束上，如图 16-1 所示[1]。其中，N 表示不使用该节点，Y 表示使用该节点。在第 n 个传输间隙内，即 $[(n-1)T, nT]$ 时间内，MAC 协议基于传输的需要选择一个目标节点，并且确定关联的波束来实现传输，其中可以采用多种调度算法，如循环调度、最大吞吐量或最小时延算法。光束的选择控制可以在脉冲、符号或帧级别执行。

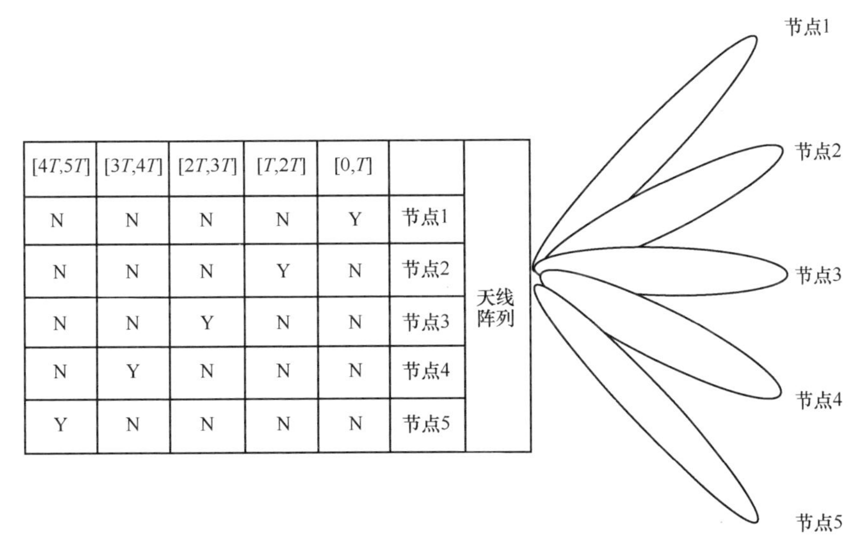

[4T,5T]	[3T,4T]	[2T,3T]	[T,2T]	[0,T]	
N	N	N	N	Y	节点1
N	N	N	Y	N	节点2
N	N	Y	N	N	节点3
N	Y	N	N	N	节点4
Y	N	N	N	N	节点5

图 16-1　MAC 天线控制模块

2. 干扰模型和 SINR

如第 15 章所述，太赫兹网络中的干扰对网络通信性能有较大的影响。干扰对接收信号的质量有较大的影响，进而可能导致较高的误码率。太赫兹网络 MAC 协议需要能够感知网络当前的干扰水平。因此，太赫兹网络 MAC 协议应通过增强节点同步技术或采用正交信道化方法等降低网络干扰水平。MAC 协议为节点提供：（1）信道接入方法，该方法规定了每个节点传输数据的方式；（2）干扰模型，节点可以借助干扰模型选择正确的信道接入方案。

3. 链路预算和信道容量

通信链路的质量取决于其链路预算和信道容量。链路预算是对发射端、通信链路、传播环境和接收端中所有增益和衰减的核算，通常用来估算信号能成功从发射端传送到接收端之间的最远距离，即网络覆盖范围。通常，将链路质量良好定义为该链路预算值高于接收机信噪比阈值。该阈值为基于接收机设备性能以及通信带宽的常数。链路预算应高于该阈值，以保证可靠的太赫兹通信。提高链路预算可以提高数据传输的可达性，减少数据丢失。

信道容量是信道能无错误传输的最大信息率，是根据特定信道模型下发射方和接收方之间的相互信息最大化得到的，它表示在给定的带宽和 SINR 下，在不同情况下可以传输多少数据。

太赫兹 MAC 协议需要结合太赫兹网络的概率模型，如第 15 章介绍的干扰与覆盖概率模型，分析网络的链路预算与信道容量，进而给出有效的帧优化方案和传输调度算法。除此之外，链路预算和信道容量也反映了网络的需求，MAC 协议需要基于应用场景，针对网络需求做出调整。

4. 调制和编码

除了利用定向天线技术，为了减轻太赫兹信号严重的传播损耗，设计高效的调制和编码也是一种重要的补偿衰落的技术。调制将基带信号转换为适于信号传输的调制信号，对太赫兹信号的调制保证了在信道波动的情况下也能实现自适应数据速率传输。数据速率可以进一步通过高阶调制来提高。为减少在信号传输过程中出现的差错，对数字信号采用纠、检错编码以增强数据在信道中传输时抵御各种干扰的能力，提高系统的可靠性。对要在信道中传送的数字信号进行的纠、检错编码就是信道编码。

为了适应不同的信道条件和传输需求，MAC 协议需要能够支持可变的吞吐量，并且通过设计帧长度、定义帧格式来满足信道条件。为了提高 MAC 层的性能，还需要进一步研究调制和编码技术。调制方式的选择取决于太赫兹器件的输出功率、带宽和信号灵敏度。在太赫兹纳米网络中，虽然由于纳米网络通信距离较短，可以满足更大的带宽上的通信，但是由于节点硬件性能有限，通常仅能选用基本的调制和编码技术，如 OOK 和 QPSK 等低复杂度方案。对于距离更大的宏网络通信，太赫兹传输窗口被分为多段，采用多个载波进行传输，通常会同时使用定向天线和高阶调制，如 16 阶 QAM（16-QAM）。

5. 太赫兹网络硬件设备

由于太赫兹信号自身的高衰落特性，为了增大链路预算、提高链路数据传输速率，太赫兹硬件设备需要具有高输出功率、低噪声等性能。但是在部分应用场景，如纳米网络中，由于硬件设备体积受限，通常其硬件性能较差，电池容量低，需要高能效的 MAC 协议辅助纳米设备实现可靠通信。除此之外，为了降低部署成本，未来可能存在太赫兹和低频发射机、接收机共存的通信网络，需要通过设计灵活可变的 MAC 协议来支持多种不同性能的网络硬件设备的接入需求。

因此，为了实现高数据速率的太赫兹通信，基于设备的硬件能力设计 MAC 协议是有必要的。而这需要具有低系统噪声水平和可变输出功率的设备，同时保持网络的 SINR。网络的 SINR 是设备发射功率、信道和系统噪声共同作用的结果。MAC 协议应实现监测发射功率、天线方向图形状和波束方向的功能，从而增强 MAC 层节点发现功能，并减少节点发现阶段引起的时延。

16.1.2　MAC 层相关设计要点

MAC 层的设计要点与太赫兹通信的应用场景息息相关。太赫兹宏网络应用场景对 MAC 协议有多种需求，例如数据中心中的数据传输，没有用户移动性的挑战，但是需要低时延高可靠的 MAC 传输，而车联网则需要 MAC 协议能够支持用户高移动性。太赫兹纳米网络应用具有高密度节点、较小通信范围、大带宽信号传输等特性。为这种网络设计的 MAC 协议需要考虑支持大量设备之间可伸缩和移动的链接，并且需要关注 MAC 协议的复杂度和功耗。相关的设计要点总结如下。

1. 信道接入、调度和共享

MAC 中规定的信道接入协议也称信道访问协议，用于满足多个用户同时接入和共享信道资源。为了实现互不干扰的多用户同时通信，信道接入、调度和共享协议定义了信道划分的原则。MAC 协议中规定的网络架构可以大致分为集中式和分布式（也称为自组织网络）架构。集中式网络有一个 AP 或一个中央协调节点，分布式网络允许节点自己做出决策，并以分布式的方式相互协调。更进一步地，MAC 中的信道接入协议可分为 3 种：基于竞争的、无竞争的和混合方案的。基于竞争的信道接入协议允许节点竞争共享信道资源，这在引入冲突的同时提高了信道利用率。

在定向太赫兹网络中，基于竞争的信道接入协议具有很高的空间复用潜力，进一步提高了吞吐量。典型的基于竞争的信道接入协议是载波监听多路访问（Carrier Sense Multiple Access，CSMA）。无竞争的信道接入协议分配正交资源而不进行空间复用，允许每个节点在预定的调度时隙内访问信道，从而以更高的同步开销为代价保证无冲突通信，太赫兹通信中的超高数据速率也使无竞争的信道接入协议相比于基于竞争的信道接入协议，具有更差的吞吐量和时延性能。典型的无竞争的信道接入协议是TDMA。混合方案的信道接入协议结合了前两种协议，首先使用基于竞争的信道接入协议发射信道接入请求，然后基于时分多址接入进行数据传输。这种设计可以结合基于竞争的和无竞争的信道接入协议的优点。

信道接入协议高度依赖以下条件：（1）网络拓扑，即集中式网络或分布式网络；（2）信道状态，即快变信道或慢变信道，预知信道状态信息与否；（3）吞吐量、时延和可靠性等性能的需求。

对于宏网络，由于通常会采用定向天线传输来满足通信覆盖距离，因此链路建立之前需要考虑波束对准和节点同步。在集中式网络中，需要一个中央控制器管理波束对准。而在点对点自组织（Ad-Hoc）网络中，没有中央控制器实施调度，因此可以采用基于时分多址的方案避免冲突和波束管理问题。

对于纳米网络，由于其是短距离网络覆盖，且纳米节点可能采用全向天线，因此，可以考虑采用同频段传输的CSMA协议。CSMA协议中的用户共享信道在发射信息前检测信道是否空闲，如果空闲则传输，否则等待一个随机时长后再次尝试。CSMA是一种存在冲突的接入技术，网络中会存在干扰，因此，MAC协议需要通过设计以减少网络中的干扰。

2. 邻居节点发现和链路建立

在通信链路建立之前，节点需要寻找在其天线覆盖范围内的邻居节点，即邻居节点发现技术。对于太赫兹纳米网络，由于纳米设备的功率有限，需要开发具有低消息开销的邻居节点发现机制。不同于纳米网络，宏网络中天线的方向性和移动性增加了节点在没有任何位置先验信息的场景下寻找邻居节点的挑战。因此，为了在高动态的场景下保持稳定的链路，要求太赫兹MAC协议可以实现对节点的跟踪和定位。在Ad-Hoc网络中，需要有效的波束管理协议来减少握手时间和邻居发现时间。此外，由于太赫兹通信距离较短、用户移动性较高，网络中会设立中继节点，因此可能需要频繁的链路关联和切换，设计可以灵活切换的 MAC 协议。

3. 移动性管理和切换

移动性和覆盖是两个相互关联的概念，对于移动的太赫兹通信系统，应该保证无线电覆盖以降低链路中断概率。切换是移动网络的一个技术概念，用于描述服务基站改变而不中断业务流。节点移动性带来的一个问题是太赫兹定位问题。定位对于纳米网络更可行，但是对于部署定向天线的宏网络，定位变得更具挑战性。解决本地化问题有助于加快移交执行。

移动性管理是对移动终端位置信息、安全性以及业务连续性方面的管理，努力使终端与网络的链接状态达到最佳，进而为各种网络服务的应用提供保证。移动性管理包括位置管理和切换管理。

位置管理包括以下两个阶段。（1）位置注册：用户的周期性位置注册、更新使网络在呼叫到来时，能够找到被叫用户的位置。（2）会话传递：网络在呼叫到来时，查询用户的位置信息进行寻呼。

切换是一种用于移动网络的技术概念，用于描述服务基站更改而不中断业务流。切换管理包括以下 3 个阶段。（1）初始化：用户或者网络根据资源的状况决定是否发起切换。（2）新链接建立：网络为终端分配新的资源，并进行路由操作。（3）数据流控制：在保证链接服务质量的同时完成数据的传递。MAC 层应支持移动性管理功能，以确保服务的连续性。

4. 冲突避免和干扰控制

虽然定向天线的使用减少了节点发生冲突的可能性，但是当两对节点的波束方向彼此交叉传输时，可能会发生传输冲突。在大量具有移动性的节点的情况下，也可能发生多用户干扰。因此，在设计有效的太赫兹 MAC 协议时应考虑冲突检测和避免机制。基于第 15 章建立的干扰和覆盖模型，MAC 协议可以捕获太赫兹频段特征来降低多用户干扰对通信的影响。

5. 网络覆盖和可靠性

大多数无线系统需要可靠的通信，其可靠性程度因应用而异。对于太赫兹系统，主要需要低帧丢失、低时延和高吞吐量、高数据速率。太赫兹通信的覆盖范围受限于太赫兹信号的传播损耗以及 LoS 路径被阻挡的问题。MAC 协议可以通过利用数据链路中继、路径分集、频谱切换等技术来增强太赫兹网络覆盖和可靠性。例如，在太赫兹车联网通信中，为了获得全面的道路信息，移动节点（车辆）需要同时与多个节点协调；在纳米传感器网络中，虽然节点自身的发射功率有限，但是可以通过中继将信号传输到目标节点。由于太赫兹频段波长较短，LoS 路径受阻挡的现象明显。当 LoS 路径受阻时，采用中继、多接入点分集、重传、波束扩展等增加网络覆盖和链接可靠性的可行方案具体说明如下。（1）中继。当 LoS 路径受阻发生在定向链路中时，发射机将通过中继采用多跳路径向所需的接收机发射数据分组。（2）多接入点分集。在多接入点架构中，接入控制器连接并协调所有接入点。当接入点-用户设备链路被阻塞时，接入控制器选择利用另一个接入点进行数据传输，避免接入点阻塞。（3）重传。如果原始链路被阻塞，则在发射机处进行重传请求，以便在下一周期进行信道接入或数据传输。（4）波束扩展。发射机扩大波束宽度，以便未阻塞的多径分量可以不受阻塞地到达接收机。该方案以低路径增益为代价来保持链路连通性。

6. **能量效率和能量捕获**

网络能量效率是指使用更少的能量来达到所需的网络通信性能。在太赫兹通信的部分应用场景中，如应用于生物医学的纳米传感器网络、人体区域网络等，采用低容量电池的设备节点很难满足长时间的供电需求。因此，能量效率成为太赫兹网络 MAC 层协议设计中必须考虑的要素。为了解决能量供应问题，研究者提出了能量捕获、低阶调制等方案来延长电池使用时间。其中具有代表性的是无线携能通信（Simultaneous Wireless Information and Power Transfer，SWIPT），这种技术可以使网络中的节点在传输无线通信信号的同时向设备传输能量信号。能量信号在被具有获能电路的无线设备接收后，经过一系列转换可以将无线能量存储在无线设备自身的电池中。为了进一步延长电池使用时间、提高能量效率，可以设计新的 MAC 层协议与这些技术结合。

如上所述，在部分太赫兹应用场景中，信号传输的连续性受限于节点的发射功率。因此，需要在 MAC 层上实现功率管理模块，在不降低系统 QoS 的前提下降低功耗，主要有两种方式：（1）如果节点没有要传输的数据，则从活动状态切换到空闲状态，并根据信道状态信息和应用所需的 QoS 级别选用合适的功率控制策略；（2）针对不同活跃程度的节点，采用不同的能量捕获和管理策略，例如，纳米传感器网络中，在更活跃的节点上使用能量捕获技术（如 SWIPT）。

16.1.3　MAC 协议决策和设计挑战

1. MAC 协议决策

作为物理层和上层网络的中间层，MAC 层需要能够了解和监视物理层功能和信道的波动，并且使太赫兹链路适应上层网络。因此，MAC 协议需要能够实现下面 4 个主要决策功能。

（1）带宽和频段选择

MAC 层主动感知物理信道状态，并且了解每个数据流的服务需求，基于这些信息选择合适的带宽和载波频率。实际的太赫兹系统中可能更多地采用单一频率传输，因此 MAC 协议还需要控制信道接入方式以降低多用户之间的干扰。

（2）调制和编码方案

由于太赫兹频段信号传输受环境影响较大，太赫兹信道状态是时变的，因此为了缓解恶劣信道状态下高误码率导致的信息传输失败，MAC 协议可以控制信号的调制和编码，采用自适应的调制和编码策略，根据信道状态选择最适合传输的调制阶数和编码方案。例如，当信道状态较差时，采用低阶调制降低误码率；当信道状态良好时，采用高阶调制提高吞吐量。

（3）功率控制

如前文所述，太赫兹通信的部分应用场景对通信功耗敏感，且节点自身发射功率受限。为了延长节点电池的使用寿命，降低节点功耗，MAC 协议需要提供功率控制模块以保证节点维持可承受的功耗。该模块的另一功能是降低网络干扰。太赫兹网络节点分布趋于高密度、高动态，为了控制节点之间相互协调时产生的干扰，增加网络覆盖范围，MAC 协议还需要通过控制节点发射功率来限制网络中的干扰。并且，太赫兹信号受大气影响明显，如分子吸收效应，因此 MAC 协议需要通过控制发射功率使节点适应通信环境。如在潮湿环境中，为补偿分子吸收损耗，平均功率消耗将大于干燥环境。

（4）波束对准

出于移动性管理的目的，快速或主动波束重新对准对于保持链路连通性至关重要。波束重新对准可分为以下三类。① 传感器辅助波束适配，利用提供精确位置信息的传感器来预测下一对波束。对于每个位置，从具有相应波束权重的预定义波束方向中选择波束模式。② 穷举或智能波束搜索，通过穷举搜索或智能搜索，链路重新对准。穷举搜索顺序扫描所有方向，而智能搜索只扫描在初始波束训练阶段协商和存储的候选天线扇区对。③ 信道跟踪，基于信道估计的信道跟踪用于保持不间断的链路连接。其借助于位置或精确的信道状态信息，可以通过瞬时信道估计来跟踪最主要的方向。

2. MAC 协议设计挑战

太赫兹系统的 MAC 协议设计带来的挑战可以总结如下。① 窄波束和方向性引起耳聋问题，妨碍收发器的对准。② 太赫兹系统对数据传输速率、覆盖范围和避免盲区的要求使节点发现和配对过程中的控制信道选择方案复杂化。这取决于采用的天线模式，即全向天线、半全向天线，或在发射-接收模式下为全向天线。③ 直射径阻挡问题。LoS 路径阻挡问题会使小区边界，即接入点覆盖范围不断变化。此外，由于直射径阻挡和用户移动，太赫兹链路连接容易发生中断，因此给链路的稳健性带来挑战。④ 虽然太赫兹通信中采用定向天线提高了空间复用的增益，降低了多用户干扰，但是小范围和密集网络中仍然存在不可忽略的多用户干扰。因此，MAC 协议需要针对这些场景提出有效的干扰监视和传输调度技术。

（1）高指向性波束导致的盲区

高指向性太赫兹通信的 MAC 协议设计的一大挑战是极窄波束导致的通信盲区。盲区是指处于该区域的每个节点都没有其目标接收机的可用接收信息的情况。因此，它阻碍了收发器波束对准的过程。在节点发现和配对阶段，高指向性波束会使控制消息交换协议变得复杂。

为了避免在链路建立过程中出现盲区，目前的两个标准 IEEE 802.15.3c 和 IEEE 802.11ad 均采用波束训练的方法。IEEE 802.15.3c 中的波束训练过程包括两个阶段，即扇区级训练和波束级训练。第一阶段，一个节点以定向模式发射，另一个节点以顺序定向模式接收。在发射机进行完整的空间搜索后，可以找到最佳的扇区对。第二阶段，在选择的最佳扇区上采用类似的顺序方式来搜索最佳波束对。IEEE 802.11ad采用粗扇区级扫描（Sector Level Scanning，SLS）阶段和可选的波束细化（Beam Refinement Protocol，BRP）阶段来减轻训练开销。在SLS阶段，一个节点以顺序定向模式工作，另一个节点以全向模式工作，从而减少了穷举空间搜索的开销。在BRP阶段，使用相同的搜索方法获得两个收发器的最佳波束对。

（2）控制信道（Control Channel，CC）的选择

控制消息用于邻居节点发现、网络参数指定等，在控制信道上进行交换。建立链接的第一步是邻居节点的发现和配对，为之后的定向数据传输做准备。可用的对齐信息有节点位置、AoA、波束对准方向。但是，由于太赫兹系统使用定向天线传输，需要在避免产生盲区的同时，保证定向数据的覆盖，对齐的过程变得复杂。

（3）直射径阻挡

由于直射太赫兹波不能穿透障碍物，直射径阻挡问题不能仅仅通过增加发射功率来缓解。由于太赫兹系统超高的数据速率，即使是暂时的阻挡也将导致大量的数据丢失，因此需要保证通信的无缝覆盖和链路稳健性。LoS路径阻挡问题带来MAC协议设计中的两个难点：① 为了避免错误检测和纠正，需要区分阻挡的通道和盲区或单纯的传输错误；② 需要开发阻挡解决方案。

（4）用户移动性管理

由于使用窄波束通信，用户移动会导致链接失败，从而导致链路的不稳定。用户的移动会改变已经完成的波束对准过程的质量并破坏链路的链接。离开波束覆盖区域会导致波束失准问题，因此太赫兹系统需要快速链路重建来保持链路的连通性。波束失准问题表明具有最高路径增益的波束对不一定是最佳的波束对。此外，用户的移动也会引发直射径阻挡问题。当链接被其他移动用户阻挡时，可能出现直射径阻挡现象。MAC协议需要考虑对于波束失准的校正，主要从以下两个方面考虑：① 必须在波束重新定向之前，跟踪最佳光束来保证链路的接续；② 需要寻找代替路径。因此，识别波束对准的误差并对它们进行校正非常重要。

（5）空间复用

空间、时间复用在太赫兹网络中是可行的。支持空间复用的机制有以下两种：

①由于太赫兹路径损耗较大，距离较远的链路可以共存；②相邻链路在没有主瓣干扰和可接受的旁瓣干扰的情况下可以共存。

虽然太赫兹网络中的多用户干扰已经有一些减少，但是在短距离密集链路网络中仍然存在不可忽略的多用户干扰。网络中，每个链路的辐射范围可能出现不同程度的重叠，相邻链路中可能存在较大的干扰，影响接收机的 SINR。因此，太赫兹网络 MAC 协议需要考虑干扰监视、并发传输调度以及同步问题。

（6）干扰控制

虽然使用高定向天线可以减少干扰，但是在小范围和密集网络中仍然存在不可忽略的多用户干扰。考虑每个节点需要高数据速率连接的大型网络，例如架顶数据中心网络，其中的节点应该始终以高数据速率和低时延传输。对密集室内场景的干扰需要深入研究，建立干扰模型。MAC 层需要知道信道中的干扰，以进一步详细说明快速调度和快速信道接入，还需要新的动态信道选择机制，同时考虑太赫兹频段的特性、特定频段的干扰以及可实现的距离。干扰控制模块可以跟踪信道状态，并决定传输时隙以及要使用的载波和要设置的物理参数，例如调制和编码方案以及在某些方向上消除旁瓣。

16.2 太赫兹 MAC 协议性能参数

本节将给出太赫兹 MAC 协议进行网络性能优化过程中涉及的主要参数。宏网络场景，节点通过旋转定向天线周期性地扫描空间，同时克服太赫兹频率带来的距离问题。纳米网络场景，纳米设备需要能量捕获系统来操作。宏网络场景考虑基于载波的物理层，而纳米网络场景的物理层基于具有分组交织的飞秒脉冲调制方案。本节首先基于不同尺度的网络，给出信噪比、BER、分组误码率（Packet Error Rate，PER）和冲突概率的表达式；然后给出宏网络的定向天线模型和纳米网络的能量模型。

1. BER 和 PER

BER 和 PER 与接收机处的 SNR 和 SINR 有密切联系。关于 SNR 和 SINR 的建模已经在第 15 章进行了详细介绍。这里提出的方案是基于 SNR 和 SINR 已知，不同尺度网络中 BER 和 PER 的建模。

（1）宏网络

特别地，BER 和 PER 与调制方式有密切联系，这里以 QPSK 调制为例介绍。对于给定的 SNR，采用 QPSK 调制的误码率 P_b 可以用互补误差函数 $\mathrm{erfc}\sqrt{E_b/S_{N_t}}$ 的一半来表示，其中，E_b 是单位比特能量，S_{N_t} 是总噪声能量功率谱密度。E_b/S_{N_t} 表示归一化的 SNR 测度。

PER 定义为接收到的数据分组存在错误比特的概率。假设每个分组包含 L_p 个比特，则分组误码率 P_p 为

$$P_p = 1-(1-P_b)^{L_p} \tag{16-2}$$

（2）纳米网络

太赫兹纳米网络常用的信号调制方式为 TS-OOK。TS-OOK 是一种基于 100 飞秒脉冲传输的调制方案。为了降低分子吸收效应和多用户干扰对用户接收信号的影响，通常会将 TS-OOK 与低信道编码权重技术结合。该编码方案减少了码字中“1”的数量。不同于通常需要纠错与检错的方案，该方案从信号本身出发，降低了发生误码的概率，其不是重新发射或尝试纠正信道误差，而是防止信道误差在开始传输时发生。因此，该方案适用于传输能量和信号处理能力受限的纳米网络。

2. 冲突概率

相较于其他频段的通信网络，太赫兹网络中的冲突概率较低，主要原因如下：① 对于宏网络，高指向性天线的使用使太赫兹网络具有较强的空间复用潜力；② 对于纳米网络，脉冲交织的方案降低了节点同时接收到两个不同分组的概率；③ 高速传输减少了分组传输持续的时间，从而减小了分组之间冲突的概率。然而，碰撞概率仍然是导致传输失败的主要原因之一，特别是对于长数据分组。下面给出两个应用场景的冲突概率。

（1）宏网络

宏网络由于通信距离较远，为了补偿太赫兹信号的传输损耗，通常需要考虑定向天线对于网络冲突概率的影响。回顾在第 15 章提到的网络节点的随机几何模型，考虑节点分布服从齐次泊松点过程分布，假设其强度参数为 λ，则在区域 $S_A(\Delta\theta, l)$ 中存在节点个数为 i 的概率可以由 PPP 分布的性质得到，即

$$P[i \in S_A(\Delta\theta,l)] = \frac{\left(\lambda S_A(\Delta\theta,l)\right)^2}{i!} \mathrm{e}^{-\lambda S_A(\Delta\theta,l)} \tag{16-3}$$

其中，$\Delta\theta$ 为天线角，l 为间距。假设区域 $S_A(\Delta\theta,l)$ 中的节点产生数据分组的速率为 $1/\alpha T_\mathrm{f}$，其中 α 为常值系数，T_f 为每个数据分组传输的时间。i 个节点产生的总流量为 $\lambda_\mathrm{T} = i/\alpha T_\mathrm{f}$。因此，在时间段 $2T_\mathrm{f}$ 中，区域 $S_A(\Delta\theta,l)$ 中有 j 个点处在激活状态的概率为

$$P[j \in 2T_\mathrm{f}] = \frac{\left(\lambda_\mathrm{T} 2T_\mathrm{f}\right)^2}{j!} \mathrm{e}^{-\lambda_\mathrm{T} 2T_\mathrm{f}} \tag{16-4}$$

因此，采用定向天线的太赫兹宏网络发生冲突的概率为

$$\begin{aligned} P_\mathrm{c} &= \sum_{i=1}^{+\infty} P[i \in S_A(\Delta\theta,l)]\left(1 - P[0 \in 2T_\mathrm{f}]\right) = \\ &\sum_{i=1}^{+\infty} \frac{\left(\lambda S_A(\Delta\theta,l)\right)^2}{i!} \mathrm{e}^{-\lambda S_A(\Delta\theta,l)} \left(1 - \mathrm{e}^{-\lambda_\mathrm{T} 2T_\mathrm{f}}\right) \end{aligned} \tag{16-5}$$

（2）纳米网络

在纳米网络中，节点通常不会安装定向天线，而是采用全向天线进行传输，因此会导致纳米网络中的干扰现象较为严重。但是由于采用 TS-OOK 调制技术，网络可以支持同时传输和接收时间交织的分组。在这个调制模式下，当传输码字“0”的时候，节点不发信息，当传输码字“1”的时候，节点发射一个脉冲信号。每个符号间的时间间隔 T_s 远大于脉冲之间的时间间隔 T_p，即 $\beta = T_\mathrm{s}/T_\mathrm{p} \gg 1$。

假设每个处在信号覆盖范围 $S_A(\Delta\theta,l)$ 的节点 i 产生新分组的速率为 $1/\alpha T_\mathrm{f}$。根据低权重信道编码，节点发射一个脉冲的概率为 p_1。则脉冲产生的速率，即脉冲的密度可以表示为 $\lambda_\mathrm{p} = ip_1/\alpha T_\mathrm{s}$。

假设每个分组中有 n 个符号，则对于纳米网络，分组之间产生冲突的概率为

$$\begin{aligned} P_\mathrm{c} &= \sum_{i=1}^{+\infty} P[i \in S_A(\Delta\theta,l)]\left(1 - \left(P[0 \in 2T_\mathrm{f}]\right)^n\right) = \\ &\sum_{i=1}^{+\infty} \frac{\left(\lambda S_A(\Delta\theta,l)\right)^2}{i!} \mathrm{e}^{-\lambda S_A(\Delta\theta,l)} \left(1 - \mathrm{e}^{-n\lambda_\mathrm{T} 2T_\mathrm{f}}\right) \end{aligned} \tag{16-6}$$

3. 宏网络的定向天线模型

宏网络对于定向天线参数的设计基于当前节点接收信号的 SNR 高于接收机的灵敏度，即

$$P_{\mathrm{r}}=\int_{B}S_{\mathrm{t}}(f)\frac{c^{2}}{(4\pi Df)^{2}}\mathrm{e}^{-K(f)D}G_{\mathrm{t}}(f)G_{\mathrm{r}}(f)\mathrm{d}f\geqslant N_{\mathrm{r}}(d)\mathrm{SNR}_{\min}\tag{16-7}$$

其中，B 为通信带宽；D 为通信距离；$S_{\mathrm{t}}(f)$ 为发射信号功率谱密度函数；$G_{\mathrm{t}}(f)$和$G_{\mathrm{r}}(f)$ 分别为发射和接收天线增益；$\mathrm{SNR}_{\min}$ 为 SNR 门限；$N_{\mathrm{r}}(D)$ 为接收机处的分子吸收噪声，与噪声源到接收机的距离有关。

分子吸收噪声是一种自引入噪声，主要源于大气分子的再辐射效应。被分子吸收的电磁能量再次转化为电磁波辐射到空间中产生了分子吸收噪声。分子吸收噪声不仅会来自其他干扰节点，还会来自目标发射机。假设点噪声源，即网络中的一个干扰节点发出的信号功率谱密度为 $S_{N_{\mathrm{r}}}(f)$，信道冲激相应为 $H_{\mathrm{r}}(f)$，则接收机处的分子吸收噪声为 $S_{N_{\mathrm{r}}}(f)$ 与 $H_{\mathrm{r}}(f)$ 平方的乘积再积分。

在给定传输功率、信道噪声和接收机解调门限的条件下，为了实现目标传输距离所需要的天线增益和定向天线波束宽度，不失一般性地，假设网络中节点采用相同的波束宽度，且与传输频率无关，即 $G_{\mathrm{t}}(f)=G_{\mathrm{r}}(f)=G$，实现通信所需要的天线增益应满足

$$G\geqslant\sqrt{\frac{N_{\mathrm{r}}(d)\mathrm{SNR}_{\min}}{\int_{B}S_{\mathrm{t}}(f)\frac{c^{2}}{(4\pi Df)^{2}}\mathrm{e}^{-K(f)d}\mathrm{d}f}}\tag{16-8}$$

考虑三维的定向天线模型，对于高指向性天线，天线增益和波束宽度之间的关系为 $G\approx 4\pi/\Omega_{A}=4\pi/\theta_{\mathrm{h}}\phi_{\mathrm{h}}$，其中，$\Omega_{A}$ 是天线阵列的立体角，θ_{h}和ϕ_{h} 分别是在水平面和垂直面上的半功率波束宽度（Half Power Beam Width，HPBW）。

4. 纳米网络的能量模型

纳米网络中的一个主要挑战就是纳米器件的电池容量有限且发射功率较小。因此，纳米网络需要能量捕获系统，如 SWIPT。不同于不需要能量捕获系统的网络，纳米网络节点的能量不是单调递减的，而是处于不断波动的状态。因此，需要联合能量捕获机制对纳米网络节点的能量进行随机建模。通常，采用连续时间马尔可夫

过程来模拟纳米电池等级的变化。基于这个模型，可以分析由于发射机或者接收机能量不足导致的分组传输失败的概率。

由于节点在发射信号的同时也在捕获能量，因此电池存储的能量会逐渐趋于一个稳定的值，这个数值取决于节点的能量消耗率和捕获率。能量消耗率又取决于新分组产生的速率和由传输失败所导致的重传分组数。最终，由于不同的 MAC 协议设计，节点电池的能量充放会趋于稳定，剩余电量会趋于不同的稳定值。通过分析这个稳定值的概率密度函数，可以进一步分析纳米节点在通信中保持足够能量的概率。

对于能量捕获模型，假设能量捕获系统以一个恒定速率收集能量。对于能量消耗模型，假设节点的能量消耗取决于分组长度。为了量化每次分组发射和接收所消耗的能量，假设传输长度为 L 比特的分组消耗的能量为 E_L^{tx}，假设接收长度为 L 比特的分组消耗的能量为 E_L^{rx}，能量消耗模型可以表示为

$$\begin{cases} E_L^{\text{tx}} = LWE_{\text{pulse}}^{\text{tx}} \\ E_L^{\text{rx}} = LE_{\text{pulse}}^{\text{rx}} \end{cases} \tag{16-9}$$

其中，W 表示码字权重，即传输一个脉冲“1”的概率；$E_{\text{pulse}}^{\text{tx}}$和$E_{\text{pulse}}^{\text{rx}}$分别表示发射和接收一个脉冲所消耗的能量。通常来说，发射一个脉冲所消耗的能量 $E_{\text{pulse}}^{\text{tx}}$ 是接收该脉冲所需能量 $E_{\text{pulse}}^{\text{rx}}$ 的 10 倍。

16.3 多址接入技术

网络中由于需要多个用户和数据流共享信道资源以满足通信需求，因此 MAC 层需要采用多址接入技术，在充分利用信道资源的同时控制网络中的多用户干扰，以实现高效的数据传输。

基于不同的接入方式，多址接入技术可以分为同步访问和异步访问。同步访问机制由一个主网元定期广播信号同步信息，使所有节点达到时钟同步。因此，同步访问仅能在集中式网络拓扑中实现。而异步访问机制提供面向分组的信息传输。异步访问中，由于节点处在不同的通信阶段，信道资源被动态分配。异步访问可以根据资源调度方式的不同进一步分为调度访问、随机访问和混合访问。

同步访问机制类似于经典的同步信道复用方案。将信道根据不同的频率、时间、

码型进行划分，经典的同步多址接入方案有 FDMA、TDMA、CDMA 和正交频分多址（Orthogonal Frequency Division Multiple Access，OFDMA）等。但是，在太赫兹通信网络中，同步访问机制往往会浪费信道资源，不能满足通信的需求。因此，在太赫兹通信网络中，更多采用异步访问机制，即调度访问、随机访问和混合访问机制。

16.3.1 调度访问多址接入技术

太赫兹通信网络中，采用调度访问机制的方案可以应用在集中式和分布式两种网络拓扑中。在集中式网络中，控制器主要负责单跳节点的调度；在分布式网络中，调度分配给太赫兹节点的问题极具挑战性。调度方案需要考虑节点的电池寿命、有限的发射功率和网络高动态拓扑等限制条件。太赫兹网络中的调度访问多址技术通常为基于 TDMA 的调度访问技术。进一步地，在 TDMA 的基础上改进，研究者开发了基于时频多址（Frequency Time Division Multiple Access，FTDMA）的调度访问技术。

在基于 TDMA 的方法中，每个节点被分配一个时间段来传输其数据。对于存在控制器的网络，控制器可以根据节点需要传输的数据量、传输距离等信息为节点动态分配可变长度的传输时隙。由于定向波束的使用，节点建立初始链接和同步需要波束跟踪和切换，从而导致时延。采用 TDMA 的调度访问可以为波束对准和信道接入调度特定时隙，适用于节点之间有同步需求的网络。

纳米技术使尺寸只有几百纳米的集成器件得以发展。这些纳米器件之间的交流将推动纳米技术在生物医学、环境等领域的应用。在纳米尺度的通信替代方案中，纳米材料研究的现状表明太赫兹频段是基于石墨烯的电磁纳米收发器的工作频率范围。该频段支持极大的传输比特率，并支持适合纳米设备能量受限的简单通信机制。使用经典解决方案是不切实际的，因为它们不能捕捉纳米网络的特性。首先，纳米尺度的主要限制不是可用带宽，而是纳米设备的能量，这只能通过能量捕获系统来提供。其次，经典的 MAC 层协议不能直接应用于基于脉冲的通信系统，只能考虑为脉冲无线电超宽带网络提出的一些解决方案，但是它们的复杂性限制了它们的实用性。因此需要开发新的 MAC 层协议来捕捉太赫兹频段纳米网络的特性。

下文介绍了电磁纳米网络的 MAC 层协议 PHLAME。该协议建立在一种新的通信方案的基础上，这个通信方案基于飞秒脉冲在时间传播上的交换，并利用了新的低权重信道编码方案的优势。在 PHLAME 协议中，发射和接收纳米设备共同选择通信参数，以最小化纳米网络中的干扰并最大化成功解码接收信息的概率。本节从能量消耗、时延和可实现的吞吐量方面分析了 PHLAME 协议的性能，同时考虑了纳米设备的能量限制。

1. RD TS-OOK（Rate Division Time Spread On-Off Keying）

RD TS-OOK 是一种基于飞秒脉冲异步交换的调制方案，适用于太赫兹纳米网络。其传输遵循在时间上扩展的开关调制。其通信策略可以概括为如下三点。

（1）逻辑“1”通过一个脉冲传输；逻辑“0”则表示节点静默。节点采用 OOK，即根据是否有电磁波要传输进行调制。不使用脉冲幅度调制的主要原因是太赫兹系统中的分子吸收噪声。分子吸收噪声来自系统中的电磁传播，因此选用发射尽可能少的电磁脉冲的调制方式可以减少网络干扰。

（2）符号间隔 T_s 远大于脉冲间隔 T_p，并且在两个分组发射的时间间隔内，符号间隔固定。由于实际上脉冲不是一个冲击，而是在时域上有一定的扩散。因此，在固定符号间隔，即符号率的情况下，通过检测接收到的第一个脉冲，接收节点就可以获知信道状态信息，而不需要持续对信道进行估计。

（3）对于不同的用户和不同种类的分组，符号速率是不同的。如果纳米节点采用相同的符号速率传输，一个符号的冲突会导致后续符号的冲突，直到整个分组传输完成。为了避免这种情况，同时考虑到纳米器件的信号调制能力有限，最简单的方案是改变符号速率。

通过使用 RD TS-OOK，多个纳米器件可以同时使用信道资源。这是因为符号间隔 T_s 远大于脉冲间隔 T_p，传输的脉冲持续时间非常短（通常会小于 100 fs），发生碰撞的概率会非常低，相当于产生了多个几乎正交的信道。在这种通信方案下，只有当两个或者多个符号在时间上完全重叠时，分组才会发生冲突。除此之外，由于使用不同的符号速率传输，当某一符号发生冲突时，不会产生连续冲突。

图 16-2 展示了 RD TS-OOK 的工作原理[2]。假设两个用户分别在起始时间 τ_1 和 τ_2 发起传输。图 16-2(a)表示用户 1 发射的序列“11001”，其中仅在发射“1”时有脉冲信号，两个符号的间隔 T_s^1 远大于脉冲持续时间 T_p。类似地，图 16-2(b)表示用户 2 发射的

序列“10001”。不同于用户 1，用户 2 的符号间隔为 T_s^2。信号到达接收机时，信号通过信道传播，并且与信道中的噪声叠加。图 16-2(c)表示接收机处接收到的信号 $s_R(t)$。假设用户 2 距离接收机更远，因此在接收机处接收到的来自用户 2 的信号衰落更明显，时间扩展更严重且具有更大的时延。假设信道对用户 1 和用户 2 的信号分别引入 t_{prop}^1 和 t_{prop}^2 的时延，图 16-2 中展示了当用户 1 的第二个符号与用户 2 的第一个符号发生冲突的情况，可以看到由于两个用户符号间隔不同，其余符号不会因此发生冲突。

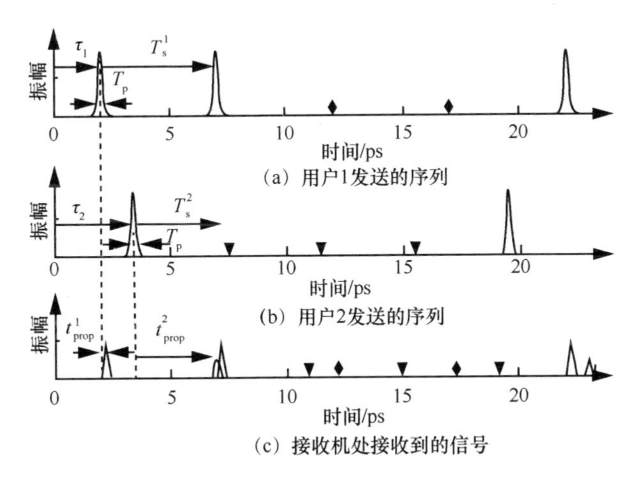

图 16-2　RD TS-OOK 的工作原理

2. 物理层感知的 PHLAME 协议

PHLAME 协议是基于太赫兹频段传播特性，针对太赫兹纳米网络设计的可以感知物理层状态的 MAC 协议，该协议基于上述 RD TS-OOK 方案，分为握手过程和数据传输过程两个阶段。

（1）握手过程

握手过程的目的有两方面：①使一个接收机可以同时接收多个传输信号；②有助于传输码元速率和信道编码方案的自适应选择。握手过程又分为握手请求和握手确认两个子阶段。

① 握手请求

握手请求由有传输需求且具有足够的能量完成传输的纳米节点发起。发射机生成发射请求（Transmission Request，TR）分组。TR 分组包括同步追踪码、发射机身份标识（Identity Document，ID）、接收机 ID、分组 ID、数据码元率（Data Symbol Rate，DSR）和检错码（Error Detecting Code，EDC）。其中，DSR 字段指定了传输数据分组的符号速率 β 。

当不同用户以不同的 β 传输时，RD TS-OOK 具有更强的抗符号冲突能力。PHLAME 协议给定了一个可选的符号速率集，且其中的元素互质。为了最小化发生灾难性碰撞的概率，每个发射节点都随机地从符号速率集中选择一个符号速率。EDC 采用常规的校验和，用于检测传输误差。

TR 分组使用公共编码方案（Common Coding Scheme，CCS）传输。对给定的符号速率，CCS 指示采用的信道编码机制。如果使用相同的符号速率，则可能发生连续的符号冲突。然而，TR 分组持续时间非常短，因此 EDC 有足够的时间来检测大多数的简单错误。最后，当没有收到应答时，发射机在尝试重新传输 TR 分组之前等待超时。

② 握手确认

握手确认是 TR 分组由接收机出发的过程。接收机监听信道，并且通过 CCS 对接收到的比特流进行解码。如果 TR 分组被成功解码，接收机将继续检验它是否能够解码后续传入的比特流。对于太赫兹纳米网络，由于纳米器件的能量受限，在发射或主动接收分组之后，设备需要等待一定的恢复时间，以便通过能量捕获系统恢复其能量。由于能量捕获系统的能量转换速率有限，恢复时间的长度通常比分组传输时延要长得多，因此对网络造成了很大的限制。

如果握手被接收，接收机向发射机发射传输确认（Transmission Confirmation，TC）分组。TC 分组通过 CCS 编码，并且包含同步追踪码、发射机 ID、接收机 ID、分组 ID、数据编码方案（Data Coding Scheme，DCS）和 EDC。DCS 由接收机指定以保证 PER 满足接收机解调需要。如 16.2 节所述，PER 取决于信道质量，并且可以根据脉冲强度来估计。特别地，DCS 确定以下两个重要参数值。①信道码权重，即编码数据中逻辑“1”的平均数量。通过减少信道码权重，可以在不影响可实现信息速率的情况下减少网络中的干扰。②重复码的顺序。重复码主要用于保护信息。由于 RD TS-OOK 可以避免连续的符号冲突，因此在大多数情况下，一个简单的重复码就足以成功地解码信息。该握手方案特别适用于硬件信号处理能力受限的太赫兹纳米网络场景。

（2）数据传输过程

经过握手阶段，发射机已经根据 DSR 字段获得了传输数据的符号速率，并且根据 DCS 字段中由接收机指定的权重和重复码，发射机可以对传输数据进行编码。数据分组包含同步追踪码、发射机 ID、接收机 ID 和数据信息。检错纠错码已经从分组中移除，这是因为不同的用户使用不同的符号速率传输，从根本上使连续符号冲突发生的概率趋近于 0。除此之外，可以通过选择信道编码方案来修复随机误差。如果在超时时间 $T_{\text{out}}^{\text{DP}}$ 之前接收机没有检测到数据分组，则接收机认为握手过程失败，重新开始握手过程。

3. **性能分析**

基于 16.2 节中提到的 MAC 协议性能分析参数，下面从能量消耗、分组传输时延和归一化吞吐量的角度分析 PHLAME 协议的性能。

（1）能量消耗

能量消耗分为发射机和接收机的能量消耗。

① 发射机能量消耗

PHLAME 协议中，每种类型的数据分组有不同的比特数，并且根据 DSR 和 DCS 的指示，不同的数据分组有不同的信道编码方案。当需要更稳健的编码方案时，重复码的阶数增加，权重减小。这会使数据分组的长度变长，但是不一定会增加能量消耗。与此同时，采用更低权重的编码方案可以降低网络的干扰、增加网络可支持的传输数据量。

发射机能量消耗主要来自握手尝试次数以及传输的数据分组的长度和码重。当新的数据分组开始传输时，可能会发生 3 种情况：第一，握手过程失败，因为 TR 分组与其他分组发生冲突，或者因为接收机不能再接收一个分组传输，或者接收机正处于能量恢复阶段；第二，TC 分组发生冲突，握手过程中止；第三，握手成功，节点进入数据传输阶段。

下面分析上述 3 种情况发生的概率，令 p_{a} 表示接收机接收的概率，p_{s} 表示成功接收的概率。假设接收机可以同时接收的最大分组数为 K 。结合 K 和节点的能量状态可以得到 p_{a} 。通过考虑太赫兹信道的误符号率和选用的信道编码纠错的能力可以得到 p_{s} 。上述 3 种情况发生的概率分别为

$$p_1 = 1 - p_a^{Rx} p_s^{TR}$$
$$p_2 = p_a^{Rx} p_s^{TR} (1 - p_s^{TC})$$
$$p_3 = p_a^{Rx} p_s^{TR} p_s^{TC} \tag{16-10}$$

完成一次传输，发射机所消耗的能量取决于完成握手所需要的重传次数。发射机消耗的能量为

$$E_{tran} = \frac{1}{p_3}(p_1E_1 + p_2E_2 + p_3E_3) =$$
$$\frac{1}{p_a^{Rx} p_s^{TR} p_s^{TC}}\left(\left(1 - p_a^{Rx} p_s^{TR}\right)\left(E_{Tx}^{TR} + E_{t/o}^{H}\right) +\right.$$
$$\left. p_a^{Rx} p_s^{TR} (1 - p_s^{TC})\left(E_{Tx}^{TR} + E_{t/o}^{H}\right) + E_{Tx}^{TR} + E_{Rx}^{TC} + E_{Tx}^{DP}\right) \tag{16-11}$$

② 接收机能量消耗

接收机的能量消耗取决于握手次数和数据分组的传输。握手过程失败有 3 种情况：第一，接收机无法解码 TR 分组；第二，接收机无法再支持更多的数据传输；第三，TC 分组发生冲突。与发射机能量消耗分析类似，通过分析上述 3 种情况对应的概率和能量消耗，可以得到接收机的总能量消耗为

$$E_{rece} = \frac{1}{p_a^{Rx} p_s^{TR} p_s^{TC}}\left(\left(1 - p_a^{Rx} p_s^{TR}\right) E_{Rx}^{TR} +\right.$$
$$\left. p_a^{Rx} p_s^{TR} (1 - p_s^{TC})\left(E_{Rx}^{TR} + E_{Rx}^{TC} + E_{t/o}^{DP}\right) + E_{Rx}^{TR} + E_{Tx}^{TC} + E_{Rx}^{DP}\right) \tag{16-12}$$

最后，每个有效数据比特传输的总能量消耗为能量消耗之和除以数据分组长度。

（2）分组传输时延

分组传输时延需要基于分组的类型及其长度。假设节点可以选用的符号速率最大值和最小值分别为 β_{max} 和 β_{min}。令 T_i 表示数据整合时间，N_r 表示为了达到目标 PER 需要的每比特符号数。因此，传输 TR、TC 和数据分组的时间 T^{TR}、T^{TC} 和 T^{DP} 分别为

$$T^{TR} = B^{TR}\beta_{min}T_i$$
$$T^{TC} = B^{TC}\beta_{min}T_i$$
$$T^{DP} = B^{DP}N_r\frac{\beta_{max} - \beta_{min}}{2}T_i \tag{16-13}$$

采用与分析能量消耗类似的方法，平均分组传输时延的表达式为

$$T_{\mathrm{PCK}}=\frac{1}{p_{\mathrm{a}}^{\mathrm{Rx}}p_{\mathrm{s}}^{\mathrm{TR}}p_{\mathrm{s}}^{\mathrm{TC}}}\Big(\big(1-p_{\mathrm{a}}^{\mathrm{Rx}}p_{\mathrm{s}}^{\mathrm{TR}}\big)\big(T^{\mathrm{TR}}+T_{t/o}^{\mathrm{H}}\big)+ p_{\mathrm{a}}^{\mathrm{Rx}}p_{\mathrm{s}}^{\mathrm{TR}}(1-p_{\mathrm{s}}^{\mathrm{TC}})\big(T^{\mathrm{TR}}+T_{t/o}^{\mathrm{DP}}\big)+T^{\mathrm{TR}}+T^{\mathrm{TC}}+T^{\mathrm{DP}}\Big) \tag{16-14}$$

（3）归一化吞吐量

归一化吞吐量表示 MAC 层可以支持的最大数据速率除以节点在单用户场景中可以传输的最大数据速率。对于 PHLAME 协议，归一化吞吐量为协议可以实现的用户比特率除以使用 RD TS-OOK 调制方案可以支持的最大比特率。

16.3.2　随机访问多址接入技术

随机访问多址接入技术通常在分布式的网络中应用。随机访问方案中的节点可以在任意时刻发射数据。但是由于数据的突发性，多个用户可能同时尝试占用同一信道资源，即发生冲突。因此，发射机需要通过一定的策略检测由于冲突导致的数据分组传输失败，并且发起重传。网络中发生冲突的概率越大，数据流量越大，则数据丢失的概率越大，重传的消息越多，导致的网络负载也越大。因此，随机访问的多址接入方式会导致网络具有不稳定性。如果网络负载较低，随机访问的多址接入方式相较于调度访问是更好的选择，因为消息重传较少，并且时延也较低。而如果网络负载较高，冲突和带来的数据分组丢失频率增大，因此消息重传的概率增大，进一步增大了网络的负载。为了避免阻塞，或者让网络从阻塞中恢复，需要在随机接入网络中使用阻塞控制策略。

经典的随机访问多址接入技术有 ALOHA 和 CSMA。CSMA 的主要思想是某一设备监听其他设备是否忙碌，只有在线路空闲时才发射。由于太赫兹通信频段较宽，因此发生冲突的概率较小。太赫兹网络中可以采用随机访问多址接入的方案。尽管如此，网络中的干扰控制和冲突避免还是需要纳入协议设计及其性能分析。因为太赫兹网络密度可能会较大，大量用户可能同时传输，且传输数据量较大，持续时间较长，这可能会导致冲突。除此之外，基于随机访问的 MAC 协议还需要在冲突概率和分组传输时延之间进行权衡，以达到整体性能的最优。

在太赫兹网络中，随机访问多址接入技术更适用于宏网络。对于纳米节点而言，设备具有的侦听和环境感知能力有限，并且其电池容量和计算能力有限。因此，除非使用能量捕获系统，否则纳米设备难以实现 CSMA 所需要的长时间侦听信道。在太赫兹网络中，常用的随机访问方案为基于 CSMA 的多址接入方案。基于 CSMA 的方案中，在数据传输之前，首先交换的是传输控制信息的数据分组。由于控制信息的传输以及定向天线的使用，接入过程中的能量开销是 MAC 协议需要考虑的重点。因此，MAC 协议需要融合信道信息、天线的种类等才能最大化吞吐量、最大化网络覆盖范围。本节介绍一种适用于宏网络的基于 CSMA 的太赫兹 MAC 协议——LL-Synch 协议。

1. 接收者发起同步的 LL-Synch 协议

LL-Synch 协议的同步策略采用接收者发起。在传输数据之前，需要通过握手实现同步和交换控制信息。基于不同的握手发起者分类，握手协议可分为接收者发起和发射者发起的握手协议。接收者发起的握手协议旨在减少网络中数据的传输数量。当接收者无法支持更多的数据流或者接收者电池能量不足以完成传输的情况发生时，发射者发起的握手协议会导致网络中不必要的控制数据分组的传输。发射者发起的握手协议则关注网络的能效。

LL-Synch 协议采用接收机发起的握手来保证发射机和接收机之间的链路层同步，同时防止不必要的数据传输。该协议的基本思想是让接收节点发布其可以接收的数据量来减少握手过程带来的开销。LL-Synch 协议将传统的双向握手过程简化为单向握手过程，利用滑动窗口传输实现数据流控制，从而最大限度地提高信道利用率。LL-Synch 协议流程如图 16-3 所示[3]，节点所处的模式分为发射模式（Transmitting Mode，TM）和接收模式（Receiving Mode，RM）。

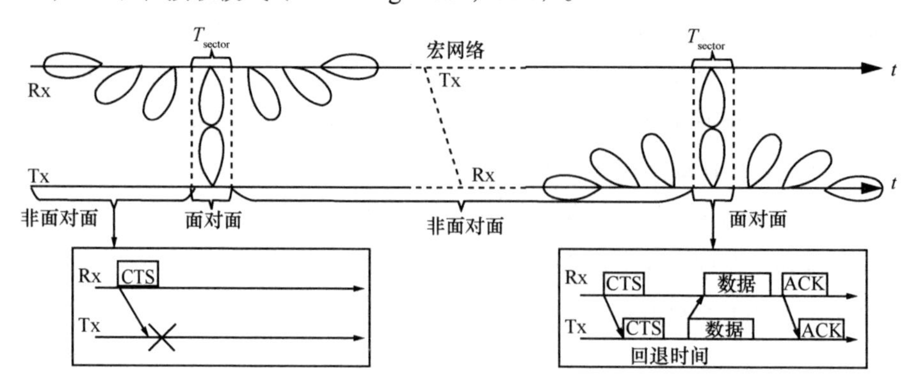

图 16-3 LL-Synch 协议流程

（1）发射模式

处在发射模式的节点即需要发射数据的节点。接收机发射允许传输（Clear-to-Send，CTS）指示 TM 节点当前是否可以进行传输。TM 节点通过检查是否从预期的接收机接收到 CTS 判断是否可以发射数据。需要特别说明的是，宏网络中假设收发机都使用定向天线，因此当收发机天线方向对准时，CTS 是有效的；当收发机天线方向没有对准时，TM 节点没有收到 CTS 并不表示目标接收机不能接收数据传输。CTS 的有效期称为 CTS 寿命。如果 TM 节点没有收到 CTS，则节点监听信道，直到接收到新的 CTS。

在通信发起前，节点会经过邻居节点发现阶段，因此可以合理地假设通过定向邻居寻找，TM 节点已经知道目标接收机的准确位置，即可以认为 TM 节点的波束指向目标接收机。

（2）接收模式

处在接收模式的节点满足两个条件：① 具有足够的能量和内存完成数据传输和存储；② 有冗余的硬件处理能力处理新的数据分组。满足上述条件的节点在上一个 CTS 过期的时候，将通过广播 CTS 来指示其当前的状态。在宏网络中，假设收发机采用定向天线，则 RM 节点只能通过动态旋转窄波束来广播 CTS。需要特别说明的是，对于 CTS 广播过程，RM 节点并不预先知道哪些节点有传输的需要，因此 RM 节点必须通过扫描整个空间进行广播。

（3）握手过程

握手过程的步骤如下。

Step1　在接收到 CTS 时，TM 节点检查是否有需要传输给该接收机的数据和足够的电量。如果满足条件，则 TM 节点在随机等待时间结束后继续进行数据分组传输。随机等待时间有助于避免宏网络中的冲突，因为事先并不知道网络中是否有其他 TM 节点同样有传输给该接收机的数据。

Step2　如果传输成功，RM 节点发射一个确认（Acknowledgement，ACK）分组。ACK 分组中包括 RM 节点指示 CTS 是否仍然有效的控制信息。如果 CTS 有效，TM 节点将在随机等待时间结束后继续发射数据分组。

Step3　如果在超时之前没有收到 ACK 分组，TM 节点将设置一个随机等待时间。此时的随机等待时间取决于 TM 节点传输尝试的次数，传输尝试的次数越多，随机等待时间越长。

Step4 当 RM 节点成功地接收数据，即 RM 节点成功地发射 CTS、数据和 ACK 分组之后，RM 节点可以决定是继续旋转定向天线以接收更多的信息还是切换到 TM。

对于接收者发起的 LL-Synch 协议的公平性分析如下。①和发射方发起的握手协议一样，TM 节点在接收到 CTS 后，需要一个随机等待时间后再进行数据传输。在宏网络中，这个时间会进行载波检测。②在宏网络中，由于接收端的 CTS 采用定向天线旋转的方式广播，因此数据分组需要在收发机定向天线对准的时间段内完成传输。在太赫兹网络中，节点可以实现超高数据速率传输，因此在天线对准时间段内可以完成完整数据分组传输，满足协议的需求。

2. **性能分析**

这里给出 LL-Synch 协议的性能，包括成功发射分组的概率、分组传输时延和吞吐量。基于集中式的网络架构，给出定向天线旋转速度、能量捕获效率对系统性能的影响；基于分布式的网络架构，即 Ad-Hoc 网络，给出资源分配策略，即 TM 和 RM 持续时间的分配。

（1）集中式网络架构

在集中式网络架构下，假设有一个接入点作为接收机，位于网络的中心。其他节点都作为发射机运行，并随机分布在接收机周围。这种类型的网络架构与 5G/6G 蜂窝网络中的小蜂窝通信相关，适用于大规模场景。

由上文可知，TM 节点的波束方向对准接收机，RM 节点的波束对准方向是在整个空间上旋转的。假设波束宽度为 $\Delta\theta$ ，整个空间可以划分为 $N_{\text{sec}} = 2\pi / \Delta\theta$ 个区间。影响握手过程的主要因素为天线旋转的角速度 ω ，假设天线方向的旋转是离散变化的，RM 节点对准一个区间的时间间隔为 $\Delta\theta/2\pi\omega$ 。为了完成传输，数据分组需要在天线对准该区域的时间内完成传输，即在 T_{sec} 内完成。T_{sec} 除了包括数据在介质中传输的时间 T_{prop} 外，还需要包括传输 CTS 的时间、传输数据的时间、传输 ACK 的时间和保护时间 T_{guard} 。

最好的情况是在收发机波束对准的时间内，不需要重传就实现成功传输。令 $T_{\text{sec}}^{\min}$

表示最短的区间扫描间隔，最大吞吐量 S_{max} 可以表示为 $L_{DATA}/T_{sec}^{min}N_{sec}$，最大吞吐量随着数据分组长度 L_{DATA} 的增加而增加。一般情况下，T_{sec} 限制了节点在波束对准阶段可以完成的最大重传次数。最大重传次数影响了分组传输时延和整体的吞吐量。因为 TM 节点需要等待一个完整的周期才能在下一轮波束对准的时间进行下一轮的重传。TM 节点在当前第 s 轮中可以实现的最大重传次数 $\eta_{max}(s)$ 为

$$\eta_{max}=\min\left\{\left\lfloor\frac{T_{sec}-T_{CTS}-T_{prop}}{T_{t/o}+T_{b/o}}\right\rfloor,k[s]\right\} \tag{16-15}$$

其中，T_{CTS} 是传输 CTS 所需的时间，T_{proc} 是数据处理所需的时间，$T_{t/o}=2T_{prop}+T_{proc}+T_{DATA}+T_{ACK}$ 是发射机超时时间，$T_{b/o}$ 是一个服从指数分布的随机等待时间，k 是当前轮次最大的重传次数。特别地，定义第一轮的最大重传次数为默认值 k_0。假设 $k_0=5$，则对应一个数据分组完成传输所需要的重传次数为 5。如果 T_{sec} 足够长，仅通过一轮传输就可以满足重传需要。令 P_p 表示 PER 概率，P_c 表示冲突概率，则成功接收 CTS 的概率 $P_{CTS}=\overline{P}_p=(1-P_p)$，成功接收数据分组的概率 $P_{DATA}=\overline{P}_c\overline{P}_p$，成功接收 ACK 的概率 $P_{ACK}=\overline{P}_p$。

在宏网络中，由于天线的高指向性，传输者天线指向的区域中，多个 RM 节点同时扫描到该区域的概率较低。因此，不能成功接收数据分组的原因主要来自错误的比特而不是与其他的分组冲突。基于上述分析，假设最大重传数为 η_{max}，在第 s 轮成功传输分组的概率可以表示为对 P_{succ}^{i} 求和。

在第 s 轮的平均重传数 $\eta[s]$ 为对 iP_{succ}^{i} 求和。如果第 s 轮传输成功，则在第 s 轮中产生的平均分组传输时延为

$$T_{succ}[s]=(\eta[s]-1)(T_{t/o}+T_{b/o})+T_{succ}^{1} \tag{16-16}$$

其中，T_{succ}^{1} 表示仅需要一轮传输就成功的分组传输时延。

如果节点在第 s 轮通信未成功传输，但是还没有到 k_0 次重传，节点需要等待新的 CTS，即 $k[s+1]=k[s]-\eta^{max}[s]$。则成功传输需要的最大轮次为使 $k[s]$=0 的最小值。

（2）分布式网络架构

分布式网络架构假设所有节点都是相等的，并且每个节点周期性地在充当接收

机或发射机之间切换。由于没有 AP，所有节点都随机位于最大通信范围内。相应的应用场景包括用于大规模场景的 Terabit 无线个人区域网络中的设备到设备通信。

分布式 Ad-Hoc 架构中，每个节点会定期在 TM 和 RM 下切换，主要问题在于如何分配每个节点的 TM 时间和 RM 时间，来保证网络的最大吞吐量。一方面，分配给每个节点更多的 TM 时间可能导致每个节点都想争夺信道而不广播发起接收数据的 CTS，导致成功发射数据分组的节点数很少。另一方面，为每个节点分配更多的 RM 时间可能导致每个节点都会耐心地等待其他节点的数据，而不是发射自己的数据，最后，由于没有节点传输数据，使网络过于空闲，网络吞吐量较低。在这两种情况下，每个节点的缓冲器中都会存储越来越多的数据分组，从而导致平均时延的增加。

在分布式 Ad-Hoc 太赫兹网络中，除了方向匹配对网络的影响外，还存在模式匹配的问题。模式匹配指需要通信的节点恰好分别处在 TM 和 RM。当所有节点的模式匹配概率最大时，吞吐量将达到最大。首先分析两个节点通信的场景，假设为节点 i 和节点 j。定义模式周期 T_{cyc} 为分配给 TM 和 RM 的时间和，即 $T_{\mathrm{cyc}}=T_{\mathrm{RM}}+T_{\mathrm{TM}}$。

对于每个节点，单位时间 RM 出现的次数 λ_{RM} 为

$$\lambda_{\mathrm{RM}}=\lambda_{\mathrm{Q}}\frac{T_{\mathrm{RM}}}{T_{\mathrm{Q}}}=\frac{1}{T_{\mathrm{Q}}}\frac{T_{\mathrm{RM}}}{T_{\mathrm{Q}}}=\frac{T_{\mathrm{RM}}}{(T_{\mathrm{RM}}+T_{\mathrm{TM}})^2} \tag{16-17}$$

其中，T_{Q} 表示数据分组排队间隔，λ_{Q} 表示数据分组排队率。对于每种模式，节点 i 与节点 j 模式匹配的概率为 P_{match}^{i-j}，这个概率可以建模为一个泊松过程。令 $\eta=T_{\mathrm{RM}}/T_{\mathrm{TM}}$，则有

$$P_{\mathrm{match}}^{i-j}=\lambda_{\mathrm{RM}}^{i}T_{\mathrm{TM}}^{j}\mathrm{e}^{-\lambda_{\mathrm{RM}}^{i}T_{\mathrm{TM}}^{j}}=\frac{\eta}{(1+\eta)^2}\mathrm{e}^{-\frac{\eta}{(1+\eta)^2}} \tag{16-18}$$

其中，$\lambda_{\mathrm{RM}}^{i}$ 表示节点 i 单位时间处于 RM 模式的次数，T_{TM}^{j} 表示节点 j 处于 TM 模式的时长。由于传输协议应用于所有的节点，可以令对于所有的节点 TM 模式时长相同，即 $T_{\mathrm{TM}}^{i}=T_{\mathrm{TM}}^{j}$。当模式匹配的概率 P_{match}^{i-j} 最大时，网络达到最大的吞吐量。对 η 求导可以发现，当且仅当 $\eta=1$，即 TM 模式和 RM 模式时长相同时，模式匹配的概率最大，网络达到最大吞吐量。

下面分析对于网络中 3 个节点通信时，模式时长分配对网络吞吐量的影响。假设通信节点为 m、n、j。对于节点 j，如果节点 m 和节点 n 处在同一模式，则可视

为两个节点的通信。因此，这里分析当节点 m 和节点 n 的模式不同时的模式匹配的概率，对于节点 j，模式匹配的概率 $P_{\text{match}}^{m,n-j}$ 为

$$P_{\text{match}}^{m,n-j}=P_{\text{match}}^{m-j}P_{\text{match}}^{n-j}=\lambda_{\text{RM}}^{m}T_{\text{TM}}^{j}\mathrm{e}^{-\lambda_{\text{RM}}^{m}T_{\text{TM}}^{j}}\lambda_{\text{RM}}^{n}T_{\text{TM}}^{j}\mathrm{e}^{-\lambda_{\text{RM}}^{n}T_{\text{TM}}^{j}} \tag{16-19}$$

与 λ_{RM} 的定义类似，定义单位时间 TM 出现的次数 λ_{TM} 为

$$\lambda_{\text{TM}}=\frac{T_{\text{TM}}}{(T_{\text{RM}}+T_{\text{TM}})^2} \tag{16-20}$$

假设节点 m 和节点 n 有相同的模式分配，即 $\lambda_{\text{TM}}^{m}=\lambda_{\text{TM}}^{n}=\lambda_{\text{TM}}$ 且 $\lambda_{\text{RM}}^{m}=\lambda_{\text{RM}}^{n}=\lambda_{\text{RM}}$。令 $\eta'=T_{\text{RM}}^{j}/T_{\text{TM}}$ 表示节点 j 的 RM 时长与节点 m 和节点 n 的 TM 时长之比。模式匹配的概率 $P_{\text{match}}^{m,n-j}$ 为

$$P_{\text{match}}^{m,n-j}=\frac{\eta^2+\eta-\eta'\eta}{(1+\eta)^2}\mathrm{e}^{-\frac{\eta^2+\eta-\eta'\eta}{(1+\eta)^2}}\frac{\eta'}{(1+\eta)^2}\mathrm{e}^{-\frac{\eta'}{(1+\eta)^2}} \tag{16-21}$$

利用式（16-21）对 η 和 η' 求导，可以得到当 $\eta=1$ 且 $\eta'=1$ 时，模式匹配的概率 $P_{\text{match}}^{m,n-j}$ 最大。因此，当为每个节点分配的 TM、RM 时长相同时，模式匹配的概率最大，即网络的吞吐量最大。

进一步地，如果将网络中节点的个数拓展至 n 个，利用类似的方式，可以得到其中一个节点 j 模式匹配的概率 $P_{\text{match}}^{X,Y-j}$。假设网络中其他的节点分为两组 X、Y，分别处于两种不同的模式，且其中的节点数分别为 x、y，网络中总的节点数为 k。令 $\eta=T_{\text{RM}}/T_{\text{TM}}$，模式匹配的概率 $P_{\text{match}}^{X,Y-j}$ 为

$$P_{\text{match}}^{X,Y-j}=\sum_{x=1,y=k-x-1}^{x+y=k-1}\frac{\eta^{k-1}}{(1+\eta)^{2(k-1)}}\mathrm{e}^{-\frac{\eta(k-1)}{(1+\eta)^2}},k\geqslant 2 \tag{16-22}$$

利用式（16-22）对 η 求导，可以得到当 $\eta=1$ 时，$P_{\text{match}}^{X,Y-j}$ 最大。也就是说，在多个节点通信的分布式网络中，当 TM 和 RM 分配的时长相同时，模式匹配的概率最大，即网络的吞吐量最大。

16.4　本章小结

本章介绍了太赫兹网络 MAC 协议与低频网络 MAC 协议的不同之处，给出了

太赫兹 MAC 协议进行网络性能优化过程中涉及的主要参数，以及设计太赫兹 MAC 协议需要考虑的重点和挑战，阐释了网络覆盖范围和多址接入方案，从宏网络、纳米网络、基于调度访问和基于随机访问的多址接入技术具体介绍了典型的太赫兹网络 MAC 协议。

本章首先简述太赫兹网络 MAC 协议需要考虑的设计要求；然后给出评估 MAC 协议性能的一些参数的计算方法；最后基于不同的多址接入方案，给出两个分别适用于宏网络和纳米网络的 MAC 协议实例，并对这两个 MAC 协议从能量消耗、时延和吞吐量等方面进行了性能分析。

参考文献

[1] GHAFOOR S, BOUJNAH N, REHMANI M H, et al. MAC protocols for terahertz communication: a comprehensive survey[J]. IEEE Communications Surveys & Tutorials, 2020, 22(4): 2236-2282.

[2] JORNET J M, CAPDEVILA P J, SOLÉ P J. PHLAME: a physical layer aware MAC protocol for electromagnetic nanonetworks in the terahertz band[J]. Nano Communication Networks, 2012, 3(1): 74-81.

[3] XIA Q, HOSSAIN Z, MEDLEY M, et al. A link-layer synchronization and medium access control protocol for terahertz-band communication networks[J]. IEEE Transactions on Mobile Computing, 2021, 20(1): 2-18.

第 17 章

定向组网技术

单波束极窄的覆盖范围以及太赫兹易受视线阻挡的特性都增加了通信链路中断概率。单一的太赫兹频段链路链接难以提供足够的链路稳定性。因此，需要借助多条链路链接或低频信号辅助高频通信，进而实现高效可靠的用户接入方案。本章从定向邻居节点发现和握手过程技术出发，首先介绍了定向天线使用下用户初始接入的难点和可行解决方案，然后分别介绍了两种可增强太赫兹链路稳定性的技术，即多连接技术和高低频协助技术。

太赫兹网络的一大特性为定向天线（DA）的使用，尤其是在宏网络应用场景下，定向天线有广泛的应用。定向天线的使用改变了传统的太赫兹 MAC 协议设计。首先，定向天线的使用会改变网络中的噪声和覆盖模型。其次，定向天线的使用改变了传统的邻居节点发现技术，如何设计高效的定向邻居节点发现技术是 MAC 协议需要关注的新难点。最后，由于太赫兹信号自身的覆盖范围较小，且容易受 LoS 路径阻挡，使用定向天线又进一步增加了信号中断的概率，需要新的技术保证太赫兹定向组网中链接的稳定性。因此，需要在太赫兹网络中引入多连接技术，使一个节点可以同时接入多个 AP。多连接技术根据接入 AP 种类的不同，可能使用同一无线接入技术（Radio Access Technology，RAT），也可能使用不同的 RAT。多个连接同时通信一方面可以增加网络的吞吐量，另一方面可以提供备用链接，保证节点通信的稳定性。此外，一种特殊的多连接技术——高低频协作技术被研究者提出，用于增强太赫兹网络通信性能。由于太赫兹频段存在固有缺陷，因此可以考虑太赫兹-低频双频段通信，即低频辅助高频传输的通信方案。利用低频信号的大覆盖范围、全向传输等优势，可以在太赫兹通信数据链路建立之前，在低频段实现邻居节点发现、握手过程等。

17.1 邻居节点发现技术

太赫兹通信网络在传输和接收中始终需要高方向性天线，以克服非常高的传播损耗。DA 的应用为协议设计带来了新的挑战。例如，链路层的同步、网络层的中继和路由，以及许多其他需要了解相邻节点的情况。现有的用于低频通信网络的邻居节点发现技术不能直接使用，因为它们不能捕捉太赫兹频段通信网络的特性。大多数现有的定向通信网络解决方案认为通信链路中的一个节点可以暂时使用准全向天线工作，而另一个节点使用定向天线工作。但是，这两个节点需要在任何时候都具有高度的方向性，以克服太赫兹频段通信网络中高得多的传播损耗。此外，超窄波束的使用会大大增加在空间进行传统波束搜索所需的时间。

在通信链路建立之前，当节点有传输或者接收需求的时候，需要双方节点进行波束对准。对于移动通信网络，由于节点始终处在移动的状态，链路建立之前，节点并没有目标接收机的具体位置，或者其波束对准方向，因此节点需要寻找其信号覆盖范围内的可通信节点。定向邻居节点发现技术的目的就是让具有定向天线的节点快速找到其天线覆盖范围内的邻居节点。由于收发机波束方向没有对准导致的链路建立失败的问题称为“耳聋效应”。由于定向天线的使用，邻居节点发现变得更加复杂。针对太赫兹定向组网的邻居发现技术的主要挑战为如何在最短的时间内发现所有的可通信邻居节点，并且如何以最小的能量开销实现空间的搜索。

17.1.1　定向天线使用模式

在 MAC 层，定向天线的使用带来的一个首要问题是发射机和接收机定向天线模式的匹配。在通信的不同阶段，定向天线可能采用全向（Omnidirectional，O）模式或者是定向（Directional，D）模式。因此对于一对发射机–接收机，定向天线的工作模式有 4 种，即全向–全向–太赫兹模式、全向–定向–太赫兹模式、定向–定向–太赫兹模式和全向–全向–微波模式，如图 17-1 所示。

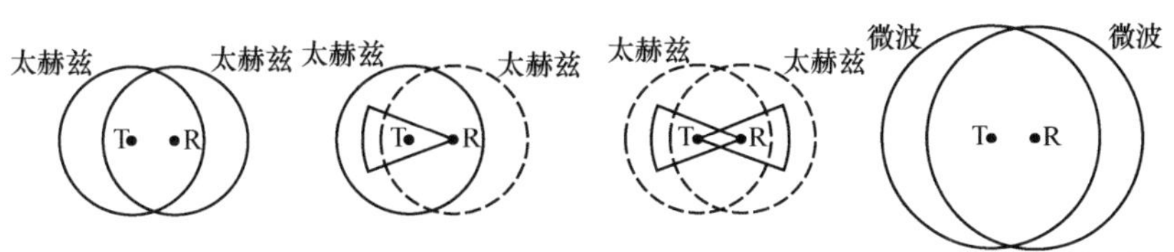

图 17-1　定向天线的工作模式

1. 全向–全向–太赫兹

该模式的发射和接收节点都使用太赫兹频段采用全向方式传输信号，不会造成“耳聋效应”。但是由于采用全向的太赫兹频段传输，相同的发射功率下，该模式可以支持的覆盖范围非常短，通常该模式仅在纳米网络中实现。对于宏网络，采用该模式会带来巨大的能量消耗。

2. 全向–定向–太赫兹

该模式的节点对都使用太赫兹频段，但是一个采用定向天线，另一个采用全向天线。该模式以一定的搜索开销为代价，有一定的“耳聋效应”。

3. 定向–定向–太赫兹

该模式的节点双方采用定向天线，网络覆盖距离最远，但是导致的“耳聋效应”最明显。并且，为了降低“耳聋效应”，这种模式中引入的搜索开销最大。

4. 全向–全向–微波

不同于前面的几种模式，该模式的节点采用微波传输信号。由于采用微波频段，信号的覆盖范围较大，且没有“耳聋效应”，因此不存在搜索开销。但是由于收发机需要具有收发太赫兹信号和微波信号的能力，硬件复杂度较大。除此之外，由于频段的切换，会带来新的频率匹配的问题。上述 4 种定向天线模式的对比如表 17-1 所示。

表 17-1 不同天线模式的对比

模式	传输距离	耳聋效应	缺点
全向–全向–太赫兹	非常短	无	（1）非常短的覆盖范围 （2）易受阻挡物影响 （3）降低网络空间复用能力
全向–定向–太赫兹	中等	较严重	（1）有空间搜索开销 （2）易受阻挡物影响 （3）需要预知每个方向上波束成形的权重
定向–定向–太赫兹	较大	严重	（1）非常大的空间搜索开销 （2）极易受阻挡物影响 （3）需要预知每个方向上波束成形的权重
全向–全向–微波	较大	无	（1）较大的硬件复杂度和能量消耗 （2）需要匹配传输阶段，即匹配传输的频段和数据速率

特别地，导致全向微波模式具有更大的能量消耗的主要原因来自切换，节点在不同的状态下，需要太赫兹频段和微波频段不断进行切换来完成不同频段的信道接入过程。专用的微波收发机会带来额外的能量开销。除此之外，导致全向微波模式数据速率不匹配的原因是微波频段可传输的数据速率远低于太赫兹频段。因此，网络中低速的控制信息与高速率、低有效载荷的信息共存会导致数据速率失配。

17.1.2　经典的邻居节点发现技术

经典的邻居节点发现技术的思想较简单，有效邻居节点发现的条件是收发双方的波束主瓣方向对准即判定为发现一个邻居节点。令接收到的波束对齐增益为 $X(\theta_{\mathrm{t}}^{\mathrm{int}},\theta_{\mathrm{r}}^{\mathrm{int}},t)$，表示为

$$X(\theta_{\mathrm{t}}^{\mathrm{int}},\theta_{\mathrm{r}}^{\mathrm{int}},t)=g(\theta_{\mathrm{t}}^{\mathrm{int}}+\omega_{\mathrm{t}}t)g(\theta_{\mathrm{r}}^{\mathrm{int}}+\omega_{\mathrm{r}}t) \tag{17-1}$$

其中，$\theta_{\mathrm{t}}^{\mathrm{int}}$ 和 $\theta_{\mathrm{r}}^{\mathrm{int}}$ 分别表示发射机和接收机的初始波束方向，ω_{t} 和 ω_{r} 分别表示发射机和接收机的定向天线旋转角速度。由于初始方向是随机的，波束对准增益 $X(\theta_{\mathrm{t}}^{\mathrm{int}},\theta_{\mathrm{r}}^{\mathrm{int}},t)$ 可以建模为一个随机变量。当 $X(\theta_{\mathrm{t}}^{\mathrm{int}},\theta_{\mathrm{r}}^{\mathrm{int}},t)=1$ 时，认为波束对准，或者当 $X(\theta_{\mathrm{t}}^{\mathrm{int}},\theta_{\mathrm{r}}^{\mathrm{int}},t)\geqslant 1-\delta$，$\delta\to 0$ 时，认为波束对准。

分析不同的初始天线方向对应的场景，如图 17-2 所示[1]。经典的算法存在一个严重的永远无法对准的问题。如果收发机使用相同的天线旋转角速度，这在网络配置中极有可能出现，如图 17-2（a）、图 17-2（c）和图 17-2（d）所示，天线的主瓣可能永远无法对准，因此仅采用主瓣信息判断是否对准可能会造成邻居节点的发现时间无穷大。

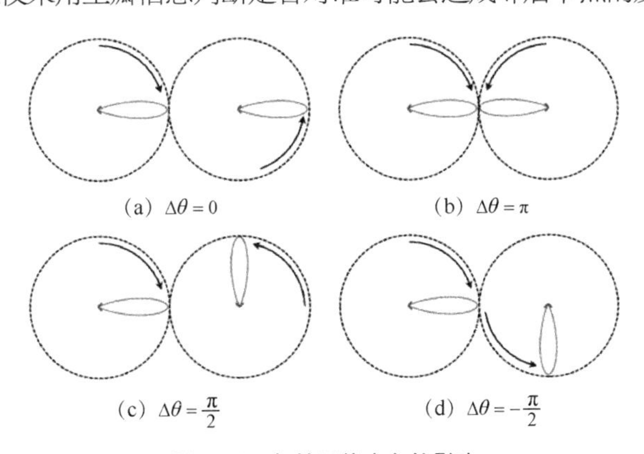

(a) $\Delta\theta=0$　(b) $\Delta\theta=\pi$　(c) $\Delta\theta=\frac{\pi}{2}$　(d) $\Delta\theta=-\frac{\pi}{2}$

图 17-2　初始天线方向的影响

17.1.3 利用旁瓣信息的邻居节点发现算法

在较低频率的通信系统中，邻居节点发现可以通过全向天线有效地实现通信。事实上，只要接收信号强度大于接收信号干扰比阈值，就可以实现邻居节点发现。然而，在太赫兹频段通信网络中，发射机和接收机之间建立了高度定向的通信链路。节点之间的连通性由每个节点的瞬时方向决定。因此，太赫兹频段通信的邻居发现协议除了只识别检测节点一跳通信范围内的邻居节点外，还需要检测邻居节点的对应方向。然而，仅依靠接收信号功率来获得上述信息是不可行的。接收信号功率受多个因素的影响，包括发现时间 t、通信距离 r、发射机和接收机的初始角度及角速度。因此，有研究者提出了一种通用信号模式，将足够多的连续接收信号样本映射到信号模式来指示信号源的潜在方向。

通过 17.1.1 节的分析，如果网络中需要采用定向天线，一定会导致“耳聋效应”。因此，需要考虑有效的邻居节点发现算法来降低“耳聋效应”。本节将介绍一种利用天线旁瓣信息的太赫兹网络下的定向邻居节点发现算法。

1. 网络架构和定向天线模型

为简化分析，这里首先关注单跳网络，单跳覆盖面积为 $A=\pi R^2$ 的圆盘。类似第 15 章提出的随机节点分布，假设节点满足强度参数为 λ_A 的 PPP 分布，因此，对于一个发射节点 Rx，处在其覆盖范围内的 Tx 节点数 $N_\mathrm{t}=A\lambda_A$，如图 17-3 所示[1]。

不同于之前介绍的圆锥形定向天线模型，为了利用定向天线的旁瓣信息，本章考虑另一种定向天线建模方式。考虑使用 $N\times N$ 的平面相控阵天线，假设阵元之间的间隔为信号波长的一半，则该天线在方向 θ 上的增益为

$$g(\theta)=\frac{1}{N^2}\frac{\sin^2\left(\dfrac{N}{2}\pi\sin\theta\right)}{\sin^2\left(\dfrac{1}{2}\pi\sin\theta\right)} \tag{17-2}$$

天线辐射图与波束模型如图 17-4 所示[1]。

由于发射和接收节点的天线处在旋转过程中，因此接收到的信号是两个节点初始方向 $\theta_\mathrm{t}^\mathrm{int}$ 和 $\theta_\mathrm{r}^\mathrm{int}$ 的函数，表示为

$$P_{\mathrm{r}}(r,\theta_{\mathrm{t}}^{\mathrm{int}},\theta_{\mathrm{r}}^{\mathrm{int}},t)=P_{\mathrm{t}}G_{\max}^{2}(f_0)g(\theta_{\mathrm{t}}^{\mathrm{int}}+\omega_{\mathrm{t}}t)g(\theta_{\mathrm{r}}^{\mathrm{int}}+\omega_{\mathrm{r}}t)\frac{c^2}{(4\pi f_0 r)^2}r^{-2}\mathrm{e}^{-K(f_0)r} \quad (17\text{-}3)$$

其中，P_{t} 表示发射信号的功率，r 表示传输距离，传输带宽 B =3 dB，$K(f)$ 表示分子吸收系数，f_0 表示传输带宽的中心频率，$G_{\max}(f)$ 表示最大的天线增益。为简化式（17-3），不失一般性地，假设 $K(f)$ 对于整个传输带宽为均值。

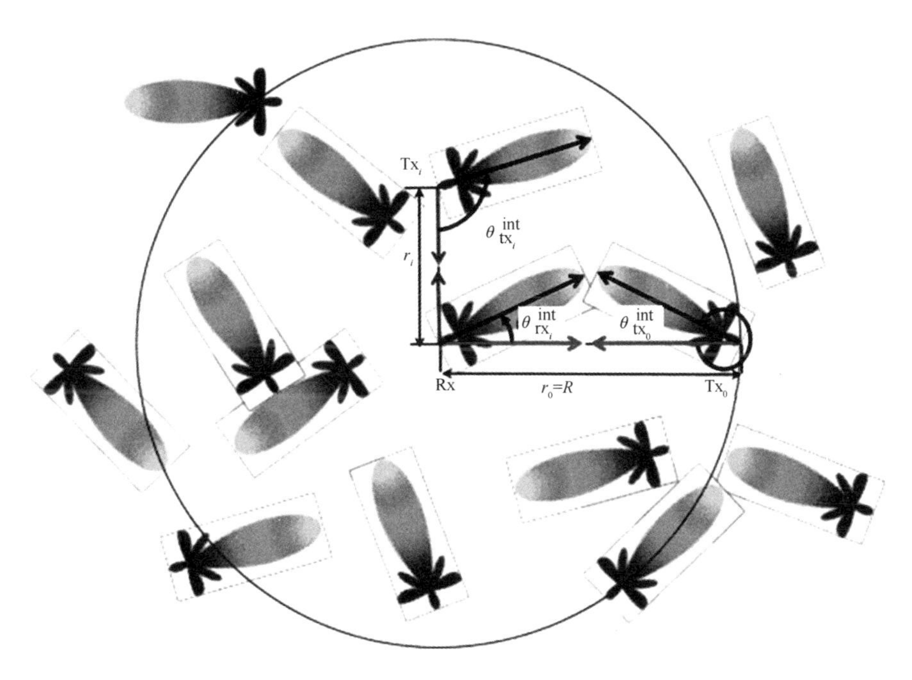

图 17-3　单跳网络模型

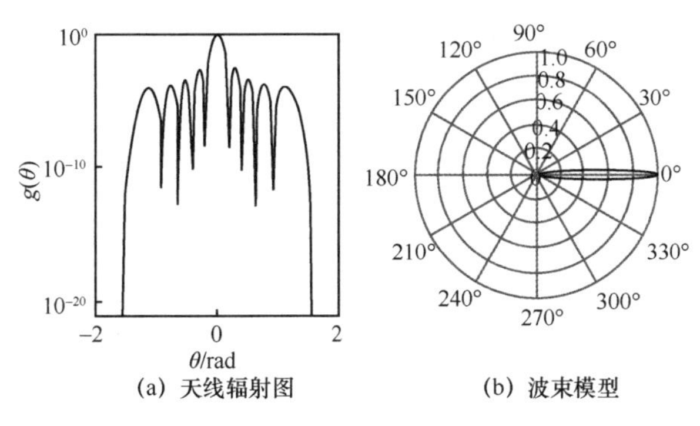

(a) 天线辐射图　　(b) 波束模型

图 17-4　天线辐射图与波束模型

2. 邻居节点发现过程

太赫兹网络中，由于接收到的信号功率受 t、$\theta_{\rm t}^{\rm int}$、$\theta_{\rm r}^{\rm int}$、r 的影响，因此在提前知道位置天线初始角度的情况下，不能通过对比 $P_{\rm r}$ 的值来定位信号源。令 $G(t)$ 表示总的天线增益，即接收到的信号与发射功率的比值，是一个与时间相关的函数。

$$G(t)=G_{\max}^{2}g(\theta_{\rm t}^{\rm int}+\omega_{\rm t}t)g(\theta_{\rm r}^{\rm int}+\omega_{\rm r}t) \tag{17-4}$$

由图 17-4 可以发现，天线增益是一个随角度周期变化的值。因此，算法的思想为接收机分析多个从 Tx 处接收到的信号样本，计算其对应的 $G(t)$ 及其多阶导数，多阶导数应是一个随角度周期变化的函数，通过分析导数值的周期性变化尝试与天线方向角一一对应，从而找到匹配 Tx 的发射方向。下面将具体给出幅值与天线角一一映射的过程。

假设 Tx 和 Rx 以相同的角速度 ω 旋转天线，其等效于 Tx 天线不动，Rx 天线以恒定速度 2ω 旋转。接收到的信号功率以波束方向为中心呈对称变化。令定向天线的电场强度 $E(t)=10^{G(t)/20}$。下面分析旁瓣信息对 $E(t)$ 的一阶、二阶、三阶导数的影响，如图 17-5 所示[1]，其中，横轴表示接收机定向天线的主瓣方向 θ。

如图 17-5（a）所示，${\rm d}E(t)/{\rm d}t$ 随着接收机定向天线的旋转呈周期性下降的趋势。观察图 17-5（a），若使用 ${\rm d}E(t)/{\rm d}t$ 作为估计发射机方向的指标，采样到的 ${\rm d}E(t)/{\rm d}t$ 可以分为两类。（1）采样到浅灰色区域的数值，即采样到幅值较大的数据。这种情况下，仅需要两个 ${\rm d}E(t)/{\rm d}t$ 的样本就可以确定波束角度，即一次负值和一次正值，对应图中的 a 和 b。（2）采样到深灰色区域的数值，即采样到幅值较小的数据。这种情况下，一个样本值对应多个可能的天线方向角，即 $c,d,\cdots,i$ 对应的天线方向角。仅使用 ${\rm d}E(t)/{\rm d}t$ 作为估计发射机天线方向的指标是不足的，因此需要更多的数据来辅助。

如图 17-5（b）所示，分析处在深灰色区域的 ${\rm d}E(t)/{\rm d}t$ 对应的 $E(t)$ 的二阶导数随着 θ 变化的规律。对照图 17-5（b）的上下两个子图，当 ${\rm d}^2E(t)/{\rm d}t^2$ 出现一个正脉冲的时候，对应的 ${\rm d}E(t)/{\rm d}t$ 递增，因此，可以通过分析 ${\rm d}^2E(t)/{\rm d}t^2$ 的脉冲来分析其对应于 ${\rm d}E(t)/{\rm d}t$ 是 b、d、f、h 中的哪一阶段。进一步分析 ${\rm d}^2E(t)/{\rm d}t^2$ 为负的区域，${\rm d}^2E(t)/{\rm d}t^2$ 仍然可以分为两种情况。（1）能够实现幅度和角度一一对应的区域，即 a、c^1、c^2、e^1、g^1、i^1。在这种情况下，可以根据 ${\rm d}^2E(t)/{\rm d}t^2$ 的数值估计天线方向。

（2）在其他情况下，不能实现一一对应，需要更高阶的导数来辅助。

如图 17-5（c）所示，分析 $E(t)$ 的三阶导数随天线角变化的规律。类似于前面的分析，通过对更高阶导数的分析，可以找到更多的区域呈现幅度和角度一一对应的关系，如呈递增的 e^2、g^2、i^2 和递减的 e^3、g^3、i^3。

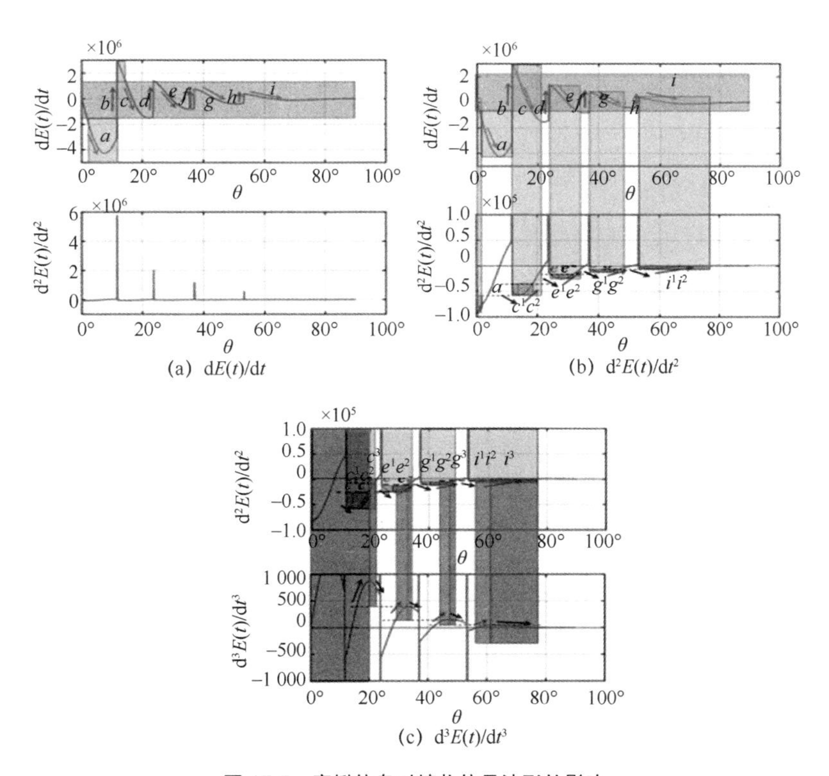

图 17-5　旁瓣信息对接收信号波形的影响

因此，通过逐级求导和一一映射，更多的天线方向角能够和 $E(t)$ 的 n 阶导数幅度值对应。需要特别说明的是，对于上述算法，邻居节点发现的时间主要取决于需要求导的阶数。求导的阶数越高，需要采样的数据次数也越多。如果只需要一阶导数，则采样数据次数 $N_s=3$，即可得到 $d_1(E(t))=\left(E(t_1)-E(t_2)\right)/\mathrm{d}t$，$d_2(E(t))=\left(E(t_2)-E(t_3)\right)/\mathrm{d}t$；如果需要二阶导数，则采样数据次数 $N_s=4$，即 $d_1^2(E(t))=\left(d_1(E(t))-d_2(E(t))\right)/\mathrm{d}t$，$d_2^2(E(t))=\left(d_2(E(t))-d_3(E(t))\right)/\mathrm{d}t$，其中 $d_3(E(t))$ 来自第四次采样，$d_3(E(t))=\left(E(t_3)-E(t_4)\right)/\mathrm{d}t$。依次类推，更高阶的求导阶数会需

要更多的采样数据次数，也需要更长的等待时间。节点需要在更精确的天线角方向和更长的邻居节点发现时间之间做权衡。

对于不同的硬件计算能力，天线方向角的精度可以通过调整计算的阶数来改变，即更高阶的导数对应更精确的天线方向角，同时也具有更高的硬件复杂度和更大的邻居节点发现时延。节点可以在精确度、复杂度、通信时延中做权衡。本节所提算法可以根据节点的实际硬件性能进行自适应调整，因此该算法可以应用于多种太赫兹应用场景中。

17.1.4 性能评估

1. 经典的邻居节点发现技术

对于没有旁瓣信息的邻居节点发现技术，有效邻居节点发现的充分条件是发射机和接收机 DA 的主瓣完全对准，并调整它们的主瓣使其相互面对。这一先决条件保证了接收信号主瓣接收的信号强度足以检测到位于一跳覆盖区域内的任何发射信号。将发现过程表示为随机过程 $X(\theta_{tx}^{int},\theta_{rx}^{int},t)$，即 $X(\theta_{tx}^{int},\theta_{rx}^{int},t)= g(\theta_{tx}^{int}+\omega_{tx}t)g(\theta_{rx}^{int}+\omega_{rx}t)$，其中 θ_{tx}^{int} 和 θ_{rx}^{int} 分别代表发射机和接收机的初始角度，它们是由相对于发射机和接收机之间的对准方向来定义的。ω_{tx} 和 ω_{rx} 是发射机和接收机的转速。

分析采用本节所提算法的 Rx 在时间 T 内发现一个邻居节点的概率 P_{find}^{ori}。当波束对准增益 $X(\theta_{t}^{int},\theta_{r}^{int},t)==1$ 时，认为发现一个节点。假设采样时刻在时间 T 上均匀分布，天线初始方向在 $(-\pi,\pi)$ 上均匀分布，则 P_{find}^{ori} 可以表示为

$$P_{find}^{ori}=\int_0^T\int_{-\pi}^{\pi}\int_{-\pi}^{\pi}\mathbf{1}\left(X(\theta_{t}^{int},\theta_{r}^{int},t)==1\right)\frac{1}{4\pi^2}\frac{1}{T}\mathrm{d}\theta_{r_i}^{int}\mathrm{d}\theta_{t_i}^{int}\mathrm{d}t \tag{17-5}$$

其中，$\mathbf{1}(\cdot)$ 为示性函数，即 $\mathbf{1}(\text{true})=1$，$\mathbf{1}(\text{false})=0$。平均发现一个节点的时间为 $\mathrm{E}[T_{one}^{ori}]=TP_{find}^{ori}$，总邻居节点发现时间为 $N_t P_{find}^{ori}\mathrm{E}[T_{one}^{ori}]$，$N_t$ 为发射机的数目。

2. 利用旁瓣信息的邻居节点发现技术

只要接收机成功地从特定邻居节点接收到足够的连续信号样本，它就能够将接收到的信号样本映射到通用信号模式，并定位特定邻居。这种情况的问题是即使它们彼此靠近，接收机可能无法立即检测到 Tx_0。当 DA 的主瓣偏离对准它们的方向时，就会出现这个问题，因此本节所提算法只把功率强度超过 β 的连续信号作为有

效信号来完成邻居节点发现过程。

下面对利用旁瓣信息的本节所提算法性能进行分析，主要考虑的参数为邻居节点发现过程产生的干扰和找到特定的Tx_0的概率。根据在第 15 章中介绍的服从 PPP 分布的节点在网络中产生的聚合干扰的分析，对于Rx，其接收到的来自其他节点Tx_i的干扰为

$$I(r_i,\theta_{\mathrm{t}}^{\mathrm{int}},\theta_{\mathrm{r}}^{\mathrm{int}},t)=\gamma g(\theta_{\mathrm{t}}^{\mathrm{int}}+\omega_{\mathrm{t}}t)g(\theta_{\mathrm{r}}^{\mathrm{int}}+\omega_{\mathrm{r}}t)r_i^{-2}\mathrm{e}^{-K(f_0)r_i} \tag{17-6}$$

其中，$\gamma=P_{\mathrm{tx}}G_{\max^2}(f_0)c^2/(16\pi^2 f_0^2)$，$r_i$表示$\mathrm{Tx}_i$到 Rx 的距离。

因此，干扰的n阶矩为

$$\mathrm{E}[I^n]=(N_t-1)\int_0^T\int_{-\pi}^{\pi}\int_{-\pi}^{\pi}\int_0^R I(r,\theta_{\mathrm{t}}^{\mathrm{int}},\theta_{\mathrm{r}}^{\mathrm{int}},t)^n\frac{1}{4\pi^2}\frac{1}{T}f_{\mathrm{r}}(r_i)\mathrm{d}r_i\mathrm{d}\theta_{\mathrm{r}_i}^{\mathrm{int}}\mathrm{d}\theta_{\mathrm{t}_i}^{\mathrm{int}}\mathrm{d}t \tag{17-7}$$

利用泰勒展开公式，$\mathrm{E}[1/I]$可以近似为与干扰均值和方差有关的函数，即

$$\mathrm{E}\left[\frac{1}{I}\right]=f(\mu_0)+\frac{f''(\mu_0)}{2}\sigma^2[I] \tag{17-8}$$

其中，

$$f(\mu_0)=\frac{1}{\mu_0}=\frac{1}{\mathrm{E}[I]},\ f''(\mu_0)=\frac{2}{\mu_0^3}=\frac{2}{(\mathrm{E}[I])^3} \tag{17-9}$$

由于$\mathrm{SIR}=P_{\mathrm{r}}/I$，因此 SIR 的均值为$\mathrm{E}[\mathrm{SIR}]=P_{\mathrm{r}}\mathrm{E}[1/I]$。

对于Rx，其判断是否存在目标发信机Tx_0的条件为 Rx 接收到的信号功率大于一定门限，或者接收到的 SIR 大于一定门限，表示为

$$P_{\mathrm{find}}(\beta)=P\{\mathrm{SIR}>\beta\}=P\{I<P_{\mathrm{r}}/\beta\}=\int_0^T\int_{-\pi}^{\pi}\int_{-\pi}^{\pi}\int_0^R \mathbf{1}\left(I<\frac{P_{\mathrm{r}}}{\beta}\right)\frac{1}{4\pi^2}\frac{1}{T}f_r(r_i)\mathrm{d}r_i\mathrm{d}\theta_{\mathrm{r}_i}^{\mathrm{int}}\mathrm{d}\theta_{\mathrm{t}_i}^{\mathrm{int}}\mathrm{d}t \tag{17-10}$$

3. 邻居节点发现时间

如 17.1.2 节所述，本节所提算法邻居节点发现的时间取决于Rx需要采样的有效数据个数N_{s}。例如，如果接收机采用 17.1.3 节介绍的利用$E(t)$的三阶导数确定发信机天线方向的方案，则总共需要采样数据次数$N_{\mathrm{s}}=5$。假设数据采样间隔为Δt。实际上天线旋转不是连续的过程，而是将空间分为多个小区，离散地旋转至每个区间。令$\theta_{\mathrm{bw}}^{\mathrm{t}}$和$\theta_{\mathrm{bw}}^{\mathrm{r}}$分别表示发射机和接收机扫描的区间宽度角。数据采样间隔与天线旋转的角速度有关，等于区间宽度角的差值最小值除以2ω。

整体的邻居节点发现时间是指接收机 Rx 发现区域内所有的N_{t}个发射机所需要

的总时间。由于Rx发现一个节点需要采样N_s个有效的数据，即N_s组SIR大于门限β的数据，因此总的平均邻居节点发现时间为$N_t P_{find}(N_s \Delta t)$。

17.2 多连接技术

多连接技术是指在网络中的用户与处在不同小区的多个基站同时建立连接，进行信息传输的技术。例如，在通信网络中一个宏小区覆盖范围内有多个微小区，可能处在不同或者相同的频段。用户可以同时使用宏小区和微小区的信道资源进行传输。与用户建立连接的基站分为以下两类。（1）一个主基站，负责控制信息的传输，用户始终保持与主基站的连接，从而增强其通信的稳健性。（2）多个辅基站，提供多种信道资源，可以减轻单一小区通信的负担，增加用户可用的无线资源，从而增加网络的吞吐量。

多连接技术为太赫兹通信系统带来的性能提升主要有以下几方面。

1. 提升用户吞吐量

由于用户可以与多个小区连接，用户可以选取其中信道资源最好、可以实现最稳定传输的链路进行信息传输。多个连接为用户提供了额外的容量。

2. 提升移动用户的通信连接的稳定性

由于太赫兹信号LoS路径受阻的现象较为明显，因此单一的连接容易导致通信中断，采用多连接方案，用户同时建立多个链路，在某些连接失效的时候，可以使用备用连接，保证通信的稳定性。

3. 降低由于频繁切换导致的信令开销

由于用户与一个主基站始终保持连接，因此当用户处在主基站覆盖范围（通常为一个宏小区）内，仅切换与辅基站的连接时，主基站不需要参与切换。因此由主基站构成的核心网上的信令交互次数大大减少，整体太赫兹网络的信令开销降低。

4. 补偿太赫兹信号有限的覆盖范围

太赫兹信号的传播衰落较大，其信号覆盖范围不足以支撑长距离传输。虽然定向天线技术已经被考虑用于补偿信号衰落，但是如第16章所述，定向天线技术会带来一系列MAC协议设计难题。因此，可以采用多连接技术，使用户通过低频通信实现邻居节点发现和波束对准，再通过太赫兹信号实现数据传输。这种技术也称为高低频协作技术，将在 17.3 节中进行详细介绍。

17.2.1　多连接技术概念

多连接技术是对 4G 通信中提出的双连接（Dual Connectivity，DC）技术的扩展。DC 技术中，用户仅与一个主基站和一个辅基站连接，辅基站为用户提供的额外的通信资源有限，对整体网络的吞吐量提升也有限。因此，在太赫兹网络中，会采用多连接技术，在 DC 技术基础上进一步提升网络性能。采用多连接技术的多个小区可以工作在相同频率下或不同频率下，即使用相同的 RAT 或不同的 RAT。用户与采用不同的 RAT 的小区同时连接的技术称为多无线接入技术（Multi-RAT）。

异构网络已经成为解决未来太赫兹通信网络巨大容量和覆盖需求的关键网络架构之一。这种架构包括具有不同覆盖区的分层、多层小区部署，这些小区可能通过多种无线接入技术运行。典型的部署包括宏蜂窝网络与密集部署的小蜂窝（如微微蜂窝、毫微微蜂窝、中继节点、无线接入点等）的附加层的覆盖。这不仅可以通过在网络的多个层上积极重用频谱，还可以通过在网络中集成 Wi-Fi 来利用未许可频带中的额外频谱，从而以低成本实现显著的网络容量增益。

1. 发展多连接技术的原因

（1）距离限制

如前文所述，太赫兹频段通信有一些固有缺陷，在太赫兹频段传播的信号受到严重的路径损耗和分子吸收效应的影响。除此之外，由于更短的波长，与 mmWave 频段、传统的微波频段相比，太赫兹频段的信号对 LoS 路径阻塞更加敏感，且 NLoS 路径能提供的补偿较少。为了克服严重的衰减问题并扩大信号的覆盖范围，必须使用极窄波束宽度的定向天线。虽然利用定向传输可以将太赫兹通信链路距离延长几米，但是仅使用定向天线辅助的太赫兹通信实现如传统通信一样的大面积覆盖是不现实的。为了保证覆盖，下一代移动网络可能采取的部署方案是 mmWave 与太赫兹频段双频带通信，甚至可能是微波、mmWave 与太赫兹频段多频带通信。在保证高数据速率传输的前提下，采用多频段共存的网络可提供 200 m 的覆盖范围。如果引入微波频段进一步辅助，覆盖范围还可以进一步增加。

（2）方向性挑战

不同于微波频段中常规的全向通信，类似于 mmWave 通信，太赫兹宏网络需要定向天线辅助。由于太赫兹信号需要高指向性传输及其对障碍物阻挡的敏感性，太赫兹自组网中，定向天线使网络中的干扰大大降低，网络的空间复用能力增强。在某些场景，太赫兹通信网络可以被认为主要是噪声受限系统而不是干扰受限系统。

尽管定向天线的使用改善了网络干扰，但是其仍然给太赫兹网络造成了较大的方向性挑战。如前面章节介绍的定向邻居节点发现问题、握手协议的设计、信令开销和功耗控制等，定向通信需要节点在通信过程中始终保持对齐，并且需要控制波束避免产生“耳聋效应”，即在邻居节点发现过程中，发射机和接收机的主波束不能精确指向彼此，从而无法在之后的传输中建立高质量数据链路。相较于 mmWave 网络，这一问题在太赫兹网络中更为明显。因此，与 mmWave 频段通信不同，太赫兹频段通信需要更大的波束训练、波束对准开销。波束训练在诸如 802.11ad 路由器这类的毫米波设备上通常需要几毫秒的时间来完成，对于太赫兹通信设备，这个时间会更长。

（3）收发器设计的复杂性和运营成本

虽然在 57～64 GHz 毫米波频段中有近 7 GHz 可以使用的连续带宽，但当前的标准（例如 802.11ad）只定义了其中约为 2 GHz 宽度的信道。类似地，虽然理论上太赫兹频段可使用的带宽超过 20～100 GHz，但是在如此高的数据采样率下，对太赫兹硬件设备的要求极高。例如，对于太赫兹通信设备中的关键处理组件，如模数转换器，持续工作的硬件消耗的能源可能过高，而更多的节点自身电池容量是有限的。因此对于部分通信场景，当节点具有有限的电池容量和数据处理能力时，为了保证节点可以长期工作，可以选择间歇性地激活太赫兹收发器，让节点能在快速传输数据与硬件能耗、计算复杂度等成本之间做权衡。

（4）太赫兹移动网络架构

太赫兹通信系统采用的小区结构将不同于传统的 3G、4G 蜂窝网络结构。首先是太赫兹信号有限的覆盖范围，其次是网络中存在多种不同类型、不同硬件性能、不同需求的通信设备。除此之外，用户具有更大的随机性，包括随机的位置和随机的接入、离开网络的时间。移动用户的通信需求的改变使现有的网络结构不足以支撑所需的 QoS 和网络吞吐量。因此，一种可行的解决方案是采用异构网络拓扑并且增加网络中的 Femto-cell 和 Pico-cell 的个数，即超密集异构网络。由于较短的无线电链路，更小的小区可以提供更高的数据速率，并且上行链路数据传输消耗的能量更小。未来 Pico-cell 和 Femto-cell 将会部署在更广泛的应用场景中。从目前的住宅、办公区域拓展至其他人口密集的区域，如大型购物中心、地铁站等。随着这种人流量较大的区域的增多，更多的基站、更小的小区会出现。因此，今后超高密度的网络将需要满足高密度节点接入（可能的节点距离仅为数十米）；频谱聚合，即多种不同频谱的共同使用，如高低频协作、授权频谱和未授权频谱同时使用。

引入更多的基站和小区虽然可以增加网络的整体性能，但是同时也带来了较大的网络协调复杂度。更复杂的异构网络结构会导致更复杂的干扰管理、更高的硬件维护开销。更重要的是，由于太赫兹信号具有有限的覆盖范围，在通信链路建立的初始阶段，仅采用太赫兹信号通信在部分应用场景中并不是最优选择，采用与低频段的聚合通信会为网络提供更快速的链接初始化、更大的覆盖范围。因此，需要针对太赫兹网络开发新的协议或技术来管理网络中的频谱，保证多种接入技术的快速切换和无干扰的使用。

图 17-6 展示了对多 RAT 异构网络部署的设想，即一种新兴的蜂窝网络拓扑——多无线接入网[2]。目前，大部分消费设备支持无线网络和其他无线通信技术。最近的无线网络标准也支持更高的数据速率，使用更多的频带。从成本角度来看，Wi-Fi 对运营商也有吸引力。因此，无线网络已经成为解决未来网络容量限制的一个组成部分。未来网络面临的容量和连接限制将继续推动不仅提高单个 RAT 的性能，而且更紧密地集成多个 RAT 的需求，包括 Wi-Fi 之外的其他技术和频谱聚合之外的其他用例。

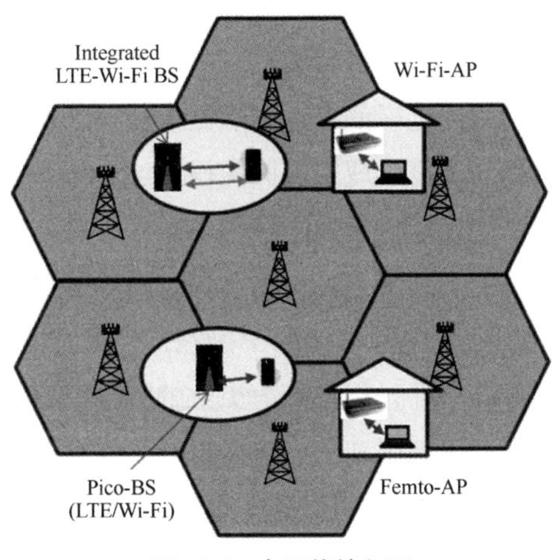

图 17-6　多无线接入网

因此，在超密集太赫兹异构网络中，多无线接入技术的研究具有重要价值。

2. 主要技术难点

多无线接入技术应用于超密集太赫兹异构网络的主要技术难点如下。

（1）频谱融合

太赫兹频段通信的节点面临太赫兹频段自身传输距离短和定向邻居节点发现、握手过程实现困难的问题。在不断开发更有效的MAC协议的同时，可以考虑另一种问题解决思路，即与低频段的通信融合，在通信的不同阶段采用不同频段的信号通信，即频谱融合技术。频谱融合技术也会带来新的问题，即不同无线传输技术的融合。这体现在收发机的硬件架构，以及MAC层的资源协调和匹配上。因此，多无线接入技术需要通过设计有效的协议，保证信号传输频段对接收者透明，并且可以实现快速、低功耗的接入方式切换。

（2）多种局域网的融合

随着超密集小区的部署，不同的局域网覆盖范围会有更多的重叠，如广域网（Wide Area Network，WAN）、局域网（Local Area Network，LAN）和个人域网（Personal Area Network，PAN）的重叠。由于重叠和核心网络的高负荷，网络的数据流会逐渐向更小的小区转移。因此，多无线接入技术需要实现用户多种局域网的同时连接。

（3）多样化用户需求、动态应用场景

太赫兹网络的一大应用方向就是IoT。万物互联的概念使太赫兹网络的接入设备的性能和应用需求具有较大的动态范围。IoT要求网络能够支持不同密度、不同硬件处理能力的设备同时通信。不同的通信设备会根据自身的需求选择RAT，并在不同的连接规模下，对多无线接入技术进行优化。例如在办公场景中，手机等移动终端需要在满足通话需求的同时，为周围的智能设备如投影仪、触控板等提供热点连接；在智能医疗的场景中，手机需要与纳米医疗设备连接，提供人机交互界面。

（4）多个网络的联合

节点的跨网络连接可以增加整体通信容量，并且随着更高密度的节点协作实现通信容量的线性增长。特别地，对于太赫兹网络，短距离通信网络和长距离通信网络会采用不同的通信模式。因此，多连接技术需要能够满足跨网络的多节点协同工作。

因此，多无线接入技术可以通过利用多维分集，如空间、时间、频率、干扰和负载,为多种网络类型和跨网络通信提供额外的通信容量增益和用户的连接稳定性。

3．多种接入技术集成举例

综合使用多种无线接入技术和网络（如 Wi-Fi）的趋势对于应对未来太赫兹通信网络面临的挑战至关重要。特别是，多种接入技术可以在不同维度上复用，例如空间、时间、频率等。因此多种接入技术的联合使用可以充分利用多维资源，为用户连接体验带来额外增益。一个将 Wi-Fi 与 3GPP 异构网络集成的案例的研究结果表明，Wi-Fi/3GPP 无线网络的智能集成可以在系统容量和用户服务质量方面产生 2～3 倍的额外增益，超过独立使用两个网络所能实现的增益。

具体来说，本节研究考虑了利用具有多 RAT 能力的小小区在 Wi-Fi 和 LTE 空中接口之间进行更紧密的无线电层集成和协调的好处。多 RAT 小单元与同处一地的 Wi-Fi 和 LTE 接口是一种新兴的行业趋势,因为它们利用跨 RAT 的公共基础设施来帮助降低部署成本。当与多无线客户端设备一起使用时，基站上同处一地的无线设备允许跨多个无线链路更紧密的协调。在这种集成架构中，可以将无线网络视为整个蜂窝网络中的“虚拟运营商”，允许无线网络和蜂窝网络之间更紧密的集成。多个 RAT 之间增加的耦合和协调可以通过几种不同的方式来利用。本节简单介绍了联合 RAT 分配、跨 RAT 调度算法，这些算法在整体系统性能和用户服务质量方面提供了显著的增益。

本节考虑了几种利用跨无线接入技术协调的技术，这些技术通过集成的 LTE 无线网络小小区支持虚拟无线接入网络架构。作为参考，本节假设了一个基线情况，在这个情况下，LTE 和无线网络之间没有协作，两条链路独立地调度它们的传输，而不交换任何信息。在另一种协作模型中，可以使用多 RAT 互联功能来监控跨用户的无线电链路质量，可以更好地在 RAT 之间分配用户（或数据流），以满足用户的 QoS 要求。通常，这样的分配将以半静态的方式进行，其中它们在会话过程中很少更新，以避免为 RAT 间会话传输代价很高的信号。在同一位置的 RAT 之间的快速会话传输允许这种分配动态变化。在虚拟运行架构下启用动态 RAT 分配，有助于提高系统可靠性和用户 QoS，特别是在未经授权的 Wi-Fi 频带上存在不协调干扰时。涉及联合 RAT 调度的更紧密的合作需要跨 RAT 的 MAC 层协调。在这种情况下，MAC 调度器基于其调度规则在所有相关联的用户之间进行选择，并且如果由跨无线接入技术 MAC 调度器进行调度，用户可以同时在多个无线电上进行传输。动态调度可以提供好处，尤其是在跟踪快速衰落和快速变化的干扰条件时。

（1）联合 RAT 分配

现有的 RAT 分配框架（用于优化比例公平和准时吞吐量指标）的主要思想是将用户分配到单元或 RAT，以便用户可用的比例公平或乘积最大化。虽然可以定义更一般的效用函数，但现有的框架将平均和准时吞吐量视为效用函数示例。给定传统的基于 3GPP 的小区关联方法被用于将用户与多无线接入终端小单元关联，分配问题简单地变成了在无线网络和 3GPP 无线接入终端之间划分用户的问题。当与小单元相关联的用户数量较低时，这种用户划分可以通过穷举搜索来最优地解决。然而，对于比例公平吞吐量度量的特殊情况，通过对 Wi-Fi 和 LTE 速率的比值进行排序和分区被证明是最佳解决方案。

（2）跨 RAT 调度

有了集成的 LTE-Wi-Fi 小单元，MAC 层的协作以及 LTE 和 Wi-Fi 资源的联合调度也变得可行。这里，联合调度器管理和调度 LTE、Wi-Fi 链路的无线电资源，监控两个无线链路，并跟踪总吞吐量、正在进行的完整传输和未确认的数据分组。在处理时延敏感的流量时，跨 RAT 调度可能特别有用，这种流量需要对数据分组进行更严格的管理，以避免过度的时延。因此，考虑在最大化用户准时吞吐量的背景下进行跨 RAT 调度。为了公平地评估跨 RAT 调度可实现的准时吞吐量增益，还必须设计每个 RAT 的调度算法来优化准时吞吐量。Yeh 等[3]描述了一种调度算法，通过测量在最大时延内可以传递给用户的数据分组数量，特别寻求增加接收数据吞吐量超过其目标吞吐量的用户数量，从而最大化有效吞吐量。例如，没有额外的资源被分配给在当前时间内已经接收到超过所需比特数的用户，调度器仅扫描在当前时隙内接收少于目标比特数的用户，并选择最有可能在使用最小资源量的同时实现目标吞吐量的用户。这种调度算法明显优于基于最大化比例公平吞吐量的调度算法。

17.2.2　技术要点及分析

分析太赫兹多连接技术时，需要考虑下面几个主要问题：（1）如何感知网络中不同的 RAT；（2）如何选择合适的 RAT；（3）如何为节点分配合适的 RAT；（4）网络的哪一部分/哪一设备控制 RAT 的选择和切换；（5）会话如何在不同的 RAT 之间传输。

1. **多连接技术的融合**

多连接技术的融合可以在通信网络的不同层次完成，可能的集成层次分为应用层的融合、核心网的融合、无线接入网（Radio Access Network，RAN）的融合。

（1）应用层的融合

在应用层上，用户设备上的应用程序可以通过一个专有的交互平台实现信息交互。通过不同 RAT 技术获得的信息统一在应用层上处理。由于整体信息交互在一个更高层的平台上完成，在应用层的融合不需要对网络层做任何额外的协调。因此，这样的融合方式很容易根据用户的需求改进，有助于提升用户体验质量（Quality of Experience，QoE）。但是这样的方式依赖于使用的应用程序和交互平台，并且由于 RAT 交互与网络层无关，因此不能根据基础网络条件的变化进行自适应的调整。

（2）核心网的融合

核心网的融合是目前多无线接入技术的一种实现方式，如当前的 Wi-Fi-3GPP 的融合就是基于核心网的轻耦合。接入网络发现和选择功能（Access Network Discovery & Selection Function，ANDSF）帮助用户发现 AP，并且为用户提供网络选择协议。用户根据设备的通信能力和需求，以及当前所处的链路状态做出权衡。最终，用户选择接入哪一种网络。使用同一 RAT 的会话无缝切换是通过更高层的信息传输协议完成的，如基于移动-IP 变体的 IP 流移动性协议。核心网的融合可以很好地权衡核心网和用户的需求，但是这种模式受限于用户对网络的感知情况。用户仅拥有本地的数据信息和网络状态信息，因此做出的选择可能是片面的。这很大程度上限制了该融合模式的性能。

（3）无线接入网的融合

在太赫兹网络中，由于上述两种融合模式的限制，会更多地考虑在无线接入网层面实现多连接技术。在 RAN 层面上的融合可以获取大范围的无线链路状态信息。跨 RAT 的信息交互可以通过网络中的 AP 或用户实现传递，或者在设备中定义专用的接口实现跨 RAT 信息交互。通过小区之间的关联，可以实现整体网络中的 RAT 管理和分配，因此可以实现动态的 RAT 使用，最大化地利用网络的无线信道资源，从而为用户提供最佳的 QoE。除此之外，基于无线接入网的融合模式中，为用户分配的主基站可以作为移动性和控制的锚点。用户可以通过主基站将信息传输到多个小区，然后切换至辅基站连接，以低时延接收和发送信息。在 RAN 层面实现多连接技术的方案可以适应网络的动态变化，以及网络干扰的变化。由于用户与多个辅基站连接，采用 RAN 层面的融合减少了会话中断和分组丢失现象。此外，可以通过用户反馈来改变 RAN 的配置，从而实现网络基于用户的偏好，完成自适应调整。

2. 无线资源分配管理

基于上述分析，下面主要针对在无线接入网实现多连接技术的方案提供无线资源管理（Radio Resource Management，RRM）方案。应用于太赫兹网络的 RRM 方案基于主导者分为三大类：用户控制、网络辅助、网络控制。对于基于 RAN 的多无线接入方案，基于不同的网络拓扑结构和期望的 RAT 协作程度可以选择不同的 RRM 方案。在 RRM 方案设计中，RAN 起着重要的作用。即使 RAN 不直接控制 RRM，RAN 也可以为方案实现提供辅助信息，帮助用户做出更好的决策。5G 网络架构中，管理移动性和控制性的锚点已经从以前的核心网下沉至 RAN。太赫兹网络很大概率会延续这一架构，这一架构为具有更快的不同 RAT 之间的会话转移和切换提供了便利。

（1）用户为中心的 RRM 方案

在以用户为中心的无线资源管理和分配过程中，最简单且最有效的方案是基于给定门限做出选择。在基于给定门限的方案中，用户可以持续检测从 AP 处接收到的信号，计算当前的 SNR 信息，并与一定的门限做对比，如果检测到的 SNR 大于门限，则认为该 AP 是可接入的节点，用户可以将信息转移到该链路上传输，或者将该节点加入备用节点列表中。例如，在 3GPP 中，使用门限值为 40 dB，当 $\mathrm{SNR} \geqslant 40\ \mathrm{dB}$ 时，用户做出切换决策。这是非常自然的切换逻辑，当用户检测到可用的高速稳定链接时，自动放弃原先的低性能链接。

上述策略可以进一步根据用户的偏好做改进，例如将判定信息改为覆盖概率、QoS 等；或者将策略进一步完善，根据需求引入多个门限，用于更全面地评估执行链接切换的效能。

（2）RAN 辅助的 RRM 方案

虽然以用户为中心的 RRM 方案非常简单，但是由于对于高密度的太赫兹网络应用场景而言，大量用户做出以自己为中心的决策，可能会导致 AP 的过载。例如，当大量的用户都希望接入附近的同一个 AP 时，该 AP 可能会出现过载的情况。基于第 16 章讨论的情况，如果采用介质访问基于竞争的 MAC 协议，随着用户数量的增加，吞吐量性能会呈非线性快速下降，反而降低了用户的吞吐量。

因此，单纯的 SNR 阈值方案，即不考虑当前网络负载的方案，不能在具有高动态负载变化的场景中使用。在这种情况下，用户可以尝试将 SNR 与来自 RAN 传递的负载信息、网络状态信息等相结合。相较于单纯考虑 SNR 阈值方案，考虑 AP 负载的 RAN 辅助方案一定会提高网络性能。尽管如此，单纯考虑 AP 负载对于进一步提升网络性能是不足的。

用户需要持续对网络进行侦听，以便监视其邻居节点信息的 SNR 并估计自己的预期吞吐量。是否选择接入一个 AP 需要用户对 AP 状态进行估计。AP 状态是根据预测的网络容量除以连接到特定 AP 的用户数来判定的，接入 AP 的用户数可以通过 AP 广播的指示信息获得。除此之外，需要综合考虑其他信息，如 SNR、竞争状况等。这些信息将作为衡量 AP 状态的加权因子。分析接收信息的 SNR 的目的是排除信号质量很低的 AP。分析竞争状况主要是因为太赫兹 MAC 层通常采用基于竞争的协议，竞争严重的节点会产生更高的信令开销和冲突概率。

对于用户而言，合理判断是否接入一个网络的方式是分析该网络可提供的吞吐量。为了防止无意义的频繁切换和大量用户同时接入一个网络，可采用下面 3 种辅助方案。

① 随机接入最优网络的方案

用户产生一个随机数 $\text{rand}(0,1)$，若满足 $\text{rand}(0,1) < p^{m_i+1}$，则接入该 AP。其中 m_i 为该 AP 近期的连接数，p 为重连接的概率。近期接入该 AP 的点数越多，用户产

生满足条件的随机数的概率越小，因此避免了大量用户同时接入同一 AP。通过合理利用 p，可以大大减少想要再次接入该 AP 的用户数。采用这种方式可以防止网络中大量用户在网络中的切换和跳转。

② 使用小区重选迟滞值

为了防止处在小区边缘的用户频繁地在两个 AP 之间切换，可以为计算出的预期吞吐量增加小区重选迟滞值。重选迟滞值是在 LTE 中提出的一个参数，用于防止在边界处频繁切换。只有当相邻小区之间信号质量之差大于重选迟滞值时，才执行切换。

③ 预期吞吐量平均化处理

对预期吞吐量求平均值可以进一步提高估计的准确性。在每个测量窗口之后，可以使用移动平均滤波器对该窗口期间获得的实际吞吐量进行处理。由此获得的数据结合了当前实际的吞吐量和预期吞吐量，相较于单纯的预期吞吐量值，进行平均化处理后的吞吐量具有更多的可靠性。这减少了基于竞争的信道访问机制存在的突发冲突。

综上，相对用户为中心的 RRM 方案，RAN 辅助的 RRM 方案利用 RAN 来辅助用户做出 RAT 的选择。网络辅助的实现非常简单，RAN 可以直接将用户需要的辅助参数，如网络负载、利用率、期望的资源分配等，实时传输给对应用户或对覆盖范围内的用户广播。

（3）RAN 控制的 RRM 方案

上述两种方案本质上都是以用户为中心的。因此，从网络整体层面考虑，它们仍不能实现网络整体吞吐量最优化。因此，可以通过基于网络的集中式 RRM 来提高性能，即 RAN 控制的 RRM 方案。RAN 控制的 RRM 将控制权力全部转移至中央控制器，由专用的控制器做出决策，为用户分配 RAT 的使用。这样的控制器可以是集中式或分布式的。集中式控制器是指网络中设置专有的中央 RRM 实体，用于管理多个小区、多个 RAT 上的无线资源；分布式控制器是指控制中心分布在 AP 之间，通过 AP 的协作实现。

RAN 控制的 RRM 方案可以利用不同 RAT 之间的专有或标准化接口。对于分布式网络，RAN 控制的 RRM 方案在 3GPP 中已有研究，即 RAN 控制的 WLAN-3GPP

多连接技术。这种技术的 RAN 为用户建立了一些感知器，用于检测和报告有关用户本地无线通信环境的变化信息。最后，由 RAN 基于用户报告的信息做出最终的 RAT 选择。

太赫兹网络中的 RAN 控制策略可以在此之上做改进。新兴的集中式 RAN 控制方案包括“锚节点增强”方案。这种方案的用户始终与宏小区层的控制链路连接。而宏小区的控制节点集中管理用户，将用户的数据流量向更小的小区转移。最佳的转移机制由宏小区集中确定，并且用户始终与宏小区保持稳定连接。

3. **智能接入网络分析**

假设无线局域网是运营商部署和管理的多 RAT 异构网络的一部分，针对可行的实际扩展来提高以用户为中心的网络选择方案的性能。为了与当前的网络部署保持一致，假设无线网络和 3GPP 无线网络之间没有接口，考虑使用独立的无线接入点进行分布式小蜂窝覆盖。此外，本节还讨论了部署集成 LTE-Wi-Fi 小型蜂窝的优势，特别是分布式 RAT 选择方案，该方案考虑了 LTE 和 Wi-Fi 技术中的网络负载信息。以网络为中心的解决方案能够比基于用户设备的方案提供更好的性能，因为跨用户的网络范围的无线链路信息可以用来开发最佳的无线接入技术分配算法。

基于广泛的全系统仿真数据，本节给出了一种新的时空分析方法，用于辅助网络选择，捕捉用户流量动态以及多无线电异构网络的空间随机性。

在建模异构网络性能时，明确捕获网络动态是至关重要的。然而，考虑到相关的复杂性，动态系统还没有像它们的静态对应物那样被广泛地研究，静态对应物具有一组固定的活动用户。因此，有研究提出评估支持用户、流量和环境动态的流级网络性能。结果表明，网络用户相对于彼此的位置对整体系统性能有很大影响，事实上，考虑到用户之间的间隔并不规则，可能存在高度的空间随机性，需要明确捕捉。因此，有必要采用一系列随机空间模型，其中用户位置是从随机过程的特定实现中提取的。将这种拓扑随机性与系统动态性相结合，网络在表征用户信号功率和干扰方面存在根本差异。但随机几何领域提供了一套分析工具，可以捕捉随机用户部署的网络性能。更具体地，动态网络中的每个数据流通常对应于新文件传输、网页浏览或实时语音/视频会话的分组流。例如，考虑一个半径为 R 的宏网络的独立蜂窝，它包含一个宏基站以及几个分布式微微基站和无线局域网接入点。所有基站/接入点都能够同时服务来自其无线用户的上行链路数据。所考虑的流量是具有某个目标比特率的实时会话。基于最近的 3GPP 规范，进一步假设所有三层的频带不重叠。然而，所有的无线局域网/微微网链路共享它们各自层的频带，因此会产生干扰，而宏网络层可以被认为是无干扰的（具有适当的小区间功率控制）。

多 RAT 网络的时空方法如图 17-7 所示。如图 17-7 中（a）所示，本节使用几种随机过程对上述网络中的拓扑随机性进行明确建模，并采用了基于泊松点过程的若干简化。这种方法的关键在于，考虑一个具有速率函数 $\Lambda(x,t)$ 的时空 PPP，其中 $x \in R^2$ 是空间分量，$t \in R^+$ 是时间分量。虽然随机网络拓扑是模型的主要焦点，但也要将其与系统动力学相结合。这涉及一个适当的排队模型，在这个模型中，会话在被服务后到达并离开系统（服务时间由会话长度决定）。当新的会话到达或服务的会话离开系统时，RAN 中的集中式辅助实体通过决定会话是否被允许进入特定层或建议用户的发射功率来对所有层执行许可和功率控制。通用系统模型如图 17-7 中（b）所示，图中显示了宏、微网络和无线局域网络的区域以及相应的用户和基础设施节点。新会话进入系统时，考虑以下级联网络选择方式。首先，基于无线局域网的网络选择辅助实体试图通过执行集中管理的无线局域网准入控制，将新到达的会话卸载到最近的无线局域网接入点上。如果会话在无线局域网层被接受，它将不间断地在那里被服务，直到它成功离开系统。如果会话不允许进入无线局域网，则执行微网络许可控制，该会话在微网络层被接受并由最近的微基站服务，或者由宏网络服务该会话。如果该会话也不能进入宏网络，它将被认为是永久阻塞的，并使系统得不到服务。图 17-7 中（c）详细说明了融合异构网络以及宏、微网络和无线局域网 3 个层次的整体阻塞概率，可以看出，通过两个额外的覆盖层，异构网络性能比仅在蜂窝基线中实现的性能有了显著提高。值得注意的是，即使只增加了几个基础设施节点，例如本例中的无线局域网接入点和两个微基站，性能也得到了明显的提升。因此，多个 RAT 和相关的网络智能选择对它们的有效利用将成为未来高频多接入异构网络的一个特征[4]。

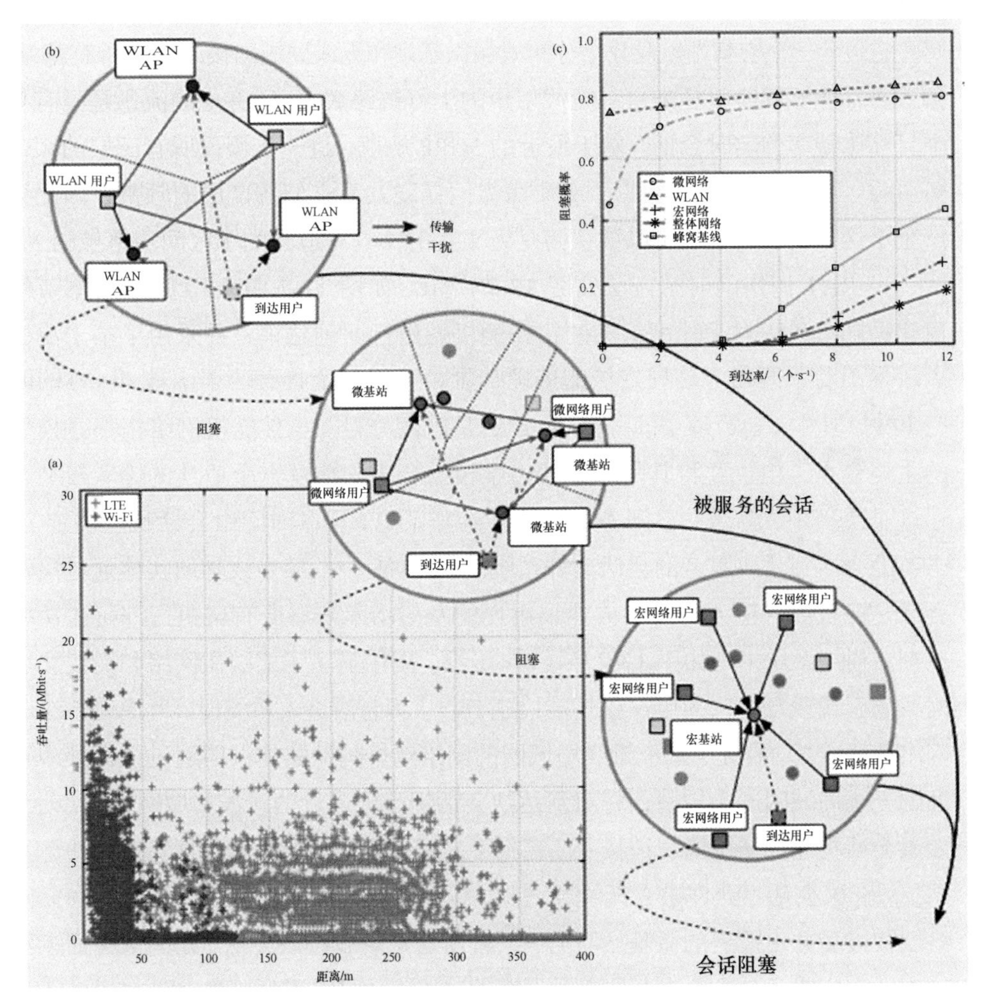

图 17-7　多 RAT 网络的时空方法

17.2.3　多频段共存的太赫兹 MAC 协议

本节给出一种能够选择和配置毫米波和太赫兹通信模式的 MAC 协议，以便在保证错误恢复能力的同时实现最大的数据传输。这里的指导方法是尽可能选择太赫兹链路。由于范围仅限于几米，有源太赫兹链路可以在收发器之间距离有限的特定位置实现。

下面介绍一种在太赫兹网络中典型的多连接方案，即太赫兹频段和毫米波（mmWave）频段以及传统微波（μWave）频段共存的通信，其属于多无线接入技术。首先，介绍一种适用于太赫兹移动异构网络（Mobile Heterogeneous Network，MHN）的多频段共存通信协议——B5G 协议。该协议在上述频段之间进行数据传输切换，并且对于不同频段的链路，在功耗和传输数据速率之间进行了权衡。协议设计的主要思路为前向数据传输使用容量较大的链路，返回的 ACK 使用容量较小的链路，因此可以实现不间断地反向 ACK 信息传输，并且高效地使用信道。

1. 基于距离的频谱切换

由于前向数据传输和反向 ACK 实际上是同一个通信链路，为了避免上下行链路进行重复的波束训练、对准和同步，B5G 协议保持数据信息的单向传输，并为反向 ACK 分配数据速率较低但是更可靠的 RAT。这样的协议设计会产生下面 3 种情况：① 当使用太赫兹链路进行数据传输时，将 mmWave 链路用于反向 ACK 传输，即接收方在 mmWave 频段发送确认信息；② 当 mmWave 链路用于数据传输时，将微波链路用于反向 ACK 传输；③ 当收发器之间的距离过远，使太赫兹和 mmWave 链路均无法通信时，微波链路将同时用于前向数据传输和反向 ACK 传输，即采用传统的通信方式。

假设收发机可以进行毫米波和太赫兹频段通信的最大距离分别为 $d_{\mathrm{th}}^{\mathrm{mmW}}$ 和 $d_{\mathrm{th}}^{\mathrm{THz}}$，其中 $d_{\mathrm{th}}^{\mathrm{mmW}} \gg d_{\mathrm{th}}^{\mathrm{THz}}$，通常毫米波链路可延伸到 200 m，而太赫兹链路大约为 10 m。由于太赫兹频段可传输的数据速率比 mmWave 频段高几个数量级，因此 B5G 将根据应用场景的需求，尽可能使用太赫兹链路传输。因此，当收发机间距离 $d \leqslant d_{\mathrm{th}}^{\mathrm{THz}}$ 时，通信节点对将切换到太赫兹频段通信；当 $d_{\mathrm{th}}^{\mathrm{THz}} \leqslant d < d_{\mathrm{th}}^{\mathrm{mmW}}$ 时，采用 mmWave 通信。图 17-8[5]展现了车辆（用户）与基站之间移动通信的情况，当车辆从左向右移动的时候，车辆与基站的距离由远至近。数据块在太赫兹频段的通信仅在 BC 段是可行的，毫米波通信可以在移动过程的 AB 和 CD 段实现。在前进到 A 或离开 D 之后的任何时刻，通信节点对仅能通过传统的微波链路连接。

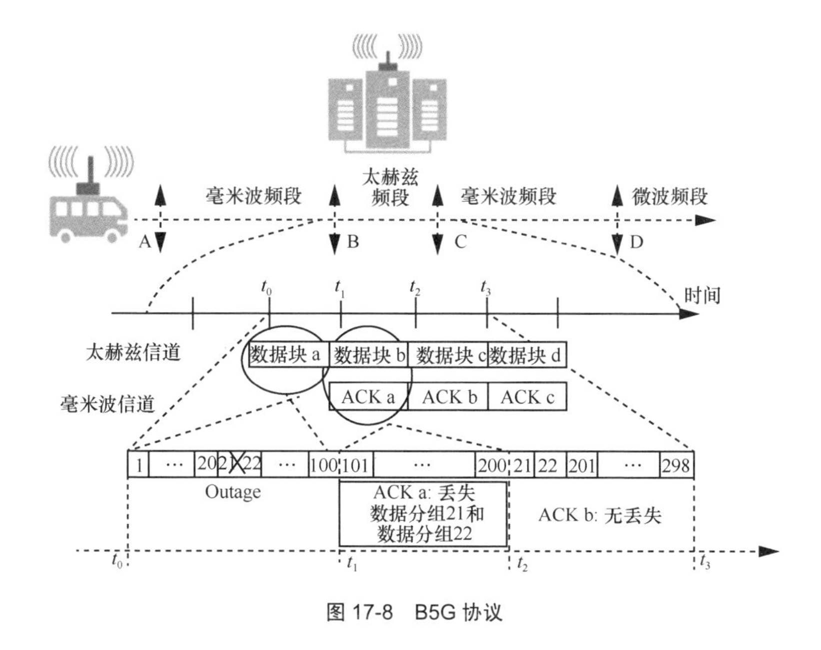

图 17-8 B5G 协议

2. 吞吐量最大化和数据分组聚合

如果网络中采用经典的 ACK 协议——停止等待（Stop-and-Wait，SW）协议，即当发送方收到确认帧后才发送一个新的数据帧。SW 协议目前在基于 802.11 的 WLAN 传输确认中使用。由于太赫兹频段可传输的数据速率比微波频段高几个数量级。因此，在 μ Wave 频段传递反向 ACK 会导致较大的数据传输时延，发射机可能需要停止传输下一帧，等待收到反向 ACK。更糟糕的情况是，发射机等待超时，认为前一帧数据传输失败，发起重传。这种数据速率的不同步将导致整体的吞吐量降低，从而将无法体现使用大带宽太赫兹频率通信的优势。上述分析表明在 mmWave 频段传输反向 ACK 的重要性。因此，B5G 协议中 mmWave 和 μ Wave 仅作为一种替代选择，mmWave 频段仅用于太赫兹频段数据传输时的反向 ACK 传输，以及太赫兹频段不可用的场景。μ Wave 频段仅用于反向 ACK 传输，以及极少的 mmWave 和太赫兹频段均不可用的场景。需特别说明的是，由于 mmWave 频段通信和太赫兹频段通信类似，都需要定向传输。因此，采用 mmWave 频段传输 ACK 会引入波束成形的开销。

不管收发机的间距是多少，由于反向链路始终通过相对数据速率较低的频段传输，因此反向链路始终比前向链路数据传输率低。每个数据分组的 ACK 在发送之前会不断累积，最后，所有未发送的 ACK 将聚合到一个单元。这些 ACK 对应的数据分组聚合成为一个数据块。

因此，为了使前向数据和反向 ACK 信道均保持饱和，需要根据使用的频段设计最佳的数据块大小。特别地，在移动节点的情况下，应考虑收发机保持一定相对距离的持续时间，即图 17-8 中 AD 段的长度。持续时间的改变或用户移动速度的改变会影响数据块的大小。除此之外，还需要考虑用户变速移动的情况。因此，数据块的大小需要能够自适应地调整。通常数据块越大，信道的饱和度越高。但是数据块过大也存在问题，例如在完全接收块之前，曾是性能最佳的通道由于信道状态突变，连接可能会中断。

3. **检错与纠错**

综上所述，由于不同的传输频段的数据速率之间存在巨大差异，因此需要设定合适的数据块的大小，以使前向链路（即数据通道）和反向链路（即 ACK 通道）均保持饱和。理想情况下，数据分组可以连续发送而没有任何间隙，并累积 ACK，使用反向链路对数据块进行定期验证，以实现有效的检错和纠错。B5G 协议规定当接收到的一个数据块中的某些数据分组有错误时，误帧信息将通过慢速信道 A 报告给发送方，发送方接收到 ACK 后选择性地在前向通道上重新传输丢失的数据。如图 17-8 所示，考虑由于中断导致的在 t_0 时刻传输的数据出错的场景。假设同属于数据块 a 的数据分组 21、数据分组 22 丢失，接收方在 mmWave 信道上传输反向 ACK，指示数据分组 21、数据分组 22 错误。在指示信息到达发送方之前，发送方持续传输数据，即数据分组 100～数据分组 200，对应数据块 b。发送方接收到 ACK 之后，即 t_1 时刻，将丢失的数据分组添加到新数据队列之前，即在发送数据分组 201 之前重新发送数据分组 21、数据分组 22。因此数据块 c 由数据分组 21、数据分组 22，以及数据分组 201～数据分组 298 组成。若发生 ACK 的丢失，该 ACK 所代表的整个数据分组序列（即整个数据块）会在前向信道中重新发送。特别地，mmWave 频段仅用于将太赫兹频段范围内的错误报告给发送方，发送方重新发送的数据分组仍然在太赫兹频段中传输。类似地，当在 mmWave 频段上传输数据，在 μWave 频段上发送反向 ACK 时，也采用类似的流程。

4. 信令开销

B5G 协议要求收发机根据间距在不同的传输频段之间切换。但是由于太赫兹频段和 mmWave 频段均受 LoS 路径阻挡效应的影响，暂时性链路阻挡引起的中断可能被视为通信节点处在较远的距离。因此，简单地对接收信号功率进行检测是无效的。B5G 需要相关节点的地理位置信息来确定相对距离，并在通信的过程中持续地跟踪发送方和接收方，不断更新双方的地理位置信息，从而正确地选择频段。除此之外，地理位置信息还用于解决 mmWave 和太赫兹频段通信中的定向传输问题。持续跟踪收发双方的位置信息可以由通信节点完成或设立专有控制中心。由节点自行完成位置跟踪和更新的技术在 mmWave 和太赫兹频段均有研究。B5G 中采用另一种方案，即软件定义网络（Software-Defined Network，SDN）控制器来帮助控制网络流量，从而保障无缝通信。采用 SDN 控制器的方案不仅可以通过预设的指令指示控制平面的切换，即节点处激活的传输频段切换，还支持用户的移动性。此外，SDN 控制器可以很好地适应不同的应用场景，对于不同数据流量的网络选择不同的预设参数。图 17-9 描绘了 SDN 控制移动车辆在两个不同的基站之间通信的场景[5]。

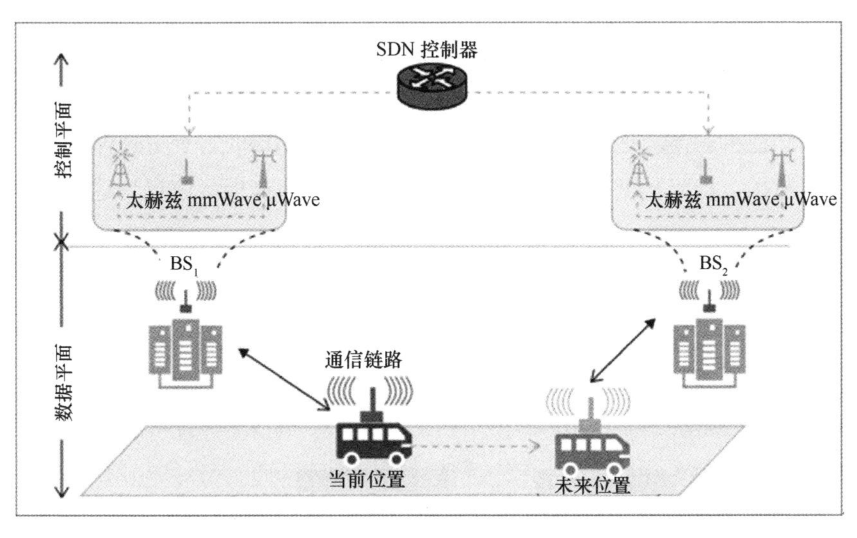

图 17-9　SDN 控制移动车辆在两个不同的基站之间通信的场景

在决定应选择哪一种无线接入技术时，SDN 控制器需要在几个参数上做衡量。虽然太赫兹频段数据速率较高，但是在部分情况下使用 mmWave 可能会带来更高效的通信，主要原因如下。（1）相对于太赫兹频段，mmWave 频段可以实现更长距离的通信，即 mmWave 对距离较不敏感。如果链接的节点之间存在相对运动，mmWave 频段通信可以持续更长的时间。（2）太赫兹频段通信前需要保证收发天线对齐。相较于 mmWave，太赫兹定向天线的波束宽度更窄，因此会花费更多的时间来保证节点的波束精确对准。虽然利用太赫兹频段的大带宽可以快速传输数据，但是如果节点处在需要频繁切换的场景下，使用太赫兹频段将带来较大的信令开销。

17.3 高低频协作技术

高低频协作技术是一种特殊的多连接技术。这里的高频指太赫兹频段；低频指微波频段，通常为 2.4 GHz 或者 5 GHz 频段。2.4 GHz 频段通信目前被用于 Wi-Fi 技术、蓝牙技术和低速率无线个人区域网（Low Rate Wireless Personal Area Network，LRWPAN）。相对于太赫兹频段，微波频段具有更大的覆盖范围，在节点处可以支持全向天线传输信号。因此，可以利用低频信号的特性补偿太赫兹频段通信的缺点，即高低频协作通信。

17.3.1 高低频协作的重要性

高低频协作技术的出发点在于利用低频信号的特性补偿太赫兹频段通信的缺点。在进行数据传输之前，节点需要经过握手过程传输控制信息。采用微波频段的控制信道可以提供较大的覆盖范围，且无“耳聋效应”。因此，采用微波传输控制信息可以保证链路稳定性，避免由太赫兹 LoS 路径阻挡和用户移动造成的链接建立失败。因此，研究者提出了一种双频带机制，即低频–太赫兹双频带传输，也称为高低频协作技术。

在高低频协作技术中，基于不同的微波通信使用阶段，微波频段有以下 3 个主要作用。① 当太赫兹链路较差时，微波频段可用作备用链路。② 当发生 LoS 路径阻挡或用户移动导致链接不稳定时，微波频段也可以用来维护链路稳定性，帮助恢复太赫兹链接。这种应用场景下的主要挑战是微波和太赫兹频段通信之间的转换和协调机制，即切换为微波数据传输时间占总的数据传输时间的比值。这是由于微波通信的数据传输速率相对较低，为了保持链路稳定而长时间采用微波进行数据传输影响了整体的吞吐量。③ 数据传输仅在太赫兹频段完成，以保证高数据速率；微波仅传输控制信令，在邻居节点发现阶段、握手阶段使用。

高低频协作技术是一种特殊的多无线连接技术。基于在 17.2 节对多无线连接技术的讨论，高低频协作的实现需要对太赫兹网络的两个方面进行改进。① 硬件方面。由于节点需要具备接收和发送太赫兹频段和低频段信号的能力，节点需要装备两套收发链路。并且由于需要在不同频段之间执行快速切换，对硬件的性能提出了挑战。② MAC 层协议方面。MAC 协议在基础的协调太赫兹网络的基础上，还需要能够管理低频段通信。由于太赫兹通信设备性能常常受限于电池和发射功率，因此，MAC 协议还需要提供低能耗的高低频协作方案，维持这类设备的通信。需要特别说明的是，适用于高低频协作通信的 MAC 协议不仅仅是太赫兹 MAC 协议和低频 MAC 协议的叠加。较低频段网络的 MAC 协议不能直接用于太赫兹网络，主要是因为它们无法捕获太赫兹通信节点功能。由于低频信号通常作为辅助，为主体即太赫兹频段数据传输提供必要的节点信息、网络信息，传统的低频 MAC 协议无法捕捉应用在太赫兹通信阶段的信息。

17.3.2　低频辅助的 MAC 协议

鉴于以上提到的太赫兹面临的种种问题，以及现有的 MAC 协议无法满足太赫兹通信网络需求，有研究提出了一种适用于太赫兹通信网络的辅助波束成形协议。该协议同时利用 2.4 GHz 的 Wi-Fi 频段和太赫兹频段的 MAC 协议，即低频辅助波束成形的太赫兹 MAC（Assisted Beamforming MAC for THz，TAB-MAC）协议。该 MAC 协议分为两个阶段：阶段 1，节点通过全向的 2.4 GHz 信道交换控制信息并且实现协调和对准；阶段 2，在对齐波束后，实际的数据传输以太赫兹频段进行。该协议可以大幅提高无线网络的吞吐量。本节还给出了数学框架来分析 TAB-MAC 协议在分组时延和吞吐量方面的性能，并推导出了它们的理论上限，理论上限与总数据大小、数据帧大小、节点密度和太赫兹频段数据速率有关。

1. 网络模型和节点架构

考虑如图 17-10 所示的网络结构[6]，网络中存在常规节点和锚节点。常规节点和锚节点都可使用全向天线在 2.4 GHz 频率进行通信。常规节点具有用于太赫兹频段通信的定向天线，其硬件结构如图 17-11 所示[6]。锚节点可以通过自带的 GPS 模块或中央控制器获取其位置信息。

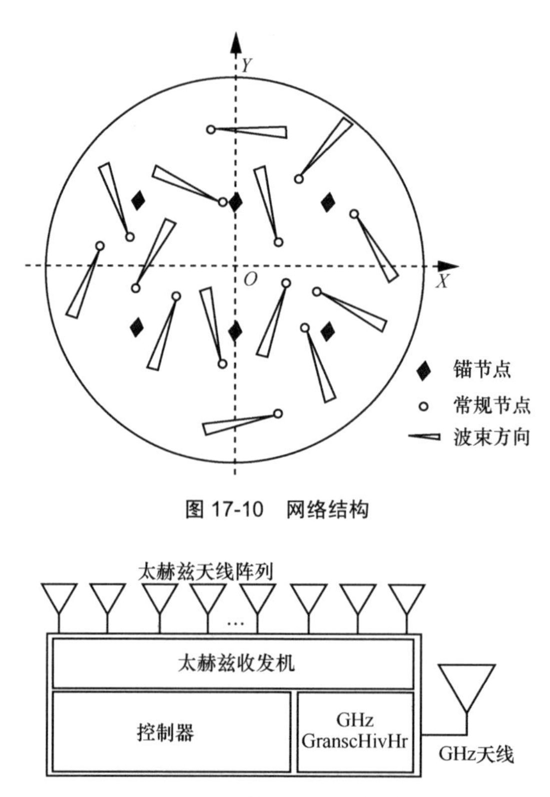

图 17-10　网络结构

图 17-11　定向天线硬件结构

2. 节点位置信息获取

由于严重的路径损耗和太赫兹系统的有限传输功率，常规节点在使用太赫兹通信时会使用具有非常高的方向性增益的定向天线，即使用非常窄的波束宽度。为了在两个常规节点之间建立太赫兹链路，发射机和接收机处的太赫兹波束成形天线阵列需要精准对齐，因此节点需要估计自身和配对节点的位置。根据几何学理论，在二维平面上，常规节点需要 3 个非共线锚节点的位置信息来获取自身的定位。在三维空间中，常规节点至少需要 4 个非共面锚节点才能估计其位置。为了便于常规节点获取自身位置信息，锚节点需要在 2.4 GHz 频率定期广播其信标信号，即锚节点的位置信息。常规节点使用信标信号来确定其位置后，根据需要使用 2.4 GHz 频率的 Wi-Fi 技术将其位置信息发送给目标发射机或接收机。选择该技术的原因是，相对于太赫兹频段，2.4 GHz 频率上信号的传输距离远大于太赫兹通信，且 2.4 GHz 频率具有更好的全方向性，即在允许广播和多播信息方面的性能优于太赫兹通信。

3. TAB–MAC 协议

TAB-MAC 协议的实现过程分为两个阶段。阶段 1，当常规节点建立通信链接时，常规节点首先使用 Wi-Fi 技术广播其请求，然后与目标接收机交换位置信息。基于交换的信息，发射机和接收机将它们的太赫兹波束成形天线调整为指向特定的波束宽度。阶段 2，当常规节点对实现波束对准时，切换至太赫兹通信频段进行数据传输。TAB-MAC 协议可以解决太赫兹通信网络中的波束对准问题，并且由于采用 2.4 GHz 频率广播信息，可以减轻太赫兹频段数据通信干扰。TAB-MAC 协议整体流程如图 17-12 所示[6]。

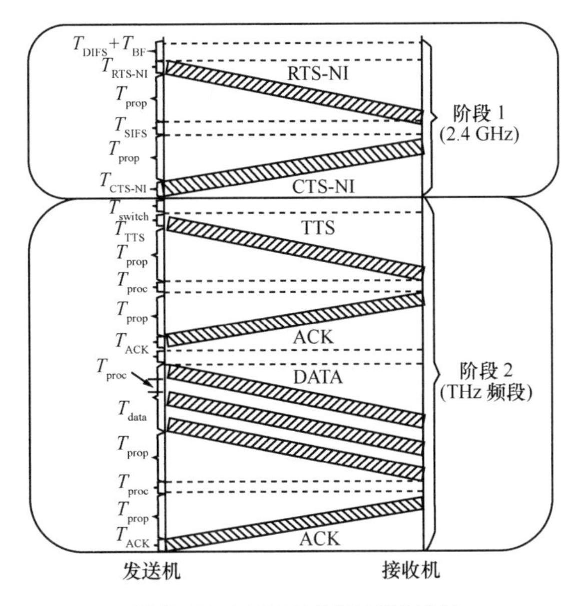

图 17-12 TAB-MAC 协议整体流程

阶段 1 邻居节点发现和节点对匹配

阶段 1 的目的为利用 2.4 GHz 频率通信的优势，发现并耦合发射机和接收机，使它们的太赫兹波束成形天线对准，为后续太赫兹数据传输做准备。首先，发射机发送一个带有节点信息的请求发送（Request-to-Send，RTS）帧，称为 RTS-NI 帧。接收机在可以接收信息的时候，发送一个带有其节点信息的允许发送（Clear-to-Send，CTS）帧，称为 CTS-NI，作为对 RTS-NI 的答复。一旦这两个节点获得了彼此的位置信息，它们就可以根据接收到的信号功率计算 LoS 距离、实现通信需要的定向天线的波束宽度。宏网络的定向天线模型已经在第 16 章给出，这里仅做简单回顾。

回顾在 16.2 节中提出的宏网络定向天线模型，对于给定的接收机解调门限，即 $\mathrm{SNR}_{\min}$，实现通信需要的天线增益应该不小于一个阈值。由于定向天线的波束宽度 $\Delta\theta$ 与其天线增益 G 满足 $G \approx 4\pi/(\Delta\theta)^2$，波束宽度应满足

$$\Delta\theta \leqslant \sqrt{\frac{c}{d}\sqrt{\frac{\int S_{\mathrm{t}}(f) f^{-2} \mathrm{e}^{-k_{\mathrm{abs}}(f) d} \mathrm{d}f}{P_{N_0} \mathrm{SNR}_{\min}}}} \tag{17-11}$$

因此，根据接收到的控制信息，节点可以调整自己的定向天线波束宽度以满足通信需求。

为了与现有的 MAC 协议兼容，TAB-MAC 协议采用 IEEE 802.11ac 标准中定义的帧头和帧尾，并且将协议特定信息作为帧主体的一部分进行传输。TAB-MAC 协议帧格式如图 17-13 所示[6]。其中，帧控制字段占 2 B。帧的类型由所需的子帧类型和帧控制字段指示。持续时间字段表示该帧的持续长度，占 2 B。地址信息字段的大小取决于帧类型，每个地址占 6 B。对于 RTS-NI 帧和数据帧，即 DATA 帧，地址信息字段包含发射机和接收机地址。对于 ACK 和 CTS-NI 帧，地址信息字段包含接收机地址。顺序控制字段占 2 B。帧检验序列（Frame Check Sequence，FCS）包含一个 IEEE 32 bit 的循环冗余码（Cyclic Redundancy Code，CRC）。帧主体长度取决于帧类型。RTS-NI 帧和 CTS-NI 帧具有相同的有效信息长度，包括用于标识三维空间中常规节点的位置，即 X、Y、Z 轴坐标的 3 个 2 B 字段，以及表示波束成形天线信息（包括波束宽度和天线方向信息）的一个 4 B 字段。测试发送（Test-to-Send，TTS）帧是一个短帧，包含 4 B 的测试数据作为有效信息。TTS 的作用将在阶段 2 进行描述。

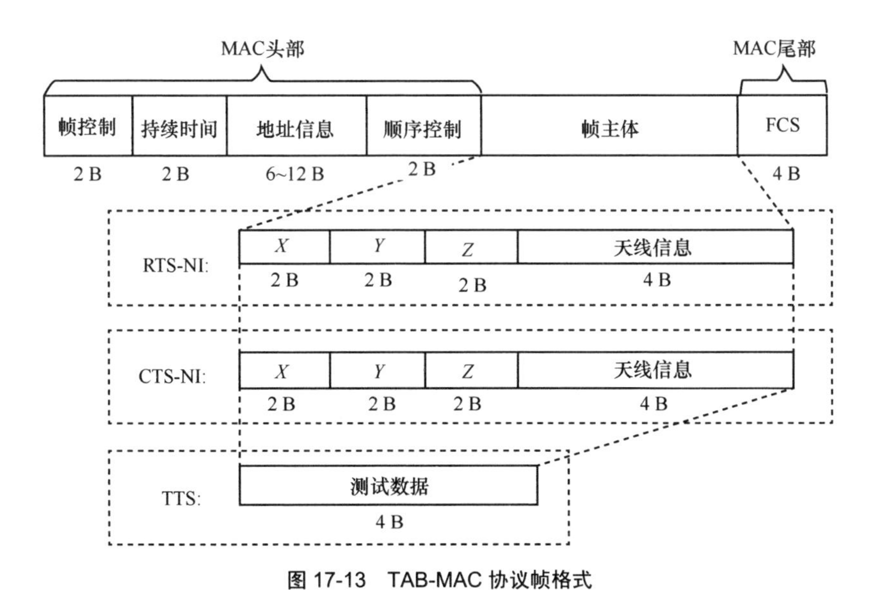

图 17-13　TAB-MAC 协议帧格式

由于帧长度相同，传输 RTS-NI 帧和 CTS-NI 帧需要相同的时间，定义为 $T_{\text{RTS-NI}} = T_{\text{CTS-NI}} = T_{\text{NI}}$。阶段 1 成功传输的通信时间 $T_{\text{succ}}^{P_1}$ 和超时时间 $T_{\text{out}}^{P_1}$ 分别为

$$
\begin{cases}
T_{\text{succ}}^{P_1} = T_{\text{DIFS}} + T_{\text{SIFS}} + 2T_{\text{NI}} + 2T_{\text{prop}} \\
T_{\text{out}}^{P_1} = T_{\text{DIFS}} + T_{\text{SIFS}} + 2T_{\text{NI}} + T_{\text{BF}} + 2T_{\text{prop}}
\end{cases} \tag{17-12}
$$

其中，T_{DIFS} 和 T_{SIFS} 分别表示 IEEE 802.11ac 标准中分布式协调功能（Distributed Coordination Function，DCF）间隔和短间隔，满足 $T_{\text{DIFS}} = T_{\text{SIFS}} + 2\tau$，$\tau$ 表示一个时隙长度；T_{prop} 表示信号的传输时延，取决于通信节点的距离；T_{BF} 表示服从指数分布的随机回退时间，表示为

$$
T_{\text{BF}} = \left[\text{Rnd}(\cdot)\left(2^{\text{CW}} - 1\right)\right]2\tau \tag{17-13}
$$

其中，$\text{Rnd}(\cdot)$ 表示 $(0,1)$ 之间的随机数；CW 是随机回退窗口，与重传次数 N_i 有关，即 $\text{CW} \in \min\{N_i, 10\}$。

阶段 2　太赫兹频段数据传输

在阶段 1 之后，根据在 RTS-NI 帧和 CTS-NI 帧中传输的波束宽度和天线方向信息，发射机和接收机的波束成形天线已经调制对准，即发射机已准备好在太赫兹频段发送数据。首先，为了检查发射机和接收机之间的信道状况，发射机将发送一个

TTS 帧，以确保它们的定向天线相互对准并且它们之间的 LoS 路径传播是可用的。一旦从接收机接收到确认（ACK），发射机将开始数据传输。阶段 2 的总时间可以表示为 $T_{\text{test}}+T_{\text{DATA}}$，其中，$T_{\text{test}}$ 是总的测试时间，T_{DATA} 是传输数据需要的时间。总的测试时间包括从 2.4 GHz 全向天线切换至太赫兹波束成形天线需要的时间 T_{switch}、处理太赫兹频段数据的时间 T_{proc}、一个 TTS 帧的传输时间 T_{TTS} 和 ACK 的传输时间 T_{ACK}，则 T_{test} 可以表示为 $T_{\text{switch}}+T_{\text{TTS}}+T_{\text{ACK}}+T_{\text{proc}}+2T_{\text{prop}}$，传输所有数据帧所需的时间取决于总的数据帧数 L_{data}、一次可传最多的数据帧数 L_{one}，则 T_{DATA} 可以表示为

$$T_{\text{DATA}}=\frac{L_{\text{data}}}{r_{\text{THz}}}+\left(\left\lfloor\frac{L_{\text{data}}}{L_{\text{one}}}\right\rfloor+2\right)T_{\text{proc}}+2T_{\text{prop}}+T_{\text{ACK}} \tag{17-14}$$

其中，r_{THz} 表示太赫兹频段数据速率。

如果发射机在发送 TTS 帧后未能接收到 ACK，可能有以下 3 个原因：（1）由于传播错误，接收机未正确接收到 TTS 帧；（2）节点的定向天线未正确对准；（3）信号被阻挡物阻挡。对于第一种情况，发射机将尝试重新发送 TTS 帧，并等待 ACK，直到最大重传数限制。后两种情况需要通过中继完成传输，例如在发射机和接收机之间查找其他中继节点，或者在锚节点处部署智能中继，例如 IRS。

17.3.3 性能分析

1. 阶段 1 的失败概率和平均时延

在阶段 1 中，RTS-NI 帧和 CTS-NI 帧均在 2.4 GHz 频率采用全向天线传输。由于使用全向天线，相对于定向天线会造成更大的多用户干扰。因此，RTS-NI 帧和 CTS-NI 帧无法正确接收会导致阶段 1 通信建立失败。对阶段 1 网络中多用户干扰的建模采用第 15 章提出的随机几何的方法。特别地，这里的干扰模型不能直接使用第 15 章介绍的聚合干扰模型。因为第 15 章主要考虑太赫兹信号传播特性，而这里的多用户干扰为 2.4 GHz 频率的干扰。

假设所有的节点服从 PPP 分布，其强度参数为 λ_A。考虑半径为 d 的圆盘空间，即网络面积为 $A(d)=\pi d^2$，回顾第 15 章介绍的泊松点过程的性质，在网络中存在 n 个节点的概率可以由泊松分布表示。从 2.4 GHz 频率通信来看，令 T_{NI} 表示阶段 1 中

一帧传输时间，假设每个节点都以相同的速率生成新帧，帧生成的速率为 k_1 / T_{NI}，其中 k_1 为一个常数。k_1 的取值受限于 TAB-MAC 协议。对于每个节点应确保在阶段 1 和阶段 2 均能实现完整的一帧传输。因此，k_1 需要满足

$$\max\left\{\frac{T_{\mathrm{succ}}^{P_1}}{T_{\mathrm{NI}}}, \frac{T_{\mathrm{DATA}}}{T_{\mathrm{NI}}}\right\} \leqslant \frac{1}{k_1} \tag{17-15}$$

考虑另一类节点，网络中还存在正在太赫兹频段进行数据传输而无法使用 2.4 GHz 频率通信的节点。如果尝试与这些节点发起连接，阶段 1 通信将失败。根据 TAB-MAC 协议，正在太赫兹频段通信的节点会持续通信，直到所有的数据帧都成功传输。假设所有节点以相同的数据速率 k_2 / T_{DATA} 传输 DATA 帧，其中 k_2 是一个常数。由于太赫兹的高数据速率，通常设置 $k_2 = k_1 T_{\mathrm{DATA}} / T_{\mathrm{succ}}^{P_1}$。

由节点产生的帧数指示了当前在 2.4 GHz 频率传输的节点数，利用泊松点过程的性质，这类节点的个数服从泊松分布，其强度参数为 $\lambda = nk_1 / T_{\mathrm{NI}}$。因此，时间 $2T_{\mathrm{NI}}$ 内，恰有 m_1 个节点在 2.4 GHz 频率传输的概率可以通过泊松分布计算得到。同理，$(n-m_1)$ 个没有在 2.4 GHz 频率传输的节点中，在太赫兹频段传输的节点数也服从泊松分布，其强度参数为 $\lambda_{T'} = (n-m_1)k_2 / T_{\mathrm{DATA}}$。

阶段 1 传输 RTS-NI 帧失败有以下两种情况：（1）尝试通信的节点在太赫兹频段通信；（2）尝试通信的节点在 2.4 GHz 传输。失败概率 P_{f_1} 为

$$P_{\mathrm{f}_1} = \sum_{n=1}^{\infty} P[n \in A(d)]\big(1 - P[0 \in 2T_{\mathrm{NI}}]P[0 \in 2T_{\mathrm{DATA}}]\big) \tag{17-16}$$

传输 CTS-NI 帧失败的情况则不同。因为已经成功传输 RTS-NI 帧，发射机处在等待 CTS-NI 帧的状态。因此，CTS-NI 帧传输失败仅因为发生了冲突，即节点恰好在 2.4 GHz 传输，失败概率 P_{f_2} 为

$$P_{\mathrm{f}_2} = \sum_{n=1}^{\infty} P[n \in A(d)]\big(1 - P[0 \in 2T_{\mathrm{NI}}]\big) \tag{17-17}$$

实际上，阶段 1 还会因为帧传输错误而导致通信链路建立失败，令 $P_{\text{RTS-NI}}$ 和 $P_{\text{CTS-NI}}$ 分别表示成功发送 RTS-NI 帧和 CTS-NI 帧的概率，P_{NI} 表示帧传输错误的概率。P_{NI} 与 BER 有关，$P_{\mathrm{NI}} = 1 - (1 - \mathrm{BER})^{L_{\mathrm{NI}}}$。$P_{\text{RTS-NI}}$ 和 $P_{\text{CTS-NI}}$ 分别为

$$\begin{cases} P_{\text{RTS-NI}} = \left(1-P_{\text{f}_1}\right)\left(1-P_{\text{NI}}\right) \\ P_{\text{CTS-NI}} = \left(1-P_{\text{f}_2}\right)\left(1-P_{\text{NI}}\right) \end{cases} \tag{17-18}$$

阶段 1 恰好有 i 次重传的概率 $P_{s,P_1}^{i-\text{rtx}}$ 为

$$P_{s,P_1}^{i-\text{rtx}} = P_{\text{RTS-NI}}P_{\text{CTS-NI}}\left(1-P_{\text{RTS-NI}}P_{\text{CTS-NI}}\right)^{i-1} = \\ \left[1-\left(1-P_{\text{f}_1}\right)\left(1-P_{\text{f}_2}\right)\left(1-P_{\text{NI}}\right)^2\right]^{i-1}\left(1-P_{\text{f}_1}\right)\left(1-P_{\text{f}_2}\right)\left(1-P_{\text{NI}}\right)^2 \tag{17-19}$$

令 $N_{\max}^{P_1}$ 表示在阶段 1 最大的重传次数，为了得到阶段 1 的平均传输时延，需要计算阶段 1 中完成节点的成功连接需要的平均重传次数 $N_{\text{avg}}^{P_1}$：

$$N_{\text{avg}}^{P_1} = \sum_{i=1}^{N_{\max}^{P_1}} iP_{s,P_1}^{i-\text{rtx}} = \frac{1-\left(1-A\right)^{N_{\max}^{P_1}}}{A} - N_{\max}^{P_1}\left(1-A\right)^{N_{\max}^{P_1}} \tag{17-20}$$

其中，为简化表达，$A = P_{\text{RTS-NI}}P_{\text{CTS-NI}}$。则阶段 1 总的传输时间可以表示为 $N_{\text{avg}}^{P_1}$ 重传需要的时间与成功传输一次需要的时间的和。

2. 阶段 2 失败概率和平均时延

成功建立阶段 1 之后，发射机和接收机之间已经成功建立连接。首先，为了检查发射机和接收机之间的信道状况，发射机将发送一个 TTS 帧，以确保它们的定向天线是对准的，并且 LoS 路径没有被阻挡。因此阶段 2 的总传输时间分为两个部分，即测试过程的时间 T_{test} 和传输数据的时间 T_{DATA}。

由于阶段 1 已经考虑了节点可用性，即节点是否在太赫兹频段通信，以及是否正在 2.4 GHz 与其他节点建立连接。除此之外，由于 2.4 GHz 频率是全向通信的，具有相对较大的覆盖范围，因此，切换至太赫兹通信的阶段 2 中节点之间发生冲突的概率大大减小。在阶段 2 中，通信失败的主要原因来自信号在介质中的传播导致的数据帧出错。

在阶段 2 需要 i 次重传实现一个数据帧传输的概率等价于在前 $(i-1)$ 次传输中都误帧而最后一次成功的概率。令 $N_{\max}^{P_2}$ 表示在阶段 2 最大的重传次数，因此阶段 2 成功传输的概率是

$$P_{\text{succ}}^{P_2} = \sum_{i=1}^{N_{\max}^{P_2}} P_{s,P_2}^{i-\text{rtx}} = 1-\left(P_{\text{one}}\right)^{N_{\max}^{P_2}} \tag{17-21}$$

其中，P_{one} 表示对于数据帧数 L_{one} 的误码概率。

在阶段 2，平均成功传输一个 DATA 帧所需的时间为

$$T_{\mathrm{DATA}}=\left\lfloor\frac{L_{\mathrm{data}}}{L_{\mathrm{one}}}\right\rfloor\left[\left(1-P_{\mathrm{succ}}^{P_2}\right)N_{\max}^{P_2}+1\right]\left(\frac{L_{\mathrm{one}}}{r_{\mathrm{THz}}}+T_{\mathrm{proc}}+2T_{\mathrm{prop}}+T_{\mathrm{ACK}}\right) \tag{17-22}$$

因此，阶段 2 总的传输时间为测试过程的时间与传输数据的时间之和。

3. 平均数据传输时间和吞吐量

节点吞吐量 S 定义为总传输有效数据与总传输时间之比。根据 TAB-MAC 协议，有效数据指的是在阶段 2 中传输的所有数据帧。总传输时间则包括阶段 1 和阶段 2 需要的时间。特别地，对于阶段 2 需要的时间，主要考虑帧传输的时间和数据处理的时间。因此，总的传输时间等于 $T_{\mathrm{phase1}}+T_{\mathrm{phase2}}$。当阶段 1 仅需要一次握手成功建立连接，即 $N_{\mathrm{avg}}^{P_1}=1$，并且阶段 2 不存在误帧情况时，总传输时间最短。因此采用 TAB-MAC 协议可以得到的最短数据传输时间为

$$T_{\mathrm{total}}^{\min}=T_{\mathrm{succ}}^{P_1}+T_{\mathrm{test}}+\left\lfloor\frac{L_{\mathrm{data}}}{L_{\mathrm{one}}}\right\rfloor\left(\frac{L_{\mathrm{one}}}{r_{\mathrm{THz}}}+T_{\mathrm{proc}}\right)+2T_{\mathrm{prop}}+T_{\mathrm{ACK}} \tag{17-23}$$

太赫兹频段中的数据速率大小受限于信道状态，即数据速率取决于传输频率和传输距离。因此，吞吐量表示为

$$S=\frac{L_{\mathrm{data}}P_{\mathrm{succ}}^{P_2}}{T_{\mathrm{total}}} \tag{17-24}$$

当阶段 2 中没有发生帧冲突和误帧时，可实现最大吞吐量，并且小于发送的数据速率，因此最大吞吐量满足 $S_{\max}=L_{\mathrm{data}}/T_{\mathrm{total}}^{\min}<r_{\mathrm{THz}}$。

17.4　本章小结

太赫兹频率下极高的路径损耗和太赫兹收发器的有限功率限制了太赫兹网络中的通信距离。在传输和接收中同时需要波束成形定向天线，这导致了链路层的许多问题，而现有的 MAC 协议无法轻松解决这些挑战。因此本章介绍了一种特殊的多连接技术——高低频协作技术。通常高低频协作中的低频指微波频段，相对于太赫兹频段，低频信号具有更大的覆盖范围，在节点处可以支持使用全向天线传输信号。因此可以利用低频信号的特性补偿太赫兹频段通信覆盖范围不足、LoS 路径阻挡问题和定向传

输的“耳聋效应”等。本章介绍了一种适用于太赫兹通信网络的辅助波束成形协议，该协议利用两种不同的无线技术，即 2.4 GHz 的 Wi-Fi 频段和太赫兹频段通信。具体来说，节点依靠全向 2.4 GHz 信道来交换控制信息和协调它们的数据传输（阶段 1），而实际的数据传输仅在节点对准它们的波束之后才在太赫兹频段发生（阶段 2）。本章还从分组时延和吞吐量的角度讨论了 TAB-MAC 协议的性能，包括理论上限，该上限与总数据量、数据帧大小、节点密度和太赫兹频段数据速率有关。

参考文献

[1] XIA Q, JORNET J M. Expedited neighbor discovery in directional terahertz communication networks enhanced by antenna side-lobe information[J]. IEEE Transactions on Vehicular Technology, 2019, 68(8): 7804-7814.

[2] HIMAYAT N, YEH S P, PANAH A Y, et al. Multi-radio heterogeneous networks: architectures and performance[C]//Proceedings of 2014 International Conference on Computing, Networking and Communications (ICNC). Piscataway: IEEE Press, 2014: 252-258.

[3] YEH S P, PANAH A Y, HIMAYAT N, et al. QoS aware scheduling and cross-radio coordination in multi-radio heterogeneous networks[C]//Proceedings of 2013 IEEE 78th Vehicular Technology Conference (VTC Fall). Piscataway: IEEE Press, 2013: 1-6.

[4] ANDREEV S, GERASIMENKO M, GALININA O, et al. Intelligent access network selection in converged multi-radio heterogeneous networks[J]. IEEE Wireless Communications, 2014, 21(6): 86-96.

[5] CACCIAPUOTI A S, SANKHE K, CALEFFI M, et al. Beyond 5G: THz-based medium access protocol for mobile heterogeneous networks[J]. IEEE Communications Magazine, 2018, 56(6): 110-115.

[6] YAO X W, JORNET J M. TAB-MAC: assisted beamforming MAC protocol for Terahertz communication networks[J]. Nano Communication Networks, 2016, 9: 36-42.

第18章

物理层安全传输

作为通信电子防御，反侦察是第一道防线，然后是抗干扰和抗截获。太赫兹通信系统同时具备反侦察、抗干扰和抗截获的特点。首先，在频率域，太赫兹频段具有极宽的频带宽度，这使扩频通信、跳频通信的自由度大，因此反侦察、抗干扰能力强。其次，在空域，太赫兹通信波束窄、方向性好，同时波束宽度可有效控制，这极大降低了其被截获的概率。最后，在功率域，太赫兹波在空气中传播衰减快且受氧、水汽的吸收衰减大，通信距离可通过功率控制进行有效控制，超过这个距离信号就会变得十分微弱，这就增加了敌方截获和侦听的难度。

干扰和窃听是无线网络物理层面临的两类主要攻击。物理层安全的目标是在物理层传输的范围内确保机密数据可以由目标用户自由访问而入侵者无法访问。从最早 Wyner 提出窃听信道的保密通信问题，到 CDMA 中使用的扩频技术以及跳频技术，再到近年用于增强认证安全的物理层认证方案，物理层安全概念的涵盖范围已经在通信领域被不断拓宽。

物理层安全的核心是使用无线通信物理层中未被开发的，可用于增强无线安全性的资源（例如射频指纹、信道状态信息、功率的空间分布等），以设计出支持诸如身份验证和传输机密性之类的安全性目标的底层服务[1]，而不是像经典的密码学安全算法那样仅依赖于高层的通用密码机制。物理层安全被用于提供两种主要服务。

（1）认证/识别服务。基于无线信道的物理层认证技术不依赖于 Alice 和 Bob 之间使用共享认证密钥建立身份信任，而是利用 Alice-Bob 信道相对于 Eve-Bob 信道的唯一性区分两个不同的无线接收信号。通过将通信发射机的身份与对应的无线传输信道相绑定，无线传输信道的唯一性就提供了一种唯一标识无线实体的方法。

（2）机密性服务。物理层的机密性通常可以分为两类：使用无线介质的属性秘密地传达信息的传播方法，以及试图根据无线信道的特征来构建秘密信息的提取方法。粗略地说，秘密地传达信息的传播方法是指如果可以设计出一种方法来确保正确的发射机和接收机之间的无线信道比任何非法接收机的信道都要好，就可以秘密地进行通信。这一研究正是起源于保密通信。而根据无线信道的特征来构建秘密信息的方法一般是指使用无线信道的物理层信息来协商仅收发双方可知的密钥，或称为密钥提取。

从概念上讲，秘密信息提取与物理层认证方法相似，都是试图使用无线信道的唯一空间、时间和频率特性作为发射机和接收机之间共享秘密信息（例如密钥）的来源。按照物理层安全方法所依赖背后机理的不同，一般可以将物理层安全研究方法分为以下几类[2]。

（1）保密信道的理论安全容量。理论安全容量工作大部分集中在对保密能力的研究上，信息理论安全容量是一种平均意义下的信息量度，即在约束非法第三方接收机所能达到的数据速率的情况下，最大化保密的收发器对之间可达的传输速率。

（2）基于信道的方法。基于信道的方法中一个典型的应用是物理层认证，更一般的描述是指利用无线信道的特殊性直接进行用户身份区分认证或是设计传输方案以在信道意义上区分用户。

（3）基于编码的方法。基于编码的方法的主要目标是提高抗干扰和防窃听的能力，最典型的物理层编码方法是直扩编码和跳频扩频编码。

（4）基于功率的方法。基于功率的方法通过设计信噪比的空间分布特性实现接收安全，其中常用的方案包括定向天线的使用和人工噪声的注入。

综上所述，物理层安全的设计初衷是为了对抗在无线信道开放环境中日益严峻的安全威胁，如恶意干扰、隐秘窃听、身份伪冒、拒绝服务攻击等。虽然经典的密码学可以在很大程度上对通信实施保护，但考虑到无线通信与计算机网络依赖的有线网络不同，无线通信的物理层安全有能力在无线通信底层为系统提供更多样化的安全保护。

当人们研究一种新的通信技术时，该技术的物理层安全性总是值得进行完整审视的。本章将从 3 个角度阐述太赫兹通信的物理层安全能力：首先关注太赫兹定向传输在收发指向性上带来的抗干扰抗截获能力提升；其次关注简单定向传输在保密通信上的不足，进而讨论在太赫兹定向通信中采用基于距离自适应的跳频技术以提升防窃听保密性能；最后讨论在使用 IRS 辅助的情况下增强太赫兹通信的物理层安全能力。

18.1 定向波束安全传输

太赫兹通信的本质特征是其极高的传输频段，作为这一本质特征的诸多表征之一，太赫兹通信的高定向性传输总是被研究者不断提及。抛开定向传输导致的波束对准、追踪困难问题，定向传输为太赫兹通信带来了理想的物理层安全属性，即优秀的抗干扰抗截获特性。为了保证传输距离，太赫兹传输只能采用高定向性的天线传输，指向覆盖范围外的信号强度较低，因此信号防泄露性较好，截获窃听难度大；同时由于收发双方的双向对准，要想干扰接收机就必须使干扰信号处在合适的对准方向上，因此对太赫兹的干扰难度也较大。

太赫兹频段高（0.1～10 THz），波长短（0.03～3 mm）。从信道建模的角度看，根据弗里斯传输公式，太赫兹信号在自由空间的全向传输损耗较大，能源消耗约束不允许太赫兹信号采用全向多路径信道的传统传输模式。严重的路径损耗极大地限制了太赫兹通信中的散射折射，其中 NLoS 路径的增益要比 LoS 路径的增益低得多（超过 20 dB），一般认为远距离的太赫兹通信以 LoS 路径传输为主。因此，为了提升太赫兹的通信能力，其必须提高收发天线的定向增益以合理利用视距信道传输。从天线设计的角度看，其极小的波长使天线元件的尺寸也相应减小，有利于大规模多输入多输出（Massive-Multiple Input Multiple Output，Massive-MIMO）场景下的多天线小尺寸集成，而大规模的阵列天线集成使现代波束成形技术可以实现太赫兹信号的定向传输。事实上，太赫兹传输的定向性要求可以借助不同的天线形式实现，例如单个高定向增益的卡塞格伦天线，或是 Massive-MIMO 中常常使用的阵列天线。但考虑到未来 Massive-MIMO 技术的广阔前景，太赫兹阵列天线无疑是非常值得大力探索的方向。本节后续将以阵列天线下的太赫兹定向传输为例，阐述太赫兹的定向传输安全性。

18.1.1 太赫兹传输模型

Saleh-Valenzuela 信道模型如图 18-1 所示，将来自相邻方向及相近时延的传输链路归为一个散射簇，每个簇的子路径都是按照确定的概率密度函数进行分布的，通常是根据常见的到达角和发射角的角分布以及信道的角功率谱选择来确定概率密度函数。

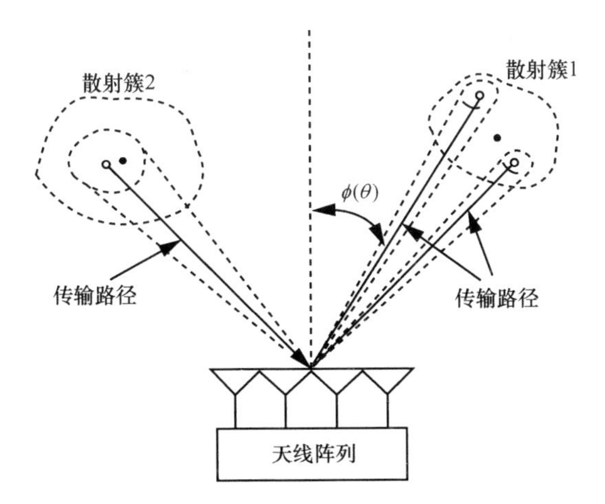

图 18-1　Saleh-Valenzuela 信道模型

假设信道矩阵 $\boldsymbol{H}$ 由 N_{cl} 个散射簇的作用之和构成，每一个散射簇都有 N_{ray} 个传输路径，ϕ、θ 分别代表方位角和下倾角，则离散时间窄带信道为

$$\boldsymbol{H}=\gamma\sum_{i,l}a_{il}\Lambda_r(\phi_{il}^r,\theta_{il}^r)\Lambda_t(\phi_{il}^t,\theta_{il}^t)\boldsymbol{a}_r(\phi_{il}^r,\theta_{il}^r)\boldsymbol{a}_t(\phi_{il}^t,\theta_{il}^t)^{\text{H}} \tag{18-1}$$

其中，γ 表示归一化因子，满足 $\gamma=\sqrt{N_tN_r/N_{\text{cl}}N_{\text{ray}}}$，$N_t$ 和 N_r 分别表示发射天线数与接收天线数；a_{il} 表示第 i 个散射簇中第 l 个传输路径的复增益，$(\phi_{il}^r,\theta_{il}^r)$ 和 $(\phi_{il}^t,\theta_{il}^t)$ 分别表示天线的到达（水平角，俯仰角）和发射（水平角，俯仰角）；$\Lambda_r(\phi_{il}^r,\theta_{il}^r)$ 和 $\Lambda_t(\phi_{il}^t,\theta_{il}^t)$ 分别表示在对应的到达（水平角，俯仰角）和发射（水平角，俯仰角）处的接收和发射的天线元素增益；$\boldsymbol{a}_r(\phi_{il}^r,\theta_{il}^r)$ 和 $\boldsymbol{a}_t(\phi_{il}^t,\theta_{il}^t)$ 表示在到达（水平角，俯仰角）和发射（水平角，俯仰角）分别为 $(\phi_{il}^r,\theta_{il}^r)$ 和 $(\phi_{il}^t,\theta_{il}^t)$ 时的归一化的发射和接收天线阵列响应向量。天线阵列响应向量 $\boldsymbol{a}_r(\phi_{il}^r,\theta_{il}^r)$ 和 $\boldsymbol{a}_t(\phi_{il}^t,\theta_{il}^t)$ 只与天线阵列结构有关，与天线元素的性质无关。

如果仅考虑 LoS 信道，且将天线元素增益视为理想的球面增益，则信道形式可以化简为

$$\boldsymbol{H}=\gamma\boldsymbol{a}_r(\phi_r,\theta_r)\boldsymbol{a}_t(\phi_t,\theta_t)^{\text{H}} \tag{18-2}$$

UPA 支持三维空间波束成形，设 y 轴和 z 轴分别有 W 和 H 个天线元素，其天

线阵列响应为

$$\boldsymbol{a}_{\text{UPA}}(\phi,\theta)=\frac{1}{\sqrt{N}}[1,\cdots,\mathrm{e}^{\mathrm{j}kd(m\sin\phi\sin\theta)+n\cos\theta},\cdots,\mathrm{e}^{\mathrm{j}kd((W-1)\sin\phi\sin\theta)+(H-1)\cos\theta}]^{\mathrm{T}} \tag{18-3}$$

其中，m（$0\leqslant m\leqslant W$）和 n（$0\leqslant n\leqslant H$）分别是 y 轴和 z 轴上的天线元素标号，天线阵列大小为 $N=WH$；$k=\frac{2\pi}{\lambda}$，λ 为电磁波波长；d 为天线元素间距。

18.1.2 问题描述

阵列天线的波束成形方式一般分为全数字波束成形，仅使用移相器的模拟波束成形，以及混合波束成形技术。为了描述方便，下文以全数字方式描述波束成形带来的安全性增益，其内在机理是类似的。在 LoS 信道假设下，最大化接收端 SNR 的太赫兹信道的最优波束成形问题可以建模为

$$\begin{aligned}&\{\boldsymbol{w}_r^{\text{opt}},\boldsymbol{f}_t^{\text{opt}}\}=\arg\max\left|\boldsymbol{w}_r^{\mathrm{H}}\boldsymbol{a}_r(\phi_r,\theta_r)\boldsymbol{a}_t(\phi_t,\theta_t)^{\mathrm{H}}\boldsymbol{f}_t\right|^2\\&\text{s.t. }\boldsymbol{f}_t\in\mathcal{F},\boldsymbol{w}_r\in\mathcal{W}\end{aligned} \tag{18-4}$$

其中，$\boldsymbol{f}_t\in\mathcal{F},\boldsymbol{w}_r\in\mathcal{W}$ 分别代表发射端的波束成形向量和接收端的组合向量。波束成形通过控制阵列天线各阵元的相位和幅度因子联合控制发射信号波形，最终实现波束空间指向的变化。合理的控制方案可以使无线信号的能量在一个方向产生聚焦，从而形成一个指向性波束，并且波束越窄，能量越集中，接收端的信噪比越高。在 LoS 信道假设下，最优的波束成形向量应当为 $\boldsymbol{f}_t=\boldsymbol{a}_t(\phi_t,\theta_t),\boldsymbol{w}_r=\boldsymbol{a}_r(\phi_r,\theta_r)$，即对应信号发射角度和到达角度的阵列导向向量。从这一观察出发，定向传输敲定了收发双方在信道方向上的选择，使信号能量聚集在特定方向的视距信道上。

18.1.3 大规模阵列天线增强指向性

从安全的角度出发，越窄的指向波束意味着越好的保密性能，但是一旦窄波束的指向稍微偏离接收机，接收的信号能量将大幅度降低甚至会导致通信中断，因此应当合理地设计通信所用的波束宽度。一般来说，阵列天线的规模越大，其在固定空间角度范围下所支持的波束数量也就越多，相应的波束尖锐性也更好。图 18-2 展示了 5×5 阵列天线和 20×20 阵列天线规模下 3D 波束宽度的对比，坐标轴表示空间相对距离。

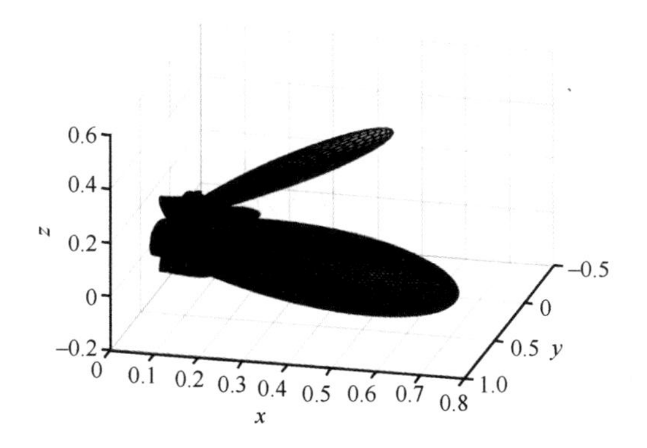

图 18-2　不同天线阵列规模下的波束宽度对比

从图 18-2 可以观察到，上方较细的波束是 20×20 阵列天线规模下构造的一个定向波束，而下方较粗的波束来自 5×5 阵列天线构造。回顾前文所述太赫兹由于波长较短带来的大规模天线集成优势，其有能力在便携的小面积设备上集成数量巨大的天线。这使太赫兹阵列天线可以支持数量巨大的窄波束进行定向传输。

18.1.4　定向波束的安全性分析

太赫兹定向传输将大量发射机的辐射能量集中在预期接收机的方位角度上，以抵抗干扰并增加链路容量。它还可以减少向非预期接收机方向辐射的杂散能量，减少相互干扰并降低被敌方截获或窃听的可能性。同理，太赫兹接收机通过逆向波束成形技术，只接收一个定向方向传来的信号，非预期接收方向的信号能量无法汇聚。因此，利用定向波束接收技术，可以有效地抵抗干扰信号并增加链路容量。类比而言，太赫兹的定向传输波束就像一根极细的尖针指向合法接收者，在这根针覆盖之外的区域几乎不存在太赫兹信号能量的泄露，窃听者或者干扰者在没有合法信道信息的前提下是无法获知太赫兹传输信息以实施攻击的。对于发射机而言，太赫兹波束的高定向性使位于窄波束覆盖范围之外的窃听单位无法接收到有效的信号，这保证了通信的抗截获能力；同时对于接收机而言，处在接收机对准接收角度之外的干扰信号是无法有效接收的，这保证了通信的抗干扰能力。太赫兹通信这些关键的物理层特性在抗干扰和抗截获意义上保证了通信的物理层安全性。从保密意义上看，基于太赫兹定向波束传播的物理层安全是一种基于信道信息设计空间功率辐射分布的方法，其本质上是控制不同位置接收信号的信噪比实现区域安全性。

18.2 基于距离自适应的跳频技术

如 18.1 节所述，太赫兹波束的高定向性使位于窄波束覆盖外的窃听单位无法接收到有效的信号，从而保证了通信的安全性。然而，当窃听者位于波束内部，即信号发射单位、接收单位、窃听单位均处于近乎一条直线上时，即使是位于远处的窃听者也能够因同时享受到太赫兹传输的高定向性优势而对通信安全造成威胁。为了弥补太赫兹定向传输的这一缺陷，基于距离自适应的跳频技术被提出用于提高太赫兹通信的抗截获能力，本节将阐述这一内容。

太赫兹通信波束可以建模为一个扇形区域，如图 18-3 所示。在扇形区域外部，即波束外（图 18-3 中阴影区域），由于信号受天线阵列增益较小，窃听端难以接收到足够强的信号用以窃听，因而能够保证通信安全性，这反映了太赫兹本身良好的定向抗截获安全能力。在太赫兹波束内部，可以根据通信距离划分为两个部分，即波束内安全区域和非安全区域，其中波束内安全区域由于通信距离较远，其路径损耗同样使窃听端难以获得足够的窃听信噪比。然而，对于太赫兹波束内非安全区域，当窃听端处于该区域内部时，接收到的信号信噪比会大于窃听的解调阈值，因而信号能够被成功截获。

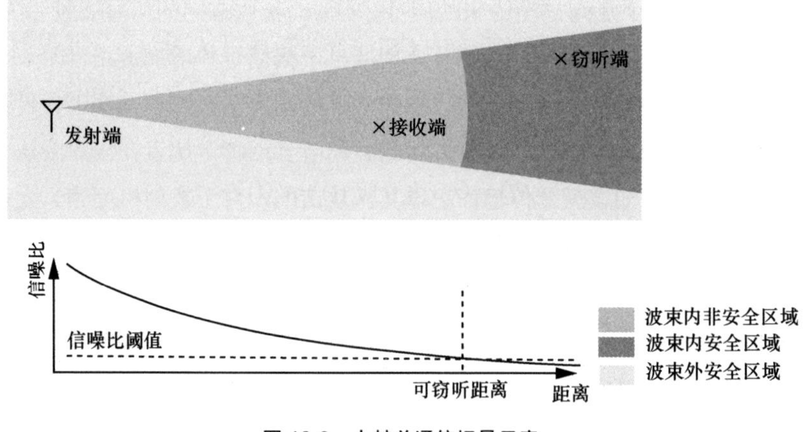

图 18-3 太赫兹通信场景示意

如果将可用的太赫兹频段根据基带带宽划分为多个子频带，可以观察到不同的太赫兹频段具有不同的路径传播与分子吸收衰减特性，从而对通信的可靠性以及安全性造成不同的影响。不同的子频带对应着不同的信号路径衰减数值，不同的路径衰减情况决定了太赫兹信号的传播距离。因此距离自适应跳频技术的想法是根据不同的合法发射端与接收端的间距和相应的窃听者位置选用合适的传输子频带，通过选用子频带选择不同的传输信道衰减特性，合适的传输频带可以在保证合法接收端的解调信噪比的前提下最小化可窃听距离，以实现保密通信。

18.2.1　系统模型

我们考虑了点对点的安全通信场景。发射端通过频带中的定向传输来发起与合法接收端的无线连接。随着电磁波信号的传播距离增加，主光束的覆盖面积增加，这会形成扇形波束区域。如果窃听者的位置也位于扇形波束区域中，则窃听端将检测到专用于 Bob 的信号，这会损害隐蔽性。为此，提出了一种信号安全性的度量，即由 d_e 表示可窃听距离，它定义为窃听者和发射者之间的阈值距离，当窃听者在此阈值距离外时，通信具有安全性。在上述系统中我们考虑了发射端秘密通信的最坏情况，即窃听者位于扇形波束区域内。特别注意的是，可窃听的距离应大于或等于发射端和接收端之间的距离。如果窃听端比接收端更近，则合法链接可能会被窃听端阻止，从而违反了这种情况下的秘密通信。

同时，由于窃听端作为系统中的被动窃听者，其不会主动向发射端提供任何反馈信息，因此发射端无法获得窃听端的 CSI。合法距离用 d_b 表示，它是发射端和接收端之间的距离；窃听距离用 d_e 表示，它是发射端和窃听端之间的距离。接收端和窃听端的接收信号分别表示为 $y_b(t)$ 和 $y_w(t)$ ，即

$$y_b(t) = G_t G_r h_b(t) x_a(t) + n_b(t) \tag{18-5}$$

$$y_w(t) = G_t h_w(t) x_a(t) + n_w(t) \tag{18-6}$$

其中，G_t 和 G_r 分别表示发射端和接收端处的天线增益或阵列增益，$x_a(t)$ 表示发射信号，$n_b(t)$ 和 $n_w(t)$ 分别表示接收端和窃听端的 AWGN 信号，$h_b(t)$ 和 $h_w(t)$ 分别表示合法信道和窃听信道的脉冲响应，其中的太赫兹信道考虑 LoS 信道。基于对太赫兹信道特性的考虑，我们使用太赫兹 LoS 信道模型，理由如下。首先，由于太赫兹

频段非常高的频率，太赫兹频段中的高路径损耗促使现有的通信系统均使用定向天线和波束成形技术，这使原本具有高增益的 LoS 路径较其他多径增益更高。其次，由于信号传播距离越长路径的衰减越严重，传播环境中的多径分量的数量就受到限制，这降低了使用多射线模型的必要性。最后，太赫兹波的反射、散射和衍射损耗很高，因此与 LoS 路径分量相比，其他多径所携带的能量更加微不足道。基于上述原因，太赫兹 LoS 路径信道的信道脉冲响应为

$$h_{\mathrm{LoS}}(d,t)=F^{-1}\left[H_{\mathrm{LoS}}(d,f)\right]=F^{-1}\left[H_{\mathrm{spr}}(d,f)H_{\mathrm{abs}}(d,f)\mathrm{e}^{-\mathrm{j}2\pi f\tau_{\mathrm{LoS}}}\right] \tag{18-7}$$

其中，太赫兹 LoS 路径的路径损耗由自由空间传播损耗 $H_{\mathrm{spr}}\left(d,f\right)=c/4\pi fd$ 和分子吸收损耗 H_{abs} 组成。根据比尔–朗伯定律，分子吸收损耗的表达式为

$$H_{\mathrm{abs}}(d,f)=\mathrm{e}^{-\frac{1}{2}k(f)d} \tag{18-8}$$

其中，分子吸收衰减系数 k 是一个与 f 高度相关的参数。分子吸收衰减系数取决于环境参数，包括温度、压强与传播路径上分子介质的组成状况。具体的计算参数由 HITRAN 数据库中收录。分子吸收衰减系数 $k(f)$ 在微波频段几乎可以忽略不计，而在太赫兹频段会对通信造成较大的影响。特殊的天气情况（如雨天、雾天）会改变信号传输路径上气体分子的组成，从而对分子吸收衰减系数产生影响。如果窃听者的接收信号 SNR 小于限制值，我们将其定义为隐蔽通信，并称为 SNR 阈值，用符号 $\gamma_{w,\mathrm{th}}$ 表示。当窃听者接收到的信号强度低于此阈值时，窃听者无法检测到有关发射端的任何通信信息。

由于信道增益是相对于传输距离的递减函数，因此在可窃听距离处，窃听端的 SNR 值等于 SNR 阈值。特别地，当发射端和窃听端之间的距离大于可窃听距离时，窃听端的 SNR 值低于 SNR 阈值，这意味着信号的传输是安全的。位于波束范围内且距离发射端小于可窃听距离的扇形波束区域，定义为可窃听区域或不安全区域。

18.2.2 优化问题表述

由于太赫兹频段中的带宽资源丰富，我们将太赫兹频段划分为带宽为 B_g 的子

频带，例如 10 GHz。所有子频带形成一个集合 F_u，每个子频带的所有载波频率形成一个集合 F_c。我们的系统设计目标是从所有 $|F_u|$ 个子频带中选择 U 个子频带，并为每个选定的子频带分配功率和通信速率，以便距离自适应吸收峰调频系统得到最佳性能。根据该太赫兹多频带传输方案，可窃听距离 d_e 最小化问题 Q_1 可以表示为

$$
\begin{aligned}
&\mathrm{Q}_1: \max_{\{f_c^i,\ N_f^i,\ P_a^i\}} d_e \\
&\text{s.t.} \gamma_b(f_c^i) \geqslant \gamma_{b,\mathrm{th}}, \forall i \in \{1,\cdots,U\} \\
&P_a^i(f_c^i) \leqslant P_{\mathrm{Tx}}, \forall i \in \{1,\cdots,U\} \\
&\frac{S_w(f)}{N_w} \leqslant \gamma_{w,\mathrm{th}} \\
&R_{\max} = \sum_{i=1}^{U} \frac{1}{N_f^i T_f} \geqslant R_{\mathrm{th}} \\
&f_c^i \in F_c, \forall i \in \{1,\cdots,U\} \\
&f_c^i \neq f_c^j, \forall i \neq j \\
&N_f^i \in \mathbb{Z}^+
\end{aligned}
\tag{18-9}
$$

其中，第一、第二限制条件中的 $\gamma_b(f_c^i)$ 和 $P_a^i(f_c^i)$ 分别表示接收端接收的信号 SNR 和中心频率为 f_c^i 的每个子频带对应的功率分配，第三限制条件体现信号安全性能的要求，第四限制条件为信号总通信速率限制，第五、第六、第七限制条件为各参数的定义域限制。通过解该离散非凸优化问题，可以得到满足可窃听距离最小化的频率选择、功率分配和速率分配结果。

18.2.3　优化问题的次最优解

由于该优化问题具有非凸离散性，传统的基于连续凸优化的算法不能直接解决该问题，因而，我们引入另一个优化问题，即安全速率最大化问题。首先通过将问题 Q_1 中的优化目标 d_e 设为一个固定值，并以最大化安全速率为优化目标，可以将该问题转化为一个离散凸优化问题，因而可以得到最优解。

然后基于 d_e 越大，安全速率越大的系统特性，我们可以利用二分法将解该凸优化问题作为中间步骤以迭代方式解决可窃听距离最小化问题。安全速率最大化问题 Q_2 表示为

$$
\begin{aligned}
& Q_2: \max_{\{f_c^i,\ N_f^i,\ P_a^i\}} R_{\max} = \sum_{i=1}^{U} \frac{1}{N_f^i T_f} \\
& \text{s.t.} \gamma_b(f_c^i) \geqslant \gamma_{b,\text{th}}, \forall i \in \{1,\cdots,U\} \\
& P_a^i(f_c^i) \leqslant P_{\text{Tx}}, \forall i \in \{1,\cdots,U\} \\
& \frac{S_w(f)}{N_w} \leqslant \gamma_{w,\text{th}} \\
& R_{\max} = \sum_{i=1}^{U} \frac{1}{N_f^i T_f} \geqslant R_{\text{th}} \\
& f_c^i \in F_c, \forall i \in \{1,\cdots,U\} \\
& f_c^i \neq f_c^j, \forall i \neq j \\
& N_f^i \in \mathbb{Z}^+ \\
& d_e = d_e^{\text{const}}
\end{aligned}
\tag{18-10}
$$

问题 Q_2 的进一步阐述如下。

获得离散凸优化问题 Q_2 的方式是在所有待选频带中选择具有最大安全速率子频带，等效于选择最小脉冲组合增益 $N_{f\min}$。分别计算所有子频带在限制条件下的最小脉冲组合增益。结合 $N_{f\min}$ 的两个限制条件和 $N_{f\min}$ 必须为整数的离散化条件，可以得到每个子频带的 $N_{f\min}$ 的取值为

$$
\begin{aligned}
N_{f\min}(f_c) = \Bigg\lceil \max \Bigg\{ & \frac{\gamma_{b,\text{th}} N_r}{G_t G_r P_{\text{Tx}}} \frac{B_g}{\int_{\mathcal{B}_u} \left|H_{\text{LoS}}(f,d_b)\right|^2 S_0(f-f_c)\mathrm{d}f} \cdot \\
& \frac{\gamma_{b,\text{th}} N_r B_g}{\gamma_{w,\text{th}} G_r N_w} / \int_{\mathcal{B}_u} \left|H_{\text{LoS}}(d_b,f)\right|^2 S_0(f-f_c) \underbrace{\min_{\mathcal{B}_u} \left\{ \frac{1}{\left|H_{\text{LoS}}(f,d_e)\right|^2 S_0(f-f_c)} \right\}}_{(\lozenge)} \mathrm{d}f \Bigg\} \Bigg\rceil
\end{aligned}
\tag{18-11}
$$

如式（18-11）所示，各子频带的最小脉冲组合增益是两个项之间较小项的结果。在式（18-11）中，第一项代表功率限制对数据速率的影响，第二项则反映通

信场景的安全性能要求。因此，在设计算法时功率限制和安全性要求之间存在一个权衡条件。为了获得更好的安全性能，我们应该选择具有较大分子吸收损耗的子频带，而这导致系统需要消耗更多的传输功率来对抗更大的传输损耗以支持相同的数据速率。

通过选择具有最小 $N_{f\min}$ 值的 U 个子频带作为载波频率集来获得最大速率，并且速率最大化的解决方案为

$$R_{\max} = \sum_{i=1}^{U} \frac{1}{T_f N_{f\min}(f_c^i)} \tag{18-12}$$

在得到 Q_2 的解之后，可以使用二分法来搜索最小可窃听距离，如算法 18-1 所示。首先，系统检查在没有窃听者的情况下进行可靠的通信是否可行，即将最大数据速率与合法信道容量进行比较。在系统中可以将距离 d_e 设置为无穷大，并求解速率最大化问题以计算最大通信速率，然后将其与所需的数据速率进行比较以检查最大通信速率能否达到。

算法 18-1 二分法搜索最小可窃听距离

输入 η_0

输出 $d_e^{\min}$

（1）确认。设置 $d_e = \infty$，求解 Q_2 计算 $R_{\max}$，如果 $R_{\max} < R_{\text{th}}$，不能建立可靠通信，转到（9）

（2）初始化。找到 d_l 和 d_h 使 $R(d_b, d_l) < R_{\text{th}}$ 和 $R(d_b, d_h) > R_{\text{th}}$ 成立

（3）$d_m = \dfrac{d_h + d_l}{2}$

（4）代入最新迭代值 d_m，求解 $R_{\max} = R(d_b, d_m)$

（5）如果 $R_{\max} < R_{\text{th}}$，则 $d_l = d_m$

（6）否则 $d_h = d_m$

（7）如果 $|d_h - d_l| \leqslant \eta_0$，则返回 $d_e^{\min} = d_m$

（8）否则转到（5）

（9）结束

基于距离自适应的跳频技术，根据分子吸收曲线计算并比较各个可选子频

带的抗干扰和抗截获特性，从而选取波束的最优子频带。为了能够横向定量地比较各个子频带的性能，需要将抗干扰和抗截获特性表征出来。从频率选择的角度，抗干扰和抗截获的目标一致。如果对于某一子频带下信号随距离衰减更为显著，该波束的通信链路受到从同一位置的干扰源发出的干扰信号强度会变得更弱，同时从抗截获方面，位于同一位置的窃听单位所接收到的信号强度也会变得更弱。

18.2.4　距离自适应跳频的安全性分析

基于以上原因，可以用一个参数来表征信号的抗干扰和抗截获特性。本节选用“保密距离”这一概念来表征信号的抗干扰和抗截获特性。保密距离被定义为某窃听单位恰好无法成功截获信息的极限距离。在这个距离之内，由于信号强度大于某个临界值，信息可能会有泄露的危险；在这个距离之外，由于信号强度小于这个临界值，窃听单位无法截获该信息。通过横向计算比较各子频带的保密距离，可以选出具有最优抗干扰和抗截获特性的子频带用于通信。频段选择算法的核心是利用太赫兹频段特有的分子吸收峰特性来提高信号的抗干扰和抗截获特性，下面以 0.65 THz 和 0.55 THz 为例进一步直观阐述内在原理。利用太赫兹频段分子吸收衰减增强信号抗干扰性原理如图 18-4 所示。

在提升通信抗干扰性的同时必须满足原有通信的要求，当载波频率为 0.65 THz 时，信号信噪比的下降只取决于自由空间传播损耗。一方面，为了满足原有信号链路的可靠性，接收端的信噪比应大于最小信噪比；另一方面，为了满足通信的抗截获性，窃听端的信噪比必须小于最大信噪比。同时，假设窃听端的信号捕获能力往往超过接收端的接收能力，因而接收端最小信噪比应大于窃听端最大信噪比。由图 18-4（a）可知，无论发射端如何调节发射功率，在 0.65 THz 频段处始终不能同时满足传输可靠性和信号抗截获性的要求。

考虑使用 0.55 THz 的载波频率进行通信，该频段在频谱上位于某吸收峰的边缘区域，因而存在分子吸收效应。如图 18-4（b）所示，由于分子吸收的存在且分子吸收衰减随距离呈指数级增长，因而信噪比随距离降低速度快，能够满足传输可靠性和信号抗截获性的要求。

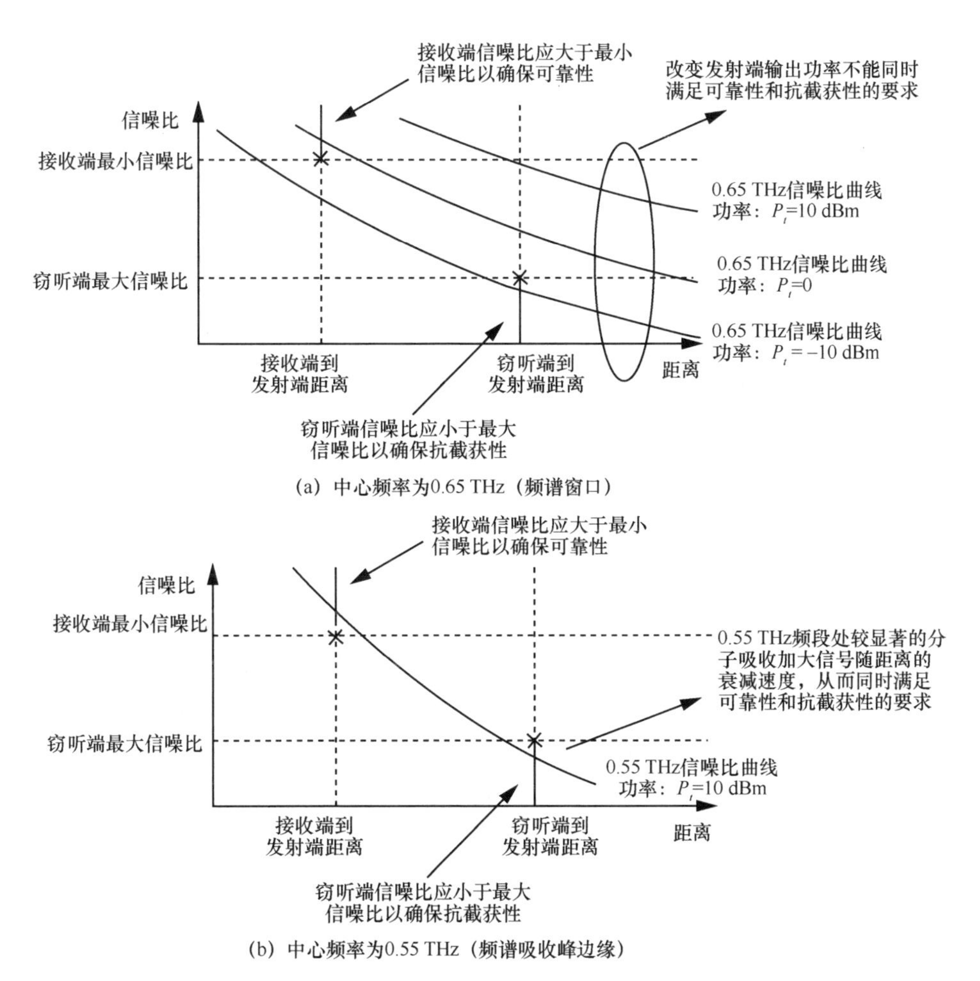

(a）中心频率为0.65 THz（频谱窗口）

(b）中心频率为0.55 THz（频谱吸收峰边缘）

图 18-4　利用太赫兹频段分子吸收衰减增强信号抗干扰性原理

18.3　IRS 辅助的物理层安全传输

IRS 作为一种创新的且具有低成本高效益的方案成为无线通信领域的研究热点。具体来说，IRS 是由大量反射元件组成的平面阵列，每个反射元件都可以通过调整其相移来被动地反射信号。通过在 IRS 处控制相移，可以在预期的方向上增强/抵消来自不同来源的反射信号，从而实现编程可控制的无线信道环境。鉴于这种优势，学术界和工业界一直探索在不同的IRS辅助系统中进行性能优化。相当多的文献指出IRS可通过无源反射阵列实现协作波束成形来扩大太赫兹通信中的信号覆盖范围。尤其是当LoS路径受阻时，IRS辅助的波束成形设计变得极为重要。与通过生成新信号来增强源到目标传输的传统的放大转发或解码转发方案相比，IRS不会对传入信号进行数字处理，也不会产生额外的功耗。而且，IRS具有低成本、轻便等优点，因此易于在无线系统中实现。通常，以上优点使IRS成为未来太赫兹无线通信系统潜在的重要实现辅助方式。但是，迄今为止，从物理层安全的角度来看，将IRS集成到太赫兹通信中的文献很少。太赫兹通信的窄波束在抗干扰和抗截获性能上体现了一定的优越性，但是通过加入IRS进行整体考虑后，物理层安全传输的概念可以得到进一步的扩展。本节将阐述与这一观点相关的研究。

18.3.1 系统模型和问题描述

1. 系统模型

如图18-5所示，考虑一个智能反射表面辅助的MISO窃听系统，假设包含N_t根天线的发射端Alice同时服务于两个单天线用户Bob和Eve。

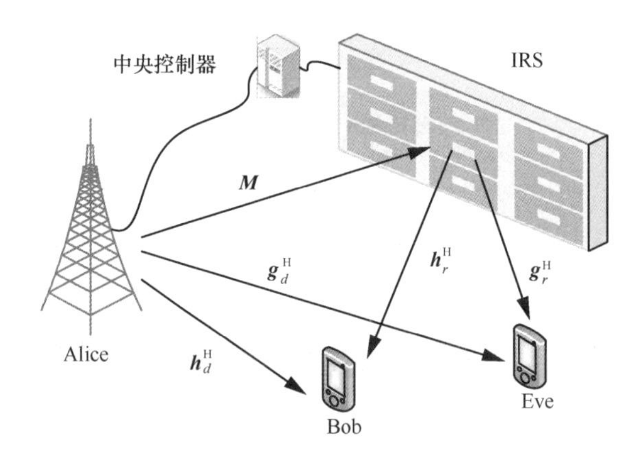

图18-5 智能反射表面辅助的MISO窃听系统

当私密信息需要被发射给其中一个用户时，假设为Bob，那么另一个用户Eve就被认为是窃听者。为增强该系统的安全性能，我们引入IRS以辅助私密信

息的传输。假定智能反射表面由 N_r 个阵元组成，每一阵元均受控于 IRS 的中央控制器。该控制器可控制反射阵元进入两种不同的工作模式，一种是用于信道估计的感应模式，另一种是用于相位反射的计算模式。在感应模式下，系统状态信息可由信道估计获取并由终端发射给中央控制器[3-5]。基于此，私密信息的传输可分为两个阶段。第一阶段，Alice 在第 t 时隙同时发射源信号 $s(t)\in\mathbb{C}$ 给 IRS 和用户，$s(t)$ 经过线性预编码 $\boldsymbol{w}\in\mathbb{C}^{N_t\times 1}$ 调制并且服从正态分布，$s(t)\sim\mathcal{CN}(0,1)$。$\boldsymbol{x}(t)=\boldsymbol{w}s(t)$ 为 Alice 处的发射向量，$\boldsymbol{h}_d^{\mathrm{H}}\in\mathbb{C}^{1\times N_t}$ 为 Alice 和 Bob 之间的信道，$\boldsymbol{g}_d^{\mathrm{H}}\in\mathbb{C}^{1\times N_t}$ 为 Alice 和 Eve 之间的信道，$\boldsymbol{M}\in\mathbb{C}^{N_r\times N_t}$ 为 Alice 和 IRS 之间的信道，$\boldsymbol{h}_r^{\mathrm{H}}\in\mathbb{C}^{1\times N_r}$ 为 Bob 和 IRS 之间的信道，$\boldsymbol{g}_r^{\mathrm{H}}\in\mathbb{C}^{1\times N_r}$ 为 Eve 和 IRS 之间的信道，$n_b^{(1)}\in\mathbb{C}$、$n_e^{(1)}\in\mathbb{C}$、$n_r^{(1)}\in\mathbb{C}$ 均为零均值加性白高斯噪声。第二阶段，IRS 的接收信号 $\boldsymbol{y}_r^{(1)}(t)$ 经由对角相位矩阵 $\boldsymbol{\Theta}=\mathrm{diag}(\beta\mathrm{e}^{\mathrm{j}\theta_1},\beta\mathrm{e}^{\mathrm{j}\theta_2},\cdots,\beta\mathrm{e}^{\mathrm{j}\theta_{N_r}})$ 处理后反射给用户，其中，$\mathrm{j}=\sqrt{-1}$ 为虚数单位，$\{\theta_i\}_{i=1}^{N_r}\in[0,2\pi)$ 为入射信号的相位，$\beta\in[0,1]$ 为入射信号的幅度。注意到，当 Alice-IRS-Bob 链路的信道增益远大于 Alice-IRS-Eve 链路的信道增益时，为提升系统安全性能，Alice 应当将主要波束对准 IRS 而非用户，此时将 β 设置为 1，可减少能量衰减。而当上述情况反转时，Alice 应当将主要波束直接对准用户而非 IRS，此时 β 仍可设置为 1。其中，预编码 $\boldsymbol{w}$ 满足归一化功率限制 $\|\boldsymbol{w}\|_2^2=1$，P 是发射端的总传输功率，$n_b^{(2)}\in\mathbb{C}$ 和 $n_e^{(2)}\in\mathbb{C}$ 为零均值加性白高斯噪声。不同于传统的中继，IRS 仅能被动反射信号，并且该反射不消耗额外的能量。因此，不失一般性，我们假设所有的噪声变量服从方差为 1 的高斯分布。

2. **信道模型**

太赫兹波具有严重的路径损耗以及分子吸收损耗，并且这些损耗制约了太赫兹波束的散射性能，因而太赫兹信道是关于路径数量稀疏的信道。基于此，我们将扩展后的 Saleh-Valenzuela 信道模型用于表征太赫兹信道，并考虑该信道由 LoS 路径和 NLoS 路径组成。信道矩阵 $\boldsymbol{H}$ 的维度为 $\boldsymbol{H}\in\mathbb{C}^{N_R\times N_T}$，其表达式可以写为

$$\boldsymbol{H}=\boldsymbol{H}^{\mathrm{LoS}}+\boldsymbol{H}^{\mathrm{NLoS}}=\alpha_{\mathrm{LoS}}\boldsymbol{a}_{N_R}(\phi_r^0)\boldsymbol{a}_{N_T}(\phi_t^0)^{\mathrm{H}}+\sum_{l=1}^{L-1}\alpha_{\mathrm{NLoS}}^l\boldsymbol{a}_{N_R}(\phi_r^l)\boldsymbol{a}_{N_T}(\phi_t^l)^{\mathrm{H}} \tag{18-13}$$

其中，L 是信道 $\boldsymbol{H}$ 总的路径数，α_{LoS} 是 LoS 路径的增益，α_{NLoS}^l 是第 l 条 NLoS 路径的增益，$\phi_t^l\in[0,2\pi)$ 是第 l 条路径的离开方位角，$\phi_r^l\in[0,2\pi)$ 是第 l 条路径的到达方

位角，$\boldsymbol{a}(\phi)$ 是归一化的天线阵列响应向量。对于一个包含 N_a 个阵元的 ULA 结构，$\boldsymbol{a}(\phi)$ 可表示为

$$\boldsymbol{a}_{N_a}(\phi)=\frac{1}{\sqrt{N}}\left[1,\mathrm{e}^{\mathrm{j}kd_a\sin(\phi)},\cdots,\mathrm{e}^{\mathrm{j}kd_a(N-1)\sin(\phi)}\right]^{\mathrm{T}} \tag{18-14}$$

其中，$k=2\pi/\lambda$，λ 为电磁波波长，d_a 为天线阵元间距。

3. 问题描述

根据文献[6]，高斯输入和随机编码系统的最大可达安全速率定义为 $R_s=\max[I(y_b;s)-I(y_e;s)]^+$，其中，函数 $[a]^+=\max(0,a)$，$I(\cdot;\cdot)$ 表示高斯输入下的互信息。为使可达安全速率取得最大值，需要联合设计传输预编码 $\boldsymbol{w}$ 以及 IRS 中各阵元的相位偏转 $\{\theta_i\}_{i=1}^{N_r}$。为简化表达，令 $\boldsymbol{v}=\left[\mathrm{e}^{\mathrm{j}\theta_1},\mathrm{e}^{\mathrm{j}\theta_2},\cdots,\mathrm{e}^{\mathrm{j}\theta_{N_r}}\right]^{\mathrm{H}}$ 表示 IRS 的相位偏转向量。同时在已知传输功率 P 的情形下，可达安全速率的优化问题可表示为

$$\begin{aligned}\mathrm{P}_1:&\max_{\boldsymbol{w},\boldsymbol{v}}\log\left[1+P\left|\left(\boldsymbol{h}_r^{\mathrm{H}}\boldsymbol{\Theta}\boldsymbol{M}+\boldsymbol{h}_d^{\mathrm{H}}\right)\boldsymbol{w}\right|^2\right]-\log\left[1+P\left|\left(\boldsymbol{g}_r^{\mathrm{H}}\boldsymbol{\Theta}\boldsymbol{M}+\boldsymbol{g}_d^{\mathrm{H}}\right)\boldsymbol{w}\right|^2\right]\\ &\text{s.t. } \|\boldsymbol{w}\|^2=1\\ &\qquad \left|\boldsymbol{v}(i)\right|=1,\ i=1,2,\cdots,N_r\end{aligned}$$

由于 P_1 是一个混合非凸优化问题，现有的凸优化方法难以求解，我们在此提出了两种近似求解方法：低计算复杂度的连续设计方法以及高安全性能的联合设计方法。

18.3.2 预编码设计以及针对 IRS 相位的连续设计方法

本节首先根据 LoS 匹配准则设计 IRS 各阵元的相位，然后根据 Rayleigh-Ritz（瑞利–里茨）定理设计理想的发射预编码。

1. LoS 匹配准则下的 IRS 相位设计

由于太赫兹信道的主要能量集中在 LoS 路径上，其散射的能力较差，因而到达 IRS 的信号主要由窄波束承载。LoS 准则的核心要点是在只考虑直射路径的条件下，通过调节 IRS 的相位以改变 IRS 反射到用户 Bob 的波束方向，借此寻找最佳反射方向对应的 IRS 相位。首先，分别给出信道 $\boldsymbol{M}$ 和 $\boldsymbol{h}_r^{\mathrm{H}}$ 的 LoS 分量为 $\alpha_{\mathrm{LoS}}^M\boldsymbol{a}_{N_r}(\phi_{r,M}^0)\boldsymbol{a}_{N_t}(\phi_{t,M}^0)^{\mathrm{H}}$ 和

$\alpha_{\mathrm{LoS}}^{N}\boldsymbol{a}_{N_r}(\phi_{r,N}^{0})^{\mathrm{H}}$。此时对于 IRS 相位向量 $\boldsymbol{v}$ 的设计等效于求解 $\mathrm{diag}(\boldsymbol{v}^{*})\boldsymbol{a}_{N_r}(\phi_{r,M}^{0})=\boldsymbol{a}_{N_r}(\phi_{r,N}^{0})$。因此，在 LoS 匹配准则下，向量 $\boldsymbol{v}$ 为

$$\boldsymbol{v}(i)=\mathrm{e}^{-\mathrm{j}\theta_i}=\mathrm{e}^{\mathrm{j}kd_a(i-1)\left[\sin\phi_{r,M}^{0}-\sin\phi_{r,N}^{0}\right]},\ \forall i=1,2,\cdots,N_r \tag{18-15}$$

2. **已知 IRS 相位设计预编码**

为对数字预编码 $\boldsymbol{w}$ 进行设计，我们先将已经求得的 IRS 相位向量代入 P_1，进而 $\boldsymbol{w}$ 的优化表达式为

$$\mathrm{P}_2:\ \boldsymbol{w}^{\mathrm{opt}}=\arg\max_{\boldsymbol{w}}\log\frac{\left[1+P\left|\left(\boldsymbol{h}_r^{\mathrm{H}}\mathrm{diag}(\boldsymbol{v}^{*})\boldsymbol{M}+\boldsymbol{h}_d^{\mathrm{H}}\right)\boldsymbol{w}\right|^2\right]}{\left[1+P\left|\left(\boldsymbol{g}_r^{\mathrm{H}}\mathrm{diag}(\boldsymbol{v}^{*})\boldsymbol{M}+\boldsymbol{g}_d^{\mathrm{H}}\right)\boldsymbol{w}\right|^2\right]}$$
$$\text{s.t. } \|\boldsymbol{w}\|^2=1$$

注意到，P_2 是一个典型的关于 WISO 窃听系统的 SRM 问题，其等效形式为[7]

$$\max_{\boldsymbol{w}}\frac{\boldsymbol{w}^{\mathrm{H}}\boldsymbol{A}\boldsymbol{w}}{\boldsymbol{w}^{\mathrm{H}}\boldsymbol{B}\boldsymbol{w}}$$
$$\text{s.t. } \|\boldsymbol{w}\|^2=1$$

其中，矩阵 $\boldsymbol{A}$ 和 $\boldsymbol{B}$ 分别为

$$\begin{aligned}\boldsymbol{A}&=\boldsymbol{I}+P\left(\boldsymbol{h}_r^{\mathrm{H}}\mathrm{diag}(\boldsymbol{v}^{*})\boldsymbol{M}+\boldsymbol{h}_d^{\mathrm{H}}\right)^{\mathrm{H}}\left(\boldsymbol{h}_r^{\mathrm{H}}\mathrm{diag}(\boldsymbol{v}^{*})\boldsymbol{M}+\boldsymbol{h}_d^{\mathrm{H}}\right)\\ \boldsymbol{B}&=\boldsymbol{I}+P\left(\boldsymbol{g}_r^{\mathrm{H}}\mathrm{diag}(\boldsymbol{v}^{*})\boldsymbol{M}+\boldsymbol{g}_d^{\mathrm{H}}\right)^{\mathrm{H}}\left(\boldsymbol{g}_r^{\mathrm{H}}\mathrm{diag}(\boldsymbol{v}^{*})\boldsymbol{M}+\boldsymbol{g}_d^{\mathrm{H}}\right)\end{aligned} \tag{18-16}$$

根据 Rayleigh-Ritz 定理[8]，最佳的预编码为

$$\boldsymbol{w}^{\mathrm{opt}}=\frac{\boldsymbol{y}_{\max}(\boldsymbol{A},\boldsymbol{B})}{\left\|\boldsymbol{y}_{\max}(\boldsymbol{A},\boldsymbol{B})\right\|} \tag{18-17}$$

其中，$\boldsymbol{y}_{\max}(\boldsymbol{A},\boldsymbol{B})\in\mathbb{C}^{N_t\times 1}$ 表示矩阵 $\boldsymbol{B}^{-1}\boldsymbol{A}$ 的最大特征值对应的特征向量。

注意到，当 NLoS 路径的增益较大时，针对 IRS 相位的连续设计方法将会导致较大的性能损耗，也就是说此方法只适用于 LoS 路径增益较大的情形。在此情形下，通过较低的计算复杂度便可设计出最大安全速率下 IRS 各阵元的相位偏转以及发射端的最优预编码。

18.3.3 基于交替优化思想的联合设计方法

本节提出交替优化的思想来求解 P_1 。具体来说，对于预编码 $\boldsymbol{w}$ 和 IRS 相位向量 $\boldsymbol{v}$ 的设计，我们采用固定其中一个变量来设计另一个变量的思想，并在迭代过程中使系统可达安全速率逐步逼近最优值。

首先，我们随机初始化预编码 $\boldsymbol{w}$ ，在此基础上通过 P_1 优化 IRS 相位向量 $\boldsymbol{v}$ 。考虑到 $\log(\cdot)$ 函数是一个单调递增函数，对于向量 $\boldsymbol{v}$ 的优化可等效为

$$\begin{aligned} \mathrm{P}_3\text{: } & \min_{\boldsymbol{v}} \frac{1+P\left|\left(\boldsymbol{g}_r^{\mathrm{H}}\operatorname{diag}(\boldsymbol{v}^*)\boldsymbol{M}+\boldsymbol{g}_d^{\mathrm{H}}\right)\boldsymbol{w}\right|^2}{1+P\left|\left(\boldsymbol{h}_r^{\mathrm{H}}\operatorname{diag}(\boldsymbol{v}^*)\boldsymbol{M}+\boldsymbol{h}_d^{\mathrm{H}}\right)\boldsymbol{w}\right|^2} \\ & \text{s.t. } \left\|\boldsymbol{v}(i)\right\|^2=1,\ i=1,2,\cdots,N_r \end{aligned}$$

鉴于 P_3 是一个非凸的分式优化问题，为对其求解，我们定义一个额外的变量 $\eta>0$ ，因此该问题变为

$$\begin{aligned} \mathrm{P}_4\text{: } & F(\eta)=\max_{\boldsymbol{v}} 1+P\left|\left(\boldsymbol{g}_r^{\mathrm{H}}\operatorname{diag}(\boldsymbol{v}^*)\boldsymbol{M}+\boldsymbol{g}_d^{\mathrm{H}}\right)\boldsymbol{w}\right|^2-\eta\left(1+P\left|\left(\boldsymbol{h}_r^{\mathrm{H}}\operatorname{diag}(\boldsymbol{v}^*)\boldsymbol{M}+\boldsymbol{h}_d^{\mathrm{H}}\right)\boldsymbol{w}\right|^2\right) \\ & \text{s.t. } \left\|\boldsymbol{v}(i)\right\|^2=1,\ i=1,2,\cdots,N_r \end{aligned}$$

注意到，P_4 由 P_3 演变而来，并且满足以下两条引理。

引理 18-1 $F(\eta)$ 是关于 η 严格递减的连续函数，并且只有一个零解。

引理 18-2 假设 η^* 为 $F(\eta)=0$ 的解，那么 P_4 的最优目标函数值为 η^* 。

以上引理的证明可参考文献[9]。

Dinkelbach 方法解决问题 P_1 如算法 18-2 所示。

算法 18-2 Dinkelbach 方法解决问题 P_1

（1）初始化向量 $\boldsymbol{v}$

（2）重复以下步骤

（3）$\eta \leftarrow \dfrac{1+P\left|\left(\boldsymbol{g}_r^{\mathrm{H}}\operatorname{diag}(\boldsymbol{v}^*)\boldsymbol{M}+\boldsymbol{g}_d^{\mathrm{H}}\right)\boldsymbol{w}\right|^2}{1+P\left|\left(\boldsymbol{h}_r^{\mathrm{H}}\operatorname{diag}(\boldsymbol{v}^*)\boldsymbol{M}+\boldsymbol{h}_d^{\mathrm{H}}\right)\boldsymbol{w}\right|^2}$

（4）$\boldsymbol{v} \leftarrow F(\eta)=\max_{\boldsymbol{v}} 1+P\left|\left(\boldsymbol{g}_r^{\mathrm{H}} \operatorname{diag}(\boldsymbol{v}^*)\boldsymbol{M}+\boldsymbol{g}_d^{\mathrm{H}}\right)\boldsymbol{w}\right|^2-\eta\left(1+P\left|\left(\boldsymbol{h}_r^{\mathrm{H}} \operatorname{diag}(\boldsymbol{v}^*)\boldsymbol{M}+\boldsymbol{h}_d^{\mathrm{H}}\right)\boldsymbol{w}\right|^2\right)$

（5）直到收敛条件满足，结束循环

（6）输出 $\boldsymbol{v}$

根据引理 18-1 和引理 18-2，可以先求解 P_4 的零解 η^*，进而得到 P_3 的最优解 $\boldsymbol{v}$。Dinkelbach 方法是求解 η^* 的一种方法，它的求解过程参见算法 18-2。该算法的性能主要由 P_4 的迭代步骤决定。然而，P_4 仍然是一个难以求解的非凸优化问题。为方便问题的求解，先将 P_4 展开，然后采用 ADMM 方法求取其近似解，如算法 18-3 所示。

算法 18-3　ADMM 方法解决问题 P_4

（1）初始化对偶点 $(\boldsymbol{x}^0,\boldsymbol{u}^0,\boldsymbol{v}^0)$，设置 $\rho>0$，$k=0$

（2）重复以下步骤

（3）　$\boldsymbol{u}^{k+1} \leftarrow (\boldsymbol{x}^k-\rho^{-1}\boldsymbol{v}^k)$

（4）　$\boldsymbol{x}^{k+1} \leftarrow (\rho\boldsymbol{I}+\hat{\boldsymbol{G}})^{-1}(\rho\boldsymbol{u}^{k+1}+\boldsymbol{v}^k)$

（5）　$\boldsymbol{v}^{k+1} \leftarrow \hat{\boldsymbol{G}}\boldsymbol{x}^{k+1}$

（6）直到收敛条件满足，结束循环

（7）$\boldsymbol{v}=\left\{[\boldsymbol{x}^k(N_r+1)]^{-1}\boldsymbol{x}^k\right\}_{(1:N_r)}$

（8）输出 $\boldsymbol{v}$

18.3.4　仿真结果

本节对所提的两种基于 IRS 辅助的 MISO 窃听系统的安全速率优化算法，即连续相位设计（Successive Design，SD）算法和联合设计（Joint Design，JD）算法的性能进行了仿真对比分析。仿真结果均是对 1 000 次独立信道实现取平均值，仿真参数设置为 $N_t=8$，$N_r=16$。对于太赫兹信道，设置信道参数为 $L=5$，$\alpha_{\mathrm{LoS}}\sim\mathcal{N}(0,1)$，$\alpha_{\mathrm{NLoS}}^l\sim\mathcal{N}(0,0.2)$，其中 NLoS 路径增益低于 LoS 路径增益 14 dB[10]。对于毫米波信道，设置信道参数为 $L=10$，$\alpha\sim\mathcal{N}(0,1)$。太赫兹信道和毫米波信道下系统的可达速率分别如图 18-6 和图 18-7 所示。

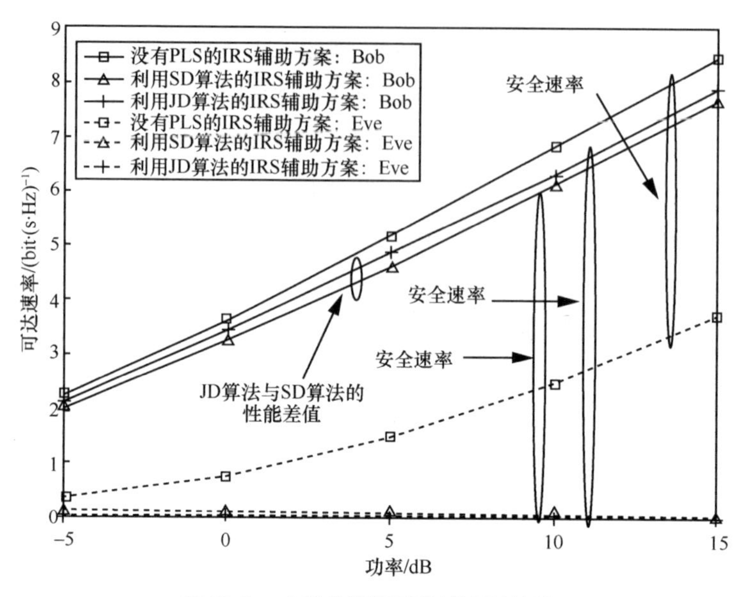

图 18-6　太赫兹信道下系统的可达速率

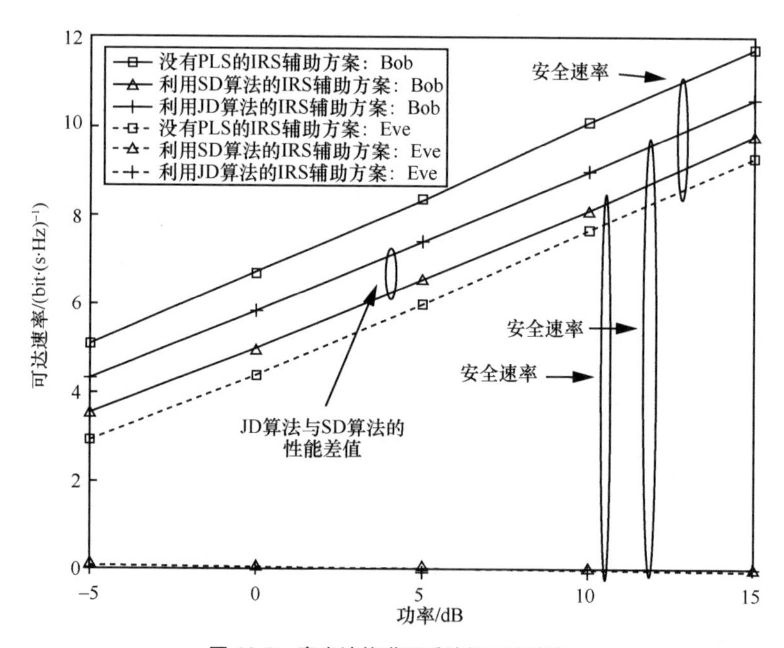

图 18-7　毫米波信道下系统的可达速率

仿真结果表明，虽然所提的两种算法实现的可达速率均低于文献[4]算法实现的可达速率，但在系统安全速率性能方面，这两种算法均优于文献[4]算法。进一步观察可发现，所提 JD 算法与 SD 算法在太赫兹信道条件时的性能差值小于在毫米波信道条件时的性能差值，这是由于 SD 算法只考虑了 LoS 路径的影响。这也间接表明了低复杂度的 SD 算法在太赫兹通信中的优势。

所提算法在太赫兹信道条件下的系统安全速率性能如图 18-8 所示。为对比分析，本节同时仿真了文献[6]算法在无 IRS 系统中实现的性能，并设置 Alice-Bob 链路信道 $\boldsymbol{h}_d^{\mathrm{H}}$ 的参数为 $\alpha_{\mathrm{LoS}}=0$ ，$\alpha_{\mathrm{NLoS}}^{l}\sim\mathcal{N}(0,0.2)$ 。观察图 18-8 可知，无论使用哪种算法，有 IRS 辅助的系统安全速率性能在多数情况下优于无 IRS 的系统安全速率性能。这一现象印证了 IRS 对安全速率性能提升的效果。

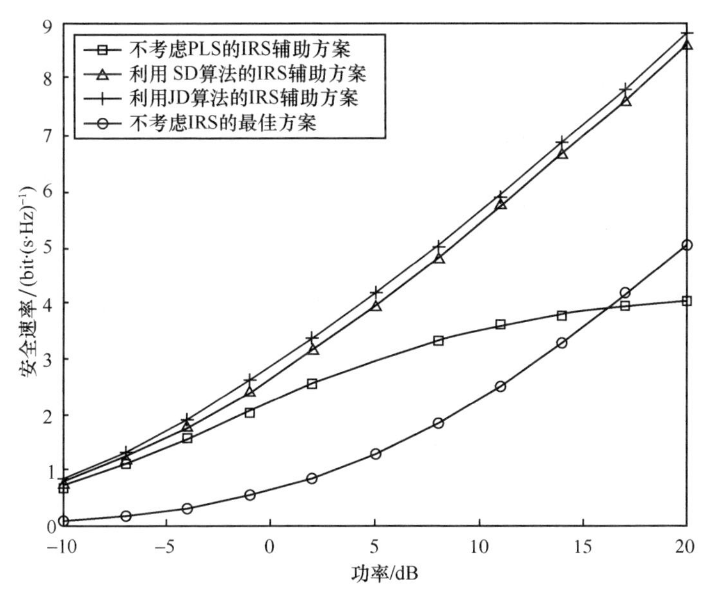

图 18-8　系统安全速率性能

进一步分析 IRS 对于太赫兹 MISO 窃听系统安全速率提升的作用，安全速率随 IRS 阵元个数变化的关系如图 18-9 所示，仿真参数设置为 $P=10$ dB。观察图 18-9 可知，随着 IRS 阵元个数的增加，系统安全速率也随之增加。

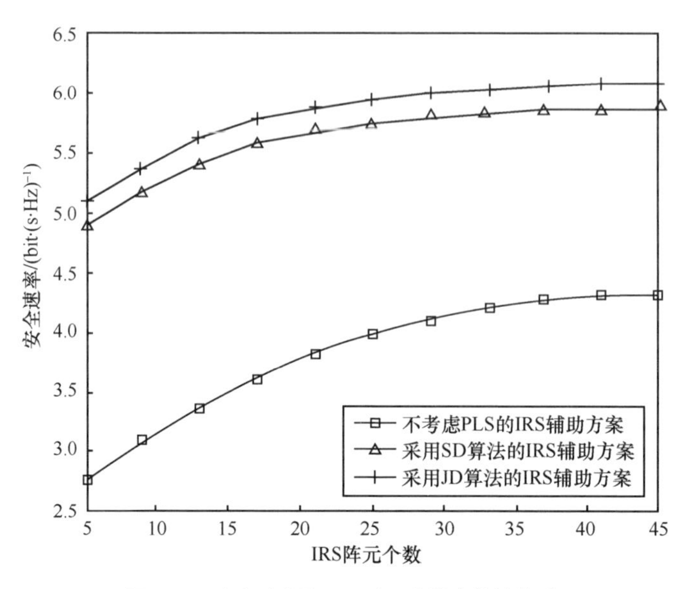

图 18-9　安全速率随 IRS 阵元个数变化的关系

JD 算法收敛性能如图 18-10 所示，仿真参数设置为 $P=10$ dB。观察图 18-10 可知，当 $\varepsilon R_s(n-1)$ =0.15 时，仅需 3 次迭代，算法即可收敛。这一结果也进一步验证了 JD 算法的收敛性。

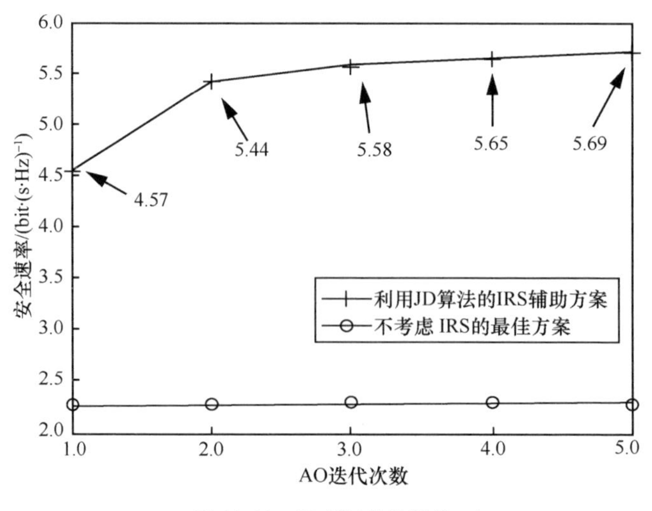

图 18-10　JD 算法收敛性能

18.4　本章小结

由于太赫兹通信高频的特点，其信号在传输过程中路径传播损耗很大，从而极大地减少了有效通信距离，为了弥补太赫兹信号的高损耗特性，现有的太赫兹通信系统使用具有定向性的高增益天线，将信号的能量集中在目标传输方向。这种高定向传输不仅解决了太赫兹通信距离的限制问题，还使太赫兹通信的安全性得到了提高。

尽管太赫兹窄波束定向传输带来了一定的物理层安全增益，但其在高定向传输下依然存在窃听风险，即当窃听者有能力运动到波束覆盖范围时，定向波束使窃听者也可以享受到和接收者一样的高增益传输。因此，18.2 节讨论了基于距离自适应的跳频技术，其利用太赫兹频段分子吸收衰减随传输距离指数增加的特性，通过自适应地在太赫兹频带中选取合适的子频带作为波束的通信频段来提升太赫兹通信的抗截获性。该技术的思想是根据目标通信距离、当前信道状态、通信速率以及功率等要求，在能够满足通信可行性与可靠性的情况下，选择最优的通信子频带，在这些具有最优抗干扰和抗截获性的子频带进行数据传输。

不论是依赖太赫兹定向传输特性或是自适应跳频技术实现的物理层安全传输，其在信道建模上只主要考虑了 LoS 信道情况。尽管 LoS 信道被视为太赫兹信号的主要传播方式，但受限于太赫兹极为有限的穿透绕射能力，当 LoS 信道受到阻塞时，会对太赫兹通信造成非常不利的影响。因此 IRS 被提出用于辅助增强太赫兹通信的覆盖能力，同时洞察到 IRS 有能力重新排布信道环境，这启发了 IRS 辅助增强的太赫兹物理层安全传输。IRS 辅助的物理层安全传输主要依赖于联合设计发射机的预编码矩阵和反射面板移相器的相位偏转向量，通过交替优化使目标用户处的可达安全速率最大化。

参考文献

[1]　TRAPPE W. The challenges facing physical layer security[J]. IEEE Communications Maga-

zine, 2015, 53(6): 16-20.

[2] SHIU Y S, CHANG S Y, WU H C, et al. Physical layer security in wireless networks: a tutorial[J]. IEEE Wireless Communications, 2011, 18(2): 66-74.

[3] HUANG C W, ZAPPONE A, DEBBAH M, et al. Achievable rate maximization by passive intelligent mirrors[C]//Proceedings of 2018 IEEE International Conference on Acoustics, Speech and Signal Processing (ICASSP). Piscataway: IEEE Press, 2018: 3714-3718.

[4] WU Q Q, ZHANG R. Intelligent reflecting surface enhanced wireless network: joint active and passive beamforming design[C]//Proceedings of 2018 IEEE Global Communications Conference (GLOBECOM). Piscataway: IEEE Press, 2018: 1-6.

[5] CUI M, ZHANG G C, ZHANG R. Secure wireless communication via intelligent reflecting surface[J]. IEEE Wireless Communications Letters, 2019, 8(5): 1410-1414.

[6] KHISTI A, WORNELL G W. Secure transmission with multiple antennas I: the MISOME wiretap channel[J]. IEEE Transactions on Information Theory, 2010, 56(7): 3088-3104.

[7] GOLUB G H, LOAN C F V. Matrix computations[M]. Washington: Johns Hopkins University Press, 1996.

[8] SCHAIBLE S. Fractional programming[J]. Zeitschrift für: Operations Research, 1983, 27(1): 39-54.

[9] HONG M Y, LUO Z Q, RAZAVIYAYN M. Convergence analysis of alternating direction method of multipliers for a family of nonconvex problems[C]//Proceedings of 2015 IEEE International Conference on Acoustics, Speech and Signal Processing (ICASSP). Piscataway: IEEE Press, 2015: 3836-3840.

[10] PRIEBE S, KURNER T. Stochastic modeling of THz indoor radio channels[J]. IEEE Transactions on Wireless Communications, 2013, 12(9): 4445-4455.

名词索引